한국산업인력공단 새 출제기준 반영 최신판!!

가스

기사·산업기사

실기

KB027547

대한민국 국가대표 브랜드
국가자격 시험문제 전문출판
에듀크라운
국가자격시험문제 전문출판
최고의 적중률!! 최고의 합격률!!
크라운출판사
국가자격시험문제 전문출판
http://www.crownbook.com

Contents

제 1 편 가스산업기사

제 2 편 가스기사

출제기준(필기)

직무 분야	안전관리	중직무 분야	안전관리	자격 종목	가스산업기사	적용 기간	2020.1.1.~2023.12.31.

• 직무내용 : 가스 및 용기제조의 공정관리, 가스의 사용방법 및 취급요령 등을 위해 예방을 위한 지도 및 감독업무와 저장, 판매, 공급 등의 과정에서 안전관리를 위한 지도 및 감독 업무를 수행하는 직무이다.

필기검정방법	객관식	문제수	80	시험시간	2시간

필기 과목명	출제 문제수	주요항목	세부항목	세세항목
연소공학	20	1. 연소이론	1. 연소기초	1. 연소의 정의 2. 열역학 법칙 3. 열전달 4. 열역학의 관계식 5. 연소속도 6. 연소의 종류와 특성
			2. 연소계산	1. 연소현상 이론 2. 이론 및 실제 공기량 3. 공기비 및 완전연소 조건 4. 발열량 및 열효율 5. 화염온도 6. 화염전파 이론
		2. 가스의 특성	1. 가스의 폭발	1. 폭발 범위 2. 폭발 및 확산 이론 3. 폭발의 종류
		3. 가스안전	1. 가스화재 및 폭발방지 대책	1. 가스폭발의 예방 및 방호 2. 가스화재 소화이론 3. 방폭구조의 종류 4. 정전기 발생 및 방지대책
가스설비	20	1. 가스설비	1. 가스설비	1. 가스제조 및 충전설비 2. 가스기화장치 3. 저장설비 및 공급방식 4. 내진설비 및 기술사항
			2. 조정기와 정압기	1. 조정기 및 정압기의 설치 2. 정압기의 특성 및 구조 3. 부속설비 및 유지관리
			3. 압축기 및 펌프	1. 압축기의 종류 및 특성 2. 펌프의 분류 및 각종 현상 3. 고장원인과 대책 4. 압축기 및 펌프의 유지관리

필기 과목명	출제 문제수	주요항목	세부항목	세세항목
			4. 저온장치	1. 저온생성 및 냉동사이클, 냉동장치 2. 공기액화사이클 및 액화 분리장치
			5. 배관의 부식과 방식	1. 부식의 종류 및 원리 2. 방식의 원리 3. 방식시설의 설계, 유지관리 및 측정
			6. 배관재료 및 배관설계	1. 배관설비, 관이음 및 가공법 2. 가스관의 용접·융착 3. 관경 및 두께계산 4. 재료의 강도 및 기계적 성질 5. 유량 및 압력손실 계산 6. 밸브의 종류 및 기능
		2. 재료의 선정 및 시험	1. 재료의 선정	1. 금속재료의 강도 및 기계적 성질 2. 고압장치 및 저압장치재료
			2. 재료의 시험	1. 금속재료의 시험 2. 비파괴 검사
		3. 가스용기기	1. 가스사용기기	1. 용기 및 용기밸브 2. 연소기 3. 콕크 및 호스 4. 특정설비 5. 안전장치 6. 차단용밸브 7. 가스누출경보/차단장치
가스안전 관리	20	1. 가스에 대한 안전	1. 가스제조 및 공급, 충전 등에 관한 안전	1. 고압가스 제조 및 공급·충전 2. 액화석유가스 제조 및 공급·충전 3. 도시가스 제조 및 공급·충전
		2. 가스사용시설 관리 및 검사	1. 가스저장 및 사용에 관한 안전	1. 저장 탱크 2. 탱크로리 3. 용기 4. 저장 및 사용시설
		3. 가스사용 및 취급	1. 용기, 냉동기, 가스용품, 특정설비 등 제조 및 수리 등에 관한 안전	1. 고압가스 용기제조 수리 검사 2. 냉동기기 제조, 특정설비 제조 수리 3. 가스용품 제조

필기 과목명	출제 문제수	주요항목	세부항목	세세항목
			2. 가스사용·운반·취급 등에 관한 안전	1. 고압가스 2. 액화석유가스 3. 도시가스
			3. 가스의 성질에 관한 안전	1. 가연성가스 2. 독성가스 3. 기타가스
		4. 가스사고 원인 및 조사, 대책수립	1. 가스안전사고 원인 조사 분석 및 대책	1. 화재사고 2. 가스폭발 3. 누출사고 4. 질식사고 등 5. 안전관리 이론, 안전교육 및 자체검사
가스계측	20	1. 계측기기	1. 계측기기의 개요	1. 계측기 원리 및 특성 2. 제어의 종류 3. 측정과 오차
			2. 가스계측기기	1. 압력계측 2. 유량계측 3. 온도계측 4. 액면 및 습도계측 5. 밀도 및 비중의 계측 6. 열량계측
		2. 가스분석	1. 가스분석	1. 가스 검지 및 분석 2. 가스 기기분석
		3. 가스미터	1. 가스미터의 기능	1. 가스미터의 종류 및 계량 원리 2. 가스미터의 크기선정 3. 가스미터의 고장처리
		4. 가스시설의 원격감시	1. 원격감시장치	1. 원격감시장치의 원리 2. 원격감시장치의 이용 3. 원격감시 설비의 설치·유지

출제기준(실기)

직무 분야	안전관리	중직무 분야	안전관리	자격 종목	가스산업기사	적용 기간	2020.1.1.~2023.12.31.

• 직무내용 : 가스 및 용기제조의 공정관리, 가스의 사용방법 및 취급요령 등을 위해 예방을 위한 지도 및 감독 업무와 저장, 판매, 공급 등의 과정에서 안전관리를 위한 지도 및 감독 업무를 수행하는 직무이다.

• 수행준거 : 1. 가스제조에 대한 전문적인 지식 및 기능을 가지고 각종 가스를 제조, 설치 및 정비작업을 할 수 있다.
2. 가스설비, 운전, 저장 및 공급에 대한 취급과 가스장치의 고장 진단 및 유지관리를 할 수 있다.
3. 가스기기 및 설비에 대한 검사업무 및 가스안전관리에 관한 업무를 수행할 수 있다.

실기검정방법	복합형	시험시간	필답형 : 1시간 30분, 작업형 : 1시간 30분 정도

실기 과목명	주요항목	세부항목	세세항목
가스 실무	1. 가스설비 실무	1. 가스 설비 설치하기	1. 고압가스 설비를 설계·설치관리 할 수 있다. 2. 액화석유가스 설비를 설계·설치관리 할 수 있다. 3. 도시가스 설비를 설계·설치관리 할 수 있다.
		2. 가스 설비 유지관리 하기	1. 고압가스 설비를 안전하게 유지관리 할 수 있다. 2. 액화석유가스 설비를 안전하게 유지관리 할 수 있다. 3. 도시가스 설비를 안전하게 유지관리 할 수 있다.
	2. 안전관리 실무	1. 가스안전 관리하기	1. 용기, 가스용품, 저장탱크 등 가스설비 및 기기의 취급운반에 대한 안전 대책을 수립할 수 있다. 2. 가스폭발 방지를 위한 대책을 수립하고, 사고발생 시 신속히 대응할 수 있다. 3. 가스시설의 평가, 진단 및 검사를 할 수 있다.
		2. 가스 안전검사 수행하기	1. 가스관련 안전인증대상 기계·기구와 자율안전 확인 대상 기계·기구 등을 구분할 수 있다. 2. 가스관련 의무안전인증 대상 기계·기구와 자율안전 확인대상 기계·기구 등에 따른 위험성의 세부적인 종류, 규격, 형식의 위험성을 적용할 수 있다. 3. 가스관련 안전인증 대상 기계·기구와 자율안전 대상 기계·기구 등에 따른 기계·기구에 대하여 측정장비를 이용하여 정기적인 시험을 실시할 수 있도록 관리계획을 작성할 수 있다. 4. 가스관련 안전인증 대상 기계·기구와 자율안전 대상 기계·기구 등에 따른 기계·기구 설치방법 및 종류에 의한 장단점을 조사할 수 있다. 5. 공정진행에 의한 가스관련 안전인증 대상 기계·기구와 자율안전 확인 대상 기계·기구 등에 따른 기계 기구의 설치, 해체, 변경 계획을 작성할 수 있다.

제 1 편
가스산업기사

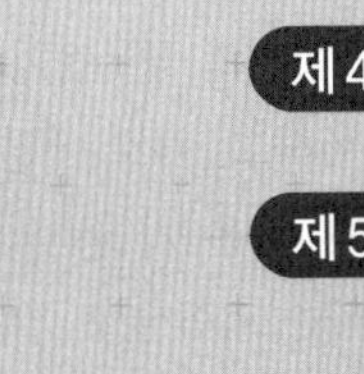
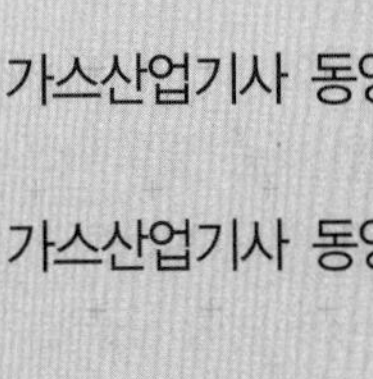
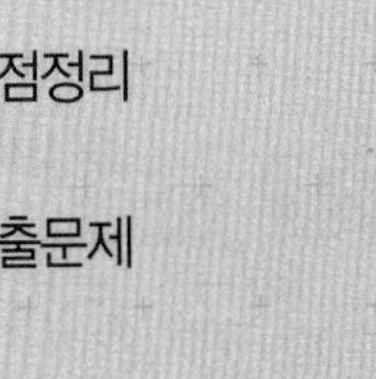

제 1 장 가스산업기사 필답형 이론정리

1 도시가스의 원료

(1) 도시가스의 원료는 저장상태에 따라 고체, 액체, 기체로 분류하는데 종류는 다음과 같다.

① **고체원료** : 석탄, 코우크스

② **액체원료** : 나프타, LPG(액화석유가스), LNG(액화천연가스)

③ **기체원료** : 천연가스, 업(off)가스, SNG(합성천연가스)

(2) 도시가스용 원료의 구비조건

① 제조설비의 건설비가 쌀 것

② 이동, 변동이 용이할 것

③ 공해 문제가 작을 것

④ 원료의 취급이 간편할 것

2 나프타(naphtha)

(1) 나프타(naphtha)

원유를 분별 증류할 때, 약 30~200℃의 범위의 끓는점에서 얻어지는 탄화수소의 혼합물로서 나프타 중 100℃ 이하인 것은 경질 나프타로 분류하고, 주로 에텐, 프로파인 등 석유화학의 원료로 사용하며 끓는점 100~200℃의 나프타는 옥탄가가 높은 가솔린의 조합재로 사용하거나 석유화학용 방향족 탄화수소 제품의 원료로 사용한다. 나프타는 화학섬유, 합성수지, 합성고무 등을 만드는 데 이용되는 것은 물론이고, 현대에서는 기능성이 더욱 뛰어난 플라스틱 연구개발에 응용되고 있다.

(2) 나프타의 특징

① 가스화가 용이하기 때문에 높은 가스화 효율을 얻을 수 있다.

② 타르, 카본 등의 부산물이 거이 생성되지 않는다.

③ 가스 중에는 불순물이 적어서 정제설비를 필요로 하지 않는 경우가 많다.

④ 도시가스 증열용으로 이용된다.

⑤ 대기오염, 수질오염의 환경문제가 적다.

⑥ 취급과 저장이 모두 용이하다.

(3) 나프타의 성질

가스용 나프타는 쉽게 가스화할 수 있어야 하며 탄화물의 생성이 작아야 하므로 다음과 같은 성질을 갖고 있어야 한다.

① 파라핀계 탄화수소가 많을 것(80% 이상)
② 유황분이 적을 것(0.05% 이하)
③ 유출온도가 높지 않을 것(140℃ 이하)
④ 카아본 석출이 적을 것
⑤ 촉매의 활성에 악 영향을 주지 않을 것

(4) 나프타의 성질이 가스화에 미치는 영향

① P : 파라핀계 찬화수소
② O : 올레핀계 탄화수소
③ N : 나프텐계 탄화수소
④ A : 방향족 탄화수소

3 오프가스(off gas) : 정유가스

일반적으로 off gas라고 불리우는 것에는 석유 정제의 off gas와 석유화학의 off gas 2종류가 있고 수소, 메탄 등의 탄화수소를 주성분으로 한 가스가 있다. 즉, off gas는 메탄, 에틸렌 등의 탄화수소 및 수소 등을 개질한 것이기 때문에 석유정제와 석유화학의 부생물이다.

① 석유정제의 off gas
원유의 상압증류, 감압증류 및 가솔린 생산을 위한 접촉 개질 공정에서 발생하는 가스이다.
➤ 상압증유 → 감압증유 → 가솔린 생산을 위한 접촉 개질 공정

② 석유화학의 off gas
나프타 분해에 의해 에틸렌 등을 제조하는 공정에서 발생한다.

4 액화석유가스(Liquefide petroleum gas)

LPG는 탄소수 3~4의 탄화수소 또는 그들을 주성분으로 하는 혼합물로써 주성분은 프로판, 프로필렌, 부탄, 부틸렌 등이며 가장 많이 함유되어 있는 것은 프로판이다. 현재 주로 사용되는 가스는 프로판과 부탄으로서 LPG란 프로판, 부탄을 의미한다.

5 액화천연가스(Liquefied Natural Gas : LNG)

엘엔지(LNG)는 Liquefied Natural Gas의 약자로서 메탄을 주성분으로 천연가스를 냉각해서 액화한 것이다.

6 합성천연가스[SNG : synthetic natural gas]

① 석유나 석탄 등을 원료로 만들어지는 가스로서 메탄이 주성분인 천연가스와 성분이 비슷하여 합성천연가스 또는 대체천연가스라 한다.

② 저온수증기 개질에 의한 SNG(대체천연가스)제조 프로세스

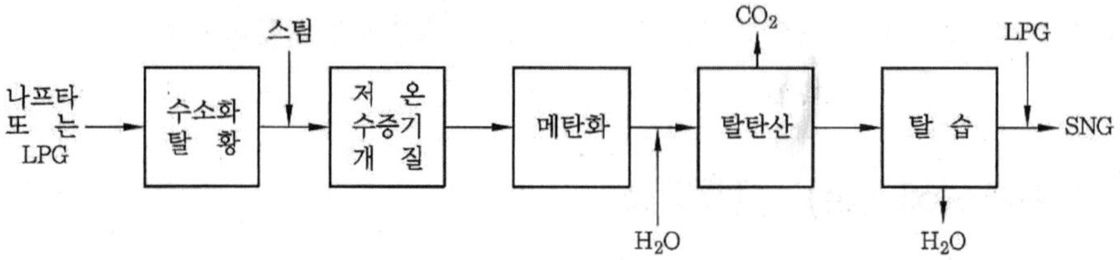

※ LPG → 수소화 탈황 → 저온 수증기 개질 → 메탄화 → 탈탄산 → 탈습 → SNG

7 가스의 제조공정

(1) 도시가스의 가스화 방식에 의한 분류

① **열분해(Thermal Cracking) 공정(Process)**

분자량이 큰 탄화수소(원유, 중유, 나프타 등) 원료를 800~900℃의 고온으로 분해하여 높은 열량(10000kcal/Nm^3)의 가스를 제조하는 방법으로 열분해에 의한 생성물은 수소, 메탄, 에틸렌, 프로필렌 등의 가스상의 탄화수소의 벤젠, 톨루엔 또는 타르, 나프탈린 등으로 분해한다.

② **접촉분해(Steam Reforming) 공정(Process)**

촉매를 사용하여 반응온도 400~800℃에서 탄화수소와 수증기를 반응시켜 수소, 일산화탄소, 탄산가스, 메탄, 에탄, 에틸렌, 프로필렌 등의 저급 탄화수소로 변화하는 반응을 말한다.

③ **부분연소 공정(Partical Combustion Process)**

메탄에서 나프타까지의 탄화수소를 원료로 하여 탄화수소의 분해에 필요한 열을 노내에 산소 또는 공기를 흡입시킴에 의해 원료의 일부를 연소시켜 연속적으로 2000~3000[kcal/Nm^3]정도의 가스를 제조하는 공정

④ **수소화(수첨) 분해공정**

C/H비가 큰 탄화수소를 고압(20~60기압), 고온(700~800℃)으로 하여 수증기 흐름 중에서 분해시키는 방법과 니켈 등의 수소화 촉매를 사용해서 나프타 등의 비교적 C/H비가 낮은 탄화수소를 메탄으로 변화하여 고발열량(7500kcal/Nm^3 전후)의 가스를 제조하는 공정이다.

⑤ **대체천연가스 공정(Substitute Natural Process)**

원료 탄화수소(LPG~원유)에 수분, 산소, 수소를 반응시켜 수증기 개질, 부분연소, 수첨 분해 등의 의해 가스화하고 메탄합성(메타네이션), 탈 탄소 등의 공정과 병용해서 천연가스와 거의 일치하는 가스를 제조하는 공정이다

(2) 가열방식에 의한 분류

① **자열식** : 가스화에 필요한 열을 발열반응(산화반응과 수첨분해반응)에 의해 가스를 발생시키는 방식이다.

② **부분연소식** : 원료에 소량의 공기와 산소를 혼합한 후 원료를 가스발생을 위한 반응기에 넣고 원료의 일부분을 연소시켜 발생한 열을 가스화 열원으로 이용하여 가스를 발생시키는 방식이다.

③ **외열식** : 원료가 들어있는 반응기를 외부에서 가열하여 발생한 열로 가스를 발생시키는 방식이다.

④ **축열식(내열식)** : 반응기 내에서 연료를 연소시켜 반응기를 가열한 후 원료를 송입하여 가스를 발생시키는 방식이다.

(3) 수증기 개질법으로 일정 압력, 일정 온도 상태에서 수증기비가 증가하면 CH_4, CO는 감소하고 H_2, CO_2가 많은 가스가 생성하는 이유 :

나프타(탄화수소)를 이용한 수증기 개질법에서 탄화수소와 수증기 간의 반응식은 다음과 같다.

$$A(C_mH_n)+B(H_2O) \rightarrow C(H_2)+D(CO)+E(CO_2)+F(CH_4)+G(C)+H(H_2O)$$

여기서 최종적으로 발생가스의 조성은 다음 3가지 식의 평형관계에 의하여 결정된다.

$CO+H_2O \Leftrightarrow CO_2+H_2$: 발열반응 …… ①

$CO+3H_2 \Leftrightarrow CH_4+H_2O$: 발열반응 …… ②

$2CO+2H_2 \Leftrightarrow CO_2+CH_4$: 발열반응 …… ③

수증기비가 증가하면 발생가스 중 H_2O의 분압이 증가한다. 따라서 ①식은 우방향으로, ②식은 좌방향으로 진행하기 쉽게 되며, CO_2 및 H_2O는 증가하고 CH_4 및 CO는 감소한다.

(4) 도시가스 제조법 중 수증기 개질법에서 반응온도를 상승시키면 수소와 일산화탄소가 많고, 이산화탄소와 메탄이 적은 저발열량의 가스가 생성되는 이유 :

나프타(탄화수소)를 이용한 수증기 개질법에서 탄화수소와 수증기 간의 반응식은 다음과 같다.

$$A(C_mH_n)+B(H_2O)\rightarrow C(H_2)+D(CO)+E(CO_2)+F(CH_4)+G(C)+H(H_2O)$$

여기서 최종적으로 발생가스의 조성은 다음 3가지 식의 평형관계에 의하여 결정된다.

$CO + H_2O \Leftrightarrow CO_2 + H_2$: 발열반응 …… ①

$CO + 3H_2 \Leftrightarrow CH_4 + H_2O$: 발열반응 …… ②

$2CO + 2H_2 \Leftrightarrow CO_2 + CH_4$: 발열반응 …… ③

②, ③ 반응식에서 우방향은 발열반응이고 좌반응은 흡열반응이므로 반응온도를 상승시키면 좌방향으로 반응이 진행되기 쉽게 되어 수소(H_2)와 일산화탄소(CO)가 많고, 이산화탄소(CO_2)와 메탄(CH_4)이 적은 저발열량의 가스가 발생된다.

(5) 석유분해법의 수증기 개질법

탄화수소 중 메탄에서 나프타 유분(비점 205℃ 이하)까지 원료로 사용할 수 있다. 토프소우법은 C_1 ~C_4 탄화수소를 원료로 하며, ICI법은 나프타를 원료로 한다. 탈황분이 3~5ppm이 될 때까지 충분히 탈황된 나프타를 수증기와 혼합하여 니켈계의 촉매상을 통하게 함으로써 다음의 반응이 일어난다.

$$C_mH_n + mH_2O \rightarrow mCO + \left(\frac{2m+n}{2}\right)H_2$$

이것을 동시에

$CO + 3H_2 \rightleftharpoons CH_4 + H_2O$

$CO + H_2O \rightleftharpoons CO_2 + H_2$ 의 반응도 일어난다.

(6) 나프타 접촉분해(수증기개질) 공정 카본(C)의 생성 방지법

① 반응식 : $CH_4 \rightleftarrows 2H_2 + C$

➤ 반응온도를 낮게 하고 반응압력을 높게 한다.

② 반응식 : $2CO \rightleftarrows CO + C$

➤ 반응온도를 높게 하고 반응압력을 낮게 한다.

8 정압기(Governer)의 기능

① 가스의 공급압력이 극히 제한된 영역에서 고압에서 중압으로 중압에서 저압으로 감압한다.

② 가스기구에 알맞은 적당한 압력으로 감압하여 공급한다.

③ 1차 유량 및 부하유량의 변동에 관계없이 2차 압력을 일정한 압력으로 유지한다.

9 정압기의 특성

정압기를 평가 선정할 경우에는 정압기의 정특성, 동특성(응답속도 및 안정성), 유량특성, 사용최대차압, 작동최소차압의 각 특성을 고려해야 한다.

(1) 정특성

정특성이란 정상상태에 있어서의 유량과 2차압력과의 관계이며 일반적으로 아래 그림과 같다.

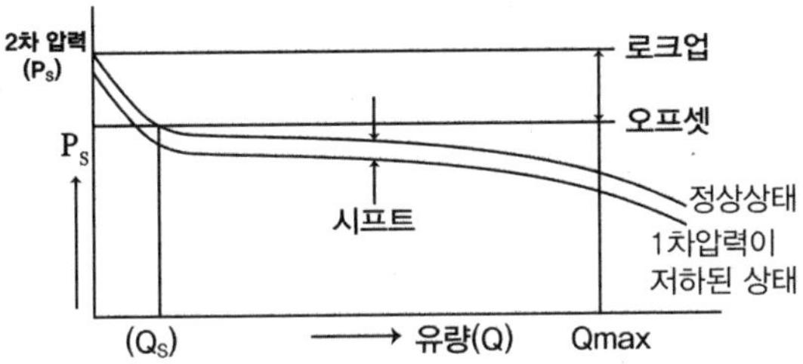

정특성에 있어서 일반적으로 기준량 Q_S일 때의 2차 압력을 P_S에 설정하여 유량이 변화했을 경우 2차 압력의 P_S로부터의 어긋난 것을 오프셋(offset)이라고 하며 유량이 영(零)으로 되었을 때의 닫힘 압력과 P_S의 차를 로크업(lock up)이라고 한다. 또 1차 압력 등의 변화에 의해서 정압곡선이 전체적으로 어긋나는 것을 시프트(shift)라고 한다. 일반적으로 오프셋, 로크업 및 시프트 등이 적은 것이 바람직하다.

(2) 동특성(응답속도 및 안정성)

동특성은 부하 변화가 큰 곳에 사용되는 정압기에 대하여 중요한 특성으로서 부하변동에 대한 응답의 신속성과 안정성이 모두 요구된다.

(3) 유량 특성(流量 特性)

정압기의 유량특성으로는 메인밸브의 열림(STROKE 또는 LIFT)과 유량과의 관계를 말하며, 정압기에는 다음 3가지 특성의 것이 많이 사용되고 있다.

① 직선형(LINEAR 型) : (유량)=K×(개도)의 관계가 있는 것으로, 메인밸브 개구부의 형상이 직사각형의 SLIT로 되어있는 경우에 생기며, 개도로 유량을 파악하기 편리하다.

② 2차형 : (유량)=K×(개도)2의 관계가 있는 것으로 메인밸브 개구부의 형상이 삼각형, 이른바 V-NOTCH로 되어 있는 경우에 생기며 서서히 유량을 올리는 TYPE의 것이다. 따라서 비교적 안정성이 좋다.

③ 평방근형 : (유량)=K×(개도)1/2의 관계가 있는 것으로 접시모양의 메인밸브의 경우에 생기며 신속한 개폐가 필요한 경우 사용한다. 따라서 다른 것에 비하여 안정성이 나쁘다.

(4) 사용 최대 차압

메인밸브(Main Valve)에는 1차 압력과 2차 압력의 차압이 작용하여 정압성능에 영향을 주지만 이것이 실용적으로 사용가능한 범위에서 최대가 되었을 때의 차압을 사용최대 차압이라 한다.

(5) 작동 최소 차압

PILOT식 정압기의 1차 압력과 2차 압력의 차압이 어느 정도 이상이 아니면 PILOT식 정압기는 작동 불가능하게 되며 이 최소치를 작동 최소 차압이라 한다.

10 구조에 따른 정압기의 분류

(1) 피셔(fisher)식 정압기

피셔식 정압기는 loading형으로서 정특성, 동특성이 양호하며 비교적 콤팩트하다.(현재 가장 많이 사용함)

(2) 액시얼-플로우(axial-flow)식 정압기

변칙 unloading형으로서 정특성, 동특성이 양호하며 특히, 고차압이 될수록 특성이 양호하다. 또한 극히 콤펙트하다.

(3) 레이놀드(Reynolds)식 정압기

unloading형으로 정특성이 극히 양호하지만 안정성이 부족하며 다른 것에 비해 형태가 크다.

11 정압기의 특징

종류	특징	사용압력
피셔식 (Fisher)	• 로딩형이다. • 정특성, 동특성이 양호하다. • 비교적 콤팩트 하다	• 고압 → 중압 A • 중압 A → 중압 A, 중압 B • 중압 A → 중압 B, 저압
레이놀즈식 (Reynolds)	• 언로딩형이다. • 정특성은 극히 좋으나 안정성이 부족하다. • 다른 정압기에 비하여 형태가 크다	• 중압 B→ 저압 • 저압→ 저압

종류	특징	사용압력
액시얼 플로우식 (Axial flow)	• 변칙 언로딩형이다. • 정특성, 동특성이 양호하다. • 고차압이 될수록 특성이 양호하다. • 극히 콤팩트하다.	• 고압 → 중압 A • 중압 A → 중압 A, 중압 B • 중압 A → 중압 B, 저압
KRF식	• 레이놀즈(Reynolds)식과 같다.	• 레이놀즈식과 같다.

12 피셔(Fisher)식 정압기

① 파이롯트식 정압기에는 언로딩(Unloading)형과 로딩(Loading)형의 2가지로 나눌 수 있으며, 파이롯트의 설치목적은 2차측의 미세한 압력을 감지하여 다이어프램에 로딩(구동)압력을 증폭시켜 보내주는 것으로서 국내에서 사용되는 것은 A.F.V(언로딩 : Unloading)와 피셔식(로딩 : Loading)이 대부분이다.

② 파이롯트 정압기는 출구압력이 비교적 안정된 형태로 공급이 되는 우수한 특징이 있으며, 대량수요처 및 지구정압기 등에 주로 사용 된다. 또한, 비슷한 크기의 직동식 정압기 보다 대용량이 요구되는 유량제어 범위가 양호한 정압기이다

(1) 2차압 이상 저하 원인

① 정압기의 능력부족
② 필터의 먼지류의 막힘
③ 파일로트의 오리피스의 녹 막힘
④ 센터 스템(center stem)의 작동불량
⑤ 스트로크의 조정 불량
⑥ 주 다이어프램의 파손

(2) 2차압 이상 저하 예방대책

① 적절한 정압기로 교환
② 필터의 교환
③ 필터교환과 분해정비
④ 정압기 분해 정비
⑤ 다이어프램 교환

(3) 2차압 이상 상승 원인

① 메인밸브에 먼지류가 끼어들어 cut-off 불량

② 메인밸브의 밸브 폐쇄부
③ 파일럿 공급밸브(pilot supply valve)의 누설
④ 센터 스템(center stem)과 메인밸브의 접속 불량
⑤ 바이패스 밸브류의 누설
⑥ 가스 중 수분의 동결

13 직독식 정압기 작동 원리

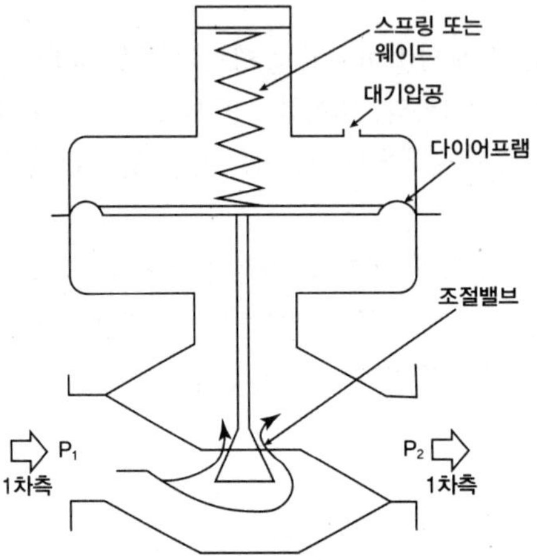

[직독식 정압기의 구조]

(1) 직동식 정압기의 2차측 압력이 설정압력보다 낮을 경우

2차측의 사용량이 증가하여 2차압력이 설정압력 이하로 저하하면 정압기의 스프링 힘이 다이어프램을 받치고 있는 힘보다 강해지면서 다이어프램에 연결된 메인밸브를 열리게 하여 가스의 유량이 증가하게 되며 2차 압력을 설정압력으로 유지되도록 작동한다.

(2) 직동식 정압기의 2차측 압력이 설정압력보다 높을 경우

2차측의 사용량이 감소하여 2차측 압력이 설정압력 이상으로 상승할 경우 다이어프램을 들어 올리는 힘이 증가하여 스프링의 힘에 이기고 다이어프램에 직결된 메인 밸브를 위쪽으로 움직여 가스의 유량을 제한하므로 2차압력을 설정압력이 유지되도록 작동한다.

14 가스홀더(gas holder) 기능

① 가스 수요의 시간적 변동에 대하여 일정한 제조 가스량을 안정하게 공급하고 남는 가스를 저장한다.
② 정전, 배관공사, 제조 및 공급설비의 일시적 지장에 대하여 어느 정도 공급을 확보한다.
③ 각 지역에 가스홀더를 설치하여 피크 시에 각 지구의 공급을 가스홀더에 의해 공급함과 동시에 배관의 수송효율을 올린다.
④ 조성이 변동하는 제조가스를 저장 혼합하여 공급 가스의 열량, 성분, 연소성 등을 균일화한다.

15 부취제

(1) 부취제의 종류 및 특성

① T.B.M(Tertiary Buthyl Mercatan)
양파 썩는 냄새가 나며 내산화성이 우수하고 토양에 대한 투과성이 우수하면 토양에 흡착되기 어렵다.

② D.M.S(Dimethyl Sufide)
마늘냄새가 나며 안전한 화합물로 내산화성이 우수하다. 또는 토양에 대한 투과성이 상당히 우수하며 토양에 흡착되기 쉽다.

③ T.H.T(Tetra Hydro Thiophene)
석탄가스 냄새가 나며 화학적으로 안정한 화합물이지만 토양에 대한 투과성이 보통이고 토양에 흡착되기 쉽다.

(2) 부취제의 화학적 안정성 비교

① 터시어리부틸 메르캅탄(T.B.M)
통상 메르캅탄류는 공기중에서 일부 산화되어 이황화물을 생성하기 쉽지만 T.B.M은 메르캅탄류 중에서 내산화성이 우수하다.

② 디메틸 썰파이드(D.M.S)
안정된 화합물이고 내산화성이 우수하다.

③ 테트라 히드로 티오펜(T.H.T)
화학 구조적으로 상당히 안정된 화합물이기 때문에 산화, 중합 등은 일어나지 않는다.

(3) 부취제의 구비조건

① 토양에 대한 투과성이 클 것

② 화학적으로 안정할 것
③ 물에 잘 녹지 않는 물질일 것
④ 독성이 없을 것
⑤ 완전히 연소하고 연소 후에 유해한 혹은 냄새를 갖는 성질을 남기지 않을 것
⑥ 도관을 부식시키지 않을 것
⑦ 가스관이나 가스미터에 흡착되지 않을 것
⑧ 극히 낮은 농도에서도 냄새가 확인될 수 있을 것
⑨ 보통 존재하는 냄새와 명확하게 식별될 것
⑩ 도관 내의 상용 온도에서는 응축하지 않을 것
⑪ 가격이 쌀 것

(4) 부취제 제거방법

부취제를 취급하다 부주의로 인하여 부취제를 엎질렀을 경우나 부취설비로부터 부취제가 흘러나오는 경우 다음과 같은 방법으로 제거할 수 있다.

① **활성탄에 의한 흡착법**

흡착력이 강한 활성탄을 사용하여 제거하는 방법으로 밀폐된 용기나 실내의 소량의 부취제용기의 흡착제거에는 유효하지만 대량의 처리에는 부적합하다.

② **화학적 산화처리법**

차아염소산나트륨 용액 등의 강한 산화제를 사용하여 부취제를 분해시켜 처리하는 방법으로 부취제 용기, 배관, 호오스 등의 세정과 부취제를 엎질렀을 경우 이용하는 것으로 산화제 농도가 높은 경우에는 급격한 산화에 의해 자연발화할 수 있으므로 주의가 필요하다. 이 방법은 T.H.T 등 안정한 부취제가 적합하다.

③ **연소법**

부취제 용기, 배관 등은 기름으로 닦은 후 그 기름을 연소시켜 처리하는 방법과 부취제 수입시의 증기를 퍼어지하는 대로 연소처리하는 방법이 있다. 일반적으로 부취제는 인화점이 낮으므로 화기에 충분한 주위가 필요하다.

(5) 부취제 주입방식

① **액체주입식** : 펌프주입방식, 적하주입방식, 미터연결바이패스방식
② **기체주입식** : 위크증발식, 바이패스 증발식
③ **기타 주입식** : 증기주입식, 고압분사식

16 내진설계

(1) 고압가스설비의 내진설계 기준에서 용어의 정의

① "위험도 계수"라 함은 평균재현주기 500년 지진지반운동수준에 대한 평균재현주기별 지반운동수준의 비를 말한다.

② "제1종 독성가스"라 함은 독성가스 중 염소, 시안화수소, 이산화질소, 불소 및 포스겐과 그 밖에 허용농도가 1ppm이하인 것을 말한다.

③ "제2종 독성가스"라 함은 독성가스중 염화수소, 삼불화붕소, 이산화유황, 불호수소, 브롬화수소, 브롬화메틸 및 황화수소와 그 밖에 허용농도가 1ppm초가 10ppm 이하인 것을 말한다.

④ "제3종 독성가스"라 함은 독성가스 중 제7호 및 제8호에서 규정한 제1종 및 제2종 독성가스 이외의 것을 말한다.

⑤ "내진 특등급"이라 함은 그 설비의 손상이나 기능상실이 사업소 경계밖에 있는 공공의 생명과 재산에 막대한 피해를 초래할 수 있을 뿐만 아니라 사회의 정상적인 기능 유지에 심각한 지장을 가져올 수 있는 것을 말한다.

⑥ "내진 1등급"이라 함은 그 설비의 손상이나 기능상실이 사업소 경계밖에 있는 공공의 생명과 재산에 상당한 피해를 초래할 수 있는 것을 말한다.

⑦ "내진 2등급"이라 함은 그 설비의 손상이나 기능상실이 사업소 경계밖에 있는 공공의 생명과 재산에 경미한 피해를 초래할 수 있는 것을 말한다.

17 지진기록 계측에 관한 요구사항

(1) 지진기록계측기의 설치 목적

① 지진시 또는 지진 경과후 도시가스 배관의 안정성과 사용성을 확보한다.

② 내진설계의 가정을 검증하고 설계이론을 개선시키기 위하여 도시가스 배관의 실제 동적거동에 대한 정보를 획득한다.

③ 매설배관 및 주변 지반의 거동에 관한 자료를 취득하고 축적한다.

(2) 지진기록계측기

계측에는 가속도계, 속도계, 변위계, 간극수압계, 동토압계, 수압계 등을 사용한다.

(3) 계측항목 선정

① 계측항목의 선정은 배관의 규모, 중요도, 지반 조건에 따라 달라지므로, 구체적인 계측결과의 활용목적, 평가수법 등을 명확하게 수립한 후 계측항목을 선정하여야 한다.

② 지하 매설배관의 특성상 구조물의 변형은 지반의 변형과 거의 동일함으로 지반 변형을 통해 응력을 계측할 수 있고 이로서 지진에 의한 배관의 안전성을 도모할 수 있으므로 이에 대한 계측계획을 적절히 수립하여야 한다.
③ 액상화에 대한 관측을 위하여 지반에 간극수압계를 설치할 수 있다.

18 저장능력 산정

(1) 압축가스 저장탱크 및 용기 저장능력 산정 계산식

$Q=(10P+1)V$

Q : 저장능력(m^3)
P : 35℃에서의 최고충전 압력(MPa)
V : 내용적(m^3)

(2) 액화가스 저장탱크 저장능력 산정 계산식

$W=0.9dV_2$

W : 저장능력(단위 : kg)
d : 상용온도에서의 액화가스의 비중(단위 : kg/ℓ)
V_2 : 내용적(단위 : ℓ)

(3) 액화가스의 용기 및 차량에 고정된 탱크 저장능력 산정 계산식

$$W=\frac{V_2}{C}$$

V_2 : 내용적(단위 : ℓ)
C : 저온 용기 및 차량에 고정된 저온 탱크와 초저온 용기 및 차량에 고정된 초저온 탱크에 충전하는 액화가스에 있어서는 그 용기 및 탱크의 상용온도 중 최고의 온도에 있어서의 그 가스의 비중(단위 : kg/ℓ)의 수치에 10분의 9를 곱한 수치의 역수, 그밖의 액화가스의 충전용기 및 차량에 고정된 탱크에 있어서는 다음 표의 가스종류에 따르는 정수

액화가스의 종류	정수	액화가스의 종류	정수
액화프로판	2.35	액화암모니아	1.86
액화부탄	2.05	액화산소	104

(4) 저장탱크 및 용기가 다음 각 목에 해당하는 경우에는 제1호에 따라 산정한 각각의 저장능력을 합산한다. 다만, 액화가스와 압축가스가 섞여 있는 경우에는 액화가스 10kg을 압축가스 $1m^3$로 본다.

① 저장탱크 및 용기가 배관으로 연결된 경우
② 가목의 경우를 제외한 경우로서 저장탱크 및 용기 사이의 중심거리가 30m 이하인 경우 또는 같은 구축물에 설치되어 있는 경우. 다만, 소화설비용 저장탱크 및 용기는 제외한다.

(5) 액화천연가스(기화된 천연가스 포함)의 저장설비와 처리설비(1일 처리능력이 52,500m^3 이하인 펌프·압축기·응축기·기화장치 제외)는 그 외면으로부터 사업소경계[사업소경계가 바다·호수·하천(「하천법」에 따른 하천을 말한다. 이하 같다)·연못 등의 경우에는 이들의 반대편 끝을 경계로 본다]까지 다음 계산식에 따라 얻은 거리(그 거리가 50m 미만의 경우에는 50m) 이상을 유지할 것

$$L = C \times \sqrt[3]{143000W}$$

이 계산식에서
L, C 및 W는 각각 다음의 수치를 표시한다.
L : 유지하여야 하는 거리(단위 : m)
C : 저압 지하식 저장탱크는 0.240, 그 밖의 가스저장설비와 처리설비는 0.576
W : 저장탱크는 저장능력(단위 : 톤)의 제곱근, 그 밖의 것은 그 시설 안의 액화천연가스의 질량(단위 : 톤)

(6) "처리능력"이란 처리설비 또는 감압설비에 의하여 압축·액화나 그 밖의 방법으로 1일에 처리할 수 있는 가스의 양(0℃, 0㎩ 게이지압력의 상태 기준)을 말한다.

19 냉동능력 산정기준

원심식 압축기를 사용하는 냉동설비는 그 압축기의 원동기 정격출력 1.2㎾를 1일의 냉동능력 1톤으로 보고, 흡수식 냉동설비는 발생기를 가열하는 1시간의 입열량 6천640kcal를 1일의 냉동능력 1톤으로 본다.

20 안전관리법에 정한 가스의 정의

(1) 액화가스의 정의

"액화가스"란 가압(加壓)·냉각 등의 방법에 의하여 액체상태로 되어 있는 것으로서 대기압에서의 끓는점이 섭씨 40도 이하 또는 상용 온도 이하인 것을 말한다.

(2) 압축가스의 정의

"압축가스"란 일정한 압력에 의하여 압축되어 있는 가스를 말한다.

21 월사용예정량

(1) 도시가스 및 특정가스 사용시설의 월사용예정량 계산식

$$Q = \frac{(A \times 240) + (B \times 90)}{11000}$$

위 계산식에서,

Q : 월 사용예정량(m^3)

A : 산업용으로 사용하는 연소기의 명판에 적힌 도시가스 소비량의 합계(kcal/h)

B : 산업용이 아닌 연소기의 명판에 적힌 도시가스 소비량의 합계(kcal/h)

(2) 가스소비량 합계 방법 : 도시가스 사용시설 기준

1) 월사용예정량 계산 시 가정용으로 사용하는 연소기의 가스소비량은 합산대상에서 제외한다
   ① 가정용 연소기라 함은 원칙적으로 일반 가정집의 취사 및 냉난방용 연소기를 의미하는 것으로 본다. 다만, 가정집 외의 건물에 거주하는 자가 취사 및 냉난방용 등 개인의 일상생활 영위를 위하여 사용하는 연소기도 그 사용목적상 가정용 연소기로 분류한다.
   ② 가정용 연소기의 예는 여관 종업원의 취사 및 냉난방용 연소기, 종업원 비상대기실의 취사 및 냉난방용 연소기(근린생활시설에서 영업용을 제외한 가정용 시설)로 한다.
2) 당해 가스를 이용하여 직접 제품을 생산, 판매(일반적인 유통방법에 의한 판매)하는 경우는 산업용으로, 그 밖의 경우는 비산업용으로 계산한다.

22 연소성 측정

매일 6시 30분부터 9시 사이와 17시부터 20시 30분 사이에 각각 1회씩 가스홀더 또는 압송기 출구에서 연소속도 및 웨베지수를 다음 계산식에 따라 측정하되, 웨베지수가 표준웨베지수의 ±4.5% 이내를 유지할 것. 다만, 가스도매사업자로부터 배관으로 천연가스를 공급받는 일반도시가스사업자의 가스공급시설은 제외하며, 액화석유가스와 공기를 혼합하여 도시가스를 공급하는 경우의 웨베지수는 제1항에서 측정한 열량으로부터 계산하는 방법으로 구할 수 있다.

(1) 연소속도

KS B 2081(연료가스의 헴펠식 분석방법) 또는 KS M 2077(액화석유가스의 탄화수소성분 시험방법)에 따라 도시가스 중의 수소·일산화탄소·메탄·메탄 외의 탄화수소 및 산소의 함유율과 도시가스의 비중을 측정하고, 다음 계산식에 따라 계산한 값으로 한다.

여기서,

Cp : 연소속도

$$C_P = K\frac{1.0H_2 + 0.6(CO + C_mH_n) + 0.3CH_4}{\sqrt{d}}$$

K : 도시가스 중 산소 함유율에 따라 정하는 정수로서 다음 도표에서 구한 값

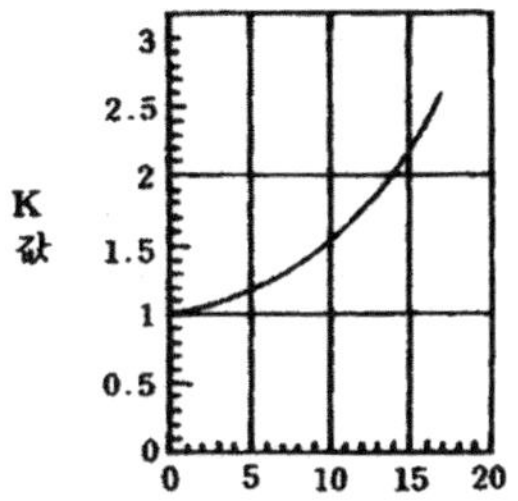

[도시가스 중의 산소 함유율(용량 %)]

H_2 : 도시가스 중의 수소 함유율(단위 : 용량 %)

CO : 도시가스 중의 일산화탄소 함유율(단위 : 용량 %)

C_mH_n : 도시가스 중의 메탄 외의 탄화수소 함유율(단위 : 용량 %)

CH_4 : 도시가스 중의 메탄 함유율(단위 : 용량 %)

d : 도시가스 중의 공기에 대한 비중

(2) 웨베 지수

도시가스의 총발열량을 도시가스 비중의 평방근으로 나눈 값으로 도시가스의 연소성이나 호환성을 판단하는 지수로 사용한다. 웨베지수는 아래 계산식에 따라 측정하되, 웨베지수가 표준웨베지수의 ±4.5% 이내를 유지할 것

$$WI = \frac{Hg}{\sqrt{d}}$$

여기서

WI : 웨베 지수

Hg : 도시가스의 총발열량(단위 : $kcal/m^3$)

d : 도시가스의 공기에 대한 비중

23 용기종류별 부속품의 기호

① 아세틸렌가스를 충전하는 용기의 부속품 : AG
② 압축가스를 충전하는 용기의 부속품 : PG
③ 액화석유가스외의 액화가스를 충전하는 용기의 부속품 : LG
④ 액화석유가스를 충전하는 용기의 부속품 : LPG
⑤ 초저온용기 및 저온용기의 부속품 : LT

24 용기의 각인 기호

① V - 내용적(ℓ)
② W - 밸브 및 부속품을 포함하지 아니한 용기의 질량(kg)
③ TP - 내압시험압력(MPa)
④ FP - 압축가스 충전 용기의 경우 최고충전압력(MPa)

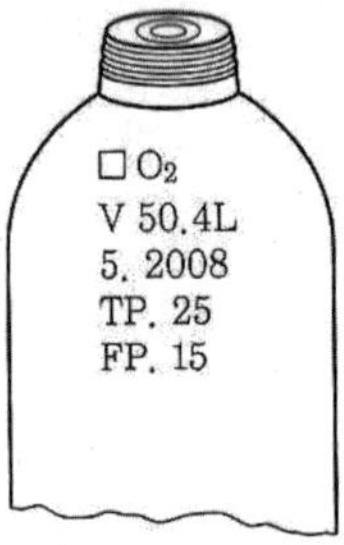

25 용기의 도색

(1) 공업용 용기의 도색

가스의 종류	도색의 구분	가스의 종류	도색의 구분
액화석유가스	회색	액화암모니아	백색
수소	주황색	액화염소	갈색
아세틸렌	황색	액화탄산가스	청색
산소	녹색	그밖의 가스	회색

(2) 의료용 용기의 도색

가스의 종류	도색의 구분	가스의 종류	도색의 구분
산소	백색	질소	흑색
액화탄산가스	회색	아산화질소	청색
헬륨	갈색	싸이크로프로판	주황색
에틸렌	자색	그 밖의 가스	회색

26 도시가스사업법 시행규칙

1. “배관”이란 도시가스를 공급하기 위하여 배치된 관(管)으로써 본관, 공급관, 내관 또는 그 밖의 관을 말한다.
2. “본관”이란 다음 각 목의 것을 말한다.
   가. 가스도매사업의 경우에는 도시가스제조사업소(액화천연가스의 인수기지를 포함한다. 이하 같다)의 부지 경계에서 정압기지(整壓基地)의 경계까지 이르는 배관. 다만, 밸브기지 안의 배관은 제외한다.
   나. 일반도시가스사업의 경우에는 도시가스제조사업소의 부지 경계 또는 가스도매사업자의 가스시설 경계에서 정압기(整壓器)까지 이르는 배관
   다. 나프타부생가스·바이오가스제조사업의 경우에는 해당 제조사업소의 부지 경계에서 가스도매사업자 또는 일반도시가스사업자의 가스시설 경계 또는 사업소 경계까지 이르는 배관
   라. 합성천연가스제조사업의 경우에는 해당 제조사업소의 부지 경계에서 가스도매사업자의 가스시설 경계 또는 사업소 경계까지 이르는 배관
3. “공급관”이란 다음 각 목의 것을 말한다.
   가. 공동주택, 오피스텔, 콘도미니엄, 그 밖에 안전관리를 위하여 산업통상자원부장관이 필요하다고 인정하여 정하는 건축물(이하 “공동주택등”이라 한다)에 도시가스를 공급하는 경우에는 정압기에서 가스사용자가 구분하여 소유하거나 점유하는 건축물의 외벽에 설치하는 계량기의 전단밸브(계량기가 건축물의 내부에 설치된 경우에는 건축물의 외벽)까지 이르는 배관
   나. 공동주택등 외의 건축물 등에 도시가스를 공급하는 경우에는 정압기에서 가스사용자가 소유하거나 점유하고 있는 토지의 경계까지 이르는 배관
   다. 가스도매사업의 경우에는 정압기지에서 일반도시가스사업자의 가스공급시설이나 대량수요자의 가스사용시설까지 이르는 배관
   라. 나프타부생가스·바이오가스제조사업 및 합성천연가스제조사업의 경우에는 해당 사업소의 본관 또는 부지 경계에서 가스사용자가 소유하거나 점유하고 있는 토지의 경계까지 이르는 배관
4. “사용자공급관”이란 제3호가목에 따른 공급관 중 가스사용자가 소유하거나 점유하고 있는 토지의 경계에서 가스사용자가 구분하여 소유하거나 점유하는 건축물의 외벽에 설치된 계량기의 전단밸브(계량기가 건축물의 내부에 설치된 경우에는 그 건축물의 외벽)까지 이르는 배관을 말한다.
5. “내관”이란 가스사용자가 소유하거나 점유하고 있는 토지의 경계(공동주택 등으로서 가스사용자가 구분하여 소유하거나 점유하는 건축물의 외벽에 계량기가 설치된 경우에는 그 계량기의 전단밸브, 계량기가 건축물의 내부에 설치된 경우에는 건축물의 외벽)에서 연소기까지 이르는 배관을 말한다.

27 압력의 정의

① "설계압력"이란 고압가스용기 등의 각부의 계산두께 또는 기계적 강도를 결정하기 위해 설계된 압력을 말한다.

② "상용압력"이란 내압시험압력 및 기밀시험압력의 기준이 되는 압력으로서 사용 상태에서 해당설비 등의 각부에 작용하는 최고사용압력을 말한다.

③ "설정압력(Set Pressure)"이란 안전밸브의 설계상 정한 분출압력 또는 분출개시압력으로서 명판에 표시된 압력을 말한다.

④ "축적압력(Accumulated Pressure)"이란 내부유체가 배출될 때 안전밸브로 인하여 축적되는 압력으로서 그 설비 안에서 허용될 수 있는 최대압력을 말한다.

⑤ "최고충전압력"이란 21℃에서 통상 충전압력(20.7MPa)의 1.0배 압력 또는 57℃에서 통상 충전압력의 1.25배 압력을 말한다.

28 도시가스의 압력 기준

① "고압"이란 1MPa 이상의 압력(게이지압력)을 말한다. 다만, 액체상태의 액화가스는 고압으로 본다.

② "중압"이란 0.1MPa 이상 1MPa 미만의 압력을 말한다. 다만, 액화가스가 기화되고 다른 물질과 혼합되지 아니한 경우에는 0.01MPa 이상 0.2MPa 미만의 압력을 말한다.

③ "저압"이란 0.1MPa 미만의 압력을 말한다. 다만, 액화가스가 기화(氣化)되고 다른 물질과 혼합되지 아니한 경우에는 0.01MPa 미만의 압력을 말한다.

29 독성가스

① 고압가스 안전관리법 시행규칙에서 "독성 가스"란 아크릴로니트릴·아크릴알데히드·아황산가스·암모니아·일산화탄소·이황화탄소·불소·염소·브롬화메탄·염화메탄·염화프렌·산화에틸렌·시안화수소·황화수소·모노메틸아민·디메틸아민·트리메틸아민·벤젠·포스겐·요오드화수소·브롬화수소·염화수소·불화수소·겨자가스·알진·모노실란·디실란·디보레인·세렌화수소·포스핀·모노게르만

② ① 및 그밖에 공기 중에 일정량 이상 존재하는 경우 인체에 유해한 독성을 가진 가스로써 허용농도(해당 가스를 성숙한 흰쥐 집단에게 대기 중에서 1시간 동안 계속하여 노출시킨 경우 14일 이내에 그 흰쥐의 2분의 1 이상이 죽게 되는 가스의 농도를 말한다. 이하 같다)가 100만분의 5000 이하인 것을 말한다.

③ LC50(Lethal Concentration Fifty) : 실험동물에 화학물질, 약품 등을 일정시간 흡입시킨 후 실험동물의 50%가 사망하는 약품농도(ppm, mg/m^3)을 말한다.

④ 독성가스 허용농도의 종류

㉠ TLV-TWA(Threshold Limit Value-Time Weighted Average)
시간가중치로서 거의 모든 노동자가 1일 8시간 또는 주40시간의 평상작업에 있어서 악 영향을 받지 않는다고 생각되는 농도로서 시간에 중점을 둔 유해물질의 평균농도이다.

㉡ TLV-STEL(Threshold Limit Value-Short Time Exposure Limit)
단시간에 있어서의 노출한계치로서 노동자가 15분간 연속하여 노출되어도 자극, 만성적인 조직변화, 작업능률의 실질적인 저하 등을 초래하는 정도의 마취상태 등을 일으키지 않는 유해물질의 최고농도이다.

30 가연성 가스

고압가스 안전관리법 시행규칙에서 "가연성 가스"라 함은 아크릴로니트릴·아크릴알데히드·아세트알데히드·아세틸렌·암모니아·수소·황화수소·시안화수소·일산화탄소·이황화탄소·메탄·염화메탄·브롬화메탄·에탄·염화에탄·염화비닐·에틸렌·산화에틸렌·프로판·싸이크로프로판·프로필렌·산화프로필렌·부탄·부타디엔·부틸렌·메틸에테르·모노메틸아민·디메틸아민·트리메틸아민·에틸아민·벤젠·에틸벤젠 그밖에 공기 중에서 연소하는 가스로써 폭발한계(공기와 혼합된 경우 연소를 일으킬 수 있는 공기 중의 가스의 농도의 한계를 말한다. 이하 같다)의 하한이 10% 이하인 것과 폭발한계의 상한과 하한의 차가 20% 이상인 것을 말한다.

31 폭발 한계(연소한계, 가연한계)

① **폭발한계의 정의** : 가연성 가스와 공기(또는 산소)의 혼합물에서 가연성 가스의 농도가 낮을 때나 높을 때 화염의 전파가 일어나지 않는 농도가 있다. 농도가 낮을 경우를 폭발하한계, 높을 경우를 폭발 상한계라 하고 그 사이를 폭발 범위라고 한다.

② **폭발하한계(LEL)** : 점화원에 의해 불꽃이 전파되는 가스의 최소 농도로서 공기나 산소중의 농도로서 단위는 부피%이다.

③ **폭발상한계(UEL)** : 점화원에 의해 불꽃이 전파되는 가스의 최대 농도로서 공기나 산소중의 농도로서 단위는 부피%이다.

32 르샤틀리에의 법칙

① 르샤틀리에의 원리(Le Chatelier′s principle)는 "어떤 가역반응의 평형상태가 외부 작용에 의해 변하면 그 외부 작용의 효과를 줄이는 방향으로 평형이 이동하여 새로운 평형상태에 도달한다"는 원리로, '화학 평형이동의 법칙'이라고 한다. 화학 평형 상태에 있는 반응에 외부 조건을 변화시켰을 때, 어떤 반응이 일어날지 예측할 때 이용한다.
어떤 가역반응이 화학 평형상태에 있을 때 반응물 또는 생성물의 농도, 온도, 부피, 부분 압력 등을 변화시키면 반응의 화학 평형상태는 깨지고 화학 반응이 일어난다. 반응의 방향은 주어진 조건의 변화를 없애려는 방향으로 진행되어 결국 다시 화학 평형상태를 이루게 된다.

② 2종류 이상의 가연성가스가 혼합되었을 경우 혼합가스의 폭발범위 하한값과 상한값을 계산하는 것으로 르샤틀리에의 공식은 다음과 같다.

○ 르샤틀리에의 공식

$$\frac{100}{L} = \frac{V_1}{L_1} + \frac{V_2}{L_2} + \frac{V_3}{L_3} + \cdots$$

여기서 L : 혼합가스의 폭발 한계치
L_1, L_2, L_3 : 각 성분의 단독 폭발 한계치(%)
V_1, V_2, V_3 : 각 성분의 부피(용량)(%)

33 고압가스의 종류 및 범위

「고압가스 안전관리법」(이하 "법"이라 한다) 제2조에 따라 법의 적용을 받는 고압가스의 종류 및 범위는 다음 각 호와 같다. 다만, 별표 1에 정하는 고압가스는 제외한다.

① 상용(常用)의 온도에서 압력(게이지압력을 말한다. 이하 같다)이 1메가파스칼 이상이 되는 압축가스로서 실제로 그 압력이 1메가파스칼 이상이 되는 것 또는 섭씨 35도의 온도에서 압력이 1메가파스칼 이상이 되는 압축가스(아세틸렌가스는 제외한다)
② 섭씨 15도의 온도에서 압력이 0파스칼을 초과하는 아세틸렌가스
③ 상용의 온도에서 압력이 0.2메가파스칼 이상이 되는 액화가스로서 실제로 그 압력이 0.2메가파스칼 이상이 되는 것 또는 압력이 0.2메가파스칼이 되는 경우의 온도가 섭씨 35도 이하인 액화가스
④ 섭씨 35도의 온도에서 압력이 0파스칼을 초과하는 액화가스 중 액화시안화수소·액화브롬화메탄 및 액화산화에틸렌가스

34 탱크의 내용적 제한

가연성 가스(액화석유가스 제외)탱크 및 산소탱크의 내용적은 1만 8천ℓ, 독성 가스(액화암모니아 제외)탱크의 내용적은 1만 2천ℓ를 초과하지 아니할 것. 다만, 철도차량 또는 견인되어 운반되는 차량에 고정하여 운반하는 탱크의 경우에는 그러하지 아니하다.

35 고압가스설비 설치용 피해저감설비

① 방류둑
② 방호벽
③ 살수장치
④ 제독설비
⑤ 중화·이송설비
⑥ 온도상승방지설비
⑦ 소화설비
⑧ 가스공급 차단장치

36 통신설비

통 신 범 위	통 신 설 비
안전관리자가 상주하는 사업소와 현장사무소와의 사이 또는 현장사무소 상호 간	1. 구내전화 2. 구내방송설비 3. 인터폰 4. 페이징설비
사업소 내 전체	1. 구내방송설비 2. 사이렌 3. 휴대용확성기 4. 페이징설비 5. 메가폰(면적 1500m^2 이하)
종업원 상호간(사업소 내 임의 장소)	1. 페이징설비 2. 휴대용확성기 3. 트랜시버 4. 메가폰(면적 1500m^2 이하)

37 고압가스설비 설치용 사고예방설비

① 과압안전장치
② 가스누출경보 및 자동차단장치
③ 긴급차단장치
④ 역류방지장치
⑤ 역화방지장치
⑥ 위험감시 및 제어장치
⑦ 오발진방지장치
⑧ 전기방폭설비
⑨ 환기설비
⑩ 부식방지설비
⑪ 정전기제거설비

38 진공 단열법

공기의 열전도율보다 낮은 값을 얻기 위하여 단열공간을 진공으로 하여 공기에 의한 전열을 제거한 단열법으로 고진공 단열법, 분말 진공 단열법, 다층 진공 단열법이 있다.

(1) 고진공 단열법

공기에 의한 전열은 압력이 10^{-3}Torr 정도까지 내려가면 압력에 비례하여 급격히 감소하게 되는데 이것은 기체 분자의 평균 자유 행정이 온도차가 큰 벽 사이보다 길게 되어 기체 분자가 양 온도 사이를 직접 왕복하여 열을 전하기 때문이다. 이것을 분자 열전도(kcal/m.h.℃)라 한다. 보온병의 원리와 같으며 고진공 또는 10^{-4}Torr 정도이다.

(2) 분말 진공 단열법

2면 간의 거리를 짧게 하면 비교적 압력이 높은 곳에서도 분자열전도 현상이 나타난다. 만약 2면 간에 미세한 분말을 충진하면 상압에서도 열전도율이 공기보다 약간 작아진다. 여기서 다시 압력을 낮추어 분말의 지름 정도를 크게 하면 진공단열의 효과를 얻는다. 이 원리를 이용한 것이 분말진공 단열법이며 10^{-2}Torr의 진공을 유지함으로써 단열효과를 얻을 수 있다. 충진용 분말로는 샌다셀, 퍼얼라이트, 규조토 알루미늄분말 등이 사용된다.

(3) 다층 진공 단열법

양면 간에 복사 방지용 시일드판으로의 알루미늄박과 스페이서로의 글라스울을 서로 다수 포개어 고진공 중에 둔 단열법으로 고진공 단열법과 큰 차이없는 50(mm)의 두께로 고진공 단열법보다 좋은 효과를 얻을 수 있으며 최고의 단열성능을 얻으려면 10^{-5}Torr 정도의 높은 진공도를 필요로 한다.

39 초저온용기의 단열성능시험

○ $Q = \dfrac{W \cdot q}{H \cdot \Delta t \cdot V}$

○ $Q = \dfrac{\text{기화가스량}(kg/h) \times \text{시험용가스의 기화잠열}(kcal/kg)}{\text{측정시간}(h) \times \text{시험용가스의 비점과 외기온도차}(℃) \times \text{용기내용적}(l)}$

○ 판정 기준 : 침입열량이 0.0005kcal/hr · ℃ · ℓ(내용적이 1,000ℓ 이상인 초저온 용기는 0.002kcal/hr · ℃ · ℓ) 이하의 경우를 합격으로 한다.

40 초저온 LNG 저장설비의 방호(containment)

LNG저장탱크의 방호형식을 단일방호형식, 이중방호형식, 완전방호형식으로 구분하고 있으며, 이중 이중방호형식과 완전방호형식 저장탱크는 충격손상, 열복사, 폭발과 같은 외력을 포함한 정략적 안전성평가(QRA)를 받고, 저온보호장치(TPS) 등을 설치하도록 규정하고 있다.

① **단일 방호(single containment)식 저장탱크** : 내부탱크와 단열재를 시공한 외부벽으로 이루어진 것으로 저장탱크에서 LNG의 유출이 발생할 때 이를 저장하기 위한 낮은 방류둑으로 둘러싸여 있는 형식이다.

② **이중 방호(double containment)식 저장탱크** : 내부탱크와 외부탱크가 각기 별도로 초저온의 LNG를 저장할 수 있도록 설계, 시공된 것으로 유출되는 LNG의 액이 형성하는 액면을 최소한으로 줄이기 위해 외부탱크는 내부탱크에서 6m 이내의 거리에 설치하여 내부탱크에서 유출되는 액을 저장하도록 되어 있는 형식이다.

③ **완전 방호(full containment)식 저장탱크** : 내부탱크와 외부탱크를 모두 독립적으로 초저온의 액을 저장할 수 있도록 설계, 시공된 것으로 외부탱크 또는 벽은 내부탱크에서 1~2m 사이에 위치하여 내부탱크의 사고 발생 시 초저온의 액을 저장할 수 있으며 누출된 액에서 발생된 BOG를 제어하여 벤트(vent)시킬 수 있도록 되어 있는 형식이다.

※ LNG저장탱크를 단일방호식, 이중방호식, 완전방호식 3종류로 구분하고 있다. 하지만 EN 14620에서는 3종류 외에도 멤브레인식까지 4종류로 저장탱크를 구분하고 있다.

41 저온 액화가스 저장탱크 열침입 원인

① 외면으로 부터의 열복사
② 밸브, 안전벨브 등에 의한 열전도
③ 단열재를 충전한 공간에 남은 가스 분자의 열전도
④ 연결된 배관으로 부터의 열전도
⑤ 지지점에서의 열전도

42 과압안전장치의 작동압력

액화가스의 고압가스설비 등에 부착되어 있는 스프링식 안전밸브는 상용의 온도에서 그 고압가스설비 등 내의 액화가스의 상용의 체적이 그 고압가스설비 등 내의 내용적의 몇 98%까지 팽창하게 되는 온도에 대응하는 그 고압가스설비 등 내외 압력에서 작동하는 것으로 하여야 한다.

43 용기에 의한 저장

실외저장소는 그 실외저장소의 안전 확보와 실외저장소에서 가스가 누출되는 경우 재해 확대를 방지하기 위하여 충전용기와 잔가스 용기의 보관장소는 1.5m 이상의 간격을 두어 구분하는 등 안전하게 설치하고 필요한 조치를 마련할 것

44 액화석유가스 집단공급 저장기준

(1) 실외저장소 안의 용기군(容器群) 사이의 통로는 다음 기준에 맞게 할 것

① 용기의 단위 집적량은 30톤을 초과하지 아니할 것

② 팰릿(pallet)에 넣어 집적된 용기군 사이의 통로는 그 너비가 2.5m 이상일 것

③ 팰릿에 넣지 아니한 용기군 사이의 통로는 그 너비가 1.5m 이상일 것

(2) 실외저장소 안의 집적된 용기의 높이는 다음 기준에 맞게 할 것

① 팰릿에 넣어 집적된 용기의 높이는 5m 이하일 것

② 팰릿에 넣지 아니한 용기는 2단 이하로 쌓을 것

45 도시가스배관 설치 기준

(1) 도시가스배관 지하매설 기준

도시가스배관을 매설하는 경우에는 설치 환경에 따라 다음 기준에 따른 적절한 매설 깊이나 설치간격을 유지할 것

① 공동주택 등의 부지 안에서는 0.6m 이상

② 폭 8m 이상의 도로에서는 1.2m 이상. 다만, 도로에 매설된 최고사용압력이 저압인 배관에서 횡으로 분기하여 수요가에게 직접 연결되는 배관의 경우에는 1m 이상으로 할 수 있다.

③ 폭 4m 이상 8m 미만인 도로에서는 1m 이상. 다만, 다음 어느 하나에 해당하는 경우에는 0.8m 이상으로 할 수 있다.

㉠ 호칭지름이 300mm 이하로써 최고사용압력이 저압인 배관

㉡ 도로에 매설된 최고사용압력이 저압인 배관에서 횡으로 분기하여 수요가에게 직접 연결되는 배관

(2) 도시가스 사용시설 배관설치 기준

지상배관은 부식방지도장 후 표면색상을 황색으로 도색하고, 지하매설배관은 최고사용압력이 저압인 배관은 황색으로, 중압 이상인 배관은 붉은색으로 할 것. 다만, 지상배관의 경우 건축물의 내·외벽에 노출된 것으로서 바닥(2층 이상의 건물의 경우에는 각 층의 바닥을 말한다)에서 1m의 높이에 폭 3cm의 황색 띠를 2중으로 표시한 경우에는 표면색상을 황색으로 하지 아니할 수 있다.

(3) 제조 사업소 안의 배관 매몰 설치시 주의사항

① 배관은 지면으로부터 1m 이상의 깊이에 매몰한다.
② 도로 폭이 8m 이상의 공도의 횡단부 지하에는 지면으로부터 1.2m 이상의 깊이에 매설한다.
③ ①또는 ②에서 정한 매설깊이를 유지할 수 없을 경우는 커버 플레이트 케이싱 등을 사용하여 보호한다.
④ 철도 등의 횡단부 지하에는 지면으로부터 1.2m 이상인 곳에 매설하거나 강제의 케이싱 등을 사용하여 보호해야 한다.
⑤ 지하철도 등을 횡단하여 매설하는 배관에는 전기방식 조치를 강구한다.

(4) 제조 사업소 밖의 배관 매몰 설치시 주의사항

① 배관은 건축물과는 1.5m, 지하도로 및 터널과는 10m 이상의 거리를 유지한다.
② 독성가스 배관은 수도시설과는 300m 이상의 거리를 유지한다.
③ 배관의 외면으로부터 지하의 다른 시설물과 0.3m 이상의 거리를 유지한다.
④ 지표면으로부터 배관의 외면까지 매설깊이는 산이나 들에서는 1m 이상, 그 밖의 지역에서는 1.2m 이상을 유지한다.
⑤ 도로의 차도에 매설할 경우 배관의 바닥부분까지 노반 바닥까지의 사이를, 그 밖의 경우에는 배관의 바닥부분에서 배관 정상부의 위쪽까지 0.3m 사이를 모래 또는 사질토로 채우고 충분히 다진다.

(5) 도시가스배관 지하매설 및 표면색상

지하매설배관은 최고사용압력이 저압인 배관은 황색으로, 중압 이상인 배관은 붉은색으로 할 것.

(6) 배관의 접합기준은 다음과 같다.

다음의 각 배관은 수송하는 도시가스의 누출을 방지하기 위하여 원칙적으로 용접시공방법에 따라 접합한다. 이경우 용접은 가스시설 용접 및 비파괴시험 기준에 따라 실시하고 모든 용접부(가스용 폴리에틸렌배관, 저압으로서 노출된 사용자 공급관 및 호칭지름 80mm 미만인 저압의 배관을 제외한다)에 대하여는 비파괴시험을 한다.

① 지하매설 배관(가스용 폴리에틸렌을 제외한다)
② 최고사용압력이 중압 이상인 노출배관

③ 최고사용압력이 저압으로서 호칭지름 50A 이상의 노출 배관

(7) 도시가스사용시설의 배관설비기준

배관은 그 배관의 강도 유지와 수송하는 도시가스의 누출방지를 위하여 적절한 방법으로 접합하여야 하고, 이를 확인하기 위하여 용접부(가스용 폴리에틸렌관, 호칭지름 80 mm 미만인 저압 배관 및 노출된 저압배관은 제외한다)에 대하여 비파괴시험을 하여야 하며, 접합부의 안전을 유지하기 위하여 필요한 경우에는 응력 제거를 할 것

(8) 굴착으로 주위가 노출된 배관의 방호

배관(호칭지름이 100mm 미만인 저압배관은 제외한다)으로써 노출된 부분의 길이가 100m 이상인 것은 위급한 때에 그 부분에 유입되는 도시가스를 신속히 차단할 수 있도록 노출부분 양끝으로부터 300m 이내에 차단장치를 설치하거나 500m 이내에 원격조작이 가능한 차단장치를 설치할 것

46 굴착공사에 따른 매설된 도시가스배관 보호

(1) 파일박기 및 터파기

① 가스배관과 수평 최단거리 2m 이내에서 파일박기를 하고자 할 때에는 도시가스 사업자의 입회하에 시험굴착을 통하여 가스배관의 위치를 정확히 확인한다.
② 가스배관과의 수평거리 0.3m 이내에서는 파일박기를 하지 아니한다.
③ 가스배관의 주위를 굴착하고자 할 때에는 가스배관의 좌우 1m 이내의 부분은 인력으로 굴착한다.

(2) 빼기작업

항타기는 가스배관과의 수평거리가 2m 이상 되는 곳에 설치한다. 다만, 부득이하여 수평거리 2m 이내에 설치할 때에는 하중진동을 완화할 수 있는 조치를 한다.

(3) 줄파기 작업

① 가스배관이 있을 것으로 예상되는 지점으로부터 2m 이내에서 줄파기를 할 때에는 안전관리전담자의 입회하에 시행한다.
② 줄파기 1일 시공량 결정은 시공속도가 가장 느린 천공작업에 맞추어 결정한다.
③ 줄파기 심도는 최소한 1.5m 이상으로 하며 지장물의 유무가 확인되지 않는 곳은 안전관리전담자와 협의 후 공사의 진척 여부를 결정한다.
④ 줄파기는 두 줄 또는 세 줄을 동시에 시행하지 아니하여야 하며 시공작업, 항타작업 및 가포장이 완료된 후에 다른 줄을 시행한다.

⑤ 줄파기공사 후 가스배관으로부터 1m 이내에 파일을 설치할 경우에는 유도관(Guide Pipe)을 먼저 설치한 후 되메우기를 실시한다.

47 가스용 폴리에틸렌관

(1) 가스용 폴리에틸렌관의 새들융착 이음 기준

① 접합부 전면에는 대칭형의 둥근 형상 이중 비드가 고르게 형성되어 있을 것
② 비드의 표면은 매끄럽고 청결할 것
③ 접합된 새들의 중심선과 배관의 중심선은 직각이 유지되도록 할 것
④ 비드의 높이는 이음관 높이 이하일 것
⑤ 시공이 불량한 융착이음부는 절단하여 제거하고 재시공할 것

(2) 소켓융착 이음 기준

소켓융착(Socket Fusion)은 다음 기준에 적합하게 실시한다.

① 용융된 비드는 접합부 전면에 고르게 형성되고 관 내부로 밀려나오지 않도록 할 것
② 배관 및 이음관의 접합은 수평을 유지할 것
③ 비드 높이(h)는 이음관의 높이(H)이하일 것
④ 융착작업은 홀더(Holder) 등을 사용하고 관의 용융부위는 소켓내부 경계턱까지 완전히 삽입되도록 할 것
⑤ 시공이 불량한 융착이음부는 절단하여 제거하고 재시공할 것

48 공기액화분리

(1) 공기액화 분리기의 불순물 유입금지

공기액화 분리기에 설치된 액화산소통 내의 액화산소 5ℓ 중 아세틸렌의 질량이 5mg 또는 탄화수소의 탄소의 질량이 500mg을 넘을 때에는 그 공기액화 분리기의 운전을 중지하고 액화산소를 방출할 것

(2) 가스액화 분리장치

가스액화 분리장치는 저온도에서 정류, 분축, 흡수 등의 조작에 의해 기체를 분리하는 장치로서 한냉발생장치, 정류(분축, 흡수)장치, 불순물 제거장치로 구한다.

① **한냉 발생장치** : 냉동사이클, 가스액화 사이클의 응용으로 가스액화 분리장치의 열손실을 방지하고, 액화가스를 채취할 때에는 그것에 필요한 한냉을 보급하는 장치로서 냉매는 여러 가지가 있으나 공기액화 분리장치는 분리되는 공기 그 자체가 냉매이다.

② **정류(분축, 흡수)장치**
원료가스를 저온에서 분리, 정제하는 장치이며 목적에 따라 선정된다.

③ **불순물 제거장치**
저온도가 되면 동결하는 원료가스 중의 수분, 탄산가스 등을 제거하기 위해서이다.

(3) 캐피자(Kapitza) 공기액화 사이클

- 공기의 압축압력은 약 7atm으로 낮다.
- 열교환기에 축냉기를 사용하여 원료공기를 냉각시킴과 동시에 원료공기 중의 수분과 탄산가스를 제거한다.
- 팽창기는 클루우드 사이클의 피스톤식과 다르며 터어빈식을 개발하였다.
- 팽창 터어빈에서의 송입공기 온도는 약 −145℃로 낮으며 송입공기량은 전량의 약 90% 이다.

49 카르노 사이클

(1) 카르노 사이클 P–V선도

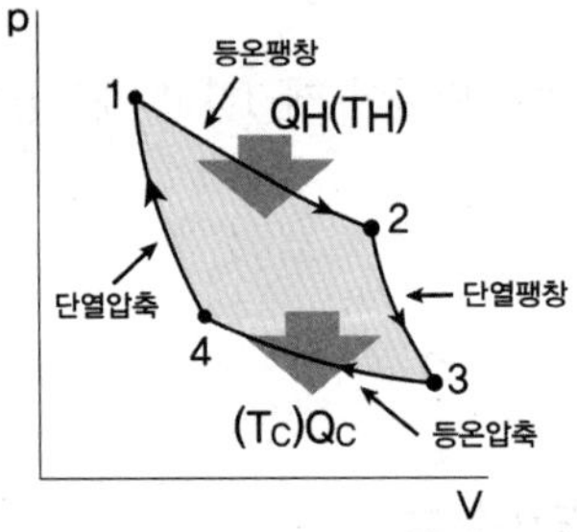

① 1 → 2 등온팽창(isothermal expansion) – 열량 공급
② 2 → 3 등 엔트로피 팽창(isentropic expansion) – 단열 팽창
③ 3 → 4 등온압축(isothermal compression) – 열량 방출
④ 4 → 1 등 엔트로피 압축(isentropic compression) – 단열 압축

50 기밀시험

(1) 도시가스 제조소 및 공급소의 기밀시험

도시가스 제조소 및 공급소의 기밀시험은 최고사용압력의 1.1배 또는 8.4kPa 중 높은 압력 이상으로 실시한다. 다만, 최고사용압력이 저압인 가스홀더, 배관 및 그 부대설비 이외의 것으로서 최고사용압력이 30kPa 이하인 것은 시험압력을 최고사용압력으로 할 수 있다.

(2) 도시가스 사용시설의 정압기 기밀시험

정압기는 도시가스를 안전하고 원활하게 수송할 수 있도록 하기 위하여 정압기 입구측은 최고사용압력의 1.1배, 출구측은 최고사용압력의 1.1배 또는 8.4kPa 중 높은 압력 이상으로 기밀성능을 갖는 것으로 한다.

(3) 도시가스 사용시설 기밀시험

도시가스 사용시설(연소기를 제외한다)은 최고사용압력의 1.1배 또는 8.4kPa 중 높은 압력 이상의 압력으로 기밀시험을 실시하여 이상이 없을 것

(4) 용기에 의한 액화석유가스 사용시설 기밀시험압력

압력조정기 출구에서 연소기 입구까지의 호스는 8.4kPa 이상의 압력(압력이 3.3kPa 이상 30kPa 이하인 것은 35kPa 이상의 압력)으로 기밀시험을 실시하여 누출이 없어야 한다.

(5) 액화석유가스 압력 조정기의 입구측 기밀시험 성능

종류 / 구분	1단감압식 저압조정기	1단감압 저압조정기	2답감압식 1차용조정기	2단감압식 2차용 저압조정기	2단감압식 2차용 준저압조정기	자동절체식 조압조정기	자동절체식 준저압조정기	그 밖의 압력조정기
입구쪽 (MPa)	1.56MPa 이상	1.56MPa 이상	1.8MPa 이상	0.5 MPa 이상	0.5 MPa 이상	1.8 MPa 이상	1.8 MPa 이상	최대입구 압력의 1.1배 이상
출구쪽	5.5 kPa	조정압력의 2배 이상	150 kPa 이상	5.5 kPa	조정압력의 2배 이상	5.5 kPa	조정압력의 2배 이상	조정압력의 1.5배

(6) 일반용 액화석유가스용 압력조정기 입구압력 및 조정압력

종 류	입구압력(MPa)	조정압력(KPa)
1단감압식 저압조정기	0.07~1.56	2.30~3.30

종 류	입구압력(MPa)	조정압력(KPa)
1단감압식준저압조정기	0.1~1.56	5.0~30.0 이내에서 제조자가 설정한 기준 압력의 ±20%
2단감압식 1차용조정기 (용량 100kg/h 이하)	0.1~1.56	57.0~83.0
2단감압식1차용조정기 (용량 100kg/h 초과)	0.3~1.56	57.0~83.0
2단감압식 2차용저압조정기	0.01~0.1 또는 0.025~0.1	2.30~3.30
2단감압식 2차용준저압조정기	조정압력이상 ~ 0.1	5.0~30.0 이내에서 제조자가 설정한 기준 압력의 ±20%
자동절체식일체형저압조정기	0.1~1.56	2.55~3.30
자동절체식일체형준저압조정기	0.1~1.56	5.0~30.0 이내에서 제조자가 설정한 기준 압력의 ±20%
그 밖의 압력조정기	조정압력이상 ~ 1.56	5KPa를 초과하는 압력범위에서 상기 압력 조정기의 종류에 따른 조정압력에 해당하지 않는 것에 한하여, 제조자가 설정한 기준압력의 ±20%일 것

(7) 가스 사용시설 공급배관 기밀시험 실시 후 가스치환 이유

가스 사용시설 공급배관의 누출여부를 확인하기 위하여 기밀시험에 사용된 공기 또는 질소가스가 배관에 충만되어 있기 때문에 배관 내에 LP가스를 봉입하여 공기 및 질소가스를 방출하여야 한다.

51 내압시험

(1) 내압시험을 물로 하는 이유

① 물은 비압축성이므로 내압시험 중에 파괴되어도 위험성이 적다.

② 구입이 쉽고 경제적이며 장치 및 인체에 유해한 독성이 없다.

(2) 수조식(水槽式) 내압시험

① $\text{영구증가율} = \dfrac{\text{항구(영구) 증가량}}{\text{전 증가량}} \times 100$

② 합격 판정 기준 : 영구증가율 10% 이하인 용기를 내압시험에 합격한 것으로 본다.

(3) 용기의 최고충전압력(FP) 및 내압시험압력 구하는 식

용기 \ 압력	FP(최고 충전압력) (MPa)	TP(내압 시험압력) (MPa)	AP(기밀 시험압력) (MPa)
아세틸렌	TP×1/3 이하	FP×3 이상	FP×1.8 이상
초저온 및 저온 용기	TP×3/5 이하	FP×5/3 이상	FP×1.1 이상
기타 용기	TP×3/5 이하	FP×5/3 이상	FP 이상

(4) 충전 집단공급저장 및 사용시설의 내압시험

① 내압시험은 수압에 의하여 실시하며, 내압시험압력은 최고사용압력의 1.5배 이상으로 하며 압력 유지시간은 5~20분으로 한다.

② 내압시험을 공기 등의 기체에 의해 하는 경우에는 우선 상용압력의 50%까지 승압하고 그 후에는 상용압력의 10%씩 단계적으로 승압하여 내압시험압력에 달하였을 때 누출 등의 이상이 없고, 그 후 압력을 내려 상용압력으로 하였을 때 팽창, 누출 등의 이상이 없으면 합격으로 하여야 한다.

(5) 고압가스 설비의 내압시험

고압가스설비(용기 및 차량에 고정된 탱크 제외)는 상용압력의 1.5배(그 구조상 물로 내압시험이 곤란하여 공기·질소 등의 기체로 내압시험을 실시하는 경우 및 압력용기 및 그 압력용기에 직접 연결되어 있는 배관의 경우에는 1.25배)이상의 압력으로 내압시험을 실시하여 이상이 없어야 한다.

52 도시가스 압력조정기

(1) 도시가스 압력조정기 제품성능

① 입구 쪽은 압력조정기에 표시된 최대입구압력의 1.5배 이상의 압력으로 내압시험을 하였을 때 이상이 없어야 한다.

② 출구 쪽은 압력조정기에 표시된 최대출구압력 및 최대 폐쇄압력의 1.5배 이상의 압력으로 내압시험을 하였을 때, 이상이 없어야 한다.

③ 입구 쪽은 압력조정기에 표시된 최대입구압력 이상의 압력으로 기밀시험하였을 때 누출이 없어야 한다.

④ 출구 쪽은 압력조정기에 표시된 최대출구압력 및 최대 폐쇄압력의 1.1배 이상의 압력으로 기밀시험하였을 때 누출이 없어야 한다.

(2) 도시가스 압력조정기의 입구 및 출구측 내압성능

① 입구쪽 : 압력조정기에 표시된 최대입구압력의 1.5배 이상의 압력

② 출구쪽 : 압력조정기에 표시된 최대출구압력 및 최대폐쇄압력의 1.1배 이상의 압력

(3) 도시가스사용시설의 시설·기술·검사기준에 따라 "릴리프식 안전장치가 내장된 조정기를 건축물 내에 설치하는 경우에는 가스방출구를 실외의 안전한 장소에 설치해야 한다.

53 LP가스 조정기

(1) LP가스 조정기의 역할

① 가스의 공급압력(유출압력)을 조정하여 안정된 연소를 도모하기 위해서 사용한다.
② 용기에서 유출되어 연소기에 공급되는 가스의 압력을 연소기에 적당한 압력으로 감압시킨다.
③ 용기 내의 가스를 소비하는 양의 변화 등에 대응하여 공급압력을 유지하고 소비가 중단되었을 때는 가스를 차단시킨다.

(2) LP가스 조정기의 사용목적

가스의 공급압력(유출압력)을 조정하여 안정된 연소를 도모하기 위해서 사용한다.

(3) 일반용 액화석유가스 압력조정기 제품 성능

일반용 액화석유가스 압력조정기는 그 압력조정기의 안전성과 편리성을 확보하기 위하여 제품 성능으로서 내압 성능, 기밀 성능, 내구 성능, 내한 성능, 다이어프램 성능을 갖추어야 한다.

(4) 액화석유가스 압력조정기의 다이어프램 노화시험방법

① **공기가열 노화시험** : 70℃의 공기 중에서 96시간 노화시킨 후 실온에서 48시간 방치한 다음 인장강도 및 신장률을 측정하였을 때 인장강도 변화율은 ±15% 이내, 신장 변화율은 ±25% 이내, 강도 변화는 쇼어 경도(A형) 기준 ±10 이내인 것으로 한다.
② **오존 노화시험** : KS M 6518(가화고무 물리시험방법)의 오전균열시험에 따라 온도 40, 오존농도 25 pphm에서 시험편에 20 %의 신장을 가한 상태로 72시간 유지한 다음 신장력을 제거하였을 때 길이 변화가 없는 것으로 하고, 10배의 확대경으로 확인하였을 때 A2급 이상인 것으로 한다.

(5) 액화석유가스용 압력조정기의 다이어프램 재료기준

액화석유가스용 압력조정기의 다이어프램에 사용하는 고무재료(이하 "다이어프램"이라 한다)는 다음 기준에 적합한 것이어야 한다.

① 외관

㉠ 각 부분은 표면이 매끈하고 흠, 균열, 기포, 터짐 등이 없을 것

㉡ 다이어프램을 최초길이의 2배만큼 신장(보강층을 사용한 다이어프램의 경우에는 신장을 가하지 않은 상태) 시켰을 때 0.5mm 이상의 결함이 3개 이하일 것

㉢ 보강층이 있는 다이어프램은 액화석유가스와 접촉하는 면에서 천의 직조무늬가 식별되지 않는 것일 것

② 치수

치수 및 두께는 제조자가 제시한 도면치수에 따를 것. 다만, 두께는 80gf(0.785N)의 하중을 가한 상태에서 측정한다.

③ 재료

전체 배합성분 중 NBR의 성분 함유량이 50% 이상이고 가소제 성분은 18% 이하인 것일 것

④ 물성시험

㉠ 인장강도는 12MPA 이상이고, 신장율은 300% 이상일 것

㉡ 인장응력은 2.0MPa 이상이고, 경도는 50° 이상 90° 이하일 것

㉢ 신장영구늘음율은 20% 이하일 것

㉣ 압축영구줄음율은 30% 이하일 것

㉤ −25℃의 공기중에서 24시간 방치한 후 인장강도 및 신장율을 측정하였을 때 인장강도 변화율은 ±15% 이내, 신장 변화율은 ±30% 이내, 경도변화는 +15° 이하일 것

⑤ 내압시험

최고사용압력이 3.5kPa 이하의 압력조정기에 사용되는 다이어프램은 0.3MPa의 수압을, 3.5kPA 초과 1MPa 미만에 사용되는 것은 0.8MPa의 수압을 각각 30분간 가하였을 때 파열 등 이상이 없을 것

⑥ 내가스성 시험

㉠ −20℃의 액화석유가스액에 24시간, 20℃의 액화석유가스액에 48시간 각각 침적 후 질량변화율(흡수율 및 추출율)은 +20∼−10% 이내, 인장강도 변화율은 ±20% 이내, 신장 변화율은 ±30% 이내, 경도 변화는 ±15° 이내일 것. 또한, 겉모양은 취화, 연화, 팽윤 등 이상이 없을 것

㉡ 40℃의 이소옥탄에 72시간 침적 후 질량변화율(흡수율 및 추출율)은 +5∼−8% 이내, 인장강도 변화율은 ±20% 이내, 신장 변화율은 ±30% 이내, 경도변화 ±15° 이내일 것. 또한, 겉모양은 취화, 연화, 팽윤 등 이상이 없을 것

㉢ 5∼25℃의 n−펜탄에 72시간 침적 후 질량 변화율(흡수율 및 추출율)은 +10∼−15% 이내, 인장강도 변화율은 ±20% 이내, 신장 변화율은 ±30% 이내, 경도변화는 ±15° 이내일 것. 또한, 겉모양은 취화, 연화, 팽윤 등 이상이 없을 것

㉣ 상온의 물속에 168시간 침적 후 질량 변화율(흡수율 및 추출율)은 ±12% 이내일 것

㉤ 80℃의 윤활유(SAE 20, 30)속에 72시간 침적 후 부피 변화율은 −10∼+20% 이내, 인장강도 변화율은 ±20% 이내, 신장 변화율은 ±30% 이내, 경도변화는 ±15° 이내일 것. 또한, 겉모양은 취화, 연화, 팽윤 등 이상이 없을 것

⑦ 내구성시험

㉠ 상온의 공기 중에서 성형된 다이어프램에 사용되는 조정기의 최고사용압력을 20회/분 속도로 100,000회를 가하였을 때 이상이 없을 것

㉡ −25℃의 공기 중에서 성형된 다이어프램에 사용되는 조정기의 최고사용압력을 20회/분 속도로 10,000회를 가하였을 때 이상이 없을 것

㉢ 70℃의 공기 중에서 성형된 다이어프램에 사용되는 조정기의 최고사용압력을 1,000회 가하였을 때 이상이 없을 것

⑧ 가스투과시험

성형된 다이어프램에 액화석유가스로 최고사용압력을 가하여 24시간 방치한 후, 다이어프램을 투과하는 가스량을 6시간 동안 포집하였을 때 5㎖ 이하일 것

54 LP가스 2단 감압방법

용기 내의 가스 압력을 사용압력보다 약간 높은 압력으로 1차 조정기에서 감압되어 2차 조정기로 사용압력까지 감압하여 공급하는 방식이다.(식당, 공장 등)

(1) 2단 감압방식의 장점

① 입상 배관에 의한 압력손실을 보정할 수 있다.
② 공급압력이 안정하다.
③ 각 연소기구에 알맞은 압력으로 공급이 가능하다.
④ 중간 배관이 가늘어도 된다.

(2) 2단 감압방식의 단점

① 설비 및 검사방법이 복잡하다.
② 조정기가 많이 든다.
③ 부탄의 경우 재액화의 우려가 있다.
④ 중간 배관의 지름이 작아도 된다.

55 부식

(1) 자연 부식[spontaneous corrosion]

① 매설 금속체의 표면에 형성되는 국부 전지 작용에 의한 부식
② 주위의 토양 속에 포함된 산이온, 알칼리이온과 금속이 화학 반응을 일으켜 생기는 부식

③ 토양의 종류나 저항률이 다른 지역을 금속체가 통과할 때 발생하는 부식
④ 토양 속에 존재하는 황 박테리아 등 세균에 의한 부식

(2) 전기 부식[electric corrosion]

절연불량 또는 누설전류로 인하여 금속 등 전도체에 발생하는 화학 전기반응에 의해 발생하는 부식

① 이종 금속 접촉에 의한 부식
② 농염전지 작용에 의한 부식
③ 국부전지에 의한 부식

※ 농염전지 작용에 의한 부식
금속이 접촉하는 주위의 토양중에 함유된 염류농도, 용존가스(산소, 탄산가스 등)농도 차가 있는 경우는 금속표면에 전지(농담전지)를 형성하며 저농도에 접하는 금속이 양극으로 되어 부식이 촉진된다. 특히 통기차이로 형성된 산소농도전지를 통기차 전지라하며 통상 부식의 우려가 없는 장소에서 가스관이 부식되기 때문에 콘크리트벽의 지하 관통부와 택지 조성지의 가스관 등은 농담전지가 형성되므로 주의하여야 한다. 토질이 달라서 생기는 부식은 택지 조성 등으로 토질이 다른 경우 매설된 가스관은 점토질 등 통기가 나쁜 토질(산소농도가 적은 토질)의 부분에서 생긴다.

(3) 지하에 매설 배관 부식 원인

① 국부전지의 발생
② 미주전류의 발생
③ 다른 종류의 금속 간의 접촉
④ 농염 전지작용
⑤ 토양중의 박테리아

(4) 매설배관의 부식

매설배관 주위의 토양 중에 포함되는 수분 및 기타의 화학성분 등에 의해서 형성되는 국부전지에 의한 부식으로써 부식이 발생하는 쉬운 곳으로 ph가 극단적으로 다른 곳이나 모래와 점토질 등과 같이 토양 중의 산소농도가 다른 경계 부근 등이 있고, 토양 속에 혐기성 황산염 환원박테리아가 존재하는 곳에서 자연부식이 발생한다.

(5) 전기 화학적 반응에 의한 강관 부식 원인

① 이종 금속의 접촉
② 금속재료의 조성, 조직의 불균일
③ 금속재료 표면상태의 불균일
④ 금속재료의 응력상태, 표면 온도의 불균일
⑤ 부식액의 조성, 유동 상태의 불균일

(6) 배관의 부식을 억제하는 방법

① 부식환경의 처리에 의한 방법
② 부식억제제에 의한 방법
③ 피복에 의한 방법
④ 전기 방식법

(7) 가스의 부식성

① 염소는 수분(H_2O)과 반응하면 염산(HCl)을 생성하여 철강재를 부식시킨다.

- 반응식 : $Cl_2 + H_2O \rightarrow \underset{(\text{염산})}{HCl} + \underset{(\text{차아염소산})}{HClO}$
- $2HCl + Fe \rightarrow FeCl_2 + H_2$

② 수소는 고온(170℃ 이상), 고압(250atm 이상)에서 강제 중의 탄소와 반응하여, 탈탄작용(脫炭作用)에 의해 메탄가스를 생성, 수소취성을 일으킨다.

- 수소취성 반응식 : $Fe_3C + 2H_2 \xrightarrow{:\text{고온, 고압}} CH_4 + 3Fe$
- 수소취성 방지 첨가 원소 : Ti(티탄), V(바나듐), W(텅스텐), Mo몰리브덴), Cr(크롬)

56 입계부식

(1) 입계부식(boundary corrosion)

결정 입자가 선택적으로 부식되는 것으로 오스테나이트계 스테인리스강을 450~900℃로 가열하면 결정 입계로 크롬탄화물이 석출되는 현상이다.

(2) 입계부식(boundary corrosion) 방지법

① 고온으로 가열한 후 Cr산화물을 오스테나이트조직 중에 용체화하여 급랭시킨다.
② 탄소량을 감소시켜 탄화크롬(Cr_4C)의 발생을 저지시킨다.
③ Ti, V, Nb 등을 첨가하여 Cr_4C 대신 TiC, NbC, V_4C_3 등의 탄화물을 발생시켜 Cr의 탄화물화를 감소시킨다.

57 전기방식

(1) 전기방식법의 종류

① "전기방식(電氣防蝕)"이라 함은 배관 등의 외면에 전류를 유입시켜 양극반응을 저지함으로써 배관 등의 전기적 부식을 방지하는 것을 말한다.

② "희생양극법(犧牲陽極法)"이라 함은 지중 또는 수중에 설치된 양극금속과 매설배관 등을 전선으로 연결하여 양극금속과 매설배관 등 사이의 전지작용에 의하여 전기적 부식을 방지하는 방법을 말한다.

③ "외부전원법(外部電源法)"이라 함은 외부직류전원장치의 양극(+)은 매설배관 등이 설치되어 있는 토양이나 수중에 설치한 외부전원용 전극에 접속하고, 음극(−)은 매설배관 등에 접속시켜 전기적 부식을 방지하는 방법을 말한다.

④ "배류법(排流法)"이라 함은 매설배관 등의 전위가 주위의 타금속 구조물의 전위보다 높은 장소에서 매설배관 등과 주위의 타금속 구조물을 전기적으로 접속시켜 매설배관 등에 유입된 누출전류를 복귀시킴으로서 전기적 부식을 방지하는 방법을 말한다.

(2) 희생양극법의 장점 및 단점

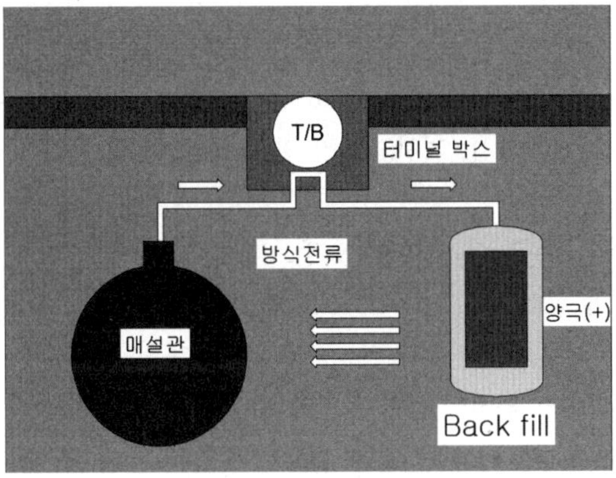

① 희생양극법 장점
- 시공이 간편하다.
- 단거리의 파이프라인에는 설비비용이 경제적이다.
- 다른 매설 금속체의 장해(간섭)가 거의 없다.
- 과방식의 우려가 없다.
- 관로의 도막 저항이 충분히 높다면 장거리에도 효과가 좋다.

② 희생양극법 단점
- 효과 범위가 비교적 좁다.
- 장거리 파이프라인에서는 설비비용이 비싸다.
- 전류의 조절이 곤란하다.
- 평상시 관리 장소가 많게 된다.
- 강한 전식에는 효과가 없다.

(3) 전기방식시설의 시공

전기방식시설의 유지관리를 위하여 전위측정용 터미널을 설치하되, 희생양극법·배류법은 배관길이 300m 이내의 간격으로, 외부전원법은 배관길이 500m 이내의 간격으로 설치하여야 한다.

(4) 전기방식설의 유지관리

도시가스사업자는 전기방식시설의 효과적인 유지관리를 위하여 다음 각호에 따른 측정 및 점검을 실시하여 이상이 발견될 경우에는 지체없이 정상기능 유지에 필요한 조치를 강구하고 그 실시기록을 작성하여 보존하여야 한다.

1. 전기방식시설의 관대지전위(管對地電位) 등을 1년에 1회 이상 점검하여야 한다.
2. 외부전원법에 의한 전기방식시설은 외부전원점관대지전위(管對地電位), 정류기의 출력, 전압, 전류, 배선의 접속상태 및 계기류 확인 등을 3개월에 1회 이상 점검하여야 한다.
3. 배류법에 의한 전기방식시설은 배류점관대지전위(管對地電位), 배류기의 출력, 전압, 전류, 배선의 접속상태 및 계기류 확인 등을 3개월에 1회 이상 점검하여야 한다.
4. 절연부속품, 역전류방지장치, 결선(bond) 및 보호절연체의 효과는 6개월에 1회 이상 점검하여야 한다.
5. 가스가 누출되어 체류할 우려가 있는 밸브박스 등의 장소에서는 가스누출여부를 확인한 후 전위측정을 하여야 한다.

(5) 전기방식 효과를 유지하기 위하여 다음의 장소에는 빗물이나 기타 이물질의 접촉으로 인한 절연의 효과가 상쇄되지 아니하도록 절연 이음매 등을 사용하여 절연조치를 할 것

① 교량횡단 배관의 양단(다만, 외부전원법에 의한 전기방식을 한 경우에는 제외할 수 있다)
② 배관 등과 철근콘크리트구조물 사이
③ 배관과 강재 보호관 사이
④ 지하에 매설된 배관의 부분과 지상에 설치된 부분과의 경계(가스사용자에게 공급하기 위하여 지중에서 지상으로 연결되는 배관에 한한다)
⑤ 타시설물과 접근 교차지점(다만, 타시설물과 30cm 이상 이격 설치된 경우에는 제외할 수 있다)
⑥ 배관과 배관지지물 사이
⑦ 기타 절연이 필요한 장소

(6) 전기방식 조치 대상

지중 및 수중에 존재하는 강재배관 및 저장탱크 외면에 전류를 유입시켜 양극반응을 저지함으로써 전기적 부식을 방지 할 것.

58 펌프(pump)

(1) 원심펌프 직렬 및 병렬 운전 특성 변화

① 직렬 운전 : 양정 증가, 유량 일정
② 병렬 운전 : 유량 증가, 양정 일정

(2) 기어펌프의 정지순서

① 전동기의 스위치를 끊는다.
② 흡입밸브를 서서히 닫는다.
③ 토출밸브를 닫는다.
④ 드레인 밸브를 개방하여 펌프 내부의 액을 빼낸다.

(3) 터보펌프 운전 정지순서

① 송출밸브를 서서히 닫는다.
② 모터를 정지시킨다.
③ 흡입밸브를 닫는다.
④ 드레인밸브를 연다.(펌프의 액 배출)

59 캐비테이션(Cavitation) : 공동현상

원심펌프가 높은 능력으로 운전되는 경우 임펠러 흡입부의 압력이 유체의 증기압력 보다 낮아지면 흡입부의 유체는 증발하게 되며 이 증기는 임펠러의 고압부로 이동하여 갑자기 응축하게 되는 현상으로 펌프의 압력이 가장 낮은 임펠러 입구에서 발생되기 쉽다.

(1) 발생조건

① 관로 내의 온도가 상승할 경우
② 흡입양정이 지나치게 클 경우
③ 흡입관의 저항이 증대될 경우
④ 과속으로 유량이 증대될 경우

(2) 발생 시 일어나는 현상

① 소음과 진동이 발생한다.
② 임펠러에 대한 침식이 생긴다.
③ 토출량, 양정, 효율이 점차 감소한다.
④ 심하면 양수 불능의 원인이 된다.

(3) 방지법

① 펌프의 설치 위치를 낮추어 흡입양정을 짧게 한다.
② 수직축 펌프를 사용하고 회전차를 수중에 완전히 잠기게 한다.
③ 펌프의 회전수를 낮추고 흡입회전도를 적게 한다.
④ 양흡입 펌프를 사용한다.
⑤ 펌프를 두 대 이상 설치한다.
⑥ 관경을 크게 하고 유속을 줄인다.
⑦ 유효흡입양정을 계산하여 펌프형식, 회전수, 흡입조건을 결정한다.

60 베이퍼록(Vapor-rook) 현상

펌프를 이용하여 액체를 이송할 경우, 펌프 입구 측에서의 마찰저항 등에 의한 온도상승으로 인해 액이 기화하는 현상으로 비등점이 낮은 액체일수록 현저하게 발생된다.

(1) 베이퍼록(Vapor-rook) 원인

① 펌프의 냉각이 불량한 경우
② 흡입 관로의 막힘
③ 흡입배관 외부의 온도가 상승한 경우
④ 흡입관의 지름이 너무 작은 경우
⑤ 펌프 설치 위치가 너무 높은 경우

(2) 베이퍼록(Vapor-rook) 방지법

① 실린더 라이너의 외부를 냉각시킨다.
② 흡입 관로를 청소한다.
③ 흡입 배관을 단열처리한다.
④ 흡입 관경을 크게 하고 펌프 설치 위치를 낮춘다.

61 서어징(Surging) 현상

펌프의 운전 중에 한숨을 쉬는 것과 같은 상태가 되어 펌프입구와 출구의 진공계 및 압력계의 지침이 흔들리고 동시에 송출유량이 변화하는 현상으로 송출압력과 송출유량이 주기적으로 변동을 일으켜서 소음 및 진동을 발생시켜 불안정한 운전상태가 된다.

(1) 서어징(Surging) 방지법

① 방출밸브에 의한 방법
② 임펠러의 회전수를 변화시키는 방법
③ 깃 각도(베인 컨트롤)를 조절하는 방법
④ 특성곡선상 서어징 한계 밖에서 운전하는 방법
⑤ 토출량 조절밸브를 펌프에 근접시키는 방법

(2) 서어징(Surging) 발생원인

① 펌프의 양정곡선이 산(山)형 특성으로 그 곡선의 정상부에서 운전할 경우
② 토출배관 중에 물탱크(수조)나 공기탱크가 있을 경우
③ 토출량 조절밸브가 물탱크나 공기탱크보다 하류에 있을 경우

62 수격작용(water hammering)

관 속을 액체가 충만하게 흐르고 있을 경우 정전 등으로 관내의 유속이 급격히 변화하면서 액체에 심한 압력변화가 일어나는 현상을 수격작용이라 한다.

(1) 수격작용(Water hammering) 원인

① 정전 등으로 급히 펌프가 멈춘 경우
② 유량 조절밸브를 급히 개폐한 경우
③ 송출 관로 내의 유속이 빠른 경우

(2) 수격작용(Water hammering) 방지법

① 관경을 크게 하고 유속을 줄인다.(유속은 1m/s 정도가 좋다.)
② 조압수조 및 공기실을 관로에 설치한다.
③ 완폐체크밸브를 토출구에 설치한다.
④ 펌프에 관성차(플라이 휠)을 설치한다.
⑤ 체크밸브 외측에 자동수압조정밸브를 설치한다.

63 회전속도에 의한 비례측(상사의 법칙)

펌프의 회전수 변화에 따른 유량(Q), 전양정(H), 축동력(L), 효율(η)과의 관계는 다음과 같은 비례식이 성립된다.

① 유량$(Q_2) = Q_1 \times \left(\frac{N_2}{N_1}\right)$

유량은 회전수 변화에 비례한다.

② 전양정$(H_2) = H_1 \times \left(\frac{N_2}{N_1}\right)^2$

양정은 회전수 변화의 2승에 비례한다.

③ 축동력$(L_2) = L_1 \times \left(\frac{N_2}{N_1}\right)^3$

축동력은 회전수 변화의 3승에 비례한다.

④ 효율$(\eta_2) = \eta_1$

효율은 회전수 변화와 무관하다.

64 압축기(compressor)

(1) 스크롤 압축기(scroll compressor)

2개의 와권상의 부품(스크롤)을 조합하여 고정스크롤과 가동스크롤의 상대적인 운동에 의해 압축하는 것을 스크롤 압축기라고 한다. 레시프로형의 압축기에 비하여

① 부품점수가 적다,
② 토크 변동이 적다,
③ 저진동, 저소음,
④ 압축 중 누설이 적고 효율이 높은 등의 특징을 가지고 있다. 이와 같은 특징을 살려서 에어컨용 압축기 등에 이용되고 있다.

65 다단 압축

(1) 다단 압축의 목적

① 1단 단열압축과 비교한 일량의 절약
② 가스의 온도상승을 피할 수 있다.
③ 이용 효율의 증가
④ 힘의 평행이 양호해진다.

(2) 단수의 결정 고려사항

① 최종의 토출압력
② 취급 가스량
③ 취급 가스의 종류
④ 연속운전의 여부

⑤ 동력 및 제작의 경제성

(3) 압축비가 증대할 경우

① 소요동력 증대
② 실린더 온도상승(압축기 과열)
③ 체적 효율 저하
④ 토출가스량 감소

66 압축기의 용량제어

(1) 압축기의 용량제어 이유(목적)

① 소요동력의 절감
② 경부하 기동
③ 압축기 보호
④ 수요 공급의 밸런스 유지

(2) 터보압축기 용량 제어 방법

① 속도 제어에 의한 조정
② 배출밸브에 의한 조정
③ 흡입밸브에 의한 조정
④ 베인 콘트롤에 의한 조정
⑤ 바이패스에 의한 조정

(3) 왕복동 압축기 용량제어 방법

※ 연속적 제어 방법

① 흡입주밸브를 폐쇄하는 방법
② 바이패스밸브에 의한 방법
③ 타임드밸브 제어에 의한 방법

※ 단계적 제어 방법

① 클리어런스밸브에 의한 방법
② 흡입밸브를 개방하는 방법(언로드법)

67 냉동기 냉매

(1) 냉매의 구비조건

① 비체적이 작고, 증발 잠열이 클 것
② 비열이 작으며 증발열에 대한 액체비열의 비가 작을 것
③ 폭발성, 인화성이 없을 것

④ 악취나 자극이 없어 인체나 냉동제품에 유해하지 않을 것
⑤ 윤활유에 용해되지 않고 화학반응을 일으키지 않을 것
⑥ 점성이 작고 전열율이 좋을 것
⑦ 증발압력이 대기압보다 크고, 상온에서도 비교적 저압에서 액화될 수 있을 것
⑧ 고온에서 분해되지 않고 금속이나 패킹 등 냉동기의 구성과 화학적 반응을 하지 않을 것
⑨ 동일한 냉동능력에서 소요동력이 적을 것
⑩ 구하기 쉽고 가격이 쌀 것
⑪ 응고온도가 낮고, 임계온도가 높을 것
⑫ 온도가 낮아도 대기압 이상의 압력에서 증발하고 상온의 저압에서 액화될 것

(2) 흡수식 냉동기의 냉매와 흡수제

냉매	흡수제(용매)
암모니아(NH_3)	물
물(수증기)	브롬화리튬(LiBr)
톨루엔	파라핀유

68 LP가스의 이송

충전소 등에서 차량에 적재된 탱크로리 내의 LP가스를 충전소의 저장탱크로 이송하는 방법으로 압축기에 의한 방법, 액펌프에 의한 방법, 차압에 의한 방법(탱크의 자체 압력에 의한 방법)이 있으며 현재는 압축기에 의한 방법을 널리 사용하고 있다.

(1) 압축기에 의한 방법

압축기에 사용하여 저장탱크 상부에서 LP가스를 흡입하여 가압함으로서 이송하는 방식으로, 베이퍼라인에 설치되어 있는 사방밸브의 조작으로 압축기의 토출측과 흡입측을 전환시켜 탱크로리 내의 잔 가스를 회수할 수 있다.

(2) 액펌프에 의한 방법

탱크로리와 저장탱크 간의 압력차를 없앨 목적으로 펌프는 액라인에 연결하고, 탱크로리 기상부와 저장탱크 기상부에 균압관(베이퍼 라인)을 설치하여 이송하는 방식이다.

(3) 차압에 의한 방법(탱크의 자체 압력에 의한 방법)

탱크로리에서 저장탱크로 LP가스를 이입할 경우 탱크로리는 수송 중 태양열을 받아서 가스의 온도가 높아지고 압력도 높아져 탱크와 압력차가 발생한 경우에는 그 차압을 이용하여 펌프 등을 사용하지 않고 이송하는 방법이다.

69 자동차에 고정된 용기 충전

액화석유가스를 사용하는 자동차에 고정된 용기에 충전하는 충전기의 충전호스 길이는 5m 이내(자동차 제조공정 중에 설치된 것은 제외한다.)로 하고, 그 끝에 축적되는 정전기를 유효하게 제거할 수 있는 정전기 제거장치를 설치한다.

70 액화석유가스의 강제기화방식

용기 또는 탱크에서 액체의 LP가스를 도관을 통하여 기화기에 의해서 기화하는 방식으로 생가스 공급방식, 공기혼합가스 공급방식, 변성가스 공급방식이 있다.

(1) 생가스 공급방식

생가스 공급방식은 기화기(베이퍼라이저)에 의해 기화된 가스를 그대로 공급하는 방식으로 부탄의 경우 온도가 0℃ 이하가 되면 재액화할 우려가 있어 배관을 보온처리하여 재액화를 방지해야 한다.

※ 생가스 공급방식의 특징

① 높은 발열량을 필요로 하는 경우 사용한다.
② 발생된 가스의 압력이 높다.
③ 서지탱크가 필요하지 않다.
④ 장치가 간단하다
⑤ 열량조정이 필요 없다.
⑥ 기화된 LP가스가 이송배관 중에서 냉각되어 재액화의 문제가 발생하므로 배관을 보온조치하여야 한다.

(2) 공기혼합가스 공급방식

공기혼합가스 공급방식은 기화기에서 기화된 LP가스를 혼합기(믹서)에 의해 공기와 혼합하여 공급하는 방식으로 부탄을 다량 소비하는 경우에 적합하다.

(3) 변성가스 공급방식

부탄을 고온의 촉매로서 분해하여 메탄, 수소, 일산화탄소 등의 연질가스로 변성시켜 공급하는 방식으로 재액화 방지 외에 도시가스용, 금속의 열처리용, 소성용, 특수제품의 가열 등의 특수용도로 사용하기 위하여 변성한다.

71 공기 혼합 벤츄리 튜브 방식

노즐로부터 가스의 분사 에너지에 의하여 혼합에 필요한 공기를 흡인하여 혼합하는 형식으로 동력원을 필요로 하지 않으며 혼합가스의 열량을 조정하려면 노즐 압력을 조절하거나 노즐 지름이 변경하는 방법이 사용된다.

72 기화장치

(1) 기화장치의 구성

기화장치의 주요부분은 기화부, 제어부, 조압부로 성립되어 있다.

① **기화부(열교환기)** : 기화부의 통상 내압시험은 설계압력의 1.5배 이상으로 실시하며, 감압 가온 방식의 것에서는 열교환기와 액체조정기(팽창밸브)로 제작되어 있는 것이 있다.

② **제어부** : 제어부에는 액 유출방지 장치(액면 제어장치), 과열방지 장치, 온도제어장치(열매온도 제어장치), 안전밸브를 말한다.

③ **조압부** : 조압부에는 조정기가 있다.

(2) 액화천연가스 기화장치의 종류

① **개방형 기화기(Open Rack Vaporizer)**

해수를 가열원으로 사용하는 것으로써 해상수송형의 LNG 수입기지에 적합하다. 기화기는 여러 개의 핀튜브로 된 판넬과 판넬의 양쪽 측면에 해수를 유입시켜 기화시킨다.

② **잠수형 기화기(Submerged Combustion Vaporizer)**

액 중 연소를 이용한 기화기로써 연소가스는 수소 내에서 열교환기의 하부로 고속 분출하며 연소가스를 포함한 물은 에어리프트(Air Lift)에 의해 열교환기 층을 상승하는 운동을 발생한다.

③ **중간매체식 기화기(Inter mediate fluid Vaporizer)**

해수와 LNG의 사이를 중간열매체(프로판)을 개입시켜 열교환하는 것으로서 해수에 의해 가열된 프로판액은 증발하여 LNG 열교환에 달하여 LNG에 열량을 부여한 후 응축, 액화된다.

73 고압가스 제조장치의 계통도

① **안전밸브** : 압축기 토출압력이 이상 상승 시 작동하여 분출시켜 압력을 정상 압력으로 유지시킨다.
② **압력조절밸브** : 폐가스 회수계의 압력을 조절하는 역할을 한다.
③ **유량조절밸브** : 반응기에서 정제탑으로 이송되는 가스의 양을 조절한다.

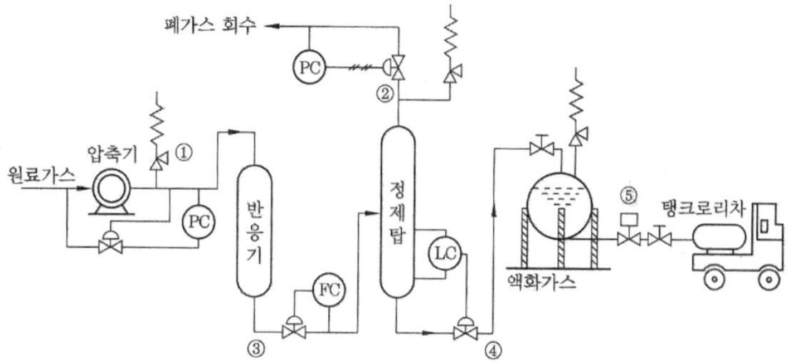

④ **액면조절밸브** : 정제탑의 액면이 일정량 이상으로 되면 밸브를 개방하여 액화가스 저장탱크로 이송하고 액면이 일정량 이하에 도달하면 밸브가 폐쇄된다.
⑤ **긴급차단밸브** : 액화가스를 저장탱크에서 탱크로리로 이송할 때 이상사태가 발생하면 원격조작으로 밸브를 폐쇄시켜 피해가 확대되는 것을 방지한다.

74 방류둑

(1) 방류둑 설치 목적

저장탱크 내의 액화가스가 액체상태로 누출된 경우 액체상태의 가스가 저장탱크 주위의 한정된 범위를 벗어나서 다른 곳으로 유출되는 것을 방지하기 위하여 설치한다.

(2) 방류둑의 구조는 다음 각호의 기준에 적합하여야 한다.

1. 방류둑의 재료는 철근콘크리트, 철골·철근콘크리트, 금속, 흙 또는 이들을 혼합하여야 한다.
2. 철근콘크리트, 철골·철근콘크리트는 수밀성 콘크리트를 사용하고 균열발생을 방지하도록 배근, 리벳팅이음, 신축이음 및 신축이음의 간격, 배치 등을 정하여야 한다.
3. 금속은 당해 가스에 침식되지 아니하는 것 또는 부식방지·녹방지 조치를 강구한 것이어야 하고 대기압하에서 액화가스의 기화온도에 충분히 견디는 것이어야 한다.
4. 성토는 수평에 대하여 45° 이하의 기울기로 하여 쉽게 허물어지지 아니하도록 충분히 다져 쌓고, 강우 등에 의하여 유실되지 아니하도록 그 표면에 콘크리트 등으로 보호하고, 성토 윗 부분의 폭은 30cm 이상으로 하여야 한다.

5. 방류둑은 액밀한 것이어야 한다.
6. 방류둑의 높이는 방류둑내의 저장탱크 등의 안전관리 및 방재활동에 지장이 없는 범위에서 방류둑내의 고인 액의 표면적이 될 수 있는 한 적지 않게 되도록 하여야 한다.
7. 방류둑은 그 높이에 상당하는 당해 액화가스의 액두압에 견딜 수 있는 것이어야 한다.
8. 방류둑에는 계단, 사다리 또는 토사를 높이 쌓아 올림 등에 의한 출입구를 둘레 50m마다 1개 이상씩 두되, 그 둘레가 50m 미만일 경우에는 2개 이상을 분산하여 설치하여야 한다.
9. 배관 관통부의 틈새로부터의 누출방지 및 부식방지를 위한 조치를 하여야 한다.
10. 방류둑 내에 고인 물을 외부로 배출할 수 있는 조치를 하여야 한다. 이 경우 배수조치는 방류둑 밖에서 배수 및 차단조작을 할 수 있어야 하며, 배수할 때 이외에는 반드시 닫혀 있도록 하여야 한다.
11. 집합방류둑 내에는 가연성가스와 조연성가스 또는 독성가스의 저장탱크를 혼합하여 배치하지 아니하여야 한다.

75 방호벽 설치기준

(1) 철근콘크리트제 방호벽

직경 9mm 이상의 철근을 가로·세로 400mm 이하의 간격으로 배근하고 모서리 부분의 철근을 확실히 결속한 두께 120mm 이상, 높이 2,000mm 이상으로 하여야 한다.

(2) 콘크리트블럭제 방호벽

철근을 배근·결속하고 블럭공동부에는 콘크리트 몰탈을 채운 두께는 150mm 이상, 높이는 2,000mm 이상으로 하여야 한다.

(3) 강판제 방호벽

두께 6mm(허용공차 : ±0.6mm) 이상의 강판 또는 두께 3.2mm(허용공차 : ±0.34mm) 이상의 강판에 30mm×30mm 이사의 앵글강을 가로·세로 400mm 이하의 간격으로 용접 보강한 강판을 1,800mm 이하의 간격으로 세운 지주와 용접 결속하여 높이 2,000mm 이상으로 할 것.

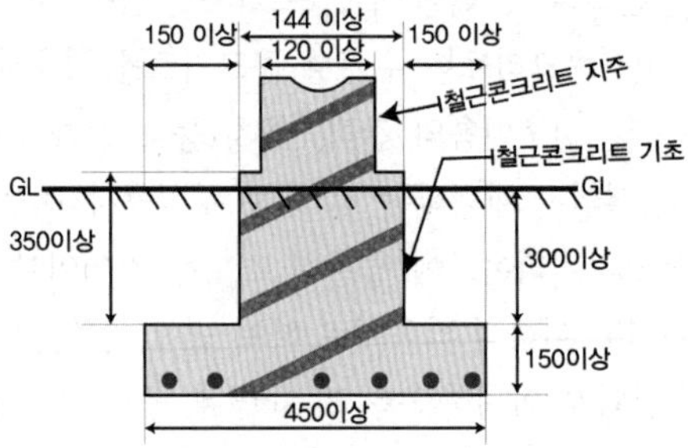

철근콘크리트제 방호벽 설치 예[그림]

76 가스보일러

(1) 가스보일러의 설치

가스보일러는 전용보일러실(보일러실 안의 가스가 거실로 들어가지 아니하는 구조로서 보일러실과 거실 사이의 경계벽은 출입구를 제외 하고는 내화구조의 벽으로 한 것을 말한다. 이하 같다)에 설치하여야 한다. 다만, 다음 각목의 경우에는 그러하지 아니하다.

① 밀폐식 보일러
② 가스보일러를 옥외에 설치한 경우
③ 전용급기통을 부착시키는 구조로 검사에 합격한 강제배기식 보일러

(2) 급·배기방식에 따른 가스보일러의 분류

<table>
<tr><th colspan="2">구 분</th><th>내 용</th></tr>
<tr><td colspan="2">개방식</td><td>연소용 공기를 실내에서 취하고, 연소 배기가스는 옥내로 배출하는 방식</td></tr>
<tr><td rowspan="2">반밀폐식</td><td>자연배기식
(CF)</td><td>연소용 공기를 실내에서 취하고, 연소 배기가스를 배기통을 사용해서 자연 통풍력에 의해서 실외로 배출하는 방식</td></tr>
<tr><td>강제배기식
(FE)</td><td>연소용 공기를 실내에서 취하고, 연소 배기가스를 배기팬을 사용해서 강제적으로 실외로 배출하는 방식</td></tr>
<tr><td rowspan="4">밀폐식</td><td rowspan="3">자연급·배기식
(BF)</td><td>급배기통을 외기에 접하는 벽을 관통하여 실외로 내보내고 자연 통풍력에 의해서 복도에 급배기를 시키는 방식(약호 : BF-W)</td></tr>
<tr><td>급배기통을 전용 급배기통(chamber) 내에 접속하고, 자연 통풍력에 의해서 복도에 급배기를 시키는 방식(약호 : BF-C)</td></tr>
<tr><td>급배기통을 공용 급배기통(U 덕트 또는 SE덕트) 내에 접속하고, 자연 통풍력에 의해서 급배기를 시키는 방식 (약효 BF-D)</td></tr>
<tr><td>강제급·배기식
(FF)</td><td>급배기통을 외기에 접하는 벽을 관통하여 실외로 내보내고, 팬의 의해서 강제적으로 급배기를 시키는 방식</td></tr>
</table>

77 연소기 안전장치

(1) 연소기의 안전성 및 편리성을 확보하기 위하여 갖추어야 할 안전장치

연소기는 그 연소기의 안전성 및 편리성을 확보하기 위하여 다음 기준에 따른 장치를 갖춘다.

① 정전안전장치
교류전원으로 가스통로를 개폐하는 그 밖의 연소기에는 정전이 되었을 때에 가스통로를 차단하고, 다시 통전이 되었을 때에 자동으로 가스통로가 열리지 아니하거나 재 점화 되는 안전장치를 갖춘다. 다만, 정전 시에 파일럿버너 불꽃이 꺼지지 아니하는 연소기는 그러하지 아니하다.

② 역풍방지장치

배기통연결부가 있는 연소기는 역풍이 버너에 영향을 미치지 아니하는 장치를 갖춘다.

③ 소화안전장치

연소기에는 필요한 경우 소화안전장치를 갖춘다.

④ 그 밖의 장치 : 거버너

세라믹버너를 사용하는 연소기는 거버너를 갖춘다.

(2) 연소기의 소화안전장치

① 소화안전장치 : 연소기구 사용 중에 가스 공급이 중단 또는 불꽃 검지부에 고장이 생겼을 때 자동으로 가스 밸브를 닫히게 하여 생가스가 유출되는 것을 방지하는 안전장치이다.

② 종류

㉠ 열전대식 : 열전대의 원리를 이용한 것으로 열전대가 가열되어 기전력이 발생되면서 전자밸브가 개방된 상태가 유지되고, 소화된 경우에는 기전력 발생이 감소되면서 스프링에 의해서 전자밸브가 닫혀 가스를 차단하는 것으로 가스레인지 등에 적용한다.

㉡ 광전관식 : 불꽃의 빛을 감지하는 센서를 이용한 방식으로 연소 중에는 전자밸브를 개방시키고 소화 시에는 전자밸브를 닫히도록 한 것이다.

㉢ 플레임 로드(flame rod)식 : 불꽃의 도전성에 의한 정류성을 이용하여 불꽃을 감지하는 방식으로 대용량의 연소기에 사용하는 방식이다.

(3) 염공의 구비 조건

① 모든 염공에 빠르게 불이 옮겨서 완전히 점화될 것

② 불꽃이 염공 위에 안전하게 형성될 것

③ 가열불에 대하여 배열이 적정할 것

④ 먼지 등이 막히지 않고 청소가 용이할 것

⑤ 버너의 용도에 따라 여러 가지 형식의 염공이 사용될 수 있을 것

78 연소 시 발생하는 이상연소

(1) 역화(Flash Back)

가스의 연소속도가 염공의 가스 유출속도보다 크게 되거나 연소속도는 일정해도 가스의 유출속도가 작게 되었을 경우 불꽃(염)이 염공(炎孔)에서 버너 내부로 침입하여 노즐의 선단에서 연소하는 현상으로 분젠식 및 전일차 공기식 연소방식에서 나타나는 현상이다.

※ 역화(Flash Back)원인

① 가스의 공급압력이 낮아졌을 경우(유출속도 저하)

② 부식에 의해 염공이 크게 된 경우(유출속도 저하)

③ 노즐, 코크 등에 먼지 등이 묻어서 구경이 너무 작게 된 경우(유출속도 저하)

④ 버너가 과열되었을 경우(연소속도 증가)

(2) 선화(Lifting : 리프팅)

리프팅 현상은 역화의 반대현상으로서 염공으로부터의 가스 유출속도가 연소속보다 크게 된 경우 불꽃이 염공에 접하여 연소하지 않고 염공을 떠나서 연소하는 현상으로 편화라고도 하며 이 현상은 연소속도가 느린 가스 연소 시 발생하기 쉽다.

(3) 블로우 오프(Blow off) 현상

염공에서의 불꽃의 주위 특히, 불꽃의 기저부에 대한 공기의 움직임이 세어지면 불꽃이 염공에서 떨어져 꺼져버리는 현상

(4) 황염(Yellow Tip)

염(炎)의 선단이 적황색으로 되어 있는 현상을 황염(Yellow Tip)이라한다. 이 현상은 연소반응의 도중에 탄화수소가 열분해하여 탄소입자가 발생하여 미연소된 상태로 적열되어 적황색으로 빛나고 있는 것으로 연소반응이 충분한 속도로 진행하지 않고 있다는 것을 알 수 있다.

79 가스콕(Gas Cock)

(1) 콕의 종류

① 퓨즈콕
② 상자콕
③ 호스주물 연소기용 노즐콕
④ 업무용 대형 연소기용 노즐콕

(2) 가스콕(Gas Cock)의 용도

① 호스콕(Hose Cock)

호스콕은 가스유로를 볼로 개폐하는 것이며 배관과 호스 또는 호스와 호스를 연결하는 구조로서 볼밸브와 같은 구조이다.

② 퓨즈콕(Fuse Cock)

퓨즈콕은 과류차단안전기구가 부착된 것으로서, 배관과 호스 또는 배관과 퀵카플러를 연결하는 구조이다.

③ 상자콕(Box Cock)

상자콕은 퀵카플러 안전기구와 과류차단안전기구가 부착된 것으로 배관과 퀵카플러를 연결하는 구조이다.

(3) 퓨즈콕의 구조 의한 분류

① 배관과 호스를 연결하는 구조
② 호스와 호스를 연결하는 구조
③ 배관과 배관을 연결하는 구조
④ 배관과 커플러를 연결하는 구조

(4) 콕의 구조 및 치수에 관한 기준

콕의 핸들 등은 개폐상태가 눈으로 확인 할 수 있는 구조로 하고 핸들 등이 회전하는 구조의 것은 회전각도가 90°의 것을 원칙으로 열림방향은 시계바늘의 반대 방향인 구조로 한다. 다만, 주물연소기용 노즐콕 및 업무용 대형 연소기용 노즐콕의 핸들 열림방향은 그러하지 아니할 수 있다.

80 가연성 가스이면서 독성인 가스

① 아크릴로니트릴 ② 일산화탄소 ③ 벤젠 ④ 산화에틸렌
⑤ 모노메틸아민 ⑥ 염화메탄 ⑦ 브롬화메탄 ⑧ 이황화탄소
⑨ 황화수소 ⑩ 시안화수소

81 가스의 비등점

가스명	비등점
수 소	−252.8℃
산 소	−183℃
메 탄	−162℃

82 가스의 제법 및 성질

(1) 암모니아(NH_3)와 이산화탄소(CO_2) 반응

암모니아와 이산화탄소 접촉시 수분이 반응하면 탄산암모늄이 생성되어 부식의 원인이 되므로 질소 등의 불활성기체를 사용하여 기밀시험을 하여야 한다.

반응식 : $2NH_3 + CO_2 + H_2O \rightarrow (NH_4)_2CO_3$
(암모니아) (이산화탄소) (수분) (탄산암모늄)

(2) 일산화탄소의 카아보닐화

일산화탄소는 고온, 고압상태에서 철족의 금속(Fe, Ni, Co)과 반응하여 금속카르보닐을 생성한다.

① 미분상(微分狀)의 니켈과 100℃ 이상에서 반응하여 니켈카르보닐을 생성한다.

반응식 : $Ni + 4CO \rightarrow Ni(CO)_4$
(니켈카아보닐)

② 철(Fe)과는 고압에서 반응하여 철카르보닐을 생성한다.

반응식 : $Fe + 5CO \rightarrow Fe(CO)_5$
(철카아보닐)

③ 고온, 고압에서 일산화탄소가 취급될 때는 강철장치 내면에 은(Ag), 동(Cu), 알루미늄(Al) 등의 라이닝을 실시하여 금속카르보닐의 생성을 방지한다.

(3) 일산화탄소 전화법(수성가스 전화법)

수소 제법 중에서 가장 경제적인 방법으로 통상 반응은 일산화탄소에 수증기(H_2O)를 2단으로 구분하여 반응시켜 수소를 제조하는 방법이다.

제조반응식 : $CO + H_2O \rightarrow H_2 + CO_2 + 9.8(kcal)$

(4) 포스겐($COCl_2$)의 제조법

상온에서 일산화탄소(CO)와 염소(Cl_2)를 활성탄 촉매 하에서 반응시켜 제조한 다음 생성된 포스겐 기체 중에 함유한 수분을 진한 황산으로 이용하여 건조 후 액화시켜 저장한다.

반응식 : $CO + Cl_2 \xrightarrow[\text{활성탄}]{20℃} COCl_2$

(5) 모노실란(SiH_4)

- 반도체 공정의 도핑액(doping agent)로 이용
- 박막형 태양광 전지의 핵심 소재
- 가연성가스로 공기 중에서 자연발화
- 강력한 환원제

○ 물과 천천히 반응
○ 할로겐족(브롬, 염소 등)과 반응
○ 가열 시 실리콘과 산소로 분해
○ 자연발화성, 가연성 가스
○ 폭발범위 : 1.37%~100%

(6) 산화에틸렌(C_2H_4O) 성질

① 무색의 기체 및 액체로 가연성 가스이다.
② 에테르향을 가지며 고농도에서는 자극취를 내며 독성이 있다.
③ 물, 알코올, 에테르 및 대부분의 유기용제를 잘 용해한다.
④ 수화반응(水和反應)에 의해 글리콜을 생성한다.
반응식 : $C_2H_4O + H_2O \rightarrow HOC_2H_4OH$
⑤ 알코올과 반응에 의해 글리콜에테르를 생성한다.
⑥ 암모니아와 반응하여 에타놀아민을 생성한다.
반응식 : $C_2H_4O + NH_3 \rightarrow HOC_2H_4NH_2$

(7) 암모니아

① 암모니아의 합성법(하아버 보시법)
㉠ 수소(H_2)와 질소(N_2)를 부피비(체적비) 3 : 1로 반응시켜 제조한다.
㉡ 반응식 : $3H_2 + N_2 \rightarrow 2NH_3 + 24kcal$
㉢ 압력 : 200~1000atm, 온도 : 500~600℃ 정도
㉣ 촉매 : 정촉매 : Fe_3O_4, 보조촉매 : Al_2O_3, CaO, K_2O

② 암모니아의 공업적 제법
㉠ 석회질소법 ㉡ 하버 보시법 ㉢ 석탄건류법

③ 액화암모니아의 공급방식
㉠ 충전용기에 의한 방법
㉡ 자동차에 고정된 탱크
㉢ 배관에 의한 방법

(8) 시안화수소의 충전

① 용기에 충전하는 시안화수소는 순도가 98% 이상이고 아황산가스 또는 황산 등의 안정제를 첨가한 것일 것.
② 시안화수소를 충전한 용기는 용기에 충전 연월일을 명기한 표지를 붙이고, 충전한 후 60일이 경과되기 전에 다른 용기에 옮겨 충전할 것. 다만, 순도가 98% 이상으로 착색되지 아니한 것은 다른 용기에 옮겨 충전하지 아니할 수 있다.

③ 시안화수소를 충전한 용기는 충전 후 24시간 이상 정치하고, 1일 1회 이상 질산구리 벤젠 등의 시험지로 가스의 누출검사를 하여야 한다.

83 아세틸렌

(1) 아세틸렌의 제법

카바이트(CaC_2)에 물을 반응시켜 제조한다.(가장 널리 이용)

반응식 : $CaO + 3C \rightarrow CaC_2 + CO$
(산화칼슘) (탄소) (탄화칼슘)(일산화탄소)

$CaC_2 + 2H_2O \rightarrow Ca(OH)_2 + C_2H_2$
(탄화칼슘) (물) (수산화칼슘) (아세틸렌)

(2) 아세틸렌의 충전

① 아세틸렌을 용기에 충전하는 때에는 미리 용기에 다공질물을 고루 채워 다공도가 75% 이상 92% 미만이 되도록 한 후 아세톤 또는 디메틸포름아미드를 고루 침윤시키고 충전할 것.

② 아세틸렌에 접촉하는 부분에는 동 또는 동 함유량이 62%를 초과하는 동합금을 사용하여서는 아니 된다.

③ 충전 중 압력은 온도에 불구하고 2.5(MPa) 이상으로 압축하지 않아야 한다. 다만 2.5(MPa) 이상으로 압축 시에는 분해폭발을 방지하기 위해 희석제를 첨가한다.
※ 희석제 종류 : C_2H_4, CH_4, CO, N_2 등

④ 다공질물의 종류
규조토, 점토, 목탄, 석회, 산화철, 탄산마그네슘, 석면, 다공성플라스틱

(3) 아세틸렌의 폭발에 따른 반응식

① 산화폭발 반응식 : $C_2H_2 + 2.5O_2 \rightarrow 2CO_2 + H_2O$

② 화합폭발 반응식 : $C_2H_2 + 2Cu \rightarrow Cu_2C_2 + H_2$

③ 분해폭발 반응식 : $C_2H_2 \rightarrow 2C + H_2 + 54.2[kcal]$

(4) 아세틸렌 용기의 다공질물의 구비조건

① 안정성이 있을 것
② 가스충전이 쉬울 것
③ 가스방출이 쉬울 것
④ 화학적으로 안정할 것
⑤ 아세톤이 고루 침윤될 것
⑥ 값이 저렴할 것

(5) 아세틸렌 가스발생기

카바이드(CaC_2 : 탄화칼슘)에 물을 반응시켜 아세틸렌을 발생시키는 철강재 탱크로서 종류로는 투입식, 주수식, 침지식(접촉식)의 3가지가 있으며, 공업적으로 투입식이 널리 사용되고 있다.

① **투입식** : 물에 카바이드(CaC_2)를 넣는 방법

※ 투입식의 특징

- 공업적으로 대량생산에 용이하다.
- 카바이드가 수중에 있으므로 온도상승이 적다.
- 불순가스의 발생이 적다.
- 카바이드 투입량에 의해 아세틸렌가스 발생량을 조절할 수 있다.
- 후기가스의 발생이 적다.

② **주수식** : 카바이드에 물을 넣는 방법

③ **침지식(접촉식)** : 카바이드와 물을 소량씩 접촉시키는 방법

84 자연발화온도(AIT)

(1) 가연성 혼합기체의 온도가 높아지면 불꽃을 대지 않아도 온도에 의해 물질이 스스로 발화하기 시작하는 최저 온도로서 AIT가 낮을수록(감소할수록) 발화하기 쉽다.

(2) 자연발화온도에 영향을 주는 요인

① 온도　② 압력　③ 부피　④ 산소량

⑤ 촉매　⑥ 농도

85 폭굉(detonation)

폭발 중에서도 특히 격렬한 경우로서 화염의 전파속도가 음속보다 빠른 경우 파면선단에 충격파라고 하는 솟구치는 압력파가 생겨 격렬한 파괴작용을 일으키는 현상이다.

86 총(고위)발열량과 진(저위)발열량과의 관계

(1) 총발열량(고위발열량)

연료가 연소될 때 생성되는 총발열량으로 연소가스 중에 수증기의 응축잠열을 포함한 발열량으로 고위발열량이라 한다.

총발열량=진발열량+수증기의 잠열

(2) 진발열량(저위발열량)

연료가 연소될 때 생성되는 총발열량에서 수증기의 응축잠열을 제외한 발열량으로 고위발열량이라 한다.

진발열량=총발열량−수증기의 잠열

87 가연성 가스의 위험도

위험도란 가연성 가스의 폭발범위(상한계−하한계)를 하한계로 나눈 값으로 H로 표시하며, 가연성 가스의 위험성은 위험도 값이 클수록 크다.

$$(H) = \frac{U - L}{L}$$

여기서, U : 폭발 상한계(%), L : 폭발 하한계(%)

88 유황화합물

(1) 유황화합물의 제거

유황화합물은 촉매독이 되거나 장치재료를 부식하는 가장 유해한 성분으로 제거 방법으로는 수소화 탈황법, 건식 탈황법, 습식 탈황법이 있으며, 건식탈황법 중 수산화철(소철광, 황토와 톱밥 등을 혼합한 것)을 사용할 경우에는 다음 반응식에 의해 탈황한다.

반응식 : $\underset{(\text{수산화제2철})}{2Fe(OH)_3} + \underset{(\text{황화수소})}{3H_2S} \rightarrow \underset{(\text{황화철})}{Fe_2S_3} + \underset{(\text{물})}{6H_2O}$

(2) 수첨(수소화) 탈황법

① 유기유황 화합물은 황화수소보다 반응성이 낮아서 일반적인 황화수소 제거장치에서는 제거할 수 없어 유기유황 화합물을 황화합물로 변화시켜서 제거한다.

② 수첨(수소화) 탈황법은 촉매를 사용해서 수소를 첨가하여 유기유황 화합물을 황화수소로, 질소 화합물을 암모니아로, 산소 화합물을 물로 변화시켜 제거한다.

89 고압가스 제조 시 압축금지

① 가연성 가스(아세틸렌·에틸렌 및 수소 제외)중 산소용량이 전용량의 4% 이상의 것
② 산소 중의 가연성 가스(아세틸렌·에틸렌 및 수소 제외)의 용량이 전용량의 4% 이상의 것
③ 아세틸렌·에틸렌 또는 수소중의 산소용량이 전용량의 2% 이상의 것
④ 산소 중의 아세틸렌·에틸렌 및 수소의 용량합계가 전용량의 2% 이상의 것

90 위험장소의 분류

가연성 가스가 폭발할 위험이 있는 농도에 도달할 우려가 있는 장소(위험장소)의 등급은 다음과 같이 분류한다.

① "1종 장소"는 상용상태에서 가연성 가스가 체류하여 위험하게 될 우려가 있는 장소, 정비보수 또는 누출 등으로 인하여 종종 가연성 가스가 체류하여 위험하게 될 우려가 있는 장소를 말한다.

② "2종 장소"는 다음의 장소를 말한다.
 ㉠ 밀폐된 용기 또는 설비 내에 밀봉된 가연성 가스가 그 용기 또는 설비의 사고로 인해 파손되거나 오조작의 경우에만 누출할 위험이 있는 장소
 ㉡ 확실한 기계적 환기조치에 의하여 가연성 가스가 체류하지 않도록 되어 있으나 환기장치에 이상이나 사고가 발생한 경우에는 가연성 가스가 체류하여 위험하게 될 우려가 있는 장소
 ㉢ 1종 장소의 주변 또는 인접한 실내에서 위험한 농도의 가연성 가스가 종종 침입할 우려가 있는 장소

③ "0종 장소"란 상용의 상태에서 가연성 가스의 농도가 연속해서 폭발하한계 이상으로 되는 장소(폭발상한계를 넘는 경우에는 폭발한계내로 들어갈 우려가 있는 경우를 포함한다)를 말한다.

91 방폭전기기기

(1) 방폭전기기기의 종류 및 구조별 표시방법

방폭 전기기기의 구조별 표시방법	표시방법	방폭 전기기기의 구조별 표시방법	표시방법
내압방폭구조	d	안전증방폭구조	e
유입방폭구조	o	본질안전방폭구조	ia 또는 ib
압력방폭구조	p	특수방폭구조	s

(2) 방폭구조의 종류

① **내압(耐壓) 방폭구조** : 방폭전기기기의 용기(이하 "용기"라 한다.) 내부에서 가연성 가스의 폭발이 발생할 경우 그 용기가 폭발압력에 견디고, 접합면·개구부 등을 통하여 외부의 가연성 가스에 인화되지 아니하도록 한 구조를 말한다.

② **유입(油入) 방폭구조** : 용기 내부에 기름을 주입하여 불꽃·아크 또는 고온발생부분이 기름 속 잠기게 함으로써 기름면 위에 존재하는 가연성 가스에 인화되지 아니하도록 한 구조를 말한다.

③ **압력(壓力) 방폭구조** : 용기 내부에 보호가스(신선한 공기 또는 불활성 가스)를 압입하여 내부압력을 유지함으로써 가연성 가스가 용기 내부로 유입되지 아니하도록 한 구조를 말한다.

④ **안전증(安全增) 방폭구조** : 정상운전 중에 가연성 가스의 점화원이 될 전기불꽃·아크 또는 고온부분 등의 발생을 방지하기 위하여 기계적·전기적 구조상 또는 온도 상승에 대하여, 특히 안전도를 증가시킨 구조를 말한다.

⑤ **본질안전(本質安全) 방폭구조** : 정상 시 및 사고(단선, 단락, 지락 등)시에 발생하는 전기불꽃·아크 또는 고온부에 의하여 가연성 가스가 점화되지 아니하는 것의 점화시험, 기타 방법에 의하여 확인된 구조를 말한다.

⑥ **특수(特殊) 방폭구조** : ①내지 ⑤에서 규정한 구조 이외의 방폭구조로써 가연성 가스에 점화를 방지할 수 있다는 것의 시험, 기타의 방법에 의하여 확인된 구조를 말한다.

(3) 본질안전 방폭구조의 안전막(safety barrier)

본질안전 방폭구조가 설치되는 0종장소 등에서 위험장소와 비위험장소 사이에 설치하여 위험장소로 공급되는 전류치가 취급물질의 최소점화에너지를 초과하지 못하도록 하는 안전장치로 위험장소로 공급되는 전류치가 커지면 자동으로 전원이 차단되는 구조 회로이다.

(4) 가연성 가스 전기설비의 방폭구조

가연성 가스(암모니아, 브롬화메탄 및 공기 중에서 자기 발화하는 가스를 제외한다)의 제조설비 또는 저장설비 중 전기설비는 방폭성능을 가지는 구조일 것.

(5) **가연성가스의 폭발등급 및 이에 대응하는 본질안전방폭구조의 폭발등급**

최소점화전류비의 범위(mm)	0.8 초과	0.45 이상 0.8 이하	0.45 미만
가연성가스의 폭발등급	A	B	C
방폭전기기기의 폭발등급	IIA	IIB	IIC
(비고) 최소점화전류비는 메탄의 최소점화전류를 기준으로 나타낸다.			

92 압력계

(1) **압전형 압력계(피에조 압력계)**

전기식 압력계로서 수정이나 전기석 또는 로쉘염 등의 결정 물체에 압력을 가하여 발생한 전기량은 압력에 비례하는 원리를 이용하여 압력을 측정하는 것으로 응답이 빨라 가스의 폭발 등과 같이 급격한 압력 변화를 측정하는데 적합한 압력계이다.

(2) 산소는 산화력이 강하여, 유지 및 기름 등과 접촉 시 발생되는 산화열에 의해 자연발화 할 우려가 있으므로 금유라고 표시된 산소 전용의 압력계를 사용하여야 한다.

93 바이메탈 온도계(Bimetal thermometer)

바이메탈(bimetal)이란 열팽창계수, 즉 온도의 변화에 따라 팽창·수축하는 정도가 매우 다른 두 종류의 얇은 금속판을 포개어 붙여 한 장으로 만든 막대 형태의 부품으로, 열을 가했을 때 팽창하며 휘는 성질을 이용해 기기를 온도에 따라 제어한다.

① **특징**

㉮ 장기 사용 시 피로에 의한 변화가 쉽다.

㉯ 시간이 늦어지고 정밀한 온도 측정에 부적당하다.

㉰ 움직이는 힘이 강하여 전기 회로의 개폐가 가능하다.

② **측정온도** : −50~350℃

③ **용도** : 실험용, 현장지시용 및 자동제어용

94 플레어스택(flare stack)

(1) 플레어스택(flare stack)의 역할(설치목적)

가연성가스의 설비에서 이상 사태가 발생한 경우 긴급이송장치에서 이송되는 가연성가스를 대기 중에 분출할 때 공기와 혼합하여 폭발성 혼합기체가 형성되지 않도록 연소시켜 대기로 안전하게 방출한다.

(2) 플레어스택(flare stack)의 설치기준

① 긴급이송설비로 이송되는 가스를 안전하게 연소시킬 수 있는 것으로 한다.

② 플레어스택에서 발생하는 복사열이 다른 제조시설에 나쁜 영향을 미치지 아니하도록 안전한 높이 및 위치에 설치한다.

③ 플레어스택에서 발생하는 최대열량에 장시간 견딜 수 있는 재료 및 구조로 되어 있는 것으로 한다.

④ 파이롯트버너 또는 항상 작동할 수 있는 자동점화장치를 설치하여 플레어스택에 관련된 폭발을 방지하기 위한 조치가 되어 있는 것으로 한다.

⑤ 플레어스택의 설치 위치 및 높이는 플레어스택 바로 밑의 지표면에 미치는 복사열이 $4000\text{kcal/m}^2\text{ h}$ 이하가 되도록 한다.

⑥ 역화 및 공기 등과의 혼합 폭발을 방지하기 위한 장치를 설치해야 한다.

⑦ 플레어스택의 혼합폭발 장치

㉠ Liquid Seal 설치

㉡ Flame Arresstor 설치

㉢ Vapor Seal 설치

㉣ Purge Gas 주입

㉤ Molecular Seal 설치

95 긴급이송설비(緊急移送設備)

(1) 이상사태가 발생하는 경우 설비 내의 내용물을 설비 밖으로 긴급하고도 안전하게 이송할 수 있는 설비를 말한다. 특히, 가연성 가스 또는 독성 가스의 고압가스 설비 중 특수 반응 설비와 긴급 차단 장치를 설치한 고압가스 설비에는 설비에 속하는 가스의 종류·양·성질·상태·온도·압력 등에 따라 이상 사태가 발생하는 경우에는 당해 설비 내의 내용물을 설비 밖으로 이송해야만 한다. 인접한 가스 설비에 재해가 발생하였을 때에 당해 구간으로 연소 또는 급격히 유동되므로, 해당 구간의 설비에 손상 등으로 2차 재해가 발생되지 않도록 하기 위한 설비로서 구간 내에 있는 가스를 안전한 시간 안에 이송할 수 있어야 한다. 긴급 이송설비에 부속된 처리설비는 이송되는 설비 내의 내용물을 다음과 같은 방법으로 처리할 수 있다.

① 플레어스택(flare stack)에서 안전하게 연소시킬 것

② 독성 가스는 제독 조치 후 안전하게 폐기시킬 것
③ 안전한 장소에 설치되어 있는 저장탱크 등에 임시 이송할 것
④ 벤트 스택(vent stack)에서 안전하게 방출시킬 것

(2) 긴급 이송설비에는 고압가스를 방출 또는 이송하는 경우 압력의 강하로 인하여 공기가 유입되지 않도록 하기 위한 조치를 해야 하며, 배관 안의 응축액의 고임을 제거 또는 방지하기 위한 조치를 아울러 해야 한다. 두 종류 이상의 고압가스를 이송하는 경우에는 이송되는 고압가스의 종류, 양, 성질, 온도 및 압력 등에 따라서 이송할 때 혼합됨으로써 이상반응, 응축, 비등 및 역류 등이 발생되는 것을 고려하여 이송해야 한다.

96 독성가스 연소설비 제독조치

(1) 장점

① 고농도의 가스일 경우 제독조치 효과가 양호하다.
② 연소처리에 의하여 독성가스의 유해성이 없다.
③ 오일 등의 전처리 장치가 필요하지 않다.
④ 제독조치할 유량이 많은 경우에 적합하다.
⑤ 제독조치하는 가스의 가연성을 이용하므로 보조연료는 불필요하다.
⑥ 가연성 배출가스에만 적용할 수 있다.

(2) 단점

① 연소설비를 갖추어야 하므로 초기 시설비가 많이 소요된다.
② 불연성 가스에는 부적합하고 저농도의 가스일 경우 완전 제독조치가 곤란하다.
③ 제독처리하는 가스 중에 불화질소 등의 불연성가스가 혼재되어 있을 경우 연소처리 중에 분해되어 산성가스로 변화하므로 후처리가 필요하다.

97 가스누출검지경보장치

(1) 가스누출검지경보장치 경보농도

경보농도는 검지경보장치의 설치장소, 주위의 분위기 온도에 따라 가연성 가스는 폭발한계의 1/4 이하, 독성 가스는 TLA-TWA 기준농도 이하로 할 것(다만, 암모니아를 실내에서 사용하는 경우에는 50ppm으로 할 수 있다)

(2) 가스누출검지경보장치 설치장소

제조설비에 있어서 검지경보장치의 검출부 설치장소 및 개수는 다음 각 호에 의할 것

① 건축물 내에 설치되어 있는 압축기, 펌프, 반응설비, 저장탱크 등 가스가 누출하기 쉬운 고압가스설비 등이 설치되어 있는 장소의 주위에는 누출한 가스가 체류하기 쉬운 곳에 이들 설비군의 바닥면 둘레 10m에 대하여 1개 이상의 비율로 계산한 수

② 건축물밖에 설치되어 있는 제1호에 기재한 고압가스설비가 다른 고압가스설비, 벽이나 그 밖의 구조물에 인접하거나 피트 등의 내부에 설치되어 있는 경우, 누출한 가스가 체류할 우려가 있는 경우, 누출한 가스가 체류할 우려가 있는 장소에 그 설비군의 바닥면 둘레 20m마다 1개 이상의 비율로 계산한 수

③ 특수 반응설비로 그 주위에 누출한 가스가 체류하기 쉬운 장소에는 그 바닥면 둘레 10m마다 1개 이상의 비율로 계산한 수

라. 가열로 등 발화원이 있는 제조설비의 주위에 가스가 체류하기 쉬운 장소에는 그 바닥면 둘레 20m마다 1개 이상의 비율로 계산한 수

④ 계기실 내부에 1개 이상

⑤ 독성가스의 충전용 접속구 군의 주위에 1개 이상

⑥ 방류둑(2기 이상의 저장탱크를 집합방류둑 내에 설치한 경우에는 저장탱크 칸막이를 설치한 경우에 한한다) 내에 설치된 저장탱크의 경우에는 당해 저장탱크마다 1개 이상

(3) 도시가스 배관 누출 검사 장비

① FID(수소염 불꽃이온화 검출기) : 불꽃으로 시료성분이 이온화됨으로써 불꽃 중에 놓여진 전극간의 전기전도도가 증대하는 것을 이용한 것으로 탄화수소에서 감도가 최대이며, H_2, O_2, CO_2, SO_2 등은 감도가 없다. 노이즈가 적고 사용이 편리한 장점이 있다.

② OMD(광학메탄검지기) : 시스템을 차량에 장착하여 고속으로 주행하면서 도로에 매설된 가스 배관의 누설 여부를 검사하는 장비로서, 가스가 검지될 경우 대형 LCD 모니터를 통해 실시간으로 표시하여 주고, 설정된 경보 값을 초과할 경우 내부 부저를 통하여 경보를 발생하여 준다. OMD는 최첨단 적외선 흡광 특성을 이용한 가스 검지부와 LCD 모니터 및 전원장치로만 구성되어 있어, 기존의 FID 방식처럼 별도의 수소가스나 흡입펌프를 사용하지 않기 때문에 유지보수가 매우 간편하다.

98 통풍장치

(1) 강제통풍장치 설치기준

통풍구조를 설치할 수 없는 경우에는 다음 각목의 기준에 적합한 강제통풍장치를 설치하여야 한다.

① 통풍능력이 바닥면적 $1m^2$마다 $0.5m^3/min$ 이상으로 할 것
② 흡입구는 바닥면 가까이에 설치할 것
③ 배기가스 방출구를 지면에서 5m 이상의 높이에 설치할 것

(2) 공기보다 비중이 가벼운 도시가스의 공급시설로서, 공급시설이 지하에 설치된 경우의 통풍구조는 다음 기준으로 할 수 있다.
① 통풍구조는 환기구를 2방향 이상 분산하여 설치하여야 한다.
② 배기구는 천장면으로부터 30cm 이내에 설치하여야 한다.
③ 흡입구 및 배기구의 관경은 100mm 이상으로 하되, 통풍이 양호하도록 하여야 한다.
④ 배기가스 방출구는 지면에서 3m 이상의 높이에 설치하되, 화기가 없는 안전한 장소에 설치하여야 한다.

99 내용물제거장치 설치

배관에는 서로 인접하는 긴급차단장치의 구간마다 그 배관의 가스를 방출할 수 있는 장치를 다음과 같이 설치한다.

① 내용물제거장치의 설치 높이는 방출된 가스의 착지농도가 폭발하한계값 미만이 되도록 설치한다.
② 가스방출시작 압력에서부터 대기압까지의 방출소요시간은 방출시작으로부터 60분 이내로 한다.
③ 내용물제거장치는 방출된 가스로 인하여 주변 건축물 등에 착화할 위험이 없는 장소에 설치한다.
④ 가스방출구의 위치는 작업원이 정상작업을 하는데 필요한 장소 및 작업원이 통행하는 장소로부터 10m 이상 떨어진 곳에 설치한다.
⑤ 내용물제거장치에는 정전기나 낙뢰 등으로 인하여 착화하지 아니하도록 정전기 방지설비나 낙뢰 방지설비를 설치하고 착화될 경우를 고려하여 원격으로 가스를 차단할 수 있는 장치를 설치한다.

100 석유환산톤(Ton of Oil Equivalent : TOE)

- 에너지의 양을 나타내는 단위로 원유 1톤을 연소할 때 발생하는 에너지이다.
- 기호는 TOE를 사용하고 석유·가스·전기 같은 모든 에너지에 공통 적용하는 에너지 단위로 원유 1톤의 발열량을 1TOE로 정의한다.
- 에너지원마다 각기 다른 발열량을 가지고 있기 때문에 각기 다른 에너지원의 소비량 합계를 얻기 위해서 필요한 개념으로 석탄은 0.66TOE, LNG는 1.30TOE이다.

101 열병합발전

열병합발전이란 전기를 생산하고 나온 폐열을 지역난방 또는 공정용 열원으로 사용하는 전기와 열을 동시에 생산, 공급하는 발전방식으로 열병합발전을 실시하게 될 경우 열효율이 크게 제고되므로, 약 1/3의 연료를 절감하는 효과를 가져 오게 되는 바, 국내에는 30여 개 업체가 열병합 발전을 실시하여 원가절감에 기여하고 있다.

102 가스미터(가스계량기)

(1) 가스미터의 분류

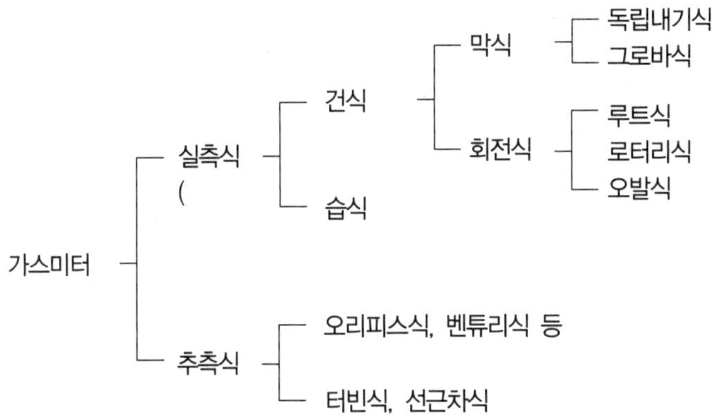

(2) 실측식과 추량식 가스 미터의 차이점

① 실측식(직접식) : 유체의 부피나 질량을 직접 측정하는 방법으로 중량이나 용적 유량을 직접 측정하기 때문에 유체의 성질에 영향을 받는 경우가 적고 고점도로 측정하는 반면 일반적으로 구조가 복잡하고 취급하기 어렵다는 결점이 있다.

② 추량식(간접식) : 유속을 측정하여 유량을 구하는 방법이 대부분이며 베르누이의 정리를 응용한 것이 있다. 직접법에 비하면 정도는 약간 떨어지나 기계적 측정치의 전기 또는 공기압 신호에의 변환이 용이하므로 공업용 유량계로 널리 이용된다.

(3) 다이어프램식(막식) 의 특징

분류	막식 가스미터
장점	1. 저가이다. 2. 부착 후 유지관리에 시간을 요하지 않는다.
단점	• 대용량에서는 설치공간을 많이 차지한다.

분류	막식 가스미터
일반적용도 용량범위	• 일반 수요가 • 1.5~200[m^3/h]

(4) **습식, 루트미터의 특징**

분류	습식 가스미터	루트미터
장점	1. 계량이 정확하다. 2. 사용 중에 기차의 변동이 거의 없다.	1. 대용량의 가스측정에 적합하다. 2. 중압가스의 유량측정이 가능하다. 3. 설치 면적이 적다.
단점	1. 사용 중에 수위조정 등의 관리가 필요하다. 2. 설치 면적이 크다.	1. 스트레이너의 설치 및 설치 후의 유지관리가 필요하다. 2. 소유량(0.5[m^3/h] 이하)에서는 부동의 우려가 있다.
일반적용도 용량범위	기준기, 실험실용, 0.2~3,000[m^3/h]	대량 수요가 100~5,000[m^3/h]

(5) **막식 가스미터의 고장 및 원인**

① 부동 : 가스는 미터를 통과하나 미터지침이 작동하지 않는 현상

※ 막식 가스미터의 부동 원인

㉠ 계량막의 파손, 밸브의 탈락, 밸브와 밸브시트 사이에서의 누설

㉡ 지시장치의 톱니바퀴의 불량

② 불통 : 가스가 미터를 통과하지 못하는 현상

※ 막식 가스미터의 불통 원인

㉠ 크랭크축이 녹슨 경우

㉡ 밸브와 밸브시트가 타르(tar), 수분 등에 의해 고착 또는 동결 시

㉢ 날개, 조절기 등의 납땜이 떨어진 경우

103 반도체가스 스크러버

※ 반도체가스 스크러버의 최신기술 동향

반도체산업에서 사용되는 가스 스크러버(surubber)란 반도체 제조 공정 중에 발생하는 각종 독성가스 및 산성가스, 가연성가스(SiH_4, SiH_6, DCS, As_3, PH_3), 환경유해가스(PFC계 : SF_6, NF_3, F_4, C_2, C_3 등)을 정제해 배출하는 장비로 세정방식에 따라 습식(wet), 건식(dry), 연소식(burn), 흡착식, 플라즈마법 등으로 분류한다.

104 일반도시가스사업법 안전관리자의 자격과 선임 인원

사업 구분	안전관리자의 종류별 선임 인원 및 자격	
	선임 인원	자격
일반 도시 가스 사업	안전관리 총괄자 : 1명	
	안전관리 부총괄자 : 사업장마다 1명	
	안전관리 책임자 : 사업장마다 1명 이상	가스산업기사 이상의 자격을 가진 사람
	안전관리원 : 1. 배관 길이가 200km 이하인 경우에는 5명 이상 2. 배관길이가 200km 초과 1천km 이하인 경우에는 5명에 200km마다 1명씩 추가한 인원 이상 3. 배관 길이가 1천km를 초과하는 경우에는 10명 이상	가스기능사 이상의 자격을 가진 사람 또는 안전관리자 양성교육을 이수한 사람
	안전점검원 : 배관 길이 15킬로미터를 기준으로 1명	가스기능사 이상의 자격을 가진 사람, 안전관리자 양성교육을 이수한 사람 또는 안전점검원 양성교육을 이수한 사람

105 액화석유가스 공급자에 따른 안전점검자 인원

공급자 구분	안전점검자	인원
액화석유가스 충전사업자	충전자	충전 소요인력
	수요자 시설 점검원	가스배달 및 점검 소요인력
액화석유가스 집단공급사업자	수요자 시설 점검원	수용가 3000개소마다 1명
액화석유가스 판매사업자	수요자 시설 점검원	가스배달 및 점검 소요인력

106 고압가스 운반차량 등록 대상범위

고압가스운반차량을 이용하여 다음 고압가스를 운반하고자 하는 자

① 허용농도가 100만분의 200미만인 독성가스를 운반하는 차량

② 차량에 고정된 탱크에 의해 고압가스를 운반하는 차량

③ 2개 이상을 상호 연결하여 차량에 고정한 이음매 없는 용기에 의해 고압가스를 운반하는 차량

④ 다음의 어느 하나에 해당하는 자가 수요자에게 용기로 고압가스를 운반하는 차량. 다만, 접합용기 또는 납붙임용기로 고압가스를 운반하거나 스킨스쿠버 등 여가 목적의 장비에 사용되는 충전용기로 고압가스를 운반하는 경우 해당 차량은 제외한다.

㉠ 고법 제4조제1항 또는 제2항에 따른 고압가스 제조허가를 받거나 신고를 한 자

㉡ 고법 제4조제3항에 따른 고압가스 판매허가를 받은 자

㉢ 고법 제5조의3에 따른 고압가스 수입업자의 등록을 한 자

⑤ 다음의 어느 하나에 해당하는 자가 수요자에게 용기로 액화석유가스를 운반하는 차량. 다만, 「자동차관리법」 제3조제1항제5호에 따른 이륜자동차를 이용하여 액화석유가스를 운반하는 경우 해당 이륜자동차는 제외한다.

㉠ 액법시행령 제2조제1항제1호가목에 따른 용기 충전사업자

㉡ 액법시행령 제2조제1항제1호라목에 따른 가스난방기용기 충전사업자

㉢ 액법시행령 제2조제1항제4호에 따른 액화석유가스 판매사업자

⑥ 산업통상자원부령으로 정하는 탱크컨테이너로 고압가스를 운반하는 차량

107 실린더 캐비닛

반도체 제조공정 등에서 사용하는 특수고압가스를 사용하기 위하여 용기를 장착하여 배관과 안전장치 등이 일체로 구성된 특정설비

※ 고압가스 실린더캐비닛 구조

실린더캐비닛은 그 실린더캐비닛의 안전성·편리성 및 작동성을 확보하기 위한 기준이 필요합니다.

① 실린더캐비닛은 내부에서 누출된 가스를 항상 제독설비 등으로 이송할 수 있고 내부압력이 외부압력보다 항상 낮게 유지할 수 있는 구조로 한다.

② 실린더캐비닛 안의 설비 중 고압가스가 통하는 부분은 안전율이 4이상으로 설계된 것으로 한다.

③ 실린더캐비닛은 그 내부의 배관접속부 및 기기류를 용이하게 점검•확인할 수 있는 구조로 한다.

④ 실린더캐비닛 내부의 충전용기 또는 배관에는 외부에서 조작이 가능한 긴급차단장치가 설치된 것으로 한다.

⑤ 실린더캐비닛은 그 내부 충전용기의 전도 등으로 충격 및 밸브의 손상을 방지하기 위한 체인 등의 설치가 가능한 구조로 한다.

⑥ 실린더캐비닛은 그 내부의 배관에 가스의 종류와 유체의 흐름 방향이 표시된 것으로 한다.

⑦ 실린더캐비닛은 그 내부의 밸브에 개폐 방향과 개폐 상태가 표시된 것으로 한다.

⑧ 실린더캐비빗에 사용하는 가스는 상호반응에 의하여 재해가 발생할 우려가 없는 것으로 한다.

⑨ 가연성가스 용기는 넣은 실린더캐비닛은 당해 실린더캐비닛에서 발생하는 정전기를 제거하는 조치가 된 것으로 한다.

108 부압을 방지하는 조치

저장탱크 내부의 압력이 외부의 압력보다 낮아져 저장탱크가 파괴되는 것을 방지하기 위한 조치로서 다음 설비를 갖추어야 한다.

① 압력계
② 압력경보설비
③ 그밖의 것(다음 중 어느 한 개 이상의 설비)
 ㉠ 진공안전밸브
 ㉡ 다른 저장탱크 또는 시설로부터의 가스도입배관(균압관)
 ㉢ 압력과 연동하는 긴급차단장치를 설치한 냉동제어설비
 ㉣ 압력과 연동하는 긴급차단장치를 설치한 송액설비

109 저장탱크 치환 방법

① 가스설비의 내부가스를 실외까지 유도하여 다른 용기에 회수하거나 산소가 체류하지 아니하는 조치를 강구하여 대기 중에 서서히 방출한다.
② 위 내용 ①의 처리를 한 후 내부가스를 공기 또는 불활성가스 등으로 치환한다. 이 경우 가스 치환에 사용하는 공기는 기름이 혼입될 우려가 없는 것을 선택한다.
③ 산소측정기 등으로 치환 결과를 수시 측정하여 산소의 농도가 22% 이하로 될 때까지 치환을 계속한다.
④ 공기로 재치환한 결과를 산소측정기 등으로 측정하고 산소의 농도가 18%~22%로 유지되도록 공기를 반복하여 치환한 후 작업자가 내부에 들어가 작업을 한다.

110 안전성 평가기법

(1) 안전성 평가기법 종류

① **정량적 평기기법** : 작업자 실수분석기법, 결함수분석기법, 원인결과 분석기법, 사건수 분석기법,
② **정성적 평가기법** : 체크리스트기법, 위험과 운전분석기법, 사고예상 질문분석기법

(2) 사건수 분석기법(ETA)

초기 사건으로부터 알려진 특정설비의 이상이나 운전자의 실수로부터 발생할 수 있는 잠재적인 사고결과를 예측 평가하는 분석방법이다.

※ 사건수분석법(ETA)의 특징

- 사상의 안전도를 사용하여 시스템의 안전도를 나타내는 모델이다.
- 귀납적이기는 하나 정량적 분석 기법이다.
- 재해의 확대요인의 분석에 적합하다.

111 용기 재검사

(1) 이음매 없는 용기재검사기준

내용적 5ℓ 이상 125ℓ 미만인 이음매 없는 용기 및 2개 이상을 연결하여 차량에 고정한 이음매 없는 용기(이하 "카트리지용기"라 한다)의 재검사 시 외관검사 및 내압시험에 대하여 적용한다.

※ 이음매없는 용기재검사기준에서 사용하는 용어의 정의는 다음 각호와 같다.

① 점부식

독립된 부식점 지름의 6mm 이하이고, 인접한 부식점과의 거리가 50mm 이상인 것

② 선부식

선상(線狀)으로 형성된 부식 및 쇄상(鎖狀)이 단속적으로 이어진 부식으로 각각의 폭이 10mm 이하인 것

③ 일반부식

어느 정도 면적이 있는 부식 및 국부적 부식으로 위의 "가" 및 "나"에 해당하지 아니하는 것.

④ 우그러짐

두께가 감소하지 않고 용기내부로 변형된 것.

⑤ 찍힌 흠 또는 긁힌 흠

두께감소를 동반한 변형으로 금속이 깎이거나 이동된 것.

⑥ 열영향

용기가 과다한 열에 의하여 영향을 받은 것으로 다음과 같은 현상으로 판단한다.

㉠ 도장을 그을음

㉡ 용기의 일그러짐

㉢ 밸브본체 또는 부품의 융용

㉣ 전기불꽃에 의한 흠집, 용접불꽃의 흔적

(2) 용접용기의 재검사 항목

용기의 재검사는 그 용기를 계속 사용할 수 있는지 확인하기 위하여 다음 항목에 대하여 실시한다.

① 외관검사 ② 내압검사 ③ 누출검사 ④ 다공질물 충전검사
⑤ 단열성능검사

(3) 용접용기의 재검사방법

용기의 재검사는 그 용기를 계속 사용할 수 있는지 확인하기 위하여 다음 방법으로 실시한다. 다만, 신규검사 또는 재검사를 받은 후 열처리(용기의 건조를 위한 열처리를 제외한다)를 하였거나 열영향을 받은 용기는 용기신규검사기준을 준용하여 검사를 실시한다.

112 긴급차단장치

① 매설되는 배관에는 지역구분에 따른 거리에 긴급차단장치를 설치하되, 다음에 해당하는 경우와 법 제11조에 따라 시설공사계획 승인권자가 부득이 하다고 인정하는 경우에는 긴급차단장치 설치거리를 조정할 수 있다.

② 관계법령에 따라 위험시설물의 설치를 제한 또는 금지하는 지역이거나 긴급차단장치의 설치 장소로 적합하지 않다고 시장·군수·구청장이 인정하는 지역으로서 다음 조건을 모두 만족하는 경우에는 긴급차단장치간 거리를 10km까지 늘릴 수 있다.

㉠ 배관 두께를 ㈎지역의 설계기준으로 적용하는 경우

㉡ 방출시간을 다음 계산식에 따라 산정한 수치 이하로 하는 경우

$V = Vs - [Vs \times (L - Ls)/Ls]$ 여기에서,

V = 방출시간(Min)

Vs : 기준에서 정하고 있는 방출시간(60Min)

L : 긴급차단장치 실제 설치 거리(km)

Ls : 기준에서 정하고 있는 긴급차단장치 설치거리(8km)

㉢ 매설배관의 충격 및 누출감지를 위한 실시간 감시 시스템을 설치하는 경우

㉣ 매설배관 피복손상 탐지를 매 5년마다 실시하는 경우

113 안전밸브

내부압력이 상승 시 파열사고를 방지할 목적으로 사용

(1) 안전밸브의 종류

① 스프링식 안전밸브 ② 파열판식 안전밸브 ③ 가용전식 안전밸브

(2) 압력 릴리프 밸브 종류

① **평형 벨로즈형 안전밸브(Balanced Bellows Safety Valve)**
평형식 안전밸브 : 배압이 안전밸브 작동에 영향을 미치지 않도록 밸브시트 구경과 같은 유효지름을 갖는 벨로우즈를 사용하여 배압을 평형시키는 구조의 안전밸브로서 안전밸브의 출구쪽에 항상 배압이 있거나 Relieving 및 그 전후에 변동하는 배압이 있는 경우에 사용한다.

② **비평형식 안전밸브(Unvalanced Safety Valve)**
평형식 안전밸브와 같은 평형기구를 갖지 않는 안전밸브

③ **개방형 안전밸브(Opened Type Safety Valve)**
밸브디스크 구멍으로부터 불어낸 유체의 일부가 출구 외의 부분으로부터도 외부에 방출되는 구조의 안전밸브

④ **밀폐형 안전밸브(Enclosed type Safety Valve)**
밸브디스크 구멍으로부터 붙어낸 유체가 안전밸브의 출구 이외의 부분으로부터 외부에 방출되지 않는 구조의 안전밸브

⑤ **리프트식 안전밸브(Lift Safety Valve)**
밸브디스크의 리프트가 밸브디스크 구경의 1/40 이상 1/4 미만인 것으로서 밸브디스크가 열렸을 때의 밸브시트 구멍이 되는 안전밸브

(3) 안전밸브를 제조하려는 자가 갖추어야 할 검사설비

① 초음파 두께 측정기, 나사 게이지, 버니어캘리퍼스 등 두께 측정기
② 내압시험설비　③ 기밀시험설비　④ 표준이 되는 압력계
⑤ 표준이 되는 온도계　⑥ 그 밖에 검사에 필요한 설비 및 기구

114 가스설비설치실 불연재료 사용

가스설비설치실을 설치하는 경우에는 유리를 제외한 불연재료(지붕은 가벼운 불연재료)를 사용하고, 가스설비설치실·사무실 등 충전소 안의 건축물 또는 충전소 주유소 겸용 사무실의 외벽에 설치하는 모든 창은 다음에 따른 유리로 한다.

① KSL 2002(강화유리 : Tempered Glass)
② KSL 2004(접합유리 : Laminated Glass)
③ KSL 2006(망입유리 : Wire Glass)
④ 공인시험기관의 시험결과 이와 같은 수준 이상의 유리

115 강의 열처리

① 담금질(Quenching) : 강을 적당한 온도로 가열하여 오스테나이트 조직에 이르게 한 뒤, 마텐자이트 조직으로 변화시키기 위해 급냉시키는 열처리 방법으로 강의 경도와 강도를 증가시키기 위한 것이다. 강의 담금질 온도가 너무 높으면 강의 오스테나이트 결정 입자가 성장하여 담금질 후에도 기계적 성질이 나빠지고 균열이나 변형이 일어나기 쉬우므로 담금질 온도에 주의해야 한다.

② 뜨임(Tempering) : 담금질한 강은 경도가 증가된 반면 취성을 가지게 되고, 표면에 잔류 응력이 남아 있으면 불안정하여 파괴되기 쉬우므로 적당한 인성을 재료에 부여하기 위해 담금질 후에 반드시 뜨임 처리를 해야 한다. 즉 담금질 한 조직을 안정한 조직으로 변화시키고 잔류 응력을 감소시켜, 필요로 하는 성질과 상태를 얻기 위한 것으로 담금질한 강을 적당한 온도까지 가열하여 다시 냉각시킨다.

③ 풀림(Annealing) : 재료를 일정 온도까지 일정 시간 가열을 유지한 후 서서히 냉각시키면, 변태로 인해 최초의 결정 입자가 붕괴되고 새롭게 미세한 결정입자가 조성되어 내부 응력이 제거될 뿐만 아니라 재료가 연화된다. 이러한 목적을 위한 열처리 방법을 풀림이라 부른다. 풀림의 목적을 다음과 같이 정리할 수 있다

㉠ 단조나 주조의 기계 가공에서 발생한 내부 응력 제거
㉡ 열처리로 인해 경화된 재료의 연화
㉢ 가공이나 공작으로 경화된 재료의 연화
㉣ 금속 결정 입자의 미세화

④ 불림(Normalizing) : 재료를 변태점 이상의 적당한 온도로 가열한 다음 일정 시간 유지시킨 후 공기 중에서 냉각하여 미세하고 균일하게 표준화된 금속 조직을 얻을 수 있다. 불림의 목적은 결정 조직을 미세화하고 냉간 가공이나 단조 등으로 인한 내부 응력을 제거하며 결정 조직이나 기계적 성질과 물리적 성질 등을 표준화시키는 데 있다. 강을 불림 처리하면 취성이 저하되고 주강의 경우 주조 상태에 비해 연성이나 인성 등 기계적 성질이 현저히 개선된다.

116 비파괴 검사

(1) 비파괴 검사의 종류

① 음향탐상법(Acoutic Emission : AE)
② 침투 탐상시험(Liquid penetrant testing : PT)
③ 방사선투과법(Radiographic testing : RT))
④ 초음파 탐상시험(Ultrasonic testing : UT)
⑤ 자분탐상법(Magnetic particle testing : MT)

⑥ 육안검사(Visual Testing : VT)

⑦ 누설검사(Leak Testing : LT)

⑧ 와전류탐상법 (Eddy Current : ECT, ET)

⑨ 중성자투과검사(NRT)

⑩ 적외선검사 (IRT)

(2) 비파괴 검사의 특징

① 음향검사

테스트햄머를 사용하여 가볍게 물건을 두들기고 음향에 의해 결함의 유무를 판단하는 방법으로 검사자에 따라 개인차가 있으며 결과의 기록이 되지 않는다.

② 초음파 탐상시험(Ultrasonic testing)

초음파검사법은 초음파(보통 0.5~15MC)를 피 검사물의 내부에 침입시켜 내부의 결함과 불균일층의 존재 여부를 검사하는 시험으로 대표적인 검사법에는 투과법, 펄스반사법, 공진법이 있다.

㉠ 초음파탐상시험의 장점

- 내부결함 또는 불균일 층의 검사가 가능하다.
- 용입 부족 및 용입부의 결함을 검출할 수 있다.
- 검사 비용이 싸다.

㉡ 초음파탐상시험의 단점

- 결함의 형태가 불명확하다.
- 결과의 보존성이 없다.
- 표면 결함을 발견하기 어렵다.

③ 침투 탐상시험(Liquid penetrant testing)

침투검사는 표면에 개구된 미소한 균열, 적은 구멍, 슬러그 등을 검출하는 방법이며 널리 철, 비철의 각 재료에 적용되며 특히 자기검사가 이용되지 않는 비자성재료에 많이 사용된다. 또 철강의 용접부에서도 형상이 복잡하고 자기검사가 곤란한 곳에서나 전원이 없는 때에도 이용된다.

④ 자분 탐상시험(Magnetic particle testing)

자분검사는 자기검사의 한 방법이며 피검사물을 자화한 상태에서 표면 또는 표면에 가까운 손상에 의해 생기는 누설자속을 사용하여 검출하는 방법이다.

육안으로는 검지할 수 없는 결함(균열, 손상, 개재물, 편석, 블로우호울 등)을 검지할 수 있으나 오스테나이트계 스테인리스 강 등의 비자성체에는 적용되지 않는다. 결함에 의해 누설자속이 생긴 장소에 도자성(磁道性)이 높은 미세한 자성체분말자분을 살포하면 자분이 결함부에 응집흡인되어 손상 등의 위치가 육안으로 검지된다.

※ 자분탐상시험의 단점

㉠ 비자성체에는 적용할 수 없다.

㉡ 전원이 필요하다.

㉢ 검사 완료 후에 탈지 처리가 필요하다.

※ 자분탐상시험의 장점

육안으로는 검지할 수 없는 미세한 표면 및 피로 파괴나 취성파괴에 적당하다.

⑤ 방사선 투과시험(Radiographic testing)

㉠ 방사선으로 X선이나 γ선을 투과하여 결함의 유무를 확인하는 시험으로 용접부결함 검사에 널리 사용되고 있는 비파괴 검사법이다. X선이나 γ선을 투과하면 필름에 의해 결함의 모양, 크기 등을 관찰할 수 있고 결과의 기록이 가능하다.

㉡ 방사선투과검사에 엑스선이 많이 이용되었으나 검사 대상물이 두꺼워지는 등 작업 여건이 변화하면서 감마선의 이용률이 훨씬 높아지는 추세다. 감마선원으로는 Ir-192(이리듐 192)와 Co-60(코발트60) 등이 있다.

㉢ 투과도계

IQI는 투과도계라 불리며, 촬영된 투과사진으로 감도, RT 검사방법의 적합성을 확인하기 위해 사용하는 시험편으로 상질지시기(Image Quality Indicator)라 한다. 즉, 촬영한 필름의 상질이 요구하는 기준 이상이 되었는지를 판단하는 기준이다.

⑥ 와전류탐상 검사(ECT : Eddy Current Testing)

와류란 소용돌이치면서 물이 흐름을 뜻하며, 와류 검사란 비파괴 검사의 일종으로 전도체에 한하여 전자장 내에서 형성된 와류가 피검체에 통했을 때 균열 및 이질 금속 등에서 오는 전도율의 차이를 측정하여 결함을 발견하는 방법으로 교류전원을 이용하여 금속의 표면이나 표면에 가까운 내부의 결함이나 조직의 부정, 성분의 변화 등의 검출에 적용되며 비자성 금속재료에 적합하다.

(3) 내부결함 검출용 비파괴 검사의 종류

① 초음파 탐상시험(Ultrasonic testing)

② 방사선 투과시험(Radiographic testing)

117 비파괴시험 기준

(1) 고압가스시설 비파괴시험 육안검사 기준

① 보강덧붙임(Reinforcement of weld)은 그 높이가 모재표면보다 낮지 않도록 하고, 3mm(알루미늄은 제외한다) 이하를 원칙으로 한다.

② 외면의 언더컷(Undercut)은 그 단면이 V자형으로 되지 않도록 하며, 1개의 언더컷 길이와 깊이는 각각 30mm 이하와 0.5mm 이하이고 1개의 용접부에서 언더컷 길이의 합이 용접부 길이의 15% 이하가 되도록 한다.

③ 용접부 및 그 부근에서 균열, 아크스트라이크(arc-strike), 위해하다고 인정되는 지그(Jig)의 흔적, 오버랩(overlap) 및 피트(pit) 등의 결함이 없고 또한 비이드(Bead) 형상이 일정하며, 슬러그(slug), 스패터(spatter) 등이 부착되어 있지 아니하도록 한다.

(2) 도시가스 배관 용접부 비파괴시험 기준

배관 등의 용접부는 전부에 대해 육안검사와 방사선투과시험을 하여야 한다. 방사선투과시험을 실시하기 곤란한 곳은 초음파탐상시험 및 자분탐상시험(또는 침투탐상시험)을 할 수 있다. 다만, 100A 미만이나 두께 6mm 미만의 용접부인 경우 방사선투과시험이 가능한 경우에는 배관 전 용접부에 대해 외관검사 및 방사선투과시험을 실시해야 한다. 또한, 사업소 경계 안에 설치되는 배관에 대하여는 공기 등의 기체의 압력으로 내압시험을 실시하는 경우 그 설비의 길이이음매, 원주이음매(배관은 그 설치장소에서 용접을 한 것으로써 바깥지름 160mm를 넘는 관의 원주이음매에 한정한다)에 대해 용접부 전길이의 20% 이상 방사선투과시험을 하고 그 등급분류가 2급 이상임을 확인해야 하며, 방사선투과시험을 하지 아니하는 용접부에 대해서는 침투탐상시험 또는 자분탐상 시험을 실시해야 한다.

(3) 액화석유가스 배관공급망의 시설 기준

배관은 그 배관의 강도 유지와 수송하는 액화석유가스의 누출 방지를 위하여 적절한 방법으로 접합하고, 이를 확인하기 위하여 압력 0.1 MPa 이상인 액화석유가스가 통하는 배관의 용접부와 압력 0.1 MPa 미만인 액화석유가스가 통하는 호칭지름 80A 이상의 배관의 용접부(건축물 외부에 노출하여 설치된 사용압력 0.01 MPa 미만인 배관의 용접부를 제외한다)에 대하여 비파괴시험을 하여야 하며, 접합부의 안전을 유지하기 위하여 필요한 경우에는 응력제거를 할 것

제2장 가스산업기사 필답형 계산식 정리

1 중·고압배관 지름 결정

• $Q = K \cdot \sqrt{\dfrac{D^5 \cdot (P_1^2 - P_2^2)}{S \cdot L}}$

위 식에서,

Q : 가스의 유량(m^3/h)

K : 유량계수(cox(코크)의 정수 : 52.31)

P_1 : 초압(kg/cm^2 절대)

P_2 : 종압(kg/cm^2 절대)

S : 가스비중(공기=1)

L : 관 길이(m)

• $Q = K \cdot \sqrt{\dfrac{D^5 \cdot (P_1^2 - P_2^2)}{S \cdot L}}$

• $Q^2 = K^2 \cdot \dfrac{D^5 \cdot (P_1^2 - P_2^2)}{S \cdot L}$

• $D^5 = \dfrac{Q^2 \cdot S \cdot L}{K^2 \cdot (P_1^2 - P_2^2)}$

• $D = \sqrt[5]{\dfrac{Q^2 \cdot S \cdot L}{K^2 \cdot (P_1^2 - P_2^2)}}$

2 저압배관 유량산출식

• $Q = K \sqrt{\dfrac{D^5 \cdot h}{S \cdot L}}$ 에서

Q : 가스의 유량(m^3/h)

D : 관의 지름(cm)

K : 유량계수(Pole의 정수 : 0.707)

h : 압력손실(mmH_2O)

S : 가스비중(공기=1)

L : 관의 길이(m)

• $Q = K \sqrt{\dfrac{D^5 \cdot h}{S \cdot L}}$

3 저압배관 관지름(D) 결정

• $Q = K \sqrt{\dfrac{H \cdot D^5}{S \cdot L}}$

• $Q = \text{유량계수} \times \sqrt{\dfrac{\text{압력손실} \times \text{관경}^5}{\text{가스비중} \times \text{관길이}}}$

• $Q^2 = K^2 \cdot \dfrac{D^5 \cdot H}{S \cdot L}$

• $(D^5) = \dfrac{Q^2 \cdot S \cdot L}{K^2 \cdot H}$

• $D = \sqrt[5]{\dfrac{Q^2 \cdot S \cdot L}{K^2 \cdot H}}$

4 배관내의 압력손실(H)

• $Q = \sqrt{\dfrac{D^5 \cdot H}{S \cdot L}}$

• $\text{압력손실}(H) = \dfrac{Q^2 \cdot S \cdot L}{K^2 \cdot D^5}$

① 관 길이(L)에 비례한다.

② 관 내경(D) 5승에 반비례한다.

③ 유량 2승에 비례한다.

④ 가스비중에 비례한다.

5 입상배관에 의한 압력손실

- $H = 1.293(S-1)h$

  H : 가스의 압력손실(mmH_2O)

  S : 가스비중(공기 = 1)

  h : 입상 높이(m)

6 달시-바이스바하 방정식

- 마찰저항(h_f) $= f \times \frac{L}{D} \times \frac{V^2}{2g}$
- 마찰저항(h_f) $=$ 마찰계수 $\times \frac{\text{관길이}}{\text{관내경}} \times \frac{\text{유속}^2}{2 \times 9.8}$

① 관 길이(L)에 비례한다.

② 관 내경(D)에 반비례한다.

③ 유속(V) 2승에 비례한다.

④ 관 내벽상태와는 관계있으나 압력과는 무관하다.

7 노즐 변경률

- $\frac{D_2}{D_1} = \sqrt{\frac{WI_1\sqrt{P_1}}{WI_2\sqrt{P_2}}}$
- $D_2 = \sqrt{\frac{WI_1\sqrt{P_1}}{WI_2\sqrt{P_2}}}$

  위 식에서,

  D_1 : 변경 전 노즐 구멍의 지름(mm)

  D_2 : 변경 후 노즐 구멍의 지름(mm)

  WI_1 : 변경 전 웨버지수

  WI_2 : 변경 후 웨버지수

  D_1 : 변경 전 가스의 압력(mmH_2O)

  D_2 : 변경 후 가스의 압력(mmH_2O)

8 노즐 분출가스량(Q : m^3/h)

- $Q = 0.009 \times D^2 \times \sqrt{\frac{h}{d}}$

9 안전밸브 분출량(m^3/min)

- $Q = 0.0278PW$

10 질량 유량(G)

- $G = \gamma \cdot A \cdot V$

11 안전밸브 작동압력

- 안전밸브 작동압력 $=$ 내압시험압력 $\times \frac{8}{10}$
- 안전밸브 작동압력 $=$ 상용압력 $\times 1.5 \times \frac{8}{10}$

12 펌프의 축동력(L) 및 효율

- $PS = \frac{\gamma \times H \times Q}{102 \times 60 \times \eta}$

  여기서

  γ : 액체의 비중량(kg/m^3)

  H : 전양정(kg/m^3)

  Q : 유량(m^3/min)

  η : 전효율

- 효율(η) $= \frac{\gamma \times H \times Q}{75 \times 60 \times PS} \times 100$

13 정압비열(kcal/kg · ℃)

- 정압비열(Cp) $= \frac{k}{k-1} AR$

14 인장강도(σ : kgf/cm^2)

- $\sigma = \frac{F}{b \times t} = \frac{\text{인장하중}}{\text{폭} \times \text{두께}}$

15 배관 두께 계산식

- 외경과 내경의 비가 1.2 미만인 경우

$$t = \frac{PD}{2\frac{f}{s} - P} + C$$

- 외경과 내경의 비가 1.2 이상인 경우

$$t = \frac{D}{2}\left(\sqrt{\frac{\frac{f}{s}+P}{\frac{f}{s}+P}} - 1\right) + C$$

위 식에서,

t : 배관의 두께 (단위 : mm)의 수치

P : 상용압력 (단위 : MPa)의 수치

D : 내경에서 부식여유에 상당하는 부분을 맨 부분 (단위 : mm)의 수치

f : 재료의 인장강도 (단위 : N/mm^2) 규격 최소치이거나 항복점 (단위 : N/mm^2) 규격 최소치의 1.6배

C : 관내면의 부식여유의 수치(단위 : mm)

s : 안전율로서 표 2.5.3.1의 환경 구분에 따라 각각 같은 표의 오른쪽란에 게기하는 수치

구분	환경	안전율
A	공로 및 가옥에서 100m 이상의 거리를 유지하고 지상에 가설되는 경우와 공로 및 가옥에서 50m 이상의 거리를 유지하고 지하에 매설되는 경우	3.0
B	공로 및 가옥에서 50m 이상 100m 미만의 거리를 유지하고 지상에 가설되는 경우와 공로 및 가옥에서 50m 미만의 거리를 유지하고 지하에 매설되는 경우	3.5
C	공로 및 가옥에서 50m 미만의 거리를 유지하고 지상에 가설되는 경우와 지하에 매설되는 경우	4.0

16 응력

- 원주방향 응력 : ρ
- $\sigma = \frac{PD}{200t}$

$$\sigma = \frac{\text{내압} \times \text{안지름(바깥지름} - 2 \times \text{두께)}}{200 \times \text{두께}}$$

- 축방향 응력 : ρ
- $\sigma = \frac{PD}{400t}$

$$\sigma = \frac{\text{내압} \times \text{안지름(바깥지름} - 2 \times \text{두께)}}{400 \times \text{두께}}$$

17 공기희석시 발열량($\varDelta_Q$)

- $\varDelta_Q = \frac{Q}{1+x}$
- 공기량(x) $= \frac{Q}{\varDelta Q} - 1$

18 공급된 가스량(m^3)

- 구형 가스홀더의 내용적(V : m^3)

$$V = \frac{\pi}{6} \times D^3$$

- 공급된 가스량(Sm^3)

$$\Delta V = V \times \frac{(P_1 - P_2)}{P_0} \times \frac{T_O}{T_1}$$

19 1일 필요 제조능력 계산

- $M = (S \times a - H) \times \frac{24}{t}$

여기서,

M : 필요 제조능력(m^3/day)

S : 최대공급량(m^3/day)

a : t시간의 송출률

H : 가스홀더 유효가동량(m^3)

t : 시간당 송출량이 제조능력보다 많은 시간

20 압력

- 절대압력＝게이지압력＋대기압
- 진공압력＝대기압－절대압력
- $\text{진공도} = \frac{\text{진공압력}}{\text{대기압}} \times 100$

21 압축기 체적효율[η_v]

- $\text{체적효율}[\eta_v] = \frac{\text{실제 흡입량 } (m^3/h)}{\text{이론 흡입량 } (m^3/h)}$

22 실제적 피스톤 압출량

- $V = \frac{\pi}{4} \times D^2 \times L \times N \times n \times \eta v \times 60$

여기서 V : 실제적 피스톤 압출량(m^3/h)

η_v : 체적효율

D : 피스톤의 지름(m)

L : 피스톤의 행정거리(m)

n : 기통수

N : 분당 회전수(rpm)

23 최저농도 누설량(m^3)

- 누설량(V)＝실내부피(m^3)×폭발하한

24 표준상태의 가스 무게(kg)

- 무게(kg)＝부피(m^3)×밀도(kg/m^3)
- $\text{무게} = \text{부피} \times \text{밀도} = \text{부피} \times \frac{\text{분자량}}{22.4}$

25 이론공기량(Ao : Sm^3)

- $\text{이론공기량}(Ao) = \frac{\text{이론산소량}(Oo)}{0.2}$

26 단열압축 최종온도(T_2 : ℃)

- $\frac{T_2}{T_1} = \left(\frac{P_2}{P_1}\right)^{\frac{k-1}{k}}$
- $T_2 = T_1 \times \left(\frac{P_2}{P_1}\right)^{\frac{k-1}{k}}$

27 카르노 사이클 열효율(η_c)

- $\eta_c = \frac{T_1 - T_2}{T_1} = \frac{\text{고온} - \text{저온}}{\text{고온}}$

28 온수기효율(η)

- $\eta = \dfrac{G \times C \times (t_2 - t_1)}{G_f \times H_l} \times 100$

29 온수 순환량(L/h)

- $Q = G \times C \times \Delta t \times \eta$
- 온수 순환량$(G) = \dfrac{Q}{C \times \Delta t \times \eta}$

30 열효율(η)

- $\eta = \dfrac{G \times C \times \Delta t}{G_f \times H_l} \times 100$
- 연료사용량$(G_f) = \dfrac{G \times C \times \Delta t}{\eta \times H_l}$

31 플랜지 설계압력 공식

- $P_d = P + P_{eq}$

여기서,

P_d : 안전확보에 필요한 강도를 갖는 플랜지의 계산에 사용하는 설계압력(MPa)

P : 배관의 설계내압(MPa)

P_{eq} : 상당압력(MPa)으로 다음 식에 따라 구할 것

- $P_{eq} = \dfrac{0.16M}{\pi G^3} + \dfrac{0.04F}{\pi G^2}$

여기서,

M : 주하중 등으로 인하여 생기는 힘의 굽힘 모멘트 (Ncm)

F : 주하중 등으로 인하여 생기는 축방향의 힘(N), 다만, 인장력을 양(+)으로 한다.

G : 개스킷 반력이 걸리는 위치를 통과하는 원의 지름(압축계수 이용 계산식)

32 피크 시 가스사용량

- $Q = q \times N \times \eta$
- Q = 평균가스 소비량×소비호수 ×평균가스 소비율

33 혼합가스 열평형 온도(t_3)

- $t_3 = \dfrac{G_1 \cdot C_1 \cdot t_1 + G_2 \cdot C_2 \cdot t_2}{G_1 \cdot C_1 + G_2 \cdot C_2}$

34 등온압축 소요 일량(kcal)

- $W = nRT \times \ln \dfrac{P_1}{P_2}$

35 실제공기량

- 실제공기량(A) = 이론공기량(Ao)×공기비(m)
- 실제공기량(A) $= Ao \times m = \dfrac{\text{이론산소량}(Oo)}{0.21} \times$ 공기비(m)

36 이상기체 상태식

- $PV = \dfrac{W}{M}RT$
- 부피$(V) = \dfrac{WRT}{PM}$

37 압축계수 이용 계산식

- $PV = Z\frac{W}{M}RT$

여기서 P : 압력(atm)
V : 체적(ℓ)
Z : 압축계수(단위 없음)
W : 질량(g)
M : 분자량
R : 기체상수(0.082 ℓ·atm/mol·K)
T : 절대온도(K)

38 최소 필요 용기 수량

- 최소 용기 수량

$= \frac{\text{최대가스 소비량}(kg/h)}{\text{용기의 가스발생능력}(kg/h\cdot\text{개})}$

39 용접용기의 동판 두께(t)

- $t = \frac{PD}{2S\eta - 1.2P} + C$

P : 최고충전압력(MPa)
D : 안지름(mm)
S : 허용응력(N/mm^2)
η : 용접효율
C : 부식여유(mm)

40 신축이음

- 열팽창길이(λ)

$\lambda = l \cdot \alpha \cdot \Delta t$

위 식에서,
λ : 열팽창길이[mm]
l : 전길이 [mm]
α : 열팽창율(선팽창계수)
Δt : 온도차[℃]

- 신축이음 개수

$\text{신축이음 개수} = \frac{\text{신축길이(열팽창길이)}}{\text{신축이음 1개당 신축량}}$

41 연신율(ε)

- $\text{연신율}(\varepsilon) = \frac{l' - l}{l} \times 100$

여기서, l : 최초의 길이
l' : 절단되었을 경우의 길이

42 냉동기의 성적계수(COP)

- $COP = \frac{\text{냉동능력}(Q_1)}{\text{소요동력}(AW)}$

43 혼합기체 전압력(P_c : atm)

- $\text{전압}(P_c) = \frac{(P_A \times V_B + P_A \times V_B)}{(V_c)}$

제 3 장 가스산업기사 필답형 기출문제

2009년도 제1회

01 압축가스 설비 저장능력 산정식을 쓰시오. (단, Q : 저장능력(m^3), P : 35℃에서 최고충전압력(MPa), V : 내용적(m^3)을 의미한다.

해설 **압축가스 저장탱크 및 용기 저장능력 산정 계산식**

$Q=(10P+1)V$

Q : 저장능력(m^3)

P : 35℃에서의 최고충전 압력(MPa)

V : 내용적(m^3)

해답 $Q=(10P+1)V$

02 공기액화분리장치에서 액화산소 35L 중 메탄 2g, 부탄 4g이 혼합되었을 때의 다음 물음에 답하시오.

(1) 탄화수소의 탄소질량을 계산하시오.

(2) 공기액화분리장치의 운전 가능 여부를 판정하시오.

해설 **공기액화 분리기의 불순물 유입금지**

공기액화 분리기에 설치된 액화산소통 내의 액화산소 5ℓ 중 아세틸렌의 질량이 5mg 또는 탄화수소의 탄소의 질량이 500mg을 넘을 때에는 그 공기액화 분리기의 운전을 중지하고 액화산소를 방출할 것.

해답 (1) 탄화수소(액화산소 35L 중 메탄 2g, 부탄 4g)의 탄소의 질량

$$=\frac{\left(2000\text{mg}\times\frac{12}{16}+4000\text{mg}\times\frac{48}{58}\right)\times 5\text{L}}{35\text{L}}$$

$=687.19(\text{mg})$

(2) 운전 가능 여부 판정 : 액화산소통 내의 액화산소 5ℓ 중 탄화수소의 탄소의 질량이 500mg 이상이므로 운전이 불가능하다.

03 배관지름이 14cm인 관에 8m/s로 물이 흐를 경우 질량유량(kg/s)을 계산하시오. (단, 물의 밀도는 1000kg/m^3이다.)

해설 **질량 유량(G)**

$G=\gamma\cdot A\cdot V$

$G=1000\times\frac{\pi}{4}\times 0.14^2\times 8=123.15(\text{kg/s})$

해답 123.15(kg/s)

04 상용압력 10MPa인 고압설비에 설치된 안전밸브의 작동압력(MPa)을 계산하시오.

해설 **고압장치의 안전밸브 작동압력**

$=\text{내압시험압력}\times\frac{8}{10}=\text{상용압력}\times 1.5\times\frac{8}{10}$

해답 $\text{안전밸브 작동압력}=10\times 1.5\times\frac{8}{10}$

$=12(\text{MPa})$

05 양정 15m, 송수량 3.6m^3/min일 경우 축동력 15PS를 필요로 하는 원심펌프의 효율이 몇 %인지 계산하시오.

해설 **펌프의 축동력(L)**

• $PS=\frac{\gamma\times H\times Q}{102\times 60\times\eta}$

여기서 γ : 액체의 비중량(kg/m^3)

H : 전양정(H)

Q : 유량(m^3/min)

η : 전효율

• $\text{효율}(\eta)=\frac{\gamma\times H\times Q}{75\times 60\times PS}\times 100$

해답 $\eta=\frac{1000(\text{kg/m}^3)\times 15(\text{m})\times 3.6(\text{m}^3/\text{min})}{75(\text{kg}\cdot\text{m/s})\times 60(\text{s/min})\times 15(\text{PS})}\times 100=80(\%)$

06 도시가스 제조공정 중 접촉개질공정에 대하여 설명하시오.

해답 **접촉개질 분해공정**
촉매를 사용하여 반응온도 400~800℃에서 탄화수소와 수증기를 반응시켜 수소, 일산화탄소, 이산화탄소 및 메탄, 에탄, 에틸렌, 프로필렌 등의 저급 탄화수소로 변화하는 반응을 말한다.

07 내신설계에서 평균재현주기 500년 지진지반운동 기준에 대한 평균재현주기별 지반운동수준의 비로 나타내는 것은 무엇인지 쓰시오.

해답 위험도 계수

08 암모니아(NH_3) 제조설비의 기밀시험을 이산화탄소(CO_2)로 하는 경우의 다음 물음에 답하시오.

(1) 예상되는 문제점을 쓰시오.
(2) 예상되는 문제점의 반응식을 쓰시오.

해설 **암모니아(NH_3)와 이산화탄소(CO_2) 반응**
암모니아와 이산화탄소 접촉시 수분이 반응하면 탄산암모늄이 생성되어 부식의 원인이 되므로 질소 등의 불활성기체를 사용하여 기밀시험을 하여야 한다.
반응식 : $2NH_3 + CO_2 + H_2O \rightarrow (NH_4)_2CO_3$
(암모니아) (이산화탄소) (수분) (탄산암모늄)

해답 ① 문제점 : 암모니아와 이산화탄소 접촉시 수분이 반응하면 탄산암모늄이 생성되어 부식의 원인 된다.
② 반응식 : $2NH_3 + CO_2 + H_2O \rightarrow (NH_4)_2CO_3$

09 고온, 고압상태에서 일산화탄소가 철(Fe), 니켈(Ni)과 화합하여 카르보닐이 생성되는 반응식을 쓰시오.

해설 **일산화탄소의 카아보닐화**
① 미분상(微分狀)의 니켈과 100℃ 이상에서 반응하여 니켈카르보닐을 생성한다.
반응식 : $Ni + 4CO \rightarrow Ni(CO)_4$
(니켈카아보닐)
② 철(Fe)과는 고압에서 반응하여 철카르보닐을 생성한다.
반응식 : $Fe + 5CO \rightarrow Fe(CO)_5$
(철카아보닐)

해답 **카르보닐 생성 반응식**
① 니켈카르보닐 생성 반응식 :
$Ni + 4CO \rightarrow Ni(CO)_4$
② 철카르보닐 생성 반응식 :
$Fe + 5CO \rightarrow Fe(CO)_5$

10 길이 300m 배관에 비중이 1.52인 가스를 공급압력 1.5kgf/cm²·g, 유출압력 1.3kgf/cm²·g로 시간당 200m³로 공급하기 위한 배관의 안지름(cm)을 계산하시오.(단, 유량계수 K는 52.31이다.)

해설 **중·고압배관 지름 결정**

$$Q = K \cdot \sqrt{\frac{D^5 \cdot (P_1^2 - P_2^2)}{S \cdot L}}$$

위 식에서,
Q : 가스의 유량(m^3/h)
K : 유량계수(cox(코크)의 정수 : 52.31)
P_1 : 초압(kg/cm^2 절대)
P_2 : 종압(kg/cm^2 절대)
S : 가스비중(공기=1)
L : 관 길이(m)

- $Q = K \cdot \sqrt{\frac{D^5 \cdot (P_1^2 - P_2^2)}{S \cdot L}}$

$$\rightarrow Q^2 = K^2 \cdot \frac{D^5 \cdot (P_1^2 - P_2^2)}{S \cdot L}$$

- $D^5 = \frac{Q^2 \cdot S \cdot L}{K^2 \cdot (P_1^2 - P_2^2)}$

$$\rightarrow D = \sqrt[5]{\frac{Q^2 \cdot S \cdot L}{K^2 \cdot (P_1^2 - P_2^2)}}$$

- D

$$= \sqrt[5]{\frac{(200)^2 \times 1.52 \times 300}{52.31^2 \times \{(1.5+1.0332)^2 - (1.3+1.0332)^2\}}}$$

$= 5.85(cm)$

해답 5.85(cm)

2009년도 제2회

01 최고사용압력이 $5kgf/cm^2$인 충전용기에 20℃에서 $3kfg/cm^2$로 충전되어 있다. 최고사용압력까지 압력이 상승되었을 경우 온도는 몇 ℃인가 계산하시오.(단, 대기압은 $1kfg/cm^2$이다.)

해설 온도 상승에 따른 압력 2배상승시 온도(T_2 : ℃)

① 처음상태 : $P_1(3kgf/cm^2 \cdot g)$, T_1 : 20℃

② 나중상태 : $P_2(5kgf/cm^2 \cdot g)$, T_2 : x℃

보일-샬의 법칙 적용하여 압력 2배상승시온도(T_2 : ℃)

$$\frac{P_1 V_1}{T_1} = \frac{P_2 V_2}{T_2} \text{ 에서}$$

$$T_2 = \frac{P_2 V_2 T_1}{P_1 V_1} \text{ (부피 일정)}$$

$$T_2 = \frac{P_2 T_1}{P_1}$$

해답 $T_2 = \frac{(5+1)kg/cm^2 \cdot a \times (20+273)K}{(3+1)kg/cm^2 \cdot a}$

$= 439.5(K) - 273 = 166.5(℃)$

02 다음 보기에서 설명하는 공기액화 사이클의 명칭을 쓰시오.

| 보기 |

- 공기의 압축압력은 약 7atm 정도이다.
- 열교환기에 축랭기를 사용하여 원료공기를 냉각시킴과 동시에 원료공기 중의 수분과 탄산가스를 제거한다.
- 공기용 팽창식 터빈에서 -145℃ 정도로 90% 처리한다.

해설 캐피자(Kapitza) 공기액화 사이클

- 공기의 압축압력은 약 7atm으로 낮다.
- 열교환기에 축냉기를 사용하여 원료공기를 냉각시킴과 동시에 원료공기 중의 수분과 탄산가스를 제거한다.
- 팽창기는 클루우드 사이클의 피스톤식과 다르며 터어빈식을 개발하였다.
- 팽창 터어빈에서의 송입공기 온도는 약 -145℃로 낮으며 송입공기량은 전량의 약 90%이다.

해답 캐피자 공기액화 사이클

03 저장탱크 내용적이 20000L일 경우 충전량(kg)을 계산하시오(단, 액화가스의 비중은 0.55이다.)

해설 액화가스 저장탱크의 저장능력 산정

$W = 0.9dV_2$

여기서, W : 저장능력(단위 : kg)

d : 상용온도에서의 액화가스의 비중(단위 : kg/ℓ)

V_2 : 내용적(단위 : ℓ)

해답 $W = 0.9 \times 0.55 \times 20000 = 9900(kg)$

04 아세틸렌 충전용기의 내압시험압력은 최고충전압력의 몇 배인지 쓰시오.

해설 용기의 최고충전압력(FP) 및 내압시험압력 구하는 식

용기 \ 압력	FP(최고충전압력)(MPa)	TP(내압시험압력)(MPa)	AP(기밀시험압력)(MPa)
아세틸렌	TP×1/3 이하	FP×3 이상	FP×1.8 이상
초저온 및 저온 용기	TP×3/5 이하	FP×5/3 이상	FP×1.1 이상
기타 용기	TP×3/5 이하	FP×5/3 이상	FP 이상

아세틸렌용기(TP) = FP(최고 충전압력) ×3배 이상

해답 3배 이상

05 도시가스의 고압, 중압, 저압의 압력 기준을 쓰시오.

해설 도시가스의 압력 기준

① "고압"이란 1MPa 이상의 압력(게이지압력)을 말한다. 다만, 액체상태의 액화가스는 고압으로 본다.

② "중압"이란 0.1MPa 이상 1MPa 미만의 압력을 말한다. 다만, 액화가스가 기화되고 다른 물질과 혼합되지 아니한 경우에는 0.01MPa 이상 0.2MPa 미만의 압력을 말한다.

③ "저압"이란 0.1MPa 미만의 압력을 말한다. 다만, 액화가스가 기화(氣化)되고 다른 물질과 혼합되지 아니한 경우에는 0.01MPa 미만의 압력을 말한다.

해답 도시가스의 압력 기준

① 고압 : 1MPa 이상

② 중압 : 0.1이상 1MPa 미만

③ 저압 : 0.1MPa 미만

06 "처리능력"이란 용어에 대하여 설명하시오.

해답 "처리능력"이란 처리설비 또는 감압설비에 의하여 압축·액화나 그 밖의 방법으로 1일에 처리할 수 있는 가스의 양(0℃, 0Pa 게이지압력의 상태 기준)을 말한다.

07 도시가스 특정가스 사용시설의 월사용예정량 산정 공식을 쓰고 설명하시오.

해답 **도시가스사용시설의 월사용예정량 계산식**

$$Q = \frac{(A \times 240) + (B \times 90)}{11000}$$

위 계산식에서,

Q : 월 사용예정량(m^3)

A : 산업용으로 사용하는 연소기의 명판에 적힌 도시가스 소비량의 합계(kcal/h)

B : 산업용이 아닌 연소기의 명판에 적힌 도시가스 소비량의 합계(kcal/h)

08 웨버지수에 대한 다음 물음에 답하시오.

(1) 웨버지수를 계산하는 공식을 쓰고 각 인자에 대하여 설명하시오.

(2) 웨버지수의 유지범위를 쓰시오.

해답 **웨버지수**

(1) 웨베 지수$(WI) = \frac{Hg}{\sqrt{d}}$

- WI : 웨베 지수
- Hg : 도시가스의 총발열량 (단위 : kcal/m^3)
- d : 도시가스의 공기에 대한 비중

(2) 표준웨베지수의 ±4.5% 이내

09 다음 용기의 각인 기호에 대하여 설명하시오.

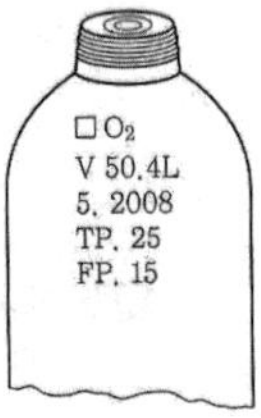

O_2 – 가스 명칭

V 50.4 – 용기 내용적

5, 2008 – 용기내압시험 날짜

TP, 2.5 – (①)

FP, 1.5 – (②)

해답 ① 내압시험압력 2.5(MPa)

② 최고충전압력 1.5(MPa)

10 충전용기를 수조식 내압시험 장치에서 내압시험을 한 결과 영구증가량이 0.04L, 전증가량이 0.5L일 경우 영구증가율(%)을 계산하시오.

해설 **수조식(水槽式) 내압시험**

① 영구증가율$= \frac{\text{항구(영구) 증가량}}{\text{전 증가량}} \times 100$

② 판정 : 영구증가율 10% 이하이므로 내압시험 합격한 것으로 본다.

해답 영구증가율$= \frac{0.04}{0.5} \times 100 = 8(\%)$

2009년도 제4회

01 액화석유가스 충전사업소에서 안전관리자가 상주하는 사업소와 현장사업소와의 사이에 설치해야 하는 통신설비 4가지를 쓰시오.

해설 **통신설비**

통 신 범 위	통 신 설 비
안전관리자가 상주하는 사업소와 현장사무소와의 사이 또는 현장사무소 상호 간	1. 구내전화 2. 구내방송설비 3. 인터폰 4. 페이징설비

해답 ① 구내전화 ② 구내방송 설비

③ 인터폰 ④ 페이징 설비

참고 **통신설비**

통 신 범 위	통 신 설 비
사업소 내 전체	1. 구내방송설비 2. 사이렌 3. 휴대용확성기 4. 페이징설비 5. 메가폰(면적 1500m^2 이하)
종업원 상호간 (사업소 내 임의 장소)	1. 페이징설비 2. 휴대용확성기 3. 트랜시버 4. 메가폰(면적 1500m^2 이하)

02 질소의 비열비가 1.41일 경우 정압비열(kcal/kg·℃)을 계산하시오.

해설 **질소의 정압비열(kcal/kg·℃)**

- 정압비열$(Cp) = \dfrac{k}{k-1}AR$
- 정압비열$(Cp) = \dfrac{1.41}{1.41-1} \times \dfrac{1}{427} \times \dfrac{848}{28}$
  $= 0.24(\text{kcal/kg·℃})$

해답 $(Cp) = \dfrac{1.41}{1.41-1} \times \dfrac{1}{427} \times \dfrac{848}{28}$
$= 0.24(\text{kcal/kg·℃})$

03 비중이 0.64인 가스를 길이 400m 떨어진 곳에 저압으로 시간당 200m^{3}로 공급하고자 한다. 압력손실이 20mmH_2O이면 배관의 최소 관지름(cm)은 얼마인지 계산하시오.

해설 **저압배관 유량(Q)산출식을 적용하여 관지름(D)을 구한다.**

- $Q = K\sqrt{\dfrac{H \cdot D^5}{S \cdot L}}$
- $Q = \text{유량계수} \times \sqrt{\dfrac{\text{압력손실} \times \text{관경}^5}{\text{가스비중} \times \text{관길이}}}$
- $Q^2 = K^2 \cdot \dfrac{D^5 \cdot H}{S \cdot L}$ 에서 관경$(D^5) = \dfrac{Q^2 \cdot S \cdot L}{K^2 \cdot H}$
- $D = \sqrt[5]{\dfrac{Q^2 \cdot S \cdot L}{K^2 \cdot H}}$

해답 $D = \sqrt[5]{\dfrac{200^2 \times 0.64 \times 400}{0.707^2 \times 20}} = 15.93(\text{cm})$

04 액화크세논 용기 내용적이 1.5m^{3}일 경우 저장능력은 몇 kg인지 계산하시오.(단, 액화크세논 C = 0.81이다.)

해설 **액화가스의 용기 저장능력(W) 산정**

- $W = \dfrac{V_2}{C}$

W : 저장능력(kg)
V_2 : 내용적(ℓ)
C : 가스종류에 따르는 정수(액화크세논 : 0.81)

해답 $W = \dfrac{1500}{0.81} = 1851.85(\text{kg})$

05 내용적 50L의 고압용기에 0℃에서 100atm으로 산소가 충전되어 있다. 이 가스 3kg을 사용하였다면 압력(atm)은 얼마인지 계산하시오.(단, 온도변화는 없는 것을 본다.)

해설 **산소 3kg 사용 후 용기 내의 압력**

① 최초 산소용기 내의 충전 질량

- $PV = \dfrac{W}{M}RT$에서 질량$(W) = \dfrac{PVM}{RT}$
- 질량$(W) = \dfrac{100 \times 50 \times 32}{0.082 \times 273} = 7147.32(g)$

② 3(kg) 사용 후 용기 내의 압력

- $PV = \dfrac{W}{M}RT$에서 압력$(P) = \dfrac{WRT}{VM}$
- 압력(P)
  $= \dfrac{(7147.32 - 3000) \times 0.082 \times 273}{50 \times 32}$
  $= 58.03(atm)$

해답 $P = \dfrac{\left(\dfrac{100 \times 50 \times 32}{0.082 \times 273} - 3000\right) \times 0.082 \times 273}{50 \times 32}$
$= 58.03(atm)$

06 도시가스 연소성 측정에 사용되는 2가지 식을 쓰고 기호에 따른 용어를 설명하시오.

해답 연소성 측정

① 연소속도(C_p)

$$C_p = K\frac{1.0H_2 + 0.6(CO + CmHn) + 0.3CH_4}{\sqrt{d}}$$

C_p : 연소속도
K : 도시가스 중 산소 함유율에 따라 정하는 정수
H_2 : 도시가스 중의 수소 함유율(용량%)
CO : 도시가스 중의 일산화탄소 함유율(용량%)
C_mH_n : 도시가스 중의 메탄 외의 탄화수소 함유율(용량%)
CH_4 : 도시가스 중의 메탄 함유율(용량%)
d : 도시가스의 비중

② 웨버지수(W_I)

$$W_I = \frac{Hg}{\sqrt{d}}$$

W_I : 웨버지수
Hg : 도시가스의 총발열량(kcal/m^3)
d : 도시가스의 비중

07 정압기 특성 중 사용최대차압에 대하여 설명하시오.

해답 **사용최대차압**

메인밸브에는 1차 압력과 2차 압력의 차압이 작용하여 정압성능에 영향을 주지만 이것이 실용적으로 사용가능한 범위에서 최대가 되었을 때의 차압을 사용최대 차압이라 한다.

08 다음 보기는 시안화수소(HCN)를 용기에 충전하는 기준에 대한 설명이다. ( )안에 알맞은 용어 또는 숫자를 넣으시오.

| 보기 |

용기에 충전하는 시안화수소(HCN)는 순도가 (①) 이상이고, (②) 등의 안정제를 첨가하고 시안화수소를 충전한 용기는 충전 후 (③)시간 정치하고, 그 후 1일 1회 이상 (④) 등의 시험지로 가스누출 검사를 실시한다.

해설 **시안화수소(HCN)의 용기 충전**

① 용기에 충전하는 시안화수소는 순도가 98% 이상이고 아황산가스 또는 황산 등의 안정제를 첨가한 것일 것

② 시안화수소를 충전한 용기는 용기에 충전 연월일을 명기한 표지를 붙이고, 충전한 후 60일이 경과되기 전에 다른 용기에 옮겨 충전할 것. 다만, 순도가 98% 이상으로 착색되지 아니한 것은 다른 용기에 옮겨 충전하지 아니할 수 있다.

③ 시안화수소를 충전한 용기는 충전 후 24시간 이상 정치하고, 1일 1회 이상 질산구리 벤젠 등의 시험지로 가스의 누출검사를 하여야 한다.

해답 ① 98% ② 아황산가스 또는 황산 ③ 24 ④ 질산구리벤젠

09 다음의 고압가스 운반시 탱크의 최대 내용적(L)은 얼마인지 쓰시오.

(1) 액화석유가스를 제외한 가연성 가스

(2) 액화암모니아를 제외한 독성 가스

해설 **탱크의 내용적 제한**

가연성 가스(액화석유가스 제외)탱크 및 산소탱크의 내용적은 1만 8천ℓ, 독성 가스(액화암모니아 제외) 탱크의 내용적은 1만 2천ℓ를 초과하지 아니할 것. 다만, 철도차량 또는 견인되어 운반되는 차량에 고정하여 운반하는 탱크의 경우에는 그러하지 아니하다.

해답 (1) 18000 (2) 12000

10 다음 보기 중 도시가스 정압기의 기밀시험에 대한 ( ) 안에 알맞은 숫자를 쓰시오.

| 보기 |

정압기 입구측은 최고사용압력의 (①)배, 출구측은 최고사용압력의 (②)배 또는 (③)KPa 중 높은 압력 이상으로 기밀시험을 실시하여 이상이 없어야 한다.

해설 **도시가스 사용시설의 정압기 기밀시험**

정압기는 도시가스를 안전하고 원활하게 수송할 수 있도록 하기 위하여 정압기 입구측은 최고사용압력의 1.1배, 출구측은 최고사용압력의 1.1배 또는 8.4㎪ 중 높은 압력 이상으로 기밀성능을 갖는 것으로 한다.

해답 ① 1.1 ② 1.1 ③ 8.4

2010년도 제1회

01 용기를 옥외 저장소에서 보관할 경우 충전용기와 잔가스용기의 보관장소는 얼마 이상의 이격거리를 유지해야 하는지 쓰시오.

해답 1.5m

02 용기 내장형 가스난방기구용으로 사용한 용기의 내용적이 100L, 안전밸브 분출량 결정압력이 절대압력으로 10MPa일 경우 용기밸브에 부착된 안전밸브의 소요 분출량(m^3/min)을 계산하시오.

해설 **용기밸브 부착용 안전밸브 소요 분출량(m^3/min)**

$Q = 0.0278PW$

해답 $Q = 0.0278 \times 10 \times 100 = 27.8(m^3/min)$

03 폭이 8m 이상인 도로에 매설하는 도시가스 중압 배관의 1) 매설깊이와 2) 표면색상을 쓰시오.

해설 **도시가스배관 지하매설 및 표면색상 기준**

1) 폭 8m 이상의 도로에서는 1.2m 이상. 다만, 도로에 매설된 최고사용압력이 저압인 배관에서 횡으로 분기하여 수요가에게 직접 연결되는 배관의 경우에는 1m 이상으로 할 수 있다.
2) 지하매설배관은 최고사용압력이 저압인 배관은 황색으로, 중압 이상인 배관은 붉은색으로 할 것

해답 ① 매설깊이 : 1.2m 이상
② 표면색상 : 적색

04 가스누설검지기에 표시된 "LEL"에 대하여 설명하시오.

해설 **폭발 한계(연소한계, 가연한계)**

① 폭발한계의 정의 : 가연성 가스와 공기(또는 산소)의 혼합물에서 가연성 가스의 농도가 낮을 때나 높을 때 화염의 전파가 일어나지 않는 농도가 있다. 농도가 낮을 경우를 폭발하한계, 높을 경우를 폭발 상한계라 하고 그 사이를 폭발 범위라고 한다.
② 폭발하한계(LEL) : 점화원에 의해 불꽃이 전파되는 가스의 최소 농도로서 공기나 산소 중의 농도로서 단위는 부피%이다.
③ 폭발상한계(UEL) : 점화원에 의해 불꽃이 전파되는 가스의 최대 농도로서 공기나 산소 중의 농도로서 단위는 부피%이다.

해답 LEL : 폭발범위 하한계(폭발범위 하한값)

05 CaC_2 1kg을 25℃, 1기압 상태에서 1L 물에 넣으면 아세틸렌은 몇 L 생성되는지 계산하시오. (단, Ca의 원자량은 40이다.)

해설 **카바이드에 의한 아세틸렌 생성량(L)**

1) 표준상태(0℃, 1atm)에서의 아세틸렌 생성부피 계산

반응식 : $CaC_2 + 2H_2O \rightarrow Ca(OH)_2 + C_2H_2$
(탄화칼슘) (물) (수산화칼슘) (아세틸렌)

$64(g) : 22.4(L) = 1000(g) : x$

$$x = \frac{22.4 \times 1000}{64} = 350(L)$$

2) 25℃, 1atm에서의 아세틸렌 생성부피 계산 (샤를의 법칙 적용)

① 0℃ 350L
② 25℃ x

$$\frac{V_1}{T_1} = \frac{V_2}{T_2} \text{에서, } V_2 = \frac{V_1 T_2}{T_1}$$

$$= \frac{350 \times (25+273)}{273} = 382.05(L)$$

해답 $V_2 = \dfrac{\left(\dfrac{22.4 \times 1000}{64}\right) \times (25+273)}{273}$

$= 382.05(L)$

06 지름이 6m인 구형 가스홀더에 6kgf/cm²·g의 압력으로 도시가스가 저장되어 있다. 이 가스를 압력이 2kgf/cm²·g로 될 때까지 공급하였을 경우 공급된 가스량(Nm^3)을 계산하시오.(단, 가스공급 시 온도는 25℃로 변화가 없다.)

해설 **공급된 가스량(m^3)**

① 구형 가스홀더의 내용적(V : m^3)

$$V = \frac{\pi}{6} \times D^3 = \frac{\pi}{6} \times 6^3 = 113.10(m^3)$$

② 공급된 가스량(Sm^3)

$$\Delta V = V \times \frac{(P_1 - P_2)}{P_0} \times \frac{T_O}{T_1}$$

$$\Delta V = 113.1 \times \frac{(6+1.0332)-(2+1.0332)}{1.0332} \times \frac{273}{(25+273)}$$

$= 401.13(Nm^3)$

해답 ① 식 : $\dfrac{\pi}{6} \times 6^3 \times \dfrac{(6+1.0332)-(2+1.0332)}{1.0332} \times \dfrac{273}{(25+273)}$

② 답 : 401.13 (Nm^3)

07 두께 5mm, 폭(너비) 20mm인 강판에 인장하중 1500kgf을 가했더니 재료가 피열되었다. 이 재료의 인장강도(kgf/cm²)는 얼마인지 계산하시오

해설 **인장강도(σ : kgf/cm²)**

$$\sigma = \frac{F}{b \times t} = \frac{\text{인장하중}}{\text{폭} \times \text{두께}} = \frac{1500}{2 \times 0.5}$$

$= 1500(kgf/cm^2)$

해답 $\sigma = \frac{1500}{2 \times 0.5} = 1500(kgf/cm^2)$

08 저온장치에 사용되는 진공단열법의 종류를 3가지 쓰시오.

해설 **진공 단열법**

공기의 열전도율보다 낮은 값을 얻기 위하여 단열공간을 진공으로 하여 공기에 의한 전열을 제거한 단열법으로 고진공 단열법, 분말 진공 단열법, 다층 진공 단열법이 있다.

해답 ① 고진공 단열법
② 분말 진공 단열법
③ 다층 진공 단열법

09 메탄(CH_4)을 주성분으로 하는 발열량이 12000kcal/Nm^3인 가스에 공기를 희석하여 3600kcal/Nm^3로 변경하려고 할 경우 공기희석이 가능한지 설명하시오.

해설 **공기희석 가능 여부 판단**

① 발열량 변화에 필요한 공기량(x)

• $\Delta_Q = \frac{Q}{1+x}$ 식에서

공기량$(x) = \frac{Q}{\Delta Q} - 1$

• 공기량$(x) = \frac{12000}{3600} - 1 = 2.33(m^3)$

② 혼합가스 중 메탄의 부피(%)

• $V = \frac{1}{1+2.33} \times 100 = 30.33(\%)$

※ 메탄의 공기 중 폭발범위는 5~15(%)인데 현재 공기 중 메탄가스의 농도가 30.33%로서 폭발범위를 벗어나므로 희석이 가능하다.

해답 희석이 가능하다.

10 고압가스설비에 부착하는 과압안전장치의 작동 압력에 대한 기중 중 ( )안에 알맞은 숫자를 넣으시오.

| 보기 |

액화가스의 고압가스설비 등에 부착되어 있는 스프링식 안전밸브는 상용의 온도에서 그 고압 가스설비 등 내의 액화가스의 상용의 체적이 그 고압가스설비 등 내의 내용적의 ( )%까지 팽창 하게 되는 온도에 대응하는 그 고압가스설비 등 내의 압력에서 작동하는 것으로 하여야 한다.

해답 98

2010년도 제2회

01 방류둑 구조에 대한 기준에서 ( )안에 알맞은 용어, 숫자를 넣으시오.

(1) 철근콘크리트, 철골·철근콘크리트는 ( ) 콘크리트를 사용하고 균열 발생을 방지하도록 배근, 리베팅 이음, 신축이음 및 신축이음의 간격, 배치 등을 정하여야 한다.
(2) 방류둑은 ( ) 것이어야 한다.
(3) 성토는 수평에 대하여 ( )이하의 기울기로 하여 쉽게 허물어지지 않도록 충분히 다져 쌓고, 강우 등에 의하여 유실되지 않도록 그 표면에 콘크리트 등으로 보호한다.
(4) 성토 윗부분의 폭은 ( ) 이상으로 하여야 한다.

해설 **방류둑의 구조**

1. 철근콘크리트, 철골·철근콘크리트는 수밀성 콘크리트를 사용하고 균열발생을 방지하도록 배근, 리벳팅이음, 신축이음 및 신축이음의 간격, 배치 등을 정하여야 한다.
2. 방류둑은 액밀한 것이어야 한다.
3. 성토는 수평에 대하여 45° 이하의 기울기로 하여 쉽게 허물어지지 아니하도록 충분히 다져 쌓고, 강우 등에 의하여 유실되지 아니하도록 그 표면에 콘크리트 등으로 보호한다.
4. 성토 윗 부분의 폭은 30cm 이상으로 하여야 한다.

해답 (1) 수밀성 (2) 액밀한
(3) 45° (4) 30cm

02 입상높이 20m 인 곳에 프로판(C_3H_8)을 공급할 경우 압력손실은 수주로 몇 mm 인지 계산하시오.(단, C_3H_8의 비중은 1.5이다.)

해설 **입상배관에 의한 압력손실**

- H=1.293(S−1)h

  여기서 H : 가스의 압력손실(mmH_2O)

  S : 가스비중(공기=1)

  h : 입상 높이(m)

- $H=1.293(S-1)h$

해답 $H=1.293\times(1.5-1)\times20$

$=12.93(mmH_2O)$

03 수소의 공업적 제조방법 중 일산화탄소 전화법의 반응식을 쓰고 설명하시오.

해설 **일산화탄소 전화법(수성가스 전화법)**

수소 제법 중에서 가장 경제적인 방법으로 통상 반응은 일산화탄소에 수증기(H_2O)를 2단으로 구분하여 반응시켜 수소를 제조하는 방법이다.

제조반응식 : $CO + H_2O$

$\rightarrow H_2 + CO_2 + 9.8(kcal)$

해답 일산화탄소 전화법

① 반응식 : $CO + H_2O$

$\rightarrow CO_2 + H_2 + 9.8kcal$

② 일산화탄소에 수증기(H_2O)를 2단으로 구분하여 반응시켜 수소를 제조하는 방법이다.

04 1일 공급할 수 있는 최대 가스량이 $500m^3$이고 3시간 동안 $200m^3$를 가스홀더에 공급하여 송출량이 제조량보다 많아지는 17시~23시의 송출률이 45%일 경우 필요한 제조가스량(m^3/day)은 얼마인지 계산하시오.

해설 **1일 필요 제조능력 계산**

$$M=(S\times a-H)\times\frac{24}{t}$$

여기서,

M : 필요 제조능력(m^3/day)

S : 최대공급량(m^3/day)

a : t시간의 송출률

H : 가스홀더 유효가동량(m^3)

t : 시간당 송출량이 제조능력보다 많은 시간

해답 $M=\left(500\times0.45-\frac{200}{3}\right)\times\frac{24}{6}$

$=633.33(m^3/day)$

05 릴리프식 안전장치가 내장된 조정기를 건축물 내에 설치하는 경우 실외의 안전한 장소에 설치하여야 하는 것을 쓰시오.

해설 도시가스사용시설의 시설·기술·검사기준에 따라 "릴리프식 안전장치가 내장된 조정기를 건축물 내에 설치하는 경우에는 가스방출구를 실외의 안전한 장소에 설치해야 한다.

해답 가스방출구

06 오스테나이트계 스테인레스강에서 발생하는 입계부식에 대하여 설명하시오.

해답 **입계부식(boundary corrosion)**

결정 입자가 선택적으로 부식되는 것으로 오스테나이트계 스테인리스강을 450~900℃로 가열하면 결정 입계로 크롬탄화물이 석출되는 현상이다.

참고 **입계부식(boundary corrosion) 방지법**

1. 고온으로 가열한 후 Cr산화물을 오스테나이트 조직 중에 용체화하여 급냉시킨다.
2. 탄소량을 감소시켜 탄화크롬(Cr_4C)의 발생을 저지시킨다.
3. Ti, V, Nb 등을 첨가하여 Cr_4C 대신 TiC, NbC, V_4C_3 등의 탄화물을 발생시켜 Cr의 탄화물화를 감소시킨다.

07 다음 보기에서 설명하는 가스의 명칭을 쓰시오.

| 보기 |

① 가연성가스이다.
② 물과 반응하여 글리콜을 생성한다.
③ 암모니아와 반응하여 에탄올아민을 생성한다.
④ 물, 알코올, 에테르, 유기용제에 용해한다.

해설 **산화에틸렌(C_2H_4O) 성질**

① 무색의 기체 및 액체로 가연성 가스이다.

② 에테르향을 가지며 고농도에서는 자극취를 내며 독성이 있다.

③ 물, 알코올, 에테르 및 대부분의 유기용제를 잘 용해한다.
④ 수화반응(水和反應)에 의해 글리콜을 생성한다.
반응식 : $C_2H_4O + H_2O \rightarrow HOC_2H_4OH$
⑤ 알코올과 반응에 의해 글리콜에테르를 생성한다.
⑥ 암모니아와 반응하여 에타놀아민을 생성한다.
반응식 : $C_2H_4O + NH_3 \rightarrow HOC_2H_4NH_2$

해답 산화에틸렌

08 밀도가 $0.998g/cm^3$인 액체가 들어있는 저장탱크에서 액면 2m 아래 지점의 절대압력(KPa)을 계산하시오.

해설 **저장탱크 액면 2m 아래지점의 절대압력(kPa)**
절대압력= 게이지압력 + 대기압

해답 절대압력

$$= \left(0.998g/cm^3 \times \frac{1kg}{1000g} \times 200cm \times \frac{101.325kPa}{1.0322kg/cm^2}\right) + 101.325kPa$$

$$= 120.899kPa \cdot a$$

09 길이 1300m 배관에 비중이 0.6인 가스를 시간당 $20m^3$로 이송한다. 입구압력이 $120mmH_2O$, 출구압력이 $110mmH_2O$일 경우 배관의 안지름(cm)을 계산하시오.(단, 폴의 정수 K는 0.7이다.)

해설 **저압배관 유량(Q)산출식을 적용하여 관지름(D)을 구한다.**

- $Q = K\sqrt{\dfrac{H \cdot D^5}{S \cdot L}}$
- $Q = \text{유량계수} \times \sqrt{\dfrac{\text{압력손실} \times \text{관경}^5}{\text{가스비중} \times \text{관길이}}}$
- $Q^2 = K^2 \cdot \dfrac{D^5 \cdot H}{S \cdot L}$ 에서 관경$(D^5) = \dfrac{Q^2 \cdot S \cdot L}{K^2 \cdot H}$
- $D = \sqrt[5]{\dfrac{Q^2 \cdot S \cdot L}{K^2 \cdot H}}$

해답 $D = \sqrt[5]{\dfrac{20^2 \times 0.6 \times 100}{0.7^2 \times (120-110)}} = 5.47(cm)$

10 원심펌프가 높은 능력으로 운전되는 경우 임펠러 흡입부의 압력이 유체의 증기압력 보다 낮아지면 흡입부의 유체는 증발하게 되며 이 증기는 임펠러의 고압부로 이동하여 갑자기 응축하게 된다. 이러한 현상을 무엇이라 하는지 쓰시오.

해설 **캐비테이션(Cavitation) : 공동현상**
원심펌프가 높은 능력으로 운전되는 경우 임펠러 흡입부의 압력이 유체의 증기압력 보다 낮아지면 흡입부의 유체는 증발하게 되며 이 증기는 임펠러의 고압부로 이동하여 갑자기 응축하게 되는 현상으로 펌프의 압력이 가장 낮은 임펠러 입구에서 발생되기 쉽다.

해답 캐비테이션

2010년도 제4회

01 수정이나 전기석 또는 로셸염 등의 결정체의 특정 방향에 압력을 가하면 기전력이 발생하고 발생한 전기량은 압력에 비례하는 현상을 무엇이라 하는지 쓰시오.

해설 **압전형 압력계(피에조 압력계)**
전기식 압력계로서 수정이나 전기석 또는 로쉘염 등의 결정 물체에 압력을 가하여 발생한 전기량은 압력에 비례하는 원리를 이용하여 압력을 측정하는 것으로 응답이 빨라 가스의 폭발등과 같이 급격한 압력 변화를 측정하는데 적합한 압력계이다.

해답 압전현상

02 관 길이 40m인 배관에 비중이 1.52인 가스를 안지름 4.86cm인 배관을 통하여 시간당 $20m^3$로 공급할 경우 압력손실은 수주로 몇 mm인지 계산하시오.(단, 폴의 정수 K는 0.7이다.)

해설 **배관내의 압력손실(H)**

- $Q = \sqrt{\dfrac{D^5 \cdot H}{S \cdot L}}$ 식에서,

압력손실$(H) = \dfrac{Q^2 \cdot S \cdot L}{K^2 \cdot D^5}$

• 압력손실$(H) = \dfrac{20^2 \times 1.52 \times 40}{0.7^2 \times 4.86^5}$
$= 18.305 ≒ 18.31(mmH_2O)$

해답 $H = \dfrac{20^2 \times 1.52 \times 40}{0.7^2 \times 4.86^5} = 18.31(mmH_2O)$

03 도시가스 정압기 중 피셔(Fisher)식 정압기의 2차압 이상 상승 원인 4가지를 쓰시오.

해답 **피셔(fisher)식 정압기의 2차압 이상 상승 원인**
① 메인밸브에 먼지류가 끼어들어 cut-off 불량
② 메인밸브의 밸브 폐쇄부
③ 파일럿 공급밸브(pilot supply valve)의 누설
④ 센터 스템(center stem)과 메인밸브의 접속 불량
⑤ 바이패스 밸브류의 누설
⑥ 가스 중 수분의 동결

참고 **피셔(fisher)식 정압기의 2차압 이상 저하 원인**
① 정압기의 능력부족
② 필터의 먼지류의 막힘
③ 파일럿의 오리피스의 녹 막힘
④ 센터 스템(center stem)의 작동불량
⑤ 스트로크의 조정 불량
⑥ 주 다이어프램의 파손

04 1Kmol의 이상기체(Cp=5, Cv=3)가 온도 0℃, 압력 2atm, 체적 $11.2m^3$인 상태에서 압력 20atm, 체적 $1.12m^3$으로 등온압축하는 경우 압축에 필요한 일(kcal)은 얼마인지 계산하시오.

해설 **등온압축시 압축소요 일량(kcal)**
$W = nRT \times \ln\dfrac{P_1}{P_2}$

해답 $W = 1 \times 1.987 \times 273 \times \ln\dfrac{2}{20} = -1249.04(kcal)$

05 수소 50L 중에 포함된 산소가 7500ppm일 경우 압축이 가능한지를 판정하시오.

해설 **고압가스 제조 시 압축금지**
• 수소중의 산소용량이 전용량의 2% 이상의 것은 압축이 불가능 하다.
• 수소 50L 중에 포함된 산소용량(%)을 구한다. 이때 1ppm은 $\dfrac{1}{10^6}$의 농도에 해당한다.
산소용량$(\%) = \dfrac{7500}{10^6} \times 100 = 0.75(\%)$
• 수소중의 산소용량이 0.75%로서 전용량의 2% 미만에 해당 하므로 압축이 가능하다.

해답 수소 중 산소용량이 전용량의 2% 미만에 해당하므로 압축이 가능하다.

참고 **고압가스 제조 시 압축금지**
① 가연성 가스(아세틸렌·에틸렌 및 수소 제외) 중 산소용량이 전용량의 4% 이상의 것
② 산소 중의 가연성 가스(아세틸렌·에틸렌 및 수소 제외)의 용량이 전용량의 4% 이상의 것
③ 아세틸렌·에틸렌 또는 수소중의 산소용량이 전용량의 2% 이상의 것
④ 산소 중의 아세틸렌·에틸렌 및 수소의 용량 합계가 전용량의 2% 이상의 것

06 가로·세로 높이가 각각 10m, 8m, 4m인 실내에 프로판가스가 폭발할 수 있는 최저농도로 누설되었다면 누설량은 몇 m^3인지 계산하시오. (단, 프로판의 폭발범위는 2.2~9.5%이다.)

해설 **프로판 폭발 최저농도 누설량(m^3)**
폭발 최저농도 누설량(V)
=실내 부피(m^3)×폭발하한

해답 $V = 10m \times 8m \times 4m \times 0.022 = 7.04(m^3)$

07 액화석유가스 사용시설에서 압력조정기 출구에서 연소기 입구까지의 배관 및 호스의 기밀시험압력은 얼마인지 쓰시오.

해설 **용기에 의한 액화석유가스 사용시설 기밀시험압력**
압력조정기 출구에서 연소기 입구까지의 호스는 8.4kPa 이상의 압력(압력이 3.3kPa 이상 30kPa 이하인 것은 35kPa 이상의 압력)으로 기밀시험을 실시하여 누출이 없어야 한다.

해답 8.4kPa 이상

08 발열량이 6000kcal/Nm³, 비중이 0.6, 공급표준압력이 100mmH₂O인 가스에서 발열량 10500kcal/Nm³, 비중 0.66, 공급표준압력이 200mmH₂O인 LNG로 가스를 변경할 경우 노즐 변경률은 얼마인지 계산하시오.

해설 **노즐 변경률**

$$\frac{D_2}{D_1} = \sqrt{\frac{WI_1\sqrt{P_1}}{WI_2\sqrt{P_2}}}$$

위 식에서,

D_1 : 변경 전 노즐 구멍의 지름(mm)

D_2 : 변경 후 노즐 구멍의 지름(mm)

WI_1 : 변경 전 웨버지수

WI_2 : 변경 후 웨버지수

P_1 : 변경 전 가스의 압력(mmH_2O)

P_2 : 변경 후 가스의 압력(mmH_2O)

해답 $$\frac{D_2}{D_1} = \sqrt{\frac{\frac{6000}{\sqrt{0.6}} \times \sqrt{100}}{\frac{10500}{\sqrt{0.66}} \times \sqrt{200}}} = 0.65(mm)$$

09 내압시험압력 및 기밀시험압력의 기준이 되는 압력으로서 사용 상태에서 해당설비 등의 각부에 작용하는 최고사용압력을 의미하는 것은 무엇인지 쓰시오.

해설 **상용압력의 정의**

"상용압력"이란 내압시험압력 및 기밀시험압력의 기준이 되는 압력으로서 사용 상태에서 해당설비 등의 각부에 작용하는 최고사용압력을 말한다.

해답 상용압력

10 가연성 가스의 제조설비 또는 저장설비 중 전기설비 방폭구조를 하지 않아도 되는 가스의 종류를 2가지 쓰시오.

해설 **가연성 가스 전기설비의 방폭구조**

가연성 가스(암모니아, 브롬화메탄 및 공기 중에서 자기 발화하는 가스를 제외한다)의 제조설비 또는 저장설비 중 전기설비는 방폭성능을 가지는 구조일 것

해답 **가연성 가스 전기설비 중 방폭구조 제외 가스**

① 암모니아 ② 브롬화 메탄

③ 공기 중에서 자기 발화하는 가스

2011년도 제1회

01 어떤 고압장치의 상용압력이 20MPa일 경우 안전밸브의 최고 작동압력은 얼마인지 쓰시오.

해설 **고압장치의 안전밸브 작동압력**

고압장치의 안전밸브 작동압력

$= \text{내압시험압력} \times \frac{8}{10}$

$= \text{상용압력} \times 1.5 \times \frac{8}{10}$

해답 안전밸브 작동압력 $= 20 \times 1.5 \times \frac{8}{10} = 10(\text{MPa})$

02 질소의 비열비가 1.41일 경우 정압비열(kcal/kg·℃)을 계산하시오.

해설 **질소의 정압비열(kcal/kg·℃)**

$\text{정압비열}(Cp) = \frac{k}{k-1}AR$

해답 $(Cp) = \frac{1.41}{1.41-1} \times \frac{1}{427} \times \frac{848}{28}$

$= 0.24(\text{kcal/kg·℃})$

03 양정 H : 15m, 송수량 Q : 4m³/min이고 회전수가 2900rpm일 때 축동력 20ps를 필요로 하는 원심펌프의 효율은 몇 %인지 계산하시오.

해설 **펌프의 축동력(L)**

• $PS = \frac{\gamma \times H \times Q}{102 \times 60 \times \eta}$

여기서 γ : 액체의 비중량(kg/m³),

H : 전양정(H)

Q : 유량(m³/min),

η : 전효율

• $\text{효율}(\eta) = \frac{\gamma \times H \times Q}{75 \times 60 \times PS} \times 100$

해답 $\eta = \frac{1000(kg/m^3) \times 15(m) \times 4(m^3/min)}{75(kg\cdot m/s) \times 60(s/min) \times 20(PS)} \times 100 = 66.67(\%)$

04 바깥지름 215mm, 두께 8mm인 원통형 용기에 내압이 12kgf/cm²이 작용할 경우 원주방향 응력

(kgf/mm^2)과 길이방향 응력(kgf/mm^2)을 각각 계산하시오.

해설 ① 원주방향 응력 : ρ

$$\bullet\ \sigma = \frac{PD}{200t} = \frac{\text{내압} \times \text{안지름(바깥지름} - 2 \times \text{두께)}}{200 \times \text{두께}}$$

$$\bullet\ \sigma = \frac{12 \times (215 - 2 \times 8)}{200 \times 8} = 1.492 = 1.49(kgf/mm^2)$$

② 축방향 응력 : ρ

$$\bullet\ \sigma = \frac{PD}{400t} = \frac{\text{내압} \times \text{안지름(바깥지름} - 2 \times \text{두께)}}{400 \times \text{두께}}$$

$$\bullet\ \sigma = \frac{12 \times (215 - 2 \times 8)}{400 \times 8} = 0.746 = 0.75(kgf/mm^2)$$

해답 ① 원주방향 응력 :

$$\sigma = \frac{12 \times (215 - 2 \times 8)}{200 \times 8} = 1.492 = 1.49(kgf/mm^2)$$

② 길이방향 응력 :

$$\sigma = \frac{12 \times (215 - 2 \times 8)}{400 \times 8} = 0.746 = 0.75(kgf/mm^2)$$

05 발열량이 100000kcal/Sm^3, 공급압력이 수주 280mm, 가스 비중이 0.6일 때 사용하는 연소기구 노즐 지름이 1.38mm이었다. 이 연소기구를 발열량이 20000kcal/Sm^3, 공급압력이 수주 200mm, 가스 비중이 0.55인 가스를 사용하는 것으로 변경할 경우 노즐 지름은 몇 mm인지 계산하시오.

해설 **노즐 변경률**

$$\frac{D_2}{D_1} = \sqrt{\frac{WI_1\sqrt{P_1}}{WI_2\sqrt{P_2}}}$$ 식에서,

$$D_2 = \sqrt{\frac{WI_1\sqrt{P_1}}{WI_2\sqrt{P_2}}}$$

위 식에서,

D_1 : 변경 전 노즐 구멍의 지름(mm)

D_2 : 변경 후 노즐 구멍의 지름(mm)

WI_1 : 변경 전 웨버지수

WI_2 : 변경 후 웨버지수

P_1 : 변경 전 가스의 압력(mmH_2O)

P_2 : 변경 후 가스의 압력(mmH_2O)

해답
$$D_2 = \sqrt{\frac{\frac{10000}{\sqrt{0.6}} \times \sqrt{280}}{\frac{20000}{\sqrt{0.55}} \times \sqrt{200}}} \times 1.38 = 1.04(mm)$$

06 플레어스택(flare stack)의 역할에 대하여 설명하시오.

해답 **플레어스택(flare stack)의 역할**

가연성가스의 설비에서 이상 사태가 발생한 경우 긴급이송장치에서 이송되는 가연성가스를 대기 중에 분출할 때 공기와 혼합하여 폭발성 혼합기체가 형성되지 않도록 연소시켜 대기로 안전하게 방출한다.

07 보기에서 설명하는 전기방식법의 명칭은 무엇인지 쓰시오.

보기
지중 또는 수중에 설치된 양극(anode)금속과 매설배관(cathode : 음극) 등을 전선으로 연결하여 양극금속과 매설배관 등 사이의 전지작용(고유 전위차)에 의하여 전기적 부식을 방지하는 방법이다.

해설 **희생양극법(유전양극법)**

지중 또는 수중에 설치된 양극금속과 매설배관 등을 전선으로 연결하여 양극금속과 매설배관 등 사이의 전지작용에 의하여 전기적 부식을 방지하는 방법이다.

해답 희생양극법(유전양극법)

08 분젠식 연소기에서 발생하는 불꽃의 이상 연소 현상을 3가지 쓰시오.

해설 **연소 시 발생하는 이상연소**

① 역화(Flash Back)

가스의 연소속도가 염공의 가스 유출속도보다 크게 되거나 연소속도는 일정해도 가스의 유출속도가 작게 되었을 경우 불꽃(염)이 염공

(炎孔)에서 버너 내부로 침입하여 노즐의 선단에서 연소하는 현상으로 분젠식 및 전일차 공기식 연소방식에서 나타나는 현상이다.

② 선화(Lifting : 리프팅)
리프팅 현상은 역화의 반대현상으로서 염공으로부터의 가스 유출속도가 연소속보다 크게 된 경우 불꽃이 염공에 접하여 연소하지 않고 염공을 떠나서 연소하는 현상으로 편화라고도 하며 이 현상은 연소속도가 느린 가스 연소 시 발생하기 쉽다.

③ 블로우 오프(Blow off) 현상
염공에서의 불꽃의 주위 특히, 불꽃의 기저부에 대한 공기의 움직임이 세어지면 불꽃이 염공에서 떨어져 꺼져버리는 현상

④ 황염(Yellow Tip)
염(炎)의 선단이 적황색으로 되어 있는 현상을 황염(Yellow Tip)이라 한다. 이 현상은 연소반응의 도중에 탄화수소가 열분해하여 탄소입자가 발생하여 미연소된 상태로 적열되어 적황색으로 빛나고 있는 것으로 연소반응이 충분한 속도로 진행하지 않고 있다는 것을 알 수 있다.

해답 ① 역화 ② 선화
③ 블로우 오프 ④ 황염

09 비파괴 검사 중 방사선 투과 검사에 Co 60에서는 어떤 선이 나오는지 쓰시오.

해설 **방사선 투과 검사**
방사선투과검사에 엑스선이 많이 이용되었으나 검사 대상물이 두꺼워지는 등 작업 여건이 변화하면서 감마선의 이용률이 훨씬 높아지는 추세다. 감마선원으로는 Ir-192(이리듐192)와 Co-60(코발트60) 등이 있다.

해답 감마선

10 고압가스 설비에서 구조상 물에 의한 내압시험이 곤란하여 공기, 질소, 등의 기체에 의하여 내압시험을 실시하는 경우 내압시험압력은 상용압력의 몇 배 이상으로 하여야 하는지 쓰시오.

해설 **고압가스 설비의 내압시험**
고압가스설비(용기 및 차량에 고정된 탱크 제외)는 상용압력의 1.5배(그 구조상 물로 내압시험이 곤란하여 공기·질소 등의 기체로 내압시험을 실시하는 경우 및 압력용기 및 그 압력용기에 직접 연결되어 있는 배관의 경우에는 1.25배) 이상의 압력으로 내압시험을 실시하여 이상이 없어야 한다.

해답 1.25배

2011년도 제2회

01 도시가스 배관의 접합부분은 용접하는 것을 원칙으로 하며, 용접부에 대하여 비파괴시험을 실시하여 이상이 없어야 하지만, 비파괴시험을 하지 않아도 되는 배관을 3가지 쓰시오.

해설 배관의 접합기준은 다음과 같다.
다음의 각 배관은 수송하는 도시가스의 누출을 방지하기 위하여 원칙적으로 용접시공방법에 따라 접합한다. 이 경우 용접은 가스시설 용접 및 비파괴시험 기준에 따라 실시하고 모든 용접부(가스용 폴리에틸렌배관, 저압으로서 노출된 사용자 공급관 및 호칭지름 80mm 미만인 저압의 배관을 제외한다)에 대하여는 비파괴시험을 한다.
① 지하매설 배관(가스용 폴리에틸렌을 제외한다)
② 최고사용압력이 중압 이상인 노출배관
③ 최고사용압력이 저압으로서 호칭지름 50A 이상의 노출 배관

해답 **비파괴시험 제외 배관**
① 가스용 폴리에틸렌관
② 저압으로서 노출된 사용자 공급관
③ 관지름 80mm 미만인 저압의 배관

02 프로판 가스의 총발열량은 24000kcal/m^{3}이다. 이를 공기와 혼합하여 5000kcal/m^{3}의 발열량을 갖는 가스로 제조하려면 프로판 가스 1m^{3}에 대하여 얼마의 공기를 희석하여야 하는지 계산하시오.

해설 **발열량 변화에 필요한 공기량(x)**
- $\Delta_Q = \dfrac{Q}{1+x}$ 식에서, 공기량$(x) = \dfrac{Q}{\Delta Q} - 1$
- 공기량$(x) = \dfrac{24000}{5000} - 1 = 3.8(\text{m}^3)$

해답 공기량$(x) = \dfrac{24000}{5000} - 1 = 3.8(\text{m}^3)$

03 부취제의 구비조건을 4가지 쓰시오.

해답 **부취제의 구비조건**

① 토양에 대한 투과성이 클 것
② 화학적으로 안정할 것
③ 물에 잘 녹지 않는 물질일 것
④ 독성이 없을 것
⑤ 완전히 연소하고 연소 후에 유해한 혹은 냄새를 갖는 성질을 남기지 않을 것
⑥ 도관을 부식시키지 않을 것
⑦ 가스관이나 가스미터에 흡착되지 않을 것
⑧ 극히 낮은 농도에서도 냄새가 확인될 수 있을 것
⑨ 보통 존재하는 냄새와 명확하게 식별될 것
⑩ 도관 내의 상용 온도에서는 응축하지 않을 것
⑪ 가격이 쌀 것

04 프로판(C_3H_8) 1g−mol 연소 시 이론공기량은 몇 L가 되는지 표준상태에서 구하시오. (단, 공기 중의 산소와 질소의 부피는 21 : 79이다.)

해설 **프로판 이론공기량(Ao : m^3)**

- 프로판 완전연소 반응식 :
  $C_3H_8 + 5O_2 \rightarrow 3CO_2 + 4H_2O$
- 이론공기량$(Ao) = \dfrac{\text{이론산소량}(Oo)}{0.21}$
- 이론공기량$(Ao) = \dfrac{5 \times 22.4}{0.21} = 533.33(L)$

해답 이론공기량$(Ao) = \dfrac{5 \times 22.4}{0.21} = 533.33(L)$

05 비파괴검사법 중 내부의 결함을 검출할 수 있는 방법을 2가지 쓰시오.

해설 **내부결함 검출용 비파괴 검사의 종류**

① 초음파 탐상시험(Ultrasonic testing)
초음파검사법은 초음파(보통 0.5~15MC)를 피 검사물의 내부에 침입시켜 내부의 결함과 불균일층의 존재 여부를 검사하는 시험으로 대표적인 검사법에는 투과법, 펄스반사법, 공진법이 있다.

② 방사선 투과시험(Radiographic testing)
방사선으로 X선이나 γ선을 투과하여 결함의 유무를 확인하는 시험으로 용접부결함 검사에 널리 사용되고 있는 비파괴 검사법이다. X선이나 γ선을 투과하면 필름에 의해 결함의 모양, 크기 등을 관찰할 수 있고 결과의 기록이 가능하다.

해답 ① 초음파 탐상시험(UT)
② 방사선 투과시험(RT)

06 포스겐($COCl_2$) 제조에 대한 다음 물음에 답하시오.

(1) 포스겐 제조시 일산화탄소(CO)와 염소(Cl_2)는 무슨 촉매를 사용하여 반응시키는지 쓰시오.
(2) 생성된 포스겐 가스를 건조하여 액화할 경우 사용되는 건조제의 명칭을 쓰시오.

해설 **포스겐($COCl_2$)의 제조법**

상온에서 일산화탄소(CO)와 염소(Cl_2)를 활성탄 촉매 하에서 반응시켜 제조한 다음 생성된 포스겐 기체 중에 함유한 수분을 진한 황산으로 이용하여 건조 후 액화시켜 저장한다.

반응식 : $CO + Cl_2 \xrightarrow[\text{활성탄}]{20℃} COCl_2$

해답 (1) 활성탄 (2) 진한 황산

07 수소제조시설에서 수소의 누출 여부를 검지하기 위하여 설치하는 가스누설검지 경보장치의 경보농도는 몇 % 이하인지 쓰시오.

해설 **가스누출검지경보장치 경보농도**

경보농도는 검지경보장치의 설치장소, 주위의 분위기 온도에 따라 가연성 가스는 폭발한계의 1/4 이하, 독성 가스는 TLA-TWA 기준농도 이하로 할 것(다만, 암모니아를 실내에서 사용하는 경우에는 50ppm으로 할 수 있다)
수소의 공기 중 폭발범위는 4~75(%)로서 폭발하한(4%)의 1/4은 1% 이하이다.

수소의 경보농도$= 4 \times \dfrac{1}{4} = 1(\%) = 1(\%)$

해답 수소의 경보농도$= 4 \times \dfrac{1}{4} = 1(\%) = 1(\%)$

08 도시가스 사용시설(연소기를 제외한다.)은 안전을 확보하기 위하여 공기 또는 위험성이 없는 불활성 기체 등으로 기밀시험을 실시하여 이상이 없어야 한다. 이 때 기밀시험압력은 얼마 이상의 압력에서 기밀성능을 가지는 것으로 하여야 하는지 쓰시오.

해설 **도시가스 사용시설 기밀시험**

도시가스 사용시설(연소기를 제외한다)은 최고사용압력의 1.1배 또는 8.4kPa 중 높은 압력 이상의 압력으로 기밀시험을 실시하여 이상이 없을 것

해답 최고사용압력의 1.1배 또는 8.4kPa 중 높은 압력 이상

09 50L의 물이 들어 있는 욕조에 온수기를 사용하여 온수를 넣은 결과 17분 후에 욕조의 온도가 42℃, 온수량이 150L가 되었다. 이때의 온수기 효율(%)을 계산하시오.(단, 사용가스의 발열량은 5000kcal/m^3, 온수기의 가스소비량은 5m^3/h, 물의 비열은 1kcal/kg·℃, 수도의 수온 및 욕조의 초기 수온은 5℃로 한다.)

해설 **온수기효율(η)**

- $\eta = \dfrac{G \times C \times (t_2 - t_1)}{G_f \times H_l} \times 100$
  - $\eta = \dfrac{\text{물의 질량} \times \text{물의 비열} \times (\text{온수기 출구수온} - \text{온수기 입구수온})}{\text{연료 사용량} \times \text{연료 발열량}} \times 100$
- 온수기 출구수온(t_2)
  - 혼합물의 온도(t_3) $= \dfrac{G_1 \cdot C_1 \cdot t_1 + G_2 \cdot C_2 \cdot t_2}{G_1 \cdot C_1 + G_2 \cdot C_2}$
  - 온수기 출구수온(t_2) $= \dfrac{\{t_3(G_1 \cdot C_1 + G_2 \cdot C_2)\} - G_1 \cdot C_1 \cdot t_1}{G_2 \cdot C_2}$

  $t_2 = \dfrac{\{(42 \times (50 \times 1 + 100 \times 1)\} - (50 \times 1 \times 5)}{100 \times 1}$

  $= 60.5(℃)$
- $\eta = \dfrac{(150-50) \times 1 \times (60.5-5)}{5 \times (\frac{17}{60}) \times 5000} \times 100$

  $= 78.35(\%)$

해답 78.35(%)

10 배관의 안지름이 4.16cm, 길이 20m인 배관에 비중 1.52인 가스를 저압으로 공급할 때 압력손실이 20mmH$_2$O 발생되었다. 이때 배관을 통과하는 가스의 시간당 유량(m^3)을 계산하시오. (단, pole 상수는 0.7이다.)

해설 **저압배관 유량산출식**

- $Q = K\sqrt{\dfrac{D^5 \cdot h}{S \cdot L}}$ 에서

  Q : 가스의 유량(m^3/h)
  D : 관의 지름(cm)
  K : 유량계수(Pole의 정수 : 0.707)
  h : 압력손실(mmH$_2$O)
  S : 가스비중(공기=1)
  L : 관의 길이(m)
- $Q = K\sqrt{\dfrac{D^5 \cdot h}{S \cdot L}} = 0.7 \times \sqrt{\dfrac{4.16^5 \times 20}{1.52 \times 20}}$

  $= 20.04(m^3/h)$

해답 $Q = 0.7 \times \sqrt{\dfrac{4.16^5 \times 20}{1.52 \times 20}} = 20.04(m^3/h)$

2011년도 제4회

01 충전용기에 각인하는 다음 각 기호에 대하여 단위를 포함하여 설명하시오.

(1) V : (2) W :
(3) TP : (4) FP :

해답 **용기에 표시된 각인 기호**

(1) V – 내용적(ℓ)
(2) W – 밸브 및 부속품을 포함하지 아니한 용기의 질량(kg)
(3) TP – 내압시험압력(MPa)
(4) FP – 압축가스 충전 용기의 경우 최고충전압력(MPa)

02 내용적 50L인 용기에 액화암모니아를 저장하려고 한다. 이 저장설비의 저장능력은 얼마인지 계산하시오. (단, 액화암모니아의 충전상수는 1.86이다.)

해설 **액화가스의 용기 저장능력 산정**

$W = \dfrac{V_2}{C}$

W : 저장능력(kg)
V_2 : 내용적(ℓ)
C : 가스종류에 따르는 정수

액화가스의 종류	정수	액화가스의 종류	정수
액화프로판	2.35	액화암모니아	1.86
액화부탄	2.05	액화산소	104

※ $W=\frac{V_2}{C}=\frac{50}{1.86}=26.88(\text{kg})$

해답 $W=\frac{50}{1.86}=26.88(\text{kg})$

03 가연성 가스 폭발등급 및 방폭전기기기 폭발등급의 최소점화전류비는 어느 가스를 기준으로 하는지 쓰시오.

해설 **가연성가스의 폭발등급 및 이에 대응하는 본질안전방폭구조의 폭발등급**

최소점화전류비의 범위(mm)	0.8 초과	0.45 이상 0.8 이하	0.45 미만
가연성가스의 폭발등급	A	B	C
방폭전기기기의 폭발등급	IIA	IIB	IIC
(비고) 최소점화전류비는 메탄의 최소점화전류를 기준으로 나타낸다.			

해답 메탄

04 보기와 같은 조건일 경우 초저온 용기의 침입열량을 계산하고 합격, 불합격을 판정하시오.(단, 소수 5째 자리에서 반올림하여 소수 4째 자리까지 계산하시오.)

| 보기 |

- 측정전의 액화질소량 : 80kg
- 24시간 경과 후의 액화질소량 : 67kg
- 액화가스의 기화잠열 : 48kcal/kg
- 외기온도 : 20℃
- 질소의 비점 : −196℃
- 용기 내용적 : 190L

해설 **초저온용기의 침입열량(Q : kcal/h·℃·L)**

- $Q=\frac{W\cdot q}{H\cdot \Delta t\cdot V}$
- $Q=\frac{\text{기화가스량}(\text{kg}/h)\times\text{시험용가스의 기화잠열}(\text{kcal}/\text{kg})}{\text{측정시간}(h)\times\text{시험용가스의 비점과 외기온도차}(℃)\times\text{용기내용적}(l)}$
- $Q=\frac{(80-67)\times 48}{24\times(196+20)\times 190}$
  $=0.00063(\text{kcal}/h\cdot℃\cdot l)$
- 판정 기준 : 침입열량이 0.0005kcal/hr·℃·ℓ (내용적이 1,000ℓ 이상인 초저온 용기는 0.002kcal/hr·℃·ℓ) 이하의 경우를 합격으로 한다.

해답 ① 침입열량 :

$Q=\frac{(80-67)\times 48}{24\times(196+20)\times 190}$
$=0.00063(\text{kcal}/h\cdot℃\cdot l)$

② 판정 : 침입열량이 0.0005kcal/hr·℃·ℓ 이상이므로 불합격이다.

05 가스보일러를 전용 보일러실에 설치하지 않아도 되는 경우를 3가지 쓰시오.

해설 **가스보일러의 설치**

가스보일러는 전용보일러실(보일러실 안의 가스가 거실로 들어가지 아니하는 구조로서 보일러실과 거실 사이의 경계벽은 출입구를 제외 하고는 내화구조의 벽으로 한 것을 말한다. 이하 같다)에 설치하여야 한다. 다만, 다음 각목의 경우에는 그러하지 아니하다.

① 밀폐식 보일러
② 가스보일러를 옥외에 설치한 경우
③ 전용급기통을 부착시키는 구조로 검사에 합격한 강제배기식 보일러

해답 **전용보일러실에 설치하지 않아도 되는 경우**

① 밀폐식 보일러(또는 FF방식, 강제급배기식)
② 가스 보일러를 옥외에 설치한 경우
③ 전용급기통을 부착시키는 구조로 검사에 합격한 강제배기식 보일러

06 안지름이 200mm인 저압 배관의 길이가 300m이다. 이 배관에서 30mmH_2O의 압력손실이 발생할 때 통과하는 가스유량(m^3/h)을 계산하시오. (단, 가스 비중은 0.5, 폴의 정수(K)는 0.7이다)

(해설) 저압배관 유량산출식

- $Q = K\sqrt{\frac{D^5 \cdot h}{S \cdot L}}$ 에서

Q : 가스의 유량(m^3/h)
D : 관의 지름(cm)
K : 유량계수(Pole의 정수 : 0.707)
h : 압력손실(mmH_2O)
S : 가스비중(공기=1)
L : 관의 길이(m)

- $Q = K\sqrt{\frac{D^5 \cdot h}{S \cdot L}} = 0.7 \times \sqrt{\frac{20^5 \times 30}{0.5 \times 300}}$
$= 500(m^3/h)$

해답 $Q = 0.7 \times \sqrt{\frac{20^5 \times 30}{0.5 \times 300}} = 500(m^3/h)$

07 안전확보에 필요한 강도를 갖는 플랜지(flange)의 계산에 사용하는 설계압력 공식을 쓰고 기호에 대해 설명하시오.

해답 플랜지(flange) 계산시 설계압력 공식

$P_d = P + P_{eq}$

여기서,

P_d : 안전확보에 필요한 강도를 갖는 플랜지의 계산에 사용하는 설계압력(MPa)
P : 배관의 설계내압(MPa)
P_{eq} : 상당압력(MPa)으로 다음 식에 따라 구할 것

$$P_{eq} = \frac{0.16M}{\pi G^3} + \frac{0.04F}{\pi G^2}$$

여기서,

M : 주하중 등으로 인하여 생기는 힘의굽힘 모멘트(N·cm)
F : 주하중 등으로 인하여 생기는 축방향의 힘(N), 다만, 인장력을 양(+)으로 한다.
G : 개스킷 반력이 걸리는 위치를 통과하는 원의 지름(cm)

08 액화가스 저장탱크 주의에 액상의 가스가 누출된 경우에 그 가스의 유출을 방지할 수 있는 기능을 갖는 시설이 무엇인지 쓰시오.

(해설) 방류둑 설치 목적

저장탱크 내의 액화가스가 액체상태로 누출된 경우 액체상태의 가스가 저장탱크 주위의 한정된 범위를 벗어나서 다른 곳으로 유출되는 것을 방지하기 위하여 설치한다.

해답 방류둑

(참고) 방류둑의 구조

방류둑의 구조는 다음 각호의 기준에 적합하여야 한다.

1) 방류둑의 재료는 철근콘크리트, 철골·철근콘크리트, 금속, 흙 또는 이들을 혼합하여야 한다.
2) 성토는 수평에 대하여 45° 이하의 기울기로 하여 쉽게 허물어지지 아니하도록 충분히 다져 쌓고, 강우 등에 의하여 유실되지 아니하도록 그 표면에 콘크리트 등으로 보호하고, 성토 윗부분의 폭은 30cm 이상으로 하여야 한다.
3) 방류둑에는 계단, 사다리 또는 토사를 높이 쌓아 올림 등에 의한 출입구를 둘레 50m마다 1개 이상씩 두되, 그 둘레가 50m 미만일 경우에는 2개 이상을 분산하여 설치하여야 한다.

09 도시가스 배관 등의 용접부는 전부에 대하여 육안검사와 방사선투과시험을 하여야 하는데 방사선투과시험을 실시하기 곤란한 곳에 대신 할 수 있는 비파괴검사의 종류를 2가지 쓰시오.

(해설) 도시가스 배관 용접부 비파괴시험 기준

배관 등의 용접부는 전부에 대해 육안검사와 방사선 육안검사와 방사선투과시험을 하여야 한다. 방사선투과시험을 실시하기 곤란한 곳은 초음파탐상시험 및 자분탐상시험(또는 침투탐상시험)을 할 수 있다. 다만, 100A 미만이나 두께 6mm 미만의 용접부인 경우 방사선투과시험이 가능한 경우에는 배관 전 용접부에 대해 외관검사 및 방사선투과시험을 실시해야 한다. 또한, 사업소 경계 안에 설치되는 배관에 대하여는 공기 등의 기체의 압력으로 내압시험을 실시하는 경우 그 설비의 길이이음매, 원주이음매(배관은 그 설치장소에서 용접을 한 것으로써 바깥지름 160mm를 넘는 관의 원주이음매에 한정한다)에 대해 용접부 전길이의 20% 이상 방사선투과시험을 하고 그 등급분류가 2급 이상임을 확인해야 하며, 방사선투과시험을 하지 아니하는 용접부에 대해서는 침투탐상시험 또는 자분탐상시험을 실시해야 한다.

해답 ① 초음파탐상검사
② 자분탐상시험(침투탐상시험)

10 바닥면적 $10m^2$인 가스공급시설에 강제통풍장치를 설치하고자 할 때 통풍능력(m^3/min)은 얼마 이상 되어야 하는지 쓰시오.

해설 **강제통풍장치 설치기준**

통풍능력이 바닥면적 $1m^2$마다 $0.5m^3/min$ 이상으로 할 것

$Q = 10(m^2) \times 0.5(m^3/min \cdot m^2) = 5(m^3/min)$

해답 $Q = 10(m^2) \times 0.5(m^3/min \cdot m^2) = 5(m^3/min)$

참고 **강제통풍장치 설치기준**

통풍구조를 설치할 수 없는 경우에는 다음 각목의 기준에 적합한 강제통풍장치를 설치하여야 한다.

① 통풍능력이 바닥면적 $1m^2$마다 m^3/min 이상으로 할 것

② 흡입구는 바닥면 가까이에 설치할 것

③ 배기가스 방출구를 지면에서 5m 이상의 높이에 설치할 것

2012년도 제1회

01 도시가스 사용시설의 정압기 성능 중 기밀시험에 대한 내용이다. ( )안에 알맞은 숫자를 넣으시오.

| 보기 |

> 정압기는 도시가스를 안전하고 원활하게 수송할 수 있도록 하기 위하여 정압기 입구측은 최고사용압력의 (①)배, 출구측은 최고사용압력의 (②)배 또는 (③)kPa 중 높은 압력 이상으로 기밀성능을 갖는 것으로 한다.

해설 **도시가스 사용시설의 정압기 기밀시험**

정압기는 도시가스를 안전하고 원활하게 수송할 수 있도록 하기 위하여 정압기 입구측은 최고사용압력의 1.1배, 출구측은 최고사용압력의 1.1배 또는 8.4kPa 중 높은 압력 이상으로 기밀성능을 갖는 것으로 한다.

해답 ① 1.1 ② 1.1 ③ 8.4

02 프로판을 이론공기량으로 완전연소할 경우 혼합가스 중 프로판의 농도(v/v%)는 얼마인지 계산하시오. (단, 공기 중 산소와 질소의 체적비는 21 : 79이다.)

해설 **혼합가스 중 프로판의 농도(v/v%)**

• 프로판 완전연소 반응식 :

$C_3H_8 + 5O_2 \rightarrow 3CO_2 + 4H_2O$

• 프로판과 공기 혼합가스 중 프로판의 농도(%)

$$\text{프로판의 농도}(\%) = \frac{\text{프로판의 양}}{\text{혼합가스의 양}} \times 100$$

해답 프로판의 농도(%)

$$= \frac{22.4}{22.4 + \left(\frac{5 \times 22.4}{0.21}\right)} \times 100 = 4.03(\%)$$

03 어떤 고압장치의 사용압력이 35MPa일 경우 이 장치에 설치된 안전밸브의 최고 작동압력은 얼마인지 쓰시오.

해설 고압장치의 안전밸브 작동압력

$$= \text{내압시험압력} \times \frac{8}{10}$$

$$= \text{상용압력} \times 1.5 \times \frac{8}{10}$$

해답 안전밸브 작동압력 $= 35 \times 1.5 \times \frac{8}{10} = 42(MPa)$

04 연소기구가 [보기]와 같이 설치된 도시가스 사용시설의 월사용예정량(m^3)을 계산하시오.

| 보기 |

- 산업용 보일러 250000kcal/h, 2대
- 열처리 및 가열로용 연소기 120000kcal/h, 1대
- 영업용 샘플 제조용 온수보일러 25000kcal/h, 4대
- 사무실 난방용 보일러 50000kcal/h, 1대
- 종업원 비상대기실 가정용 가스보일러 15000kcal/h, 1대

해설 **도시가스 사용시설의 월사용예정량 계산식**

$$Q = \frac{(A \times 240) + (B \times 90)}{11000}$$

Q : 월 사용예정량 (단위 : m^3)

A : 산업용으로 사용하는 연소기의 명판에 적힌 도시가스 소비량의 합계 (단위 : kcal/h)

• $A=(250000\times2)+(120000\times1)$
$=620000(kcal/h)$

B : 산업용이 아닌 연소기의 명판에 적힌 도시가스 소비량의 합계(단위 : kcal/h)

• $B=(25000\times4)+(50000\times1)$
$=150000(kcal/h)$

※ 월 사용예정량(Q)

$$=\frac{(620000\times240)+(150000\times90)}{11000}$$

$$=14754.55(m^3)$$

해답 $Q=\frac{\{(250000\times2+120000\times1)\times240+(25000\times4+50000\times1)\times90\}}{11000}$

$=14754.55(m^3)$

참고 가스소비량 합계 방법 : 도시가스 사용시설 기준

(1) 월사용예정량 계산 시 가정용으로 사용하는 연소기의 가스소비량은 합산대상에서 제외한다

① 가정용 연소기라 함은 원칙적으로 일반 가정집의 취사 및 냉난방용 연소기를 의미하는 것으로 본다. 다만, 가정집 외의 건물에 거주하는 자가 취사 및 냉난방용 등 개인의 일상생활 영위를 위하여 사용하는 연소기도 그 사용목적상 가정용 연소기로 분류한다.

② 가정용 연소기의 예는 여관 종업원의 취사 및 냉난방용 연소기, 종업원 비상대기실의 취사 및 냉난방용 연소기(근린생활시설에서 영업용을 제외한 가정용 시설)로 한다.

(2) 당해 가스를 이용하여 직접 제품을 생산, 판매(일반적인 유통방법에 의한 판매)하는 경우는 산업용으로, 그 밖의 경우는 비산업용으로 계산한다.

05 발열량이 6000kcal/m^3N, 비중이 0.6, 공급표준압력이 100mmH_2O인 가스에서 발열량 10500kcal/Nm^3, 비중 0.66, 공급표준압력이 200mmH_2O인 LNG로 가스를 변경할 경우 노즐 변경률은 얼마인지 계산하시오.

해설 노즐 변경률

① $$\frac{D_2}{D_1}=\sqrt{\frac{WI_1\sqrt{P_1}}{WI_2\sqrt{P_2}}}$$

위 식에서,

D_1 : 변경 전 노즐 구멍의 지름(mm)

D_2 : 변경 후 노즐 구멍의 지름(mm)

WI_1 : 변경 전 웨버지수

WI_2 : 변경 후 웨버지수

P_1 : 변경 전 가스의 압력(mmH_2O)

P_2 : 변경 후 가스의 압력(mmH_2O)

② $$\frac{D_2}{D_1}=\sqrt{\frac{\frac{6000}{\sqrt{0.6}}\times\sqrt{100}}{\frac{10500}{\sqrt{0.66}}\times\sqrt{200}}}=0.65(mm)$$

해답 $$\frac{D_2}{D_1}=\sqrt{\frac{\frac{6000}{\sqrt{0.6}}\times\sqrt{100}}{\frac{10500}{\sqrt{0.66}}\times\sqrt{200}}}=0.65(mm)$$

06 도시가스 연소성 측정에 사용되는 2가지 식을 쓰고 설명하시오.

해설 연소성 측정

매일 6시 30분부터 9시 사이와 17시부터 20시 30분 사이에 각각 1회씩 가스홀더 또는 압송기 출구에서 연소속도 및 웨베지수를 다음 계산식에 따라 측정하되, 웨베지수가 표준웨베지수의 ±4.5% 이내를 유지할 것. 다만, 가스도매사업자로부터 배관으로 천연가스를 공급받는 일반도시가스사업자의 가스공급시설은 제외하며, 액화석유가스와 공기를 혼합하여 도시가스를 공급하는 경우의 웨베지수는 측정한 열량으로부터 계산하는 방법으로 구할 수 있다.

해답 연소성 측정

① 연소속도(C_p)

$$C_p=K\frac{1.0H_2+0.6(CO+CmHn)+0.3CH_4}{\sqrt{d}}$$

C_p : 연소속도

K : 도시가스 중 산소 함유율에 따라 정하는 정수

H_2 : 도시가스 중의 수소 함유율(용량%)

CO : 도시가스 중의 일산화탄소 함유율(용량%)

C_mH_n : 도시가스 중의 메탄 외의 탄화수소 함유율(용량%)

CH_4 : 도시가스 중의 메탄 함유율(용량%)

d : 도시가스의 비중

② 웨버지수(W_I)

$$W_I=\frac{Hg}{\sqrt{d}}$$

W_I : 웨버지수

Hg : 도시가스의 총발열량(kcal/m^3)

d : 도시가스의 비중

07 고압가스 제조시설에 설치되어 있는 압축기, 펌프, 반응설비, 저장탱크 등 가스가 누출하기 쉬운 고압가스설비 등이 설치되어 있는 장소의 주위에는 누출한 가스가 체류하기 쉬운 곳에 가스누출 검지 경보장치의 검출부를 설치하여야 한다. 이들 설비군이 건축물 내에 설치되어 있는 경우 바닥면 둘레(①)m 마다, 건축물밖에 설치되어 있는 경우 바닥면 둘레(②) m마다 (③)개 이상의 비율로 계산한 수를 설치하여야 한다. (   )안에 알맞은 숫자를 넣으시오.

해설 가스누출검지경보장치 설치장소

제조설비에 있어서 검지경보장치의 검출부 설치 장소 및 개수는 다음 각 호에 의할 것.

① 건축물 내에 설치되어 있는 압축기, 펌프, 반응설비, 저장탱크 등 가스가 누출하기 쉬운 고압가스설비 등이 설치되어 있는 장소의 주위에는 누출한 가스가 체류하기 쉬운 곳에 이들 설비군의 바닥면 둘레 10m에 대하여 1개 이상의 비율로 계산한 수.

② 건축물밖에 설치되어 있는 제1호에 기재한 고압가스설비가 다른 고압가스설비, 벽이나 그 밖의 구조물에 인접하거나 피트 등의 내부에 설치되어 있는 경우, 누출한 가스가 체류할 우려가 있는 경우, 누출한 가스가 체류할 우려가 있는 장소에 그 설비군의 바닥면 둘레 20m마다 1개 이상의 비율로 계산한 수.

해답 ① 10 ② 20 ③ 1

08 가스제조시설에 설치된 철근콘크리트 방호벽의 설치 및 기초기준을 4가지 쓰시오.

해설 철근콘크리트제 방호벽 설치 예[그림]

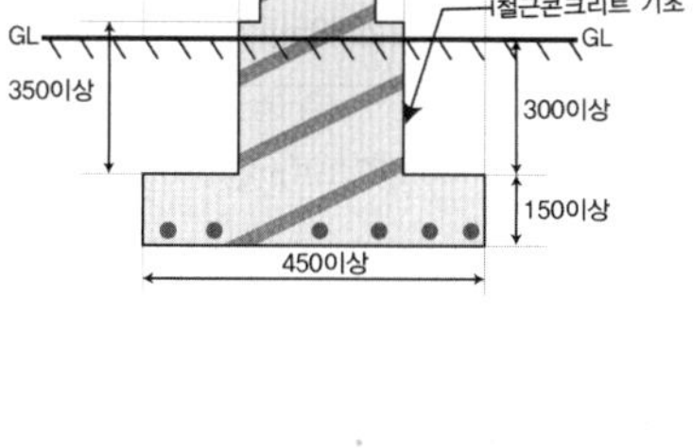

해답 ① 지름 9mm 이상의 철근을 가로 세로 400mm 이하의 간격으로 배근하고 모서리 부분의 철근을 확실히 결속한 두께 120mm 이상, 높이 2000mm 이상으로 한다.

② 일체로 된 철근콘크리트 기초로 한다.

③ 기초의 높이는 350mm 이상, 되메우기 깊이는 300mm 이상으로 한다.

④ 기초의 두께는 방호벽 최하부 두께의 120% 이상으로 한다.

09 고압가스 제조시설에 설치하는 플레어스택(flare stack)의 설치기준을 3가지 쓰시오.

해답 플레어스택(flare stack)의 설치기준

① 긴급이송설비로 이송되는 가스를 안전하게 연소시킬 수 있는 것으로 한다.

② 플레어스택에서 발생하는 복사열이 다른 제조시설에 나쁜 영향을 미치지 아니하도록 안전한 높이 및 위치에 설치한다.

③ 플레어스택에서 발생하는 최대열량에 장시간 견딜 수 있는 재료 및 구조로 되어 있는 것으로 한다.

④ 파일럿 버너를 항상 점화하여 두는 등 플레어스택에 관련된 폭발을 방지하기 위한 조치가 되어 있는 것으로 한다.

⑤ 플레어스택의 설치 위치 및 높이는 플레어스택 바로 밑의 지표면에 미치는 복사열이 4000 $kcal/m^2$ h 이하가 되도록 한다.

10 가연성 가스가 폭발할 위험이 있는 농도에 도달할 우려가 있는 장소를 위험장소라 한다. 위험장소 중 0종 장소와 1종 장소를 각각 설명하시오.

해설 위험장소의 분류

가연성 가스가 폭발할 위험이 있는 농도에 도달할 우려가 있는 장소(위험장소)의 등급은 다음과 같이 분류한다.

가) "1종 장소"는 상용상태에서 가연성 가스가 체류하여 위험하게 될 우려가 있는 장소, 정비보수 또는 누출 등으로 인하여 종종 가연성 가스가 체류하여 위험하게 될 우려가 있는 장소를 말한다.

나) "2종 장소"는 다음의 장소를 말한다.

① 밀폐된 용기 또는 설비 내에 밀봉된 가연성 가스가 그 용기 또는 설비의 사고로 인해

파손되거나 오조작의 경우에만 누출할 위험이 있는 장소

② 확실한 기계적 환기조치에 의하여 가연성 가스가 체류하지 않도록 되어 있으나 환기장치에 이상이나 사고가 발생한 경우에는 가연성 가스가 체류하여 위험하게 될 우려가 있는 장소

③ 1종 장소의 주변 또는 인접한 실내에서 위험한 농도의 가연성 가스가 종종 침입할 우려가 있는 장소

다) "0종 장소"란 상용의 상태에서 가연성 가스의 농도가 연속해서 폭발하한계 이상으로 되는 장소(폭발상한계를 넘는 경우에는 폭발한계 내로 들어갈 우려가 있는 경우를 포함한다)를 말한다.

해답 ① 0종장소 : 상용의 상태에서 가연성 가스의 농도가 연속해서 폭발하한계 이상으로 되는 장소(폭발하한계를 넘는 경우에는 폭발하한계 이내로 들어갈 우려가 있는 경우를 포함)

② 1종장소 : 상용상태에서 가연성 가스가 체류해 위험하게 될 우려가 있는 장소, 정비보수 또는 누출 등으로 인하여 종종 가연성 가스가 체류하여 위험하게 될 우려가 있는 장소

2012년도 제2회

01 굴착으로 주위가 노출된 배관으로서 노출된 부분의 길이가 몇 m 이상인 것은 위급한 경우에 그 부분에 유입되는 도시가스를 신속히 차단할 수 있도록 노출부분 양 끝에 차단장치를 설치하는지 쓰시오.(단, 호칭 지름이 100mm 미만인 저압이 아닌 경우이다.)

해설 **굴착으로 주위가 노출된 배관의 방호**

배관(호칭지름이 100mm 미만인 저압배관은 제외한다)으로써 노출된 부분의 길이가 100m 이상인 것은 위급한 때에 그 부분에 유입되는 도시가스를 신속히 차단할 수 있도록 노출부분 양끝으로부터 300m 이내에 차단장치를 설치하거나 500m 이내에 원격조작이 가능한 차단장치를 설치할 것

해답 100m

02 저비점 액화가스 등을 이송하는 펌프 입구에서 발생하는 베이퍼 록(Vapor－rook) 현상 발생 원인을 3가지 쓰시오.

해설 **베이퍼록(Vapor-rook) 현상**

펌프를 이용하여 액체를 이송할 경우, 펌프 입구 측에서의 마찰저항 등에 의한 온도상승으로 인해 액이 기화하는 현상으로 비등점이 낮은 액체일수록 현저하게 발생된다.

해답 **베이퍼록(Vapor-rook) 원인**

① 펌프의 냉각이 불량한 경우
② 흡입 관로의 막힘
③ 흡입배관 외부의 온도가 상승한 경우
④ 흡입관의 지름이 너무 작은 경우
⑤ 펌프 설치 위치가 너무 높은 경우

03 공기액화분리장치에서 액화산소 35L 중 메탄 2g, 부탄 4g이 혼합되었을 때의 다음 물음에 답하시오.

(1) 탄화수소의 탄소질량을 계산하시오.

(2) 공기액화분리장치의 운전은 어떻게 해야 하는지 조치방법을 쓰시오.

해설 **공기액화 분리기의 불순물 유입금지**

1) 공기액화 분리기에 설치된 액화산소통 내의 액화산소 5ℓ 중 아세틸렌의 질량이 5mg 또는 탄화수소의 탄소의 질량이 500mg을 넘을 때에는 그 공기액화 분리기의 운전을 중지하고 액화산소를 방출할 것.

2) 탄화수소(액화산소 35L 중 메탄 2g, 부탄 4g)의 탄소의 질량

• 탄소질량

$$=\frac{\left(2000\text{mg}\times\frac{12}{16}+4000\text{mg}\times\frac{48}{58}\right)\times 5\text{L}}{35\text{L}}$$

$=687.19(\text{mg})$

• 조치방법 : 액화산소통 내의 액화산소 5ℓ 중 탄화수소의 탄소의 질량이 500mg 이상이므로 운전을 중지하고 액화산소를 방출해야 한다.

해답 (1) 탄소질량

$$=\frac{\left(2000\text{mg}\times\frac{12}{16}+4000\text{mg}\times\frac{48}{58}\right)\times 5\text{L}}{35\text{L}}$$

$=687.19(\text{mg})$

(2) 조치방법 : 액화산소 5 ℓ 중 탄화수소의 탄소의 질량이 500mg 이상이므로 운전을 중지하고 액화산소를 방출해야 한다.

04 프로판가스 $1Sm^3$를 완전연소 시키는데 필요한 이론공기량은 몇 Sm^3인지 계산하시오.(단, 공기 중 산소는 20vol이다.)

해설 프로판 이론공기량(Ao : Sm^3)

- 프로판 완전연소 반응식 :

$C_3H_8 + 5O_2 \rightarrow 3CO_2 + 4H_2O$

- 이론공기량$(Ao) = \dfrac{\text{이론산소량}(Oo)}{0.2} = \dfrac{5}{0.2}$

$= 25(Sm^3)$

해답 이론공기량$(Ao) = \dfrac{5}{0.2} = 25(Sm^3)$

05 다이어프램식(막식) 가스미터의 특징을 3가지 쓰시오.

해설 다이어프램식(막식) 가스미터의 특징

분류	막식 가스미터
장점	1. 저가이다. 2. 부착 후 유지관리에 시간을 요하지 않는다.
단점	대용량에서는 설치공간을 많이 차지한다.
일반적용도 용량범위	• 일반 수요가 • 1.5~200[m^3/h]

해답 다이어프램식(막식) 가스미터의 특징

① 가격이 저렴하다.

② 부착 후 유지관리에 시간을 요하지 않는다.

③ 대용량에서는 설치공간을 많이 차지한다.

④ 일반 수용가로 사용되며 용량범위는 1.5~ $200m^3/h$이다.

06 물 27kg을 전부 전기분해하여 산소와 수소를 제조하였다. 각각 내용적 30L의 용기에 0℃에서 최고 14MPa이 될 때까지 충전한다면 제조된 가스를 모두 충전하는 데 필요한 최소 용기 수는 몇 개 인지 계산하시오.

해설 최소 용기 수량

① 물 27kg 전기분해시 생성되는 산소와 수소의 양

$2H_2O \rightarrow 2H_2 + O_2$

$36kg : 2 \times 22.4\ m^3 : 22.4m^3$

$27kg :\ H_2\ m^3\ :\ O_2 m^3$

$H_2 = \dfrac{27 \times 2 \times 22.4}{36} = 33.6(m^3)$

$O_2 = \dfrac{27 \times 22.4}{36} = 16.8(m^3)$

② 30L의 용기 한 개당 충전량(m^3)

$Q = (10P + 1) \times V = (10 \times 14 + 1) \times 0.03$

$= 4.23(m^3)$

③ 최소 용기 수 = 수소용기 수 + 산소용기 수

수소용기 수 $= \dfrac{33.6}{4.23} = 7.94 = 8$(개)

산소용기 수 $= \dfrac{16.8}{4.23} = 3.97 = 4$(개)

최소 용기 수 = 8 + 4 = 12(개)

해답 12개

07 아세틸렌의 공업적 제법 중 탄화칼슘을 이용한 제조방법의 반응식을 쓰고 설명하시오.

해설 아세틸렌의 제법

카바이트(CaC_2)에 물을 반응시켜 제조한다.
(가장 널리 이용)

반응식 : $CaO + 3C \rightarrow CaC_2 + CO$
(산화칼슘) (탄소) (탄화칼슘) (일산화탄소)

$CaC_2 + 2H_2O \rightarrow Ca(OH)_2 + C_2H_2$
(탄화칼슘) (물) (수산화칼슘) (아세틸렌)

해답 탄화칼슘을 이용한 아세틸렌 제조방법

① 제조 반응식 :

$CaC_2 + 2H_2O \rightarrow Ca(OH)_2 + C_2H_2$

② 제조 방법 설명 : 탄화칼슘과 물을 반응시키면 아세틸렌가스가 발생한다.

참고 아세틸렌 발생기

카바이트(CaC_2 : 탄화칼슘)에 물을 반응시켜 아세틸렌을 발생시키는 철강재 탱크로서 종류로는 투입식, 주수식, 침지식(접촉식)의 3가지가 있으며, 공업적으로 투입식이 널리 사용되고 있다.

08 연소 기구를 사용하다가 부주의로 점화되지 않은 상태에서 콕이 개방되었다. 이 경우 노즐로부터 분출되는 생가스의 양은 몇 m^3/h인지 계산하시오.(단, 유량계수는 0.8, 노즐지름은 2mm, 가스 비중은 1.52, 가스압력은 $280mmH_2O$이다.)

해설 노즐 분출가스양(Q : m^3/h)

- $Q = 0.011KD^2\sqrt{\frac{P(mmH_2O)}{d}}$
- $Q = 0.011 \times 0.8 \times 2^2 \times \sqrt{\frac{280}{1.52}}$
  $= 0.48(m^3/h)$

해답 $Q = 0.011 \times 0.8 \times 2^2 \times \sqrt{\frac{280}{1.52}} = 0.48(m^3/h)$

09 직류전철 등에 의한 누출전류의 영향을 받는 배관에 적합한 전기방식법의 명칭과 전위측정용 터미널의 설치간격을 쓰시오.

1) 전기방식법의 명칭
2) 전위측정용 터미널의 설치간격

해설 1) 배류법(排流法)
매설배관 등의 전위가 주위의 타금속 구조물의 전위보다 높은 장소에서 매설배관 등과 주위의 타금속 구조물을 전기적으로 접속시켜 매설배관 등에 유입된 누출전류를 복귀시킴으로서 전기적 부식을 방지하는 방법

2) 전기방식시설의 시공
전기방식시설의 유지관리를 위하여 전위측정용 터미널을 설치하되, 희생양극법·배류법은 배관길이 300m 이내의 간격으로, 외부전원법은 배관길이 500m 이내의 간격으로 설치하여야 한다.

해답 전기방식법
① 전기방식법 명칭 : 배류법
② 전위측정용 터미널 설치간격 : 300m 이내

10 가연성 가스의 제조설비, 저장설비의 전기설비는 방폭성능을 가지는 것을 설치하여야 한다. 방폭전기기기의 종류를 4가지 쓰시오.

해설 방폭전기기기의 종류 및 구조별 표시방법

방폭 전기기기의 구조별 표시방법	표시방법	방폭 전기기기의 구조별 표시방법	표시방법
내압방폭구조	d	안전증방폭구조	e
유입방폭구조	o	본질안전방폭구조	ia 또는 ib
압력방폭구조	p	특수방폭구조	s

해답 방폭전기기기의 종류
① 내압시험압력　② 유입방폭구조
③ 압력방폭구조　④ 본질안전 방폭구조
⑤ 안전증 방폭구조　⑥ 특수 방폭구조

2012년도 제4회

01 왕복동 다단압축기에서 대기압 상태의 20℃ 공기를 흡입하여 최종단에서 토출압력 $25kgf/cm^2 \cdot g$, 온도 60℃의 압축공기 $28m^3/h$를 토출하면 체적효율(%)은 얼마인지 계산하시오.(단, 1단 압축기의 이론적 흡입체적은 $800m^3/h$이다.)

해설 압축기 체적효율[η_v]

① 체적효율[η_v] $= \frac{\text{실제 흡입량}(m^3/h)}{\text{이론 흡입량}(m^3/h)}$

② 실제 흡입량(m^3/h)계산
- 보일 샤를법칙 적용
  $\frac{P_1V_1}{T_1} = \frac{P_2V_2}{T_2}$에서 $V_1 = \frac{P_2V_2T_1}{P_1T_2}$
- $V_1 = \frac{(25+1.0332)\times 28 \times (20+273)}{1.0332 \times (60+273)}$
  $= 620.88(m^3/h)$

③ 체적효율[η_v] $= \frac{620.88(m^3/h)}{800(m^3/h)} \times 100$
$= 77.61(\%)$

해답 77.61(%)

02 일반도시가스사업의 배관 길이가 790km일 경우 안전관리원은 몇 명을 선임하여야 하는지 쓰시오.

해설 일반도시가스사업법 안전관리자의 자격과 선임 인원

사업 구분	안전관리자의 종류별 선임 인원 및 자격	
	선임 인원	자격
일반도시가스사업	안전관리 총괄자 : 1명	
	안전관리 부총괄자 : 사업장마다 1명	
	안전관리 책임자 : 사업장마다 1명 이상	가스산업기사 이상의 자격을 가진 사람

사업 구분	안전관리자의 종류별 선임 인원 및 자격	
	선임 인원	자격
일반 도시 가스 사업	안전관리원 : 1. 배관 길이가 200km 이하인 경우에는 5명 이상 2. 배관길이가 200km 초과 1천km 이하인 경우에는 5명에 200km마다 1명씩 추가한 인원 이상 3. 배관 길이가 1천km를 초과하는 경우에는 10명 이상	가스기능사 이상의 자격을 가진 사람 또는 안전관리자 양성 교육을 이수한 사람
	안전점검원 : 배관 길이 15킬로미터를 기준으로 1명	가스기능사 이상의 자격을 가진 사람, 안전관리자 양성 교육을 이수한 사람 또는 안전점검원 양성 교육을 이수한 사람

※ 배관길이 790km(200km 초과 1천km 이하)
: 5명 + 200km마다 1명씩 추가한 인원 이상
5명 + (790 − 200 = 590)3명 = 8명

해답 8명 이상

03 본질안전 방폭구조의 안전막(safety barrier)이란 무엇인지 설명하시오.

해답 **본질안전 방폭구조의 안전막(safety barrier)**
본질안전 방폭구조가 설치되는 0종장소 등에서 위험장소와 비위험장소 사이에 설치하여 위험장소로 공급되는 전류치가 취급물질의 최소점화에너지를 초과하지 못하도록 하는 안전장치로 위험장소로 공급되는 전류치가 커지면 자동으로 전원이 차단되는 구조 회로이다.

04 도시가스 본관을 30m 설치할 경우 도시가스사업자가 하여야 할 조치 사항을 2가지 쓰시오.

해답 ① 산업통상자원부장관 또는 시장 군수 구청장에게 공사계획의 승인을 받아야 한다.
② 해당 공사계획에 대하여 미리 한국가스안전공사의 의견을 들어야 한다.

05 황화수소를 제거하는 탈황법 중 수산화 제2철을 사용하여 제거하는 화학반응식을 쓰시오.

해설 **유황화합물의 제거**
유황화합물은 촉매독이 되거나 장치재료를 부식하는 가장 유해한 성분으로 제거 방법으로는 수소화 탈황법, 건식 탈황법, 습식 탈황법이 있으며, 건식탈황법 중 수산화철(소철광, 황토와 톱밥 등을 혼합한 것)을 사용할 경우에는 다음 반응식에 의해 탈황한다.

반응식 : $2Fe(OH)_3 + 3H_2S \rightarrow Fe_2S_3 + 6H_2O$
(수산화제2철) (황화수소) (황화철) (물)

해답 $2Fe(OH)_3 + 3H_2S \rightarrow Fe_2S_3 + 6H_2O$

06 저장탱크에 100m³의 프로판은 표준상태에서 몇 kg에 해당하는지 계산하시오.

해설 **표준상태에서의 프로판 무게(kg)**
- 무게(kg) = 부피(m³) × 밀도(kg/m³)
- $무게(kg) = 100(m^3) \times \frac{44}{22.4}(kg/m^3)$
  $= 196.43(kg)$

해답 $무게(kg) = 100(m^3) \times \frac{44}{22.4}(kg/m^3)$
$= 196.43(kg)$

07 폭발범위가 1.37~100%인 가연성 가스로 반도체 공정에서 도핑액(doping agent)으로 사용되며, 분자량이 32이고 공기 중에서 자연 발화하는 가스의 명칭을 쓰시오.

해설 **모노실란(SiH_4)**
- 반도체 공정의 도핑액(doping agent)로 이용
- 박막형 태양광 전지의 핵심 소재
- 가연성가스로 공기 중에서 자연발화
- 강력한 환원제
- 물과 천천히 반응
- 할로겐족(브롬, 염소 등)과 반응
- 가열시 실리콘과 산소로 분해
- 자연발화성, 가연성 가스
- 폭발범위 : 1.37 % ~ 100 %

해답 모노실란

08 시안화수소는 충전 후 24시간 정치한다. 다음 물음에 답하시오.

(1) 시안화수소의 누출 점검 방법을 쓰시오.

(2) 시안화수소의 누출 점검 횟수를 쓰시오.

해설 **시안화수소의 충전**

① 시안화수소를 충전한 용기는 충전 후 24시간 이상 정치한다.

② 시안화수소를 충전한 용기는 그 후 1일 1회 이상 질산구리 벤젠 등의 시험지로 가스의 누출검사를 하여야 한다.

해답 (1) 질산구리벤젠지로 누출검사를 실시한다.
(2) 1일 1회 이상

참고 **시안화수소의 충전**

① 용기에 충전하는 시안화수소는 순도가 98% 이상이고 아황산가스 또는 황산 등의 안정제를 첨가한 것일 것.

② 시안화수소를 충전한 용기는 용기에 충전 연월일을 명기한 표지를 붙이고, 충전한 후 60일이 경과되기 전에 다른 용기에 옮겨 충전할 것. 다만, 순도가 98% 이상으로 착색되지 아니한 것은 다른 용기에 옮겨 충전하지 아니할 수 있다.

09 가스보일러를 설치·시공한 자는 그가 설치·시공한 시설에 대하여 시공자 명칭 등이 포함된 것을 가스보일러에 부착하는데 이것을 무엇이라 하는지 쓰시오.

해설 **가스보일러 시공표지판**

시 공 표 지 판		
시공자	명칭 또는 상호	
	시공자등록번호	
	사무소 소재지	(전화번호)
	시공관리자성명	
보일러	제 조 자 명	
	모델명 및 기종	
	제 조 번 호	
시공내역	설치기준적합여부	
	시 공 년 월 일	
	특 기 사 항	

해답 시공표지판

10 25℃의 상태에서 지름이 40m인 구형 가스홀더에 $6kgf/cm^2 \cdot g$의 압력으로 도시가스가 저장되어 있다. 이 가스를 압력이 $2.5kgf/cm^2 \cdot g$로 될 때까지 공급하였을 경우 공급된 가스량(Sm^3)을 계산하시오.(단, 가스 공급 시 온도 변화는 없으며, 대기압은 $1.033kgf/cm^2$이다.)

해설 **공급된 가스량(Sm^3)**

① 구형 가스홀더의 내용적(V : m^3)

$$V = \frac{\pi}{6} \times D^3 = \frac{\pi}{6} \times 40^3 = 33510.32(m^3)$$

② 공급된 가스량(Sm^3)

$$\Delta V = V \times \frac{(P_1 - P_2)}{P_0} \times \frac{T_O}{T_1}$$

$$\Delta V = 33510.32 \times \frac{(6+1.033)-(2.5+1.033)}{1.033} \times \frac{273}{(25+273)} = 104014.21(Sm^3)$$

$$\Delta V = 104014.21(Sm^3)$$

해답 ① 식 : $\frac{\pi}{6} \times 40^3 \times \frac{(6+1.0332)-(2+1.0332)}{1.0332} \times \frac{273}{(25+273)}$

② 답 : $104014.21(Nm^3)$

2013년도 제1회

01 고압가스 운반차량 등록대상을 4가지 쓰시오.

해설 **고압가스 운반차량 등록 대상범위**

고압가스운반차량을 이용하여 다음 고압가스를 운반하고자 하는 자

① 허용농도가 100만분의 200미만인 독성가스를 운반하는 차량

② 차량에 고정된 탱크에 의해 고압가스를 운반하는 차량

③ 2개 이상을 상호 연결하여 차량에 고정한 이음매 없는 용기에 의해 고압가스를 운반하는 차량

④ 다음의 어느 하나에 해당하는 자가 수요자에게 용기로 고압가스를 운반하는 차량. 다만, 접합용기 또는 납붙임용기로 고압가스를 운반하거나 스킨스쿠버 등 여가 목적의 장비에 사용되는 충전용기로 고압가스를 운반하는 경우 해당 차량은 제외한다.

1) 고법 제4조제1항 또는 제2항에 따른 고압가스 제조허가를 받거나 신고를 한 자

2) 고법 제4조제3항에 따른 고압가스 판매 허가를 받은 자
3) 고법 제5조의3에 따른 고압가스 수입업자의 등록을 한 자

⑤ 다음의 어느 하나에 해당하는 자가 수요자에게 용기로 액화석유가스를 운반하는 차량. 다만, 「자동차관리법」 제3조제1항제5호에 따른 이륜자동차를 이용하여 액화석유가스를 운반하는 경우 해당 이륜자동차는 제외한다.
1) 액법시행령 제2조제1항제1호가목에 따른 용기 충전사업자
2) 액법시행령 제2조제1항제1호라목에 따른 가스난방기용기 충전사업자
3) 액법시행령 제2조제1항제4호에 따른 액화석유가스 판매사업자

⑥ 산업통상자원부령으로 정하는 탱크컨테이너로 고압가스를 운반하는 차량

해답 **고압가스 운반차량 등록 대상**
① 허용농도가 100만분의 200 이하인 독성 가스를 운반하는 차량
② 차량에 고정된 탱크로 고압가스를 우반하는 차량
③ 차량에 고정된 2개 이상을 이음매가 없이 연결한 용기로 고압가스를 운반하는 차량
④ 산업통상자원부령으로 정하는 탱크컨테이너로 고압가스를 운반하는 차량

02 지상에 설치되는 액화천연가스(LNG) 저장설비의 방호종류를 3가지 쓰시오.

해설 **액화천연가스(LNG) 저장설비의 방호종류**
LNG저장탱크의 방호형식을 단일방호형식, 이중방호형식, 완전방호형식으로 구분하고 있으며, 이중 이중방호형식과 완전방호형식 저장탱크는 충격손상, 열복사, 폭발과 같은 외력을 포함한 정략적 안전성평가(QRA)를 받고, 저온보호장치(TPS) 등을 설치하도록 규정하고 있다

해답 ① 단일 방호식 저장탱크
② 이중 방호식 저장탱크
③ 완전 방호식 저장탱크

참고 LNG저장탱크를 단일방호식, 이중방호식, 완전방호식 3종류로 구분하고 있다. 하지만 EN 14620에서는 3종류 외에도 멤브레인식까지 4종류로 저장탱크를 구분하고 있다.

03 각종 에너지의 열량단위가 다르므로 모든 에너지원의 발열량을 석유 1톤에 해당하는 발열량으로 환산하여 이들 단위를 비교하기 위한 것을 무엇이라 하는지 쓰시오.

해설 **석유환산톤(Ton of Oil Equivalent : TOE)**
• 에너지의 양을 나타내는 단위로 원유 1톤을 연소할 때 발생하는 에너지이다.
• 기호는 TOE를 사용하고 석유·가스·전기 같은 모든 에너지에 공통 적용하는 에너지 단위로 원유 1톤의 발열량을 1TOE로 정의한다.
• 에너지원마다 각기 다른 발열량을 가지고 있기 때문에 각기 다른 에너지원의 소비량 합계를 얻기 위해서 필요한 개념으로 석탄은 0.66TOE, LNG는 1.30TOE이다.

해답 석유환산톤(TOE)

04 가스보일러를 전용보일러실에 설치하지 않아도 되는 경우를 2가지 쓰시오.

해답 전용보일러실에 설치하지 않아도 되는 경우
① 밀폐식 보일러(또는 FF방식, 강제급배기식)
② 가스 보일러를 옥외에 설치한 경우
③ 전용급기통을 부착시키는 구조로 검사에 합격한 강제배기식 보일러

05 내용적 $30m^3$인 저장탱크에 공기압축기로 $15.5kgf/cm^2 \cdot g$의 압력으로 기밀시험을 한다. 토출량이 $0.5m^3/min$인 압축기를 사용할 경우 기밀시험압력까지 상승시키는데 몇 시간이 소요되는지 계산하시오.(단, 온도변화, 압축기의 체적효율은 무시하며, 대기압은 $1.033kgf/cm^2$이다.)

해설 **기밀시험압력 상승 소요시간**
① 기밀시험에 필요한 전체공기량

$$V = 30 \times \frac{(15.5 + 1.0332)}{1.0332} = 480.06(m^3)$$

② 기밀시험에 필요한 실제공기량
빈 탱크일지라도 최초 대기압만큼의 압력이 있으므로 기밀시험에 필요한 전체공기량을 구한다.

$$V = 480.06 - 30 = 450.06(m^3)$$

③ 기밀시험압력 상승 소요시간

$$소요시간 = \frac{450.06(m^3)}{0.5(m^3/min)\times 60(min/h)} = 15(h)$$

해답 기밀시험압력 상승 소요시간

$$식 : \frac{30\times(\frac{15.5+1.0332}{1.0332})-30}{0.5\times 60} = 15(hr)$$

답 : 15(hr)

06 도시가스 사용시설에 설치하는 지상배관(폭 3cm의 2중띠를 부착하지 않았음)과 지하매설배관의 표면 색상을 각각 쓰시오.

해설 도시가스 사용시설 배관설치 기준

지상배관은 부식방지도장 후 표면색상을 황색으로 도색하고, 지하매설배관은 최고사용압력이 저압인 배관은 황색으로, 중압 이상인 배관은 붉은색으로 할 것. 다만, 지상배관의 경우 건축물의 내·외벽에 노출된 것으로서 바닥(2층 이상의 건물의 경우에는 각 층의 바닥을 말한다)에서 1m의 높이에 폭 3cm의 황색 띠를 2중으로 표시한 경우에는 표면색상을 황색으로 하지 아니할 수 있다.

해답 ① 지상배관 : 황색

② 지하매설배관 : 최고사용압력이 저압인 배관은 황색, 중압 이상인 배관은 적색으로 한다.

07 석탄가스 냄새가 나며 산화, 중합이 일어나지 않는 화학적으로 안정된 화합물로 경제적인 부취제의 명칭을 쓰시오.

해설 부취제의 화학적 안정성 비교

① 테트라 히드로 티오펜(T.H.T)
화학 구조적으로 상당히 안정된 화합물이기 때문에 산화, 중합 등은 일어나지 않는다.

② 터시어리부틸 메르캅탄(T.B.M)
통상 메르캅탄류는 공기중에서 일부 산화되어 이황화물을 생성하기 쉽지만 T.B.M은 메르캅탄류 중에서 내산화성이 우수하다.

③ 디메틸 썰파이드(D.M.S)
안정된 화합물이고 내산화성이 우수하다.

해답 THT

08 가스 비중이 0.55인 도시가스 배관이 수직으로 20m 상승한 곳에 공급될 경우 배관 내의 압력손실은 수주로 몇 mm인지 계산하시오.

해설 입상배관에 의한 압력상승(H)

• H=1.293(S−1)h

여기서 H : 가스의 압력상승(mmH_2O)

S : 가스비중(공기=1)

h : 입상 높이(m)

• $H=1.293(S-1)h$

• $H=1.293\times(1-0.55)\times 20 = 11.64(mmH_2O)$

※ 가스비중이 1보다 작으면 압력상승, 1보다 크면 압력손실이다.

해답 $H=1.293\times(1-0.55)\times 20 = 11.64(mmH_2O)$

09 부탄 200kg/h를 기화시키는데 20000kcal/h의 열량이 필요하다. 효율이 80%인 온수순환식 기화기를 사용할 경우 열교환기에 순환하는 온수량(L/h)은 얼마인지 계산하시오(단, 열교환기 입구와 출구의 온수 온도는 60℃와 40℃이며, 온수의 비열은 1kcal/kg·℃, 비중은 1이다.)

해설 열교환기 온수 순환량(L/h)

• $Q=G\times C\times \Delta t\times\eta$ 식에서,

$$온수\ 순환량(G) = \frac{Q}{C\times\Delta t\times\eta}$$

• $G=\frac{20000}{1\times(60-40)\times 0.8} = 1250(kg/h) = 1250(L/h)$

해답 $G=\frac{20000}{1\times(60-40)\times 0.8} = 1250(kg/h) = 1250(L/h)$

10 보기의 액화석유가스 사용시설의 배관설비 접합기준에 대해 (   )안에 알맞은 숫자를 넣으시오.

| 보기 |

배관의 접합은 용접시공하는 것을 원칙으로 한다. 이 경우 압력 (①)MPa 이상인 액화석유가스가 통하는 배관의 용접부와 압력 (②)MPa 미만인 액화석유가스가 통하는 호칭지름 80A 이상의 배관의 용접부는 비파괴시험을 실시한다.

해설 **액화석유가스 배관망공급의 시설 기준**

배관은 그 배관의 강도 유지와 수송하는 액화석유가스의 누출 방지를 위하여 적절한 방법으로 접합하고, 이를 확인하기 위하여 압력 0.1 MPa 이상인 액화석유가스가 통하는 배관의 용접부와 압력 0.1 MPa 미만인 액화석유가스가 통하는 호칭지름 80A 이상의 배관의 용접부(건축물 외부에 노출하여 설치된 사용압력 0.01 MPa 미만인 배관의 용접부를 제외한다)에 대하여 비파괴시험을 하여야 하며, 접합부의 안전을 유지하기 위하여 필요한 경우에는 응력제거를 할 것

해답 ① 0.1 ② 0.1

2013년도 제2회

01 암모니아(NH_3) 제조설비의 기밀시험을 이산화탄소(CO_2)로 하는 경우 예상되는 문제점을 반응식을 이용하여 설명하시오.

해설 **암모니아(NH_3)와 이산화탄소(CO_2) 반응**

암모니아와 이산화탄소 접촉시 수분이 반응하면 탄산암모늄이 생성되어 부식의 원인이 되므로 질소 등의 불활성기체를 사용하여 기밀시험을 하여야 한다.

반응식 : $2NH_3 + CO_2 + H_2O \rightarrow (NH_4)_2CO_3$
(암모니아)(이산화탄소) (수분) (탄산암모늄)

해답 ① 반응식 : $2NH_3 + CO_2 + H_2O \rightarrow (NH_4)_2CO_3$
② 문제점 : 암모니아와 이산화탄소 접촉시 수분이 반응하면 탄산암모늄이 생성되어 부식의 원인 된다.

02 지름이 40m인 구형 가스홀더에 25℃ 상태의 도시가스가 $6kgf/cm^2 \cdot g$으로 저장되어 있다. 이 가스를 압력이 $4kgf/cm^2 \cdot g$로 될 때까지 공급하였을 경우 공급된 가스량(Nm^3)을 계산하시오. (단, 온도변화는 없으며, 대기압은 1atm이다.)

해설 **공급된 가스량(Sm^3)**

① 구형 가스홀더의 내용적(V : m^3)

$$V = \frac{\pi}{6} \times D^3 = \frac{\pi}{6} \times 40^3 = 33510.32(m^3)$$

② 공급된 가스량(Sm^3)

$$\Delta V = V \times \frac{(P_1 - P_2)}{P_0} \times \frac{T_O}{T_1}$$

$$\Delta V = 33510.32 \times \frac{(6+1.033)-(4+1.033)}{1.033} \times \frac{273}{(25+273)}$$

$\Delta V = 59425.19(m^3)$

해답 ① 식 :

$$\frac{\pi}{6} \times 40^3 \times \frac{(6+1.0332)-(2+1.0332)}{1.0332} \times \frac{273}{(25+273)}$$

② 답 : 59425.19(Nm^3)

03 액화석유가스를 자동차에 고정된 탱크에서 저장탱크로 이입, 충전하는 방법을 3가지 쓰시오.

해설 **LP가스의 이송설비**

충전소 등에서 차량에 적재된 탱크로리 내의 LP가스를 충전소의 저장탱크로 이송하는 방법으로 압축기에 의한 방법, 액펌프에 의한 방법, 차압에 의한 방법(탱크의 자체 압력에 의한 방법)이 있으며 현재는 압축기에 의한 방법을 널리 사용하고 있다.

① 압축기에 의한 방법
압축기에 사용하여 저장탱크 상부에서 LP가스를 흡입하여 가압함으로서 이송하는 방식으로, 베이퍼라인에 설치되어 있는 사방밸브의 조작으로 압축기의 토출측과 흡입측을 전환시켜 탱크로리 내의 잔 가스를 회수할 수 있다.

② 액펌프에 의한 방법
탱크로리와 저장탱크 간의 압력차를 없앨 목적으로 펌프는 액라인에 연결하고, 탱크로리 기상부와 저장탱크 기상부에 균압관(베이퍼라인)을 설치하여 이송하는 방식이다.

③ 차압에 의한 방법(탱크의 자체 압력에 의한 방법)
탱크로리에서 저장탱크로 LP가스를 이입할 경우 탱크로리는 수송 중 태양열을 받아서 가스의 온도가 높아지고 압력도 높아져 탱크와 압력차가 발생한 경우에는 그 차압을 이용하여 펌프 등을 사용하지 않고 이송하능 방법이다.

해답 LP가스 저장탱크 이입, 충전 방법

① 압축기에 의한 방법

② 액펌프에 의한 방법

③ 차압에 의한 방법

04 SNG의 의미와 주성분은 무엇인지 쓰시오.

해설 **합성 천연 가스[SNG : synthetic natural gas]**

석유나 석탄 등을 원료로 만들어지는 가스로서 메탄이 주성분인 천연가스와 성분이 비슷하여 합성천연가스 또는 대체천연가스라 한다.

해답 SNG(합성 천연 가스)

① SNG의 의미 : 합성 천연가스(대체 천연가스)

② 주성분 : 메탄

05 교류전원을 이용하여 금속의 표면이나 표면에 가까운 내부의 결함이나 조직의 부정, 성분의 변화 등의 검출에 적용되며 비자성 금속재료에 적합한 비파괴검사의 명칭을 쓰시오.

해설 **와전류탐상 검사 (ECT : Eddy Current Testing)**

와류란 소용돌이치면서 물이 흐름을 뜻하며, 와류 검사란 비파괴 검사의 일종으로 전도체에 한하여 전자장 내에서 형성된 와류가 피검체에 통했을 때 균열 및 이질 금속 등에서 오는 전도율의 차이를 측정하여 결함을 발견하는 방법으로 교류전원을 이용하여 금속의 표면이나 표면에 가까운 내부의 결함이나 조직의 부정, 성분의 변화 등의 검출에 적용되며 비자성 금속재료에 적합하다.

해답 와류검사

06 고압가스 안전관리법에서 정하는 가연성 가스이면서 독성인 가스를 4가지 쓰시오.

해답 가연성 가스이면서 독성인 가스

① 아크릴로니트릴	② 일산화탄소
③ 벤젠	④ 산화에틸렌
⑤ 모노메틸아민	⑥ 염화메탄
⑦ 브롬화메탄	⑧ 이황화탄소
⑨ 황화수소	⑩ 시안화수소

07 르샤틀리에의 법칙에 대하여 설명하시오.

해답 **르샤틀리에의 법칙**

2종류 이상의 가연성가스가 혼합되었을 경우 혼합가스의 폭발범위 하한값과 상한값을 계산하는 것으로 르샤틀리에의 공식은 다음과 같다.

• 르샤틀리에의 공식

$$\frac{100}{L} = \frac{V_1}{L_1} + \frac{V_2}{L_2} + \frac{V_3}{L_3} + \cdots$$

여기서

L : 혼합가스의 폭발 한계치

L_1, L_2, L_3 : 각 성분의 단독 폭발 한계치(%)

V_1, V_2, V_3 : 각 성분의 부피(용량)(%)

08 LP가스를 사용하는 자동차에 고정된 용기에 충전하는 충전기의 충전호스 길이는 (①)m 이내(자동차 제조공정 중에 tjf치된 것은 제외한다.)로 하고, 그 끝에 축적되는 정전기를 유효하게 제거할 수 있는 (②)를(을) 설치한다.

해설 **자동차에 고정된 용기 충전**

액화석유가스를 사용하는 자동차에 고정된 용기에 충전하는 충전기의 충전호스 길이는 5m 이내(자동차 제조공정 중에 설치된 것은 제외한다.)로 하고, 그 끝에 축적되는 정전기를 유효하게 제거할 수 있는 정전기 제거장치를 설치한다.

해답 ① 5　　② 정전기 제거장치

09 아세틸렌을 2.5MPa 압력으로 충전할 경우 첨가하는 희석제의 종류를 3가지 쓰시오.

해설 충전 중 압력은 온도에 불구하고 2.5(MPa) 이상으로 압축하지 않아야 한다. 다만 2.5(MPa) 이상으로 압축 시에는 분해폭발을 방지하기 위해 희석제를 첨가한다.

※ 희석제 종류 : C_2H_4, CH_4, CO, N_2 등

해답 ① 질소　　② 메탄

③ 일산화탄소　　④ 에틸렌

10 열역학 2법칙에서와 같이 소비와 환원이 이루어지지 않지만 최근 소비와 환원을 하는 장치로, 하나의 에너지원으로부터 전력을 생산한 후 배출되는

폐열을 회수하여 난방이나 급탕을 생산하는 데 이용하는 시스템의 명칭을 무엇이라 하는지 쓰시오.

해설 열병합발전이란 전기를 생산하고 나온 폐열을 지역난방 또는 공정용 열원으로 사용하는 전기와 열을 동시에 생산, 공급하는 발전방식으로 열병합 발전을 실시하게 될 경우 열효율이 크게 제고되므로, 약 1/3의 연료를 절감하는 효과를 가져오게 되는 바, 국내에는 30여개 업체가 열병합 발전을 실시하여 원가절감에 기여하고 있다.

해답 열병합 발전

2013년도 제4회

01 콕의 구조 및 치수에 관한 기준 중 콕의 핸들 열림 방향이 시계바늘의 반대 방향인 구조에서 제외되는 콕의 명칭을 쓰시오.

해설 **콕의 구조 및 치수에 관한 기준**
콕의 핸들 등은 개폐상태가 눈으로 확인 할 수 있는 구조로 하고 핸들 등이 회전하는 구조의 것은 회전각도가 90°의 것을 원칙으로 열림방향은 시계바늘의 반대 방향인 구조로 한다. 다만, 주물연소기 용노즐콕 및 업무용대형연소기용 노즐콕의 핸들 열림방향은 그러하지 아니 할 수 있다.

해답 ① 주물연소기용 노즐 콕
② 업무용 대형연소기용 노즐콕

02 정압기의 특성 중 정특성 종류 3가지는 (①), (②), (③)이다.

해설 **정압기의 정특성**
정특성이란 정상상태에 있어서의 유량과 2차압력과의 관계이며 일반적으로 아래 그림과 같다.

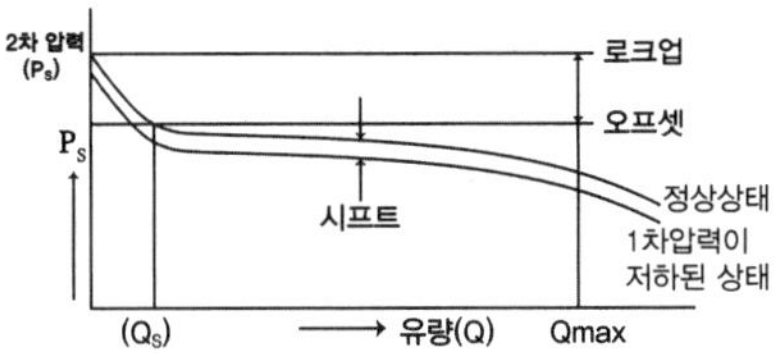

정특성에 있어서 일반적으로 기준량 QS일 때의 2차 압력을 PS에 설정하여 유량이 변화했을 경우 2차 압력의 PS로부터의 어긋난 것을 오프셋(offset)이라고 하며 유량이 영(零)으로 되었을 때의 닫힘 압력과 PS의 차를 로크업(lock up)이라고 한다. 또 1차 압력 등의 변화에 의해서 정압곡선이 전체적으로 어긋나는 것을 시이프트(shift)라고 한다. 일반적으로 오프셋, 로크업 및 시이프트 등이 적은 것이 바람직하다.

해답 ① 오프셋 ② 로크업 ③ 시프트

03 내용적 47L인 용기의 신규검사에서 30kgf/cm^{2}의 압력으로 내압시험을 한 결과 용기 내용적이 47.117L가 되었다. 압력을 제거한 후 대기압 상태에서 내용적이 47.005L가 되었다면 영구증가율(%)을 계산하고 합격, 불합격을 판정하시오.

해설 **수조식(水槽式) 내압시험**

① 영구증가율$=\dfrac{\text{항구(영구)증가량}}{\text{전 증가량}}\times 100$

② 합격 판정 기준 : 영구증가율 10% 이하인 용기를 내압시험에 합격한 것으로 본다.

해답 **영구증가율(%)**

① 영구증가율$=\dfrac{47.005-47}{47.117-47}\times 100=4.27(\%)$

② 판정 : 영구증가율이 10% 이하이므로 합격이다.

04 [보기]와 같은 조건이 주어졌을 때 용접용기의 동판 두께(mm)를 계산하시오.

| 보기 |
- 최고사용압력 : 3MPa
- 안지름 : 1.2m
- 인장강도 : 670N/mm^2
- 용접효율 : 65%
- 부식여유치 : 1mm

해설 **용접용기의 동판 두께(t)**

- $t=\dfrac{PD}{2S\eta-1.2P}+C$

• $t = \dfrac{\text{최고충전압력(MPa)}}{2\times\text{허용응력}(N/mm^2)\left(\text{인장강도}\times\frac{1}{4}\right)\times\text{안지름}(mm)\times\text{용접효율}-1.2\times\text{최고충전압력}}+\text{부식여유}(mm)$

• $t = \dfrac{3\times1200}{2\times670\times\frac{1}{4}\times0.65-1.2\times3}+1$

$= 17.81(mm)$

해답 $t = \dfrac{3\times1200}{2\times670\times\frac{1}{4}\times0.65-1.2\times3}+1$

$= 17.81(mm)$

05 반도체 제조공정 중에서 발생하는 각종 독성 가스, 가연성 가스 및 유해가스를 정제해 배출하는 장비를 가스 스크러버(scrubber)라 하며 세정방식에 따라 습식, 건식, ( ) 등으로 분류된다. ( ) 안에 알맞은 용어를 쓰시오.

해설 **반도체가스 스크러버의 최신기술 동향**

반도체산업에서 사용되는 가스 스크러버(surubber)란 반도체 제조 공정 중에 발생하는 각종 독성가스 및 산성가스, 가연성가스(SiH_4, SiH_6, DCS, As_3, PH_3), 환경유해가스 (PFC계 : SF_6, NF_3, F_4, C_2, C_3 등)을 정제해 배출하는 장비로 세정방식에 따라 습식(wet), 건식(dry), 연소식(burn), 흡착식, 플라즈마법 등으로 분류될 수 있습니다.

해답 연소식

06 아세틸렌, 프로판, 메탄, 수소의 위험도를 구하고, 위험도가 큰 것부터 작은 순으로 쓰시오.

해설 **가연성 가스의 위험도**

위험도란 가연성 가스의 폭발범위(상한계-하한계)를 하한계로 나눈 값으로 H로 표시하며, 가연성 가스의 위험성은 위험도 값이 클수록 크다.

위험도(H) $= \dfrac{U-L}{L}$

여기서, U : 폭발 상한계(%),
L : 폭발 하한계(%)

① 아세틸렌(H) $= \dfrac{81-2.5}{2.5} = 31.4$

② 프로판(H) $= \dfrac{9.5-2.2}{2.2} = 3.32$

③ 메탄(H) $= \dfrac{15-5}{5} = 2$

④ 수소(H) $= \dfrac{75-4}{4} = 17.75$

해답 1) 가연성 가스 위험도 :
① 아세틸렌 : 31.4
② 프로판 : 3.32
③ 메탄 : 2
④ 수소 : 17.7

2) 위험도 큰 것부터 작은 순서 :
아세틸렌 → 수소 → 프로판 → 메탄

07 LNG 460kg을 1atm, 10℃ 상태에서 기화시키면 부피는 몇 m³가 되겠는지 계산하시오.(단, LNG는 메탄 90vol%, 에탄 10vol%, 액비중은 0.46이다.)

해설 **이상기체 상태식 이용**

• $PV = \dfrac{W}{M}RT$에서 부피$(V) = \dfrac{WRT}{PM}$

• 부피(V)

$= \dfrac{460kg\times0.082atm\cdot m^3/kmol\cdot K\times(10+273)K}{1atm\times(16\times0.9+30\times0.1)kg/Kmol}$

$= 613.49[m^3]$

해답 부피(V)

$= \dfrac{460kg\times0.082atm\cdot m^3/kmol\cdot K\times(10+273)K}{1atm\times(16\times0.9+30\times0.1)kg/Kmol}$

$= 613.49[m^3]$

08 용접부에 대한 비파괴검사법 중 초음파탐상시험의 장점과 단점을 각각 2가지씩 쓰시오.

해설 **초음파 탐상시험(Ultrasonic testing)**

초음파검사법은 초음파(보통 0.5~15MC)를 피검사물의 내부에 침입시켜 내부의 결함과 불균일층의 존재 여부를 검사하는 시험으로 대표적인 검사법에는 투과법, 펄스반사법, 공진법이 있다.

해답 **초음파탐상시험의 장점과 단점**

(1) 장점
① 내부결함 또는 불균일 층의 검사가 가능하다.
② 용입 부족 및 용입부의 결함을 검출할 수 있다.
③ 검사 비용이 싸다.

(2) 단점
① 결함의 형태가 불명확하다.
② 결과의 보존성이 없다.
③ 표면 결함을 발견하기 어렵다.

09 막식 가스미터에서 부동과 불통에 대하여 설명하시오.

해설 막식 가스미터의 고장 및 원인
1) 부동 : 가스는 미터를 통과하나 미터지침이 작동하지 않는 현상
※ 막식 가스미터의 부동 원인
① 계량막의 파손, 밸브의 탈락, 밸브와 밸브시트 사이에서의 누설
② 지시장치의 톱니바퀴의 불량
2) 불통 : 가스가 미터를 통과하지 못하는 현상
※ 막식 가스미터의 불통 원인
① 크랭크축이 녹슨 경우
② 밸브와 밸브시트가 타르(tar), 수분 등에 의해 고착 또는 동결 시
③ 날개, 조절기 등의 납땜이 떨어진 경우

해답 막식 가스미터의 부동 및 불통 현상
① 부동 : 가스는 미터를 통과하나 미터지침이 작동하지 않는 현상
② 불통 : 가스가 미터를 통과하지 못하는 현상

10 용기 또는 저장탱크의 액화가스를 그 상태 또는 감압하여 열교환기에 넣어 전열 또는 온수 및 증기 등의 열원으로 강제적으로 기화시키는 기화기의 구성은 (①), (②), (③)로 이루어진다.

해설 기화장치의 구성
기화장치의 주요부분은 기화부, 제어부, 조압부로 성립되어 있다.
① 기화부(열교환기) : 기화부의 통상 내압시험은 설계압력의 1.5배 이상으로 실시하며, 감압가온 방식의 것에서는 열교환기와 액체조정기(팽창밸브)로 제작되어 있는 것이 있다.
② 제어부 : 제어부에는 액 유출방지 장치(액면제어장치), 과열방지 장치, 온도제어장치(열매온도 제어장치), 안전밸브를 말한다.
③ 조압부 : 조압부에는 조정기가 있다.

해답 ① 기화부 ② 제어부 ③ 조압부

2014년도 제1회

01 [보기]에서 설명된 기호를 이용하여 왕복동형 압축기의 실제 피스톤 압출량 계산식을 완성하시오.

| 보기 |
- V : 실제 피스톤 압출량(m^3/h)
- D : 실린더 지름(m)
- L : 행정거리(m)
- N : 분당 회전수(rpm)
- n : 기통수
- η_v : 체적효율

해설 왕복동 압축기 실제적 피스톤 압출량

$$V=\frac{\pi}{4}\times D^2\times L\times N\times n\times \eta v\times 60$$

여기서 V : 실제적 피스톤 압출량 (m^3/h)
η_v : 체적효율
D : 피스톤의 지름(m)
L : 피스톤의 행정거리(m)
n : 기통수
N : 분당 회전수(rpm)

해답 $V=\frac{\pi}{4}\times D^2\times L\times N\times n\times \eta v\times 60$

02 가스미터에 공기를 통과시켰을 경우 지시된 유량이 $1.5m^3/h$일 경우 프로판(C_3H_8) 가스를 통과시키면 유량(kg/h)은 얼마인지 계산하시오. (단, 프로판(C_3H_8) 가스의 비중은 1.52, 밀도는 $1.86kg/m^3$이며, 다른 조건은 변함이 없다.)

해설 가스미터 통과 유량(kg/h)
- $Q=K\sqrt{\frac{H\cdot D^5}{S\cdot L}}$

$=$유량계수$\times\sqrt{\frac{\text{압력손실}\times\text{관경}^5}{\text{가스비중}\times\text{관길이}}}$
- 위 문제 내용에서 유량(Q)과 가스비중(S)은 변화하지만 유량계수(K), 압력손실(H), 관지름(D), 관길이(L)는 변화가 없다.

• $Q_1 = \dfrac{1}{\sqrt{S_1}}$, $Q_2 = \dfrac{1}{\sqrt{S_2}}$ 식에서

$$\frac{Q_2}{Q_1} = \frac{\frac{1}{\sqrt{S_1}}}{\frac{1}{\sqrt{S_2}}}$$ 이다.

$$\bullet\ Q_2 = \frac{\frac{1}{\sqrt{S_2}}}{\frac{1}{S_1}} \times Q_1$$

$$= \frac{\frac{1}{\sqrt{1.52}}}{\frac{1}{\sqrt{1}}} \times 1.5 \times 1.86 = 2.26(\mathrm{kg}/h)$$

해답 2.26 (kg/h)

03 내용적 1000m³인 구형 저장탱크에 액화가스를 충전할 경우 충전량은 얼마인지 계산하시오. (단, 액화가스의 비중은 0.6이다.)

해설 **액화가스 저장탱크의 저장능력 산정**

• $W = 0.9dV_2$

여기서, W : 저장능력

d : 상용온도에서의 액화가스의 비중

V_2 : 내용적

• $W = 0.9 \times 0.6 \times 1000 = 540(\mathrm{ton})$

해답 $W = 0.9 \times 0.6 \times 1000 = 540(\mathrm{ton})$

04 가연성 가스 저온저장탱크에 내부압력이 외부보다 압력이 낮아질 때 그 저장탱크가 파괴되는 것을 방지하기 위하여 갖추어야 할 설비 2가지를 쓰시오.

해설 **부압을 방지하는 조치**

저장탱크 내부의 압력이 외부의 압력보다 낮아져 저장탱크가 파괴되는 것을 방지하기 위한 조치로서 다음 설비를 갖추어야 한다.

1) 압력계
2) 압력경보설비
3) 그밖의 것(다음 중 어느 한 개 이상의 설비)
   가) 진공안전밸브
   나) 다른 저장탱크 또는 시설로부터의 가스도입배관(균압관)
   다) 압력과 연동하는 긴급차단장치를 설치한 냉동제어설비
   라) 압력과 연동하는 긴급차단장치를 설치한 송액설비

해답 부압을 방지하는 조치

① 압력계
② 압력경보설비
③ 진공안전밸브
④ 다른 저장탱크 또는 시설로부터의 가스도입배관(균압관)
⑤ 압력과 연동하는 긴급차단장치를 설치한 냉동제어설비
⑥ 압력과 연동하는 긴급차단장치를 설치한 송액설비

05 가연성 가스 또는 독성 가스의 고압가스 설비 중 특수반응설비와 긴급차단장치를 설치한 고압가스 설비에 이상 사태가 발생하는 경우에 그 설비 안의 내용물을 설비 밖으로 긴급하고도 안전하게 처리할 수 있는 방법을 4가지 쓰시오.

해설 **긴급이송설비(緊急移送設備)**

이상사태가 발생하는 경우 설비 내의 내용물을 설비 밖으로 긴급하고도 안전하게 이송할 수 있는 설비를 말한다. 특히, 가연성 가스 또는 독성 가스의 고압가스 설비 중 특수 반응 설비와 긴급 차단 장치를 설치한 고압가스 설비에는 설비에 속하는 가스의 종류·양·성질·상태·온도·압력 등에 따라 이상 사태가 발생하는 경우에는 당해 설비 내의 내용물을 설비 밖으로 이송해야만 한다. 인접한 가스 설비에 재해가 발생하였을 때에 당해 구간으로 연소 또는 급격히 유동되므로, 해당 구간의 설비에 손상 등으로 2차 재해가 발생되지 않도록 하기 위한 설비로서 구간 내에 있는 가스를 안전한 시간 안에 이송할 수 있어야 한다. 긴급 이송설비에 부속된 처리설비는 이송되는 설비 내의 내용물을 다음과 같은 방법으로 처리할 수 있다.

1. 플레어스택(flare stack)에서 안전하게 연소시킬 것
2. 독성 가스는 제독 조치 후 안전하게 폐기시킬 것
3. 안전한 장소에 설치되어 있는 저장탱크 등에 임시 이송할 것
4. 벤트 스택(vent stack)에서 안전하게 방출시킬 것

긴급 이송설비에는 고압가스를 방출 또는 이송하는 경우 압력의 강하로 인하여 공기가 유입되지 않도록 하기 위한 조치를 해야 하며, 배관 안의

응축액의 고임을 제거 또는 방지하기 위한 조치를 아울러 해야 한다. 두 종류 이상의 고압가스를 이송하는 경우에는 이송되는 고압가스의 종류, 양, 성질, 온도 및 압력 등에 따라서 이송할 때 혼합됨으로써 이상반응, 응축, 비등 및 역류 등이 발생되는 것을 고려하여 이송해야 한다.

해답 긴급이송설비 처리 방법

① 플레어스택에서 안전하게 연소시킨다.
② 독성 가스는 제독조치 후 안전하게 폐기시킨다.
③ 안전한 장소에 설치되어 있는 저장탱크 등에 임시 이송한다.
④ 벤트스택에서 안전하게 방출시킨다.

06 기화된 LP가스의 발열량을 조절하기 위하여 일정량의 공기를 혼합하는 벤츄리 튜브 방식에 대하여 설명하시오.

해답 공기 혼합 벤츄리 튜브 방식

노즐로부터 가스의 분사 에너지에 의하여 혼합에 필요한 공기를 흡인하여 혼합하는 형식으로 동력원을 필요로 하지 않으며 혼합가스의 열량을 조정하려면 노즐 압력을 조절하거나 노즐 지름이 변경하는 방법이 사용된다.

07 세대수 10000인 아파트에 비중이 0.65인 가스를 중압으로 길이 500m인 배관에 초압 $3kgf/cm^2 \cdot g$, 종압 $3kgf/cm^2 \cdot a$으로 공급하고 있다. 1호당 평균 가스소비량이 $1.5m^3/h$, 공동사용률 15%일 경우 배관 안지름을 계산하시오.(단, 코크의 상수는 52.31이다.)

해설 중·고압배관 지름 결정

$$Q = K \cdot \sqrt{\frac{D^5 \cdot (P_1^2 - P_2^2)}{S \cdot L}}$$

위 식에서,

Q : 가스의 유량(m^3/h)
K : 유량계수(cox(코크)의 정수 : 52.31)
P_1 : 초압(kg/cm^2 절대)
P_2 : 종압(kg/cm^2 절대)
S : 가스비중(공기=1)
L : 관 길이(m)

$$Q = K \cdot \sqrt{\frac{D^5 \cdot (P_1^2 - P_2^2)}{S \cdot L}}$$

$$\rightarrow \ Q^2 = K^2 \cdot \frac{D^5 \cdot (P_1^2 - P_2^2)}{S \cdot L}$$

$$D^5 = \frac{Q^2 \cdot S \cdot L}{K^2 \cdot (P_1^2 - P_2^2)}$$

$$\rightarrow \ D = \sqrt[5]{\frac{Q^2 \cdot S \cdot L}{K^2 \cdot (P_1^2 - P_2^2)}}$$

$$D = \sqrt[5]{\frac{(10000 \times 1.5 \times 0.15)^2 \times 0.65 \times 500}{52.31^2 \times \{(3+1.0332)^2 - (3)^2\}}}$$

$= 9.63(cm)$

해답 $D = \sqrt[5]{\frac{(10000 \times 1.5 \times 0.15)^2 \times 0.65 \times 500}{52.31^2 \times \{(3+1.0332)^2 - (3)^2\}}}$

$= 9.63(cm)$

08 산소저장탱크를 보수하려고 작업자가 들어갈 경우 저장탱크 치환 방법에 대하여 설명하시오.

해답 저장탱크 치환 방법

① 가스설비의 내부가스를 실외까지 유도하여 다른 용기에 회수하거나 산소가 체류하지 아니하는 조치를 강구하여 대기 중에 서서히 방출한다.
② 위 내용 ①의 처리를 한 후 내부가스를 공기 또는 불활성가스 등으로 치환한다.. 이 경우 가스치환에 사용하는 공기는 기름이 혼입될 우려가 없는 것을 선택한다.
③ 산소측정기 등으로 치환 결과를 수시 측정하여 산소의 농도가 22% 이하로 될 때까지 치환을 계속한다.
④ 공기로 재치환한 결과를 산소측정기 등으로 측정하고 산소의 농도가 18%~22%로 유지되도록 공기를 반복하여 치환한 후 작업자가 내부에 들어가 작업을 한다.

09 40℃ 상태의 공기 40kg과 10℃ 상태의 산소 10kg을 혼합하였을 경우 열평형 온도를 계산하시오.(단, 공기와 산소의 정적비열은 각각 0.172kcal/kg·℃, 0.156kcal/kg·℃이다.)

해설 혼합가스 열평형 온도(t_3)

- $t_3 = \frac{G_1 \cdot C_1 \cdot t_1 + G_2 \cdot C_2 \cdot t_2}{G_1 \cdot C_1 + G_2 \cdot C_2}$
- $t_3 = \frac{(40 \times 0.172 \times 40) + (10 \times 0.156 \times 10)}{(40 \times 0.172) + (10 \times 0.156)}$

$= 34.45(℃)$

해답 $t_3 = \frac{(40\times0.172\times40)+(10\times0.156\times10)}{(40\times0.172)+(10\times0.156)}$
$= 34.45(℃)$

10 가스용 폴리에틸렌관의 새들융착(Saddle Fusion) 이음 방법의 기준을 4가지 쓰시오.

해답 **가스용 폴리에틸렌관의 새들융착 이음 기준**
① 접합부 전면에는 대칭형의 둥근 형상 이중 비드가 고르게 형성되어 있을 것
② 비드의 표면은 매끄럽고 청경할 것
③ 접합된 새들의 중심선과 배관의 중심선은 직각이 유지되도록 할 것
④ 비드의 높이는 이음관 높이 이하일 것
⑤ 시공이 불량한 융착이음부는 절단하여 제거하고 재시공할 것

11 내용적 100L의 용기에 15℃에서 공기가 400 kPa 상태로 충전되어 있다. 며칠 후 용기를 확인해 보니 온도가 40에서 300kPa로 되어 있다. 이때 누설된 공기량(kg)은 얼마인지 계산하시오.

해설 **기밀시험 후 누설공기량(kg)**
- 누설공기량(kg) = 최초충전공기량 − 사용 후 남은공기량
- $PV = \frac{W}{M}RT$ 식 적용
- 1atm = 101.325㎪

① 최초충전공기량

$PV = \frac{W}{M}RT$에서

질량$(W) = \frac{PVM}{RT}$

$= \frac{(\frac{400+101.325}{101.325})\times0.1\times29}{0.082\times(15+273)}$

$= 0.61(\text{kg})$

② 사용 후 남은공기량

$PV = \frac{W}{M}RT$에서

질량$(W) = \frac{PVM}{RT}$

$= \frac{(\frac{300+101.325}{101.325})\times0.1\times29}{0.082\times(40+273)}$

$= 0.45(\text{kg})$

③ 누설공기량(%)

누설공기량(kg) $= 0.61 - 0.45 = 0.16(\text{kg})$

해답 0.16(kg)

12 부식은 주위 환경과의 사이에 발생되는 전기 화학적 반응으로 강관을 부식시킨다. 이러한 반응을 일으키는 원인을 4가지 쓰시오.

해답 **전기 화학적 반응에 의한 강관 부식 원인**
① 이종 금속의 접촉
② 금속재료의 조성, 조직의 불균일
③ 금속재료 표면상태의 불균일
④ 금속재료의 응력상태, 표면 온도의 불균일
⑤ 부식액의 조성, 유동 상태의 불균일

13 산소, 수소, 메탄 3종류의 압축가스를 비점이 낮은 것에서 높은 순서로 나열하시오.

해설 **가스의 비등점**

가스명	비등점
수 소	−252.8℃
산 소	−183℃
메 탄	−162℃

해답 수소 → 산소 → 메탄

14 LPG를 자연기화방식으로 사용하는 곳에서 1일 1호당 평균가스 소비량이 1.48kg/day, 소비호수가 40세대, 평균가스 소비율이 20%일 경우 피크시 가스사용량(kg/h)을 계산하시오.

해설 **피크 시 가스사용량(Q: kg/h)**
- $Q = q\times N\times\eta$
- Q = 1일 1호당 평균가스 소비량×소비호수 ×평균가스 소비율
- $Q = 1.48\times40\times0.2 = 11.84(\text{kg}/h)$

해답 11.84(kg/h)

15 부취제가 누설되었을 경우 제거하는 방법을 3가지 쓰시오.

해설 **부취제 제거방법**

부취제를 취급하다 부주의로 인하여 부취제를 엎질렀을 경우나 부취설비로부터 부취제가 흘러나오는 경우 다음과 같은 방법으로 제거할 수 있다.

① 활성탄에 의한 흡착법 : 흡착력이 강한 활성탄을 사용하여 제거하는 방법으로 밀폐된 용기나 실내의 소량의 부취제용기의 흡착제거에는 유효하지만 대량의 처리에는 부적합하다.

② 화학적 산화처리법 : 차아염소산나트륨 용액 등의 강한 산화제를 사용하여 부취제를 분해시켜 처리하는 방법으로 부취제 용기, 배관, 호오스 등의 세정과 부취제를 엎질렀을 경우 이용하는 것으로 산화제 농도가 높은 경우에는 급격한 산화에 의해 자연발화할 수 있으므로 주의가 필요하다. 이 방법은 T.H.T 등 안정한 부취제가 적합하다.

③ 연소법 : 부취제 용기, 배관 등은 기름으로 닦은 후 그 기름을 연소시켜 처리하는 방법과 부취제 수입시의 증기를 퍼어지하는 대로 연소처리하는 방법이 있다. 일반적으로 부취제는 인화점이 낮으므로 화기에 충분한 주위가 필요하다.

해답 **부취제 제거방법**

① 활성탄에 의한 흡착
② 화학적 산화처리
③ 연소법

2014년도 제2회

01 가스설비에서 이상 사태가 발생하는 경우 그 설비 내의 내용물을 설비 밖으로 긴급하고도 안전하게 이송하는 설비 중 벤트스택에서 가스 방출 시작동압력에서 대기압까지 방출 소요시간은 방출 시작으로부터 몇 분 이내로 하는지 쓰시오.

해설 **내용물제거장치 설치**

배관에는 서로 인접하는 긴급차단장치의 구간마다 그 배관의 가스를 방출할 수 있는 장치를 다음과 같이 설치한다.

(1) 내용물제거장치의 설치높이는 방출된 가스의 착지농도가 폭발하한계값 미만이 되도록 설치한다.
(2) 가스방출시작 압력에서부터 대기압까지의 방출소요시간은 방출시작으로부터 60분 이내로 한다.
(3) 내용물제거장치는 방출된 가스로 인하여 주변 건축물 등에 착화할 위험이 없는 장소에 설치한다.
(4) 가스방출구의 위치는 작업원이 정상작업을 하는데 필요한 장소 및 작업원이 통행하는 장소로부터 10m 이상 떨어진 곳에 설치한다.
(5) 내용물제거장치에는 정전기나 낙뢰 등으로 인하여 착화하지 아니하도록 정전기 방지설비나 낙뢰 방지설비를 설치하고 착화될 경우를 고려하여 원격으로 가스를 차단할 수 있는 장치를 설치한다.

해답 60분

02 LP가스 집단공급사업자의 수용가가 4300세대일 경우 안점점검자(수요자 시설 점검원)수는 몇 명인지 쓰시오.

해설 **액화석유가스 집단공급사업자의 안전점검자 인원**

액화석유가스 집단공급사업자는 수용가 3000개소마다 1명의 전점검자를 두어야 한다.

안전점검자 인원 $= \dfrac{4000}{3000} = 1.33 = 2$명

해답 안전점검자 인원 $= \dfrac{4000}{3000} = 1.33 = 2$명

참고 **액화석유가스 공급자에 따른 안전점검자 인원**

공급자 구분	안전점검자	인원
액화석유가스 충전사업자	충전자	충전 소요인력
	수요자 시설 점검원	가스배달 및 점검 소요인력
액화석유가스 집단공급사업자	수요자 시설 점검원	수용가 3000개소마다 1명
액화석유가스 판매사업자	수요자 시설 점검원	가스배달 및 점검 소요인력

03 퓨즈콕을 구조에 의하여 분류할 경우 종류 3가지를 쓰시오.

해답 **퓨즈콕의 구조 의한 분류**

① 배관과 호스를 연결하는 구조
② 호스와 호스를 연결하는 구조
③ 배관과 배관을 연결하는 구조

④ 배관과 커플러를 연결하는 구조

04 액화산소용기에 액화산소가 50kg 충전되어 있다. 이 경우 용기 외부에서 액화산소에 대하여 5kcal/h의 열량이 주어진다면 액화산소량이 1/2로 감소하는데 걸리는 시간을 계산하시오. (단, 산소의 증발잠열은 1600cal/mol이다.)

해설 **액체산소 50kg이 1/2로 감소되는데 걸리는 시간(h)**

※ 액화산소 50kg에 시간당 5kcal의 열량이 가해져 용기내의 액화산소 1/2가 증발하는데 걸리는 시간을 구한다.

$$h=\frac{(\frac{1600(kcal/Kmol)}{32(kg/Kmol)})\times 50(kg)\times\frac{1}{2}}{5(kcal/hr)}$$

$$=250(hr)$$

해답 $h=\frac{(\frac{1600(kcal/Kmol)}{32(kg/Kmol)})\times 50(kg)\times\frac{1}{2}}{5(kcal/hr)}$

$=250(hr)$

05 저장탱크 및 용기의 저장능력을 합산하여 계산할 수 있는 경우는 저장탱크와 용기 사이의 중심거리는 몇 m 이하인지 쓰시오.

해설 **저장능력 산정기준**

1. 압축가스의 저장탱크 및 용기는 다음 가목의 계산식에 따라, 액화가스의 저장탱크는 다음 나목의 계산식에 따라, 액화가스의 용기 및 차량에 고정된 탱크는 다음 다목의 계산식에 따라 산정한다.
   가. $Q=(10P+1)V_1$
   나. $W=0.9dV_2$
   다. $W=V_2/C$
2. 저장탱크 및 용기가 다음 각 목에 해당하는 경우에는 제1호에 따라 산정한 각각의 저장능력을 합산한다. 다만, 액화가스와 압축가스가 섞여 있는 경우에는 액화가스 10kg을 압축가스 $1m^3$로 본다.
   가. 저장탱크 및 용기가 배관으로 연결된 경우
   나. 가목의 경우를 제외한 경우로서 저장탱크 및 용기 사이의 중심거리가 30m 이하인 경우 또는 같은 구축물에 설치되어 있는 경우. 다만, 소화설비용 저장탱크 및 용기는 제외한다.

해답 30m

06 연소기구에 접속된 염화비닐호스가 지름 0.5mm의 구멍이 뚫려 수주 200mm의 압력으로 LP가스가 10시간 유출하였을 경우 가스분출량은 몇 L 인지 계산하시오. (단, LP가스 분출압력 수주 200mm에서 비중은 1.5이다.)

해설 **노즐에서 LP가스 분출량**

- $Q=0.009\times D^2\times\sqrt{\frac{h}{d}}$
- $Q=0.009\times(0.5mm)^2\times\sqrt{\frac{200(mmH_2O)}{1.5}}\times 10h$
  $=0.259807(m^3)=259.81(l)$

해답 $Q=0.009\times(0.5mm)^2\times\sqrt{\frac{200(mmH_2O)}{1.5}}\times 10h$

$=0.259807(m^3)=259.81(l)$

07 정압기 특성 중 유량특성의 종류를 3가지 쓰시오.

해설 **유량 특성(流量 特性)**

정압기의 유량특성으로는 메인밸브의 열림(STROKE 또는 LIFT)과 유량과의 관계를 말하며, 정압기에는 다음 3가지 특성의 것이 많이 사용되고 있다.

① 직선형(LINEAR 型) : (유량)=K×(개도)의 관계가 있는 것으로, 메인밸브 개구부의 형상이 직사각형의 SLIT로 되어있는 경우에 생기며, 개도로 유량을 파악하기 편리하다.

② 2차형 : (유량)=K×(개도)2의 관계가 있는 것으로 메인밸브 개구부의 형상이 삼각형, 이른바 V-NOTCH로 되어 있는 경우에 생기며 서서히 유량을 올리는 TYPE의 것이다. 따라서 비교적 안정성이 좋다.

③ 평방근형 : (유량)=K×(개도)1/2의 관계가 있는 것으로 접시모양의 메인밸브의 경우에 생기며 신속한 개폐가 필요한 경우 사용한다. 따라서 다른 것에 비하여 안정성이 나쁘다.

해답 **유량특성의 종류 3가지**

① 직선형 ② 2차형
③ 평방근형

08 국내에서 독성가스 기준으로 적용하는 것을 [보기]에서 고르시오.

보기
TLV-TWA, TLV-C, TLV-STEL, LC50

해설 **독성가스 기준**

① 고압가스 안전관리법 시행규칙에서 "독성가스"란 아크릴로니트릴·아크릴알데히드·아황산가스·암모니아·일산화탄소·이황화탄소·불소·염소·브롬화메탄·염화메탄·염화프렌·산화에틸렌·시안화수소·황화수소·모노메틸아민·디메틸아민·트리메틸아민·벤젠·포스겐·요오드화수소·브롬화수소·염화수소·불화수소·겨자가스·알진·모노실란·디실란·디보레인·세렌화수소·포스핀·모노게르만

② ① 및 그밖에 공기 중에 일정량 이상 존재하는 경우 인체에 유해한 독성을 가진 가스로써 허용농도(해당 가스를 성숙한 흰쥐 집단에게 대기 중에서 1시간 동안 계속하여 노출시킨 경우 14일 이내에 그 흰쥐의 2분의 1 이상이 죽게 되는 가스의 농도를 말한다. 이하 같다)가 100만분의 5000 이하인 것을 말한다.

③ LC50(Lethal Concentration Fifty) : 실험동물에 화학물질, 약품 등을 일정시간 흡입시킨 후 실험동물의 50%가 사망하는 약품농도(ppm, mg/m^3)로서 국내에서 독성가스 기준으로 적용한다.

해답 LC50

09 위험성 평가기법 중 사건수 분석기법(ETA)에 대하여 설명하시오.

해설 **사건수 분석기법(ETA)**

초기 사건으로부터 알려진 특정설비의 이상이나 운전자의 실수로부터 발생할 수 있는 잠재적인 사고결과를 예측 평가하는 분석방법이다.

※ 사건수분석법(ETA)의 특징

- 사상의 안전도를 사용하여 시스템의 안전도를 나타내는 모델이다.
- 귀납적이기는 하나 정량적 분석 기법이다.
- 재해의 확대요인의 분석에 적합하다.

해답 초기사건으로 알려진 특정한 장치의 이상이나 운전자의 실수로부터 발생되는 잠재적인 사고결과를 예측 평가하는 분석방법이다.

10 바깥지름과 안지름의 비가 1.2 이상이 경우 배관의 두께 계산식을 쓰시오. (단, t : 배관의 두께(mm), p : 상용압력(MPa), D : 안지름에서 부식여유를 뺀 수치(mm), f : 재료의 인장강도(N/mm^2) 규격 최소치이거나 항복점(N/mm^2) 규격 최소치의 1.6배, C : 관내면의 부식여유(mm), S : 안전율이다.)

해설 **배관 두께 계산식**

(1) 외경과 내경의 비가 1.2 미만인 경우

$$t = \frac{PD}{2\frac{f}{s} - P} + C$$

(2) 외경과 내경의 비가 1.2 이상인 경우

$$t = \frac{D}{2}\left(\sqrt{\frac{\frac{f}{s}+P}{\frac{f}{s}+P}} - 1\right) + C$$

위 식에서,

t : 배관의 두께(단위 : mm)의 수치

P : 상용압력(단위 : MPa)의 수치

D : 내경에서 부식여유에 상당하는 부분을 맨 부분(단위 : mm)의 수치

f : 재료의 인장강도(단위 : N/mm) 규격 최소치이거나 항복점(단위 : N/mm) 규격 최소치의 1.6배

C : 관내면의 부식여유의 수치(단위 : mm)

s : 안전율로서 표 2.5.3.1의 환경 구분에 따라 각각 같은 표의 오른쪽란에 게기하는 수치

구분	환경	안전율
A	공로 및 가옥에서 100m 이상의 거리를 유지하고 지상에 가설되는 경우와 공로 및 가옥에서 50m 이상의 거리를 유지하고 지하에 매설되는 경우	3.0
B	공로 및 가옥에서 50m 이상 100m 미만의 거리를 유지하고 지상에 가설되는 경우와 공로 및 가옥에서 50m 미만의 거리를 유지하고 지하에 매설되는 경우	3.5
C	공로 및 가옥에서 50m 미만의 거리를 유지하고 지상에 가설되는 경우와 지하에 매설되는 경우	4.0

해답 배관 두께 계산식(외경과 내경의 비가 1.2 이상인 경우)

$$t=\frac{D}{2}\left(\sqrt{\frac{\frac{f}{s}+P}{\frac{f}{s}+P}}-1\right)+C$$

11 밀도가 0.998g/cm³인 액체가 들어있는 저장탱크에서 액면 2m 아래지점의 절대압력(kPa)을 계산하시오.

해설 저장탱크 액면 2m 아래지점의 절대압력(kPa)

- 절대압력 = 게이지압력 + 대기압
- $\text{절대압력}=\left(0.998g/\text{cm}^3\times\frac{1\text{kg}}{1000g}\times 200\text{cm}\times\frac{101.325\text{kPa}}{1.0322\text{kg/cm}^2}\right)+101.325\text{kPa}$
  $=120.899\text{kPa}\cdot a$

해답 $\text{절대압력}=\left(0.998g/\text{cm}^3\times\frac{1\text{kg}}{1000g}\times 200\text{cm}\times\frac{101.325\text{kPa}}{1.0322\text{kg/cm}^2}\right)+101.325\text{kPa}$
$=120.890\text{kPa}\cdot a$

12 반도체 제조공정 등에서 사용하는 특수고압가스를 사용하기 위하여 용기를 장착하여 배관과 안전장치 등이 일체로 구성된 특정설비의 명칭을 쓰시오.

해답 실린더 캐비닛

13 발열량이 10400kcal/Nm³, 비중이 0.65인 도시가스의 웨버지수를 계산하시오.

해설 웨버지수(W_I)

- $W_I=\frac{Hg}{\sqrt{d}}$

  여기서, W_I : 웨버지수

  Hg : 도시가스의 총발열량(kcal/m³)

  d : 도시가스의 비중
- $W_I=\frac{10400}{\sqrt{0.65}}=12899.612$

해답 $W_I=\frac{10400}{\sqrt{0.65}}=12899.612$

14 가스시설에서 배관 등을 용접한 후에 강도유지 및 수송하는 가스의 누출을 방지하기 위하여 비파괴시험 중 육안검사를 할 경우 보강 덧붙임은 그 높이가 모재표면보다 몇 mm 낮지 않도록 하는지 쓰시오.

해설 고압가스시설 비파괴시험 육안검사 기준

(1) 보강덧붙임(Reinforcement of weld)은 그 높이가 모재표면보다 낮지 않도록 하고, 3mm(알루미늄은 제외한다) 이하를 원칙으로 한다.

(2) 외면의 언더컷(Undercut)은 그 단면이 V자형으로 되지 않도록 하며, 1개의 언더컷 길이와 깊이는 각각 30mm 이하와 0.5mm 이하이고 1개의 용접부에서 언더컷 길이의 합이 용접부 길이의 15% 이하가 되도록 한다.

(3) 용접부 및 그 부근에서 균열, 아크스트라이크(arc-strike), 위해하다고 인정되는 지그(Jig)의 흔적, 오버랩(overlap) 및 피트(pit) 등의 결함이 없고 또한 비이드(Bead) 형상이 일정하며, 슬러그(slug), 스패터(spatter) 등이 부착되어 있지 아니하도록 한다.

해답 3mm

15 토양이 다른 장소에 가스관을 매설할 경우 통기가 좋은 사질토와 통기가 나쁜 점토질 중 양극이 형성되는 부분과 부식이 발생하는 토질은 각각 어느 곳인지 쓰시오.

1) 양극이 형성되는 부분
2) 부식이 발생하는 토질

해설 농염전지 작용에 의한 부식

금속이 접촉하는 주위의 토양중에 함유된 염류농도, 용존가스(산소, 탄산가스 등)농도 차가 있는 경우는 금속표면에 전지(농담전지)를 형성하며 저농도에 접하는 금속이 양극으로 되어 부식이 촉진된다. 특히 통기차이로 형성된 산소농도 전지를 통기차 전지라하며 통상 부식의 우려가 없는 장소에서 가스관이 부식되기 때문에 콘크리트 벽의 지하 관통부와 택지 조성지의 가스관 등은 농담전지가 형성되므로 주의하여야 한다. 토질이 달라서 생기는 부식은 택지 조성 등으로 토질이 다른 경우 매설된 가스관은 점토질 등 통기가 나쁜 토질(산소농도가 적은 토질)의 부분에서 생긴다.

해답 1) 양극 형성 부분 : 점토질

2) 부식이 발생되는 토질 : 점토질

2014년도 제4회

01 과잉공기계수가 1.5인 부탄 $1Nm^3$를 완전연소 시키는데 필요한 공기량은 몇 Nm^3이지 계산하시오.

해설 실제공기량(A)=이론공기량(Ao)×공기비(m)

- 실제공기량(A)

$$= Ao \times m = \frac{이론산소량(Oo)}{0.21} \times 공기비(m)$$

- 부탄 완전연소 반응식 :

$C_4H_{10} + 6.5O_2 \rightarrow 4CO_2 + 5H_2O$

- 실제공기량(A)$= \frac{6.5}{0.21} \times 1.5 = 46.43(Nm^3)$

해답 실제공기량(A)$= \frac{6.5}{0.21} \times 1.5 = 46.43(Nm^3)$

02 도시가스 원료 중 나프타의 특징을 4가지 쓰시오.

해답 **나프타의 특징**

① 가스화가 용이하기 때문에 높은 가스화 효율을 얻을 수 있다.
② 타르, 카본 등의 부산물이 거이 생성되지 않는다.
③ 가스 중에는 불순물이 적어서 정제설비를 필요로 하지 않는 경우가 많다.
④ 도시가스 증열용으로 이용된다.
⑤ 대기오염, 수질오염의 환경문제가 적다.
⑥ 취급과 저장이 모두 용이하다.

03 전기방식법 중 희생양극법을 설명하고 장점과 단점을 2가지씩 쓰시오.

1) 희생양극법 설명
2) 장점과 단점 2가지

해답 **희생양극법**

1) 희생양극법 :
지중 또는 수중에 설치된 양극금속과 매설배관 등을 전선으로 연결하여 양극금속과 매설배관 등 사이의 전지작용에 의하여 전기적 부식을 방지하는 방법이다.

2) 희생양극법 장점과 단점 2가지

① 희생양극법 장점
- 시공이 간편하다.
- 단거리의 파이프라인에는 설비비용이 경제적이다.
- 다른 매설 금속체의 장해(간섭)가 거의 없다.
- 과방식의 우려가 없다.
- 관로의 도막 저항이 충분히 높다면 장거리에도 효과가 좋다.

② 희생양극법 단점
- 효과 범위가 비교적 좁다.
- 장거리 파이프라인에서는 설비비용이 비싸다.
- 전류의 조절이 곤란하다.
- 평상시 관리 장소가 많게 된다.
- 강한 전식에는 효과가 없다.

04 LP가스 공급방식 중 생가스 공급방식의 특징을 4가지 쓰시오.

해설 **가스 공급방식의 특징**

생가스 공급방식은 기화기(베이퍼라이저)에 의해 기화된 가스를 그대로 공급하는 방식으로 부탄의 경우 온도가 0℃ 이하가 되면 재액화할 우려가 있어 배관을 보온처리하여 재액화를 방지해야 한다.

해답 **생가스 공급방식의 특징**

① 기화기에서 기화된 가스를 그대로 공급한다.
② 공기 혼합기 등이 필요 없으므로 설비가 간단하다.
③ 부탄의 경우 재액화 우려가 있다.
④ 재액화 현상을 방지하기 위하여 배관을 보온 조치하여야 한다.

05 냉동설비 종류에 따른 냉동능력 산정기준에 대하여 쓰시오.

1) 원심식 압축기를 사용하는 냉동설비
2) 흡수식 냉동설비

해설 **냉동능력 산정기준**

원심식 압축기를 사용하는 냉동설비는 그 압축기의 원동기 정격출력 1.2㎾를 1일의 냉동능력 1톤으로 보고, 흡수식 냉동설비는 발생기를 가열하는 1시간의 입열량 6천640kcal를 1일의 냉동능력 1톤으로 본다.

해답 냉동능력 산정기준

1) 압축기의 원동기 정격출력 1.52KW를 1일의 냉동능력 1톤으로 본다.

2) 발생기를 가열하는 1시간의 입열량 6640kcal를 1일의 냉동능력 1톤으로 본다.

06 웨버지수에 대한 다음 물음에 답하시오.

(1) 웨버지수를 설명하시오.

(2) 웨버지수 공식을 쓰고 각 인자에 대하여 설명하시오.

해답 (1) 도시가스의 총발열량을 도시가스 비중의 평방근으로 나눈 값으로 도시가스의 연소성이나 호환성을 판단하는 지수로 사용한다.

(2) 웨베 지수$(W_I) = \frac{Hg}{\sqrt{d}}$

- W_I : 웨베 지수
- Hg : 도시가스의 총발열량(단위 : kcal/m³)
- d : 도시가스의 공기에 대한 비중

참고 웨베지수를 위 계산식에 따라 측정하되, 웨베지수가 표준웨베지수의 ±4.5% 이내를 유지할 것.

07 1MPa, 27℃ 공기를 11MPa까지 단열압축하면 최종 온도는 몇 ℃인지 계산하시오. (단, 비열비는 1.15이다.)

해설 **단열압축 최종온도(T_2 : ℃)**

- $\frac{T_2}{T_1} = (\frac{P_2}{P_1})^{\frac{k-1}{k}}$
- $T_2 = T_1 \times (\frac{P_2}{P_1})^{\frac{k-1}{k}}$
- $T_2 = (27+273) \times (\frac{11+0.1}{1+0.1})^{\frac{1.5-1}{1.5}}$

  $= 405.572(K)$
- $T_2 = 405.572 - (K) - 273 = 132.57(℃)$

해답 $T_2 = (27+273) \times (\frac{11+0.1}{1+0.1})^{\frac{1.5-1}{1.5}}$

$= 405.572(K) - 273 = 132.57(℃)$

08 15℃ 상태에서 고압가스 용기에 압력이 1기압으로 충전되어 있다. 이 용기의 온도가 상승되어 압력이 2배로 상승되었을 경우의 온도는 몇 ℃인지 계산하시오.

해설 **온도 상승에 따른 압력 2배상승시 온도(T_2 : ℃)**

① 처음상태 : P_1(1atm), T_1 : 15℃

② 나중상태 : P_2(2atm), T_2 : x℃

보일–샬의 법칙 적용하여 압력 2배상승시온도 (T_2 : ℃)

$\frac{P_1 V_1}{T_1} = \frac{P_2 V_2}{T_2}$ 에서

$T_2 = \frac{P_2 V_2 T_1}{P_1 V_1}$ (부피 일정)

$T_2 = \frac{P_2 T_1}{P_1} = \frac{2atm \times (15+273)(K)}{1atm}$

$= 576(K)$

$T_2 = 576(K) - 273 = 303(℃)$

해답 $T_2 = \frac{P_2 T_1}{P_1} = \frac{2atm \times (15+273)(K)}{1atm}$

$= 576(K) - 273 = 303(℃)$

09 가스의 연소소도가 염공에서의 가스 유출속도보다 크게 되었을 경우 불꽃이 버너 내부에 침입하여 노즐 선단에서 연소하는 현상을 무엇인지 쓰시오.

해설 **역화(Flash Back)**

가스의 연소속도가 염공의 가스 유출속도보다 크게 되거나 연소속도는 일정해도 가스의 유출속도가 작게 되었을 경우 불꽃(염)이 염공(炎孔)에서 버너 내부로 침입하여 노즐의 선단에서 연소하는 현상으로 분젠식 및 전일차 공기식 연소방식에서 나타나는 현상이다.

해답 역화(Flash Back)

10 고압용기 또는 밸브 등 가스관련 시설의 내압시험을 물로 하는 이유(장점)를 2가지 쓰시오.

해답 **내압시험을 물로 하는 이유**

① 물은 비압축성이므로 내압시험 중에 파괴되어도 위험성이 적다.

② 구입이 쉽고 경제적이며 장치 및 인체에 유해한 독성이 없다.

11 황화수소를 제거하는 탈황법 중 수산화 제2철을 사용하여 제거하는 화학반응식을 쓰시오.

해설 **유황화합물의 제거**

유황화합물은 촉매독이 되거나 장치재료를 부식하는 가장 유해한 성분으로 제거 방법으로는 수소화 탈황법, 건식 탈황법, 습식 탈황법이 있으며, 건식

탈황법 중 수산화철(소철광, 황토와 톱밥 등을 혼합한 것)을 사용할 경우에는 다음 반응식에 의해 탈황한다.

반응식 : $2Fe(OH)_3 + 3H_2S \rightarrow Fe_2S_3 + 6H_2O$
(수산화제2철) (황화수소) (황화철) (물)

해답 $2Fe(OH)_3 + 3H_2S \rightarrow Fe_2S_3 + 6H_2O$

12 이음매 없는 충전용기의 재검사 기준에서 용기가 과다한 열에 의하여 영향을 받은 것으로 판단하는 현상 4가지를 쓰시오.

해설 **이음매없는 용기재검사기준**

내용적 5ℓ 이상 125ℓ 미만인 이음매 없는 용기 및 2개 이상을 연결하여 차량에 고정한 이음매 없는용기(이하 "카트리지용기"라 한다)의 재검사시 외관검사 및 내압시험에 대하여 적용한다.

※ 열영향은 용기가 과다한 열에 의하여 영향을 받은 것으로 다음과 같은 현상으로 판단한다.
가. 도장을 그을음
나. 용기의 일그러짐
다. 밸브본체 또는 부품의 융융
라. 전기불꽃에 의한 흠집, 용접불꽃의 흔적

해답 **용기가 과다한 열 영향을 받은 현상으로 판단하는 기준**

① 도장의 그을음
② 용기의 일그러짐
③ 밸브 본체 또는 부품의 융융
④ 전기불꽃으로 인한 흠집 용접불꽃의 흔적

13 고압가스 제조 사업소 안의 배관을 매몰 설치할 경우 주의사항을 4가지 쓰시오.

해답 **제조 사업소 안의 배관 매몰 설치시 주의사항**

① 배관은 지면으로부터 1m 이상의 깊이에 매몰한다.
② 도로 폭이 8m 이상의 공도의 횡단부 지하에는 지면으로부터 1.2m 이상의 깊이에 매설한다.
③ ①또는 ②에서 정한 매설깊이를 유지할 수 없을 경우는 커버 플레이트 케이싱 등을 사용하여 보호한다.
④ 철도 등의 횡단부 지하에는 지면으로부터 1.2m 이상인 곳에 매설하거나 강제의 케이싱 등을 사용하여 보호해야 한다.
⑤ 지하철도 등을 횡단하여 매설하는 배관에는 전기방식 조치를 강구한다.

14 로터리형 압축기의 한 종류로 인벌류트 치형을 가진 2개의 맞물린 스크롤이 선회운동을 하면서 압축하는 압축기의 형식을 쓰시오.

해설 **스크롤 압축기(scroll compressor)**

2개의 와권상의 부품(스크롤)을 조합하여 고정스크롤과 가동스크롤의 상대적인 운동에 의해 압축하는 것을 스크롤 압축기라고 한다. 레시프로형의 압축기에 비하여 ① 부품점수가 적다, ② 토크 변동이 적다, ③ 저진동, 저소음, ④ 압축중 누설이 적고 효율이 높은 등의 특징을 가지고 있다. 이와 같은 특징을 살려서 에어콘용 압축기 등에 이용되고 있다.

해답 스크롤 압축기

15 도시가스 압력조정기의 입구 및 출구측 내압성능에 대하여 설명하시오.

해설 **도시가스 압력조정기의 제품성능**

① 입구 쪽은 압력조정기에 표시된 최대입구 압력의 1.5배 이상의 압력으로 내압시험을 하였을 때 이상이 없어야 한다.
② 출구 쪽은 압력조정기에 표시된 최대출구압력 및 최대 폐쇄압력의 1.5배 이상의 압력으로 내압시험을 하였을 때, 이상이 없어야 한다.
③ 입구 쪽은 압력조정기에 표시된 최대입구압력 이상의 압력으로 기밀시험하였을 때 누출이 없어야 한다.
④ 출구 쪽은 압력조정기에 표시된 최대출구압력 및 최대 폐쇄압력의 1.1배 이상의 압력으로 기밀시험하였을 때 누출이 없어야 한다.

해답 **도시가스 압력조정기의 입구 및 출구측 내압성능**

① 입구쪽 : 압력조정기에 표시된 최대입구 압력의 1.5배 이상의 압력
② 출구쪽 : 압력조정기에 표시된 최대출구압력 및 최대폐쇄압력의 1.1배 이상의 압력

2015년도 제1회

01 전양정이 15m인 원심펌프의 회전수를 1000rpm에서 2000rpm으로 변경시켰을 경우 전양정은 몇 m인지 계산하시오. (단, 펌프의 효율변화는 없다.)

해설 전양정$(H_2) = H_1 \times \left(\frac{N_2}{N_1}\right)^2$

• 양정은 회전수 변화의 2승에 비례한다.

• 전양정$(H_2) = 15 \times \left(\frac{2000}{1000}\right)^2 = 60(m)$

해답 전양정$(H_2) = 15 \times \left(\frac{2000}{1000}\right)^2 = 60(m)$

참고 **회전속도에 의한 비례측(상사의 법칙)**

펌프의 회전수 변화에 따른 유량(Q), 전양정(H), 축동력(L), 효율(η)과의 관계는 다음과 같은 비례식이 성립된다.

1) 유량$(Q_2) = Q_1 \times \left(\frac{N_2}{N_1}\right)$

유량은 회전수 변화에 비례한다.

2) 전양정$(H_2) = H_1 \times \left(\frac{N_2}{N_1}\right)^2$

양정은 회전수 변화의 2승에 비례한다.

3) 축동력$(L_2) = L_1 \times \left(\frac{N_2}{N_1}\right)^3$

축동력은 회전수 변화의 3승에 비례한다.

4) 효율$(\eta_2) = \eta_1$

효율은 회전수 변화와 무관하다.

02 어느 음식점에서 0.5kg/h의 가스를 연소시키는 버너를 10대 설치하고 1일 평균 5시간씩 사용할 경우 필요 최저용기 수는 몇 개인지 계산하시오. (단, 사용 시 최저온도는 0℃이고, 용기는 50kg 용기이며 잔액이 20%일 경우에 교환하고 용기의 가스 발생능력은 800g/h이다.)

해설 **최소 필요 용기 수량**

• 최소 용기 수량

$= \frac{\text{최대가스 소비량}(kg/h)}{\text{용기의 가스발생능력}(kg/h \cdot \text{개})}$

• 최소 용기 수량

$= \frac{0.5(kg/h) \times 10}{0.8(kg/h \cdot \text{개})} = 6.25 = 7(\text{개})$

해답 최소 용기 수량

$= \frac{0.5(kg/h) \times 10}{0.8(kg/h \cdot \text{개})} = 6.25 = 7(\text{개})$

참고 자동절체식 조정기를 사용할 경우 사용측 라인에 7개의 용기와 예비측 라인에 7개의 용기가 필요하므로 총 필요 최소 용기수량은 14개이다.

03 15℃ 상태의 공기 10kg과 50℃ 상태의 산소 5kg을 혼합하였을 경우 열평형 온도를 계산하시오. (단, 공기와 산소의 정적비열은 각각 0.172kcal/kg·℃, 0.156kcal/kg·℃이다.)

해설 **혼합가스 열평형 온도(t_3)**

• $t_3 = \frac{G_1 \cdot C_1 \cdot t_1 + G_2 \cdot C_2 \cdot t_2}{G_1 \cdot C_1 + G_2 \cdot C_2}$

• $t_3 = \frac{(10 \times 0.172 \times 15) + (5 \times 0.156 \times 50)}{(10 \times 0.172) + (5 \times 0.156)}$

$= 25.92(℃)$

해답 $t_3 = \frac{(10 \times 0.172 \times 15) + (5 \times 0.156 \times 50)}{(10 \times 0.172) + (5 \times 0.156)}$

$= 25.92(℃)$

04 원유를 상압으로 증류할 경우 얻어지는 비점이 200℃ 이하인 유분으로 가솔린은 옥탄가를 높이기 위하여 이것을 접촉 개질한 것이 주체가 되고 있으며, 도시가스 원료로 사용되는 것의 명칭을 쓰시오.

해설 **나프타(naphtha)**

원유를 분별 증류할 때, 약 30~200℃의 범위의 끓는점에서 얻어지는 탄화수소의 혼합물로서 나프타 중 100℃ 이하인 것은 경질 나프타로 분류하고, 주로 에텐, 프로파인 등 석유화학의 원료로 사용하며 끓는점 100~200℃의 나프타는 옥탄가가 높은 가솔린의 조합재로 사용하거나 석유화학용 방향족 탄화수소 제품의 원료로 사용한다. 나프타는 화학섬유, 합성수지, 합성고무 등을 만드는 데 이용되는 것은 물론이고, 현대에서는 기능성이 더욱 뛰어난 플라스틱 연구개발에 응용되고 있다.

해답 나프타

05 저압배관에서 관지름을 결정하기 위한 가스 사용 예정량(m^3/h) 공식을 쓰고 설명하시오.

해답 **저압배관 가스 사용 예정량(Q : m^3/h)**

$Q = K\sqrt{\frac{D^5 \cdot h}{S \cdot L}}$ 에서

Q : 가스의 유량(m^3/h)

D : 관의 지름(cm)

K : 유량계수(Pole의 정수 : 0.707)

H : 압력손실(mmH_2O)
S : 가스비중(공기=1)
L : 관의 길이(m)

06 연소기의 안전성 및 편리성을 확보하기 위하여 갖추어야 할 안전장치를 3가지 쓰시오.

해설 **연소기의 안전성 및 편리성을 확보하기 위하여 갖추어야 할 안전장치**

연소기는 그 연소기의 안전성 및 편리성을 확보하기 위하여 다음 기준에 따른 장치를 갖춘다.

① 정전안전장치
교류전원으로 가스통로를 개폐하는 그 밖의 연소기에는 정전이 되었을 때에 가스통로를 차단하고, 다시 통전이 되었을 때에 자동으로 가스통로가 열리지 아니하거나 재 점화 되는 안전장치를 갖춘다. 다만, 정전 시에 파일럿 버너 불꽃이 꺼지지 아니하는 연소기는 그러하지 아니하다.

② 역풍방지장치
배기통연결부가 있는 연소기는 역풍이 버너에 영향을 미치지 아니하는 장치를 갖춘다.

③ 소화안전장치
연소기에는 필요한 경우 소화안전장치를 갖춘다.

④ 그 밖의 장치 : 거버너
세라믹버너를 사용하는 연소기는 거버너를 갖춘다.

해답 ① 정전안전장치 ② 역풍방지장치
③ 소화안전장치

07 아세틸렌 제조에 대한 다음 물음에 답하시오.

(1) 용제의 종류를 2가지 쓰시오.
(2) 동 및 동합금 사용 시 동 함유량은 몇 %를 초과하는 것을 사용금지하고 있는지 쓰시오.

해설 **아세틸렌의 제조**

① 아세틸렌을 용기에 충전하는 때에는 미리 용기에 다공질물을 고루 채워 다공도가 75% 이상 92% 미만이 되도록 한 후 아세톤 또는 디메틸포름아미드를 고루 침윤시키고 충전할 것
② 아세틸렌에 접촉하는 부분에는 동 또는 동 함유량이 62%를 초과하는 동합금을 사용하여서는 아니 된다.

해답 (1) ① 아세톤 ② DMF(디메틸포름아미드)
(2) 62%

08 용접부에 대한 비파괴 검사 명칭을 쓰시오.

(1) AE (2) PT
(3) RT (4) UT
(5) MT

해설 **비파괴 검사의 종류**

① 음향탐상법(Acoutic Emission : AE)
② 침투 탐상시험(Liquid penetrant testing : PT)
③ 방사선투과법(Radiographic testing : RT))
④ 초음파 탐상시험(Ultrasonic testing : UT)
⑤ 자분탐상법(Magnetic particle testing : MT)
⑥ 육안검사(Visual Testing : VT)
⑦ 누설검사(Leak Testing : LT)
⑧ 와전류탐상법(Eddy Current : ECT, ET)
⑨ 중성자투과검사(NRT)
⑩ 적외선검사(IRT)

해답 (1) 음향검사 (2) 침투검사
(3) 자기검사 (4) 방사선투과검사
(5) 초음파검사

09 고압가스안전관리법에서 처리능력이란 용어의 정의를 쓰시오.

해답 **"처리능력"이란**

처리설비 또는 감압설비에 의하여 압축·액화나 그 밖의 방법으로 1일에 처리할 수 있는 가스의 양(0℃, 게이지압력 0Pa의 상태 기준)을 말한다.

10 정압기를 평가 선정할 경우 각 특성이 사용조건에 적합하도록 정압기를 선정하여야 한다. 이때 정압기를 선정할 경우 고려하여야 할 사항을 4가지 쓰시오.

해설 **정압기의 특성**

정압기를 평가 선정할 경우에는 정압기의 정특성, 동특성(응답속도 및 안정성), 유량특성, 사용최대차압, 작동최소차압의 각 특성을 고려해야 한다.

① 정특성
정특성이란 정상상태에 있어서의 유량과 2차 압력과의 관계이다.

② 동특성(응답속도 및 안정성)
동특성은 부하 변화가 큰 곳에 사용되는 정압기에 대하여 중요한 특성으로서 부하변동에 대한 응답의 신속성과 안정성이 모두 요구된다.

③ 유량 특성(流量 特性)
정압기의 유량특성으로는 그림과 같이 MAIN VALVE개도(STROKE 또는 LIFT)와 유량의 관계를 말한다.

④ 사용 최대 차압
메인밸브(Main Valve)에는 1차 압력과 2차 압력의 차압이 작용하여 정압성능에 영향을 주지만 이것이 실용적으로 사용가능한 범위에서 최대가 되었을 때의 차압을 사용최대 차압이라 한다.

⑤ 작동 최소 차압
PILOT식 정압기의 1차 압력과 2차 압력의 차압이 어느 정도 이상이 아니면 PILOT식 정압기는 작동 불가능하게 되며 이 최소치를 작동 최소 차압이라 한다.

해답 **정압기 선정시 고려할 사항**

① 정특성　　② 동특성
③ 유량특성　　④ 사용 최대 차압
⑤ 작동 최소 차압

11 도시가스에 첨가하는 부취제의 냄새를 쓰시오.

(1) TBM　　(2) DMS
(3) THT

해설 **부취제의 종류 및 특성**

① T.B.M(Tertiary Buthyl Mercatan) : 양파 썩는 냄새가 나며 내산화성이 우수하고 토양에 대한 투과성이 우수하면 토양에 흡착되기 어렵다.
② D.M.S(Dimethyl Sufide) : 마늘냄새가 나며 안전한 화합물로 내산화성이 우수하다. 또는 토양에 대한 투과성이 상당히 우수하며 토양에 흡착되기 쉽다.
③ T.H.T(Tetra Hydro Thiophene) : 석탄가스 냄새가 나며 화학적으로 안정한 화합물이지만 토양에 대한 투과성이 보통이고 토양에 흡착되기 쉽다.

해답 **부취제의 냄새**

(1) 양파 썩는 냄새　　(2) 석탄가스 냄새
(3) 마늘 냄새

12 검사에 합격한 충전용기에 각인하는 기호에 대하여 단위까지 포함하여 설명하시오.

(1) V :　　(2) W :
(3) TP　　(4) FP

해답 **용기에 표시된 각인 기호**

(1) V – 내용적(ℓ)
(2) W – 밸브 및 부속품을 포함하지 아니한 용기의 질량(kg)
(3) TP – 내압시험압력(MPa)
(4) FP – 압축가스 충전 용기의 경우 최고충전 압력(MPa)

13 일반용 액화석유가스 압력조정기의 역할을 3가지 쓰시오.

해답 **LP가스 조정기의 역할**

① 가스의 공급압력(유출압력)을 조정하여 안정된 연소를 도모하기 위해서 사용한다.
② 용기에서 유출되어 연소기에 공급되는 가스의 압력을 연소기에 적당한 압력으로 감압시킨다.
③ 용기 내의 가스를 소비하는 양의 변화 등에 대응하여 공급압력을 유지하고 소비가 중단되었을 때는 가스를 차단시킨다.

14 도시가스 사용시설의 내압시험에 대한 설명 중 ( )안에 알맞은 용어 및 숫자를 쓰시오.

| 보기 |

내압시험은 (①)에 의하여 실시하며, 내압시험압력은 (②)의 (③)배 이상으로 실시한다. 내압시험을 공기 등의 기체로 하는 경우에 먼저 상용압력의 (④)%까지 승압하고 그 후에는 상용압력의 (⑤)% 씩 단계적으로 승압하여 내압시험 압력에 달하였을 경우 누출 등의 이상이 없고, 그 후 압력을 내려 상용압력으로 하였을 경우 팽창, 누출 등의 이상이 없으면 합격으로 한다.

해설 **충전 집단공급저장 및 사용시설의 내압시험**

① 내압시험은 수압에 의하여 실시하며, 내압시험압력은 최고사용압력의 1.5배 이상으로 하며 압력 유지시간은 5~20분으로 한다.
② 내압시험을 공기 등의 기체에 의해 하는 경우에는 우선 상용압력의 50%까지 승압하고 그 후에는 상용압력의 10%씩 단계적으로 승압하여 내압시험압력에 달하였을 때 누출 등의 이상이 없고, 그 후 압력을 내려 상용압력으로

하였을 때 팽창, 누출 등의 이상이 없으면 합격으로 하여야 한다.

해답 ① 수압　② 최고사용압력
③ 1.5　④ 50
⑤ 10

15 내용적 2L의 고압용기에 암모니아를 충전하여 온도를 173℃로 상승시켰더니 압력이 220atm을 나타냈다. 이 용기에 충전된 암모니아는 몇 g인지 계산하시오.(단, 173℃, 220atm에서 암모니아의 압축계수는 0.4이다.)

해설 **압축계수(보정계수) 이용 계산식**

① $PV = Z\frac{W}{M}RT$

여기서 P : 압력(atm)
V : 체적(ℓ)
Z : 압축계수(단위 없음)
W : 질량(g)
M : 분자량
R : 기체상수(0.082ℓ · atm/mol · K)
T : 절대온도(K)

② $PV = \frac{W}{M}RTZ$ 식에서,

$$질량(W) = \frac{PVM}{RTZ}$$

$$W = \frac{220atm \times 2\ell \times 17g/mol}{0.082\ell{\cdot}atm/mol{\cdot}K \times (173+273)K \times 0.4} = 511.32(g)$$

해답 $W = \frac{220 \times 2 \times 17}{0.082 \times (173+273) \times 0.4} = 511.32(g)$

2015년도 제2회

01 절대압력 0.082kgf/cm², 대기압 650mmHg일 경우 진공압력과 진공도를 각각 계산하시오.

해설 **진공압력과 진공도 계산**

① 진공압력 = 대기압 − 절대압력

$$진공압력 = \left(650mmHg \times \frac{1.0332kgf/cm^2}{760mmHg}\right) - 0.082kgf/cm^2 = 0.80(kgf/cm^2{\cdot}v)$$

② $진공도 = \frac{진공압력}{대기압} \times 100$

$$진공도 = \frac{0.80}{(\frac{650}{760} \times 1.032)} \times 100 = 90.53(\%)$$

해답 ① 진공압력 : 0.80(kgf/cm² · v)

② $진공도 = \frac{0.80}{(\frac{650}{760} \times 1.032)} \times 100 = 90.53(\%)$

02 도시가스 배관의 접합부분은 용접하는 것을 원칙으로 하며, 용접부에 대하여 비파괴시험을 실시하여 이상이 없어야 하지만, 비파괴시험을 하지 않아도 되는 배관을 3가지 쓰시오.

해설 배관의 접합기준은 다음과 같다.
다음의 각 배관은 수송하는 도시가스의 누출을 방지하기 위하여 원칙적으로 용접시공방법에 따라 접합한다. 이경우 용접은 가스시설 용접 및 비파괴시험 기준에 따라 실시하고 모든 용접부(가스용 폴리에틸렌배관, 저압으로서 노출된 사용자 공급관 및 호칭지름 80mm 미만인 저압의 배관을 제외한다)에 대하여는 비파괴시험을 한다.
① 지하매설 배관(가스용 폴리에틸렌을 제외한다)
② 최고사용압력이 중압 이상인 노출배관
③ 최고사용압력이 저압으로서 호칭지름 50A 이상의 노출 배관

해답 **비파괴시험 제외 배관**
① 가스용 폴리에틸렌관
② 저압으로서 노출된 사용자 공급관
③ 관지름 80mm 미만인 저압의 배관

03 프로판 85v% 및 부탄 15v%의 혼합가스 1Sm³가 완전연소하는 데 필요한 이론 공기량은 몇 Sm³인지 계산하시오.

해설 **프로판 이론공기량(Ao : Sm³)**
① 완전연소 반응식
• 프로판 완전연소 반응식 :
$C_3H_8 + 5O_2 \rightarrow 3CO_2 + 4H_2O$
• 부탄 완전연소 반응식 :
$C_4H_{10} + 6.5O_2 \rightarrow 4CO_2 + 5H_2O$

② $이론공기량(Ao) = \frac{이론산소량(Oo)}{0.21}$

이론공기량(Ao)

$$= \frac{(5\times0.85)+(6.5\times0.15)}{0.21} = 24.88(Sm^3)$$

해답 이론공기량(Ao)

$$= \frac{(5\times0.85)+(6.5\times0.15)}{0.21} = 24.88(Sm^3)$$

04 고압가스 안전관리법 적용을 받는 고압가스 중 35℃의 온도에서 압력이 0Pa을 초과하는 액화가스에 해당하는 가스의 종류를 3가지 쓰시오.

해설 **고압가스의 종류 및 범위**

「고압가스 안전관리법」(이하 "법"이라 한다) 제2조에 따라 법의 적용을 받는 고압가스의 종류 및 범위는 다음 각 호와 같다. 다만, 별표 1에 정하는 고압가스는 제외한다.

1. 상용(常用)의 온도에서 압력(게이지압력을 말한다. 이하 같다)이 1메가파스칼 이상이 되는 압축가스로서 실제로 그 압력이 1메가파스칼 이상이 되는 것 또는 섭씨 35도의 온도에서 압력이 1메가파스칼 이상이 되는 압축가스(아세틸렌가스는 제외한다)
2. 섭씨 15도의 온도에서 압력이 0파스칼을 초과하는 아세틸렌가스
3. 상용의 온도에서 압력이 0.2메가파스칼 이상이 되는 액화가스로서 실제로 그 압력이 0.2메가파스칼 이상이 되는 것 또는 압력이 0.2메가파스칼이 되는 경우의 온도가 섭씨 35도 이하인 액화가스
4. 섭씨 35도의 온도에서 압력이 0파스칼을 초과하는 액화가스 중 액화시안화수소·액화브롬화메탄 및 액화산화에틸렌가스

해답 **35℃의 온도에서 압력이 0Pa을 초과하는 액화가스**

① 액화시안화수소 ② 액화브롬화메탄
③ 액화산화에틸렌

05 도시가스 도매사업 제조소 및 공급소 밖의 배관에 긴급차단장치의 설치 장소로 적합하지 않다고 인정하는 지역의 차단밸브 설치거리를 8km에서 10km로 늘릴 경우 만족시켜야 할 조건을 4가지 쓰시오.

해설 ① 매설되는 배관에는 지역구분에 따른 거리에 긴급차단장치를 설치하되, 다음에 해당하는 경우와 법 제11조에 따라 시설공사계획 승인권자가 부득이 하다고 인정하는 경우에는 긴급차단장치 설치거리를 조정할 수 있다.

② 관계법령에 따라 위험시설물의 설치를 제한 또는 금지하는 지역이거나 긴급차단장치의 설치 장소로 적합하지 않다고 시장·군수·구청장이 인정하는 지역으로서 다음 조건을 모두 만족하는 경우에는 긴급차단장치간 거리를 10km까지 늘릴 수 있다.

해답 ① 배관 두께를 (가)지역의 설계기준으로 적용하는 경우

② 방출시간을 다음 계산식에 따라 산정한 수치 이하로 하는 경우

V= Vs−[Vs × (L−Ls)/Ls]

여기에서,

V= 방출시간(Min)

Vs : 기준에서 정하고 있는 방출시간(60Min)

L : 긴급차단장치 실제 설치 거리(km)

Ls : 기준에서 정하고 있는 긴급차단장치 설치 거리(8km)

③ 매설배관의 충격 및 누출감지를 위한 실시간 감시 시스템을 설치하는 경우

④ 매설배관 피복손상 탐지를 매 5년마다 실시하는 경우

06 다음 (   )안에 들어갈 용어를 쓰시오.

> 가스의 공급압력이 높아 불꽃이 염공을 떠나 공간에서 연소하는 현상을 (①)라 하고, 불꽃 주위 기류에 의하여 불꽃이 염공에 정착하지 않고 떨어지게 되어 꺼지는 현상을 (②)라 한다.

해설 **선화(Lifting : 리프팅)와 블로우 오프(Blow off) 현상**

① 선화(Lifting : 리프팅)

리프팅 현상은 역화의 반대현상으로서 염공으로부터의 가스 유출속도가 연소속도보다 크게 된 경우 불꽃이 염공에 접하여 연소하지 않고 염공을 떠나서 연소하는 현상으로 편화라고도 하며 이 현상은 연소속도가 느린 가스 연소 시 발생하기 쉽다.

② 블로우 오프(Blow off) 현상

염공에서의 불꽃의 주위 특히, 불꽃의 기저부에 대한 공기의 움직임이 세어지면 불꽃이 염공에서 떨어져 꺼져버리는 현상

해답 ① 선화(리프팅) ② 블로우 오프

07 공동주택 부지 내에 매설되는 도시가스 배관의 매설깊이 기준을 쓰시오.

해설 **도시가스배관 지하매설 기준**

도시가스배관을 매설하는 경우에는 설치 환경에 따라 다음 기준에 따른 적절한 매설 깊이나 설치간격을 유지할 것

㉮ 공동주택 등의 부지 안에서는 0.6m 이상

㉯ 폭 8m 이상의 도로에서는 1.2m 이상. 다만, 도로에 매설된 최고사용압력이 저압인 배관에서 횡으로 분기하여 수요가에게 직접 연결되는 배관의 경우에는 1m 이상으로 할 수 있다.

㉰ 폭 4m 이상 8m 미만인 도로에서는 1m 이상. 다만, 다음 어느 하나에 해당하는 경우에는 0.8m 이상으로 할 수 있다.

(1) 호칭지름이 300mm 이하로써 최고사용압력이 저압인 배관

(2) 도로에 매설된 최고사용압력이 저압인 배관에서 횡으로 분기하여 수요가에게 직접 연결되는 배관

해답 0.6m 이상

08 다음 LP가스 조정기의 입구측 기밀시험압력의 범위를 쓰시오.

(1) 1단 감압식 저압조정기

(2) 2단 감압식 1차조정기

해설 **액화석유가스 압력 조정기의 입구측 기밀시험 성능**

구분 \ 종류	1단감압식 저압조정기	1단감압 저압조정기	2담감압식 1차용조정기	2단감압식 2차용 저압조정기	2단감압식 2차용 준저압조정기
입구쪽 (MPa)	1.56MPa 이상	1.56MPa 이상	1.8MPa 이상	0.5MPa 이상	0.5MPa 이상
출구쪽	5.5kPa	조정압력의 2배 이상	150kPa 이상	5.5kPa	조정압력의 2배 이상

해답 (1) 1.56MPa (2) 1.8MPa 이상

09 양정 15m, 송수량 $3.6m^3/min$일 경우 축동력 15PS를 필요로 하는 원심펌프의 효율을 계산하시오.

해설 **펌프의 축동력(L)**

- $PS = \dfrac{\gamma \times H \times Q}{102 \times 60 \times \eta}$

여기서 γ : 액체의 비중량(kg/m^3)

H : 전양정(H)

Q : 유량(m^3/min)

η : 전효율

- 효율$(\eta) = \dfrac{\gamma \times H \times Q}{75 \times 60 \times PS} \times 100$
- $\eta = \dfrac{1000(kg/m^3) \times 15(m) \times 3.6(m^3/min)}{75(kg{\cdot}m/s) \times 60(s/min) \times 15(PS)} \times 100 = 80(\%)$

해답 $\eta = \dfrac{1000 \times 15 \times 3.6}{75 \times 60 \times 15} \times 100 = 80(\%)$

10 용기 종류별 부속품 기호를 각각 설명하시오.

(1) AG (2) PG

(3) LT (4) LG

해설 **용기종류별 부속품의 기호**

1) 아세틸렌가스를 충전하는 용기의 부속품 : AG
2) 압축가스를 충전하는 용기의 부속품 : PG
3) 액화석유가스외의 액화가스를 충전하는 용기의 부속품 : LG
4) 액화석유가스를 충전하는 용기의 부속품 : LPG
5) 초저온용기 및 저온용기의 부속품 : LT

해답 **용기종류별 부속품의 기호**

(1) 아세틸렌가스를 충전하는 용기의 부속품

(2) 압축가스를 충전하는 용기의 부속품

(3) 초저온용기 및 저온용기의 부속품

(4) 액화석유가스외의 액화가스를 충전하는 용기의 부속품

11 최고충전압력이 $5kgf/cm^2 \cdot g$인 충전용기에 20℃에서 이상기체가 $3kgf/cm^2 \cdot g$로 충전되어 있다. 온도가 상승되어 압력이 최고충전압력까지 도달하였을 경우 온도는 몇℃인지 계산하시오.

해설 **온도 상승에 따른 최고충전압력 상승시 온도 (T_2 : ℃)**

① 처음상태 : $P_1(3kgf/cm^2 \cdot g)$, T_1 : 20℃

② 나중상태 : $P_2(5kgf/cm^2 \cdot g)$, T_2 : x℃

보일-샤의 법칙 적용하여 최고충전압력 상승시 온도 온도(T_2 : ℃)

$$\frac{P_1V_1}{T_1} = \frac{P_2V_2}{T_2} \text{에서}$$

$$T_2 = \frac{P_2V_2T_1}{P_1V_1} \text{(부피 일정)}$$

$$T_2 = \frac{P_2T_1}{P_1}$$

$$= \frac{(5+1.0332)(\text{kg}f/\text{cm}^2\cdot a) \times (20+273)(K)}{(3+1.0332)(\text{kg}f/\text{cm}^2\cdot a)}$$

$$= 438.294(K)$$

$$T_2 = 438.294(K) - 273 = 165.29(℃)$$

해답 T_2

$$= \frac{(5+1.0332)(\text{kg}f/\text{cm}^2\cdot a) \times (20+273)(K)}{(3+1.0332)(\text{kg}f/\text{cm}^2\cdot a)}$$

$$= 438.294(K) - 273 = 165.29(℃)$$

12 금속의 부식을 자연부식과 전기부식으로 분류할 경우 각각에 해당되는 부식의 종류를 2가지씩 쓰시오.

1) 자연부식 종류　　2) 전기부식 종류

해답 1) 자연부식 종류
① 매설 금속체의 표면에 형성되는 국부 전지 작용에 의한 부식
② 주위의 토양속에 포함된 산이온, 알칼리 이온과 금속이 화학 반응을 일으켜 생기는 부식
③ 토양의 종류나 저항률이 다른 지역을 금속체가 통과할 때 발생하는 부식
④ 토양 속에 존재하는 황 박테리아 등 세균에 의한 부식

2) 전기부식 종류
① 이종 금속 접촉에 의한 부식
② 농염전지 작용에 의한 부식
③ 국부전지에 의한 부식

13 가연성가스 저온저장탱크에는 내부압력이 외부 압력보다 낮아짐에 따라 그 저장탱크가 파괴되는 것을 방지하기 위하여 갖추어야할 설비를 4가지 쓰시오.

해답 부압을 방지하는 조치
① 압력계
② 압력경보설비
③ 진공안전밸브
④ 다른 저장탱크 또는 시설로부터의 가스도입 배관(균압관)
⑤ 압력과 연동하는 긴급차단장치를 설치한 냉동 제어설비
⑥ 압력과 연동하는 긴급차단장치를 설치한 송액 설비

14 [보기] 반응과 같은 나프타 접촉분해 공정 중에서 카본생성을 억제하는 방법을 설명하시오.

| 보기 |

반응식 : $CH_4 \leftrightarrows 2H_2 + C$ (카본)

해설 **나프타 접촉분해(수증기개질) 공정 카본(C)의 생성 방지법**
① 반응식 : $CH_4 \rightleftarrows 2H_2 + C$
반응온도를 낮게 하고 반응압력을 높게 한다.
② 반응식 : $2CO \rightleftarrows CO + C$
반응온도를 높게 하고 반응압력을 낮게 한다.

해답 반응온도를 낮게 하고 반응압력을 높게 한다.

15 도시가스시설에 전기방식효과를 유지하기 위하여 빗물이나 그 밖에 이물질의 접촉으로 인한 절연의 효과가 상쇄되지 아니하도록 절연 이음매 등을 사용해 절연조치를 하는 장소를 4개소 쓰시오.

해답 절연 이음매 등을 사용해 절연조치를 하는 장소
① 교량횡단 배관의 양단(다만, 외부전원법에 의한 전기방식을 한 경우에는 제외할 수 있다)
② 배관 등과 철근콘크리트구조물 사이
③ 배관과 강재 보호관 사이
④ 지하에 매설된 배관의 부분과 지상에 설치된 부분과의 경계(가스사용자에게 공급하기 위하여 지중에서 지상으로 연결되는 배관에 한한다)
⑤ 타시설물과 접근 교차지점(다만, 타시설물과 30cm 이상 이격 설치된 경우에는 제외할 수 있다)
⑥ 배관과 배관지지물 사이
⑦ 기타 절연이 필요한 장소

2015년도 제4회

01 메탄 $1Nm^3$를 완전 연소시키는 데 필요한 공기량은 몇 Nm^3인지 계산하시오.(단, 공기 중 산소 비율은 21vol%, 과잉공기계수는 1.5이다.)

해설 실제공기량(A)=이론공기량(Ao)×공기비(m)

- 실제공기량(A)
  =이론공기량(Ao)×공기비(m)
  $=\frac{이론산소량(Oo)}{0.21}$×공기비(m)
- 메탄 완전연소 반응식 :
  $CH_4 + 2O_2 \rightarrow CO_2 + 2H_2O$
- 실제공기량$(A)=\frac{2}{0.21}\times 1.5 = 14.29(Nm^3)$

해답 실제공기량$(A)=\frac{2}{0.21}\times 1.5 = 14.29(Nm^3)$

02 카르노 사이클의 순환과정에서 열흡수 단계에 해당하는 과정을 무엇이라 하는지 쓰시오.

해설 **카르노 사이클 P-V선도**

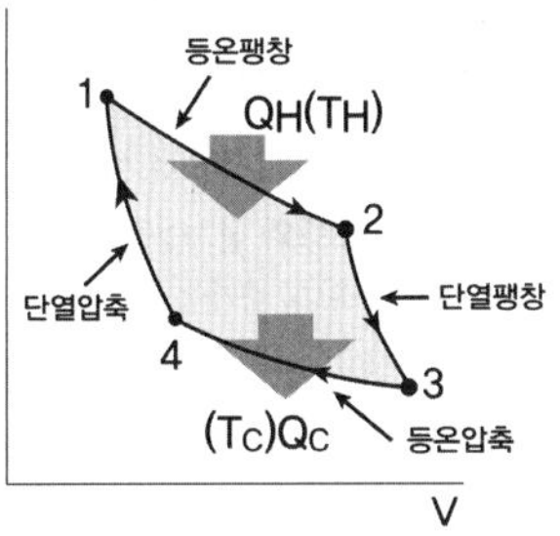

① 1 → 2 등온팽창(isothermal expansion)
   – 열량 공급
② 2 → 3 등 엔트로피 팽창(isentropic expansion)
   – 단열 팽창
③ 3 → 4 등온압축(isothermal compression)
   – 열량 방출
④ 4 → 1 등 엔트로피 압축(isentropic compression) – 단열 압축

해답 등온팽창과정

03 다음 [보기] 중 원형관에 흐르는 마찰저항은 어떤 것과 관계가 있는지 번호를 찾아 쓰시오.

| 보기 |

① 비례한다.	② 제곱에 비례한다.
③ 반비례한다.	④ 무관하다.

(1) 관의 길이
(2) 관의 안지름(내경)
(3) 유속
(4) 유체 압력

해설 **달시-바이스바하 방정식 (Darcy-Weisbach equation)**

- 마찰저항$(h_f)=f\times\frac{L}{D}\times\frac{V^2}{2g}$
- 마찰저항(h_f)
  $=마찰계수\times\frac{관길이}{관내경}\times\frac{유속^2}{2\times 9.8}$

① 관 길이(L)에 비례한다.
② 관 내경(D)에 반비례한다.
③ 유속(V) 2승에 비례한다.
④ 관 내벽상태와는 관계있으나 압력과는 무관하다.

해답 1) ① (2) ③ (3) ② (4) ④

04 비열이 0.8kcal/kg·℃인 어떤 액체 1000kg을 0℃에서 100℃로 상승시키는 데 필요한 프로판 사용량(kg)을 계산하시오.(단, 프로판의 발열량은 12000kcal/kg, 연소기의 효율은 90%이다.)

해설 **열효율(η)**

- $\eta=\frac{G\times C\times \Delta t}{G_f\times H_l}\times 100$
  $=\frac{물의\ 질량\times 물의\ 비열\times 물의\ 온도차}{연료\ 사용량\times 연료\ 발열량}\times 100$
- 연료사용량$(G_f)=\frac{G\times C\times \Delta t}{\eta\times H_l}$
  $=\frac{1000\times 0.8\times(100-0)}{0.9\times 12000}$
  $=7.41(kg)$

해답 연료사용량$=\frac{1000\times 0.8\times(100-0)}{0.9\times 12000}$
$=7.41(kg)$

05 스테인리스 배관을 용접할 경우 용접용 가스로 아르곤(Ar)을 사용하는데 불활성 가스인 질소(N_2)를 사용하지 않는 이유를 설명하시오.

해답 스테인리스 배관 용접시 질소를 사용하면 용융금속 내부에 질소가 체류하여 기공 발생으로 용접 불량이 되기 때문에 질소를 사용하지 않고 아르곤을 사용한다.

06 소규모 LP가스 사용시설에서 공급배관의 기밀시험을 실시한 후 가스치환을 하는 이유를 설명하시오.

해답 **가스 사용시설 공급배관 기밀시험 실시 후 가스치환 이유**

가스 사용시설 공급배관의 누출여부를 확인하기 위하여 기밀시험에 사용된 공기 또는 질소가스가 배관에 충만되어 있기 때문에 배관 내에 LP 가스를 봉입하여 공기 및 질소가스를 방출하여야 한다.

07 발열량이 100000kcal/Sm³, 공급압력이 수주 280mm, 가스 비중이 0.6일 때 사용하는 연소기구 노즐 지름이 1.38mm이었다. 이 연소기구를 발열량이 20000kcal/Sm³, 공급압력이 수주 200mm, 가스 비중이 0.55인 가스를 사용하는 것으로 변경할 경우 노즐 지름은 몇 mm인지 계산하시오.

해설 **노즐 변경률**

$$\frac{D_2}{D_1} = \sqrt{\frac{WI_1\sqrt{P_1}}{WI_2\sqrt{P_2}}}$$ 식에서,

$$D_2 = \sqrt{\frac{WI_1\sqrt{P_1}}{WI_2\sqrt{P_2}}}$$

위 식에서,

D_1 : 변경 전 노즐 구멍의 지름(mm)

D_2 : 변경 후 노즐 구멍의 지름(mm)

WI_1 : 변경 전 웨버지수

WI_2 : 변경 후 웨버지수

P_1 : 변경 전 가스의 압력(mmH_2O)

P_2 : 변경 후 가스의 압력(mmH_2O)

해답 $$D_2 = \sqrt{\frac{\frac{10000}{\sqrt{0.6}}\times\sqrt{280}}{\frac{20000}{\sqrt{0.55}}\times\sqrt{200}}}\times 1.38$$

$$= 1.04(mm)$$

08 [보기]는 배관을 온도변화에 의한 열팽창길이를 계산하는 공식을 나타낸 것이다. ( )안에 알맞은 용어를 쓰시오.

| 보기 |

열팽창길이 = (　　) × 온도차 × 배관길이

해설 **배관의 열팽창길이(λ) 계산 공식**

$\lambda = l \cdot \alpha \cdot \Delta t$

위 식에서, λ : 열팽창길이[mm]

l : 전길이[mm]

α : 열팽창율(선팽창계수)

Δt : 온도차[℃]

해답 열팽창율(선팽창계수)

09 수소 50L 중에 포함된 산소가 7500ppm일 경우 압축이 가능한지를 판정하시오.

해설 **고압가스 제조 시 압축금지**

- 수소중의 산소용량이 전용량의 2% 이상의 것은 압축이 불가능 하다.
- 수소 50L 중에 포함된 산소용량(%)을 구한다.

  이때 1ppm은 $\frac{1}{10^6}$의 농도에 해당한다.

  $$\text{산소용량}(\%) = \frac{7500}{10^6}\times 100 = 0.75(\%)$$
- 수소중의 산소용량이 0.75%로서 전용량의 2% 미만에 해당 하므로 압축이 가능하다.

해답 수소 중 산소용량이 전용량의 2% 미만에 해당하므로 압축이 가능하다.

10 25℃에서 충전용기에 산소를 최고충전압력 120kgf/cm²으로 충전한 후 온도를 점차 상승시켰더니 안전밸브에서 가스가 분출되었다. 이때의 온도는 몇 ℃가 되는지 계산하시오.

해설 **안전밸브 작동온도**

① 산소용기 안전밸브 작동압력(P_2)

• P_2 = 최고충전압력 $\times \frac{5}{3} \times 0.8$

• $P_2 = 120 \times \frac{5}{3} \times 0.8 = 160$[kgf/cm2]

② 안전밸브 작동온도(보일-샤를의 법칙 적용)

① 25℃ 120kgf/cm²

② x 160kgf/cm²

• $\frac{P_1 V_1}{T_1} = \frac{P_2 V_2}{T_2}$ [체적(V) 일정]

• $T_2 = \frac{P_2 \times T_1}{P_1}$

$= \frac{(160+1.0332) \times (25+273)}{(120+1.0332)}$

$= 396.485[K]$

• $T_2 = 396.485[K] - 273 = 123.49(℃)$

해답 $T_2 = \frac{(160+1.0332) \times (25+273)}{(120+1.0332)}$

$= 396.485[K] - 273 = 123.49(℃)$

11 릴리프식 안전장치가 내장된 조정기를 건축물 내에 설치하는 경우 실내외 안전한 장소에 설치해야 할 것의 명칭을 쓰시오.

해설 도시가스사용시설의 시설·기술·검사기준에 따라 "릴리프식 안전장치가 내장된 조정기를 건축물 내에 설치하는 경우에는 가스방출구를 실외의 안전한 장소에 설치해야 한다.

해답 가스방출구

12 길이 400m 배관에 비중이 0.64인 가스를 시간당 200m³로 공급한다. 압력손실이 20mmH₂O일 경우 배관의 최소 관지름(cm)을 계산하시오.

해설 **저압배관 유량(Q)산출식을 적용하여 관지름(D)을 구한다.**

• $Q = K\sqrt{\frac{H \cdot D^5}{S \cdot L}}$

$= \text{유량계수} \times \sqrt{\frac{\text{압력손실} \times \text{관경}^5}{\text{가스비중} \times \text{관길이}}}$

• $Q^2 = K^2 \cdot \frac{D^5 \cdot H}{S \cdot L}$ 에서 관경$(D^5) = \frac{Q^2 \cdot S \cdot L}{K^2 \cdot H}$

• $D = \sqrt[5]{\frac{Q^2 \cdot S \cdot L}{K^2 \cdot H}}$

$= \sqrt[5]{\frac{200^2 \times 0.64 \times 400}{0.707^2 \times 20}} = 15.93(\text{cm})$

해답 $D = \sqrt[5]{\frac{200^2 \times 0.64 \times 400}{0.707^2 \times 20}} = 15.93(\text{cm})$

13 황화수소를 제거하는 탈황법 중 수산화 제2철을 사용하여 제거하는 화학반응식을 쓰시오.

해설 **유황화합물의 제거**

유황화합물은 촉매독이 되거나 장치재료를 부식하는 가장 유해한 성분으로 제거 방법으로는 수소화 탈황법, 건식 탈황법, 습식 탈황법이 있으며, 건식 탈황법 중 수산화철(소철광, 황토와 톱밥 등을 혼합한 것)을 사용할 경우에는 다음 반응식에 의해 탈황한다.

반응식 : $2Fe(OH)_3 + 3H_2S \rightarrow Fe_2S_3 + 6H_2O$

(수산화제2철) (황화수소) (황화철) (물)

해답 $2Fe(OH)_3 + 3H_2S \rightarrow Fe_2S_3 + 6H_2O$

14 지름 20mm, 표점거리 300mm의 연강재 시험편을 인장시험한 결과 표점거리가 350mm가 되었을 경우 이 재료의 연신율(%)을 계산하시오.

해설 **연신율(ε)**

• 연신율$(\varepsilon) = \frac{l' - l}{l} \times 100$

여기서, l : 최초의 길이

l' : 절단되었을 경우의 길이

• 연신율$(\varepsilon) = \frac{350-300}{300} \times 100 = 16.67(\%)$

해답 연신율$(\varepsilon) = \frac{350-300}{300} \times 100 = 16.67(\%)$

15 검사에 합격한 충전용기에 각인하는 기호에 대하여 단위까지 포함하여 설명하시오.

(1) V : (2) W :

(3) TP : (4) FP

해답 용기에 표시된 각인 기호

(1) V – 내용적(ℓ)

(2) W – 밸브 및 부속품을 포함하지 아니한 용기의 질량(kg)

(3) TP – 내압시험압력(MPa)
(4) FP – 압축가스 충전 용기의 경우 최고충전 압력(MPa)

2016년도 제1회

01 LP가스를 자동차에 고정된 탱크에서 저장탱크로 이입, 충전하는 방법을 3가지 쓰시오.

해답 **LP가스 저장탱크 이입, 충전 방법**
① 압축기에 의한 방법
② 액펌프에 의한 방법
③ 차압에 의한 방법

02 다음은 가연성 고압가스를 제조하여 저장탱크에 저장한 후 자동차에 고정된 탱크로 출하하는 시설을 나타낸 것이다. ①~⑤에 해당하는 밸브의 명칭을 쓰고 역할에 대하여 각각 설명하시오.

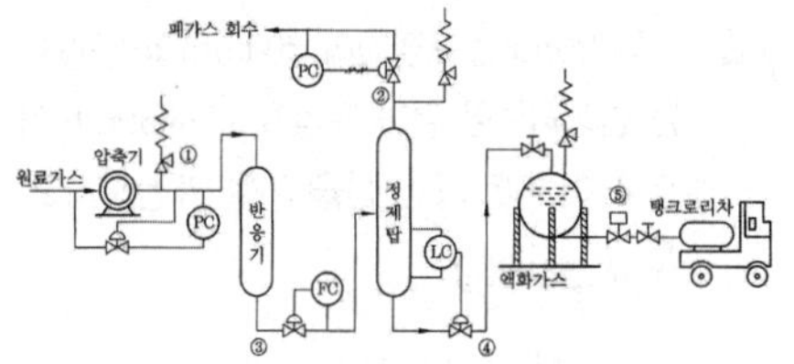

해답 **고압가스 제조장치의 계통도**
① 안전밸브 : 압축기 토출압력이 이상 상승 시 작동하여 분출시켜 압력을 정상 압력으로 유지시킨다.
② 압력조절밸브 : 폐가스 회수계의 압력을 조절하는 역할을 한다.
③ 유량조절밸브 : 반응기에서 정제탑으로 이송되는 가스의 양을 조절한다.
④ 액면조절밸브 : 정제탑의 액면이 일정량 이상으로 되면 밸브를 개방하여 액화가스 저장탱크로 이송하고 액면이 일정량 이하에 도달하면 밸브가 폐쇄된다.
⑤ 긴급차단밸브 : 액화가스를 저장탱크에서 탱크로리로 이송할 때 이상사태가 발생하면 원격조작으로 밸브를 폐쇄시켜 피해가 확대되는 것을 방지한다.

03 다음 ( )에 알맞은 압력을 쓰시오.

> 도시가스 제조소 및 공급소의 기밀시험은 최고사용압력의 1.1배 또는 (①) 중 높은 압력 이상으로 실시한다. 다만, 최고사용압력이 저압인 가스홀더, 배관 및 그 부대설비 이외의 것으로서 최고사용압력이 (②) 이하인 것은 시험압력을 최고사용압력으로 할 수 있다.

해설 **도시가스 제조소 및 공급소의 기밀시험**
도시가스 제조소 및 공급소의 기밀시험은 최고사용압력의 1.1배 또는 8.4kPa 중 높은 압력 이상으로 실시한다. 다만, 최고사용압력이 저압인 가스홀더, 배관 및 그 부대설비 이외의 것으로서 최고사용압력이 30kPa 이하인 것은 시험압력을 최고사용압력으로 할 수 있다.

해답 ① 8.4kPa ② 30kPa

04 일반용 액화석유가스용 압력조정기의 종류를 4가지 쓰시오.

해설 **일반용 액화석유가스용 압력조정기 입구압력 및 조정압력**

종류	입구압력(MPa)	조정압력(kPa)
1단감압식 저압조정기	0.07~1.56	2.30~3.30
1단감압식준저압조정기	0.1~1.56	5.0~30.0 이내에서 제조자가 설정한 기준압력의 ±20%
2단감압식 1차용조정기 (용량 100kg/h 이하)	0.1~1.56	57.0~83.0
2단감압식1차용조정기 (용량 100kg/h 초과)	0.3~1.56	57.0~83.0
2단감압식 2차용저압조정기	0.01~0.1 또는 0.025~0.1	2.30~3.30
2단감압식 2차용준저압조정기	조정압력이상 ~ 0.1	5.0~30.0 이내에서 제조자가 설정한 기준압력의 ±20%
자동절체식일체형 저압조정기	0.1~1.56	2.55~3.30
자동절체식일체형 준저압조정기	0.1~1.56	5.0~30.0 이내에서 제조자가 설정한 기준압력의 ±20%

해답 ① 1단 감압식 저압 조정기
② 1단 감압식 준저압 조정기
③ 2단 감압식 1차용 조정기
④ 2단 감압식 2차용 조정기

⑤ 2단 감압식 2차용 준저압 조정기
⑥ 자동절체식 일체형 저압 조정기
⑦ 자동절체식 일체형 준저압 조정기

05 평형 벨로스형 안전밸브에 대하여 설명하시오.

해설 **평형 벨로즈형 안전밸브**
(Balanced Bellows Safety Valve)
배압이 안전밸브 작동에 영향을 미치지 않도록 밸브시트 구경과 같은 유효지름을 갖는 벨로우즈를 사용하여 배압을 평형시키는 구조의 안전밸브로서 안전밸브의 출구쪽에 항상 배압이 있거나 Relieving 및 그 전후에 변동하는 배압이 있는 경우에 사용한다.

해답 배압이 안전밸브 작동에 영향을 미치지 않도록 밸브시트 구경과 같은 유효지름을 갖는 벨로우즈를 사용하여 배압을 평형시키는 구조의 안전밸브

06 프로판가스 1Sm³를 완전연소 시키는데 필요한 이론공기량은 몇 Sm³인지 계산하시오.(단, 공기 중 산소는 20vol이다.)

해설 **프로판 이론공기량(Ao : Sm³)**
• 프로판 완전연소 반응식 :
$C_3H_8 + 5O_2 \rightarrow 3CO_2 + 4H_2O$

$$\text{•이론공기량}(Ao) = \frac{\text{이론산소량}(Oo)}{0.2} = \frac{5}{0.2} = 25(Sm^3)$$

해답 $\text{이론공기량}(Ao) = \frac{\text{이론산소량}(Oo)}{0.2} = \frac{5}{0.2} = 25(Sm^3)$

07 산소 시설에 설치하는 압력계는 "금유"라고 표시한 전용 압력계를 사용하는 이유를 설명하시오.

해답 산소는 산화력이 강하여, 유지 및 기름 등과 접촉 시 발생되는 산화열에 의해 자연발화 할 우려가 있으므로 금유라고 표시된 산소 전용의 압력계를 사용하여야 한다.

08 내용적 40L인 충전용기를 수조식 내압시험 장치에서 내압시험을 한 결과 영구증가량이 25mL, 전증가량이 300mL일 경우 1) 영구증가율(%)을 계산하여 2) 합격, 불합격을 판정하고 3) 그 이유를 설명하시오.

1) 영구증가율(%) 계산
2) 합격, 불합격을 판정
3) 그 이유 설명

해설 **수조식(水槽式) 내압시험**
① $\text{영구증가율} = \frac{\text{항구(영구) 증가량}}{\text{전 증가량}} \times 100$
② 합격 판정 기준 : 영구증가율 10% 이하인 용기를 내압시험에 합격한 것으로 본다.

해답 ① $\text{영구증가율} = \frac{25}{300} \times 100 = 8.33(\%)$
② 판정 : 합격
③ 이유 : 영구증가율이 10% 이하이므로 합격이다.

09 관지름 25mm인 배관을 입상높이 25m인 곳에 프로판(C_3H_8)을 공급할 경우 압력손실은 수주로 몇 mm 인지 계산하시오.(단, C_3H_8의 비중은 1.52 이다.)

해설 **입상배관에 의한 압력손실**
• H = 1.293(S − 1)h
여기서 H : 가스의 압력손실(mmH_2O)
S : 가스비중(공기 = 1)
h : 입상 높이(m)
• $H = 1.293(S-1)h$
• $H = 1.293 \times (1.52 - 1) \times 25 = 16.81(mmH_2O)$

해답 $H = 1.293 \times (1.52 - 1) \times 25 = 16.81(mmH_2O)$

10 금속마다 선팽창계수가 다른 기계적 성질을 이용한 것으로 발열체의 발열 변화에 따라 굽히는 정도가 다른 2종의 얇은 금속판을 결합시켜 안전장치 등에 사용되는 것의 명칭을 쓰시오.

해설 **바이메탈 온도계(Bimetal thermometer)**
바이메탈(bimetal)이란 열팽창계수, 즉 온도의 변화에 따라 팽창·수축하는 정도가 매우 다른 두 종류의 얇은 금속판을 포개어 붙여 한 장으로 만든 막대 형태의 부품으로, 열을 가했을 때 팽창하며 휘는 성질을 이용해 기기를 온도에 따라 제어한다.
① 특징

㉮ 장기 사용 시 피로에 의한 변화가 쉽다.
㉯ 시간이 늦어지고 정밀한 온도 측정에 부적당하다.
㉰ 움직이는 힘이 강하여 전기 회로의 개폐가 가능하다.

② 측정온도 : −50~350℃
③ 용도 : 실험용, 현장지시용 및 자동제어용

해답 바이메탈

11 액화석유가스 및 도시가스를 사용하는 연소기에서 발생하는 역화(back fire)를 설명하시오.

해설 **역화(Flash Back, Back fire)**
가스의 연소속도가 염공의 가스 유출속도보다 크게 되거나 연소속도는 일정해도 가스의 유출 속도가 작게 되었을 경우 불꽃(염)이 염공(炎孔)에서 버너 내부로 침입하여 노즐의 선단에서 연소하는 현상으로 분젠식 및 전일차 공기식 연소방식에서 나타나는 현상이다.

해답 가스의 연소속도가 염공의 가스 유출속도보다 크게 되었을 경우 불꽃이 버너 내부에 침입하여 노즐의 선단에서 연소하는 현상

12 도시가스의 제조공정 중 가스화 방식에 의한 분류 4가지를 쓰시오.

해설 **도시가스의 제조공정 중 가스화 방식에 의한 분류**

① 열분해(Thermal Cracking) 공정(Process)
분자량이 큰 탄화수소(원유, 중유, 나프타 등) 원료를 800~900℃의 고온으로 분해하여 높은 열량(10000kcal/Nm^3)의 가스를 제조하는 방법으로 열분해에 의한 생성물은 수소, 메탄, 에틸렌, 프로필렌 등의 가스상의 탄화수소의 벤젠, 톨루엔 또는 타르, 나프탈린 등으로 분해한다.

② 접촉분해(Steam Reforming) 공정(Process)
촉매를 사용하여 반응온도 400~800℃에서 탄화수소와 수증기를 반응시켜 수소, 일산화탄소, 탄산가스, 메탄, 에탄, 에틸렌, 프로필렌 등의 저급 탄화수소로 변화하는 반응을 말한다.

③ 부분연소 공정(Partical Combustion Process)
메탄에서 나프타까지의 탄화수소를 원료로 하여 탄화수소의 분해에 필요한 열을 노내에 산소 또는 공기를 흡입시킴에 의해 원료의 일부를 연소시켜 연속적으로 2000~3000[kcal/Nm^3]정도의 가스를 제조하는 공정

④ 수소화(수첨) 분해공정
C/H비가 큰 탄화수소를 고압(20~60기압), 고온(700~800℃)으로 하여 수증기 흐름 중에서 분해시키는 방법과 니켈 등의 수소화 촉매를 사용해서 나프타 등의 비교적 C/H비가 낮은 탄화수소를 메탄으로 변화하여 고발열량(7500kcal/Nm^3 전후)의 가스를 제조하는 공정이다.

⑤ 대체천연가스 공정
(Substitute Natural Process)
원료 탄화수소(LPG~원유)에 수분, 산소, 수소를 반응시켜 수증기 개질, 부분연소, 수첨 분해 등의 의해 가스화하고 메탄합성(메타네이션), 탈 탄소 등의 공정과 병용해서 천연가스와 거의 일치하는 가스를 제조하는 공정이다

해답 **가스화 방식에 의한 분류**
① 열분해 공정
② 접촉분해 공정
③ 부분연소 공정
④ 수소화 분해 공정
⑤ 대체천연가스 공정

13 가정용 가스보일러를 전용 보일러실(보일러실 안의 가스가 거실로 들어가지 아니하는 구조로서 보일러실과 거실 사이의 경계벽은 출입구를 제외하고는 내화구조의 벽으로 한 것)에 설치하지 않아도 되는 경우를 2가지 쓰시오.

해답 **전용보일러실에 설치하지 않아도 되는 경우**
① 밀폐식 보일러(또는 FF방식, 강제급배기식)
② 가스 보일러를 옥외에 설치한 경우
③ 전용급기통을 부착시키는 구조로 검사에 합격한 강제배기식 보일러

14 용접부에 대한 비파괴검사법 중 자분탐상시험의 단점을 3가지 쓰시오.

해설 **자분 탐상시험(Magnetic particle testing)**
피검사물을 자화한 상태에서 표면 또는 표면에 가까운 손상에 의해 생기는 누설자속을 사용하여 검출하는 방법이다. 결함에 의해 누설자속이 생긴 장소에 도자성(磁道性)이 높은 미세한 자성체분말 자분을 살포하면 자분이 결함부에 응집 흡인되어 손상 등의 위치가 육안으로 검지된다. 육안으로는 검지할 수 없는 결함(균열, 손상, 개재물, 편석,

블로우호울 등)을 검지할 수 있으나 오스테나이트계 스테인레스 강등의 비자성체에는 적용되지 않으며 반드시 전원이 필요하고 검사 완료 후에 탈지 처리가 필요하다.

해답 **자분탐상시험의 단점**

① 비자성체에는 적용할 수 없다.

② 전원이 필요하다.

③ 검사 완료 후에 탈지 처리가 필요하다.

참고 **자분탐상시험의 장점**

육안으로는 검지할 수 없는 미세한 표면 및 피로파괴나 취성파괴에 적당하다.

15 가연성가스의 정의를 폭발범위를 기준으로 설명하시오.

해설 고압가스 안전관리법 시행규칙에서 "가연성 가스"라 함은 아크릴로니트릴·아크릴알데히드·아세트알데히드·아세틸렌·암모니아·수소·황화수소·시안화수소·일산화탄소·이황화탄소·메탄·염화메탄·브롬화메탄·에탄·염화에탄·염화비닐·에틸렌·산화에틸렌·프로판·싸이크로프로판·프로필렌·산화프로필렌·부탄·부타디엔·부틸렌·메틸에테르·모노메틸아민·디메틸아민·트리메틸아민·에틸아민·벤젠·에틸벤젠 그밖에 공기 중에서 연소하는 가스로써 폭발한계(공기와 혼합된 경우 연소를 일으킬 수 있는 공기 중의 가스의 농도의 한계를 말한다. 이하 같다)의 하한이 10% 이하인 것과 폭발한계의 상한과 하한의 차가 20% 이상인 것을 말한다.

해답 공기 중에서 연소하는 가스로써 폭발한계의 하한이 10% 이하인 것과 폭발한계의 상한과 하한의 차가 20% 이상인 것

2016년도 제2회

01 [보기]와 같은 반응에 의하여 수소를 제조하는 공업적 제조법 명칭을 쓰시오.

| 보기 |

$$CmHn + mH_2O \rightarrow mCO + (\frac{2m+n}{2})H_2$$

해설 **석유분해법의 수증기 개질법**

탄화수소 중 메탄에서 나프타 유분(비점 205℃ 이하)까지 원료로 사용할 수 있다. 토프소우법은 C_1~C_4 탄화수소를 원료로 하며, ICI법은 나프타를 원료로 한다. 탈황분이 3~5ppm이 될 때까지 충분히 탈황된 나프타를 수증기와 혼합하여 니켈계의 촉매상을 통하게 함으로써 다음의 반응이 일어난다.

$$C_mH_n + mH_2O \rightarrow mCO + (\frac{2m+n}{2})H_2$$

이것을 동시에

$CO + 3H_2 \rightleftharpoons CH_4 + H_2O$

$CO + H_2O \rightleftharpoons CO_2 + H_2$의 반응도 일어난다.

해답 석유분해법의 수증기 개질법

02 도시가스 공급시설에 설치되는 정압기(governer)의 기능을 3가지 쓰시오.

해답 **정압기(governer)의 기능**

① 가스의 공급압력이 극히 제한된 영역에서 고압에서 중압으로 중압에서 저압으로 감압한다.

② 가스기구에 알맞은 적당한 압력으로 감압하여 공급한다.

③ 1차 유량 및 부하유량의 변동에 관계없이 2차 압력을 일정한 압력으로 유지한다.

03 가스액화 분리장치의 구성요소를 3가지 쓰시오.

해설 **가스액화 분리장치**

가스액화 분리장치는 저온도에서 정류, 분축, 흡수 등의 조작에 의해 기체를 분리하는 장치로서 한냉 발생장치, 정류(분축, 흡수)장치, 불순물 제거장치로 구한다.

① 한냉 발생장치 : 냉동사이클, 가스액화 사이클의 응용으로 가스액화 분리장치의 열손실을 방지하고, 액화가스를 채취할 때에는 그것에 필요한 한냉을 보급하는 장치로서 냉매는 여러 가지가 있으나 공기액화 분리장치는 분리되는 공기 그 자체가 냉매이다.

② 정류(분축, 흡수)장치

원료가스를 저온에서 분리, 정제하는 장치이며 목적에 따라 선정된다.

③ 불순물 제거장치

저온도가 되면 동결하는 원료가스 중의 수분, 탄산가스 등을 제거하기 위해서이다.

해답 ① 한랭 발생장치 ② 정류장치
③ 불순물 제거장치

04 가스사용시설에 사용하는 콕의 종류를 3가지 쓰시오.

해답 **콕의 종류**
① 퓨즈콕
② 상자콕
③ 호스주물 연소기용 노즐콕
④ 업무용 대형 연소기용 노즐콕

05 방사선투과검사 시 촬영된 투과사진의 감도(상질) 및 검사방법의 적정성을 알아보기 위해 사용하는 것으로 시험체와 같은 재질의 것을 사용하여야 하며, 촬영할 때 반드시 시험체의 표면에 붙이고 촬영하는 것을 무엇이라 하는지 쓰시오.

해설 **투과도계**
IQI는 투과도계라 불리며, 촬영된 투과사진으로 감도, RT 검사방법의 적합성을 확인하기 위해 사용하는 시험편으로 상질지시기(Image Quality Indicator)라 한다. 즉, 촬영한 필름의 상질이 요구하는 기준 이상이 되었는지를 판단하는 기준이다.

해답 투과도계

06 전기방식법의 종류를 4가지 쓰시오.

해설 **전기방식 및 전기방식법의 종류**
1) **"전기방식(電氣防蝕)"**이라 함은 배관 등의 외면에 전류를 유입시켜 양극반응을 저지함으로써 배관 등의 전기적 부식을 방지하는 것을 말한다.
2) **"희생양극법(犧牲陽極法)"**이라 함은 지중 또는 수중에 설치된 양극금속과 매설배관 등을 전선으로 연결하여 양극금속과 매설배관 등 사이의 전지작용에 의하여 전기적 부식을 방지하는 방법을 말한다.
3) **"외부전원법(外部電源法)"**이라 함은 외부직류 전원장치의 양극(+)은 매설배관 등이 설치되어 있는 토양이나 수중에 설치한 외부 전원용 전극에 접속하고, 음극(−)은 매설배관 등에 접속시켜 전기적 부식을 방지하는 방법을 말한다.
4) **"배류법(排流法)"**이라 함은 매설배관 등의 전위가 주위의 타금속 구조물의 전위보다 높은 장소에서 매설배관 등과 주위의 타금속 구조물을 전기적으로 접속시켜 매설배관 등에 유입된 누출전류를 복귀시킴으로서 전기적 부식을 방지하는 방법을 말한다.

해답 **전기방식법의 종류**
① 희생양극법(또는 유전양극법, 전기양극법)
② 외부전원법
③ 선택배류법
④ 강제배류법

07 내압시험압력 및 기밀시험압력의 기준이 되는 압력으로서 사용 상태에서 해당설비 등의 각 부에 작용하는 최고사용압력을 의미하는 것을 쓰시오.

해설 **상용압력의 정의**
"상용압력"이란 내압시험압력 및 기밀시험압력의 기준이 되는 압력으로서 사용 상태에서 해당설비 등의 각부에 작용하는 최고사용압력을 말한다.

해답 상용압력

참고 **압력의 정의**
① "설계압력"이란 고압가스용기 등의 각부의 계산두께 또는 기계적 강도를 결정하기 위해 설계된 압력을 말한다.
② "최고충전압력"이란 21℃에서 통상 충전압력(20.7MPa)의 1.0배 압력 또는 57℃에서 통상 충전압력의 1.25배 압력을 말한다.

08 직류전철 등에 의한 누출전류의 영향을 받는 배관에 적합한 전기방식법의 명칭을 쓰시오.

해설 "배류법(排流法)"이라 함은 매설배관 등의 전위가 주위의 타금속 구조물의 전위보다 높은 장소에서 매설배관 등과 주위의 타금속 구조물을 전기적으로 접속시켜 매설배관 등에 유입된 누출전류를 복귀시킴으로서 전기적 부식을 방지하는 방법을 말한다.

해답 배류법

09 내용적 50L의 고압용기에 0℃에서 100atm으로 산소가 충전되어 있다. 이 가스 3kg을 사용하였다면

압력(atm)은 얼마인지 계산하시오. (단, 온도변화는 없는 것으로 본다.)

해설 **산소 3kg 사용 후 용기 내 압력(atm)**

- **최초 산소충전 질량(M)**

$PV = \frac{W}{M}RT$

여기서, 충전질량$(W) = \frac{PVM}{RT}$

충전질량$(W) = \frac{100 \times 50 \times 32}{0.082 \times 273}$

$= 7147.324 \fallingdotseq 7147.32(g)$

- **산소 3kg 사용 후 용기 내 산소 충전질량(W)**
최초 산소충전 질량(W) − 산소가스 사용량
=7147.32−3000=4147.32(g)
- **산소 3kg 사용 후 용기 내 압력(atm)**

$PV = \frac{W}{M}RT$

여기서, 충전압력$(P) = \frac{WRT}{VM}$

충전압력(P)

$= \frac{(7147.32 - 3000) \times 0.082 \times 273}{50 \times 32}$

$= 58.026 \fallingdotseq 58.03(atm)$

해답 58.03(atm)

10

490kg의 LNG(액비중 0.49, CH_4 90%, C_2H_6 10%)를 1기압 20℃에서 기화시키면 부피는 몇 m^3가 되는지 구하시오.

해설 **이상기체 상태식 이용**

- $PV = \frac{W}{M}RT$에서 부피$(V) = \frac{WRT}{PM}$
- 부피(V)

$= \frac{460kg \times 0.082 atm \cdot m^3/kmol \cdot K \times (10+273)K}{1atm \times (16 \times 0.9 + 30 \times 0.1)kg/Kmol}$

$= 676.59[m^3]$

해답 부피(V)

$= \frac{460kg \times 0.082 atm \cdot m^3/kmol \cdot K \times (10+273)K}{1atm \times (16 \times 0.9 + 30 \times 0.1)kg/Kmol}$

$= 676.59[m^3]$

11

산소충전 용기에 산소를 30℃에서 120atm으로 충전한 후 온도를 점차 상승시켰더니 안전밸브가 작동하여 가스가 분출되었다. 이때의 온도(℃)를 구하시오.

해설 **안전밸브 작동온도**

① 산소용기 안전밸브 작동압력(P_2)

- $P_2 = \text{최고충전압력} \times \frac{5}{3} \times 0.8$
- $P_2 = 120 \times \frac{5}{3} \times 0.8 = 160[atm]$

② 안전밸브 작동온도(보일−샤를의 법칙 적용)

① 30℃ 120atm

② x 160MPa

- $\frac{P_1 V_1}{T_1} = \frac{P_2 V_2}{T_2}$ [체적(V) 일정]
- $T_2 = \frac{P_2 \times T_1}{P_1} = \frac{160 \times (30+273)}{120}$

$= 404[K] - 273 = 131[℃]$

해답 $T_2 = \frac{120 \times \frac{5}{3} \times 0.8 \times (30+273)}{120}$

$= 404[K] - 273 = 131[℃]$

12

염공(炎孔)이 갖추어야 할 조건을 4가지 쓰시오.

해답 **염공의 구비 조건**

① 모든 염공에 빠르게 불이 옮겨서 완전히 점화될 것

② 불꽃이 염공 위에 안전하게 형성될 것

③ 가열불에 대하여 배열이 적정할 것

④ 먼지 등이 막히지 않고 청소가 용이할 것

⑤ 버너의 용도에 따라 여러 가지 형식의 염공이 사용될 수 잇을 것

13

상자콕 구조에 대한 설명 중 (   )안에 알맞은 용어를 쓰시오.

| 보기 |

가스유로를 핸들, 누름, 당김 등의 조작으로 개폐하고, (①)가 부착된 것으로서 밸브 핸들이 반개방 상태에서도 가스가 차단되어야 하며, (②)과(와) 퀵카플러를 연결하는 구조이다.

해설 **상자콕(Box Cock)**
상자콕은 퀵카플러 안전기구와 과류차단안전기구가 부착된 것으로 배관과 퀵카플러를 연결하는 구조이다.

해답 ① 과류차단 안전기구 ② 배관

참고 **가스콕(Gas Cock)의 용도**
① **호스콕**(Hose Cock)
호스콕은 가스유로를 볼로 개폐하는 것이며 배관과 호스 또는 호스와 호스를 연결하는 구조로서 볼밸브와 같은 구조이다.
② **퓨즈콕**(Fuse Cock)
퓨즈콕은 과류차단안전기구가 부착된 것으로서, 배관과 호스 또는 배관과 퀵카플러를 연결하는 구조이다.
③ **상자콕**(Box Cock)
상자콕은 퀵카플러 안전기구와 과류차단안전기구가 부착된 것으로 배관과 퀵카플러를 연결하는 구조이다.

14 가연성 가스 또는 독성 가스의 고압가스 설비 중 특수반응설비와 긴급차단장치를 설치한 고압가스 설비에 이상 사태가 발생하는 경우에 그 설비 안의 내용물을 설비 밖으로 긴급하고도 안전하게 처리할 수 있는 방법을 4가지 쓰시오.

해답 ① 플레어스택에서 안전하게 연소시킨다.
② 안전한 장소에 설치되어 있는 저장탱크 등에 임시 이송한다.
③ 벤트스택에서 안전하게 방출시킨다.
④ 독성가스는 제독조치 후 안전하게 폐기시킨다.

15 정압기의 특성 중 사용최대차압에 대하여 설명하시오.

해답 **사용최대차압**
메인밸브(Main Valve)에는 1차 압력과 2차 압력의 차압이 작용하여 정압성능에 영향을 주지만 이것이 실용적으로 사용가능한 범위에서 최대가 되었을 때의 차압을 사용최대 차압이라 한다.

2016년도 제4회

01 TLV-TWA와 TLV-STEL에 대하여 설명하시오.

해답 **독성가스 허용농도**
① TLV-TWA : 시간가중치로서 거의 모든 노동자가 1일 8시간 또는 주40시간의 평상 작업에 있어서 악 영향을 받지 않는다고 생각되는 농도로서 시간에 중점을 둔 유해 물질의 평균농도이다.
② TLV-STEL : 단시간에 있어서의 노출 한계치로서 노동자가 15분간 연속하여 노출되어도 자극, 만성적인 조직변화, 작업능률의 실질적인 저하 등을 초래하는 정도의 마취 상태 등을 일으키지 않는 유해물질의 최고 농도이다.

02 LP가스 충전소 안의 건축물 외벽에 설치하는 유리창의 유리 재료를 2가지 쓰시오.

해설 가스설비설치실을 설치하는 경우에는 유리를 제외한 불연재료(지붕은 가병운 불연재료)를 사용하고, 가스설비설치실·사무실 등 충전소 안의 건축물 또는 충전소 주유소 겸용 사무실의 외벽에 설치하는 모든 창은 다음에 따른 유리로 한다.
(1) KSL 2002(강화유리 : Tempered Glass)
(2) KSL 2004(접합유리 : Laminated Glass)
(3) KSL 2006(망입유리 : Wire Glass)
(4) 공인시험기관의 시험결과 이와 같은 수준 이상의 유리

해답 ① 강화유리 ② 접합유리
③ 망입유리

03 CaC_2 1kg을 25℃, 1기압 상태에서 1L 물에 넣으면 아세틸렌은 몇 L 생성되는지 계산하시오. (단, Ca의 원자량은 40이다.)

해설 **카바이드에 의한 아세틸렌 생성량(L)**
1) **표준상태(0℃, 1atm)에서의 아세틸렌 생성부피 계산**
반응식 : $CaC_2 + 2H_2O \rightarrow Ca(OH)_2 + C_2H_2$
(탄화칼슘) (물) (수산화칼슘) (아세틸렌)
$64(g) : 22.4(L) = 1000(g) : x$

$$x = \frac{22.4 \times 1000}{64} = 350(L)$$

2) 25℃, 1atm에서의 아세틸렌 생성부피 계산 (샤를의 법칙 적용)

① 0℃ 350L

② 25℃ x

$$\frac{V_1}{T_1} = \frac{V_2}{T_2} \text{에서, } V_2 = \frac{V_1 T_2}{T_1}$$

$$= \frac{350 \times (25+273)}{273} = 382.05(L)$$

해답 $V_2 = \dfrac{\left(\dfrac{22.4 \times 1000}{64}\right) \times (25+273)}{273}$

$= 382.05(L)$

04 고압가스 운반차량 등록대상 4가지를 쓰시오.

해설 **고압가스 운반자의 등록 대상범위 등**

법 제5조의4제2항에 따른 고압가스 운반자의 등록 대상범위는 다음 각 호의 어느 하나에 해당하는 차량(이하 "고압가스운반차량"이라 한다)으로 고압가스를 운반하는 것으로 한다.

1. 허용농도가 100만분의 200 이하인 독성가스를 운반하는 차량
2. 차량에 고정된 탱크로 고압가스를 운반하는 차량
3. 차량에 고정된 2개 이상을 이음매가 없이 연결한 용기로 고압가스를 운반하는 차량
4. 다음 각 목의 어느 하나에 해당하는 자가 수요자에게 용기로 고압가스를 운반하는 차량. 다만, 접합용기 또는 납붙임용기로 고압가스를 운반하거나 스킨스쿠버 등 여가 목적의 장비에 사용되는 충전용기로 고압 가스를 운반하는 경우 해당 차량은 제외한다.
   가. 법 제4조제1항 또는 제2항에 따른 고압가스 제조허가를 받거나 신고를 한 자
   나. 법 제4조제3항에 따른 고압가스 판매허가를 받은 자
   다. 법 제5조의3에 따른 고압가스 수입업자의 등록을 한 자
5. 다음 각 목의 어느 하나에 해당하는 자가 수요자에게 용기로 액화석유가스를 운반하는 차량. 다만, 「자동차관리법」 제3조제1항 제5호에 따른 이륜자동차를 이용하여 액화석유가스를 운반하는 경우 해당 이륜자동차는 제외한다.
   가. 「액화석유가스의 안전관리 및 사업법 시행령」(이하 이 조에서 "영"이라 한다) 제3조제1항제1호가목에 따른 용기 충전 사업자
   나. 영 제3조제1항제1호라목에 따른 가스 난방기용기 충전사업자
   다. 영 제3조제1항제4호에 따른 액화석유가스 판매사업자
6. 산업통상자원부령으로 정하는 탱크컨테이너로 고압가스를 운반하는 차량

해답 **고압가스 운반차량 등록대상**

① 허용농도가 100만분의 200 이하인 독성가스를 운반하는 차량

② 차량에 고정된 탱크로 고압가스를 운반하는 차량

③ 차량에 고정된 2개 이상을 이음매가 없이 연결한 용기로 고압가스를 운반하는 차량

④ 산업통상자원부령으로 정하는 탱크컨테이너로 고압가스를 운반하는 차량

05 펌프 중심에서 아래로 5m에 있는 물을 21m 높이에 $0.8m^3/min$으로 송출할 경우 축동력(KW)을 계산하시오.(단, 펌프의 효율은 80%이고 관로의 전손실수두는 4m이다.)

해설 **펌프의 축동력(L)**

- $kw = \dfrac{\gamma \times H \times Q}{102 \times 60 \times \eta}$

여기서 γ : 액체의 비중량(kg/m³),
H : 전양정(H)
Q : 유량(m³/min),
η : 전효율

- $P_S = \dfrac{1000(kg/m^3) \times (5+21+4)(m) \times 0.8(m^3/min)}{102(kg\text{-}m/s) \times 60(s/min) \times 0.8}$

$= 4.90(kw)$

해답 $P_S = \dfrac{1000(kg/m^3) \times (5+21+4)(m) \times 0.8(m^3/min)}{102(kg\text{-}m/s) \times 60(s/min) \times 0.8}$

$= 4.90(kw)$

06 LP가스 강제기화 방식 중 생가스 공급방식에 대하여 설명하시오.

해설 **생가스 공급방식**

생가스 공급방식은 기화기(베이퍼라이저)에 의해 기화된 가스를 그대로 공급하는 방식으로 부탄의 경우 온도가 0℃ 이하가 되면 재액화할 우려가

있어 배관을 보온처리하여 재액화를 방지해야 한다.

해답 기화기에서 기화된 가스를 그대로 공급하는 방식이다.

참고 **액화석유가스(LPG)의 강제기화방식**

용기 또는 탱크에서 액체의 LP가스를 도관을 통하여 기화기에 의해서 기화하는 방식으로 생가스 공급방식, 공기혼합가스 공급방식, 변성가스 공급방식이 있다.

07 화학평형에서 계의 상태를 결정하는 변수인 온도, 압력, 성분, 농도 등의 조건을 변화 시키면 그 계는 변화에 의하여 생기는 영향이 될 수 있는 대로 적게 하는 방향으로 진행되어 새로운 평형상태를 형성하는 법칙을 무엇이라 하는지 쓰시오.

해설 **르샤틀리에의 법칙**

르샤틀리에의 원리(Le Chatelier′s principle)는 "어떤 가역반응의 평형상태가 외부 작용에 의해 변하면 그 외부 작용의 효과를 줄이는 방향으로 평형이 이동하여 새로운 평형상태에 도달한다"는 원리로, '화학 평형이동의 법칙'이라고 한다. 화학 평형 상태에 있는 반응에 외부 조건을 변화시켰을 때, 어떤 반응이 일어날지 예측할 때 이용한다. 어떤 가역반응이 화학 평형상태에 있을 때 반응물 또는 생성물의 농도, 온도, 부피, 부분 압력 등을 변화시키면 반응의 화학 평형상태는 깨지고 화학 반응이 일어난다. 반응의 방향은 주어진 조건의 변화를 없애려는 방향으로 진행되어 결국 다시 화학 평형상태를 이루게 된다.

해답 르샤틀리에의 법칙

08 고압가스 제조시설에 설치하는 플레어스택(flare stack)의 설치 목적을 쓰시오.

해답 가연성가스의 설비에서 이상 사태가 발생한 경우 긴급이송장치에서 이송되는 가연성가스를 대기 중에 분출할 때 공기와 혼합하여 폭발성 혼합기체가 형성되지 않도록 연소시켜 대기로 안전하게 방출한다.

09 정압기를 평가 선정할 경우 각 특성이 사용조건에 적합하도록 정압기를 선정하여야 한다. 이때 정압기를 선정할 때 고려해야할 사항을 4가지 쓰시오.

해답 **정압기의 특성**

① 정특성 ② 동특성
③ 유량특성 ④ 사용 최대 차압
⑤ 작동 최소 차압

10 아세틸렌을 용기에 충전할 경우 사용하는 다공물질의 구비조건을 4가지 쓰시오.

해답 **다공질물의 구비조건**

① 안정성이 있을 것
② 가스충전이 쉬울 것
③ 가스방출이 쉬울 것
④ 화학적으로 안정할 것
⑤아세톤이 고루 침윤될 것
⑥ 값이 저렴할 것

참고 **다공질물의 종류**

규조토, 점토, 목탄, 석회, 산화철, 탄산마그네슘, 석면, 다공성플라스틱

11 자연 급배기(BF) 보일러와 강제 급배기식(FF) 보일러는 밀폐식과 반밀폐식으로 구분 할 경우 어디에 해당하는지 쓰시오.

해설 **급·배기방식에 따른 가스보일러의 분류**

구분		내용
개방식		연소용 공기를 실내에서 취하고, 연소배기가스는 옥내로 배출하는 방식
반밀폐식	자연배기식(CF)	연소용 공기를 실내에서 취하고, 연소배기가스를 배기통을 사용해서 자연통풍력에 의해서 실외로 배출하는 방식
	강제배기식(FE)	연소용 공기를 실내에서 취하고, 연소배기가스를 배기팬을 사용해서 강제적으로 실외로 배출하는 방식
밀폐식	자연급·배기식(BF)	급배기통을 외기에 접하는 벽을 관통하여 실외로 내보내고 자연통풍력에 의해서 복도에 급배기를 시키는 방식(약효 : BF-W)
		급배기통을 전용 급배기통(chamber) 내에 접속하고, 자연 통풍력에 의해서 복도에 급배기를 시키는 방식 (약효 : BF-C)
		급배기통을 공용 급배기통(U 덕트 또는 SE덕트) 내에 접속하고, 자연통풍력에 의해서 급배기를 시키는 방식 (약효 BF-D)

구분		내용
밀폐식	강제급·배기식(FF)	급배기통을 외기에 접하는 벽을 관통하여 실외로 내보내고, 팬의 의해서 강제적으로 급배기를 시키는 방식

해답 밀폐식

12 고압장치의 상용압력이 10MPa일 경우 안전밸브의 최고 작동압력은 얼마인지 쓰시오.

해설 **고압장치의 안전밸브 작동압력**

• 고압장치의 안전밸브 작동압력

$=$내압시험압력$\times \dfrac{8}{10}$

$=$상용압력$\times 1.5 \times \dfrac{8}{10}$

• 안전밸브 작동압력

$=10 \times 1.5 \times \dfrac{8}{10}=10(\text{MPa})$

해답 안전밸브 작동압력$=10 \times 1.5 \times \dfrac{8}{10}=10(\text{MPa})$

13 연소기의 소화안전장치 종류를 2가지 쓰시오.

해설 **연소기의 소화안전장치**

① 소화안전장치 : 연소기구 사용 중에 가스 공급이 중단 또는 불꽃 검지부에 고장이 생겼을 때 자동으로 가스 밸브를 닫히게 하여 생가스가 유출되는 것을 방지하는 안전장치이다.

② 종류

(가) 열전대식 : 열전대의 원리를 이용한 것으로 열전대가 가열되어 기전력이 발생되면서 전자밸브가 개방된 상태가 유지되고, 소화된 경우에는 기전력 발생이 감소되면서 스프링에 의해서 전자 밸브가 닫혀 가스를 차단하는 것으로 가스레인지 등에 적용한다.

(나) 광전관식 : 불꽃의 빛을 감지하는 센서를 이용한 방식으로 연소 중에는 전자밸브를 개방시키고 소화 시에는 전자밸브를 닫히도록 한 것이다.

(다) 플레임 로드(flame rod)식 : 불꽃의 도전성에 의한 정류성을 이용하여 불꽃을 감지하는 방식으로 대용량의 연소기에 사용하는 방식이다.

해답 **소화안전장치의 종류**

① 열전대식　② 광전관식

③ 플레임 로드식

14 가스용 냉난방기에 사용하는 흡수제의 명칭을 쓰시오.

해설 **흡수식 냉동기의 냉매와 흡수제**

냉매	흡수제(용매)
암모니아(NH_3)	물
물(수증기)	브롬화리튬(LiBr)
톨루엔	파라핀유

해답 브롬화리튬

15 안전성 평가기법을 4가지 쓰시오.

해설 **안전성 평가기법**

① 정량적 평기기법 :
작업자 실수분석기법, 결함수분석기법, 원인결과 분석기법, 사건수 분석기법,

② 정성적 평가기법 :
체크리스트기법, 위험과 운전분석기법, 사고예상 질문분석기법

해답 **안전성 평가기법**

① 작업자 실수분석기법
② 결함수분석기법
③ 원인결과 분석기법
④ 사건수 분석기법
⑤ 체크리스트기법
⑥ 위험과 운전분석기법
⑦ 사고예상 질문분석기법

2017년도 제1회

01 액화암모니아의 공급방식을 3가지 쓰시오.

해답 **액화암모니아의 공급방식**

① 충전용기에 의한 방법
② 자동차에 고정된 탱크
③ 배관에 의한 방법

02 프로판을 이론공기량으로 완전연소 할 경우 혼합 가스 중 프로판의 농도(v/v%)는 얼마인지 계산하시오. (단, 공기 중 산소와 질소의 체적비는 21 : 79이다.)

해설 **혼합가스 중 프로판의 농도(v/v%)**

- 프로판 완전연소 반응식 :

$C_3H_8 + 5O_2 \rightarrow 3CO_2 + 4H_2O$

- 프로판과 공기 혼합가스 중 프로판의 농도(%)

$$프로판의\ 농도(\%) = \frac{프로판의\ 양}{혼합가스의\ 양} \times 100$$

프로판의 농도(%)

$$= \frac{22.4}{22.4 + \left(\frac{5 \times 22.4}{0.21}\right)} \times 100 = 4.03(\%)$$

해답 프로판의 농도(%)

$$= \frac{22.4}{22.4 + \left(\frac{5 \times 22.4}{0.21}\right)} \times 100 = 4.03(\%)$$

03 도시가스 제조법 중 수증기 개질법으로 일정 압력, 일정 온도 상태에서 수증기비가 증가하면 CH_4, CO는 감소하고 H_2, CO_2가 많은 가스가 생성하는 이유를 화학식을 이용하여 설명하시오.

해답 나프타(탄화수소)를 이용한 수증기 개질법에서 탄화수소와 수증기 간의 반응식은 다음과 같다.

$A(C_mH_n) + B(H_2O) \rightarrow C(H_2) + D(CO)$
$+ E(CO_2) + F(CH_4) + G(C) + H(H_2O)$

여기서 최종적으로 발생가스의 조성은 다음 3가지 식의 평형관계에 의하여 결정된다.

$CO + H_2O \Leftrightarrow CO_2 + H_2$: 발열반응……①

$CO + 3H_2 \Leftrightarrow CH_4 + H_2O$: 발열반응……②

$2CO + 2H_2 \Leftrightarrow CO_2 + CH_4$: 발열반응……③

수증기비가 증가하면 발생가스 중 H_2O의 분압이 증가한다. 따라서 ①식은 우방향으로, ②식은 좌방향으로 진행하기 쉽게 되며, CO_2 및 H_2는 증가하고 CH_4 및 CO는 감소한다.

04 고압장치에 설치하는 안전밸브에 대한 다음 물음에 답하시오.

(1) 안전밸브를 제조하려는 자가 안전밸브를 검사하기 위하여 갖추어야 할 검사설비 중 계측기의 종류를 2가지 쓰시오.

(2) 가연성 가스 및 독성 가스에 사용할 수 없는 안전밸브를 쓰시오.

해설 **안전밸브를 제조하려는 자가 갖추어야 할 검사설비**

① 초음파 두께 측정기, 나사 게이지, 버니어 캘리퍼스 등 두께 측정기
② 내압시험설비
③ 기밀시험설비
④ 표준이 되는 압력계
⑤ 표준이 되는 온도계
⑥ 그 밖에 검사에 필요한 설비 및 기구

해답 (1) ① 초음파 두께 측정기, 나사 게이지, 버니어 캘리퍼스 등 두께 측정기
② 표준이 되는 압력계
③ 표준이 되는 온도계
(2) 개방형 안전밸브

05 공업용 고압가스 충전용기의 외면 도색 색상을 쓰시오.

(1) 수소 : (2) 액화탄산가스 :
(3) 아세틸렌 : (4) 액화염소 :

해설 **용기의 도색**

(1) 공업용 용기의 도색

가스의 종류	도색의 구분	가스의 종류	도색의 구분
액화석유가스	회색	액화암모니아	백색
수소	주황색	액화염소	갈색
아세틸렌	황색	액화탄산가스	청색
산소	녹색	그밖의 가스	회색

(2) 의료용 용기의 도색

가스의 종류	도색의 구분	가스의 종류	도색의 구분
산소	백색	질소	흑색
액화탄산가스	회색	아산화질소	청색
헬륨	갈색	싸이크로프로판	주황색
에틸렌	자색	그 밖의 가스	회색

해답 (1) 주황색 (2) 황색
(3) 청색 (4) 갈색

06 용접부에 대하여 실시하는 비파괴 검사방법의 종류를 4가지 쓰시오.

해설 **비파괴 검사의 종류**

1) 음향검사
테스트햄머를 사용하여 가볍게 물건을 두들기고 음향에 의해 결함의 유무를 판단하는 방법으로 검사자에 따라 개인차가 있으며 결과의 기록이 되지 않는다.

2) 초음파 탐상시험(Ultrasonic testing)
초음파검사법은 초음파(보통 0.5~15MC)를 피 검사물의 내부에 침입시켜 내부의 결함과 불균일층의 존재 여부를 검사하는 시험으로 대표적인 검사법에는 투과법, 펄스반사법, 공진법이 있다.

3) 침투 탐상시험(Liquid penetrant testing)
침투검사는 표면에 개구된 미소한 균열, 적은 구멍, 슬러그 등을 검출하는 방법이며 널리 철, 비철의 각 재료에 적용되며 특히 자기검사가 이용되지 않는 비자성재료에 많이 사용된다. 또 철강의 용접부에서도 형상이 복잡하고 자기검사가 곤란한 곳에서나 전원이 없는 때에도 이용된다.

4) 자분 탐상시험(Magnetic particle testing)
자분검사는 자기검사의 한 방법이며 피검사물을 자화한 상태에서 표면 또는 표면에 가까운 손상에 의해 생기는 누설자속을 사용하여 검출하는 방법이다.
육안으로는 검지할 수 없는 결함(균열, 손상, 개재물, 편석, 블로우호울 등)을 검지할 수 있으나 오스테나이트계 스테인레스 강등의 비자성체에는 적용되지 않는다. 결함에 의해 누설자속이 생긴 장소에 도자성(磁道性)이 높은 미세한 자성체분말자분을 살포하면 자분이 결함부에 응집흡인되어 손상 등의 위치가 육안으로 검지된다.

5) 방사선 투과시험(Radiographic testing)
방사선으로 X선이나 γ선을 투과하여 결함의 유무를 확인하는 시험으로 용접부결함 검사에 널리 사용되고 있는 비파괴 검사법이다. X선이나 γ선을 투과하면 필름에 의해 결함의 모양, 크기 등을 관찰할 수 있고 결과의 기록이 가능하다.

해답 ① 음향검사 ② 초음파검사
③ 침투검사 ④ 자기검사
⑤ 방사선투과검사

07 고압가스설비의 내진설계 기준에서 평균재현주기 500년 지진지반운동수준에 대한 평균재현주기별 지반운동수준의 비로 나타내는 것을 무엇이라 하는지 쓰시오.

해답 위험도계수

참고 **고압가스설비의 내진설계 기준에서 용어의 정의**

① "내진 특등급"이라 함은 그 설비의 손상이나 기능상실이 사업소 경계밖에 있는 공공의 생명과 재산에 막대한 피해를 초래할 수 있을 뿐만 아니라 사회의 정상적인 기능 유지에 심각한 지장을 가져올 수 있는 것을 말한다.
② "내진 1등급"이라 함은 그 설비의 손상이나 기능상실이 사업소 경계밖에 있는 공공의 생명과 재산에 상당한 피해를 초래할 수 있는 것을 말한다.
③ "내진 2등급"이라 함은 그 설비의 손상이나 기능상실이 사업소 경계밖에 있는 공공의 생명과 재산에 경미한 피해를 초래할 수 있는 것을 말한다.

08 메탄(CH_4)을 주성분으로 하는 발열량이 12000kcal/Nm^3인 가스에 공기를 희석하여 3600kcal/Nm^3로 변경하려고 할 경우 공기희석이 가능한지 설명하시오.

해설 **공기희석 가능 여부 판단**

① 발열량 변화에 필요한 공기량(x)

• $\Delta_Q = \dfrac{Q}{1+x}$ 식에서

$$\text{공기량}(x) = \frac{Q}{\Delta Q} - 1$$

• $\text{공기량}(x) = \dfrac{12000}{3600} - 1 = 2.33(\text{m}^3)$

② 혼합가스 중 메탄의 부피(%)

• $V = \dfrac{1}{1+2.33} \times 100 = 30.33(\%)$

※ 메탄의 공기 중 폭발범위는 5~15(%) 인데 현재 공기 중 메탄가스의 농도가 30.33%로서 폭발범위를 벗어나므로 희석이 가능하다.

해답 희석이 가능하다.

09 보기에서 설명하는 전기방식법의 명칭은 무엇인지 쓰시오.

| 보기 |

지중 또는 수중에 설치된 양극(anode)금속과 매설배관(cathode : 음극)등을 전선으로 연결하여 양극금속과 매설배관 등 사이의 전지작용(고유 전위차)에 의하여 전기적 부식을 방지하는 방법이다.

해설 "희생양극법(犧牲陽極法)"이라 함은 지중 또는 수중에 설치된 양극금속과 매설배관 등을 전선으로 연결하여 양극금속과 매설배관 등 사이의 전지작용에 의하여 전기적 부식을 방지하는 방법을 말한다.

해답 희생양극법

10 액화천연가스(LNG) 기화기의 종류를 3가지 쓰시오.

해설 **액화천연가스 기화장치의 종류**

① 개방형 기화기(Open Rack Vaporizer)
해수를 가열원으로 사용하는 것으로써 해상 수송형의 LNG 수입기지에 적합하다. 기화기는 여러 개의 핀튜브로 된 판넬과 판넬의 양쪽 측면에 해수를 유입시켜 기화시킨다.

② 잠수형 기화기
(Submerged Combustion Vaporizer)
액 중 연소를 이용한 기화기로써 연소가스는 수소 내에서 열교환기의 하부로 고속 분출하며 연소가스를 포함한 물은 에어리프트(Air Lift)에 의해 열교환기 층을 상승하는 운동을 발생한다.

③ 중간매체식 기화기
(Inter mediate fluid Vaporizer)
해수와 LNG의 사이를 중간열매체(프로판)을 개입시켜 열교환하는 것으로서 해수에 의해 가열된 프로판액은 증발하여 LNG 열교환에 달하여 LNG에 열량을 부여한 후 응축, 액화된다.

해답 ① 개방형 기화기 ② 잠수형 기화기
③ 중간매체식 기화기

11 분젠식 연소기에서 발생할 수 있는 불꽃의 이상 연소현상을 3가지 쓰시오.

해설 **연소 시 발생하는 이상연소**

① 역화(Flash Back)
가스의 연소속도가 염공의 가스 유출속도보다 크게 되거나 연소속도는 일정해도 가스의 유출속도가 작게 되었을 경우 불꽃(염)이 염공(炎孔)에서 버너 내부로 침입하여 노즐의 선단에서 연소하는 현상으로 분젠식 및 전일차 공기식 연소방식에서 나타나는 현상이다.

② 선화(Lifting : 리프팅)
리프팅 현상은 역화의 반대현상으로서 염공으로부터의 가스 유출속도가 연소속보다 크게 된 경우 불꽃이 염공에 접하여 연소하지 않고 염공을 떠나서 연소하는 현상으로 편화라고도 하며 이 현상은 연소속도가 느린 가스 연소 시 발생하기 쉽다.

③ 블로우 오프(Blow off) 현상
염공에서의 불꽃의 주위 특히, 불꽃의 기저부에 대한 공기의 움직임이 세어지면 불꽃이 염공에서 떨어져 꺼져버리는 현상

④ 황염(Yellow Tip)
염(炎)의 선단이 적황색으로 되어 있는 현상을 황염(Yellow Tip)이라한다. 이 현상은 연소반응의 도중에 탄화수소가 열분해하여 탄소입자가 발생하여 미연소된 상태로 적열되어 적황색으로 빛나고 있는 것으로 연소반응이 충분한 속도로 진행하지 않고 있다는 것을 알 수 있다.

해답 ① 역화 ② 선화
③ 블로우 오프 ④ 황염

12 음식점에서 사용하는 연소기구의 수량과 가스 소비량이 [보기]의 조건과 같을 경우 월사용 예정량을 계산하시오.

| 보기 |

- 가스레인지 : 33000kcal/h, 1대
- 가스 밥솥 : 16000kcal/h, 1대
- 가스용 온수보일러 : 53000kcal/h, 2대
- 오븐 레인지 : 23000kcal/h, 1대

해설 **월사용예정량의 산정기준**

특정가스사용시설에 해당 여부의 판단기준이 되는 월사용예정량은 그 가스사용시설의 설치환경에 따라 그 가스사용시설에 설치된 연소기의 도시가스 소비량을 기초로 다음 기준에 따라 산출할 것

1) 가스사용시설의 월사용예정량은 다음 계산식에 따라 산출할 것

$$Q = \frac{(A \times 240) + (B \times 90)}{11000}$$

위 계산식에서 사용한 기호는 각각 다음과 같은 사항을 표시한다.

Q : 월 사용예정량(단위 : m^3)

A : 산업용으로 사용하는 연소기의 명판에 적힌 도시가스 소비량의 합계(단위 : kcal/h)

B : 산업용이 아닌 연소기의 명판에 적힌 도시가스 소비량의 합계 (단위 : kcal/h)

$$Q = \frac{\{(33000 \times 1) + (53000 \times 2) + (16000 \times 1)}{11000}$$
$$\frac{+ (23000 \times 1)\} \times 90}{} = 1456.36(m^3)$$

해답 $Q = \frac{\{(33000 \times 1) + (53000 \times 2) + (16000 \times 1)}{11000}$

$\frac{+ (23000 \times 1)\} \times 90}{} = 1456.36(m^3)$

13 LP가스를 자연기화방식으로 사용하는 곳에서 1일 1호당 평균가스 소비량이 0.12kg/day, 소비호수가 200세대, 평균가스 소비율이 18%일 경우 피크 시 가스사용량(kg/h)을 계산하시오.

해설 **피크 시 가스사용량(Q: kg/h)**

- $Q = q \times N \times \eta$
- Q= 1일 1호당 평균가스 소비량×소비호수 ×평균가스 소비율
- $Q = 0.12 \times 200 \times 0.18 = 4.32(kg/h)$

해답 $Q = 0.12 \times 200 \times 0.18 = 4.32(kg/h)$

14 어떤 냉동기에서 0℃의 물로 얼음 4톤을 제조하는 데 100KWh의 일이 소요되었다면 이 냉동기의 성적계수는 얼마인지 계산하시오. (단, 얼음의 융해잠열은 80kcal/kg이다.)

해설 **냉동기의 성적계수(COP)**

$$COP = \frac{\text{냉동능력}(Q_1)}{\text{소요동력}(AW)} = \frac{4000 \times 80}{100 \times 860} = 3.72$$

해답 $COP = \frac{4000 \times 80}{100 \times 860} = 3.72$

15 고압가스 배관의 부식을 억제하는 방법을 4가지 쓰시오.

해답 **배관의 부식을 억제하는 방법**

① 부식환경의 처리에 의한 방법
② 부식억제제에 의한 방법
③ 피복에 의한 방법
④ 전기 방식법

2017년도 제2회

01 다음 [보기]는 기어펌프의 정지 시 조치사항이다. 정지 시의 작업순서를 바르게 나열하시오.

| 보기 |

① 흡입밸브를 서서히 닫는다.
② 전동기의 스위치를 끊는다.
③ 토출밸브를 닫는다.
④ 드레인 밸브를 개방하여 펌프 내부의 액을 빼낸다.

해설 **기어펌프의 정지순서**

① 전동기의 스위치를 끊는다.
② 흡입밸브를 서서히 닫는다.
③ 토출밸브를 닫는다.
④ 드레인 밸브를 개방하여 펌프 내부의 액을 빼낸다.

해답 ② → ① → ③ → ④

참고 **터보펌프 운전 정지순서**

① 송출밸브를 서서히 닫는다.
② 모터를 정지시킨다.
③ 흡입밸브를 닫는다.
④ 드레인밸브를 연다.(펌프의 액 배출)

02 아세틸렌을 2.5MPa 압력으로 충전할 경우 첨가하는 희석제의 종류를 3가지 쓰시오.

해설 충전 중 압력은 온도에 불구하고 2.5(MPa) 이상으로 압축하지 않아야 한다. 다만 2.5(MPa) 이상으로 압축 시에는 분해폭발을 방지하기 위해 희석제를 첨가한다.

※ 희석제 종류 : C_2H_4, CH_4, CO, N_2 등

해답 ① 질소 ② 메탄
③ 일산화탄소 ④ 에틸렌

03 정압기의 특성 중 동특성(動特性)에 대하여 설명하시오.

해답 **정압기의 동특성(응답속도 및 안정성)**
동특성은 부하 변화가 큰 곳에 사용되는 정압기에 대하여 중요한 특성으로서 부하변동에 대한 응답의 신속성과 안정성이 모두 요구된다.

04 고압가스 제조 시 압축금지에 대한 내용 중 ( ) 안에 알맞은 숫자를 넣으시오.

(1) 가연성 가스(아세틸렌, 에틸렌 및 수소 제외)중 산소용량의 전체 용량의 ( )% 이상인 것
(2) 산소 중 가연성 가스(아세틸렌, 에틸렌 및 수소 제외)의 용량이 전체 용량의 ( )% 이상인 것
(3) 아세틸렌, 에틸렌 및 수소 중의 산소용량이 전체 용량의 ( )% 이상인 것
(4) 산소 중 아세틸렌, 에틸렌 및 수소용량의 합계가 전체 용량의 ( )% 이상인 것

해설 **고압가스 제조 시 압축금지**
① 가연성 가스(아세틸렌·에틸렌 및 수소 제외) 중 산소용량이 전용량의 4% 이상의 것
② 산소 중의 가연성 가스(아세틸렌·에틸렌 및 수소 제외)의 용량이 전용량의 4% 이상의 것
③ 아세틸렌·에틸렌 또는 수소중의 산소용량이 전용량의 2% 이상의 것
④ 산소 중의 아세틸렌·에틸렌 및 수소의 용량 합계가 전용량의 2% 이상의 것

해답 (1) 4 (2) 4 (3) 2 (4) 2

05 액화석유가스용기를 실외 저장소에서 보관할 경우 충전용기와 잔가스용기의 보관장소는 얼마 이상의 이격거리를 유지해야 하는지 쓰시오.

해설 **용기에 의한 저장기준**
실외저장소는 그 실외저장소의 안전 확보와 실외저장소에서 가스가 누출되는 경우 재해 확대를 방지하기 위하여 충전용기와 잔가스용기의 보관장소는 1.5m 이상의 간격을 두어 구분하는 등 안전하게 설치하고 필요한 조치를 마련할 것

해답 1.5m

06 나프타(naphtha)의 가스화에 따른 영향을 나타내는 것으로 PONA 치를 사용하는데 각각을 설명하시오.

해답 **나프타의 성질이 가스화에 미치는 영향**
① P : 파라핀계 찬화수소
② O : 올레핀계 탄화수소
③ N : 나프텐계 탄화수소
④ A : 방향족 탄화수소

07 액화석유가스 및 도시가스를 사용하는 연소기에서 발생하는 역화(Flash Back)를 설명하시오.

해답 가스의 연소속도가 염공의 가스 유출속도보다 크게 되거나 연소속도는 일정해도 가스의 유출속도가 작게 되었을 경우 불꽃이 염공에서 버너 내부로 침입하여 노즐의 선단에서 연소하는 현상

참고 **역화(Flash Back)원인**
① 가스의 공급압력이 낮아졌을 경우(유출속도 저하)
② 부식에 의해 염공이 크게 된 경우(유출속도 저하)
③ 노즐, 코크 등에 먼지 등이 묻어서 구경이 너무 작게 된 경우(유출속도 저하)
④ 버너가 과열되었을 경우(연소속도 증가)

08 가스 미터(유량계)에서 실측식과 추량식의 차이점을 설명하시오.

해답 **실측식과 추량식 가스 미터의 차이점(다른교재 답 비교)**
① 실측식(직접식) : 유체의 부피나 질량을 직접 측정하는 방법으로 중량이나 용적 유량을 직접 측정하기 때문에 유체의 성질에 영향을 받는 경우가 적고 고점도로 측정하는 반면 일반적으로 구조가 복잡하고 취급하기 어렵다는 결점이 있다.
② 추량식(간접식) : 유속을 측정하여 유량을 구하는 방법이 대부분이며 베르누이의 정리를 응용한 것이 있다. 직접법에 비하면 정도는 약간 떨어지나 기계적 측정치의 전기 또는

공기압 신호에의 변환이 용이하므로 공업용 유량계로 널리 이용된다.

09 퓨즈 콕을 구조에 의하여 3가지로 분류하시오.

해답 **퓨즈 콕의 구조에 의한 분류**
① 배관과 호스를 연결하는 구조
② 호스와 호스를 연결하는 구조
③ 배관과 배관을 연결하는 구조
④ 배관과 커플러를 연결하는 구조

10 액화석유가스를 충전용기에 충전 한 후 과 충전된 액화석유가스를 처리하는 방법을 설명하시오.

해설 **액화석유가스의 용기 충전방법**
액화석유가스를 충전용기에 충전 한 후 과 충전된 액화석유가스는 가스회수장치로 보내 초가량을 회수하고 부족한 양은 재충전한다.

해답 과 충전된 액화석유가스는 가스회수장치로 보내 초가량을 회수한다.

11 일반용 LP가스 압력조정기의 역할을 2가지 쓰시오.

해답 **LP가스 조정기의 역할**
① 용기에서 유출되어 연소기에 공급되는 가스의 압력을 연소기에 적당한 압력으로 감압시킨다.
② 용기 내의 가스를 소비하는 양의 변화 등에 대응하여 공급압력을 유지하고 소비가 중단되었을 때는 가스를 차단시킨다.

참고 **LP가스 조정기의 사용목적**
가스의 공급압력(유출압력)을 조정하여 안정된 연소를 도모하기 위해서 사용한다.

12 프로판 가스의 총발열량은 24000kcal/m^{3}이다. 이를 공기와 혼합하여 5000kcal/m^{3}의 발열량을 갖는 가스로 제조하려면 프로판 가스 1m^{3}에 대하여 얼마의 공기를 희석하여야 하는지 계산하시오.

해설 **발열량 변화에 필요한 공기량(x)**
- $\Delta_Q = \dfrac{Q}{1+x}$ 식에서 공기량$(x) = \dfrac{Q}{\Delta Q} - 1$
- 공기량$(x) = \dfrac{24000}{5000} - 1 = 3.8(\text{m}^3)$

해답 공기량$(x) = \dfrac{24000}{5000} - 1 = 3.8(\text{m}^3)$

13 프로판(C_3H_8) 22g이 공기 중에서 완전연소 할 경우 생성되는 이산화탄소(CO_2)의 생성량이 몇 g인지 계산하시오.

해설 **프로판(C_3H_8) 연소시 생성되는 이산화탄소(CO_2)의 생성량**
- 프로판 완전연소 반응식 :
  $C_3H_8 + 5O_2 \rightarrow 3CO_2 + 4H_2O$
- $44(g) : 3 \times 44(g) = 44(g) : x$
  $x = \dfrac{3 \times 22.4 \times 22}{44} = 66(g)$

해답 $x = \dfrac{3 \times 22.4 \times 22}{44} = 66(g)$

14 도시가스 제조 및 공급시설 중 가스홀더의 기능을 4가지 쓰시오.

해설 **가스홀더(gas holder)**
가스홀더란 도시가스 제조 공장에서 정제된 가스를 저장하여 가스를 품질을 균일하게 유지하며 제조량과 수요량을 조절하는 저장탱크로써 종류에는 유수식, 무수식, 고압식의 3가지가 있다.

해답 **가스홀더의 기능**
① 가스 수요의 시간적 변동에 대하여 일정한 제조 가스량을 안정하게 공급하고 남는 가스를 저장한다.
② 정전, 배관공사, 제조 및 공급설비의 일시적 지장에 대하여 어느 정도 공급을 확보한다.
③ 각 지역에 가스홀더를 설치하여 피크 시에 각 지구의 공급을 가스홀더에 의해 공급함과 동시에 배관의 수송효율을 올린다.
④ 조성이 변동하는 제조가스를 저장 혼합하여 공급 가스의 열량, 성분, 연소성 등을 균일화 한다.

15 동일한 온도에서 A기체 130L의 압력이 6atm이고 B기체 150L의 압력이 8atm이다. 2가지 기체를 내용적 500L 용기에 넣어 혼합하였을 경우의 전압(atm)을 계산하시오.

해설 **혼합기체의 전압력(P_c : atm)**

- 전압$(P_c) = \dfrac{(P_A \times V_B + P_A \times V_B)}{(V_c)}$
- 전압$(P_c) = \dfrac{(130 \times 6 + 150 \times 8)}{500}$
$= 3.96(atm)$

해답 전압$(P_c) = \dfrac{(130 \times 6 + 150 \times 8)}{500} = 3.96(atm)$

2017년도 제4회

01 비파괴검사법 중 내부결함을 검출할 수 있는 검사방법을 2가지 쓰시오.

해설 **내부결함 검출용 비파괴 검사의 종류**

① 초음파 탐상시험(Ultrasonic testing)
초음파검사법은 초음파(보통 0.5~15MC)를 피 검사물의 내부에 침입시켜 내부의 결함과 불균일층의 존재 여부를 검사하는 시험으로 대표적인 검사법에는 투과법, 펄스반사법, 공진법이 있다.

② 방사선 투과시험(Radiographic testing)
방사선으로 X선이나 γ선을 투과하여 내부의 결함 유무를 확인하는 시험으로 용접부결함 검사에 널리 사용되고 있는 비파괴 검사법이다. X선이나 γ선을 투과하면 필름에 의해 결함의 모양, 크기 등을 관찰할 수 있고 결과의 기록이 가능하다.

해답 ① 초음파 탐상시험(UT)
② 방사선 투과시험(RT)

02 진발열량에 대하여 설명하시오.

해설 **총(고위)발열량과 진(저위)발열량과의 관계**

① 총발열량(고위발열량)
연료가 연소될 때 생성되는 총발열량으로 연소가스 중에 수증기의 응축잠열을 포함한 발열량으로 고위발열량이라 한다.
총발열량=진발열량+수증기의 잠열

② 진발열량(저위발열량)
연료가 연소될 때 생성되는 총발열량에서 수증기의 응축잠열을 제외한 발열량으로 고위발열량이라 한다.
진발열량 =총발열량-수증기의 잠열

해답 연료가 연소될 때 생성되는 총발열량에서 수증기의 응축잠열을 제외한 발열량으로 저위발열량이라 한다.

03 저압배관 유량 계산식은 아래 [보기]와 같다. 여기서 'S'와 'H'는 무엇을 의미하는지 쓰시오.

| 보기 |

$$Q = K\sqrt{\frac{D^5 \cdot H}{S \cdot L}}$$

해설 **저압배관 유량산출식**

$Q = K\sqrt{\dfrac{D^5 \cdot h}{S \cdot L}}$ 에서

Q : 가스의 유량(m^3/h)
D : 관의 지름(cm)
K : 유량계수(Pole의 정수 : 0.707)
H : 압력손실(mmH_2O)
S : 가스비중(공기=1)
L : 관의 길이(m)

해답 ① S : 가스의 비중
② H : 압력손실(mmH_2O)

04 내부압력이 상승 시 파열사고를 방지할 목적으로 사용되는 안전밸브의 종류를 3가지 쓰시오.

해답 **안전밸브의 종류**
① 스프링식 안전밸브
② 파열판식 안전밸브
③ 가용전식 안전밸브

05 메탄, 부탄, 프로판의 완전연소 반응식을 쓰고, 이론공기량이 많이 필요한 것부터 작은 순서대로 나열하시오.

해설 **탄화수소(CmHn) 가스의 완전연소**

① 탄화수소(C_mH_n)의 완전연소반응식

$$C_mH_n + \left(m + \frac{n}{4}\right)O^2 \rightarrow mCO_2 + \left(\frac{n}{2}\right)H_2O$$

② 탄화수소(C_mH_n) 가스의 연소에 필요한 이론공기량은 완전연소식에서 연소에 필요한 산소의 몰수에 비례한다.

해답 (1) 완전연소 반응식

① 메탄 : $CH_4 + 2O_2 \rightarrow CO_2 + 2H_2O$

② 프로판 : $C_3H_8 + 5O_2 \rightarrow 3CO_2 + 4H_2O$

③ 부탄 : $C_4H_{10} + 6.5O_2 \rightarrow 4CO_2 + 5H_2O$

(2) 이론공기량 많은 순서 : 부탄 → 프로판 → 메탄

06 독성가스를 연소설비에 의하여 제독조치를 할 경우의 장점과 단점을 2가지씩 쓰시오.

해답 독성가스 연소설비 제독조치 장점과 단점

(1) 장점

① 고농도의 가스일 경우 제독조치 효과가 양호하다.

② 연소처리에 의하여 독성가스의 유해성이 없다.

③ 오일 등의 전처리 장치가 필요하지 않다.

④ 제독조치할 유량이 많은 경우에 적합하다.

⑤ 제독조치하는 가스의 가연성을 이용하므로 보조연료는 불필요하다.

⑥ 가연성 배출가스에만 적용할 수 있다.

(2) 단점

① 연소설비를 갖추어야 하므로 초기 시설비가 많이 소요된다.

② 불연성 가스에는 부적합하고 저농도의 가스일 경우 완전 제독조치가 곤란하다.

③ 제독처리하는 가스 중에 불화질소 등의 불연성가스가 혼재되어 있을 경우 연소처리 중에 분해되어 산성가스로 변화하므로 후처리가 필요하다.

07 연소기구에 접속된 염화비닐호스가 지름 0.5mm의 구멍이 뚫려 수주 200mm의 압력으로 LP가스가 10시간 유출하였을 경우 가스분출량은 몇 L 인지 계산하시오.(단, LP가스 분출압력 수주 200mm에서 비중은 1.5이다.)

해설 노즐에서 LP가스 분출량

• $Q = 0.009 \times D^2 \times \sqrt{\frac{h}{d}}$

• $Q = 0.009 \times (0.5mm)^2 \times \sqrt{\frac{200(mmH_2O)}{1.5}} \times 10h = 0.259807(m^3) = 259.81(l)$

해답 $Q = 0.009 \times (0.5mm)^2 \times \sqrt{\frac{200(mmH_2O)}{1.5}} \times 10h = 0.259807(m^3) = 259.81(l)$

08 LP가스 사용시설에서 2단 감압방식을 사용할 경우의 장점을 4가지 쓰시오.

해설 2단 감압방법

용기 내의 가스 압력을 사용압력 보다 약간 높은 압력으로 1차 조정기에서 감압되어 2차 조정기로 사용압력까지 감압하여 공급하는 방식이다.

해답 2단 감압방식의 장점

① 입상 배관에 의한 압력손실을 보정할 수 있다.

② 공급압력이 안정하다.

③ 각 연소기구에 알맞은 압력으로 공급이 가능하다.

④ 중간 배관이 가늘어도 된다.

참고 2단 감압방식의 단점

① 설비 및 검사방법이 복잡하다.

② 조정기가 많이 든다.

③ 부탄의 경우 재액화의 우려가 있다.

④ 중간 배관의 지름이 작아도 된다.

09 원심압축기에서 발생하는 서징(surging) 현상의 방지법을 4가지 쓰시오.

해설 서어징(Surging) 현상

펌프의 운전 중에 한숨을 쉬는 것과 같은 상태가 되어 펌프입구와 출구의 진공계 및 압력계의 지침이 흔들리고 동시에 송출유량이 변화하는 현상으로 송출압력과 송출유량이 주기적으로 변동을 일으켜서 소음 및 진동을 발생시켜 불안정한 운전상태가 된다.

해답 서어징(Surging) 방지법

① 방출밸브에 의한 방법

② 임펠러의 회전수를 변화시키는 방법

③ 깃 각도(베인 컨트롤)를 조절하는 방법

④ 특성곡선상 서어징 한계 밖에서 운전하는 방법

⑤ 토출량 조절밸브를 펌프에 근접시키는 방법

참고 서어징(Surging) 발생원인

① 펌프의 양정곡선이 산(山)형 특성으로 그 곡선의 정상부에서 운전할 경우

② 토출배관 중에 물탱크(수조)나 공기탱크가 있을 경우

③ 토출량 조절밸브가 물탱크나 공기탱크보다 하류에 있을 경우

10 도시가스 배관의 접합부분은 용접하는 것을 원칙으로 하며, 용접부에 대하여 비파괴시험을 실시하여 이상이 없어야 하지만, 비파괴시험을 하지 않아도 되는 배관의 지름과 압력을 쓰시오.

해설 **도시가스사용시설의 배관설비기준**
배관은 그 배관의 강도 유지와 수송하는 도시가스의 누출방지를 위하여 적절한 방법으로 접합하여야 하고, 이를 확인하기 위하여 용접부(가스용 폴리에틸렌관, 호칭지름 80 mm 미만인 저압 배관 및 노출된 저압배관은 제외한다)에 대하여 비파괴시험을 하여야 하며, 접합부의 안전을 유지하기 위하여 필요한 경우에는 응력제거를 할 것

해답 호칭지름 80 mm 미만인 저압 배관

11 다음의 조건일 경우 도시가스 배관을 지하에 매설하는 깊이 기준을 쓰시오.
(1) 공동주택 부지 내 :
(2) 폭 8m 이상의 도로
(3) 폭 4m 이상 8m 미만의 도로 :

해설 **도시가스배관 지하매설 기준**
도시가스배관을 매설하는 경우에는 설치 환경에 따라 다음 기준에 따른 적절한 매설 깊이나 설치간격을 유지할 것
㉮ **공동주택** 등의 부지 안에서는 0.6m **이상**
㉯ **폭** 8m **이상의 도로**에서는 1.2m **이상**. 다만, 도로에 매설된 최고사용압력이 저압인 배관에서 횡으로 분기하여 수요가에게 직접 연결되는 배관의 경우에는 1m **이상**으로 할 수 있다.
㉰ **폭** 4m **이상** 8m **미만**인 도로에서는 1m **이상**. 다만, 다음 어느 하나에 해당하는 경우에는 0.8m **이상**으로 할 수 있다.
(1) 호칭지름이 300mm **이하**로써 최고사용압력이 저압인 배관
(2) 도로에 매설된 최고사용압력이 **저압인 배관**에서 횡으로 분기하여 수요가에게 직접 연결되는 배관

해답 (1) 0.6m 이상 (2) 1.2m 이상
(3) 1m 이상

12 액화산소용기에 액화산소가 50kg 충전되어 있다. 이 경우 용기 외부에서 액화산소에 대하여 6kcal/h의 열량이 주어진다면 액화산소량이 1/2로 감소하는데 걸리는 시간을 계산하시오. (단, 산소의 증발잠열은 1600cal/mol이다.)

해설 **액체산소 50kg이 1/2로 감소되는데 걸리는 시간(h)**
※ 액화산소 50kg에 시간당 6kcal의 열량이 가해져 용기내의 액화산소 1/2가 증발하는데 걸리는 시간을 구한다.

$$h = \frac{\left(\frac{1600(\text{kcal}/Kmol)}{32(\text{kg}/Kmol)}\right) \times 50(\text{kg}) \times \frac{1}{2}}{6(\text{kcal}/hr)}$$
$$= 208.33(hr)$$

해답 $$h = \frac{\left(\frac{1600(\text{kcal}/Kmol)}{32(\text{kg}/Kmol)}\right) \times 50(\text{kg}) \times \frac{1}{2}}{6(\text{kcal}/hr)}$$
$$= 208.33(hr)$$

13 도시가스 제조법 중 수증기 개질법에서 반응온도를 상승시키면 수소와 일산화탄소가 많고, 이산화탄소와 메탄이 적은 저발열량의 가스가 생성되는 이유를 설명하시오.

해답 나프타(탄화수소)를 이용한 수증기 개질법에서 탄화수소와 수증기 간의 반응식은 다음과 같다.
$A(C_mH_n) + B(H_2O) \rightarrow C(H_2) + D(CO)$
$+ E(CO_2) + F(CH_4) + G(C) + H(H_2O)$
여기서 최종적으로 발생가스의 조성은 다음 3가지 식의 평형관계에 의하여 결정된다.
$CO + H_2O \Leftrightarrow CO_2 + H_2$: 발열반응……①
$CO + 3H_2 \Leftrightarrow CH_4 + H_2O$: 발열반응……②
$2CO + 2H_2 \Leftrightarrow CO_2 + CH_4$: 발열반응……③
②, ③ 반응식에서 우방향은 발열반응이고 좌반응은 흡열반응이므로 반응온도를 상승시키면 좌방향으로 반응이 진행되기 쉽게 되어 수소(H_2)와 일산화탄소(CO)가 많고, 이산화탄소(CO_2)와 메탄(CH_4)이 적은 저발열량의 가스가 발생된다.

14 정압기를 구조에 따라 3가지로 분류하시오.

해설 **구조에 따른 정압기의 분류**

① 피셔(fisher)식 정압기
피셔식 정압기는 loading형으로서 정특성, 동특성이 양호하며 비교적 콤팩트하다.(현재 가장 많이 사용함)

② 엑시얼-플로우(axial-flow)식 정압기
변칙 unloading형으로서 정특성, 동특성이 양호하며 특히, 고차압이 될수록 특성이 양호하다. 또한 극히 콤팩트하다.

③ 레이놀드(Reynolds)식 정압기
unloading형으로 정특성이 극히 양호하지만 안정성이 부족하며 다른 것에 비해 형태가 크다.

해답 ① 피셔식 ② 레이놀드식
③ 엑시얼 플로우식

15 공기보다 비중이 가벼운 도시가스 공급시설로서 공급시설이 지하에 설치된 경우의 통풍구조 기준에 대한 ( ) 안을 채우시오.

(1) 통풍구조는 환기구를 ( ) 이상으로 분산하여 설치한다.
(2) 배기구는 천장면으로부터 ( ) 이내에 설치한다.
(3) 흡입구 및 배기구의 관지름은 ( ) 이상으로 하되, 통풍이 양호하도록 한다.
(4) 배기가스 방출구는 지면에서 ( ) 이상의 높이에 설치하되, 화기가 없는 안전한 장소에 설치한다.

해설 **공기보다 비중이 가벼운 도시가스의 공급시설로서 공급시설이 지하에 설치된 경우의 통풍구조는 다음 기준으로 할 수 있다.**

① 통풍구조는 환기구를 2방향 이상 분산하여 설치하여야 한다.
② 배기구는 천장면으로부터 30cm 이내에 설치하여야 한다.
③ 흡입구 및 배기구의 관경은 100mm 이상으로 하되, 통풍이 양호하도록 하여야 한다.
④ 배기가스 방출구는 지면에서 3m 이상의 높이에 설치하되, 화기가 없는 안전한 장소에 설치하여야 한다.

해답 (1) 2방향 (2) 30cm
(3) 100mm (4) 3m

2018년도 제1회

01 일반용 액화석유가스 압력조정기가 그 압력조정기의 안전성과 편리성을 확보하기 위하여 갖추어야 할 제품 성능 5가지 중 4가지를 쓰시오.

해설 **일반용 액화석유가스 압력조정기 제품 성능**
일반용 액화석유가스 압력조정기는 그 압력조정기의 안전성과 편리성을 확보하기 위하여 제품 성능으로서 내압 성능, 기밀 성능, 내구 성능, 내한 성능, 다이어프램 성능을 갖추어야 한다.

해답 **일반용 액화석유가스 압력조정기 제품 성능**
① 내압 성능 ② 기밀 성능
③ 내구 성능 ④ 내한 성능
⑤ 다이어프램 성능

02 액화석유가스 용기를 실외저장소에 보관하는 기준이다. ( )안에 알맞는 숫자를 넣으시오.

(1) 실외저장소 안의 용기군 사이에 통로를 설치할 경우 용기의 단위 집적량은 (①)톤을 초과하지 않아야 한다.
(2) 팰릿(pallet)에 넣어 집적된 용기군 사이의 통로는 그 너비가 (②)m 이상의 되어야 한다.
(3) 팰릿(pallet)에 넣지 아니한 용기군 사이의 통로는 그 너비가 (③)m 이상의 되어야 한다.
(4) 실외저장소 안의 팰릿(pallet)에 넣어 집적된 용기의 높이는 (④)m 이하가 되어야 한다.

해설 **액화석유가스 집단공급 저장기준**

1) 실외저장소 안의 용기군(容器群) 사이의 통로는 다음 기준에 맞게 할 것
① 용기의 단위 집적량은 30톤을 초과하지 아니할 것
② 팰릿(pallet)에 넣어 집적된 용기군 사이의 통로는 그 너비가 2.5m 이상일 것
③ 팰릿에 넣지 아니한 용기군 사이의 통로는 그 너비가 1.5m 이상일 것

2) 실외저장소 안의 집적된 용기의 높이는 다음 기준에 맞게 할 것
① 팰릿에 넣어 집적된 용기의 높이는 5m 이하일 것
② 팰릿에 넣지 아니한 용기는 2단 이하로 쌓을 것

해답 ① 30 ② 2.5 ③ 1.5 ④ 5

03 매설배관에 발생하는 부식에 대한 설명 중에서 ( )안에 알맞은 용어를 넣으시오.

| 보기 |

매설배관 주위의 토양 중에 포함되는 수분 및 기타의 화학성분 등에 의해서 형성되는 국부전지에 의한 부식으로써 부식이 발생하는 쉬운 곳으로 ph가 극단적으로 다른 곳이나 모래와 점토질 등과 같이 토양 중의 (①) 농도가 다른 경계 부근 등이 있고, 토양 속에 혐기성 황산염 환원박테리아가 존재하는 곳에서 (②) 부식이 발생한다.

해설 **매설배관의 부식**

매설배관 주위의 토양 중에 포함되는 수분 및 기타의 화학성분 등에 의해서 형성되는 국부전지에 의한 부식으로써 부식이 발생하는 쉬운 곳으로 ph가 극단적으로 다른 곳이나 모래와 점토질 등과 같이 토양 중의 산소농도가 다른 경계 부근 등이 있고, 토양 속에 혐기성 황산염 환원박테리아가 존재하는 곳에서 자연부식이 발생한다.

해답 ① 산소 ② 자연

04 가스화 방식 중 수증기 개질법에서 원료 중에 함유된 불순물을 제거하는 수첨 탈황법에 첨가하는 물질이 무엇인지 쓰시오.

해설 **수첨(수소화) 탈황법**

① 유기유황 화합물은 황화수소보다 반응성이 낮아서 일반적인 황화수소 제거장치에서는 제거 할 수 없어 유기유황 화합물을 황화합물로 변화시켜서 제거한다.

② 수첨(수소화) 탈황법은 촉매를 사용해서 수소를 첨가하여 유기유황 화합물을 황화수소로, 질소 화합물을 암모니아로, 산소 화합물을 물로 변화시켜 제거한다.

해답 수소

05 왕복동 다단압축기에서 대기압 상태의 20℃ 공기를 흡입하여 최종단에서 토출압력 $25\text{kgf/cm}^2 \cdot \text{g}$, 온도 60℃의 압축공기 $28\text{m}^3/\text{h}$를 토출하면 체적효율(%)은 얼마인지 계산하시오. (단, 1단 압축기의 이론적 흡입체적은 $800\text{m}^3/\text{h}$이, 대기압은 $1.033\ \text{kgf/cm}^2$이다.)

해설 **압축기 체적효율[η_v]**

① **체적효율**$[\eta_v] = \dfrac{\text{실제 흡입량}(m^3/h)}{\text{이론 흡입량}(m^3/h)}$

② **실제 흡입량**(m^3/h)**계산**

• **보일 샤를법칙 적용**

$$\frac{P_1 V_1}{T_1} = \frac{P_2 V_2}{T_2} \text{에서 } V_1 = \frac{P_2 V_2 T_1}{P_1 T_2}$$

$$\bullet\ V_1 = \frac{(25+1.0332)\times 28\times(20+273)}{1.0332\times(60+273)} = 620.88(\text{m}^3/h)$$

③ **체적효율**$[\eta_v] = \dfrac{620.88(\text{m}^3/h)}{800(\text{m}^3/h)}\times 100 = 77.61(\%)$

해답 **체적효율**$[\eta_v] = \dfrac{620.88(\text{m}^3/h)}{800(\text{m}^3/h)}\times 100 = 77.61(\%)$

06 암모니아의 공업적 제조법에서 합성법(하아버 보시법)의 반응식을 쓰시오.

해설 **암모니아의 합성법(하아버 보시법)**

① 수소(H_2)와 질소(N_2)를 부피비(체적비) 3 : 1로 반응시켜 제조한다.

② 반응식 : $3H_2 + N_2 \rightarrow 2NH_3 + 24\text{kcal}$

③ 압력 : 200~1000atm,
온도 : 500~600℃ 정도

④ 촉매 : 정촉매 : Fe_3O_4, 보조촉매 : Al_2O_3, CaO, K_2O

해답 $N_2 + 3H_2 \rightarrow 2NH_3$

참고 **암모니아의 공업적 제법**

① 석회질소법 ② 하버 보시법
③ 석탄건류법

07 부취제 주입방식 중 액체주입방식을 3가지 쓰시오.

해설 부취제 주입방식

① 액체주입식 : 펌프주입방식, 적하주입방식, 미터연결바이패스방식
② 기체주입식 : 위크증발식, 바이패스 증발식
③ 기타 주입식 : 증기주입식, 고압분사식

해답 ① 펌프 주입방식 ② 적하 주입방식
③ 미터연결 바이패스방식

08 지상에 설치하는 초저온 액화천연가스(LNG) 저장설비의 방호 종류를 3가지 쓰시오.

해설 초저온 LNG 저장설비의 방호(containment) 종류 분류

① 단일 방호(single containment)식 저장탱크 : 내부탱크와 단열재를 시공한 외부벽으로 이루어진 것으로 저장탱크에서 LNG의 유출이 발생할 때 이를 저장하기 위한 낮은 방류둑으로 둘러싸여 있는 형식이다.
② 이중 방호(double containment)식 저장탱크 : 내부탱크와 외부탱크가 각기 별도로 초저온의 LNG를 저장할 수 있도록 설계, 시공된 것으로 유출되는 LNG의 액이 형성하는 액면을 최소한으로 줄이기 위해 외부탱크는 내부탱크에서 6m 이내의 거리에 설치하여 내부탱크에서 유출되는 액을 저장하도록 되어 있는 형식이다.
③ 완전 방호(full containment)식 저장탱크 : 내부탱크와 외부탱크를 모두 독립적으로 초저온의 액을 저장할 수 있도록 설계, 시공된 것으로 외부탱크 또는 벽은 내부탱크에서 1~2m 사이에 위치하여 내부탱크의 사고 발생 시 초저온의 액을 저장할 수 있으며 누출된 액에서 발생된 BOG를 제어하여 벤트(vent)시킬 수 있도록 되어 있는 형식이다.

해답 ① 단일 방호식 저장탱크
② 이중 방호식 저장탱크
③ 완전 방호식 저장탱크

09 전기방식법 중 희생양극법을 설명하고 장점과 단점을 2가지씩 쓰시오.

1) 희생양극법 설명
2) 장점과 단점 2가지

해답 희생양극법

1) 희생양극법 : 지중 또는 수중에 설치된 양극금속과 매설배관 등을 전선으로 연결하여 양극금속과 매설배관 등 사이의 전지작용에 의하여 전기적 부식을 방지하는 방법이다.
2) 장점과 단점 2가지
① 희생양극법 장점
- 시공이 간편하다.
- 단거리의 파이프라인에는 설비비용이 경제적이다.
- 다른 매설 금속체의 장해(간섭)가 거의 없다.
- 과방식의 우려가 없다.
- 관로의 도막 저항이 충분히 높다면 장거리에도 효과가 좋다.

② 희생양극법 단점
- 효과 범위가 비교적 좁다.
- 장거리 파이프라인에서는 설비비용이 비싸다.
- 전류의 조절이 곤란하다.
- 평상시 관리 장소가 많게 된다.
- 강한 전식에는 효과가 없다.

10 도시가스 배관의 접합부분은 용접하는 것을 원칙으로 하며, 용접부에 대하여 비파괴시험을 실시하여 이상이 없어야 하지만, 비파괴시험을 하지 않아도 되는 배관을 3가지 쓰시오.

해설 도시가스사용시설의 배관설비기준

배관은 그 배관의 강도 유지와 수송하는 도시가스의 누출방지를 위하여 적절한 방법으로 접합하여야 하고, 이를 확인하기 위하여 용접부(가스용 폴리에틸렌관, 호칭지름 80mm 미만인 저압 배관 및 노출된 저압배관은 제외한다)에 대하여 비파괴시험을 하여야 하며, 접합부의 안전을 유지하기 위하여 필요한 경우에는 응력제거를 할 것

해답 ① 가스용 폴리에틸렌관
② 노출된 저압배관
③ 호칭지름 80mm 미만인 저압 배관

11 왕복동 압축기의 실린더 안지름이 100mm, 행정거리가 150mm, 회전수가 600rpm, 체적효율이

80%일 경우 피스톤 압출량(m^3/min)을 계산하시오.

(해설) **왕복동 압축기 실제적 피스톤 압출량**

- $Q = \frac{\pi}{4}D^2 \times L \times N \times R \times 60 \times \eta_v$

여기서 Q : 실제적 피스톤 압출량(m^3/h)

η_v : 체적효율

D : 피스톤의 지름(m)

L : 피스톤의 행정(m)

N : 기통수

R : 분당 회전수 (rpm)

- $Q = \frac{\pi}{4}(0.1m)^2 \times 0.15(m) \times 600(r/\min) \times 0.8 = 0.57(m^3/\min)$

(해답) $Q = \frac{\pi}{4}(0.1m)^2 \times 0.15(m) \times 600(r/\min) \times 0.8 = 0.57(m^3/\min)$

12 르샤틀리에의 법칙에 대하여 설명하시오.

(해답) **르샤틀리에의 법칙**

2종류 이상의 가연성가스가 혼합되었을 경우 혼합가스의 폭발범위 하한값과 상한값을 계산하는 것으로 르샤틀리에의 공식은 다음과 같다.

- 르샤틀리에의 공식

$$\frac{100}{L} = \frac{V_1}{L_1} + \frac{V_2}{L_2} + \frac{V_3}{L_3} + \cdots$$

여기서 L : 혼합가스의 폭발 한계치

L_1, L_2, L_3 : 각 성분의 단독 폭발 한계치(%)

V_1, V_2, V_3 : 각 성분의 부피(용량)(%)

13 저장능력 10만 톤인 액화천연가스(LNG) 저압 지하식 저장탱크의 외면과 사업소 경계까지 유지하여야 하는 거리는 얼마인지 계산하시오. (단, 유지하여야 하는 거리 계산 시 적용되는 상수 C는 0.24로 한다.)

(해설) 액화천연가스(기화된 천연가스 포함)의 저장설비와 처리설비(1일 처리능력이 52,500m^3 이하인 펌프·압축기·응축기·기화장치 제외)는 그 외면으로부터 사업소경계[사업소경계가 바다·호수·하천(「하천법」에 따른 하천을 말한다. 이하 같다)·연못 등의 경우에는 이들의 반대편 끝을 경계로 본다]까지 다음 계산식에 따라 얻은 거리(그 거리가 50m 미만의 경우에는 50m) 이상을 유지할 것

- $L = C \times \sqrt[3]{143000W}$

이 계산식에서

L, C 및 W는 각각 다음의 수치를 표시한다.

L : 유지하여야 하는 거리(단위 : m)

C : 저압 지하식 저장탱크는 0.240, 그 밖의 가스저장설비와 처리설비는 0.576

W : 저장탱크는 저장능력(단위 : 톤)의 제곱근, 그 밖의 것은 그 시설 안의 액화천연가스의 질량(단위 : 톤)

- $L = 0.24 \times \sqrt[3]{143000 \times \sqrt{100000}} = 85.50(m)$

(해답) $L = 0.24 \times \sqrt[3]{143000 \times \sqrt{100000}} = 85.50(m)$

14 다음 일반용 액화석유가스 압력 조정기의 입구측 기밀시험 압력을 쓰시오.

(1) 1단 감압식 저압조정기

(2) 2단 감압식 1차 조정기

(해설) **액화석유가스 압력 조정기의 입구측 기밀시험 성능**

구분 \ 종류	1단감압식 저압조정기	1단감압 저압조정기	2단감압식 1차용조정기	2단감압식 2차용 저압조정기	2단감압식 2차용 준저압조정기
입구쪽(MPa)	1.56MPa 이상	1.56MPa 이상	1.8MPa 이상	0.5MPa 이상	0.5MPa 이상
출구쪽	5.5kPa	조정압력의 2배 이상	150kPa 이상	5.5kPa	조정압력의 2배 이상

※ 기밀시험은 위의 표의 압력으로 1분간 실시한다.

(해답) (1) 1.56MPa 이상 (2) 1.8MPa 이상

15 다음에서 설명하는 방폭구조의 명칭을 쓰시오.

1) 방폭전기기기의 용기내부에서 가연성 가스의 폭발이 발생할 경우 그 용기가 폭발압력에 견디고, 접합면·개구부 등을 통하여 외부의 가연성 가스에 인화되지 아니하도록 한 구조 :

2) 용기 내부에 기름을 주입하여 불꽃·아크 또는 고온발생부분이 기름 속 잠기게 함으로써 기름면 위에 존재하는 가연성 가스에 인화되지 아니하도록 한 구조 :

3) 용기 내부에 보호가스(신선한 공기 또는 불활성 가스)를 압입하여 내부압력을 유지함으로써 가연성 가스가 용기 내부로 유입되지 아니하도록 한 구조 :
4) 정상운전 중에 가연성 가스의 점화원이 될 전기불꽃·아크 또는 고온부분 등의 발생을 방지하기 위하여 기계적·전기적 구조상 또는 온도 상승에 대하여, 특히 안전도를 증가시킨 구조 :
5) 정상 시 및 사고(단선, 단락, 지락 등)시에 발생하는 전기불꽃·아크 또는 고온부에 의하여 가연성 가스가 점화되지 아니하는 것의 점화시험, 기타 방법에 의하여 확인된 구조 :

해답 ① 내압 방폭구조 ② 유입 방폭구조
③ 압력 방폭구조 ④ 안전증 방폭구조
⑤ 본질안전 방폭구조

참고 **방폭전기기기의 구조별 표시방법**

방폭 전기기기의 구조별 표시방법	표시방법	방폭 전기기기의 구조별 표시방법	표시방법
내압방폭구조	d	안전증방폭구조	e
유입방폭구조	o	본질안전방폭구조	ia 또는 ib
압력방폭구조	p	특수방폭구조	s

2018년도 제2회

01 카르노 사이클에서 공급온도 600℃, 방출온도 30℃일 경우의 열효율(%)을 계산하시오.

해설 **카르노 사이클 열효율(η_c)**

• $\eta_c = \dfrac{T_1 - T_2}{T_1} = \dfrac{\text{고온} - \text{저온}}{\text{고온}}$

• $\eta_c = \dfrac{(600+273)-(30+273)}{(600+273)} \times 100$
$= 65.29(\%)$

해답 $\eta_c = \dfrac{(600+273)-(30+273)}{(600+273)} \times 100$
$= 65.29(\%)$

02 [보기]는 용접용기 동판 두께를 산출하는 공식이다. 다음 물음에 답하시오.

| 보기 |

$$t = \frac{PD}{2S\eta - 1.2P} + C$$

(1) "S"는 무엇을 의미하는지 쓰시오.
(2) "η"는 무엇을 의미하는지 쓰시오.
(3) "P"는 무엇을 의미하는지 쓰시오.
(4) "D"는 무엇을 의미하는지 쓰시오.

해설 **용접용기의 동판 두께(t)**

• $t = \dfrac{PD}{2S\eta - 1.2P} + C$

• $t = \dfrac{\text{최고충전압력(MPa)} \times \text{안지름}(mm)}{2 \times \text{허용응력}(N/mm^2)\left(\text{인장강도} \times \frac{1}{4}\right) \times \text{용접효율} - 1.2 \times \text{최고충전압력}} + \text{부식여유}(mm)$

해답 (1) 허용응력(N/mm^2)
(2) 용접효율
(3) 최고충전압력(MPa)
(4) 안지름(mm)

03 지상에 일정량 이상의 저장능력을 갖는 액화가스 저장탱크 주위에 방류둑을 설치하는 목적을 쓰시오.

해답 **방류둑 설치 목적**
저장탱크 내의 액화가스가 액체상태로 누출된 경우 액체상태의 가스가 저장탱크 주위의 한정된 범위를 벗어나서 다른 곳으로 유출되는 것을 방지하기 위하여 설치한다.

참고 **방류둑의 구조**
방류둑의 구조는 다음 각호의 기준에 적합하여야 한다.
1) 방류둑의 재료는 철근콘크리트, 철골·철근콘크리트, 금속, 흙 또는 이들을 혼합하여야 한다.
2) 성토는 수평에 대하여 45° 이하의 기울기로 하여 쉽게 허물어지지 아니하도록 충분히 다져 쌓고, 강우 등에 의하여 유실되지 아니하도록 그 표면에 콘크리트 등으로 보호하고, 성토 윗부분의 폭은 30cm 이상으로 하여야 한다.

3) 방류둑에는 계단, 사다리 또는 토사를 높이 쌓아 올림 등에 의한 출입구를 둘레 50m마다 1개 이상씩 두되, 그 둘레가 50m 미만일 경우에는 2개 이상을 분산하여 설치하여야 한다.

04 전기방식법 중 희생양극법의 장점과 단점을 2가지씩 쓰시오.

해설 희생양극법

지중 또는 수중에 설치된 양극금속과 매설배관 등을 전선으로 연결하여 양극금속과 매설배관 등 사이의 전지작용에 의하여 전기적 부식을 방지하는 방법이다.

해답 장점과 단점 2가지

① 희생양극법 장점
- 시공이 간편하다.
- 단거리의 파이프라인에는 설비비용이 경제적이다.
- 다른 매설 금속체의 장해(간섭)가 거의 없다.
- 과방식의 우려가 없다.
- 관로의 도막 저항이 충분히 높다면 장거리에도 효과가 좋다.

② 희생양극법 단점
- 효과 범위가 비교적 좁다.
- 장거리 파이프라인에서는 설비비용이 비싸다.
- 전류의 조절이 곤란하다.
- 평상시 관리 장소가 많게 된다.
- 강한 전식에는 효과가 없다.

05 도시가스 제조 프로세스(process)에서 가열방식에 의한 분류 중 외열식과 축열식에 대하여 각각 설명하시오.

해설 가열방식에 의한 분류

① 자열식 : 가스화에 필요한 열을 발열반응(산화반응과 수첨분해반응)에 의해 가스를 발생시키는 방식이다.

② 부분연소식 : 원료에 소량의 공기와 산소를 혼합한 후 원료를 가스발생을 위한 반응기에 넣고 원료의 일부분을 연소시켜 발생한 열을 가스화 열원으로 이용하여 가스를 발생시키는 방식이다.

③ 외열식 : 원료가 들어있는 반응기를 외부에서 가열하여 발생한 열로 가스를 발생시키는 방식이다.

④ 축열식(내열식) : 반응기 내에서 연료를 연소시켜 반응기를 가열한 후 원료를 송입하여 가스를 발생시키는 방식

해답 가열방식에 의한 분류

① 외열식 : 원료가 들어있는 반응기를 외부에서 가열하여 발생한 열로 가스를 발생시키는 방식이다.

② 축열식 : 반응기 내에서 연료를 연소시켜 반응기를 가열한 후 원료를 송입하여 가스를 발생시키는 방식

06 LP가스 충전사업소에서 안전관리자가 상주하는 사업소와 사업소의 현장사업소와의 사이에 설치해야 하는 통신설비를 4가지 쓰시오.

해설 통신설비

통 신 범 위	통 신 설 비
안전관리자가 상주하는 사업소와 현장사무소와의 사이 또는 현장사무소 상호 간	1. 구내전화 2. 구내방송설비 3. 인터폰 4. 페이징설비
사업소 내 전체	1. 구내방송설비 2. 사이렌 3. 휴대용확성기 4. 페이징설비 5. 메가폰(면적 $1500m^2$ 이하)
종업원 상호간 (사업소 내 임의 장소)	1. 페이징설비 2. 휴대용확성기 3. 트랜시버 4. 메가폰(면적 $1500m^2$ 이하)

해답 ① 구내전화 ② 구내방송 설비 ③ 인터폰 ④ 페이징 설비

07 수정이나 전기석 또는 로셸염 등의 결정체의 특정 방향에 압력을 가하면 기전력이 발생하고 발생한 전기량은 압력에 비례하는 현상을 무엇이라 하는지 쓰시오.

해설 압전형 압력계(피에조 압력계)

전기식 압력계로서 수정이나 전기석 또는 로쉘염 등의 결정 물체에 압력을 가하여 발생한 전기량은 압력에 비례하는 원리를 이용하여 압력을 측정하는 것으로 응답이 빨라 가스의 폭발등과 같이 급격한 압력 변화를 측정하는데 적합한 압력계이다.

해답 압전현상

08 고압가스를 운반하는 차량에 고정된 탱크에 대한 다음 물음에 답하시오.

(1) LPG를 제외한 가연성가스의 최대 내용적을 쓰시오.

(2) 액화암모니아를 제외한 독성가스의 최대 내용적을 쓰시오.

해설 **탱크의 내용적 제한**

① 가연성 가스(액화석유가스 제외)탱크 : 1만 8천ℓ

② 산소탱크 : 1만 8천ℓ

③ 독성 가스(액화암모니아 제외)탱크 : 1만 2천ℓ

해답 (1) 18000L (2) 12000L

09 도시가스 공급방식 중 공급압력에 따른 분류를 3가지 쓰시오.

해설 **도시가스 공급압력**

① "고압"이란 1메가파스칼(MPa) 이상의 압력(게이지압력)을 말한다. 다만, 액체상태의 액화가스는 고압으로 본다.

② "중압"이란 0.1메가파스칼(MPa) 이상 1메가파스칼(MPa) 미만의 압력을 말한다. 다만, 액화가스가 기화되고 다른 물질과 혼합되지 아니한 경우에는 0.01메가파스칼(MPa) 이상 0.2메가파스칼(MPa) 미만의 압력을 말한다.

③ "저압"이란 0.1메가파스칼(MPa) 미만의 압력을 말한다. 다만, 액화가스가 기화(氣化)되고 다른 물질과 혼합되지 아니한 경우에는 0.01메가파스칼(MPa) 미만의 압력을 말한다.

해답 **도시가스 공급압력에 따른 분류**

① 저압 공급방식 : 0.1MPa 미만

② 중압 공급방식 : 0.1MPa 이상 1MPa 미만

③ 고압 공급방식 : 1MPa 이상

10 [보기]에서 설명하는 가스의 명칭을 화학식으로 쓰시오.

| 보기 |

① 가연성가스이다.

② 암모니아와 반응하여 에탄올아민을 생성한다.

③ 물과 반응하여 글리콜을 생성한다.

④ 물, 알코올, 에테르, 유기용제에 용해한다.

해답 C_2H_4O

11 고압가스시설에서 배관 등을 용접한 후에 강도유지 및 수송하는 가스의 누출을 방지하기 위하여 비파괴시험 중 육안검사를 할 경우 보강 덧붙임은 그 높이가 모재표면보다 몇 mm 낮지 않도록 하는지 쓰시오.

해설 **고압가스시설 비파괴시험 육안검사 기준**

(1) 보강덧붙임(Reinforcement of weld)은 그 높이가 모재표면보다 낮지 않도록 하고, 3mm (알루미늄은 제외한다) 이하를 원칙으로 한다.

(2) 외면의 언더컷(Undercut)은 그 단면이 V자형으로 되지 않도록 하며, 1개의 언더컷 길이와 깊이는 각각 30mm 이하와 0.5mm 이하이고 1개의 용접부에서 언더컷 길이의 합이 용접부 길이의 15% 이하가 되도록 한다.

(3) 용접부 및 그 부근에서 균열, 아크스트라이크(arc-strike), 위해하다고 인정되는 지그(Jig)의 흔적, 오버랩(overlap) 및 피트(pit) 등의 결함이 없고 또한 비이드(Bead) 형상이 일정하며, 슬러그(slug), 스패터(spatter) 등이 부착되어 있지 아니하도록 한다.

해답 3mm

12 시안화수소는 충전 후 24시간 정치한다. 다음 물음에 답하시오.

(1) 시안화수소의 누출 점검 방법을 쓰시오.

(2) 시안화수소의 누출 점검 횟수를 쓰시오.

해설 **시안화수소의 충전**

① 시안화수소를 충전한 용기는 충전 후 24시간 이상 정치한다.

② 시안화수소를 충전한 용기는 그 후 1일 1회 이상 질산구리 벤젠 등의 시험지로 가스의 누출검사를 하여야 한다.

해답 (1) 질산구리벤젠지로 누출검사를 실시한다.

(2) 1일 1회 이상

참고 **시안화수소의 충전**

① 용기에 충전하는 시안화수소는 순도가 98% 이상이고 아황산가스 또는 황산 등의 안정제를 첨가한 것일 것

② 시안화수소를 충전한 용기는 용기에 충전 연월일을 명기한 표지를 붙이고, 충전한 후 60일이 경과되기 전에 다른 용기에 옮겨 충전할 것. 다만, 순도가 98% 이상으로 착색되지 아니한 것은 다른 용기에 옮겨 충전하지 아니할 수 있다.

13 안지름 60cm의 관을 사용하여 수평거리 500m 떨어진 곳에 3m/s의 속도로 송수하고자 한다. 관마찰로 인한 손실수두는 약 몇 m에 해당하는지 계산하시오.(단, 관의 마찰계수는 0.02이다.)

해설 **관의 마찰계수에 따른 압력손실(hf)**

- $hf = f \times \frac{L}{D} \times \frac{V^2}{2 \times g}$
- $hf = =\text{마찰계수} \times \frac{\text{관길이}(m)}{\text{관내경}(m)} \times \frac{\text{유속}(m/s)^2}{2 \times 9.8}$
- $hf = 0.02 \times \frac{500}{0.6} \times \frac{3^2}{2 \times 9.8} = 7.65(mH_2O)$

해답 $hf = 0.02 \times \frac{500}{0.6} \times \frac{3^2}{2 \times 9.8} = 7.65(mH_2O)$

14 [보기]와 같은 반응이 이루어지는 곳에 탄소강이 접촉되었을 경우 어떤 문제점이 발생하는지 설명하시오.

| 보기 |

① $Cl_2 + H_2O \rightarrow HCl + HClO$
② $Fe_3C + 2H_2 \rightarrow 3Fe + CH_4$

해설 **가스의 부식성**

① 염소는 수분(H_2O)과 반응하면 염산(HCl)을 생성하여 철강재를 부식시킨다.
반응식 : $Cl_2 + H_2O \rightarrow \underset{(\text{염산})}{HCl} + \underset{(\text{차아염소산})}{HClO}$
$2HCl + Fe \rightarrow FeCl_2 + H_2$

② 수소는 고온(170℃ 이상), 고압(250atm 이상)에서 강재 중의 탄소와 반응하여, 탈탄작용(脫炭作用)에 의해 메탄가스를 생성, 수소취성을 일으킨다.
- 수소취성 반응식 :
$Fe_3C + 2H_2 \xrightarrow{\text{고온, 고압}} CH_4 + 3Fe$
- 수소취성 방지 첨가 원소 : Ti(티탄), V(바나듐), W(텅스텐), Mo(몰리브덴), Cr(크롬)

해답 ① 염소는 수분과 반응하면 염산을 생성하여 탄소강을 부식시킨다.
② 수소는 고온, 고압에서 탄소강제 중의 탄소와 반응하여 탈탄작용에 의해 수소취성을 일으킨다.

15 일반용 액화석유가스 압력조정기의 다이어프램 노화시험방법을 2가지 쓰시오.

해설 **액화석유가스 압력조정기의 다이어프램 노화시험 방법**

① 공기가열 노화시험 : 70℃의 공기 중에서 96시간 노화시킨 후 실온에서 48시간 방치한 다음 인장강도 및 신장률을 측정하였을 때 인장강도 변화율은 ±15% 이내, 신장 변화율은 ±25% 이내, 경도 변화는 쇼어 경도(A형) 기준 ±10 이내인 것으로 한다.
② 오존 노화시험 : KS M 6518(가화고무 물리시험방법)의 오존균열시험에 따라 온도 40℃, 오존농도 25 pphm에서 시험편에 20 %의 신장을 가한 상태로 72시간 유지한 다음 신장력을 제거하였을 때 길이 변화가 없는 것으로 하고, 10배의 확대경으로 확인하였을 때 A_2급 이상인 것으로 한다.

해답 ① 공기가열 노화시험 ②오존 노화시험

2018년도 제4회

01 전기방식시설 중 관대지전위(管對地電位)의 점검 주기를 쓰시오.

해설 **전기방식설의 유지관리**
전기방식시설의 관대지전위(管對地電位) 등을 1년에 1회 이상 점검하여야 한다.

해답 1년에 1회 이상

참고 **전기방식설의 유지관리**

1. 전기방식시설의 관대지전위(管對地電位) 등을 1년에 1회 이상 점검하여야 한다.
2. 외부전원법에 의한 전기방식시설은 외부전원점관대지전위(管對地電位), 정류기의 출력, 전압, 전류, 배선의 접속상태 및 계기류 확인 등을 3개월에 1회 이상 점검하여야 한다.
3. 배류법에 의한 전기방식시설은 배류점관대지전위(管對地電位), 배류기의 출력, 전압, 전류, 배선의 접속상태 및 계기류 확인 등을 3개월에 1회 이상 점검하여야 한다.
4. 절연부속품, 역전류방지장치, 결선(bond) 및 보호절연체의 효과는 6개월에 1회 이상 점검하여야 한다.

02 전기기기의 방폭구조 중 안전증방폭구조를 설명하시오.

해답 **안전증(安全增) 방폭구조(e)**
정상운전 중에 가연성 가스의 점화원이 될 전기불꽃·아크 또는 고온부분 등의 발생을 방지하기 위하여 기계적·전기적 구조상 또는 온도 상승에 대하여, 특히 안전도를 증가시킨 구조이다.

03 [보기]는 액화석유가스(LPG)를 원료로 저온수증기 개질에 의한 SNG(대체천연가스)제조 프로세스의 순서이다. (　　)안에 알맞은 공정을 쓰시오.

| 보기 |

LPG → (①) → 저온 수증기 개질 → 메탄화 → (②) → 탈습 → SNG

해설 **저온수증기 개질에 의한 SNG(대체천연가스)제조 프로세스**

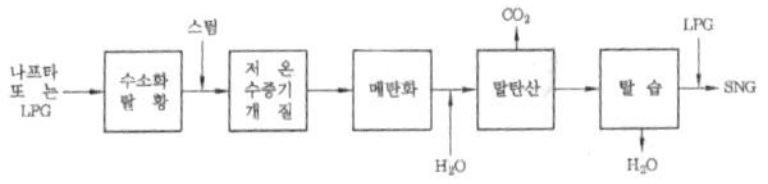

※ LPG → (수소화 탈황) → 저온 수증기 개질 → 메탄화 → (탈탄산) → 탈습 → SNG

해답 ① 수소화 탈황　　② 탈탄산

04 원심펌프를 직렬 및 병렬 운전할 경우의 특성을 유량과 양정에 대하여 설명하시오.

해답 **원심펌프 직렬 및 병렬 운전 특성 변화**
① 직렬 운전 : 양정 증가, 유량 일정
② 병렬 운전 : 유량 증가, 양정 일정

05 도로에 매설된 도시가스 배관의 누출 여부를 검사하는 장비의 명칭을 영문 약자로 쓰시오.

(1) 불꽃 속에 탄화수소가 들어가면 시료 성분이 이온화됨으로써 불꽃 중에 놓여진 전극간의 전기전도도가 증대하는 것을 이용한 것.
(2) 적외선 흡광 특성을 이용한 방식으로 차량에 탑재하여 메탄의 누출 여부를 탐지하는 것.

해설 **도시가스 배관 누출 검사 장비**
(1) FID(수소염 불꽃이온화 검출기) : 불꽃으로 시료성분이 이온화됨으로써 불꽃 중에 놓여진 전극간의 전기전도도가 증대하는 것을 이용한 것으로 탄화수소에서 감도가 최대이며, H_2, O_2, CO_2, SO_2 등은 감도가 없다. 노이즈가 적고 사용이 편리한 장점이 있다.
(2) OMD(광학메탄검지기) : 시스템을 차량에 장착하여 고속으로 주행하면서 도로에 매설된 가스 배관의 누설여부를 검사하는 장비로서, 가스가 검지될 경우 대형 LCD 모니터를 통해 실시간으로 표시하여 주고, 설정된 경보 값을 초과할 경우내부 부저를 통하여 경보를 발생하여 준다. OMD는 최첨단 적외선 흡광 특성을 이용한 가스 검지부와 LCD 모니터 및 전원장치로만 구성되어 있어, 기존의 FID 방식처럼 별도의 수소가스나 흡입펌프를 사용하지 않기 때문에 유지보수가 매우 간편하다.

해답 (1) FID　　(2) OMD

06 [보기]에서 설명하는 전기방식법의 명칭을 쓰시오.

| 보기 |

지중 또는 수중에 설치된 양극(anode)금속과 매설배관(cathode : 음극)등을 전선으로 연결하여 양극금속과 매설배관 등 사이의 전지작용(고유 전위차)에 의하여 전기적 부식을 방지하는 방법이다.

해설 **희생양극법**
"희생양극법(犧牲陽極法)"이라 함은 지중 또는 수중에 설치된 양극금속과 매설배관 등을 전선으로 연결하여 양극금속과 매설배관 등 사이의 전지작용에 의하여 전기적 부식을 방지하는 방법을 말한다.

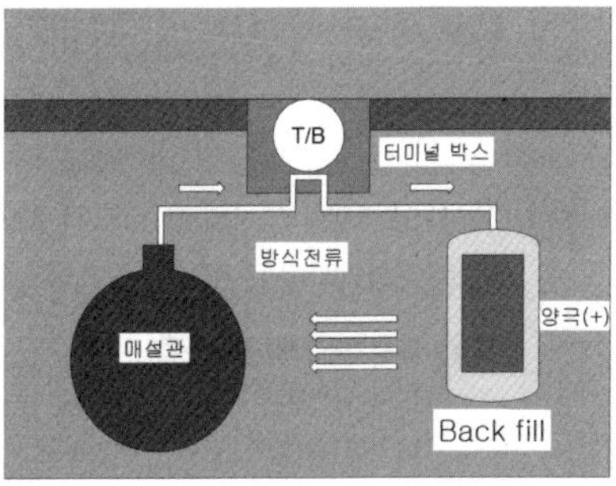

해답 희생양극법

07 액화석유가스(LPG)의 주성분을 2가지 쓰시오.

해설 **액화석유가스(Liquefide petroleum gas)**

LPG는 탄소수 3~4의 탄화수소 또는 그들을 주성분으로 하는 혼합물로써 주성분은 프로판, 프로필렌, 부탄, 부틸렌 등이며 가장 많이 함유되어 있는 것은 프로판이다. 현재 주로 사용되는 가스는 프로판과 부탄으로서 LPG란 프로판, 부탄을 의미한다.

해답 ① 프로판 ② 부탄

참고 **액화천연가스(Liquefied Natural Gas : LNG)**

엘엔지(LNG)는 Liquefied Natural Gas의 약자로서 메탄을 주성분으로 천연가스를 냉각해서 액화한 것이다.

08 정압기의 정특성 종류 3가지는 (①), (②), (③)이다.

해답 ① 오프셋 ② 로크업 ③ 시프트

09 과잉공기계수가 1.5인 프로판 $1Nm^3$를 완전연소 시키는데 필요한 공기량은 몇 Nm^3인지 계산하시오.

해설 실제공기량(A)=이론공기량(Ao)×공기비(m)

- 실제공기량(A)

$$=\text{이론공기량}(Ao)\times\text{공기비}(m)$$

$$=\frac{\text{이론산소량}(Oo)}{0.21}\times\text{공기비}(m)$$

- 프로판 완전연소 반응식 :

$$C_3H_8+5O_2 \rightarrow 3CO_2+4H_2O$$

- 실제공기량$(A)=\frac{5}{0.21}\times1.5=35.71(Nm^3)$

해답 실제공기량$(A)=\frac{5}{0.21}\times1.5=35.71(Nm^3)$

10 도시가스 배관의 종류를 3가지 쓰시오. (단, 관 종류는 제외한다.)

해설 **도시가스 배관의 종류**

도시가스배관 이란 도시가스를 공급하기 위하여 배치된 관(管)으로써 본관, 공급관, 내관 또는 그 밖의 관을 말한다.

해답 ① 본관 ② 공급관 ③ 내관

참고 **도시가스사업법 시행규칙**

1. "본관"이란 다음 각 목의 것을 말한다.
   가. 가스도매사업의 경우에는 도시가스제조사업소(액화천연가스의 인수기지를 포함한다. 이하 같다)의 부지 경계에서 정압기지(整壓基地)의 경계까지 이르는 배관. 다만, 밸브기지 안의 배관은 제외한다.
   나. 일반도시가스사업의 경우에는 도시가스제조사업소의 부지 경계 또는 가스도매사업자의 가스시설 경계에서 정압기(整壓器)까지 이르는 배관
   다. 나프타부생가스·바이오가스제조사업의 경우에는 해당 제조사업소의 부지 경계에서 가스도매사업자 또는 일반도시가스사업자의 가스시설 경계 또는 사업소 경계까지 이르는 배관
   라. 합성천연가스제조사업의 경우에는 해당 제조사업소의 부지 경계에서 가스도매사업자의 가스시설 경계 또는 사업소 경계까지 이르는 배관
2. "공급관"이란 다음 각 목의 것을 말한다.
   가. 공동주택, 오피스텔, 콘도미니엄, 그 밖에 안전관리를 위하여 산업통상자원부장관이 필요하다고 인정하여 정하는 건축물(이하 "공동주택등"이라 한다)에 도시가스를 공급하는 경우에는 정압기에서 가스사용자가 구분하여 소유하거나 점유하는 건축물의 외벽에 설치하는 계량기의 전단밸브(계량기가 건축물의 내부에 설치된 경우에는 건축물의 외벽)까지 이르는 배관
   나. 공동주택등 외의 건축물 등에 도시가스를 공급하는 경우에는 정압기에서 가스사용자가 소유하거나 점유하고 있는 토지의 경계까지 이르는 배관
   다. 가스도매사업의 경우에는 정압기지에서 일반도시가스사업자의 가스공급시설이나 대량수요자의 가스사용시설까지 이르는 배관
   라. 나프타부생가스·바이오가스제조사업 및 합성천연가스제조사업의 경우에는 해당 사업소의 본관 또는 부지 경계에서 가스사용자가 소유하거나 점유하고 있는 토지의 경계까지 이르는 배관
3. "내관"이란 가스사용자가 소유하거나 점유하고 있는 토지의 경계(공동주택등으로서 가스사용자가 구분하여 소유하거나 점유하는 건축물의 외벽에 계량기가 설치된 경우에는

그 계량기의 전단밸브, 계량기가 건축물의 내부에 설치된 경우에는 건축물의 외벽)에서 연소기까지 이르는 배관을 말한다.

11 도시가스 배관 용접부 비파괴검사에 대한 설명 중 (   ) 안에 알맞은 명칭을 쓰시오.

| 보기 |

도시가스 배관 등의 용접부는 전부에 대하여 (①)와(과) (②)을(를) 하여야 한다. (②)을(를) 실시하기 곤란한 곳에 대신 할 수 있는 비파괴검사는 (③)와(과) (④)을(를) 할 수 있다.

해설 도시가스 배관 용접부 비파괴시험 기준

배관 등의 용접부는 전부에 대해 육안검사와 방사선투과시험을 하여야 한다. 방사선투과시험을 실시하기 곤란한 곳은 초음파탐상시험 및 자분탐상시험(또는 침투탐상시험)을 할 수 있다. 다만, 100A 미만이나 두께 6mm 미만의 용접부인 경우 방사선투과시험이 가능한 경우에는 배관 전 용접부에 대해 외관검사 및 방사선투과시험을 실시해야 한다. 또한, 사업소 경계 안에 설치되는 배관에 대하여는 공기 등의 기체의 압력으로 내압시험을 실시하는 경우 그 설비의 길이이음매, 원주이음매(배관은 그 설치장소에서 용접을 한 것으로써 바깥지름 160mm를 넘는 관의 원주이음매에 한정한다)에 대해 용접부 전길이의 20% 이상 방사선투과시험을 하고 그 등급분류가 2급 이상임을 확인해야 하며, 방사선투과시험을 하지 아니하는 용접부에 대해서는 침투탐상시험 또는 자분탐상시험을 실시해야 한다.

해답 ① 육안검사 ② 방사선투과시험
③ 초음파탐상시험 ④ 자분탐상시험

12 강의 기계적 성질을 개선하기 위하여 실시하는 열처리의 종류를 4가지 쓰시오.

해설 강의열처리의 종류

① 담금질(Quenching) : 강을 적당한 온도로 가열하여 오스테나이트 조직에 이르게 한 뒤, 마텐자이트 조직으로 변화시키기 위해 급냉시키는 열처리 방법으로 강의 경도와 강도를 증가시키기 위한 것이다. 강의 담금질 온도가 너무 높으면 강의 오스테나이트 결정 입자가 성장하여 담금질 후에도 기계적 성질이 나빠지고 균열이나 변형이 일어나기 쉬우므로 담금질 온도에 주의해야 한다.

② 뜨임(Tempering) : 담금질한 강은 경도가 증가된 반면 취성을 가지게 되고, 표면에 잔류 응력이 남아 있으면 불안정하여 파괴되기 쉬우므로 적당한 인성을 재료에 부여하기 위해 담금질 후에 반드시 뜨임 처리를 해야 한다. 즉 담금질 한 조직을 안정한 조직으로 변화시키고 잔류 응력을 감소시켜, 필요로 하는 성질과 상태를 얻기 위한 것으로 담금질한 강을 적당한 온도까지 가열하여 다시 냉각시킨다.

③ 풀림(Annealing) : 재료를 일정 온도까지 일정 시간 가열을 유지한 후 서서히 냉각시키면, 변태로 인해 최초의 결정 입자가 붕괴되고 새롭게 미세한 결정입자가 조성되어 내부 응력이 제거될 뿐만 아니라 재료가 연화된다. 이러한 목적을 위한 열처리 방법을 풀림이라 부른다. 풀림의 목적을 다음과 같이 정리할 수 있다

a) 단조나 주조의 기계 가공에서 발생한 내부 응력 제거
b) 열처리로 인해 경화된 재료의 연화
c) 가공이나 공작으로 경화된 재료의 연화
d) 금속 결정 입자의 미세화

④ 불림(Normalizing) : 재료를 변태점 이상의 적당한 온도로 가열한 다음 일정 시간 유지시킨 후 공기 중에서 냉각하여 미세하고 균일하게 표준화된 금속 조직을 얻을 수 있다. 불림의 목적은 결정 조직을 미세화하고 냉간가공이나 단조 등으로 인한 내부 응력을 제거하며 결정 조직이나 기계적 성질과 물리적 성질 등을 표준화시키는 데 있다. 강을 불림 처리하면 취성이 저하되고 주강의 경우 주조 상태에 비해 연성이나 인성 등 기계적 성질이 현저히 개선된다.

해답 ① 담금질 ② 뜨임
③ 풀림 ④ 불림

13 고압용기 또는 밸브 등 가스관련 시설의 내압시험을 물로 하는 이유(장점)를 2가지 쓰시오.

해답 내압시험을 물로 하는 이유

① 물은 비압축성이므로 시험 중에 파괴되어도 위험성이 적다.

② 구입이 쉽고 경제적이며 장치 및 인체에 유해한 독성이 없다.

14 LP가스 저장탱크 내부를 청소하려고 할 경우 내부의 LP가스를 이송하는 방법을 3가지 쓰시오.

해답 ① 압축기에 의한 방법
② 액펌프에 의한 방법
③ 차압에 의한 방법

15 비중이 0.64인 가스를 길이 300m 떨어진 곳에 저압으로 시간당 $170m^3$로 공급하고자 한다. 압력손실이 $27mmH_2O$이면 배관의 최소 관지름(mm)은 얼마인지 계산하시오.

해설 **저압배관 유량산출식을 적용하여 관지름(D)을 구한다.**

- $Q = K\sqrt{\dfrac{H \cdot D^5}{S \cdot L}}$

$= \text{유량계수} \times \sqrt{\dfrac{\text{압력손실} \times \text{관경}^5}{\text{가스비중} \times \text{관길이}}}$

- $Q^2 = K^2 \cdot \dfrac{D^5 \cdot H}{S \cdot L}$ 에서 관경$(D^5) = \dfrac{Q^2 \cdot S \cdot L}{K^2 \cdot H}$

- $D = \sqrt[5]{\dfrac{Q^2 \cdot S \cdot L}{K^2 \cdot H}}$

$= \sqrt[5]{\dfrac{170^2 \times 0.64 \times 300}{0.707^2 \times 27}}$

$= 1326.78(\text{cm}) = 132.68(mm)$

해답 $D = \sqrt[5]{\dfrac{170^2 \times 0.64 \times 300}{0.707^2 \times 27}} = 1326.78(\text{cm})$
$= 132.68(mm)$

2019년도 제1회

01 액화가스와 압축가스 저장탱크 및 용기가 배관으로 연결된 경우 저장능력을 합산한다. 이때 압축가스 $1m^3$는 액화가스로 몇 kg에 해당하는 것으로 계산하는지 쓰시오.

해설 **고압가스 안전관리법 시행규칙 [별표 1] 저장능력 산정기준**
저장탱크 및 용기가 다음 각 목에 해당하는 경우에는 제1호에 따라 산정한 각각의 저장능력을 합산한다. 다만, 액화가스와 압축가스가 섞여 있는 경우에는 액화가스 10kg을 압축가스 $1m^3$로 본다.
① 저장탱크 및 용기가 배관으로 연결된 경우
② 가목의 경우를 제외한 경우로서 저장탱크 및 용기 사이의 중심거리가 30m 이하인 경우 또는 같은 구축물에 설치되어 있는 경우. 다만, 소화설비용 저장탱크 및 용기는 제외한다.

해답 10kg

02 자연발화온도(Autoignition Temperature : AIT)에 영향을 주는 요인을 4가지 쓰시오

해설 **자연발화온도(AIT)**
가연성 혼합기체의 온도가 높아지면 불꽃을 대지 않아도 온도에 의해 물질이 스스로 발화하기 시작하는 최저 온도로서 AIT가 낮을수록 (감소할수록) 발화하기 쉽다.

해답 ① 온도 ② 압력 ③ 부피
④ 산소량 ⑤ 촉매 ⑥ 농도

03 용접용기의 재검사 항목을 4가지 쓰시오.

해설 **용접용기의 재검사 항목**
용기의 재검사는 그 용기를 계속 사용할 수 있는지 확인하기 위하여 다음 항목에 대하여 실시한다.
① 외관검사 ② 내압검사 ③ 누출검사
④ 다공질물 충전검사 ⑤ 단열성능검사

해답 **용접용기의 재검사 항목**
① 외관검사 ② 내압검사 ③ 누출검사
④ 다공질물 충전검사 ⑤ 단열성능검사

04 지하에 매설된 도시가스 배관에서 발생할 수 있는 부식의 원인을 4가지 쓰시오.

해답 ① 국부전지의 발생
② 미주전류의 발생
③ 다른 종류의 금속간의 접촉
④ 농염 전지작용
⑤ 토양중의 박테리아

05 폭굉(detonation)의 정의에 대한 설명 중 ( ) 안에 알맞은 용어를 쓰시오.

| 보기 |

폭발 중에서도 특히 격렬한 경우로서 화염의 전파속도가 (①)보다 빠른 경우 파면 선단에 충격파라고 하는 솟구치는 (②)가 생겨 격렬한 파괴작용을 일으키는 현상이다.

해답 ① 음속 ② 압력파

06 배관지름이 14cm인 관에 8m/s로 물이 흐를 경우 질량유량(kg/s)을 계산하시오. (단, 물의 밀도는 1000kg/m^{3}이다.)

해설 **질량 유량(G)**

- $G = \gamma \cdot A \cdot V$
- $G = 1000 \times \dfrac{\pi}{4} \times 0.14^2 \times 8 = 123.15(\text{kg}/s)$

해답 123.15(kg/s)

07 도시가스 제조공정 중 접촉개질공정에 대하여 설명하시오.

해답 **접촉개질 분해공정**

촉매를 사용하여 반응온도 400~800℃에서 탄화수소와 수증기를 반응시켜 수소, 일산화탄소, 이산화탄소 및 메탄, 에탄, 에틸렌, 프로필렌 등의 저급 탄화수소로 변화하는 반응을 말한다.

08 고압가스 안전관리법에 정한 액화가스의 정의에 대한 설명 중 다음 ( ) 안에 알맞은 용어를 쓰시오.

| 보기 |

액화가스란 가압, 냉각 등의 방법으로 액체 상태로 되어 있는 것으로서 대기압에서 끓는점이 섭씨 (①)도 이하 또는 (②) 이하인 것을 말한다.

해설 "액화가스"란 가압(加壓)·냉각 등의 방법에 의하여 액체상태로 되어 있는 것으로서 대기압에서의 끓는 점이 섭씨 40도 이하 또는 상용 온도 이하인 것을 말한다.

해답 ① 40 ② 상용의 온도

참고 **압축가스의 정의**

"압축가스"란 일정한 압력에 의하여 압축되어 있는 가스를 말한다.

09 냉동설비에 사용하는 냉매의 구비조건을 4가지 쓰시오.

해답 **냉매의 구비조건**

① 비체적이 작고, 증발 잠열이 클 것
② 비열이 작으며 증발열에 대한 액체비열의 비가 작을 것
③ 폭발성, 인화성이 없을 것
④ 악취나 자극이 없어 인체나 냉동제품에 유해하지 않을 것
⑤ 윤활유에 용해되지 않고 화학반응을 일으키지 않을 것
⑥ 점성이 작고 전열율이 좋을 것
⑦ 증발압력이 대기압보다 크고, 상온에서도 비교적 저압에서 액화될 수 있을 것
⑧ 고온에서 분해되지 않고 금속이나 패킹 등 냉동기의 구성과 화학적 반응을 하지 않을 것
⑨ 동일한 냉동능력에서 소요동력이 적을 것
⑩ 구하기 쉽고 가격이 쌀 것
⑪ 응고온도가 낮고, 임계온도가 높을 것
⑫ 온도가 낮아도 대기압 이상의 압력에서 증발하고 상온의 저압에서 액화될 것

10 소비호수가 50호인 액화석유가스 사용시설에서 피크시 평균가스 소비량이 15.5kg/h이다. 50kg 용기를 사용하여 가스를 공급하고, 외기온도가 5℃일 경우 가스발생능력이 1.7kg/h이라 할 때 표준 용기 설치수를 계산하시오. (단, 2일분 용기 수는 4개이다.)

해설 **표준 용기 설치 수량**

- 표준 용기 설치 수량
 =최소 용기수량+2일분 용기수량
- 최소 용기 수량

$$= \frac{\text{피크시 평균가스 소비량}(kg/h)}{\text{용기의 가스발생능력}(kg/h \cdot \text{개})}$$

• 최소 용기 수량$=\frac{15.5(\text{kg}/h)}{1.7(\text{kg}/h\cdot\text{개})}=9.12$

$=10$(개)

• 표준 용기 설치 수량$=10+4=14$(개)

해답 표준 용기 설치 수량$=\frac{15.5}{1.7}+4=14$(개)

11 배관의 길이가 1km이고, 선팽창계수 $\alpha=1.2\times10^{-5}/℃$일 때 $-10℃$에서 $50℃$까지 사용되어지는 배관에서 신축량이 20mm를 흡수할 수 있는 신축이음은 몇 개를 설치해야 하는지 구하시오.

해설 **신축이음 개수**

• **신축이음 개수**$=\frac{\text{신축길이}}{\text{신축이음 1개당 신축량}}$

• **신축길이 계산**

$\lambda=l,\ \alpha\cdot\Delta t$

여기서 λ : 신축 길이[mm]

l : 배관길이 [mm]

α : 선팽창계수

Δt : 온도차[℃]

$\lambda=1000\times1.2\times10^{-5}\times60=720(mm)$

• **신축이음 개수**$=\frac{\text{신축길이}}{\text{신축이음 1개당 신축량}}$

$=\frac{720mm}{20mm/\text{개}}=36$(개)

해답 신축이음 개수$=\frac{720mm}{20mm/\text{개}}=36$(개)

12 정압기를 평가 선정할 경우 각 특성이 사용조건에 적합하도록 정압기를 선정하여야 한다. 이때 정압기를 선정할 때 고려해야할 사항을 4가지 쓰시오.

해답 **정압기의 특성**

① 정특성

② 동특성

③ 유량특성

④ 사용 최대 차압

⑤ 작동 최소 차압

13 [보기] 반응과 같은 나프타 접촉분해(수증기개질) 공정 중에서 카본(C)생성을 억제하는 방법에 대하여 온도, 압력, 수증기비의 관계를 이용하여 설명하시오.

| 보기 |

반응식 : $CH_4 \leftrightarrows 2H_2 + C$ (카본) ……(1)

반응식 : $CO \leftrightarrows CO_2 + C$ (카본) ……(2)

해답 **나프타 접촉분해(수증기개질) 공정 카본(C)의 생성 방지법**

1) 반응온도를 낮게 하고 반응압력을 높게 하고 수증기비를 증가시킨다.

2) 반응온도를 높게 하고 반응압력을 낮게 하고 수증기비를 증가시킨다.

14 레이놀즈(Reynolds)식 정압기의 특징을 4가지 쓰시오.

해답 ① 언로딩형이다.

② 정특성은 극히 좋으나 안정성이 부족하다.

③ 다른 정압기에 비하여 형태가 크다

④ 사용압력은 중압 B에서 저압, 저압에서 저압이다.

15 저온 액화가스 저장탱크의 열침입 원인을 4가지 쓰시오.

해답 **저온 액화가스 저장탱크 열침입 원인**

① 외면으로 부터의 열복사

② 밸브, 안전벨브 등에 의한 열전도

③ 단열재를 충전한 공간에 남은 가스 분자의 열전도

④ 연결된 배관으로 부터의 열전도

⑤ 지지점에서의 열전도

2019년도 제2회

01 고압가스설비에 부착하는 과압안전장치의 작동압력에 대한 기준 중 ( ) 안에 알맞은 숫자를 넣으시오.

| 보기 |

액화가스의 고압가스설비 등에 부착되어 있는 스프링식 안전밸브는 상용의 온도에 있어서 당해 고압가스설비등내의 액화가스의 상용의 체적이 당해 고압가스설비등내의 내용적의 ( )%까지 팽창 하게 되는 온도에 대응하는 그 고압가스설비 등 내의 압력에서 작동하는 것으로 하여야 한다.

해답 98

02 아세틸렌에서 발생하는 폭발의 종류 3가지에 대한 반응식을 각각 쓰시오.

해답 아세틸렌의 폭발에 따른 반응식

① 산화폭발 반응식 :
$C_2H_2 + 2.5O_2 \rightarrow 2CO_2 + H_2O$

② 화합폭발 반응식 :
$C_2H_2 + 2Cu \rightarrow Cu_2C_2 + H_2$

③ 분해폭발 반응식 :
$C_2H_2 \rightarrow 2C + H + 54.2[kcal]$

03 다음 그림은 직동식 정압기의 구조이다. 직동식 정압기에서 2차 압력이 설정압력보다 낮을 경우의 작동 원리에 대하여 설명하시오.

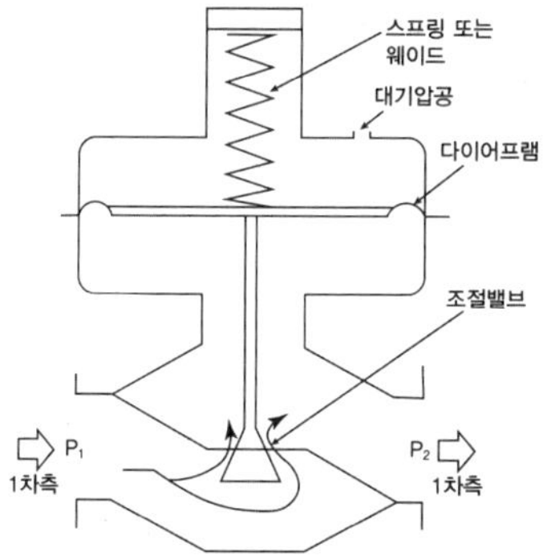

해답 직동식 정압기의 2차측 압력이 설정압력보다 낮을 경우

2차측의 사용량이 증가하고 2차압력이 설정압력 이하로 떨어질 경우, 정압기 스프링 힘이 다이어프램을 받치고 있는 힘보다 커서 다이어프램에 연결된 메인밸브를 열리게 하여 가스의 유량이 증가하게 되며 2차 압력을 설정압력으로 유지되도록 작동한다.

04 압축기에서 용량제어를 하는 이유(목적)를 2가지 쓰시오.

해답 압축기의 용량제어 이유(목적)

① 소요동력의 절감
② 경부하 기동
③ 압축기 보호
④ 수요 공급의 밸런스 유지

05 고압가스 시설에서 전기방식조치 대상을 2가지 쓰시오.

해설 전기방식 조치 대상

지중 및 수중에 존재하는 강재배관 및 저장탱크 외면에 전류를 유입시켜 양극반응을 저지함으로써 전기적 부식을 방지 할 것.

해답 ① 지중 및 수중에 설치하는 강재배관
② 저장탱크

06 고압가스설비에 설치하는 피해저감설비의 종류를 2가지 쓰시오.

해답 피해저감설비의 종류

① 방류둑	② 방호벽
③ 살수장치	④ 제독설비
⑤ 중화·이송설비	⑥ 온도상승방지설비
⑥ 소화설비	⑦ 가스공급 차단장치

07 가스압축에 사용하는 압축기에서 다단 압축의 목적을 4가지 쓰시오.

해답 다단 압축의 목적

① 1단 단열압축과 비교한 일량의 절약
② 가스의 온도상승을 피할 수 있다.
③ 이용 효율의 증가
④ 힘의 평행이 양호해진다.

08 도시가스 원료 중 액체 성분에 해당하는 것을 2가지 쓰시오.

해설 **도시가스의 원료**

도시가스의 원료는 저장상태에 따라 고체, 액체, 기체로 분류하는데 종류는 다음과 같다.

① 고체원료 : 석탄, 코우크스

② 액체원료 : 나프타, LPG(액화석유가스), LNG(액화천연가스)

③ 기체원료 : 천연가스, 업(off)가스, SNG(합성천연가스)

해답 ① 액화석유가스(LPG)

② 액화천연가스(LNG)

③ 나프타

09 도시가스 정압기 중 피셔(Fisher)식 정압기의 2차압 이상 저하의 원인과 예방대책을 각각 4가지씩 쓰시오.

1) 2차압 이상 저하 원인 4가지 :

2) 2차압 이상 저하 예방대책 4가지 :

해답 1) 피셔(fisher)식 정압기의 2차압 이상 저하 원인

① 정압기의 능력부족

② 필터의 먼지류의 막힘

③ 파일로트의 오리피스의 녹 막힘

④ 센터 스템(center stem)의 작동불량

⑤ 스트로크의 조정 불량

⑥ 주 다이어프램의 파손

2) 예방대책 4가지

① 적절한 정압기로 교환

② 필터의 교환

③ 필터교환과 분해정비

④ 정압기 분해 정비

⑤ 다이어프램 교환

10 도시가스 원료로 사용하는 오프가스(off gas)의 제조공정을 설명하시오.

해설 **오프가스(off gas) : 정유가스**

일반적으로 off gas라고 불리우는 것에는 석유정제의 off gas와 석유화학의 off gas 2종류가 있고 수소, 메탄 등의 탄화수소를 주성분으로 한 가스가 있다. 즉, off gas는 메탄, 에틸렌 등의 탄화수소 및 수소 등을 개질한 것이기 때문에 석유정제와 석유화학의 부생물이다.

① 석유정제의 off gas : 상압증류의 가장 경질분으로서 나오는 한 중유의 접촉분해 또는 가솔린의 옥탄가 상승 접촉개질 공정에 있어 부생한다.

상압증류 → 감압증류 → 가솔린 생산을 위한 접촉 개질 공정

② 석유화학의 off gas : 나프타 분해에 의해 에틸렌 등을 제조하는 공정에서 발생한다.

해답 off gas라고 불리우는 것에는 석유 정제의 off gas와 석유화학의 off gas 2종류가 있고 수소, 메탄 등의 탄화수소를 주성분으로 한 가스가 있다.

11 비중이 0.64인 가스를 길이 300m 떨어진 곳에 저압으로 시간당 145m³로 공급하고자 한다. 압력손실이 20mmH₂O이면 배관의 최소 관지름(mm)은 얼마인지 계산하시오.

해설 **저압배관 유량산출식을 적용하여 관지름(D)을 구한다.**

• $Q = K\sqrt{\dfrac{H \cdot D^5}{S \cdot L}}$

$= \text{유량계수} \times \sqrt{\dfrac{\text{압력손실} \times \text{관경}^5}{\text{가스비중} \times \text{관길이}}}$

• $Q^2 = K^2 \cdot \dfrac{D^5 \cdot H}{S \cdot L}$ 에서 관경$(D^5) = \dfrac{Q^2 \cdot S \cdot L}{K^2 \cdot H}$

• $D = \sqrt[5]{\dfrac{Q^2 \cdot S \cdot L}{K^2 \cdot H}}$

$= \sqrt[5]{\dfrac{145^2 \times 0.64 \times 300}{0.707^2 \times 20}} = 13.22(\text{cm})$

$= 132.20(mm)$

해답 $D = \sqrt[5]{\dfrac{145^2 \times 0.64 \times 300}{0.707^2 \times 20}} = 13.22(\text{cm})$

$= 132.20(mm)$

12 압축가스 설비 저장능력 산정식을 쓰시오. (단, Q : 저장능력(m^3), P : 35℃에서 최고충전압력(MPa), V : 내용적(m^3)을 의미한다.

해설 **압축가스 저장탱크 및 용기 저장능력 산정 계산식**

Q = (10P + 1)V

Q : 저장능력(m^3)

P : 35℃에서의 최고충전 압력(MPa)

V : 내용적(m^3)

해답 Q = (10P + 1)V

13 부탄 200kg/h를 기화시키는데 20000kcal/h의 열량이 필요하다. 효율이 80%인 온수순환식 기화기를 사용할 경우 열교환기에 순환하는 온수량(L/h)은 얼마인지 계산하시오. (단, 열교환기 입구와 출구의 온수 온도는 60℃와 40℃이며, 온수의 비열은 1kcal/kg·℃, 비중은 1이다.)

해설 **열교환기 온수 순환량(L/h)**

- $Q = G \times C \times \Delta t \times \eta$ 식에서,

  온수 순환량$(G) = \dfrac{Q}{C \times \Delta t \times \eta}$

- $G = \dfrac{20000}{1 \times (60-40) \times 0.8} = 1250(kg/h)$

  $= 1250(L/h)$

해답 $G = \dfrac{20000}{1 \times (60-40) \times 0.8} = 1250(L/h)$

14 내진설계 시 지진기록 측정장비 종류를 2가지 쓰시오.

해설 **지진기록계측기**

계측에는 가속도계, 속도계, 변위계, 간극수압계, 동토압계, 수압계 등을 사용 한다

해답 ① 가속도계 ② 속도계

15 저비점 액화가스 등을 이송하는 펌프 입구에서 발생하는 베이퍼 록(Vapor-rook) 현상 의 방지법을 4가지 쓰시오.

해설 **베이퍼록(Vapor-rook) 현상**

펌프를 이용하여 액체를 이송할 경우, 펌프 입구측에서의 마찰저항 등에 의한 온도상승으로 인해 액이 기화하는 현상으로 비등점이 낮은 액체일수록 현저하게 발생된다.

해답 **베이퍼 로크 방지법**

① 실린더 라이너의 외부를 냉각시킨다.
② 흡입 관로를 청소한다.
③ 흡입 배관을 단열처리 한다.
④ 흡입 관경을 크게 하고 펌프 설치위치를 낮춘다.

2019년도 제4회

01 카바이드를 이용하여 아세틸렌을 제조하는 방식의 가스발생기 중 투입식에 대하여 설명하시오.

해설 **투입식 아세틸렌 가스발생기**

투입식 : 물에 카바이드(CaC2)를 넣는 방법

※ 투입식의 특징

- 공업적으로 대량생산에 용이하여 가장 많이 사용되고 있다.
- 카바이드가 수중에 있으므로 온도상승이 적다.
- 불순가스의 발생이 적다.
- 카바이드 투입량에 의해 아세틸렌가스 발생량을 조절할 수 있다.
- 후기가스의 발생이 적다.

해답 투입식 아세틸렌 발생기는 물에 카바이드(CaC_2)를 넣는 방법으로 카바이트 투입량으로 아세틸렌가스 발생량을 조절할 수 있고 공업적으로 대량생산이 가능하여 가장 많이 사용되고 있다.

02 내용적 3L의 고압용기에 암모니아를 충전하여 온도를 173℃로 상승시켰더니 압력이 220atm을 나타냈다. 이 용기에 충전된 암모니아는 몇 g인지 계산하시오.(단, 173℃, 220atm에서 암모니아의 압축계수는 0.4이다.)

해설 **압축계수(보정계수) 이용 계산식**

① $PV = Z\dfrac{W}{M}RT$

여기서

P : 압력(atm)
V : 체적(ℓ)
Z : 압축계수(단위 없음)
W : 질량(g)
M : 분자량
R : 기체상수(0.082ℓ·atm/mol·K)
T : 절대온도(K)

② $PV = \dfrac{W}{M}RTZ$ 식에서,

질량$(W) = \dfrac{PVM}{RTZ}$

$W = \dfrac{220atm \times 3\ell \times 17g/mol}{0.082\ell \cdot atm/mol \cdot K \times (173+273)K \times 0.4}$

$= 766.98(g)$

해답 $W=\dfrac{220atm\times 3\ell\times 17g/mol}{0.082\ell\cdot atm/mol\cdot K\times(173+273)K\times 0.4}$
$=766.98(g)$

03 다음 보기 가스 중 같은 온도, 압력 조건에서 가장 많이 흐르는 가스부터 번호 순서대로 나열하시오.

| 보기 |

① 수소 ② 질소
③ 이산화탄소 ④ 천연가스

해설 **가스의 흐름은 같은 온도, 압력 조건에서 분자량이 작은 가스일수록 기체의 확산속도가 빨라 가장 많이 흐르게 된다.**
분자량 작은순서 :
① 수소(H_2) : 2
④ 천연가스(CH_4) : 16
② 질소(N_2) : 28
③ 이산화탄소(CO_2) : 44

해답 ① → ④ → ② → ③

04 가연성 가스 폭발등급 및 방폭전기기기 폭발등급의 최소점화전류비는 어떤 가스를 기준으로 하는지 쓰시오.

해설 **가연성가스의 폭발등급 및 이에 대응하는 본질안전방폭구조의 폭발등급**

최소점화전류비의 범위(mm)	0.8 초과	0.45 이상 0.8 이하	0.45 미만
가연성가스의 폭발등급	A	B	C
방폭전기기기의 폭발등급	IIA	IIB	IIC
(비고) 최소점화전류비는 메탄의 최소점화전류를 기준으로 나타낸다.			

해답 메탄

05 내용적 18L의 LP가스 배관공사를 끝내고 나서 수주 880mm의 압력으로 공기를 넣어 기밀시험을 실시했다. 기밀시험 소요시간 12분이 경과한 후 배관에 부착된 자기압력계를 보니 수주 660mm의 압력을 나타내었다. 이 경우 기밀시험 개시 시의 약 몇 %의 공기가 누설되었는지 구하시오. (단, 기밀시험 실시 중 온도변화는 무시하고 1기압은 1.033kgf/cm^{2}이다.)

해설 **기밀시험 후 누설공기량(%)**

- **누설공기량(%)**
$=\dfrac{\text{최초공기량}-\text{12분경과 후 공기량}}{\text{배관내용적}}\times 100$
- M=VP 식 적용
- 1atm=1.033kgf/cm^2=$10330mmH_2O$

① **최초 기밀시험시 공기량(표준상태 환산 체적)**
$M=18(L)\times\dfrac{(880+10330)}{10330}=19.53(L)$

② **12분경과 후 공기량(표준상태 환산 체적)**
$M=18(L)\times\dfrac{(660+10330)}{10330}=19.15(L)$

③ **누설공기량(%)**
$\%=\dfrac{19.53-19.15}{18}\times 100=2.11(\%)$

해답 누설공기량(%)
$=\dfrac{[18\times\frac{(880+10330)}{10330}]-[18\times\frac{(660+10330)}{10330}]}{18}\times 100=2.11(\%)$

06 LP가스 사용시설의 2단 감압방식을 설명하시오.

해답 **2단 감압방법**
용기 내의 가스 압력을 사용압력 보다 약간 높은 압력으로 1차 조정기에서 감압되어 2차 조정기로 사용압력까지 감압하여 공급하는 방식이다.

07 직동식 정압기에서 2차 압력이 설정압력보다 낮을 경우의 작동 원리에 대하여 설명하시오.

해답 **직동식 정압기의 2차측 압력이 설정압력보다 낮을 경우**
2차측의 사용량이 증가하여 2차압력이 설정압력 이하로 저하하면 정압기의 스프링 힘이 다이어프램을 받치고 있는 힘보다 강해지면서 다이어프램에 연결된 메인밸브를 열리게 하여 가스의 유량이 증가하게 되며 2차 압력을 설정압력으로 유지되도록 작동한다.

08 다음 (   )안에 들어갈 용어를 쓰시오.

> 가스의 공급압력이 높아 불꽃이 염공을 떠나 공간에서 연소하는 현상을 (①)라 하고, 불꽃 주위 기류에 의하여 불꽃이 염공에 정착하지 않고 떨어지게 되어 꺼지는 현상을 (②)라 한다.

해답 ① 선화(리프팅)　　② 블로우 오프

09 정압기의 특성 중 동특성(動特性)에 대하여 설명하시오.

해답 **정압기의 동특성(응답속도 및 안정성)**

동특성은 부하 변화가 큰 곳에 사용되는 정압기에 대하여 중요한 특성으로서 부하변동에 대한 응답의 신속성과 안정성이 모두 요구된다.

10 굴착공사에 따른 매설된 도시가스배관을 보호하기 위한 파일박기 밑 터파기에 대한 내용 중 다음 (   ) 안에 알맞은 내용을 쓰시오.

(1) 가스배관과 수평 최단거리 (   )m 이내에서 파일박기를 하고자 할 때에는 도시가스 사업자의 입회하에 시험굴착을 통하여 가스배관의 위치를 정확히 확인한다.

(2) 가스배관과의 수평거리 (   )m 이내에서는 파일박기를 하지 아니한다.

(3) 가스배관의 주위를 굴착하고자 할 때에는 가스배관의 좌우 (   )m 이내의 부분은 인력으로 굴착한다.

해답 1) 2　　2) 0.3　　3) 1

참고 **빼기작업**

항타기는 가스배관과의 수평거리가 2m 이상 되는 곳에 설치한다. 다만, 부득이하여 수평거리 2m 이내에 설치할 때에는 하중진동을 완화할 수 있는 조치를 한다.

11 LP가스 공급방식 중 생가스 공급방식의 특징을 4가지 쓰시오.

해설 **생가스 공급방식의 특징**

생가스 공급방식은 기화기(베이퍼라이저)에 의해 기화된 가스를 그대로 공급하는 방식으로 부탄의 경우 온도가 0℃ 이하가 되면 재액화 할 우려가 있어 배관을 보온 처리하여 재 액화를 방지해야 한다.

해답 **생가스 공급방식의 특징**

① 높은 발열량을 필요로 하는 경우 사용한다.
② 발생된 가스의 압력이 높다.
③ 서지탱크가 필요하지 않다.
④ 장치가 간단하다
⑤ 열량조정이 필요 없다.
⑥ 기화된 LP가스가 이송배관 중에서 냉각되어 재액화의 문제가 발생하므로 배관을 보온조치 하여야 한다.

12 고압가스 제조시설에 설치하는 플레어스택(flare stack)의 설치 이유(목적)를 쓰시오.

해답 가연성가스의 설비에서 이상 사태가 발생한 경우 긴급이송장치에서 이송되는 가연성가스를 대기 중에 분출할 때 공기와 혼합하여 폭발성 혼합기체가 형성되지 않도록 연소시켜 대기로 안전하게 방출한다.

13 기체 상태의 프로판 100Sm³를 액화시켰을 경우 무게는 몇 kg인지 구하시오. (단, 온도와 압력은 변화가 없다.)

해답 **기체상태(0℃, 1atm : 표준상태)의 무게**

- $\text{무게} = \text{부피} \times \text{밀도} = \text{부피} \times \dfrac{\text{분자량}}{22.4}$
- $\text{무게} = 100(Sm^3) \times \dfrac{44}{22.4}(kg/Sm^3)$
  $= 196.43(kg)$

해답 $\text{무게} = 100(Sm^3) \times \dfrac{44}{22.4}(kg/Sm^3)$
$= 196.43(kg)$

14 오스테나이트계 스테인리스강에서 입계부식(boundary corrosion)이 발생하는 환경조건에 대하여 설명하시오.

해설 입계부식(boundary corrosion)

오스테나이트계 스테인리스강을 450~900℃의 온도범위로 가열하면 결정 입계로 크롬(Cr) 탄화물이 석출되면서 부식이 발생한다.

15 펌프 운전 중 발생하는 수격작용(water hammering)을 설명하시오.

해답 수격작용(Water hammering)

관 속을 액체가 충만하게 흐르고 있을 경우 정전 등으로 관내의 유속이 급격히 변화하면서 액체에 심한 압력변화가 일어나는 현상을 수격작용이라 한다.

제4장 가스산업기사 동영상 요점정리

1 가스콕

(1) 퓨즈콕 기능

가스유로의 볼로 개폐하고, 과류차단 안전기구가 부착되어 일정량 이상의 가스가 흐를 경우 자동으로 가스를 차단하다.

(2) 도시가스 사용시설에서 사용되는 가스콕

① 퓨즈콕 ② 상자콕

(3) 퓨즈콕 몸체 "Ⓕ 1.2" 표시 의미

① Ⓕ : 퓨즈콕
② 1.2 : 과류차단 안전기구가 작동하는 유량이 시간당 1.2m^3이다.

2 BLEVE(블레브)

○ 비등액체 팽창증기 폭발
○ Boiling Liquid Expanding Vapor Explosions
LP가스가 누설되어 가연성 액체 저장탱크 주변에서 화재가 발생하여 기상부의 탱크가 국부적으로 가열되면 그 부분의 강도가 약해져 탱크가 파열되고 내부의 액화가스가 급격히 유출 팽창되어 화구(fire ball)를 형성하여 폭발하는 형태

3 가스배관 지하매설

(1) 지하 매설용 배관재료

① 폴리에틸렌 피복강관(PLP관)
② 가스용 폴리에틸렌관(PE관)
③ 분말 용착식 폴리에틸렌 피복강관

(2) 도시가스 배관 도로 매설깊이

① 도로 폭 8m 이상의 도로에서는 1.2m 이상. 다만, 도로에 매설된 최고사용압력이 저압인 배관에서 횡으로 분기하여 수요가에게 직접 연결되는 배관의 경우에는 1m 이상으로 할 수 있다.
② 폭 4m 이상 8m 미만인 도로에서는 1m 이상. 다만, 도로에 매설된 최고사용압력이 저압인 배관에서 횡으로 분기하여 수요가에게 직접 연결되는 배관 0.8m 이상으로 할 수 있다.

(3) 도시가스 배관과 상수도관 등 다른 시설물과의 이격거리 : 0.3m 이상

(4) 보호판 설치 이유

① 규정된 매설깊이를 확보하지 못했을 경우
② 배관을 도로 밑에 매설하는 경우
③ 중압 이상의 배관을 매설하는 경우

(5) 도시가스 매설배관 보호포 색상

① 저압 : 황색
② 중압 이상 : 적색

(6) 도시가스 배관 매설시 저압배관과 고압배관의 배관색상을 서로 다르게 하는 이유 : 저압 배관을 황색, 중압 및 고압 배관을 적색으로 구분하여 사후관리를 할 수 있고 굴착공사 등 타공사시 가스배관 파손에 따른 가스누출 및 폭발사고를 방지하는 등 안전관리를 하기 위함이다.

(7) 매설배관 표지판 설치간격

① 도시가스 도매사업자 배관 : 500m 이내
② 일반도시가스 사업자 배관 : 200m 이내
③ 고압가스 배관 : 지하매설배관 500m 이하, 지상매설배관 1000m 이하

(8) 배관 설치 표지판 규격

가로×세로 : 200mm×150mm

4 라인마크

(1) 도로 및 공동주택 등의 부지 안 도로에 도시가스 배관을 매설하는 경우에 매설 표시를 위한 설비의 명칭 : 라인마크

(2) 라인마크는 배관길이 50m마다 1개 이상 설치하되, 주요 분기지점·굴곡지점·관말지점 및 그 주위 50m 이내에 설치하여야 한다. 다만, 단독주택 분기점은 제외하며, 밸브박스 또는 배관 직상부에 설치된 전위측정용 터미널이 라인마크 설치기준에 적합한 기능을 갖도록 설치된 경우에는 라인마크로 간주한다.

(3) 라인마크 설치기준 3가지

① 배관길이 50m마다 1개 이상 설치 할 것.
② 주요 분기지점·굴곡지점·관말지점에 설치하여야 한다.
③ 주위 50m 이내에 설치하여야 한다.

5 가스용 폴리에틸렌관(PE관)

(1) 가스용 폴리에틸렌관(PE관)과 금속관을 연결하는 이음관 명칭 : 이형질 이음법, T/F 이음(트랜지션 피팅)

(2) 가스용 폴리에틸렌관(PE관)을 지하에 매설할 경우에 사용하는 설비의 명칭 : 가스용 PE밸브

(3) 가스용 폴리에틸렌관 압력범위 따른 배관두께

관종류	SDR	압 력
1호관	11 이하	0.4MPa 이하
2호관	17 이하	0.25MPa 이하
3호관	21 이하	0.2MPa 이하
여기서 SDR(standard dimension ration), SDR = D(외경)/t(최소두께)		

(4) 열융착이음 종류

① 맞대기 융착이음
② 소켓 융착이음
③ 새들 융착이음

(5) 가스용 폴리에틸렌관(PE관) 소켓 융착이음 기준

① 용융된 비드는 접합부 전면에 고르게 형성되고 과 내부로 밀려나지 않도록 한다.
② 배관 및 이음관의 접합은 일직선을 유지한다.

③ 비드 높이는 이음관의 높이 이하로 한다.
④ 융착작업은 홀더 등을 사용하고 관의 용융부위는 소켓 내부 경계턱까지 완전히 삽입되도록 한다.
⑤ 시공이 불량한 융착 이음부는 절단하여 제거하고 재시공 한다.

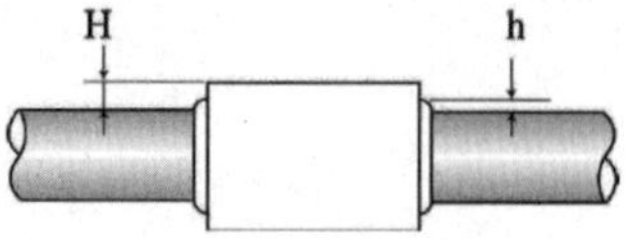

[그림] 소켓 융착이음

(6) 가스용 폴리에틸렌관 맞대기 융착이음부 연결오차 : 배관두께의 10% 이하

(7) 가스용 폴리에틸렌관을 맞대기 융착이음시 최소 관지름 : 공칭외경 90mm

(8) 맞대기융착의 공칭외경별 비드폭은 다음 계산식에 따라 산출한 최소치 이상 최대치 이하로 한다.
○ 비드 폭 최소(Bmin) : $3+0.5t$
○ 비드 폭 최대(Bmax) : $5+0.75t$
여기서 t : 배관두께(mm)

6 방폭전기기기의 방폭구조

(1) 방폭전기기기의 구조별 표시방법

방폭 전기기기의 구조	표시방법
내압 방폭구조	d
유입 방폭구조	o
압력 방폭구조	p
안전증 방폭구조	e
본질안전 방폭구조	ia 또는 ib
특수 방폭구조	s

(2) 유입방폭구조(o)

용기 내부에 절연유를 주입하여 불꽃·아아크 또는 고온발생부분이 기름 속에 잠기게 함으로써 기름면 위에 존재하는 가연성가스에 인화되지 아니하도록 한 구조로 탄광에서 처음 사용하였다.

(3) 내압방폭구조

방폭전기기기의 용기 내부에서 가연성 가스의 폭발이 발생할 경우 그 용기가 폭발압력에 견디고, 접합면, 개구부 등을 통하여 외부의 가연성가스에 인화되지 아니하도록 한 구조

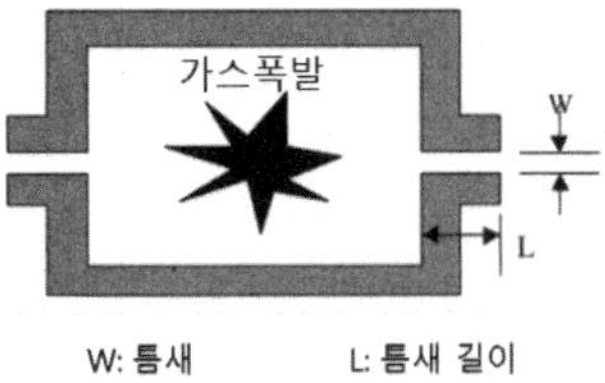

(4) 압력방폭구조(p)

용기내부에 보호가스(신선한 공기 또는 불활성가스)를 압입하여 내부 압력을 유지함으로서 가연성 가스가 용기 내부로 유입되지 않도록 한 구조

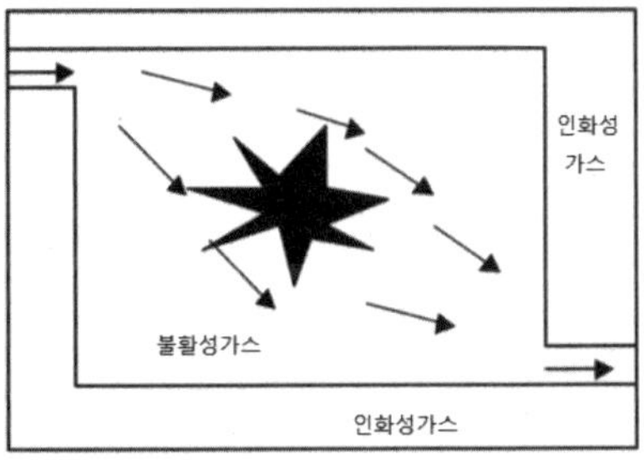

(5) 가연성가스의 폭발등급 및 내압방폭구조의 폭발등급

최대안전틈새(mm)	0.9 이상	0.5초과 0.9 미만	0.5 이하
가연성가스의 폭발등급	A	B	C
방폭전기기기의 폭발등급	IIA	IIB	IIC
(비고) 최대안전틈새는 내용적이 8L이고 틈새 깊이가 25mm인 표준용기 안에서 가스가 폭발할 때 발생한 화염이 용기 밖으로 전파하여 가연성가스에 점화되지 않는 최댓값이다.			

(6) 가연성가스의 폭발등급 및 본질안전방폭구조의 폭발등급

최소점화전류비의 범위(mm)	0.8 초과	0.45 이상 0.8 이하	0.45 미만
가연성가스의 폭발등급	A	B	C
방폭전기기기의 폭발등급	IIA	IIB	IIC
(비고) 최소점화전류비는 메탄가스의 최소점화전류비를 기준으로 한다.			

(7) 가연성가스의 발화도 범위에 따른 방폭전기기기의 온도등급

발화도(℃) 범위	온도등급
450 초과	T1
300 초과 450 이하	T2
200 초과 300 이하	T3
135 초과 200 이하	T4
100 초과 135 이하	T5
85 초과 100 이하	T6

(8) 방폭전기기기 명판에 표시 의미

① Ex : 방폭구조

② d : 내압방폭구조

③ ib : 본질안전방폭구조

④ ⅡB :

㉠ 내압방폭전기기기의 폭발등급(최대안전틈새 범위 0.5mm 초과 0.9mm 미만)

㉡ 본질안전방폭전기기기의 폭발등급(최소 점화 전류비의 범위 0.45mm 이상 0.8mm 이하)

⑤ T6 : 방폭전기기기의 온도등급(85℃ 초과 100℃ 이하)

(9) 자물쇠식 죄임구조

방폭구조로 된 방폭등으로서 방폭전기기기 결합부의 나사류를 외부에서 쉽게 조작함으로써 방폭성능을 손상시킬 우려가 있는 것을 드라이버, 스패너, 플라이어 등의 일반공구로 조작할 수 없도록 한 구조

7 LP가스 통풍장치

(1) LP가스 저장시설 통풍구조 설치기준

바닥면에 접하고 또한 외기에 면하여 설치된 환기구의 통풍가능면적의 합계가 바닥면적 $1m^2$마다 $300cm^2$(3%)의 비율로 계산한 면적 이상(1개소 환기구의 면적은 $2,400cm^2$이하로 한다)일 것. 이 경우 사방을 방호벽 등으로 설치할 경우에는 환기구를 2방향이상으로 분산 설치하여야 한다.

(2) 강제통풍장치를 설치 기준

① 통풍능력이 바닥면적 $1m^2$마다 $0.5m^3$/분 이상으로 할 것

② 흡입구는 바닥면 가까이에 설치할 것

③ 배기가스 방출구를 지면에서 5m이상의 높이에 설치할 것

(3) 환기구를 바닥쪽 벽면에 설치하는 이유 :
LP가스는 공기보다 1.5~2배 정도 무거워 가스 누출 시 바닥에 체류하기 때문이다.

8 배관 고정장치

(1) 관경에 따른 배관 고정장치 설치간격

① 관경 13mm 미만 : 1m마다
② 관경 13mm 이상 33mm 미만 : 2m마다
③ 관경 33mm 이상 : 3m마다

※ 고정장치 수량$=\dfrac{\text{배관길이}}{\text{기준설치간격}}$

(2) 교량 등에 설치하는 배관의 고정 및 지지간격

① 배관의 고정 및 지지를 위한 지지대의 최대지지간격은 다음 표를 기준으로 하되, 호칭지름 600A를 초과하는 배관은 배관처짐량의 500배 미만이 되는 지점마다 지지한다.

② 배관 관경별 지지간격

호칭지름	지지간격
100A	8m
150A	10m
200A	12m
300A	16m
400A	19m
500A	22m
600A	25m

9 방류둑

(1) 방류둑 설치기준

① 가스도매사업 : 500톤 이상

② 일반도시가스사업 : 1000톤 이상

(2) 액화산소 저장탱크 방류둑 설치기준

① 방류둑 설치 : 1000톤 이상
② 방류둑 용량 : 저장탱크 저장능력 상당용적의 60% 이상

(3) 방류둑의 구조

① 방류둑의 재료는 철근콘크리트, 철골·철근콘크리트, 금속, 흙 또는 이들을 혼합하여야 한다.
② 성토는 수평에 대하여 45° 이하의 기울기로 하여 쉽게 허물어지지 아니하도록 충분히 다져 쌓고, 강우 등에 의하여 유실되지 아니하도록 그 표면에 콘크리트 등으로 보호하고, 성토 윗부분의 폭은 30cm 이상으로 하여야 한다.
③ 방류둑에는 계단, 사다리 또는 토사를 높이 쌓아 올림 등에 의한 출입구를 둘레 50m마다 1개 이상씩 두되, 그 둘레가 50m 미만일 경우에는 2개 이상을 분산하여 설치하여야 한다.

(4) 방류둑 외면 설치용 배수 밸브

방류둑 내에 고인 물을 외부로 배출할 수 있는 조치를 하여야 한다. 이 경우 배수조치는 방류둑 밖에서 배수 및 차단조작을 할 수 있어야 하며, 배수할 때 이외에는 반드시 닫혀 있도록 하여야 한다.

① 배수 밸브 기능 : 방류둑 내에 고인 물을 외부로 배출할 때 사용한다.
② 배수 밸브 평상시 개폐상태 : 배수할 때 이외에는 반드시 닫혀 있도록 하여야 한다.

(5) 방류둑 외면으로부터 10m이내에는 부속시설 배관 외의 것을 설치하지 말 것.

10 용기의 도색 표시

(1) 가연성가스 및 독성가스의 용기

가스 종류	도색 구분	가스 종류	도색 구분
액화석유가스	회색	액화암모니아	백색
수소	주황색	액화염소	갈색
아세틸렌	황색	그 밖의 가스	회색

(2) 의료용 가스용기

가스 종류	도색 구분	가스 종류	도색 구분
산소	백색	질소	흑색
액화탄산가스	회색	아산화질소	청색
헬륨	갈색	싸이크로프로판	주황색
에틸렌	자색	그 밖의 가스	회색

(3) 그 밖의 가스용기

가스의 종류	도색의 구분
산 소	녹 색
액화탄산가스	청 색
질 소	회 색
소방용 용기	소방법에 의한 도색
그 밖의 가스	회 색

11 벤트스택

(1) 벤트스택

가연성 가스 또는 독성 가스의 설비에서 이상상태가 발생한 경우 당해 설비 내의 내용물을 설비 밖으로 긴급하고 안전하게 이송하는 설비

(2) 벤트스택의 높이

방출된 가스의 착지농도가 폭발하한계값 미만이 되도록 충분한 높이로 하고, 독성가스인 경우에는 TLV-TWA 기준농도값 미만이 되도록 충분한 높이로 한다.

(3) 벤트스택 방출구의 위치

작업원이 정상작업을 하는데 필요한 장소 및 작업원이 정상작업을 하는데 필요한 장소 및 작업원이 항상 통행하는 장소로부터 긴급용 10m 이상, 그 밖의 벤트스택은 5m 이상 떨어진 곳에 설치한다.

12 안전밸브

(1) 가용전식 안전밸브

용기 내의 온도가 설정온도 이상이 되면 합금이 용해하여 용기내부의 가스를 외부로 방출시키는 것으로 염소, 아세틸렌 용기 등에 부착하는 안전밸브

(2) LP가스 충전용기 안전밸브 : 스프링식

(3) LP가스 배관용 안전밸브 설치이유

내부압력이 이상 상승하였을 때 압력을 외부로 배출시켜 파열사고 등을 방지한다.

(4) 산소 충전용기 밸브의 안전밸브 형식 : 파열판식 안전밸브

(5) 얇은 평판 또는 돔 모양의 원판 주위를 고정하여 용기나 설비에 설치하는 것으로, 구조가 간단하며 취급, 점검이 용이하고 부식성 유체 또는 괴상물질을 함유한 유체에도 적합한 안전밸브의 종류 : 파열판식

(6) 충전용기 밸브 안전밸브 종류

① 회색(LP가스) : 스프링식
② 녹색(산소) : 파열판식
③ 청색(이산화탄소) : 파열판식

(7) 안전밸브 스프링 지지 방법

① 캡형 ② 플러그형

13 정압기

(1) 통풍장치

공기보다 비중이 가벼운 도시가스 공급시설이 지하에 설치된 경우

① 통풍구조 : 환기구를 2방향 이상 분산 설치
② 배기구 : 천장면에서 30cm 이내 설치
③ 흡입구 및 배기구의 관경 : 100mm 이상
④ 배기가스 방출구 : 지면에서 3m 이상

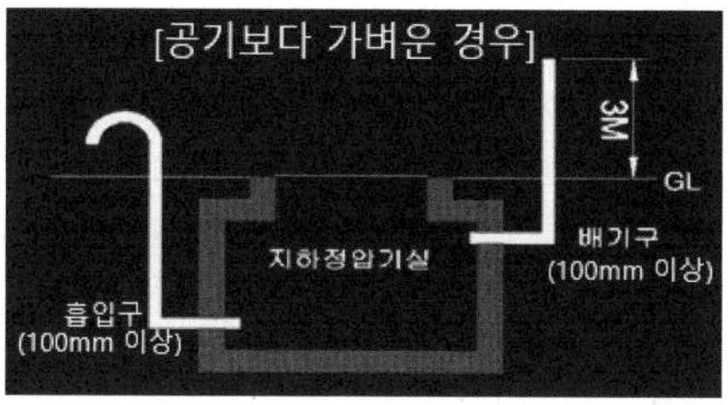

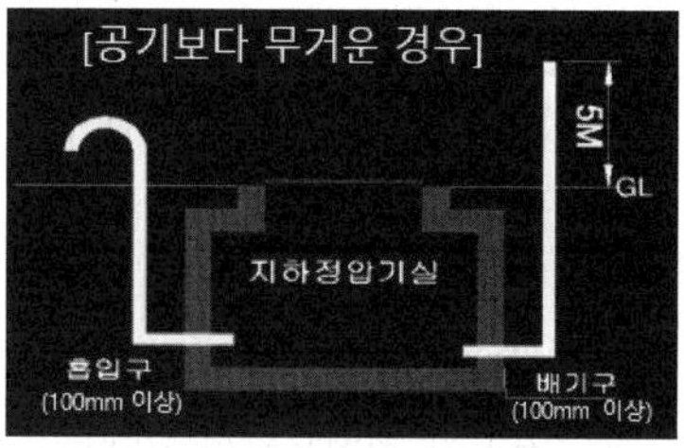

(2) 정압기 분해점검

도시가스 정압기는 2년에 1회 이상 분해점검을 실시하고, 필터는 가스공급 후 1개월 이내 및 가스공급 개시 후 매년 1회 이상 분해점검을 실시하고 1주에 1회 이상 작동상황을 점검한다.

(3) AFV식 정압기

메인 다이어프램과 메인밸브를 고무슬리브 1개로 해결한 매우 컴팩트하고 소형이며 경량인 정압기이다.

○ 엑시얼 플로우(Axial flow valve) 정압기

(4) 도시가스 정압기 안전장치의 명칭

① 정압기 전단 : 긴급차단장치
② 정압기 후단 : 안전밸브

(5) 정압기 안전밸브 방출관 설치높이

정압기에는 안전밸브 및 가스방출관을 설치하고 가스방출관의 방출구는 주위에 불 등이 없는 안전한 위치로서 지면으로부터 5m 이상의 높이에 설치할 것. 다만, 전기시설물과의 접촉 등으로 사고의 우려가 있는 장소에서는 3m 이상으로 할 수 있다.

(6) 정압기실 경계책

① 경계책의 설치 높이 : 1.5m 이상
② 경계표시에 기재해야 할 내용 : 시설명, 공급자, 연락처

(7) 도시가스 정압기실 원격감시장치(RTU장치) 기능

① 정압기실의 온도, 압력, 가스누설 유무 등을 감지하여 도시가스 상황실로 전송한다.
② 정전 시 비상전력을 공급한다.

(8) 안전밸브 분출부 크기

① 정압기 입구측 압력이 0.5MPa 이상인 것은 50A 이상으로 하여야 한다.

② 정압기 입구측 압력이 0.5MPa 미만인 것은 정압기의 설계유량에 따라 다음과 같은 크기로 하여야 한다.

㉠ 정압기 설계유량이 1000Nm^3/h 이상인 것은 50A 이상

㉡ 정압기 설계유량이 1000Nm^3/h 미만인 것은 25A 이상

(9) 정압기 안전장치의 작동압력

구 분		상용압력이 2.5KPa인 경우	그 밖의 경우
이상압력 통보설비	상한값	3.2KPa 이하	상용압력의 1.1배 이하
	하한값	1.2KPa 이상	상용압력의 0.7배 이하
주정압기에 설치하는 긴급차단장치		3.6KPa 이하	상용압력의 1.2배 이하
안전밸브		4.0KPa 이하	상용압력의 1.4배 이하
예비 주정압기에 설치하는 긴급차단장치		4.4KPa 이하	상용압력의 1.5배 이하

(10) 도시가스 정압기실 실내의 조명도 : 150(Lux) 이상

(11) 공동주택용 압력조정기 설치기준

① 도시가스 압력 중압 이상 : 150세대 미만

② 도시가스 압력 저압 : 250세대 미만

14 가스누출검지기

(1) 수소불꽃 이온화 검출기(FID)

매설된 도시가스 배관의 누설을 탐지하는 차량에 장착된 가스누출검지기

(2) 가스누설 검지기 설치 제외 장소

① 출입구 부근 등으로서 외부의 기류가 통하는 곳

② 환기구 등 공기가 들어오는 곳으로부터 1.5m 이내의 곳

③ 연소기의 폐가스가 접촉하기 쉬운 곳

(3) 가스누출자동차단장치 구성 기능

① 차단부 : 제어부로부터 보내진 신호에 따라 가스의 유로를 개폐하는 기능
② 검지부 : 누출된 가스를 검지하여 제어부로 신호를 보내는 기능
③ 제어부 : 차단부에 자동차단신호를 보내는 기능, 차단부를 원격 개폐할 수 있는 기능 및 경보 기능

15 기밀시험

(1) 도시가스 사용시설 기밀시험

당해배관의 내용적	기밀시험압력 유지소요시간
10ℓ 이하	5분
10ℓ 초과 50ℓ 이하	10분
50ℓ 초과	24분

(2) 특정가스사용시설 기밀시험

최고사용압력이 고압 또는 중압인 배관으로서 용접에 의해 접합되고 (방사선투과시험)에 의해 합격된 배관은 통과하는 가스를 시험가스로 사용하고 (0.2)% 이하에서 작동하는 가스검지기를 사용하여 당해 검지기가 작동하지 아니하는 것으로 판정

16 압축천연가스(CNG)

(1) 고정식 압축도시가스(CNG) 자동차 충전시설

① 충전설비와 고압전선까지의 수평거리 : 5m 이상
② 충전설비와 고압전선까지의 화기와의 우회거리 : 8m 이상

(2) CNG 충전소

고정식 압축가스 자동차 충전시설에서 저장설비, 처리설비, 압축가스설비 및 충전설비는 그 외면으로부터 사업소경계까지 10m 이상의 안전거리를 유지한다, 다만, 처리설비 및 압축가스설비 주위에 방호벽을 설치하는 경우에는 5m 이상의 안전거리를 유지할 수 있다.

(3) 고정식 압축도시가스(CNG) 자동차 충전시설 내에 설치된 압축가스설비의 밸브 및 배관 주위에 안전한 작업을 위하여 확보하는 공간 : 1m 이상

(4) LNG 저장설비와 사업소경계 안전거리

액화천연가스의 저장설비와 처리설비는 그 외면으로부터 사업소경계까지 다음 계산식에 따라 얻은 거리(그 거리가 50m 미만의 경우에는 50m) 이상을 유지할 것

$$L = C \times \sqrt[3]{143000W}$$

이 계산식에서

L : 유지하여야 하는 거리(단위 : m)

C : 저압 지하식 저장탱크는 0.240, 그 밖의 가스저장설비와 처리설비는 0.576

W : 저장탱크는 저장능력(단위 : 톤)의 제곱근, 그 밖의 것은 그 시설 안의 액화천연가스의 질량 (단위 : 톤)

(5) 도시가스 도매사업의 1일 처리능력이 20만m^3 이상인 압축기와 액화천연가스(LNG) 저장탱크 외면과 유지하여야 하는 최소 거리 : 30m

(6) 압축천연가스(CNG) 저장용기 측면에 설치되어 있는 장치의 명칭 : 스프링식 안전밸브

17 액화석유가스 안전거리

(1) 액화석유가스 충전시설 중 저장설비사업소 경계와의 안전거리

저장능력	사업소 경계와의 거리
10톤 이하	24 m
10톤 초과 20톤 이하	27 m
20톤 초과 30톤 이하	30 m
30톤 초과 40톤 이하	33 m
40톤 초과 200톤 이하	36 m
200톤 초과	39 m

※ 저장설비를 지하에 설치하였을 경우 저장능력에 따른 사업소 경계와의 유지거리에 0.7을 곱한 거리 이상을 유지하여야 한다.

(2) 저장탱크 상호간 안전거리

저장탱크와 다른 저장탱크의 사이에는 두 저장탱크의 최대지름을 더한 길이의 4분의 1 이상에 해당하는 거리를 유지할 것

18 액화석유가스 충전

(1) LP가스 자동차 충전기(dispenser)

① 충전호스의 길이 : 5m 이내
② 충전호스 끝부분에 설치되는 장치의 명칭 : 정전기 제거장치
③ 충전호스에 과도한 인장력이 작용하였을 경우 자동으로 분리되는 안전장치의 명칭 : 세이프티 커플링
④ 충전호스에 부착하는 가스주입기형식 : 원터치형

(2) LP가스 자동차용 충전용기

용기 내용적의 85% %까지 충전할 수 있다.

(3) 긴급차단장치의 조작스위치

LP가스 저장탱크 배관에 설치된 긴급차단장치의 조작스위치는 저장탱크로부터 5m 이상 떨어져 설치하여야 한다.

(4) 냉각살수장치

① LP가스용 차량에 고정된 탱크가 정차하는 위치에 설치된 장치 : 냉각살수장치
② 물분무능력 : 5L/min·m^2 이상
③ 방사량 : 30분간 방사할 수 있는 양

(5) 높이 측정 검지봉 역할

탱크의 정상부의 높이가 차량 정상부의 높이보다 높을 경우에는 높이를 측정하여 충돌사고를 방지한다.

(6) 에어졸용기 온수누출시험 온도범위 : 46℃~50℃

(7) 액화석유가스 안전공급 계약서 사항

① 액화석유가스의 전달방법
② 액화석유가스의 계량방법과 가스요금
③ 공급설비와 소비설비에 대한 비용부담
④ 공급설비와 소비설비의 관리방법
⑤ 위해 예방조치에 관한 사항
⑥ 계약의 해지

⑦ 계약기간

(8) 가스사고 발생 사고보고서 기술내용

① 통보자의 소속, 직위, 성명 및 연락처
② 사고발생 일시
③ 사고발생 장소
④ 사고내용
⑤ 시설현황
⑥ 피해현황

(9) 압력계

고압가스설비에 설치하는 압력계는 상용압력의 1.5배 이상 2배 이하의 최고눈금이 있는 것으로 하고 처리할 수 있는 가스의 용적이 1일 100m^3 이상인 사업소에는 국가표준기본법에 의한 제품인증을 받은 압력계를 2개 이상 비치하여야 한다.

19 비파괴검사

(1) 비파괴검사 종류

① 침투검사(PT)
② 초음파검사(UT)
③ 방사선검사(RT)
④ 자분검사(MT)

(2) 자기검사(자분검사 : MT)

자석의 S극과 N극을 이용하여 용접부를 검사하는 비파괴검사

20 가스 연소

(1) 황염(Yellow tip) 발생원인

① 연소반응이 충분한 속도로 진행되지 않을 경우
② 1차 공기량의 부족으로 불완전연소가 되는 경우
③ 불꽃이 저온의 물체에 접촉하였을 경우

(2) 불완전 연소의 원인

① 환기 및 배기가 불충분할 경우
② 공기 공급량이 부족한 경우
③ 프레임의 냉각에 의한 경우

④ 가스 조성이 맞지 않은 경우
⑤ 가스기구 및 연소기구가 맞지 않을 경우

(3) 연소기사용 중 불완전연소가 발생할 경우 공기 조절기에 의해 공기량을 조절하여 완전연소를 시킬 수 있다.

21 가스계량기

(1) 막식 가스계량기에 표시 사항

① MAX 3.1m^3/h : 시간당 사용 최대유량이 3.1m^3이다.
② 0.7L/rev : 계량실의 1주기 체적이 0.7L이다

(2) 가스계량기와의 이격거리

① 전기계량기 및 전기개폐기 : 60 cm 이상
② 굴뚝(단열조치 안한 것)·전기점멸기 및 전기접속기 : 30 cm 이상
③ 전선(절연조치 안한 것) : 15 cm 이상

(3) 다기능가스안전계량기(마이콤메타)의 작동성능

① 합계유량 차단 기능 : 연소기구 소비량의 총합×1.13, 75초 이내
② 압력저하 차단 기능 : 출구측 압력 0.6±0.1 kPa
③ 증가유량 차단 기능 : 연소기구 중 최대호비량×1.13
④ 연속사용시간 차단 기능
⑤ 미소사용유량 등록 기능 : 미소유량 40L/h 이하
⑥ 미소누출 검지 기능

22 정전기

(1) 정전기 제거방법

① 상대습도를 70% 이상 유지한다.
② 대상물을 접지한다.
③ 공기를 이온화 시킨다.
④ 정전의 및 정전화를 착용하여 대전을 방지한다.

(2) 점화원의 종류

① 충격 및 마찰열　　② 단열압축　　③ 전기불꽃
④ 복사열　　⑤ 정전기

(3) 압축기에서 발생하는 정전기를 제거를 위한 방법 : 대상물을 접지한다.

23 가스보일러

(1) 가스보일러를 전용 보일러실에 설치하지 않아도 되는 경우

① 밀폐식 보일러(FF방식 : 강제급배기식)
② 가스보일러를 옥외에 설치한 경우
③ 전용급기통을 부착시키는 구조로 검사에 합격한 강제배기식 보일러

(2) 도시가스용 가스보일러 설치기준

가스보일러의 접속배관은 금속배관 또는 가스용 금속 플렉시블 호스를 사용하고, 가스의 누출이 없도록 확실히 접속하여야 한다.

(3) 밀폐식 보일러 자연급 배기식의 급배기 톱은 전방 15cm 이내에 장애물이 없는 장소에 설치하여야 한다.

(4) 보일러실 통풍구의 통풍 면적

바닥면적 $1m^2$마다 $300cm^2$의 비율로 계산한 면적 이상

(5) 주거용 가스보일러 배기방식

① **단독·밀폐식 강제급배기식**
하나의 가스보일러를 사용하여 연소용 공기는 실외에서 급기하고, 배기가스는 실외로 배기하며, 송풍기를 사용하여 강제적으로 급기 및 배기하는 시스템

② **단독·반밀폐식 강제배기식**
하나의 가스보일러를 사용하여 연소용 공기는 가스보일러가 설치된 실내에서 급기하고, 배기가스는 실외로 배기하며(연돌을 통하여 배기하는 것 포함), 송풍기를 사용하여 강제적으로 배기하는 시스템

③ 공동·반밀폐식 강제배기식

다수의 가스보일러를 사용하여 연소용 공기는 가스보일러가 설치된 실내에서 급기하고, 배기가스는 연돌을 통하여 실외로 배기하며, 송풍기를 사용하여 강제적으로 배기하는 시스템

(6) 단독·반밀폐식·강제배기식 가스보일러의 설치 방법

① 터미널의 상·하 주위 60cm(방열판을 설치하는 경우에는 30cm) 이내에는 가연성 구조물이 없어야 한다.

② 터미널 개구부로부터 60cm 이내에는 배기가스가 실내(방, 거실 그밖에 사람이 거처하는 곳과 목욕탕, 샤워장, 베란다 그 밖에 환기가 잘되지 않아 가스보일러의 배기가스가 누출되는 경우 사람이 질식할 우려가 있는 곳)로 유입할 우려가 있는 개구부가 없도록 한다.

24 가스 연소기구

(1) 개방형 연소방식

가스레인지와 같이 연소용 공기를 실내에서 취해서 연소 후 폐가스를 대기 중으로 배출하는 연소방식

(2) 용기내장형 가스난방기의 안전장치 종류

① 소화안전장치

② 전도안전장치

③ 정전안전장치

④ 불완전연소방지장치 또는 산소결핍안전장치[가스소비량이 11.6kW(10000kcal/h) 이하인 가정용 및 업무용의 개방형 난방기만을 말한다]

⑤ 저온차단장치(촉매식 용기내장형 난방기에 한함)

(3) 파일럿 버너 또는 메인 버너의 불꽃이 꺼지거나 연소기구 사용 중에 가스 공급이 중단 또는 불꽃 검지부에 고장이 생겼을 때 자동으로 가스 밸브를 닫히게 하여 불이 꺼졌을 때 가스가 유출되는 것을 방지하는 안전장치 명칭 : 소화안전장치

25 전기방식

(1) 전기방식의 기준

전기방식전류가 흐르는 상태에서 토양중에 있는 배관 등의 방식전위 상한 값은 포화황산동 기준전극으로 −0.85V 이하(황산염환원 박테리아가 번식하는 토양에서는 −0.95V 이하)이어야 하고, 방식전위 하한 값은 전기철도 등의 간섭영향을 받는 곳을 제외하고는 포화황산동 기준전극으로 −2.5V 이상이 되도록 노력한다.

(2) 전위측적용터미널(TB)기능

매설배관의 부식방지를 위하여 전기방식용 전위를 측정하기 위한 터미널 박스이다.

(3) 전위측정용 터미널(T/B)설치간격

① 희생양극법 또는 배류법 : 300m 이내
② 외부전원법 : 500m 이내

(4) 직류전철 등에 의한 누출전류의 영향을 받지 않는 도시가스 매설배관의 부식을 방지하는 방식법

① 희생양극법　② 외부전원법

(5) 외부전원법의 장점

① 효과 범위가 넓다.
② 장거리의 파이프라인에는 수가 적어진다.
③ 전극의 소모가 적어서 관리가 용이하다.
④ 전압, 전류의 조정이 용이하다.
⑤ 전식에 대해서도 방식이 가능하다.

(6) 외부전원법의 단점

① 초기 투자가 약간 크다.
② 강력하기 때문에 다른 매설금속체와의 장해에 대해서 충분히 검토를 해야 한다.
③ 전원이 없는 경우는 전지, 충전기 등을 필요로 한다.
④ 과방식의 염려가 있다.

26 가스충전용기

(1) 용기종류별 부속품의 기호

① 아세틸렌가스 충전 용기의 부속품 : AG
② 압축가스 충전 용기의 부속품 : PG
③ 액화석유가스외의 액화가스 충전 용기의 부속품 : LG
④ 액화석유가스 충전 용기의 부속품 : LPG
⑤ 초저온용기 및 저온용기의 부속품 : LT

(2) 충전용기 각인 기호 의미

① TP : 내압시험압력
② FP : 최고충전압력
③ W : 질량(kg)
④ TW : 아세틸렌 용기 질량에 다공물질, 용제 및 밸브의 질량을 합한 질량(kg)

(3) 초저온 용기에 충전하는 가스의 최고온도 : −50℃

(4) 가스 충전 용기

① 아세틸렌 충전용기는 충전 후 15℃에서 압력이 1.5MPa 이하로 될 때까지 정치해야 한다.
② 수소 충전용기에 충전하는 가스의 품질검사 순도는 98.5% 이상이어야 한다.

(5) 이음매 없는 용기의 신규검사 항목 중 재질검사 항목

① 인장시험　　② 충격시험　　③ 압궤시험

(6) 아세틸렌가스 희석제 종류

① 질소　　② 메탄　　③ 일산화탄소　　④ 에틸렌

27 아파트 입상관 신축흡수

① 노출되는 배관의 연장이 21층 이상 30층 이하로 설치되는 경우 분기관의 길이를 50cm 이상으로 하고 곡관은 2개 이상 설치한다.
② 분기관이 2회 이상의 굴곡(90° 엘보 2개 이상)이 있고 건축물 외벽 관통시 사용하는 보호관의 내경을 분기관 외경의 1.5배 이상으로 할 경우에는 분기관의 길이를 제한하지 않는다.

③ 분기관은 1회 이상의 굴곡(90° 엘보 1개 이상)이 반드시 있어야 하며, 외벽(베란다 또는 창문 포함)관통시 사용하는 보호관의 내경은 분기관 외경의 1.2배 이상으로 한다.

④ 노출되는 배관의 연장이 11층 이상 20층 이하로 설치되는 경우 분기관의 길이를 50cm 이상으로 하고 곡관은 1개 이상 설치한다.

28 LP가스 기화장치

(1) 액체 상태로 열교환기 밖으로 유출을 방지하는 장치의 명칭 : 액유출방지장치

(2) 액 유출 시 나타나는 현상

① 인화, 폭발의 위험이 있다.

② 산소 부족으로 인한 질식사고의 우려가 있다.

③ 피부 노출 시 저온으로 인한 동상의 우려가 있다.

29 HAZOP

- Hazard and operability studies
- 위험과 운전 분석 기법

  공정에 존재하는 위험요소들과 공정의 효율을 떨어뜨릴 수 있는 운전상의 문제점을 찾아낼 수 있는 정성적인 위험평가기법으로 산업체(화학공장)에서 가장 일반적인 사용된다.

30 베르누이 방정식

조리개 전후에 연결된 액주계의 압력차를 이용하여 유량을 측정하는 차압식 유량계는 베르누이 방정식 원리를 응용한 것이다.

31 원심펌프 사용 이상 현상

① 수격작용

② 베이퍼 로크 현상

③ 캐비테이션 현상

④ 서징 현상

32 공기액화분리장치 폭발원인

① 공기 취입구로부터 아세틸렌의 혼입
② 액체공기 중에 오존의 혼입
③ 공기 중 질소산화물의 혼입
④ 압축기용 윤활유 분해에 따른 탄화수소의 생성

33 가스 특성

(1) 염화메틸(CH_3Cl)

메탄(CH_4)을 염소(Cl_2)와 반응시키면 염산(HCl)과 함께 생성되는 물질로 냉매로 사용된다.

$$CH_4 + Cl_2 \rightarrow HCl + CH_3Cl$$

(2) LNG의 주성분인 메탄(CH_4)

① 비점 : 162℃
② 분자량 : 16

(3) 액화천연가스(LNG) －162 숫자 의미

액화천연가스의 주성분인 메탄(CH_4)의 비등점이 －162℃라는 것을 의미

34 충격시험기

① 용도 : 시험편에 일정한 충격을 가해 파괴시켜 금속재료를 시험하는 장치
② 시험목적 : 금속재료의 인성과 취성을 확인

제 5 장 가스산업기사 동영상 기출문제

2009년도 제1회

01 도시가스 및 LP가스 사용시설에서 사용되는 다음 장치의 1) 명칭과 2) 기능을 쓰시오.

해답 1) 명칭 : 퓨즈콕
2) 기능 : 가스유로의 볼로 개폐하고, 과류차단 안전기구가 부착되어 일정량 이상의 가스가 흐를 경우 자동으로 가스를 차단하다.

02 다음 영상은 LP가스 충전소의 폭발사고 모습으로 LP가스가 누설되어 가연성 액체 저장탱크 주변에서 화재가 발생하여 기상부의 탱크가 국부적으로 가열되면 그 부분의 강도가 약해져 탱크가 파열된다. 이 경우 내부의 액화가스가 급격히 유출 팽창되어 화구(fire ball)를 형성하여 폭발하는 형태를 무엇이라 하는지 영문약자로 쓰시오.

해답 BLEVE

참고 **BLEVE(블레브)**
- 비등액체 팽창증기 폭발
- Boiling Liquid Expanding Vapor Explosions

03 도시가스 배관을 지하에 매설할 경우 사용하는 밸브이다. 지하 매설용으로 허용되는 배관재료의 종류를 2가지 쓰시오.

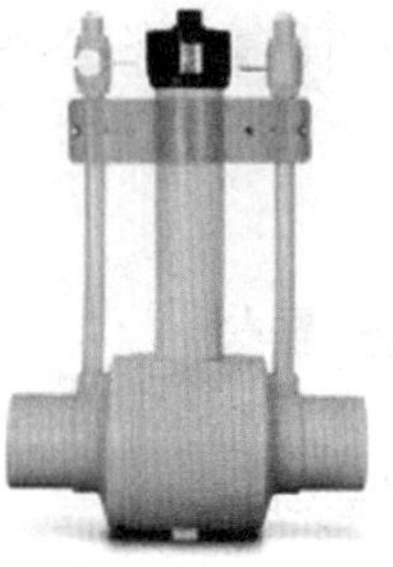

해답 **지하 매설용 배관재료**
① 폴리에틸렌 피복강관(PLP관)
② 가스용 폴리에틸렌관(PE관)
③ 분말 용착식 폴리에틸렌 피복강관

04 액화석유가스 용기에 의한 가스소비자가 가스공급자와 체결하는 안전공급 계약서에 포함되어야 하는 사항을 4가지 쓰시오.

액화석유가스 안전공급계약서

해답 액화석유가스 안전공급 계약서 사항

① 액화석유가스의 전달방법
② 액화석유가스의 계량방법과 가스요금
③ 공급설비와 소비설비에 대한 비용부담
④ 공급설비와 소비설비의 관리방법
⑤ 위해 예방조치에 관한 사항
⑥ 계약의 해지
⑦ 계약기간

05 원심펌프에서 발생할 수 있는 이상 현상을 4가지 쓰시오.

해답 ① 수격작용
② 베이퍼 로크 현상
③ 캐비테이션 현상
④ 서징 현상

06 도시가스 정압기실에 설치된 다음 장치 및 기기들의 명칭을 각각 쓰시오.

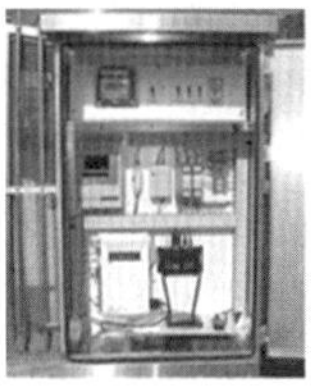

(1)

(2)

(3)

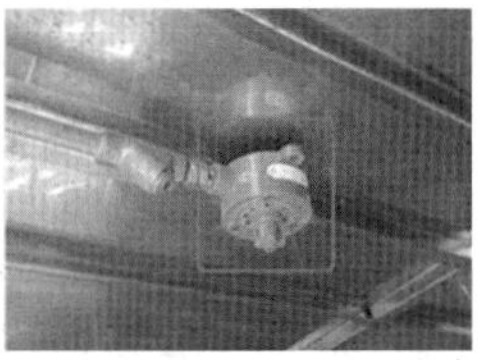

(4)

해답 (1) RTU 장치
(2) 출입문 개폐통보장치
(3) 이상압력 통보설비
(4) 가스누설 검지부

07 LP가스 충전소의 저장설비에 설치된 배관이다. 지시하는 장치의 명칭을 쓰시오.

해답 (1) 체크밸브(역류방지밸브)
(2) 긴급차단장치

08 LP가스 자동차 충전기(dispenser)에 대한 다음 물음에 답하시오.

[영상] LP가스 자동차 충전기(dispenser)

(1) 충전호스의 길이를 쓰시오.
(2) 충전호스에 과도한 인장력이 작용하였을 경우 자동으로 분리되는 안전장치의 명칭을 쓰시오.

해답 (1) 5m 이내 (2) 세이프티 커플링

09 공기액화 분리장치의 폭발원인을 4가지 쓰시오.

해답 ① 공기 취입구로부터 아세틸렌의 혼입

② 액체공기 중에 오존의 혼입
③ 공기 중 질소산화물의 혼입
④ 압축기용 윤활유 분해에 따른 탄화수소의 생성

10 다음 보기에서 설명하는 방폭구조의 1) 명칭과 2) 영문 기호를 쓰시오.

| 보기 |

용기 내부에 절연유를 주입하여 불꽃·아아크 또는 고온발생부분이 기름 속에 잠기게 함으로써 기름면 위에 존재하는 가연성가스에 인화되지 아니하도록 한 구조로 탄광에서 처음 사용하였다.

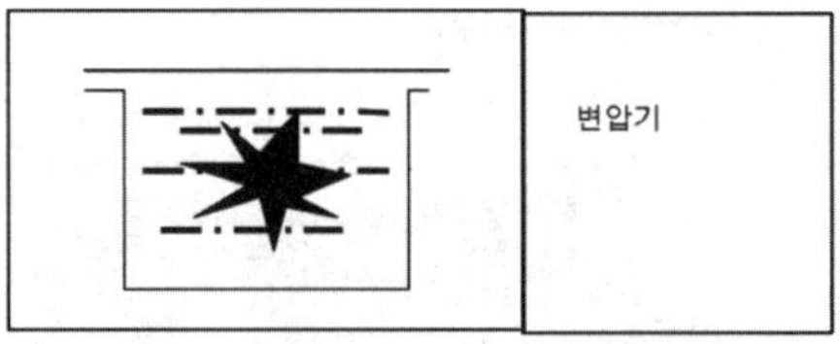

해답 1) 명칭 : 유입방폭구조
2) 영문 기호 : o

2009년도 제2회

01 도시가스 정압기실에 설치된 장치 및 기기이다. 지시한 것의 명칭을 쓰시오.

(1)

(2)

해답 (1) 안전밸브　　　(2) 긴급차단장치

02 방폭전기기기 명판에 표시된 다음 사항을 설명하시오.(단, (1)과 (4)는 제외한다.)

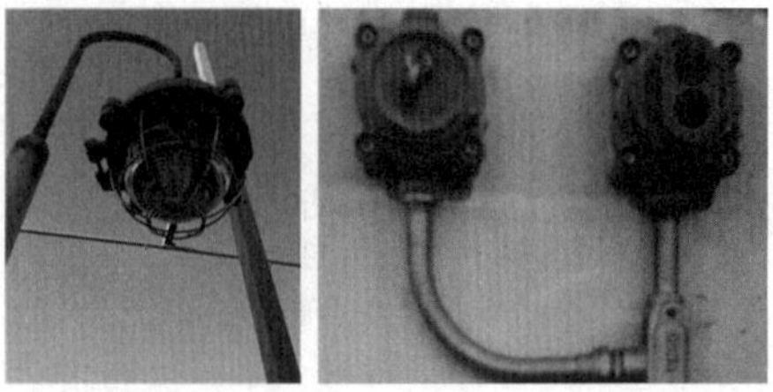

(1) Ex : 방폭구조
(2) d :
(3) e :
(4) ⅡC : 내압방폭전기기기의 폭발등급
(5) T6 :

해답 (2) d : 내압방폭구조
(3) e : 안전증방폭구조
(5) T6 : 방폭전기기기의 온도등급 (85℃ 초과 135℃ 이하)

03 다음 ( )안에 알맞은 숫자를 넣으시오.

LP가스 충전용기 보관실의 통풍구조에서 환기구의 통풍가능면적의 합계가 바닥면적 (①)m^2마다 (②)cm^2의 비율로 계산한 면적 이상이며, 강제통풍장치를 설치하는 경우 통풍능력은 바닥면적 (③)m^2마다 (④)m^3/min 이상으로 하여야 한다.

해답 ① 1　② 300　③ 1　④ 0.5

04 화면은 탱크 내부의 폭발 모습이다. 방폭전기기기의 용기 내부에서 가연성 가스의 폭발이 발생할 경우 그 용기가 폭발압력에 견디고, 접합면, 개구부 등을 통하여 외부의 가연성가스에 인화되지 아니하도록 한 구조의 방폭구조의 명칭을 쓰시오.

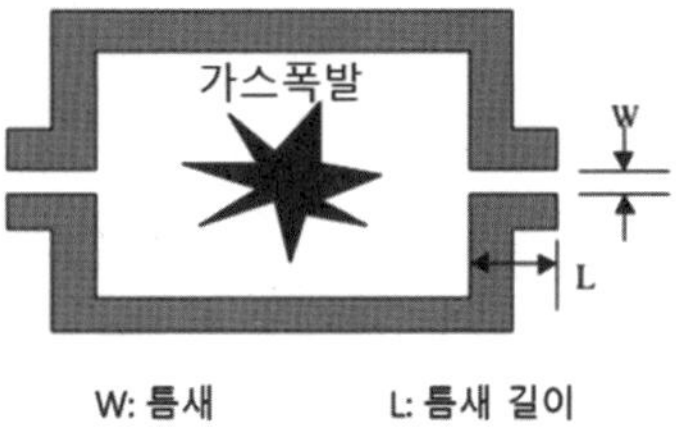

해답 내압방폭구조

05 도시가스 배관의 관지름이 65mm일 경우 고정 장치의 설치 간격을 쓰시오.

해설 **관경에 따른 배관 고정장치 설치간격**

① 관경 13mm 미만 : 1m마다
② 관경 13mm 이상 33mm 미만 : 2m마다
③ 관경 33mm 이상 : 3m마다

해답 3m마다

06 화면에서 보여주는 장미는 LNG(비점 −162℃)에 담갔다 꺼낸 것으로 꽃잎이 쉽게 부스러진다. 100%의 CH_4를 Cl_2와 반응시키면 HCl과 냉매로 사용되는 물질이 생성되는데 이 물질의 명칭을 쓰시오.

해설 **반응식**

$$CH_4 + Cl_2 \rightarrow HCl + CH_3Cl$$

해답 염화메틸(CH_3Cl)

07 LNG 인수기지에 설치되어 있는 저장탱크이다. 다음 ( ) 안에 알맞은 용어 및 숫자를 넣으시오.

> LNG 저장탱크에서 저장능력이 (①)톤 이상일 경우 (②)을(를) 설치한다.

해답 ① 500　　② 방류둑

08 화면에서 보여주는 공업용 가스 충전용기이다. 의료용 용기 중 산소와 탄산가스 용기의 도색을 쓰시오.

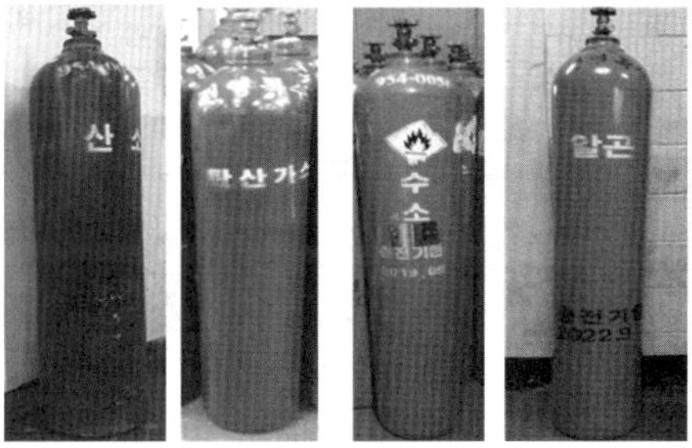

해답 ① 산소 : 백색
② 탄산가스 : 회색

참고 **의료용 용기 도색**

가스의 종류	도색의 구분	가스의 종류	도색의 구분
산소	백색	질소	흑색
액화탄산가스	회색	아산화질소	청색
헬륨	갈색	싸이크로프로판	주색
에틸렌	자색	그 밖의 가스	회색

09 지하에 설치된 도시가스 정압기실의 배기구 높이는 지면으로부터 얼마 인지 쓰시오.

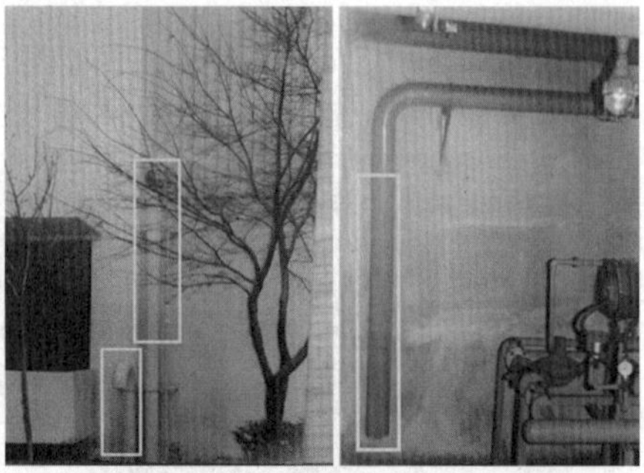

해설 정압기실 통풍장치 설치 기준

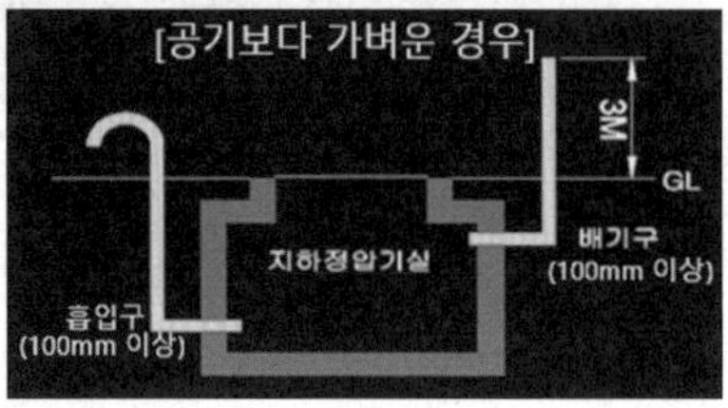

해답 3m 이상

참고 공기보다 무거운 경우 : 5m 이상

10 내용적이 50L인 LP가스 용기에 부착된 안전밸브의 스프링을 지지할 수 있는 방법을 2가지 쓰시오.

해답 ① 캡형 ② 플러그형

2009년도 제4회

01 LNG의 주성분인 메탄(CH_4)의 대기압 상태에서 1) 비점과 2) 분자량(g/mol)을 쓰시오.

해답 1) 비점 : 161.5℃
2) 분자량 : 16

02 도시가스(NG) 지하 정압기실에 설치된 강제통풍장치의 1) 배기구 최소 지름과 2) 가스방출관의 최소 높이를 쓰시오.

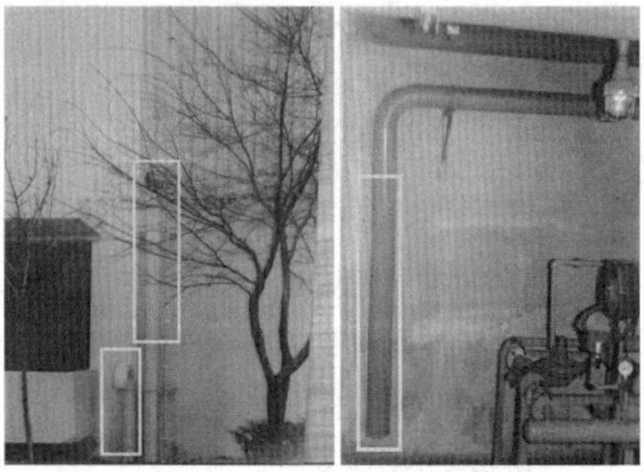

해답 1) 배기구 최소 관지름 : 100mm
2) 방출관 최소 높이 : 지면에서 3m

03 가연성 가스 또는 독성 가스의 설비에서 이상 상태가 발생한 경우 당해 설비 내의 내용물을 설비 밖으로 긴급하고 안전하게 이송하는 설비의 명칭을 쓰시오.

해답 벤트스택

04 도시가스 배관을 시가지 외의 도로에 매설할 경우에 설치하는 표지판이다. 이 표지판의 규격(가로×세로)을 쓰시오.

해답 200mm×150mm

05 화면에서 지시한 장치는 용기 내의 온도가 설정 온도 이상이 되면 합금이 용해하여 용기내부의 가스를 외부로 방출시키는 것으로 염소, 아세틸렌 용기 등에 부착하는 안전밸브의 명칭을 쓰시오.

해답 가용전식 안전밸브

참고 **가용전식 안전밸브**

- 가용전 재료 : Bi, Cd, Sn, Pb
- 가스용기에 따른 합금 용융 온도
  - Cl_2 : 65~68℃
  - C_2H_2 : 105±5℃

06 방폭전기기기 명판에 표시된 다음 사항을 설명하시오.

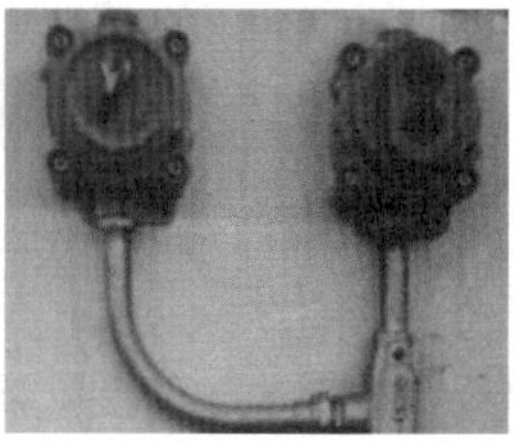

(1) Ex :　　　(2) d :

(3) ⅡB :　　　(4) T4 :

해답 (1) 방폭구조

(2) 내압방폭구조

(3) 내압방폭전기기기의 폭발등급(최대안전틈새 범위 0.5mm 초과 0.9mm 미만)

(4) 방폭전기기기의 온도등급(135℃ 초과 200℃ 이하)

07 도시가스 도매사업의 1일 처리능력이 25만 m^3인 압축기와 액화천연가스(LNG) 저장탱크 외면과 유지하여야 하는 최소 거리를 쓰시오.

해답 30m

08 LP가스 자동차용 충전용기에 LP가스를 충전할 경우 용기 내용적의 몇 %까지 충전할 수 있는지 쓰시오.

해답 85%

09 도시가스 정압기실에 대한 다음 물음에 답하시오.

(1) 가스 공급 개시 후 1개월 이내 및 가스 공급 개시 후 매년 1회 이상 분해점검을 하여야 하는 것의 명칭을 쓰시오.

(2) 2년에 1회 이상 분해점검을 하여야 하는 것을 명칭을 쓰시오.

해답 (1) 명칭 : 정압기 필터
(2) 명칭 : 정압기

10 매설된 도시가스 배관의 누설을 탐지하는 차량에 장착된 가스누출검지기의 명칭을 쓰시오.

해답 수소불꽃 이온화 검출기(FID)

2010년도 제1회

01 고정식 압축도시가스(CNG) 자동차 충전시설에 대한 다음 물음에 답하시오.

1) 충전설비와 고압전선까지의 수평거리를 쓰시오.
2) 충전설비와 고압전선까지의 화기와의 우회 거리를 쓰시오.

해답 1) 고압전선 : 5m 이상
2) 화기 : 8m 이상

02 방폭전기기기에 대한 다음 [보기]의 설명과 그림을 보고 방폭구조의 1) 명칭과 2) 기호를 각각 쓰시오.

보기
용기내부에 보호가스(신선한 공기 또는 불활성가스)를 압입하여 내부 압력을 유지함으로서 가연성 가스가 용기 내부로 유입되지 않도록 한 구조이다.

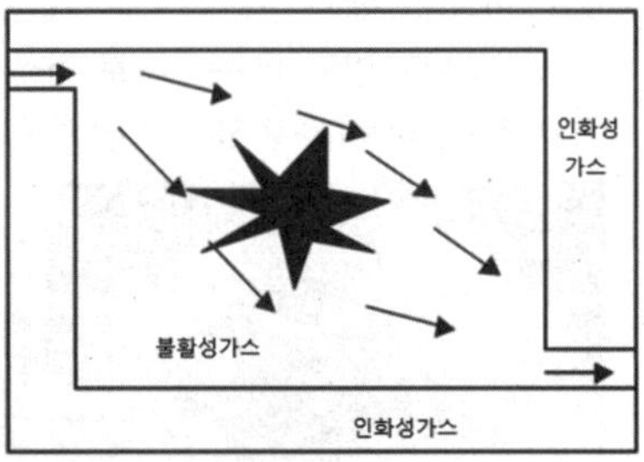

해답 1) 명칭 : 압력방폭구조
2) 기호 : p

03 동영상은 도시가스 매설 배관의 용접부에 대한 비파괴검사를 하는 것이다. 동영상을 포함한 비파괴검사 방법을 3가지 쓰시오.

해답 ① 침투검사(PT)
② 초음파검사(UT)
③ 방사선검사(RT)
④ 자분검사(MT)

04 도시가스를 사용하는 연소기구에서 불완전연소의 원인 4가지를 쓰시오.

해설 **불완전 연소**
LP가스 등이 산화반응을 완전히 일으키지 않은 상태에서 연소하는 현상으로 일산화탄소 및 그을음 등이 발생한다.

해답 **불완전 연소의 원인**
① 환기 및 배기가 불충분할 경우
② 공기 공급량이 부족한 경우
③ 프레임의 냉각에 의한 경우
④ 가스 조성이 맞지 않은 경우
⑤ 가스기구 및 연소기구가 맞지 않을 경우

05 도시가스 사용시설에 설치된 막식 가스계량기에 표시된 다음 사항에 대하여 무엇을 의미하는지 각각 쓰시오.

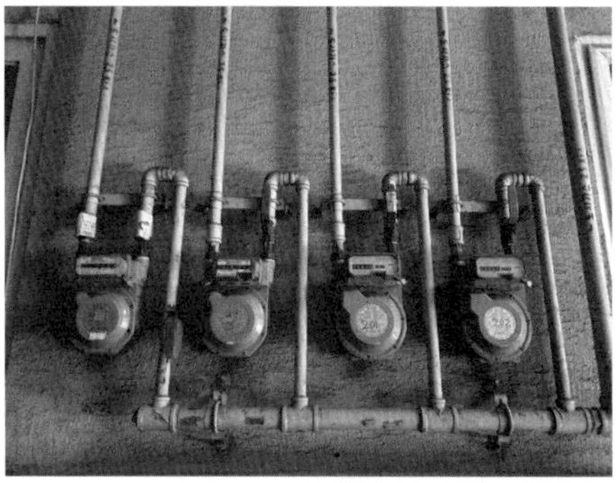

(1) MAX $3.1m^3/h$ (2) 0.7L/rev

해답 (1) 시간당 사용 최대유량이 $3.1m^3$이다.
(2) 계량실의 1주기 체적이 0.7L이다.

06 LP가스를 이입, 충전할 때 사용하는 압축기에 접지선을 연결한 것이다. 정전기 제거방법을 4가지 쓰시오.

해답 ① 대습도를 70% 이상 유지한다.
② 상물을 접지한다.
③ 기를 이온화 시킨다.
④ 정전의와 정전화를 착용하여 대전을 방지한다.

07 도시가스 배관을 지하에 매설하는 것에 대한 다음 물음에 답하시오.

(1)

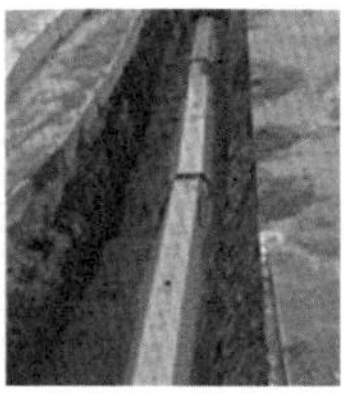

(2)

(1) 도시가스 배관과 상수도관 등 다른 시설물과의 이격거리를 쓰시오.

(2) 도시가스 배관 매설 시 보호판을 설치하는 이유를 2가지 쓰시오.

해답 (1) 0.3m 이상

(2) 보호판 설치 이유

① 규정된 배설깊이를 확보하지 못했을 경우

② 배관을 도로 밑에 매설하는 경우

③ 중압 이상의 배관을 매설하는 경우

08 LP가스 충전용기에 부착되는 것으로 밸브 명칭을 쓰시오.

해답 스프링식 안전밸브

09 액화산소를 저장하는 저장탱크 주위에 설치하는 방류둑에 대한 다음 물음에 답하시오.

1) 저장탱크의 저장능력이 얼마 이상일 때 방류둑을 설치해야 하는지 쓰시오.

2) 방류둑 용량은 얼마인지 쓰시오.

해답 1) 방류둑 설치 저장능력 : 1000톤 이상

2) 방류둑 용량 : 저장탱크 저장능력 상당용적의 60% 이상

10 화면은 회전식 압축기의 중요 부품이다. 이 압축기의 형식에 따른 명칭을 쓰시오.

해답 나사 압축기(스크류 압축기)

2010년도 제2회

01 지시하는 것은 정전기를 제거하기 위한 접지선이다. 정전기를 제외한 점화원의 종류를 4가지 쓰시오.

해답 ① 충격 및 마찰열 ② 단열압축

③ 전기불꽃 ④ 복사열

02 가스보일러를 전용 보일러실에 설치하지 않아도 되는 경우를 2가지 쓰시오.

해답 ① 밀폐식 보일러(FF방식 : 강제급배기식)
② 가스보일러를 옥외에 설치한 경우
③ 전용급기통을 부착시키는 구조로 검사에 합격한 강제배기식 보일러

03 다음 ( ) 안에 알맞은 용어를 쓰시오.

LNG 시설에 설치된 벤트스텍으로 방출된 가스의 착지농도 기준은 (　　) 값 미만이다.

해답 폭발하한계

04 도시가스 사용시설 배관에 대한 다음 물음에 답하시오.

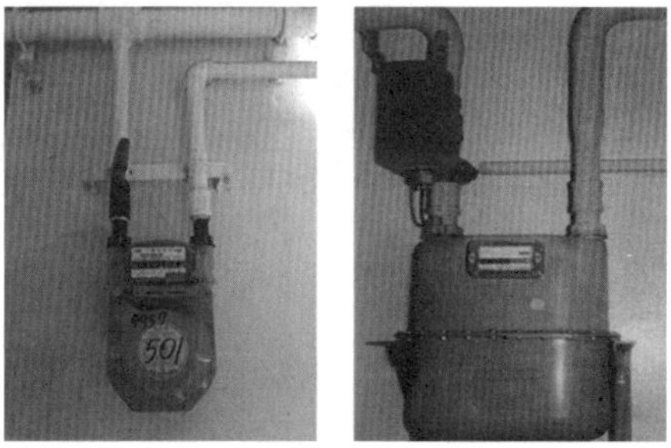

(1) 배관 이음부와 절연조치를 하지 않은 전선과의 유지거리를 쓰시오.
(2) 가스계량기와 절연조치를 하지 않은 전선과의 유지거리를 쓰시오.

해답 (1) 15cm 이상　　(2) 15cm 이상

참고 **가스계량기와의 이격거리**
- 전기계량기 및 전기개폐기 : 60 cm 이상
- 굴뚝(단열조치 안한 것)·전기점멸기 및 전기접속기 : 30 cm 이상
- 전선(절연조치 안한 것) : 15cm 이상

05 다음 도시가스 정압기의 명칭을 쓰시오.

메인 다이어프램과 메인밸브를 고무슬리브 1개로 해결한 매우 컴팩트하고 소형이며 경량인 정압기이다.

해답 AFV식 정압기

참고 엑시얼 플로우(Axial flow valve) 정압기

06 액화천연가스(LNG)를 이용한 실험장면에서 디지털 온도계에 -162라는 숫자가 의미하는 것은 무엇인지 쓰시오.

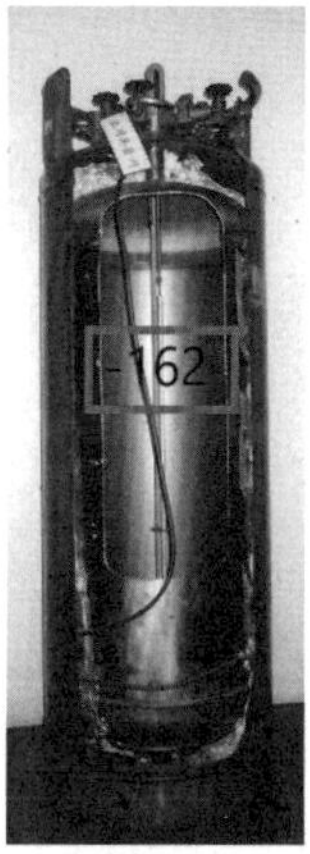

해답 액화천연가스의 주성분인 메탄(CH_4)의 비등점이 -162℃라는 것을 의미한다.

07 도시가스를 사용하는 가스보일러에 설치기준에 대한 다음 ( )안에 알맞은 용어를 쓰시오.

가스보일러의 접속배관은 (①) 또는 (②)를(을) 사용하고, 가스의 누출이 없도록 확실히 접속하여야 한다.

해답 ① 금속배관
② 가스용 금속 플렉시블 호스

08 다음 공업용 용기에 충전하는 가스 명칭을 각각 쓰시오.

해답 (1) 산소 (2) 아세틸렌
(3) 이산화탄소 (4) 수소

09 공기액화 분리장치의 폭발원인 4가지를 쓰시오.

해답 ① 공기 취입구로부터 아세틸렌의 혼입
② 액체공기 중에 오존의 혼입
③ 공기 중 질소산화물의 혼입
④ 압축기용 윤활유 분해에 따른 탄화수소의 생성

10 도시가스 정압기실에 설치된 다음 장치 및 기기들의 명칭을 각각 쓰시오.

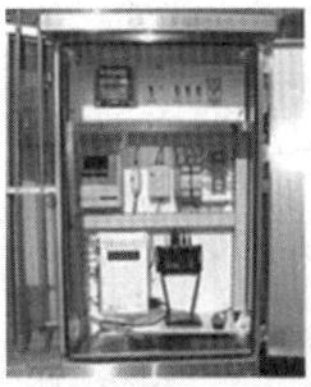
(1)

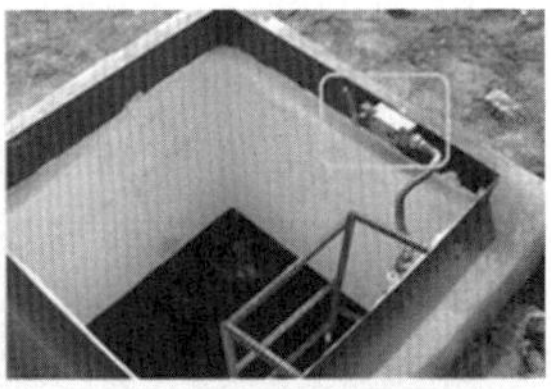
(2)

(3)

(4)

해답 (1) RTU 장치
(2) 출입문 개폐통보장치
(3) 이상압력 통보설비
(4) 가스누설 검지부

2010년도 제4회

01 저장능력 140000KL의 LNG 탱크가 설치된 곳에서 부속시설 배관 외의 것을 설치하지 아니하여야 하는 거리를 쓰시오.

해답 방류둑 외면으로부터 10m 이내

02 도시가스 및 LP가스를 사용하는 연소기에서 불완전연소가 발생하였을 경우 무엇을 조절하면 완전연소를 시킬 수 있는지 쓰시오.

해답 공기 조절기에 의해 공기량을 조절하여 완전연소를 시킬 수 있다.

03 의료용 용기 중 산소와 탄산가스 용기의 도색을 각각 쓰시오.

해답 ① 산소 : 백색 ② 탄산가스 : 회색

04 LP가스 저장탱크 배관에 설치된 긴급차단장치(A)의 조작스위치(B)는 저장탱크로부터 얼마 이상 떨어져 설치하여야 하는지 쓰시오.

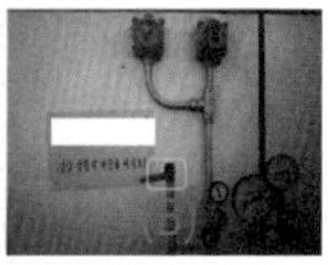

해답 5m 이상

05 이음매 없는 용기의 신규검사 항목 중 재질검사 항목 3가지를 쓰시오.

해답 ① 인장시험 ② 충격시험 ③ 압궤시험

06 메탄과 같은 유기화합물을 검출하는 검출기로 불꽃이온화검출기(FID)라 불리며, 특정 가스와의 반응을 이용한 이 검출기의 가스 성분(명칭)을 쓰시오.

해답 수소(H_2)

07 다기능가스안전계량기(마이콤메타)의 작동성능을 4가지 쓰시오(단, 유량 계량 성능은 제외한다.)

해답 ① 합계유량 차단 성능
② 증가유량 차단 성능
③ 연속사용시간 차단 성능
④ 미소사용유량 등록 성능
⑤ 미소누출검지 성능
⑥ 압력저하 차단 성능

참고 **다기능가스안전계량기의 작동성능**

1. 합계유량 차단 기능 : 연소기구 소비량의 총합 ×1.13, 75초 이내
2. 증가유량 차단 기능 : 연소기구 중 최대호비량 ×1.13
3. 연속사용시간 차단 기능
4. 미소사용유량 등록 기능 : 미소유량 40L/h 이하
5. 미소누출 검지 기능
6. 압력 저하 차단 기능 : 출구 측 압력 0.6±0.1kPa

08 가스용 폴리에틸렌관의 열융착이음의 종류를 2가지 쓰시오.

해답 ① 맞대기 융착이음 ② 소켓 융착이음
③ 새들 융착이음

09 가스레인지와 같이 연소용 공기를 실내에서 취해서 연소 후 폐가스를 대기 중으로 배출하는 연소방식을 쓰시오.

해답 개방형

10 방폭전기기기 명판에 표시된 다음 사항을 설명하시오.

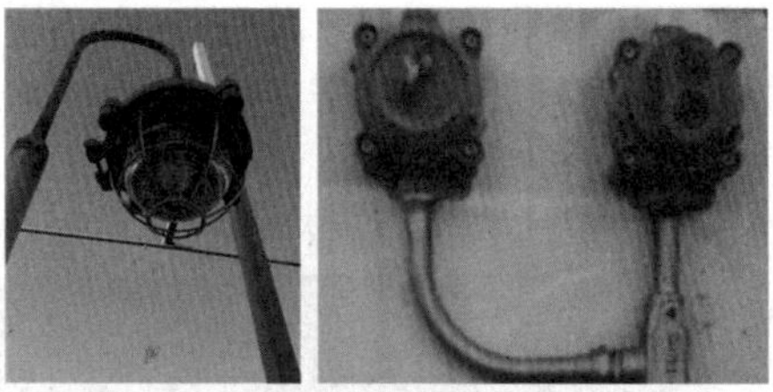

(1) Ex : (2) d :
(3) ib : (4) ⅡB :
(5) T6 :

해답 (1) 방폭구조
(2) 내압방폭구조
(3) 본질안전방폭구조
(4) ① 내압방폭전기기기의 폭발등급
(최대안전틈새 범위 0.5mm 초과 0.9mm 미만)
② 본질안전방폭전기기기의 폭발등급
(최소 점화 전류비의 범위 0.45mm 이상 0.8mm 이하)
(5) 방폭전기기기의 온도등급(85℃ 초과 100℃ 이하)

참고 **가연성가스의 폭발등급 및 내압방폭구조의 폭발등급**

최대안전틈새 (mm)	0.9 이상	0.5 초과 0.9 미만	0.5 이하
가연성가스의 폭발등급	A	B	C

최대안전틈새 (mm)	0.9 이상	0.5 초과 0.9 미만	0.5 이하
방폭전기기기의 폭발등급	IIA	IIB	IIC
(비고) 최대안전틈새는 내용적이 8L이고 틈새 깊이가 25mm인 표준용기 안에서 가스가 폭발할 때 발생한 화염이 용기 밖으로 전파하여 가연성 가스에 점화되지 않는 최댓값이다.			

참고 **가연성가스의 폭발등급 및 본질안전방폭구조의 폭발등급**

최소점화전류비의 범위(mm)	0.8 초과	0.45 이상 0.8 이하	0.45 미만
가연성가스의 폭발등급	A	B	C
방폭전기기기의 폭발등급	IIA	IIB	IIC
(비고) 최소점화전류비는 메탄가스의 최소점화전류비를 기준으로 한다.			

참고 **가연성가스의 발화도 범위에 따른 방폭전기기기의 온도등급**

발화도(℃) 범위	온도등급
450 초과	T1
300 초과 450 이하	T2
200 초과 300 이하	T3
135 초과 200 이하	T4
100 초과 135 이하	T5
85 초과 100 이하	T6

2011년도 제1회

01 다음 보기에서 설명하는 방폭구조의 1) 명칭과 2) 영문 기호를 쓰시오.

| 보기 |

용기 내부에 절연유를 주입하여 불꽃·아아크 또는 고온발생부분이 기름 속에 잠기게 함으로써 기름면 위에 존재하는 가연성가스에 인화되지 아니하도록 한 구조로 탄광에서 처음 사용하였다.

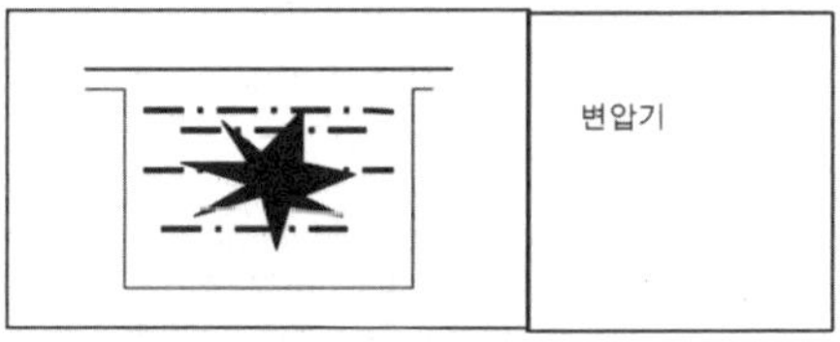

해답 1) 명칭 : 유입방폭구조
2) 영문 기호 : o

02 초저온 용기에 충전하는 가스의 최고온도를 쓰시오.

해답 −50℃

03 고압가스를 충전하는 용기에 대한 물음에 답하시오.

(1) 황색 충전용기(A)는 충전 후 15℃에서 압력이 얼마로 될 때까지 정치해야 하는지 쓰시오.

(2) 주황색 충전용기(B)에 충전하는 가스의 품질검사 순도는 얼마인지 쓰시오.

해답 (1) 1.5 MPa 이하　　(2) 98.5% 이상

04 자석의 S극과 N극을 이용하여 용접부를 검사하는 비파괴검사 방법의 명칭을 쓰시오.

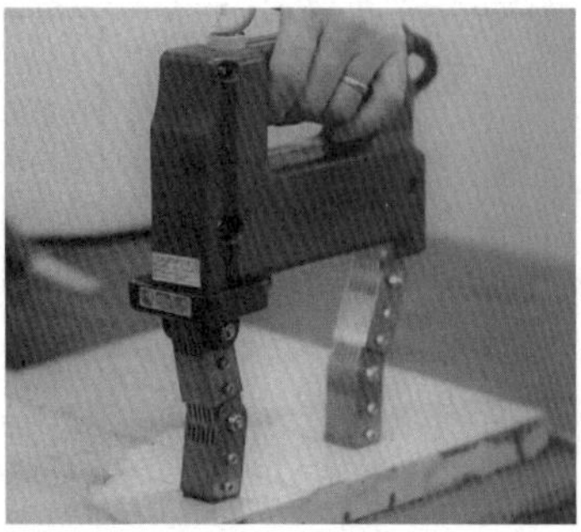

해답 자기검사(자분검사 : MT)

05 지시하는 것은 LP가스용 차량에 고정된 탱크가 정차하는 위치에 설치된 냉각살수장치로 저장탱크 표면적 $1m^2$ 당 물분무능력(L/min)은 얼마인지 쓰시오.

해답 5L/min

06 LP가스 자동차 충전기(dispenser)에 대한 다음 물음에 답하시오.

(1) 충전호스 끝부분에 설치하는 장치의 명칭을 쓰시오.

(2) 충전호스에 과도한 인장력이 작용하였을 때 분리되는 안전장치의 명칭을 쓰시오.

해답 (1) 정전기 제거장치 (2) 세이프티 커플링

07 도시가스 사용시설에서 사용되는 가스용품이다. (A)와 (B)의 명칭을 각각 쓰시오.

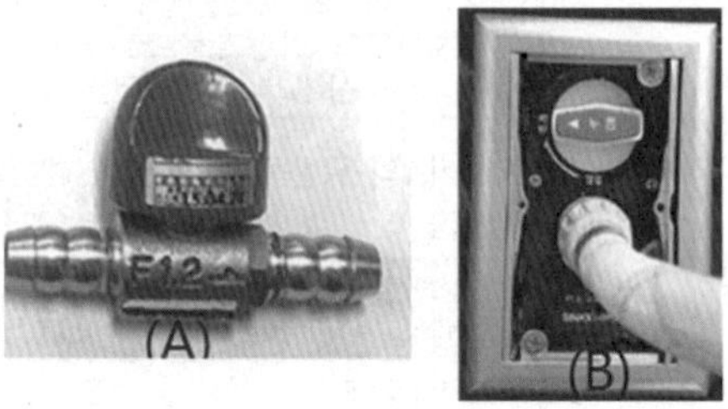

해답 (A) 퓨즈콕 (B) 상자콕

08 도시가스(NG) 지하 정압기실에 설치된 강제통풍장치의 1) 배기구 최소 관지름과 2) 가스방출관의 최소 높이를 쓰시오.

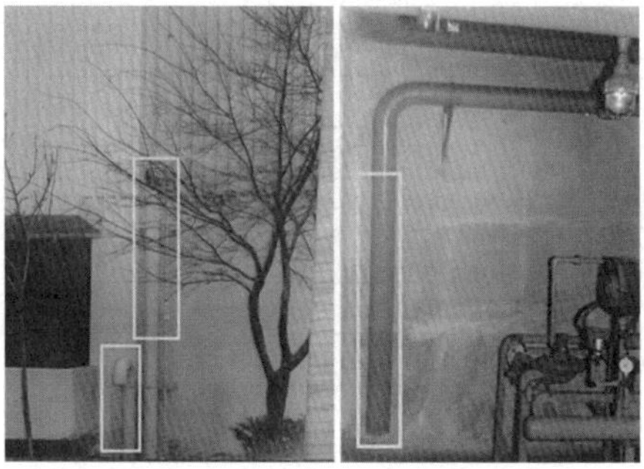

해답 1) 배기구 최소 관지름 : 100mm
2) 방출관 최소 높이 : 지면에서 3m

09 LP가스 충전사업소에서 폭발사고가 발생하였을 경우 사업자가 한국가스안전공사에 제출하여야 하는 사고보고서에 기술하여야 할 내용을 5가지 쓰시오.

해답 ① 통보자의 소속, 직위, 성명 및 연락처
② 사고발생 일시　　③ 사고발생 장소
④ 사고내용　　⑤ 시설현황
⑥ 피해현황(인명 및 재산)

10 매설된 도시가스 배관의 누설을 탐지하는 차량에 장착되어 있는 가스누출검지기의 명칭을 쓰시오.

해답 수소불꽃 이온화 검출기(수소염 이온화 검출기, FID)

2011년도 제2회

01 LP가스 자동차 충전기(dispenser)에 대한 물음에 답하시오.

1) 충전호스의 길이는 몇 m 이내인지 쓰시오.
2) 충전호스 끝부분에 설치되는 장치의 명칭을 쓰시오.

해답 1) 5m 이내　　2) 정전기 제거장치

02 도시가스 매설배관의 전기방식에 사용하는 설비의 외부와 내부 모습이다. 이 설비의 기능(역할)을 쓰시오.

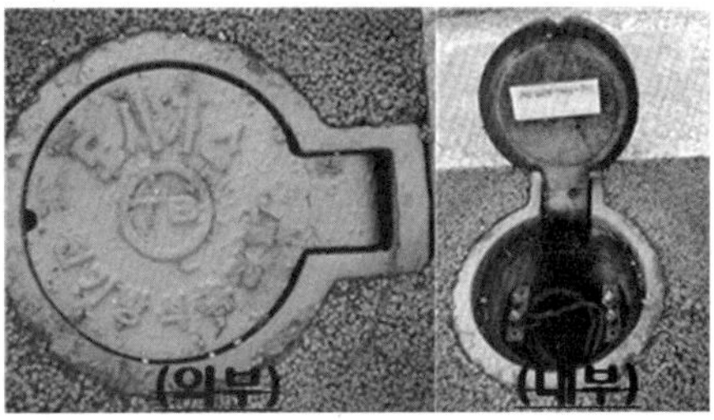

해답 매설배관의 부식방지를 위하여 전기방식용 전위를 측정하기 위한 터미널 박스이다.

03 액화산소를 저장하는 저장탱크 주위에 설치하는 방류둑에 대한 다음 물음에 답하시오.

1) 저장탱크의 저장능력이 얼마 이상일 때 방류둑을 설치해야 하는지 쓰시오.
2) 방류둑 용량은 얼마인지 쓰시오.

해답 1) 방류둑 설치 저장능력 : 1000톤 이상
2) 방류둑 용량 : 저장탱크 저장능력 상당용적의 60% 이상

04 방폭등과 같이 방폭전기기기 결합부의 나사류를 외부에서 쉽게 조작함으로써 방폭성능을 손상시킬 우려가 있는 것은 드라이버, 스패너, 플라이어 등의 일반공구로 조작할 수 없도록 한 1) 구조의 명칭을 쓰고, 2) ⅡB에 대하여 설명하시오.

해답 1) 구조의 명칭 : 자물쇠식 죄임구조
2) ⅡB : 방폭전기기기의 폭발등급

05 다기능가스안전계량기(마이콤메타)의 작동성능을 4가지 쓰시오(단, 유량 계량성능은 제외한다.)

해답 ① 합계유량 차단 성능
② 증가유량 차단 성능
③ 연속사용시간 차단 성능
④ 미소사용유량 등록 성능
⑤ 미소누출검지 성능
⑥ 압력저하 차단 성능

06 화면에서 지시한 장치는 용기 내의 온도가 설정온도 이상이 되면 합금이 용해하여 용기내부의 가스를 외부로 방출시키는 것으로 염소, 아세틸렌 용기 등에 부착하는 안전밸브의 명칭을 쓰시오.

해답 가용전식 안전밸브

07 LNG의 주성분인 메탄(CH_4)의 대기압 상태에서 1) 비점과 2) 분자량(g/mol)을 쓰시오.

해답 1) 비점 : 161.5℃
2) 분자량 : 16

08 밀폐식 보일러 자연급 배기식의 급배기 톱은 전방 몇 cm 이내에 장애물이 없는 장소에 설치하여야 하는지 쓰시오.

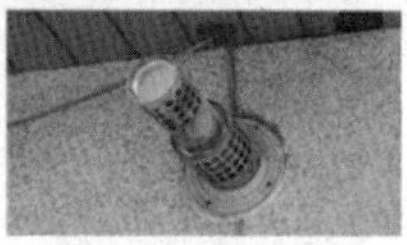

해답 15cm

09 도시가스 정압기실에 설치된 장치 및 기기이다. 지시한 것의 명칭을 쓰시오.

(1) (2)

해답 (1) 안전밸브 (2) 긴급차단장치

10 실내에 설치된 LP가스 기화장치에 대한 다음 물음에 답하시오.

(1) 액체 상태로 열교환기 밖으로 유출을 방지하는 장치의 명칭을 쓰시오.

(2) 액 유출 시 나타나는 현상을 2가지 쓰시오.

해답 (1) 액유출방지장치

(2) 액 유출 시 나타나는 현상

① 인화, 폭발의 위험이 있다.

② 산소 부족으로 인한 질식사고의 우려가 있다.

③ 피부 노출 시 저온으로 인한 동상의 우려가 있다.

2011년도 제4회

01 지시하는 것은 압축기에서 발생하는 정전기를 제거하는 방법 중 무엇을 한 것인지 쓰시오.

해답 대상물을 접지한 것임

02 고압가스 설비에서 이상 상태가 발생하는 경우 그 설비 내의 내용물을 설비 밖으로 긴급하고 안전하게 이송하는 설비에 대한 다음 물음에 답하시오.

(1) 이 설비의 명칭을 쓰시오.

(2) 이 설비의 방출구 위치는 작업원이 정상작업을 하는 장소 및 항시 통행하는 장소로부터 얼마 이상 떨어져 설치하여야 하는지 쓰시오.

해답 (1) 벤트스택

(2) 5m 이상(단, 긴급용 벤트스택은 10m 이상)

03 방폭전기기기 명판에 표시된 내용에 대하여 각각 설명하시오.

명판 표시사항 : Exp ⅡB

(1) Ex :　　　　(2) p :

해답 (1) 방폭구조　　　　(2) 압력방폭구조

04 방폭구조로 된 방폭등으로서 방폭전기기기 결합부의 나사류를 외부에서 쉽게 조작함으로써 방폭성능을 손상시킬 우려가 있는 것을 드라이버, 스패너, 플라이어 등의 일반공구로 조작할 수 없도록 한 구조 명칭을 쓰시오.

해답 자물쇠식 죄임구조

05 LP가스를 사용하는 용기내장형 가스난방기의 안전장치 종류 3가지를 쓰시오.

해답 ① 소화안전장치
② 전도안전장치
③ 정전안전장치
④ 불완전연소방지장치 또는 산소결핍안전장치 [가스소비량이 11.6㎾(10000kcal/h) 이하인 가정용 및 업무용의 개방형 난방기만을 말한다]
⑤ 저온차단장치(촉매식 용기내장형 난방기에 한함)

06 가스용 폴리에틸렌관(PE관)과 금속관을 연결하는 이음관 명칭을 쓰시오.

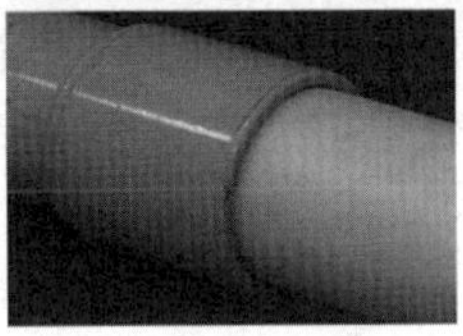

해설 T/F(Transition Fitting)
PE관과 강관을 연결하는 이형질 이음법으로 T/F 이음(트랜지션 피팅)이라고 한다.

해답 이형질 이음관(T/F 이음관)

07 도시가스 사용시설의 내관을 시공하고 기밀시험을 할 때 사용하는 기기이다. 이 기기의 명칭과 기밀시험압력 유지시간은 얼마인가? (단, 내관 내용적은 50L이다.)

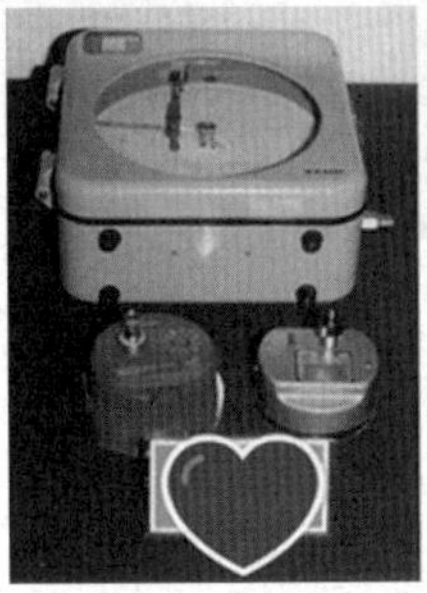

해설 도시가스 사용시설 기밀시험

당해배관의 내용적	기밀시험압력 유지소요시간
10ℓ 이하	5분
10ℓ 초과 50ℓ 이하	10분
50ℓ초과	24분

해답 10분

08 에어졸용기의 온수누출시험 온도범위를 쓰시오.

해답 46℃ 이상 ~50℃ 미만

09 다음 보기에서 설명하는 위험성 평가기법에 대하여 쓰시오.

| 보기 |

공정에 존재하는 위험요소들과 공정의 효율을 떨어뜨릴 수 있는 운전상의 문제점을 찾아낼 수 있는 정성적인 위험평가기법으로 산업체(화학공장)에서 가장 일반적인 사용된다.

해답 위험과 운전 분석(HAZOP) 기법

참고 **위험과 운전 분석(HAZOP) 기법**

Hazard and operability studies

10 다음 충전용기 밸브에 부착된 안전밸브의 종류를 쓰시오.

해답 (1) 스프링식 (2) 파열판식

(3) 파열판식

2012년도 제1회

01 지하에 설치되어있는 도시가스(LNG) 정압기실 배기구 높이는 지면에서 얼마인지 쓰시오.

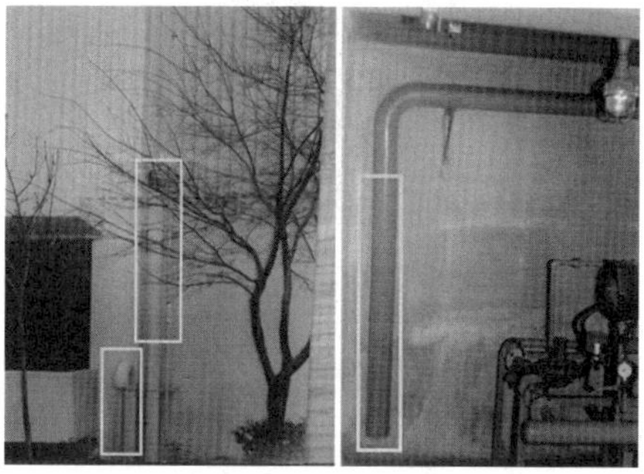

해설 **정압기실 통풍장치 설치 기준**

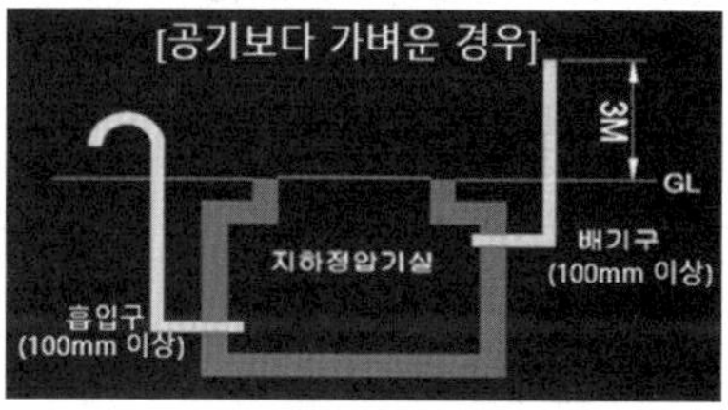

해답 3m 이상

02 LP가스용 차량에 고정된 탱크가 정차하는 위치에 설치된 시설에 대한 다음 물음에 답하시오.

1) 지시한 것의 명칭을 쓰시오.

2) 지시한 것은 저장탱크 표면적 $1m^2$ 당 물분무 능력(L/min)이 얼마인지 쓰시오.

해답 1) 명칭 : 냉각살수장치

2) 물분무능력 : 5L/min 이상

03 이음매 없는 용기의 신규검사 항목 중 재질검사 항목 3가지를 쓰시오.

해답 ① 인장시험
② 충격시험
③ 압궤시험

04 CNG 충전소에 대한 다음 ( ) 안에 알맞은 숫자를 넣으시오.

> 고정식 압축가스 자동차 충전시설에서 저장설비, 처리설비, 압축가스설비 및 충전설비는 그 외면으로부터 사업소경계까지 (①)m 이상의 안전거리를 유지한다. 다만, 처리설비 및 압축가스설비 주위에 방호벽을 설치하는 경우에는 (②)m 이상의 안전거리를 유지할 수 있다.

해답 ① 10　　② 5

05 압력계에 대한 다음 ( ) 안에 알맞은 숫자를 넣으시오.

> 고압가스설비에 설치하는 압력계는 상용압력의 (①)배 이상 (②) 배 이하의 최고눈금이 있는 것으로 하고 처리할 수 있는 가스의 용적이 1일 $100m^3$ 이상인 사업소에는 국가표준기본법에 의한 제품인증을 받은 압력계를 (③) 개 이상 비치하여야 한다.

해답 ① 1.5　　② 2　　③ 2

06 긴급이송설비에 대한 다음 ( ) 안에 알맞은 용어를 쓰시오.

> 긴급이송설비에 부속된 처리설비 내의 내용물을 배관에 연결하여 벤트시키는 시설로 가연성 가스일 때의 높이 기준은 착지농도가 (　　)값 미만이 될 수 있는 높이이다.

해답 폭발하한계

07 도시가스 매설배관의 부식 방지를 위한 전기방식을 시공하는 모습으로 이 방법의 전위측정터미널 설치간격을 쓰시오.

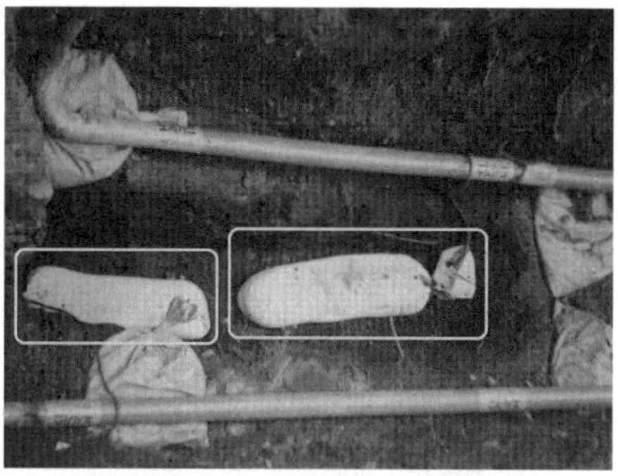

해설 **전위측정용 터미널(T/B)설치간격**

① 희생양극법 또는 배류법 : 300m 이내

② 외부전원법 : 500m 이내

해답 희생양극법 : 300m 이내

08 도시가스 사용시설에 사용되는 가스 용품으로 몸체에 표시된 "Ⓕ 1.2"에 대하여 설명하시오.

1) F :　　　　　2) 1.2 :

해답 1) F : 퓨즈 콕

2) 1.2 : 과류차단 안전기구가 작동하는 유량이 시간당 $1.2m^3$이다.

09 도시가스를 사용하는 연소기구에서 지시하는 부분의 명칭을 쓰시오.

해답 공기조절기

10 방폭전기기기에 표시된 내용에 대하여 설명하시오.

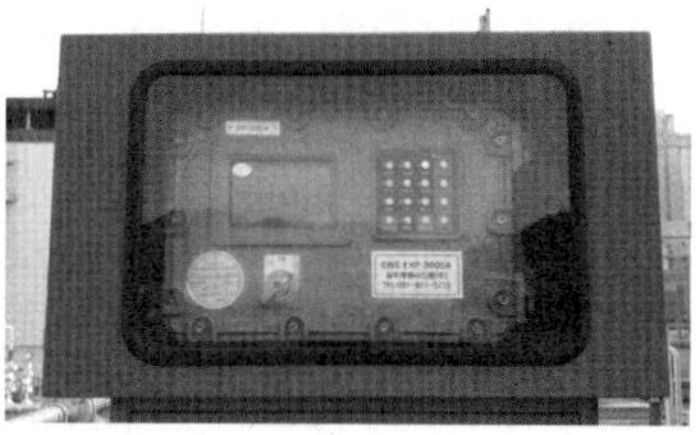

(1) Ex :　　　　　(2) d :

(3) ⅡB :　　　　　(4) T4 :

해답 (1) 방폭구조

(2) 내압방폭구조

(3) 내압 방폭전기기기의 폭발등급(최대안전틈새 범위 0.5mm 초과 0.9mm 미만)

(4) 방폭전기기기의 온도등급 (135℃ 초과 200℃ 이하)

참고 **가연성가스의 발화도 범위에 따른 방폭전기기기의 온도등급**

발화도(℃) 범위	온도등급
450 초과	T1
300 초과 450 이하	T2
200 초과 300 이하	T3
135 초과 200 이하	T4
100 초과 135 이하	T5
85 초과 100 이하	T6

참고 가연성가스의 폭발등급 및 내압방폭구조의 폭발등급

최대안전틈새 (mm)	0.9 이상	0.5 초과 0.9 미만	0.5 이하
가연성가스의 폭발등급	A	B	C
방폭전기기기의 폭발등급	IIA	IIB	IIC
(비고) 최대안전틈새는 내용적이 8L이고 틈새 깊이가 25mm인 표준용기 안에서 가스가 폭발할 때 발생한 화염이 용기 밖으로 전파하여 가연성가스에 점화되지 않는 최댓값이다.			

2012년도 제2회

01 도시가스 정압기실에서 정압기 전단 및 후단에 설치되는 안전장치의 명칭을 각각 쓰시오.

해답 ① 전단 : 긴급차단장치
② 후단 : 안전밸브

02 도시가스 사용시설에서 가스누설 검지기 설치 제외 장소를 3가지를 쓰시오.

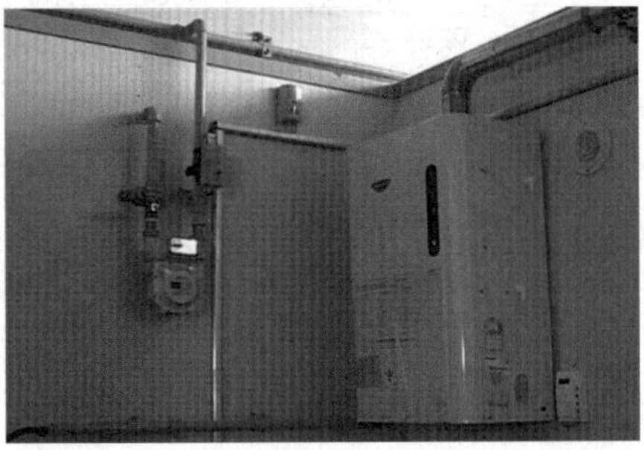

해답 ① 출입구 부근 등으로서 외부의 기류가 통하는 곳
② 환기구 등 공기가 들어오는 곳으로부터 1.5m 이내의 곳
③ 연소기의 폐가스가 접촉하기 쉬운 곳

03 다음 공업용 용기에 충전하는 가스 명칭을 각각 쓰시오.

해답 (1) 산소　　(2) 아세틸렌
(3) 이산화탄소　　(4) 수소

04 가스용 폴리에틸렌관(PE관)을 지하에 매설할 경우에 사용하는 이 설비의 명칭을 쓰시오.

해답 가스용 PE밸브

05 다음 충전용기 밸브 몸체에 각인된 "LG"는 무엇을 의미하는지 쓰시오.

해설 **용기종류별 부속품의 기호**

(1) 아세틸렌가스 충전 용기의 부속품 : AG
(2) 압축가스 충전 용기의 부속품 : PG
(3) 액화석유가스외의 액화가스 충전 용기의 부속품 : LG
(4) 액화석유가스 충전 용기의 부속품 : LPG
(5) 초저온용기 및 저온용기의 부속품 : LT

해답 액화석유가스 외의 액화가스 충전용기 부속품

06 도로 및 공동주택 등의 부지 안 도로에 도시가스 배관을 매설하는 경우에 매설 표시를 하는 것이다. 이 설비의 명칭을 쓰시오.

해답 라인마크

07 시험편에 일정한 충격을 가해 파괴시켜 금속재료를 시험하는 장치에 대한 다음 물음에 답하시오.

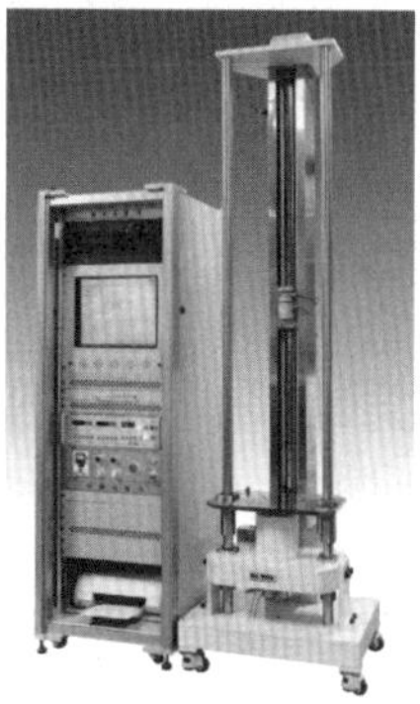

1) 이 장치의 명칭을 쓰시오.
2) 이 장치를 이용하여 시험을 하는 목적을 쓰시오.

해답 ① 명칭 : 충격시험기
② 목적 : 금속재료의 인성과 취성을 확인

08 지시하는 것은 LP가스용 차량에 고정된 탱크가 정차하는 위치에 설치된 냉각살수장치로 저장탱크 표면적 $1m^2$ 당 물분무능력(L/min)이 얼마인지 쓰시오.

해답 5L/min

09 다음 영상은 LP 가스 충전소의 폭발사고 모습으로 LP 가스가 누설되어 가연성 액체 저장탱크 주변에서 화재가 발생하여 기상부의 탱크가 국부적으로 가열되면 그 부분의 강도가 약해져 탱크가 파열된다. 이 경우 내부의 액화가스가 급격히 유출 팽창되어 화구(fire ball)를 형성하여 폭발하는 형태를 무엇이라 하는지 영문약자로 쓰시오.

해답 BLEVE

참고 **BLEVE(블레브)**

- 비등액체 팽창증기 폭발
- Boiling Liquid Expanding Vapor Explosions

10 희생양극법에 대한 다음 물음에 답하시오.

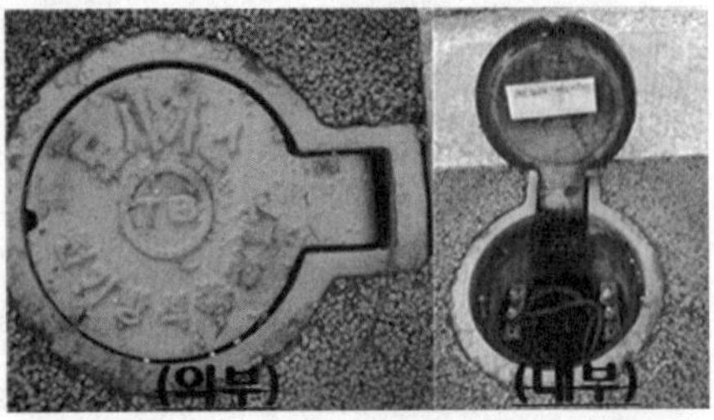

(1) 전위측정용 터미널의 설치거리를 쓰시오.

(2) 포화황산동 기준 전극으로 황산염환원 박테리아가 번식하는 토양의 경우 방식전위를 쓰시오.

해답 (1) 300m 이내 (2) −0.95V 이하

참고 (1) **전위측정용 터미널(T/B)설치간격**

① 희생양극법 또는 배류법 : 300m 이내

② 외부전원법 : 500m 이내

(2) **전기방식의 기준**

전기방식전류가 흐르는 상태에서 토양 중에 있는 배관 등의 방식전위 상한 값은 포화황산동 기준전극으로 −0.85V 이하(황산염환원 박테리아가 번식하는 토양에서는 −0.95V 이하)이어야 하고, 방식전위 하한 값은 전기철도 등의 간섭영향을 받는 곳을 제외하고는 포화황산동 기준전극으로 −2.5V 이상이 되도록 노력한다.

2012년도 제4회

01 건축물 내부에 호칭지름 20mm 가스배관을 300m 설치하였을 때 배관 고정장치는 몇 개를 설치하여야 하는지 구하시오.

해설 **관경에 따른 배관 고정장치 설치간격**

① 관경 13mm 미만 : 1m마다

② 관경 13mm 이상 33mm 미만 : 2m마다

③ 관경 33mm 이상 : 3m 마다

※ 고정장치 수량$=\dfrac{300\text{m}}{2\text{m}}=150$(개)

해답 150개

02 도시가스 배관을 지하에 매설할 때 허용되는 배관 종류 2가지를 쓰시오.

해답 ① 가스용 폴리에틸렌관

② 폴리에틸렌 피복강관

③ 분말용착식 폴리에틸렌 피복강관

03 다음 영상은 도시가스 중압배관을 매설 시공하는 것이다. 용접부에 대한 비파괴검사 중 외관검사를 제외한 비파괴검사의 종류를 3가지 쓰시오.

해답 ① 침투검사 ② 자기(자분)검사

③ 방사선침투검사 ④ 초음파검사

04 밀폐식 보일러를 사람이 거처하는 곳에 부득이 설치할 경우 바닥면적이 $5m^2$이면 통풍구 면적은 최소 몇 cm^2가 필요한지 구하시오.

해설 **통풍구의 통풍 면적**
- 바닥면적 $1m^2$마다 $300cm^2$의 비율로 계산한 면적 이상
- $5m^2 \times \dfrac{300cm^2}{1m^2} = 1500(cm^2)$

해답 $1500cm^2$

05 파일럿 버너 또는 메인 버너의 불꽃이 꺼지거나 연소기구 사용 중에 가스 공급이 중단 또는 불꽃 검지부에 고장이 생겼을 때 자동으로 가스 밸브를 닫히게 하여 불이 꺼졌을 때 가스가 유출되는 것을 방지하는 안전장치로 종류에는 열전대식, UV－cell 방식 등이 있다. 이 장치의 명칭을 쓰시오.

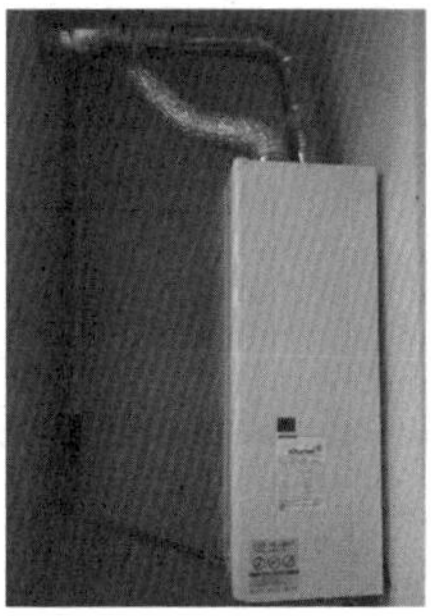
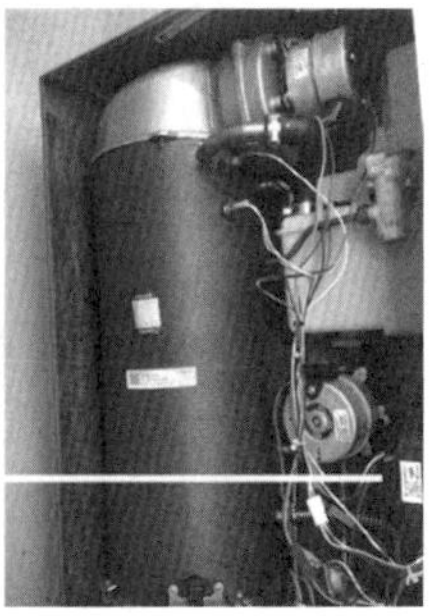

해답 소화안전장치

06 가스용 폴리에틸렌관을 맞대기 융착이음 할 경우 이음부 연결오차는 배관두께의 얼마인지 쓰시오.

해답 10% 이하

07 가스를 충전하는 용기에 대한 물음에 답하시오.

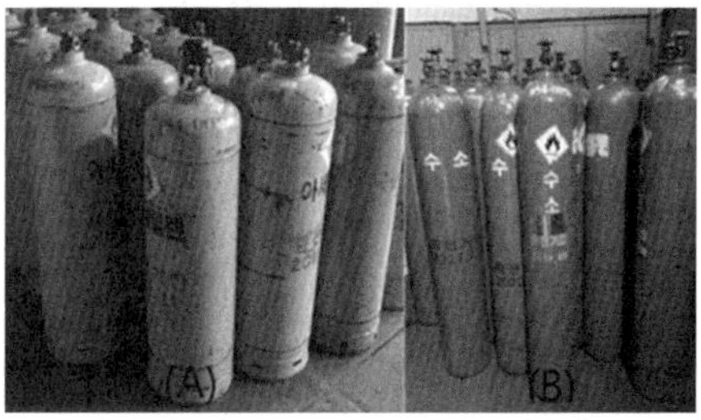

(1) 황색 충전용기(A)는 충전 후 15℃에서 압력이 얼마로 될 때까지 정치해야 하는지 쓰시오.
(2) 주황색 충전용기(B)에 충전하는 가스의 품질검사 순도는 얼마인지 쓰시오.

해답 (1) 1.5 MPa 이하　　(2) 98.5% 이상

08 도시가스 사용시설에서 사용되는 가스용품이다. (A)와 (B)의 명칭을 각각 쓰시오.

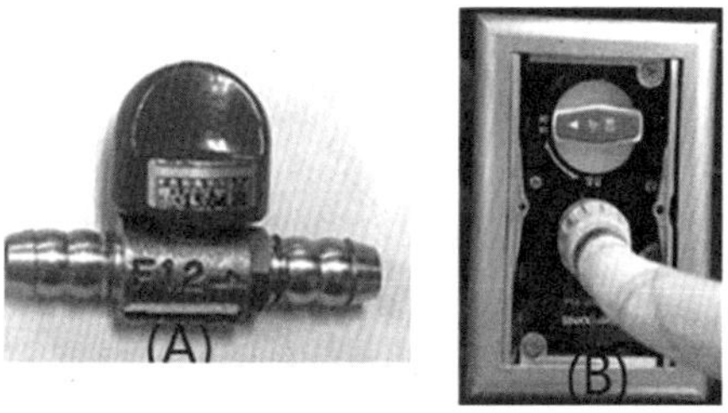

해답 (A) 퓨즈콕　　(B) 상자콕

09 LP가스 자동차 충전기(dispenser)에 대한 다음 물음에 답하시오.

(1) 충전호스의 길이를 쓰시오.

(2) 충전호스에 과도한 인장력이 작용하였을 경우 자동으로 분리되는 안전장치의 명칭을 쓰시오.

해답 (1) 5m 이내　　　(2) 세이프티 커플링

10 방폭전기기기 명판에 표시된 다음 사항을 설명하시오.

명판 표시사항 : Exp ⅡB T4

해답 (1) Exd : 내압방폭구조

(2) ⅡB : 내압방폭전기기기의 폭발등급 (최대안전틈새 범위 0.5mm 초과 0.9mm 미만)

(3) T4 : 방폭전기기기의 온도등급(135℃ 초과 200℃ 이하)

2013년도 제1회

01 액화산소를 저장하는 저장탱크 주위에 설치하는 방류둑에 대한 다음 물음에 답하시오.

1) 저장탱크의 저장능력이 얼마 이상일 때 방류둑을 설치해야 하는지 쓰시오.

2) 방류둑 용량은 얼마인지 쓰시오.

해답 1) 방류둑 설치 저장능력 : 1000톤 이상

2) 방류둑 용량 : 저장탱크 저장능력 상당용적의 60% 이상

02 LP가스 충전사업소에서 폭발사고가 발생하였을 경우 사업자가 한국가스안전공사에 제출하여야 하는 사고보고서에 기술하여야 할 내용을 5가지 쓰시오.

해답 ① 통보자의 소속, 직위, 성명 및 연락처

② 사고발생 일시　　③ 사고발생 장소

④ 사고내용　　⑤ 시설현황

⑥ 피해현황(인명 및 재산)

03 화면에서 보여주는 장미는 LNG(비점 −162℃)에 담그었다 꺼낸 것으로 꽃잎이 쉽게 부스러진다.

100%의 CH_4를 Cl_2와 반응시키면 HCl과 냉매로 사용되는 물질이 생성되는데 이 물질의 명칭을 쓰시오.

해설 반응식

$CH_4 + Cl_2 \rightarrow HCl + CH_3Cl$

해답 염화메틸(CH_3Cl)

04 액화가스 저장탱크가 설치된 장소의 방류둑 외면에 설치되어 있는 1) 밸브의 기능과 2) 이것이 평상시에 닫혀 있는지, 열려 있는지를 쓰시오.

해설 방류둑 내에 고인 물을 외부로 배출할 수 있는 조치를 하여야 한다. 이 경우 배수조치는 방류둑 밖에서 배수 및 차단조작을 할 수 있어야 하며, 배수할 때 이외에는 반드시 닫혀 있도록 하여야 한다.

해답 ① 기능 : 배수 밸브로서 방류둑 안에 고인 물을 외부로 배출할 때 사용한다.
② 배수할 때 이외에는 반드시 닫혀 있도록 하여야 한다.

05 고정식 압축도시가스(CNG) 자동차 충전시설에 대한 다음 물음에 답하시오.

1) 충전설비와 고압전선까지의 수평거리를 쓰시오.
2) 충전설비와 고압전선까지의 화기와의 우회거리를 쓰시오.

해답 1) 고압전선 : 5m 이상
2) 화기 : 8m 이상

06 도시가스 매설배관용으로 사용되는 가스용 폴리에틸렌관은 배관의 바깥지름(외경)과 최소두께와의 비에 의하여 최고사용압력에 제한을 두는데 이를 무엇이라 하는지 쓰시오.

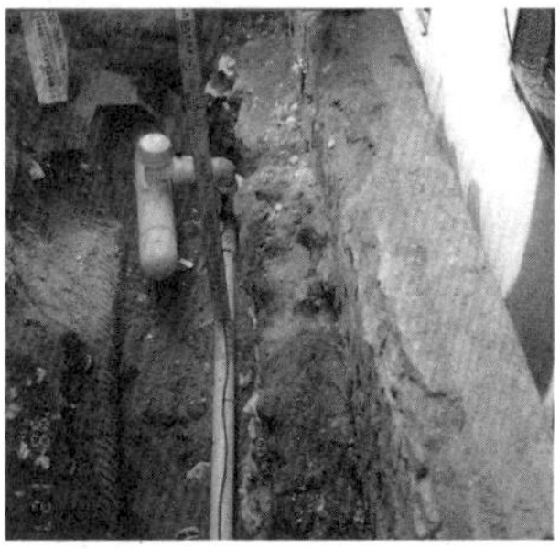

해설 압력범위 따른 배관두께

관종류	SDR	압력
1호관	11 이하	0.4MPa 이하
2호관	17 이하	0.25MPa 이하
3호관	21 이하	0.2MPa 이하
여기서 SDR(standard dimension ration) SDR = D(외경)/t(최소두께)		

해답 SDR

07 방폭등과 같이 방폭전기기기 결합부의 나사류를 외부에서 쉽게 조작함으로써 방폭성능을 손상시킬 우려가 있는 것은 드라이버, 스패너, 플라이어 등의 일반공구로 조작할 수 없도록 한 1) 구조의 명칭을 쓰고, 2) ⅡB에 대하여 설명하시오.

해답 1) 구조의 명칭 : 자물쇠식 죄임구조
2) ⅡB : 방폭전기기기의 폭발등급

08 다음 공업용 용기에 충전하는 가스 명칭을 각각 쓰시오.

해답 (1) 산소 (2) 아세틸렌
(3) 이산화탄소 (4) 수소

09 다음 보기에서 설명하는 방폭구조의 1) 명칭과 2) 영문 기호를 쓰시오.

| 보기 |

용기 내부에 절연유를 주입하여 불꽃·아아크 또는 고온발생부분이 기름 속에 잠기게 함으로써 기름면 위에 존재하는 가연성가스에 인화되지 아니하도록 한 구조로 탄광에서 처음 사용하였다.

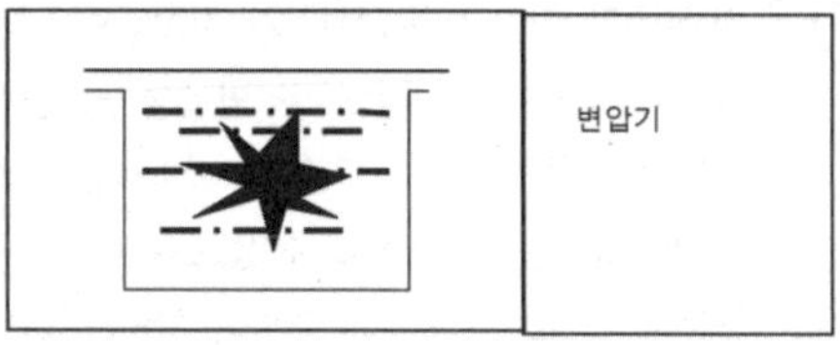

해답 1) 명칭 : 유입방폭구조
2) 영문 기호 : o

10 다음 충전용기 밸브의 안전밸브 종류를 각각 쓰시오.

해답 (1) 스프링식 (2) 파열판식
(3) 파열판식

참고 **용기 밸브 색상**
(1) 회색(LP가스) : 스프링식
(2) 녹색(산소) : 파열판식
(3) 청색(이산화탄소) : 파열판식

2013년도 제2회

01 방폭전기기기에 표시된 다음 내용에 대하여 설명하시오.

(1) Ex : (2) p :
(3) Ⅱ : (4) T6 :

해답 (1) 방폭구조
(2) 압력방폭구조

(3) 방폭전기기기(기기분류)
(4) 방폭전기기기의 온도등급(85℃ 초과 100℃ 이하)

02 도로폭이 20m인 곳에 도시가스 배관을 매설할 때 매설깊이는 얼마인지 쓰시오.

해답 1.2m 이상

03 도시가스 정압기실에 대한 다음 물음에 답하시오.

(1) 가스 공급 개시 후 1개월 이내 및 가스 공급 개시 후 매년 1회 이상 분해점검을 하여야 하는 것의 명칭을 쓰시오.
(2) 2년에 1회 이상 분해점검을 하여야 하는 것을 명칭을 쓰시오.

해답 (1) 명칭 : 정압기 필터
(2) 명칭 : 정압기

04 호칭지름 25mm 도시가스 배관에 고정장치를 설치할 경우 작업자가 지켜야 할 사항을 2가지를 쓰시오.

해답 ① 고정장치를 2m마다 설치한다.
② 배관과 고정장치 사이에 절연조치를 한다.

05 LP가스를 사용하는 용기내장형 가스난방기의 안전장치 종류 3가지를 쓰시오.

해답 ① 소화안전장치
② 전도안전장치
③ 정전안전장치
④ 불완전연소방지장치 또는 산소결핍안전장치 [가스소비량이 11.6㎾(10000kcal/h) 이하인 가정용 및 업무용의 개방형 난방기만을 말한다]
⑤ 저온차단장치(촉매식 용기내장형 난방기에 한함)

06 LP가스용 차량에 고정된 탱크가 정차하는 위치 상부에 설치된 시설에 대한 다음 물음에 답하시오.

1) 지시한 것의 명칭을 쓰시오.

2) 지시한 것은 저장탱크 표면적 1m^2 당 물분무능력(L/min)이 얼마인지 쓰시오.

해답 1) 명칭 : 냉각살수장치
2) 물분무능력 : 5L/min 이상

07 동영상에서 보여주는 비파괴검사법의 명칭을 쓰시오.

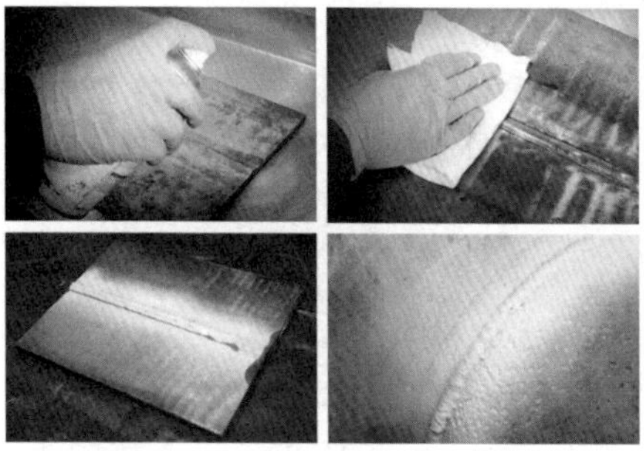

해답 침투검사

08 LP가스를 이입, 충전할 때 사용하는 압축기에 접지선을 연결한 것이다. 정전기 제거방법을 4가지 쓰시오.

해답 ① 상대습도를 70% 이상 유지한다.
② 대상물을 접지한다.
③ 공기를 이온화 시킨다.
④ 정전의 및 정전화를 착용하여 대전을 방지한다.

09 지시하는 것은 LP가스 저장시설에 설치된 기기이다. 각각의 명칭을 쓰시오.

해답 (1) 체크밸브 (2) 긴급차단장치

10 LP가스 저장소에 대한 다음 물음에 답하시오.

(1) 환기구를 바닥쪽 벽면에 설치하는 이유를 쓰시오.

(2) 바닥 면적이 200m^2일 경우 환기구 최소 설치 수는 몇 개인지 구하시오.

해답 (1) LP가스는 공기보다 1.5~2배정도 무거워 가스 누출 시 바닥에 체류하기 때문이다.
(2) 통풍구 최소 설치 수

$$200(\text{m}^2) \times \frac{300(\text{cm}^2/\text{m}^2)}{2400(\text{cm}^2/\text{개})} = 25(\text{개})$$

참고 **LP가스 저장시설 통풍구조 설치기준**
바닥면에 접하고 또한 외기에 면하여 설치된 환기구의 통풍가능면적의 합계가 바닥면적 1m^2마다 300cm^2의 비율로 계산한 면적 이상(1개소 환기구의 면적은 $2{,}400\text{cm}^2$이하로 한다)일 것. 이 경우 사방을 방호벽 등으로 설치할 경우에는 환기구를 2방향 이상으로 분산 설치하여야 한다.

2013년도 제4회

01 그림은 탱크 내부의 폭발 모습으로 [보기]에서 설명하는 1) 방폭구조 명칭과 2) 영문약자의 기호를 쓰시오.

> 방폭전기기기의 용기 내부에서 가연성 가스의 폭발이 발생할 경우 그 용기가 폭발압력에 견디고 접합면, 개구부 등을 통하여 외부의 가연성 가스에 인화되지 아니하도록 한 구조이다.

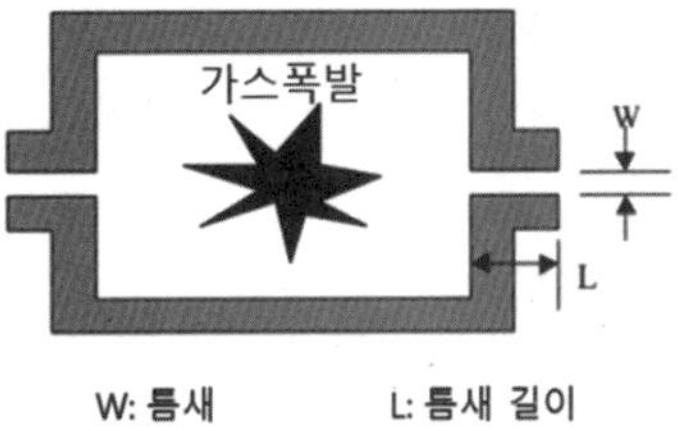

해답 ① 명칭 : 내압방폭구조
② 기호 : d

02 산소 충전용기 밸브의 안전밸브 형식(명칭)을 쓰시오.

해답 파열판식 안전밸브

03 에어졸 충전용기의 누출시험을 할 때 온수시험 탱크의 온도를 쓰시오.

해답 46℃ 이상 50℃ 미만

04 고정식 압축천연가스(CNG) 자동차 충전시설에 대한 물음에 답하시오.

(1) 저장설비, 처리설비, 압축가스설비 및 충전설비는 그 외면으로부터 사업소 경계까지 얼마의 안전거리를 유지하여야 하는지 쓰시오.
(2) 처리설비, 압축가스설비 주위에 방호벽을 설치하였을 경우 얼마의 안전거리를 유지하여야 하는지 쓰시오.

해답 (1) 10m 이상　　(2) 5m 이상

05 도시가스 정압기 점검에 대한 다음 (　) 안에 알맞은 용어 및 숫자를 넣으시오.

도시가스(①)는 2년에 1회 이상 분해점검을 실시하고, 필터는 가스공급 후 (②) 이내 및 가스 공급 개시 후 매년 1회 이상 분해점검을 실시하고(③)에 1회 이상 작동상황을 점검한다.

해답 ① 정압기　② 1월　③ 1주일

06 지시하는 것은 LP가스용 차량에 고정된 탱크가 정차하는 위치에 설치된 냉각살수장치로 1) 저장탱크 표면적 $1m^2$ 당 물분무능력(L/min)과 2) 탱크 표면적을 충분히 냉각시킬 수 있는 방사량은 얼마인지 쓰시오.

해답 ① 물분무능력 : 5L/min 이상
② 방사량 : 30분간 방사할 수 있는 양

07 실내에 설치된 LP가스 기화장치에 대한 다음 물음에 답하시오.

(1) 액체 상태로 열교환기 밖으로 유출을 방지하는 장치의 명칭을 쓰시오.
(2) 액 유출 시 나타나는 현상을 2가지 쓰시오.

해답 (1) 액유출방지장치
(2) 액 유출 시 나타나는 현상
① 인화, 폭발의 위험이 있다.
② 산소 부족으로 인한 질식사고의 우려가 있다.
③ 피부 노출 시 저온으로 인한 동상의 우려가 있다.

08 다음 공업용 용기에 충전하는 가스 명칭을 각각 쓰시오.

해답 (1) 산소　(2) 아세틸렌
(3) 이산화탄소　(4) 수소

09 도시가스 정압기실에 설치된 다음 장치 및 기기들의 명칭을 각각 쓰시오.

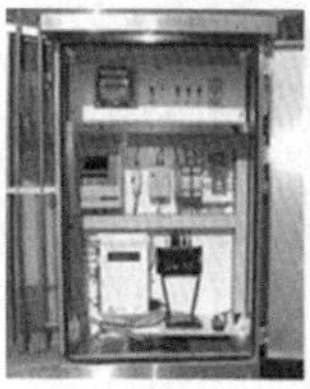
(1)

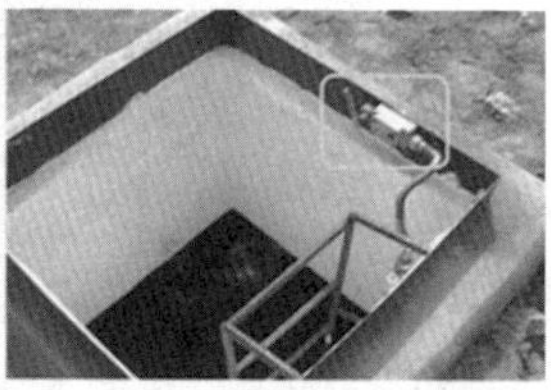
(2)

(3)

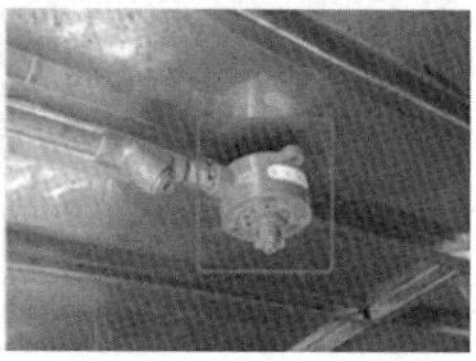
(4)

해답 (1) RTU 장치

(2) 출입문 개폐통보장치
(3) 이상압력 통보설비
(4) 가스누설 검지부

10 아세틸렌 충전용기에 각인된 "TW"에 대한 의미를 쓰시오.

해답 아세틸렌 용기 질량에 다공물질, 용제 및 밸브의 질량을 합한 질량(kg)

2014년도 제1회

01 방폭전기기기의 명판에 표시된 다음 사항을 설명하시오.

(1) Ex :　　　　(2) d :
(3) ib :　　　　(4) ⅡB :
(5) T6 :

해답 (1) 방폭구조
(2) 내압방폭구조
(3) 본질안전방폭구조
(4) ① 내압방폭전기기기의 폭발등급(최대안전틈새 범위 0.5mm초과 0.9mm 미만)
② 본질안전방폭전기기기의 폭발등급 (최소 점화 전류비의 범위 0.45mm 이상 0.8mm이하)
(5) 방폭전기기기의 온도등급(85℃ 초과 100℃ 이하)

02 도시가스 정압기실에 설치되는 다음 장치의 명칭을 각각 쓰시오.

해답 ① 긴급차단장치　　② 안전밸브

03 LP가스 자동차단장치의 구성 모습이다. 지시하는 (1), (2), (3)의 명칭과 기능을 각각 쓰시오.

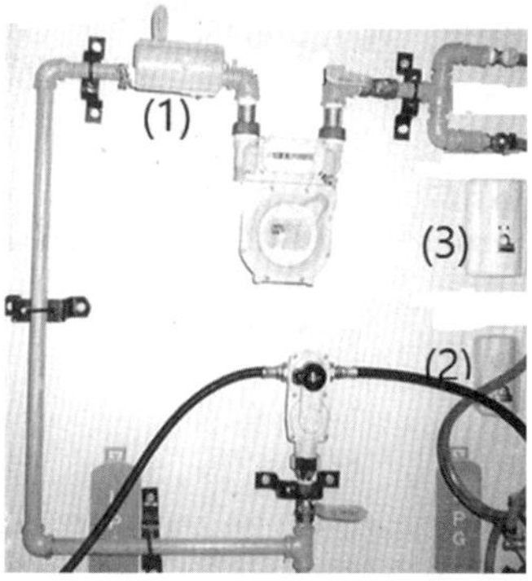

해답 (1) 차단부 : 제어부로부터 보내진 신호에 따라 가스의 유로를 개폐하는 기능을 한다.
(2) 검지부 : 누출된 가스를 검지하여 제어부로 신호를 보내는 기능을 한다.
(3) 제어부 : 차단부에 자동차단신호를 보내는 기능, 차단부를 원격 개폐할 수 있는 기능 및 경보 기능을 한다.

04 가스용 폴리에틸렌관(PE관)을 지하에 매설할 경우 사용하는 이 설비의 명칭을 쓰시오.

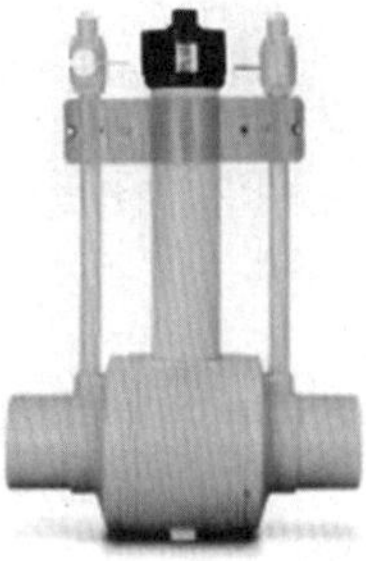

해답 가스용 PE밸브

05 매설된 도시가스 배관의 누설을 탐지하는 차량에 설치되어 있는 가스누출검지기의 명칭을 쓰시오.

해답 수소불꽃 이온화 검출기(수소염 이온화 검출기 : FID)

06 공기액화 분리장치의 폭발원인을 2가지 쓰시오.

해답 ① 공기 취입구로부터 아세틸렌의 혼입
② 액체공기 중에 오존의 혼입
③ 공기 중 질소산화물의 혼입
④ 압축기용 윤활유 열분해에 따른 탄화수소의 생성

07 벤트스택에 대한 다음 (　　) 안에 알맞은 용어를 쓰시오.

> 도시가스(LNG) 공급시설에 설치된 벤트스택으로 방출된 가스의 착지농도 기준은 (　　) 값 미만이다.

해답 폭발하한계

08 LP가스 자동차 충전기(dispenser)에 대한 물음에 답하시오.

1) 충전호스의 길이는 몇 m 이내인지 쓰시오.
2) 충전호스 끝부분에 설치되는 장치의 명칭을 쓰시오.

해답 1) 5m 이내　　　　2) 정전기 제거장치

09 도시가스를 사용하는 연소기구에서 지시하는 부분의 명칭을 쓰시오.

해답 공기조절기

10 다기능 가스안전계량기 작동 성능에 대한 다음 물음에 답하시오.

(1) 합계유량차단 성능에서 합계유량차단 값을 초과하는 가스가 흐를 경우 몇 초 이내에 차단하는지 쓰시오.

(2) 압력저하차단 성능은 계량기 출구쪽 압력이 얼마일 때 차단되는지 쓰시오.

해답 (1) 75초 이내 (2) 0.6±0.1kPa

참고 **다기능가스안전계량기의 작동성능**

1. 합계유량 차단 기능 : 연소기구 소비량의 총합 ×1.13, 75초 이내
2. 증가유량 차단 기능 : 연소기구 중 최대호비량 ×1.13
3. 연속사용시간 차단 기능
4. 미소사용유량 등록 기능 : 미소유량 40L/h 이하
5 미소누출 검지 기능
6. 압력 저하 차단 기능 : 출구 측 압력 0.6± 0.1kPa

2014년도 제2회

01 다음 충전용기 밸브 몸체에 각인된 "LG"는 무엇을 의미하는지 쓰시오.

해설 **용기종류별 부속품의 기호**

(1) 아세틸렌가스 충전 용기의 부속품 : AG
(2) 압축가스 충전 용기의 부속품 : PG
(3) 액화석유가스외의 액화가스 충전 용기의 부속품 : LG
(4) 액화석유가스 충전 용기의 부속품 : LPG
(5) 초저온용기 및 저온용기의 부속품 : LT

해답 액화석유가스 외의 액화가스 충전용기 부속품

02 액화천연가스(LNG)의 주성분인 메탄(CH_4)의 대기압 상태에서 1) 비점과 2) 분자량(g/mol)을 쓰시오.

해답 1) 비점 : 161.5℃
2) 분자량 : 16

03 다기능가스안전계량기(마이콤메타)의 작동성능을 4가지 쓰시오(단, 유량 계량성능은 제외한다.)

해답 ① 합계유량 차단 성능
② 증가유량 차단 성능
③ 연속사용시간 차단 성능
④ 미소사용유량 등록 성능
⑤ 미소누출검지 성능
⑥ 압력저하 차단 성능

04 방폭전기기기에 대한 다음 [보기]의 설명과 그림을 보고 1) 방폭구조의 명칭과 2) 기호를 각각 쓰시오.

| 보기 |

용기내부에 보호가스(신선한 공기 또는 불활성가스)를 압입하여 내부 압력을 유지함으로서 가연성 가스가 용기 내부로 유입되지 않도록 한 구조이다.

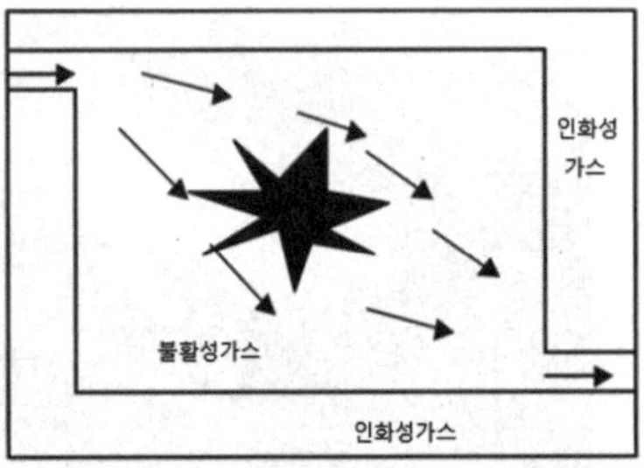

해답 1) 명칭 : 압력방폭구조
2) 기호 : p

05 고정식 압축도시가스(CNG) 자동차 충전시설에 대한 물음에 답하시오.

(1) 저장설비, 처리설비, 압축가스설비 및 충전설비는 그 외면으로부터 사업소 경계까지 얼마의 안전거리를 유지하여야 하는지 쓰시오.
(2) 처리설비, 압축가스설비 주위에 방호벽을 설치하였을 경우 얼마의 안전거리를 유지하여야 하는지 쓰시오.

해답 (1) 10m 이상 (2) 5m 이상

06 다음 보기에서 설명하는 위험성 평가기법의 명칭을 쓰시오.

| 보기 |

공정에 존재하는 위험요소들과 공정의 효율을 떨어뜨릴 수 있는 운전상의 문제점을 찾아낼 수 있는 정성적인 위험평가기법으로 산업체(화학공장)에서 가장 일반적인 사용된다.

해답 위험과 운전 분석(HAZOP) 기법

참고 **위험과 운전 분석(HAZOP) 기법**
Hazard and operability studies

07 도시가스(LNG)를 공급하는 정압기의 안전밸브 방출관 높이는 지면에서 얼마인지 쓰시오. (단,

전기시설물과 접촉사고 등으로 인한 사고의 우려가 없는 장소이다.)

(해설) **정압기 안전밸브 방출관 설치높이**

정압기에는 안전밸브 및 가스방출관을 설치하고 가스방출관의 방출구는 주위에 불 등이 없는 안전한 위치로서 지면으로부터 5m 이상의 높이에 설치할 것. 다만, 전기시설물과의 접촉 등으로 사고의 우려가 있는 장소에서는 3m 이상으로 할 수 있다.

(해답) 5m 이상

08

저장능력 20만 톤인 LNG 저압 지하식 저장탱크의 외면과 사업소 경계까지 유지하여야 하는 안전거리는 몇 m 이상인지 쓰시오.

(해설) **LNG 저장설비와 사업소경계 안전거리**

$$L = 0.240 \times \sqrt[3]{143000 \times \sqrt{200000}}$$
$$= 95.98(m)$$

(해답) 95.98m

09

다음과 같은 장치에 의하여 금속재료에 충격을 가하여 실시하는 1) 시험의 명칭과 2) 시험의 목적을 쓰시오.

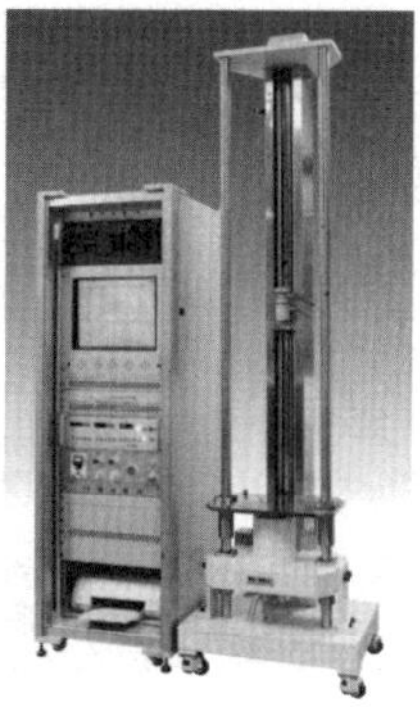

(해답) 1) 명칭 : 충격시험
2) 목적 : 금속재료의 인성과 취성을 확인한다.

10

지상에 설치된 정압기실에 대한 다음 물음에 답하시오.

1) 경계책의 설치 높이를 쓰시오.
2) 경계표시에 기재해야 할 내용을 3가지 쓰시오.

(해답) 1) 1.5m 이상
2) ① 시설명 ② 공급자 ③ 연락처

2014년도 제4회

01

도시가스 누설검사 차량에 탑재하여 누설검사에 사용되는 장비로 우리나라 대부분의 도시가스 공급회사에서 사용하는 가스누출 검지기의 명칭을 쓰시오.

해답 수소불꽃 이온화 검출기(또는 수소염 이온화 검출기, FID)

02 도시가스 사용시설에서 사용되는 가스용품이다. (A)와 (B)의 명칭을 각각 쓰시오.

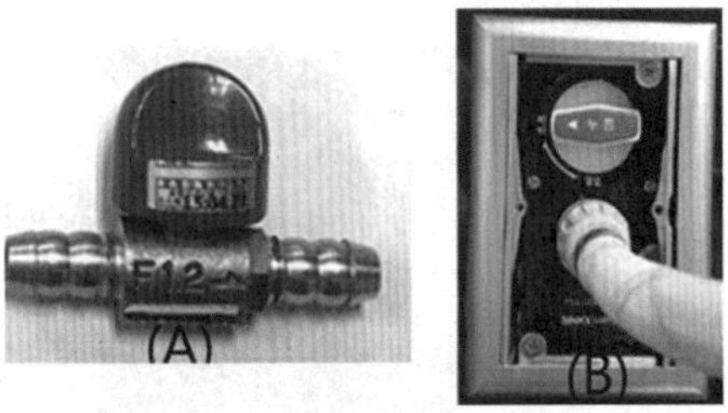

해답 (A) 퓨즈콕　　　　(B) 상자콕

03 아세틸렌가스를 용기에 2.5MPa 이상으로 충전할 때 첨가하는 희석제의 종류 4가지를 쓰시오.

해답 ① 질소　　　　② 메탄
③ 일산화탄소　　④ 에틸렌

04 도시가스 매설배관의 되메우기 작업 시 배관 상부에 보호포를 시공하는 것이다. 최고사용압력(저압, 중압)을 기준으로 보호포 색상을 각각 쓰시오.

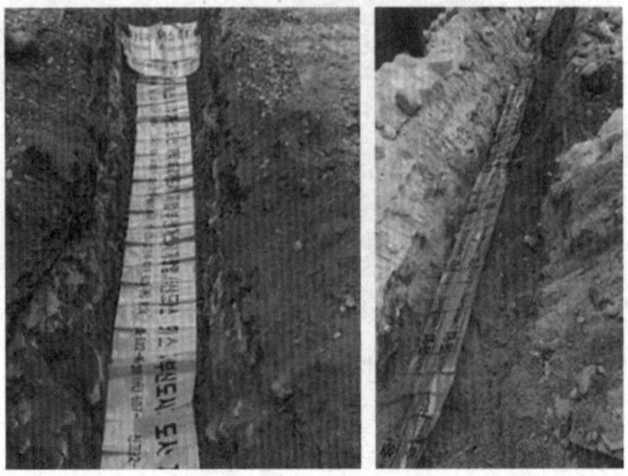

해답 ① 저압 : 황색　　　　② 중압 : 적색

05 특정가스사용시설의 기밀시험에 대한 다음 (　)안에 알맞은 용어 및 숫자를 넣으시오.

> 최고사용압력이 고압 또는 중압인 배관으로서 용접에 의해 접합되고 (①)에 의해 합격된 배관은 통과하는 가스를 시험가스로 사용하고 (②)% 이하에서 작동하는 가스검지기를 사용하여 당해 검지기가 작동하지 아니하는 것으로 판정한다.

해답 ① 방사선투과시험　　② 0.2

06 액화천연가스(LNG)를 이용한 실험장면에서 디지털 온도계에 −162라는 숫자가 의미하는 것은 무엇인지 쓰시오.

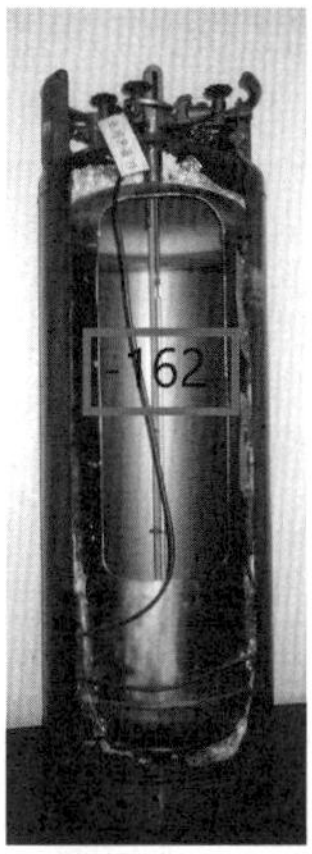

해답 액화천연가스의 주성분인 메탄(CH_4)의 비등점이 -162℃라는 것을 의미한다.

07 다음 영상의 도시가스용 가스보일러를 배기방식에 따른 명칭을 쓰시오.

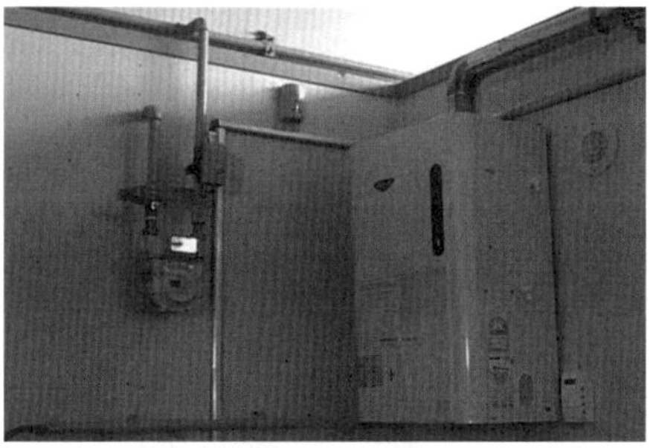

해답 반밀폐식(강제배기식 : FE방식)

08 압축천연가스(CNG) 저장용기 측면에 설치되어 있는 장치의 명칭을 쓰시오.

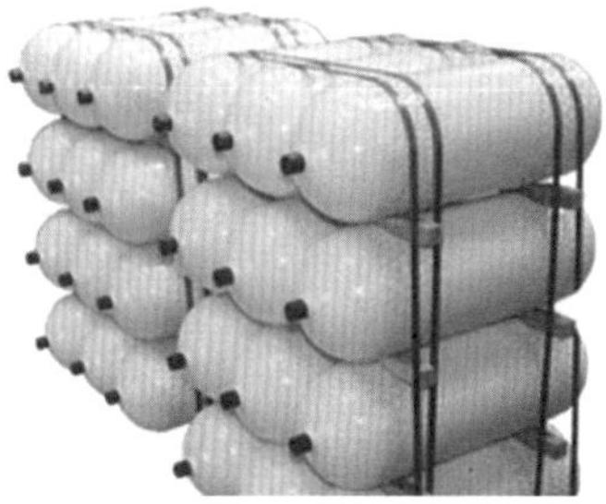

해답 스프링식 안전밸브

09 방폭전기기기에 표시된 다음 내용에 대하여 각각 쓰시오.

(1) Ex : (2) d :

(3) ⅡB : (4) T4 :

해답 (1) 방폭구조
(2) 내압방폭구조
(3) 내압 방폭전기기기의 폭발등급
(최대안전틈새범위 0.5mm 초과 0.9mm 미만)
(4) 방폭전기기기의 온도등급(135℃ 초과 200℃ 이하)

10 충전용기 어깨부분에 각인된 기호에 의미를 설명하시오.

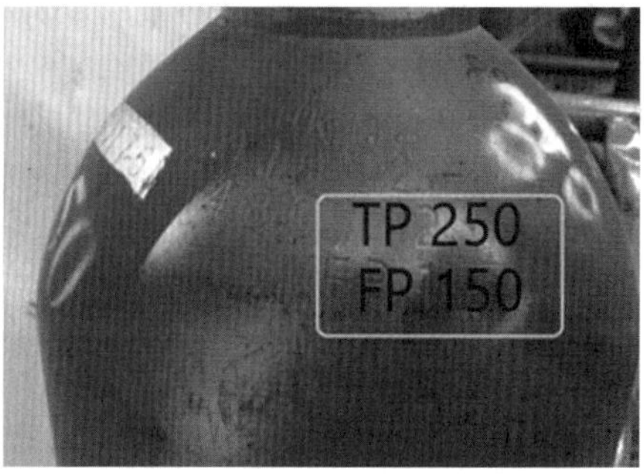

(1) TP : (2) FP :

해답 (1) TP : 내압시험압력(250kgf/cm^2)
(2) FP : 최고충전압력(150kgf/cm^2)

2015년도 제1회

01 LP가스 시설에 설치된 설비에 대한 물음에 답하시오.

(1) 지시하는 것의 명칭을 쓰시오.
(2) 이 설비를 설치하는 이유를 설명하시오.

해답 (1) 스프링식 안전밸브
(2) 내부압력이 이상 상승하였을 때 압력을 외부로 배출시켜 파열사고 등을 방지한다.

02 화살표로 지시하는 것은 정전기를 제거하기 위한 접지선이다. 정전기를 제외한 점화원의 종류 4가지를 쓰시오.

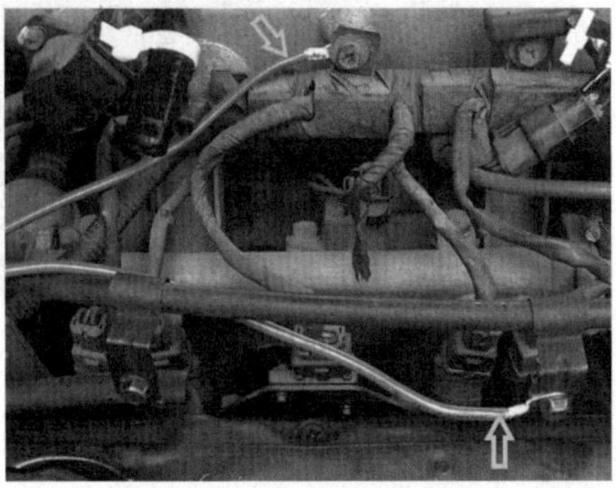

해답 ① 전기불꽃 ② 단열압축
③ 충격 및 마찰열 ④ 복사열

03 그림은 탱크 내부의 폭발 모습이다. 그림과 함께 설명하는 방폭구조의 명칭을 쓰시오.

> 내부에서 폭발성 가스의 폭발이 일어날 경우 용기가 폭발압력에 견디고, 외부의 폭발성 분위기에 불꽃의 전파를 방지하도록 한 구조이다. 또한 폭발한 고열가스가 용기 틈의 냉각효과로 외부의 폭발성 가스에 착화될 우려가 없도록 만들어진 구조이다.

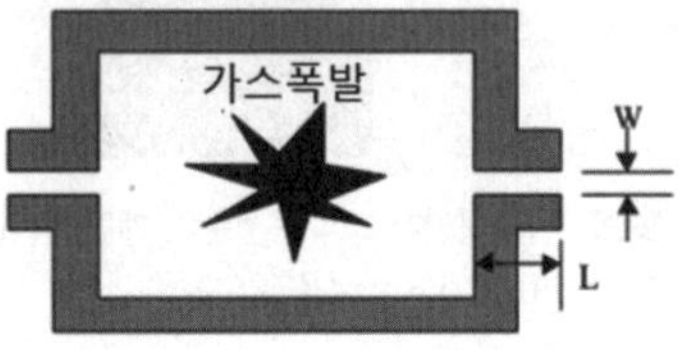

W: 틈새 L: 틈새 길이

해답 내압방폭구조

04 다기능 가스 안전계량기의 작동 성능 4가지를 쓰시오(단, 유량 계량 성능은 제외한다.)

해답 ① 합계유량 차단 성능
② 증가유량 차단 성능
③ 연속사용시간 차단 성능
④ 미소사용유량 등록 성능
⑤ 미소누출검지 성능
⑥ 압력저하 차단 성능

05 도로 및 공동주택 등의 부지 안 도로에 도시가스 배관을 매설하는 경우 매설 표시를 하는 것의 명칭을 쓰시오.

해답 라인마크

06 화면에서 보여주는 장미는 LNG(비점 −162℃)에 담갔다 꺼낸 것으로 꽃잎이 쉽게 부스러진다. 100%의 CH_4를 Cl_2와 반응시키면 HCl과 냉매로 사용되는 물질이 생성되는데 이 물질의 명칭을 쓰시오.

해설 **반응식**

$CH_4 + Cl_2 \rightarrow HCl + CH_3Cl$

해답 염화메틸(CH_3Cl)

07 아세틸렌 충전용기 밸브에 각인된 다음 기호에 대하여 설명하시오.

(1) W :　　　　(2) TP :

해답 (1) 질량(kg)　　　(2) 내압시험압력(MPa)

08 LP가스 충전사업소에서 폭발사고가 발생하였을 경우 사업자가 한국가스안전공사에 제출하여야 하는 사고보고서에 기술하여야 할 내용을 5가지 쓰시오.

해답 ① 통보자의 소속, 직위, 성명 및 연락처
② 사고발생 일시　　③ 사고발생 장소
④ 사고내용　　⑤ 시설현황
⑥ 피해현황(인명 및 재산)

09 도시가스(LNG) 지하 정압기실에 설치된 강제통풍장치에 대한 다음 물음에 답하시오.

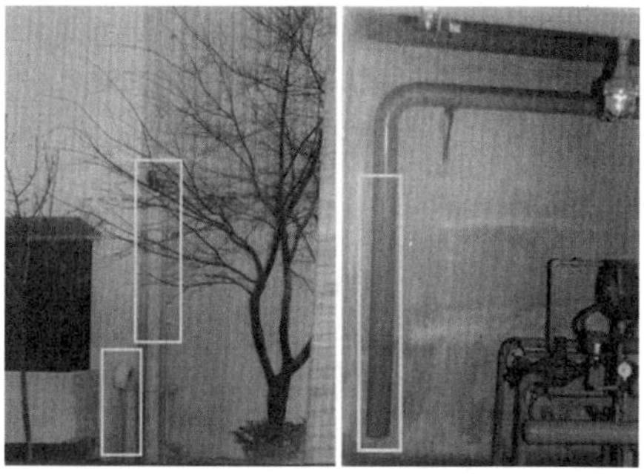

(1) 배기구 관지름은 몇 mm 이상인지 쓰시오.
(2) 방출구는 지면에서 몇 m 이상의 높이에 설치해야 하는지 쓰시오.

해답 1) 배기구 관지름 : 100mm
2) 방출구 높이 : 지면에서 3m

10 도시가스 배관을 도로 폭이 6m인 도로에 매설할 경우에 대한 다음 물음에 답하시오.

(1) 매설깊이는 얼마인지 쓰시오.

(2) 최고사용압력이 저압인 배관을 횡으로 분기하여 수요가에게 직접 연결할 때 매설깊이는 매설깊이는 얼마인지 쓰시오.

해답 (1) 1m 이상　　　(2) 0.8m 이상

참고 **도시가스 배관 도로 매설깊이**

① 도로 폭 8m 이상의 도로에서는 1.2m 이상. 다만, 도로에 매설된 최고사용압력이 저압인 배관에서 횡으로 분기하여 수요가에게 직접 연결되는 배관의 경우에는 1m 이상으로 할 수 있다.

② 폭 4m 이상 8m 미만인 도로에서는 1m 이상. 다만, 도로에 매설된 최고사용압력이 저압인 배관에서 횡으로 분기하여 수요가에게 직접 연결되는 배관 0.8m 이상으로 할 수 있다.

2015년도 제2회

01 LP가스 자동차 충전기(dispenser)에 대한 다음 물음에 답하시오.

(1) 충전호스의 길이를 쓰시오.

(2) 충전호스에 과도한 인장력이 작용하였을 경우 자동으로 분리되는 안전장치의 명칭을 쓰시오.

해답 (1) 5m 이내　　　(2) 세이프티 커플링

02 아세틸렌 충전용기에 각인된 "TW"에 대한 의미를 쓰시오.

해답 아세틸렌 용기 질량에 다공물질, 용제 및 밸브의 질량을 합한 질량(kg)

03 가스용 폴리에틸렌관(PE관)을 지하에 매설할 경우 사용하는 이 설비의 명칭을 쓰시오.

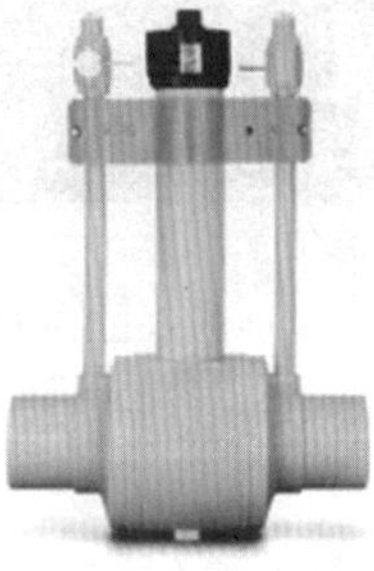

해답 가스용 PE밸브

04 LNG 인수기지에 설치되어있는 저장탱크이다. 다음 (　) 안에 알맞은 용어 및 숫자를 넣으시오.

LNG 저장탱크에서 저장능력이 (①)톤 이상 일 경우 (②)을(를) 설치한다.

해답 ① 500　　② 방류둑

참고 **방류둑 설치기준**
- 가스도매사업 : 500톤 이상
- 일반도시가스사업 : 1000톤 이상

05 LP가스 충전사업소에서 지하에 설치된 저장탱크 저장능력이 30톤일 경우 사업소 경계와의 거리를 쓰시오.

해설 **액화석유가스 충전시설 중 저장설비사업소 경계와의 안전거리**

저장능력	사업소 경계와의 거리
10톤 이하	24 m
10톤 초과 20톤 이하	27 m
20톤 초과 30톤 이하	30 m
30톤 초과 40톤 이하	33 m
40톤 초과 200톤 이하	36 m
200톤 초과	39 m

※ 저장설비를 지하에 설치하였을 경우 저장능력에 따른 사업소 경계와의 유지거리에 0.7을 곱한 거리 이상을 유지하여야 한다.
30m×0.7=21m

해답 21m 이상

06 도시가스 매설배관의 누설검사 차량에 탑재하여 누설검사에 사용되는 장비로 우리나라 대부분의 도시가스 공급회사에서 사용하는 장비의 명칭을 쓰시오.

해답 수소불꽃 이온화 검출기(수소염 이온화 검출기 : FID)

07 그림은 탱크 내부의 폭발모습으로 [보기]에서 설명하는 1) 방폭구조의 명칭과 2) 기호를 쓰시오.

방폭전기기기의 용기 내부에서 가연성가스의 폭발이 발생할 경우 그 용기가 폭발압력에 견디고 접합면, 개구부 등을 통하여 외부의 가연성가스에 인화되지 아니하도록 한 구조

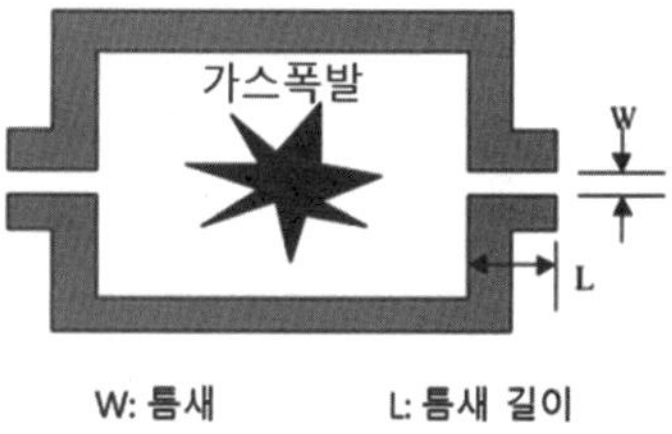

해답 ① 명칭 : 내압방폭구조　　② 기호 : d

08 다음 영상은 도시가스 중압배관을 매설 시공하는 것이다. 용접부에 대한 비파괴검사 중 외관검사를 제외한 비파괴검사의 종류를 3가지 쓰시오.

해답 ① 침투검사 ② 자기(자분)검사
③ 방사선침투검사 ④ 초음파검사

09 밀폐식 보일러를 사람이 거처하는 곳에 부득이 설치할 경우 바닥면적이 $5m^2$이면 통풍구 면적은 최소 몇 cm^2가 필요한지 구하시오.

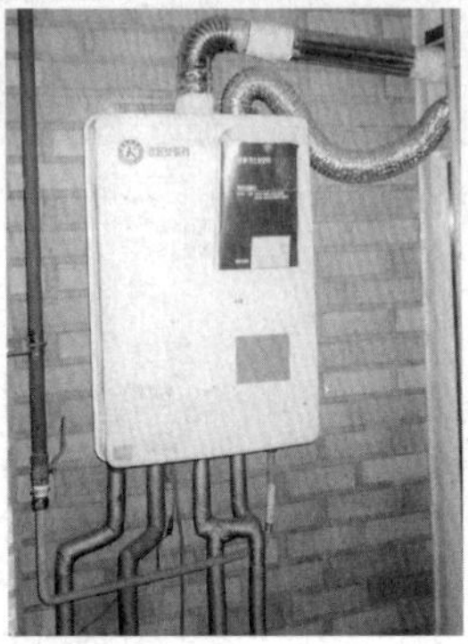

해설 **통풍구의 통풍 면적**

• 바닥면적 $1m^2$마다 $300cm^2$의 비율로 계산한 면적 이상

• $5m^2 \times \frac{300cm^2}{1m^2} = 1500(cm^2)$

해답 $1500cm^2$

10 25층 아파트에 설치된 입상관에 대한 다음 물음에 답하시오.

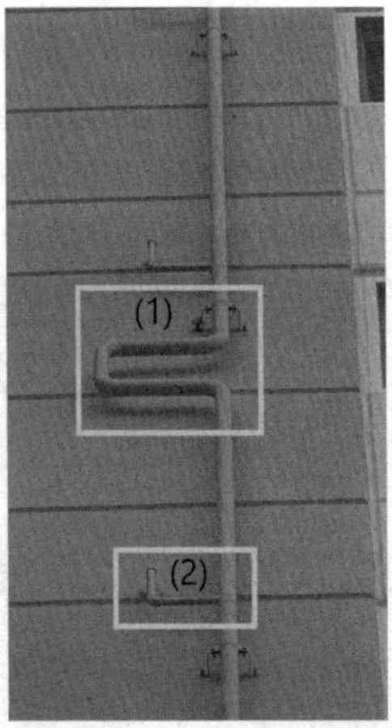

(1) 입상관에 설치하는 신축이음은 최소 몇 개를 설치하여야 하는지 쓰시오.

(2) 각 세대에 분기되어 벽체를 관통하는 부분의 보호관은 분기관(굴곡부가 2개) 외경의 몇 배로 하여야 하는지 쓰시오.

해설 **신축흡수방법**

(1) 노출되는 배관의 연장이 21층 이상 30층 이하로 설치되는 경우 분기관의 길이를 50cm 이상으로 하고 곡관은 2개 이상 설치한다.

(2) 분기관이 2회 이상의 굴곡(90° 엘보 2개 이상)이 있고 건축물 외벽 관통시 사용하는 보호관의 내경을 분기관 외경의 1.5배 이상으로 할 경우에는 분기관의 길이를 제한하지 않는다.

해답 (1) 2개 (2) 1.5배 이상

참고 **신축흡수방법**

(1) 분기관은 1회 이상의 굴곡(90° 엘보 1개 이상)이 반드시 있어야 하며, 외벽(베란다 또는 창문 포함)관통시 사용하는 보호관의 내경은 분기관 외경의 1.2배 이상으로 한다.

(2) 노출되는 배관의 연장이 11층 이상 20층 이하로 설치되는 경우 분기관의 길이를 50cm 이상으로 하고 곡관은 1개 이상 설치한다.

2015년도 제4회

01 건축물 내부에 호칭지름 20mm 가스배관을 300m 설치하였을 때 배관 고정장치는 몇 개를 설치하여야 하는지 구하시오.

해설 **관경에 따른 배관 고정장치 설치간격**

① 관경 13mm 미만 : 1m마다

② 관경 13mm 이상 33mm 미만 : 2m마다

③ 관경 33mm 이상 : 3m마다

※ **고정장치 수량**$= \frac{300m}{2m} = 150$(개)

해답 150개

02 LP가스를 이입, 충전할 때 사용하는 압축기에서 정전기를 제거하기 위한 것으로 화살표로 지시하는 것의 방법은 무엇인지 쓰시오.

해답 접지선으로 대상물을 접지한다.

03 도시가스(LNG)를 공급하는 정압기실에서 지시하는 안전밸브의 방출관 설치높이에 대한 다음 물음에 답하시오.

(1) 방출관 높이는 지면에서 얼마인지 쓰시오.
(2) 가스방출관이 전기시설물과의 접촉 등으로 인한 사고의 우려가 있는 장소일 경우 설치 높이는 지면에서 얼마인지 쓰시오.

해답 (1) 5m 이상 (2) 3m 이상

04 가스용 폴리에틸렌관을 맞대기 융착이음할 때 최소 관지름은 몇 mm인지 쓰시오.

해답 공칭외경 90

05 LP가스 자동차 충전기(dispenser)에 대한 다음 물음에 답하시오.

(1) 충전호스 끝부분에 설치하는 장치의 명칭을 쓰시오.
(2) 충전호스에 과도한 인장력이 작용하였을 때 분리되는 안전장치의 명칭을 쓰시오.

해답 (1) 정전기 제거장치
(2) 세이프티 커플링

06 다음 공업용 용기에 충전하는 가스 명칭을 각각 쓰시오.

해답 (1) 산소 (2) 아세틸렌
(3) 이산화탄소 (4) 수소

07 액화천연가스(LNG)의 주성분인 메탄(CH_4)의 대기압 상태에서 1) 비점과 2) 분자량(g/mol)을 쓰시오.

해답 1) 비점 : 161.5℃
2) 분자량 : 16(g/mol)

08 가연성가스 또는 독성가스 설비에서 이상 상태가 발생하는 경우 그 설비 내의 내용물을 설비 밖으로 긴급하고 안전하게 이송하는 설비의 명칭을 쓰시오.

해답 벤트스택

09 다음 영상은 LP 가스 충전소의 폭발사고 모습으로 LP 가스가 누설되어 가연성 액체 저장탱크 주변에서 화재가 발생하여 기상부의 탱크가 국부적으로 가열되면 그 부분의 강도가 약해져 탱크가 파열된다. 이 경우 내부의 액화가스가 급격히 유출 팽창되어 화구(fire ball)를 형성하여 폭발하는 형태를 무엇이라 하는지 영문약자로 쓰시오.

해답 BLEVE

참고 **BLEVE(블레브)**
- 비등액체 팽창증기 폭발
- Boiling Liquid Expanding Vapor Explosions

10 다음과 같은 장치에 의하여 금속재료에 충격을 가하여 실시하는 1) 시험의 명칭과 2) 시험의 목적을 쓰시오.

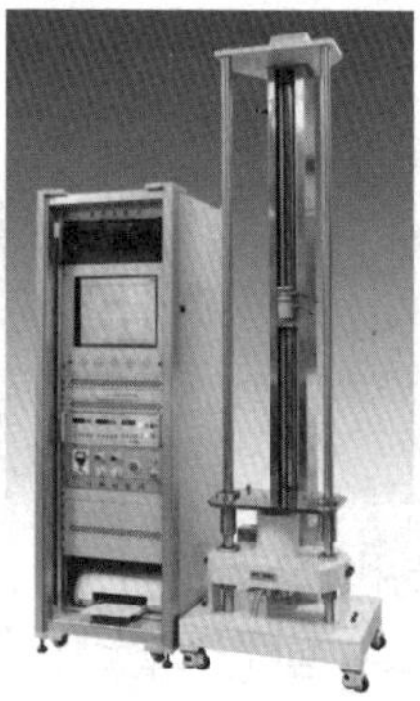

해답 1) 명칭 : 충격시험
2) 목적 : 금속재료의 인성과 취성을 확인한다.

2016년도 제1회

01 도시가스 도매사업의 1일 처리능력이 25만 m^3인 압축기와 액화천연가스(LNG) 저장탱크 외면과 유지하여야 하는 최소 거리를 쓰시오.

해답 30m

02 매설된 도시가스 배관의 전기방식 중 1) 배류법 및 2) 외부전원법의 경우 전위측정용 터미널(TB) 설치 간격을 쓰시오.

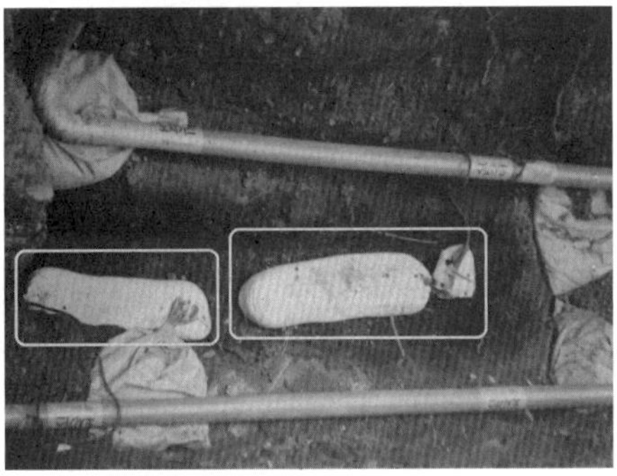

해답 1) 배류법 : 300m 이내
2) 외부전원법 : 500m 이내

03 초저온용기에 저장되어 있는 액화천연가스(LNG)의 비등점은 1atm에서 몇 ℃인지 쓰시오.

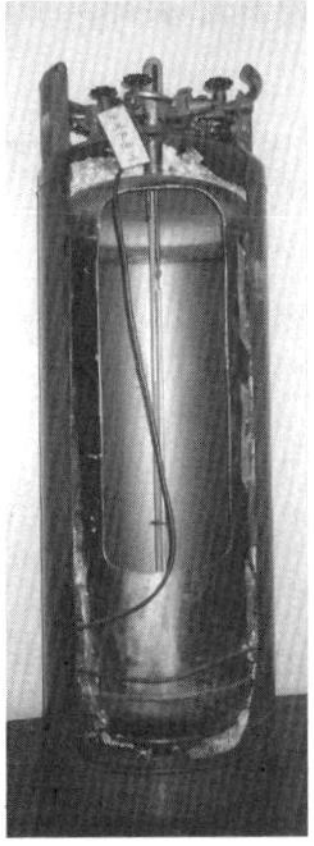

해답 −162℃

04 방폭전기기기에 표시된 다음 내용에 대하여 설명하시오.

(1) Ex :　　(2) p :
(3) Ⅱ :　　(4) T6 :

해답 (1) 방폭구조
(2) 압력방폭구조
(3) 방폭전기기기(기기분류)
(4) 방폭전기기기의 온도등급(85℃ 초과 100℃ 이하)

05 도시가스용 가스보일러이다. 배기방식에 따른 명칭을 쓰시오.

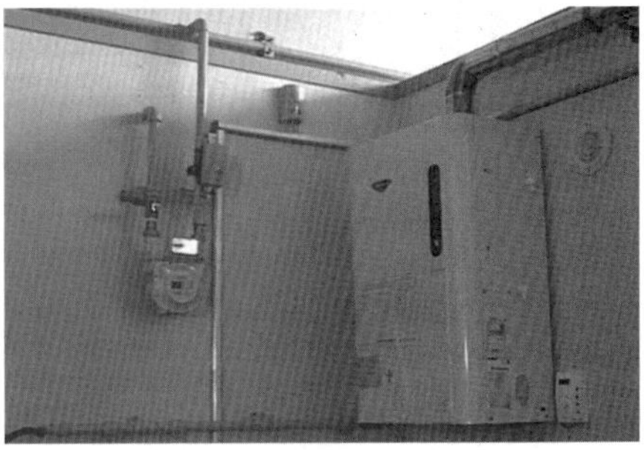

해답 반밀폐식(강제배기식 : FE방식)

06 도시가스 사용시설에서 사용되는 가스용품이다. (A)와 (B)의 명칭을 각각 쓰시오.

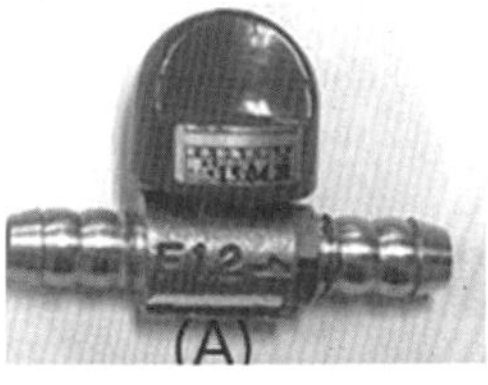

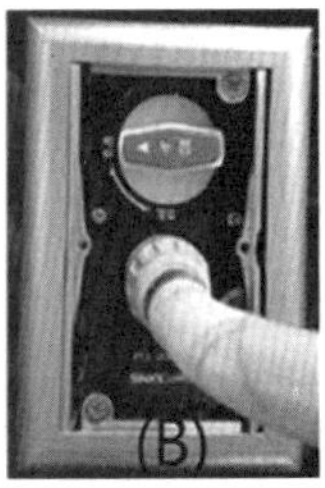

해답 (A) 퓨즈콕　　(B) 상자콕

07 원심펌프에서 발생할 수 있는 이상 현상을 4가지 쓰시오.

해답 ① 수격작용
② 베이퍼 로크 현상
③ 캐비테이션 현상
④ 서징 현상

08 메탄과 같은 유기화합물을 검출하는 검출기로 불꽃이온화검출기(FID)라 불리며, 특정 가스와의 반응을 이용한 이 검출기의 가스 성분(명칭)을 쓰시오.

해답 수소(H_2)

09 맞대기 융착이음을 하는 가스용 폴리에틸렌관의 두께가 20mm일 경우 다음 물음에 답하시오.
1) 비드 폭의 최소치(Bmin)를 구하시오.
2) 비드 폭의 최대치(Bmax)를 구하시오.

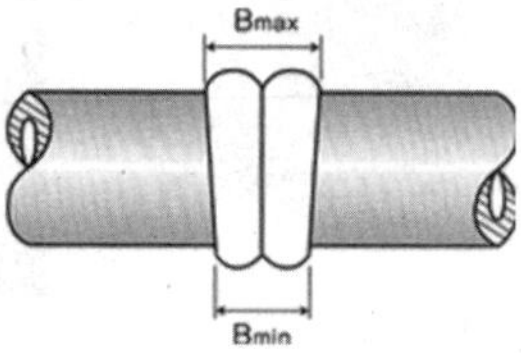

해설 **맞대기융착의 공칭외경**
비드폭은 다음 계산식에 따라 산출한 최소치 이상 최대치 이하로 한다.
- 비드 폭 최소(Bmin) : 3+0.5t
- 비드 폭 최대(Bmax) : 5+0.75t

여기서 t : 배관두께(mm)

해답 1) 최소치=3+0.5×20=13mm
2) 최대치=5+0.5×20=20mm

10 지시하는 것은 LP가스용 차량에 고정된 탱크가 정차하는 위치에 설치된 냉각살수장치이다. 저장탱크 표면적 $1m^2$ 당 물분무능력(L/min)은 얼마인지 쓰시오.

해답 5L/min

2016년도 제2회

01 방폭전기기기에 표시된 다음 내용에 대하여 각각 쓰하시오.

(1) Ex : (2) d :
(3) ⅡB : (4) T4 :

해답 (1) 방폭구조
(2) 내압방폭구조
(3) 내압 방폭전기기기의 폭발등급
(최대안전틈새범위 0.5mm 초과 0.9mm 미만)
(4) 방폭전기기기의 온도등급 (135℃ 초과 200℃ 이하)

02 산소 충전용기 밸브의 안전밸브 형식(명칭)을 쓰시오.

해답 파열판식 안전밸브

03 다음 보기에서 설명하는 위험성 평가기법의 명칭을 쓰시오.

| 보기 |

공정에 존재하는 위험요소들과 공정의 효율을 떨어뜨릴 수 있는 운전상의 문제점을 찾아내어 그 원인을 제거한다.

해답 위험과 운전 분석(HAZOP) 기법

참고 **위험과 운전 분석(HAZOP) 기법**
Hazard and operability studies

04 액화가스가 저장된 저장탱크 주위에 설치되는 방류둑에 대한 내용 중 다음 ( ) 안에 알맞은 숫자를 넣으시오.

액화가스가 저장된 저장설비에서 설치되는 방류둑 성토의 기울기는 수평에 대하여( )도 이하로 하며, 성토 윗부분의 폭은 30cm 이상으로 한다.

해답 45

05 자석의 S극과 N극을 이용하여 용접부를 검사하는 비파과검사 방법의 명칭을 쓰시오.

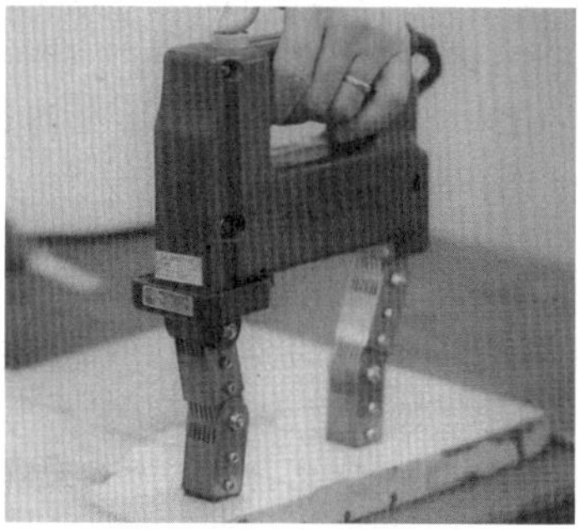

해답 자기검사 (자분검사 : MT)

06 다음과 같이 지상에 설치된 LP가스 저장탱크의 지름이 각각 30m, 34m일 경우 저장탱크 상호간 유지하여야 할 안전거리는 몇 m인지 쓰시오. (단, 물분무장치가 설치되지 않은 경우이다.)

해설 **저장탱크 상호간 안전거리**

저장탱크와 다른 저장탱크의 사이에는 두 저장탱크의 최대지름을 더한 길이의 4분의 1 이상에 해당하는 거리를 유지할 것

$$(30+34)\times\frac{1}{4}=16(m)$$

해답 16m 이상

07 다음 공업용 용기에 충전하는 가스 명칭을 각각 쓰시오.

해답 (1) 산소 (2) 아세틸렌
(3) 이산화탄소 (4) 수소

08 화면에서 보여주는 장미는 LNG(비점 −162℃)에 담그었다 꺼낸 것으로 꽃잎이 쉽게 부스러진다. 100%의 CH_4를 Cl_2와 반응시키면 HCl과 냉매로 사용되는 물질이 생성되는데 이 물질의 명칭을 쓰시오.

해설 **반응식**

$CH_4 + Cl_2 \rightarrow HCl + CH_3Cl$

해답 염화메틸(CH_3Cl)

09 횡으로 설치된 도시가스 배관의 호칭지름이 100A일 경우 고정장치 설치거리(지지간격)는 얼마인지 쓰시오.

해설 **배관관경별 지지간격**

호칭지름	지지간격
100A	8m
150A	10m
200A	12m
300A	16m
400A	19m
500A	22m
600A	25m

해답 8m

10 LP가스 저장소에서 통풍구 크기(면적)는 바닥면적의 몇 % 이상을 확보하여야 하는지 쓰시오.

해설 **통풍구의 통풍 면적**

바닥면적 $1m^2$마다 $300cm^2$(3%)의 비율로 계산한 면적 이상일 것.

해답 3%

2016년도 제4회

01 실내에 설치된 LP가스 기화장치에 대한 다음 물음에 답하시오.

(1) 액체 상태로 열교환기 밖으로 유출을 방지하는 장치의 명칭을 쓰시오.

(2) 액 유출 시 나타나는 현상을 2가지 쓰시오.

해답 (1) 액유출방지장치

(2) 액 유출 시 나타나는 현상

① 인화, 폭발의 위험이 있다.

② 산소 부족으로 인한 질식사고의 우려가 있다.

③ 피부 노출 시 저온으로 인한 동상의 우려가 있다.

02 가스용 폴리에틸렌관의 융착이음의 종류를 3가지 쓰시오.

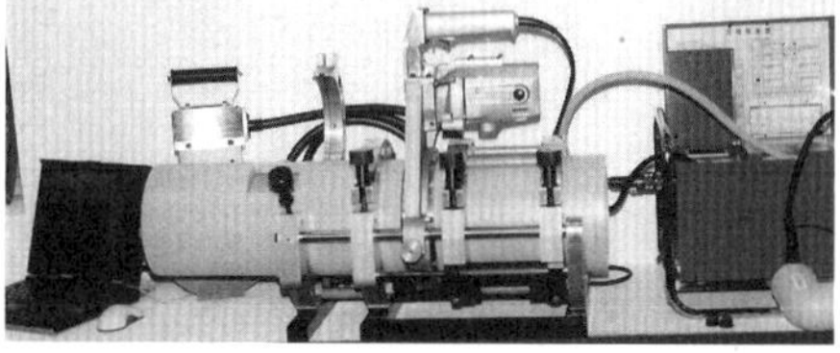

해답 ① 맞대기 융착이음

② 소켓 융착이음

③ 새들 융착이음

03 지시하는 것은 LP가스를 이송하는 탱크로리 차량 운전석 외부에 설치된 것으로 지시하는 것의 1) 명칭과 2) 역할을 쓰시오.

해답 1) 명칭 : 높이 측정 검지봉

2) 역할 : 탱크의 정상부의 높이가 차량 정상부의 높이보다 높을 경우에는 높이를 측정하여 충돌사고를 방지한다.

04 도시가스 배관을 지하에 매설하는 것에 대한 다음 물음에 답하시오.

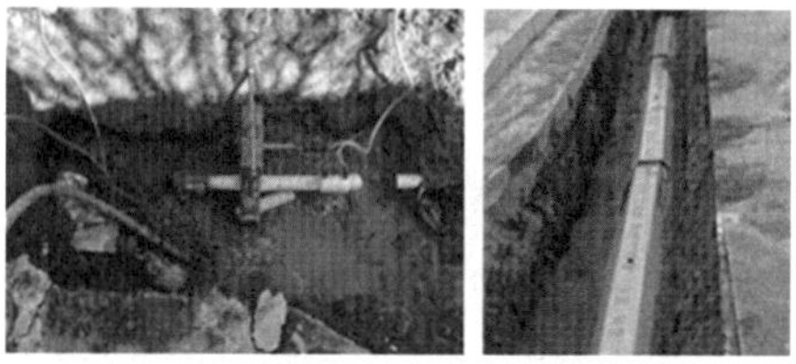

(1) (2)

(1) 도시가스 배관과 상수도관 등 다른 시설물과의 이격거리를 쓰시오.

(2) 도시가스 배관 매설 시 보호판을 설치하는 이유를 2가지 쓰시오.

해답 (1) 0.3m 이상

(2) 보호판 설치 이유

① 규정된 배설깊이를 확보하지 못했을 경우

② 배관을 도로 밑에 매설하는 경우

③ 중압 이상의 배관을 매설하는 경우

05 도시가스 배관의 관지름이 30mm에 길이가 500m이고, 관지름이 150mm에 길이가 3000m일 경우 배관 고정장치는 몇 개를 설치하여야 하는지 구하시오.

해설 고정장치 설치개수

1) 관경 33mm 배관 : 2m마다

$$고정장치\ 수량=\frac{500m}{2m/개}=250(개)$$

2) 관경 150mm : 10m마다

$$고정장치\ 수량=\frac{3000m}{10m/개}=300(개)$$

※ 총 필요개수 : 250+300=550개

해답 550개

06 다음 공업용 용기에 충전하는 가스 명칭을 각각 쓰시오.

해답 (1) 산소 (2) 아세틸렌
(3) 이산화탄소 (4) 수소

07 LP가스 시설에 설치된 설비에 대한 물음에 답하시오.

(1) 지시하는 것의 명칭을 쓰시오.
(2) 이 설비를 설치하는 이유를 설명하시오.

해답 (1) 스프링식 안전밸브
(2) 내부압력이 이상 상승하였을 때 압력을 외부로 배출시켜 파열사고 등을 방지한다.

08 지하에 설치되는 도시가스(LNG) 정압기의 안전밸브 방출관 최소 높이는 지면에서 얼마인지 쓰시오.(단, 전기시설물과 접촉 우려가 없는 장소이다.)

해설 정압기 안전밸브 방출관의 방출구는 지면으로부터 5m 이상의 높이에 설치한다. 다만, 전기시설물과의 접촉 등으로 사고의 우려가 있는 장소에서는 3m 이상으로 할 수 있다.

해답 5m

09 방폭등과 같이 방폭전기기기 결합부의 나사류를 외부에서 쉽게 조작함으로써 방폭성능을 손상시킬 우려가 있는 것은 드라이버, 스패너, 플라이어 등의 일반공구로 조작할 수 없도록 한 1) 구조의 명칭을 쓰고, 2) ⅡB에 대하여 설명하시오.

해답 1) 구조의 명칭 : 자물쇠식 죄임구조
2) ⅡB : 방폭전기기기의 폭발등급

10 LP가스를 이입, 충전할 때 사용하는 압축기에 접지선을 연결한 것이다. 정전기 제거방법을 4가지 쓰시오.

해답 ① 상대습도를 70% 이상 유지한다.
② 대상물을 접지한다.
③ 공기를 이온화 시킨다.
④ 정전의 및 정전화를 착용하여 대전을 방지한다.

2017년도 제1회

01 가스용 폴리에틸렌관(PE관)의 융착이음을 보고 다음 물음에 답하시오.

(1) 동영상에서 보여주는 융착이음의 종류를 쓰시오.
(2) 융착이음의 종류를 3가지 쓰시오.

해답 (1) 맞대기 융착
(2) 융착이음의 종류
① 맞대기 융착
② 소켓 융착
③ 새들 융착

02 직류전철 등에 의한 누출전류의 영향을 받지 않는 도시가스 매설배관의 부식을 방지하는 방식법을 2가지 쓰시오.

해답 ① 희생양극법 ② 외부전원법

03 LP가스 자동차 충전소에 설치된 고정식 충전설비에서 지시하는 (A), (B) 부분의 명칭을 쓰시오.

해답 (A) : 가스 주입기
(B) : 세이프티 커플링

04 고정식 압축도시가스(CNG) 자동차 충전시설 내에 설치된 압축가스설비의 밸브 및 배관 주위에 안전한 작업을 위하여 확보하는 공간은 얼마인지 쓰시오.

해답 1m 이상

05 방폭전기기기의 방폭구조 종류를 6가지 쓰시오.

해답 **방폭구조의 종류**

① 내압방폭구조 ② 유입방폭구조
③ 압력방폭구조 ④ 안전증방폭구조
⑤ 본질안전 방폭구조 ⑥ 특수방폭구조

06 이음매 없는 용기의 신규검사 항목 중 재질검사 항목 3가지를 쓰시오.

해답 **신규검사 중 재질검사 항목**

① 인장시험 ② 충격시험 ③ 압궤시험

07 도시가스 매설배관의 누설검사 차량에 탑재하여 누설검사에 사용되는 장비로 우리나라 대부분의 도시가스 공급회사에서 사용하는 장비의 명칭을 쓰시오.

해답 수소불꽃 이온화 검출기(수소염 이온화 검출기 : FID)

08 대기압 상태에서 액화천연가스(LNG)의 1) 비점과 2) 분자량(g/mol)을 쓰시오.

해답 1) 비점 : −162℃ 2) 분자량 : 16

09 LP가스 충전사업소에서 폭발사고가 발생하였을 경우 사업자가 한국가스안전공사에 제출하여야 하는 사고보고서에 기술하여야 할 내용을 5가지 쓰시오.

해답 ① 통보자의 소속, 직위, 성명 및 연락처
② 사고발생 일시　　③ 사고발생 장소
④ 사고내용　　⑤ 시설현황
⑥ 피해현황(인명 및 재산)

10 가스용 폴리에틸렌관(PE관)을 소켓 융착이음할 경우의 기준 4가지를 쓰시오.

해답 ① 용융된 비드는 접합부 전면에 고르게 형성되고 관 내부로 밀려나지 않도록 한다.
② 배관 및 이음관의 접합은 일직선을 유지한다.
③ 비드 높이는 이음관의 높이 이하로 한다.
④ 융착작업은 홀더 등을 사용하고 관의 용융부위는 소켓 내부 경계턱까지 완전히 삽입되도록 한다.
⑤ 시공이 불량한 융착 이음부는 절단하여 제거하고 재시공 한다.

참고 **소켓 융착이음**

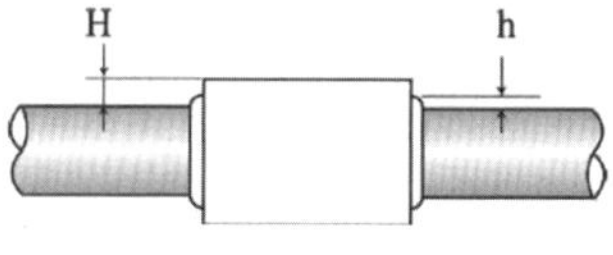

2017년도 제2회

01 건축물 내부에 호칭지름 20mm 가스배관을 200m 설치하였을 경우 배관 고정장치는 몇 개를 설치하여야 하는지 구하시오.

해설 **관경에 따른 배관 고정장치 설치간격**
① 관경 13mm 미만 : 1m마다
② 관경 13mm 이상 33mm 미만 : 2m마다
③ 관경 33mm 이상 : 3m마다
※ 고정장치 수량$=\dfrac{200\text{m}}{2\text{m}}=100$(개)

해답 100개

02 메탄과 같은 유기화합물을 검출하는 검출기로 불꽃이온화검출기(FID)라 불리며, 특정 가스와의 반응을 이용한 이 검출기의 가스 성분(명칭)을 쓰시오.

해답 수소(H_2)

03 LP가스용 차량에 고정된 탱크가 정차하는 위치 상부에 설치된 시설에 대한 다음 물음에 답하시오.

1) 지시한 것의 명칭을 쓰시오.

2) 지시한 것은 저장탱크 표면적 $1m^2$ 당 물분무능력(L/min)이 얼마인지 쓰시오.

해답 1) 명칭 : 냉각살수장치
2) 물분무능력 : 5L/min 이상

04 도로 및 공동주택 등의 부지 안 도로에 도시가스 배관을 매설하는 경우 매설 표시를 하는 것의 명칭을 쓰시오.

해답 라인마크

05 LP가스를 이입, 충전할 때 사용하는 압축기에서 정전기를 제거하기 위한 것으로 화살표로 지시하는 것의 방법은 무엇인지 쓰시오.

해답 접지선으로 대상물을 접지한다.

06 그림은 탱크 내부의 폭발 모습이다. 그림과 함께 설명하는 1) 방폭구조의 기호와 2) 기호의 의미는 무엇인지 쓰시오.

> 내부에서 폭발성 가스의 폭발이 일어날 경우 용기가 폭발압력에 견디고, 외부의 폭발성 분위기에 불꽃의 전파를 방지하도록 한 구조로서 폭발한 고열가스가 용기의 틈의 냉각효과로 외부의 폭발성 가스에 착화될 우려가 없도록 만들어진 구조이다.

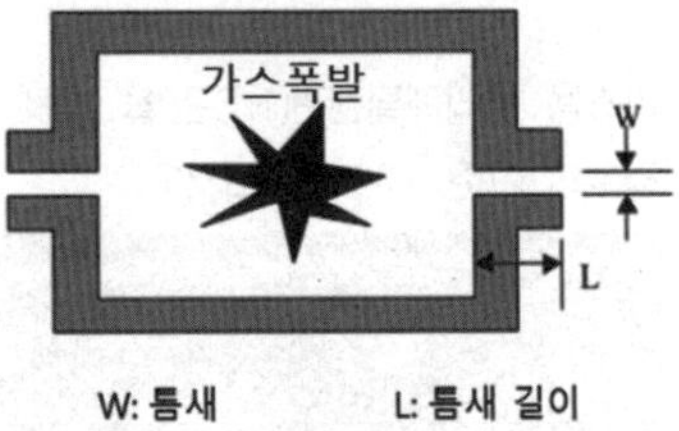

해답 ① 기호 : d
② 기호의 의미 : 내압방폭구조

07 화면에서 지시한 장치는 용기 내의 온도가 설정온도 이상이 되면 합금이 용융하여 가스를 외부로 배출시키는 안전장치로 염소, 아세틸렌 용기에 부착한다. 이 안전장치의 종류를 쓰시오.

해답 가용전식

08 액화가스 저장탱크가 설치된 장소의 방류둑 외면에 설치되어 있는 1) 밸브의 기능과 2) 이것이 평상시에 닫혀 있는지, 열려 있는지를 쓰시오.

(해설) 방류둑 내에 고인 물을 외부로 배출할 수 있는 조치를 하여야 한다. 이 경우 배수조치는 방류둑 밖에서 배수 및 차단조작을 할 수 있어야 하며, 배수할 때 이외에는 반드시 닫혀 있도록 하여야 한다.

(해답) ① 기능 : 배수 밸브로서 방류둑 안에 고인 물을 외부로 배출할 때 사용한다.
② 배수할 때 이외에는 반드시 닫혀 있도록 하여야 한다.

09 고압가스 설비에서 이상 상태가 발생하는 경우 그 설비 내의 내용물을 설비 밖으로 긴급하고 안전하게 이송하는 설비에 대한 다음 물음에 답하시오.

(1) 이 설비의 명칭을 쓰시오.
(2) 이 설비의 방출구 위치는 작업원이 정상작업을 하는 장소 및 항시 통행하는 장소로부터 얼마 이상 떨어져 설치하여야 하는지 쓰시오.

(해답) (1) 벤트스택
(2) 5m 이상(단, 긴급용 벤트스택은 10m 이상)

10 공동주택에 압력조정기를 설치할 때 공급되는 도시가스의 압력이 중압 이상인 경우 공급세대수는 얼마인지 쓰시오.

(해설) **공동주택용 압력조정기 설치기준**
① 도시가스 압력 중압 이상 : 150세대 미만
② 도시가스 압력 저압 : 250세대 미만

(해답) 150세대 미만

2017년도 제4회

01 방폭전기기기에 대한 다음 [보기]의 설명과 그림을 보고 1) 방폭구조의 명칭과 2) 기호를 각각 쓰시오.

보기
용기내부에 보호가스(신선한 공기 또는 불활성가스)를 압입하여 내부 압력을 유지함으로서 가연성 가스가 용기 내부로 유입되지 않도록 한 구조이다.

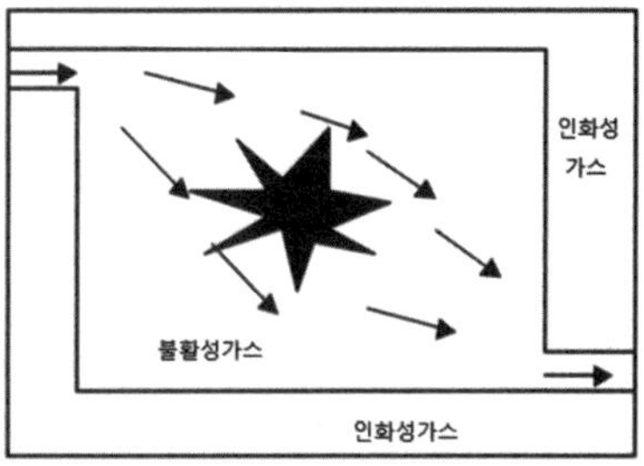

(해답) 1) 명칭 : 압력방폭구조
2) 기호 : p

02 화면에서 보여주는 장미는 LNG(비점 －162℃)에 담그었다 꺼낸 것으로 꽃잎이 쉽게 부스러진다. 100%의 CH_4를 Cl_2와 반응시키면 HCl과 냉매로 사용되는 물질이 생성되는데 이 물질의 명칭을 쓰시오.

해설 반응식

$CH_4 + Cl_2 \rightarrow HCl + CH_3Cl$

해답 염화메틸(CH_3Cl)

03 압력계에 설치에 대한 다음 ( ) 안에 알맞은 숫자를 넣으시오.

> 고압가스설비에 설치하는 압력계는(①)의 (②)배 이상 (③) 배 이하의 최고눈금이 있는 것으로 하고 처리할 수 있는 가스의 용적이 1일 $100m^3$ 이상인 사업소에는 국가표준기본법에 의한 제품인증을 받은 압력계를 2개 이상 비치하여야 한다.

해답 ① 상용압력 ② 1.5 ③ 2

04 특정가스사용시설의 기밀시험에 대한 다음 ( ) 안에 알맞은 용어 및 숫자를 넣으시오.

> 최고사용압력이 고압 또는 중압인 배관으로서 용접에 의해 접합되고 (①)에 의해 합격된 배관은 통과하는 가스를 시험가스로 사용하고 (②)% 이하에서 작동하는 가스검지기를 사용하여 당해 검지기가 작동하지 아니하는 것으로 판정한다.

해답 ① 방사선투과시험 ② 0.2

05 도시가스 정압기실에 대한 다음 물음에 답하시오.

(1) 2년에 1회 이상 분해점검을 하여야 하는 것을 명칭을 쓰시오.

(2) 가스 공급 개시 후 1개월 이내 및 가스 공급 개시 후 매년 1회 이상 분해점검을 하여야 하는 것의 명칭을 쓰시오.

해답 (1) 명칭 : 정압기
(2) 명칭 : 정압기 필터

06 액화가스가 저장된 저장탱크 주위에 설치되는 방류둑에 대한 내용 중 다음 (   ) 안에 알맞은 숫자를 넣으시오.

> 액화가스가 저장된 저장설비에서 설치되는 방류둑 성토의 기울기는 수평에 대하여 (   )도 이하로 하며, 성토 윗부분의 폭은 30cm 이상으로 한다.

해답 45

07 방폭구조로 된 방폭등으로서 방폭전기기기 결합부의 나사류를 외부에서 쉽게 조작함으로써 방폭성능을 손상시킬 우려가 있는 것을 드라이버, 스패너, 플라이어 등의 일반공구로 조작할 수 없도록 한 구조 명칭을 쓰시오.

해답 자물쇠식 죄임구조

08 도시가스를 사용하는 연소기에서 황염(Yellow tip)이 발생하는 이유를 2가지 쓰시오

해답 ① 연소반응이 충분한 속도로 진행되지 않을 경우
② 1차 공기량의 부족으로 불완전연소가 되는 경우
③ 불꽃이 저온의 물체에 접촉하였을 경우

09 다음 공업용 용기에 충전하는 가스 명칭을 각각 쓰시오.

해답 (1) 산소　　(2) 아세틸렌
(3) 이산화탄소　　(4) 수소

10 단독·반밀폐식·강제배기식 가스보일러의 설치 방법에 대한 다음 물음에 답하시오.

(1) 방열판이 설치되지 않은 터미널 상·하 주위에 가연성 구조물과 몇 cm 이상 떨어져야 하는가?

(2) 터미널 개구부로부터 배기가스가 실내로 유입할 우려가 있는 개구부는 몇 cm 이상 떨어져야 하는가?

해설 가스보일러의 설치 방법

① 터미널의 상·하 주위 60cm(방열판을 설치하는 경우에는 30cm) 이내에는 가연성 구조물이 없어야 한다.

② 터미널 개구부로부터 60cm 이내에는 배기가스가 실내(방, 거실 그밖에 사람이 거처하는 곳과 목욕탕, 샤워장, 베란다 그 밖에 환기가 잘되지 않아 가스보일러의 배기가스가 누출되는 경우 사람이 질식할 우려가 있는 곳)로 유입할 우려가 있는 개구부가 없도록 한다.

해답 (1) 60　　　(2) 60

2018년도 제1회

01 도시가스 정압기실에 설치되는 장치이다. 다음 물음에 답하시오.

1) 이 장치의 명칭을 쓰시오.

2) 이 장치의 기능을 2가지 쓰시오.

해답 (1) 명칭 : 정압기 원격감시장치(RTU장치)

(2) 기능 :

① 정압기실의 온도, 압력, 가스누설 유무 등을 감지하여 도시가스 상황실로 전송한다.

② 정전 시 비상전력을 공급한다.

02 아세틸렌 충전용기 밸브에 각인된 다음 기호에 대하여 설명하시오.

(1) W :　　　(2) TP :

해답 (1) 질량(kg)　　　(2) 내압시험압력(MPa)

03 다음 영상은 LP 가스 충전소의 폭발사고 모습으로 LP 가스가 누설되어 가연성 액체 저장탱크 주변에서 화재가 발생하여 기상부의 탱크가 국부적으로 가열되면 그 부분의 강도가 약해져 탱크가 파열된다. 이 경우 내부의 액화가스가 급격히 유출 팽창되어 화구(fire ball)를 형성하여 폭발하는 형태를 무엇이라 하는지 영문약자로 쓰시오.

해답 BLEVE

참고 BLEVE(블레브)

- 비등액체 팽창증기 폭발
- Boiling Liquid Expanding Vapor Explosions

04 다기능 가스 안전계량기의 작동 성능 4가지를 쓰시오. (단, 유량 계량 성능은 제외한다.)

해답 ① 합계유량 차단 성능
② 증가유량 차단 성능
③ 연속사용시간 차단 성능
④ 미소사용유량 등록 성능
⑤ 미소누출검지 성능
⑥ 압력저하 차단 성능

05 다음 충전용기 밸브의 안전밸브 종류를 각각 쓰시오.

해답 (1) 스프링식 (2) 파열판식
(3) 파열판식

06 동영상을 보고 다음 ( ) 안에 알맞은 용어를 쓰시오.

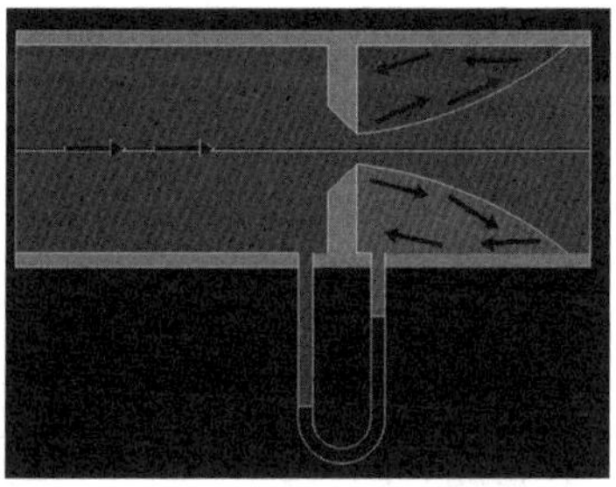

> 조리개 전후에 연결된 액주계의 압력차를 이용하여 유량을 측정하는 차압식 유량계는 (   ) 원리를 응용한 것이다.

해답 베르누이 방정식(베르누이 정리)

07 방폭전기기기의 명판에 표시된 다음 사항을 설명하시오.

(1) Ex : (2) p :
(3) T6 :

해답 (1) 방폭구조
(2) 압력방폭구조
(3) 방폭전기기기의 온도등급 분류(85℃ 초과 100℃ 이하)

08 도시가스 도매사업의 1일 처리능력이 25만 m^3인 압축기와 액화천연가스(LNG) 저장탱크 외면과 유지하여야 하는 최소 거리를 쓰시오.

해답 30m

09 도시가스 배관의 관지름이 30mm에 길이가 500m이고, 관지름이 150mm에 길이가 3000m일 경우 배관 고정장치는 몇 개를 설치하여야 하는지 구하시오.

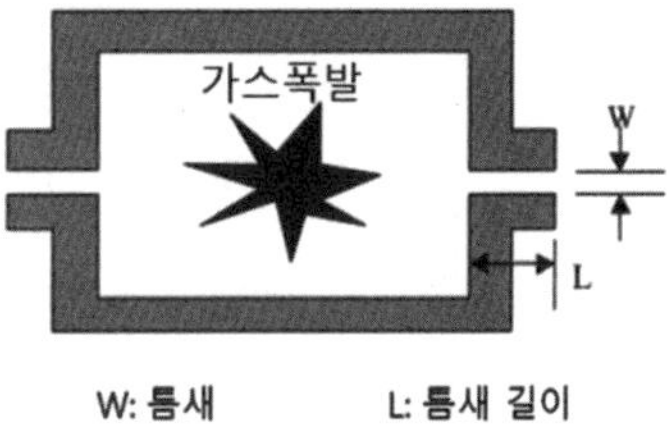

해설 **고정장치 설치개수**

1) 관경 33mm 배관 : 2m마다

고정장치 수량 $=\frac{500m}{2m/개}=250$(개)

2) 관경 150mm 배관 : 10m마다

고정장치 수량 $=\frac{3000m}{10m/개}=300$(개)

※ 총 필요개수 : 250+300=550개

해답 550개

10 도시가스를 공급하는 정압기의 입구측 압력이 0.5MPa일 경우 다음 물음에 답하시오.

(1) 정압기 설계유량이 900Nm^3/h일 경우 안전밸브 방출관의 크기를 쓰시오.

(2) 상용압력이 2.5kPa인 경우 안전밸브의 설정압력을 쓰시오.

해답 (1) 50A 이상 (2) 4.0kPa 이하

참고 **(1) 안전밸브 분출부 크기**

1. 정압기 입구측 압력이 0.5MPa 이상인 것은 50A이상으로 하여야 한다.
2. 정압기 입구측 압력이 0.5MPa 미만인 것은 정압기의 설계유량에 따라 다음과 같은 크기로 하여야 한다.
   가. 정압기 설계유량이 1000Nm^3/h 이상인 것은 50A 이상
   나. 정압기 설계유량이 1000Nm^3/h 미만인 것은 25A 이상

(2) 정압기 안전장치의 작동압력

구분		상용압력이 2.5KPa인 경우	그 밖의 경우
이상압력 통보설비	상한값	3.2KPa 이하	상용압력의 1.1배 이하
	하한값	1.2KPa 이상	상용압력의 0.7배 이하
주정압기에 설치하는 긴급차단장치		3.6KPa 이하	상용압력의 1.2배 이하
안전밸브		4.0KPa 이하	상용압력의 1.4배 이하
예비 주정압기에 설치하는 긴급차단장치		4.4KPa이하	상용압력의 1.5배 이하

2018년도 제2회

01 가스용 폴리에틸렌관의 융착이음의 종류를 3가지 쓰시오.

해답 ① 맞대기 융착이음 ② 소켓 융착이음 ③ 새들 융착이음

02 도시가스 도매사업의 1일 처리능력이 25만 m^{3}인 압축기와 액화천연가스(LNG) 저장탱크 외면과 유지하여야 하는 최소 거리를 쓰시오.

해답 30m

03 액화천연가스(LNG)를 이용한 실험장면에서 디지털 온도계에 -162라는 숫자가 의미하는 것은 무엇인지 쓰시오.

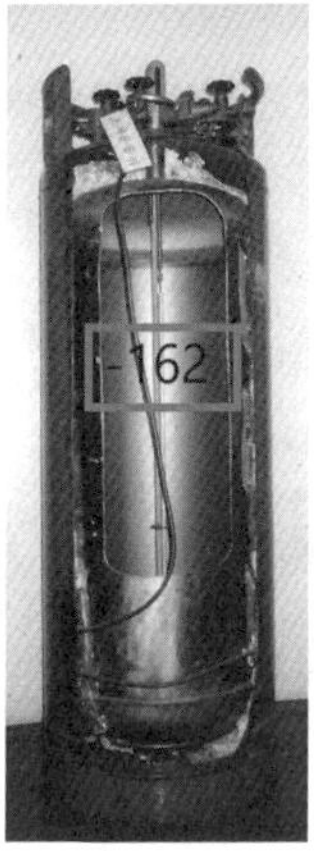

해답 액화천연가스의 주성분인 메탄(CH_4)의 비등점이 -162℃라는 것을 의미한다.

04 방폭전기기기의 방폭구조 종류를 5가지 쓰시오.

해답 ① 내압방폭구조 ② 유입방폭구조
③ 압력방폭구조 ④ 안전증 방폭구조
⑤ 본질안전 방폭구조 ⑥ 특수 방폭구조

05 방폭전기기기 명판에 표시된 다음 사항을 설명하시오.

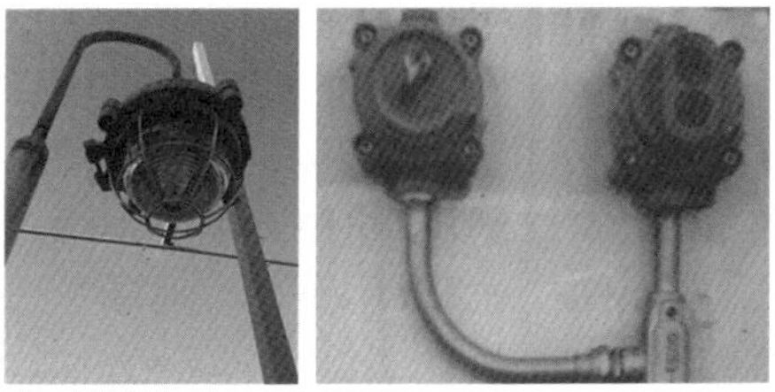

(1) Ex : (2) d :

(3) ⅡB : (4) T4 :

해답 (1) 방폭구조
(2) 내압방폭구조
(3) 내압방폭전기기기의 폭발등급(최대안전틈새 범위 0.5mm 초과 0.9mm 미만)
(4) 방폭전기기기의 온도등급(135℃ 초과 200℃ 이하)

06 다음 공업용 용기에 충전하는 가스 명칭을 각각 쓰시오.

해답 (1) 산소 (2) 아세틸렌
(3) 이산화탄소 (4) 수소

07 LP가스 자동차용 충전기(dispenser)의 충전호스 설치에 대한 다음 내용 중 ( ) 안에 들어갈 숫자 및 용어를 쓰시오.

(1) 충전기의 충전호스의 길이는 ( )m 이내로 한다.

(2) 충전호스에 부착하는 가스주입기는 ( )으로 한다.

해답 (1) 5 (2) 원터치형

08 밀폐식 보일러를 사람이 거처하는 곳에 부득이 설치할 경우 바닥면적이 $5m^2$이면 통풍구 면적은 최소 몇 cm^2가 필요한지 구하시오.

해설 **통풍구의 통풍 면적**

- 바닥면적 $1m^2$마다 $300cm^2$의 비율로 계산한 면적 이상
- $5m^2 \times \frac{300cm^2}{1m^2} = 1500(cm^2)$

해답 $1500cm^2$

09 도시가스 사용시설 배관에 대한 다음 물음에 답하시오.

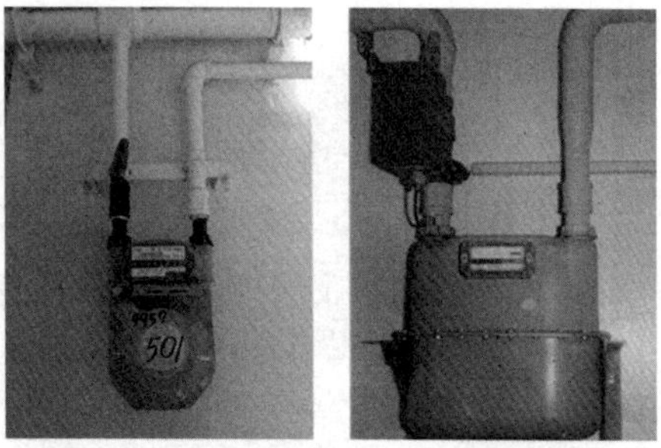

(1) 배관 이음부와 절연조치를 하지 않은 전선과의 유지거리를 쓰시오.

(2) 가스계량기와 절연조치를 하지 않은 전선과의 유지거리를 쓰시오.

해답 (1) 15cm 이상 (2) 15cm 이상

10 도시가스 매설배관의 누설검사 차량에 탑재하여 누설검사에 사용되는 장비로 우리나라 대부분의 도시가스 공급회사에서 사용하는 장비의 명칭을 쓰시오.

해답 수소불꽃 이온화 검출기(수소염 이온화 검출기 : FID)

2018년도 제4회

01 아세틸렌 충전용기에 각인된 "TW"에 대한 의미를 쓰시오.

해답 아세틸렌 용기 질량에 다공물질, 용제 및 밸브의 질량을 합한 질량(kg)

02 LP가스 자동차 충전소에 설치된 고정식 충전설비 (dispenser)에서 화살표로 지시하는 부분의 명칭을 쓰시오.

해답 세이프티 커플링

03 얇은 평판 또는 돔 모양의 원판 주위를 고정하여 용기나 설비에 설치하는 것으로, 구조가 간단하며 취급, 점검이 용이하고 부식성 유체 또는 괴상물질을 함유한 유체에도 적합한 안전밸브의 명칭을 간단히 쓰시오.

해답 파열판식 안전밸브

참고 **파열판식 안전밸브 특징**

① 구조가 간단하므로 취급 점검이 용이하다.
② 밸브 시이트에서의 누설이 없다.
③ 부식성 유체 또는 괴상물질을 함유한 유체에도 적합하다.
④ 압력상속속도가 급격한 곳에 적합하다. (반응장치 등)
⑤ 한 번 작동하면 새로운 박판과 교체할 필요가 있다.

04 다음 보기에서 설명하는 방폭구조의 1) 명칭과 2) 영문 기호를 쓰시오.

| 보기 |

용기 내부에 절연유를 주입하여 불꽃·아아크 또는 고온발생부분이 기름 속에 잠기게 함으로써 기름면 위에 존재하는 가연성가스에 인화되지 아니하도록 한 구조로 탄광에서 처음 사용하였다.

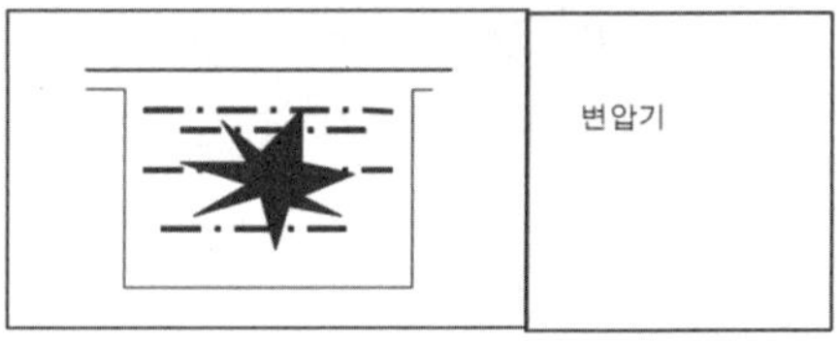

해답 1) 명칭 : 유입방폭구조
2) 영문 기호 : o

05 LP가스를 이입, 충전할 때 사용하는 압축기에 접지선을 연결한 것이다. 정전기 제거방법을 4가지 쓰시오.

해답 ① 상대습도를 70% 이상 유지한다.
② 대상물을 접지한다.
③ 공기를 이온화 시킨다.
④ 정전의 및 정전화를 착용하여 대전을 방지한다.
⑤ 절연체에 도전성을 갖게 한다.

06 도시가스 사용시설에 설치된 막식 가스계량기에 표시된 다음 사항에 대하여 무엇을 의미하는지 각각 쓰시오.

(1) MAX 3.1m^3/h (2) 0.7L/rev

해답 (1) 시간당 사용 최대유량이 3.1m^{3}이다.
(2) 계량실의 1주기 체적이 0.7L이다.

07 도시가스 배관 매설시 저압배관과 고압배관의 배관색상을 서로 다르게 하는 이유를 설명하시오.

해답 저압 배관을 황색, 중압 및 고압 배관을 적색으로 구분하여 사후관리를 할 수 있고 굴착공사 등 타공사시 가스배관 파손에 따른 가스누출 및 폭발사고를 방지하는 등 안전관리를 하기 위함이다.

08 도시가스 정압기실 실내의 조명도는 몇 룩스(Lux) 이상인지 쓰시오.

해답 150(Lux)

09 고압가스 설비에서 이상 상태가 발생하는 경우 그 설비 내의 내용물을 설비 밖으로 긴급하고 안전하게 이송하는 벤트스택의 설치기준을 설치 높이와 방출구의 위치에 따라 2가지 쓰시오.

해답 ① 벤트스택의 높이 : 방출된 가스의 착지농도가 폭발하한계값 미만이 되도록 충분한 높이로 하고, 독성가스인 경우에는 TLV-TWA 기준농도값 미만이 되도록 충분한 높이로 한다.
② 벤트스택 방출구의 위치 : 작업원이 정상작업을 하는데 필요한 장소 및 작업원이 정상작업을 하는데 필요한 장소 및 작업원이 항상 통행하는 장소로부터 긴급용 10m 이상, 그 밖의 벤트스택은 5m 이상 떨어진 곳에 설치한다.

10 지하에 설치되는 도시가스(LNG) 정압기의 안전밸브 방출관 최소 높이는 지면에서 얼마인지 쓰시오.(단, 전기시설물과 접촉 우려가 없는 장소이다.)

해설 정압기 안전밸브 방출관의 방출구는 지면으로부터 5m 이상의 높이에 설치한다. 다만, 전기시설물과의

접촉 등으로 사고의 우려가 있는 장소에서는 3m 이상으로 할 수 있다.

해답 5m

2019년도 제1회

01 지시하는 것은 LP가스용 차량에 고정된 탱크가 정차하는 위치에 설치된 냉각살수장치로 저장탱크 $1m^2$ 당 물분무능력(L/min)이 얼마인지 쓰시오.

해답 5L/min

02 액화석유가스의 저장설비, 가스설비실, 용기보관실 등에 설치된 자연환기설비의 환기구 통풍가능면적 합계 기준을 쓰시오.

해답 바닥면적 $1m^2$마다 $300cm^2$의 비율로 계산한 면적 이상일 것

03 가스용 폴리에틸렌관의 맞대기 융착이음은 공칭 외경이 최소 몇 mm일 때 적용하는지 쓰시오

해답 90

04 다음 보기에서 설명하는 위험성 평가기법의 명칭을 쓰시오.

보기
공정에 존재하는 위험요소들과 공정의 효율을 떨어뜨릴 수 있는 운전상의 문제점을 찾아내어 그 원인을 제거한다.

해답 위험과 운전 분석(HAZOP) 기법

05 도시가스 및 LP가스 사용시설에서 호스가 파손되는 것 등에 의해 가스가 누출할 경우 이상과다 유출을 감지하여 가스유로를 차단하는 것의 명칭을 쓰시오.

해답 퓨즈콕

06 다음 공업용 용기에 충전하는 가스 명칭을 각각 쓰시오.

해답 (1) 산소 (2) 아세틸렌
(3) 이산화탄소 (4) 수소

07 메탄과 같은 유기화합물을 검출하는 검출기로 불꽃이온화검출기(FID)라 불리며, 특정 가스와의 반응을 이용한 이 검출기의 가스 성분(명칭)을 쓰시오.

해답 수소(H_2)

08 방폭등과 같이 방폭전기기기 결합부의 나사류를 외부에서 쉽게 조작함으로써 방폭성능을 손상시킬 우려가 있는 것은 드라이버, 스패너, 플라이어 등의 일반공구로 조작할 수 없도록 한 1) 구조의 명칭을 쓰고, 2) ⅡB에 대하여 설명하시오.

해답 1) 구조의 명칭 : 자물쇠식 죄임구조
2) ⅡB : 방폭전기기기의 폭발등급

09 도시가스 매설배관의 전기방식법 중 희생양극법 및 외부전원법의 경우 전위측정터미널 설치간격을 각각 쓰시오.

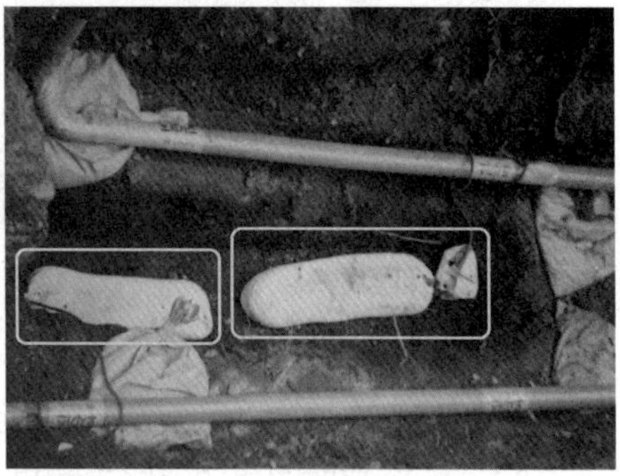

해설 **전위측정용 터미널(T/B)설치간격**
① 희생양극법 : 300m이내
② 외부전원법 : 500m이내

10 도시가스 배관을 지하에 매설하는 경우 지면에서 매설위치를 확인하는 것에 대한 다음 물음에 답하시오.

1) 도로 및 공동주택 부지 안 도로에 도시가스 배관을 매설할 때 설치하는 것의 명칭을 쓰시오.

2) 직선배관일 경우의 설치간격 기준에 대하여 쓰시오.

해답 1) 라인마크
2) 배관길이 50m마다 1개 이상 설치한다.

2019년도 제2회

01 액화천연가스(LNG)의 주성분인 메탄(CH_4)의 1) 임계압력 및 2) 임계온도를 쓰시오.

해답 1) 임계압력 : 45.8(atm)
2) 임계온도 : −82.1(℃)

02 파일럿 버너 또는 메인 버너의 불꽃이 꺼지거나 연소기구 사용 중에 가스 공급이 중단 또는 불꽃 검지부에 고장이 생겼을 때 자동으로 가스 밸브를 닫히게 하여 불이 꺼졌을 때 가스가 유출되는 것을 방지하는 안전장치로 종류에는 열전대식, UV−cell 방식 등이 있다. 이 장치의 명칭을 쓰시오.

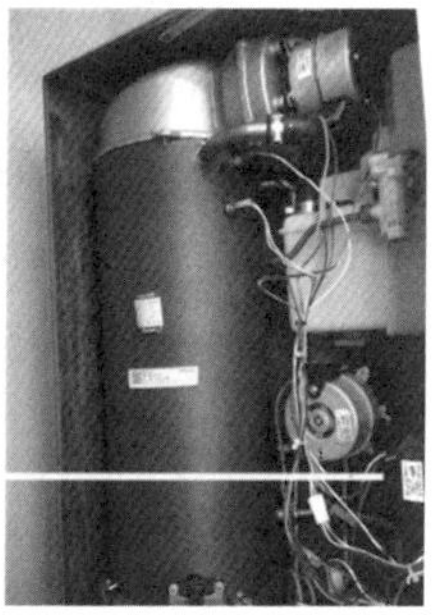

해답 소화안전장치

03 액화천연가스의 저장설비와 처리설비는 그 외면으로부터 사업소경계까지 유지하여야 하는 최소 거리는 얼마인지 쓰시오.

해설 **LNG 저장설비와 사업소경계 안전거리**
액화천연가스의 저장설비와 처리설비는 그 외면으로부터 사업소경계까지 다음 계산식에 따라 얻은 거리(그 거리가 50m 미만의 경우에는 50m) 이상을 유지할 것
$L = C \times \sqrt[3]{143000W}$

해답 50m

04 전기 방식법 중 외부전원법의 장점을 3가지 쓰시오.

해답 **외부전원법의 장점**
① 효과 범위가 넓다.
② 장거리의 파이프라인에는 수가 적어진다.
③ 전극의 소모가 적어서 관리가 용이하다.
④ 전압, 전류의 조정이 용이하다.
⑤ 전식에 대해서도 방식이 가능하다.

05 그림은 탱크 내부의 폭발모습으로 [보기]에서 설명하는 1) 방폭구조의 명칭과 2) 기호를 쓰시오.

> 방폭전기기기의 용기 내부에서 가연성가스의 폭발이 발생할 경우 그 용기가 폭발압력에 견디고 접합면, 개구부 등을 통하여 외부의 가연성가스에 인화되지 아니하도록 한 구조

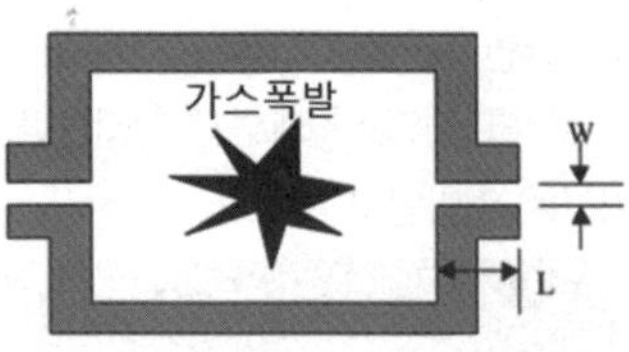

W: 틈새　　　L: 틈새 길이

해답 ① 명칭 : 내압방폭구조　　② 기호 : d

06 횡으로 설치된 도시가스 배관의 호칭지름이 150A일 경우 고정장치 설치거리(지지간격)는 얼마인지 쓰시오.

해설 **배관관경별 지지간격**

호칭지름	지지간격
100A	8m
150A	10m
200A	12m
300A	16m
400A	19m
500A	22m
600A	25m

해답 10m

07 가연성가스 설비에 설치하는 벤트스택에 대한 다음 물음에 답하시오.

1) 이 설비의 방출구 위치는 작업원이 정상작업을 하는 장소 및 항시 통행하는 장소로부터 얼마 이상 떨어져 설치하여야 하는지 쓰시오.
2) 방출된 가스의 착지농도 기준으로 이 설비의 높이를 쓰시오.

해답 1) 방출구 위치 : 5m 이상(단, 긴급용 벤트스택은 10m 이상)
2) 설비의 높이 : 폭발하한계값 미만

08 다음 충전용기 밸브의 안전밸브 종류를 쓰시오.

해답 가용전식

09 LP가스용 차량에 고정된 탱크가 정차하는 위치 상부에 설치된 시설에 대한 다음 물음에 답하시오.

1) 지시한 것의 명칭을 쓰시오.
2) 지시한 것은 저장탱크 표면적 $1m^2$ 당 물분무능력(L/min)이 얼마인지 쓰시오.

해답 1) 명칭 : 냉각살수장치
2) 물분무능력 : 5L/min 이상

10 일반도시가스 매설배관 표지판에 대한 다음 물음에 답하시오.

1) 표지판의 설치간격을 쓰시오.
2) 표지판의 재질을 쓰시오.

해답 1) 200m 이내
2) 일반 구조용 압연강재(KS D 3503)

참고 **도시가스 매설배관 표지판 설치기준**
일반도시가스 매설 배관의 표지판은 배관을 따라 200m(도시가스 도매사업자 배관 : 500m) 이내 간격으로 1개 이상으로 설치하되, 교통 등의 장애가 없는 장소를 선택해 일반인이 쉽게 볼 수 있도록 설치한다.

2019년도 제4회

01 다음 공업용 용기에 충전하는 가스 명칭을 각각 쓰시오.

해답 (1) 산소 (2) 아세틸렌
(3) 이산화탄소 (4) 수소

02 다음 영상은 LP 가스 충전소의 폭발사고 모습으로 LP 가스가 누설되어 가연성 액체 저장탱크 주변에서 화재가 발생하여 기상부의 탱크가 국부적으로 가열되면 그 부분의 강도가 약해져 탱크가 파열된다. 이 경우 내부의 액화가스가 급격히 유출 팽창되어 화구(fire ball)를 형성하여 폭발하는 형태를 무엇이라 하는지 영문약자로 쓰시오.

해답 BLEVE

참고 **BLEVE(블레브)**
- 비등액체 팽창증기 폭발
- Boiling Liquid Expanding Vapor Explosions

03 도시가스 정압기실에서 정압기 전단 및 후단에 설치되는 안전장치의 명칭을 각각 쓰시오.

해답 ① 전단 : 긴급차단장치
② 후단 : 안전밸브

04 맞대기 융착이음을 하는 가스용 폴리에틸렌관의 두께가 20mm일 경우 다음 물음에 답하시오.
1) 비드 폭의 최소치(Bmin)를 구하시오.
2) 비드 폭의 최대치(Bmax)를 구하시오.

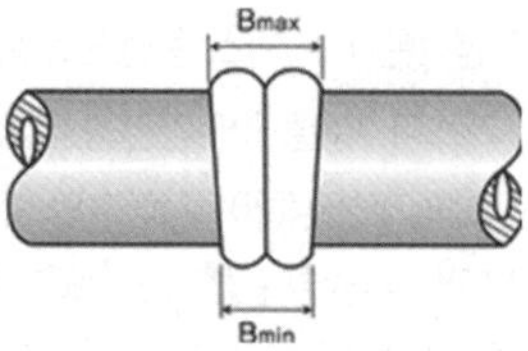

(해설) **맞대기융착의 공칭외경**

별 비드폭은 다음 계산식에 따라 산출한 최소치 이상 최대치 이하로 한다.

- 비드 폭 최소(Bmin) : 3+0.5t
- 비드 폭 최대(Bmax) : 5+0.75t

여기서 t : 배관두께(mm)

해답 1) 최소치=3+0.5×20=13mm
2) 최대치=5+0.5×20=20mm

05 LP가스 충전용기 밸브 내부에 부착되는 안전장치의 명칭을 쓰시오.

해답 스프링식 안전밸브

06 방폭전기기기에 대한 다음 [보기]의 설명과 그림을 보고 1) 방폭구조의 명칭과 2) 기호를 각각 쓰시오.

| 보기 |

용기내부에 보호가스(신선한 공기 또는 불활성가스)를 압입하여 내부 압력을 유지함으로서 가연성 가스가 용기 내부로 유입되지 않도록 한 구조이다.

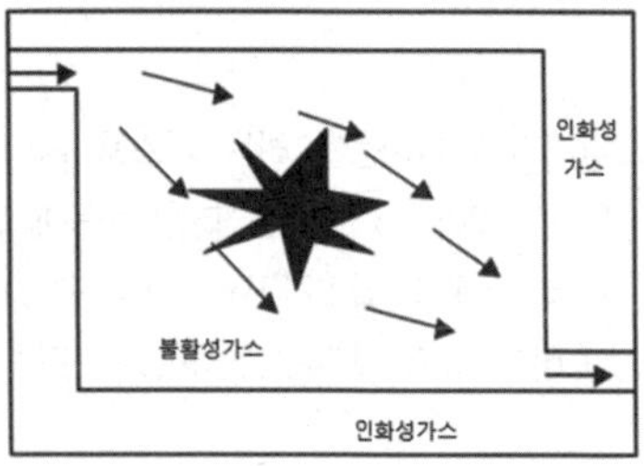

해답 1) 명칭 : 압력방폭구조
2) 기호 : p

07 도시가스 매설배관의 부식 방지를 위한 전기방식을 시공하는 모습으로 이 방법의 전위측정터미널 설치간격을 쓰시오.

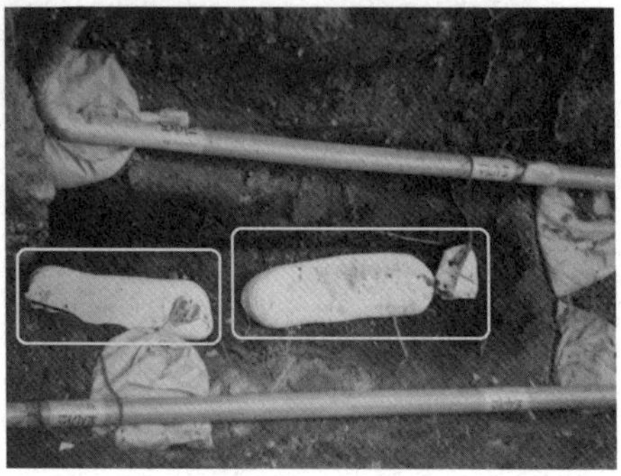

(해설) **전위측정용 터미널(T/B)설치간격**

① 희생양극법 또는 배류법 : 300m이내
② 외부전원법 : 500m이내

해답 희생양극법 : 300m 이내

08 도시가스를 사용하는 연소기구에서 1차 공기량이 부족할 경우, 연소반응이 충분한 속도로 진행되지 않을 경우 불꽃의 끝이 적황색으로 되어 연소하는 현상을 무엇이라 하는지 쓰시오.

해답 황염(옐로 팁)

09 도시가스 배관을 지하에 매설하는 것에 대한 다음 물음에 답하시오.

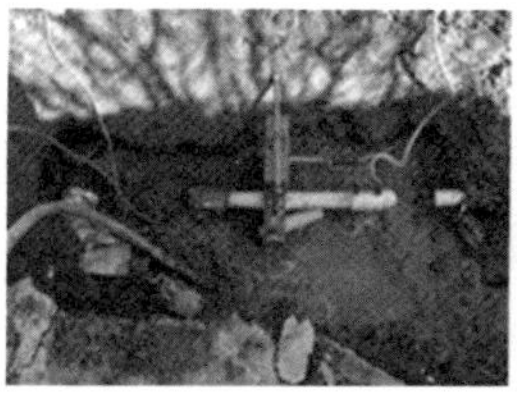

(1)

(2)

(1) 도시가스 배관과 상수도관 등 다른 시설물과의 이격거리를 쓰시오.

(2) 도시가스 배관 매설 시 보호판을 설치하는 이유를 2가지 쓰시오.

해답 (1) 0.3m 이상

(2) 보호판 설치 이유

① 규정된 배설깊이를 확보하지 못햇을 경우

② 배관을 도로 밑에 매설하는 경우

③ 중압 이상의 배관을 매설하는 경우

10 메탄(비점 −161℃)의 1) 증기 밀도와 2) 가스비중을 각각 구하시오.

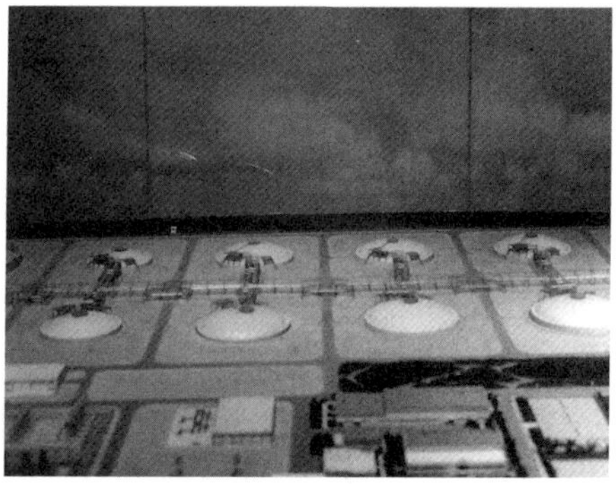

해설 메탄의 증기 밀도와 비중

① 증기 밀도 $=\dfrac{분자량}{밀도}=\dfrac{16}{22.4}=0.71(g/l)$

② 증기 비중 $=\dfrac{분자량}{29}=\dfrac{16}{29}=0.55$

해답 1) 밀도 : $0.71(g/l)$ 2) 0.55

제 2 편

가스기사

제 1 장 가스기사 필답형 이론정리

1 기밀시험

(1) LP가스 사용시설의 기밀시험

① 액화석유가스 사용시설 중 조정기 출구로부터 연소기까지의 배관 또는 호스의 기밀시험은 다음 순서에 의하여 하여야 한다.

② 밸브를 잠그고 압력발생 기구 또는 설비를 사용하여 당해 배관의 내부에서 서서히 압력을 가하여 8.4kPa 이상 10kPa 이하의 압력(조정기의 조정압력이 3.3kPa 이상 30kPa 이하의 것은 35kPa 이상의 압력, 30kPa 초과의 것은 최고사용압력의 1.1배 또는 35kPa중 높은 압력)에 이를 때까지 가압한 후 압력발생기구 또는 설비와 배관등과의 사이의 밸브를 잠그고 압력발생기구 또는 설비를 떼어내어야 한다.

③ 다음 표에 나타난 배관의 내용적에 따라 소요시간 이상의 상태를 유지하여 압력의 변동을 압력측정기구에 따라 측정하여야 한다.

당해 배관의 내용적	기밀시험 압력유지 소요시간
10ℓ 이하	5분
10ℓ 초과 50ℓ 이하	10분
50ℓ 초과	24분

(2) 압력계 및 자기압력계를 이용한 기밀유지시간

구분	내용적	기밀유지시간
저압, 중압	$1m^3$ 미만	24분
	$1m^3$ 이상 $10m^3$ 미만	240분
	$10m^3$ 이상 $300m^3$ 미만	24×V분(단, 1440분을 초과한 경우는 1440분으로 할 수 있다.)
고압	$1m^3$ 미만	48분
	$1m^3$ 이상 $10m^3$ 미만	480분
	$10m^3$ 이상 $300m^3$ 미만	48×V분(단, 2880분을 초과한 경우는 2880분으로 할 수 있다.)

(3) 고압장치의 기밀시험 불합격시 누출개소 확인 방법

① 발포법

② 할로겐 디텍터법

③ 검지기법　　④ 검사지법

(4) 배관 기밀시험시 산소 사용 금지 이유

제조장치의 배관내부에는 유지류, 가연성물질, 녹 등이 부착되어 있는 경우가 있음으로 산소를 기밀시험을 실시하면 연소사고가 일어날 위험성이 있으므로 질소 등의 불활성가스를 사용하여 기밀시험을 하여야 한다.

2 내압시험

(1) 수조식(水槽式) 내압시험

용기를 수조에 넣고 수압으로 가압하면 수압에 의해 용기가 팽창함에 따라 그 팽창된 용적만큼 물이 압축되어 팽창계(브레드)에 나타나게 되는데 이것을 전증가량이라 한다. 일정시간이 경과하면 용기 내부의 수압을 제거한 다음, 용기의 영구 팽창 때문에 팽창계의 물이 수조로 완전히 돌아가지 않고 팽창계에 남게 되는데, 이때 남은 물의 양을 항구증가량 또는 영구 증가량이라 한다. 위와 같은 방법에 의해 얻어진 항구 증가량과 전증가량의 백분율을 항구(영구)증가율이라 한다.

$$\text{영구증가율} = \frac{\text{항구(영구) 증가량}}{\text{전 증가량}} \times 100$$

(2) 비수조식(非水槽式) 내압시험

비수조식 내압시험은 용기를 수조에 넣지 않고 수압에 의해 가압한 후 용기 내에 압입된 물의 양을 살피고 다음 식에 의하여 압축된 물의 양을 압입된 물의 양에서 빼어 용기의 팽창량을 조사하는 방법으로서 이 방법은 압력단위를 기압(atm)으로 환산하여 두는 것과 내압 시험장치의 P기압에 있어서 압입 수량 B를 미리 측정하여 정확한 값을 알아두는 것 및 시험에 있어서의 수온 기록을 정확하게 할 필요가 있다.

※ 전증가량 구하는 식

$$\Delta V = (A - B) - [(A - B) + V] \cdot P \cdot \beta_t$$

여기서

ΔV : 전증가량(cm^3)

A : P기압에 있어서의 압입된 모든 물의 양(cm^3)

B : P기압에 있어서의 용기 이외의 압입된 물의 양(cm^3)

V : 용기 내용적(cm^3)

P : 내압 시험압력(atm)

β_t : t(℃)에 있어서의 물의 압축계수

3 용기의 최고충전압력(FP) 및 내압시험압력 구하는 식

용기 \ 압력	최고 충전압력(MPa) FP	내압 시험압력(MPa) TP	기밀 시험압력(MPa) AP
아세틸렌	TP×1/3 이하	FP×3 이상	FP×1.8 이상
초저온 및 저온 용기	TP×3/5 이하	FP×5/3 이상	FP×1.1 이상
기타 용기	TP×3/5 이하	FP×5/3 이상	FP 이상

4 최고충전압력의 정의

① 압축가스충전용기(아세틸렌가스 제외)의 35℃에서 용기에 충전할 수 있는 가스의 압력 중 최고압력

② 초저온용기의 경우 상용압력 중 최고압력

③ 아세틸렌가스 충전용기의 경우 15℃에서 용기에 충전할 수 있는 가스의 압력 중 최고압력

④ 저온용기 외의 용기로서 액화가스를 충전하는 용기의 경우 내압시험 압력의 3/5배의 압력

5 도시가스제조

(1) 접촉분해(Steam Reforming) 공정(Process)

촉매를 사용하여 반응온도 400~800℃에서 탄화수소와 수증기를 반응시켜 수소, 일산화탄소, 탄산가스, 메탄, 에탄, 에틸렌, 프로필렌 등의 저급 탄화수소로 변화하는 반응을 말한다.

※ 반응식 : $aCmHn + bH_2O \rightarrow cH_2 + dCO + eCO_2 + fCH_4 + gC + hH_2O$

〈특징〉

㉠ 반응온도가 700℃ 이상 상승하면 CH_4, CO_2는 적고 CO, H_2가 많은 저발열량의 가스가 생성되며, 반응 온도가 저하하면 CH_4, CO_2가 많고 CO, H_2가 적은 고발열량의 가스를 생성한다.

㉡ 반응압력이 상승하면 CH_4, CO_2는 증가하고 CO, H_2는 감소하며, 반응압력이 저하하면 CH_4, CO_2는 감소하고 CO, H_2는 증가한다.

※ 압력의 영향은 상압에서 25기압까지가 크며 그 이상에서는 생성가스 조성에 영향이 적다.

㉢ 수증기 비(수증기와 원료 탄화수소의 중량비)가 증가하면 CH_4, CO는 감소하고, CO_2, H_4는 증가하며 수증기비가 감소하면 CH_4, CO는 증가하고 CO_2, H_2는 감소한다.

㉣ 반응열은 550℃ 이상에서 흡열반응, 그 이하의 온도에서는 발열반응을 일으킨다.

㉤ 카본(C)의 생성 방지법

- 반응식 : $CH_4 \rightleftarrows 2H_2 + C$: 반응온도를 낮게 하고 반응압력을 높게 한다.
- 반응식 : $2CO \rightleftarrows CO + C$: 반응온도를 높게 하고 반응압력을 낮게 한다.

(2) 도시가스 원료 송입법에 의한 분류

① **연속식** : 연속적인 원료의 송입으로 가스의 발생이 연속적이며 가스 발생량의 조절은 원료의 송입량의 조절에 의하여 일반적으로 장치능력에 대하여 50~100% 사이에서 발생량의 조절이 된다.

② **배치(batch)식** : 일정량의 원료를 가스화실에 놓고 가스화한 후 가스가 발생하지 않으면 잔유물을 제거하는 조작을 반복하는 방식으로 가스 발생량의 급격한 조절이 곤란하다.

③ **사이클릭(cyclic)식** : 연속식과 배치식의 중간적인 형식으로 일정기간 동안 연속적으로 원료를 투입하여 가스를 발생시키고 장치내의 온도가 내려가면 원료송입을 정지하고 승온하는 조작을 자동운전으로 행하는 것으로서 가스 발생량의 조절은 장치의 운전 정지로 행한다.

(3) 합성천연가스(SNG) 제조 조업조건 및 가스화 성적

① 원료 : 액화석유가스(LPG), 나프타

② 반응압력 : $20kgf/cm^2$

③ 반응온도

구분	입구	출구
수증기 개질 공정	450℃	500℃
수첨분해 공정	350℃	460℃
메탄합성 공정	280℃	330℃

④ 촉매 : 수증기 개질 공정, 수첨분해 공정, 메탄합성 공정 모두 니켈 촉매를 사용한다.

⑤ 수증기비 : $\frac{수증기}{나프타}$의 비는 1.8(kg/kg) 전후이고, 전체로는 1.1(kg/kg) 전후이다.

(4) 도시가스의 열량 조정방식

① **유량비율 제어방식** : 제조가스의 발열량이 일정한 경우에 사용된다. 단순히 유량비를 조절하는 방식이고, 예를 들어 높은 가스의 유량 변동에 맞추어 낮은 발열량 가스의 유량을 조정하게끔 된 기구이다.

② **가스 케이드 방식** : 일반적으로 고열량 가스나 발열량이 변동할 경우 사용된다.

③ **써머라이저 방식** : 다종의 가스를 제조하고, 열량 조절을 행할 경우에는 비율 제어방식으로는 혼합기의 수가 많아지고 배관도 복잡해지므로 공기식, 전류식, 전압식 중 전압식이 사용되고 있다.

6 정유가스(업가스 : off Gas)

석유정제공정의 상압증류 및 가솔린 생산을 위한 접촉개질 처리 등에서와 석유화학의 나프타 분해공정 중 에틸렌, 벤젠 등을 제조하는 공정에서 주로 생산되는 가스이다.

① **석유정제의 업가스** : 석유 정제의 업가스는 원유의 상압증유, 감압증유 및 가솔린 생산을 위한 접촉 개질 공정등에서 발생하는 가스이다.

② **석유화학의 업가스** : 석유화학의 업가스는 나프타 분해에 의해 에틸렌 등을 제조하는 공정에서 발생한다.

7 나프타(naphtha)의 가스화

(1) PONA 각각에 대한 의미

① P : 파라핀계 탄화수소
② O : 올레핀계 탄화수소
③ N : 나프텐계 탄화수소
④ A : 방향족계 탄화수소

(2) 파라핀계 탄화수소의 함유량이 많은 것은 가능한 분해가 쉽고 가스화 효율이 유리하지만, 올레핀계, 나프텐계, 방향족계 탄화수소가 많은 것은 카아본 석출이 많고 나프탈린의 생성 등에 의하여 가스화 효율저하 및 촉매의 열화원인이 된다.

(3) 나프타를 도시가스 원료로 사용할 경우 특징

① 가스화가 용이하기 때문에 높은 가스화 효율을 얻을 수 있다.
② 타르, 카본 등의 부산물이 거이 생성되지 않는다.
③ 가스 중에는 불순물이 적어서 정제설비를 필요로 하지 않는 경우가 많다.
④ 도시가스 증열용으로 이용된다.
⑤ 대기오염, 수질오염의 환경문제가 적다.
⑥ 취급과 저장이 모두 용이하다.

8 압축천연가스 : CNG(Compressed Natural Gas)

① 메탄(CH_4)이 주성분으로 무색·무취이며 공기보다 가벼워 누출되어도 대기 중으로 쉽게 확산된다.

② CNG라고도 하며, 천연가스(NG) 또는 액화천연가스(LNG)를 기화시켜 기체상태로 압축하여 충전용기에 저장한 것으로 버스 등의 청정연료로 사용되고 있다.

9 액화천연가스 저장탱크 단열재 종류

① 펄라이트 ② 경질폴리우레탄폼 ③ 폴리염화비닐폼

10 내진설계

(1) 가스배관의 내진등급

가스배관의 내진등급은 기능의 중요성과 지진으로 손상이 초래될 수 있는 재해의 규모에 따라 특, 1, 2 등급으로 구분돼 있다. 내진 특등급은 독성가스, 내진 1등급은 가연성가스, 내진 2등급은 독성·가연성 이외의 배관에 적용된다.

(2) 고압가스설비의 내진설계 기준에서 용어의 정의

① "내진설계설비"라 함은 내진설계 적용대상인 저장탱크·가스홀더(이하 "저장탱크"라 한다) 및 그 지지구조물을 압축기·펌프·기화기·열교환기·냉동설비·가열설비·계량설비·정압설비(이하 "처리설비"라 한다.)의 지지구조물을 말한다.

② "내진설계구조물"이라 함은 내진설계설비, 내진설계설비의 기초 또는 내진설계설비와 배관등의 연결부를 말한다.

③ "설계지반운동"이라 함은 정지작업이 완료된 부지(내진설계 구조물이 설치되는 곳을 말한다)의 지표면에서의 자유장운동을 말한다.

④ "위험도 계수"라 함은 평균재현주기 500년 지진지반운동수준에 대한 평균재현주기별 지반운동수준의 비를 말한다.

⑤ "기능수행수준"이라 함은 설계지진 하중 작용시 내진설계수조물이 본래의 기능을 정상적으로 수행할 수 있는 수준을 말한다.

⑥ "붕괴방지수준"이라 함은 설계지진 하중 작용시 내진설계구조물의 구조부재에 취성파괴, 좌굴 및 구조적 손상이 발생하여 저장된 가스가 통제 불가능할 정도로 대량 유출되거나 가스유출로 인하여 대형폭발 또는 화재와 같은 재해가 초래되지 않는 수준을 말한다.

⑦ "제1종 독성가스"라 함은 독성가스 중 염소, 시안화수소, 이산화질소, 불소 및 포스겐과 그 밖에 허용농도가 1ppm이하인 것을 말한다.

⑧ "제2종 독성가스"라 함은 독성가스중 염화수소, 삼불화붕소, 이산화유황, 불호수소, 브롬화수소, 브롬화메틸 및 황화수소와 그 밖에 허용농도가 1ppm초가 10ppm 이하인 것을 말한다.

⑨ "제3종 독성가스"라 함은 독성가스 중 제7호 및 제8호에서 규정한 제1종 및 제2종 독성가스 이외의 것을 말한다.

⑩ "활성단층"이라 함은 현재 활동 중이거나 과거 5만년 이내에 지표면 전단파괴를 일으킨 흔적이 있다고 입증된 단층을 말한다.

⑪ "내진 특등급"이라 함은 그 설비의 손상이나 기능상실이 사업소 경계밖에 있는 공공의 생명과 재산에 막대한 피해를 초래할 수 있을 뿐만 아니라 사회의 정상적인 기능 유지에 심각한 지장을 가져올 수 있는 것을 말한다.

⑫ "내진 1등급"이라 함은 그 설비의 손상이나 기능상실이 사업소 경계밖에 있는 공공의 생명과 재산에 상당한 피해를 초래할 수 있는 것을 말한다.

⑬ "내진 2등급"이라 함은 그 설비의 손상이나 기능상실이 사업소 경계밖에 있는 공공의 생명과 재산에 경미한 피해를 초래할 수 있는 것을 말한다.

(3) 도시가스 사업법 내진설계 적용을 받는 대상시설

① 가스제조시설에서 저장능력이 3톤(압축가스의 경우에는 300m^3) 이상인 지상 저장탱크(가스도매사업자가 소유하는 지중식 저장탱크를 포함한다)와 가스홀더

② 가스충전시설에서 저장능력이 5톤 또는 500m^3 이상인 지상 저장탱크와 가스홀더

③ 가스충전시설에서 반응, 분리, 정제, 증류 등을 행하는 탑류로서 동체부의 높이가 5m 이상인 압력용기(이하 "탑류"라 한다)

④ 지상에 설치되는 사업소 밖의 도시가스배관(사용자 공급관과 내관은 제외한다)

⑤ 위 시설 및 압축기, 펌프, 기화기, 열교환기, 냉동설비, 정제설비 부취제주입설비의 지지구조물 및 기초와 이들의 연결부

⑥ 가스도매사업자의 적용대상 시설

㉠ 정압기지 및 밸브기지 내 정압설비, 계량설비, 가열설비, 배관의 지지구조물 및 기초, 방산탑, 건축물

㉡ 사업소 밖의 배관에 긴급차단장치를 설치 또는 관리하는 건축물

※ 일반도시가스사업자의 철근콘크리트 구조의 정압기실. 다만, 캐비닛 및 매몰형은 제외한다.

(4) 도시가스 배관 내진설계 지진기록 계측장치 종류

① 간극수압계　② 동토압계　③ 수압계　④ 가속도계
⑤ 속도계　⑥ 변위계

11 액화석유가스 저장설비 및 가스설비의 지반조사 기준

① 저장설비(3톤 미만의 저장설비를 제외한다.) 및 가스설비(펌프, 압축기 및 기화기는 제외한다.)를 설치할 경우에는 그 장소에 있어서 저장설비 및 가스설비의 설치에 유해한 영향을 미치는 부등침하 등의 원인의 유무에 대하여 제1차 지반조사를 한다.

② 제1차 지반조사는 해당 장소에서 과거의 부등침하 등의 실적조사, 보링 등의 방법에 따라 실시한다.

③ 제1차 지반조사 결과 그 장소가 습윤한 토지, 매립지로서 지반이 연약한 토지, 급경사지로서 붕괴의 우려가 있는 토지, 그밖에 사태(沙汰), 부등침하 등이 일어나기 쉬운 토지인 경우에는 그 정도에 따라, 성토, 지반개량, 옹벽설치 등의 조치를 강구한다. 그 후 그 지반의 허용지지력도 또는 기초파일첨단(尖端)의 지반허용지지력을 구하기 위하여 필요에 따라 제2차 지반조사를 한다.

12 시안화수소(HCN)

(1) 시안화수소(HCN) 위험성

시안화수소(HCN)는 인화성이 강한 액체로서 화염 스파크에 의해 연소될 수 있으며, 장기간(60일 이상) 보존하면 소량의 수분(2% 이상)에 의해 중합을 일으켜 그 중합열에 의해 중합폭발을 일으킬 우려가 있으므로 안정제(황산, 오산화인, 염화칼슘, 아황산가스 등)를 첨가하여 중합폭발을 방지하여야 한다.

(2) 시안화수소의 제조법

① **엔드류소오(Andrussow)법**

암모니아, 메탄에 공기를 가하고 이것에 10%의 로듐을 함유한 백금망 촉매상을 1000~1100℃ 정도로 통하게 하면 시안화수소를 함유한 가스를 얻을 수 있으므로 이것에서 시안화수소를 분리, 정제하여 제조한다. (대규모 생산에 적합)

$$\text{반응식 : } NH_3 + CH_4 + \frac{3}{2}O^2 \rightarrow HCN + 3H_2O + 11.3\text{kcal}$$

② **포름아미드법**

일산화탄소와 암모니아에서 포름아미드를 생성시켜 시안화수소를 얻는 방법으로, 포름아미드생성과 그것의 탈수공정(촉매 : 아연, 망간, 알루미나 제올라이트)으로 되어 있다. 생성가스 중 미 반응 암모니아는 묽은 황산으로 세정하여 제거하고 가스 중의 시안화수소는 냉수에 흡수시켜 수용액을 증류하여 시안화수소를 제조한다.

㉠ **포름아미드의 생성**

$$CO + NH_2 \xrightarrow[70 \sim 90℃]{100 \sim 200\text{atm}} \underset{\text{(포름아미드)}}{HCONH_2}$$

㉡ **포름아미드의 탈수**

$$HCONH_2 \xrightarrow[Zn,\ Mn]{400 \sim 600℃} HCN + H_2O$$

(3) 시안화수소(HCN) 위험성

시안화수소(HCN)는 인화성이 강한 액체로서 화염 스파크에 의해 연소될 수 있으며, 장기간(60일 이상) 보존하면 소량의 수분(2% 이상)에 의해 중합을 일으켜 그 중합열에 의해 중합폭발을 일으킬 우려가 있으므로 안정제(황산, 아황산가스 등)를 첨가하여 중합폭발을 방지하여야 한다.

13 아세틸렌

(1) 아세틸렌의 폭발성

① **산화폭발** : 산소 또는 공기 중에서 혼합하여 점화하면 폭발을 일으킨다.

반응식 : $C_2H_2 + 2.5O_2 \rightarrow 2CO_2 + H_2O$

② **화합폭발** : 구리(Cu), 은(Ag), 수은(Hg)과 화합 시 폭발성의 금속 아세틸라이드를 생성한다.

반응식 : $C_2H_2 + 2Cu \rightarrow \underset{\text{(동아세틸라이드)}}{Cu_2C_2} + H_2$

③ **분해폭발** : 흡열화합물이므로 가압, 충격 등에 의해 탄소와 수소로 분해되면서 폭발을 일으킨다.

반응식 : $C_2H_2 \rightarrow 2C + H_2 + 54.2[kcal]$

(2) 아세틸렌 가스발생기

카바이드(CaC_2 : 탄화칼슘)에 물을 반응시켜 아세틸렌을 발생시키는 철강재 탱크로서 종류에는 투입식, 주수식, 침지식(접촉식)의 3가지가 있으며 공업적으로 투입식이 가장 많이 사용된다.

① **투입식** : 물에 카바이드(CaC_2)를 넣는 방법

② **주수식** : 카바이드에 물을 넣는 방법

③ **침지식(접촉식)** : 카바이드와 물을 소량씩 접촉시키는 방법

(3) 아세틸렌의 충전

① 습식 아세틸렌 발생기의 표면온도는 70℃ 이하로 유지해야 되며, 발생기의 최적 온도는 50~60℃ 정도이다.

② 충전 중 압력은 온도에 불구하고 2.5MPa 이상으로 압축하지 않아야 한다. 다만 2.5MPa 이상으로 압축 시에는 분해폭발을 방지하기 위해 희석제를 첨가한다.

※ 희석제 종류 : C_2H_4, CH_4, CO, N_2 등

③ 용기에 다공질물을 채우고 다공질물에 용제를 침윤시킨 후 아세틸렌을 용제에 용해시켜 충전한다.

※ 다공질물의 종류 : 규조토, 점토, 목탄, 석회, 산화철, 탄산마그네슘, 석면, 다공성플라스틱

※ 용제의 종류 : 아세톤($(CH_3)_2CO$), 디메틸포름아미드[$HCON(CH_3)_2$]

④ 충전 후의 압력은 15℃에서 1.5MPa 이하로 할 것

14 아르신(AsH_3)

① 혈액 작용제의 일종. 순한 마늘 냄새가 나는 무색의 독성가스이다.
② 휘발도가 30,900,000mg/m^3인 가장 빠르게 분산되는 화학 작용제이다.
③ 혈액의 기능을 방해하고, 간과 신장을 상해하며, 가벼운 노출 시에는 두통과 불쾌감을 주나, 노출량이 많아지면 오한, 멀미 및 구토를 일으킨다.
④ 가연성, 자연발화성, 맹독성의 기체에도 불구하고 납산 배터리 및 전자 화합물 재료, 반도체 산업, 유기비소화학에서 일부 응용된다.

15 황화수소(H_2S)

황과 수소로 이루어진 화합물로서 상온에서는 무색의 기체 상태로 존재하며, 자연상태에서는 화산지대의 화산가스나 온천수, 광천수에 포함되어 있다. 특유의 달걀 썩는 냄새가 나며 높은 농도에 노출될 경우 사망에까지 이를 수 있는 독성을 갖고 있기 때문에, 황화수소를 사용할 때에는 보호복과 호흡용보호구를 착용해야 한다. 원유에 함유되어 있는 황화합물은 석유정제시설에서 장치를 부식시키기 때문에 반드시 제거해야 한다.

16 암모니아(NH_3)

(1) 암모니아의 공업적 제법

① 합성법(하아버 보시법 : Harber-Bosch Process)
㉠ 수소(H_2)와 질소(N_2)를 부피비(체적비) 3 : 1로 반응시켜 제조한다.
㉡ 반응식 : $3H_2 + N_2 \rightarrow 2NH_3 + 24kcal$
㉢ 압력 : 200~1000atm, 온도 : 500~600℃ 정도
㉣ 촉매 : 정촉매 : Fe_3O_4, 보조촉매 : Al_2O_3, CaO, K_2O
㉤ 암모니아 합성공정은 반응압력에 따라 3가지로 분류한다.
- 고압합성법(600~1000kg/cm^2) : 클로우드법, 카자레법
- 중압합성법(300kg/cm^2 전후) : IG법, 뉴우파우더법, 케미크법, JCI법, 동공시법(銅工試法)
- 저압합성법(150kg/cm^2 전후) : 구우데법, 케로그법

② 석회질소법

탄화칼슘(CaC_2)을 약 1000℃ 온도로 질소가스와 작용시키면 칼슘시안화미드($CaCN_2$)와 탄소의 혼합물 석회질소를 생성한다. 이 석회질소에 과열수증기를 작용시켜 암모니아를 제조하게 되는데 이 방법은 현재 거의 사용되고 있지 않다.

$$\text{반응식 : } CaC_2 + N_2 \xrightarrow{1000℃} CaCN_2 + C$$

$$CaCN_2 + 3H_2O \rightarrow CaCO_3 + 2NH_3$$

③ 석탄건류법 : 역청탄이나 석탄을 건류할 때 부산물로 얻는다.

(2) 암모니아의 위험성

① 유해성

- 독성가스로 허용농도는 TLV-TWA 25ppm이다.
- 액체 암모니아는 피부점막에 접촉하면 염증, 동상이 생긴다.

② 부식성

- 동(Cu), 동합금(황동, 청동), 알루미늄합금에 대하여서는 심한 부식성을 나타내므로 철(Fe)과 철합금을 사용하여야 한다.
- 고온, 고압 하에서 암모니아는 탄소강에 대하여 수소취성 및 질화작용을 동시에 일으키므로 고온, 고압 하에서 사용하는 암모니아 장치재료는 18-8 스테인리스강을 사용하거나 Ni-Cr-Mo 강을 사용해야 한다.

③ 폭발성

가연성가스로서 암모니아와 공기의 혼합물은 폭발하는 경우가 있으므로 장치 내에서 공기와 암모니아의 혼합물을 만들지 않도록 주의해야 한다.

- 공기 중 폭발범위 : 15~28%

④ 산화성

액체 암모니아는 할로겐, 강산과 접촉하면 심하게 반응하여 폭발, 비산(飛散)하는 경우가 있다.

17 포스겐($COCl_2$)

(1) 포스겐($COCl_2$)의 성질

① 염화카아보닐이라고도 하며 자극적인 냄새를 지닌 유독성 가스이다.

② 무색의 액체이나 시판용은 담황록색이다.

③ 수산화나트륨이나 소석회에 신속하게 흡수되므로 이것을 독성 중화제로 사용할 수 있다.

$$\text{반응식 : } \underset{\text{(수산화나트륨)}}{4NaOH} + COCl_2 \rightarrow Na_2CO_3 + 2NaCl + 2H_2O$$

$$COCl_2 + 2Ca(OH)_2 \rightarrow CaCO_3 + CaCl_2 + 2H_2O$$

④ 불연성 가스로 포스겐 자체에는 폭발성이나 인화성은 없다.
⑤ 허용농도는 0.1(PPM)으로 50(PPM) 이상 존재하는 공기를 흡입하면 30분 이내에 사망하게 된다.

(2) 포스겐의 제조법

상온에서 일산화탄소와 염소를 활성탄 촉매 하에서 반응시켜 제조한 다음 생성된 포스겐 기체 중에 함유한 수분을 진한 황산으로 이용하여 건조한 다음 액화시킨다.

반응식 : $CO + Cl_2 \xrightarrow[\text{활성탄}]{20℃} COCl_2$

18 염소의 공업적 제법

(1) 격막법에 의한 식염(소금)의 전기분해

음극(−)에 철망, 양극(+)에 탄소봉(흑연)을 사용하고 격막에는 석면류를 사용한다. 석면 격막은 액체(소금물)는 통과시키지만 기체는 통과를 못 시킴으로써, 양극에서 발생된 염소와 음극에서 발생된 수소 및 수산화나트륨이 반응하여 소금이나, 차아염소산나트륨(NaClO)으로 되돌아가는 것을 방지하게 된다.(가장 널리 이용)

반응식 : $NaCl \rightarrow Na^+ + Cl^-$

$2Na + 2H_2O \rightarrow 2NaOH + H_2$

(2) 수은법에 의한 식염(소금)의 전기 분해

양극(+)에 탄소(흑연)봉, 음극(−)에 수은(Hg)을 사용하여 전기분해하면 양극(+)에는 염소, 음극(−)에는 나트륨 아밀감(Na(Hg)이 발생된다. 이 방법은 순도가 좋으나 수은(Hg)에 의한 공해에 문제가 있어 많이 이용되지 않는다.

반응식 : $2NaCl + (Hg) \rightarrow Cl_2 + 2Na(Hg)$

$2Na(Hg) + 2H_2O \rightarrow 2NaOH + H_2 + Hg$

(3) 염산의 전기분해

염산을 전기 분해하면 고순도의 염소와 수소를 얻을 수 있다.

반응식 : $2HCl \rightarrow Cl_2\uparrow + H_2\uparrow$

19 염소의 부식성

염소와 수분(H_2O)이 반응하여 생성된 염산(HCl)이 철과 반응하여 염화제일철이 되어 철강재를 부식시킨다.

$$\text{반응식} : \underset{(\text{염소})}{Cl_2} + \underset{(\text{물})}{H_2O} \rightarrow \underset{(\text{염산})}{HCl} + \underset{(\text{차아염소산})}{HClO}$$

$$\underset{(\text{염산})}{2HCl} + \underset{(\text{철})}{Fe} \rightarrow \underset{(\text{차아염소산})}{FeCl_2} + \underset{(\text{수소})}{H_2}$$

20 비파괴 검사

(1) 비파괴 검사의 종류

① 음향검사

테스트햄머를 사용하여 가볍게 물건을 두들기고 음향에 의해 결함의 유무를 판단하는 방법으로 검사자에 따라 개인차가 있으며 결과의 기록이 되지 않는다.

② 초음파 탐상시험(Ultrasonic testing)

초음파검사법은 초음파(보통 0.5~15MC)를 피 검사물의 내부에 침입시켜 내부의 결함과 불균일층의 존재 여부를 검사하는 시험으로 대표적인 검사법에는 투과법, 펄스반사법, 공진법이 있다.

③ 침투 탐상시험(Liquid penetrant testing)

침투검사는 표면에 개구된 미소한 균열, 적은 구멍, 슬러그 등을 검출하는 방법이며 널리 철, 비철의 각 재료에 적용되며 특히 자기검사가 이용되지 않는 비자성재료에 많이 사용된다. 또 철강의 용접부에서도 형상이 복잡하고 자기검사가 곤란한 곳에서나 전원이 없는 때에도 이용된다.

㉠ 초음파탐상시험의 장점

- 내부의 결함 및 불균일 층의 검사를 할 수 있다.
- 용입 부족 및 용입부의 결함을 검출할 수 있다.
- 검사비용이 저렴하다.

㉡ 초음파탐상시험의 단점

- 결함의 형태가 부적당하다.
- 결과의 보존성이 없다.
- 표면결함을 발견하기 어렵다.

④ 자분 탐상시험(Magnetic particle testing)

자분검사는 자기검사의 한 방법이며 피검사물을 자화한 상태에서 표면 또는 표면에 가까운 손상에 의해 생기는 누설자속을 사용하여 검출하는 방법이다. 육안으로는 검지할 수 없는 결함(균열,

손상, 개재물, 편석, 블로우호울 등)을 검지할 수 있으나 오스테나이트계 스테인레스 강등의 비자성체에는 적용되지 않는다. 결함에 의해 누설자속이 생긴 장소에 도자성(磁道性)이 높은 미세한 자성체분말자분을 살포하면 자분이 결함부에 응집흡인되어 손상 등의 위치가 육안으로 검지된다.

⑤ **방사선 투과시험(Radiographic testing)**

방사선으로 X선이나 γ선을 투과하여 결함의 유무를 확인하는 시험으로 용접부결함 검사에 널리 사용되고 있는 비파괴 검사법이다. X선이나 γ선을 투과하면 필름에 의해 결함의 모양, 크기 등을 관찰할 수 있고 결과의 기록이 가능하다.

㉠ **방사선 투과 검사(RT)의 특징**

- 방호에 주의하여야 한다.
- 고온부, 두께가 큰 곳은 부적당하다.
- 선에 평행한 크랙 등은 검출이 불가능하다.
- 내부결함 검출이 가능하다.
- 기록 결과가 유지된다.
- 장치의 가격이 고가이다.

21 금속재료의 열처리

(1) 담금질(Quenching)

강을 적당한 온도로 가열하여 오스테나이트 조직에 이르게 한 뒤, 마텐자이트 조직으로 변화시키기 위해 급냉시키는 열처리 방법이다. 담금질은 강의 경도와 강도를 증가시키기 위한 것이다. 강의 담금질 온도가 너무 높으면 강의 오스테나이트 결정 입자가 성장하여 담금질 후에도 기계적 성질이 나빠지고 균열이나 변형이 일어나기 쉽다. 따라서 담금질 온도에 주의해야 한다.

(2) 풀림(annealing)

일반적으로 풀림이라 하면 완전 풀림(full annealing)을 말한다. 주조나 고온에서 오랜 시간 단련된 금속재료는 오스테나이트 결정 입자가 커지고 기계적 성질이 나빠진다. 재료를 일정 온도까지 일정 시간 가열을 유지한 후 서서히 냉각시키면, 변태로 인해 최초의 결정 입자가 붕괴되고 새롭게 미세한 결정입자가 조성되어 내부 응력이 제거될 뿐만 아니라 재료가 연화된다. 이러한 목적을 위한 열처리 방법을 풀림이라 부른다. 풀림의 목적을 다음과 같이 정리할 수 있다.

① 단조나 주조의 기계 가공에서 발생한 내부 응력 제거
② 열처리로 인해 경화된 재료의 연화
③ 가공이나 공작으로 경화된 재료의 연화
④ 금속 결정 입자의 미세화

(3) 뜨임(tempering)

담금질한 강은 경도가 증가된 반면 취성을 가지게 되고, 표면에 잔류 응력이 남아 있으면 불안정하여 파괴되기 쉽다. 따라서 적당한 인성을 재료에 부여하기 위해 담금질 후에 반드시 뜨임 처리를 해야한다. 즉 담금질 한 조직을 안정한 조직으로 변화시키고 잔류 응력을 감소시켜, 필요로 하는 성질과 상태를 얻기 위한 것이 뜨임의 목적이다. 담금질한 강을 적당한 온도까지 가열하여 다시 냉각시킨다.

(4) 불림(normalizing)

불림의 목적은 결정 조직을 미세화하고 냉간 가공이나 단조 등으로 인한 내부 응력을 제거하며 결정 조직이나 기계적 성질과 물리적 성질 등을 표준화시키는 데 있다. 강을 불림 처리하면 취성이 저하되고 주강의 경우 주조 상태에 비해 연성이나 인성 등 기계적 성질이 현저히 개선된다. 재료를 변태점 이상의 적당한 온도로 가열한 다음 일정 시간 유지시킨 후 공기 중에서 냉각시킨다. 이렇게 하여 미세하고 균일하게 표준화된 금속 조직을 얻을 수 있다.

22 LP가스의 공급방식

(1) 자연기화방식 : 프로판[C_3H_8]

용기 내의 LP가스가 대기 중의 열을 흡수해서 기화된 가스를 공급하는 방식으로 공급방식이 간단하다.

※ 자연기화방식의 특징

① 기화능력에 한계가 있어 소량 소비 시에 적당하다.

② 가스의 조성 및 발열량의 변화가 크다.

③ 용기의 수가 많이 필요하다.

※ 자연기화방식 선정 이유(목적)

① 가스소비량 변동이 비교적 적을 경우

② 연간 온도 차이가 크지 않을 경우

③ 용기설치 장소를 용이하게 확보할 수 있을 경우

(2) 강제기화방식 : 부탄[C_4H_{10}]

용기 또는 탱크에서 액체의 LP가스를 도관을 통하여 기화기에 의해서 기화하는 방식으로 생가스 공급방식, 공기혼합가스 공급방식, 변성가스 공급방식이 있다. 일반적으로 강제기화방식은 비점이 높은 부탄을 소비하거나 가스 소비량이 많은 경우 및 한냉지에서 LP가스를 공급할 경우에 이용되고 있다.

※ 강제기화방식의 특징(기화기 사용기 장점)

① 소비량이 많은 경우 및 한냉 시에도 연속적 공급이 가능하다.
② 공급가스의 조성이 일정하다.
③ 공급가스의 발열량이 일정하다.
④ 설비장소가 적게 차지한다.
⑤ 기화량의 가감조정이 용이하다.(온도제어 장치 사용)
⑥ 설비비 및 인건비가 절감된다.

※ 강제기화방식 선정 이유(목적)

① 가스소비량 변동이 비교적 심한 경우
② 겨울철 등 및 한랭지에서 사용하는 경우
③ 용기의 설치장소를 확보하지 못하는 경우

23 액화석유가스(LPG)의 강제기화방식

용기 또는 탱크에서 액체의 LP가스를 도관을 통하여 기화기에 의해서 기화하는 방식으로 생가스 공급방식, 공기혼합가스 공급방식, 변성가스 공급방식이 있다. 일반적으로 강제기화방식은 비점이 높은 부탄을 소비하거나 가스 소비량이 많은 경우 및 한냉지에서 LP가스를 공급할 경우에 이용되고 있다.

(1) 생가스 공급방식

생가스 공급방식은 기화기(베이퍼라이저)에 의해 기화된 가스를 그대로 공급하는 방식으로 부탄의 경우 온도가 0℃ 이하가 되면 재액화할 우려가 있어 배관을 보온처리하여 재액화를 방지해야 한다.

(2) 공기혼합가스 공급방식

공기혼합가스 공급방식은 기화기에서 기화된 LP가스를 혼합기(믹서)에 의해 공기와 혼합하여 공급하는 방식으로 부탄을 다량 소비하는 경우에 적합하다.

※ 공기 혼합가스의 공급목적

㉠ 발열량 조절
㉡ 연소효율 증대
㉢ 재액화 방지
㉣ 누설 시의 손실 및 체류 감소

(3) 변성가스 공급방식

부탄을 고온의 촉매로서 분해하여 메탄, 수소, 일산화탄소 등의 연질가스로 변성시켜 공급하는 방식으로 재액화 방지 외에 도시가스용, 금속의 열처리용, 소성용, 특수제품의 가열 등의 특수용도로 사용하기 위하여 변성한다.

24 기화장치

(1) 기화장치의 작동원리에 따른 분류

① 가열 감압방식

열교환기에 액체상태의 LP가스를 이송한 후 기화된 가스를 가스용 조정기에 의해 감압하여 공급하는 방식으로 일반적으로 많이 사용되고 있는 방식이다.

② 감압 가열방식

액체상태의 LP가스를 액체 조정기 또는 팽창밸브를 통하여 온도와 압력을 내린 후 열교환기에 도입시켜 대기 또는 온수 등으로 가온하여 기화를 시켜 공급하는 방식이다.

(2) 장치 구성형식에 따른 기화기 분류

① 다관식 기화기　　② 단관식 기화기
③ 사관식 시화기　　④ 열판식 기화기

25 열교환기

열교환기란 하나의 유체로 다른 하나의 유체를 가열 또는 냉각시키는 것을 목적으로 사용하는 기기를 의미한다.

(1) 열의 전달 방법에 따른 분류

① 표면식 열교환기　　② 축열식 열교환기
③ 액체 연결 간접식 열교환기　　④ 직접 접촉식 열교환기

(2) 사용목적에 따른 분류

① 가열기　② 예열기　③ 과열기　④ 증발기
⑤ 재가열기　⑥ 냉각기　⑦ 응축기

(3) 구조에 따른 분류

① 코일식 열교환기　② 개방형 열교환기　③ 이중관식 열교환기
④ 원통다관식 열교환기　⑤ 스파이럴 열교환기　⑥ 공냉식 열교환기
⑦ 자켓형 열교환기　⑧ 판형 열교환기　⑨ 나선형 열교환기
⑩ 블록형 열교환기　⑪ 콤팩트 열교환기

26 LP가스의 수송방법

LP가스의 수송방법에는 용기에 의한 방법, 탱크로리에 의한 방법, 철도 차량에 의한 방법, 유조선에 의한 방법, 파이프라인에 의한 방법 등이 있는데 방법은 다음과 같다.

(1) 용기에 의한 방법

용기 자체가 저장설비로 이용되며 소량 수송의 경우 편리하다. 단, 수송비가 높게 되며 취급 부주위로 인한 사고의 위험성이 우려된다.

※ 용기에 의한 방법의 특징(장단점)

① 용기 자체가 저장설비로 이용될 수 있다.
② 소량 수송의 경우 편리하다.
③ 수송비가 많이 소요된다.
④ 용기 취급 부주의로 인한 사고의 위험이 있다.

(2) 탱크로리에 의한 방법

기동성이 있어 장·단거리 어느 쪽에도 적합하며 철도 전용선과 같은 특별한 설비가 필요치 않다. 용기에 비해 다량 수송이 가능하지만 탱크가 부설되어야 하는 단점이 있다.

※ 탱크로리에 의한 방법의 특징(장단점)

① 기동성이 있어 장거리, 단거리 어는 쪽에도 적합하다.
② 철도 전용선과 같은 특별한 설비가 필요하지 않다.
③ 용기와 비교하여 다량 수송이 가능하다.
④ 자동차에 고정된 탱크가 설치되어야 한다.

(3) 철도 차량에 의한 수송(Tank Car)

철도에 부설된 LP가스 유조화차이며 대량 공급 시 사용된다. 용량은 20ton, 25ton, 30ton으로서 탱크로리에 비해 대량으로 일시 수송이 가능하며, 내륙지방의 장거리 수송에 적합하다.

(4) 유조선에 의한 수송(Tank Car)

유조선에 설치된 탱크를 탱카라 하며 가압식과 냉동식이 있다. 해상 수입설비가 있는 공급기지나 대량 소비자에게 수송하는 경우 많이 사용된다.

(5) 파이프 라인(Pipe Line)에 의한 수송

복합시설(combinate) 내의 소비자에게 공급하는 수단의 일부로서 행하여지고 있으며 소규모의 것은 200~300m 떨어진 인접한 회사에 보내는 것부터 수 km 떨어진 공장에 보내는 경우도 있다.

27 폭굉(Detonation)

(1) 폭굉(Detonation)의 정의

폭발 중에서도 특히 격렬한 경우로서 화염의 전파속도가 음속보다 빠른 경우 파면선단에 충격파라고 하는 솟구치는 압력파가 생겨 격렬한 파괴작용을 일으키는 현상을 말한다.

(2) 폭굉유도거리(Detonation Induction Distance : DID)

폭굉유도거리란 최초의 완만한 연소에서 격렬한 폭굉으로 발전할 때까지의 거리 또는 그 시간을 말하며, 폭굉유도거리가 짧은 가스일수록 위험한 가스이다.

(3) 폭굉유도거리(DID)가 짧아지는 요인

① 정상연소속도가 큰 혼합가스일수록
② 관속에 방해물이 있거나 관경이 작을수록
③ 압력이 높을수록
④ 점화원의 에너지가 강할수록

28 정압기(Governer)

(1) 정압기(Governer) 기능

정압기는 가스의 공급압력이 극히 제한된 영역에서 고압에서 중압으로 중압에서 저압으로 감압하여 가스기구에 알맞은 적당한 압력으로 감압하여 공급하기 위한 것으로서 가스가 통과하는 배관의 적당한 곳에 설치하여 1차 유량 및 부하유량의 변동에 관계없이 2차 압력을 일정한 압력으로 유지하는 감압 및 정압기능을 갖고 있다.

(2) 정압기의 특성

정압기를 평가 선정할 경우에는 정압기의 정특성, 동특성(응답속도 및 안정성), 유량특성, 사용최대차압, 작동최소차압의 각 특성을 고려해야 한다.

① 정특성

정특성이란 정상상태에 있어서의 유량과 2차 압력과의 관계이다.

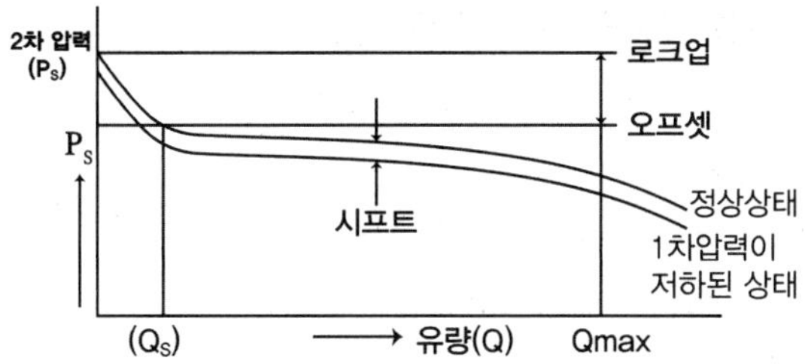

정특성에 있어서 일반적으로 기준량 QS일 때의 2차 압력을 PS에 설정하여 유량이 변화했을 경우 2차 압력의 PS로부터의 어긋난 것을 오프셋(offset)이라고 하며 유량이 영(零)으로 되었을 때의 닫힘 압력과 PS의 차를 로크업(lock up)이라고 한다. 또 1차 압력 등의 변화에 의해서 정압곡선이 전체적으로 어긋나는 것을 시이프트(shift)라고 한다. 일반적으로 오프셋, 로크업 및 시이프트 등이 적은 것이 바람직하다.

② 동특성(응답속도 및 안정성)
동특성은 부하 변화가 큰 곳에 사용되는 정압기에 대하여 중요한 특성으로서 부하변동에 대한 응답의 신속성과 안정성이 모두 요구된다.

③ 유량 특성(流量 特性)
정압기의 유량특성으로는 그림과 같이 MAIN VALVE개도(STROKE 또는 LIFT)와 유량의 관계를 말한다.

④ 사용 최대 차압
메인밸브(Main Valve)에는 1차 압력과 2차 압력의 차압이 작용하여 정압성능에 영향을 주지만 이것이 실용적으로 사용가능한 범위에서 최대가 되었을 때의 차압을 사용최대 차압이라 한다.

⑤ 작동 최소 차압
PILOT식 정압기의 1차 압력과 2차 압력의 차압이 어느 정도 이상이 아니면 PILOT식 정압기는 작동 불가능하게 되며 이 최소치를 작동 최소 차압이라 한다.

(3) 직동식 정압기 작동 원리

① 2차측 압력이 설정압력보다 낮을 경우
2차측의 사용량이 증가하고 2차압력이 설정압력 이하로 떨어질 경우, 정압기 스프링 힘이 다이어프램을 받치고 있는 힘보다 커서 다이어프램에 연결된 메인밸브를 열리게 하여 가스의 유량이 증가하게 되며 2차 압력을 설정압력으로 유지되도록 작동한다.

② 2차측 압력이 설정압력보다 높을 경우
2차측의 사용량이 감소하여 2차측 압력이 설정압력 이상으로 상승할 경우 다이어프램을 들어 올리는 힘이 증가하여 스프링의 힘에 이기고 다이어프램에 직결된 메인 밸브를 위쪽으로 움직여 가스의 유량을 제한하므로 2차압력을 설정압력이 유지되도록 작동한다.

(4) 피셔(fisher)식 정압기의 2차압 이상 상승 원인

① 메인밸브에 먼지류가 끼어들어 cut-off 불량
② 메인밸브의 밸브 폐쇄부
③ 파일럿 공급밸브(pilot supply valve)의 누설
④ 센터 스템(center stem)과 메인밸브의 접속 불량
⑤ 바이패스 밸브류의 누설
⑥ 가스 중 수분의 동결

(5) 피셔(fisher)식 정압기의 2차압 이상 저하 원인

① 정압기의 능력부족
② 필터의 먼지류의 막힘
③ 파일럿의 오리피스의 녹 막힘
④ 센터 스템(center stem)의 작동불량
⑤ 스트로크의 조정 불량
⑥ 주 다이어프램의 파손

29 가스홀더(gas holder)

가스홀더란 도시가스 제조 공장에서 정제된 가스를 저장하여 가스를 품질을 균일하게 유지하며 제조량과 수요량을 조절하는 저장탱크로써 종류에는 유수식, 무수식, 고압식의 3가지가 있다.

※ 가스홀더의 기능

① 가스 수요의 시간적 변동에 대하여 일정한 제조 가스량을 안정하게 공급하고 남는 가스를 저장한다.
② 정전, 배관공사, 제조 및 공급설비의 일시적 지장에 대하여 어느 정도 공급을 확보한다.
③ 각 지역에 가스홀더를 설치하여 피크 시에 각 지구의 공급을 가스홀더에 의해 공급함과 동시에 배관의 수송효율을 올린다.
④ 조성이 변동하는 제조가스를 저장 혼합하여 공급 가스의 열량, 성분, 연소성 등을 균일화한다.

30 고압가스 제조시설 피해저감설비기준

① 가연성가스, 독성가스 또는 산소의 액화가스 저장탱크 주위에는 액상(液狀)의 가스가 누출된 경우에 그 유출을 방지하기 위한 조치를 할 것

② 압축기와 그 충전장소 사이, 압축기와 그 가스충전용기 보관장소 사이, 충전장소와 그 가스충전용기 보관장소 사이 및 충전장소와 그 충전용 주관밸브 조작밸브 사이에는 가스폭발에 따른 충격에 견딜 수 있는 방호벽을 설치하고, 그 한 쪽에서 발생하는 위해요소가 다른 쪽으로 전이되는 것을 방지하기 위하여 필요한 조치를 할 것
③ 독성가스 제조시설에는 그 시설로부터 독성가스가 누출될 경우 그 독성가스로 인한 피해를 방지하기 위하여 필요한 조치를 할 것
④ 고압가스 제조시설에는 그 시설에서 이상사태가 발생하는 경우 확대를 방지하기 위하여 긴급이송설비, 벤트스택, 플레어스택 등 필요한 설비를 설치할 것
⑤ 가연성가스·독성가스 또는 산소 제조설비는 그 제조설비의 재해발생을 방지하기 위하여 제조설비가 위험한 상태가 되었을 경우에 응급조치를 하기에 충분한 양 및 압력의 질소와 그 밖에 불활성가스 또는 스팀을 보유할 수 있는 설비를 갖출 것. 다만, 응급조치를 하기에 충분한 양 및 압력의 질소와 그 밖에 불활성가스 또는 스팀을 확실히 공급받기 위한 다른 조치를 한 경우에는 그러하지 아니하다.
⑥ 저장탱크 또는 배관에는 그 저장탱크 또는 배관을 보호하기 위하여 온도상승방지조치 등 필요한 조치를 할 것

31 플레어스택의 폭발 방지 시설

① Vapor Seal의 설치
② Purge Gas(N_2, off as 등)의 지속적인 주입
③ Molecular Seal의 설치
④ Liquid Seal의 설치
⑤ Flame Arrestor(화염방지기)의 설치

32 가스 하이드레이트(Gas Hydrate)

① 최근 차세대 대체연료로 주목받고 있으며, 메탄을 주성분으로 하는 천연가스가 얼음처럼 고체화된 것으로 극지방과 심해저 등에서 저온, 고압 하에서 수소결합을 하는 고체의 격자 속에 가스가 조립된 결합체로 존재하는 얼음과 같은 고체상태의 가스연료
② 가스하이드레이트는 메탄을 주성분으로 하는 천연가스가 얼음처럼 고체화된 것으로 수심 300m 이상의 심해저에서 주로 발견되며 '불붙는 얼음', 메탄 하이드레이트로 불리기도 한다. 석탄이나 석유에 비해 연소할 때 발생하는 이산화탄소가 적어 훌륭한 청정에너지원일 뿐만 아니라 석유자원이 묻혀 있는 여부를 알려주는 '지시자원'이기도 하다.

③ 울릉도-독도 근해의 수심 1500m되는 곳에 액화천연가스(LNG)로 환산하면 6~20억 톤 가량의 가스하이드레이트가 매장되어 있는 것으로 추정되며 이는 30~100년 동안 쓸 수 있는 양으로 252조원의 수입대체 효과를 얻을 수 있을 것으로 평가되고 있다.

33 연료전지

(1) 가스용 제조설비

연료전지를 제조하려는 자는 이 제조기준에 따라 연료전지를 제조하기 위하여 다음 기준에 맞는 제조설비를 갖춘다. 다만, 허가관청이 부품의 품질향상을 위하여 필요하다고 인정하는 경우에는 그 부품을 제조하는 전문생산업체의 설비를 이용하거나 그가 제조한 부품을 사용할 수 있다.

① 단위셀 및 스택 제작설비
② 연료개질기 제작설비
③ 그밖에 제조에 필요한 가공설비

(2) 연료전지의 제조 및 검사에 대한 규정

① 연료전지를 구성하는 셀, 스택, 연료개질장치, 전력변환장치, 제어장치 등 핵심부품과 주변기기 등에 대한 제조기술기준과 생산품에 대한 검사기준이 명시됐다.
② 연료전지 제조 및 검사에 해당하는 대상은 가스소비량 20만kcal 이하의 연료전지 시스템이며 검사시설에는 가스소비량측정설비, 연소성시험설비, 기밀시험설비, 전기출력측정설비, 전류·전압측정기 등으로 구성된다.

34 급배기방식에 따른 연소기구 분류

(1) 개방형

실내로부터 연소용 공기를 취해서 연소하고, 폐가스를 실내로 배기하는 연소기구로서 비교적 입열량이 적은 소형 가스난로(입열량 : 6000kcal/h), 소형순간온수기(입열량 6000kcal/h), 주방용기구(입열량 10000kcal/h) 등이 해당된다.

(2) 반밀폐형

연소용 공기를 실내로부터 공급받아 연소하고 폐가스는 배기통을 통하여 실외로 배출하는 연소기구로서 난방용 가스보일러, 목욕탕용 순간온수기, 대형 온수기 및 입열량 10000kcal/hr를 초과하는 순간온수기, 입열량 6000kcal/hr를 초과하는 난로 등이 해당된다.

(3) 밀폐형

실내공기와 완전히 격리된 연소실 내에서 2중 구조로 된 급배기통 중 급기통에 의해 연소용 공기를 실외에서 취해서 연소하고, 폐가스는 2중 구조로 된 급배기통 중 배기통에 의해 실외로 배출하는 연소기구로 대형온수기, 대형보일러 등이 해당된다.

35 가스보일러

(1) 급·배기방식에 따른 가스보일러의 분류

<table>
<tr><th colspan="2">구 분</th><th>내 용</th></tr>
<tr><td colspan="2">개방식</td><td>연소용 공기를 실내에서 취하고, 연소 배기가스는 옥내로 배출하는 방식</td></tr>
<tr><td rowspan="2">반밀폐식</td><td>자연배기식
(CF)</td><td>연소용 공기를 실내에서 취하고, 연소 배기가스를 배기통을 사용해서 자연 통풍력에 의해서 실외로 배출하는 방식</td></tr>
<tr><td>강제배기식
(FE)</td><td>연소용 공기를 실내에서 취하고, 연소 배기가스를 배기팬을 사용해서 강제적으로 실외로 배출하는 방식</td></tr>
<tr><td rowspan="4">밀폐식</td><td rowspan="3">자연급·배기식
(BF)</td><td>급배기통을 외기에 접하는 벽을 관통하여 실외로 내보내고 자연 통풍력에 의해서 복도에 급배기를 시키는 방식(약호 : BF-W)</td></tr>
<tr><td>급배기통을 전용 급배기통(chamber) 내에 접속하고, 자연 통풍력에 의해서 복도에 급배기를 시키는 방식(약호 : BF-C)</td></tr>
<tr><td>급배기통을 공용 급배기통(U 덕트 또는 SE덕트) 내에 접속하고, 자연 통풍력에 의해서 급배기를 시키는 방식(약호 BF-D)</td></tr>
<tr><td>강제급·배기식
(FF)</td><td>급배기통을 외기에 접하는 벽을 관통하여 실외로 내보내고, 팬의 의해서 강제적으로 급배기를 시키는 방식</td></tr>
</table>

(2) 급·배기방식별 가스보일러가 갖추어야 할 조건

<table>
<tr><th colspan="2">구분</th><th>내용</th></tr>
<tr><td rowspan="2">반밀폐식</td><td>자연배기식
(CF)</td><td>① 역풍방지장치를 갖추어야 함.
② 역풍방지 도피구는 통상의 사용 상태에서 역풍방지 도피구로부터 배기가스 유출이 없어야 함.</td></tr>
<tr><td>강제배기식
(FE)</td><td>① 역풍방지장치가 없는 것은 과대풍압안전장치를 갖추어야 함
② 역풍방지장치가 있는 것은 배기가스가 역풍방지 도피구에서 유출하는 경우 가스 통로를 차단하는 안전장치를 갖추어야 함</td></tr>
<tr><td rowspan="2">밀폐식</td><td>자연급·배기식
(BF)</td><td rowspan="2">① 과대풍압안전장치를 갖추어야 함(2중 급·배기통을 부착시키는 것은 제외)
② 급 배기구는 기밀한 구조이어야 함
③ 외벽식은 급 배기구에 지름 16mm의 둥근 공 모양의 물체가 들어가지 않는 구조이어야 함</td></tr>
<tr><td>강제급·배기식
(FF)</td></tr>
</table>

(3) 반밀폐식 보일러의 급·배기설비 설치기준(단독 배기통 방식)

① 배기통의 유효단면적은 보일러 또는 배기팬의 배기통 접속부 유효단멱적이상일 것
② 배기통은 기울기를 주어 응축수가 외부로 배출될 수 있도록 설치할 것. 다만, 콘덴싱보일러의 경우에는 응축수가 내부로 유입될 수 있도록 설치할 수 있다.
③ 배기통톱에는 새·쥐 등이 들어가지 않도록 직경 16mm 이상의 물체가 들어가지 아니하는 방조망을 설치할 것
④ 배기통톱의 전방·측변·상하주위 60cm(방열판이 설치된 것은 30cm) 이내에 가연물이 없을 것
⑤ 배기통톱 개구부로부터 60cm 이내에 배기가스가 실내로 유입할 우려가 있는 개구부가 없을 것
⑥ 급기구 및 상부환기구의 유효단면적은 배기통의 단면적이상으로 할 것
⑦ 상부환기구는 될 수 있는 한 높게 설치하며, 최소한 보일러 역풍방지장치보다 높게 설치할 것
⑧ 상부환기구 및 급기구는 외기와 통기성이 좋은 장소에 개구되어 있을 것
⑨ 급기구 또는 상부환기구는 유입된 공기가 직접 보일러 연소실에 흡입되어 불이 꺼지지 아니하는 구조일 것

(4) 배기통 및 배기톱의 설치 등

① 배기통의 굴곡수는 4개 이하로 한다.
② 배기통 입상높이는 원칙적으로 10m 이하로 한다, 다만 부득이하여 입상높이가 10m를 초과하는 경우에는 보온조치를 한다.
③ 배기통의 가로 길이는 5m 이하로서 될 수 있는 한 짧고 물고임 등이나 배기통 앞 끝의 기울기가 없도록 한다.
④ 배기톱의 옥상 돌출부는 지붕면으로부터 수직거리로 90cm 이상으로 하고 배기톱 상단부로부터 수평거리 1m 이내에 건축물이 있는 경우에는 타건물의 처마로부터 90cm 이상 높게 설치한다.
⑤ 배기톱의 모양은 모든 방향의 바람에 관계없이 배기가스를 잘 배출시키는 구조로 다익형, H형, 경사H형, P형 등으로 한다.

(5) 온수보일러의 팽창탱크

① 팽창 탱크는 압력 변화를 흡수하여 난방수의 압력을 일정하게 해주는 역할을 한다.
② 운전 중 장치내의 온도상승에 의한 팽창 압력을 흡수하고, 온수온도를 유지한다.
③ 팽창한 물의 배출을 방지하여 장치의 열 손실을 방지한다.
④ 장치를 가동 하지 않을 경우에도 일정 압력을 유지 하여 물의 누출 등에 의한 장애와 공기의 침입을 방지한다.

36 폭발방지장치의 설치기준

운반책임자 동승을 제외하고자 하는 액화석유가스용 차량에 고정된 탱크에는 그 탱크의 외벽이 화염으로 인하여 국부적으로 가열될 경우 그 저장탱크 벽면의 열을 신속히 흡수·분산시킴으로서 탱크벽면의 국부적인 온도상승으로 인한 탱크의 파열을 방지하기 위하여 탱크 내 벽에 다공성 벌집형 알루미늄합금박판(폭발방지제)을 설치하며 이 경우 폭발방지제와 그 지지구조물은 다음 기준을 따른다.

① 폭발방지제는 알루미늄합금박판에 일정 간격으로 슬릿(Slit)을 내고 이것을 팽창시켜 다공성 벌집형으로 한다.

② 폭발방지제의 지지구조물의 재질은 다음 기준에 적합한 것으로 한다.

㉠ 후프링의 재질은 기존탱크의 재질과 같은 것 또는 이와 동등 이상의 것으로서 액화석유가스에 대하여 내식성을 가지며 열적 성질이 탱크동체의 재질과 유사한 것으로 한다.

㉡ 지지봉은 KS D 3507(배관용탄소강관)에 적합한 것(최저 인장강도 $294N/mm^2$)으로 한다.

㉢ 그 밖의 지지구조물 부품의 재질은 안전확보상 충분히 기계적강도 및 액화석유가스에 대한 내식성을 가지는 것으로 한다.

37 흡광 광도법(메틸렌 블루법)

시료 중에 황화수소를 아연아민착염 용액에 흡수시켜 p−아미노디메킬아닐린 용액과 염화제이철 용액을 가하여 생성하는 메틸렌블루의 흡광도를 측정하여 황화수소를 정량한다. 이 방법은 시료 중의 황화수소가 5~1000ppm 함유되어 있는 경우의 분석에 적합하며 선택성이 좋고 예민하다. 또 황화수소의 농도가 1000ppm 이상인 것에 대하여는 분석용 시료용액을 흡수용액으로 적당히 희석하여 분석에 사용할 수 있다.

38 냉동장치

(1) 고압가스 냉동장치의 안전장치

① 파열판　② 안전밸브
③ 고압차단장치　④ 용전 및 압력 릴리프장치

(2) 냉동기 냉매가스에 따른 제한 금속재료

① 염화메탄 : 알루미늄합금
② 프레온 : 2% 이상 마그네슘을 함유한 알루미늄합금
③ 암모니아 : 동 및 동합금

(3) 냉매가스가 체류하지 않는 구조

가연성 가스 또는 독성 가스를 냉매로 사용하는 냉매설비의 압축기, 유분리기, 응축기 및 수액기와 이들 사이의 배관을 설치한 곳에서 누출된 냉매가스가 체류하지 않는 구조는 다음 각호 중 1의 기준에 적합한 것일 것

① 당해 설비를 설치한 방에는 냉동능력 1ton당 $0.05m^2$ 이상의 면적을 갖는 통풍구(창 또는 문을 포함한다)를 직접 외기에 닿도록 설치할 것

② 당해 냉동설비의 냉동능력에 대응하는 통풍구의 면적을 갖추지 못하는 때에는 그 부족한 통풍구 면적에 대해 냉동능력 1ton당 $2m^3$/분 이상의 환기능력을 갖는 기계통풍장치를 설치할 것. 이 경우 기계통풍장치는 당해 설비를 설치한 방의 내부 및 외부의 어느쪽에서도 시동 및 정지가 가능하도록 한 것일 것

39 카르노 사이클(Carnot cycle)

두개의 단열 변화와 두개의 등온 변화를 조합해서 얻어지는 이상적인 열기관 사이클로서 가역 사이클이며, 그 역 사이클은 이상적인 냉동 사이클이 된다.

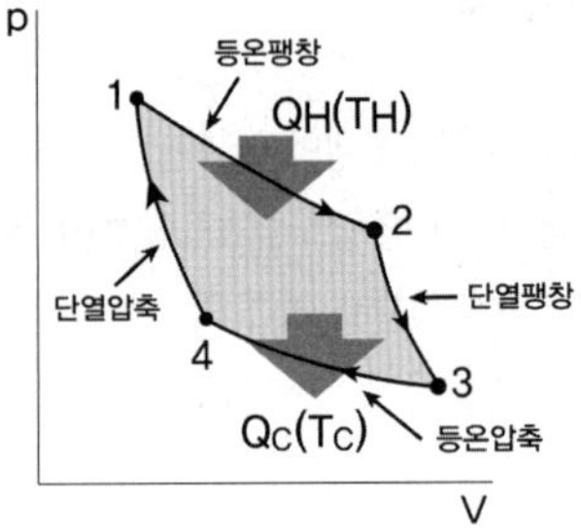

① 1 → 2 : 등온팽창과정(흡열과정)

② 2 → 3 : 단열팽창과정

③ 3 → 4 : 등온압축과정(방열과정)

④ 4 → 1 : 단열압축과정

40 캐스케이드 공기액화사이클

① 여러 대의 압축기를 이용하여 각 단에서 점차 비점이 낮은 냉매를 사용하여 공기를 액화시킨다.

② 암모니아, 메탄, 에틸렌을 냉매로 사용한다.

41 아트킨슨 사이클(Atokinson cycle)

정적과정 1개, 정압과정 1개, 단열과정 2개로 이루어진 가스 터빈(외연기관)의 이상 사이클이다.

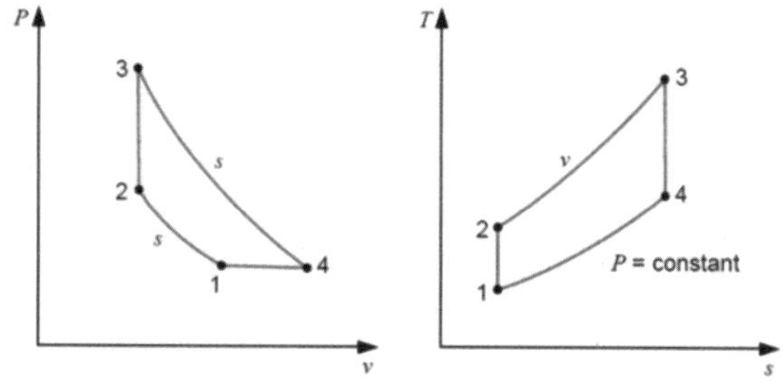

42 스털링 사이클(Stirling Cycle)

① 외연기관으로써 밀폐된 실린더 내에 열을 팽창시키고, 냉각에 의해 압축을 하는 기관으로 가솔린 엔진보다 열효율이 높고 소음, 진동이 적다.
② 수소나 헬륨을 작동유체로 사용하며, 역사이클은 저온용 가스냉동기의 기본 사이클에 해당한다.
③ 목재, 화석 연료, 천연가스, 폐가스 등을 열원으로 사용한다.

43 역브레이턴 사이클

① 브레이턴 사이클의 역순서로 작동하는 사이클로써 동작유체가 공기이다
② 작동과정 : 단열팽창과정 → 정압흡열과정 → 단열압축과정 → 정압방열과정

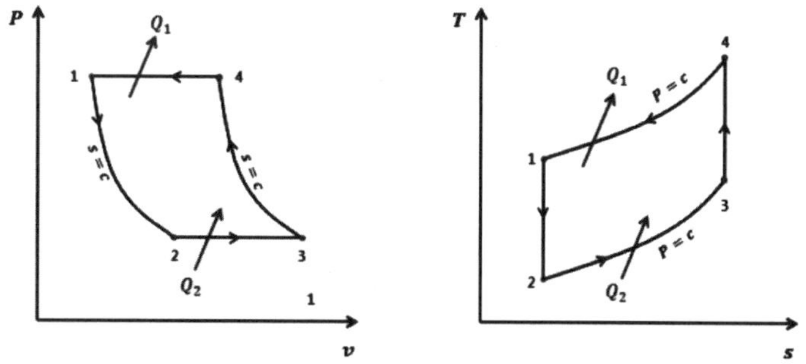

[역브레이턴 사이클 P–v, T–s 선도]

44 소형저장탱크의 설치

소형저장탱크의 보호와 탱크를 사용하는 시설의 안전을 위하여 같은 장소에 설치하는 소형저장탱크의 수는 6기 이하로 하고, 충전 질량의 합계는 5000kg 미만이 되도록 하는 등 위해의 우려가 없도록 적절하게 설치해야 한다.

45 역류방지밸브 설치장소

고압가스 일반제조시설의 역류방지밸브 설치장소

① 가연성 가스를 압축하는 압축기와 충전용 주관과의 사이
② 아세틸렌을 압축하는 압축기의 유분리기와 고압건조기와의 사이
③ 암모니아 또는 메탄올 합성탑 및 정제탑과 압축기와의 사이에 배관

46 역화방지기의 일반구조

① 역화방지기의 구조는 소염소자, 역류방지장치 및 방출장치 등을 구비한 것으로 한다. 다액화석유가스용 및 도시가스용의 것은 방출장치를 생략할 수 있다.
② 역화방지기는 그 다듬질 면이 매끈하고 사용상 지장이 있는 부식, 흠, 균열 등이 없어야 한다.

47 저장탱크의 긴급차단장치

(1) 긴급차단장치 또는 역류방지밸브의 부착위치는 다음 각호의 기준에 의한다.
① 저장탱크 주밸브(main valve)외측으로 가능한 한 저장탱크에 가까운 위치 또는 저장탱크의 내부에 설치하되 저장탱크의 주밸브(main valve)와 겸용하여서는 안 된다.
② 저장탱크의 침해 또는 부상, 배관의 열팽창·지진 그 밖의 외력의 영향을 고려할 것

(2) 긴급차단장치의 차단조작기구는 다음 각호에 적합한 것일 것.
① 차단밸브의 구조에 따라 액압, 기압, 전기(어느 것이나 정전 시에 비상전력 등으로 사용 가능하게 한 것)또는 스프링 등을 동력원으로 할 것
② 긴급차단장치를 조작할 수 있는 위치는 당해 저장탱크로부터 5m 이상 떨어진 곳(방류둑 등을 설치한 경우에는 그 외측)이고 액화가스의 대량 유출 시에 대비하여 안전한 장소일 것. 또한 상기 위치 이외의 주변 상황에 따라서 당해 차단조작을 신속히 할 수 있는 위치로 할 것

③ 차단조작은 간단히 할 수 있고 확실하고 신속히 차단되는 구조일 것

(3) 이미 설치되어 있는 긴급차단장치는 매년 1회 이상 밸브씨이트의 누출 및 작동검사를 실시하여 그 누출량이 안전상 지장이 없는가를 확인하고 개폐조작기능 등이 원활하고 확실하게 되는가를 확인할 것

(4) 긴급차단장치 차단조작기구 및 기능

제조자 또는 수리자가 긴급차단장치를 제조 또는 수리하였을 경우 긴급차단장치는 KS B 2304(밸브검사 통칙)에서 정하는 기준에 따라 수압시험 방법으로 밸브시트의 누출검사를 하여 누출되지 아니하는 것으로 한다. 다만, 수압 대신에 공기 또는 질소 등의 기압을 사용하여 누출검사를 하는 경우에는 차압 0.5~0.6MPa에서 분당 누출량이 $500\text{mL} \times \dfrac{\text{호칭지름(mm)}}{25\text{(mm)}}$(330mL를 초과하는 경우에는 330mL)를 초과하지 아니하는 것으로 한다.

○ 분당 누출량 $= 500\text{mL} \times \dfrac{\text{호칭지름(mm)}}{25\text{(mm)}}$

○ 분당 누출량 $= 500\text{mL} \times \dfrac{50\text{(mm)}}{25\text{(mm)}} = 100\text{(mL)}$

(5) 지역구분별 긴급차단장치 간 거리의 밀도지수

배관의 임의의 지점에서 길이 방향으로 1.6km, 배관 중심으로부터 좌우로 각각 폭 0.2km의 범위에 있는 가옥 수(아파트 등 복합건축물의 가옥 숫자는 건축물 안의 독립된 가구 수로 한다)를 말한다.

48 비상전력설비

가스발생설비 또는 가스정제설비를 자동으로 제어하는 장치(정전 등의 긴급시에 신속히 안전한 방향으로 전환되는 것을 제외한다)·비상용 조명설비 등에는 정전 등에 의하여 그 설비의 기능이 상실되지 아니하도록 다음 비상전력설비를 보유하는 등의 조치를 한다.

※ 비상전력설비의 종류

① 타처 공급전력　② 자가발전　③ 축전지 장치
④ 엔진 구동발전　⑤ 스팀터빈 구동발전

(1) "비상전력등" 이란 정전 등의 경우에 제조설비를 안전하게 유지하고 안전하게 정지시키기 위해 필요한 최소용량을 갖춘 전력 및 공기 또는 이와 동등 이상인 것을 말한다.

(2) 비상전력은 정전 등으로 인하여 그 제조설비의 기능이 상실되지 아니하도록 지체 없이 전환될 수 있는 방식으로 하고, 안전에 필요한 설비는 표에서 게기한 것 또는 이들과 동등 이상으로 인정되는 것 중 같은 종류를 포함하여 두 가지 이상(평상시에 사용되는 전력을 포함한다)을 보유하도록 조치한다.

(3) 기화장치의 조작용 전원이 정지할 때에도 가스공급을 계속 유지할 수 있도록 자가발전기를 설치하거나 그 밖의 필요한 조치를 한다

49 액화석유가스의 냄새측정

(1) 측정방법

액화석유가스의「공기 중의 혼합비율이 용량으로 1000분의 1의 상태에서 감지할 수 있는 냄새」는 다음 방법 중 어느 한 가지 측정방법 또는 이들과 동등 이상의 정확도를 가진 측정 방법으로 측정하여 액화석유가스가 혼합되어 있음을 감지할 수 있는 냄새로 한다.

① 오더(odor) 미터법(냄새측정기법)
② 주사기법
③ 냄새주머니법
④ 무취실법

(2) 용어의 정의

① **판넬(Panel)** : 미리 선정한 정상적인 후각을 가진 사람으로서 냄새를 판정하는 자
② **시험자** : 냄새 농도측정에 있어서 희석조작을 하여 냄새 농도를 측정하는 자
③ **시험가스** : 냄새를 측정할 수 있도록 액화석유가스를 기화시킨 가스
④ **시료기체** : 시험가스를 청정한 공기로 희석한 판정용 기체
⑤ **희석배수** : 시료기체의 양을 시험가스의 양으로 나눈 값

50 가스누출검지경보장치 경보기 기능

가스누출검지경보장치(이하 "검지경보장치"라 한다)는 가연성 가스 또는 독성 가스의 누출을 검지하여 그 농도를 지시함과 동시에 경보를 울리는 것으로서 그 기능은 가스의 종류에 따라 적절하여야 하며, 다음 각호의 성능을 갖는 것일 것

① 검지경보장치는 접촉연소방식, 격막갈바니전지방식, 반도체방식, 그밖의 방식에 의하여 검지엘리먼트의 변화를 전기적 신호에 의해 이미 설정하여 놓은 가스농도(이하 "경보농도"라 한다)에서 자동적으로 경보하는 것일 것. 이 경우 가연성 가스 경보기는 담배연기 등에, 독성 가스용 경보기는 담배연기, 기계세척유가스, 등유의 증발가스, 배기가스 및 탄화수소계 가스등 잡가스에는 경보하지 아니할 것

② 경보농도는 검지경보장치의 설치장소, 주위의 분위기 온도에 따라 가연성 가스는 폭발한계의 1/4 이하, 독성 가스는 TLA-TWA 기준농도 이하로 할 것(다만, 암모니아를 실내에서 사용하는 경우에는 50ppm으로 할 수 있다)
③ 경보기의 정밀도는 경보농도 설정치에 대하여 가연성 가스용에 있어서는 ±25% 이하, 독성 가스용에 있어서는 ±30% 이하로 할 것
④ 검지경보장치의 검지에서 발신까지 걸리는 시간은 경보농도의 1.6배 농도에서 보통 30초 이내일 것. 다만, 검지경보장치의 구조상 또는 이론상 30초가 넘게 걸리는 가스(암모니아, 일산화탄소 또는 이와 유사한 가스)에 있어서는 1분 이내로 한다.
⑤ 전원의 전압등 변동이 ±10% 정도일 때에도 경보정밀도가 저하되지 않을 것
⑥ 지시계의 눈금은 가연성 가스용은 0~폭발하한계값, 독성가스는 0~허용농도의 3배값(암모니아를 실내에서 사용하는 경우에는 150ppm)을 각각의 눈금의 범위에 명확하게 지시하는 것일 것
⑦ 경보를 발신한 후에는 원칙적으로 분위기 중 가스농도가 변화하여도 계속 경보를 울리고, 그 확인 또는 대책을 강구함에 따라 경보정지가 되어야 할 것

51 가스누출검지경보장치 설치장소 및 설치개수

제조설비(냉동제조시설 및 배관을 제외한다. 이하 "제1항"에 있어서 같다)에 있어서 검지경보장치의 검출부 설치장소 및 개수는 다음 각 호에 의할 것

가) 건축물 내에 설치되어 있는 압축기, 펌프, 반응설비, 저장탱크 등 가스가 누출하기 쉬운 고압가스설비 등이 설치되어 있는 장소의 주위에는 누출한 가스가 체류하기 쉬운 곳에 이들 설비군의 바닥면 둘레 10m에 대하여 1개 이상의 비율로 계산한 수
나) 건축물밖에 설치되어 있는 제1호에 기재한 고압가스설비가 다른 고압가스설비, 벽이나 그 밖의 구조물에 인접하거나 피트 등의 내부에 설치되어 있는 경우, 누출한 가스가 체류할 우려가 있는 경우, 누출한 가스가 체류할 우려가 있는 장소에 그 설비군의 바닥면 둘레 20m마다 1개 이상의 비율로 계산한 수, 다만, 제7호에 기재한 것은 제외한다.
다) 특수 반응설비로 그 주위에 누출한 가스가 체류하기 쉬운 장소에는 그 바닥면 둘레 10m마다 1개 이상의 비율로 계산한 수
라) 가열로 등 발화원이 있는 제조설비의 주위에 가스가 체류하기 쉬운 장소에는 그 바닥면 둘레 20m마다 1개 이상의 비율로 계산한 수
마) 계기실 내부에 1개 이상
바) 독성가스의 충전용 접속구 군의 주위에 1개 이상
사) 방류둑(2기 이상의 저장탱크를 집합방류둑 내에 설치한 경우에는 저장탱크 칸막이를 설치한 경우에 한한다) 내에 설치된 저장탱크의 경우에는 당해 저장탱크마다 1개 이상

52 배관의 운전상태 감시장치

배관장치에는 다음에 따라 이상상태가 발생한 경우에 그 상황을 경보하는 장치(경보장치)를 설치하여야 한다.

① 경보장치의 경보 수신부는 당해 경보장치가 경보를 울리는 때에 지체없이 필요한 조치를 할 수 있는 장소에 설치하여야 한다.

② 경보장치는 다음의 경우에 울리는 것이어야 한다.

㉠ 배관 내의 압력이 상용압력의 1.05배(상용압력이 4MPa 이상인 경우에는 상용압력에 0.2MPa를 더한 압력)를 초과한 때

㉡ 배관 내의 압력이 정상운전시의 압력보다 15% 이상 강하한 경우 이를 검지한 때

㉢ 배관 내의 유량이 정상운전시의 유량보다 7% 이상 변동할 경우 이를 검지할 것 (고압가스제조시설에 한한다)

㉣ 긴급차단밸브의 조작회로가 고장난 때 또는 긴급차단밸브가 폐쇄된 때

53 누출된 가연성가스의 유동방지시설 기준(내화성벽 등)

가스설비 등에서 누출된 가연성가스가 화기를 취급하는 장소로 유동하는 것을 방지하기 위한 시설은 높이 2m이상의 내화성 벽으로 하여야 하며, 가스설비등과 화기를 취급하는 장소와의 사이는 우회수평거리로 8m, 액화석유가스판매점의 경우에는 2m이상이어야 한다.

54 가스누출경보장치의 종류 및 대상 가스

종류	가스구분	주요 대상 가스	용도
접촉 연소식	가연성가스	가연성가스 전반	고정식, 휴대용
반도체식	가연성가스, 독성가스	CmHn, 도시가스, Cl_2, NH_3, 프레온 등	고정식
고체열전도식	가연성가스, 독성가스	CmHn, 도시가스, Cl_2, NH_3, 프레온 등	휴대용
정전위전해식	독성가스	질소산화물, CO, HCl, SO_2	고정식, 휴대용
전량식	독성가스	H_2S, Cl_2	고정식
격막전극식	독성가스	NH_3, H_2S, HCN, SO_2 등	고정식
갈바니전지식	산소	O_2	고정식, 휴대용
적외선흡수식	가연성가스	CmHn가 주성분인 가스	고정식

55 가스검지기

(1) 가스검지기의 경보방식

① **즉시 경보형** : 가스 농도가 설정치에 도달하면 즉시 경보를 울리는 형식
② **경보 지연형** : 가스 농도가 설정치에 도달한 후 그 농도 이상으로 계속해서 20~60초 정도 지속되는 경우에 경보를 울리는 형식
③ **반시한 경보형** : 가스 농도가 설정치에 도달한 후 그 농도 이상으로 계속해서 지속되는 경우에 가스 농도가 높을수록 경보지연 시간을 짧게 한 형식

(2) 가스 검지기의 원리 및 검지대상 가스

검출 방식	원리	검지 대상 가스
반도체 방식	가열한 금속산화물에 가스 접촉에 의한 저항값의 증감	LPG, LNG, CO, 알코올, NH_3, H_2S
접촉연소 방식	**가연성 가스가 촉매에 의해 연소하고 온도가 상승하면 백금선의 저항값이 증가**	H_2, NH_3, LPG, 아세틸렌
전기화학 방식	화학용제와 가스의 반응에 따라 생기는 전류·전도율의 변화	O_2, NH_3, H_2S, PH_3
광간섭 방식	공기와의 굴절율 차이에 의해 생기는 간섭줄 무늬를 이용	각종 가스
열전도율 방식	열전도율의 차를 방열에 의한 발열소지의 온도저하로 측정	각종 가스
적외선 흡수 산란방식	적외선조사에 의한 가스분자의 공진에 의한 흡수 또는 산란량	대부분의 이핵분자로 구성된 가스

(3) 레이저메탄가스디텍터 등 가스누출 정밀 감시장비

"레이저메탄가스디텍터 등 가스누출 정밀 감시장비"라 함은 최대 150m의 거리에서 300ppm·m의 메탄가스를 0.2초 이내에 검출해 낼 수 있으며, 진단 기간 동안 가스 누출여부를 자동으로 상시 감시할 수 있는 장비를 말한다.

56 가스누출 시험지 및 변색상태

시험지	반응가스	변색
리트머스시험지	산성,	적색
	염기성(암모니아 등)	청색
KI전분지	할로겐 가스(Cl_2 등)	청색

시험지	반응가스	변색
염화파라듐지	CO(일산화탄소)	흑색
염화제1동착염지	C_2H_2(아세틸렌)	적갈색
연당지(초산납 시험지)	H_2S(황화수소)	흑색
초산벤젠지	HCN(시안화수소)	청색
하리슨 시약지	포스겐($COCl_2$)	심등색

57 독성 가스의 제독제

독성 가스	제독제
염소	가성소다수용액, 탄산소다수용액, 소석회
포스겐	가성소다수용액, 소석회
황화수소	가성소다수용액, 탄산소다수용액
암모니아, 산화에틸렌, 염화메탄	물
시안화수소	가성소다수용액
아황산가스	가성소다수용액, 탄산소다수용액, 물

58 독성가스

(1) 독성 가스의 정의

"독성가스"란 아크릴로니트릴·아크릴알데히드·아황산가스·암모니아·일산화탄소·이황화탄소·불소·염소·브롬화메탄·염화메탄·염화프렌·산화에틸렌·시안화수소·황화수소·모노메틸아민·디메틸아민·트리메틸아민·벤젠·포스겐·요오드화수소·브롬화수소·염화수소·불화수소·겨자가스·알진·모노실란·디실란·디보레인·세렌화수소·포스핀·모노게르만 및 그 밖에 공기 중에 일정량 이상 존재하는 경우 인체에 유해한 독성을 가진 가스로서 허용농도(해당 가스를 성숙한 흰쥐 집단에게 대기 중에서 1시간 동안 계속하여 노출시킨 경우 14일 이내에 그 흰쥐의 2분의 1 이상이 죽게 되는 가스의 농도를 말한다. 이하 같다)가 100만분의 5000 이하인 것을 말한다.

(2) 독성가스 허용농도의 종류

① TLV-TWA(Threshold Limit Value-Time Weighted Average)
시간가중치로서 거의 모든 노동자가 1일 8시간 또는 주40시간의 평상작업에 있어서 악 영향을 받지 않는다고 생각되는 농도로서 시간에 중점을 둔 유해물질의 평균농도이다.

② TLV-STEL(Threshold Limit Value-Short Time Exposure Limit)
단시간에 있어서의 노출한계치로서 노동자가 15분간 연속하여 노출되어도 자극, 만성적인 조직 변화, 작업능률의 실질적인 저하 등을 초래하는 정도의 마취상태 등을 일으키지 않는 유해물질의 최고농도이다.

③ Ceiling Limit(최고허용농도)
순간적으로 넘어서는 안될 농도를 말한다.

④ ERPG(Emergency Response Planning Guideline)-1,2,3
비상대응계획수립지침(ERPG, Emergency Response Planning Guideline)"은 관심의 우선순위, 취급, 저장평가, 누출 시 확산지역의 파악 및 지역사회의 비상대응계획을 수립하는데 사용되는 지침을 말하며, 이 지침에서 사용되는 농도는 공기중의 농도에 따라 ERPG-1.ERPG-2 및 ERPG-3 등으로 구분하며 다음과 같이 정의한다.

- ERPG-1 : 거의 모든 사람이 1시간 동안 노출되어도 오염물질의 냄새를 인지하지 못하거나 건강상 영향이 나타나지 않는 공기중의 최대 농도
- ERPG-2 : 거의 모든 사람이 1시간 동안 노출되어도 보호조치 불능의 증상을 유발하거나 회복불가능 또는 심각한 건강상의 영향이 나타나지 않는 공기중의 최대 농도
- EPPG-3 : 거의 모든 사람이 1시간 동안 노출되어도 생명의 위험을 느끼지 않는 공기 중의 최대 농도

⑤ IDLH(Immediate Dangerous to Life And Health)
미국NIOSH(National Institute of Occupational Safety and Health)가 제안하고 있는 농도값으로 30분 이내에 구출되지 않으면 건강상태를 회복할 수 없는 직접 위험농도를 의미한다.

⑥ LD50(Lethal Dose Fifty)
LD50은 실험동물에 화학물질, 약품 등을 투여한 경우, 실험동물의 50%가 사망하는 약품 투여량(mg/kg실험동물)을 말한다.

⑦ LC50(Lethal Concentration Fifty)
LC50은 실험동물에 화학물질, 약품 등을 일정시간 흡입시킨 후 실험동물의 50%가 사망하는 약품농도(ppm, mg/m^3)을 말한다.

⑧ LClo(Lowest published lethal Concentration)최소치사농도
사람 또는 동물이 사망할 수 있다고 보고되어진 최소농도(ppm)이다.

⑨ TCLo(Lowest published Toxic Voncentration)
독성의 영향을 줄 수 있는 최소농도이다.

(3) 독성가스 2중관 배관

① 독성가스 중 2중관 대상가스
포스겐, 황화수소, 시안화수소, 아황산가스, 산화에틸렌, 암모니아, 염소, 염화메탄

② 이중관의 규격
2중관의 바깥층관 안지름은 안층관 바깥지름의 1.2배 이상으로 한다.

③ 내관과 외관 사이에는 가스누출검지 경보장치를 설치한다.

59 가연성 가스

고압가스 안전관리법 시행규칙에서 "가연성 가스"라 함은 아크릴로니트릴·아크릴알데히드·아세트알데히드·아세틸렌·암모니아·수소·황화수소·시안화수소·일산화탄소·이황화탄소·메탄·염화메탄·브롬화메탄·에탄·염화에탄·염화비닐·에틸렌·산화에틸렌·프로판·싸이크로프로판·프로필렌·산화프로필렌·부탄·부타디엔·부틸렌·메틸에테르·모노메틸아민·디메틸아민·트리메틸아민·에틸아민·벤젠·에틸벤젠 그밖에 공기 중에서 연소하는 가스로써 폭발한계(공기와 혼합된 경우 연소를 일으킬 수 있는 공기 중의 가스의 농도의 한계를 말한다. 이하 같다)의 하한이 10퍼센트 이하인 것과 폭발한계의 상한과 하한의 차가 20퍼센트 이상인 것을 말한다.

60 고압가스 운반 등의 기준

"가스운반전용차량의 적재함에는 리프트를 설치합니다. 다만, 다음에 해당하는 차량의 경우에는 적재함에 리프트를 설치하지 아니 할 수 있다.

① 가스를 공급받는 업소의 용기보관실 바닥이 운반차량 적재함 최저높이로 설치되어 있거나, 컨베이어벨트 등 상·하차설비가 설치된 업소에 가스를 공급하는 차량

② 적재능력 1톤(1.2톤) 이하의 차량"으로 규정되어 있습니다.

61 독성가스 운반 휴대 약재

응급조치에 필요한 약제는 다음 표에 게기한 것으로 하고 비를 맞지 않도록 조치를 한 상자에 넣어 휴대할 것

품명	운반하는 독성가스의양		비고
	액화가스량 1000kg 미만		
	미만인 경우	이상인 경우	
소석회	20kg 이상	40kg 이상	염소, 염화수소, 포스겐, 아황산가스 등 효과가 있는 액화가스에 적용 된다.

62 독성 가스를 운반하는 때에 휴대하는 보호구

보호구는 다음 표에 게기한 것으로 하고, 당해 차량의 승무원수에 상당한 수량을 휴대할 것(표중의 ○은 휴대하는 것을 나타낸다)

품명	규격	운반하는 독성가스의 양	
		압축가스용적 $100m^3$ 또는 액화 가스질량 1,000kg	
		미만인 경우	이상인 경우
방독 마스크	독성 가스의 종류에 적합한 격리식 방독 마스크(전면형, 고농도용의 것)	○	○
공기 호흡기	압축공기의 호흡기(전면형의 것)	-	○
보호의	비닐피복제 또는 고무피복제의 상의 등의 신속히 착용할 수 있는 것	○	○
보호장갑	고무제 또는 비닐피복제이 것(저온가스의 경우는 가죽제의 것)	○	○
보호장화	고무제의 장화	○	○

※ 보호의, 보호장갑, 보호장화는 압축가스의 독성 가스인 경우는 제외한다.

63 차량에 고정된 탱크 운반소화설비 기준

가스의 구분	소화기의 종류		비치개수
	소화약제의 종류	소화기의 능력단위	
가연성가스	분말소화제	BC용, B-10이상 또는 ABC용, B-12이상	차량좌우에 각각 1개 이상
산소	분말소화제	BC용, B-8이상 또는 ABC용, B-10이상	차량좌우에 각각 1개 이상

64 운반책임자 동승 기준

가스의 종류		기준
압축가스	가연성가스	$300m^3$ 이상
	조연성가스	$600m^3$ 이상
	독성가스(100만분의 200이하)	$10m^3$ 이상

가스의 종류		기준
압축가스	독성가스(100만분의 200초과)	$100m^3$ 이상
액화가스	**가연성가스**	**3천kg 이상**
	조연성가스	6000kg 이상
	독성가스(100만분의 200이하))	100kg 이상
	독성가스(100만분의 200초과)	1000kg 이상

65 LP가스 자동차 충전소의 충전기 보호대

(1) 재질 : 철근콘크리트 또는 강관제

(2) **보호대 규격**

① **높이** : 45cm 이상(차량의 범퍼 높이 이상)

② **두께**

- 철근콘크리트 구조 : 12cm 이상
- 강관제 : 80A 이상

③ **기초 깊이** : 보호대 설치높이의 약 1/2

66 LP가스 충전소 이입작업

이입(移入)작업을 할 경우에는 그 사업소의 안전관리자 책임하에 차량운전자가 다음 기준에 따라 작업을 한다.

(1) 차를 소정의 위치에 정차시키고 주차브레이크를 확실히 건 다음, 엔진을 끄고(엔진구동 방식의 것은 제외한다)메인스위치 그 밖의 전기장치를 완전히 차단하여 스파크가 발생하지 아니하도록 하고, 커플링을 분리하지 아니한 상태에서는 엔진을 사용할 수 없도록 적절한 조치를 강구한다.

(2) 차량이 앞뒤로 움직이지 아니하도록 차바퀴의 전후를 차바퀴 고정목 등으로 확실하게 고정시킨다.

(3) 정전기제거용의 접지코드를 기지(基地)의 접지탭에 접속한다.

(4) 부근에 화기가 없는가를 확인한다.

(5) '이입작업중(충전중) 화기엄금'의 표시판이 눈에 잘 띄는 곳에 세워져 있는가를 확인한다.

(6) 만일의 화재에 대비하여 소화기를 즉시 사용할 수 있도록 한다.

(7) 저온 및 초저온 가스의 경우에는 가죽장갑 등을 끼고 작업을 한다.

(8) 만일 가스누출을 발견한 경우에는 긴급차단장치를 작동시키는 등의 신속한 누출방지조치를 한다

(9) 이입(移入)작업이 끝난 후에는 차량 및 수입시설 쪽에 있는 각 밸브의 잠금, 호스의 분리, 각 밸브에 캡 부착 등을 끝내고, 접지코드를 제거한 후 각 부분의 가스누출을 점검하고, 밸브상자의 뚜껑을 닫은 후 차량 부근에 가스가 체류되어 있는지 여부를 점검하고 이상이 없음을 확인한 후 차량운전자에게 차량이동을 지시한다.

(10) 차량에 고정된 탱크의 운전자는 이입작업이 종료될 때까지 탱크로리차량의 긴급차단장치 부근에 위치하며, 가스누출 등 긴급사태 발생 시 안전관리자의 지시에 따라 신속하게 차량의 긴급차단장치를 작동하거나 차량이동 등의 조치를 취한다.

(11) 고압가스를 차량에 고정된 탱크에 충전한 사업소의 안전관리자는 가스가 충전된 탱크에 대하여 고압가스의 누출 여부 등 안전 여부를 반드시 확인한 후 그 결과를 기록·보존한다.

67 LP가스 충전소 이송작업

이송(移送)작업을 할 경우에는 그 사업소의 안전관리자가 직접 다음 기준에 따라 작업을 한다.

(1) 이입(移入)작업할 때의 기준 중 (1)부터 (8)까지와 (10)에 적합하게 한다.

(2) 이송전후에 밸브의 누출 유무를 점검하고 개폐는 서서히 행한다.

(3) 탱크의 설계압력 이상의 압력으로 가스를 충전하지 아니한다.

(4) 저울·액면계 또는 유량계를 사용하여 과충전에 주의한다.

(5) 가스 속에 수분이 혼입되지 아니하도록 하고, 슬립튜브식 액면계의 계량 시에는 액면계의 바로 위에 얼굴이나 몸을 내밀고 조작하지 아니한다.

(6) 액화석유가스충전소 내에서는 동시에 2대 이상의 차량에 고정된 탱크에서 저장설비로 이송작업을 하지 않는다.

(7) 충전장내에는 동시에 2대 이상의 차량에 고정된 탱크를 주정차 시키지 않는다. 다만, 충전가스가 없는 차량에 고정된 탱크의 경우에는 그러하지 아니하다.

68 로딩암

(1) LP가스 충전소에서 차량에 고정된 탱크의 LP가스를 충전소의 지하에 매설되어 있는 저장탱크로 이입할 수 있도록 저장탱크실 외부에 설치하는 장치로서 굵은 관은 액체가 흐르고 가는 관은 기체가 흐른다.

(2) 로딩암 건축물 내부 설치 조건

저장탱크에는 자동차에 고정된 탱크에서 가스를 이입할 수 있도록 건축물 외부에 로딩암을 설치할 수 있다. 다만, 로딩암을 건축물 내부에 설치하는 경우에는 건축물의 바닥면에 접하여 환기구를 2방향 이상 설치하고, 환기구 면적의 합계는 바닥면적의 6% 이상으로 한다.

69 세이프티 커플링의 구조 및 치수

커플링은 그 커플링의 안전성· 편리성 및 호환성을 확보하기 위하여 다음 기준에 따른 구조 및 치수를 가지는 것으로 한다.

① 암커플링은 호스가 분리되었을 경우 자동차 충전구쪽에, 숫커플링은 충전기쪽에 설치할 수 있는 구조로 한다.
② 커플링이 분리되었을 경우 가느누출이 없도록 자동으로 폐쇄되는 구조로 한다.
③ 암커플링의 외부 캡이 회전되지 아니하는 구조로 한다.
④ 커플링은 형상이 균일하고 매끈하여 유효한 잔금 등 결함이 없도록 한다.
⑤ 커플링은 가스의 흐름의 지장이 없는 유효면적(합산 유효면적이 0.5cm^2 이상)을 가지는 것으로 한다.

70 고정식 압축도시가스 자동차충전시설의 긴급분리장치 설치

충전호스에는 충전 중 자동차의 오발진으로 인한 충전기 및 충전호스의 파손을 방지하기 위하여 다음 기준에 따라 긴급분리장치를 설치한다.

① 자동차가 충전호스와 연결된 상태로 출발할 경우 가스의 흐름이 차단될 수 있도록 긴급분리장치를 지면 또는 지지대에 고정 설치한다.
② 긴급분리장치는 각 충전설비마다 설치한다.
③ 긴급분리장치는 수평방향으로 당길 때 666.4N(68 kg)미만의 힘으로 분리되는 것으로 한다.
④ 긴급분리장치와 충전설비사이에는 충전자가 접근하기 쉬운 위치에 90° 회전의 수동밸브를 설치한다.
⑤ 충전설비의 주위에는 자동차의 충돌로부터 충전기를 보호하기 위하여 높이 30cm 이상, 두께 12cm 이상인 철근콘크리트 또는 이와 동등 이상의 강도를 가진 구조물을 설치한다.

71 저장능력산정기준

압축가스의 저장탱크 및 용기는 다음 ㉮목의 계산식에 따라, 액화가스의 저장탱크는 다음 ㉯목의 계산식에 따라, 액화가스의 용기 및 차량에 고정된 탱크는 다음 ㉰목의 계산식에 따라 산정한다.

㉮ $Q=(10P+1)V_1$ ㉯ $W=0.9dV_2$ ㉰ $\frac{V_2}{C}$

위의 산식에 있어서 Q, P, V_1, W, d, V_2 및 C는 각각 다음의 수치를 표시한다.

Q : 저장능력(단위 : m^3)

P : 35℃(아세틸렌가스의 경우에는 15℃)에서의 최고충전 압력(단위 : MPa)

V_1 : 내용적(단위 : m^3)

W : 저장능력(단위 : kg)

d : 상용온도에서의 액화가스의 비중(단위 : kg/ℓ)

V_2 : 내용적(단위 : ℓ)

C : 저온 용기 및 차량에 고정된 저온 탱크와 초저온 용기 및 차량에 고정된 초저온 탱크에 충전하는 액화가스에 있어서는 그 용기 및 탱크의 상용온도 중 최고의 온도에 있어서의 그 가스의 비중(단위 : kg/ℓ)의 수치에 10분의 9를 곱한 수치의 역수, 그밖의 액화가스의 충전용기 및 차량에 고정된 탱크에 있어서는 다음 표의 가스종류에 따르는 정수

액화가스의 종류	정수	액화가스의 종류	정수
액화프로판	2.35	액화암모니아	1.86
액화부탄	2.05	액화산소	104

72 도시가스의 연소성 측정

매일 6시 30분부터 9시 사이와 17시부터 20시 30분 사이에 각각 1회씩 가스홀더 또는 압송기 출구에서 연소속도 및 웨베지수를 측정하되, 웨베지수가 표준웨베지수의 ±4.5% 이내를 유지할 것. 다만, 가스도매사업자로부터 배관으로 천연가스를 공급받는 일반도시가스사업자의 가스공급시설은 제외하며, 액화석유가스와 공기를 혼합하여 도시가스를 공급하는 경우의 웨베지수는 다음 웨베 지수(WI) 계산식에서 측정한 열량으로부터 계산하는 방법으로 구할 수 있다.

$$\text{웨베 지수}(WI) = \frac{Hg}{\sqrt{d}}$$

여기서 WI : 웨베 지수

Hg : 도시가스의 총발열량(단위 : kcal/m^3)

d : 도시가스의 공기에 대한 비중

73 월사용예정량의 산정기준

특정가스사용시설에 해당 여부의 판단기준이 되는 월사용예정량은 그 가스사용시설의 설치 환경에 따라 그 가스사용시설에 설치된 연소기의 도시가스 소비량을 기초로 다음 기준에 따라 산출할 것

(1) 가스사용시설의 월사용예정량은 다음 계산식에 따라 산출할 것

$$Q = \{(A \times 240) + (B \times 90)\} / 11{,}000$$

위 계산식에서 사용한 기호는 각각 다음과 같은 사항을 표시한다.

Q : 월 사용예정량(단위 : m^3)

A : 산업용으로 사용하는 연소기의 명판에 적힌 도시가스 소비량의 합계(단위 : kcal/h)

B : 산업용이 아닌 연소기의 명판에 적힌 도시가스 소비량의 합계(단위 : kcal/h)

74 전기방식설의 유지관리

도시가스사업자는 전기방식시설의 효과적인 유지관리를 위하여 다음 각호에 따른 측정 및 점검을 실시하여 이상이 발견될 경우에는 지체없이 정상기능 유지에 필요한 조치를 강구하고 그 실시기록을 작성하여 보존하여야 한다.

① 전기방식시설의 관대지전위(管對地電位) 등을 1년에 1회 이상 점검하여야 한다.

② 외부전원법에 의한 전기방식시설은 외부전원점관대지전위(管對地電位), 정류기의 출력, 전압, 전류, 배선의 접속상태 및 계기류 확인 등을 3개월에 1회 이상 점검하여야 한다.

③ 배류법에 의한 전기방식시설은 배류점관대지전위(管對地電位), 배류기의 출력, 전압, 전류, 배선의 접속상태 및 계기류 확인 등을 3개월에 1회 이상 점검하여야 한다.

④ 절연부속품, 역전류방지장치, 결선(bond) 및 보호절연체의 효과는 6개월에 1회 이상 점검하여야 한다.

⑤ 가스가 누출되어 체류할 우려가 있는 밸브박스 등의 장소에서는 가스누출여부를 확인한 후 전위측정을 하여야 한다.

75 전기방식시설의 시공 기준

전기방식시설의 유지관리를 위한 전위측정용터미널(T/B)은 다음 기준에 적합하게 설치한다.

① 희생양극법 또는 배류법에 의한 배관에는 300m이내의 간격으로 설치할 것

② 외부전원법에 의한 배관에는 500m 이내의 간격으로 설치할 것. 다만, 이미 설치된 전위측정용터미널(T/B) 또는 배관을 이설하는 경우에는 이웃한 전위측정용터미널(T/B)과의 설치간격을 10% 이내에서 가감하여 설치할 수 있다.
③ 본관·공급관에 부속된 밸브박스와 사용자공급관 및 내관에 부속된 밸브박스 또는 입상관 절연부 등에 전위를 측정할 수 있는 인출선 등이 있는 경우에는 당해 시설을 (1)·(2)규정에 의한 전위측정용터미널로 대체할 수 있다.
④ 직류전철 횡단부 주위
⑤ 지중에 매설되어 있는 배관절연부의 양측
⑥ 강재보호관 부분의 배관과 강재보호관. 다만, 가스배관과 보호관 사이에 절연 및 유동방지조치가 된 보호관은 제외한다.
⑦ 타 금속구조물과 근접교차부분
⑧ 밸브스테이션
⑨ 교량 및 하천 횡단배관의 양단부, 다만, 외부전원법 및 배류법에 의해 설치된 것으로 횡단길이가 500m 이하인 배관과 희생양극법에 의해 설치된 것으로 횡단길이가 50m이하인 배관은 제외한다.

76 부식

(1) 부식의 종류

① **입계부식** : 결정입자가 선택적으로 부식되는 것으로 오스테나이트계 스테인리스강을 450~900℃로 가열하면 결정입계로 크롬탄화물이 석출되는 현상이다. 스테인리스강 용접부에 열 영향을 받는 경우에 잘 나타난다.
② **이로전(erosion)** : 배관 및 밴드 등의 굴곡부, 펌프의 회전차 등 유속이 큰 부분이 부식성 환경에서 마모가 현저하게 되는 현상으로 황산의 이송배관에서 주로 발생된다.
③ **바나듐어택** : 중유 및 연료유의 회분 중에 포함되어 있는 바나듐이 산소와 반응하여 오산화바나듐(V_2O)이 만들어지고, 이것이 고온 전열면에 부착되어 고온부식을 일으키는 현상이다.

(2) 부식의 원리

① **갈바닉(Galvanic)부식** : 전위차가 다른 두 금속을 전해질 속에 넣어 두 금속을 전선으로 연결하면 전류가 형성되며 전위가 낮은 금속(비금속)이 양극(Anode), 전위가 높은 금속(귀금속)이 음극(Cathode)이 되어 양극부의 부식이 촉진되는 현상
② **매크로셀(Macro Cell)부식** : 금속표면에서 양극(+), 음극(−)의 부위가 각각 변화하여 양극과 음극의 위치가 확정적이지 않아 전면부식이 발생하는 현상
※ 지하에 매설된 가스배관을 도복장으로 부식을 방지하려고 할 때 다른 금속체와 접촉되어 매크로셀을[를] 형성하는 경우가 있다. 이와 같은 가능성이 있는 장소에서는 방식테이프를

감거나 절연 피복한 재료를 사용하거나 해서 다른 금속체와의 접촉을 피하는 것이 좋다. 매크로셀은[는] 주로 환경의 차에 의해서 일어나고, 긴 관로의 경우 전위차도 크게 되는 경향이 있으므로 관로를 적당히 절연시켜 매크로셀의 형성을 방지하여 방식효과를 높일 수 있다.

77 전식(Stray – Current Corrosion)

흙(전해질)속에 매설한 금속에 전류가 흐르는 경우 금속에 일부 전류가 유입되고 이 전류가 유출되는 부위에서 부식이 발생하는 현상이다. 전식은 정규회로 이외의 곳을 흐르는 전류에 의해 생기는 부식으로, 특히 직류전기 철도의 레일에서 누설전류에 의해 수도관, 가스관, 전신전화 케이블 등의 지중 매설 금속체가 현저히 부식되는 경우가 있다.

(1) 전기화학적 강관 습식 부식 발생원인

① 이종 금속의 접촉
② 금속재료의 조성, 조직의 불균일
③ 금속재료의 표면상태의 불균일
④ 부식액의 조성, 유동상태의 불균일
⑤ 금속재료의 응력상태, 표면온도의 불균일

(2) 지하 매설배관 부식의 종류

① 국부전지에 의한 부식
② 이종 금속의 접촉에 의한 부식
③ 농염전지 작용에 의한 부식
④ 미주전류에 의한 부식(전식)
⑤ 박테리아에 의한 부식

78 전기방식 및 전기방식법

(1) "전기방식(電氣防蝕)"이라 함은 배관 등의 외면에 전류를 유입시켜 양극반응을 저지함으로써 배관 등의 전기적 부식을 방지하는 것을 말한다.
(2) "희생양극법(犧牲陽極法)"이라 함은 지중 또는 수중에 설치된 양극금속과 매설배관 등을 전선으로 연결하여 양극금속과 매설배관 등 사이의 전지작용에 의하여 전기적 부식을 방지하는 방법을 말한다.

(3) "외부전원법(外部電源法)"이라 함은 외부직류전원장치의 양극(+)은 매설배관 등이 설치되어 있는 토양이나 수중에 설치한 외부전원용 전극에 접속하고, 음극(−)은 매설배관 등에 접속시켜 전기적 부식을 방지하는 방법을 말한다.

(4) "배류법(排流法)"이라 함은 매설배관 등의 전위가 주위의 타금속 구조물의 전위보다 높은 장소에서 매설배관 등과 주위의 타금속 구조물을 전기적으로 접속시켜 매설배관 등에 유입된 누출전류를 복귀시킴으로서 전기적 부식을 방지하는 방법을 말한다.

79 유전양극법(희생양극법)

이종금속 간의 전위차를 이용하여 방식전류를 얻는 방법으로 방식대상재료보다 이온화 경향이 큰 금속(아연, 알루미늄, 마그네슘)을 전기적으로 접촉해 줌으로써 목적 금속자체를 음극화하는 방법이다. 예를 들면 마그네슘의 전위는 1550mV이고 배관의 전위는 −550mV 정도이기 때문에 배관과 마그네슘을 전선으로 연결하면 마그네슘(양극 : +)에서 흙(전해질)을 통하여 배관(음극 : −)으로 전류가 흐르고 마그네슘이 부식된다. 이처럼 마그네슘이 배관대신 부식을 일으키므로 희생양극법 라고도 한다. 이 방법은 많은 양의 마그네슘이 필요하기 때문에 절연이음매와 조합하여 사용하는 것이 보다 효과적이다. 이 방식법은 전위차가 일정하고 비교적 적기 때문에 전위경사가 적은 장소에 적합하며 발생하는 전류가 적기 때문에 도복장의 저항이 큰 대상에 적합하다.

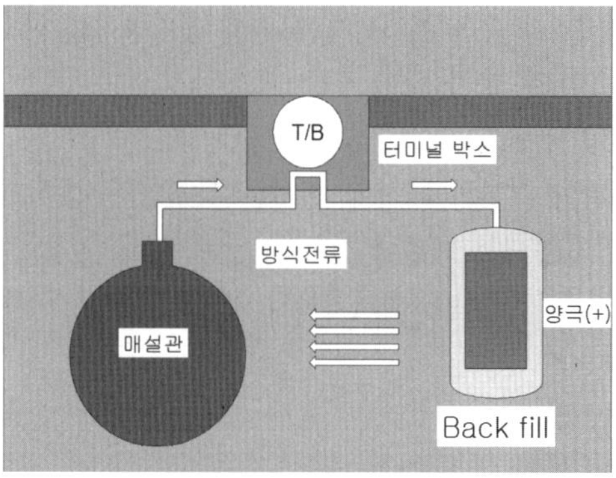

80 강제배류법

외부전원법과 선택배류법을 종합한 방식으로 외부전원법의 애노우도(양극 : +)를 레일에 치환한 방법으로 선택배류법에서는 레일의 전위가 높으면 방식전류가 흐르지 않으나 강제배류법에서는 별도로 전원을 가지고 있기 때문에 강제적으로 전류를 흐르게 할 수 있어 배관을 항상 방식할 수 있다. 이 방식법은 레일을 전극으로 이용하기 때문에 전극설치장소 및 매설비용이 적게 든다.

(1) 강제배류법의 장점

① 효과범위가 넓다.
② 전압, 전류의 조정이 용이하다.
③ 전식에 대해서도 방식이 가능하다.
④ 외부전원법에 비해 경제적이다.
⑤ 전철의 휴지기간에도 방식이 가능하다.
⑥ 양극효과에 의한 간섭이 없다.

(2) 강제배류법의 단점

① 강력하므로 다른 매설금속재료의 장해에 대해 충분한 검토를 할 필요로 한다.
② 전철에의 신호장해에 대해 충분히 검토해야만 한다.
③ 전원을 필요로 한다.

81 전기방식 효과 유지를 위한 절연조치 장소

전기방식 효과를 유지하기 위하여 다음의 장소에는 빗물이나 기타 이물질의 접촉으로 인한 절연의 효과가 상쇄되지 아니하도록 절연 이음매 등을 사용하여 절연조치를 할 것

(1) 교량횡단 배관의 양단(다만, 외부전원법에 의한 전기방식을 한 경우에는 제외할 수 있다)
(2) 배관 등과 철근콘크리트구조물 사이
(3) 배관과 강재 보호관 사이
(4) 지하에 매설된 배관의 부분과 지상에 설치된 부분과의 경계(가스사용자에게 공급하기 위하여 지중에서 지상으로 연결되는 배관에 한한다)
(5) 타시설물과 접근 교차지점(다만, 타시설물과 30cm 상 이격 설치된 경우에는 제외할 수 있다)
(6) 배관과 배관지지물 사이
(7) 기타 절연이 필요한 장소

82 매설배관의 피복손상 탐측 및 부식진단 방법

매설배관의 부식을 진단하는 가장 일반적인 방법은 배관의 피복손상여부와 전기방식 전위를 관리하는 방법이다. 매설배관의 피복이 손상되는 경우에는 금속이 부식성 환경에 직접 노출되게 되고, 적정 방식상태를 유지하기 위한 방식전류가 증가하게 되어 방식유지비용이 증가한다. 또한, 피복 손상부위는 방식이 제대로 이루어지지 않을 수 있기 때문에 가능한 한 빠른 시간 내에 피복 손상부위를 찾아내고 필요한 경우에는 굴착하여 보수해야만 한다. 전기방식하에서의 방식전류분포는 피복 결함부위에서

특징적인 분포를 나타내기 때문에 토양에서의 분포상태를 해석하면 피복결함의 위치, 크기 및 형태까지도 진단해 낼 수 있다. 이러한 기술은 직류를 이용한 기법과 교류를 이용한 기법이 있다. 직류를 이용한 방법은 직류전압구배법, 근접간격 전위측정법이 있으며, 교류를 이용한 방법으로는 교류전압구배법(ACVG), 피어슨법, 우드베리법 등이 있다.

(1) 직류전압구배법(DCVG)

DCVG(Direct Current Voltage Gradient) 탐측법은 배관주변에 직류전류를 인가하여 발생하는 전위구배를 측정하여 피복손상부를 탐측하는 방법이다. 이 방법은 두 개의 포화황산동 기준전극을 사용하여 배관의 직상부를 따라 약 1~2m 정도 이격시켜 두 전극 사이의 전위차(Soil-to-Soil)를 측정하는 방법이다. 즉, 2개의 기준전극을 사용하여 지표면에서 배관의 길이방향으로 배관을 따라 전위를 측정하면 손상부 주변에서 전위의 부호가 역전되는 현상이 발생하며, 이 역전지점이 피복 손상부라는 것을 알 수 있다.

(2) 근접 간격 전위법(CIPS)

CIPS(Close Interval Potential Survey)법은 음극방식이 행해지고 있는 배관의 직상부를 따라 일정 거리마다(보통 1~5m) 관대지 전위를 측정하여 코팅손상부의 전위구배를 알아내는 방법이다. 이 방법은 배관과 연결된 전선을 길게 하여 배관의 직상부에서 배관을 따라 P/S전위를 일정한 간격으로 측정하는 것으로서 이를 거리에 따라 나타낼 경우 그 지역에서의 국부적인 방식전위 불량 지점을 정확히 찾을 수 있다. 이는 전구간에 대한 방식전위측정 데이터를 저장하여 전체적인 배관 방식상태를 확인하는 것으로서 매설배관의 부식성 평가에 가장 많은 정보를 제공하는 검사기법이라 할 수 있다.

(3) 교류전압구배법(ACVG)

ACVG(Alternating Current Voltage Gradient) 탐측법은 저주파 교류전류를 인가하여 배관주변에 발생하는 교류 전위구배를 측정하여 피복손상부를 탐측하는 방법이다. ACVG법은 프레임을 통해 토양에 접촉된 지점간의 신호감쇄 측정을 통해 피복 손상부를 탐측하는 방법이다. DCVG와 ACVG 탐측법은 각각의 특징과 장단점에 따라 상호 보완적인 방법으로 활용되고 있다.

83 굴착공사정보지원센터의 설치

구멍 뚫기, 말뚝 박기, 터파기, 그 밖의 토지의 굴착공사(이하 "굴착공사"라 한다)로 인하여 일어날 수 있는 도시가스배관의 파손사고를 예방하기 위한 정보제공, 홍보 등에 필요한 굴착공사지원정보망의 구축·운영, 그 밖에 매설배관 확인에 대한 정보지원 업무를 효율적으로 수행하기 위하여 한국가스안전 공사에 굴착공사정보지원센터(이하 "정보지원센터"라 한다)

84 충전구의 나사방향

용기용 밸브는 충전구의 나사방향에 따라 2가지로 분류한다.

① 왼나사 : 가연성 가스(단, 암모니아(NH_3)와 브롬화메탄(CH_3Br)은 제외)

② 오른나사 : 가연성 가스 중 NH_3와 CH_3Br 및 조연성, 불연성 가스

85 LP가스의 감압방식

(1) 1단 감암방법

용기 내의 가스 압력을 1개의 조정기로 소요압력까지 감압하여 공급하는 방식이다.

[특징]

① 장치가 간단하다.

② 조작이 간단하다.

③ 배관이 비교적 굵어진다.

④ 최종 압력에 정확을 기하기 어렵다.

(2) 2단 감압방법

용기 내의 가스 압력을 사용압력 보다 약간 높은 압력으로 1차 조정기에서 감압되어 2차 조정기로 사용압력까지 감압하여 공급하는 방식이다.

① 2단 감압방식의 장점

- 공급압력이 안정하다.
- 중간에 배관이 가늘어도 된다.
- 입상 배관에 의한 압력손실을 보정할 수 있다.
- 각 연소기구에 알맞은 압력으로 공급이 가능하다.

② 2단 감압방식의 단점

- 설비가 복잡하다.
- 재액화의 문제가 있다.
- 조정기가 많이 든다.
- 검사 방법이 복잡하다.

86 액화석유가스용 압력조정기

(1) 조정기의 입구압력 및 조정압력

종류	입구압력	출구(조정)압력
1단 감압식 저압조정기	0.07MPa~1.56MPa	2.3KPa~3.3KPa
1단 감압식 준저압조정기	0.1MPa~1.56MPa	5KPa~30KPa

(2) 조정기의 폐쇄압력

액화석유가스의 사용이 중단되었을 경우 용기의 가스유출을 압력 조정기에서 완전 차단할 때의 압력

① 1단감압식 저압조정기, 2단 감압식 2차용 조정기, 자동절체식 일체형 저압조정기 : 3.30KPa
② 2단감압식 1차용 조정기 : 95KPa
③ 1단감압식 준저압조정기, 자동절체식 일체형 준저압조정기, 그 밖의 조정기 : 조정압력의 1.25배 이하

(3) 액화석유가스 조정기의 성능(조정압력 3.3kPa 이하)

① 안전장치 작동 표준압력 : 7kPa
② 안전장치 작동 개시압력 : 5.6~8.4kPa
③ 안전장치 작동 정지압력 : 5.04~8.4kPa

(4) 액화석유가스 조정기 안전장치 분출용량 : 조정압력 3.3kPa 이하

① 노즐 지름이 3.2mm 이하일 때 : 140L/h 이상
② 노즐 지름이 3.2mm 초과일 때 : Q(안전장치 분출량 : L/h)=44D(조정기의 노즐 지름 : mm)

87 출구압력에 따른 정압기용 압력조정기 구분

① 중압 : 0.1~1.0(MPa) 미만
② 준저압 : 4~100(KPa) 미만
③ 저압 : 1~4(KPa)

88 수리자격자별 수리범위

수리자격자	수리범위
용기제조자	1) 용기몸체의 용접 2) 아세틸렌용기 내의 다공질물 교체 3) 용기의 스커트·프로텍터 및 넥크링의 교체 및 가공 4) 용기부속품의 부품 교체 5) 저온 또는 초저온용기의 단열재 교체 6) 초저온용기부속품의 탈·부착
특정설비제조자	1) 특정설비몸체의 용접 2) 특정설비의 부속품(그 부품을 포함한다)의 교체 및 가공 3) 단열재교체
고압가스제조자	1) 초저온용기부속품의 탈·부착 및 용기부속품의 부품(안전장치는 제외한다) 교체(용기부속품제조자가 그 부속품의 규격에 적합하게 제조한 부품의 교체만을 말한다)
	2) 특정설비의 부품 교체
	3) 냉동기의 부품 교체
	4) 단열재 교체(고압가스특정제조자만을 말한다)
	5) 용접가공[고압가스특정제조자로 한정하며, 특정설비몸체의 용접가공은 제외한다. 다만, 특정설비몸체의 용접수리를 할 수 있는 능력을 갖추었다고 한국가스안전공사가 인정하는 제조자의 경우에는 특정설비(차량에 고정된 탱크는 제외한다)몸체의 용접가공도 할 수 있다]

89 저장탱크 및 압력용기 맞대기 용접부의 기계적 시험방법

① 이음매 인장시험 ② 충격시험 ③ 표면굽힘시험
④ 측면굽힘시험 ⑤ 이면굽힘시험

90 액화천연가스의 저장설비와 사업소경계와의 유지거리

액화천연가스(기화된 천연가스 포함)의 저장설비와 처리설비(1일 처리능력이 52,500m^3 이하인 펌프·압축기·응축기·기화장치 제외)는 그 외면으로부터 사업소경계[사업소경계가 바다·호수·하천(「하천법」에 따른 하천을 말한다. 이하 같다)·연못 등의 경우에는 이들의 반대편 끝을 경계로 본다]까지 다음 계산식에 따라 얻은 거리(그 거리가 50m 미만의 경우에는 50m) 이상을 유지할 것

$$L = C \times \sqrt[3]{143000W}$$

이 계산식에서

L, C 및 W는 각각 다음의 수치를 표시한다.

L : 유지하여야 하는 거리(단위 : m)

C : 저압 지하식 저장탱크는 0.240, 그 밖의 가스저장설비와 처리설비는 0.576

W : 저장탱크는 저장능력(단위 : 톤)의 제곱근, 그 밖의 것은 그 시설 안의 액화천연가스의 질량 (단위 : 톤)

91 특정제조시설 저장능력에 따른 보호시설과의 안전거리

고압가스의 처리설비 및 저장설비는 그 외면으로부터 보호시설(사업소에 있는 보호시설 및 전용공업지역에 있는 보호시설은 제외한다)까지 다음 표에 따른 거리(저장설비를 지하에 설치하는 경우에는 보호시설과의 거리에 2분의 1을 곱한 거리, 시장·군수 또는 구청장이 필요하다고 인정하는 지역은 보호시설과의 거리에 일정 거리를 더한 거리) 이상을 유지할 것

구분	처리능력 및 저장능력	제1종보호시설	제2종보호시설
독성가스 또는 가연성가스	1만 이하	17m	12m
	1만 초과 2만 이하	21m	14m
	2만 초과 3만 이하	24m	16m
	3만 초과 4만 이하	27m	18m
	4만 초과 5만 이하	30m	20m
	5만 초과 99만 이하	30m(가연성가스 저온저장탱크는 $\frac{3}{25}\sqrt{X+10{,}000}\,m$)	20m(가연성가스 저온저장탱크는 $\frac{2}{25}\sqrt{X+10{,}000}\,m$)
	99만 초과	30m(가연성가스 저온저장탱크는 120m)	20m(가연성가스 저온저장탱크는 80m)

[비고] 1. 위 표 중 각 처리능력 및 저장능력란의 단위 및 X는 1일간의 처리능력 또는 저장능력으로서 압축가스의 경우에는 m^3, 액화가스의 경우에는 kg으로 한다.
2. 한 사업소에 2개 이상의 처리설비 또는 저장설비가 있는 경우에는 그 처리능력별 또는 저장능력별로 각각 안전거리를 유지하여야 한다.

92 보호시설

(1) 제1종 보호시설

① 학교·유치원·어린이집·놀이방·어린이놀이터·학원·병원(의원을 포함한다)·도서관·청소년수련시설·경로당·시장·공중목욕탕·호텔·여관·극장·교회 및 공회당(公會堂)

② 사람을 수용하는 건축물(가설건축물은 제외한다)로 사실상 독립된 부분의 연면적이 1천m^2 이상인 것
③ 예식장·장례식장 및 전시장, 그밖에 이와 유사한 시설로 300명 이상 수용할 수 있는 건축물
④ 아동복지시설 또는 장애인복지시설로서 20명 이상 수용할 수 있는 건축물
⑤ 「문화재보호법」에 따라 지정문화재로 지정된 건축물

(2) 제2종 보호시설

① 주택
② 사람을 수용하는 건축물(가설건축물은 제외한다)로 사실상 독립된 부분의 연면적이 100m^2 이상 1천m^2 미만인 것

93 소형저장탱크의 안전밸브 가스방출관 설치기준

소형저장탱크의 안전밸브에는 가스방출관을 설치할 것. 이 경우 가스방출구의 방향은 건축물 개구부의 반대방향으로 하고, 위치는 착화원 등이 없는 위치에 지면으로 부터 2.5m이상 또는 저장탱크의 정상부로부터 1m 이상의 높이중 높은 위치로 하여야 한다.

94 소형저장탱크의 설치거리

소형저장탱크의 충전질량(kg)	가스충전구로부터 토지경계선에 대한 수평거리(m)	탱크간 거리 (m)	가스충전구로부터 건축물 개구부에 대한 거리(m)
1,000 미만	0.5 이상	0.3 이상	0.5 이상
1,000 이상 2,000 미만	3.0 이상	0.5 이상	3.0 이상
2,000 이상	5.5 이상	0.5 이상	3.5 이상

95 액화가스 소형저장탱크의 저장능력 산정

저장탱크에 가스를 충전하려면 가스의 용량이 상용 온도에서 저장탱크 내용적의 90%(용기 및 소형저장탱크의 경우는 85%)를 넘지 않도록 충전할 것.

$$W=0.85dV_2$$

W : 저장능력(단위 : kg)
d : 상용온도에서의 액화가스의 비중(단위 : kg/ℓ)
V_2 : 내용적(단위 : ℓ)

※ 액화가스 저장탱크는 안전공간이 90%이하이므로 $W=0.9dV_2$식을 적용하지만, 소형저장탱크의 경우에는 안전공간이 85%이하이므로 $W=0.85dV_2$식을 적용한다.

96 수소의 공업적 제법

(1) 천연가스 분해법(CH_4 분해법)

천연가스를 원료로 하여 합성원료가스를 제조하는 방법에는 수증기 개질법과 부분 산화법이 있다.

(2) 석유의 분해법

나프타, 중유, 원유를 분해하여 합성가스를 제조하는 방법으로 수증기 개질법과 부분 산화법이 있다.

(3) 물의 전기분해법

(4) 석탄 또는 코우크스의 가스화법(수성가스법)

미분탄에 수증기와 산소가스를 반응시킴으로서 흡열반응과 발열반응을 동시에 일으키고 1100℃ 이상으로 유지하면서 연속적으로 수성가스를 발생시킨다.

○ 고온제조 반응식 : $C + H_2O \rightarrow CO + H_2 - 29.6(kcal)$

○ 저온제조 반응식 : $C + \frac{1}{2}O_2 \rightarrow CO + 26.4(kcal)$

(5) 일산화탄소 전화법

97 도시가스 공사계획의 승인대상

(1) 공급소의 신규 설치공사와 다음의 어느 하나에 해당하는 설비의 설치공사

① 가스홀더 ② 압송기 ③ 정압기
④ 배관(최고사용압력이 중압 또는 고압인 배관으로서 호칭지름이 150mm 이상인 것만을 말한다)

(2) 제조소의 신규 설치공사와 다음의 어느 하나에 해당하는 설비의 설치공사

① 가스발생설비 또는 가스정제설비
② 가스홀더
③ 배송기 또는 압송기
④ 저장탱크 또는 액화가스용 펌프
⑤ 최고사용압력이 고압인 열교환기
⑥ 가스압축기, 공기압축기 또는 송풍기
⑦ 냉동설비(유분리기·응축기 및 수액기만을 말한다)
⑧ 배관(최고사용압력이 중압 또는 고압인 배관으로서 호칭지름이 150mm 이상이고 그 길이가 20m 이상인 것만을 말한다)

98 공기액화 분리장치

(1) 공기액화 분리장치의 폭발원인

① 공기 취입구로부터 아세틸렌의 혼입
② 압축기용 윤활유 분해에 따른 탄화수소의 생성
③ 액체 공기 중에 오존의 혼입
④ 공기 중 질소화합물의 혼입

(2) 공기액화 분리장치의 폭발 방지 대책

① 장치 내에 여과기를 설치하여 아세틸렌이나 산화질소 등의 불순물을 제거한다.
② 공기 흡입구는 아세틸렌이 흡입되지 않는 공기가 많은 장소에 설치한다.
③ 공기 흡입구 부근에 카바이트(CaC_2)를 버리거나 아세틸렌 용접을 하지 말 것.
반응식 : $CaC_2 + 2H_2O \rightarrow Ca(OH)_2 + C_2H_2$
④ 압축기의 윤활유는 양질의 것을 사용하고 충분히 냉각시키며 출구 측에는 유분리기를 설치하여 기름을 분리한다.
⑤ 1년에 1회 정도 장치내부를 사염화탄소(CCl_4)로 세척한다.
⑥ 공기액화분리기에 설치된 액화산소통 안의 액화산소 5L 중 아세틸렌의 질량이 5mg 또는 탄화수소의 탄소의 질량이 500mg을 넘을 때에는 그 공기액화분리기의 운전을 중지하고 액화산소를 방출시킬 것

(3) 공기액화 분리장치의 여과기

① 원료 공기 중의 불순물을 여과기(Strainer)에 의해 제거한다.

② 원료 공기 중에 포함된 먼지 및 매연이나 아세틸렌 등의 탄산수소류, 질소화합물, 염소, 이산화황 등이 압축기에 흡입되면, 기통을 상하게 하는 것 뿐만 아니라 장치 내에서 폭발의 원인이 되므로 반드시 제거할 필요가 있다.

③ 공기를 여과할 경우에는 치밀하게 짜여진 모포, 플란넬(Flan nel) 등을 사용하거나 금속의 세편(細片)으로 제작된 라시히링(Raschig ring)에 접착성이 강한 필터오일피막을 만들고 여기에 미립자를 부착시켜 제거한다.

(4) 원료 공기 중의 이산화탄소 제거

원료 공기 중에 존재하는 이산화탄소(CO_2)가 저온장치(정류장치)에 들어가면 드라이아이스가 되어 배관이나 밸브를 폐쇄시켜 가스의 흐름을 방해하거나 심할 경우 배관이나 밸브가 동결되어 파열될 우려가 있기 때문에 공기 청정탑(CO_2 흡수탑)에서 가성소다(NaOH)수용액을 이용하여 제거해야 한다.

CO_2 제거 반응식 : $2NaOH + CO_2 \rightarrow Na_2CO_3 + H_2O$

99 건축물 내에 매설할 수 있는 배관 종류

건축물 안의 배관은 노출하여 시공할 것. 다만, 그 건축물에서 가스를 사용하기 위한 저압의 배관으로서 스테인리스강관, 금속제의 보호관이나 보호판으로 보호조치를 한 동관·가스용 금속플렉시블호스를 이음매(용접이음매는 제외한다)없이 설치하는 경우에는 매설할 수 있다.

100 플렉시블 조인트

가스압축용 압축기 토출라인 및 흡입라인에 공통으로 설치하여 배관에 전달되는 진동과 관의 신축을 흡수하는 설비

101 배관의 신축흡수장치(신축이음)

배관은 온도변화에 따라 신축하고 관의 양단이 고정되어 있을 경우 온도상승에 의한 압축력과 온도 강하에 의한 인장력이 생기며 이 때문에 관이 파괴되는 경우가 있으므로 관의 신축에 따른 무리를 흡수, 완화시키기 위하여 배관에는 신축흡수장치를 설치한다.

(1) 신축이음의 종류

① 루우프형(만곡관형)

강관 또는 동관을 루우프 모양으로 구부려서 그 구부림을 이용하거나 관자체의 가요성을 이용해서 배관의 신축을 흡수시키는 것으로부터 부피가 커서 장소를 많이 차지하는게 결점이며 특히 조인트의 곡률반경을 관 지름의 6배 이상으로 하는 것이 좋다.

② 벨로우즈형(Bellows type joint)

온도변화에 따른 관의 신축을 벨로우즈 변형에 의해 흡수시키는 구조로써 펙레스(packless) 신축이음쇠라고도 한다. 벨로우즈는 청동 또는 스테인레스강을 파형으로 주름잡아 사용하며 신축 길이는 보통 6~30mm이며 단식의 경우 최대 35mm 이상이다. 진공상태의 관 또는 80℃ 이하에서 압력이 적을 경우는 고무를 사용하며 신축 크기는 12~25mm 정도이다.

③ 스위블형(Swivel type joint)

지블이음 또는 지웰이음이라 하며 주로 온수나 증기난방 등의 분기점에 사용하며 2개 이상의 엘보우를 사용하여 이음부의 나사 회전을 이용해서 배관의 신축을 이 부분에 흡수시킨다.

④ 슬리브형(Slip type joint)

물 또는 압력 0.8MPa 이하의 포화증기·가스·기름 등의 배관에 사용하며 과열 증기 배관에는 적합지 않다. 구조는 본체와 슬리브관으로 되어 있으며 관의 팽창과 수축을 본체 속에서 미끄럼하는 슬리브관에 흡수시킨다.

(2) 상온 스프링(Cold spring)

열의 팽창을 받아 배관이 자유팽창하게끔 미리 계산해 놓고 시공하기 전 미리 배관의 길이를 짧게 한다. 절단길이는 계산에서 얻은 자유팽창량의 1/2 정도로 한다. 열팽창량이 큰 금속일수록, 길이가 길수록, 온도차가 클수록 신축량이 커진다.

〈열팽창 계산방법〉

$$\lambda = l,\ \alpha \cdot \Delta t$$

여기서 λ : 변한 길이[mm], l : 전길이 [mm], α : 열팽창율(선팽창계수), Δt : 온도차[℃]

102 도시가스 공급압력에 따른 종류

① "고압"이란 1메가파스칼(MPa) 이상의 압력(게이지압력)을 말한다. 다만, 액체상태의 액화가스는 고압으로 본다.

② "중압"이란 0.1메가파스칼(MPa) 이상 1메가파스칼(MPa) 미만의 압력을 말한다. 다만, 액화가스가 기화되고 다른 물질과 혼합되지 아니한 경우에는 0.01메가파스칼(MPa) 이상 0.2메가파스칼(MPa) 미만의 압력을 말한다.

③ "저압"이란 0.1메가파스칼(MPa) 미만의 압력을 말한다. 다만, 액화가스가 기화(氣化)되고 다른 물질과 혼합되지 아니한 경우에는 0.01메가파스칼(MPa) 미만의 압력을 말한다.

103 액화석유가스의 안전관리사업법 시행규칙 제2조(정의)

1. "저장설비"란 액화석유가스를 저장하기 위한 설비로서 저장탱크, 마운드형 저장탱크, 소형저장탱크 및 용기(용기집합설비와 충전용기보관실을 포함한다. 이하 같다)를 말한다.
2. "저장탱크"란 액화석유가스를 저장하기 위하여 지상 또는 지하에 고정 설치된 탱크로서 그 저장능력이 3톤 이상인 탱크를 말한다.
3. "마운드형 저장탱크"란 액화석유가스를 저장하기 위하여 지상에 설치된 원통형 탱크에 흙과 모래를 사용하여 덮은 탱크로서 「액화석유가스의 안전관리 및 사업법 시행령」(이하 "영"이라 한다) 제3조제1항제1호마목에 따른 자동차에 고정된 탱크 충전사업 시설에 설치되는 탱크를 말한다.
4. "소형저장탱크"란 액화석유가스를 저장하기 위하여 지상 또는 지하에 고정 설치된 탱크로서 그 저장능력이 3톤 미만인 탱크를 말한다.
5. "용기집합설비"란 2개 이상의 용기를 집합(集合)하여 액화석유가스를 저장하기 위한 설비로서 용기·용기집합장치·자동절체기(사용 중인 용기의 가스공급압력이 떨어지면 자동적으로 예비용기에서 가스가 공급되도록 하는 장치를 말한다)와 이를 접속하는 관 및 그 부속설비를 말한다
6. "자동차에 고정된 탱크"란 액화석유가스의 수송·운반을 위하여 자동차에 고정 설치된 탱크를 말한다.
7. "충전용기"란 액화석유가스 충전 질량의 2분의 1 이상이 충전되어 있는 상태의 용기를 말한다.
8. "잔가스용기"란 액화석유가스 충전 질량의 2분의 1 미만이 충전되어 있는 상태의 용기를 말한다.

104 충전용기 보관 장소의 안전유지 기준

용기보관장소 또는 용기는 다음의 기준에 적합하게 할 것

① 충전용기와 잔가스 용기는 각각 구분하여 용기보관 장소에 놓을 것
② 가연성 가스·독성 가스 및 산소의 용기는 각각 구분하여 용기보관 장소에 놓을 것
③ 용기보관 장소에는 계량기 등 작업에 필요한 물건 외에는 두지 않을 것
④ 용기보관 장소의 주위 2m 이내에는 화기 또는 인화성 물질이나 발화성 물질을 두지 않을 것
⑤ 충전용기는 항상 40℃ 이하의 온도를 유지하고, 직사광선을 받지 않도록 조치할 것
⑥ 충전용기(내용적이 5L 이하인 것은 제외한다)에는 넘어짐 등에 의한 충격 및 밸브의 손상을 방지하는 등의 조치를 하고 난폭한 취급을 하지 않을 것

⑦ 가연성 가스 용기보관 장소에는 방폭형 휴대용 손전등 외의 등화를 지니고 들어가지 않을 것

105 정전기

(1) 정전기의 제거기준

가연성가스 제조설비[접지저항치의 총합이 100Ω(피뢰설비를 설치한 것은 총합 10Ω)이하의 것을 제외한다]등에서 발생하는 정전기를 제거하는 조치는 다음 각호의 기준에 의한다.

① 탑류, 저장탱크, 열교환기, 회전기계, 벤트스택 등은 단독으로 되어 있어야 한다. 다만, 기계가 복잡하게 연결되어 있는 경우 및 배관 등으로 연속되어 있는 경우에는 본딩용 접속선으로 접속하여 접지 하여야 한다.

② 본딩용 접속선 및 접지접속선은 단면적 $5.5mm^2$ 이상의 것(단선은 제외한다)을 사용하고 경납붙임, 용접, 접속금구 등을 사용하여 확실히 접속하여야 한다.

③ 접지 저항치는 총합 100Ω(피뢰설비를 설치한 것은 총합 10Ω) 이하로 하여야 한다.

(2) 정전기 제거설비 정상상태 유지 확인 사항

정전기 제거설비를 정상상태로 유지하기 위하여 다음 기준에 따라 검사를 하여 기능을 확인할 것

① 지상에서 접지저항치

② 지상에서의 접속부의 접속 상태

③ 지상에서의 절선 그 밖에 손상부분의 유무

106 압축기

(1) 각 단의 압축비

다단 압축을 하면 중간냉각에 의해 동력이 절약되나 중간압력의 결정방법에 따라 소요동력이 변화하게 되므로 각 단의 압력을 균등하게 하여 압축에 소요되는 동력을 최소화하여야 한다.

※ 압축비가 증가할 경우

① 소요동력 증대

② 실린더 온도상승(압축기 과열)

③ 체적 효율 저하

④ 토출가스량 감소

(2) 체적효율(흡입효율)에 영향을 주는 요소

① 톱클리어런스에 의한 영향

② 사이드 클리어런스에 의한 영향

③ 밸브 하중과 가스의 마찰에 의한 영향
④ 압축기 불완전 냉각에 의한 영향
⑤ 가스 누설에 의한 영향

(3) 압축기 실린더 냉각 시의 효과

① 체적효율 증가
② 압축효율 증가
③ 윤활기능의 유지 향상
④ 윤활유의 열화 및 탄화방지
⑤ 피스톤링 및 습동부품의 수명 연장
⑥ 소요동력의 감소

107 펌프의 소음 및 진동의 발생원인

① 서어징 발생 시
② 캐비테이션 발생 시
③ 흡입관로가 막혔을 때
④ 공기의 혼입 시
⑤ 펌프의 회전방향이 바르지 않을 때
⑥ 임펠러에 이물질 혼입 시
⑦ 펌프의 구동속도가 빠를 때

108 캐비테이션(Cavitation) : 공동현상

관속을 흐르고 있는 액체 중에 어느 부분의 압력이 그때의 온도에 해당하는 액체의 증기압력보다 낮은 부분이 발생되면 액이 증발을 일으키고 또 액체 중에 용해하고 있는 공기가 석출하여 다수의 기포를 발생하는 현상으로서 이 현상은 펌프의 압력이 가장 낮은 임펠러 입구에서 발생되기 쉽다.

(1) 발생조건

① 관로 내의 온도가 상승할 경우
② 흡입양정이 지나치게 클 경우
③ 흡입관의 저항이 증대될 경우
④ 과속으로 유량이 증대될 경우

(2) 발생 시 일어나는 현상

① 소음과 진동이 발생한다.
② 임펠러에 대한 침식이 생긴다.
③ 토출량, 양정, 효율이 점차 감소한다.
④ 심하면 양수 불능의 원인이 된다.

(3) 방지법

① 펌프의 설치 위치를 낮추어 흡입양정을 짧게 한다.

② 수직축 펌프를 사용하고 회전차를 수중에 완전히 잠기게 한다.
③ 펌프의 회전수를 낮추고 흡입회전도를 적게 한다.
④ 양흡입 펌프를 사용한다.
⑤ 펌프를 두 대 이상 설치한다.
⑥ 관경을 크게 하고 유속을 줄인다.
⑦ 유효흡입양정을 계산하여 펌프형식, 회전수, 흡입조건을 결정한다.

109 서어징(Surging) 현상

펌프의 운전 중에 한숨을 쉬는 것과 같은 상태가 되어 펌프입구와 출구의 진공계 및 압력계의 지침이 흔들리고 동시에 송출유량이 변화하는 현상으로 송출압력과 송출유량이 주기적으로 변동을 일으켜서 소음 및 진동을 발생시켜 불안정한 운전상태가 된다.

(1) 발생원인

① 펌프의 양정곡선이 산(山)형 특성으로 그 곡선의 정상부에서 운전할 경우
② 토출배관 중에 물탱크(수조)나 공기탱크가 있을 경우
③ 토출량 조절밸브가 물탱크나 공기탱크보다 하류에 있을 경우

(2) 방지법

① 방출밸브에 의한 방법
② 임펠러의 회전수를 변화시키는 방법
③ 깃 각도를 조절하는 방법
④ 특성곡선상 서어징 한계 밖에서 운전하는 방법
⑤ 토출량 조절밸브를 펌프에 근접시키는 방법

110 수격작용(Water hammering)

관 속을 액체가 충만하게 흐르고 있을 경우 정전 등으로 관내의 유속이 급격히 변화하면서 액체에 심한 압력변화가 일어나는 현상을 수격작용이라 한다.

(1) 방지법

① 관경을 크게 하고 유속을 줄인다. (유속은 1m/s 정도가 좋다.)
② 조압수조 및 공기실을 관로에 설치한다.

③ 완폐체크밸브를 토출구에 설치한다.
④ 펌프에 관성차(플라이 휠)을 설치한다.
⑤ 체크밸브 외측에 자동수압조정밸브를 설치한다.

(2) 수격작용(Water hammering)의 원인

① 정전 등으로 급히 펌프가 멈춘 경우
② 유량 조절밸브를 급히 개폐한 경우
③ 송출 관로 내의 유속이 빠른 경우

111 회전속도에 의한 비례측(상사의 법칙)

펌프의 회전수 변화에 따른 유량(Q), 전양정(H), 축동력(L), 효율(η)과의 관계는 다음과 같은 비례식이 성립된다.

(1) 유량(Q_2)$= Q_1 \times \left(\frac{N_2}{N_1}\right)$ ※ 유량은 회전수 변화에 비례한다.

(2) 전양정(H_2)$= H_1 \times \left(\frac{N_2}{N_1}\right)^2$ ※ 양정은 회전수 변화의 2승에 비례한다.

(3) 축동력(L_2)$= L_1 \times \left(\frac{N_2}{N_1}\right)^3$ ※ 축동력은 회전수 변화의 3승에 비례한다.

(4) 효율(η_2)$= \eta_1$ ※ 효율은 회전수 변화와 무관하다.

112 이음매 없는 용기의 제조법

① 만네스만(Mannesmann)식 : 이음새 없는 강관을 재료로 하는 방식
② 딥 드로우잉(Deep drawing)식 : 강판을 재료로 하는 방법
③ 에르하르트(Ehrhardt)식 : 각강편(角鋼片)을 재료로 하는 방법

113 정압기의 안전밸브 안전장치의 설정압력

정압기에 설치되는 이상압력 통보설비, 긴급차단장치 및 안전밸브의 설정압력은 다음 표의 기준에 의해 설정하여야 한다.

구분		상용압력이 2.5MPa인 경우	그 밖의 경우
이상 압력 통보 설비	상한값	3.2KPa 이하	상용압력의 1.1배 이하
	하한값	1.2KPa 이상	상용압력의 0.7배 이하
주정압기에 설치하는 긴급차단장치		3.6KPa 이하	상용압력의 1.2배 이하
안전밸브		4.0KPa 이하	상용압력의 1.4배 이하
예비 주정압기에 설치하는 긴급차단장치		4.4KPa 이하	상용압력의 1.5배 이하

114 안전밸브 분출부 크기

정압기에 설치되는 안전밸브 분출부의 크기는 다음 각 호에서 정한 크기로 하여야 한다.

(1) 정압기 입구측 압력이 0.5MPa 이상인 것은 50A 이상으로 하여야 한다.

(2) 정압기 입구측 압력이 0.5MPa 미만인 것은 정압기의 설계유량에 따라 다음과 같은 크기로 하여야 한다.

① 정압기 설계유량이 1000Nm^3/h 이상인 것은 50A 이상

② 정압기 설계유량이 1000Nm^3/h 미만인 것은 25A 이상

115 고압가스용 안전밸브의 재검사 항목

① 구조 및 치수검사 ② 기밀검사 ③ 작동성능검사

116 용기용 안전밸브

① 스프링식 : LP가스 용기

② 가용전식 : 액화염소, 액화암모니아, 아세틸렌 용기 등

③ 파열판식 : 산소, 질소 등 압축가스 용기

117 고압가스 제조시설 사고예방설비기준

폭발 등의 위해(危害)가 발생할 가능성이 큰 특수반응설비(암모니아 2차 개질로, 에틸렌 제조시설의 아세틸렌수첨탑, 산화에틸렌 제조시설의 에틸렌과 산소 또는 공기와의 반응기, 싸이크로헥산

제조시설의 벤젠수첨반응기, 석유정제 시의 중유 직접수첨탈황반응기 및 수소화분해반응기, 저밀도 폴리에틸렌중합기 또는 메탄올합성반응탑을 말한다)에는 그 위해의 발생을 방지하기 위하여 내부반응 감시설비 및 위험사태발생 방지설비의 설치 등 필요한 조치를 할 것

118 고압가스 제조시설 내부반응 감시장치 설치기준

① **온도감시장치** : 해당 특수반응설비 안에 국부파열 등 이상온도 변화상태를 정확히 측정할 수 있는 장소에 충분한 수를 설치한다.
② **압력감시장치** : 해당 특수반응설비 안에 상용압력이 상당히 달라지거나 달라질 우려가 있는 장소에 2곳 이상 설치한다.
③ **유량감시장치** : 해당 특수반응설비 안에 관련되는 원재료의 송 출입구 부위마다 1개 이상 설치한다.
④ **가스의 밀도, 조성 등의 감시장치** : 해당 특수반응설비 안의 가스의 밀도, 조성 등을 정확히 측정할 수 있는 장소에 1개 이상 설치한다.

119 킬드강

탄소강의 일종으로 제조공정 중에 재료에 녹아 있는 산소를 제거(탈산)한 것으로 저온성이 우수하고 장비의 설계온도가 482℃를 넘을 경우에 사용한다.

120 가스용 염화비닐호스 종류

염화비닐호스의 안지름은 6.3mm(1종), 9.5mm(2종), 12.7mm(3종)로 하고 그 허용차는 ± 0.7mm로 할 것

121 저압배관 유량

$Q = K\sqrt{\dfrac{D^5 \cdot h}{S \cdot L}}$ 에서

Q : 가스의 유량(m^3/h)　　　D : 관의 지름(cm)
K : 유량계수(Pole의 정수 : 0.707)　　　h : 압력손실(mmH_2O)

S : 가스비중(공기=1)　　　　　　　　L : 관의 길이(m)

122 저압 배관 설계 4요소

① 최대가스소비량　② 압력손실　③ 관지름　④ 관길이

123 배관재료의 구비조건

① 관내의 가스유통이 원활한 것일 것
② 내부의 가스압력과 외부로부터의 하중 및 충격하중에 견디는 충분한 강도를 가질 것
③ 토양, 지하수 등에 대하여 내식성을 가지는 것일 것
④ 관의 접합이 용이하고, 가스의 누설을 방지할 수 있는 것일 것
⑤ 절단가공이 용이한 것일 것

124 입상배관에 의한 압력상승

$$H=1.293(1-S)h$$

여기서 H : 가스의 압력손실(mmH_2O)
S : 가스비중(공기=1)
h : 입상 높이(m)

$$H=1.293(1-S)h$$

125 이동식 부탄연소기의 작동성능 기준

① **전기점화 성능** : 전기점화장치는 10회 작동하였을 때에 8회 이상 점화되고 연속하여 2회 이상 점화불량이 없는 것으로 한다.
② **연소 상태 성능** : 연소기는 정상적인 사용 상태에서 연소상태 시험항목에 대한 성능기준에 적합한 것으로 한다.
③ **소화 성능** : 연소기는 콕을 닫은 후 4초 이내에 염공의 불이 모두 꺼지는 것으로 한다.

④ 온도상승 성능

㉠ 조리용 카세트식 연소기는 과대불판을 올려놓고 1시간 이상 연속 사용한 후 표면온도가 50℃ 이하인 것으로 한다. 다만 그릴은 그러하지 아니하다.

㉡ 상용의 사용상태에서 용기의 표면온도는 40℃ 이하로 한다.

⑤ **가스소비량 성능** : 연소기에 가스소비량을 표시하는 경우 전가스소비량 및 각 버너의 가스소비량은 표시치의 ±10 이내인 것으로 한다.

126 가스배관 설치시 되메움 재료 및 다짐 공정 기준

(1) 되메움 재료

① 기초재료(Foundation)

㉠ 배관의 침하를 방지하기 위하여 배관하부에 포설하는 재료를 말한다. 이때에 연약지반인 경우에는 지반침하를 방지하는 조치를 한다.

㉡ 기초재료는 모래[(가스배관이 금속관인 경우에는 KS F 4009(레디믹스트콘크리트)에 따른 염분농도가 0.04% 이하일 것)] 또는 19 mm 이상의 큰 입자가 포함되지 아니하는 양질의 흙을 사용한다. 다만, 유기질토(이탄등)·실트·점토질 등 연약한 흙은 제외한다.

② 침상재료(Bedding)

배관에 작용하는 하중을 수직방향 및 횡방향에서 지지하고 하중을 기초 아래로 분산시키기 위하여 배관하단에서 배관 상단 30 cm까지 포설하는 재료를 말한다.

③ 되메움(Backfill)

㉠ 배관에 작용하는 하중을 분산시켜주고 도로의 침하 등을 방지하기 위하여 침상재료상단에서 도로노면까지 포설하는 재료를 말한다.

㉡ 되메움재는 암편이나 굵은 돌이 포함되지 않은 양질의 흙을 사용할 것. 다만, 유기질토(이탄등)·실트·점토질 등 연약한 흙은 제외한다.

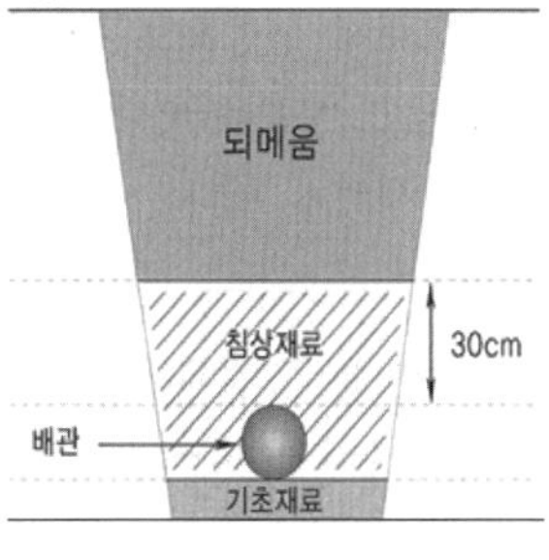

[배관의 매설방법]

(2) 다짐 공정 및 방법

① 기초재료와 침상재료를 포설한 후 다짐작업을 실시하고, 그 이후 되메움공정에서는 배관상단으로부터 30 cm마다 다짐을 실시한다. 다만, 포장되어 있는 차도에 매설하는 경우의 노반층의 다짐은 「도로법」에 따라 실시하고, 흙의 함수량이 다짐에 부적당할 경우에는 다짐작업을 하지 아니한다.

② 다짐작업은 콤팩터, 래머 등 현장상황에 맞는 다짐기계를 사용하고, 불균등한 다짐이 되지 아니하도록 전면에 걸쳐 균등하게 실시한다. 다만, 폭 4 m 이하의 도로 등은 인력으로 다짐할 수 있다.

127 전1차 공기식 연소방식

연소에 필요한 공기를 모두 1차 공기로 혼합시켜 연소시키는 것으로 2차 공기가 필요 없다. 따라서 1차 공기량으로만 연소하기 때문에 연소속도가 빨라 역화의 우려가 있으므로 버어너는 특수한 구조로 된 것을 사용해야 한다.

※ 난방용 가스 스토브, 건조로용 그릴용 버너, 소각용 각종 가열건조로 등에 이용되고 있다.

※ 전1차 공기식 연소방식의 특징

① 가스가 갖는 에너지의 70% 정도를 적외선으로 전환할 수 있다.
② 버너를 어떤 방향으로도 설치 가능하다.
③ 고온의 노 내부에 버너를 설치할 수 없다.
④ 구조가 복잡하고 가격이 비싸다.
⑤ 압력조정기의 설치가 필요하다.

128 연소기구 사용시 발생하는 이상현상

(1) 선화(Lifting : 리프팅)

리프팅 현상은 역화의 반대현상으로서 염공으로부터의 가스 유출속도가 연소속보다 크게 된 경우 불꽃이 염공에 접하여 연소하지 않고 염공을 떠나서 연소하는 현상으로 편화라고도 하며 이 현상은 연소속도가 느린 가스 연소 시 발생하기 쉽다.

※ 선화의 원인

① 가스의 공급압력이 지나치게 높은 경우
② 염공에 먼지 등이 부착하여 염공이 작아진 경우
③ 노즐, 코크의 구경이 크게 된 경우
④ 댐퍼(Damper)가 너무 많이 열렸을 경우
⑤ 환기 및 배기 불충분 등에 의한 2차 공기의 공급이 불충분한 경우

(2) 황염(Yellow Tip)

염(炎)의 선단이 적황색으로 되어 있는 현상을 황염(Yellow Tip)이라 한다. 이 현상은 연소반응의 도중에 탄화수소가 열분해하여 탄소입자가 발생하여 미연소된 상태로 적열되어 적황색으로 빛나고 있는 것으로 연소반응이 충분한 속도로 진행하지 않고 있다는 것을 알 수 있다.

※ 황염의 원인

① 연소반응이 충분한 속도로 진행되지 않을 경우
② 1차 공기량이 부족하여 불완전요소가 발생할 경우
③ 주물 밑부분에 철가루 등이 있을 경우

(3) 블로우 오프(Blow off) 현상

염공에서의 불꽃의 주위 특히, 불꽃의 기저부에 대한 공기의 움직임이 세어지면 불꽃이 염공에서 떨어져 꺼져버리는 현상

129 액화석유가스(LPG)의 연소 특성

① 발열량이 크다.
② 착화온도(발화온도)가 높다.
③ 폭발범위(연소범위)가 좁다.
④ 연소속도가 느리다.
⑤ 연소 시 다량의 공기가 필요하다.
⑥ 완전연소 시 CO_2, H_2O 발생, 불완전 연소 시에는 CO가 발생된다.

130 산화에틸렌의 저장탱크 및 용기 충전

① 산화에틸렌의 저장탱크 및 충전 용기에는 45℃에서 그 내부가스의 압력이 0.4MPa($4kg/cm^2$) 이상이 되도록 질소가스 또는 탄산가스를 충전할 것
② 산화에틸렌의 저장탱크는 그 내부의 질소가스·탄산가스 및 산화에틸렌가스의 분위기가스를 질소가스 또는 탄산가스로 치환하고 5℃이하로 유지할 것
③ 산화에틸렌 용기에 충전 시에는 질소 또는 탄산가스 로 치환한 후 산 또는 알칼리를 함유하지 않는 상태로 충전한다.

131 지하매설배관의 설치

(1) 배관(사업소안의 배관을 제외한다. 이하 이 표에서 같다)을 지하에 매설하는 경우 배관의 외면과 지면·노면 또는 측면사이에는 다음 기준에 의한 거리를 유지하고, 그 배관이 특별고압지중전선과 접근하거나 교차하는 경우에는 전기사업법에 의한 기준을 충족하도록 할 것
① 공동주택 등의 부지 내에서는 0.6m 이상
② 폭 8m이상의 도로에서는 1.2m 이상. 다만, 도로에 매설된 최고사용압력이 저압인배관에서 횡으로 분기하여 수요가에게 직접 연결되는 배관의 경우에는 1.0m 이상
③ 폭 4m 이상 8m 미만인 도로에서는 1m 이상. 다만, 도로에 매설된 최고사용압력이 저압인 배관에서 횡으로 분기하여 수요가에게 직접 연결되는 배관의 경우에는 0.8m 이상
④ ① 내지 ③에 해당되지 아니하는 곳에서는 0.8m 이상. 다만, 암반·지하매설물 등에 의하여 매설깊이의 유지가 곤란하다고 시·도지사가 인정 하는 경우에는 0.6m 이상으로 할 수 있다.

(2) 지하구조물·암반 그 밖의 특수한 사정으로 (가)의 규정에 의한 매설깊이를 확보할 수 없는 곳에 매설하는 배관은 산업통상자원부장관이 정하는 재질 및 설치방법 등에 의하여 보호관 또는 보호판으로 보호조치를 하되, 보호관 또는 보호 판 외면이 지면 또는 노면과 0.3m 이상의 깊이를 유지할 것. 다만, 산업통상자원부장관이 정하여 고시하는 경우에는 그리하지 아니하다.

132 도시가스 사용시설 배관의 도색 및 표시 기준

① 배관은 그 외부에 사용가스명, 최고사용압력 및 가스흐름방향을 표시할 것. 다만, 지하에 매설하는 배관의 경우에는 흐름방향을 표시하지 아니할 수 있다.
② 지상배관은 부식방지도장 후 표면색상을 황색으로 도색하고, 지하매설배관은 최고사용압력이 저압인 배관은 황색으로, 중압 이상인 배관은 붉은색으로 할 것. 다만, 지상배관의 경우 건축물의 내·외벽에 노출된 것으로서 바닥(2층 이상의 건물의 경우에는 각 층의 바닥을 말한다)에서 1m의 높이에 폭 3cm의 황색 띠를 2중으로 표시한 경우에는 표면색상을 황색으로 하지 아니할 수 있다.

133 도시가스 매설배관의 기울기

매설배관의 설치시 배관의 기울기는 도로 등의 기울기를 따르고 평탄할 경우 1/500~1/1000 정도의 구배로 시공하되, LNG 배관의 경우는 주밸브가 있는 곳으로 하향 구배로 시공하여 시공 중에 유입된 수분을 밸브주위의 퇴수 밸브로 제거할 수 있도록 낮게 시공하여야 한다.

134 매립(埋立)배관과 은폐(隱蔽)배관

① "매립(埋立) 배관"이란 건축물의 천정, 벽, 바닥 속에 설치되는 배관으로서, 배관 주위에 콘크리트, 흙 등이 채워져 배관의 점검·교체가 불가능한 배관을 말하며, 천정, 벽체 등을 관통하기 위해 이음부 없이 설치되는 배관은 매립배관으로 보지 않는다.

② "은폐(隱蔽) 배관"이란 건축물 내 천정, 벽체, 바닥 등의 공간에 외부에서 배관이 보이지 않게 설치된 배관으로서, 배관의 점검·교체 등이 가능한 배관을 말한다. 다만, 상자콕 설치를 위해 은폐배관 중 일부가 매립되는 경우 배관 전체를 매립배관으로 본다.

135 용접부에 발생하는 주요 용접 결함

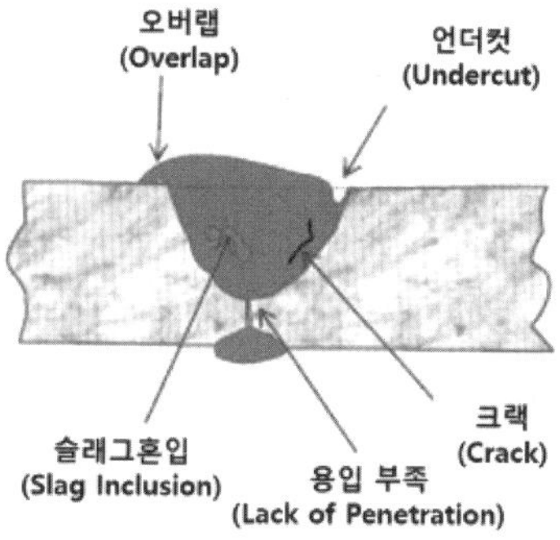

(1) 언더컷(Under-Cut)

언더컷은 용접과정 중 모재가 함몰되어 생기는 표면결함으로 날카로운 형상을 가지고 있어 응력 집중에 의한 균열로 발전할 수 있는 결함이다. 용접전류가 과다할 때, 아크(arc)길이가 길 때, 운봉 속도가 너무 빠를 때 생기기 쉽다.

(2) 슬래그 섞임(slag inclusion)

용착 금속 안이나 모재(母材)와의 융합부에 슬래그가 남는 것으로 슬래그 잠입, 슬래그 혼입이라고도 한다.

(2) 오버랩(Over-Lap)

오버랩은 용융된 금속이 모재면에 덮혀진 상태로서 오버랩의 원인은 언더컷이 생기는 원인과 반대로 용접전류가 너무 약할 때 또는 용접속도가 너무 느릴 때 생기기 쉽다.

(4) 용입불량(Incomplete Penetration)

용입불량은 개선용접 또는 필렛 용접을 할 때 용접전류가 너무 낮아 아크열이 루트 밑부분까지 충분하게 용융시키지 못했을 때 발생한다. 용입불량은 용접속도가 부적당할 때, 개선각이 부적절할 때, 용접봉의 선택이 잘못되었을 때 발생하며 외부에서 잘 발견할 수 없는 결함으로 이음의 강도가 약하게 되고 특히 이 부분에 반복하중이 작용하면 균열이 일어날 수 있다.

(5) 기공(Porosity)

기공은 용접시 물리적 또는 화학반응에 의해 발생된 가스가 용접금속 내에 갇힌 상태로 응고한 결함으로 용접부 전길이에 불균일하게 연속하여 발생하는 경우와 국부적으로 발생하는 경우가 있다. 또한 기공의 형상에 따라 선형기공, 블로우홀 (Blow Hole), 웜홀 (Worm Hole), 파이프 (Pipe)과 같은 명칭으로 불리기도 한다. 기공 결함은 아크 내에 공기가 침투하였을 때, 용접전류가 과다할 때, 아크(arc) 길이가 길 때, 용접봉 또는 이음부에 습기가 많을 때, 이음부에 유지, 페인트, 녹 등을 완전히 제거하지 않았을 때 발생한다.

(6) 스패터(Spatter)

스패터는 용융금속의 소립자가 비산하는 것으로 슬래그의 점도가 높을 때, 전류가 과대한 때, 피복재에 수분이 있을 때, 긴 아크, 운봉 각도 부적당, 모재 온도가 낮은 경우 등에 발생하기 쉽다.

136 용접 접합 곤란한 경우 접합방법

용접시공방법에 불구하고 다음의 경우에는 플렌지접합·기계적접합 또는 나사접합으로 할 수 있으며, 나사접합은KS B 0222(관용테이퍼나사)에 따라 실시한다.

① 용접접합을 실시하기가 매우 곤란한 경우
② 최고사용압력이 저압으로서 호칭지름 50A 미만의 노출 배관을 건축물 외부에 설치하는 경우
③ 공동주택 등의 가스계량기를 집단으로 설치하기 위하여 가스계량기로 분기하는 T연결부와 그 후단 연결부의 경우
④ 공동주택 입상관의 드레인 캡 마감부의 경우

137 용접부 기계적 시험방법의 종류

시험의 종류 등 용접부 기계시험의 종류는 다음과 같으며, 시험편의 개수는 이음매인장시험부터 이면굽힘시험까지의 시험에서는 시험종류마다 1개, 충격시험의 시험은 융착금속부 및 열영향부에 대하여 각각 3개로 한다.

① 이음매인장시험
② 표면굽힘시험(모재의 두께가 19mm 미만인 용접부 및 열간끼워맞춤방식외의 방식으로 층성동체의 층성재의 길이이음매로 분류된 용접을 하는 경우의 그 용접부에 한한다.) 다만, 모재 서로간 또는 모재와 용접금속부의 굽힘특성이 현저하게 다른 용접부에 대하여는 가로표면 굽힘시험으로 할 수 있다.

③ 측면굽힘시험(모재의 두께가 19mm 미만인 용접부, 열간끼워맞춤 방식으로 층성동체의 층성재의 길이이음매로 분류된 용접부 및 안전확보상 지장이 없다고 인정되는 재료에 속하는 용접부를 제외한다.)

④ 이면굽힘시험(층성동체의 원주 이음매에 속한 용접부를 제외한다) 다만, 모재의 두께가 19mm 이상인 맞대기양면용접부에 대해서는 표면굽힘시험으로 하고 모재 서로 간 또는 모재와 용접금속부간굽힘특성이 현저하게 다른 용접부에 대해서는 가로이면굽힘시험에 따른다.

⑤ 충격시험(설계온도 0℃ 미만의 용접부에 한전하며 오스테나이트계 스테인리스강 및 비철금속 에 속하는 것을 제외한다)

138 사용 목적에 따른 나사이음쇠의 분류

① 배관의 방향을 바꿀 때 : 엘보우, 밴드

② 관을 도중에서 분기할 때 : 티이, 와이, 크로스

③ 같은 관의 지름을 직선 연결 할 때 : 소켓, 유니언, 플랜지, 니플

④ 다른 지름의 관을 연결할 때 : 이경 엘보우, 이경 소켓(레듀샤), 이경티이, 부싱

⑤ 관끝을 막을 때 : 플러그, 캡

139 슬루스밸브(Sluice Valve)

유체의 흐름을 단속하는 대표적인 밸브로 밸브를 완전히 열면 유체 흐름의 단면적의 변화가 없어서 저항에 따른 마찰저항이 적지만, 밸브를 절반 정도 열면 와류가 생겨 유체저항이 커서 유량조절에는 부적합하며 리프트가 커서 개폐에 시간이 걸린다. 게이트밸브 또는 스톱밸브라고도 한다.

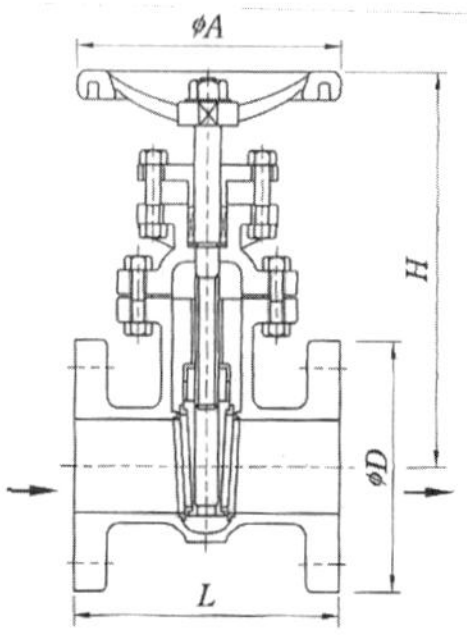

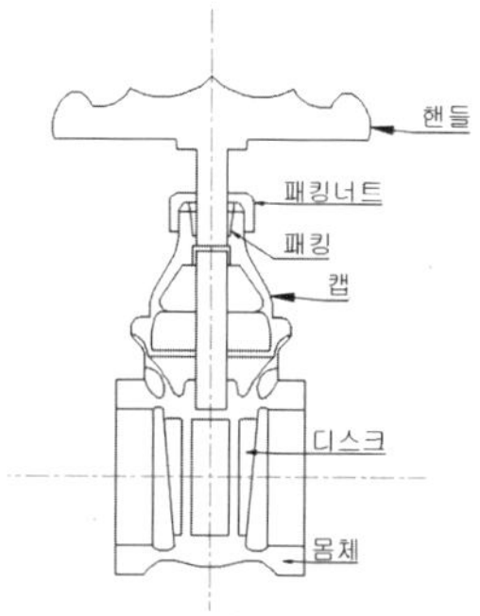

※ 슬루스 밸브(게이트 밸브) 특징

① 유체 흐름의 개폐용으로 사용한다.

② 유량조절에는 부적합하다.

③ 리프트가 커서 개폐에 시간이 걸린다.
④ 마찰저항이 적다.

140 가스콕(Gas Cock)의 용도

(1) 호스 콕(Hose Cock)
호스콕은 가스유로를 볼로 개폐하는 것이며 배관과 호스 또는 호스와 호스를 연결하는 구조로서 볼밸브와 같은 구조이다.

(2) 퓨즈 콕(Fuse Cock)
퓨즈콕은 과류차단안전기구가 부착된 것으로서, 배관과 호스 또는 배관과 퀵카플러를 연결하는 구조이다.

(3) 상자 콕(Box Cock)
상자콕은 퀵카플러 안전기구와 과류차단안전기구가 부착된 것으로 배관과 퀵카플러를 연결하는 구조이다.

141 액봉현상(liquid seal)

(1) 액화가스 배관에 부착된 밸브를 폐쇄해 놓은 경우 주변의 온도상승에 의한 액화가스 팽창으로 압력상승이 일어나 배관이 파열되는 현상

(2) 액봉현상의 방지법
① 드레인 밸브를 설치하여 내부의 액화가스를 배출시킨다.
② 릴리프 밸브를 설치하여 내부 액체를 다른 시설로 유도시킨다.

142 유체의 기밀 유지

유체가 누설되거나 이물질이 유입되는 것을 방지하기 위하여 기계설비에 사용되는 부품으로 고정부와 고정부 사이의 밀봉에 이용되는 것을 가스켓(Gasket)이라 하며, 고정부와 운동부 사이의 밀봉에 이용되는 곳을 글랜드 패킹(gland_packings)이라고 한다.

143 액화석유가스 집단공급사업 허가 대상 범위

다음 각 목의 어느 하나에 해당하는 수요자에게 액화석유가스를 공급하는 사업. 다만, 소규모 사업자에 대한 집단공급이나 영리를 목적으로 하지 아니하는 집단공급으로서 산업통상자원부령으로 정하는 경우는 제외한다.

가. 70개소 이상의 수요자(공동주택단지의 경우에는 전체 가구수가 70가구 이상인 경우를 말한다)
나. 70개소 미만의 수요자로서 산업통상자원부령으로 정하는 수요자

144 다기능 가스안전계량기

(1) 다기능 가스안전계량기의 유량 차단 성능

① 다기능계량기는 합계유량차단 값을 초과하는 가스가 흐를 경우에 75초 이내에 차단하는 것으로 한다. 다만, 합계유량차단 값은 설정기 등으로 변경 또는 설정할 수 있는 것으로 한다.

합계유량차단 값 = 연소기구 소비량의 총합 × 1.13

② 다기능계량기는 통상의 사용 상태에서 증기유량차단 값을 초과하여 유량이 증가하는 경우 차단하는 것으로 한다. 증가유량차단 값은 설정기 등으로 변경 또는 설정할 수 있는 것으로 한다.

(2) 다기능 가스안전계량기의 입출구간 거리 및 나사규격

입출구간 거리(mm)	허용오차	나사규격
90	±0.5	M34×1.5
100		
130		

(3) 다기능 가스계량기는 다음 중 어느 하나에 해당되는 조건일 경우 신호를 송신 또는 송수신한다.

① 합계증가 차단한 경우
② 연속사용시간 차단한 경우
③ 미소누출 검지한 경우
④ 전지전압 저압 시
⑤ 공급압력 저하 차단 시
⑥ 자동검침기능 작동 시
⑦ 센터 차단 시(차단기능이 있는 경우에만 적용한다.)

145 가스미터(가스계량기)

(1) 막식, 습식, 루트미터의 특징

분류	막식 가스미터	습식 가스미터	루트미터
장점	1. 저가이다. 2. 부착 후의 유지관리에 시간을 요하지 않는다.	1. 계량이 정확하다. 2. 사용 중에 기차의 변동이 거의 없다.	1. 대용량의 가스측정에 적합하다. 2. 중압가스의 유량측정이 가능하다. 3. 설치 스페이스가 적다.
단점	대용량에서는 설치스페이스가 크다.	1. 사용 중에 수위조정 등의 관리가 필요하다. 2. 설치 스페이스가 크다.	1. 스트레이너의 설치 및 설치 후의 유지관리가 필요하다. 2. 소유량(0.5[m^3/h] 이하)에서는 부동의 우려가 있다.
일반적용도 용량범위	일반 수요가 1.5~200[m^3/h]	기준기, 실험실용, 0.2~3,000[m^3/h]	대량 수요가 100~5,000[m^3/h]

(2) 가스미터 선정 시 고려 사항

① 정확히 계량될 수 있는 것일 것
② 내압 내열성이 뛰어나고 내구성이 있을 것
③ 미터에 의한 압력손실이 적을 것
④ 소형으로 검침이 쉽고 탈착이 편리할 것
⑤ 구조가 간단하며 고장이 없고 수리가 쉬울 것

(3) 가스미터 선정시 주의사항

① 사용가스에 적합한 것일 것
② 용량에 여유가 있을 것
③ 계량법에서 정한 유효기간을 충분히 만족할 것
④ 기타 외관검사 등을 행할 것

(4) 가스미터기 표기 내용

1) 0.5L/rev : 계량실 1주기 체적이 0.5L이다.
2) MAX 1.5m^3/h : 사용최대유량이 시간당 1.5m^3이다.
3) 병용 : LP가스 및 도시가스로 사용할 수 있는 계량기이다.
4) 20/11 : 검정유효기간이 2020년 11월까지이다.

146 용기종류별 부속품의 기호

(1) 아세틸렌가스를 충전하는 용기의 부속품 : AG
(2) 압축가스를 충전하는 용기의 부속품 : PG
(3) 액화석유가스외의 액화가스를 충전하는 용기의 부속품 : LG
(4) 액화석유가스를 충전하는 용기의 부속품 : LPG
(5) 초저온용기 및 저온용기의 부속품 : LT

147 방호벽설치기준

(1) 철근콘크리트제 방호벽

직경 9mm 이상의 철근을 가로·세로 400mm이하의 간격으로 배근하고 모서리 부분의 철근을 확실히 결속한 두께 120mm 이상, 높이 2,000mm 이상으로 하여야 한다.

(2) 콘크리트블럭제 방호벽

철근을 배근·결속하고 블럭공동부에는 콘크리트 몰탈을 채운 두께는 150mm 이상, 높이는 2,000mm 이상으로 하여야 한다.

(3) 강판제 방호벽

두께 6mm(허용공차 : ±0.6mm) 이상의 강판 또는 두께 3.2mm(허용공차 : ±0.34mm) 이상의 강판에 30mm×30mm 이사의 앵글강을 가로·세로 400mm 이하의 간격으로 용접 보강한 강판을 1,800mm 이하의 간격으로 세운 지주와 용접 결속하여 높이 2,000mm 이상으로 할 것

148 위험장소의 분류

가연성 가스가 폭발할 위험이 있는 농도에 도달할 우려가 있는 장소(이하 "위험장소"라 한다)의 등급은 다음과 같이 분류한다.

(1) 위험장소의 등급분류는 다음과 같다.

① "1종 장소"는 상용상태에서 가연성 가스가 체류하여 위험하게 될 우려가 있는 장소, 정비보수 또는 누출 등으로 인하여 종종 가연성 가스가 체류하여 위험하게 될 우려가 있는 장소를 말한다.

② "2종 장소"는 다음의 장소를 말한다.

㉠ 밀폐된 용기 또는 설비 내에 밀봉된 가연성 가스가 그 용기 또는 설비의 사고로 인해 파손되거나 오조작의 경우에만 누출할 위험이 있는 장소

㉡ 확실한 기계적 환기조치에 의하여 가연성 가스가 체류하지 않도록 되어 있으나 환기장치에 이상이나 사고가 발생한 경우에는 가연성 가스가 체류하여 위험하게 될 우려가 있는 장소

㉢ 1종 장소의 주변 또는 인접한 실내에서 위험한 농도의 가연성 가스가 종종 침입할 우려가 있는 장소

③ "0종 장소"란 상용의 상태에서 가연성 가스의 농도가 연속해서 폭발하한계 이상으로 되는 장소(폭발상한계를 넘는 경우에는 폭발한계내로 들어갈 우려가 있는 경우를 포함한다)를 말한다.

149 방폭구조

(1) 방폭구조의 종류

① **내압(耐壓) 방폭구조** : 방폭전기기기의 용기(이하 "용기"라 한다.) 내부에서 가연성 가스의 폭발이 발생할 경우 그 용기가 폭발압력에 견디고, 접합면·개구부 등을 통하여 외부의 가연성 가스에 인화되지 아니하도록 한 구조를 말한다.

② **유입(油入) 방폭구조** : 용기 내부에 기름을 주입하여 불꽃·아크 또는 고온발생부분이 기름 속 잠기게 함으로써 기름면 위에 존재하는 가연성 가스에 인화되지 아니하도록 한 구조를 말한다.

③ **압력(壓力) 방폭구조** : 용기 내부에 보호가스(신선한 공기 또는 불활성 가스)를 압입하여 내부압력을 유지함으로써 가연성 가스가 용기 내부로 유입되지 아니하도록 한 구조를 말한다.

④ **안전증(安全增) 방폭구조** : 정상운전 중에 가연성 가스의 점화원이 될 전기불꽃·아크 또는 고온부분 등의 발생을 방지하기 위하여 기계적·전기적 구조상 또는 온도 상승에 대하여, 특히 안전도를 증가시킨 구조를 말한다.

⑤ **본질안전(本質安全) 방폭구조** : 정상 시 및 사고(단선, 단락, 지락 등)시에 발생하는 전기불꽃·아크 또는 고온부에 의하여 가연성 가스가 점화되지 아니하는 것의 점화시험, 기타 방법에 의하여 확인된 구조를 말한다.

⑥ **특수(特殊) 방폭구조** : ①내지 ⑤에서 규정한 구조 이외의 방폭구조로써 가연성 가스에 점화를 방지할 수 있다는 것의 시험, 기타의 방법에 의하여 확인된 구조를 말한다.

(2) 가연성가스의 폭발등급 및 이에 대응하는 본질안전방폭구조의 폭발등급

최소점화전류비의 범위(mm)	0.8 초과	0.45 이상 0.8 이하	0.45 미만
가연성가스의 폭발등급	A	B	C
방폭전기기기의 폭발등급	IIA	IIB	IIC
(비고) 최소점화전류비는 메탄의 최소점화전류를 기준으로 나타낸다.			

(3) 방폭전기기기의 갈바닉 절연(galvanic isolation)

전기적 격리(갈바닉 절연) 이라 함은 본질안전전기기기 또는 본질안전관련 전기기기 내부의 2개 회로 사이에 직접적인 전기적 접속 없이 신호 또는 전력이 전달되도록 한 구조를 말한다.

150 가연성 가스의 위험도

위험도란 가연성 가스의 폭발범위(상한계−하한계)를 하한계로 나눈 값으로 H로 표시하며, 가연성 가스의 위험성은 위험도 값이 클수록 크다.

$$위험도(H) = \frac{U - L}{L}$$

여기서, U : 폭발 상한계(%), L : 폭발 하한계(%)

151 슬립 튜부식 액면계

LP가스 저장탱크 정상부에서 탱크 밑면까지 지름이 작은 스테인리스관을 부착하여 이 관을 상하로 움직여 관내에서 분출하는 가스 상태와 액체 상태의 경계면을 찾아 액면을 측정하는 것으로 인화성이나 중독성이 있는 액체의 액면측정에는 부적당하다.

152 증기운 폭발(UVCE : Unconfined Vapor cloud Explosion)

저온 액화가스의 저장탱크나 고압의 가연성 액체용기가 파괴되어 다량의 가연성 증기가 대기중으로 급격히 방출되어 공기중에 분산 확산되어 있는 상태를 증기운이라고 한다. 이 가연성 증기운에 착화원이 주어지면 폭발하여 fire ball을 형성하는데 이를 증기운 폭발이라고 한다. 영어로는 VCE (vapor cloud explosion) 또는 UVCE(unconfined vapor cloud explosion) 이라고 한다.

153 불활성화(Inerting) 방법

가연성 혼합가스에 불활성 가스(질소, 이산화탄소, 수증기)를 주입하여 산소의 농도를 최소산소농도 (MOC) 이하로 치환하는 작업을 이너팅(불활성화)이라 하며 방법으로는 진공퍼지, 압력퍼지, 스위프퍼지, 사이폰퍼지 등이 있다.

(1) 진공퍼지(Vacuum Purging)

일명 저압퍼지라 하며 용기가 원하는 진공도에 이르기까지 용기를 진공시킨 후 이너팅가스를 주입하여 용기를 대기압과 같게 한다. 원하는 산소농도가 될 때까지 반복적으로 실시한다.

※ 진공 퍼지 순서

① 용기를 진공시킨다.

② 이너팅가스(불활성가스)를 주입시킨다.

③ 최저산소농도를 유지시킨다.

(2) 압력퍼지

일명 가압퍼지라 하며 용기를 가압하에서 이너팅가스를 주입함으로서 용기내에 가한 가스가 충분히 확산된 후 그것을 대기중으로 방출하는 공정을 반복하여 원하는 산소농도를 구하는 퍼지방법이다.

(3) 스위프퍼지

용기의 한 개구부로 이너팅가스를 주입하고 다른 개구부로부터 대기 또는 스크레버로 혼합가스를 용기에서 축출하는 퍼지방법이다.

(4) 사이폰퍼지

용기에 물 등의 액체를 채운 다음 용기로부터 액체를 배출시킴과 동시에 증기층으로 이너팅 가스를 주입하여 원하는 산소농도(MOC)를 낮추는 방법이다.

154 용기의 도색

(1) 공업용 용기의 도색

가스의 종류	도색의 구분	가스의 종류	도색의 구분
액화석유가스 수소 아세틸렌 산소	회색 주황색 황색 녹색	액화암모니아 액화염소 액화탄산가스 그밖의 가스	백색 갈색 청색 회색

(2) 의료용 용기의 도색

가스의 종류	도색의 구분	가스의 종류	도색의 구분
산소 액화탄산가스 헬륨 에틸렌	백색 회색 갈색 자색	질소 아산화질소 싸이크로프로판 그 밖의 가스	흑색 청색 주황색 회색

155 에어졸제조 시험방법

(1) 시료채취

① 시료는 동일 에어졸 제조소에서 동일 충전년월일에 내용물 조성을 동일하게 한 동일 롯트에서 에어졸을 충전한 용기를 1조로 하여 그 조에서 임의로 에어졸이 충전된 용기(이하 "시료"라 한다) 3개를 취한다.

② 가목의 규정에 의하여 채취된 시료는 24℃ 이상 26℃ 이하가 되도록 온도를 유지하여 불꽃길이 시험을 실시한다.

③ 시험측정결과는 시험시 마다 롯트번호, 시험년월일, 불꽃길이, 측정자, 에어졸제품 등을 기록하여 보존하여야 한다.

(2) 불꽃길이시험

① 시험장치

버너(도시가스 또는 엘피지를 연료로 하는 것에 한한다)와 시료(용기의 분사구 이는 버너의 높이와 같게 한다)의 간격은 15cm로 한다.

② 시험방법

버너의 불꽃길이를 4.5cm 이상 5.5cm 이하로 조절하고 분사되고 시료의 하부가 버너의 불꽃상부 3분의1을 통과하도록 설치한 다음 시료를 분사하여 불꽃의 길이를 측정한다. 당해 시험을 3회 반복하여 얻은 불꽃길이의 평균치를 시료의 불꽃길이로 한다.

156 분진폭발

공기 기타의 산화성기체 중에 가연성고체의 미소한 분말이 부유하고, 그 농도가 적당한 범위 내에 있을 때, 불꽃, 스파이크섬광 등의 화원에서 에너지가 주어지면 연소에서 때때로 심한 폭발을 발생하는 수가 있다. 이것을 분진폭발 또는 분체폭발이라 한다.

(1) 분진폭발의 방지대책

① 분진의 퇴적이 어려운 형상의 구조물로써 선반 기타 수평 부분의 제거, 벽, 바닥 등의 표면은 요철이 없고 틈새가 없어야 한다.
② 실내 설비는 최소한도로 하고 분진을 청소하기 쉽게 한다. 구동 부분의 방진 구조나 전기설비의 분진 방폭 구조 등 장치류가 점화원이 되지 않도록 한다.
③ 분진취급장치는 적절한 집진장치를 해야 한다. 집진장치는 분진의 폭발이 격렬하고 피해도 크게 되므로 옥외의 안전한 장소로 격리시켜야 한다.
④ 불활성가스를 장치나 배관 내에 보내고 대기 중의 산소농도를 감소시키는 것은 가장 좋은 대책이지만, 계통 전체를 밀폐하고 외부에서의 공기유입, 또 외부로 불활성가스의 누출 방지를 위한 구조나 작업 공정 및 관리가 요구된다.
⑤ 폭발압력을 안전하게 용기외부로 방출하기 위한 폭압방산설비는 적절한 피해확대 방지방법이다.
⑥ 분진폭발 억제설비는 자동적으로 폭발을 감지하고 소화제를 투입해서 폭발을 억제하나 설비의 신뢰성, 보수나 유지에 유의하고 오조작을 방지하는 등 다른 안전장치와는 다른 세심한 주의가 필요하다.

157 고압가스 저장·사용의 저장설비기준

가연성가스 및 산소의 충전용기 보관실의 벽은 그 저장설비의 보호와 그 저장설비를 사용하는 시설의 안전 확보를 위하여 불연재료(不燃材料)를 사용하고, 가연성가스의 충전용기보관실의 지붕은 가벼운 불연재료 또는 난연재료(難燃材料)를 사용할 것. 다만, 액화암모니아 충전용기 또는 특정고압가스용 실린더캐비닛의 보관실 지붕은 가벼운 재료를 사용하지 아니할 수 있다.

158 고압가스 관련설비(특정설비)

특정설비란 저장탱크와 산업통상자원부령으로 정하는 고압가스 관련 설비로서 산업통상자원부령으로 정하는 고압가스 관련 설비"란 다음 각 호의 설비를 말한다.

① 안전밸브·긴급차단장치·역화방지장치
② 기화장치
③ 압력용기
④ 자동차용 가스 자동주입기
⑤ 독성가스배관용 밸브
⑥ 냉동설비(일체형 냉동기 제외)를 구성하는 압축기·응축기·증발기 또는 압력용기(냉동용특정설비)
⑦ 고압가스용 실린더캐비닛

⑧ 자동차용 압축천연가스 완속충전설비(처리능력 18.5m^3/h 미만인 충전설비)
⑨ 액화석유가스용 용기 잔류가스회수장치
⑩ 차량에 고정된 탱크

159 줄파기 작업시 도시가스배관을 보호하기 위한 주의사항

① 가스배관이 있을 것으로 예상되는 지점으로부터 2m 이내에서 줄파기를 할 때에는 안전관리전담자의 입회하에 시행한다.
② 줄파기 1일 시공량 결정은 시공속도가 가장 느린 천공작업에 맞추어 결정한다.
③ 줄파기 심도는 최소한 1.5m 이상으로 하며 지장물의 유무가 확인되지 않는 곳은 안전관리전담자와 협의 후 공사의 진척 여부를 결정한다.
④ 줄파기는 두 줄 또는 세 줄을 동시에 시행하지 아니하여야 하며 시공작업, 항타작업 및 가포장이 완료된 후에 다른 줄을 시행한다.
⑤ 줄파기공사후 가스배관으로부터 1m 이내에 파일을 설치할 경우에는 유도관(Guide Pipe)을 먼저 설치한 후 되메우기를 실시한다.

160 도시가스 사용시설의 가스 누출 시 대처 요령

① **휴즈콕크, 밸브 차단** : 가스냄새 및 가스누출을 발견 한 경우에는 즉시 휴즈콕크, 중간밸브 및 계량기에 연결된 메인 밸브를 잠금근다.
② **환기** : 신속하게 모든 출입문과 창문 등을 열어 실내에 유출되어 있는 가스를 외부로 배출시킨다.
③ **화기, 전기기구 사용금지** : 주변의 화기를 없애고에 환풍기나 선풍기 등 전기기구는 절대로 사용해서는 안된다.
④ **안전조치 후 사용** : 지역도시가스 회사에 연락하여 안전조치를 받고 수리가 끝나면 안전점검 후 사용한다.

161 안전간격(최대안전틈새)

안전간격이란 틈새 깊이가 25mm인 8(l)의 구형 용기 안에 폭발성 혼합가스를 채우고 점화시켜 가스가 발화할 때 화염이 용기 외부의 폭발성 혼합가스에 전달되는가의 여부를 보아 화염을 전달시킬 수 없는 한계의 틈으로서 안전간격에 따라 3등급으로 구분한다. 폭발등급에 따른 안전간격이 작은 3등급 가스가 가장 위험한 가스이다.

〈가연성 증기 및 가스의 위험성 구분〉

발화등급 폭발등급	G_1 450℃ 초과	G_2 300~450℃	G_3 200~300℃	G_4 135~200℃	G_5 100~135℃
폭발등급1 0.6mm 초과	메탄, 에탄, 프로판, 벤젠, 톨루엔, 메탄올, 아세톤, 초산, 초산에틸, 일산화탄소, 암모니아	부탄, 에틸 알코올, 부탄올, 초산아밀	n-헥산, 가솔린	아세트알데히드 에틸에테르	
폭발등급2 0.4~0.6mm	에틸렌, 석탄가스				
폭발등급3 0.4mm 미만	수소, 수성가스	아세틸렌			이황화탄소

162 시공감리 대상

도시가스공급시설 중 주요공정시공감리 대상 및 일부공정시공감리 대상은 다음과 같다.

(1) 주요공정시공감리 대상

① 일반도시가스사업자의 및 도시가스사업자 외의 가스공급시설설치자의 배관(그 부속시설을 포함한다)

② 나프타부생가스·바이오가스제조사업자 및 합성천연가스제조사업자의 배관(그 부속시설을 포함한다)

(2) 일부공정시공감리 대상

① 가스도매사업자의 가스공급시설

② 일반도시가스사업자, 나프타부생가스·바이오가스제조사업자, 합성천연가스제조사업자 및 도시가스사업자외의 가스공급시설설치자의 가스공급시설 중 주요공정시공감리 대상의 시설을 제외한 가스공급시설

③ 시공감리의 대상이 되는 사용자공급관(그 부속시설물을 포함한다)

163 강제혼합식 버너의 가스소비량 구분에 따른 안전차단기준

	안전차단 시간(초)	시동시		운전중		
버너의 구분	버너의 최대가스 소비량(KW)	직접 점화방식	파이럿 점화방식	재점화시	재시동시	재점화 및 재시동이 없을 경우
메인버너	10 이하	5	5	5	1	–
	10 초과 50 이하	5	5	5	1	–
	50 초과 120 이하	3	3	3	1	–
	120 초과 350 이하	3	3	불허	1	1
	350 초과	3	3	불허	불허	1
파일럿버너	–	–	14	–	–	–

164 자동제어계의 특성

① 정특성 : 시간적으로 변화하지 않는 측정량에 대한 계측기의 응답 특성.
② 동특성 : 시간적으로 변화하는 입력신호에 대한 계 또는 요소의 응답의 특성

165 부압을 방지하는 조치

저장탱크 내부의 압력이 외부의 압력보다 낮아져 저장탱크가 파괴되는 것을 방지하기 위한 조치로서 다음 설비를 갖추어야 한다.

① 압력계
② 압력경보설비
③ 그밖의 것(다음 중 어느 한 개 이상의 설비)
  ㉠ 진공안전밸브
  ㉡ 다른 저장탱크 또는 시설로부터의 가스도입배관(균압관)
  ㉢ 압력과 연동하는 긴급차단장치를 설치한 냉동제어설비
  ㉣ 압력과 연동하는 긴급차단장치를 설치한 송액설비

166 초저온용기 단열성능시험

(1) 시험용 가스

단열성능시험은 액화질소, 액화산소 또는 액화아르곤(이하 "시험용 가스"라 한다)을 사용하여 실시한다.

(2) 침입열량의 계산

침입열량은 다음 산식에 의한다.

$$Q = \frac{Wq}{H \cdot \Delta t \cdot V}$$

여기에서,

Q : 침입열량 (kcal/hr · ℃ · ℓ)

W : 기화된 가스량(kg)

q : 시험용 가스의 기화잠열(kcal/kg)

H : 측정기간(hr)

△t : 시험용 가스의 비점과 대기온도와의 온도차(℃)

V : 초저온용기의 내용적(ℓ)

단, 시험용 가스의 비점 및 기화잠열은 다음 표와 같다.

시험용 가스의 종류	비점(℃)	기화잠열(kcal/kg)
액화 질소	-196	48
액화 산소	-183	51
액화 아르곤	-186	38

(3) 판정

침입열량이 0.0005kcal/hr · ℃ · ℓ(내용적이 1,000ℓ이상인 초저온 용기는 0.002kcal/hr · ℃ · ℓ) 이하의 경우를 합격으로 한다.

167 위험성 평가기법의 종류

(1) 정성적 평가기법(HAHRD)(사체이작 위안예상)

위험요소의 존재여부를 규명하고 확인하는 절차로서 정성적 평가방법을 사용한다.

1) 체크리스트 기법(Process check list)

① 미리 준비된 체크리스트를 활용하여 최소한의 위험도를 인지하는 방법으로 미숙련 기술자도 적용 가능하고 이용하기 쉬우며 상대적으로 빨리 결과를 공해 준다는 장점이 있으나,

② 체크리스트 작성자의 경험, 기술수준, 지식을 기반으로 하므로 주관적인 평가가 되는 단점이 있다.

2) 안전성 검토기법(Safety review)

① 공장의 운전과 유지절차가 설계목적과 기준에 부합되는지 확인하는 기법

② 이 방법은 체크리스트나 사고예상 질문법 등과 병행하여 실시하는 것이 보이다.

3) 상대 위험순위 분석기법(Relative ranking)

① 사고에 의한 피해 정도를 나타내는 상대적 위험순위와 정성적인 정보를 얻을 수 있는 방법으로 Dow and Mond Indices를 사용한다.

② Dow and Mond Indices는 화학공장에 존재하는 위험에 대해 간단하고 직접적으로 상대적 위험순위를 파악 가능케 해주는 지표로서 공장의 상황에 따라 penalty와 credit를 부여한다.

4) 예비위험 분석기법(Preliminary hazard analysis)

예비위험 분석법의 주 목적은 위험을 일찍 인식하여 위험이 나중에 발견되었을 때 드는 비용을 절약하자는 것으로 공장개발의 초기단계에서 적용하여 공장입지 선정시부터 유용하게 활용할 수 있는 기법이다.

5) 위험과 운전성 분석기법(Hazard & Operability study)

위험과 운전성 분석법은 설계의도에서 벗어나는 일탈현상(이상상태)을 찾아내어 공정의 위험요소와 운전상의 문제점을 도출하는 방법으로 여러 분야의 경험을 가진 전문가로 팀을 이루어서 토론에 의해 잠재적 위험요소를 도출한다.

6) 이상위험도 분석기법(Failure modes, Effects and Criticality Analysis)

① Failure mode : 공정이나 공장 장치가 어떻게 고장 났는가에 대한 설명

② Effects : 고장에 대해 어떤 결과가 발생될 것인가에 대한 설명

③ Criticality : 그 결과가 얼마나 치명적인가를 분석하여 위험도 순위를 만들어서 고장(Failure mode)의 영향을 파악하는 방법이다.

7) 작업자 실수 분석기법(Human error analysis)

작업자 실수 분석법은 공장의 운전자, 보수반원, 기술자 그리고 그 외의 다른 사람들의 작업에 영향을 미칠 수 있는 위험요소들을 평가하는 방법으로 사고를 일으킬 수 있는 실수가 생기는 상황을 알아내는 것이다.

8) 사고예상 질문기법(What if)

① 사고예상 질문 분석법은 정확하게 구체화 되어 있지는 않지만 바람직하지 않은 결과를 초래할 수 있는 사건을 세심하게 고려해 보는 목적을 가지고 있으며

② 설계, 건설, 운전단계, 공정의 수정 등에서 생길 수 있는 바람직하지 않은 결과를 조사하는 방법이다.

(2) 정량적 평가기법(Risk)

정성적인 위험요소를 확률적으로 분석평가하는 정량적 평가기법으로 분류할 수 있다.

1) 결함수 분석기법 (Fault tree analysis)

결함수분석법은 하나의 특정한 사고에 대하여 원인을 파악하는 연역적 기법으로 어떤 특정사고에 대해 원인이 되는 장치의 이상·고장과 운전자 실수의 다양한 조합을 표시하는 도식적 모델인 결함수 Diagram을 작성하여 장치이상이나 운전자 실수의 상관관계를 도출하는 기법이다.

2) 사건수 분석기법 (Event tree analysis)

사건수 분석법은 초기사건으로 알려진 특정 장치의 이상이나 운전자의 실수로부터 발생되는 잠재적인 사고 결과를 평가하는 귀납적 기법으로 도식적 모델인 사건수 Diagram을 작성하여 초기사건으로부터 후속사건까지의 순서 및 상관관계를 파악하는 방법이다.

168 사고예방설비와 피해저감설비

① 사고예방설비 : 과압안전장치, 가스누출경보 및 자동차단장치, 긴급차단장치, 역류방지장치, 역화방지장치, 전기방폭설비, 환기설비, 부식방지설비, 정전기제거설비

② 피해저감설비 : 방류둑, 방호벽, 살수장치, 제독설비, 중화 이송설비, 온도상승방지설비

169 통풍구조 및 기계환기설비

가스공급시설을 설치하는 곳에 있어서 당해 가스가 누출되었을 때 그 가스가 체류하지 아니하도록 하는 구조는 다음 각 호의 기준에 적합하게 하여야 한다.

(1) 공기보다 비중이 무거운 가스인 경우에는 바닥면에 접하고, 공기보다 비중이 가벼운 가스인 경우에는 천정 또는 벽면상부에서 30cm 이내에 설치하고 또한 외기에 면하여 설치된 환기구의 통풍가능 면적의 합계가 바닥면적 $1m^2$마다 $300cm^2$(철망 등을 부착할 때는 철망이 차지하는 면적을 뺀 면적으로 한다)의 비율로 계산한 면적 이상(1개 환기구의 면적으로 $2,400cm^2$ 이하로 한다. 다만, 지붕과 벽 사이의 공간을 통하여 환기가 가능한 경우에는 이를 제한하지 아니한다)으로 한다. 이때 사방을 방호벽 등으로 설치할 경우에는 환기구를 2방향 이상으로 분산 설치하여야 한다.

(2) 제1호 규정에 의해 통풍구조를 설치할 수 없는 경우에는 다음 기준에 적합한 기계환기설비를 설치하여야 한다.

1) 통풍능력이 바닥면적 $1m^2$마다 $0.5m^3$/분 이상으로 하여야 한다.

2) 배기구는 바닥면(공기보다 가벼운 경우에는 천정면)가까이에 설치하여야 한다.

3) 배기가스 방출구를 지면에서 5m 이상의 높이에 설치하여야 한다. 다만, 다음의 경우에는 그러하지 아니하다.

① 공기보다 비중이 가벼운 경우에는 배기가스 방출구를 3m 이상의 높이에 설치

② 정압기에 설치되는 안전밸브 방출구로서 전기 시설물과의 접촉 등으로 사고의 우려가 있는 장소는 3m 이상의 높이에 설치

(3) 공기보다 비중이 가벼운 도시가스의 공급시설(정압기)로서 공급시설이 지하에 설치된 경우의 통풍구조는 다음 기준으로 할 수 있다.

1) 통풍구조는 환기구를 2방향 이상 분산하여 설치하여야 한다.
2) 배기구는 천장면으로부터 30cm 이내에 설치하여야 한다.
3) 흡입구 및 배기구의 관경은 100mm 이상으로 하되, 통풍이 양호하도록 하여야 한다.
4) 배기가스 방출구는 지면에서 3m 이상의 높이에 설치하되, 화기가 없는 안전한 장소에 설치하여야 한다.

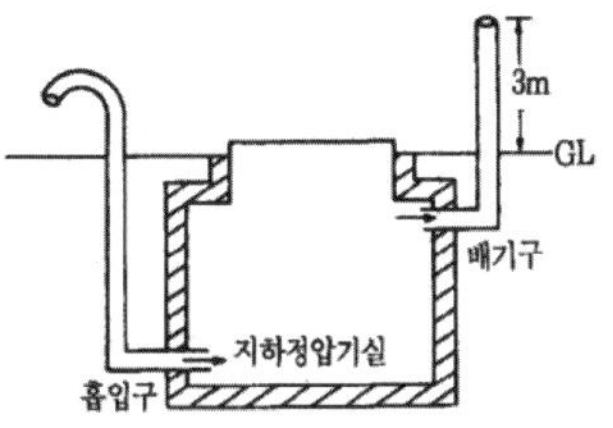

(비중이 가벼운 가스)

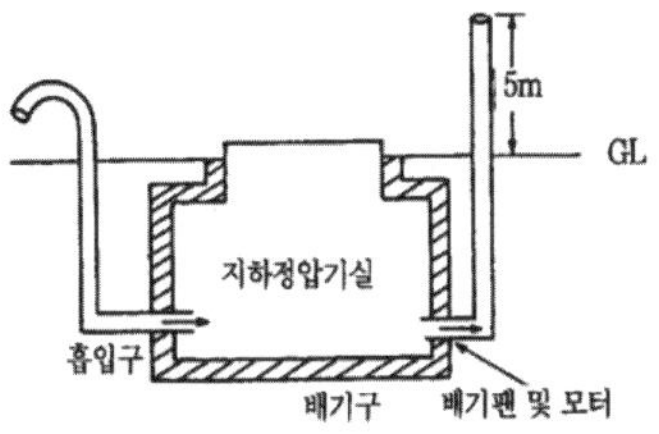

(비중이 무거운 가스)

170 가스용 폴리에틸렌관의 설치

① 가스용 폴리에틸렌관 및 이음매는 자외선을 흡수하여 강도등의 기계적 성질이 저하되기 때문에 매몰 설치하는 것이 원칙이며, 지상 배관의 연결을 위해 금속관을 사용하여 보호조치를 한 경우에는 지면에서 30cm이하로 노출하여 시공할 수 있다.

② 관의 굴곡 허용 반경은 외경의 20배 이상으로 하여야 하고, 관의 매설 위치를 지상에서 탐지할 수 있도록 배관 상단에는 로케팅와이어(locating wire)등을 설치하여야 한다.

③ 관은 지면 온도가 40℃이상이 되는 장소에는 설치하지 않아야 한다. 다만, 파이프슬리브를 이용하여 단열조치를 한 경우에는 설치가 가능하다.

제 2 장 가스기사 필답형 계산식 정리

1 펌프의 축동력(L)

- $P_S = \dfrac{\gamma \times H \times Q}{75 \times 60 \times \eta}$

여기서

γ : 액체의 비중량(kg/m^3),
H : 전양정(H)
Q : 유량(m^3/min),
η : 전효율

- $L(HP) = \dfrac{\gamma \times H \times Q}{76 \times 60 \times \eta}$

펌프의 축동력 : L

- $L(Kw) = \dfrac{\gamma \times H \times Q}{102 \times 60 \times \eta}$

2 송풍기의 축동력(kW)

- $KW = \dfrac{P \times Q}{102 \times \eta}$

$KW = \dfrac{\text{풍압}(mmH_2O) \times \text{풍량}(m^3/s)}{102(kg \cdot m/s) \times \text{효율}}$

3 회전속도에 의한 비례측(상사의 법칙)

펌프의 회전수 변화에 따른 유량(Q), 전양정(H), 축동력(L), 효율(η)과의 관계는 다음과 같은 비례식이 성립된다.

1) 유량$(Q_2) = Q_1 \times \left(\dfrac{N_2}{N_1}\right)$

※ 유량은 회전수 변화에 비례한다.

2) 전양정$(H_2) = H_1 \times \left(\dfrac{N_2}{N_1}\right)^2$

※ 양정은 회전수 변화의 2승에 비례한다.

3) 축동력$(L_2) = L_1 \times \left(\dfrac{N_2}{N_1}\right)^3$

※ 축동력은 회전수 변화의 3승에 비례한다.

4) 효율$(\eta_2) = \eta_1$

※ 효율은 회전수 변화와 무관하다.

4 비속도(비교회전도) : Specific speed

- $N_S = \dfrac{N \times \sqrt{Q}}{\left(\dfrac{H}{n}\right)^{3/4}}$

위 식에서,

N_S : 비속도(rpm·m^3/min·m)
N : 임펠러 회전수(rpm)
H : 양정(m)
Q : 유량(m^3/min)
n : 단수

5 회전 압축기의 압출량(Q : m^3/hr)

- $Q = 0.785t \cdot N \cdot (D^2 - d^2) \cdot 60$

여기서,

Q : 1시간당 피스톤 압출량(m^3/hr)
t : 회전 피스톤의 가스 압축부분의 두께(m)
N : 회전 피스톤의 1분간 표준회전수(RPM)
D : 피스톤 기통의 안지름(m)
d : 회전 피스톤의 바깥지름(m)

6 왕복동 압축기 실제적 피스톤 압출량

- $Q = \frac{\pi}{4}D^2 \times L \times N \times R \times 60 \times \eta_v$

여기서
Q : 실제적 피스톤 압출량(m^3/h)
η_v : 체적효율
D : 피스톤의 지름(m)
L : 피스톤의 행정(m)
N : 기통수
R : 분당 회전수(rpm)

7 압축기의 안전밸브 유효분출면적(a : cm^2)

- $a = \frac{W}{230P\sqrt{\frac{M}{T}}}$

위식에서,
a : 유효면적(cm^2)
W : 분출가스량(kg/h)
P : 분출압력($kg/cm^2 \cdot a$)
M : 가스분자량
T : 분출직전 가스 절대온도(K)

8 압축기 체적효율[η_v]

- 체적효율[η_v]$= \frac{\text{실제 흡입량 } (m^3/h)}{\text{이론 흡입량 } (m^3/h)}$

9 공동배기구의 최소유효단면적(A : mm^2)

- A = Q × 0.6 × K × F + P

A : 공동 배기구 유효면적(mm^2)
Q : 보일러의 가스소비량 합계(kcal/h)
K : 형상계수
F : 보일러의 동시사용률
P : 배기통의 수평투영면적(mm^2)

10 열효율(η)

- $\eta = \frac{G \times C \times \Delta t}{G_f \times H_l} \times 100$
- 연료사용량(G_f) $= \frac{G \times C \times \Delta t}{\eta \times H_l}$

11 초저온용기의 침입열량(Q : kcal/h · ℃ · L)

- $Q = \frac{Wq}{H \cdot \Delta t \cdot V}$

여기에서,
Q : 침입열량(kcal/hr·℃·ℓ)
W : 기화된 가스량(kg)
q : 시험용 가스의 기화잠열(kcal/kg)
H : 측정기간(hr)
$\triangle t$: 시험용 가스의 비점과 대기온도와의 온도차(℃)
V : 초저온용기의 내용적(ℓ)

12 입상배관에 의한 압력상승

- H = 1.293(1 − S)h

여기서
H : 가스의 압력손실(mmH_2O)
S : 가스비중(공기=1)
h : 입상 높이(m)

13 저압배관 유량산출식

- $Q = K\sqrt{\frac{D^5 \cdot h}{S \cdot L}}$ 에서

Q : 가스의 유량(m^3/h)

D : 관의 지름(cm)
K : 유량계수(Pole의 정수 : 0.707)
h : 압력손실(mmH_2O)
S : 가스비중(공기=1)
L : 관의 길이(m)

14 저압배관 유량산출식 밀도 적용

- $Q(m^3/h) = K\sqrt{\dfrac{D^5 \cdot h}{S \cdot L}}$
- 밀도(ρ) 적용

  $Q(kg/h) = \rho \cdot K\sqrt{\dfrac{D^5 \cdot h}{S \cdot L}}$

  Q = 밀도×유량계수 $\times \sqrt{\dfrac{\text{관경}^5 \times \text{압력손실}}{\text{가스비중} \times \text{관길이}}}$

15 중·고압배관 지름(D) 결정

- $Q = K \cdot \sqrt{\dfrac{D^5 \cdot (P_1^2 - P_2^2)}{S \cdot L}}$

  위 식에서,
  Q : 가스의 유량(m^3/h)
  K : 유량계수(cox(코크)의 정수 : 52.31)
  P_1 : 초압(kg/cm^2 절대)
  P_2 : 종압(kg/cm^2 절대)
  S : 가스비중(공기=1)
  L : 관 길이(m)
- $Q = K \cdot \sqrt{\dfrac{D^5 \cdot (P_1^2 - P_2^2)}{S \cdot L}}$
- $Q^2 = K^2 \cdot \dfrac{D^5 \cdot (P_1^2 - P_2^2)}{S \cdot L}$
- $D^5 = \dfrac{Q^2 \cdot S \cdot L}{K^2 \cdot (P_1^2 - P_2^2)}$

$$D = \sqrt[5]{\frac{Q^2 \cdot S \cdot L}{K^2 \cdot (P_1^2 - P_2^2)}}$$

16 관내경 D^5 구하기

- $Q = K\sqrt{\dfrac{H \cdot D^5}{S \cdot L}}$
- $Q = \times$유량계수$\times \sqrt{\dfrac{\text{압력손실} \times \text{관경}^5}{\text{가스비중} \times \text{관길이}}}$
- $Q^2 = K^2 \cdot \dfrac{D^5 \cdot H}{S \cdot L}$

  $D^5 = \dfrac{Q^2 \cdot S \cdot L}{K^2 \cdot H}$

17 혼합가스의 공기 중 폭발범위

- $\dfrac{100}{L} = \dfrac{V_1}{L_1} + \dfrac{V_2}{L_2} + \dfrac{V_3}{L_3} + \dfrac{V_4}{L_4}$
- $L = \dfrac{100}{\left(\dfrac{V_1}{L_1} + \dfrac{V_2}{L_2} + \dfrac{V_3}{L_3} + \dfrac{V_4}{L_4}\right)}$

18 기체의 확산속도(그레이엄의 법칙)

- $\dfrac{U_B}{U_A} = \sqrt{\dfrac{M_A}{M_B}} = \dfrac{t_A}{t_B}$

  여기서
  U : 확산속도
  M : 분자량
  t : 시간

19 압축계수(보정계수) 이용 계산식

- $PV = ZnRT$ 또는 $PV = Z\frac{W}{M}RT$

여기서,
P : 압력(atm)
V : 체적(ℓ)
Z : 압축계수(단위 없음)
n : 몰(mol)
W : 질량(g)
M : 분자량
R : 기체상수(0.082 ℓ·atm/mol·K)
T : 절대온도(K)

20 이상기체 상태식

- $PV = \frac{W}{M}RT$

P : 압력(atm)
V : 체적(ℓ)
W : 기체의 질량(g)
M : 기체 분자량[g/mol]
T : 절대온도(K)

- 용적$(V) = \frac{WRT}{PM}$

21 PV=GRT 공식 이용

여기서,
P : 압력[kg/m^2]
V : 체적(m^3)
G : 질량(kg)
T : 절대온도(K)
R : 기체상수$\left(\frac{848}{M}kg\cdot m/kg\cdot K\right)$
M : 분자량

22 실제 건연소 가스량(Nm^3) : G_d

- G_d = 이론 건연소 가스량(G_{od}) + 과잉공기량
- $G_d = [CO_2 + 3.76 \times O_2] + (m-1) \times Ao$
- $G_d = [CO_2 + 3.76 \times O_2] + (m-1) \times \frac{Oo}{0.21}$

23 탄화수소의 이론 공기량(Nm^3/Nm^3)

① 탄화수소(C_mH_n)의 완전연소 반응식

- $C_mH_n + \left(m + \frac{n}{4}\right)O_2 \rightarrow mCO_2 + \frac{n}{2}H_2O$

② 이론 공기량(Nm^3/Nm^3)

- $Ao(Nm^3/Nm^3) = \frac{Oo}{0.21} = \frac{m + \frac{n}{4}}{0.21}$
- $Ao = 4.761m + 1.190n$
  $= 4.76m + 1.19n$

24 기체의 이론공기량

- 이론공기량(Ao : Sm^3)$= \frac{\text{이론산소량}(Sm^3)}{0.21}$

25 압력계의 오차율(%)

① 오차율(%)

$= \frac{\text{브르돈관 압력} - \text{부유피스톤 압력}}{\text{부유피스톤 압력}} \times 100$

② 부유피스톤 압력(P)

- 압력(P) = $\dfrac{W(\text{kg})}{\dfrac{\pi}{4}(D)^2}$

26 부르동관 압력계의 오차율(%)

- 오차(%) $\dfrac{\text{특정값} - \text{참값}}{\text{측정값}} \times 100$
- 참값 $= \dfrac{W + W}{A}$

27 배관의 열팽창길이 계산 공식

- $\lambda = l \cdot \alpha \cdot \Delta t$

여기서

λ : 열팽창 길이[mm]

l : 전길이[mm]

α : 열팽창율(선팽창계수)

Δt : 온도차[℃]

28 등온팽창시 외부로부터 받은 열량(kcal)

- $Q = APV_1 \ln \dfrac{V_2}{V_1}$

29 압축가스 저장능력

- $Q = (P+1)V$
- $Q = (P+1) \times \dfrac{\pi}{6} \times D^3$

30 이음매 없는 용기의 두께(t)

- $t = \dfrac{D}{2} \times (1 - \sqrt{\dfrac{S - 1.3P}{S + 0.4P}}$

31 절대압력(atm)

- 절대압력(atm) = 대기압 + 게이지압력

32 노즐에서 LP가스 분출량

- $Q = 0.009 \times D^2 \times \sqrt{\dfrac{h}{d}}$

33 노즐 변경률

- $\dfrac{D_2}{D_1} = \sqrt{\dfrac{WI_1 \sqrt{P_1}}{WI_2 \sqrt{P_2}}}$

위 식에서,

D_1 : 변경 전 노즐 구멍의 지름(mm)

D_2 : 변경 후 노즐 구멍의 지름(mm)

WI_1 : 변경 전 웨버지수

WI_2 : 변경 후 웨버지수

D_1 : 변경 전 가스의 압력(mmH_2O)

D_2 : 변경 후 가스의 압력(mmH_2O)

34 Fanning의 방정식 적용

- $h_f = 4f \dfrac{L}{D} \cdot \dfrac{V^2}{2g}$

35 비수조식(非水槽式) 내압시험

- 전증가량 구하는 식
  $\Delta V = (A - B) - [(A - B) + V] \cdot P \cdot \beta_t$
  여기서
  ΔV : 전증가량(cm^3)
  A : P기압에서의 압입된 모든 물의 양(cm^3)
  B : P기압에 있어서의 용기 이외의 압입된 물의 양(cm^3)
  V : 용기 내용적(cm^3)
  P : 내압 시험압력(atm)
  β_t : t(℃)에 있어서의 물의 압축계수

36 영구증가율

- 영구증가율$=\dfrac{\text{항구(영구)증가량}}{\text{전 증가량}}\times 100$

37 저장능력산정기준

① 압축가스의 저장탱크 및 용기 :
  $Q = (10P + 1)V$
② 액화가스의 저장탱크 : $W = 0.9dV_2$
③ 액화가스의 용기 및 차량에 고정된 탱크 :
  $W = \dfrac{V_2}{C}$

위의 산식에서,
Q : 저장능력(m^3)
P : 35℃(아세틸렌가스의 경우에는 15℃)에서의 최고충전 압력(MPa)
V_1 : 내용적(m^3)
W : 저장능력(kg)
d : 상용온도의 액화가스의 비중(kg/ℓ)
V_2 : 내용적(ℓ)
C : 저온 용기 및 차량에 고정된 저온 탱크와 초저온 용기 및 차량에 고정된 초저온 탱크에 충전하는 액화가스에 있어서는 그 용기 및 탱크의 상용온도 중 최고의 온도에 있어서의 그 가스의 비중(단위 : kg/ℓ)의 수치에 10분의 9를 곱한 수치의 역수, 그밖의 액화가스의 충전용기 및 차량에 고정된 탱크에 있어서는 다음 표의 가스종류에 따르는 정수

가스 종류	정수	가스 종류	정수
액화프로판	2.35	액화암모니아	1.86
액화부탄	2.05	액화산소	104

38 비열비(k)

- $k = \dfrac{\text{정압비열}(Cp)}{\text{정적비열}(Cv)}$

39 토출가스 온도(℃) : T_2

- $\dfrac{T_2}{T_1} = \left(\dfrac{P_2}{P_1}\right)^{\frac{k-1}{K}}$

위식에서,

토출가스 온도$(T_2) = T_1 \times \left(\dfrac{P_2}{P_1}\right)^{\frac{k-1}{k}}$

40 웨베 지수(WI)

- 식 : $WI = \dfrac{Hg}{\sqrt{d}}$

WI : 웨베 지수
Hg : 도시가스의 총발열량(단위 : $kcal/m^3$)
d : 도시가스의 공기에 대한 비중

41 폭발성 혼합가스의 폭발한계 구하는 방법

- 틀리에의 공식 $\frac{100}{L} = \frac{V_1}{L_1} + \frac{V_2}{L_2}$

위 식에서
L : 혼합가스의 폭발 한계치
L_1, L_2 : 각 성분의 단독 폭발 한계치(%)
V_1, V_2 : 각 성분의 부피(용량)(%)

42 저장설비와 처리설비 안전거리

- 액화천연가스(기화된 천연가스 포함)의 저장설비와 처리설비(1일 처리능력이 $52{,}500m^3$ 이하인 펌프·압축기·응축기·기화장치 제외)는 그 외면으로부터 사업소경계[사업소경계가 바다·호수·하천(｢하천법｣에 따른 하천을 말한다. 이하 같다)·연못 등의 경우에는 이들의 반대편 끝을 경계로 본다]까지 다음 계산식에 따라 얻은 거리(그 거리가 50m 미만의 경우에는 50m) 이상을 유지할 것

- $L = C \times \sqrt[3]{143000W}$

이 계산식에서
L, C 및 W는 각각 다음의 수치를 표시한다.
L : 유지하여야 하는 거리(단위 : m)
C : 저압 지하식 저장탱크는 0.240, 그 밖의 가스 저장설비와 처리설비는 0.576
W : 저장탱크는 저장능력(단위 : 톤)의 제곱근, 그 밖의 것은 그 시설 안의 액화천연가스의 질량(단위 : 톤)

43 프로판의 화학양론농도(χ_0)

- 프로판 완전연소 반응식

$$C_3H_8 + 5O_2 \rightarrow 3CO_2 + 4H_2O$$

- 프로판의 화학양론농도(χ_0)

$$= \frac{1}{1 + \frac{n(\text{산 산소몰수})}{0.21}} \times 100$$

- 프로판의 폭발범위 하한값(x_1)

$$x_1 = 0.55 \times x_0$$

44 구형 가스홀더의 저장능력(m^3)

- $Q = (P+1)V$
- $Q = (P+1) \times \frac{\pi}{6} \times D^3$

45 공급된 가스량(Sm^3)

① 구형 가스홀더의 내용적(V : m^3)

$$V = \frac{\pi}{6} \times D^3$$

② 공급된 가스량(Sm^3)

$$\Delta V = V \times \frac{(P_1 - P_2)}{P_0} \times \frac{T_O}{T_1}$$

46 구형 가스홀더의 내용적(m^3)

- $\Delta V = V \times \frac{(P_1 - P_2)}{P_0}$

위식에서,

$$\text{내용적}(V) = \frac{P_0 \times \Delta V}{P_1 - P_2}$$

47 구형 가스홀더의 지름(D : m)

- $V = \frac{\pi}{6} \times D^3$

위식에서,

지름$(D) = \sqrt[3]{\frac{6 \times V}{\pi}}$

48 용접용기의 동판 두께(t)

- $t = \frac{PD}{2S\eta - 1.2P} + C$

$t = \frac{\text{최고사용압력} \times \text{안지름}}{2 \times \text{허용응력} \times \text{용접효율} - 1.2 \times \text{최고사용압력}}$

$+\text{부식여유}$

- $\text{허용응력} = \text{항복응력} \times \frac{1}{4}$

49 원주방향 응력 : ρ

- $\sigma = \frac{PD}{2t}$

$\sigma = \frac{\text{내압} \times \text{안지름}(\text{바깥지름} - 2 \times \text{두께})}{2 \times \text{두께}}$

50 축방향 응력 : ρ

- $\sigma = \frac{PD}{4t}$

$\sigma = \frac{\text{내압} \times \text{안지름}(\text{바깥지름} - 2 \times \text{두께})}{4 \times \text{두께}}$

51 월사용예정량의 산정기준

특정가스사용시설에 해당 여부의 판단기준이 되는 월사용예정량은 그 가스사용시설의 설치 환경에 따라 그 가스사용시설에 설치된 연소기의 도시가스 소비량을 기초로 다음 기준에 따라 산출할 것

1) 가스사용시설의 월사용예정량은 다음 계산식에 따라 산출할 것

$$Q = \{(A \times 240) + (B \times 90)\}/11{,}000$$

위 계산식에서 사용한 기호는 각각 다음과 같은 사항을 표시한다.

Q : 월 사용예정량 (단위 : m^3)

A : 산업용으로 사용하는 연소기의 명판에 적힌 도시가스 소비량의 합계 (단위 : kcal/h)

B : 산업용이 아닌 연소기의 명판에 적힌 도시가스 소비량의 합계 (단위 : kcal/h)

특정제조시설의 1일 처리능력이 80톤인 가연성가스 저온저장탱크와 제1종 보호시설과의 안전거리는 위의 표에서 처리능력 및 저장능력 5만 초과 99만 이하에 해당하므로 $\frac{3}{25}\sqrt{X + 10{,}000}\,\text{m}$ 식을 적용하여 구한다.

52 압축가스용기 안전밸브 작동압력(P_2)

- $P_2 = \text{최고충전압력} \times \frac{5}{3} \times 0.8$

53 내부에너지(kcal) 변화량(ΔU)

- $\Delta U = G \times C_v \times \Delta t$

54 엔트로피 변화량(ΔS : kcal/kg · k)

- $\Delta S = \frac{dQ}{T} = \frac{\text{엔탈피 변화량(kcal/kg)}}{\text{절대온도}(K)}$

55 초저온 용기의 최고충전압력(P)

초저온용기의 기밀시험압력(AP)은 최고충전압력(FP)의 1.1배이므로 최고충전압력(FP)은 기밀시험압력(AP)을 1.1로 나누면 된다.

- $AP = FP \times 1.1$
- $FP = \frac{AP}{1.1}$

56 긴급차단장치 차단조작기구 및 기능

제조자 또는 수리자가 긴급차단장치를 제조 또는 수리하였을 경우 긴급차단장치는 KS B 2304(밸브검사 통칙)에서 정하는 기준에 따라 수압시험 방법으로 밸브시트의 누출검사를 하여 누출되지 아니하는 것으로 한다. 다만, 수압 대신에 공기 또는 질소 등의 기압을 사용하여 누출검사를 하는 경우에는 차압 0.5~0.6MPa에서 분당 누출량이 $50mL \times \frac{\text{호칭지름}(mm)}{25(mm)}$ (330mL를 초과하는 경우에는 330mL)를 초과하지 아니하는 것으로 한다.

57 플랜지이음 최소 볼트 수

- $\text{볼트수} = \frac{\text{플랜지 전체에 걸리는 힘}(kgf)}{\text{볼트 1개에 걸리는 힘}(kgf)}$

58 절대압력(atm)

- $\text{절대압력}(atm) = \frac{\text{게이지압력} + \text{대기압}}{\text{대기압}}$

59 혼합가스의 질량(%)

- $\text{질량}(\%) = \frac{\text{성분체의 질량}}{\text{전체기체의 질량}} \times 100$

60 성분기체의 중량

- $\text{몰} = \frac{\text{질량}}{\text{분자량}}$

여기서, 질량=몰×분자량

61 혼합기체의 전압력

- $\text{전압}(P_3) = \frac{(P_1 \times V_1 + P_2 \times V_2)}{(V_1 + V_2)}$
- $\text{전압}(atm) = \frac{P_A \times V_A + P_B \times V_B}{V_C}$

62 이론 습연소 가스량(Gow : Nm^3)

- 이론 습연소가스량(Gow : Nm^3)
  $= CO_2 + H_2O + N_2$

63 응력(σ : kgf/cm^2)

- $\sigma = \frac{\epsilon \times \Delta l}{L}$

• $\sigma = \frac{\text{영률}(kgf/cm^2) \times \text{팽창길이}(cm)}{\text{배관길이}(cm)}$

64 구형 탱크의 두께(t)

• $t = \frac{PD}{400f\eta - 0.4P} + C$

65 용접이음매의 간격(D : mm)

도시가스 배관을 맞대기 용접하는 경우 평행한 용접이음매의 간격은 다음 계산식에 따라 계산한 값 이상으로 한다. 다만, 최소간격을 50mm로 한다.

① $D = 2.5\sqrt{R_m \times t}$

여기서,
D : 용접이음매의 간격(mm)
R_m : 배관의 두께 중심까지의 반지름(mm)
t : 배관의 두께(mm)

② 배관의 두께 중심까지의 반지름(R_m : mm)

$R_m = \frac{\text{바깥지름} - \text{두께}}{2}$

$R_m = \frac{\text{안지름} + \text{두께}}{2}$

66 반밀폐식 보일러 자연배기식 배기통 높이

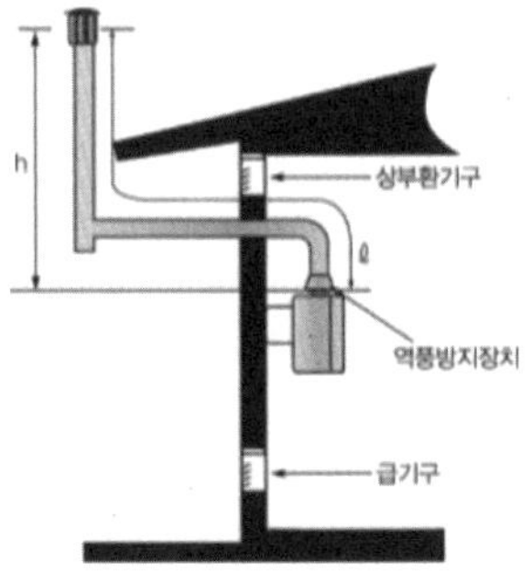

• $h = \frac{0.5 + 0.4n + 0.1\ell}{(\frac{1000Av}{6H})^2}$

위 식에서
h : 배기통의 높이(m)
n : 배기통의 굴곡수
n : 배기통의 굴곡수
ℓ : 역풍방지장치 개구부 하단으로부터 배기통끝의 개구부까지의 전길이(m)
Av : 배기통의 유효단면적(cm^2)
H : 가스소비량(kcal/h)

67 안전율

• $\text{안전율} = \frac{\text{인장강도}}{\text{허용응력}}$

• $\text{허용응력}(\sigma) = \frac{F(\text{힘})}{A(\text{단면적})}$

• $\text{안전율} = \frac{\text{인장강도}}{\text{허용응력}}$

68 가연성 가스의 위험도

• $\text{위험도}(H) = \frac{U - L}{L}$

여기서,
U : 폭발 상한계(%),
L : 폭발 하한계(%)

69 오리피스 압력차(ΔP : gf/cm^2)

• $\Delta P = (\gamma_2 - \gamma_1) \cdot h$

70 배관에 작용하는 응력(kgf/cm^2)

- $\Delta L = l \cdot \alpha \cdot \Delta t$
  식에서,
  $$응력(\alpha) = \frac{\epsilon \times \Delta L}{l}$$

71 자연기화방식

- 자연기화방식
  $$= \frac{최대\ 가스소비량(kg/H)}{용기\ 1개당\ 가스발생능력} \times 2(예비용기)$$

72 강제기화기방식

- 강제기화기방식 :
  $$\frac{최대\ 가스소비량(kg/h) \times 1일\ 평균사용시간(h)}{용기\ 1개당\ 저장능력(kg/개)}$$
  $\times$(예비용기)

73 최소 필요 용기 수량

- $$용기수 = \frac{최대가스\ 소비량(kg/h)}{용기의\ 가스발생능력(kg/h \cdot 개)}$$
- $$용기수 = \frac{기준가스량(kg)}{용기\ 1개당\ 가스충전량(kg/개)}$$

74 비체적(m^3/kg)

- $$비체적(m^3/kg) = \frac{22.4}{분자량}$$

75 밀도(kg/m^3)

- $$밀도(kg/m^3) = \frac{분자량}{22.4}$$

76 가스무게

- $$가스무게 = 부피 \times 밀도\left(\frac{분자량}{22.4}\right)$$

77 최소산소 농도값(MOC)

- $$MOC = 가스\ 하한값 \times \frac{산소몰수}{가스몰수}$$

제3장 가스기사 필답형 기출문제

2009년도 제1회

01 도시가스 배관의 내진설계 시 지진기록 계측장치의 종류를 2가지를 쓰시오.

해답 **내진설계 지진기록 계측장치의 종류**

① 간극수압계　② 동토압계
③ 수압계　④ 가속도계
⑤ 속도계　⑥ 변위계

02 시안화수소(HCN)를 용기에 충전시 첨가하는 안정제의 종류를 2가지를 쓰시오.

해설 **시안화수소(HCN) 위험성**

시안화수소(HCN)는 인화성이 강한 액체로서 화염 스파크에 의해 연소될 수 있으며, 장기간(60일 이상) 보존하면 소량의 수분(2% 이상)에 의해 중합을 일으켜 그 중합열에 의해 중합폭발을 일으킬 우려가 있으므로 안정제(황산, 아황산가스 등)를 첨가하여 중합폭발을 방지하여야 한다.

해답 ① 황산　② 아황산가스

03 배관 호칭이 1B(안지름 2.76cm), 관 길이가 20m의 배관에 압력손실이 $45mmH_2O$일 때 유량(kg/h)은 얼마인가? (단 온도는 15℃이며, 이 온도에서의 가스 비중은 1.58이고, 밀도는 2.5kg/m^3, 유량계수는 0.707이다.)

해설 **배관 통과 유량(kg/h)**

• $Q = K\sqrt{\dfrac{H \cdot D^5}{S \cdot L}}$

$= \text{밀도} \times \text{유량계수} \times \sqrt{\dfrac{\text{압력손실} \times \text{관경}^5}{\text{가스비중} \times \text{관길이}}}$

• $Q = \rho \cdot K\sqrt{\dfrac{H \cdot D^5}{S \cdot L}}$

$= 2.5 \times 0.707 \times \sqrt{\dfrac{45 \times 2.76^5}{1.58 \times 20}} = 26.692$

해답 $Q = 2.5 \times 0.707 \times \sqrt{\dfrac{45 \times 2.76^5}{1.58 \times 20}} = 26.69$

04 200A 강관에 내압 10kgf/cm^{2}을 받을 경우 관에 생기는 원주방향 응력(kgf/cm^2)과 축방향 응력(kgf/cm^2)을 계산하시오. (단, 200A 강관의 바깥지름(D)은 216.3mm이고 두께(t)는 5.8mm이다.)

1) 원주방향 응력(kgf/cm^2)
2) 축방향 응력(kgf/cm^2)

해설 1) **원주방향 응력 : ρ**

• $\sigma = \dfrac{PD}{200t}$

$= \dfrac{\text{내압} \times \text{안지름}(\text{바깥지름} - 2 \times \text{두께})}{200 \times \text{두께}}$

• $\sigma = \dfrac{10 \times (216.3 - 2 \times 5.8)}{2 \times 5.8} = 176.465$

$= 176.47(\text{kg/cm}^2)$

2) 축방향 응력 : ρ

• $\sigma = \dfrac{PD}{200t}$

$= \dfrac{\text{내압} \times \text{안지름}(\text{바깥지름} - 2 \times \text{두께})}{200 \times \text{두께}}$

• $\sigma = \dfrac{10 \times (216.3 - 2 \times 5.8)}{4 \times 5.8} = 88.232$

$= 88.23(\text{kg/cm}^2)$

해답 응력(kgf/cm^2)

1) 원주방향 응력

$= \dfrac{10 \times (216.3 - 2 \times 5.8)}{2 \times 5.8} = 176.47(\text{kg/cm}^2)$

2) 축방향 응력

$= \dfrac{10 \times (216.3 - 2 \times 5.8)}{4 \times 5.8} = 88.23(\text{kg/cm}^2)$

05 다음 [보기]와 같은 조건일 때 초저온용기의 침입열량(kcal/h · ℃ · L)을 계산하시오. (단, 소수점 5째 자리에서 반올림하여 4째 자리까지 계산하시오.)

- 용기내용적 : 1000ℓ
- 기화가스량 : 20kg
- 측정시간 : 4h
- 산소의 비점 : −183℃
- 시험용 액화가스의 기화잠열 : 51kcal/kg
- 외기온도 : 20℃

(해설) **초저온용기의 침입열량(Q : kcal/h · ℃ · L)**

- $Q=\dfrac{W\cdot q}{H\cdot \Delta t\cdot V}$

$=\dfrac{\text{기화가스량}(kg/h)\times\text{시험용가스의 기화잠열}(kcal/kg)}{\text{측정시간}(h)\times\text{시험용가스의 비점과 외기온도차}(℃)\times\text{용기내용적}(l)}$

- $Q=\dfrac{20\times 51}{4\times(183+20)\times 1000}=0.00125$

$=0.0013(kcal/h\cdot ℃\cdot l)$

(해답) $Q=\dfrac{20\times 51}{4\times(183+20)\times 1000}$

$=0.0013(kcal/h\cdot ℃\cdot l)$

(참고) **초저온 용기 단열성능시험 합격판정**

침입열량이 0.0005kcal/hr · ℃ · ℓ(내용적이 1,000ℓ 이상인 초저온 용기는 0.002kcal/hr · ℃ · ℓ) 이하의 경우를 합격으로 한다.

06 200L의 물을 1시간동안 가열하여 5℃에서 50℃까지 상승시킬 때 필요한 연료사용량(kg/h)을 계산하시오. (단, 연료의 발열량은 5470kcal/kg 이다.)

(해설) **열효율(η)**

- $\eta=\dfrac{G\times C\times \Delta t}{G_f\times H_l}\times 100$

$=\dfrac{\text{물의 질량}\times\text{물의 비열}\times\text{물의 온도차}}{\text{연료 사용량}\times\text{연료 발열량}}$

$\times 100$

- 연료사용량$(G_f)=\dfrac{G\times C\times \Delta t}{\eta\times H_l}$

$=\dfrac{200\times 1\times(50-5)}{1\times 5470}$

$=1.645=1.65(kg)$

(해답) 연료사용량$=\dfrac{200\times 1\times(50-5)}{1\times 5470}=1.645$

$=1.65(kg)$

07 다음 [보기]는 LPG 사용시설에의 기밀성능에 대한 내용이다. (　　)안에 알맞은 숫자를 넣으시오.

> 압력조정기 출구에서 연소기 입구까지의 배관은 (　　　　　)kpa 이상의 압력으로 기밀시험을 실시하여 누출이 없도록 한다.

(해설) 액화석유가스 압력조정기 출구에서 연소기 입구까지의 배관 및 호스는 8.4kpa 이상의 압력으로 지밀시험을 실시하여 누출이 없도록 한다.

(해답) 8.4

08 도시가스제조방식 중 C_mH_n를 수증기로 접촉개질 반응할 경우의 반응식을 쓰시오.

(해설) **접촉분해(Steam Reforming) 공정(Process)**

촉매를 사용하여 반응온도 400~800℃에서 탄화수소와 수증기를 반응시켜 수소, 일산화탄소, 탄산가스, 메탄, 에탄, 에틸렌, 프로필렌 등의 저급 탄화수소로 변화하는 반응을 말한다.

※ 반응식 : $aC_mH_n + bH_2O$
$\rightarrow cH_2 + dCO + eCO_2 + fCH_4 + gC + hH_2O$

(해답) $aC_mH_n + bH_2O \rightarrow cH_2 + dCO + eCO_2 + fCH_4 + gC + hH_2O$

09 찜질방에서 방사체를 가열하기 위하여 연소기에 LP가스를 사용할 경우 다음에 해당하는 용기 최소설치수량 계산식을 쓰시오

① 자연기화방식
② 강제기화기방식

(해답) 용기 최소설치수량 계산식

① 자연기화방식

$=\dfrac{\text{최대 가스소비량}(kg/H)}{\text{용기 1개당 가스발생능력}}\times 2(\text{예비용기})$

② 강제기화기방식 :

$\dfrac{\text{최대 가스소비량}(kg/h)\times 1\text{일 평균사용시간}(h)}{\text{용기 1개당 저장능력}(kg/\text{개})}$

×(예비용기)

10 냉각수 순환펌프의 총 필요양정이 2m이고 순환 냉각수량은 $5400m^3/h$이다. 펌프의 효율이 80%라면 축동력(PS)은 얼마인지 계산하시오.

해설 펌프의 축동력(L)

• $P_S = \dfrac{\gamma \times H \times Q}{75 \times 60 \times \eta}$

여기서 γ : 액체의 비중량(kg/m^3),
H : 전양정(H)
Q : 유량(m^3/min),
η : 전효율

• $P_S = \dfrac{1000(kg/m^3) \times 2(m) \times 5400(m^3/h)}{75(kg \cdot m/s) \times 3600(s/h) \times 0.8} = 50(Ps)$

해답 $P_S = \dfrac{1000(kg/m^3) \times 2(m) \times 5400(m^3/h)}{75(kg \cdot m/s) \times 3600(s/h) \times 0.8} = 50(Ps)$

2009년도 제2회

01 가스용 폴리에틸렌관의 온도가 40℃ 이상인 곳에 설치 가능한 기준을 쓰시오.

해설 가스용 폴리에틸렌관의 설치

① 가스용 폴리에틸렌관 및 이음매는 자외선을 흡수하여 강도등의 기계적 성질이 저하되기 때문에 매몰 설치하는 것이 원칙이며, 지상배관의 연결을 위해 금속관을 사용하여 보호조치를 한 경우에는 지면에서 30cm 이하로 노출하여 시공할 수 있다.
② 관의 굴곡 허용 반경은 외경의 20배 이상으로 하여야 하고, 관의 매설 위치를 지상에서 탐지할 수 있도록 배관 상단에는 로케팅 와이어(locating wire)등을 설치하여야 하낟.
③ 관은 지면 온도가 40℃이상이 되는 장소에는 설치하지 않아야 한다. 다만, 파이프슬리브를 이용하여 단열조치를 한 경우에는 설치가 가능하다.

해답 파이프 슬리브를 이용하여 단열조치 한다.

02 폭굉유도거리(DID)가 짧아질 수 있는 조건을 4가지 쓰시오

해설 폭굉유도거리
(Detonation Induction Distance : DID)
폭굉유도거리란 최초의 완만한 연소에서 격렬한 폭굉으로 발전할 때까지의 거리를 또는 그 시간을 말한다. 폭굉유도거리는 짧을수록 위험한 가스이다.

해답 폭굉유도거리(DID)가 짧아지는 요인
① 정상연소속도가 큰 혼합가스일수록
② 관속에 방해물이 있거나 관경이 작을수록
③ 압력이 높을수록
④ 점화원의 에너지가 강할수록

03 도시가스 정압기 중 피셔(fisher)식 정압기의 2차압 이상 상승 원인을 4가지 쓰시오

해답 피셔(fisher)식 정압기의 2차압 이상 상승 원인
① 메인밸브에 먼지류가 끼어들어 cut-off 불량
② 메인밸브의 밸브 폐쇄부
③ 파일럿 공급밸브(pilot supply valve)의 누설
④ 센터 스템(center stem)과 메인밸브의 접속 불량
⑤바이패스 밸브류의 누설
⑥가스 중 수분의 동결

참고 피셔(fisher)식 정압기의 2차압 이상 저하 원인
① 정압기의 능력부족
② 필터의 먼지류의 막힘
③ 파일럿의 오리피스의 녹 막힘
④ 센터 스템(center stem)의 작동불량
⑤ 스트로크의 조정 불량
⑥ 주 다이어프램의 파손

04 A기체를 대기 중으로 확산하는데 20분이 소요되었다. 같은 조건에서 수소기체의 확산 시간이 4분이 소요되었다면 A기체의 분자량을 구하시오.

해설 기체의 확산속도(그레이엄의 법칙)

• $\dfrac{U_B}{U_A} = \sqrt{\dfrac{M_A}{M_B}} = \dfrac{t_A}{t_B}$

여기서 U : 확산속도, M : 분자량, t : 시간

• $\sqrt{\dfrac{M_{H_2}}{M_A}} = \dfrac{t_{H_2}}{t_A}$

여기서, A기체의 분자량

$$M_A = M_{H_2} \times \left(\frac{t_A}{t_{H_2}}\right)^2 = 2 \times \left(\frac{20}{4}\right)^2 = 50$$

해답 $M_A = 2\times\left(\frac{20}{4}\right)^2 = 50$

05 프로판 60v%, 부탄 40v%의 혼합 LP가스를 시간당 1kg씩 사용하는 음식점이 있다. 이 음식점의 저압 배관을 통과하는 LP가스의 시간당 용적이 몇 L인지 구하시오. (단, 저압 배관을 통과하는 가스의 평균압력은 수주 280mm, 온도는 27℃ 이다.)

해설 **이상기체 상태식**

- $PV=\frac{W}{M}RT$ 여기서, 용적$(V)=\frac{WRT}{PM}$
- 용적(V)

$$=\frac{1000g\times 0.082\ell\cdot atm\times(27+273)K}{\left\{(280+10330)mmH_2O\times\frac{1atm}{10330mmH_2O}\right\}\times(44\times0.6+58\times0.4)g/mol}=482.879$$

$=482.88[\ell]$

해답 용적(V)

$$=\frac{1000\times0.08\times(27+273)}{\left\{(280+10330)\times\frac{1}{10330}\right\}\times(44\times0.6+58\times0.4)}$$

06 용접부의 균열 발생부분을 검사하는 비파괴 검사법의 종류를 4가지 쓰시오.

해설 **비파괴 검사의 종류**

1) 음향검사
테스트햄머를 사용하여 가볍게 물건을 두들기고 음향에 의해 결함의 유무를 판단하는 방법으로 검사자에 따라 개인차가 있으며 결과의 기록이 되지 않는다.

2) 초음파 탐상시험(Ultrasonic testing)
초음파검사법은 초음파(보통 0.5~15MC)를 피 검사물의 내부에 침입시켜 내부의 결함과 불균일층의 존재 여부를 검사하는 시험으로 대표적인 검사법에는 투과법, 펄스반사법, 공진법이 있다.

3) 침투 탐상시험(Liquid penetrant testing)
침투검사는 표면에 개구된 미소한 균열, 적은 구멍, 슬러그 등을 검출하는 방법이며 널리 철, 비철의 각 재료에 적용되며 특히 자기검사가 이용되지 않는 비자성재료에 많이 사용된다. 또 철강의 용접부에서도 형상이 복잡하고 자기검사가 곤란한 곳에서나 전원이 없는 때에도 이용된다.

4) 자분 탐상시험(Magnetic particle testing)
자분검사는 자기검사의 한 방법이며 피검사물을 자화한 상태에서 표면 또는 표면에 가까운 손상에 의해 생기는 누설자속을 사용하여 검출하는 방법이다.
육안으로는 검지할 수 없는 결함(균열, 손상, 개재물, 편석, 블로우호울 등)을 검지할 수 있으나 오스테나이트계 스테인레스 강등의 비자성체에는 적용되지 않는다. 결함에 의해 누설자속이 생긴 장소에 도자성(磁道性)이 높은 미세한 자성체분말자분을 살포하면 자분이 결함부에 응집흡인되어 손상 등의 위치가 육안으로 검지된다.

5) 방사선 투과시험(Radiographic testing)
방사선으로 X선이나 γ선을 투과하여 결함의 유무를 확인하는 시험으로 용접부결함 검사에 널리 사용되고 있는 비파괴 검사법이다. X선이나 γ선을 투과하면 필름에 의해 결함의 모양, 크기 등을 관찰할 수 있고 결과의 기록이 가능하다.

해답 ① 음향검사 ② 초음파검사
③ 침투검사 ④ 자기검사
⑤ 방사선투과검사 ⑥ 와류검사

07 공급압력이 수주 $180mmH_2O$인 도시가스를 높이 100m 높이의 건물에 $30m^3/h$로 공급할 경우 다음 표를 이용하여 배관(호칭)을 선택하시오. (단, 가스의 비중은 0.6이고, 배관 길이는 건물의 높이와 같은 것으로 한다.)

관호칭 (A)	바깥지름 (mm)	두께 (mm)	안지름 (mm)	D^5
25	34	3.2	27.6	160
32	42.7	3.5	35.7	580
40	48.6	3.5	41.6	1245
50	60.5	3.8	52.9	4142
65	76.3	4.2	67.9	14431

해설 ① 입상배관에 의한 압력상승

- H=1.293(S−1)h

여기서 H : 가스의 압력상승(mmH_2O)

S : 가스비중(공기=1)

h : 입상 높이(m)

- $H = 1.293(S-1)h$
- $H = 1.293 \times (1-0.55) \times 20$

$= 11.64(mmH_2O)$

※ 가스비중이 1보다 작으면 압력상승, 1보다 크면 압력손실이다.

- $Q = K\sqrt{\dfrac{H \cdot D^5}{S \cdot L}}$

$= 유량계수 \times \sqrt{\dfrac{압력손실 \times 관경^5}{가스비중 \times 관길이}}$

- $Q^2 = K^2 \cdot \dfrac{D^5 \cdot H}{S \cdot L}$
- $D^5 = \dfrac{Q^2 \cdot S \cdot L}{K^2 \cdot H}$
- $D^5 = \dfrac{30^2 \times 0.6 \times 100}{0.707^2 \times 51.72} = 2088.798$

$= 2088.80$

③ D^5 계산 값 2088.80은 위의 표 D^5에서 1245보다 크고 4142보다 작으므로 배관은 4142에 해당하는 50A를 선택한다.

해답 $D^5 = \dfrac{30^2 \times 0.6 \times 100}{0.707^2 \times 51.72} = 2088.798 = 2088.80$

08 시안화수소(HCN)의 제조법 2가지를 쓰고 제조법에 따른 제조반응식과 반응온도, 촉매에 대하여 각각 쓰시오.

해답 **시안화수소의 제조법**

(1) 앤드류소오(Andrussow)법

① 반응식 : $CH_4 + NH_3 + \dfrac{3}{2}O_2$

$\rightarrow HCN + 3H_2O + 11.3kcal$

② 반응온도 : 1000~1100℃

③ 촉매 : 10% 로듐을 함유한 백금

(2) 포름아미드법

① 반응식 :

$CO + NH_3 \rightarrow HCONH_2 \rightarrow HCN + H_2O$

② 반응온도 : 400~600℃

③ 촉매 : 아연, 망간, 알루미나 제올라이트

09 압축천연가스에 대하여 설명하시오.

해답 **압축천연가스 : CNG**

(Compressed Natural Gas)

① 메탄(CH_4)이 주성분으로 무색·무취이며 공기보다 가벼워 누출되어도 대기 중으로 쉽게 확산된다.

② CNG라고도 하며, 천연가스(NG) 또는 액화천연가스(LNG)를 기화시켜 기체상태로 압축하여 충전용기에 저장한 것으로 버스 등의 청정연료로 사용되고 있다.

10 액화석유가스(LPG)의 강제기화방식 중 변성가스 공급방식을 설명하시오.

해답 **변성가스 공급방식**

부탄을 고온의 촉매로서 분해하여 메탄, 수소, 일산화탄소 등의 연질가스로 변성시켜 공급하는 방식으로 재액화 방지 외에 도시가스용, 금속의 열처리용, 소성용, 특수제품의 가열 등의 특수 용도로 사용하기 위하여 변성한다.

2009년도 제3회

01 아세틸렌을 제조 및 충전에 대한 다음 물음에 답하시오.

(1) 습식 발생기의 표면온도를 쓰시오.

(2) 온도에 불구하고 충전 중 압력(MPa)을 쓰시오.

(3) 충전 후 온도와 압력을 쓰시오.

해설 **아세틸렌의 충전**

① 습식 아세틸렌 발생기의 표면온도는 70℃ 이하로 유지해야 되며, 발생기의 최적 온도는 50~60℃ 정도이다.

② 충전 중 압력은 온도에 불구하고 2.5MPa 이상으로 압축하지 않아야 한다. 다만 2.5MPa 이상으로 압축 시에는 분해폭발을 방지하기 위해 희석제를 첨가한다.

※ 희석제 종류 : C_2H_4, CH_4, CO, N_2 등

③ 충전 후의 압력은 15℃에서 1.5MPa 이하로 할 것

해답 (1) 70℃ 이하

(2) 2.5MPa 이하

(3) 15℃에서 1.5MPa 이하

02 최근 차세대 대체연료로 주목받고 있으며, 메탄을 주성분으로 하는 천연가스가 얼음처럼 고체화된 것으로 극지방과 심해저 등에서 저온, 고압 하에서 수소결합을 하는 고체의 격자 속에 가스가 조립된 결합체로 존재하는 얼음과 같은 고체상태의 가스연료를 무엇이라 하는지 쓰시오.

해설 **가스 하이드레이트(Gas Hydrate)**

가스하이드레이트는 메탄을 주성분으로 하는 천연가스가 얼음처럼 고체화된 것으로 수심 300m 이상의 심해저에서 주로 발견되며 '불붙는 얼음', 메탄 하이드레이트로 불리기도 한다. 석탄이나 석유에 비해 연소할 때 발생하는 이산화탄소가 적어 훌륭한 청정에너지원일 뿐만 아니라 석유자원이 묻혀 있는 여부를 알려주는 '지시자원'이기도 하다. 울릉도-독도 근해의 수심 1500m되는 곳에 액화천연가스(LNG)로 환산하면 6~20억 톤 가량의 가스하이드레이트가 매장되어 있는 것으로 추정되며 이는 30~100년 동안 쓸 수 있는 양으로 252조원의 수입대체 효과를 얻을 수 있을 것으로 평가되고 있다.

해답 가스 하이드레이트(메탄 하이드레이트)

03 연료전지의 제조소에 갖추어야 할 검사설비 종류를 2가지 쓰시오.

해답 **연료전지의 제조 및 검사에 대한 규정**

① 연료전지를 구성하는 셀, 스택, 연료개질장치, 전력변환장치, 제어장치 등 핵심부품과 주변기기 등에 대한 제조기술기준과 생산품에 대한 검사기준이 명시됐다.

② 연료전지 제조 및 검사에 해당하는 대상은 가스소비량 20만kcal 이하의 연료전지 시스템이며 검사시설에는 가스소비량측정설비, 연소성시험설비, 기밀시험설비, 전기출력측정설비, 전류·전압측정기 등으로 구성된다.

해답 ① 가스소비량 측정설비
② 연소성 시험설비
③ 기밀시험설비
④ 전기출력 측정설비
⑤ 전압측정기
⑥ 전류측정기

04 반밀폐식 온수보일러에 반드시 필요한 장치를 2가지 쓰시오.

해답 ① 급기구 ② 배기통

05 액화석유가스 저장탱크의 외벽이 화염에 의하여 국부적으로 가열될 경우 탱크의 파열을 방지하기 위한 폭발방지장치의 열전달 매체 재료를 쓰시오.

해설 **폭발방지장치의 재료**

폭발방지제는 알루미늄합금박판에 일정 간격으로 슬릿(Slit)을 내고 이것을 팽창시켜 다공성 벌집형으로 한 것이어야 한다.

해답 다공성 벌집형 알루미늄합금박판

06 프로판가스 1Nm³을 연소시켰을 경우 실제 건연소 가스량(Nm³)이 얼마인지 구하시오. (단, 공기비는 1.1이다.)

해설 **실제 건연소 가스량(Nm³) : G_d**

- G_d = 이론 건연소 가스량(G_{od}) + 과잉공기량
- $G_d = [CO_2 + 3.76 \times O_2] + (m-1) \times Ao$
- $G_d = [CO_2 + 3.76 \times O_2] + (m-1) \times \dfrac{Oo}{0.21}$
- 프로판 완전연소 반응식 :
  $C_3H_8 + 5O_2 \rightarrow 3CO_2 + 4H_2O$
- $G_d = [3 + 3.76 \times 5] + (1.1 - 1) \times \dfrac{5}{0.21}$
  $= 24.180(Nm^3)$

해답 $[3 + 3.76 \times 5] + (1.1 - 1) \times \dfrac{5}{0.21}$
$= 24.18(Nm^3)$

07 고압가스 제조시설에 설치하는 플레어스택의 구조에서 역화 및 공기 등과의 혼합폭발을 방지하기 위하여 갖추어야 할 시설을 4가지 쓰시오.

해답 ① Vapor Seal의 설치
② Purge Gas(N_2, off as 등)의 지속적인 주입
③ Molecular Seal의 설치
④ Liquid Seal의 설치
⑤ Flame Arrestor(화염방지기)의 설치

08 360kg의 LNG(액비중 0.6 메탄 90%, 에탄10%)를 1기압 20℃에서 기화시키면 부피는 몇 m^3가 되는지 구하시오.

해설 이상기체 상태식 이용

- $PV=\frac{W}{M}RT$에서 부피$(V)=\frac{WRT}{PM}$
- 부피(V)

$$=\frac{360\text{kg}\times 0.082 atm\cdot m^3/kmol\cdot K\times(20+273)K}{1atm\times(16\times 0.9+30\times 0.1)\text{kg}/Kmol}$$

$=497.54[m^3]$

해답 부피$=\frac{360\times 0.082\times(20+273)}{1\times(16\times 0.9+30\times 0.1)}$

$=497.54[m^3]$

09 폭굉유도거리(DID)에 대하여 설명하시오.

해설 폭굉유도거리

(Detonation Induction Distance : DID)

폭굉유도거리란 최초의 완만한 연소에서 격렬한 폭굉으로 발전할 때까지의 거리 또는 그 시간을 말하며, 폭굉유도거리가 짧은 가스일수록 위험한 가스이다.

해답 최초의 완만한 연소에서 격렬한 폭굉으로 발전할 때까지의 거리 또는 그 시간

10 정압기 특성 중에서 정특성에 대하여 설명하시오.

해답 정특성이란 정상상태에 있어서의 유량과 2차 압력과의 관계이다

참고 정압기의 특성

정압기를 평가 선정할 경우에는 정압기의 정특성, 동특성(응답속도 및 안정성), 유량특성, 사용최대 차압, 작동최소차압의 각 특성을 고려해야 한다.

① 정특성

정특성이란 정상상태에 있어서의 유량과 2차 압력과의 관계이다.

② 동특성(응답속도 및 안정성)

동특성은 부하 변화가 큰 곳에 사용되는 정압기에 대하여 중요한 특성으로서 부하 변동에 대한 응답의 신속성과 안정성이 모두 요구된다.

③ 유량 특성(流量 特性)

정압기의 유량특성은 메인 밸브 개도(STROKE 또는 LIFT)와 유량의 관계를 말한다.

④ 사용 최대 차압

메인밸브(Main Valve)에는 1차 압력과 2차 압력의 차압이 작용하여 정압성능에 영향을 주지만 이것이 실용적으로 사용가능한 범위에서 최대가 되었을 때의 차압을 사용최대 차압이라 한다.

⑤ 작동 최소 차압

PILOT식 정압기의 1차 압력과 2차 압력의 차압이 어느 정도 이상이 아니면 PILOT식 정압기는 작동 불가능하게 되며 이 최소치를 작동 최소 차압이라 한다.

2010년도 제1회

01 부유 피스톤형 압력계에 있어서 실린더 지름이 4cm 추와 피스톤의 무게 합계가 100kgf이다. 이 압력계에 접속된 부르동관 압력계의 읽음이 $10kgf/cm^2$일 경우 부르동관 압력계의 오차율(%)을 구하시오.

해설 압력계의 오차율(%)

① 오차율(%)

$$=\frac{\text{브르돈과 압력}-\text{부유피스톤 압력}}{\text{부유피스톤 압력}}\times 100$$

② 부유피스톤 압력(P)

$$\text{압력(P)}=\frac{W(\text{kg})}{\frac{\pi}{4}(D)^2}=\frac{100\text{kg}}{\frac{\pi}{4}\times(4\text{cm})^2}$$

$=7.96(\text{kg/cm}^2)$

③ 오차율(%)

$$=\frac{10-7.96}{7.96}\times 100=25.628=25.63\%$$

해답 오차율(%)$=\frac{10-7.96}{7.96}\times 100=25.63(\%)$

02 다음 [보기]는 배관을 시공할 때 온도변화에 의한 열팽창길이를 계산하는 공식을 나타낸 것이다. (　　) 안에 알맞은 용어를 쓰시오.

열팽창길이 = 선팽창계수 × 배관 길이 × (　)

해설 배관의 열팽창길이 계산 공식

$\lambda = l \cdot \alpha \cdot \Delta t$

여기서 λ : 열팽창 길이[mm]

l : 전길이 [mm]

α : 열팽창율(선팽창계수)

Δt : 온도차[℃]

해답 온도차

03 어느 이상기체가 압력 $10\text{kgf/cm}^2 \cdot \text{a}$에서 체적이 0.1m^3이었다. 이 기체가 등온팽창과정을 통하여 체적이 3배로 될 경우 기체가 외부로부터 받은 열량(kcal)을 구하시오.

해설 등온팽창시 외부로부터 받은 열량(kcal)

- $Q = APV_1 \ln \frac{V_2}{V_1}$
- $Q = \frac{1}{427}(\text{kcal/kg}\cdot m) \times 10 \times 10^4 (\text{kg/m}^2) \times 0.1(\text{m}^3) \times \ln \frac{0.3}{0.1} = 25.728(\text{kcal})$

해답 $Q = \frac{1}{427} \times 10 \times 10^4 \times 0.1 \times \ln \frac{0.3}{0.1} = 25.73(\text{kcal})$

04 지름 20m인 구형 저장탱크가 있다. 20℃의 상태에서 최고충전압력 $2\text{kgf/cm}^2 \cdot \text{g}$의 압력으로 가스를 저장할 경우 저장능력은 몇 톤(ton)인가 계산하시오. (단, 대기압은 1.0332kgf/cm^2이다.)

해설 압축가스 저장능력

- $Q = (P+1)V$
- $Q = (P+1) \times \frac{\pi}{6} \times D^3$
- $Q = (2+1) \times \frac{\pi}{6} \times 20^3 = 12566.37(\text{m}^3) = 12566.37(\text{kg})$
- $Q = 12566.37(\text{kg}) = 125.66(\text{톤})$

해답 $Q = (2+1) \times \frac{\pi}{6} \times 20^3 = 12566.37(\text{m}^3) = 12566.37(\text{kg}) = 125.66(ton)$

05 200A 강관 (바깥지름 216.3mm, 두께 5.8mm)이 깊이 1.2m의 위치에 매설되어 있다. 이때의 토압(土壓)하중 및 바퀴하중에 의해서 생기는 관의 최대굽힘응력(kgf/cm^2)을 계산하시오. (단, 흙의 단위체적당 중량은 $2 \times 10^{-3}\text{kgf/cm}^3$, 뒷바퀴 차량하중은 2000kgf, 차량이 2대 동시 주행 시 뒷바퀴 간격은 100cm, 충격계수는 0.5, 강관의 재질 및 형상, 지지조건에 따른 정수 kf는 0.019이다.)

해설 관의 최대굽힘응력(σ : kgf/cm^2)

- $\sigma = \frac{M_f + M_t}{Z} = \frac{6(M_f + M_t)}{t^2} = \frac{6(K_f \cdot W_f + K_t \cdot W_t)}{t^2} \times D^2$
- $\sigma = \frac{6(K_f \times \text{토압하중} + K_t \times \text{바퀴하중})}{(\text{관두께})^2} \times \text{외경}^2$
- 토압하중$(W_f) = \gamma \cdot h = 2 \times 10^{-3} \times 120 = 0.24(\text{kgf/cm}^2)$
- 바퀴하중

$(W_t) = \frac{3Q(1+i)}{2\pi H^2} \times 1 + (\frac{H}{\sqrt{H^2 + X^2}})^5$

$W_t = \frac{3 \times 8000(1+0.5)}{2 \times \pi \times 120^2} \times 1 + (\frac{120}{\sqrt{120^2 + 100^2}})^5 = 0.50(\text{kgf/cm}^2)$

- 관의 최대굽힘응력(σ : kgf/cm^2)

$\sigma = \frac{6(K_f \cdot W_f + K_t \cdot W_t)}{t^2} \times D^2 = \frac{6 \times (0.033 \times 0.24) + (0.019 \times 0.5)}{0.58^2} \times 21.63^2 = 145.36(\text{kgf/cm}^2)$

해답 $\sigma = \frac{6 \times (0.033 \times 0.24) + (0.019 \times 0.5)}{0.58^2} \times 21.63^2 = 145.36(\text{kgf/cm}^2)$

06 무색의 독성가스로 마늘냄새가 나며 납산 배터리 및 전자 화합물 재료 등으로 쓰이는 액화가스의 명칭을 쓰시오.

해설 아르신(AsH_3)

아르신 또는 비화수소라고도 하며 혈액 작용제의 일종으로 순한 마늘 냄새가 나는 기체이다. 혈액의 기능을 방해하고, 간과 신장을 상해하며, 가벼운 노출 시에는 두통과 불쾌감을 주나, 노출량이 많아지면 오한, 멀미 및 구토를 일으킨다. 가연성, 자연발화성, 맹독성의 기체에도 불구하고 납산 배터리 및 전자 화합물 재료, 반도체 산업, 유기비소화학에서 일부 응용된다.

해답 아르신(AsH_3)

07 석유정제시설에서 장치를 부식시키는 황화합물의 명칭을 쓰시오.

해답 황화수소(H_2S)

08 고압가스를 사용하는 냉동장치에서 이상압력 상승 시 사용압력(허용압력) 이하로 되돌릴 수 있는 안전장치의 종류를 3가지 쓰시오.

해답 ① 파열판
② 안전밸브
③ 고압차단장치
④ 용전 및 압력 릴리프장치

09 탄화수소(C_mH_n) $1Nm^3$가 완전 연소할 때 이론 공기량(Nm^3/Nm^3)을 구하는 식을 완성하시오.

해설 **탄화수소 $1Nm^3$ 완전 연소시 필요한 이론 공기량 (Nm^3/Nm^3)**

① 탄화수소(C_mH_n)의 완전연소 반응식

$$C_mH_n + \left(m + \frac{n}{4}\right)O_2 \rightarrow mCO_2 + \frac{n}{2}H_2O$$

② 이론 공기량(Nm^3/Nm^3)

$$Ao(Nm^3/Nm^3) = \frac{Oo}{0.21} = \frac{m + \frac{n}{4}}{0.21} = 4.761m + 1.190n = 4.76m + 1.19n$$

해답 $Ao = \frac{Oo}{0.21} = \frac{m + \frac{n}{4}}{0.21} = 4.761m + 1.190n = 4.76m + 1.19n$

10 최초의 완만한 연소가 격렬한 폭굉으로 발전할 때의 거리를 무엇이라 하는가?

해설 **폭굉유도거리**
(Detonation Induction Distance : DID)
폭굉유도거리란 최초의 완만한 연소에서 격렬한 폭굉으로 발전할 때까지의 거리 또는 그 시간을 말하며, 폭굉유도거리가 짧은 가스일수록 위험한 가스이다.

해답 최초의 완만한 연소에서 격렬한 폭굉으로 발전할 때까지의 거리 또는 그 시간

2010년도 제2회

01 고압가스 일반제조시설에서 가연성 가스를 압축하는 압축기와 충전용 주관과의 사이, 아세틸렌을 압축하는 압축기의 유분리기와 고압건조기와의 사이, 암모니아 또는 메탄올 합성탑 및 정제탑과 압축기와의 사이에 배관에 설치하는 장치를 쓰시오.

해답 역류방지밸브

02 암모니아의 공업적 제법 2가지를 쓰시오.

해답 **암모니아의 공업적 제법**
① 석회질소법 ② 하버 보시법 ③ 석탄건류법

참고 **암모니아의 합성법**
(하아버 보시법 : Harber-Bosch Process)
① 수소(H_2)와 질소(N_2)를 부피비(체적비) 3 : 1로 반응시켜 제조한다.
② 반응식 : $3H_2 + N_2 \rightarrow 2NH_3 + 24kcal$
③ 압력 : 200~1000atm,
온도 : 500~600℃ 정도
④ 촉매 : 정촉매 : Fe_3O_4, 보조촉매 : Al_2O_3, CaO, K_2O

03 독성이면서 불연성의 부식성이 있는 액화가스로서 수분이 있는 금속, 알칼리, 고무 등과 격렬히 반응하고 염료제조공정, 이소시아네이트 유기물합성, 살충제 등의 원료로 사용되는 가스의 명칭을 쓰시오.

해답 포스겐($COCl_2$)

참고 **포스겐($COCl_2$)의 제조**

- 활성탄 촉매 하에 상온에서 염소와 일산화탄소를 반응시켜 제조한다.
- 반응식 : $Cl_2+CO \xrightarrow[\text{활성탄}]{\text{상온}} COCl_2$

04 이음매 없는 용기의 바깥지름이 50mm, 동체 재료의 허용응력이 300N/mm², 내압시험압력이 20MPa인 이음매 없는 용기이다. 이 때 최고충전 압력의 1.7배 압력에서 항복을 일으키지 않는 이음매 없는 용기의 두께를 구하시오.

해설 **이음매 없는 용기의 두께(t)**

- $t=\frac{D}{2}\times(1-\sqrt{\frac{S-1.3P}{S+0.4P}}$
- $t=\frac{50}{2}\times(1-\sqrt{\frac{300-1.3\times20}{300+0.4\times20}})$
  $=1.42(mm)$

해답 $t=\frac{50}{2}\times(1-\sqrt{\frac{300-1.3\times20}{300+0.4\times20}})$
$=1.42(mm)$

05 밀도가 1.030g/cm³인 액체가 들어 있는 개방형 탱크가 있다. 탱크액면에서 1.0m 아래 지점의 절대압력(atm)을 구하시오.

해설 **절대압력(atm) = 대기압 + 게이지압력**

$$\text{절대압력(atm)}=1+(\frac{1.030\times10^3\times9.8\times1}{101325})$$
$$=1.099(atm)$$

해답 $atm=1+(\frac{1.030\times10^3\times9.8\times1}{101325})$
$=1.10(atm)$

06 액화석유가스의 부취제 냄새측정방법을 4가지 쓰시오.

해설 **액화석유가스의 냄새측정방법**

액화석유가스의 「공기 중의 혼합비율이 용량으로 1000분의 1의 상태에서 감지할 수 있는 냄새」는 다음 방법 중 어느 한 가지 측정방법 또는 이들과 동등 이상의 정확도를 가진 측정 방법으로 측정하여 액화석유가스가 혼합되어 있음을 감지할 수 있는 냄새로 한다.

① 오더(odor) 미터법(냄새측정기법)
② 주사기법
③ 냄새주머니법
④ 무취실법

해답 ① 오더(odor) 미터법(냄새측정기법)
② 주사기법
③ 냄새주머니법
④무취실법

07 공기보다 비중이 가벼운 도시가스의 공급시설로서 공급시설이 지하에 설치된 경우의 통풍구조의 기준을 4가지 쓰시오.

해설 **비중이 가벼운 도시가스의 공급시설 지하 설치 통풍구조 기준**

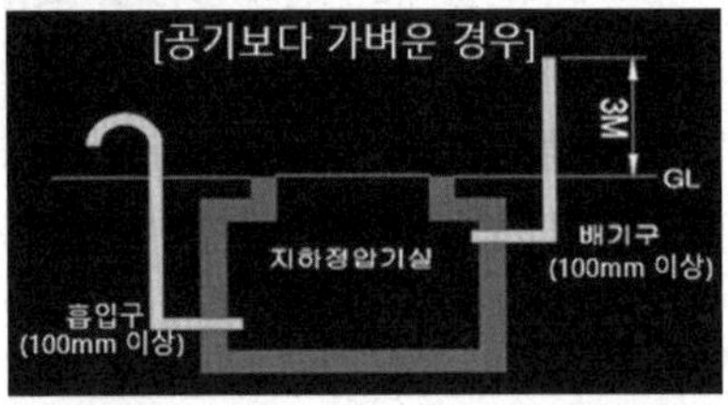

해답 **비중이 가벼운 도시가스의 공급시설 지하 설치 통풍구조 기준**

① 통풍구조는 환기구를 2방향 이상으로 분산하여 설치한다.
② 배기구는 천장면으로부터 30cm 이내에 설치한다.
③ 흡입구 및 배기구의 관지름은 100mm 이상으로 하되, 통풍이 양호하도록 한다.
④ 배기가스 방출구는 지면에서 3m 이상의 높이에 설치하되, 화기가 없는 안전한 장소에 설치한다.

08 아세틸렌 제조설비 중 아세틸렌이 접촉하는 부분에 사용되는 재료는 구리 함유량이 62%를 초과하는 것을 사용해서는 안되는 이유에 대하여 반응식을 쓰고 설명하시오.

해답 **아세틸렌과 구리합금과의 반응**

1) 반응식 : $C_2H_2+2Cu \rightarrow Cu_2C_2+H_2$
2) 이유 설명 : 구리 함유량이 62%를 초과할 경우 구리와 아세틸렌이 반응하여 폭발성의 동아세틸드(Cu_2C_2)를 생성하여 폭발의 위험성이 있기 때문이다.

09 0℃에서 100℃까지 산소의 평균 몰(mol) 열용량(Cp)은 6.987cal/mol·k이다 온도가 0℃부터 시작하여 몇 K가 되면 정압하에서 산소의 엔트로피가 1cal/mol·k 만큼 증가하는지 구하시오. (단, 산소는 이상기체 상태이다.)

해설 정압과정의 엔트로피 변화시 온도(T_2)

- 엔트로피변화량(Δs) $= C_p \ln \dfrac{T_2}{T_1}$ 식에서
- $\ln \dfrac{T_2}{T_1} = \dfrac{\Delta S}{C_p} = \dfrac{1}{6.987} = 0.143$
- $\dfrac{T_2}{T_1} = e^{0.143}$
- $T_2 = T_1 \times e^{0.143} = 273 \times e^{0.143}$
  $= 314.97(K)$

해답 $T_2 = 273 \times e^{0.143} = 314.97(K)$

10 내용적 18L의 LP가스 배관공사를 끝내고 나서 수주 880mm의 압력으로 공기를 넣어 기밀시험을 실시했다. 기밀시험 소요시간 12분이 경과한 후 배관에 부착된 자기압력계를 보니 수주 640mm의 압력을 나타내었다. 이 경우 기밀시험 개시 시의 약 몇%의 공기가 누설되었는지 구하시오. (단, 기밀시험 실시 중 온도변화는 무시하고 1기압은 1.033kgf/cm^{2}이다.)

해설 기밀시험 후 누설공기량(%)

- 누설공기량(%)
  $= \dfrac{\text{최초공기량} - \text{12분경과 후 공기량}}{\text{배관내용적}} \times 100$
- M=VP 식 적용
- 1atm=1.033kgf/cm$_2$=10330mmH_2O

① 최초 기밀시험시 공기량(표준상태 환산 체적)

$M = 18(L) \times \dfrac{(880+10330)}{10330} = 19.53(L)$

② 12분경과 후 공기량(표준상태 환산 체적)

$M = 18(L) \times \dfrac{(660+10330)}{10330} = 19.15(L)$

③ 누설공기량(%)

$\% = \dfrac{19.53 - 19.15}{18} \times 100 = 2.11(\%)$

해답 누설공기량(%)

$= \dfrac{\left[18 \times \dfrac{(880+10330)}{10330}\right] - \left[18 \times \dfrac{(660+10330)}{10330}\right]}{18}$

$\times 100 = 2.11(\%)$

2010년도 제3회

01 LP가스 배관이 수직으로 20m 입상할 경우의 압력손실을(mmH$_2$O)을 구하시오. (단, 가스비중은 1.5이다.)

해설 입상배관에 의한 압력상승

- H=1.293(1−S)h

  여기서 H : 가스의 압력손실(mmH$_2$O)

  S : 가스비중(공기=1)

  h : 입상 높이(m)
- $H = 1.293(S-1)h$
- $H = 1.293 \times (1.5-1) \times 20$
  $= 12.93(mmH_2O)$

해답 $H = 1.293 \times (1.5-1) \times 20$
$= 12.93(mmH_2O)$

02 급수관로의 지름이 00158m인 수평배관이 500m 있다. 급수관로로 흐르는 물의 유속이 10m/s라면 파이프 양 끝단에 걸리는 압력 차이는 몇 N/m^{2}인지 구하시오. (단, Fanning의 마찰계수는 0.0065이다.)

해설 Fanning의 방정식 적용

- $h_f = 4f \dfrac{L}{D} \cdot \dfrac{V^2}{2g}$
- $h_f = 4 \times 0.0065 \times \dfrac{500}{0.0158} \times \dfrac{10^2}{2 \times 9.8}$
  $= 4197.881(mH_2O)$
- 4197.881(mH_2O)를 N/m^2로 단위환산
- $4197.88 \times 10^3\ kg/m^2 \times 9.8 m/s^2$
  $= 1497.88 \times 10^3 \times 9.8 kg \cdot m/m^2 \cdot s^2$
  $= 41139224 N/m^2$

참고 $4197.88(mH_2O) = 4197.88 \times 10^3\ kg/m^2$

해답 $h_f = 4 \times 0.0065 \times \frac{500}{0.0158} \times \frac{10^2}{2 \times 9.8}$
$= 4197.881(mH_2O) = 41139224(N/m^2)$

03 펌프가 유량 2000L/min으로 양정 60m로 펌핑하고자 한다. 필요한 동력(HP)을 구하시오. (단, 펌프의 효율은 65%이다.)

해설 펌프의 축동력(Shaft horse power) : L

- $L(HP) = \frac{\gamma \times H \times Q}{76 \times 60 \times \eta}$

여기서, γ : 액체의 비중량(kg/m^3)
H : 전양정(H)
Q : 유량(m^3/min)
η : 전효율

- $L(HP) = \frac{1000(kg/m^3) \times 60(m)}{76(kg{\cdot}m/s)} \frac{\times 2000(L/min) \times 1(m^3)/1000(L)}{\times 60(s)/1(min) \times 0.65}$
$= 40.485(HP)$

해답 $HP = \frac{1000 \times 60 \times 2}{76 \times 60 \times 0.65} = 40.49(HP)$

참고 펌프의 축동력(Shaft horse power) : L

- $L(HP) = \frac{\gamma \times H \times Q}{76 \times 60 \times \eta}$
- $L(P_S) = \frac{\gamma \times H \times Q}{75 \times 60 \times \eta}$
- $L(Kw) = \frac{\gamma \times H \times Q}{102 \times 60 \times \eta}$

04 암모니아(NH^3)의 특징적인 위험성에 대하여 4가지를 쓰시오.

해답 암모니아의 특징적인 위험성

① 가연성가스로서 폭발범위가 15~28%이다.
② 독성 가스로서 허용농도가 TLV-TWA 25ppm이다.
③ 동 및 동합금에 대하여 부식성을 나타낸다.
④ 액체 암모니아가 피부점막에 노출되면 동상, 염증의 위험성이 있다.

05 공동배기구를 사용한 배기시 배기구 넓이를 구하는 공식을 쓰고 단위를 포함하여 각 인자에 대하여 설명하시오.

해답 ① 공식 : $A = Q \times 0.6 \times K \times F + P$
② 용어의 의미 :
- A : 공동 배기구 유효면적(mm^2)
- Q : 보일러의 가스소비량 합계(kcal/h)
- K : 형상계수
- F : 보일러의 동시사용률
- P : 배기통의 수평투영면적(mm^2)

06 배관의 흐름이 그림과 같이 변화하였다. 2번 지점의 단면적이 $6m^2$이고 유속이 0.8m/s일 때 1번 지점의 유속은 1.2m/s이다. 이 때 1번 지점의 관 지름은 몇 mm인지 구하시오.

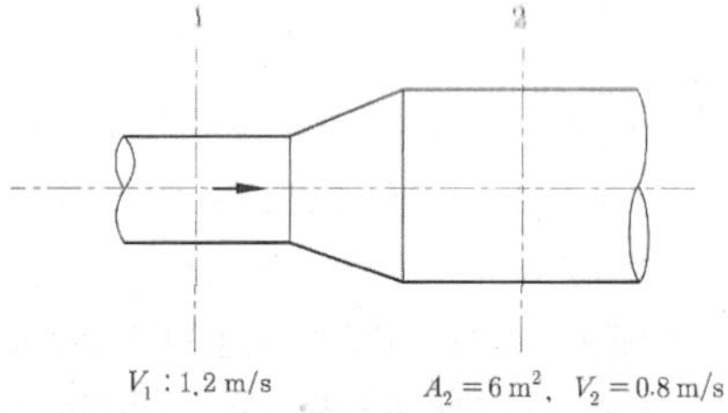

해설 1번 지점의 관 지름(mm)

- $Q = A \times V$ 식 적용
- $Q_1 = Q_2 = \frac{\pi}{4} \times D_1^2 \times V_1 = A_2 \times V_2$
- $D_1^2 = \frac{4 \times A_2 \times V_2}{\pi \times V_1}$ 에서
$D_1 = \sqrt{\frac{4 \times A_2 \times V_2}{\pi \times V_1}}$
- $D_1 = \sqrt{\frac{4 \times 6 \times 0.8}{\pi \times 1.2}} = 2256758(m)$
$= 2256.758(mm)$

해답 $D_1 = \sqrt{\frac{4 \times 6 \times 0.8}{\pi \times 1.2}} = 2256758(m)$
$= 2256.76(mm)$

07 내조와 외조로 구성된 2중 단열 액화천연가스 저장탱크의 공간부분은 진공작업 후 단열재를 이용하여 단열을 실시한다. 이 때 사용되는 단열재의 명칭을 3가지 쓰시오.

해답 **액화천연가스 저장탱크 단열재의 명칭**

① 펄라이트 ② 경질폴리우레탄폼
③ 폴리염화비닐폼

08 액화석유가스 설비의 재검사에 대한 내압시험 시 압력을 유지해야 하는 표준시간을 쓰시오.

해답 5~20분

09 기화기의 구조별 형식에 따른 분류를 4가지를 쓰시오.

해설 **장치 구성형식에 따른 기화기 분류**

기화기를 장치 구성형식에 따라 다관식, 단관식, 사관식, 열판식의 4가지로 분류한다.

해답 ① 다관식 기화기 ② 단관식 기화기
③ 사관식 시화기 ④ 열판식 기화기

10 연소기구에 접속된 고무관이 노후 되어 지름 0.5mm의 구멍이 뚫려 수주 280mm의 압력으로 LP가스가 15시간 누출하였을 경우 LP가스 분출량은 몇 m^3인지 구하시오. (단, LP가스의 분출압력 280mmH_2O에서 가스비중은 1.7로 한다.)

해설 **노즐에서 LP가스 분출량**

- $Q = 0.009 \times D^2 \times \sqrt{\frac{h}{d}}$
- $Q = 0.009 \times (0.5mm)^2 \times \sqrt{\frac{280(mmH_2O)}{1.7}} \times 15h = 0.43(m^3)$

해답 $Q = 0.009 \times (0.5)^2 \times \sqrt{\frac{280}{1.7}} \times 15$

$Q = 0.43(m^3)$

2011년도 제1회

01 방폭전기기기에서 안전간격(최대안전틈새) 범위에 대하여 쓰시오.

해답 안전간격이란 틈새 깊이가 25mm인 8(l)의 구형 용기 안에 폭발성 혼합가스를 채우고 점화시켜 가스가 발화할 때 화염이 용기 외부의 폭발성 혼합가스에 전달되는가의 여부를 보아 화염을 전달시킬 수 없는 한계의 틈을 말한다.

02 U자관 마노미터를 사용하여 오리피스에 걸리는 압력차를 측정하였다. 마노미터 속의 유체는 수은(비중 13.6)이며, 오리피스를 통하여 흐르는 유체는 물(비중 1)이다. 마노미터의 읽음이 50cm일 때 오리피스에 걸리는 압력차(gf/cm²)를 구하시오.

해설 **오리피스에 걸리는 압력차(ΔP: gf/cm²)**

$\Delta P = (\gamma_2 - \gamma_1) \cdot h$

$\Delta P = (13.6 \times 1000 - 1 \times 1000)(kg/m^3) \times 0.5(m) = 6300(kgf/m^2)$

$\Delta P = 6300(kgf/m^2) \times 1000(gf/kgf) \times \frac{(1m)^2}{(100cm)^2} = 630(gf/cm^2)$

해답 $\Delta P = 6300(kgf/m^2) \times 1000(gf/kgf) \times \frac{(1m)^2}{(100cm)^2} = 630(gf/cm^2)$

03 독성 가스의 허용농도는 LC50으로 표시하고 있다. 이 때 독성 가스의 기준에 대하여 쓰시오.

해설 **독성 가스의 허용농도**

"독성가스"란 아크릴로니트릴·아크릴알데히드·아황산가스·암모니아·일산화탄소·이황화탄소·불소·염소·브롬화메탄·염화메탄·염화프렌·산화에틸렌·시안화수소·황화수소·모노메틸아민·디메틸아민·트리메틸아민·벤젠·포스겐·요오드화수소·브롬화수소·염화수소·불화수소·겨자가스·알진·모노실란·디실란·디보레인·세렌화수소·포스핀·모노게르만 및 그 밖에 공기 중에 일정량 이상 존재하는 경우 인체에 유해한 독성을 가진 가스로서 허용농도(해당 가스를 성숙한 흰쥐 집단에게 대기 중에서 1시간 동안 계속하여 노출시킨 경우 14일 이내에 그 흰쥐의 2분의 1 이상이 죽게 되는 가스의 농도를 말한다. 이하 같다)가 100만분의 5000 이하인 것을 말한다.

해답 허용농도 100만분의 5000이하

04 LP가스 충전소에서 차량에 고정된 탱크의 LP가스를 충전소의 지하에 매설되어 있는 저장탱크로 이입할 수 있도록 저장탱크실 외부에 설치하는 장치의 명칭을 쓰시오.

해설 **로딩암**

LP가스 충전소에서 압축기에 의해 차량에 고정된 탱크의 LP가스를 충전소의 지하에 매설되어 있는 저장탱크로 이입할 수 있도록 저장탱크실 외부에 설치하는 장치로서 굵은 관은 액체가 흐르고 가는 관은 기체가 흐른다.

해답 로딩암

05 [보기]에서 주어진 조건을 이용하여 구형 탱크의 두께를 계산하시오.

| 보기 |

- 최고사용압력 : 5MPa
- 안지름 : 1000mm
- 항복응력 : 600kgf/mm²
- 용접효율 : 60%
- 부식 여유치 : 2mm

해설 **구형 탱크의 두께(t)**

- $t = \dfrac{PD}{400f\eta - 0.4P} + C$
- $t = \dfrac{5 \times 10 \times 1000}{400 \times \dfrac{600}{4} \times 0.6 - 0.4 \times 5 \times 10} + 2$
  $= 3.39(mm)$

해답 $t = \dfrac{5 \times 10 \times 1000}{400 \times \dfrac{600}{4} \times 0.6 - 0.4 \times 5 \times 10} + 2$
$= 3.39(mm)$

06 A기체를 대기 중으로 확산하는데 20분이 소요되었다. 같은 조건에서 수소기체의 확산 시간이 4분이 소요되었다면 A기체의 분자량을 구하시오.

해설 **기체의 확산속도(그레이엄의 법칙)**

- $\dfrac{U_B}{U_A} = \sqrt{\dfrac{M_A}{M_B}} = \dfrac{t_A}{t_B}$

  여기서 U : 확산속도, M : 분자량, t : 시간

- $\sqrt{\dfrac{M_{H_2}}{M_A}} = \dfrac{t_{H_2}}{t_A}$

  여기서, A기체의 분자량

  $M_A = M_{H_2} \times (\dfrac{t_A}{t_{H_2}})^2 = 2 \times (\dfrac{20}{4})^2 = 50$

해답 $M_A = 2 \times (\dfrac{20}{4})^2 = 50$

07 아래 [보기]에서 주어진 조건을 이용하여 비수조식 내압시험 장치에서의 전증가량 계산식을 완성하시오.

| 보기 |

- ΔV : 전증가량(cm³)
- A : 내압시험압력 P에서의 압입량 (수량계의 물 강하량)(cm³)
- B : 내압시험압력 P에서의 수압펌프에서 용기까지의 연결관에 압입된 수량 (용기이외의 압입수량)(cm³)
- V : 용기 내용적(cm³)
- P : 내압시험압력(MPa)
- β : 내압시험 시 물의 온도에서 압축계수
- t : 내압시험시 물의 온도(℃)

해설 **비수조식(非水槽式) 내압시험**

비수조식 내압시험은 용기를 수조에 넣지 않고 수압에 의해 가압한 후 용기 내에 압입된 물의 양을 살피고 다음 식에 의하여 압축된 물의 양을 압입된 물의 양에서 빼어 용기의 팽창량을 조사하는 방법으로서 이 방법은 압력단위를 기압(atm)으로 환산하여 두는 것과 내압 시험장치의 P기압에 있어서 압입 수량 B를 미리 측정하여 정확한 값을 알아두는 것 및 시험에 있어서의 수온 기록을 정확하게 할 필요가 있다.

해답 $\Delta V = (A - B) - [(A - B) + V] \cdot P \cdot \beta_t$

08 가스 비중이 0.5인 도시가스가 수직으로 100m 상승한 곳에 공급될 경우 배관내의 압력손실을 (mmH_2O)을 구하시오.

해설 **입상배관에 의한 압력상승**

- $H = 1.293(1 - S)h$

여기서 H : 가스의 압력손실(mmH_2O)
S : 가스비중(공기=1)
h : 입상 높이(m)

- $H=1.293(1-S)h$
- $H=1.293\times(1-0.5)\times 20$
  $=64.65(mmH_2O)$

해답 $H=1.293\times(1-0.5)\times 20$
$=64.65(mmH_2O)$

09 고압가스 제조시설에서 건축물 내에 가스가 누출하기 쉬운 고압가스 설비가 설치되어 있는 경우 바닥면 둘레가 45m일 때 가스누출 검지 경보장치 검출부 설치 수는 몇 개인가?

해설 **가스누출검지경보장치 설치장소 및 설치개수**

- 건축물 내에 설치되어 있는 압축기, 펌프, 반응설비, 저장탱크 등 가스가 누출하기 쉬운 고압가스설비 등이 설치되어 있는 장소의 주위에는 누출한 가스가 체류하기 쉬운 곳에 이들 설비군의 바닥면 둘레 10m에 대하여 1개 이상의 비율로 계산한 수
- 바닥면 둘레 10m에 대하여 1개 이상이므로 바닥면 둘레가 45m의 경우는 가스누출검지 경보장치를 5개 설치해야 한다.

해답 5개

참고 **가스누출검지경보장치 설치장소 및 설치개수**
건축물밖에 설치되어 있는 제1호에 기재한 고압가스설비가 다른 고압가스설비, 벽이나 그 밖의 구조물에 인접하거나 피트 등의 내부에 설치되어 있는 경우, 누출한 가스가 체류할 우려가 있는 경우, 누출한 가스가 체류할 우려가 있는 장소에 그 설비군의 바닥면 둘레 20m마다 1개 이상의 비율로 계산한 수, 다만, 제7호에 기재한 것은 제외한다.

10 도시가스화 방식에 의한 분류 중 접촉분해공정에서 수증기비가 일정할 때 온도를 저온에서 고온(700℃ 이상)으로 상승시킬 경우 CO_2, CO, H_2, CH_4의 생성량 변화를 쓰시오.

해설 **접촉분해(Steam Reforming) 공정(Process)**
반응온도가 700℃ 이상 상승하면 CH_4, CO_2는 적고 CO, H_2가 많은 저발열량의 가스가 생성되며, 반응 온도가 저하하면 CH_4, CO_2가 많고 CO, H_2가 적은 고발열량의 가스를 생성한다.

해답 반응온도가 700℃ 이상 상승하면 CH_4, CO_2는 적고 CO, H_2가 많은 저발열량의 가스가 생성된다.

참고 **접촉분해(Steam Reforming) 공정(Process)**
반응압력이 상승하면 CH_4, CO_2는 증가하고 CO, H_2는 감소하며, 반응압력이 저하하면 CH_4, CO_2는 감소하고 CO, H_2는 증가한다.
※ 압력의 영향은 상압에서 25기압까지가 크며 그 이상에서는 생성가스 조성에 영향이 적다.

2011년도 제2회

01 웨버지수 계산식을 쓰고 각 인자에 대하여 설명하시오.

해답 **웨베 지수(W_I)**

- 식 : $W_I=\dfrac{Hg}{\sqrt{d}}$
- 용어의 의미 : W_I : 웨베 지수
  Hg : 도시가스의 총발열량(단위 : $kcal/m^3$)
  d : 도시가스의 공기에 대한 비중

참고 **도시가스의 연소성 측정**
매일 6시 30분부터 9시 사이와 17시부터 20시 30분 사이에 각각 1회씩 가스홀더 또는 압송기 출구에서 연소속도 및 웨버지수를 측정하되, 웨버지수가 표준웨베지수의 ±4.5% 이내를 유지할 것. 다만, 가스도매사업자로부터 배관으로 천연가스를 공급받는 일반도시가스사업자의 가스공급시설은 제외한다.

02 전기방식법 중 강제배류법의 장점을 4가지 쓰시오.

해설 **강제배류법**
외부전원법과 선택배류법을 종합한 방식으로 외부전원법의 애노우도(양극 : +)를 레일에 치환한 방법으로 선택배류법에서는 레일의 전위가 높으면 방식전류가 흐르지 않으나 강제배류법에서는 별도로 전원을 가지고 있기 때문에 강제적으로 전류를 흐르게 할 수 있어 배관을 항상 방식할 수 있다. 이 방식법은 레일을 전극으로 이용하기 때문에 전극설치장소 및 매설비용이 적게 든다.

해답 **강제배류법의 장점**

① 효과범위가 넓다.
② 전압, 전류의 조정이 용이하다.
③ 전식에 대해서도 방식이 가능하다.
④ 외부전원법에 비해 경제적이다.
⑤ 전철의 휴지기간에도 방식이 가능하다.
⑥ 양극효과에 의한 간섭이 없다.

참고 **강제배류법의 단점**

① 강력하므로 다른 매설금속재료의 장해에 대해 충분한 검토를 할 필요로 한다.
② 전철에의 신호장해에 대해 충분히 검토해야만 한다.
③ 전원을 필요로 한다.

03 가연성 가스 중 충전용기의 충전구 나사가 오른 나사인 것을 2가지 쓰시오.

해설 **충전구의 나사방향**

용기용 밸브는 충전구의 나사방향에 따라 왼나사, 오른나사로 분류한다.

① 왼나사 : 가연성 가스(단, 암모니아(NH_3)와 브롬화메탄(CH_3Br)은 제외)
② 오른나사 : 가연성 가스 중 NH_3와 CH_3Br 및 조연성, 불연성 가스

해답 ① 암모니아 ② 브롬화메탄

04 LP가스 사용시설에서 2단 감압방식을 사용할 때 장점을 4가지 쓰시오.

해설 **2단 감압방식**

용기내의 가스압력을 사용압력보다 약간 높은 압력으로 1차 조정기에서 감압하고, 2차 조정기로 사용압력까지 감압하여 공급하는 방식이다.

해답 **2단 감압방식의 장점**

① 공급압력이 안정하다.
② 중간에 배관이 가늘어도 된다.
③ 입상 배관에 의한 압력손실을 보정할 수 있다.
④ 각 연소기구에 알맞은 압력으로 공급이 가능하다.

참고 **2단 감압방식의 단점**

① 설비가 복잡하다.
② 조정기가 많이 든다.
③ 재액화의 문제가 있다.
④ 검사 방법이 복잡하다.

05 10℃ 공기의 정압비열이 0.240(kcal/kg·℃)이고, 정적비열은 0.171(kcal/kg·℃)인 $1m^3$를 압축기에서 흡입압력 10(kgf/cm^2)의 압력까지 단열압축할 경우 다음 물음에 답하시오. (단, 압축기의 흡입압력과 토출압력은 절대압력이다.)

(1) 비열비를 계산하시오.
(2) 1단 압축의 경우 압축 후 토출가스 온도(℃)를 구하시오.
(3) 2단 압축하는 경우 1단에서 15(kgf/cm^2)까지 압축한다면 토출가스의 온도(℃)를 구하시오.

해설 (1) 비열비(k)

$$k=\frac{\text{정압비열}(Cp)}{\text{정적비열}(Cv)}=\frac{0.240}{0.171}=1.403$$

$=1.40$

(2) 1단 압축 후 토출가스 온도(℃) : T_2

• $\dfrac{T_2}{T_1}=\left(\dfrac{P_2}{P_1}\right)^{\frac{k-1}{K}}$ 식에서,

$$\text{토출가스 온도}(T_2)=T_1\times\left(\frac{P_2}{P_1}\right)^{\frac{k-1}{k}}$$

• $T_2=(10+273)\times\left(\dfrac{20}{10}\right)^{\frac{1.4-1}{1.4}}$

$=344.98(K)-273=71.98(℃)$

(3) 2단 압축시 1단 압축 후 토출가스 온도(℃)

• $\text{토출가스 온도}(T_2)=T_1\times\left(\dfrac{P_2}{P_1}\right)^{\frac{k-1}{k}}$

• $T_2=(10+273)\times\left(\dfrac{15}{10}\right)^{\frac{1.4-1}{1.4}}$

$=317.759(K)-273=44.76(℃)$

해답 (1) $k=\dfrac{0.240}{0.171}=1.403=1.40$

(2) $T_2=(10+273)\times\left(\dfrac{20}{10}\right)^{\frac{1.4-1}{1.4}}$

$=344.98(K)-273=71.98(℃)$

(3) $T_2=(10+273)\times\left(\dfrac{15}{10}\right)^{\frac{1.4-1}{1.4}}$

$=317.759(K)-273=44.76(℃)$

06 고압가스 공급시설의 가스배관 내용적을 계산하였더니 100L이었다. 가스배관에 공기 또는 불활성 가스를 가압한 후 기밀시험을 할 경우 압력유지시간이 몇 분인지 쓰시오.

해설 LP가스 사용시설의 기밀시험

당해 배관의 내용적	기밀시험 압력유지 소요시간
10ℓ 이하	5분
10ℓ 초과 50ℓ 이하	10분
50ℓ 초과	24분

해답 24분

참고 LP가스 사용시설의 기밀시험

① 액화석유가스 사용시설 중 조정기 출구로부터 연소기까지의 배관 또는 호스의 기밀시험은 다음 순서에 의하여 하여야 한다.

② 밸브를 잠그고 압력발생 기구 또는 설비를 사용하여 당해 배관의 내부에서 서서히 압력을 가하여 8.4kPa 이상 10kPa 이하의 압력(조정기의 조정압력이 3.3kPa 이상 30kPa 이하의 것은 35kPa 이상의 압력, 30kPa 초과의 것은 최고사용압력의 1.1배 또는 35kPa 중 높은 압력)에 이를 때까지 가압한 후 압력발생기구 또는 설비와 배관등과의 사이의 밸브를 잠그고 압력발생기구 또는 설비를 떼어내어야 한다.

07 액화가스 저장탱크의 저장능력 산정식을 쓰고 각 인자에 대하여 설명하시오.

해답 액화가스 저장탱크의 저장능력 산정식

① 식 : $W=0.9dV_2$

② 각 인자의 의미 :

- W : 저장능력(kg)
- d : 상용온도에서의 액화가스의 비중(kg/ℓ)
- V_2 : 내용적(ℓ)

참고 저장능력산정기준

① 압축가스의 저장탱크 및 용기 :
$Q=(10P+1)V_1$

② 액화가스의 저장탱크 : $W=0.9dV_2$

③ 액화가스의 용기 및 차량에 고정된 탱크 :

$$W=\frac{V_2}{C}$$

위식에서,

- Q : 저장능력(단위 : m^3)
- P : 35℃(아세틸렌가스의 경우에는 15℃)에서의 최고충전 압력(단위 : MPa)
- V_1 : 내용적(단위 : m^3)
- W : 저장능력(단위 : kg)
- d : 상용온도에서의 액화가스의 비중(단위 : kg/ℓ)
- V_2 : 내용적(단위 : ℓ)
- C : 가스 정수

08 다음 물음에 답하시오.

(1) 내용적 $1.5m^3$ 용기에 산소가 35℃에서 최고충전압력 15MPa로 충전되어 있고 외부온도 상승에 의하여 내부압력이 증가되어 용기의 내압시험압력에서 파손되었다면 이때의 온도는 몇 ℃인지 구하시오.(단, 용기의 내용적 변화는 없다.)

(2) 대기온도가 27℃인 상태에서 용기가 파손될 경우 팽창되는 산소는 가역단열팽창과정이고 팽창된 후 파손된 산소는 대기압 상태이고 온도는 대기온도와 같을 때 팽창 시 행하여진 일량은 몇 KJ인지 구하시오. (단, 산소의 비열비는 1.4이다.)

해설 (1) 내압시험시 용기 파손온도(℃)

- 내압시험압력 = 최고충전압력 $\times \frac{5}{3} \times$

$$=15\times\frac{5}{3}=25(\text{MPa})$$

- 내압시험시 용기 파손온도(℃)
  ① T : 35℃ P : 15MPa
  ② T : x P : 25(MPa
- 보일 샬의 법칙 적용

$\frac{P_1V_1}{T_1}=\frac{P_2V_2}{T_2}$에서, 내용적(V) 일정,

$$T_2=\frac{T_1P_2}{P_1}$$

$$T_2=\frac{(35+273)K\times(25+0.101325)(\text{MPa})}{(15+0.101325)(\text{MPa})}$$

$$=511.955-273=238.96(℃)$$

(2) 가역단열팽창 시 행하여진 일량(W : kJ)

- $W=\frac{1}{k-1}\times GRT\times\left(1-\frac{T_2}{T_1}\right)$
- 산소용기에 충전된 산소의 질량(G)

$PV=GRT$식에서, 질량$(G)=\frac{PV}{RT}$

$$\text{질량}(G)=\frac{(15\times10^3+101.325)\times1.5}{(\frac{8.314}{32})\times(35+273)}$$

$$=283.07(\text{kg})$$

• $W=\dfrac{1}{1.4-1}\times 283.07\times\dfrac{8.314}{32}(\text{kJ})$
$\times(238.96+273)$
$\times\left(1-\dfrac{(27+273)}{(238.96+273)}\right)=38971.56$

해답 (1) $T_2=\dfrac{(35+273)K\times\left(15\times\dfrac{5}{3}+0.101325\right)(\text{MPa})}{(15+0.101325)(\text{MPa})}$
$=511.955-273=238.96(℃)$

(2) $W=\dfrac{1}{1.4-1}\times 283.07\times\dfrac{8.314}{32}$
$\times(238.96+273)$
$\times\left(1-\dfrac{(27+273)}{(238.96+273)}\right)$
$=38971.56(\text{kJ})$

09 정압기 정특성 중 시프트(shift)에 대하여 설명하시오.

해설 **정압기의 정특성**

정특성이란 정상상태에 있어서의 유량과 2차압력과의 관계이며 일반적으로 아래 그림과 같다.

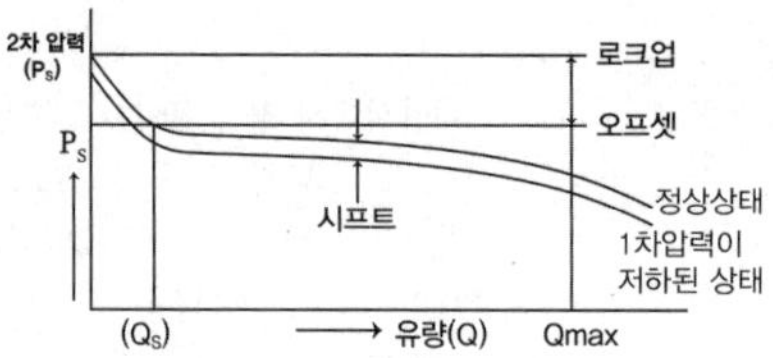

정특성에 있어서 일반적으로 기준량 QS일 때의 2차 압력을 PS에 설정하여 유량이 변화했을 경우 2차 압력의 PS로부터의 어긋난 것을 오프셋(offset)이라고 하며 유량이 영(零)으로 되었을 때의 닫힘 압력과 PS의 차를 로크업(lock up)이라고 한다. 또 1차 압력 등의 변화에 의해 서 정압곡선이 전체적으로 어긋나는 것을 시이프트(shift)라고 한다. 일반적으로 오프셋, 로크업 및 시이프트 등이 적은 것이 바람직하다.

해답 1차 압력의 변화에 의하여 정압곡선이 전체적으로 어긋나는 것

10 지면의 온도가 40℃ 이상인 곳에 가스용 폴리에틸렌관을 설치 할 수 있는 경우를 쓰시오.

해설 **가스용 폴리에틸렌관의 설치**

관은 지면 온도가 40℃이상이 되는 장소에는 설치하지 않아야 한다. 다만, 파이프슬리브를 이용하여 단열조치를 한 경우에는 설치가 가능하다.

해답 파이프 슬리브를 이용하여 단열조치를 한 경우에는 설치가 가능하다.

참고 **가스용 폴리에틸렌관의 설치**

① 가스용 폴리에틸렌관 및 이음매는 자외선을 흡수하여 강도등의 기계적 성질이 저하되기 때문에 매몰 설치하는 것이 원칙이며, 지상 배관의 연결을 위해 금속관을 사용하여 보호조치를 한 경우에는 지면에서 30cm 이하로 노출하여 시공할 수 있다.

② 관의 굴곡 허용 반경은 외경의 20배 이상으로 하여야 하고, 관의 매설 위치를 지상에서 탐지할 수 있도록 배관 상단에는 로케팅 와이어(locating wire)등을 설치하여야 한다.

2011년도 제3회

01 200A 강관에 내압이 10kgf/cm²을 받을 경우 관에 생기는 원주방향 응력(kgf/cm²)을 계산하시오. (단, 200A 강관의 바깥지름은 220mm이고 두께는 5mm이다.)

해설 **원주방향 응력 : ρ**

• $\sigma=\dfrac{PD}{2t}$
$=\dfrac{\text{내압}\times\text{안지름(바깥지름}-2\times\text{두께)}}{2\times\text{두께}}$

• $\sigma=\dfrac{10\times(220-2\times5)}{2\times5}=210(\text{kg/cm}^2)$

해답 $\sigma=\dfrac{10\times(220-2\times5)}{2\times5}=210(\text{kg/cm}^2)$

참고 축방향 응력$=\dfrac{10\times(220-2\times5)}{4\times5}$
$=105(\text{kg/cm}^2)$

02 천연가스 또는 석유로부터 수소를 제조하는 방법 2가지를 쓰시오.

해설 **수소의 공업적 제법**

① 천연가스 분해법(CH_4 분해법)
천연가스를 원료로 하여 합성원료가스를 제조하는 방법에는 수증기 개질법과 부분 산화법이 있다.

② 석유의 분해법
나프타, 중유, 원유를 분해하여 합성가스를 제조하는 방법으로 수증기 개질법과 부분 산화법이 있다.

해답 ① 수증기 개질법 ② 부분 산화법

03 발열량 5,000kcal/m^3, 비중 0.61, 공급표준압력 100mmH_2O인 가스에서 발열량 11,000kcal/m^3, 비중 0.66, 공급표준압력이 200mmH_2O인 천연가스로 변경할 경우 노즐변경률을 계산하시오.

해설 **노즐 변경률**

① $\frac{D_2}{D_1}=\sqrt{\frac{WI_1\sqrt{P_1}}{WI_2\sqrt{P_2}}}$

위 식에서,
D_1 : 변경 전 노즐 구멍의 지름(mm)
D_2 : 변경 후 노즐 구멍의 지름(mm)
WI_1 : 변경 전 웨버지수
WI_2 : 변경 후 웨버지수
P_1 : 변경 전 가스의 압력(mmH_2O)
P_2 : 변경 후 가스의 압력(mmH_2O)

② $\frac{D_2}{D_1}=\sqrt{\frac{\frac{5000}{\sqrt{0.61}}\times\sqrt{100}}{\frac{11000}{\sqrt{0.66}}\times\sqrt{200}}}=0.58$

해답 $\frac{D_2}{D_1}=\sqrt{\frac{\frac{5000}{\sqrt{0.61}}\times\sqrt{100}}{\frac{11000}{\sqrt{0.66}}\times\sqrt{200}}}=0.58$

참고 웨버지수(W_I)$=\frac{Hg}{\sqrt{d}}=\frac{\text{총발열량}}{\sqrt{\text{가스비중}}}$

04 도시가스 공급소의 신규 설치공사를 할 경우 공사계획 승인대상에 해당하는 설비의 설치공사 2가지를 쓰시오.

해답 **도시가스 공급소 신규 설치공사시 공사계획 승인대상**

① 가스홀더
② 압송기
③ 정압기
④ 배관(최고사용압력이 중압 또는 고압인 배관으로서 호칭 지름이 150mm 이상인 것만을 말한다.)

참고 **도시가스 제조소 신규 설치공사시 공사계획 승인대상**

① 가스발생설비 또는 가스정제설비
② 가스홀더
③ 배송기 또는 압송기
④ 저장탱크 또는 액화가스용 펌프
⑤ 최고사용압력이 고압인 열교환기
⑥ 가스압축기, 공기압축기 또는 송풍기
⑦ 냉동설비(유분리기, 응축기 및 수액기만을 말한다.
⑧ 배관(최고사용압력이 중압 또는 고압인 배관으로서 호칭지름이 150mm 이상이고 그 길이가 20m 이상인 것만을 말한다)

05 프로판 1mol을 이론공기량으로 완전연소 시킬 경우의 혼합기체 중 프로판의 화학양론농도(x_0)와 폭발범위 하한값(x_1)을 구하시오.

해설 (1) 프로판의 화학양론농도(x_0)

• 이론공기량에 의한 프로판 완전연소 반응식
$C_3H_8+5O_2 \rightarrow 3CO_2+4H_2O$

• 프로판의 화학양론농도(x_0)
$=\frac{1}{1+\frac{n(\text{산소몰수})}{0.21}}\times 100$

• $(x_0)=\frac{1}{1+\frac{5}{0.21}}\times 100=4.03(\%)$

(2) 프로판의 폭발범위 하한값(x_1)

$x_1=0.55\times x_0=0.55\times 4.03=2.216$
$=2.22(\%)$

해답 (1) $x_0=\frac{1}{1+\frac{5}{0.21}}\times 100=4.03(\%)$

(2) $x_1=0.55\times 4.03=2.22(\%)$

06 도시가스 성분을 분석하였더니 그 성분이 프로판(C_3H_8) 60vol%, 메탄(CH_4) 40vol%일 경우 혼합가스의 폭발하한계를 구하시오. (단, 공기 중에서

폭발범위 하한계는 프로판 2.1vol%, 메탄 5vol%이다.)

해설 폭발성 혼합가스의 폭발한계 구하는 방법

- 르샤틀리에의 공식

$$\frac{100}{L} = \frac{V_1}{L_1} + \frac{V_2}{L_2}$$

위 식에서 L : 혼합가스의 폭발 한계치

L_1, L_2, : 각 성분의 단독 폭발 한계치(%)

V_1, V_2, : 각 성분의 부피(용량)(%)

- 혼합가스의 폭발하한

$$\frac{100}{x} = \frac{V_1}{L_1} + \frac{V_2}{L_2}$$

$$x = \frac{100}{\left(\frac{60}{2.1} + \frac{40}{5}\right)} = 2.73[v\%]$$

해답 $x = \frac{100}{\left(\frac{60}{2.1} + \frac{40}{5}\right)} = 2.73(\%)$

07 강제배기식 단독 배기통 방식의 가스보일러 설치기준이다. (　　)에 알맞은 숫자를 넣으시오.

(1) 배기통톱에는 새, 쥐 등이 들어가지 않도록 지름 (　　)mm 이상의 물체가 들어가지 아니하는 방조망을 설치하여야 한다.

(2) 방열판이 설치되지 않은 배기통톱의 전방·측변·상하주위 (　　)cm 이내에 가연물이 없어야 한다.

(3) 배기통 톱 개구부로부터 (　　)cm 이내에 배기가스가 실내로 유입할 우려가 있는 개구부가 없어야 한다.

해설 반밀폐식(강제배기식) 보일러의 급·배기설비 설치기준(단독 배기통 방식)

(1) 배기통톱에는 새, 쥐 등이 들어가지 않도록 직경 16mm 이상의 물체가 들어가지 아니하는 방조망을 설치할 것

(2) 배기통톱의 전방·측변·상하주위 60cm (방열판이 설치된 것은 30cm) 이내에 가연물이 없을 것

(3) 배기통톱 개구부로부터 60cm 이내에 배기가스가 실내로 유입할 우려가 있는 개구부가 없을 것

해답 (1) 16　　(2) 60　　(3) 60

08 수리자격자별 수리범위 중 특정설비제조자가 수리할 수 있는 범위를 3가지 쓰시오.

해설 특정설비제조자별 수리범위

수리자격자	수리범위
특정설비 제조자	1) 특성설비몸체의 용접 2) 특정설비의 부속품(그 부품을 포함한다)의 교체 및 가공 3) 단열재교체

해답 특정설비제조자가 수리할 수 있는 범위

① 저장탱크 몸체의 용접

② 저장탱크의 부속품(그 부품을 포함)의 교체 및 가공

③ 단열제 교체

참고 용기제조자별 수리범위

수리자격자	수리범위
용기제조자	1) 용기몸체의 용접 2) 아세틸렌용기 내의 다공질물 교체 3) 용기의 스커트·프로텍터 및 넥크링의 교체 및 가공 4) 용기부속품의 부품 교체 5) 저온 또는 초저온용기의 단열재 교체 6) 초저온용기부속품의 탈·부착

09 저압 지하식 LNG저장탱크 외면으로부터 사업소 경계까지 유지하여야 할 거리를 구하는 식을 쓰고 각 인자에 대하여 각각 쓰시오.

참고 액화천연가스(기화된 천연가스 포함)의 저장설비와 처리설비(1일 처리능력이 52,500m^3 이하인 펌프·압축기·응축기·기화장치 제외)는 그 외면으로부터 사업소경계[사업소경계가 바다·호수·하천(「하천법」에 따른 하천을 말한다. 이하 같다)·연못 등의 경우에는 이들의 반대편 끝을 경계로 본다]까지 다음 계산식에 따라 얻은 거리(그 거리가 50m 미만의 경우에는 50m) 이상을 유지할 것

- $L = C \times ^3\sqrt{143000W}$

해답
- 식 : $L = C \times \sqrt[3]{143000W}$
- 용어의 의미 :

L : 유지하여야 하는 거리(m)

C : 상수(저압 지하식 저장탱크 0.240, 그 밖의 가스저장설비 및 처리설비 0.576)

W : 저장탱크 저장능력(톤)의 제곱근, 그 밖의 것은 그 시설 안의 액화천연가스질량(톤)

10 카르노 사이클에서 순환가정 4가지를 쓰시오.

해설 카르노 사이클

두개의 단열 변화와 두개의 등온 변화를 조합해서 얻어지는 이상적인 열기관 사이클로서 가역 사이클이며, 그 역 사이클은 이상적인 냉동 사이클이 된다.

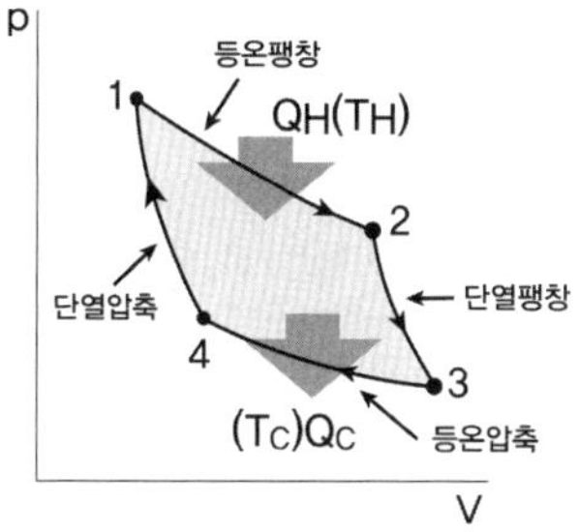

① 1 → 2 : 등온팽창과정(흡열과정)
② 2 → 3 : 단열팽창과정
③ 3 → 4 : 등온압축과정(방열과정)
④ 4 → 1 : 단열압축과정

해답 ① 등온팽창 ② 단열팽창
③ 등온압축 ④ 단열압축

2012년도 제1회

01 가스배관 등 가스설비를 시공한 후에 용접부에 대하여 비파괴검사를 할 경우 가장 신뢰성이 있는 검사법을 쓰시오.

해설 방사선 투과검사(Radiographic testing)

방사선으로 X선이나 γ선을 투과하여 결함의 유무를 확인하는 시험으로 용접부결함 검사에 널리 사용되고 있는 비파괴 검사법이다. X선이나 γ선을 투과하면 필름에 의해 결함의 모양, 크기 등을 관찰할 수 있고 결과의 기록이 가능하여 가스배관 등 가스설비 시공 후 용접부에 대하여 가장 신뢰성이 있는 검사법이다.

해답 방사선 투과검사

02 어느 식당에서 가스소비량이 0.4kg/h인 것 2대, 0.85kg/h인 것 1대를 1일 평균 3시간 사용하는데 자동절체식 조정기를 사용하여 LPG 20kg 용기를 설치할 경우 최소한 몇 개의 용기가가 필요한지 구하시오. (단, LP가스 용기 1개의 가스발생능력은 외기온도 5℃에서 1.5kg/h로 한다.)

해설 최소 필요 용기 수량

① $\text{용기수} = = \dfrac{\text{최대가스 소비량}(kg/h)}{\text{용기의 가스발생능력}(kg/h\cdot\text{개})}$

$\text{용기수} = \dfrac{(0.4\times8)+(0.14\times2)+(0.85\times1)}{1.5}$

$= 2.89 = 3(\text{개})$

② 최소 용기수량 : 6개

자동절체식 조정기를 사용할 경우 사용측 라인에 3개의 용기와 예비측 라인에 3개의 용기가 필요하므로 총 필요 최소 용기수량은 6개이다.

해답 최소 용기수량

① $\text{용기수} = \dfrac{(0.4\times8)+(0.14\times2)+(0.85\times1)}{1.5}$

$= 2.89 = 3(\text{개})$

② 최소 용기수량

=사용측 용기 3개+예비측 용기 3개=6개

03 가스압축용 압축기 토출라인 및 흡입라인에 공통으로 설치하여 배관에 전달되는 진동과 관의 신축을 흡수하는 설비(부품)의 명칭을 쓰시오.

해답 플렉시블 조인트

04 안전관리자 대행업체에서 가스안전관리가 필요한 지역에 20만 가구가 있다. 이 중 11만 가구는 공동주택이고, 그중 3만 가구에는 다기능 가스안전계량기를 설치하였다. 이 지역의 안전관리를 하기 위해서 채용해야 하는 안전관리 점검원 수는 몇 명인지 구하시오.

참고 가스사용시설 안전관리업무 대행자의 자격

법 제28조제1항에서 "산업통상자원부령으로 정하는 자격을 갖춘 자"란 다음 각 호의 요건을 모두 갖춘 자를 말한다. 이 경우 다음 각 호에 따른 안전관리 책임자, 사용시설점검원, 제1종 또는 제2종 가스시설시공업 등록을 위한 자격소지자를 각각 갖추어야 한다.

1. 안전관리 책임자(「국가기술자격법」에 따른 가스기능사 이상의 기술자격을 소지하거나 별표 14 제4호다목1)의 교육을 이수한 자를 말한다)가 1명 이상일 것

2. 사용시설점검원(별표 14 제4호나목2) 또는 같은 호 다목2)의 교육을 이수한 자를 말한다) 이 가스사용시설 안전관리 수요자 3천 가구 또는 사업체마다 1명 이상일 것. 다만, 다음 각 목의 어느 하나에 해당하는 경우에는 그 가구 또는 사업체를 기준으로 할 수 있다.
가. 공동주택등인 경우에는 가스사용시설 안전관리 수요자 4천 가구 또는 사업체
나. 다기능 가스안전계량기(원격 가스차단, 원격 일산화탄소 검지·차단 및 지진 감지·차단 등의 안전기능이 되어 있는 계량기를 말한다)가 설치된 경우에는 가스사용시설 안전관리 수요자 6천 가구 또는 사업체

해설 안전관리 점검원

① 일반수요자 :
20만 ~11만 의 경우 9만가구 기준
안전관리 점검원 $= \frac{90000}{3000} = 30$명

② 공동주택 :
21만 ~3만 의 경우 8만가구 기준
안전관리 점검원 $= \frac{80000}{4000} = 20$명

③ 다기능 가스안전계량기 : 3만가구 기준
안전관리 점검원 $= \frac{30000}{6000} = 5$명

④ 총 필요 안전관리 점검원 수
=30명+20명+5명=55명

해답 55명(53명)

05 1단 감압식 저압조정기의 입구압력과 조정압력을 쓰시오.

해설 조정기의 입구압력 및 조정압력

종류	입구압력	출구(조정)압력
1단 감압식 저압조정기	0.07MPa ~1.56MPa	2.3kPa~3.3kPa
1단 감압식 준저압조정기	0.1MPa ~1.56MPa	5kPa~30kPa

해답 ① 입구압력 : 0.07MPa~1.56MPa
② 조정압력 : 2.3kPa~3.3kPa

06 공기액화 분리장치의 폭발원인 4가지를 쓰시오.

해답 공기액화 분리장치의 폭발원인

① 공기 취입구로부터 아세틸렌의 혼입
② 압축기용 윤활유 분해에 따른 탄화수소의 생성
③ 액체 공기 중에 오존의 혼입
④ 공기 중 질소화합물의 혼입

참고 공기액화 분리장치의 폭발 방지 대책

① 공기 흡입구 부근에 카바이트(CaC_2)를 버리거나 아세틸렌 용접을 하지 말 것.
반응식 : $CaC_2 + 2H_2O \rightarrow Ca(OH)_2 + C_2H_2$
② 1년에 1회 정도 장치내부를 사염화탄소(CCl_4)로 세척한다.
③ 공기액화분리기에 설치된 액화산소통 안의 액화산소 5L 중 아세틸렌의 질량이 5mg 또는 탄화수소의 탄소의 질량이 500mg을 넘을 때에는 그 공기액화분리기의 운전을 중지하고 액화산소를 방출시킬 것.

07 지름이 30m인 구형 가스홀더에 0.7MPa·g의 압력으로 도시가스가 저장되어 있는 것을 압력이 0.25MPa·g가 될 때까지 가스를 공급하였을 경우 공급된 가스량(Sm^3)을 계산하시오. (단, 공급 시 온도는 20℃로 변함이 없고, 표준대기압은 0.1MPa이다.)

해설 공급된 가스량(Sm^3)

① 구형 가스홀더의 내용적(V : m^3)
$$V = \frac{\pi}{6} \times D^3 = \frac{\pi}{6} \times 30^3 = 14137.17(m^3)$$
② 공급된 가스량(Sm^3)
$$\Delta V = V \times \frac{(P_1 - P_2)}{P_0} \times \frac{T_O}{T_1}$$
$$\Delta V = 14137.17 \times \frac{(0.7+0.1)-(0.25+0.1)}{0.1} \times \frac{273}{(20+273)}$$
$$\Delta V = 59274.79(m^3)$$

해답 $\Delta V = \frac{\pi}{4} \times 30^3 \times \frac{(0.7+0.1)-(0.25+0.1)}{0.1} \times \frac{273}{(20+273)} = 59274.79(m^3)$

08 [보기]와 같은 조건일 때 용접용기의 동판 두께를 계산하시오.

| 보기 |

- 최고사용압력 : 3MPa
- 안지름 : 60cm
- 항복응력 : $600N/mm^2$
- 용접효율 : 75%
- 부식 여유치 : 1mm

해설 용접용기의 동판 두께(t)

- $t=\dfrac{PD}{2S\eta-1.2P}+C$
- $t=\dfrac{\text{최고충전압력(MPa)}\times\text{안지름}(mm)}{2\times\text{허용응력}(N/mm^2)\left(\text{인장강도}\times\frac{1}{4}\right)\times\text{용접효율}-1.2\times\text{최고충전압력}}+\text{부식여유}(mm)$
- $t=\dfrac{3\times600}{2\times600\times\frac{1}{4}\times0.75-1.2\times3}+1$
  $=9.13(mm)$

해답 $t=\dfrac{3\times600}{2\times600\times\frac{1}{4}\times0.75-1.2\times3}+1$
$=9.13(mm)$

09 저장탱크나 압력용기(액화천연가스 제외) 맞대기 용접부의 기계적 시험방법 3가지를 쓰시오.

해답 저장탱크 및 압력용기 맞대기 용접부의 기계적 시험방법

① 이음매 인장시험 ② 충격시험
③ 표면굽힘시험 ④ 측면굽힘시험
⑤ 이면굽힘시험

10 도시가스 공급방식 중 공급압력에 따른 종류 3가지를 쓰시오

해설 도시가스 공급압력에 따른 종류

① "고압"이란 1메가파스칼(MPa) 이상의 압력(게이지압력)을 말한다. 다만, 액체상태의 액화가스는 고압으로 본다.
② "중압"이란 0.1메가파스칼(MPa) 이상 1메가파스칼(MPa) 미만의 압력을 말한다. 다만, 액화가스가 기화되고 다른 물질과 혼합되지 아니한 경우에는 0.01메가파스칼(MPa) 이상 0.2메가파스칼(MPa) 미만의 압력을 말한다.
③ "저압"이란 0.1메가파스칼(MPa) 미만의 압력을 말한다. 다만, 액화가스가 기화(氣化)되고 다른 물질과 혼합되지 아니한 경우에는 0.01메가파스칼(MPa) 미만의 압력을 말한다.

해답 ① 저압 공급방식 : 0.1MPa 미만
② 중압 공급방식 : 0.1MPa 이상 1MPa 미만
③ 고압 공급방식 : 1MPa 이상

2012년도 제2회

01 아세틸렌의 폭발성 종류를 3가지 쓰고 설명하시오.

해답 아세틸렌의 폭발성

① 산화폭발 : 산소 또는 공기 중에서 혼합하여 점화하면 폭발을 일으킨다.
② 화합폭발 : 구리(Cu), 은(Ag), 수은(Hg)과 화합 시 폭발성의 금속 아세틸라이드를 생성하여 폭발한다.
③ 분해폭발 : 가압, 충격에 의하여 탄소와 수소로 분해되면서 폭발을 일으킨다.

참고 아세틸렌의 폭발에 따른 반응식

① 산화폭발 반응식 :
$C_2H_2 + 2.5O_2 \rightarrow 2CO_2 + H_2O$
② 화합폭발 반응식 :
$C_2H_2 + 2Cu \rightarrow Cu_2C_2 + H_2$
③ 분해폭발 반응식 :
$C_2H_2 \rightarrow 2C + H_2 + 54.2[kcal]$

02 단면적이 $2m^2$인 관에 공기가 유속 200cm/s, 압력 30mmHg로 송출될 경우 송풍기의 축동력(kW)을 계산하시오. (단, 송풍기 효율은 60%이며 여유율 10%를 포함한다.)

해설 송풍기의 축동력(kW)

- $KW=\dfrac{P\times Q}{102\times\eta}$
  $=\dfrac{\text{풍압}(mmH_2O)\times\text{풍량}(m^3/s)}{102(kg\cdot m/s)\times\text{효율}}$

- $KW = \dfrac{\left(30 \times \dfrac{10332}{760}\right)(mmH_2O) \times 2 \times 2(m^3/s)}{102(kg \cdot m/s)}$
$\times 0.6 \times 1.1 = 29.32(KW)$

해답 $KW = \dfrac{\left(30 \times \dfrac{10332}{760}\right) \times 2 \times 2}{102 \times 0.6} \times 1.1$
$= 29.32(KW)$

03 액비중이 0.52인 프로판 1L을 완전연소하기 의한 이론공기량은 몇 Sm^3인가 계산하시오.

해설 **프로판 완전연소 이론공기량**

- 이론공기량(Ao : Sm^3)$= \dfrac{\text{이론산소량}(Sm^3)}{0.21}$
- 프로판의 완전연소 반응식 :
$C_3H_8 + 5O_2 \rightarrow 3CO_2 + 4H_2O$
- 프로판의 이론공기량(Ao)
$44(kg) : \dfrac{5 \times 22.4}{0.21}(Sm^3)$
$= 0.52(kg) : x(Sm^3)$
$x = \dfrac{\dfrac{5 \times 22.4}{0.21} \times 0.52}{44} = 6.30(Sm^3)$

※ 프로판 액체의 액비중이 0.52(kg/L)는 프로판 액체 1L의 무게가 0.52kg 이라는 의미이다 .

해답 $x = \dfrac{\dfrac{5 \times 22.4}{0.21} \times 0.52}{44} = 6.30(Sm^3)$

04 공급압력이 수주 180mmH_2O인 가스를 높이 100m 높이의 건물에 $30m^3/h$로 공급 할 경우 다음 표를 이용하여 배관을 선택하시오. (단, 가스의 비중은 0.6이고, 배관 길이는 건물의 높이와 같은 것으로 한다.)

관 호칭 (A)	바깥지름 (mm)	두께 (mm)	안지름 (mm)	D^5
25	34	3.2	27.6	160
32	42.7	3.5	35.7	580
40	48.6	3.5	41.6	1245
50	60.5	3.8	52.9	4142
65	76.3	4.2	67.9	14431

해설 **가스공급배관 선택**

① 입상배관에 의한 압력상승
- H=1.293(1−S)h
여기서 H : 가스의 압력손실(mmH_2O)
S : 가스비중(공기=1)
h : 입상 높이(m)
- $H = 1.293(1-S)h$
- $H = 1.293 \times (1-0.6) \times 50$
$= 51.72\, mmH_2O$

※ 가스비중이 1보다 작으면 압력상승, 1보다 크면 압력손실이다.

② 저압배관 유량산출식을 적용하여 D^5을 구한다.
- $Q = K\sqrt{\dfrac{H \cdot D^5}{S \cdot L}}$
$= \text{유량계수} \times \sqrt{\dfrac{\text{압력손실} \times \text{관경}^5}{\text{가스비중} \times \text{관길이}}}$
- $Q^2 = K^2 \cdot \dfrac{D^5 \cdot H}{S \cdot L}$
- $D^5 = \dfrac{Q^2 \cdot S \cdot L}{K^2 \cdot H}$
- $D^5 = \dfrac{30^2 \times 0.6 \times 100}{0.707^2 \times 51.72} = 2088.798$
$= 2088.80$

③ D^5 계산 값 2088.80은 위의 표 D^5에서 1245보다 크고 4142보다 작으므로 배관은 4142에 해당하는 50A를 선택한다.

해답 1) 식 $= D^5 = \dfrac{30^2 \times 0.6 \times 100}{0.707^2 \times 51.72} = 2088.798$
$= 2088.80$

2) 답 : 50A

05 다음 [보기]와 같은 조건일 때 초저온용기의 침입열량(kcal/h·℃·L)을 계산하고 단열성능시험의 합격 여부를 판정하시오. (단, 소수점 5째 자리에서 반올림하여 4째 자리까지 계산하시오.)

- 용기내용적 : 1000ℓ
- 기화가스량 : 20kg
- 측정시간 : 4h
- 산소의 비점 : −183℃
- 시험용 액화가스의 기화잠열 : 51kcal/kg
- 외기온도 : 20℃

해설 **초저온용기의 침입열량(Q : kcal/h ·℃· L)**

- $Q=\dfrac{W\cdot q}{H\cdot \Delta t\cdot V}$

$=\dfrac{\text{기화가스량}(kg/h)\times\text{시험용가스의 기화잠열}(kcal/kg)}{\text{측정시간}(h)\times\text{시험용가스의 비점과 외기온도차}(℃)\times\text{용기내용적}(l)}$

- $Q=\dfrac{20\times 51}{4\times(183+20)\times 1000}=0.00125$

$=0.0013(kcal/h\cdot℃\cdot l)$

- 판정기준 : 침입열량이 0.0005kcal/hr · ℃ · ℓ (내용적이 1,000ℓ이상인 초저온 용기는 0.002kcal/hr · ℃ · ℓ) 이하의 경우를 합격으로 한다.
- 판정 : 내용적 1,000ℓ이상인 초저온 용기의 경우 침입열량이 0.002kcal/hr · ℃ · ℓ 이하의 경우 합격인데 현재 침입열량이 0.0013(kcal/hr·℃·L)으로 0.002kcal/hr · ℃ · ℓ보다 작으므로 합격이다.

해답 **초저온용기의 단열성능시험의 합격 여부**

① 초저온용기의 침입열량(kcal/h·℃·L)

$$Q=\frac{20\times 51}{4\times(183+20)\times 1000}$$

$=0.0013(kcal/h\cdot℃\cdot l)$

② 판정 : 합격

06 액화석유가스를 사용할 때 자연기화방식과 강제기화방식을 선정하는 이유(목적)를 각각 2가지씩 설명하시오.

가) 자연기화방식 선정 이유(목적)

나) 강제기화방식 선정 이유(목적)

해설 **LP가스의 공급방식**

1) 자연기화방식 : 프로판[C_3H_8]

용기 내의 LP가스가 대기 중의 열을 흡수해서 기화된 가스를 공급하는 방식으로 공급방식이 간단하다.

2) 강제기화방식 : 부탄[C_4H_{10}]

용기 또는 탱크에서 액체의 LP가스를 도관을 통하여 기화기에 의해서 기화하는 방식으로 생가스 공급방식, 공기혼합가스 공급방식, 변성가스 공급방식이 있다. 일반적으로 강제기화방식은 비점이 높은 부탄을 소비하거나 가스 소비량이 많은 경우 및 한냉지에서 LP가스를 공급할 경우에 이용되고 있다.

해답 (1) 자연기화방식 선정 이유(목적)

① 가스소비량 변동이 비교적 적을 경우

② 연간 온도 차이가 크지 않을 경우

③ 용기설치 장소를 용이하게 확보할 수 있을 경우

(2) 강제기화방식 선정 이유(목적)

① 가스소비량 변동이 비교적 심한 경우

② 겨울철 등 및 한랭지에서 사용하는 경우

③ 용기의 설치장소를 확보하지 못하는 경우

참고 **강제기화방식의 특징(기화기 사용기 장점)**

① 소비량이 많은 경우 및 한냉 시에도 연속적 공급이 가능하다.

② 공급가스의 조성이 일정하다.

③ 공급가스의 발열량이 일정하다.

④ 설비장소가 적게 차지한다.

⑤ 기화량의 가감조정이 용이하다. (온도제어 장치 사용)

⑥ 설비비 및 인건비가 절감된다.

07 용기에 산소 32kg이 들어 있을 때 120℃에서의 절대압력이 0.7MPa이었다면 용기의 내용적은 몇 m³인가? (단, 산소의 가스정수는 26.5kgf · m/kg · k 이다.)

해설 **PV = GRT 공식 이용**

PV = GRT

여기서 P : 압력[kg/m^2]

V : 체적(m^3)

G : 질량(kg)

T : 절대온도(K)

R : 기체상수$\left(\dfrac{848}{M}kg\cdot m/kg\cdot K\right)$

M : 분자량

- 내용적$(V)=\dfrac{GRT}{P}$
- 내용적$(V)=\dfrac{32\times 26.5\times(120+273)}{\left(\dfrac{0.7}{0.101325}\right)\times 10332}$

$=4.67(m^3)$

해답 내용적$(V)=\dfrac{32\times 26.5\times(120+273)}{\left(\dfrac{0.7}{0.101325}\right)\times 10332}$

$=4.67(m^3)$

08 지진으로부터 가스설비를 보호하기 위하여 내진설계를 하는 시설 중 도시가스 사업법 적용을 받는 가스제조시설의 대상시설을 설명하시오.

해답 **도시가스 사업법 내진설계 적용을 받는 가스제조 시설의 대상시설**

저장능력이 3톤(압축가스 경우 $300m^3$) 이상인 지상 저장탱크(가스도매사업자가 소유하는 지중식 저장탱크 포함)와 가스홀더, 지지구조물 및 기초와 이들의 연결부

참고 **도시가스 사업법 내진설계 적용을 받는 대상시설**

1) 가스제조시설에서 저장능력이 3톤(압축가스의 경우에는 $300m^3$) 이상인 지상 저장탱크(가스도매사업자가 소유하는 지중식 저장탱크를 포함한다)와 가스홀더
2) 가스충전시설에서 저장능력이 5톤 또는 $500m^3$ 이상인 지상 저장탱크와 가스홀더
3) 가스충전시설에서 반응, 분리, 정제, 증류 등을 행하는 탑류로서 동체부의 높이가 5m 이상인 압력용기(이하 "탑류"라 한다)
4) 지상에 설치되는 사업소 밖의 도시가스배관(사용자 공급관과 내관은 제외한다)
5) 위 시설 및 압축기, 펌프, 기화기, 열교환기, 냉동설비, 정제설비 부취제주입설비의 지지구조물 및 기초와 이들의 연결부
6) 가스도매사업자의 적용대상 시설
   - 정압기지 및 밸브기지 내 정압설비, 계량설비, 가열설비, 배관의 지지구조물 및 기초, 방산탑, 건축물
   - 사업소 밖의 배관에 긴급차단장치를 설치 또는 관리하는 건축물
   - 일반도시가스사업자의 철근콘크리트 구조의 정압기실. 다만, 캐비닛 및 매몰형은 제외한다.

해답 저장능력이 3톤(압축가스 : $300m^3$) 이상인 지상 저장탱크와 가스홀더, 지지구조물 및 기초와 이들의 연결부

09 체적비로 CH_4 50vol%, H_2 20vol%, C_3H_8 20vol%, C_4H_{10} 10vol%의 혼합기체가 있다. 공기 중에서의 폭발범위 하한값(%)과 상한값(%)을 각각 계산하시오. (단, CH_4, H_2, C_3H_8, C_4H_{10}의 폭발범위는 각각 5~15%, 4~75%, 2.2~9.5%, 1.9~8.5% 이다.)

해설 **혼합기체의 공기 중 폭발범위**

- $\dfrac{100}{L} = \dfrac{V_1}{L_1} + \dfrac{V_2}{L_2} + \dfrac{V_3}{L_3} + \dfrac{V_4}{L_4}$
- $L = \dfrac{100}{\left(\dfrac{V_1}{L_1} + \dfrac{V_2}{L_2} + \dfrac{V_3}{L_3} + \dfrac{V_4}{L_4}\right)}$

해답 **혼합기체의 공기 중 폭발범위**

- $L(\text{하한}) = \dfrac{100}{\left(\dfrac{50}{5} + \dfrac{20}{4} + \dfrac{20}{2.2} + \dfrac{10}{1.9}\right)} = 3.41[\%]$
- $L(\text{상한}) = \dfrac{100}{\left(\dfrac{50}{15} + \dfrac{20}{75} + \dfrac{20}{9.5} + \dfrac{10}{8.5}\right)} = 14.53[\%]$

10 가연성 가스 제조설비 등에서 발생하는 정전기를 제거할 때 단독으로 접지하는 설비 종류 4가지를 쓰시오.

해설 **정전기의 제거 조치 기준**

탑류, 저장탱크, 열교환기, 회전기계, 벤트스택 등은 단독으로 되어 있어야 한다. 다만, 기계가 복잡하게 연결되어 있는 경우 및 배관 등으로 연속되어 있는 경우에는 본딩용 접속선으로 접속하여 접지 하여야 한다.

해답 **정전기 제거 단독 접지설비**

① 탑류 ② 저장탱크
③ 열교환기 ④ 회전기계
⑤ 벤트스택

참고 **정전기의 제거기준**

가연성가스 제조설비[접지저항치의 총합이 100Ω(피뢰설비를 설치한 것은 총합 10Ω)이하의 것을 제외한다]등에서 발생하는 정전기를 제거하는 조치는 다음 각호의 기준에 의한다.

1) 본딩용 접속선 및 접지접속선은 단면적 $5.5mm^2$ 이상의 것(단선은 제외한다)을 사용하고 경납붙임, 용접, 접속금구 등을 사용하여 확실히 접속하여야 한다.
2) 접지 저항치는 총합 100Ω(피뢰설비를 설치한 것은 총합 10Ω) 이하로 하여야 한다.

2012년도 제3회

01 액화석유가스 충전시설의 용기(소형용기 및 가스난방기용기 포함) 충전 기준에서 정전기 제거설비를 정상상태로 유지하기 위하여 확인하여야 할 사항을 3가지 쓰시오.

해답 정전기 제거설비 정상상태 유지 확인 사항
① 지상에서 접지 저항치
② 지상에서의 접속부의 접속 상태
③ 지상에서의 절선 그 밖에 손상부분의 유무

02 강관의 부식은 주위 환경과의 사이에 발생되는 전기화학적 반응으로 부식시키며 부식은 건식과 습식으로 분류한다. 이 중 습식에서 일어나는 전지부식의 발생 원인을 5가지를 쓰시오.

해답 전기화학적 강관 습식 부식 발생원인
① 이종 금속의 접촉
② 금속재료의 조성, 조직의 불균일
③ 금속재료의 표면상태의 불균일
④ 부식액의 조성, 유동상태의 불균일
⑤ 금속재료의 응력상태, 표면온도의 불균일

참고 지하 매설배관 부식의 종류
① 국부전지에 의한 부식
② 이종 금속의 접촉에 의한 부식
③ 농염전지 작용에 의한 부식
④ 미주전류에 의한 부식(전식)
⑤ 박테리아에 의한 부식

03 왕복동 다단 공기압축기에 있어서 대기 중의 20[℃] 공기를 흡입하여 최종단에서 토출압력 30[kgf/cm²·g] 및 40[℃], 30[m^3/h]의 압축공기로 토출하면 체적효율[η_v]은 몇[%]인지 계산하시오. (단, 압축기를 통과할 수 있는 흡입용적은 1000[m^3/h]이고, 대기압은 1.033[kgf/cm²]이다.)

해설 압축기 체적효율[η_v]

① 체적효율[η_v] $= \dfrac{\text{실제 흡입량}(m^3/h)}{\text{이론 흡입량}(m^3/h)}$

② 실제 흡입량(m^3/h)계산

• 보일 샤를법칙 적용

$$\frac{P_1 V_1}{T_1} = \frac{P_2 V_2}{T_2} \text{ 에서 } V_1 = \frac{P_2 V_2 T_1}{P_1 T_2}$$

• $V_1 = \dfrac{(20+1.0332)\times 30\times(20+273)}{1.0332\times(40+273)}$

$= 843.66(m^3/h)$

③ 체적효율[η_v] $= \dfrac{873.66(m^3/h)}{1000(m^3/h)}\times 100$

$= 84.37(\%)$

해답 체적효율[η_v]

• $V_1 = \dfrac{(20+1.0332)\times 30\times(20+273)}{1.0332\times(40+273)}$

$= 843.66(m^3/h)$

• $\eta_v = \dfrac{873.66(m^3/h)}{1000(m^3/h)}\times 100 = 84.37(\%)$

04 아래 [보기]와 같은 조건으로 반밀폐식 보일러를 자연배기식 중 공동배기방식으로 설치할 경우 공동배기구의 최소유효단면적(mm^2)을 구하시오.

| 보기 |
• 보일러 가스소비량 합계 : 160000(kcal/h)
• 배기통 수평투영면적 : 24000(mm^2)
• 공동 배기구의 형상계수 : 1
• 보일러의 동시사용률 : 0.81

해설 공동배기구의 최소유효단면적(A : mm^2)
① A=Q×0.6×K×F+P
  • A : 공동 배기구 유효면적(mm^2)
  • Q : 보일러의 가스소비량 합계(kcal/h)
  • K : 형상계수
  • F : 보일러의 동시사용률
  • P : 배기통의 수평투영면적(mm^2)
② A=160000(kcal/h)×0.6×1×0.81 +24000(mm^2)=101760(mm^2)

해답 101760(mm^2)

05 용기내장형 가스난방기에서 세라믹 버너를 사용하는 경우 갖추어야 할 장치의 명칭을 쓰시오.

해답 거버너

참고 2017. 9. 29. 법 개정으로 삭제되었음.

06 도시가스 특정가스 사용시설의 월사용예정량 산정 계산식을 쓰고 기호를 설명하시오.

해답 특정가스사용시설 월사용예정량

① 계산식

• $Q = \frac{(A \times 240) + (B \times 90)}{11000}$

② 계산식 기호 설명

• Q : 월사용예정량(m^3)

• A : 산업용으로 사용하는 연소기의 명판에 적힌 도시가스 소비량의 합계(단위 : kcal/h)

• B : 산업용이 아닌 연소기의 명판에 적힌 도시가스 소비량의 합계(단위 : kcal/h)

07 특정제조시설의 1일 처리능력이 80톤인 가연성가스 저온저장탱크와 제1종 보호시설과의 안전거리를 쓰시오.

해설 **특정제조시설 처리능력 및 저장능력에 따른 보호시설과의 안전거리**

① 고압가스의 처리설비 및 저장설비는 그 외면으로부터 보호시설까지 다음 표에 따른 거리(저장설비를 지하에 설치하는 경우에는 보호시설과의 거리에 2분의 1을 곱한 거리, 시장·군수 또는 구청장이 필요하다고 인정하는 지역은 보호시설과의 거리에 일정 거리를 더한 거리) 이상을 유지할 것

구분	처리능력 및 저장능력	제1종보호시설	제2종보호시설
독성 가스 또는 가연성 가스	1만 이하	17m	12m
	1만 초과 2만 이하	21m	14m
	2만 초과 3만 이하	24m	16m
	3만 초과 4만 이하	27m	18m
	4만 초과 5만 이하	30m	20m
독성 가스 또는 가연성 가스	5만 초과 99만 이하	30m(가연성가스 저온저장탱크는 $\frac{3}{25}\sqrt{X+10,000}$ m)	20m(가연성가스 저온저장탱크는 $\frac{2}{25}\sqrt{X+10,000}$ m)
	99만 초과	30m(가연성가스 저온저장탱크는 120m)	20m(가연성가스 저온저장탱크는 80m)

② 특정제조시설의 1일 처리능력이 80톤인 가연성가스 저온저장탱크와 제1종 보호시설과의 안전거리는 위의 표에서 처리능력 및 저장능력 5만 초과 99만 이하에 해당하므로 $\frac{3}{25}\sqrt{X+10,000}$ m)식을 적용하여 구한다.

$$안전거리 = \frac{3}{25}\sqrt{(80 \times 1000) + 10,000}\ m)$$
$$= 36(m)$$

해답 $안전거리 = \frac{3}{25}\sqrt{(80 \times 1000) + 10,000}\ m)$

$= 36(m)$

08 원심펌프에서 발생하는 캐비테이션 현상과 캐비테이션 방지법을 각각 4가지씩 쓰시오.

해답 (1) 캐비테이션 현상

유수 중에 그 수온의 증기압력보다 낮은 부분이 생기면 물이 증발을 일으키고 기포를 다수 발생하는 현상

(2) 방지법

① 펌프의 설치 위치를 낮추어 흡입양정을 짧게 한다.

② 수직축 펌프를 사용하고 회전차를 수중에 완전히 잠기게 한다.

③ 펌프의 회전수를 낮추고 흡입회전도를 적게 한다.

④ 양흡입 펌프를 사용한다.

⑤ 펌프를 두 대 이상 설치한다.

⑥ 관경을 크게 하고 유속을 줄인다.

⑦ 유효흡입양정을 계산하여 펌프형식, 회전수, 흡입조건을 결정한다.

참고 **캐비테이션(Cavitation) : 공동현상**

1) 발생조건

① 관로 내의 온도가 상승할 경우

② 흡입양정이 지나치게 클 경우

③ 흡입관의 저항이 증대될 경우

④ 과속으로 유량이 증대될 경우

2) 발생 시 일어나는 현상

① 소음과 진동이 발생한다.

② 임펠러에 대한 침식이 생긴다.

③ 토출량, 양정, 효율이 점차 감소한다.

④ 심하면 양수 불능의 원인이 된다.

09 소형저장탱크의 안전밸브 가스방출관 설치기준에 대하여 쓰시오.

해답 **소형저장탱크 안전밸브 가스방출관 설치기준**
가스방출구의 방향은 건축물 개구부의 반대방향으로 하고, 위치는 착화원 등이 없는 위치에 지면으로부터 2.5m 이상 또는 저장탱크의 정상부로부터 1m 이상의 높이 중 높은 위치로 하여야 한다.

참고 **소형저장탱크의 설치거리**

소형저장탱크의 충전질량(kg)	가스충전구로부터 토지경계선에 대한 수평거리(m)	탱크간 거리(m)	가스충전구로부터 건축물 개구부에 대한 거리(m)
1,000 미만	0.5 이상	0.3 이상	0.5 이상
1,000 이상 2,000 미만	3.0 이상	0.5 이상	3.0 이상
2,000 이상	5.5 이상	0.5 이상	3.5 이상

10 지상에 설치된 액화석유가스 저장탱크 외벽이 화염에 의하여 국부적으로 가열될 경우 그 저장탱크 벽면의 열을 신속히 흡수 분산시키므로 탱크벽면의 국부적인 온도상승에 의한 탱크의 파열을 방지하기 위한 폭발방지제는 알루미늄합금박판에 일정 간격으로 슬릿(Slit)을 내고 이것을 팽창시켜 어떤 모양으로 한 것인지 쓰시오.

해답 다공성 벌집형

참고 **폭발방지장치의 재료**
폭발방지장치의 열전달 매체인 다공성 알루미늄박판(폭발방지제) 및 지지구조물은 다음 각호의 기준에 적합한 것이어야 한다.

1) 폭발방지제는 알루미늄합금박판에 일정 간격으로 슬릿(Slit)을 내고 이것을 팽창시켜 다공성 벌집형으로 한 것이어야 한다.
2) 폭발방지장치를 설치한 탱크외부의 가스명 밑에는 가스명 크기의 1/2 이상이 되도록 폭발방지장치를 설치하였음을 표시하여야 한다.

표시의 예 :

폭발 방지 장치 설치

2013년도 제1회

01 고압가스용 안전밸브의 재검사 항목을 3가지 쓰시오.

해답 **고압가스용 안전밸브의 재검사 항목**
① 구조 및 치수검사
② 기밀검사
③ 작동성능검사

02 A기체 0.5L의 압력이 10atm이고, B기체 1L의 압력이 5atm이다. 2가지 기체를 내용적 10L에 용기에 넣어 혼합하였다면 전압은 몇 atm인가?

해설 **혼합기체의 전압(atm)**
• 혼합기체의 전압(atm)
$$= \frac{P_A \times V_A + P_B \times V_B}{V_C}$$
• 혼합기체의 전압(atm)
$$= \frac{(10 \times 0.5) + (5 \times 1)}{10} = 1(atm)$$

해답 전압(atm) $= \frac{(10 \times 0.5) + (5 \times 1)}{10} = 1(atm)$

03 고압가스설비 중에서 반응기 또는 이와 유사한 설비로서 현저한 발열반응 또는 부차적으로 발생되는 2차 반응에 의하여 폭발 등의 위해가 발생할 가능성이 큰 반응설비 4가지를 쓰시오.

해설 **고압가스 제조시설 사고예방설비기준**
폭발 등의 위해(危害)가 발생할 가능성이 큰 특수반응설비(암모니아 2차 개질로, 에틸렌 제조시설의 아세틸렌수첨탑, 산화에틸렌 제조시설의 에틸렌과 산소 또는 공기와의 반응기, 싸이크로헥산 제조시설의 벤젠수첨반응기, 석유정제 시의 중유 직접수첨탈황반응기 및 수소화분해반응기, 저밀도 폴리에틸렌중합기 또는 메탄올합성반응탑을 말한다)에는 그 위해의 발생을 방지하기 위하여 내부반응 감시설비 및 위험사태발생 방지설비의 설치 등 필요한 조치를 할 것.

해답 ① 암모니아 2차 개질로
② 에틸렌 제조시설의 아세틸렌수첨탑
③ 산화에틸렌 제조시설의 에틸렌과 산소 또는 공기와의 반응기
④ 싸이클로헥산 제조시설의 벤제수첨반응기

⑤ 석유정제 시의 중유수첨탈황반응기 및 수소화 분해 반응기
⑥ 저밀도 폴리에틸렌중합기
⑦ 메탄올합성반응탑

04 원심식 송풍기에서 송풍량이 420(m^3/h)에서 500 (m^3/h)로 변경될 경우 다음의 물음에 답하시오.

1) 회전수 변경률을 구하시오.
2) 축동력 변경률을 구하시오.

해설 1) 송풍량 변경에 따른 회전수 변경률

유량(Q_2) $= Q_1 \times \left(\dfrac{N_2}{N_1}\right)$ 식에서

$$\frac{N_2}{N_1} = \frac{Q_2}{Q_1} = \frac{500}{420} = 1.19(\text{배})$$

2) 회전수 변경에 따른 축동력 변경률

축동력(L_2) $= L_1 \times \left(\dfrac{N_2}{N_1}\right)$

$$= 1 \times 1.19^3 = 1.69(\text{배})$$

해답 (1) $\dfrac{N_2}{N_1} = \dfrac{500}{420} = 1.19(\text{배})$

(2) $L_2 = 1 \times 1.19^3 = 1.69(\text{배})$

참고 **회전속도에 의한 비례측(상사의 법칙)**

펌프의 회전수 변화에 따른 유량(Q), 전양정(H), 축동력(L), 효율(η)과의 관계는 다음과 같은 비례식이 성립된다.

1) 유량(Q_2) $= Q_1 \times \left(\dfrac{N_2}{N_1}\right)$

※ 유량은 회전수 변화에 비례한다.

2) 전양정(H_2) $= H_1 \times \left(\dfrac{N_2}{N_1}\right)^2$

※ 양정은 회전수 변화의 2승에 비례한다.

3) 축동력(L_2) $= L_1 \times \left(\dfrac{N_2}{N_1}\right)^3$

※ 축동력은 회전수 변화의 3승에 비례한다.

4) 효율(η_2) $= \eta_1$

※ 효율은 회전수 변화와 무관하다.

05 정적비열이 0.17kcalkg·℃인 이상기체 50kg이 25℃에서 250℃로 온도가 상승할 경우의 내부에너지(kcal) 변화량을 계산하시오.

해설 **내부에너지(kcal) 변화량**(ΔU)

• $\Delta U = G \times C_v \times \Delta t$

• $\Delta U = 50 \times 0.17 \times (250 - 25) = 1912.5(\text{kcal})$

해답 $\Delta U = 50 \times 0.17 \times (250 - 25) = 1912.5(\text{kcal})$

06 지상에 설치된 LP가스 저장탱크 및 자동차에 고정된 탱크 이입·충전장소에 설치하는 냉각살수 장치는 탱크 표면적 $1m^2$ 당 물분무능력이 얼마인지 쓰시오. (단, 준내구화구조의 저장탱크는 제외한다.)

해답 5L/min 이상

07 이음매 없는 강관을 절단해 적당한 온도로 가열해 열이 흡수된 후 이 부분을 알루미늄합금으로 이루어진 금형으로 드로우잉하여 하부와 상부를 곡선으로 성형한 후에 열처리하여 캡부착용 및 밸브 나사부를 만들어 이음매 없는 용기를 제조하는 방법 명칭을 쓰시오.

해설 **이음매 없는 용기의 제조법**

① 만네스만(Mannesmann)식 : 이음새 없는 강관을 재료로 하는 방식
② 딥 드로우잉(Deep drawing)식 : 강판을 재료로 하는 방법
③ 에르하르트(Ehrhardt)식 : 각강편(角鋼片)을 재료로 하는 방법

해답 만네스만식

08 배관은 온도변화에 따라 신축하고 관의 양단이 고정되어 있을 경우 온도상승에 의한 압축력과 온도강하에 의한 인장력이 생기며 이 때문에 관이 파괴되는 경우가 있으므로 관의 신축에 따른 무리를 흡수, 완화시키기 위해 배관에 설치하는 것의 명칭을 쓰시오.

해답 신축흡수장치(신축이음)

참고 **배관의 신축흡수장치(신축이음)의 종류**

① 루우프형(만곡관형)

② 벨로우즈형(Bellows type joint)
③ 스위블형(Swivel type joint)
④ 슬리브형(Slip type joint)

09 가연성 가스 저온저장탱크에는 내부압력이 외부 압력보다 낮아짐에 따라 그 저장탱크가 파괴되는 것을 방지하기 위하여 갖추어야 할 설비를 4가지 쓰시오.

해답 **부압을 방지하는 조치**
① 압력계
② 압력경보설비
③ 진공안전밸브
④ 다른 저장탱크 또는 시설로부터의 가스도입 배관(균압관)
⑤ 압력과 연동하는 긴급차단장치를 설치한 냉동 제어설비
⑥ 압력과 연동하는 긴급차단장치를 설치한 송액 설비

10 공기 중 아세틸렌의 폭발하한계는 2.5%이다. 표준상태에서 혼합기체 $1m^3$ 중 아세틸렌의 폭발 하한계에 해당하는 질량이 몇 kg인지 구하시오.

해설 **표준상태(0℃, 1atm)에서 아세틸렌의 질량(kg)**
① 공기 중 아세틸렌의 폭발하한계 부피(m^3)

$$V = 1m^3 \times \frac{2.5}{100} = 0.025(m^3)$$

② 표준상태(0℃, 1atm)에서 아세틸렌의 질량 (kg)

• $PV = \frac{W}{M}RT$ 에서 질량$(W) = \frac{PVM}{RT}$

• 질량$(W) = \frac{1 \times 0.025 \times 26}{0.082 \times 273} = 0.029$
$= 0.03(kg)$

해답 질량$= \dfrac{1 \times \left(1 \times \frac{2.5}{100}\right) \times 26}{0.082 \times 273} = 0.03(kg)$

2013년도 제2회

01 아래 [보기]에서 주어진 프로판의 완전연소 반응식을 이용하여 프로판 1kg당 발열량(kcal)을 계산하시오.

| 보기 |
프로판의 완전연소 반응식 :
$C_3H_8 + 5O_2 \rightarrow 3CO_2 + 4H_2O + 530kcal$

해설 **프로판 1kg당 발열량(kcal)**
• 프로판 1몰(mol) 44g의 연소 발열량은 530kcal 이므로 프로판 1kg(1000g) 당 연소 발열량을 구하자.
• $44(g) : 530(kcal) = 1000(g) : x$ 에서

$$x = \frac{530 \times 1000}{44} = 12045.45(kcal)$$

해답 $Q = \frac{530 \times 1000}{44} = 12045.45(kcal)$

02 정유가스(off Gas)는 석유정제 오프가스와 석유화학 오프가스 2가지로 분류되는데 각각의 제조공정에 대하여 설명하시오.

해설 **정유가스(업가스 : off Gas)**
석유정제공정의 상압증류 및 가솔린 생산을 위한 접촉개질 처리 등에서와 석유화학의 나프타 분해공정 중 에틸렌, 벤젠 등을 제조하는 공정에서 주로 생산되는 가스이다.

해답 ① 석유정제 오프가스 : 원유의 상압증류, 감압증류 및 가솔린 생산을 의한 접촉개질공정에서 발생하는 가스이다.
② 석유화학 오프가스 : 나프타 분해에 의한 에틸렌 등을 제조하는 공정에서 발생하는 가스이다.

03 아래 보기의 가스용 염화비닐호스의 안지름(mm)과 허용차(mm)를 쓰시오.

| 보기 |

(1) 1종 :	(2) 2종 :
(3) 3종 :	(4) 허용차 :

해설 **가스용 염화비닐호스 종류**

염화비닐호스의 안지름은 6.3mm(1종), 9.5mm (2종), 12.7mm(3종)로 하고 그 허용차는 ±0.7mm로 할 것.

해답 ① 6.3mm ② 9.5mm ③ 12.7mm ④ ±0.7mm

04 LP가스 저압 배관 설계 4요소를 쓰시오.

해설 **저압배관 유량산출식**

$$Q = K\sqrt{\frac{D^5 \cdot h}{S \cdot L}}$$ 에서

Q : 가스의 유량(m^3/h)
h : 압력손실(mmH_2O)
D : 관의 지름(cm)
L : 관의 길이(m)
K : 유량계수(Pole의 정수 : 0.707)
S : 가스비중(공기=1)

해답 **저압 배관 설계 4요소**

① 최대가스소비량 ② 압력손실 ③ 관지름 ④ 관길이

05 호칭지름이 50mm인 긴급차단장치의 차단 성능에서 질소가스 차압이 0.5~0.6MPa일 경우 허용되는 분당 누출량이 몇 mL인지 쓰시오.

해설 **긴급차단장치 차단조작기구 및 기능**

제조자 또는 수리자가 긴급차단장치를 제조 또는 수리하였을 경우 긴급차단장치는 KS B 2304(밸브검사 통칙)에서 정하는 기준에 따라 수압시험 방법으로 밸브시트의 누출검사를 하여 누출되지 아니하는 것으로 한다. 다만, 수압 대신에 공기 또는 질소 등의 기압을 사용하여 누출검사를 하는 경우에는 차압 0.5~0.6 MPa에서 분당 누출량이 $50mL \times \frac{\text{호칭지름}(mm)}{25(mm)}$ (330mL를 초과하는 경우에는 330mL)를 초과하지 아니하는 것으로 한다.

- 분당 누출량= $50mL \times \frac{\text{호칭지름}(mm)}{25(mm)}$
- 분당 누출량= $50mL \times \frac{50(mm)}{25(mm)} = 100(mL)$

해답 분당 누출량= $50mL \times \frac{50(mm)}{25(mm)} = 100(mL)$

06 20℃ 상태에서 공기의 엔탈피 변화량이 4000kcal/kg일 때 엔트로피의 변화량(kcal/kg·k)은 얼마인지 계산하시오.

해설 **엔트로피 변화량(ΔS : kcal/kg·k)**

- 엔트로피 변화량(ΔS)
$$= \frac{dQ}{T} = \frac{\text{엔탈피 변화량}(\text{kcal/kg})}{\text{절대온도}(K)}$$
- 엔트로피 변화량(ΔS)
$$= \frac{4000}{(20+273)} = 13.65(\text{kcal/kg}\cdot k)$$

해답 $\Delta S = \frac{4000}{(20+273)} = 13.65(\text{kcal/kg}\cdot k)$

07 스테인리스강제 초저온 용접용기의 기밀시험압력이 5MPa, 안지름이 10cm인 초저온 용접용기의 동판 두께가 몇 mm인지 구하시오. (단, 재료의 인장강도는 600N/mm², 용접효율은 60%, 부식여유는 3mmm, 허용응력은 인장강도의 3.5분의 1을 적용한다.)

해설 **용접용기의 동판 두께(t)**

① 용접용기의 동판 두께(t)

- $t = \frac{PD}{2S\eta - 1.2P} + C$
- $t = \frac{\text{최고충전압력(MPa)} \times \text{안지름}(mm)}{2 \times \text{허용응력}(N/mm^2)\left(\text{인장강도} \times \frac{1}{4}\right) \times \text{용접효율} - 1.2 \times \text{최고충전압력}} + \text{부식여유}(mm)$

② 초저온 용기의 최고충전압력(P)

초저온용기의 기밀시험압력(AP)은 최고충전압력(FP)의 1.1배이므로 최고충전압력(FP)은 기밀시험압력(AP)을 1.1로 나누면 된다.

$AP = FP \times 1.1$에서

$$FP = \frac{AP}{1.1} = \frac{5}{1.1} = 4.55(\text{MPa})$$

③ 용접용기의 동판 두께(t)

$$t = \frac{\left(\frac{5}{1.1}\right) \times 10 \times 10}{2 \times \left(\frac{1}{3.5}\right) \times 0.6 - 1.2 \times \left(\frac{5}{1.1}\right)} + 3$$
$$= 5.27(mm)$$

해답 $t = \dfrac{\left(\dfrac{5}{1.1}\right)\times 10\times 10}{2\times 600\times \dfrac{1}{3.5}\times 0.6-1.2\times\left(\dfrac{5}{1.1}\right)}+3$

$=5.27(mm)$

참고 **용기의 최고충전압력(FP) 및 내압시험압력 구하는 식**

용기 \ 압력	최고 충전압력 (MPa) FP	내압 시험압력 (MPa) TP	기밀 시험압력 (MPa) AP
아세틸렌	TP×1/3 이하	FP×3 이상	FP×1.8 이상
초저온 및 저온 용기	TP×3/5 이하	FP×5/3 이상	FP×1.1 이상
기타 용기	TP×3/5 이하	FP×5/3 이상	FP 이상

08 탄소강의 일종으로 제조공정 중에 재료에 녹아 있는 산소를 제거(탈산)한 것으로 저온성이 우수하고 장비의 설계온도가 482℃를 넘을 경우에 사용하는 재료 명칭을 쓰시오.

해설 **킬드강**

09 아래 [보기]와 같은 조건을 가진 구형 가스홀더의 1) 내용적(m^3)과 2) 가스홀더의 지름(m)을 구하시오.

| 보기 |
- 가스홀더의 활동량 : 100000(Nm^3)
- 최고사용압력 : 1($kg/cm^2 \cdot a$)
- 최저사용압력 : 5($kg/cm^2 \cdot a$)
- 온도변화는 없음

해설 **1) 구형 가스홀더의 내용적(m^3)**

- $\Delta V = V\times\dfrac{(P_1-P_2)}{P_0}$ 식에서

내용적(V) $=\dfrac{P_0\times\Delta V}{P_1-P_2}$

- 내용적(V)

$=\dfrac{1.0332\times 100000}{(10+1.0332)-(5+1.0332)}$

$=20664(m^3)$

2) 구형 가스홀더의 지름(D : m)

- $V=\dfrac{\pi}{6}\times D^3$ 식에서

지름(D) $=\sqrt[3]{\dfrac{6\times V}{\pi}}$

- 지름(D) $=\sqrt[3]{\dfrac{6\times 20664}{\pi}}=34.05(m)$

해답 1) $V=\dfrac{1.0332\times 100000}{(10+1.0332)-(5+1.0332)}$

$=20664(m^3)$

2) $D=\sqrt[3]{\dfrac{6\times 20664}{\pi}}=34.05(m)$

10 고정식 압축도시가스 자동충전시설의 충전호스에 설치하는 긴급분리장치는 수평방향으로 당길 때 분리되는 힘은 몇 N인지 쓰시오.

해답 666.4N 미만

참고 **고정식 압축 도시가스 자동차충전시설의 긴급분리장치 설치**

① 긴급분리장치는 수평방향으로 당길 때 666.4N (68kg)미 만의 힘으로 분리되는 것으로 한다.

② 긴급분리장치와 충전설비사이에는 충전자가 접근하기 쉬운 위치에 90° 회전의 수동밸브를 설치한다.

③ 충전설비의 주위에는 자동차의 충돌로부터 충전기를 보호하기 위하여 높이 30cm 이상, 두께 12cm 이상인 철근콘크리트 또는 이와 동등 이상의 강도를 가진 구조물을 설치한다.

2013년도 제3회

01 LP가스 충전용기를 수조식 내압시험 장치를 이용하여 내압시험을 한 결과 영구증가량이 0.04L, 전 증가량이 0.5L일 경우 1) 영구증가율(%)을 계산하여, 2) 합격, 불합격을 판정하고 2) 그 이유를 설명하시오.

해설 **수조식(水槽式) 내압시험**

용기를 수조에 넣고 수압으로 가압하면 수압에 의해 용기가 팽창함에 따라 그 팽창된 용적만큼 물이 압축되어 팽창계(브레드)에 나타나게 되는데 이것을 전증가량이라 한다. 일정시간이 경과하면

용기 내부의 수압을 제거한 다음, 용기의 영구 팽창 때문에 팽창계의 물이 수조로 완전히 돌아가지 않고 팽창계에 남게 되는데, 이때 남은 물의 양을 항구증가량 또는 영구 증가량이라 한다. 위와 같은 방법에 의해 얻어진 항구 증가량과 전증가량의 백분율을 항구(영구)증가율이라 한다.

• 영구증가율 $= \frac{\text{항구(영구)증가량}}{\text{전 증가량}} \times 100$

• 영구증가율 $= \frac{0.04}{0.5} \times 100 = 8(\%)$

※ 합격 판정 기준 : 영구증가율이 10% 이하인 용기를 내압시험에 합격한 것으로 본다.

해답 1) 영구증가율 $= \frac{0.04}{0.5} \times 100 = 8(\%)$

2) 판정 : 합격

3) 이유 : 영구증가율이 10% 이하이기 때문에 합격이다.

02 이동식 부탄연소기의 작동성능 항목 4가지를 쓰시오.

해설 **이동식 부탄연소기의 작동성능 기준**

① 전기점화 성능 : 전기점화장치는 10회 작동하였을 때에 8회 이상 점화되고 연속하여 2회 이상 점화불량이 없는 것으로 한다.

② 연소 상태 성능 : 연소기는 정상적인 사용상태에서 연소상태 시험항목에 대한 성능기준에 적합한 것으로 한다.

③ 소화 성능 : 연소기는 콕을 닫은 후 4초 이내에 염공의 불이 모두 꺼지는 것으로 한다.

④ 온도상승 성능 :

㉮ 조리용 카세트식 연소기는 과대불판을 올려놓고 1시간 이상 연속 사용한 후 표면온도가 50℃ 이하인 것으로 한다. 다만 그릴은 그러하지 아니하다.

㉯ 상용의 사용상태에서 용기의 표면온도는 40℃ 이하로 한다.

⑤ 가스소비량 성능 : 연소기에 가스소비량을 표시하는 경우 전가스소비량 및 각 버너의 가스소비량은 표시치의 ±10 이내인 것으로 한다.

해답 **이동식 부탄연소기의 작동성능 항목**

① 전기점화성능 ② 연소상태 성능

③ 소화성능 ④ 온도상승 성능

⑤ 가스소비량 성능

03 아세틸렌 제조 및 충전에 대한 다음 물음에 답하시오.

(1) 습식 발생기의 표면온도를 쓰시오.

(2) 온도에 불구하고 충전 중 압력은 몇 MPa을 유지하여야 하는지 쓰시오.

(3) 충전 후 온도와 압력은 얼마인지 쓰시오.

해답 **아세틸렌 제조 및 충전**

(1) 70℃

(2) 2.5MPa 이하

(3) 15℃에서 1.5MPa 이하

04 용기에 의한 독성 가스를 운반하는 차량의 적재함에 리프트를 설치하지 않아도 되는 경우를 2가지 쓰시오.

해설 KGS code GC206(고압가스 운반등의 기준)에 따라 "가스운반전용차량의 적재함에는 리프트를 설치한다. 다만, 다음에 해당하는 차량의 경우에는 적재함에 리프트를 설치하지 아니 할 수 있다.

(1) 가스를 공급받는 업소의 용기보관실 바닥이 운반차량 적재함 최저높이로 설치되어 있거나, 컨베이어벨트 등 상·하차설비가 설치된 업소에 가스를 공급하는 차량

(2) 적재능력 1톤(1.2톤) 이하의 차량"으로 규정되어 있습니다.

해답 ① 가스를 공급하는 업소의 용기보관실 바닥이 운반차량 적재함 최저 높이로 설치되어 있거나, 컨베이어벨트 등 상하차 설비가 설치된 업소에 가스를 공급하는 차량

② 적재능력 1.2톤 이하의 차량

05 단열압축에서 1atm, 20℃의 공기를 3kgf/cm²·g 압력까지 압축할 경우 토출가스 온도는 몇 K인지 계산하시오. (단, 비열비는1.4이다.)

해설 • 단열압축 후 토출가스 온도(K : T_2)

• $\frac{T_2}{T_1} = \left(\frac{P_2}{P_1}\right)^{\frac{k-1}{K}}$ 식에서,

토출가스 온도$(T_2) = T_1 \times \left(\frac{P_2}{P_1}\right)^{\frac{k-1}{k}}$

• $T_2 = (20+273) \times \left(\frac{(\frac{3+1.0332}{1.0332})}{1} \right)^{\frac{1.4-1}{1.4}}$

$= 432.26(K)$

해답 $T_2 = (20+273) \times \left(\frac{(\frac{3+1.0332}{1.0332})}{1} \right)^{\frac{1.4-1}{1.4}}$

$= 432.26(K)\ T_2$

참고 절대압력$(atm) = \frac{\text{게이지압력} + \text{대기압}}{\text{대기압}}$

06 강관이 부식으로 인하여 안지름이 2% 감소되었을 경우 유량감소율(%)을 구하시오. (단, 압력, 마찰 손실의 변화는 없는 것으로 간주한다.)

해설 **유량감소율(%) = 100 – 유량변동율(%)**

① 유량변동율(%)

• 최초 유량 $Q_1 = \frac{\pi}{4} \times D_1^2 \times V_1$

• 최후 유량 $Q_2 = \frac{\pi}{4} \times D_2^2 \times V_2$

• 유량변동율(%)$= \frac{Q_2}{Q_1}$

$= \frac{\frac{\pi}{4} \times D_2^2 \times V_2}{\frac{\pi}{4} \times D_1^2 \times V_1} \times 100$

• 유량변동율(%)$= \frac{0.98^2}{1^2} \times 100$

$= 96.04(\%)$

② 유량감소율(%)$= 100 - 96.04 = 3.96(\%)$

해답 유량감소율(%)$= 100 - \left(\frac{0.98^2 \times 1}{1^2 \times 1} \right) = 3.96(\%)$

07 가스 비중이 0.6인 도시가스를 200(mmH_2O)로 공급할 경우 수직으로 80m인 곳에서의 압력(mmH_2O)을 구하시오.

해설 **80m 입상배관의 압력**

① 80m 입상배관의 압력

= 최초 공급압력 + 압력상승

※ 입상배관에 의한 압력상승

• H = 1.293(1 – S)h

여기서

H : 가스의 압력손실(mmH_2O)

S : 가스비중(공기 = 1)

h : 입상 높이(m)

• $H = 1.293(1-S)h$

• $H = 1.293 \times (1-0.6) \times 80$

$= 41.38(mmH_2O)$

※ 가스비중이 1보다 작으면 압력상승, 1보다 크면 압력손실이다.

② 80m 입상배관의 압력

• 80m 입상배관의 압력

= 최초 공급압력 + 압력상승

• 80m 입상배관의 압력

= 200 + 41.38 = 241.38(mmH_2O)

해답 입상배관의 압력 = $200 + 1.293 \times (1-0.6) \times 80$

= 241.38(mmH_2O)

08 도시가스 배관을 지하에 매설할 경우 배관에 작용하는 하중을 분산시켜 주고 도로의 침하 등을 방지하기 위하여 도로노면까지 포설하는 재료의 명칭을 쓰시오.

해설 **되메움(Backfill)**

① 배관에 작용하는 하중을 분산시켜주고 도로의 침하 등을 방지하기 위하여 침상재료상단에서 도로노면까지 포설하는 재료를 말한다.

② 되메움재는 암편이나 굵은 돌이 포함되지 않은 양질의 흙을 사용할 것. 다만, 유기질토(이탄등)·실트·점토질 등 연약한 흙은 제외한다.

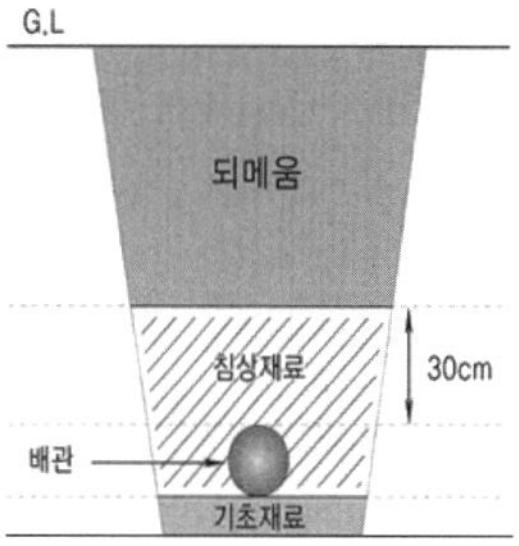

[배관의 매설방법]

해답 되메움 재료

09 안지름 10cm의 배관을 플랜지이음을 하였다. 이 배관에 40kgf/cm^{2}의 압력이 작용할 때 볼트 1개에 걸리는 힘을 400kgf으로 한다면 필요한 볼트 수는 최소한 몇 개인지 구하시오.

해설 **플랜지이음 최소 볼트 수**

- 최소 볼트수
  $= \dfrac{\text{플랜지 전체에 걸리는 힘(kg}f\text{)}}{\text{볼트 1개에 걸리는 힘(kg}f\text{)}}$
- 최소 볼트수
  $= \dfrac{40(\text{kg}f/\text{cm}^2) \times \dfrac{\pi}{4} \times (10)^2(\text{cm}^2)}{400(\text{kg}f)}$
  $= 7.85 = 8(\text{개})$

해답 최소 볼트수 $= \dfrac{40(\text{kg}f/\text{cm}^2) \times \dfrac{\pi}{4} \times (10)^2(\text{cm}^2)}{400(\text{kg}f)}$
$= 7.85 = 8(\text{개})$

10

왕복동 압축기의 실린더 안지름이 100mm, 행정거리가 180mm, 실린더 수가 4개, 회전수가 700rpm, 체적효율이 85%일 경우 피스톤 압출량(m^3/h)을 계산하시오.

해설 **왕복동 압축기 실제적 피스톤 압출량**

- $Q = \dfrac{\pi}{4} D^2 \times \text{L} \times \text{N} \times \text{R} \times 60 \times \eta_{\text{v}}$

  여기서 Q : 실제적 피스톤 압출량 (m^3/h)
  η_{v} : 체적효율
  D : 피스톤의 지름(m)
  L : 피스톤의 행정(m)
  N : 기통수
  R : 분당 회전수 (rpm)
- $Q = \dfrac{\pi}{4}(0.1m)^2 \times 0.18(m) \times 4$
  $\times 700(r/\text{min}) \times 60 \times 0.85$
  $= 201.88(\text{m}^3/\text{min})$

해답 $Q = \dfrac{\pi}{4}(0.1m)^2 \times 0.18(m) \times 4 \times 700(r/\text{min})$
$\times 60 \times 0.85 = 201.88(\text{m}^3/\text{min})$

2014년도 제1회

01

차량에 고정된 탱크로 산소를 운반할 경우 휴대하여야 할 1) 소화기의 능력 단위와 2) 비치개수 대하여 쓰시오.

해설 **차량에 고정된 탱크 운반소화설비 기준**

가스의 구분	소화기의 종류		비치개수
	소화약제의 종류	소화기의 능력단위	
가연성 가스	분말 소화제	BC용, B-10이상 또는 ABC용, B-12이상	차량좌우에 각각 1개 이상
산소	분말 소화제	BC용, B-8이상 또는 ABC용, B-10이상	차량좌우에 각각 1개 이상

1) 소화기의 능력 단위
2) 비치개수

해답 ① 능력 단위 : BC용, B-8 이상 또는 ABC용, B-10 이상
② 비치 개수 : 차량 좌우에 각각 1개 이상

02

정적과정 1개, 정압과정 1개, 단열과정 2개로 이루어진 가스 터빈(외연기관)의 이상 사이클 명칭을 쓰시오.

해설 **아트킨슨 사이클**

정적과정 1개, 정압과정 1개, 단열과정 2개로 이루어진 가스 터빈(외연기관)의 이상 사이클이다.

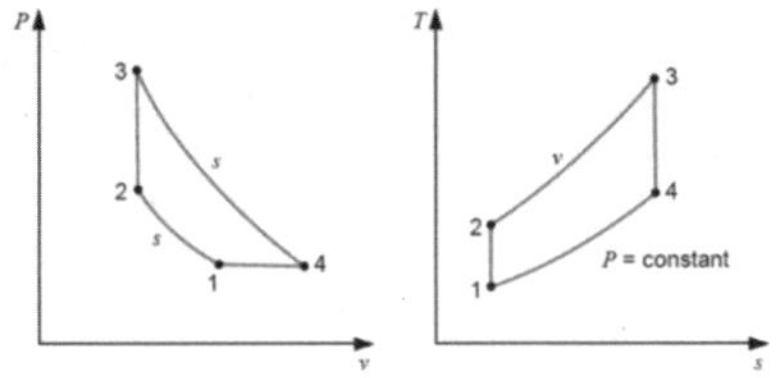

해답 아트킨슨 사이클

03

밸브에 대한 다음 물음에 답하시오.

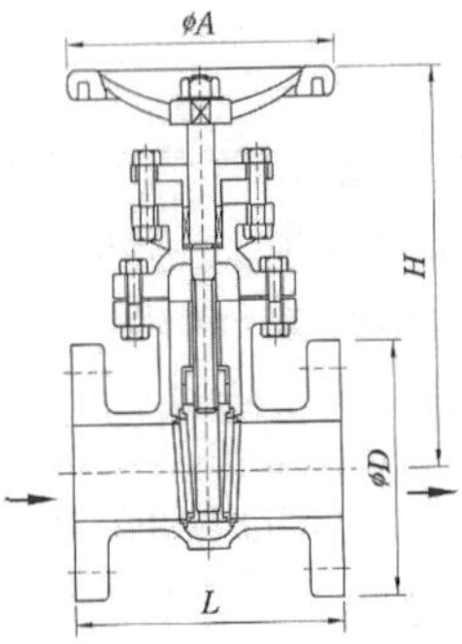

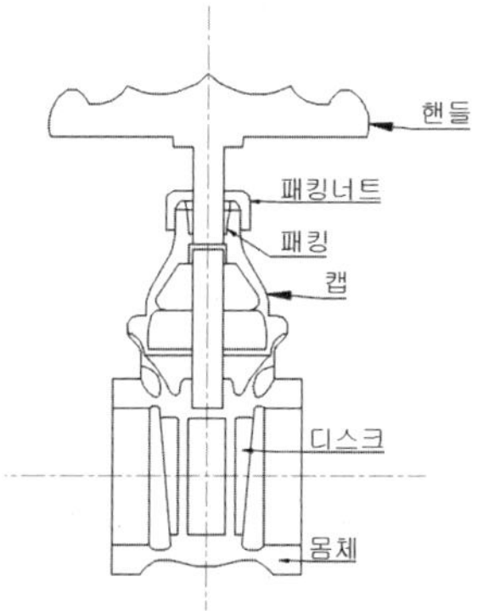

(1) 밸브의 명칭을 쓰시오.
(2) 밸브의 특징을 2가지 쓰시오.

해설 **슬루스밸브(Sluice Valve)**
유체의 흐름을 단속하는 대표적인 밸브로 밸브를 완전히 열면 유체 흐름의 단면적의 변화가 없어서 저항에 따른 마찰저항이 적지만, 밸브를 절반 정도 열면 와류가 생겨 유체저항이 커서 유량 조절에는 부적합하며 리프트가 커서 개폐에 시간이 걸린다. 게이트밸브 또는 스톱밸브라고도 한다.

해답 (1) 슬루스 밸브(게이트 밸브)
(2) 슬루스 밸브(게이트 밸브) 특징
① 유체 흐름의 개폐용으로 사용한다.
② 유량조절에는 부적합하다.
③ 리프트가 커서 개폐에 시간이 걸린다.
④ 마찰저항이 적다.

04 액화석유가스 집단공급사업의 허가대상은 공동주택단지의 전체 가구 수가 얼마 이상의 수용자에게 공급하는 경우인지 쓰시오.

해설 **제3조(액화석유가스 집단공급사업 허가 대상 범위)**
다음 각 목의 어느 하나에 해당하는 수요자에게 액화석유가스를 공급하는 사업. 다만, 소규모 사업자에 대한 집단공급이나 영리를 목적으로 하지 아니하는 집단공급으로서 산업통상자원부령으로 정하는 경우는 제외한다.
가. 70개소 이상의 수요자(공동주택단지의 경우에는 전체 가구수가 70가구 이상인 경우를 말한다)
나. 70개소 미만의 수요자로서 산업통상자원부령으로 정하는 수요자

해답 70가구 이상

05 다기능 가스안전계량기의 유량 차단 성능에서 합계유량 차단 값과 증가유량 차단 값은 각각 얼마인지 쓰시오.

해설 **다기능 가스안전계량기의 유량 차단 성능**
① 다기능계량기는 합계유량차단 값을 초과하는 가스가 흐를 경우에 75초 이내에 차단하는 것으로 한다. 다만, 합계유량차단 값은 설정기 등으로 변경 또는 설정할 수 있는 것으로 한다.
• 합계유량차단 값
= 연소기구 소비량의 총합 × 1.13
② 다기능계량기는 통상의 사용 상태에서 증기유량차단 값을 초과하여 유량이 증가하는 경우 차단하는 것으로 한다. 증가유량차단 값은 설정기 등으로 변경 또는 설정할 수 있는 것으로 한다.
• 증가유량차단 값
= 연소기구 중 최대소비량 × 1.13

해답 ① 합계유량 차단 값
= 연소기구 소비량 총합 × 1.13
② 증가유량 차단 값
= 연소기구 중 최대소비량 × 1.13

06 표면장력이 적고 침투력이 강한 액을 표면에 도포하여 균열 등의 부분에 액을 침투시킨 다음, 표면의 투과액을 씻어내고 현상액을 사용하여 균열 등에 남아 있는 침투액을 표면에 출현시키는 방법으로 표면의 미소한 균열, 작은구멍, 슬러그 등을 검출하며 자기검사가 어려운 비자성 재료에 많이 사용되는 비파괴 검사의 명칭을 쓰시오.

해설 **침투 탐상시험(Liquid penetrant testing)**
침투검사는 표면에 개구된 미소한 균열, 작은 구멍, 슬러그 등을 검출하는 방법으로 널리 철, 비철의 각 재료에 적용되며 특히 자기검사가 이용되지 않는 비자성재료에 많이 사용된다. 또 철강의 용접부에서도 형상이 복잡하고 자기 검사가 곤란한 곳에서나 전원이 없는 경우에도 이용된다.

해답 침투 검사

07 표준상태에서 LP가스 중 에탄이 15mol%, 프로판이 65mol%, 부탄이 20mol%로 혼합되어 있을 경우의 질량비율(%)을 계산하시오.

해설 **혼합가스의 질량(%)**

- 혼합가스의 질량(%)

$$=\frac{\text{성분체의 질량}}{\text{전체기체의 질량}}\times 100$$

- 혼합가스의 질량(%)

$$=\frac{\text{몰}\times\text{분자량}}{\text{전체기체의 질량}}\times 100$$

해답 ① 에탄[C_2H_6]의 질량(%)

$$=\frac{(15\times30)}{(15\times30)+(65\times44)+(20\times58)}\times100$$

$=10.07(\%)$

② 프로판[C_3H_8]의 질량(%)

$$=\frac{(65\times44)}{(15\times30)+(65\times44)+(20\times58)}\times100$$

$=63.98(\%)$

③ 부탄[C_4H_{10}]의 질량(%)

$$=\frac{(20\times58)}{(15\times30)+(65\times44)+(20\times58)}\times100$$

$=25.95(\%)$

08 가스시설 내진설계 시 적용되는 독성 가스 중 제2종 독성가스의 농도 범위를 쓰시오.

해설 **가스시설 내진설계 기준**
(Code for Seismic Design of Gas Facilities)

① "제1종 독성가스"란 독성가스 중 염소, 시안화수소, 이산화질소, 불소 및 포스겐과 그 밖에 허용농도가 1ppm 이하인 것을 말한다.
② "제2종 독성가스"란 독성가스 중 염화수소, 삼불화붕소, 이산화황, 불화수소, 브롬화메틸 및 황화수소 그 밖에 허용농도가 1ppm 초과 10ppm인 것을 말한다.
③ "제3종 독성가스"란 독성가스 중 제1종 및 제2종 독성가스 이외의 것을 말한다.

해답 허용온도 1ppm초과 10ppm 이하

09 산화에틸렌의 저장탱크 및 충전용기에 질소 및 탄산가스를 충전하는 온도와 압력 기준을 쓰시오.

해설 **산화에틸렌의 저장탱크 및 용기 충전**

산화에틸렌의 저장탱크 및 충전 용기에는 45℃에서 그 내부가스의 압력이 0.4MPa(4kg/ cm_2) 이상이 되도록 질소가스 또는 탄산가스를 충전할 것

해답 ① 온도 : 45℃
② 압력 : 0.4MPa 이상

참고 **산화에틸렌의 저장탱크 및 용기 충전**

① 산화에틸렌의 저장탱크는 그 내부의 질소가스·탄산가스 및 산화에틸렌가스의 분위기가스를 질소가스 또는 탄산가스로 치환하고 5℃ 이하로 유지할 것
② 산화에틸렌 용기에 충전 시에는 질소 또는 탄산가스 로 치환한 후 산 또는 알칼리를 함유하지 않는 상태로 충전한다.

10 황화수소를 흡광광도법으로 분석할 경우에 사용하는 흡수 용액을 쓰시오.

해설 **흡광 광도법(메틸렌 블루법)**

시료 중에 황화수소를 아연아민착염 용액에 흡수시켜 p-아미노디메킬아닐린 용액과 염화제이철 용액을 가하여 생성하는 메틸렌블루의 흡광도를 측정하여 황화수소를 정량한다. 이 방법은 시료 중의 황화수소가 5~1000ppm 함유되어 있는 경우의 분석에 적합하며 선택성이 좋고 예민하다. 또 황화수소의 농도가 1000ppm 이상인 것에 대하여는 분석용 시료용액을 흡수용액으로 적당히 희석하여 분석에 사용할 수 있다.

해답 아연아민착염용액

11 LP가스 자동차용기 충전호스에 설치되어 있는 세이프티 커플링에 관한 다음 보기 내용을 보고 (   ) 안에 알맞은 용어를 쓰시오.

| 보기 |

세이프티 커플링은 그 커플링의 안전성, 편리성 및 호환성을 확보하기 위하여 암커플링은 호스가 분리되었을 경우 (①)에, 숫자커플링은 (②)에 설치할 수 있는 구조로 한다.

해설 **세이프티 커플링의 구조**

커플링은 그 커플링의 안전성·편리성 및 호환성을 확보하기 위하여 암커플링은 호스가 분리되었을 경우 자동차 충전구쪽에, 숫커플링은 충전기쪽에 설치할 수 있는 구조로 한다.

해답 ① 자동차 충전구쪽 ② 충전기쪽

참고 **세이프티 커플링의 치수**

커플링은 가스의 흐름의 지장이 없는 유효면적 (합산 유효면적이 0.5cm₂ 이상)을 가지는 것으로 한다.

12 독성 가스 냉매를 사용하는 냉동톤 50RT인 냉동기가 바닥면적 $500m^2$인 곳에 설치되어 있다. 다음 물음에 답하시오.

1) 통풍구의 면적(m^2)을 구하시오.

2) 통풍구를 충분히 확보할 수 없어 강제통풍시설을 설치할 경우 환기능력(m^3/min)을 구하시오.

해설 **냉매가스가 체류하지 않는 구조**

가연성 가스 또는 독성 가스를 냉매로 사용하는 냉매설비의 압축기, 유분리기, 응축기 및 수액기와 이들 사이의 배관을 설치한 곳에서 누출된 냉매가스가 체류하지 않는 구조는 다음 각호 중 1의 기준에 적합한 것일 것

① 당해 설비를 설치한 방에는 냉동능력 1ton당 $0.05m^2$ 이상의 면적을 갖는 통풍구(창 또는 문을 포함한다)를 직접 외기에 닿도록 설치할 것

② 당해 냉동설비의 냉동능력에 대응하는 통풍구의 면적을 갖추지 못하는 때에는 그 부족한 통풍구 면적에 대해 냉동능력 1ton당 $2m^3$/분 이상의 환기능력을 갖는 기계통풍장치를 설치할 것. 이 경우 기계통풍장치는 당해 설비를 설치한 방의 내부 및 외부의 어느 쪽에서도 시동 및 정지가 가능하도록 한 것일 것

해답 (1) $50RT \times 0.05m^2 = 2.5m^2$ 이상

(2) $50RT \times 2m^3/min = 100m^3/min$ 이상

13 도시가스 배관을 지하에 매설할 때 지하구조물, 암반, 그 밖의 특수한 사정으로 매설깊이를 확보할 수 없을 경우 설치하는 것의 1) 명칭과 2) 설치 위치를 쓰시오.

1) 명칭　　　　2) 설치 위치

해설 **지하매설배관의 설치**

지하구조물·암반 그 밖의 특수한 사정으로 매설깊이를 확보할 수 없는 곳에 매설하는 배관은 산업통상자원부장관이 정하는 재질 및 설치방법 등에 의하여 보호관 또는 보호 판으로 보호조치를 하되, 보호관 또는 보호 판 외면이 지면 또는 노면과 0.3m이상의 깊이를 유지할 것. 다만, 산업자원부장관이 정하여 고시하는 경우에는 그리하지 아니하다.

해답 1) 명칭 : 보호관 또는 보호판

2) 설치 위치 : 지면 또는 노면으로부터 보호관이나 보호판 외면까지 0.3m 이상의 깊이를 유지한다.

참고 **지하매설배관의 설치**

(2) 배관(사업소안의 배관을 제외한다. 이하 이 표에서 같다)을 지하에 매설하는 경우 배관의 외면과 지면·노면 또는 측면사이에는 다음 기준에 의한 거리를 유지하고, 그 배관이 특별고압지중전선과 접근하거나 교차하는 경우에는 전기사업법에 의한 기준을 충족하도록 할 것

① 공동주택 등의 부지 내에서는 0.6m 이상

② 폭 8m 이상의 도로에서는 1.2m 이상. 다만, 도로에 매설된 최고사용압력이 저압인배관에서 횡으로 분기하여 수요가에게 직접 연결되는 배관의 경우에는 1.0m 이상

③ 폭 4m 이상 8m 미만인 도로에서는 1m 이상. 다만, 도로에 매설된 최고사용압력이 저압인 배관에서 횡으로 분기하여 수요가에게 직접 연결되는 배관의 경우에는 0.8m 이상

④ ① 내지 ③에 해당되지 아니하는 곳에서는 0.8m 이상. 다만, 암반·지하매설물 등에 의하여 매설깊이의 유지가 곤란하다고 시·도지사가 인정 하는 경우에는 0.6m 이상으로 할 수 있다.

14 독성가스 배관을 2중관으로 설치할 경우에 대한 다음 물음에 답하시오.

(1) 바깥층관 안지름은 안층관 바깥지름의 몇 배 이상인가?

(2) 내관과 외관 사이에 설치하는 장치의 명칭을 쓰시오.

해설 **독성가스 2중관 배관**

① 독성가스 중 2중관 대상가스

포스겐, 황화수소, 시안화수소, 아황산가스, 산화에틸렌, 암모니아, 염소, 염화메탄

② 이중관의 규격

2중관의 바깥층관 안지름은 안층관 바깥지름의 1.2배 이상으로 한다.

③ 내관과 외관 사이에는 가스누출검지 경보장치를 설치한다.

해답 (1) 1.2배 이상
(2) 가스누출검지 경보장치

15 회전피스톤의 가스 압축 부분의 두께가 150mm, 회전수가 360rpm, 실린더의 안지름 200mm, 회전 피스톤의 바깥지름이 80mm인 회전식 압축기의 압출량(m^3/h)을 구하시오.

해설 **회전 압축기의 압출량(Q : m^3/hr)**

• $Q = 0.785t \cdot N \cdot (D^2 - d^2) \cdot 60$

여기서 Q : 1시간당 피스톤 압출량(m^3/hr)
t : 회전 피스톤의 가스 압축부분의 두께(m)
N : 회전 피스톤의 1분간 표준회전수(RPM)
D : 피스톤 기통의 안지름(m)
d : 회전 피스톤의 바깥지름(m)

• $Q = 0.785 \times 0.15 \times 360 \times (0.2^2 - 0.08^2) \times 60 = 85.46(m^3/h)$

해답 $Q = 0.785 \times 0.15 \times 360 \times (0.2^2 - 0.08^2) \times 60 = 85.46(m^3/h)$

2014년도 제2회

01 지하매설 배관의 피복이 벗겨지는 등 손상이 발생하였을 때 피복 손상부를 조사하는 방법 중 1) 직류에 의한 방법과 2) 교류에 의한 방법 종류를 각각 2가지를 쓰시오.

해설 **매설배관의 피복손상 탐측 및 부식진단 방법**

매설배관의 부식을 진단하는 가장 일반적인 방법은 배관의 피복손상여부와 전기방식 전위를 관리하는 방법이다. 매설배관의 피복이 손상되는 경우에는 금속이 부식성 환경에 직접 노출되게 되고, 적정 방식상태를 유지하기 위한 방식전류가 증가하게 되어 방식유지비용이 증가한다. 또한, 피복 손상부위는 방식이 제대로 이루어지지 않을 수 있기 때문에 가능한 한 빠른 시간 내에 피복 손상부위를 찾아내고 필요한 경우에는 굴착하여 보수해야만 한다. 전기방식하에서의 방식전류 분포는 피복 결함부위에서 특징적인 분포를 나타내기 때문에 토양에서의 분포상태를 해석하면 피복결함의 위치, 크기 및 형태까지도 진단해 낼 수 있다. 이러한 기술은 직류를 이용한 기법과 교류를 이용한 기법이 있다. 직류를 이용한 방법은 직류전압구배법, 근접간격 전위측정법이 있으며, 교류를 이용한 방법으로는 교류전압구배법(ACVG)과 Pearson survey법, Woodberry 방법이 있다.

해답 1) 직류에 의한 방법 : 직류전압 구배법(DCVG), 근접 간격 전위법(CIPS)
2) 교류에 의한 방법 : 교류전압구배법(ACVG), 피어슨법, 우드베리법

02 염소, 염화수소, 포스겐, 아황산가스 등 액화 독성가스를 1500kg 운반할 때 응급조치에 필요한 1) 약제(제독제) 명칭과 2) 휴대하여야 하는 약제 최소량을 쓰시오.

해설 **독성가스 운반 휴대 약제**

응급조치에 필요한 약제는 다음 표에 게기한 것으로 하고 비를 맞지 않도록 조치를 한 상자에 넣어 휴대할 것

<table>
<tr><th rowspan="3">품명</th><th colspan="2">운반하는 독성가스의양</th><th rowspan="3">비고</th></tr>
<tr><th colspan="2">액화가스량 1000kg미만</th></tr>
<tr><th>미만인 경우</th><th>이상인 경우</th></tr>
<tr><td>소석회</td><td>20kg 이상</td><td>40kg 이상</td><td>염소, 염화수소, 포스겐, 아황산가스 등 효과가 있는 액화가스에 적용 된다.</td></tr>
</table>

해답 1) 약제(제독제) 명칭 : 소석회
2) 휴대 약제 최소량 : 40kg

03 1) 저온 용기 및 2) 압축가스(아세틸렌가스 제외)를 충전하는 용기의 최고충전압력 기준에 대하여 쓰시오.

해설 **최고충전압력의 정의**

① 압축가스충전용기(아세틸렌가스 제외)의 35℃에서 용기에 충전할 수 있는 가스의 압력 중 최고 압력
② 저온용기의 경우 상용압력 중 최고압력
③ 아세틸렌가스 충전용기의 경우 15℃에서 용기에 충전할 수 있는 가스의 압력 중 최고 압력

④ 저온용기 외의 용기로서 액화가스를 충전하는 용기의 경우 내압시험 압력의 3/5배의 압력

해답 ① 저온 용기 : 상용압력 중 최고압력
② 압축가스 용기 : 35℃의 온도에서 그 용기에 충전할 수 있는 가스의 압력 중 최고압력

04 도시가스 배관의 바깥지름이 406.40mm이고 두께가 7.9mm인 도시가스 배관을 맞대기 용접이음 할 경우 평행한 용접이음매의 간격(mm)을 구하시오.

해설 **용접이음매의 간격(D : mm)**

도시가스 배관을 맞대기 용접하는 경우 평행한 용접이음매의 간격은 다음 계산식에 따라 계산한 값 이상으로 한다. 다만, 최소간격을 50mm로 한다.

① $D=2.5\sqrt{R_m \times t}$

여기서,
D : 용접이음매의 간격(mm)
R_m : 배관의 두께 중심까지의 반지름(mm)
t : 배관의 두께(mm)

② R_m : 배관의 두께 중심까지의 반지름(mm)

$$R_m=\frac{\text{바깥지름}-\text{두께}}{2}=\frac{\text{안지름}+\text{두께}}{2}$$

$$R_m=\frac{\text{바깥지름}-\text{두께}}{2}=\frac{406.4-7.9}{2}$$

$$=199.25(mm)$$

③ 용접이음매의 간격(D : mm)

$$D=2.5\sqrt{199.25\times 7.9}=99.19(mm)$$

해답 $D=2.5\sqrt{(\frac{406.4-7.9}{2})\times 7.9}=99.19(mm)$

05 독성가스 누출 시 이 농도 이상에 노출될 경우 즉각적으로 생명에 위험이 될 수 있는 농도로서 노출 즉시 30분 이내에 대피하여야 건강피해에서 벗어날 수 있는 기준으로 미국 산업안전보건연구원(NIOSH)에서 근로자의 건강보호를 위하여 규정하는 농도를 무엇이라 하는지 쓰시오.

해설 **IDLH(Immediate Dangerous to Life And Health)**

미국NIOSH(National Institute of Occupational Safety and Health)가 제안하고 있는 농도 값으로 30분 이내에 구출되지 않으면 건강상태를 회복할 수 없는 직접 위험농도를 의미한다.

해답 IDLH

참고 **독성가스 허용농도의 종류**

① TLV-TWA(Threshold Limit Value-Time Weighted Average)
시간가중치로서 거의 모든 노동자가 1일 8시간 또는 주40시간의 평상작업에 있어서 악영향을 받지 않는다고 생각되는 농도로서 시간에 중점을 둔 유해물질의 평균농도이다.

② LD50(Lethal Dose Fifty)
LD50은 실험동물에 화학물질, 약품 등을 투여한 경우, 실험동물의 50%가 사망하는 약품 투여량(mg/kg실험동물)을 말한다.

③ LC50(Lethal Concentration Fifty)
LC50은 실험동물에 화학물질, 약품 등을 일정시간 흡입시킨 후 실험동물의 50%가 사망하는 약품농도(ppm, mg/m^3)을 말한다.

06 충전용기 부속품 기호 중 충전하는 가스 종류를 쓰시오.

(1) AG : (2) PG :

(3) LG :

해설 **용기종류별 부속품의 기호**

1) 아세틸렌가스를 충전하는 용기의 부속품 : AG
2) 압축가스를 충전하는 용기의 부속품 : PG
3) 액화석유가스외의 액화가스를 충전하는 용기의 부속품 : LG
4) 액화석유가스를 충전하는 용기의 부속품 : LPG
5) 초저온용기 및 저온용기의 부속품 : LT

해답 (1) 아세틸렌 (2) 압축가스
(3) 액화석유가스 외의 액화가스

07 정압기 정특성 중 오프셋(OFFSET)에 대하여 설명하시오.

해설 **정압기의 정특성**

정특성이란 정상상태에 있어서의 유량과 2차 압력과의 관계이며 일반적으로 아래 그림과 같다.

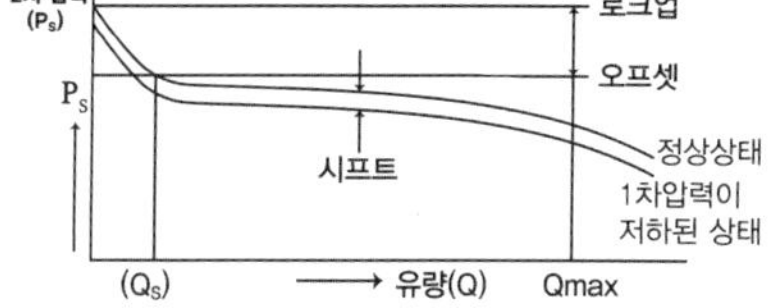

정특성에 있어서 일반적으로 기준량 QS일 때의 2차 압력을 PS에 설정하여 유량이 변화했을 경우 2차 압력의 PS로부터의 어긋난 것을 오프셋(offset)이라고 하며 유량이 영(零)으로 되었을 때의 닫힘 압력과 PS의 차를 로크업(lock up)이라고 한다. 또 1차 압력 등의 변화에 의해서 정압곡선이 전체적으로 어긋나는 것을 시이프트(shift)라고 한다. 일반적으로 오프셋, 로크업 및 시이프트 등이 적은 것이 바람직하다.

해답 유량이 변화했을 경우 2차 압력의 PS로부터의 어긋난 것

08 고압가스 충전용기 보관 장소 또는 용기의 안전 유지기준 4가지를 쓰시오.

해답 **충전용기 보관 장소의 안전유지 기준**

용기보관장소 또는 용기는 다음의 기준에 적합하게 할 것

① 충전용기와 잔가스 용기는 각각 구분하여 용기보관 장소에 놓을 것
② 가연성 가스·독성 가스 및 산소의 용기는 각각 구분하여 용기보관 장소에 놓을 것
③ 용기보관 장소에는 계량기 등 작업에 필요한 물건 외에는 두지 않을 것
④ 용기보관 장소의 주위 2m 이내에는 화기 또는 인화성 물질이나 발화성 물질을 두지 않을 것
⑤ 충전용기는 항상 40℃ 이하의 온도를 유지하고, 직사광선을 받지 않도록 조치할 것
⑥ 충전용기(내용적이 5L 이하인 것은 제외한다)에는 넘어짐 등에 의한 충격 및 밸브의 손상을 방지하는 등의 조치를 하고 난폭한 취급을 하지 않을 것
⑦ 가연성 가스 용기보관 장소에는 방폭형 휴대용 손전등 외의 등화를 지니고 들어가지 않을 것

09 전기방식시설의 유지관리를 위한 전위측정용터미널(T/B)을 설치할 장소를 4가지 쓰시오.

해답 **전위 측정용 터미널(TB) 설치 장소**

① 직류전철 횡단부 주위
② 지중에 매설되어 있는 배관 절연부 양측
③ 밸브스테이션
④ 타 금속구조물과 근접교차부분
⑤ 강재보호관 부분의 배관과 강재보호관
⑥ 교량 및 하천 횡단배관의 양단부. 다만, 외부전원법 및 배류법에 의해 설치된 것으로 횡단길이가 500m 이하인 배관과 희생양극법에 의해 설치된 것으로 횡단길이가 50m 이하인 배관은 제외한다.

해설 **전위측정용터미널(T/B) 시공 기준**

① 희생양극법 또는 배류법에 의한 배관에는 300m 이내의 간격으로 설치할 것
② 외부전원법에 의한 배관에는 500m 이내의 간격으로 설치할 것. 다만, 이미 설치된 전위측정용터미널(T/B) 또는 배관을 이설하는 경우에는 이웃한 전위측정용터미널(T/B)과의 설치간격을 10% 이내에서 가감하여 설치할 수 있다.
③ 본관·공급관에 부속된 밸브박스와 사용자 공급관 및 내관에 부속된 밸브박스 또는 입상관 절연부 등에 전위를 측정할 수 있는 인출선 등이 있는 경우에는 당해 시설을 ①·②규정에 의한 전위측정용터미널로 대체할 수 있다.

10 프로판(C_3H_8) 10kg을 완전연소시켰을 경우 이론 습연소 가스량(Nm^3)을 계산하시오.

해설 **이론 습연소 가스량(Gow : Nm^3)**

- 이론 습연소가스량(Gow : Nm^3) $=CO_2+H_2O+N_2$
- 이론공기량으로 연소 시 연소가스 중 H_2O가 포함된 가스량이고, 질소량은 산소량의 3.76배이다.
- 프로판 완전연소 반응식 :

$C_3H_8 + 5O_2 \rightarrow 3CO_2 + 4H_2O$
C_3H_8 : $3CO_2$: $4H_2O$: (N_2)
44kg : $3\times22.4Nm^3$:
$4\times22.4Nm^3$: $5\times22.4\times3.76Nm^3$
10kg : CO_2Nm^3 : H_2ONm^3 : $(N_2)Nm^3$

※ 이론 습연소가스량(Gow : Nm^3) $=CO_2 + H_2O + N_2$

$$G_{ow} = \frac{(10\times3\times22.4)+(10\times4\times22.4)+(10\times5\times22.4\times3.76)}{44} = 131.35(Nm^3)$$

해답 $$G_{ow} = \frac{(10\times3\times22.4)+(10\times4\times22.4)+(10\times5\times22.4\times3.76)}{44} = 131.35(Nm^3)$$

11 길이 1.5m인 배관에 인장하중이 작용하여 길이방향으로 0.045mm 늘어났다. 영률이 3.1×110^6 kgf/cm^2일 경우 응력(kgf/cm^2)을 구하시오.

해설 **응력(σ : kgf/cm^2)**

$$\sigma=\frac{\epsilon\times\Delta l}{L}=\frac{\text{영률}(kgf/cm^2)\text{팽창길이}(cm)}{\text{배관길이}(cm)}$$

$$\sigma=\frac{3.1\times10^6(kgf/cm^2)\times0.045(mm)\times\frac{1(cm)}{10(mm)}}{1.5(m)\times\frac{100(cm)}{1(m)}}$$

$$=99.2(kgf/cm^2)$$

해답 $$\sigma=\frac{3.1\times10^6(kgf/cm^2)\times0.045(mm)\times\frac{1(cm)}{10(mm)}}{1.5(m)\times\frac{100(cm)}{1(m)}}$$

$$=99.2(kgf/cm^2)$$

12 도시가스 사용시설에서 건축물 내에 매설할 수 있는 저압배관의 종류를 3가지를 쓰시오.

해설 **건축물 내에 매설할 수 있는 배관 종류**

건축물 안의 배관은 노출하여 시공할 것. 다만, 그 건축물에서 가스를 사용하기 위한 저압의 배관으로서 스테인리스강관, 금속제의 보호관이나 보호판으로 보호조치를 한 동관·가스용 금속플렉시블호스를 이음매(용접이음매는 제외한다)없이 설치하는 경우에는 매설할 수 있다.

해답 ① 스테인리스강관동관
② 금속제의 보호관이나 보호판으로 보호조치를 한 동관
③ 가스용 금속플렉시블호스

13 다기능 가스계량기에서 신호를 송신 또는 송수신하는 조건 4가지를 쓰시오.

해답 ① 합계증가 차단한 경우
② 연속사용시간 차단한 경우
③ 미소누출 검지한 경우
④ 전지지압 저압 시
⑤ 공급압력 저하ㅣ 차단 시
⑥ 자동검침기능 작동 시
⑦ 센터 차단 시(차단 기능이 있는 경우에만 적용한다.)

14 동일한 온도에서 내용적 8L의 용기에 20MPa의 기체가 충전되어 있고, 내용적 18L의 용기에 8MPa의 같은 기체가 충전되어 있다. 이 충전용기를 연결하여 양쪽 기체가 서로 혼합되어 평형에 도달하였을 때의 기체의 압력(MPa)을 구하시오.

해설 **혼합기체의 전압력(MPa)**

- 전압$(P_3)=\dfrac{(P_1\times V_1+P_2\times V_2)}{(V_1+V_2)}$
- 전압$(P_3)=\dfrac{(20\times8+8\times18)}{(8+18)}=11.69(MPa)$

해답 전압$(P_3)=\dfrac{(20\times8+8\times18)}{(8+18)}=11.69(MPa)$

15 가스시설 내진설계 기준에서 내진설계 구조물의 중요도는 그 기능의 중요성과 지진에 따른 손상이 초래될 수 있는 재해에 규모와 범위를 고려하여 분류하는 내진설계 등급 3가지를 쓰시오.

해설 **가스시설 내진설계 기준**

가스배관의 내진등급은 기능의 중요성과 지진으로 손상이 초래될 수 있는 재해의 규모에 따라 특, 1, 2 등급으로 구분돼 있다. 내진 특등급은 독성가스, 내진 1등급은 가연성가스, 내진 2등급은 독성·가연성 이외의 배관에 적용된다.

해답 ① 내진 특등급 ② 내진 Ⅰ등급
③ 내진 Ⅱ등급

2014년도 제3회

01 폭굉유도거리(DID)가 짧아질 수 있는 조건을 4가지 쓰시오.

해설 **폭굉유도거리**

(Detonation Induction Distance : DID)

폭굉유도거리란 최초의 완만한 연소에서 격렬한 폭굉으로 발전할 때까지의 거리를 또는 그 시간을 말하며 폭굉유도거리가 짧을수록 위험한 가스이다.

해답 **폭굉유도거리(DID)가 짧아지는 요인**

① 정상연소속도가 큰 혼합가스일수록
② 관속에 방해물이 있거나 관경이 작을수록

③ 압력이 높을수록
④ 점화원의 에너지가 강할수록

02 연소기구 사용시 발생하는 현상 중 선화와 황염의 원인을 3가지씩 쓰시오.

해설 **연소기구 사용시 발생하는 이상현상**

① 선화(Lifting : 리프팅)

리프팅 현상은 역화의 반대현상으로서 염공으로부터의 가스 유출속도가 연소속보다 크게 된 경우 불꽃이 염공에 접하여 연소하지 않고 염공을 떠나서 연소하는 현상으로 편화라고도 하며 이 현상은 연소속도가 느린 가스 연소 시 발생하기 쉽다.

② 황염(Yellow Tip)

염(炎)의 선단이 적황색으로 되어 있는 현상을 황염(Yellow Tip)이라 한다. 이 현상은 연소반응의 도중에 탄화수소가 열분해하여 탄소입자가 발생하여 미연소된 상태로 적열되어 적황색으로 빛나고 있는 것으로 연소반응이 충분한 속도로 진행하지 않고 있다는 것을 알 수 있다.

해답 (1) 선화의 원인

① 가스의 공급압력이 지나치게 높은 경우
② 염공에 먼지 등이 부착하여 염공이 작아진 경우
③ 노즐, 코크의 구경이 크게 된 경우
④ 댐퍼(Damper)가 너무 많이 열렸을 경우
⑤ 환기 및 배기 불충분 등에 의한 2차 공기의 공급이 불충분한 경우

(2) 황염의 원인

① 연소반응이 충분한 속도로 진행되지 않을 경우
② 1차 공기량이 부족하여 불완전요소가 발생할 경우
③ 주물 밑부분에 철가루 등이 있을 경우

03 독성 가스 중 2중관으로 하여야 하는 독성가스의 종류를 4가지 쓰시오.

해답 **독성가스 중 2중관 대상가스**

① 포스겐	② 황화수소
③ 시안화수소	④ 아황산가스
⑤ 산화에틸렌	⑥ 암모니아
⑦ 염소	⑧ 염화메탄

04 아래 보기는 가스제조시설에 설치되는 철근 콘크리트제 방호벽 설치기준에 대한 내용이다. (   ) 안에 알맞은 숫자를 넣으시오.

| 보기 |

지름 (1)mm 이상의 철근을 가로 세로 (2)mm 이하의 간격으로 배근하고 모서리 부분의 철근을 확실히 결속한 두께 (3)mm 이상, 높이 (4)mm 이상으로 한다.

해설 **철근콘크리트제 방호벽 설치기준**

직경 9mm 이상의 철근을 가로·세로 400mm 이하의 간격으로 배근하고 모서리 부분의 철근을 확실히 결속한 두께 120mm 이상, 높이 2,000mm 이상으로 하여야 한다.

해답 ① 9 ②400 ③ 120 ④2000

참고 **방호벽설치기준**

① 콘크리트블럭제 방호벽

철근을 배근·결속하고 블럭공동부에는 콘크리트 몰탈을 채운 두께는 150mm 이상, 높이는 2,000mm 이상으로 하여야 한다.

② 강판제 방호벽

두께 6mm(허용공차 : ±0.6mm) 이상의 강판 또는 두께 3.2mm(허용공차 : ±0.34mm) 이상의 강판에 30mm×30mm 이사의 앵글강을 가로·세로 400mm 이하의 간격으로 용접 보강한 강판을 1,800mm 이하의 간격으로 세운 지주와 용접 결속하여 높이 2,000mm 이상으로 할 것.

05 LP가스 기화기를 작동원리에 따라 분류할 경우 감압가열 기화방식에 대하여 설명하시오.

해설 **기화장치의 작동원리에 따른 분류**

㉮ 가열 감압방식

열교환기에 액체상태의 LP가스를 이송한 후 기화된 가스를 가스용 조정기에 의해 감압하여 공급하는 방식으로 일반적으로 많이 사용되고 있는 방식이다.

㉯ 감압 가열방식

액체상태의 LP가스를 액체 조정기 또는 팽창밸브를 통하여 온도와 압력을 내린 후 열교환기에 도입시켜 대기 또는 온수 등으로 가온하여 기화를 시켜 공급하는 방식이다.

해답 감압 가열방식

액체상태의 LP가스를 액체 조정기 또는 팽창 밸브를 통하여 온도와 압력을 내린 후 열교환기에 도입시켜 대기 또는 온수 등으로 가온하여 기화를 시켜 공급하는 방식이다.

06 50kg을 충전할 수 있는 LP가스 용기를 차량에 적재하여 운반할 경우 운반책임자가 동승하여야 하는 최소 용기수량을 구하시오.

해설 운반책임자 동승 기준

가스의 종류		기준
액화가스	가연성가스	3천kg이상
	조연성가스	6000kg 이상
	독성가스 (100만분의 200 이하)	100kg 이상
	독성가스 (100만분의 200 초과)	1000kg 이상

- 최소 용기수량 $= \dfrac{\text{기준가스량(kg)}}{\text{용기1개당 가스충전량(kg/개)}}$
- 최소 용기수량 $= \dfrac{3000(\text{kg})}{50(\text{kg/개})} = 60(\text{개})$

해답 60개

07 탄소(C)와 수증기(H_2O)를 반응시켜 수소(H_2)를 제조하는 방법에서 고온과 저온을 구분하여 반응식을 쓰시오.

해설 석탄의 완전 가스화법

미분탄에 수증기와 산소가스를 반응시킴으로서 흡열반응과 발열반응을 동시에 일으키고 1100℃ 이상으로 유지하면서 연속적으로 수성가스를 발생시킨다.

해답 ① 고온제조 반응식 :

$C + H_2O \rightarrow CO + H_2 - 29.6(\text{kcal})$

② 저온제조 반응식 :

$C + \frac{1}{2}O_2 \rightarrow CO + 26.4(\text{kcal})$

08 양정 200(m), 유량 1.5(m^3/min), 회전수 3000(rpm)인 4단 원심펌프의 비교회전도를 구하시오.

해설 비속도(비교회전도) : Specific speed

- $N_S = \dfrac{N \times \sqrt{Q}}{\left(\dfrac{H}{n}\right)^{3/4}}$

위 식에서,

NS : 비속도(rpm · m^3/min · m)

N : 임펠러 회전수(rpm)

H : 양정(m)

Q : 유량(m^3/min)

n : 단수

- $N_S = \dfrac{3000 \times \sqrt{1.5}}{\left(\dfrac{200}{4}\right)^{3/4}}$

$= 195.41(\text{rpm}\cdot m^3/\text{min}\cdot m)$

해답 $N_S = \dfrac{3000 \times \sqrt{1.5}}{\left(\dfrac{200}{4}\right)^{3/4}}$

$= 195.41(\text{rpm}\cdot m^3/\text{min}\cdot m)$

09 산소충전 용기에 산소를 35℃에서 15 MPa로 충전한 후 온도를 점차 상승시켰더니 안전밸브가 작동하여 가스가 분출되었다. 이때의 온도(℃)를 구하시오.

해설 안전밸브 작동온도

① 산소용기 안전밸브 작동압력(P_2)

- $P_2 = \text{최고충전압력} \times \dfrac{5}{3} \times 0.8$
- $P_2 = 15 \times \dfrac{5}{3} \times 0.8 = 20[\text{MPa}]$

② 안전밸브 작동온도(보일-샤를의 법칙 적용)

① 35℃ 15MPa

② x 20MPa

- $\dfrac{P_1 V_1}{T_1} = \dfrac{P_2 V_2}{T_2}$ [체적(V) 일정],

$\dfrac{P_1}{T_1} = \dfrac{P_2}{T_2}$

- $T_2 = \dfrac{P_2 \times T_1}{P_1} = \dfrac{20 \times (35+273)}{15}$

$= 410.67[K]$

- $T_2 = 410.67[K] - 273 = 137.67[℃]$

해답 $T_2 = \dfrac{20 \times (35+273)}{15}$

$= 410.67[K] - 273 = 137.67(℃)$

10 다기능 가스안전계량기의 제조기준에서 입출구간 거리는 90mm, 100mm, 130mm등 3가지로 구별될 수 있다. 이때 입출구간 거리 허용오차와 나사규격에 대하여 각각 쓰시오.

1) 입출구간 거리 허용오차와
2) 나사규격

해설 **다기능 가스안전계량기의 입출구간 거리 및 나사규격**

입출구간 거리(mm)	허용오차	나사규격
90	±0.5	M34×1.5
100		
130		

해답 1) 입출구간 거리 허용오차 : ±0.5*mm*
2) 나사규격 : M34×1.5

11 산소를 압축하는 왕복동 압축기의 안전밸브 유효분출면적(cm^2)을 계산할 경우 필요한 인자 4가지를 쓰시오.

해설 **압축기의 안전밸브 유효분출면적(a : cm^2)**

$$a=\frac{W}{230P\sqrt{\frac{M}{T}}}$$

위식에서
a : 유효면적(cm^2)
W : 분출가스량(kg/h)
P : 분출압력($kg/cm^2 \cdot a$)
M : 가스분자량
T : 분출직전 가스 절대온도(K)

해답 ① 분출가스량(kg/h)
② 분출압력(kg/cm^2 a)
③ 가스 분자량
④ 분출직전 가스 절대온도(K)

12 지름이 28.4m인 구형 가스홀더에 0.7(MPa·a)의 압력으로 도시가스가 저장되어 있는 것을 압력이 0.2(MPa·a)로 될 때까지 가스를 공급하였을 때 공급된 가스량(Sm^3)을 계산하시오. (단, 공급 시 온도는 20℃로 변함이 없고, 표준대기압은 0.1MPa 이다.)

해설 **공급된 가스량(Sm^3)**
① 구형 가스홀더의 내용적(V : m^3)

$$V=\frac{\pi}{6}\times D^3=\frac{\pi}{6}\times 28.4^3=11993.71(m^3)$$

② 공급된 가스량(Sm^3)

$$\Delta V=V\times\frac{(P_1-P_2)}{P_0}\times\frac{T_O}{T_1}$$

$$\Delta V=11993.71\times\frac{(0.7-0.2)}{0.1}\times\frac{273}{(20+273)}=55875.13(Sm^3)$$

해답 $\Delta V=\frac{\pi}{6}\times 28.4^3\times\frac{(0.7-0.2)}{0.1}\times\frac{273}{(20+273)}$
$=55875.13(Sm^3)$

13 LP가스 사용시설에서 2단 감압방식을 사용할 때 특징 3가지를 쓰시오.

해설 **2단 감압방법**
용기 내의 가스 압력을 사용압력 보다 약간 높은 압력으로 1차 조정기에서 감압되어 2차 조정기로 사용압력까지 감압하여 공급하는 방식이다. (식당, 공장 등)

해답 ① 입상 배관에 의한 압력손실을 보정할 수 있다.
② 공급압력이 안정하다.
③ 각 연소기구에 알맞은 압력으로 공급이 가능하다.
④ 중간 배관이 가늘어도 된다.
⑤ 설비 및 검사방법이 복잡하다.
⑥ 조정기가 많이 든다.
⑦ 부탄의 경우 재액화의 우려가 있다.

참고 **1단 감압방법**
1단 감압방법은 용기 내의 가스 압력을 1개의 조정기로 소요압력까지 감압하여 공급하는 방식이다. (가정용)
※ 특징
① 장치가 간단하다.
② 조작이 간단하다.
③ 배관이 비교적 굵어진다.
④ 최종 압력에 정확을 기하기 어렵다.

14 LP가스 공급배관의 입상높이가 20m인 곳에 프로판(C_3H_8)을 공급할 경우 압력손실(Pa)을 구하시오.(단, C_3H_8의 비중은 1.65이다.)

해설 입상배관에 의한 압력손실

- $H = 1.293(S-1)h$

여기서 H : 가스의 압력손실(mmH_2O)

S : 가스비중(공기=1)

h : 입상 높이(m)

- $H = 1.293 \times (1.65-1) \times 20$
$= 16.81(mmH_2O)$

- $H = 16.81(mmH_2O) \times \dfrac{101325(Pa)}{10332(mmH_2O)}$
$= 164.85(Pa)$

해답 $H = 1.293 \times (1.65-1) \times 20(mmH_2O) \times \dfrac{101325(Pa)}{10332(mmH_2O)} = 164.85(Pa)$

참고 $1atm = 10332(mmH_2O) = 101325(Pa)$

15 액송 펌프에서 발생하는 서징 현상 방지법 4가지를 쓰시오.

해설 서어징(Surging) 현상

펌프의 운전 중에 한숨을 쉬는 것과 같은 상태가 되어 펌프입구와 출구의 진공계 및 압력계의 지침이 흔들리고 동시에 송출유량이 변화하는 현상으로 송출압력과 송출유량이 주기적으로 변동을 일으켜서 소음 및 진동을 발생시켜 불안정한 운전상태가 된다.

해답 ① 방출밸브에 의한 방법

② 임펠러의 회전수를 변화시키는 방법

③ 깃 각도를 조절하는 방법

④ 특성곡선상 서어징 한계 밖에서 운전하는 방법

⑤ 토출량 조절밸브를 펌프에 근접시키는 방법

참고 서어징(Surging) 현상 발생원인

① 펌프의 양정곡선이 산(山)형 특성으로 그 곡선의 정상부에서 운전할 경우

② 토출배관 중에 물탱크(수조)나 공기탱크가 있을 경우

③ 토출량 조절밸브가 물탱크나 공기탱크보다 하류에 있을 경우

2015년도 제1회

01 도시가스용 반밀폐식 보일러의 설치할 경우 자연배기식 배기통 높이를 계산하는 공식을 쓰고 각 용어를 설명하시오.

해답 반밀폐식 보일러의 자연배기식 배기통 높이

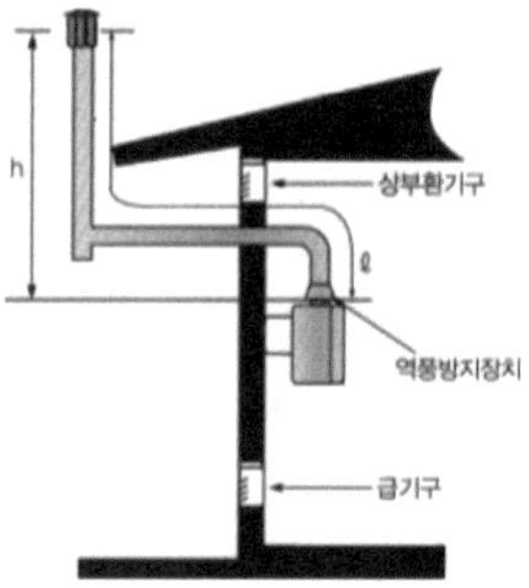

$$h = \frac{0.5 + 0.4n + 0.1\ell}{\left(\dfrac{1000Av}{6H}\right)^2}$$

위 식에서

h : 배기통의 높이(m)

n : 배기통의 굴곡수

n : 배기통의 굴곡수

ℓ : 역풍방지장치 개구부 하단으로부터 배기통 끝의 개구부까지의 전길이(m)

Av : 배기통의 유효단면적(cm2)

H : 가스소비량(kcal/h)

02 비중이 0.5인 가스를 중압으로 길이 1km인 배관에 초압 $1.7kgf/cm^2$, 종압 $1.5kgf/cm^2$으로 시간당 $1500m^3$로 공급하고 있을 경우 배관 안지름(cm)을 계산하시오.

해설 중·고압배관 지름 결정

$$Q = K \cdot \sqrt{\frac{D^5 \cdot (P_1^2 - P_2^2)}{S \cdot L}}$$

위 식에서,

Q : 가스의 유량(m^3/h)

K : 유량계수(cox(코크)의 정수 : 52.31)

P_1 : 초압(kg/cm^2 절대)

P_2 : 종압(kg/cm^2 절대)

S : 가스비중(공기=1)

L : 관 길이(m)

$$Q = K \cdot \sqrt{\frac{D^5 \cdot (P^2{}_1 - P^2{}_2)}{S \cdot L}}$$

$$\rightarrow Q^2 = K^2 \cdot \frac{D^5 \cdot (P_1^2 - P_2^2)}{S \cdot L}$$

$$D^5 = \frac{Q^2 \cdot S \cdot L}{K^2 \cdot (P_1^2 - P_2^2)}$$

$$\rightarrow D = \sqrt[5]{\frac{Q^2 \cdot S \cdot L}{K^2 \cdot (P_1^2 - P_2^2)}}$$

$$D = \sqrt{\frac{1500^2 \times 0.5 \times 1000}{52.31^2 \times \{(1.7+1.0332)^2 - (1.5+1.0332)^2\}}}$$

$$= 13.13(\text{cm})$$

해답 $$D = \sqrt{\frac{1500^2 \times 0.5 \times 1000}{52.31^2 \times \{(1.7+1.0332)^2 - (1.5+1.0332)^2\}}}$$

$$= 13.13(\text{cm})$$

03 도시가스 공급시설에 설치되는 정압기(governer)의 기능을 3가지 쓰시오.

해답 **정압기(governer)의 기능**

① 가스의 공급압력이 극히 제한된 영역에서 고압에서 중압으로 중압에서 저압으로 감압한다.

② 가스기구에 알맞은 적당한 압력으로 감압하여 공급한다.

③ 1차 유량 및 부하유량의 변동에 관계없이 2차 압력을 일정한 압력으로 유지한다.

04 액화산소 용기에 액화산소가 60kg 충전되어 있다. 용기의 외부에서 액화산소에 대해 매시 50kcal의 열량이 주어진다면 액화산소량이 1/3로 감소되는 데 걸리는 시간을 구하시오. (단, 비점에서의 O_2의 증발잠열은 1600cal/mol이다.)

해설 **액체산소 60kg이 1/3로 감소되는데 걸리는 시간(h)**

※ 액화산소 60kg에 시간당 50kcal의 열량이 가해져 용기내의 액화산소 2/3가 증발하는데 걸리는 시간을 구한다.

$$h = \frac{\left(\frac{1600(\text{kcal}/Kmol)}{32(\text{kg}/Kmol)}\right) \times 60(\text{kg}) \times \frac{2}{3}}{50(\text{kcal}/hr)}$$

$$= 40(hr)$$

해답 $$h = \frac{\left(\frac{1600(\text{kcal}/Kmol)}{32(\text{kg}/Kmol)}\right) \times 60(\text{kg}) \times \frac{2}{3}}{50(\text{kcal}/hr)}$$

$$= 40(hr)$$

05 염소의 공업적 제조법 2가지를 반응식과 함께 쓰시오.

해답 염소의 공업적 제법

① 수은법에 의한 식염의 전기분해 :
$2NaCl + (Hg) \rightarrow Cl_2 + 2Na(Hg)$

② 격막법에 의한 식염의 전기분해 :
$NaCl \rightarrow Na^+ + Cl^-$

③ 염산의 전기분해 : $2HCl \rightarrow Cl_2\uparrow + H_2\uparrow$

06 포스겐에 대한 다음 물음에 답하시오.

1) 포스겐의 분자식을 쓰시오.

2) 포스겐의 제조법과 반응식을 쓰시오.

해답 포스겐

(1) $COCl_2$

(2) ① 제조법 : 상온에서 일산화탄소와 염소를 활성탄 촉매 하에서 반응시켜 제조한다.

② 반응식 : $CO + Cl_2 \xrightarrow[\text{활성탄}]{20℃} COCl_2$

07 압축기에서 압축비가 증가할 경우의 영향을 3가지 쓰시오.

해설 **각 단의 압축비**

다단 압축을 하면 중간냉각에 의해 동력이 절약되나 중간압력의 결정방법에 따라 소요동력이 변화하게 되므로 각 단의 압력을 균등하게 하고 압축비를 감소시켜 압축에 소요되는 동력을 최소화하여야 한다.

해답 **압축비가 증가할 경우**

① 소요동력 증대

② 실린더 온도상승(압축기 과열)

③ 체적 효율 저하

④ 토출가스량 감소

08 전기방식법 중 강제배류법의 장점을 4가지 쓰시오.

해설 **강제배류법**

외부전원법과 선택배류법을 종합한 방식으로 외부전원법의 애노우도(양극 : +)를 레일에 치환한 방법으로 선택배류법에서는 레일의 전위가 높으면 방식전류가 흐르지 않으나 강제배류법에서는 별도로 전원을 가지고 있기 때문에 강제적으로 전류를 흐르게 할 수 있어 배관을 항상 방식할 수 있다. 이 방식법은 레일을 전극으로 이용하기 때문에 전극설치장소 및 매설비용이 적게 든다.

해답 **강제배류법의 장점**
① 효과범위가 넓다.
② 전압, 전류의 조정이 용이하다.
③ 전식에 대해서도 방식이 가능하다.
④ 외부전원법에 비해 경제적이다.
⑤ 전철의 휴지기간에도 방식이 가능하다.
⑥ 양극효과에 의한 간섭이 없다.

참고 **강제배류법의 단점**
① 강력하므로 다른 매설금속재료의 장해에 대해 충분한 검토를 할 필요로 한다.
② 전철에의 신호장해에 대해 충분히 검토해야만 한다.
③ 전원을 필요로 한다.

09 가연성가스가 폭발할 위험이 있는 장소에 전기설비를 할 경우 위험의 정도에 따라 위험장소를 분류하는 등급 3가지를 쓰시오.

해설 **위험장소의 분류**
가연성 가스가 폭발할 위험이 있는 농도에 도달할 우려가 있는 장소(이하 "위험장소"라 한다)의 등급은 다음과 같이 분류한다.
1) 위험장소의 등급분류는 다음과 같다.
가) "1종 장소"는 상용상태에서 가연성 가스가 체류하여 위험하게 될 우려가 있는 장소, 정비보수 또는 누출 등으로 인하여 종종 가연성 가스가 체류하여 위험하게 될 우려가 있는 장소를 말한다.
나) "2종 장소"는 다음의 장소를 말한다.
① 밀폐된 용기 또는 설비 내에 밀봉된 가연성 가스가 그 용기 또는 설비의 사고로 인해 파손되거나 오조작의 경우에만 누출할 위험이 있는 장소
② 확실한 기계적 환기조치에 의하여 가연성 가스가 체류하지 않도록 되어 있으나 환기장치에 이상이나 사고가 발생한 경우에는 가연성 가스가 체류하여 위험하게 될 우려가 있는 장소
③ 1종 장소의 주변 또는 인접한 실내에서 위험한 농도의 가연성 가스가 종종 침입할 우려가 있는 장소
다) "0종 장소"란 상용의 상태에서 가연성 가스의 농도가 연속해서 폭발한계 이상으로 되는 장소(폭발상한계를 넘는 경우에는 폭발한계내로 들어갈 우려가 있는 경우를 포함한다)를 말한다.

해답 위험장소의 분류
① 1종 장소　　② 2종 장소
③ 0종 장소

10 고압가스 냉동제조 기준 중 다음 냉매가스 종류에 따라 제한하고 있는 금속재료를 쓰시오.

1) 염화메탄　　2) 프레온

해설 **냉동기 냉매가스에 따른 제한 금속재료**
① 염화메탄 : 알루미늄합금
② 프레온 : 2% 이상 마그네슘을 함유한 알루미늄 합금
③ 암모니아 : 동 및 동합금

해답 (1) 알루미늄합금
(2) 2% 이상 마그네슘을 함유한 알루미늄합금

11 운반하는 액화독성가스의 질량이 1000kg인 경우 갖추어야 할 보호구를 3가지 쓰시오.

해설 **독성 가스를 운반하는 때에 휴대하는 보호구**
보호구는 다음 표에 게기한 것으로 하고, 당해 차량의 승무원수에 상당한 수량을 휴대할 것 (표중의 ○은 휴대하는 것을 나타낸다)

품명	규격	운반하는 독성가스의 양 압축가스용적 $100m^3$ 또는 액화 가스질량 1,000kg 미만인 경우	운반하는 독성가스의 양 압축가스용적 $100m^3$ 또는 액화 가스질량 1,000kg 이상인 경우
방독 마스크	독성 가스의 종류에 적합한 격리식 방독 마스크(전면형, 고농도용의 것)	○	○
공기 호흡기	압축공기의 호흡기(전면형의 것)	-	○
보호의	비닐피복제 또는 고무피복제의 상의 등의 신속히 착용할 수 있는 것	○	○
보호 장갑	고무제 또는 비닐피복제이 것(저온가스의 경우는 가죽제의 것)	○	○
보호 장화	고무제의 장화	○	○

※ 보호의, 보호장갑, 보호장화는 압축가스의 독성 가스인 경우는 제외한다.

해답 **독성 가스 운반 휴대 보호구**

① 방독마스크　② 공기호흡기
③ 보호의　④ 보호장갑
⑤ 보호장화

12 지상에 설치된 액화석유가스 저장탱크 외벽이 화염에 의하여 국부적으로 가열될 경우 그 저장탱크 벽면의 열을 신속히 흡수 분산시키므로 탱크벽면의 국부적인 온도상승에 의한 탱크의 파열을 방지하기 위한 폭발방지제는 알루미늄합금박판에 일정 간격으로 슬릿(Slit)을 내고 이것을 팽창시켜 어떤 모양으로 한 것인지 쓰시오.

해답 다공성 벌집형

13 다음 괄호 안에 알맞은 용어를 쓰시오.

> 유체가 누설되거나 이물질이 유입되는 것을 방지하기 위하여 기계설비에 사용되는 부품으로 고정부와 고정부 사이의 밀봉에 이용되는 것을 (①)이라 하며, 고정부와 운동부 사이의 밀봉에 이용되는 곳을 (②)이라고 한다.

해설 **유체의 기밀 유지**

유체가 누설되거나 이물질이 유입되는 것을 방지하기 위하여 기계설비에 사용되는 부품으로 고정부와 고정부 사이의 밀봉에 이용되는 것을 가스켓(Gasket) 이라 하며, 고정부와 운동부 사이의 밀봉에 이용되는 곳을 글랜드 패킹(gland packings)이라고 한다.

해답 ① 가스켓　② 글랜드 패킹

14 액화석유가스 소형저장탱크의 내용적이 3000L일 경우 저장능력을 구하시오.(단, 액화석유가스의 비중은 0.47이다.)

해설 **액화가스 소형저장탱크의 저장능력 산정**

① 식 : $W=0.85dV_2$
- W : 저장능력(kg)
- d : 상용온도에서의 액화가스의 비중(kg/ℓ)
- V_2 : 내용적(ℓ)

※ 액화가스 저장탱크는 안전공간이 90% 이하이므로 $W=0.9dV_2$ 식을 적용하지만, 소형저장탱크의 경우에는 안전공간이 85% 이하이므로 $W=0.85dV_2$ 식을 적용한다.

② 소형저장탱크의 저장능력 산정
$W=0.85\times0.47\times3000=1198.5$(kg)

해답 $W=0.85\times0.47\times3000=1198.5$(kg)

15 가연성 및 독성가스 제조시설에 설치하는 가스누출검지 경보장치의 경보농도와 정밀도를 가연성 및 독성가스로 구분하여 각각 쓰시오.

1) 경보농도　2) 정밀도

해답 **가스누출검지경보장치 경보기의 정밀도**

1) 경보농도
① 가연성 가스 : 폭발한계의 1/4 이하
② 독성 가스 : TLA-TWA 기준농도 이하

2) 정밀도
① 가연성 가스 : ±25% 이하
② 독성 가스 : ±30% 이하

참고 **가스누출검지경보장치 경보기 기능**

① 검지경보장치의 검지에서 발신까지 걸리는 시간은 경보농도의 1.6배 농도에서 보통 30초 이내일 것. 다만, 검지경보장치의 구조상 또는 이론상 30초가 넘게 걸리는 가스(암모니아, 일산화탄소 또는 이와 유사한 가스)에 있어서는 1분 이내로 한다.
② 전원의 전압등 변동이 ±10% 정도일 때에도 경보정밀도가 저하되지 않을 것
③ 지시계의 눈금은 가연성 가스용은 0~폭발하한계값, 독성가스는 0~허용농도의 3배값(암모니아를 실내에서 사용하는 경우에는 150ppm)을 각각의 눈금의 범위에 명확하게 지시하는 것일 것

2015년도 제2회

01 나프타를 도시가스 원료로 사용할 경우 특징 5가지를 쓰시오.

해답 **나프타를 도시가스 원료로 사용할 경우 특징**

① 가스화가 용이하기 때문에 높은 가스화 효율을 얻을 수 있다.
② 타르, 카본 등의 부산물이 거이 생성되지 않는다.
③ 가스 중에는 불순물이 적어서 정제설비를 필요로 하지 않는 경우가 많다.
④ 도시가스 증열용으로 이용된다.
⑤ 대기오염, 수질오염의 환경문제가 적다.
⑥ 취급과 저장이 모두 용이하다.

02 가스용 연소장치를 급배기방식에 따라 개방형, 반밀폐형, 밀폐형으로 구분할 경우 연소용 공기를 취하는 방법과 연소 폐가스를 처리하는 방법을 각각 설명하시오.

1) 개방형　　2) 반밀폐형
3) 밀폐형

해답 **급배기방식에 따른 연소기구 분류**

① 개방형 : 연소용 공기는 실내서 취하고, 연소 폐가스는 실내로 배출하는 방식
② 반밀폐형 : 연소용 공기는 실내서 취하고, 연소 폐가스는 연소기 배기통을 이용하여 실외로 배출하는 방식
③ 밀폐형 : 연소용 공기와 연소 폐가스를 2중 구조로 된 급배기통을 이용하여 실외에서 모두 취하는 방식

03 반지름이 25m인 구형 가스홀더에 절대압력 5MPa 상태로 가스가 저장되어 있을 경우 저장능력(m^3)을 구하시오.

해설 **구형 가스홀더의 저장능력(m^3)**

구형 가스홀더는 도시가스를 압축상태로 저장하므로 압축가스 저장능력 산정식을 적용하고, 구형 가스홀더 내용적 계산시 D는 지름이므로 반지름에 2를 곱하여 지름 D를 구한다.

- $Q=(P+1)V$
- $Q=(P+1)\times\frac{\pi}{6}\times D^3$
- $Q=(10\times5)\times\frac{\pi}{6}\times(2\times25)^3$
  $=3,272,492.5(m^3)$

해답 $Q=(10\times5)\times\frac{\pi}{6}\times(2\times25)^3$
$=3,272,492.5(m^3)$

04 액화석유가스용 압력 조정기에서 "폐쇄압력"을 설명하시오.

해답 **액화석유가스용 압력 조정기 폐쇄압력**

액화석유가스의 사용이 중단되었을 경우 용기의 가스유출을 압력 조정기에서 완전 차단할 때의 압력

참고 **LP가스 조정기 최대폐쇄압력**

- 1단감압식 저압조정기, 2단 감압식 2차용 조정기, 자동절체식 일체형 저압조정기 : 3.30kPa
- 2단감압식 1차용 조정기 : 95kPa
- 1단감압식 준저압조정기, 자동절체식 일체형 준저압조정기, 그 밖의 조정기 : 조정압력의 1.25배 이하

05 그림과 같이 A지점에서 B지점으로 공급되는 기존의 중압배관에서 D지점에 신규로 가스를 공급하기 위하여 C지점에서 분기하여 C → D 배관을 증설할 때 관지름(cm)을 계산하시오 (단, C→D 배관이 증설된 후 A→C→B 배관의 관지름, B지점의 유출압력 및 유량은 변동이 없으며, 대기압은 0.1MPa, 가스 비중은 0.5이다.)

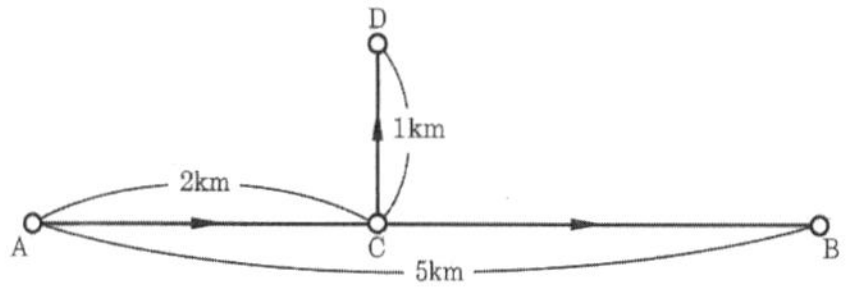

지점	압력	유량
A	0.5MPa	−
B	0.13MPa	5000m^3/h
D	0.1MPa	1500m^3/h

해답 **C → D 배관구간 관지름(D)**

$Q=K\cdot\sqrt{\frac{D^5\cdot(P_1^2-P_2^2)}{S\cdot L}}$ 식 적용하여 계산한다.

① A→C→B 구간의 배관 지름(D)을 구하자.

- $D=\sqrt[5]{\frac{Q^2\cdot S\cdot L}{K^2\cdot(P_A^2-P_B^2)}}$

$$\bullet\ D=\sqrt[5]{\frac{5000^2\times0.5\times5000}{52.31^2\times[\{(0.5+0.1)\times10\}^2-\{(0.13+0.1)\times10\}^2]}}$$

$$=14.94(\text{cm})$$

② C지점의 압력(P_C)을 구하자.

$$\bullet\ \mathrm{Q}=\mathrm{K}\cdot\sqrt{\frac{\mathrm{D}^5\cdot(\mathrm{P}^2{}_\mathrm{A}-\mathrm{P}^2{}_\mathrm{C})}{\mathrm{S}\cdot\mathrm{L}}}$$ 식에서,

$$P_A^2-P_C^2=\frac{Q^2\cdot S\cdot L}{K^2\cdot D^5}$$

$$\bullet\ P_C=\sqrt{P_A^2-\frac{Q^2\cdot S\cdot L}{K^2\cdot D^5}}$$

$$\bullet\ P_C=\sqrt{\{(0.5+0.1)\times10\}^2-\frac{5000^2\times0.5\times2000}{52.31^2\times14.94^5}}$$

$$=4.87(\text{kg}f/\text{cm}^2)$$

$$\bullet\ P_C=4.87(\text{kg}f/\text{cm}^2 a)$$

$$=0.487(\text{MPa}\cdot a)-0.1=0.39(\text{MPa}\cdot g)$$

③ C→ D 구간 배관의 관지름(D)을 구하자.

$$\bullet\ D=\sqrt[5]{\frac{Q^2\cdot S\cdot L}{K^2\cdot(P_1^2-P_2^2)}}$$

$$\bullet\ D=\sqrt[5]{\frac{1500^2\times0.5\times1000}{52.31^2\times[\{(0.39+0.1)\times10\}^2-\{(0.1+0.1)\times10\}^2]}}=7.29(\text{cm})$$

06 고압가스설비에 설치하는 사고예방설비와 피해저감설비의 종류 4가지를 각각 쓰시오.

해답 **사고예방설비와 피해저감설비의 종류**

① 사고예방설비 : 과압안전장치, 가스누출경보 및 자동차단장치, 긴급차단장치, 역류방지장치, 역화방지장치, 전기방폭설비, 환기설비, 부식방지설비, 정전기제거설비

② 피해저감설비 : 방류둑, 방호벽, 살수장치, 제독설비, 중화 이송설비, 온도상승방지설비

07 다음 [보기]의 내용은 어떤 공기액화 사이클인지 명칭을 쓰시오.

| 보기 |

- 여러 대의 압축기를 이용하여 각 단에서 점차 비점이 낮은 냉매를 사용하여 공기를 액화시킨다.
- 암모니아, 메탄, 에틸렌을 냉매로 사용한다.

해답 캐스케이드 공기액화사이클

08 LP가스 기화기를 작동원리에 따라 분류할 경우 감압가열 기화방식에 대하여 설명하시오.

해설 **기화장치의 작동원리에 따른 분류**

① 가열 감압방식

열교환기에 액체상태의 LP가스를 이송한 후 기화된 가스를 가스용 조정기에 의해 감압하여 공급하는 방식으로 일반적으로 많이 사용되고 있는 방식이다.

② 감압 가열방식

액체상태의 LP가스를 액체 조정기 또는 팽창밸브를 통하여 온도와 압력을 내린 후 열교환기에 도입시켜 대기 또는 온수 등으로 가온하여 기화를 시켜 공급하는 방식이다.

해답 **감압 가열방식**

액체상태의 LP가스를 액체 조정기 또는 팽창밸브를 통하여 온도와 압력을 내린 후 열교환기에 도입시켜 대기 또는 온수 등으로 가온하여 기화를 시켜 공급하는 방식이다.

09 가스누출 검지 경보장치의 종류와 경보농도를 가연성가스와 독성가스로 구분하여 답하시오.

1) 가연성가스 및 독성가스 검지경보장치의 종류

2) 가연성가스 및 독성가스 경보농도

해설 **가스누출검지경보장치 경보기 기능**

① 검지경보장치는 접촉연소방식, 격막갈바니전지방식, 반도체방식, 그밖의 방식에 의하여 검지엘리먼트의 변화를 전기적 신호에 의해 이미 설정하여 놓은 가스농도(이하 "경보농도"라 한다)에서 자동적으로 경보하는 것일 것. 이 경우 가연성 가스 경보기는 담배연기 등에, 독성 가스용 경보기는 담배연기, 기계세척유가스, 등유의 증발가스, 배기가스 및 탄화수소계 가스등 잡가스에는 경보하지 아니할 것

② 경보농도는 검지경보장치의 설치장소, 주위의 분위기 온도에 따라 가연성 가스는 폭발한계의 1/4 이하, 독성 가스는 TLA-TWA 기준농도 이하로 할 것(다만, 암모니아를 실내에서 사용하는 경우에는 50ppm으로 할 수 있다)

해답 1) 검지경보장치의 종류
① 가연성가스 : 접촉연소방식, 적외선흡수식
② 독성가스 : 정전위전해식, 전량식, 격막전극식
2) 가연성가스 및 독성가스 경보농도
① 가연성가스 : 폭발하한계의 1/4 이하
② 독성가스 : TLA-TWA 기준농도 이하

참고 **가스 누출 경보장치의 종류 및 대상 가스**

종류	가스구분	주요 대상 가스	용도
접촉 연소식	가연성가스	가연성가스 전반	고정식, 휴대용
반도체식	가연성가스, 독성가스	C_mH_n, 도시가스, Cl_2, NH_3, 프레온 등	고정식
고체열전도식	가연성가스, 독성가스	C_mH_n, 도시가스, Cl_2, NH_3, 프레온 등	휴대용
정전위전해식	독성가스	질소산화물, CO, HCl, SO_2	고정식, 휴대용
전량식	독성가스	H_2S, Cl_2	고정식
격막전극식	독성가스	NH_3, H_2S, HCN, SO_2 등	고정식
갈바니전지식	산소	O_2	고정식, 휴대용
적외선흡수식	가연성가스	C_mH_n가 주성분인 가스	고정식

10 공기액화 분리장치의 원료공기 취입구에 설치하는 여과기의 기능을 쓰시오.

해설 **공기액화 분리장치의 여과기**
① 원료 공기 중의 불순물을 여과기(Strainer)에 의해 제거한다.
② 원료 공기 중에 포함된 먼지 및 매연이나 아세틸렌 등의 탄산수소류, 질소화합물, 염소, 이산화황 등이 압축기에 흡입되면, 기통을 상하게 하는 것 뿐만 아니라 장치 내에서 폭발의 원인이 되므로 반드시 제거할 필요가 있다.
③ 공기를 여과할 경우에는 치밀하게 짜여진 모포, 플란넬(Flan nel) 등을 사용하거나 금속의 세편(細片)으로 제작된 라시히링(Raschig ring)에 접착성이 강한 필터오일피막을 만들고 여기에 미립자를 부착시켜 제거한다.

해답 원료 공기 중에 포함된 먼지 및 매연이나 아세틸렌 등의 탄산수소류, 질소화합물, 염소, 이산화황 등의 불순물을 제거하여 압축기의 손상 및 장치 내에서의 폭발을 방지한다.

11 체적비로 CH_4 60vol%, H_2 40vol%의 혼합기체가 있다. 공기 중에서의 폭발범위 하한값(%)과 상한값(%)을 각각 계산하시오. (단, CH_4, H_2의 폭발범위는 각각 5~15%, 4~75% 이다.)

해설 **혼합기체의 공기 중 폭발범위**
- $\dfrac{100}{L}=\dfrac{V_1}{L_1}+\dfrac{V_2}{L_2}$
- $L=\dfrac{100}{(\dfrac{V_1}{L_1}+\dfrac{V_2}{L_2})}$

해답 **폭발범위**
- $L(\text{하한})=\dfrac{100}{(\dfrac{60}{5}+\dfrac{40}{4})}=4.55(\%)$
- $L(\text{상한})=\dfrac{100}{(\dfrac{60}{15}+\dfrac{40}{75})}=22.06(\%)]$

12 도시가스 제조소의 신규 설치공사를 할 경우 공사계획 승인대상에 해당은 설비의 설치공사 4가지를 쓰시오.

해답 **도시가스 제조소 신규 설치공사 공사계획 승인 대상**
① 가스발생설비 또는 가스정제설비
② 가스홀더
③ 배송기 또는 압송기
④ 저장탱크 또는 액화가스용 펌프
⑤ 최고사용압력이 고압인 열교환기
⑥ 가스압축기, 공기압축기 또는 송풍기
⑦ 냉동설비(유분리기, 응축기 및 수액기만을 말한다.
⑧ 배관(최고사용압력이 중압 또는 고압인 배관으로서 호칭지름이 150mm 이상이고 그 길이가 20m 이상인 것만을 말한다)

참고 도시가스 공급소 신규 설치공사시 공사계획 승인 대상

① 가스홀더
② 압송기
③ 정압기
④ 배관(최고사용압력이 중압 또는 고압인 배관으로서 호칭 지름이 150mm 이상인 것만을 말한다.)

13 탄화수소를 원료로 도시가스를 제조하는 수증기 개질법에서 탄산화수소와 수증기간의 반응식과 카본의 생성을 방지하는 방법을 쓰시오.

1) 탄산화수소와 수증기간의 반응식
2) 카본의 생성을 방지하는 방법

해설 나프타 접촉분해(수증기개질) 공정

촉매를 사용하여 반응온도 400~800℃에서 탄화수소와 수증기를 반응시켜 수소, 일산화탄소, 탄산가스, 메탄, 에탄, 에틸렌, 프로필렌 등의 저급 탄화수소로 변화하는 반응을 말한다.

해답 1) 반응식 :

$aC_mHn + bH_2O \rightarrow cH_2 + dCO + eCO_2 + fCH_4 + gC + hH_2O$

2) 카본 생성 방지 방법

반응식 : $CH_4 \rightleftarrows 2H_2 + C$(카본) → 반응온도를 낮게 하고 반응압력을 높게 한다.

$2CO \rightleftarrows CO_2 + C$(카본) → 반응온도를 높게 하고, 반응압력을 낮게 한다.

14 액화석유가스 가스설비가 설치되는 곳의 1차 지반조사 결과 그 장소가 습윤한 토지, 매립지로서 지반이 연약한 토지, 급경사지로서 붕괴의 우려가 있는 토지, 그밖에 사태(沙汰), 부등침하 등이 일어나기 쉬운 토지인 경우에 강구하여야 할 조치를 2가지를 쓰시오.

해답 액화석유가스 저장설비 및 가스설비의 지반조사 기준

제1차 지반조사 결과 그 장소가 습윤한 토지, 매립지로서 지반이 연약한 토지, 급경사지로서 붕괴의 우려가 있는 토지, 그밖에 사태(沙汰), 부등침하 등이 일어나기 쉬운 토지인 경우에는 그 정도에 따라, 성토, 지반개량, 옹벽설치 등의 조치를 강구한다. 그 후 그 지반의 허용지지력도 또는 기초파일첨단(尖端)의 지반허용지지력을 구하기 위하여 필요에 따라 제2차 지반조사를 한다.

해답 ① 성토 ② 지반개량 ③ 옹벽설치

참고 액화석유가스 저장설비 및 가스설비의 지반조사 기준

① 저장설비(3톤 미만의 저장설비를 제외한다.) 및 가스설비(펌프, 압축기 및 기화기는 제외한다.)를 설치할 경우에는 그 장소에 있어서 저장설비 및 가스설비의 설치에 유해한 영향을 미치는 부등침하 등의 원인의 유무에 대하여 제1차 지반조사를 한다.
② 제1차 지반조사는 해당 장소에서 과거의 부등침하 등의 실적조사, 보링 등의 방법에 따라 실시한다.

15 고압가스용 역화방지장치의 구조는 안전성, 편리성 및 작동성을 확보하기 위하여 구비하하여야 할 것 2가지를 쓰시오.

해설 역화방지기의 일반구조

① 역화방지기의 구조는 소염소자, 역류방지장치 및 방출장치 등을 구비한 것으로 한다. 다액화석유가스용 및 도시가스용의 것은 방출장치를 생략할 수 있다.
② 역화방지기는 그 다듬질 면이 매끈하고 사용상 지장이 있는 부식, 흠, 균열 등이 없어야 한다.

해답 ① 소염소자 ②역류방지장치
③ 방출장치

2015년도 제3회

01 가연성가스가 폭발할 위험이 있는 농도에 도달할 우려가 있는 장소를 위험장소라 한다. 위험장소 중 0종 장소를 설명하시오.

해답 0종 장소

상용의 상태에서 가연성가스의 농도가 연속해서 폭발하한계 이상으로 되는 당소(폭발상한계를 넘는 경우에는 폭발한계 이내로 들어갈 유려가 있는 경우를 포함한다.)

참고 **위험장소의 분류**

1) "1종 장소"는 상용상태에서 가연성 가스가 체류하여 위험하게 될 우려가 있는 장소, 정비보수 또는 누출 등으로 인하여 종종 가연성 가스가 체류하여 위험하게 될 우려가 있는 장소를 말한다.
2) "2종 장소"는 다음의 장소를 말한다.
   ① 밀폐된 용기 또는 설비 내에 밀봉된 가연성 가스가 그 용기 또는 설비의 사고로 인해 파손되거나 오조작의 경우에만 누출할 위험이 있는 장소
   ② 확실한 기계적 환기조치에 의하여 가연성 가스가 체류하지 않도록 되어 있으나 환기장치에 이상이나 사고가 발생한 경우에는 가연성 가스가 체류하여 위험하게 될 우려가 있는 장소
   ③ 1종 장소의 주변 또는 인접한 실내에서 위험한 농도의 가연성 가스가 종종 침입할 우려가 있는 장소

02 LP가스 수송 방법 중 용기에 의한 방법과 탱크로리에 의한 방법의 특징(장단점)을 각각 3가지 쓰시오.

1) 용기에 의한 방법
2) 탱크로리에 의한 방법

해답 (1) 용기에 의한 방법
① 용기 자체가 저장설비로 이용될 수 있다.
② 소량 수송의 경우 편리하다.
③ 수송비가 많이 소요된다.
④ 용기 취급 부주의로 인한 사고의 위험이 잇다.

(2) 탱크로리에 의한 방법
① 기동성이 있어 장거리, 단거리 어는 쪽에도 적합하다.
② 철도 전용선과 같은 특별한 설비가 필요하지 않다.
③ 용기와 비교하여 다량 수송이 가능하다.
④ 자동차에 고정된 탱크가 설치되어야 한다.

참고 **LP가스의 수송방법**

LP가스의 수송방법에는 용기에 의한 방법, 탱크로리에 의한 방법, 철도 차량에 의한 방법, 유조선에 의한 방법, 파이프라인에 의한 방법 등이 있다.

1) 철도 차량에 의한 수송(Tank Car)
   철도에 부설된 LP가스 유조화차이며 대량 공급 시 사용된다. 용량은 20ton, 25ton, 30ton으로서 탱크로리에 비해 대량으로 일시 수송이 가능하며, 내륙지방의 장거리 수송에 적합하다.
2) 유조선에 의한 수송(Tank Car)
   유조선에 설치된 탱크를 탱카라 하며 가압식과 냉동식이 있다. 해상 수입설비가 있는 공급기지나 대량 소비자에게 수송하는 경우 많이 사용된다.
3) 파이프 라인(Pipe Line)에 의한 수송
   복합시설(combinate) 내의 소비자에게 공급하는 수단의 일부로서 행하여지고 있으며 소규모의 것은 200~300m 떨어진 인접한 회사에 보내는 것부터 수 km 떨어진 공장에 보내는 경우도 있다.

03 가스미터기에 표기되어 있는 다음 내용을 설명하시오.

(1) 0.5L/rev　　(2) MAX $1.5m^3/h$
(3) 병용 :　　(4) 20/11 :

해답 **가스미터기에 표기 내용**
(1) 계량실 1주기 체적이 0.5L이다.
(2) 사용최대유량이 시간당 $1.5m^3$이다.
(3) LP가스 및 도시가스로 사용할 수 있는 계량기이다.
(4) 검정유효기간이 2020년 11월 까지이다.

04 저장탱크를 콘크리트 바닥면 기초에 고정하는 방법을 3가지 쓰시오.

해답 ① 앵커 볼트(anchor bolt)
② 앵커 스트랩(anchor strap))

05 가스누설검지기에서 경보방식에 대한 다음 내용을 설명하시오.

(1) 경보지연형　　(2) 반시한 경보형

해답 **가스누설검지기에서 경보방식**
(1) 가스 농도가 설정치에 도달한 후 그 농도 이상으로 계속해서 20~60초 정도 지속되는 경우에 경보를 울리는 형식
(2) 가스 농도가 설정치에 도달한 후 그 농도 이상으로 계속해서 지속되는 경우에 가스 농도가 높을수록 경보지연 시간을 짧게 한 형식

(참고) **가스검지기의 경보방식은 즉시 경보형, 경보 지연형, 시한 경보형이 있다.**
즉시 경보형 : 가스 농도가 설정치에 도달하면 즉시 경보를 울리는 형식

06 정압기 특성 중에서 정특성에 대하여 설명하시오.

(해답) 정상상태에 있어서의 유량과 2차 압력과의 관계이다

07 고압가스 제조시설에는 그 시설에서 이상사태가 발생하는 경우 확대를 방지하기 위하여 설치하는 설비의 명칭을 2가지 쓰시오.

(해설) **이상사태 확대 방지설치**
고압가스 제조시설에는 그 시설에서 이상사태가 발생하는 경우 확대를 방지하기 위하여 긴급이송설비, 벤트스택, 플레어스택 등 필요한 설비를 설치할 것

(해답) ① 벤트스택 ② 플레어 스택

(참고) **고압가스 제조시설 피해저감설비기준**
① 가연성가스, 독성가스 또는 산소의 액화가스 저장탱크 주위에는 액상(液狀)의 가스가 누출된 경우에 그 유출을 방지하기 위한 조치를 할 것
② 압축기와 그 충전장소 사이, 압축기와 그 가스충전용기 보관장소 사이, 충전장소와 그 가스충전용기 보관장소 사이 및 충전장소와 그 충전용 주관밸브 조작밸브 사이에는 가스폭발에 따른 충격에 견딜 수 있는 방호벽을 설치하고, 그 한 쪽에서 발생하는 위해요소가 다른 쪽으로 전이되는 것을 방지하기 위하여 필요한 조치를 할 것
③ 저장탱크 또는 배관에는 그 저장탱크 또는 배관을 보호하기 위하여 온도상승방지조치 등 필요한 조치를 할 것

08 전기방식법 중 희생양극법에 대하여 설명하시오

(해설) **유전양극법(희생양극법)**

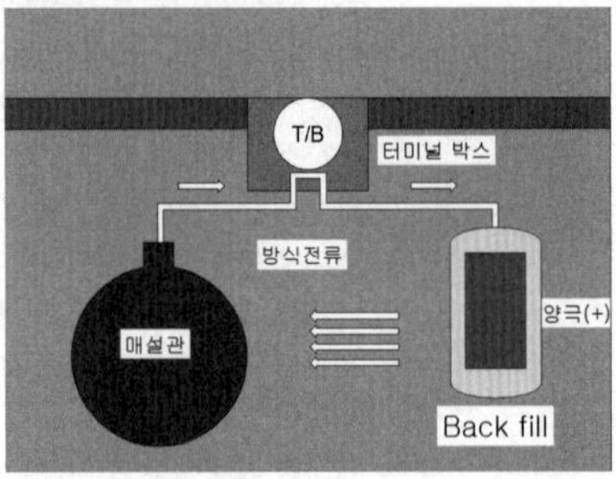

(해답) 지중 또는 수중에 설치된 양극 금속과 매설배관 등을 전선으로 연결해 양극금속과 매설배관 사이의 전지작용에 의하여 매설배관의 전기적 부식을 방지하는 방법이다.

09 콕의 종류 중 퓨즈콕(Fuse Cock)에 대하여 설명하시오.

(해답) **퓨즈콕(Fuse Cock)**
과류차단안전기구가 부착된 것으로서, 배관과 호스 또는 배관과 퀵카플러를 연결하여 가스 밸브와 연소기기(가스렌지 등) 사이에서 호스가 끊어지거나 빠진 경우 가스가 계속 누출되는 것을 차단하기 위한 안전장치이다.

(참고) **가스콕(Gas Cock)의 용도**
① 호스콕(Hose Cock) : 호스콕은 가스유로를 볼로 개폐하는 것이며 배관과 호스 또는 호스와 호스를 연결하는 구조로서 볼밸브와 같은 구조이다.
② 퓨즈콕(Fuse Cock) : 퓨즈콕은 과류차단 안전기구가 부착된 것으로서, 배관과 호스 또는 배관과 퀵카플러를 연결하는 구조이다.
③ 상자콕(Box Cock) : 상자콕은 퀵카플러 안전기구와 과류차단안전기구가 부착된 것으로 배관과 퀵카플러를 연결하는 구조이다.

10 LP가스 저장탱크에 내용적의 70%가 충전되어 있다. 15℃에 있어서 증기압이 5.2kgf/cm^{2}일 경우 이 혼합 LP가스액 중 프로판과 부탄의 몰(%)은 각각 얼마인가? (단, 15℃에 있어서 증기압은 프로판 6.3kgf/cm^2, 부탄0.7kgf/cm^{2}이다.)

해설 **LP가스액 중 프로판과 부탄의 몰(%)**

전압(P) = 프로판의 분압×몰비율 + 부탄의 분압 ×몰비율

① 프로판의 몰(%)

$5.2 = (6.3\times x) + \{0.7\times(1-x)\}$

$5.2 = 6.3x + 0.7 - 0.7x$

$5.2 - 0.7 = x(6.3 - 0.7)$

$x = \frac{5.2-0.7}{6.3-0.7}\times 100 = 80.36(\%)$

② 부탄의 몰(%) = 전체 몰(%) − 프로판 몰(%)

부탄의 몰(%) = 100(%) − 80.36(%) = 19.64(%)

해답 ① 프로판 몰(%) = $\frac{5.2-0.7}{6.3-0.7}\times 100 = 80.36(\%)$

② 부탄의 몰(%) = 100(%) − 80.36(%) = 19.64(%)

11 공동배기구를 사용한 배기시 배기구 넓이를 구하는 공식을 쓰고 단위를 포함하여 각 인자에 대하여 설명하시오.

해답 ① 공식 : A = Q × 0.6 × K × F + P

② 용어의 의미 :

- A : 공동 배기구 유효면적(mm^2)
- Q : 보일러의 가스소비량 합계(kcal/h)
- K : 형상계수
- F : 보일러의 동시사용률
- P : 배기통의 수평투영면적(mm^2)

12 역풍방지장치가 없는 반밀폐형 강제배기식(FE) 가스보일러에 갖추어야 할 장치는 무엇인지 쓰시오.

해설 **급·배기방식별로 제조시에 가스보일러가 갖추어야 할 조건**

구분		내용
반밀폐식	자연배기식(CF)	① 역풍방지장치를 갖추어야 함. ② 역풍방지 도피구는 통상의 사용상태에서 역풍방지 도피구로부터 배기가스 유출이 없어야 함.
	강제배기식(FE)	① 역풍방지장치가 없는 것은 과대풍압안전장치를 갖추어야 함 ② 역풍방지장치가 있는 것은 배기가스가 역풍방지 도피구에서 유출하는 경우 가스통로를 차단하는 안전장치를 갖추어야 함
밀폐식	자연급·배기식(BF)	① 과대풍압안전장치를 갖추어야 함(2중 급·배기통을 부착시키는 것은 제외)
	강제급·배기식(FF)	② 급 배기구는 기밀한 구조이어야 함 ③ 외벽식은 급 배기구에 지름 16mm의 둥근 공 모양의 물체가 들어가지 않는 구조이어야 함

해답 과대풍압 안전장치

13 단면적 $600mm^2$에 700kgf의 힘이 작용할 경우 안전율을 계산하시오.(단, 인장강도는 $400kgf/cm^2$이다.)

해설 안전율 = $\frac{\text{인장강도}}{\text{허용응력}}$

- 허용응력(σ)

$= \frac{F(\text{힘})}{A(\text{단면적})} = \frac{700(kgf)}{600(mm^2)}\times 10$

$= 116.67(kgf/cm^2)$

- 안전율 = $\frac{\text{인장강도}}{\text{허용응력}} = \frac{400}{116.67} = 3.43$

해답 안전율 = $\frac{400}{\left(\frac{700}{600}\times 10\right)} = 3.43$

14 LP가스 자동차 충전소의 충전기 보호대에 대한 다음 물음에 답하시오.

(1) 충전기 보호대의 재질을 쓰시오.

(2) 충전기 보호대 설치규격을 3가지 쓰시오.

해답 LP가스 자동차 충전소의 충전기 보호대

(1) 재질 : 철근콘크리트 또는 강관제

(2) 보호대 규격

① 높이 : 45cm 이상(차량의 범퍼 높이 이상)

② 두께

- 철근콘크리트 구조 : 12cm 이상
- 강관제 : 80A 이상

③ 기초 깊이 : 보호대 설치높이의 약 1/2

15 LP가스 가정용 사용시설에서 압력조정기 출구에서 연소기 입구까지의 배관 및 호스의 기밀시험압력을 쓰시오.

해설 **기밀시험**

압력조정기 출구에서 연소기 입구까지의 배관 및 호스는 8.4kPa 이상의 압력(압력이 3.3kPa 이상 30kPa 이내인 것은 35kPa 이상의 압력)으로 기밀시험을 실시하여 누출이 없을 것

해답 8.4kPa 이상

2016년도 제1회

01 도시가스 공급시설에 설치되는 정압기(governer)의 기능을 3가지 쓰시오.

해답 **정압기(governer)의 기능**

① 가스의 공급압력이 극히 제한된 영역에서 고압에서 중압으로 중압에서 저압으로 감압한다.

② 가스기구에 알맞은 적당한 압력으로 감압하여 공급한다.

③ 1차 유량 및 부하유량의 변동에 관계없이 2차 압력을 일정한 압력으로 유지한다.

02 도시가스를 사용하는 온수보일러에서 난방수는 온도변화에 따라 그 체적이 증감하게 되며, 이로 인하여 보일러 내의 압력 변화가 발생된다. 이와 같이 체적 변화에 따라 팽창된 물의 체적을 흡수하여 장치의 파손을 방지하는 설비의 명칭을 쓰시오.

해설 **온수보일러의 팽창탱크**

① 팽창 탱크는 압력 변화를 흡수하여 난방수의 압력을 일정하게 해주는 역할을 한다.

② 운전 중 장치내의 온도상승에 의한 팽창 압력을 흡수하고, 온수온도를 유지한다.

③ 팽창한 물의 배출을 방지하여 장치의 열 손실을 방지한다.

④ 장치를 가동 하지 않을 경우에도 일정 압력을 유지 하여 물의 누출 등에 의한 장애와 공기의 침입을 방지한다.

해답 팽창탱크

03 기밀시험압력 5MPa, 안지름 50cm, 인장강도 500N/mm^{2}인 스테인리스강을 사용한 초저온 용기의 동판 두께(mm)를 구하시오. (단, 용접효율은 60%, 부식여유는 3mm, 허용응력은 인장강도의 3.5분의 1을 적용한다.)

해설 **용접용기의 동판 두께(t)**

① 용접용기의 동판 두께(t)

• $t = \frac{PD}{2S\eta - 1.2P} + C$

• $t = \frac{\text{최고충전압력(MPa)} \times \text{안지름}(mm)}{2 \times \text{허용응력}(N/mm^2)\left(\text{인장강도} \times \frac{1}{3.5}\right) \times \text{용접효율} - 1.2 \times \text{최고충전압력}} + \text{부식여유}(mm)$

② 초저온 용기의 최고충전압력(P)

초저온용기의 기밀시험압력(AP)은 최고충전압력(FP)의 1.1배이므로 최고충전압력(FP)은 기밀시험압력(AP)을 1.1로 나누면 된다.

• $AP = FP \times 1.1$ 에서

$FP = \frac{AP}{1.1} = \frac{5}{1.1} = 4.55$(MPa)

③ 용접용기의 동판 두께(t)

• $t = \frac{4.55 \times 50 \times 10}{2 \times 500 \times \frac{1}{3.5} \times 0.6 - 1.2 \times 4.55} + 3$

$= 16.71(mm)$

해답 $t = \frac{\left(\frac{5}{1.1}\right) \times 50 \times 10}{2 \times 500 \times \frac{1}{3.5} \times 0.6 - 1.2 \times \left(\frac{5}{1.1}\right)} + 3$

$= 16.71(mm)$

04 도시가스 배관은 누출을 방지하기 위하여 용접 시공방법에 따라 접합을 하는 것이 원칙이지만, 용접 접합을 실시하기 곤란한 경우 대신 접합할 수 있는 접합방법을 3가지 쓰시오.

해설 용접시공방법에 불구하고 다음의 경우에는 플렌지 접합·기계적접합 또는 나사접합으로 할 수 있으며, 나사접합은 KS B 0222(관용테이퍼나사)에 따라 실시한다.

① 용접접합을 실시하기가 매우 곤란한 경우

② 최고사용압력이 저압으로서 호칭지름 50A 미만의 노출 배관을 건축물 외부에 설치하는 경우

③ 공동주택 등의 가스계량기를 집단으로 설치하기 위하여 가스계량기로 분기하는 T연결부와 그 후단 연결부의 경우

④ 공동주택 입상관의 드레인 캡 마감부의 경우

해답 ① 플랜지 접합 ② 기계적 접합

③ 나사 접합

참고 **배관의 접합기준은 다음과 같다.**

다음의 각 배관은 수송하는 도시가스의 누출을 방지하기 위하여 원칙적으로 용접시공방법에

따라 접합한다. 이경우 용접은 가스시설 용접 및 비파괴시험 기준에 따라 실시하고 모든 용접부(PE배관, 저압으로서 노출된 사용자 공급관 및 호칭지름 80mm 미만인 저압의 배관을 제외한다)에 대하여는 비파괴시험을 한다.

① 지하매설 배관(PE배관을 제외한다)
② 최고사용압력이 중압 이상인 노출배관
③ 최고사용압력이 저압으로서 호칭지름 50A 이상의 노출 배관

05 LP가스 저장탱크 정상부에서 탱크 밑면까지 지름이 작은 스테인리스관을 부착하여 이관을 상하로 움직여 관내에서 분출하는 가스 상태와 액체 상태의 경계면을 찾아 액면을 측정하는 액면계 명칭을 쓰시오.

해설 **슬립 튜부식 액면계**

LP가스 저장탱크 정상부에서 탱크 밑면까지 지름이 작은 스테인리스관을 부착하여 이 관을 상하로 움직여 관내에서 분출하는 가스 상태와 액체 상태의 경계면을 찾아 액면을 측정하는 것으로 인화성이나 중독성이 있는 액체의 액면 측정에는 부적당하다.

해답 슬립튜브식 액면계

06 NH_3의 특징적인 위험성에 대하여 4가지를 쓰시오.

해답 **NH_3의 위험성**

① 폭발성 : 폭발범위가 15~28%인 가연성 가스이다.
② 유해성 : 독성 가스로서 액체 암모니아가 피부에 노출되면 동상, 염증의 위험성이 있다.
③ 부식성 : 동 및 동합금에 대하여 부식성을 나타낸다.
④ 산화성 : 액체 암모니아는 할로겐, 강산과 접촉하면 심하게 반응하여 폭발, 비산하는 경우가 있다.

07 도시가스 정압기 중 피셔(fisher)식 정압기의 2차압 이상 상승 원인을 4가지 쓰시오

해답 **피셔(fisher)식 정압기의 2차압 이상 상승 원인**

① 메인밸브에 먼지류가 끼어들어 cut-off 불량
② 메인밸브의 밸브 폐쇄부
③ 파일럿 공급밸브(pilot supply valve)의 누설
④ 센터 스템(center stem)과 메인밸브의 접속 불량
⑤ 바이패스 밸브류의 누설
⑥ 가스 중 수분의 동결

08 탄화수소(C_mH_n) $1Nm^3$가 완전연소 할 경우 필요한 이론공기량(Nm^3/Nm^3)을 구하는 식을 완성하시오.

해설 **탄화수소(C_mH_n)의 이론공기량(Nm^3/Nm^3)**

① 탄화수소(C_mH_n) 의 완전연소 방정식

$$C_mH_n + \left(m + \frac{n}{4}\right)O_2 \rightarrow mCO_2 + \frac{n}{2}H_2O$$

② 이론공기량(Nm^3/Nm^3) 계산식

$$A_o(Nm^3/Nm^3) = \frac{O_o}{0.21} = \frac{m + \frac{n}{4}}{0.21}$$
$$= 4.76m + 1.19n$$

해답 $A_o = \dfrac{m + \frac{n}{4}}{0.21} = 4.76m + 1.19n$

09 LP가스 공급방식에서 공기 혼합가스(ail direct gas)의 공급목적을 3가지 쓰시오.

해설 **공기혼합가스 공급방식**

기화기에서 기화된 LP가스를 혼합기(믹서)에 의해 공기와 혼합하여 공급하는 방식으로 부탄을 다량 소비하는 경우에 적합하다.

※ 공기를 혼합하여 공급할 때에는 혼합가스가 폭발범위 내에 들지 않도록 주의한다.

해답 **공기 혼합가스의 공급목적**

① 발열량 조절
② 연소효율 증대
③ 재액화 방지
④ 누설 시의 손실 및 체류 감소

10 다음 가스의 위험도를 각각 구하고, 위험도가 큰 것부터 작은 순서대로 나열하시오.

① 아세틸렌	② 프로판
③ 메탄	④ 수소

해설 **가연성 가스의 위험도**

위험도란 가연성 가스의 폭발범위(상한계−하한계)를 하한계로 나눈 값으로 H로 표시하며,

가연성 가스의 위험성은 위험도 값이 클수록 크다.

$$위험도(H) = \frac{U-L}{L}$$

여기서, U : 폭발 상한계(%),
L : 폭발 하한계(%)

① $아세틸렌(H) = \frac{81-2.5}{2.5} = 31.4$

② $프로판(H) = \frac{9.5-2.2}{2.2} = 3.32$

③ $메탄(H) = \frac{15-5}{5} = 2$

④ $수소(H) = \frac{75-4}{4} = 17.75$

해답 1) 위험도
① 아세틸렌 : 31.4
② 프로판 : 3.32
③ 메탄 : 2
④ 수소 : 17.75
2) 위험도가 큰 것부터 작은 순서
아세틸렌 > 수소 > 프로판 > 메탄

11 프로판 1mol을 이론공기량으로 완전연소 시킬 경우의 혼합기체 중 프로판의 화학양론농도(x_0)와 폭발범위 하한값(x_1)을 구하시오.

해설 (1) 프로판의 화학양론농도(x_0)
- 이론공기량에 의한 프로판 완전연소 반응식
$C_3H_8 + 5O_2 \rightarrow 3CO_2 + 4H_2O$
- 프로판의 화학양론농도(x_0)

$$= \frac{1}{1+\frac{n(산소몰수)}{0.21}} \times 100$$

- $(x_0) = \frac{1}{1+\frac{5}{0.21}} \times 100 = 4.03(\%)$

(2) 프로판의 폭발범위 하한값(x_1)
$x_1 = 0.55 \times x_0 = 0.55 \times 4.03 = 2.216$
$= 2.22(\%)$

해답 (1) $x_0 = \frac{1}{1+\frac{5}{0.21}} \times 100 = 4.03(\%)$
(2) $x_1 = 0.55 \times 4.03 = 2.22(\%)$

12 도시가스 사용시설의 지상배관 중 건축물의 내외벽에 노출된 것으로 표면색상을 황색으로 하지 아니할 수 있는 경우를 설명하시오.

해설 **도시가스 사용시설 배관의 도색 기준**
지상배관은 부식방지도장 후 표면색상을 황색으로 도색하고, 지하매설배관은 최고사용압력이 저압인 배관은 황색으로, 중압 이상인 배관은 붉은색으로 할 것. 다만, 지상배관의 경우 건축물의 내·외벽에 노출된 것으로서 바닥(2층 이상의 건물의 경우에는 각 층의 바닥을 말한다)에서 1m의 높이에 폭 3cm의 황색 띠를 2중으로 표시한 경우에는 표면색상을 황색으로 하지 아니할 수 있다.

해답 바닥(2층 이상의 건물 : 각 층의 바닥)에서 1m의 높이에 폭 3cm의 황색 띠를 2중으로 표시한 경우에는 표면색상을 황색으로 하지 아니할 수 있다.

해설 **도시가스 사용시설 배관의 표시 기준**
배관은 그 외부에 사용가스명, 최고사용압력 및 가스흐름방향을 표시할 것. 다만, 지하에 매설하는 배관의 경우에는 흐름방향을 표시하지 아니할 수 있다.

13 공기액화 분리장치에서 CO_2를 제거하여야 하는 이유를 설명하시오.

해설 **원료 공기 중의 이산화탄소 제거**
원료 공기 중에 존재하는 이산화탄소(CO_2)가 저온장치(정류장치)에 들어가면 드라이아이스가 되어 배관이나 밸브를 폐쇄시켜 가스의 흐름을 방해하거나 심할 경우 배관이나 밸브가 동결되어 파열될 우려가 있기 때문에 공기 청정탑(CO_2 흡수탑)에서 가성소다(NaOH)수용액을 이용하여 제거해야 한다.
CO_2 제거 반응식 :
$2NaOH + CO_2 \rightarrow Na_2CO_3 + H_2O$

해답 이산화탄소(CO_2)가 저온장치(정류장치)에 들어가면 드라이아이스가 되어 배관이나 밸브를 폐쇄시키거나 배관이나 밸브를 동결·파열시킬 우려가 있기 때문이다.

14 0℃에서 100℃까지 산소의 평균 몰(mol) 열용량(CP)은 6.987cal/mol·K이다. 온도가 0℃부터 시작하여 몇 K가 되면 정압하에서 산소의

엔트로피가 1cal/mol·K 만큼 증가하는지 구하시오.
(단, 산소는 이상기체 상태이다.)

(해설) 엔트로피 증가시 온도(T_2)

$$\Delta S = C_p \ln \frac{T_2}{T_1} \text{ 에서}$$

$$\ln \frac{T_2}{T_1} = \frac{\Delta S}{C_p} = \frac{1}{6.987} = 0.143$$

$$\frac{T_2}{T_1} = e^{0.143} \text{ 에서}$$

$$T_2 = T_1 \times e^{0.143} = 273 \times e^{0.143} = 314.97(K)$$

(해답) $T_2 = 273 \times e^{0.143} = 314.97(K)$

15 도시가스 제조 중 가스의 열량 조정방식 3가지를 쓰시오.

(해설) **도시가스의 열량 조정방식**

① 유량비율 제어방식 : 제조가스의 발열량이 일정한 경우에 사용된다. 단순히 유량비를 조절하는 방식이고, 예를 들어 높은 가스의 유량 변동에 맞추어 낮은 발열량 가스의 유량을 조정하게끔 된 기구이다.
② 가스 케이드 방식 : 일반적으로 고열량 가스나 발열량이 변동할 경우 사용된다.
③ 써머라이저 방식 : 다종의 가스를 제조하고, 열량 조절을 행할 경우에는 비율 제어방식으로는 혼합기의 수가 많아지고 배관도 복잡해지므로 공기식, 전류식, 전압식 중 전압식이 사용되고 있다.

(해답) **도시가스의 열량 조정방식**

① 유량비율 제어방식
② 가스 케이드 방식
③ 써머라이저 방식

2016년도 제2회

01 방폭전기기기의 방폭구조에 대한 다음 물음에 답하시오.

(1) 가연성가스의 폭발등급 및 이에 대응하는 내압 방폭구조의 폭발등급은 "최대안전틈새범위"를 기준으로 등급을 3가지로 분류하는데 본질안전방폭구조는 무엇을 기준으로 등급을 3가지로 분류하는지 쓰시오.
(2) (1)번 답의 기준이 되는 가스의 명칭을 쓰시오.

(해설) **가연성가스의 폭발등급 및 이에 대응하는 본질안전방폭구조의 폭발등급**

최소점화전류비의 범위(mm)	0.8 초과	0.45 이상 0.8 이하	0.45 미만
가연성가스의 폭발등급	A	B	C
방폭전기기기의 폭발등급	IIA	IIB	IIC
(비고) 최소점화전류비는 메탄의 최소점화전류를 기준으로 나타낸다.			

(해답) (1) 최소점화전류비(mm)
(2) 메탄

02 아래 [보기]에서 주어진 조건을 이용하여 비수조식 내압시험장치에서 전증가량 계산식을 완성하시오.

| 보기 |

- ΔV : 전증가량(cm^3)
- A : 내압시험압력 P에서의 압입량 (수량계의 물 강하량)(cm^3)
- B : 내압시험압력 P에서의 수압펌프에서 용기까지의 연결관에 압입된 수량 (용기이외의 압입수량)(cm^3)
- V : 용기 내용적(cm^3)
- P : 내압시험압력(MPa)
- β : 내압시험 시 물의 온도에서 압축계수
- t : 내압시험시 물의 온도(℃)

(해답) $\Delta V = (A-B) - [(A-B)+V] \cdot P \cdot \beta_t$

03 길이 60m의 저압배관에 프로판(C_3H_8) 가스를 $10m^3/h$로 공급할 때 압력손실이 $5.8mmH_2O$이다. 이 배관에 부탄(C_4H_{10}) 가스를 $10m^3/h$로 공급하면 압력손실은 얼마인가? (단, 프로판 및 부탄의 비중은 각각 1.5, 2.0이다.

(해설) **공급가스 변경에 따른 압력손실(H : mmH_2O)**

- 저압배관 유량산출식 적용

• $Q = K\sqrt{\frac{D^5 \cdot h}{S \cdot L}}$ 에서

압력손실$(h) = \frac{Q^2 \cdot S \cdot L}{K^2 \cdot D^5}$

• $h_1 = Q_1^2 \times S_1,\ h_2 = Q_2^2 \times S_2$

• $\frac{h_2}{h_1} = \frac{Q_2^2 \times S_2}{Q_1^2 \times S_1}$ 에서, $h_2 = \frac{h_1 \times Q_2^2 \times S_2}{Q_1^2 \times S_1}$

• $h_2 = \frac{5.8 \times 10^2 \times 2.0}{10^2 \times 1.5} = 7.73(mmH_2O)$

해답 $h_2 = \frac{5.8 \times 2.0}{1.5} = 7.73(mmH_2O)$

04 LP가스 연소기구에 접속된 고무관이 노후 되어 지름 0.5mm의 구멍이 뚫려 수주 280mm의 압력으로 LP가스가 15시간 누출하였을 경우 LP가스 분출량은 몇 m^3인지 구하시오. (단, LP가스의 분출압력 $280mmH_2O$에서 가스비중은 1.75로 한다.)

해설 노즐에서 LP가스 분출량

• $Q = 0.009 \times D^2 \times \sqrt{\frac{h}{d}}$

• $Q = 0.009 \times (0.5mm)^2 \times \sqrt{\frac{280(mmH_2O)}{1.75}} \times 15h = 0.43(m^3)$

해답 $Q = 0.009 \times (0.5mm)^2 \times \sqrt{\frac{280(mmH_2O)}{1.75}} \times 15h = 0.43(m^3)$

05 공기액화 분리장치의 폭발원인을 4가지 쓰시오.

해답 공기액화 분리장치의 폭발원인

① 공기 취입구로부터 아세틸렌의 혼입
② 압축기용 윤활유 분해에 따른 탄화수소의 생성
③ 액체 공기 중에 오존의 혼입
④ 공기 중 질소화합물의 혼입

06 두 피스톤의 지름이 10cm와 5cm이다. 큰 피스톤에 2000N의 힘이 걸리도록 하려면 작은 피스톤에는 얼마의 힘(kgf)을 가해야 하는지 계산 하시오.

해설 작은 피스톤에 가해지는 힘(kgf)

• $\frac{F_1}{A_1} = \frac{F_2}{A_2}$ 에서

$F_1 = \frac{A_1}{A_2} \times F_2 = \left(\frac{D_1}{D_2}\right)^2 \times F_2$

$= \left(\frac{5}{10}\right)^2 \times 2000 = 500(N)$

• $F = \frac{500}{9.8} = 51.02(kgf)$

해답 $F = \frac{(\frac{5}{10})^2 \times 2000}{9.8} = 51.02(kgf)$

07 액화석유가스 충전시설에는 자동차에 고정된 탱크에서 LP가스를 저장탱크로 이입할 수 있도록 건축물 외부에 로딩암을 설치하여야 하는데 로딩암을 건축물 내부에 설치할 수 있는 조건을 2가지 쓰시오.

해설 로딩암 건축물 내부 설치 조건

저장탱크에는 자동차에 고정된 탱크에서 가스를 이입할 수 있도록 건축물 외부에 로딩암을 설치할 수 있다. 다만, 로딩암을 건축물 내부에 설치하는 경우에는 건축물의 바닥면에 접하여 환기구를 2방향 이상 설치하고, 환기구 면적의 합계는 바닥면적의 6% 이상으로 한다.

해답 로딩암 건축물 내부 설치 조건

① 건축물의 바닥면에 접하여 환기구를 2방향 이상 설치한다.
② 환기구 면적의 합계는 바닥면적의 6% 이상으로 한다.

08 원료 나프타를 이용하여 합성천연가스(SNG)를 제조하는 저온 수증기 개질 프로세스에서 수증기비(수증기/납사)는 얼마인지 쓰시오.

해설 합성천연가스(SNG) 제조 조업조건 및 가스화 성적

① 원료 : 액화석유가스(LPG), 나프타
② 반응압력 : $20kgf/cm^2$
③ 반응온도

구분	입구	출구
수증기 개질 공정	450℃	500℃
수첨분해 공정	350℃	460℃
메탄합성 공정	280℃	330℃

④ 촉매 : 수증기 개질 공정, 수첨분해 공정, 메탄합성 공정 모두 니케 촉매를 사용한다.

⑤ 수증기비 : $\frac{수증기}{나프타}$의 비는 1.8(kg/kg) 전후이고, 전체로는 1.1(kg/kg) 전후이다.

해답 1.8(kg/kg) 전후

09 고압가스 냉동제조 기준 중 다음 냉매가스 종류에 따라 제한하고 있는 금속재료를 쓰시오.

1) 염화메탄 2) 프레온

해설 **냉동기 냉매가스에 따른 제한 금속재료**

① 염화메탄 : 알루미늄합금

② 프레온 : 2% 이상 마그네슘을 함유한 알루미늄합금

③ 암모니아 : 동 및 동합금

해답 **동기 냉매가스에 따른 제한 금속재료**

(1) 알루미늄합금

(2) 2%이상 마그네슘을 함유한 알루미늄합금

10 아래 보기의 가스용 염화비닐호스의 안지름(mm)과 허용차(mm)를 쓰시오.

| 보기 |

(1) 1종 : (2) 2종 :

(3) 3종 : (4) 허용차 :

해설 **가스용 염화비닐호스 종류**

염화비닐호스의 안지름은 6.3mm(1종), 9.5mm (2종), 12.7mm(3종)로 하고 그 허용차는 ± 0.7mm로 할 것.

해답 ① 6.3mm ② 9.5mm

③ 12.7mm ④ ±0.7mm

11 증기운 폭발(UVCE : Unconfined Vapor cloud Explosion)에 대하여 설명하시오.

해답 **증기운 폭발** (UVCE)

저온 액화가스의 저장탱크나 고압의 가연성 액체용기가 파괴되어 다량의 가연성 증기가 대기중으로 급격히 방출되어 공기중에 분산 확산되어 있는 상태를 증기운이라고 하며, 이 가연성 증기운에 착화원이 주어지면 폭발하여 화구(fire ball)을 형성하는데 이를 증기운 폭발이라고 한다.

참고 **증기운 폭발 (UVCE)**

영어로는 VCE (vapor cloud explosion) 또는 UVCE (unconfined vapor cloud explosion) 이라고 한다.

12 가연성 혼합가스에 불활성 가스를 주입하여 산소의 농도를 최소산소농도(MOC) 이하로 치환하는 작업을 이너팅(불활성화)이라 한다. 불활성화 퍼지 종류 중 가장 많이 사용하는 진공 퍼지의 순서를 3가지로 쓰시오.

해설 **진공퍼지(Vacuum Purging)**

일명 저압퍼지라 하며 용기가 원하는 진공도에 이르기까지 용기를 진공시킨 후 이너팅가스를 주입하여 용기를 대기압과 같게 한다. 원하는 산소농도가 될 때까지 반복적으로 실시한다.

해답 **진공 퍼지 순서**

① 용기를 진공시킨다.

② 이너팅가스(불활성가스)를 주입시킨다.

③ 최저산소농도를 유지시킨다.

참고 **불활성화(Inerting) 방법**

가연성 혼합가스에 불활성 가스를 주입하여 산소의 농도를 최소산소농도(MOC) 이하로 치환하는 작업을 이너팅(불활성화)이라 하며 방법으로는 진공퍼지, 압력퍼지, 스위프퍼지, 사이폰퍼지 등이 있다.

13 굴착공사로 인하여 일어날 수 있는 도시가스배관의 파손사고를 예방하기 위한 정보제공, 홍보 등에 필요한 굴착공사 지원 정보망의 구축 운영, 그 밖에 매설배관 확인에 대한 정보지원 업무를 효율적으로 수행하기 위하여 한국가스안전공사와 연계하여 운영하는 시스템을 무엇이라 하는지 쓰시오.

해설 **굴착공사정보지원센터의 설치**

구멍 뚫기, 말뚝 박기, 터파기, 그 밖의 토지의 굴착공사(이하 "굴착공사"라 한다)로 인하여 일어날 수 있는 도시가스배관의 파손사고를 예방하기 위한 정보제공, 홍보 등에 필요한 굴착공사 지원정보망의 구축·운영, 그 밖에 매설배관 확인에 대한 정보지원 업무를 효율적으로 수행

하기 위하여 한국가스안전 공사에 굴착공사정보 지원센터(이하 "정보지원센터"라 한다)

해답 굴착공사 정보지원센터

14 도시가스 사용시설의 배관 중 매립(埋立)배관과 은폐(隱蔽)배관을 비교 설명하시오.

해설 **매립(埋立)배관과 은폐(隱蔽)배관**

"매립(埋立) 배관"이란 건축물의 천정, 벽, 바닥 속에 설치되는 배관으로서, 배관 주위에 콘크리트, 흙 등이 채워져 배관의 점검·교체가 불가능한 배관을 말하며, 천정, 벽체 등을 관통하기 위해 이음부 없이 설치되는 배관은 매립배관으로 보지 않는다. "은폐(隱蔽) 배관" 이란 건축물 내 천정, 벽체, 바닥 등의 공간에 외부에서 배관이 보이지 않게 설치된 배관으로서, 배관의 점검·교체 등이 가능한 배관을 말한다. 다만, 상자콕 설치를 위해 은폐배관 중 일부가 매립되는 경우 배관 전체를 매립배관으로 본다.

해답 **매립(埋立)배관과 은폐(隱蔽)배관**

매립배관은 건축물의 천장, 벽, 바닥 속에 설치되는 배관으로서, 배관 주위에 콘크리트, 흙 등에 채워져 배관의 점검 교체가 불가능한 배관을 말하며, 은폐배관은 건축물 내 천장, 벽체, 바닥 등의 공간에 외부에서 배관이 보이지 않게 설치된 배관으로서, 배관의 점검 교체 등이 가능한 배관을 말한다.

15 저장탱크나 압력용기(액화천연가스 제외) 맞대기 용접부의 기계적 시험방법을 3가지 쓰시오.

해설 **용접부 기계적 시험방법의 종류**

시험의 종류 등 용접부 기계시험의 종류는 다음과 같으며, 시험편의 개수는 이음매인장시험부터 이면굽힘시험 까지의 시험에서는 시험종류마다 1개, 충격시험의 시험은 융착금속부 및 열영향부에 대하여 각각 3개로 한다.

① 이음매인장시험

② 표면굽힘시험(모재의 두께가 19mm 미만인 용접부 및 열간끼워맞춤방식외의 방식으로 층성동체의 층성재의 길이이음매로 분류된 용접을 하는 경우의 그 용접부에 한한다.) 다만, 모재 서로간 또는 모재와 용접금속부의 굽힘특성이 현저하게 다른 용접부에 대하여는 가로표면 굽힘시험으로 할 수 있다.

③ 측면굽힘시험(모재의 두께가 19mm 미만인 용접부, 열간끼워맞춤 방식으로 층성동체의 층성재의 길이이음매로 분류된 용접부 및 안전확보상 지장이 없다고 인정되는 재료에 속하는 용접부를 제외한다.)

④ 이면굽힘시험(층성동체의 원주 이음매에 속한 용접부를 제외한다) 다만, 모재의 두께가 19mm 이상인 맞대기양면용접부에 대해서는 표면굽힘시험으로 하고 모재 서로 간 또는 모재와 용접금속부간굽힘특성이 현저하게 다른 용접부에 대해서는 가로이면굽힘시험에 따른다.

⑤ 충격시험(설계온도 0℃ 미만의 용접부에 한전하며 오스테나이트계 스테인리스강 및 비철금속에 속하는 것을 제외한다)

해답 **용접부 기계적 시험방법의 종류**

① 이음매 인장시험

② 충격시험

③ 표면굽힘시험

④ 측면굽힘시험

⑤ 이면굽힘시험

2016년도 제3회

01 입상배관에 의한 압력손실을 구하는 공식을 쓰고 각 인자에 대하여 단위까지 포함하여 설명하시오.

해답 **입상배관에 의한 압력상승**

① 공식 : $H = 1.293(S-1)h$

② 각 인자 설명

- H : 가스의 압력손실(mmH_2O)
- S : 가스비중(공기=1)
- h : 입상 높이(m)

02 가스배관 지름이 80mm, 길이가 100m의 저압배관에 "A"성분 가스(프로판 60v%, 부탄40v%)를 공급할 때 압력손실이 수주로 100mm이다. 이 배관에 "B"성분 가스(프로판 95%v, 부탄 5v%)를 동일한 유량으로 공급할 경우 압력손실은 수주로 몇 mm인가? (단, 프로판 및 부탄의 비중은 각각 1.6 2.0이며, 다른 조건은 변함이 없다.)

(해설) **배관압력손실(mmH_2O)**

① A"성분가스와 "B"성분 가스의 비중(S) 구하기

- $S_A = (1.6 \times 0.6) + (2.0 \times 0.4) = 1.76$
- $S_B = (1.6 \times 0.95) + (2.0 \times 0.05) = 1.62$

② 저압배관 유량산출식 적용하여 압력손실 구하기

- $Q = K\sqrt{\dfrac{D^5 \cdot h}{S \cdot L}}$ 에서

압력손실$(h) = \dfrac{Q^2 \cdot S \cdot L}{K^2 \cdot D^5}$

- $h_1 = Q_1^2 \times S_A, \quad h_2 = Q_2^2 \times S_B$
- $\dfrac{h_2}{h_1} = \dfrac{Q_2^2 \times S_B}{Q_1^2 \times S_A}$ 에서,

$h_2 = \dfrac{h_1 \times Q_2^2 \times S_B}{Q_1^2 \times S_A}$

- 유량(Q)이 일정하므로, $h_2 = \dfrac{h_1 \times S_B}{S_A}$
- $h_2 = \dfrac{100 \times 1.62}{1.76} = 92.05(mmH_2O)$

(해답) $h_2 = \dfrac{100 \times (1.6 \times 0.95 + 2.0 \times 0.05)}{(1.6 \times 0.6 + 2.0 \times 0.4)}$

$= 92.05(mmH_2O)$

03 고압장치의 설비 및 배관 등에 대한 기밀시험 시 불합격되었을 때 누출개소를 확인하는 방법을 4가지 쓰시오.

(해답) ① 발포법 ② 할로겐 디텍터법
③ 검지기법 ④ 검사지법

04 300A 배관의 길이가 400m, 최고사용압력이 중압인 도시가스배관을 자기압력기록계를 이용하여 기밀시험 시 기밀유지시간은 몇 분인가?

(해설) **압력계 및 자기압력계를 이용한 기밀유지시간**

구분	내용적	기밀유지시간
저압, 중압	$1m^3$ 미만	24분
	$1m^3$ 이상 $10m^3$ 미만	240분
	$10m^3$ 이상 $300m^3$ 미만	24×V분(단, 1440분을 초과한 경우는 1440분으로 할 수 있다.)
고압	$1m^3$ 미만	48분
	$1m^3$ 이상 $10m^3$ 미만	480분
	$10m^3$ 이상 $300m^3$ 미만	48×V분(단, 2880분을 초과한 경우는 2880분으로 할 수 있다.)

① 배관 내용적(배관 지름 300mm, 길이 400m) 계산

$V = \dfrac{\pi}{4}(D)^2 \cdot L = \dfrac{\pi}{4} \times (0.3)^2 \times 400$

$= 28.27(m^3)$

② 현재 최고사용압력이 중압으로서 배관 내용적이 28.17(m^3) 경우, 위 표에서 저압, 중압에서 내용적 $10m^3$ 이상 $300m^3$ 미만의 경우 기밀유지시간은 24×V 식을 적용한다.

기밀유지시간= 24×28.27=678.48(min)

(해답) 기밀유지시간$= 24 \times \dfrac{\pi}{4} \times (0.3)^2 \times 400$

$= 678.48(min)$

05 다음 가스에 해당하는 가스누출검지 경보장치의 검지기 경보농도를 쓰시오.

1) 가연성가스 : 2) 독성가스 :

(해설) **가스누출검지경보장치 경보기 기능**

경보농도는 검지경보장치의 설치장소, 주위의 분위기 온도에 따라 가연성 가스는 폭발한계의 1/4 이하, 독성 가스는 TLA-TWA 기준농도 이하로 할 것(다만, 암모니아를 실내에서 사용하는 경우에는 50ppm으로 할 수 있다)

(해답) 1) 가연성가스 : 폭발하한계의 1/4 이하
2) 독성가스 : TLV-TWA 기준농도 이하

06 지진으로부터 가스설비를 보호하기 위하여 내진설계를 하는 시설 중 도시가스 사업법 적용을 받는 가스제조시설의 대상시설을 설명하시오.

(해답) **도시가스 사업법 내진설계 적용을 받는 가스제조 시설의 대상시설**

저장능력이 3톤(압축가스 경우 $300m^3$) 이상인 지상 저장탱크(가스도매사업자가 소유하는 지중식 저장탱크 포함)와 가스홀더, 지지구조물 및 기초와 이들의 연결부

07 발열량 5,000kcal/m^3, 비중 0.61, 공급표준압력 100mmH_2O인 가스에서 발열량 11,000kcal/m^3, 비중 0.66, 공급표준압력이 200mmH_2O인 천연가스로 변경할 경우 노즐변경률을 계산하시오.

해설 노즐 변경률

① $\frac{D_2}{D_1} = \sqrt{\frac{WI_1\sqrt{P_1}}{WI_2\sqrt{P_2}}}$

위 식에서,

D_1 : 변경 전 노즐 구멍의 지름(mm)

D_2 : 변경 후 노즐 구멍의 지름(mm)

WI_1 : 변경 전 웨버지수

WI_2 : 변경 후 웨버지수

P_1 : 변경 전 가스의 압력(mmH_2O)

P_2 : 변경 후 가스의 압력(mmH_2O)

해답 $\frac{D_2}{D_1} = \sqrt{\frac{\frac{5000}{\sqrt{0.61}} \times \sqrt{100}}{\frac{11000}{\sqrt{0.66}} \times \sqrt{200}}} = 0.58$

참고 웨버지수(W_I) $= \frac{Hg}{\sqrt{d}} = \frac{\text{총발열량}}{\sqrt{\text{가스비중}}}$

08 조정압력이 3.3kPa 이하인 일반용 액화석유가스용 압력조정기의 안전장치에 대한 다음 물음에 답하시오.

1) 작동표준압력을 쓰시오.
2) 작동개시압력을 쓰시오.
3) 작동정지압력을 쓰시오.
4) 노즐지름이 3.2mm 이하일 경우 분출용량을 쓰시오.

해설 액화석유가스용 압력조정기

1) 액화석유가스 조정기의 성능(조정압력 3.3kPa 이하)
   ① 안전장치 작동 표준압력 : 7kPa
   ② 안전장치 작동 개시압력 : 5.6~8.4kPa
   ③ 안전장치 작동 정지압력 : 5.04~8.4kPa
2) 액화석유가스 조정기 안전장치 분출용량 : 조정압력 3.3kPa 이하
   ① 노즐 지름이 3.2mm 이하일 때 : 140L/h 이상
   ② 노즐 지름이 3.2mm 초과일 때 : Q(안전장치 분출량 : L/h) = 44D(조정기의 노즐 지름 : mm)

해답 (1) 7.0kPa (2) 5.6~8.4kPa (3) 5.04~8.4kPa (4) 140L/h 이상

09 도시가스 제조 및 공급시설 중 가스홀더의 기능에 대하여 4가지 쓰시오.

해설 가스홀더(gas holder)

가스홀더란 도시가스 제조 공장에서 정제된 가스를 저장하여 가스를 품질을 균일하게 유지하며 제조량과 수요량을 조절하는 저장탱크로써 종류에는 유수식, 무수식, 고압식의 3가지가 있다.

해답 가스홀더의 기능

① 가스 수요의 시간적 변동에 대하여 일정한 제조 가스량을 안정하게 공급하고 남는 가스를 저장한다.
② 정전, 배관공사, 제조 및 공급설비의 일시적 지장에 대하여 어느 정도 공급을 확보한다.
③ 각 지역에 가스홀더를 설치하여 피크 시에 각 지구의 공급을 가스홀더에 의해 공급함과 동시에 배관의 수송효율을 올린다.
④ 조성이 변동하는 제조가스를 저장 혼합하여 공급 가스의 열량, 성분, 연소성 등을 균일화한다.

10 가스용 연료전지를 제조하려는 자가 갖추어야 할 제조설비를 2가지 쓰시오.

해설 가스용 연료전지 제조설비

연료전지를 제조하려는 자는 이 제조기준에 따라 연료전지를 제조하기 위하여 다음 기준에 맞는 제조설비를 갖춘다. 다만, 허가관청이 부품의 품질향상을 위하여 필요하다고 인정하는 경우에는 그 부품을 제조하는 전문생산업체의 설비를 이용하거나 그가 제조한 부품을 사용할 수 있다.

① 단위셀 및 스택 제작설비
② 연료개질기 제작설비
③ 그밖에 제조에 필요한 가공설비

해답 가스용 연료전지 제조설비

① 단위셀 및 스택 제작설비
② 연료개질기 제작설비
③ 그밖에 제조에 필요한 가공설비

11 폭굉(detonation)의 정의를 쓰시오.

해답 **폭굉(Detonation)의 정의**
폭발 중에서도 특히 격렬한 경우로서 화염의 전파속도가 음속보다 빠른 경우 파면선단에 충격파라고 하는 솟구치는 압력파가 생겨 격렬한 파괴작용을 일으키는 현상을 말한다.

12 독성 가스 중 2중관으로 하여야 하는 독성가스의 종류를 4가지 쓰시오.

해답 **독성가스 중 2중관 대상가스**
① 포스겐 ② 황화수소
③ 시안화수소 ④ 아황산가스
⑤ 산화에틸렌 ⑥ 암모니아
⑦ 염소 ⑧ 염화메탄

13 내용적 5L인 용기에 에탄 1650g을 충전하였다. 용기의 온도가 100℃일 때 압력은 210atm을 표시하였다면 이때 에탄의 압축계수는 얼마인지 구하시오.

해설 **압축계수(보정계수) 이용 계산식**

① $PV = ZnRT$ 또는 $PV = Z\frac{W}{M}RT$

여기서 P : 압력(atm)
V : 체적(ℓ)
Z : 압축계수(단위 없음)
n : 몰(mol)
W : 질량(g)
M : 분자량
R : 기체상수(0.082ℓ · atm/mol · K)
T : 절대온도(K)

② $PV = \frac{W}{M}RTZ$ 식에서,

압축계수$(Z) = \frac{PVM}{WRT}$

해답 $Z = \frac{210 \times 5 \times 30}{1650 \times 0.082 \times (100 + 273)} = 0.62$

14 내용적 50L인 아세틸렌 충전용기에 다공성물질이 채워져 있다. 이 용기에 내용적의 48% 만큼 아세톤이 충전되어 있을 경우 다공도가 85%이었다면 이 용기에 충전된 아세톤의 무게는 몇 kg인지 계산하시오. (단, 아세톤의 비중은 0.79이다.)

해설 **용기에 충전된 아세톤의 무게(W : kg)**
• W = (내용적 × 아세톤 비율) × 아세톤 액비중
• $W = (50 \times 0.48) \times 0.79 = 18.96$(kg)

해답 $W = (50 \times 0.48) \times 0.79 = 18.96$(kg)

15 펌프에서 발생하는 이상소음 및 진동의 원인을 4가지를 쓰시오.

해답 펌프의 소음 및 진동의 발생 원인
① 서어징 발생 시
② 캐비테이션 발생 시
③ 흡입관로가 막혔을 때
④ 공기의 혼입 시
⑤ 펌프의 회전방향이 바르지 않을 때
⑥ 임펠러에 이물질 혼입 시
⑦ 펌프의 구동속도가 빠를 때

2017년도 제1회

01 가연성 및 독성가스 제조시설에 설치하는 가스누출검지 경보장치의 경보농도와 정밀도를 가연성 및 독성가스로 구분하여 각각 쓰시오.
1) 경보농도 2) 정밀도

해답 **가스누출검지경보장치 경보기의 정밀도**
1) 경보농도
① 가연성 가스 : 폭발한계의 1/4 이하
② 독성 가스 : TLA-TWA 기준농도 이하
2) 정밀도
① 가연성 가스 : ±25% 이하
② 독성 가스 : ±30% 이하

02 35℃의 상태에서 메탄이 내용적 40L의 용기에 15MPa 상태로 충전되었을 때 질량(kg)을 계산하시오.

해설 $PV = \frac{W}{M}RT$ **식 적용**

• $PV = \frac{W}{M}RT$ 식에서
P : 압력(atm)

V : 체적(ℓ)
W : 기체의 질량(g)
M : 기체 분자량[g/mol]
T : 절대온도(K)

• 질량$(W)=\dfrac{PVM}{RT}$

$$=\frac{15\times(\frac{1}{0.1013})\times0.04\times16}{0.082\times(35+273)}$$

$=3.75(\text{kg})$

해답 질량$(W)=\dfrac{15\times\left(\dfrac{1}{0.1013}\right)\times0.04\times16}{0.082\times(35+273)}$

$=3.75(\text{kg})$

참고 1atm = 0.1013MPa

03 용접부의 균열 발생부분을 검사하는 비파괴 검사법의 종류를 4가지 쓰시오.

해답 **비파괴 검사법의 종류**

① 음향검사 ② 침투검사
③ 자기검사 ④ 방사선투과검사
⑤ 초음파검사

04 다음 아래 물음에 답하시오.

(1) 프로판의 완전연소 반응식을 쓰시오.

(2) 프로판(C_3H_8) 10kg이 완전연소 할 경우 필요한 이론공기량(Nm^3)을 구하시오. (단, 공기 중 산소 농도는 21% 이다.)

해설 **프로판의 연소 계산**

1) 프로판의 완전연소 반응식 :
$C_3H_8+5O_2 \rightarrow 3CO_2+4H_2O$

2) 프로판의 이론공기량(Ao : Nm^3)

• $44:\dfrac{5\times22.4}{0.21}=10:x$

• $x=\dfrac{\dfrac{5\times22.4}{0.21}\times10}{44}=121.21(Nm^3)$

해답 (1) $C_3H_8+5O_2 \rightarrow 3CO_2+4H_2O$

(2) $A_0=\dfrac{\dfrac{5\times22.4}{0.21}\times10}{44}=121.21(Nm^3)$

05 고압가스 제조시설에 설치하는 내부반응 감시장치의 종류를 4가지 쓰시오

해설 **고압가스 제조시설 내부반응 감시장치 설치기준**

① 온도감시장치 : 해당 특수반응설비 안에 국부 파열 등 이상온도 변화상태를 정확히 측정할 수 있는 장소에 충분한 수를 설치한다.
② 압력감시장치 : 해당 특수반응설비 안에 상용 압력이 상당히 달라지거나 달라질 우려가 있는 장소에 2곳 이상 설치한다.
③ 유량감시장치 : 해당 특수반응설비 안에 관련되는 원재료의 송 출입구 부위마다 1개 이상 설치한다.
④ 가스의 밀도, 조성 등의 감시장치 : 해당 특수반응설비 안의 가스의 밀도, 조성 등을 정확히 측정할 수 있는 장소에 1개 이상 설치한다.

해답 **내부반응 감시장치의 종류**

① 온도감시장치
② 압력감시장치
③ 유량감시장치
④ 가스의 밀도, 조성 등의 감시 장치

06 정압기를 평가 선정할 경우 각 특성이 사용조건에 적합하도록 정압기를 선정할 필요가 있다. 이때 정압기의 특성 4가지를 쓰시오.

해설 **정압기의 특성**

정압기를 평가 선정할 경우에는 정압기의 정특성, 동특성(응답속도 및 안정성), 유량특성, 사용 최대차압, 작동최소차압의 각 특성을 고려해야 한다.

해답 **정압기의 특성**

① 정특성
② 동특성
③ 유량특성
④ 사용 최대 차압 및 작동 최소차압

07 일반 도시가스사업 제조소 및 공급소의 가스발생설비 또는 가스정제설비를 자동으로 제어하는 장치, 비상용 조명설비 등에는 정전 등에 의하여 그 설비의 기능이 상실되지 않도록 설치하는 비상전력설비의 종류 4가지를 쓰시오.

해설 **비상전력설비 설치**

가스발생설비 또는 가스정제설비를 자동으로 제어하는 장치(정전 등의 긴급시에 신속히 안전한 방향으로 전환되는 것을 제외한다) · 비상용 조명설비 등에는 정전 등에 의하여 그 설비의 기능이 상실되지 아니하도록 다음 기준에 따라 비상전력설비를 보유하는 등의 조치를 한다.

비상전력등 설비	타처공급 전력	자가 발전	축전지 장치	엔진구동 발전	스팀터빈 구동발전	공기또는 질소설비
자동제어장치	O	O	O			△
긴급차단장치	O	O	O			△
살수장치	O	O	O	O	O	
방소화설비	O	O	O	O	O	
냉각수펌프	O	O	O	O	O	
물분무장치	O	O	O	O	O	
독성가스재해설비	O	O	O	O	O	
비상조명설비	O	O	O			
가스누출검지 경보설비	O	O	O			
통신시설	O	O	O			

해답 **비상전력설비의 종류**

① 타처 공급전력 ② 자가발전 ③ 축전지 장치
④ 엔진 구동발전 ⑤ 스팀터빈 구동발전

08 실내에 설치되는 반밀폐식 보일러를 급배기 방식에 따라 2가지로 분류하시오.

해설 **급 · 배기방식에 따른 가스보일러의 분류**

구분		내용
개방식		연소용 공기를 실내에서 취하고, 연소배기가스는 옥내로 배출하는 방식
반밀폐식	자연배기식 (CF)	연소용 공기를 실내에서 취하고, 연소배기가스를 배기통을 사용해서 자연통풍력에 의해서 실외로 배출하는 방식
	강제배기식 (FE)	연소용 공기를 실내에서 취하고, 연소배기가스를 배기팬을 사용해서 강제적으로 실외로 배출하는 방식
밀폐식	자연급·배기식 (BF)	급배기통을 외기에 접하는 벽을 관통하여 실외로 내보내고 자연 통풍력에 의해서 복도에 급배기를 시키는 방식(약효 : BF-W)
밀폐식	자연급·배기식 (BF)	급배기통을 전용 급배기통(chamber) 내에 접속하고, 자연 통풍력에 의해서 복도에 급배기를 시키는 방식 (약효 : BF-C)
밀폐식	자연급·배기식 (BF)	급배기통을 공용 급배기통(U 덕트 또는 SE덕트) 내에 접속하고, 자연 통풍력에 의해서 급배기를 시키는 방식(약효 BF-D)
	강제급·배기식 (FF)	급배기통을 외기에 접하는 벽을 관통하여 실외로 내보내고, 팬의 의해서 강제적으로 급배기를 시키는 방식

해답 **반밀폐식 가스보일러**

① 자연 배기식(또는 CF 방식)
② 강제 배기식(또는 FE 방식)

09 폭굉유도거리(DID)에 대하여 설명하시오.

해설 **폭굉유도거리**

(Detonation Induction Distance : DID)

폭굉유도거리란 최초의 완만한 연소에서 격렬한 폭굉으로 발전할 때까지의 거리를 또는 그 시간을 말하며 폭굉유도거리가 짧을수록 위험한 가스이다.

해답 최초의 완만한 연소에서 격렬한 폭굉으로 발전할 때까지의 거리를 또는 그 시간

10 도시가스 도매사업자의 제조소 및 공급소 밖의 배관에 긴급차단장치를 설치하는 규정에서 지역구분별 긴급차단장치 간 거리의 밀도지수에 대하여 설명하시오.

해답 **지역구분별 긴급차단장치 간 거리의 밀도지수**

배관의 임의의 지점에서 길이 방향으로 1.6km, 배관 중심으로부터 좌우로 각각 폭 0.2km의 범위에 있는 가옥 수(아파트 등 복합건축물의 가옥 숫자는 건축물 안의 독립된 가구 수로 한다)를 말한다.

11 배관 호칭이 $\frac{3}{4}B$(안지름 2.2cm), 관 길이가 10m인 배관에 압력손실이 17mmH$_2$O일 경우의 유량(kg/h)을 구하시오. (단, 온도는 15℃이며, 15℃에서의 가스 비중은 0.46이고, 밀도는 0.71kg/m^3, 유량계수는 0.707이다.)

해설 **저압배관 유량산출식 적용**

• $Q(m^3/h) = K\sqrt{\frac{D^5 \cdot h}{S \cdot L}}$

• 밀도(ρ)를 적용하면

$$Q(kg/h) = \rho \cdot K\sqrt{\frac{D^5 \cdot h}{S \cdot L}}$$

• $Q(kg/h) = 0.71 \times 0.707 \times \sqrt{\frac{2.2^2 \times 17}{0.46 \times 10}}$

$= 6.927 = 6.93(kg/h)$

해답 $Q(kg/h) = 0.71 \times 0.707 \times \sqrt{\frac{2.2^2 \times 17}{0.46 \times 10}}$

$= 6.93(kg/h)$

12 LP가스 저장설비의 종류를 3가지 쓰시오.

해설 **액화석유가스의 안전관리 및 사업법 시행규칙 제2조(정의)**

저장설비란 액화석유가스를 저장하기 위한 설비로서 저장탱크, 마운드형 저장탱크, 소형 저장탱크 및 용기(용기집합설비와 충전용기보관실을 포함한다.)를 말한다.

해답 **LP가스 저장설비의 종류**

① 저장탱크 ② 마운드형 저장탱크

③ 소형 저장탱크 ④ 용기

13 가연성 가스 검출기 중 접촉연소방식의 원리를 설명하시오.

해설 **가스 검지기의 원리 및 검지대상 가스**

검출 방식	원리	검지 대상 가스
접촉연소 방식	가연성 가스가 촉매에 의해 연소하고 온도가 상승하면 백금선의 저항값이 증가	H, NH_3, LPG, 아세틸렌

해답 **가연성가스 검지기(접촉연소방식) 원리**

열선(필라멘트)으로 검지된 가스를 연소시켜 생기는 온도변화에 전기저항의 변화가 비례 하는 것을 이용한 것이다.

참고 **가스 검지기의 원리 및 검지대상 가스**

검출 방식	원리	검지 대상 가스
반도체 방식	가열한 금속산화물에 가스 접촉에 의한 저항값의 증감	LPG, LNG, CO, 알코올, NH_3, H_2S
전기화학 방식	화학용제와 가스의 반응에 따라 생기는 전류·전도율의 변화	O_2, NH_3, H_2S, PH_3
광간섭 방식	공기와의 굴절율 차이에 의해 생기는 간섭줄 무늬를 이용	각종 가스
열전도율 방식	열전도율의 차를 방열에 의한 발열소자의 온도저하로 측정	각종 가스
적외선 흡수 산란방식	적외선조사에 의한 가스분자의 공진에 의한 흡수 또는 산란량	대부분의 이핵분자로 구성된 가스

14 LP가스 기화기를 작동원리에 따라 분류할 경우 감압가열 기화방식에 대하여 설명하시오.

해답 **감압 가열방식**

액체상태의 LP가스를 액체 조정기 또는 팽창 밸브를 통하여 온도와 압력을 내린 후 열교환기에 도입시켜 대기 또는 온수 등으로 가온하여 기화를 시켜 공급하는 방식이다.

15 다음 아래 내용에서 설명하는 부식의 명칭을 쓰시오.

(1) 결정입자가 선택적으로 부식되는 것으로 오스테나이트계 스테인리스강을 450~900℃로 가열하면 결정입계로 크롬탄화물이 석출되는 현상이다. 스테인리스강 용접부에 열 영향을 받는 경우에 잘 나타난다.

(2) 배관 및 밴드 등의 굴곡부, 펌프의 회전차 등 유속이 큰 부분이 부식성 환경에서 마모가 현저하게 되는 현상으로 황산의 이송배관에서 주로 발생된다.

(3) 중유 및 연료유의 회분 중에 포함되어 있는 바나듐이 산소와 반응하여 오산화바나듐(V_2O_5)이 만들어지고, 이것이 고온 전열면에 부착되어 고온부식을 일으키는 현상이다.

해답 (1) 입계부식 (2) 이로전(erosion)

(3) 바나듐어택

2017년도 제2회

01 입상 높이 20m인 곳에 프로판(C_3H_8)을 공급할 경우 발생하는 압력손실(Pa)을 구하시오.

(단, C_3H_8의 비중은 1.650이다.)

해설 입상배관에 의한 압력손실

- H=1.293(S−1)h

 여기서 H : 가스의 압력손실(mmH_2O)

 S : 가스비중(공기=1)

 h : 입상 높이(m)

- $H=1.293\times(1.65-1)\times20$
 $=16.81(mmH_2O)$

- $H=16.81(mmH_2O)\times\frac{101325(Pa)}{10332(mmH_2O)}$
 $=164.85(Pa)$

해답 $H=16.81(mmH_2O)\times\frac{101325(Pa)}{10332(mmH_2O)}$
$=164.85(Pa)$

참고 $1atm=10332(mmH_2O)=101325(Pa)$

02

액비중이 0.52인 프로판 $1m^3$를 완전연소하기 의한 이론공기량은 몇 Sm^3인가 계산하시오. (단, 공기 중 산소는 21vol%이다.)

해설 프로판 완전연소 이론공기량

- 이론공기량(Ao : Sm^3)$=\frac{이론산소량(Sm^3)}{0.21}$
- 프로판의 완전연소 반응식 :
 $C_3H_8+5O_2\rightarrow3CO_2+4H_2O$
- 프로판의 이론공기량(Ao)

 $44:\frac{5\times22.4}{0.21}=520:x$

 $x=\frac{\frac{5\times22.4}{0.21}\times520}{44}=6303.03(Sm^3)$

※ 프로판 액체의 액비중 0.52는 프로판 액체 1L의 무게가 0.52kg 또는 $1m^3$의 무게가 520kg이라는 의미이다.

해답 $x=\frac{\frac{5\times22.4}{0.21}\times520}{44}=6303.03(Sm^3)$

03

액화가스 배관에서 발생하는 액봉현상(liquid seal)에 대한 다음 물음에 답하시오.

(1) 액봉현상에 대하여 설명하시오.

(2) 액봉현상의 방지법을 2가지 설명하시오.

해답 액봉현상(liquid seal)

(1) 액화가스 배관에 부착된 밸브를 폐쇄해 놓은 경우 주변의 온도상승에 의한 액화가스 팽창으로 압력상승이 일어나 배관이 파열되는 현상

(2) 액봉현상의 방지법

① 드레인 밸브를 설치하여 내부의 액화가스를 배출시킨다.

② 릴리프 밸브를 설치하여 내부 액체를 다른 시설로 유도시킨다.

04

LP가스 저장설비실 및 가스설비에는 누출된 가스가 머물지 아니하도록 자연환기설비를 설치할 경우 외기에 면하여 설치된 환기구의 통풍가능 면적의 합계는 바닥면적 $1m^2$마다 ( )cm^2 이상 확보하여야 한다. ( ) 안에 알맞은 숫자를 넣으시오.

해설 액화석유가스의 저장설비·가스설비실 및 충전용기 보관실 통풍구조

바닥면에 접하고 또한 외기에 면하여 설치된 환기구의 통풍가능면적의 합계가 바닥면적 $1m^2$마다 $300cm^2$(철망 등을 부착할 때에는 철망이 차지하는 면적을 뺀 면적으로 한다)의 비율로 계산한 면적 이상(1개소 환기구의 면적은 $2,400cm^2$ 이하로 한다)일 것. 이 경우 사방을 방호벽 등으로 설치할 경우에는 환기구를 2방향 이상으로 분산 설치하여야 한다.

해답 300

참고 강제통풍장치 설치 기준

자연 통풍구조를 설치할 수 없는 경우에는 다음 각목의 기준에 적합한 강제통풍장치를 설치하여야 한다.

㉮ 통풍능력이 바닥면적 1m2마다 $0.5m^3/min$ 이상으로 할 것

㉯ 흡입구는 바닥면 가까이에 설치할 것

㉰ 배기가스 방출구를 지면에서 5m 이상의 높이에 설치할 것

05

회전수가 비교적 늦기 때문에 $1.5\sim200(m^3/h)$ 이하의 소용량에 적합하고, 도시가스를 저압으로 사용하는 일반 수용가에서 주로 사용하며 가격이 저렴하고 유지관리가 비교적 쉽지만 대용량의 것은 설치 면적이 크게 필요로 하는 가스계량기 형식을 쓰시오.

해설 **막식, 습식, 루트미터의 특징**

분류	막식 가스미터
장점	1. 저가이다. 2. 부착 후의 유지관리에 시간을 요하지 않는다.
단점	대용량에서는 설치스페이스가 크다.
일반적용도, 용량범위	일반 수요가, 1.5~200[m^3/h]

해답 막식 가스미터(다이어프램식 가스미터)

참고 **막식, 습식, 루트미터의 특징**

분류	습식 가스미터	루트미터
장점	1. 계량이 정확하다. 2. 사용 중에 기차의 변동이 거의 없다.	1. 대용량의 가스측정에 적합하다. 2. 중압가스의 유량측정이 가능하다. 3. 설치 스페이스가 적다.
단점	1. 사용 중에 수위조정 등의 관리가 필요하다. 2. 설치 스페이스가 크다.	1. 스트레이너의 설치 및 설치 후의 유지관리가 필요하다. 2. 소유량(0.5[m^3/h] 이하)에서는 부동의 우려가 있다.
일반적용도 용량범위	기준기, 실험실용, 0.2~3,000[m^3/h]	대량 수요가 100~5,000[m^3/h]

06 독성 액화가스가 충전된 용기를 차량에 적재하여 운반할 때 갖추어야 할 보호구 4가지를 쓰시오.

해설 **독성 가스를 운반하는 때에 휴대하는 보호구**

보호구는 다음 표에 게기한 것으로 하고, 당해 차량의 승무원수에 상당한 수량을 휴대할 것 (표중의 ○은 휴대하는 것을 나타낸다)

품명	규격	운반하는 독성가스의 양 (압축가스용적 $100m^3$ 또는 액화 가스질량 1,000kg) 미만인 경우	운반하는 독성가스의 양 (압축가스용적 $100m^3$ 또는 액화 가스질량 1,000kg) 이상인 경우
방독 마스크	독성 가스의 종류에 적합한 격리식 방독 마스크(전면형, 고농도용의 것)	○	○
공기 호흡기	압축공기의 호흡기(전면형의 것)	–	○
보호의	비닐피복제 또는 고무피복제의 상의 등의 신속히 착용할 수 있는 것	○	○
보호장갑	고무제 또는 비닐피복제이 것(저온가스의 경우는 가죽제의 것)	○	○
보호장화	고무제의 장화	○	○

해답 **독성 가스 운반 휴대 보호구**

① 방독마스크　② 보호의
③ 보호장갑　④보호장화

07 산소 충전용기에 대한 다음 물음에 답하시오.

(1) 공업용 용기의 도색 :

(2) 의료용 용기의 도색 :

(3) 안전밸브의 종류 :

해설 (1) 공업용 용기의 도색

가스의 종류	도색의 구분	가스의 종류	도색의 구분
액화석유가스	회색	액화암모니아	백색
수소	주황색	액화염소	갈색
아세틸렌	황색	액화탄산가스	청색
산소	녹색	그밖의 가스	회색

(2) 의료용 용기의 도색

가스의 종류	도색의 구분	가스의 종류	도색의 구분
산소	백색	질소	흑색
액화탄산가스	회색	아산화질소	청색
헬륨	갈색	싸이크로프로판	주황색
에틸렌	자색	그 밖의 가스	회색

(3) 용기용 안전밸브

① 스프링식 : LP가스 용기

② 가용전식 : 액화염소, 액화암모니아, 아세틸렌 용기 등

③ 파열판식 : 산소, 질소 등 압축가스 용기

해답 (1) 녹색　(2) 백색　(3) 파열판식

08 다음 아래의 보기 설명 중 (　　) 안에 알맞은 공통적인 용어를 쓰시오.

| 보기 |

지하에 매설된 가스배관을 도복장으로 부식을 방지하려고 할 때 다른 금속체와 접촉되어 (　)을[를] 형성하는 경우가 있다. 이와 같은 가능성이 있는 장소에서는 방식테이프를 감거나 절연 피복한 재료를 사용하거나 해서 다른 금속체와의 접촉을 피하는 것이 좋다.

(　　)을[는] 주로 환경의 차에 의해서 일어나고, 긴 관로의 경우 전위차도 크게 되는 경향이 있으므로 관로를 적당히 절연시켜 (　　)의[이] 형성을 방지하여 방식효과를 높일 수 있다.

해설 **매크로셀(Macro Cell)부식**
금속표면에서 양극(+), 음극(−)의 부위가 각각 변화하여 양극과 음극의 위치가 확정적이지 않아 전면부식이 발생하는 현상

해답 매크로셀

09 독성가스의 허용농도는 해당 가스를 성숙한 흰쥐 집단에게 대기 중에서 1시간 동안 계속하여 노출시킨 경우 14일 이내에 그 흰쥐의 2분의1 이상이 죽게 되는 반치사 농도로 100만분의 5000 이하를 독성가스로 분류하는 이것의 명칭을 영문 약자로 쓰시오.

해설 **LC50(Lethal Concentration Fifty)**
LC50은 실험동물에 화학물질, 약품 등을 일정 시간 흡입시킨 후 실험동물의 50%가 사망하는 약품농도(ppm, mg/m^3)을 말한다.

해답 LC50

참고 고압가스 안전관리법 시행규칙에서 "독성 가스"란 아크릴로니트릴·아크릴알데히드·아황산가스·암모니아·일산화탄소·이황화탄소·불소·염소·브롬화메탄·염화메탄·염화프렌·산화에틸렌·시안화수소·황화수소·모노메틸아민·디메틸아민·트리메틸아민·벤젠·포스겐·요오드화수소·브롬화수소·염화수소·불화수소·겨자가스·알진·모노실란·디실란·디보레인·세렌화수소·포스핀·모노게르만 및 그밖에 공기 중에 일정량 이상 존재하는 경우 인체에 유해한 독성을 가진 가스로써 허용농도(해당 가스를 성숙한 흰쥐 집단에게 대기 중에서 1시간 동안 계속하여 노출시킨 경우 14일 이내에 그 흰쥐의 2분의 1 이상이 죽게 되는 가스의 농도를 말한다. 이하 같다)가 100만분의 5000 이하인 것을 말한다.

10 무색인 독성가스로 마늘 냄새가 나며 납산 배터리 및 전자 화합물 재료 등으로 쓰이는 액화가스의 명칭을 쓰시오.

해설 **아르신(AsH_3) : 비소화수소**
① 혈액 작용제의 일종. 순한 마늘 냄새가 나는 무색의 독성가스이다.
② 휘발도가 30,900,000mg/m^3인 가장 빠르게 분산되는 화학 작용제이다.
③ 혈액의 기능을 방해하고, 간과 신장을 상해하며, 가벼운 노출 시에는 두통과 불쾌감을 주나, 노출량이 많아지면 오한, 멀미 및 구토를 일으킨다.
④ 납산 배터리 및 전자 화합물 재료 등으로 사용된다.

해답 아르신(AsH_3)

11 연소기구에서 발생하는 블로우 오프(blow off)에 대하여 쓰시오.

해답 **블로우 오프(Blow off) 현상**
염공에서의 불꽃의 주위 특히, 불꽃의 기저부에 대한 공기의 움직임이 세어지면 불꽃이 염공에서 떨어져 꺼져버리는 현상

12 가연성 가스의 연소범위(폭발범위)를 설명하시오.

해설 고압가스 안전관리법 시행규칙에서 "가연성 가스"라 함은 아크릴로니트릴·아크릴알데히드·아세트알데히드·아세틸렌·암모니아·수소·황화수소·시안화수소·일산화탄소·이황화탄소·메탄·염화메탄·브롬화메탄·에탄·염화에탄·염화비닐·에틸렌·산화에틸렌·프로판·싸이크로프로판·프로필렌·산화프로필렌·부탄·부타디엔·부틸렌·메틸에테르·모노메틸아민·디메틸아민·트리메틸아민·에틸아민·벤젠·에틸벤젠 그밖에 공기 중에서 연소하는 가스로써 폭발한계(공기와 혼합된 경우 연소를 일으킬 수 있는 공기 중의 가스의 농도의 한계를 말한다. 이하 같다)의 하한이 10퍼센트 이하인 것과 폭발한계의 상한과 하한의 차가 20퍼센트 이상인 것을 말한다.

해답 폭발범위(폭발한계)란 가연성가스가 공기와 혼합된 경우 연소를 일으킬 수 있는 공기 중 가스의 농도 한계로서 폭발범위의 최저치를 폭발하한계라 하고 최고치를 폭발상한계라 하며 폭발상한과 폭발하한의 차를 폭발범위라 한다.

13 과류 차단 안전기구가 부착된 콕의 종류 2가지를 쓰시오.

해설 가스콕(Gas Cock)의 조류 및 용도

① 호스 콕(Hose Cock)
호스콕은 가스유로를 볼로 개폐하는 것이며 배관과 호스 또는 호스와 호스를 연결하는 구조로서 볼밸브와 같은 구조이다.

② 퓨즈 콕(Fuse Cock)
퓨즈콕은 과류차단안전기구가 부착된 것으로서, 배관과 호스 또는 배관과 퀵카플러를 연결하는 구조이다.

③ 상자 콕(Box Cock)
상자콕은 퀵카플러 안전기구와 과류차단 안전기구가 부착된 것으로 배관과 퀵카플러를 연결하는 구조이다.

해답 ① 퓨즈 콕 ② 상자 콕

14 카바이드를 물과 반응시켜 아세틸렌을 제조하는 발생기의 종류 3가지를 쓰시오.

해설 아세틸렌 가스발생기

카바이드(CaC_2 : 탄화칼슘)에 물을 반응시켜 아세틸렌을 발생시키는 철강재 탱크로서 종류에는 투입식, 주수식, 침지식(접촉식)의 3가지가 있으며 공업적으로 투입식이 가장 많이 사용된다.

① 투입식 : 물에 카바이드(CaC_2)를 넣는 방법
② 주수식 : 카바이드에 물을 넣는 방법
③ 침지식(접촉식) : 카바이드와 물을 소량씩 접촉시키는 방법

해답 ① 주수식 ② 침지식 ③ 투입식

15 LPG제조, 저장, 사용시설에 사용하는 배관재료의 구비조건 4가지를 쓰시오.

해답 배관재료의 구비조건

① 관내의 가스유통이 원활한 것일 것
② 내부의 가스압력과 외부로부터의 하중 및 충격하중에 견디는 충분한 강도를 가질 것
③ 토양, 지하수 등에 대하여 내식성을 가지는 것일 것
④ 관의 접합이 용이하고, 가스의 누설을 방지할 수 있는 것일 것
⑤ 절단가공이 용이한 것일 것

2017년도 제3회

01 연소에 필요한 공기를 송풍기로 압입하여 연소하는 전1차 공기식 연소방식의 특징 2가지를 쓰시오.

해설 전1차 공기식 연소방식

연소에 필요한 공기를 모두 1차 공기로 혼합시켜 연소시키는 것으로 2차 공기가 필요 없다. 따라서 1차 공기량으로만 연소하기 때문에 연소속도가 빨라 역화의 우려가 있으므로 버어너는 특수한 구조로 된 것을 사용해야 한다.

※ 난방용 가스 스토브, 건조로용 그릴용 버너, 소각용 각종 가열건조로 등에 이용되고 있다.

해답 전1차 공기식 연소방식의 특징

① 가스가 갖는 에너지의 70% 정도를 적외선으로 전환할 수 있다.
② 버너를 어떤 방향으로도 설치 가능하다.
③ 고온의 노 내부에 버너를 설치할 수 없다.
④ 구조가 복잡하고 가격이 비싸다.
⑤ 압력조정기의 설치가 필요하다.

02 직동식 정압기에서 2차 압력이 설정압력보다 낮을 경우의 작동 원리에 대하여 설명하시오.

해답 직동식 정압기의 2차측 압력이 설정압력보다 낮을 경우

2차측의 사용량이 증가하고 2차압력이 설정압력 이하로 떨어질 경우, 정압기 스프링 힘이 다이어프램을 받치고 있는 힘보다 커서 다이어프램에 연결된 메인밸브를 열리게 하여 가스의 유량이 증가하게 되며 2차 압력을 설정압력으로 유지되도록 작동한다.

참고 직동식 정압기의 2차측 압력이 설정압력보다 높을 경우

2차측의 사용량이 감소하여 2차측 압력이 설정압력 이상으로 상승할 경우 다이어프램을 들어 올리는 힘이 증가하여 스프링의 힘에 이기고 다이어프램에 직결된 메인 밸브를 위쪽으로 움직여 가스의 유량을 제한하므로 2차압력을 설정압력이 유지되도록 작동한다.

03 LP가스의 연소에 대한 특징을 3가지 쓰시오.

해답 액화석유가스(LPG)의 연소 특성

① 발열량이 크다.

② 착화온도(발화온도)가 높다.
③ 폭발범위(연소범위)가 좁다.
④ 연소속도가 느리다.
⑤ 연소 시 다량의 공기가 필요하다.
⑥ 완전연소 시 CO_2, H_2O 발생, 불완전 연소 시에는 CO가 발생된다.

04 지름이 동일한 배관을 직선으로 연결할 때 사용하는 나사 이음쇠의 종류를 4가지 쓰시오.

해설 사용 목적에 따른 나사이음쇠의 분류
① 같은 관의 지름을 직선 연결 할 때 : 소켓, 유니언, 플랜지, 니플
② 다른 지름의 관을 연결할 때 : 이경 엘보우, 이경 소켓(레듀셔), 이경티이, 부싱
③ 배관의 방향을 바꿀 때 : 엘보우, 밴드
④ 관을 도중에서 분기할 때 : 티이, 와이, 크로스
⑤ 관 끝을 막을 경우 : 캡, 플러그

해답 ① 소켓 ② 유니언
③ 플랜지 ④ 니플

05 터보형 압축기에서 맥동과 진동이 발생하여 불완전 운전이 되는 서징(surging) 현상의 발생 원인을 2가지 쓰시오.

해답 발생원인
① 펌프의 양정곡선이 산(山)형 특성으로 그 곡선의 정상부에서 운전할 경우
② 토출배관 중에 물탱크(수조)나 공기탱크가 있을 경우
③ 토출량 조절밸브가 물탱크나 공기탱크보다 하류에 있을 경우

참고 방지법
① 방출밸브에 의한 방법
② 임펠러의 회전수를 변화시키는 방법
③ 깃 각도를 조절하는 방법
④ 특성곡선상 서어징 한계 밖에서 운전하는 방법
⑤ 토출량 조절밸브를 펌프에 근접시키는 방법

06 U자관 마노미터를 사용하여 오리피스에 걸리는 압력차를 측정하였다. 마노미터 속의 유체는 비중 13.6인 수은이며, 오리피스를 통하여 흐르는 유체는 비중이 1인 물이다. 마노미터 읽음이 50cm일 때 오리피스에 걸리는 압력차(gf/cm²)를 구하시오.

해설 오리피스 압력차(ΔP)
• $\Delta P = (\gamma_2 - \gamma_1) \times h$
• $\Delta P = (13.6 \times 1000 - 1 \times 1000) \times 0.5$
$= 6300(\text{kg/m}^2)$
• $\Delta P = 6300(\text{kg/m}^2) \times \dfrac{1000gf}{1\text{kg}} \times \dfrac{(1m)^2}{(100\text{cm})^2}$
$= 630(gf/\text{cm}^2)$

해답 $\Delta P = 6300(\text{kg/m}^2) \times \dfrac{1000gf}{1\text{kg}} \times \dfrac{(1m)^2}{(100\text{cm})^2}$
$= 630(gf/\text{cm}^2)$

07 도시가스 시설에 적용되는 제1종 보호시설에 대한 다음 설명 중에서 (　　) 안에 알맞은 숫자를 넣으시오.
(1) 사람을 수용하는 건축물(가설건축물은 제외)로서 사실상 독립된 부분의 연면적이 (　)m^2 이상인 것
(2) 예식장, 장례식장 및 전시장, 그 밖에 이와 유사한 시설로서 (　)명 이상을 수용할 수 있는 건축물
(3) 아동, 노인, 모자, 장애인 그 밖에 사회복지 사업을 위한 시설로서 (　)명 이상을 수용할 수용할 수 있는 건축물

해설 제1종 보호시설
① 학교·유치원·어린이집·놀이방·어린이 놀이터·학원·병원(의원을 포함한다)·도서관·청소년수련시설·경로당·시장·공중목욕탕·호텔·여관·극장·교회 및 공회당(公會堂)
② 사람을 수용하는 건축물(가설건축물은 제외한다)로 사실상 독립된 부분의 연면적이 1천m^2 이상인 것
③ 예식장·장례식장 및 전시장, 그밖에 이와 유사한 시설로 300명 이상 수용할 수 있는 건축물
④ 아동복지시설 또는 장애인복지시설로서 20명 이상 수용할 수 있는 건축물
⑤ 「문화재보호법」에 따라 지정문화재로 지정된 건축물

해답 (1) 1000 (2) 300 (3) 20

참고 제2종 보호시설
① 주택

② 사람을 수용하는 건축물(가설건축물은 제외한다)로 사실상 독립된 부분의 연면적이 $100m^2$ 이상 1천m^2 미만인 것

08 아세틸렌 제조설비 중 아세틸렌이 접촉하는 부분에 사용하는 재료는 구리 함유량이 62%를 초과하는 것을 사용해서는 안 되는 이유에 대해 반응식을 쓰고 설명하시오.

해설 **아세틸렌의 화합폭발**

① 아세틸렌(C_2H_2)은 동(Cu) 또는 동(Cu) 함유량이 62%를 초과하는 동합금과 접촉하면 폭발성물질인 동아세틸라이드(Cu_2C_2)를 생성하여 폭발의 위험성이 있다.

② 반응식 : $C_2H_2 + Cu \rightarrow Cu_2C_2 + H_2$
(아세틸렌) (구리) (동아세틸라이드) (수소)

해답 ① 반응식 : $C_2H_2 + 2Cu \rightarrow Cu_2C_2 + H_2$

② 이유 : 동 또는 동 함유량이 62%를 초과하는 동합금과 접촉하면 폭발성물질인 동아세틸라이드(Cu_2C_2)를 생성하여 폭발의 위험성이 있기 때문이다.

09 20℃ 상태에서 공기의 엔탈피 변화량이 4000(kcal/kg)일 경우 엔트로피 변화량(kcal/kg·K)을 구하시오.

해설 **엔트로피 변화량(ΔS : kcal/kg·k)**

• 엔트로피 변화량(ΔS)

$$= \frac{dQ}{T} = \frac{\text{엔탈피변화량(kcal/kg)}}{\text{절대온도}(K)}$$

• 엔트로피 변화량(ΔS)

$$= \frac{4000}{(20+273)} = 13.65(\text{kcal/kg}\cdot K)$$

해답 $\Delta S = \frac{4000}{(20+273)} = 13.65(\text{kcal/kg}\cdot K)$

10 고압가스 일반제조시설에서 가연성가스를 압축하는 압축기와 충전용 주관과의 사이, 아세틸렌을 압축하는 압축기의 유분리기와 고압건조기와의 사이, 암모니아 또는 메탄올 합성탑 및 정제탑과 압축기와의 사이의 배관에 설치하는 장치의 명칭을 쓰시오.

해설 **고압가스 일반제조시설의 역류방지밸브 설치장소**

① 가연성 가스를 압축하는 압축기와 충전용 주관과의 사이

② 아세틸렌을 압축하는 압축기의 유분리기와 고압건조기와의 사이

③ 암모니아 또는 메탄올 합성탑 및 정제탑과 압축기와의 사이에 배관

해답 역류방지 밸브

11 아크용접부에 발생하는 결함의 종류 4가지를 쓰시오.

해설 **용접부에 발생하는 주요 용접 결함**

① 언더컷(Under-Cut)
언더컷은 용접과정 중 모재가 함몰되어 생기는 표면결함으로 날카로운 형상을 가지고 있어 응력 집중에 의한 균열로 발전할 수 있는 결함이다. 용접전류가 과다할 때, 아크(arc) 길이가 길 때, 운봉 속도가 너무 빠를 때 생기기 쉽다.

② 슬래그 섞임(slag inclusion)
용착 금속 안이나 모재(母材)와의 융합부에 슬래그가 남는 것으로 슬래그 잠입, 슬래그 혼입이라고도 한다.

③ 오버랩 (Over-Lap)
오버랩은 용융된 금속이 모재면에 덮혀진 상태로서 오버랩의 원인은 언더컷이 생기는 원인과 반대로 용접전류가 너무 약할 때 또는 용접속도가 너무 느릴 때 생기기 쉽다.

④ 용입불량 (Incomplete Penetration)
용입불량은 개선용접 또는 필렛 용접을 할 때 용접전류가 너무 낮아 아크열이 루트 밑부분까지 충분하게 용융시키지 못했을 때 발생한다. 용입불량은 용접속도가 부적당할 때, 개선각이 부적절할 때, 용접봉의 선택이 잘못되었을 때 발생하며 외부에서 잘 발견할 수 없는 결함으로 이음의 강도가 약하게 되고 특히 이 부분에 반복하중이 작용하면 균열이 일어날 수 있다.

⑤ 기공 (Porosity)
기공은 용접시 물리적 또는 화학반응에 의해 발생된 가스가 용접금속 내에 갇힌 상태로 응고한결함으로 용접부 전길이에 불균일하게 연속하여 발생하는 경우와 국부적으로 발생하는 경우가 있다. 또한 기공의 형상에 따라 선형기공, 블로우홀(Blow Hole), 웜홀 (Worm Hole), 파이프(Pipe)과 같은 명칭으로 불리기도

한다. 기공 결함은 아크 내에 공기가 침투하였을 때, 용접전류가 과다할 때, 아크(arc) 길이가 길 때, 용접봉 또는 이음부에 습기가 많을 때, 이음부에 유지, 페인트, 녹 등을 완전히 제거하지 않았을 때 발생한다.

⑥ 스패터 (Spatter)

스패터는 용융금속의 소립자가 비산하는 것으로 슬래그의 점도가 높을 때, 전류가 과대한 때, 피복재에 수분이 있을 때, 긴 아크, 운봉 각도 부적당, 모재 온도가 낮은 경우 등에 발생하기 쉽다.

해답 ① 언더컷 ② 슬래그 섞임
③ 오버랩 ④ 용입불량
⑤ 기공 ⑥ 스패터

12 비파괴 검사법 중 방사선 투과 검사(RT)의 특징 4가지를 쓰시오.

해설 **방사선 투과시험(Radiographic testing : RT)**

방사선으로 X선이나 γ선을 투과하여 결함의 유무를 확인하는 시험으로 용접부결함 검사에 널리 사용되고 있는 비파괴 검사법이다. X선이나 γ선을 투과하면 필름에 의해 결함의 모양, 크기 등을 관찰할 수 있고 결과의 기록이 가능하다.

해답 **방사선 투과 검사(RT)의 특징**

① 방호에 주의하여야 한다.
② 고온부, 두께가 큰 곳은 부적당하다.
③ 선에 평행한 크랙 등은 검출이 불가능하다.
④ 내부결함 검출이 가능하다.
⑤ 기록 결과가 유지된다.
⑥ 장치의 가격이 고가이다.

13 원심식 송풍기에서 송풍량이 420(m^3/h)에서 500(m^3/h)로 변경될 경우 다음의 물음에 답하시오.

1) 회전수 변경률을 구하시오.
2) 축동력 변경률을 구하시오.

해설 **1) 송풍량 변경에 따른 회전수 변경률**

유량$(Q_2) = Q_1 \times \left(\frac{N_2}{N_1}\right)$식에서

$$\frac{N_2}{N_1} = \frac{Q_2}{Q_1} = \frac{500}{420} = 1.19(\text{배})$$

2) 회전수 변경에 따른 축동력 변경률

$$\text{축동력}(L_2) = L_1 \times \left(\frac{N_2}{N_1}\right) = 1 \times 1.19^3 = 1.69(\text{배})$$

해답 1) 회전수 변경률 $= \frac{500}{420} = 1.19(\text{배})$

2) 축동력 변경률 $= 1 \times 1.19^3 = 1.69(\text{배})$

14 다음 가스가 누설되었을 때 사용하는 시험지와 반응색(변색)에 대하여 쓰시오.

가스 명칭	시험지	반응색
포스겐 ($COCl_2$)	①	②
시안화수소 (HCN)	③	④
일산화탄소 (CO)	⑤	⑥
아세틸렌 (C_2H_2)	⑦	⑧

해설 **가스누출 시험지 및 변색상태**

반응가스	시험지	반응색
포스겐($COCl_2$)	하리슨 시약지	심등색
HCN(시안화수소)	초산벤젠지	청색
Co(일산화탄소)	염화파라듐지	흑색
C_2H_2(아세틸렌)	염화제1동착염지	적갈색

해답 **가스누출 시험지 및 변색상태**

① 하리슨 시약지 ② 심등색(유자색)
③ 초산벤젠지 ④ 청색
⑤ 염화파라듐지 ⑥ 흑색
⑦ 염화제1구리착염지 ⑧ 적갈색

참고 **가스누출 시험지 및 변색상태**

반응가스	시험지	반응색
산성	리트머스시험지	적색
염기성 (암모니아 등)		청색
할로겐 가스 (Cl_2 등)	KI전분지	청색
H_2S(황화수소)	연당지(초산납 시험지)	흑색

15 조정압력이 3.3kPa 이하인 일반용 액화석유가스용 압력조정기의 안전장치에 대한 다음 물음에 답하시오.

1) 작동표준압력을 쓰시오.
2) 작동개시압력을 쓰시오.
3) 작동정지압력을 쓰시오.
4) 노즐지름이 3.2mm 이하일 경우 분출용량을 쓰시오.

해설 **액화석유가스용 압력조정기**

1) 액화석유가스 조정기의 성능(조정압력 3.3kPa 이하)
   ① 안전장치 작동 표준압력 : 7kPa
   ② 안전장치 작동 개시압력 : 5.6~8.4kPa
   ③ 안전장치 작동 정지압력 : 5.04~8.4kPa
2) 액화석유가스 조정기 안전장치 분출용량 : 조정압력 3.3kPa 이하
   ① 노즐 지름이 3.2mm 이하일 때 : 140L/h 이상
   ② 노즐 지름이 3.2mm 초과일 때 : Q(안전장치 분출량 : L/h)=44D(조정기의 노즐 지름 : mm)

해답 **액화석유가스용 압력조정기**

(1) 7.0 kPa　(2) 5.6~8.4 kPa
(3) 5.04~8.4 kPa　(4) 140 L/h 이상

2018년도 제1회

01 동일한 온도에서 13L의 용기 2개 중 하나는 수소가 53atm·g, 나머지 하나에는 질소가 63atm·g의 압력으로 충전되어 있다. 2개의 용기를 호스로 연결한 후 밸브를 개방하여 수소와 질소가 평형에 도달하였을 경우 수소의 용적 비율(%)은 얼마인가 계산하시오.

해설 **혼합가스 평형 용적비율(%)**

• $PV=nRT$식에서

• 수소의 몰(mol)수 $n_1=\dfrac{P_1V_1}{R_1T_1}$,

$$n_1=\frac{P_1V_1}{R_1T_1}=\frac{(53+1)\times 13}{R_1\times T_1}=\frac{702}{R_1T_1}$$

• 질소의 몰(mol)수 $n_2=\dfrac{P_2V_2}{R_2T_2}$,

$$n_2=\frac{P_2V_2}{R_2T_2}=\frac{(63+1)\times 13}{R_2\times T_2}=\frac{832}{R_2\times T_2}$$

• 수소의 용적 비율(%) $=\dfrac{n_1}{n_1+n_2}\times 100$

$$=\frac{\frac{702}{RT}}{\frac{702}{RT}+\frac{832}{RT}}\times 100=\frac{702}{702+832}\times 100$$

$=45.76(\%)$

해답 수소의 용적비율(%) $=\dfrac{702}{702+832}\times 100$

$=45.76(\%)$

02 배관의 자유팽창량을 미리 계산하여 자유팽창량의 1/2만큼 배관을 짧게 절단한 후 강제 배관을 하여 신축을 흡수하는 장치의 명칭을 쓰시오.

해설 **상온 스프링(Cold spring)**

열의 영향을 받아 배관의 자유 팽창하는 것을 미리 계산해 놓고 시공하기 전에 배관 길이를 조금 짧게 절단하여 강제 배관하는 것으로 절단 길이는 계산에서 얻은 자유 팽창량의 1/2 정도이다.

해답 상온 스프링(cold spring)

참고 **열팽창 계산방법**

• $\lambda=l,\ \alpha\cdot\Delta t$

여기서 λ : 변한 길이[mm]
l : 전길이 [mm]
α : 열팽창율(선팽창계수)
Δt : 온도차[℃]

03 가스도매사업의 저장설비 중 저장능력 3톤인 저장탱크 외면과 사업소 경계까지 유지 하여야 하는 거리에 대한 다음 물음에 답하시오. (단, 유지하여야 하는 거리 계산 시 적용하는 상수 C는 0.576으로 한다.)

(1) 유지하여야 할 거리를 계산하시오.
(2) 유지하여야 할 거리는 얼마인지 기준에 의하여 설명하시오.

해설 **도시가스도매사업 저장설비와 처리설비 안전거리**

액화천연가스의 저장설비와 처리설비는 그 외면으로부터 사업소경계까지 다음 계산식에 따라

얻은 거리(그 거리가 50m 미만의 경우에는 50m) 이상을 유지할 것

- $L = C \times \sqrt[3]{143000W}$

위 식에서,

L : 유지하여야 하는 거리(m)

C : 저압 지하식 저장탱크는 0.240, 그 밖의 가스저장설비와 처리설비는 0.576

W : 저장탱크는 저장능력(단위 : 톤)의 제곱근, 그 밖의 것은 그 시설 안의 액화천연가스의 질량(톤)

- $L = 0.576 \times \sqrt[3]{143000 \times 3} = 43.44(m)$

해답 **저장설비와 처리설비 안전거리**

(1) $L = 0.576 \times \sqrt[3]{143000 \times 3} = 43.44(m)$

(2) 위 계산식에 의해 구한 거리가 43.44m로서 50m 미만이므로 50m 이상의 거리를 유지해야 한다.

04 고압가스 제조시설의 사업소 밖 배관장치에는 압력 또는 유량의 이상변동 등 이상상태가 발생한 경우에 그 상황을 경보하는 장치를 설치하여야 한다. 경보장치가 울리는 경우에 해당하는 내용 중 ( ) 안에 알맞은 숫자나 용어를 쓰시오.

(1) 배관 안의 압력이 상용압력의 ( )배를 초과한 때

(2) 배관 안의 압력이 정상운전 시의 압력보다 ( )% 이상 강하한 때

(3) 배관 안의 유량이 정상운전 시의 유량보다 ( )% 이상 변동한 때

(4) ( )의 조작회로가 고장난 때 또는 폐쇄된 때

해설 **배관의 운전상태 감시장치**

배관장치에는 다음에 따라 이상상태가 발생한 경우에 그 상황을 경보하는 장치(경보장치)를 설치하여야 한다.

1) 경보장치의 경보 수신부는 당해 경보장치가 경보를 울리는 때에 지체없이 필요한 조치를 할 수 있는 장소에 설치하여야 한다.

2) 경보장치는 다음의 경우에 울리는 것이어야 한다.

① 배관 내의 압력이 상용압력의 1.05배(상용압력이 4MPa 이상인 경우에는 상용압력에 0.2MPa를 더한 압력)를 초과한 때

② 배관 내의 압력이 정상운전시의 압력보다 15% 이상 강하한 경우 이를 검지한 때

③ 배관 내의 유량이 정상운전시의 유량보다 7% 이상 변동할 경우 이를 검지할 것(고압가스제조시설에 한한다)

④ 긴급차단밸브의 조작회로가 고장난 때 또는 긴급차단밸브가 폐쇄된 때.

해답 (1) 1.05 (2) 15

(3) 7 (4) 긴급차단밸브

05 에어졸 제조 시 측정하는 불꽃길이 시험에 대하여 설명하시오.

해답 **에어졸제조 불꽃길이시험**

① 버너의 간격은 15cm로 한다.

② 버너의 불꽃길이를 4.5cm 이상 5.5cm 이하로 조절하고 시료의 하부가 버너의 불꽃상부 3분의 1을 통과하도록 설치한 다음 시료를 분사하여 불꽃길이 시험장치에서 불꽃의 길이를 측정한다. 해당 시험을 3회 반복해 얻은 불꽃길이의 평균치를 시료의 불꽃길이로 한다.

참고 **에어졸제조 시험 시료채취**

① 시료는 동일 에어졸 제조소에서 동일 충전 년월일에 내용물 조성을 동일하게 한 동일 롯트에서 에어졸을 충전한 용기를 1조로 하여 그 조에서 임의로 에어졸이 충전된 용기(이하 "시료"라 한다)3개를 취한다.

② 가목의 규정에 의하여 채취된 시료는 24℃ 이상 26℃ 이하가 되도록 온도를 유지하여 불꽃길이 시험을 실시한다.

③ 시험측정결과는 시험시마다 롯트번호, 시험 년월일, 불꽃길이, 측정자, 에어졸제품 등을 기록하여 보존하여야 한다.

06 액화석유가스를 저장하기 위하여 지상에 설치된 원통의 탱크에 흙과 모래를 사용하여 덮은 저장탱크의 명칭을 쓰시오.

해설 **마운드형 저장탱크**

"마운드형 저장탱크"란 액화석유가스를 저장하기 위하여 지상에 설치된 원통형 탱크에 흙과 모래를 사용하여 덮은 탱크로서 자동차에 고정된 탱크 충전사업 시설에 설치되는 탱크를 말한다.

해답 마운드형 저장탱크

참고 저장설비 등 용어의 뜻

① "저장탱크"란 액화석유가스를 저장하기 위하여 지상 또는 지하에 고정 설치된 탱크(선박에 고정 설치된 탱크를 포함한다)로서 그 저장능력이 3톤 이상인 탱크를 말한다.

② "소형저장탱크"란 액화석유가스를 저장하기 위하여 지상 또는 지하에 고정 설치된 탱크로서 그 저장능력이 3톤 미만인 탱크를 말한다.

07 차량에 고정된 탱크로 산소를 운반할 경우 휴대하여야 할 소화기의 능력 단위와 비치개수 대하여 쓰시오.

해설 차량에 고정된 탱크 운반소화설비 기준

가스의 구분	소화기의 종류		비치개수
	소화약제의 종류	소화기의 능력단위	
가연성 가스	분말 소화제	BC용, B-10 이상 또는 ABC용, B-12 이상	차량좌우에 각각 1개 이상
산소	**분말 소화제**	**BC용, B-8 이상 또는 ABC용, B-10 이상**	**차량좌우에 각각 1개 이상**

1) 소화기의 능력 단위
2) 비치개수

해답 ① 능력 단위 : BC용, B-8 이상 또는 ABC용, B-10 이상

② 비치 개수 : 차량 좌우에 각각 1개 이상

08 가연성가스의 제조설비, 저장설비의 전기설비는 방폭능력을 가지는 것을 설치하여야 한다. 방폭 전기 기기의 종류 4가지를 쓰시오.

해설 방폭구조의 종류

① 내압(耐壓) 방폭구조 : 방폭전기기기의 용기(이하 "용기"라 한다.) 내부에서 가연성 가스의 폭발이 발생할 경우 그 용기가 폭발압력에 견디고, 접합면·개구부 등을 통하여 외부의 가연성 가스에 인화되지 아니하도록 한 구조를 말한다.

② 유입(油入) 방폭구조 : 용기 내부에 기름을 주입하여 불꽃·아크 또는 고온발생부분이 기름 속 잠기게 함으로써 기름면 위에 존재하는 가연성 가스에 인화되지 아니하도록 한 구조를 말한다.

③ 압력(壓力) 방폭구조 : 용기 내부에 보호가스(신선한 공기 또는 불활성 가스)를 압입하여 내부압력을 유지함으로써 가연성 가스가 용기 내부로 유입되지 아니하도록 한 구조를 말한다.

④ 안전증(安全增) 방폭구조 : 정상운전 중에 가연성 가스의 점화원이 될 전기불꽃·아크 또는 고온부분 등의 발생을 방지하기 위하여 기계적·전기적 구조상 또는 온도 상승에 대하여, 특히 안전도를 증가시킨 구조를 말한다.

⑤ 본질안전(本質安全) 방폭구조 : 정상 시 및 사고(단선, 단락, 지락 등)시에 발생하는 전기불꽃·아크 또는 고온부에 의하여 가연성 가스가 점화되지 아니하는 것의 점화시험, 기타 방법에 의하여 확인된 구조를 말한다.

⑥ 특수(特殊) 방폭구조 : ①내지 ⑤에서 규정한 구조 이외의 방폭구조로써 가연성 가스에 점화를 방지할 수 있다는 것의 시험, 기타의 방법에 의하여 확인된 구조를 말한다.

해답 방폭구조의 종류

① 내압방폭구조 ② 유입방폭구조
③ 압력방폭구조 ④ 안전증방폭구조
⑤ 본질안전방폭구조 ⑥ 특수방폭구조

09 전기방식 설계를 위해 시설물에 대한 전위 측정 결과 구조물(배관)의 자연전위 -550mV, 가전극에서 방식하였을 때 전위는 -600mV, 가전극에서 흐른 전류는 20 mA, 완전방식 전위는 -850mV로 하였을 경우 Mg anode의 수량은? (단, Mg 양극 접지 저항치는 50Ω, Fe과 Mg의 전위차는 0.8V 이다.)

해설 Mg anode의 수량

① 완전방식을 위한 전위 변화값(mV)
= 850 − 550 = 300mV

② 방식에 필요한 전류(x)

$$20mA : 50mV = x[mA] : 300mV$$

$$x = \frac{20mA \times 30mV}{50mV} = 120(mA)$$

③ 구조물의 접지 저항(Ω)

$$R = \frac{E}{I} = \frac{50mV}{20mA} = 2.5(\Omega)$$

④ 1개의 Mg이 발생시키는 전류(mA)

$$I = \frac{E}{R} = \frac{0.8V}{2.5\Omega + 50\Omega} = 0.0152A$$

$= 15.2mA$

⑤ 필요한 Mg의 수량

$$n = \frac{120mA}{15.2mA} = 7.894 = 8개$$

해답 $n = \dfrac{(\frac{20\times30}{50})mA}{(\frac{0.8}{2.5+50})mA} = 7.894 = 8개$

10 도시가스 정압기 중 피셔(fisher)식 정압기의 2차 압력 이상 저하의 원인을 4가지 쓰시오.

해답 **피셔(fisher)식 정압기의 2차압 이상 저하 원인**

① 정압기의 능력부족
② 필터의 먼지류의 막힘
③ 파일럿의 오리피스의 녹 막힘
④ 센터 스템(center stem)의 작동불량
⑤ 스트로크의 조정 불량
⑥ 주 다이어프램의 파손

11 산소를 압축하는 왕복동 압축기의 안전밸브 유효 분출면적(cm^2)을 계산할 경우 필요한 인자를 4가지 쓰시오.

해설 **압축기의 안전밸브 유효분출면적(a : cm^2)**

$$a = \frac{W}{230P\sqrt{\frac{M}{T}}}$$

위식에서
a : 유효면적(cm^2)
W : 분출가스량(kg/h)
P : 분출압력($kg/cm^2 \cdot a$)
M : 가스분자량
T : 분출직전 가스 절대온도(K)

해답 ① 분출가스량(kg/h)
② 분출압력(kg/cm^2 a)
③ 가스 분자량
④ 분출직전 가스 절대온도(K)

12 부유 피스톤형 압력계에 있어서 실린더 지름이 4cm, 추와 피스톤의 무게 합계가 100kgf일 경우 이 압력계에 접속된 부르돈관 압력계의 읽음이 $10kgf/cm^2$일 경우 부르돈관 압력계의 오차율(%)을 구하시오.

해설 **압력계의 오차율(%)**

① 오차율(%)

$$= \frac{\text{브르돈과 압력} - \text{부유피스톤 압력}}{\text{부유피스톤 압력}} \times 100$$

② 부유피스톤 압력(P)

$$\text{압력(P)} = \frac{W(\text{kg})}{\frac{\pi}{4}(D)^2} = \frac{100\text{kg}}{\frac{\pi}{4}\times(4\text{cm})^2}$$

$= 7.96(\text{kg/㎠})$

③ 오차율(%)

$$= \frac{10-7.96}{7.96}\times100 = 25.628 = 25.63(\%)$$

해답 $\text{오차율}(\%) = \dfrac{10-(\frac{100\times4}{\pi\times4^2})}{7.96}\times100 = 25.628$

$= 25.63(\%)$

참고 **부르돈관 압력계의 오차율(%)**

- $\text{오차}(\%) = \dfrac{\text{측정값} - \text{참값}}{\text{측정값}}\times100$
- $\text{참값} = \dfrac{W+W}{A} = \dfrac{100}{(\frac{\pi}{4}\times4^2)}$

 $= 7.96\ (kgf/\text{㎠})$
- $\text{오차율}(\%) = \dfrac{10-7.96}{10} = 100 = 20.4\%$

13 액화석유가스(LPG)의 강제기화방식 중 변성가스 공급방식을 설명하시오.

해답 부탄을 고온의 촉매로서 분해하여 메탄, 수소, 일산화탄소 등의 연질가스로 변성시켜 공급하는 방식으로 재액화 방지 외에 도시가스용, 금속의 열처리용, 소성용, 특수제품의 가열 등의 특수 용도로 사용하기 위하여 변성한다.

14 고압가스설비 중에서 반응기 또는 이와 유사한 설비로서 현저한 발열반응 또는 부차적으로 발생되는 2차 반응에 의하여 폭발 등의 위해가 발생할 가능성이 큰 반응설비 4가지를 쓰시오.

해답 **고압가스 제조시설 사고예방설비**

① 암모니아 2차 개질로

② 에틸렌 제조시설의 아세틸렌수첨탑
③ 산화에틸렌 제조시설의 에틸렌과 산소 또는 공기와의 반응기
④ 싸이클로헥산 제조시설의 벤제수첨반응기
⑤ 석유정제 시의 중유수첨탈황반응기 및 수소화 분해 반응기
⑥ 저밀도 폴리에틸렌중합기
⑦ 메탄올합성반응탑

15 액화석유가스 및 도시가스를 사용하는 연소기에서 발생하는 이상 현상 중 리프팅(lifting)현상에 대한 다음 물음에 답하시오.

(1) 리프팅(lifting) 현상을 설명하시오.

(2) 리프팅(lifting)이 발생할 경우 가스의 유출 속도와 연소속도의 관계에 대하여 설명하시오.

해설 **선화(Lifting : 리프팅)**

리프팅 현상은 역화의 반대현상으로서 염공으로부터의 가스 유출속도가 연소속보다 크게 된 경우 불꽃이 염공에 접하여 연소하지 않고 염공을 떠나서 연소하는 현상으로 편화라고도 하며 이 현상은 연소속도가 느린 가스연소 시 발생하기 쉽다.

해답 (1) 불꽃이 염공에 접하여 연소하지 않고 염공을 떠나 공간에서 연소하는 현상

(2) 가스의 유출속도가 연소속보다 크게 된 경우에 발생한다.

2018년도 제2회

01 구조에 따른 열교환기의 종류를 3가지 쓰시오.

해설 **열교환기**

열교환기란 하나의 유체로 다른 하나의 유체를 가열 또는 냉각시키는 것을 목적으로 사용하는 기기를 의미한다.

해답 **구조에 따른 열교환기의 종류**

① 코일식 열교환기 ② 개방형 열교환기
③ 이중관식 열교환기 ④ 원통다관식 열교환기
⑤ 스파이럴 열교환기 ⑥ 공냉식 열교환기
⑦ 자켓형 열교환기 ⑧ 판형 열교환기
⑨ 나선형 열교환기 ⑩ 블록형 열교환기
⑪ 콤팩트 열교환기

참고 **열교환기 분류**

(1) 열의 전달 방법에 따른 분류
① 표면식 열교환기
② 축열식 열교환기
③ 액체 연결 간접식 열교환기
④ 직접 접촉식 열교환기

(2) 사용목적에 따른 분류
① 가열기 ② 예열기
③ 과열기 ④ 증발기
⑤ 재가열기 ⑥ 냉각기
⑦ 응축기

02 용접부의 균열 발생 부분을 검사하는 비파괴 검사법의 종류 4가지를 쓰시오.

해답 ① 음향검사 ② 초음파검사
③ 침투검사 ④ 자기검사
⑤ 방사선투과검사 ⑥ 와류검사

03 고압가스 제조시설에서 건축물 내에 가스가 누출하기 쉬운 고압가스 설비가 설치되어 있는 경우 바닥면 둘레가 45m일 때 가스누출 검지 경보장치 검출부 설치 수는 몇 개인지 쓰시오.

해설 **가스누출검지경보장치 설치장소 및 설치개수**

- 건축물 내에 설치되어 있는 압축기, 펌프, 반응설비, 저장탱크 등 가스가 누출하기 쉬운 고압가스설비 등이 설치되어 있는 장소의 주위에는 누출한 가스가 체류하기 쉬운 곳에 이들 설비군의 바닥면 둘레 10m에 대하여 1개 이상의 비율로 계산한 수.
- 바닥면 둘레 10m에 대하여 1개 이상이므로 바닥면 둘레가 45m의 경우는 가스누출검지 경보장치를 5개 설치해야 한다.

해답 5개

04 발열량이 5000kcal/Nm^3, 비중이 0.61, 공급 표준 압력이 100mmH$_2$O인 가스에서 발열량 1000kcal/Nm^3, 비중이 0.66, 공급 표준압력이 200mmH$_2$O인 LNG로 가스를 변경할 경우 노즐 지름 변경률을 계산하시오.

(해설) **노즐 변경률**

① $\frac{D_2}{D_1} = \sqrt{\frac{WI_1\sqrt{P_1}}{WI_2\sqrt{P_2}}}$

위 식에서,

D_1 : 변경 전 노즐 구멍의 지름(mm)

D_2 : 변경 후 노즐 구멍의 지름(mm)

WI_1 : 변경 전 웨버지수

WI_2 : 변경 후 웨버지수

P_1 : 변경 전 가스의 압력(mmH_2O)

P_2 : 변경 후 가스의 압력(mmH_2O)

(해답) $\frac{D_2}{D_1} = \sqrt{\frac{\frac{5000}{\sqrt{0.61}} \times \sqrt{100}}{\frac{11000}{\sqrt{0.66}} \times \sqrt{200}}} = 0.58$

05 운반하는 액화독성가스의 질량이 1000kg인 경우 갖추어야 할 보호구 3가지를 쓰시오.

(해답) ① 방독마스크 ② 공기호흡기 ③ 보호의 ④ 보호장 ⑤ 보호장화

(참고) **운반하는 액화독성가스의 질량**

• 1000kg 이상 :

① 방독마스크 ② 공기호흡기 ③ 보호의 ④ 보호장갑 ⑤ 보호장화

• 1000kg 미만 :

① 방독마스크 ② 보호의 ③ 보호장갑 ④ 보호장화

06 다음 [보기]에서 설명하는 전기방식법의 명칭은 무엇인가?

| 보기 |

매설배관 주위의 타 금속 구조물을 전기적으로 접속시켜 매설배관에 유입된 누출전류를 전기회로적으로 복귀시키는 방법으로 부식을 방지한다.

(해설) "배류법(排流法)"이라 함은 매설배관 등의 전위가 주위의 타금속 구조물의 전위보다 높은 장소에서 매설배관 등과 주위의 타금속 구조물을 전기적으로 접속시켜 매설배관 등에 유입된 누출전류를 복귀시킴으로서 전기적 부식을 방지하는 방법을 말한다.

(해답) 배류법

(참고) **전기방식 및 전기방식법**

1) "전기방식(電氣防蝕)"이라 함은 배관 등의 외면에 전류를 유입시켜 양극반응을 저지함으로써 배관 등의 전기적 부식을 방지하는 것을 말한다.

2) "희생양극법(犧牲陽極法)"이라 함은 지중 또는 수중에 설치된 양극금속과 매설배관 등을 전선으로 연결하여 양극금속과 매설배관 등 사이의 전지작용에 의하여 전기적 부식을 방지하는 방법을 말한다.

3) "외부전원법(外部電源法)"이라 함은 외부직류 전원장치의 양극(+)은 매설배관 등이 설치되어 있는 토양이나 수중에 설치한 외부전원용 전극에 접속하고, 음극(−)은 매설배관 등에 접속시켜 전기적 부식을 방지하는 방법을 말한다.

07 고정식 압축 도시가스 자동차충전시설의 충전호스에 설치하는 긴급분리장치는 수평방향으로 당길 경우 분리되는 힘(N)이 얼마인지 쓰시오.

(해설) **고정식 압축 도시가스 자동차충전시설의 긴급분리장치 설치**

충전호스에는 충전 중 자동차의 오발진으로 인한 충전기 및 충전호스의 파손을 방지하기 위하여 긴급분리장치를 설치하여야 한다. 이때 긴급분리장치는 수평방향으로 당길 때 666.4N(68 kg) 미만의 힘으로 분리되는 것으로 한다.

(해답) 666.4N

(해설) **고정식 압축 도시가스 자동차충전시설의 긴급분리장치 설치**

① 자동차가 충전호스와 연결된 상태로 출발할 경우 가스의 흐름이 차단될 수 있도록 긴급분리장치를 지면 또는 지지대에 고정 설치한다.

② 긴급분리장치는 각 충전설비마다 설치한다.

③ 긴급분리장치와 충전설비사이에는 충전자가 접근하기 쉬운 위치에 90° 회전의 수동밸브를 설치한다.

④ 충전설비의 주위에는 자동차의 충돌로부터 충전기를 보호하기 위하여 높이 30cm 이상, 두께 12cm 이상인 철근콘크리트 또는 이와 동등 이상의 강도를 가진 구조물을 설치한다.

(해답) 666.4N

08 가스 시설의 퍼지용 가스로 사용되는 불활성가스 2가지를 쓰시오.

해설 **불활성화(Inerting)**

가연성 혼합가스에 불활성 가스(질소, 이산화탄소, 수증기)를 주입하여 산소의 농도를 최소산소농도(MOC) 이하로 치환하는 작업을 이너팅(불활성화)이라 하며 방법으로는 진공퍼지, 압력퍼지, 스위프퍼지, 사이폰퍼지 등이 있다.

해답 ① 질소(N_2) ② 이산화탄소(CO_2)

09 액화석유가스 용기충전의 시설기준 중 ( ) 안에 알맞은 숫자를 넣으시오.

| 보기 |

누출된 가연성가스가 화기를 취급하는 장소로 유동하는 것을 방지하기 위한 시설은 높이 (①)m 이상의 내화성 벽으로 하고, 저장설비 및 가스설비와 화기를 취급하는 장소의 사이는 우회수평거리를 (②)m 이상으로 한다.

해설 **누출된 가연성가스의 유동방지시설 기준 (내화성벽 등)**

가스설비 등에서 누출된 가연성가스가 화기를 취급하는 장소로 유동하는 것을 방지하기 위한 시설은 높이 2m 이상의 내화성 벽으로 하여야 하며, 가스설비등과 화기를 취급하는 장소와의 사이는 우회수평거리로 8m, 액화석유가스판매점의 경우에는 2m 이상이어야 한다.

해답 ① 2 ② 8

10 식염(소금물)을 전기분해에 의하여 염소를 제조하는 방법을 2가지 쓰시오.

해답 **염소의 공업적 제법**

① 수은법에 의한 식염의 전기분해
② 격막법에 의한 식염의 전기분해
③ 염산의 전기분해

11 어떤 용기에 25℃, 650kPa으로 산소가 충전되어 있는데 밸브를 개방하여 산소를 방출한 후 압력이 350kPa이 되었을 경우 방출된 산소의 질량은 얼마인지 계산하시오. (단, 산소의 상수는 0.26이다.)

해설 PV = GRT 식 적용

- $PV = GRT$ 식에서 질량$(G) = \dfrac{PV}{RT}$
- 방출된 산소질량
  =방출 전 산소질량−방출 후 산소질량
- 방출 전 산소질량
  $$G = \frac{PV}{RT} = \frac{(650+101.325)\times 1}{0.26\times(25+273)} = 9.70(\text{kg})$$
- 방출 후 산소질량
  $$G = \frac{PV}{RT} = \frac{(350+101.325)\times 1}{0.26\times(25+273)} = 5.83(\text{kg})$$
- 방출된 산소질량= 9.70−5.83=3.87(kg)

해답 방출된 산소질량$= \dfrac{(650+101.325)\times 1}{0.26\times(25+273)} - \dfrac{(350+101.325)\times 1}{0.26\times(25+273)} = 3.87(\text{kg})$

12 다량의 분진이 발생하는 작업장에서 발생할 수 있는 분진폭발 방지대책 4가지를 쓰시오.

해설 **분진폭발**

공기 기타의 산화성기체 중에 가연성고체의 미소한 분말이 부유하고, 그 농도가 적당한 범위 내에 있을 때, 불꽃, 스파이크섬광 등의 화원에서 에너지가 주어지면 연소에서 때때로 심한 폭발을 발생하는 수가 있다. 이것을 분진폭발 또는 분체폭발이라 한다.

해답 ① 분진의 퇴적 및 분진운의 생성 방지
② 분진발생 설비의 구조 개선
③ 제진설비 설치 및 가동
④ 불활성가스 봉입 조치
⑤ 점화원의 제거 및 관리
⑥ 폭발방호장치 설치
⑦ 접지로 정전기 제거

13 상용압력이 2.5kPa인 도시가스 정압기에 설치되는 안전장치의 설정압력을 쓰시오.

구분		설정압력
이상 압력 통보 설비	상한값	①
	하한값	②
주정압기에 설치하는 긴급차단장치		③
안전밸브		④
예비 주정압기에 설치하는 긴급차단장치		⑤

해설 정압기의 안전밸브 안전장치의 설정압력

정압기에 설치되는 이상압력 통보설비, 긴급차단장치 및 안전밸브의 설정압력은 다음 표의 기준에 의해 설정하여야 한다.

구분		상용압력이 2.5MPa인 경우	그 밖의 경우
이상 압력 통보 설비	상한값	3.2kPa 이하	상용압력의 1.1배 이하
	하한값	1.2kPa 이상	상용압력의 0.7배 이하
주정압기에 설치하는 긴급차단장치		3.6kPa 이하	상용압력의 1.2배 이하
안전밸브		4.0kPa 이하	상용압력의 1.4배 이하
예비 주정압기에 설치하는 긴급차단장치		4.4kPa 이하	상용압력의 1.5배 이하

해답 ① 3.2 kPa 이하 ②1.2kPa 이상
③ 3.6kPa 이하 ④ 4.0kPa 이하
⑤ 4.4kPa 이하

14 구형 가스홀더의 1) 내용적 계산식을 쓰고 2) 각 인자에 대하여 설명하시오.

해답 구형 가스홀더 내용적 계산식(V : m^3)

1) 계산식 : $V = \frac{\pi}{6} \times D^3$

2) 각 인자의 의미 : ① V : 내용적(m^3)
② D : 안지름(m)

15 전기방식시설 중 6개월에 1회 이상 점검하여야 할 대상 3가지를 쓰시오.

해설 전기방식설의 유지관리

절연부속품, 역전류방지장치, 결선(bond) 및 보호절연체의 효과는 6개월에 1회 이상 점검하여야 한다.

해답 ① 절연부속품 ② 역전류방지장치
③ 결선(bond) ④ 보호절연체

참고 전기방식설의 유지관리 점점 주기

1. 전기방식시설의 관대지전위 : 1년에 1회 이상 점검
2. 외부전원법에 의한 전기방식시설 : 외부전원 점관대지전위(管對地電位), 정류기의 출력, 전압, 전류, 배선의 접속상태 및 계기류 확인 등을 3개월에 1회 이상 점검
3. 배류법에 의한 전기방식시설 : 배류점관대지전위(管對地電位), 배류기의 출력, 전압, 전류, 배선의 접속상태 및 계기류 확인 등을 3개월에 1회 이상 점검

2018년도 제3회

01 도시가스 사용시설의 배관 중 매립(埋立)배관과 은폐(隱蔽)배관을 비교 설명하시오.

해답 매립(埋立)배관과 은폐(隱蔽)배관

매립배관은 건축물의 천장, 벽, 바닥 속에 설치되는 배관으로서, 배관 주위에 콘크리트, 흙 등에 채워져 배관의 점검 교체가 불가능한 배관을 말하며, 은폐배관은 건축물 내 천장, 벽체, 바닥 등의 공간에 외부에서 배관이 보이지 않게 설치된 배관으로서, 배관의 점검 교체 등이 가능한 배관을 말한다.

02 증기운 폭발(UVCE : Unconfined Vapor cloud Explosion)에 대하여 설명하시오.

해답 증기운 폭발(UVCE)

저온 액화가스의 저장탱크나 고압의 가연성 액체 용기가 파괴되어 다량의 가연성 증기가 대기 중으로 급격히 방출되어 공기중에 분산 확산되어 있는 상태를 증기운이라고 하며, 이 가연성 증기운에 착화원이 주어지면 폭발하여 화구(fire ball)을 형성하는데 이를 증기운 폭발이라고 한다.

참고 **증기운 폭발(UVCE)**
영어로는 VCE(vapor cloud explosion) 또는 UVCE(unconfined vapor cloud explosion)이라고 한다.

03 LP가스 수송 방법 중 용기에 의한 방법과 탱크로리에 의한 방법의 특징(장단점)을 각각 4가지 쓰시오.
1) 용기에 의한 방법
2) 탱크로리에 의한 방법

해답 1) 용기에 의한 방법
① 용기 자체가 저장설비로 이용될 수 있다.
② 소량 수송의 경우 편리하다.
③ 수송비가 많이 소요된다.
④ 용기 취급 부주의로 인한 사고의 위험이 있다.
2) 탱크로리에 의한 방법
① 기동성이 있어 장거리, 단거리 어느 쪽에도 적합하다.
② 철도 전용선과 같은 특별한 설비가 필요하지 않다.
③ 용기와 비교하여 다량 수송이 가능하다.
④ 자동차에 고정된 탱크가 설치되어야 한다.

04 LP가스 저장설비에 따른 충전량은 내용적의 몇 %까지 가능한지 쓰시오.
(1) 용기 :
(2) 소형저장탱크 :
(3) 저장탱크 :

해설 **액화석유가스의 충전**
저장탱크에 가스를 충전하려면 가스의 용량이 상용 온도에서 저장탱크 내용적의 90%(용기 및 소형저장탱크의 경우는 85%)를 넘지 않도록 충전할 것

해답 (1) 85 (2) 85 (3) 90

05 공기액화 분리장치의 폭발원인을 4가지 쓰시오.

해답 **공기액화 분리장치의 폭발원인**
① 공기 취입구로부터 아세틸렌의 혼입
② 압축기용 윤활유 분해에 따른 탄화수소의 생성
③ 액체 공기 중에 오존의 혼입
④ 공기 중 질소화합물의 혼입

06 터보형 압축기에서 맥동과 진동이 발생하여 불완전 운전이 되는 서징 현상방지법 4가지를 쓰시오.

해설 **서어징(Surging) 현상**
펌프의 운전 중에 한숨을 쉬는 것과 같은 상태가 되어 펌프입구와 출구의 진공계 및 압력계의 지침이 흔들리고 동시에 송출유량이 변화하는 현상으로 송출압력과 송출유량이 주기적으로 변동을 일으켜서 소음 및 진동을 발생시켜 불안정한 운전상태가 된다.

해답 **방지법**
① 방출밸브에 의한 방법
② 임펠러의 회전수를 변화시키는 방법
③ 깃 각도를 조절하는 방법
④ 특성곡선상 서어징 한계 밖에서 운전하는 방법
⑤ 토출량 조절밸브를 펌프에 근접시키는 방법

07 가스미터선정 시 고려할 사항 4가지를 쓰시오.

해답 **가스미터선정 시 고려 사항**
① 정확히 계량될 수 있는 것일 것
② 내압 내열성이 뛰어나고 내구성이 있을 것
③ 미터에 의한 압력손실이 적을 것
④ 소형으로 검침이 쉽고 탈착이 편리할 것
⑤ 구조가 간단하며 고장이 없고 수리가 쉬울 것

08 도시가스용 압력조정기(정압기용 압력조정기)의 출구압력에 따라 3가지로 구분하고 출입압력을 쓰시오.

해답 **출구압력에 따른 정압기용 압력조정기 구분**
① 중압 : 0.1~1.0(MPa) 미만
② 준저압 : 4~100(kPa) 미만
③ 저압 : 1~4(kPa)

09 독성 가스 중 2중관으로 하여야 하는 독성가스의 종류를 4가지 쓰시오.

해답 독성가스 중 2중관 대상가스

① 포스겐 ② 황화수소
③ 시안화수소 ④ 아황산가스
⑤ 산화에틸렌 ⑥ 암모니아
⑦ 염소 ⑧ 염화메탄

10 사진으로 보여준 방사선 침투과검사 필름 상태와 같은 용접부 결함의 명칭을 쓰시오.

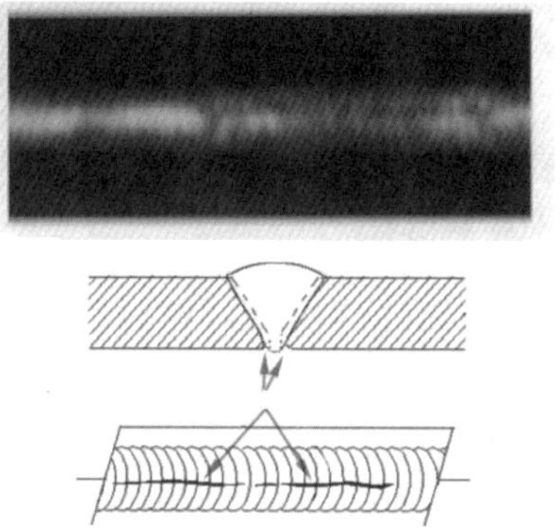

해설 **언더컷(Under-Cut)**

언더컷은 용접과정 중 모재가 함몰되어 생기는 표면결함으로 날카로운 형상을 가지고 있어 응력 집중에 의한 균열로 발전할 수 있는 결함이다. 용접전류가 과다할 때, 아크(arc)길이가 길 때, 운봉 속도가 너무 빠를 때 생기기 쉽다.

해답 언더컷

참고 **용접부에 발생하는 주요 용접 결함**

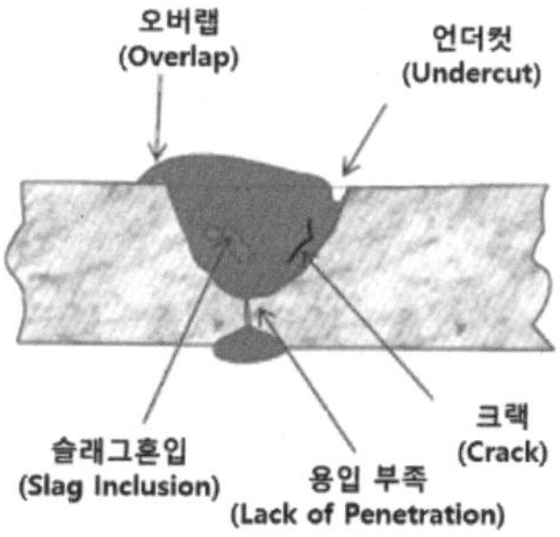

11 저장설비에 설치되는 긴급차단장치의 동력원 종류 4가지를 쓰시오.

해설 **저장탱크의 긴급차단장치 동력원 종류**

차단밸브의 구조에 따라 액압, 기압, 전기(어느 것이나 정전 시에 비상전력 등으로 사용 가능하게 한 것)또는 스프링 등을 동력원으로 할 것

해답 ① 액압식 ② 기압식
③ 전기식 ④ 스프링식

해설 **저장탱크의 긴급차단장치**

① 긴급차단장치를 조작할 수 있는 차단조작 기구의 위치는 당해 저장탱크로부터 5m 이상 떨어진 곳이고 액화가스의 대량 유출 시에 대비하여 안전한 장소일 것
② 긴급차단장치 또는 역류방지밸브의 부착 위치는 저장탱크 주밸브(main valve) 외측으로 가능한 한 저장탱크에 가까운 위치 또는 저장탱크의 내부에 설치하되 저장탱크의 주밸브(main valve)와 겸용하여서는 안된다.
③ 긴급차단장치는 매년 1회 이상 밸브씨이트의 누출 및 작동검사를 실시하여 그 누출량이 안전상 지장이 없는가를 확인하고 개폐조작 기능 등이 원활하고 확실하게 되는가를 확인할 것

12 왕복 압축기에서 체적효율에 영향을 주는 요소 4가지를 쓰시오.

해답 **체적효율(흡입효율)에 영향을 주는 요소**

① 톱클리어런스에 의한 영향
② 사이드 클리어런스에 의한 영향
③ 밸브 하중과 가스의 마찰에 의한 영향
④ 압축기 불완전 냉각에 의한 영향
⑤ 가스 누설에 의한 영향

13 도시가스 제조 프로세스에서 원료의 송입법에 의한 분류를 3가지 쓰시오.

해설 **도시가스 원료 송입법에 의한 분류**

① 연속식 : 연속적인 원료의 송입으로 가스의 발생이 연속적이며 가스 발생량의 조절은 원료의 송입량의 조절에 의하여 일반적으로 장치능력에 대하여 50~100% 사이에서 발생량의 조절이 된다.
② 배치(batch)식 : 일정량의 원료를 가스화실에 놓고 가스화한 후 가스가 발생하지 않으면 잔유물을 제거하는 조작을 반복하는 방식으로 가스 발생량의 급격한 조절이 곤란하다.
③ 사이클릭(cyclic)식 : 연속식과 배치식의 중간적인 형식으로 일정기간 동안 연속적으로 원료를 투입하여 가스를 발생시키고 장치내의 온도가 내려가면 원료송입을 정지하고 승온하는 조작을 자동운전으로 행하는 것으로서

가스 발생량의 조절은 장치의 운전 정지로 행한다.

해답 ① 연속식 ② 배치식 ③ 사이클릭식

14 A지점과 B지점사이의 거리가 800m인 곳에 횡으로 설치된 안지름 200mm 배관에 비중이 0.65인 도시가스를 A지점에 압력 200mmH₂O로 시간당 500m³로 공급할 경우 B지점에서의 유출 압력(mmH₂O)을 계산하시오. (단, 폴의 정수 K는 0.7, B지점은 A지점보다 20m 높은 곳이다.)

해설 B지점에서의 유출압력(mmH₂O)

- B지점 유출압력＝(A지점 공급압력－A와 B간의 압력손실)＋A와 B간의 입상배관 압력상승
- A지점과 B지점 간의 압력손실

$$Q=\sqrt{\frac{D^5\cdot H}{S\cdot L}}$$ 식에서

$$\text{압력손실}(H)=\frac{Q^2\cdot S\cdot L}{K^2\cdot L}$$

$$\text{압력손실}(H)=\frac{500^2\times 0.65\times 800}{0.7^2\times 20^5}=82.908\fallingdotseq 82.91(mmH_2O)$$

- A지점과 B지점 간의 입상배관 압력상승
  H＝1.293(1－S)h 식에서,
  $H=1.293\times(1-0.65)\times 20=9.05(mmH_2O)$
  ※ 도시가스 비중이 1보다 작으므로 A지점에서 B지점으로 20m 입상의 경우 9.05 (mmH_2O)의 압력상승이 일어난다.
- B지점 유출압력＝(200－82.91)＋9.05
  ＝126.14(mmH_2O)

해답 B지점 유출압력

$$=(200-\frac{500^2\times 0.65\times 800}{0.7^2\times 20^5})+1.293\times(1-0.65)\times 20=126.14(mmH_2O)$$

15 관지름 400mm, 길이 20m인 강관을 외기온도가 -10℃ 상태인 겨울철에 설치하였다. 여름철에 직사광선을 받아 온도가 상승하여 50℃가 되었다면 이때 배관에 작용하는 응력(kgf/cm²)을 계산하시오. (단, 배관의 선팽창계수 $\alpha=1.2\times10^{-5}$/℃, 영률 $\epsilon=2.1\times10^5 kgf/㎠$이다.)

해설 배관에 작용하는 응력(kgf/cm²)

- $\Delta L=l\cdot\alpha\cdot\Delta t$ 식에서 응력$(\alpha)=\frac{\epsilon\times\Delta L}{l}$
- 신축길이(cm) 계산
  $\Delta L=l\cdot\alpha\cdot\Delta t$
  $=20\times100\times1.2\times10^{-5}\times(40+10)$
  $=1.2(cm)$
- 응력(kgf/cm²) 계산
  $\alpha=\frac{\epsilon\times\Delta L}{L}=\frac{2.1\times10^5\times1.2}{20\times100}$
  $=126\,(kgf/㎠)$

해답 $\alpha=\frac{2.1\times10^5\times1.2}{20\times100}=126(kgf/㎠)$

2019년도 제1회

01 관지름 400mm, 길이 20m인 강관을 외기온도가 -10℃ 상태인 겨울철에 설치하였다. 여름철에 직사광선을 받아 온도가 상승하여 50℃가 되었다면 이때 배관에 작용하는 응력(kgf/cm²)을 계산하시오. (단, 배관의 선팽창계수 $\alpha=1.2\times10^{-5}$/℃, 영률 $\epsilon=2.1\times10^5 kgf/㎠$이다.)

해설 배관에 작용하는 응력(kgf/cm²)

- $\Delta L=l\cdot\alpha\cdot\Delta t$ 식에서 응력$(\alpha)=\frac{\epsilon\times\Delta L}{l}$
- 신축길이(cm) 계산
  $\Delta L=l\cdot\alpha\cdot\Delta t$
  $=20\times100\times1.2\times10^{-5}\times(40+10)$
  $=1.2(cm)$
- 응력(kgf/cm²) 계산
  $\alpha=\frac{\epsilon\times\Delta L}{L}=\frac{2.1\times10^5\times1.2}{20\times100}$
  $=126\,(kgf/㎠)$

해답 $\alpha=\frac{2.1\times10^5\times1.2}{20\times100}=126(kgf/㎠)$

02 용기 종류별 부속품 기호의 의미를 각각 쓰시오.
(1) AG : (2) LG :
(3) LT :

해설 **용기종류별 부속품의 기호**

1) 아세틸렌가스를 충전하는 용기의 부속품 : AG
2) 압축가스를 충전하는 용기의 부속품 : PG
3) 액화석유가스외의 액화가스를 충전하는 용기의 부속품 : LG
4) 액화석유가스를 충전하는 용기의 부속품 : LPG
5) 초저온용기 및 저온용기의 부속품 : LT

해답 (1) AG : 아세틸렌가스를 충전하는 용기의 부속품
(2) LG : 액화석유가스외의 액화가스를 충전하는 용기의 부속품
(3) LT : 초저온용기 및 저온용기의 부속품

03

표준상태(0℃, 1atm)에서 암모니아 기체의 비체적(m^3/kg)을 계산하시오.

해설 **비체적(kg/m^3)**

$$\text{비체적}(m^3/kg) = \frac{22.4}{\text{분자량}} = \frac{22.4}{17} = 1.32(m^3/kg)$$

해답 $\text{비체적} = \frac{22.4}{17} = 1.32(m^3/kg)$

참고 $\text{밀도}(kg/m^3) = \frac{\text{분자량}}{22.4} = \frac{17}{22.4} = 0.76(kg/m^3)$

04

지름이 40m인 구형 가스홀더에 7kg/cm^2·a의 압력으로 도시가스가 저장되어 있는 것을 압력이 3kg/cm^2·a로 될 때까지 가스를 공급하였을 때 공급된 가스량(Sm^3)을 계산하시오. (단, 공급 시 온도는 무시하고, 표준대기압은 1atm이다.)

해설 **공급된 가스량(Sm^3)**

① 구형 가스홀더의 내용적(V : m^3)

$$V = \frac{\pi}{6} \times D^3 = \frac{\pi}{6} \times 40^3 = 33510.32(m^3)$$

② 공급된 가스량(Sm^3)

$$\Delta V = V \times \frac{(P_1 - P_2)}{P_0} \times \frac{T_O}{T_1}$$

$$\Delta V = 33510.32 \times \frac{(7-3)}{1.0332} = 129734.11(Sm^3)$$

해답 $\Delta V = \frac{\pi}{6} \times 40^3 \times \frac{(7-3)}{1.0332} = 129734.11(Sm^3)$

05

가연성가스 충전용기 보관실의 지붕을 가벼운 불연재료 또는 난연재료를 사용하는 것에서 제외되는 경우 2가지를 쓰시오.

해설 **고압가스 저장·사용의 시설 기준 : 고압가스 안전관리법 시행규칙 [별표 8]**

[저장설비기준]

가연성가스 및 산소의 충전용기 보관실의 벽은 그 저장설비의 보호와 그 저장설비를 사용하는 시설의 안전 확보를 위하여 불연재료(不燃材料)를 사용하고, 가연성가스의 충전용기보관실의 지붕은 가벼운 불연재료 또는 난연재료(難燃材料)를 사용할 것. 다만, 액화암모니아 충전용기 또는 특정고압가스용 실린더캐비닛의 보관실 지붕은 가벼운 재료를 사용하지 아니할 수 있다.

해답 **보관실 지붕 가벼운 재료 사용 제외 경우**

① 액화암모니아 충전용기 보관실
② 특정고압가스용 실린더 캐비닛의 보관실

06

고압가스 안전관리법에서 정하는 고압가스 관련설비(특정설비)의 종류를 6가지 쓰시오.

해답 **고압가스 관련설비(특정설비)**

① 안전밸브·긴급차단장치·역화방지장치
② 기화장치
③ 압력용기
④ 자동차용 가스 자동주입기
⑤ 독성가스배관용 밸브
⑥ 고압가스용 실린더캐비닛
⑦ 액화석유가스용 용기 잔류가스회수장치
⑧ 차량에 고정된 탱크
⑨ 냉동설비(일체형 냉동기 제외)를 구성하는 압축기·응축기·증발기 또는 압력용기 (냉동용특정설비)
⑩ 자동차용 압축천연가스 완속충전설비 (처리능력 18.5m^3/h 미만인 충전설비)

07

독성가스 제조설비에서 독성가스가 누출될 경우 그 독성가스로 인한 중독을 방지하기 위한 독성가스 종류에 따라 보유하여야 할 제독제의 종류를 모두 쓰시오.

(1) 포스겐($COCl_2$) (2) 황화수소(H_2S)
(3) 암모니아(NH_3) (4) 아황산가스(SO_2)

해설 **독성 가스의 제독제**

독성 가스	제독제
염소	가성소다수용액, 탄산소다수용액, 소석회
포스겐	가성소다수용액, 소석회
황화수소	가성소다수용액, 탄산소다수용액
암모니아, 산화에틸렌, 염화메탄	물
시안화수소	가성소다수용액
아황산가스	가성소다수용액, 탄산소다수용액, 물

해답 (1) 포스겐($COCl_2$) : 가성소다수용액, 소석회
(2) 황화수소(H_2S) : 가성소다수용액, 탄산소다수용액
(3) 암모니아(NH_3) : 물
(4) 아황산가스(SO_2) : 가성소다수용액, 탄산소다수용액, 물

참고 암기법 : 가스명칭과 제독제의 앞글자를 이용하여 암기한다.
염가탄소, 포가소, 황가탄, 암산염물, 시가, 아가탄물

08 역브레이턴 사이클(Counter Brayton Cycle)의 작동(순환)과정을 쓰시오.

해설 **역브레이턴 사이클**

1) 브레이턴 사이클의 역순서로 작동하는 사이클로써 동작유체가 공기이다
2) 작동과정 : 단열팽창과정 → 정압흡열과정 → 단열압축과정 → 정압방열과정

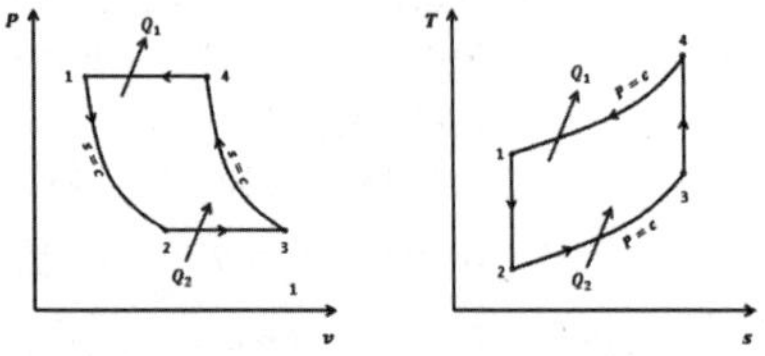

[역브레이턴 사이클 P-v, T-s 선도]

해답 단열팽창과정 → 정압흡열과정 → 단열압축과정 → 정압방열과정

09 웨버지수 계산식을 각 인자에 대하여 설명하시오.

해답 **웨베 지수(W_I)**

- 식 : $W_I = \dfrac{Hg}{\sqrt{d}}$
- 용어의 의미 : W_I : 웨베 지수
  Hg : 도시가스의 총발열량(단위 : $kcal/m^3$)
  d : 도시가스의 공기에 대한 비중

10 아세틸렌(C_2H_2) 충전에 대한 다음 물음에 답하시오.

(1) 2.5MPa 압력으로 압축하는 때에 첨가하는 희석제의 종류를 가지 쓰시오.
(2) 용기에 충전하는 때에 미리 용기에 침윤시키는 용제의 종류를 2가지 쓰시오.

해답 (1) 희석제 종류 :
① 에틸렌(C_2H_4)
② 메탄(CH_4)
③ 일산화탄소(CO)
④ 질소(N_2)
(2) 용제의 종류 :
① 아세톤$(CH_3)_2CO$
② 디메틸포름아미드$[HCON(CH_3)_2]$

11 소형저장탱크의 보호와 탱크를 사용하는 시설의 안전을 위하여 동일 장소에 설치하는 액화석유가스 소형저장탱크의 1) 설치 수와 2) 충전질량의 합계를 쓰시오.

해설 **소형저장탱크의 설치**

소형저장탱크의 보호와 탱크를 사용하는 시설의 안전을 위하여 같은 장소에 설치하는 소형저장탱크의 수는 6기 이하로 하고, 충전 질량의 합계는 5000kg 미만이 되도록 하는 등 위해의 우려가 없도록 적절하게 설치해야 한다.

해답 1) 설치 수 : 6기 이하
2) 충전질량의 합계 : 5000kg 미만

12 프로판(C_3H_8) 가스에 대한 최소산소 농도값(MOC)을 추산하면 얼마인지 계산하시오. (단, 프로판의 공기 중에서 하한값은 2.1%이다.)

해설 **프로판의 최소산소 농도값(MOC)**

- 프로판의 최소산소 농도값(MOC)
  $= \text{프로판 하한값} \times \dfrac{\text{산소몰수}}{\text{프로판몰수}}$
- 프로판의 완전연소 반응식 :
  $C_3H_8 + 5O_2 \rightarrow 3CO_2 + 4H_2O$

• 최소산소 농도값(MOC) $= 2.1 \times \frac{5}{1} = 10.5(\%)$

해답 $MOC = 2.1 \times \frac{5}{1} = 10.5(\%)$

13 도시가스배관의 굴착공사 시행을 위한 도로 굴착 작업 중 줄파기 작업을 실시할 경우 매설된 도시가스배관을 보호하기 위한 주의사항을 3가지 쓰시오.

해답 **줄파기 작업시 도시가스배관을 보호하기 위한 주의사항**

① 가스배관이 있을 것으로 예상되는 지점으로부터 2m 이내에서 줄파기를 할 때에는 안전관리전담자의 입회하에 시행한다.

② 줄파기 1일 시공량 결정은 시공속도가 가장 느린 천공작업에 맞추어 결정한다.

③ 줄파기 심도는 최소한 1.5m 이상으로 하며 지장물의 유무가 확인되지 않는 곳은 안전관리전담자와 협의 후 공사의 진척 여부를 결정한다.

④ 줄파기는 두 줄 또는 세 줄을 동시에 시행하지 아니하여야 하며 시공작업, 항타작업 및 가포장이 완료된 후에 다른 줄을 시행한다.

⑤ 줄파기공사후 가스배관으로부터 1m 이내에 파일을 설치할 경우에는 유도관(Guide Pipe)을 먼저 설치한 후 되메우기를 실시한다.

14 강제혼합식 가스버너는 운전 중 화염이 블로오프(blow off)된 경우에 생가스 누출로 인한 사고를 방지하기 위하여 안전차단시간 이내에 버너의 작동이 정지되고, 가스통로가 차단되도록 하여야 하며, 시동 시에는 안전차단시간 이내에 화염이 검지되지 아니하면 버너는 자동 폐쇄되어야 한다. 이 때 파일럿점화방식으로 파이럿버너를 시동하는 경우 안전차단 시간은 얼마인지 쓰시오.

해설 **강제혼합식 버너의 가스소비량 구분에 따른 안전차단기준**

	안전차단 시간(초)	시동시		운전중		
버너의 구분	버너의 최대가스 소비량(KW)	직접 점화방식	파이럿 점화방식	재점화시	재시동시	재점화 및 재시동이 없을 경우
메인버너	10 이하	5	5	5	1	-
메인버너	10 초과 50 이하	5	5	5	1	-
메인버너	50 초과 120 이하	3	3	3	1	-
메인버너	120 초과 350 이하	3	3	불허	1	1
메인버너	350 초과	3	3	불허	불허	1
파일럿버너	-	-	14	-	-	-

해답 14초

15 도시가스 사용시설에서 도시가스 누출 시 대처 요령을 4가지 쓰시오.

해답 **도시가스 사용시설의 가스 누출 시 대처 요령**

① 휴즈콕크, 밸브 차단 : 가스냄새 및 가스누출을 발견 한 경우에는 즉시 휴즈콕크, 중간밸브 및 계량기에 연결된 메인 밸브를 잠금근다.

② 환기 : 신속하게 모든 출입문과 창문 등을 열어 실내에 유출되어 있는 가스를 외부로 배출시킨다.

③ 화기, 전기기구 사용금지 : 주변의 화기를 없애고에 환풍기나 선풍기 등 전기기구는 절대로 사용해서는 안된다.

④ 안전조치 후 사용 : 지역도시가스 회사에 연락하여 안전조치를 받고 수리가 끝나면 안전점검 후 사용한다.

2019년도 제2회

01 도시가스공급시설 중 주요 및 일부 공정시공감리 대상을 4가지 쓰시오.

해답 **주요공정시공감리 대상(①,②,③) 및 일부공정시공감리 대상(④,⑤)**

① 일반도시가스사업자의 및 도시가스사업자 외의 가스공급시설설치자의 배관(그 부속시설을 포함한다)

② 나프타부생가스·바이오가스제조사업자 및 합성천연가스제조사업자의 배관(그 부속시설을 포함한다)
③ 가스도매사업자의 가스공급시설
④ 일반도시가스사업자, 나프타부생가스·바이오가스제조사업자, 합성천연가스제조사업자 및 도시가스사업자외의 가스공급시설설치자의 가스공급시설 중 주요공정시공감리 대상의 시설을 제외한 가스공급시설
⑤ 시공감리의 대상이 되는 사용자공급관(그 부속시설물을 포함한다)

02 다음과 같은 조성을 가지는 부탄증열 제조가스의 진발열량(kcal/m^3)을 계산하시오. (단, 수증기의 응축잠열은 0.6kcal/kg이다.)

조성	H_2	O_2	N_2	CO	CO_2	CH_4	C_4H_{10}
mol(%)	37	1	35	5	6	6	10
발열량 (kcal/m^3)	3050	–	–	3030	–	9540	32000

해설 **진(저위)발열량(kcal/m^3)**
= 총(고위)발열량–수증기 응축잠열

① 총(고위)발열량

$H_l = (3050\times0.37)+(3030\times0.05)$
$+(9540\times0.06)+(32000\times0.1)$
$=5052.4(\text{kcal/m}^3)$

② 제조가스 연소에 따른 수증기의 응축잠열

• 연료의 완전 연소반응식에 의해 생성되는 수증기(H_2O)의 몰수를 구한다.

• $H_2+\frac{1}{2}O_2 \rightarrow H_2O$ …1mol

• $CO+\frac{1}{2}O_2 \rightarrow CO_2$ … 0mol

• $CH_4+2O_2 \rightarrow CO_2+2H_2O$ … 2mol

• $C_4H_{10}+6.5O_2 \rightarrow 4CO_2+5H_2O$ … 5mol

• 수증기 응축잠열

$=\frac{600\times18}{22.4}\times[(1\times0.37)+(2\times0.06)$
$+(5\times0.1)]=477.32(\text{cal}/l)$
$=477.32(\text{kcal/m}^3)$

※ 수증기 응축잠열 = 0.6(kcal/kg) = 600(cal/g)

③ 진발열량(kcal/m^3)
= 총발열량 − 수증기 응축잠열
$=5052.4-477.32=4575.08(\text{kcal/m}^3)$

해답 ① 총발열량(H_l)

$=(3050\times0.37)+(3030\times0.05)$
$+(9540\times0.06)+(32000\times0.1)$
$=5052.4(\text{kcal/m}^3)$

② 수증기 응축잠열

$=\frac{600\times18}{22.4}\times[(1\times0.37)+(2\times0.06)$
$+(5\times0.1)]=477.32(\text{cal}/l)$
$=477.32(\text{kcal/kg})$

③ 진발열량(kcal/m^3) $=5052.4-477.32=4575.08(\text{kcal/m}^3)$

03 아세틸렌과 공기가 혼합된 경우 폭발하한계는 아세틸렌 용량%로 2.5%이다. 이 경우 혼합기체 1m^3(표준상태)에 함유되는 아세틸렌의 질량을 계산하시오.

해설 **아세틸렌의 질량**

① 혼합기체 1m^{3}에 함유한 아세틸렌의 부피

$1000(l)\times\frac{2.5}{100}=25(l)$

② 아세틸렌의 질량

$=$ 부피 $\times$ 밀도 $=25l\times\frac{26g}{22.4l}=29(g)$

해답 질량 $=1000l\times\frac{2.5}{100}\times\frac{26g}{22.4l}=29(g)$

04 용기에 충전하는 시안화수소(HCN)에 첨가하는 안정제의 종류를 2가지 쓰시오.

해설 **시안화수소(HCN) 위험성**

시안화수소(HCN)는 인화성이 강한 액체로서 화염 스파크에 의해 연소될 수 있으며, 장기간(60일 이상) 보존하면 소량의 수분(2% 이상)에 의해 중합을 일으켜 그 중합열에 의해 중합폭발을 일으킬 우려가 있으므로 안정제(황산, 아황산가스 등)를 첨가하여 중합폭발을 방지하여야 한다.

해답 ① 황산 ② 아황산가스

05

내용적 20L의 LP가스 배관공사를 끝내고 나서 수주 880mm의 압력으로 공기를 넣어 기밀시험을 실시했다. 기밀시험 소요시간 12분이 경과한 후 배관에 부착된 자기압력계를 보니 수주 620mm의 압력을 나타내었다. 이 경우 기밀시험 개시 시의 약 몇%의 공기가 누설되었는지 구하시오. (단, 기밀시험 실시 중 온도변화는 무시하고 1기압은 1.033kgf/cm^2이다.)

해설 **기밀시험 후 누설공기량(%)**

- 누설공기량(%)

$$=\frac{\text{최초공기량}-\text{12분경과 후 공기량}}{\text{최초공기량}}\times 100$$

- M=VP식 적용
- $1\text{atm}=1.033\text{kgf/cm}^2=10330mmH_2O$

① 최초 기밀시험시 공기량(표준상태 환산 체적)

$$M=20(L)\times\frac{(880+10330)}{10330}=21.70(L)$$

② 12분경과 후 공기량(표준상태 환산 체적)

$$M=20(L)\times\frac{(620+10330)}{10330}=21.20(L)$$

③ 누설공기량(%)

$$\%=\frac{21.70-21.20}{20}\times 100=2.5(\%)$$

해답 누설공기량(%)

$$=\frac{\left[20\times\frac{(880+10330)}{10330}\right]-\left[20\times\frac{(620+10330)}{10330}\right]}{20}$$

$$\times 100=2.5(\%)$$

06

액화석유가스용 차량에 고정된 탱크 내부에 설치하는 폭발방지제와 그 지지구조물의 재질 기준에 대하여 쓰시오.

해답 **폭발방지제와 그 지지구조물의 재질 기준**

① 폭발방지제는 알루미늄합금박판에 일정 간격으로 슬릿(Slit)을 내고 이것을 팽창시켜 다공성 벌집형으로 한다.

② 후프링의 재질은 기존탱크의 재질과 같은 것 또는 이와 동등 이상의 것으로서 액화석유가스에 대하여 내식성을 가지며 열적 성질이 탱크동체의 재질과 유사한 것으로 한다.

③ 지지봉은 KS D 3507(배관용탄소강관)에 적합한 것(최저 인장강도 294N/mm^2)으로 한다.

④ 그 밖의 지지구조물 부품의 재질은 안전확보상 충분히 기계적강도 및 액화석유가스에 대한 내식성을 가지는 것으로 한다.

07

레이저메탄가스디텍터 등 가스누출 정밀 감시장비에 대한 다음 (　　)안에 알맞은 숫자를 넣으시오.

> 레이저 메탄가스 검지기(detector)는 최대 (①)m의 거리에서 (②)ppm·m의 메탄가스를 (③)초 이내에 검출해 낼 수 있는 장치이다.

해설 **레이저메탄가스디텍터 등 가스누출 정밀 감시장비**

"레이저메탄가스디텍터 등 가스누출 정밀 감시장비"라 함은 최대 150m의 거리에서 300ppm·m의 메탄가스를 0.2초 이내에 검출해 낼 수 있으며, 진단 기간 동안 가스 누출여부를 자동으로 상시 감시할 수 있는 장비를 말한다.

해답 ① 150　　② 300　　③ 0.2

08

다단압축기의 압축비에 대한 다음 (　)안에 알맞은 용어를 쓰시오.

> 다단압축기에서 압축비가 증가하면 (①) 저하, (②)효율 저하, (③) 온도 상승이 발생하므로 (④)압축기 중간단에 냉각기를 설치한다.

해설 **다단압축의 각 단 압축비**

다단 압축을 하면 중간냉각에 의해 동력이 절약되나 중간압력의 결정방법에 따라 소요 동력이 변화하게 되므로 각 단의 압력을 균등하게 하고 압축비를 감소시켜 압축에 소요되는 동력을 최소화하여야 한다.

해답 ① 성능　　② 체적
③ 토출가스　　④ 다단

09

다음 보기에서 설명하는 전기방식법의 명칭을 쓰시오.

지중 또는 수중에 설치된 양극금속과 매설배관 등을 전선으로 연결하여 양극금속과 매설배관 등 사이의 전지작용에 의하여 전기적 부식을 방지하는 방법이다.

해답 희생양극법

10 가연성가스 제조설비에는 그 설비에서 발생한 정전기가 점화원으로 되는 것을 방지하기 위하여 정전기 제거설비를 설치할 때 접지 저항치 총합은 얼마인지 쓰시오. (단, 피뢰설비를 설치한 설비이다.)

해설 **정전기의 제거기준**

가연성가스 제조설비[접지저항치의 총합이 100Ω(피뢰설비를 설치한 것은 총합 10Ω) 이하의 것을 제외한다] 등에서 발생하는 정전기를 제거하는 조치는 다음 각호의 기준에 의한다.

1) 탑류, 저장탱크, 열교환기, 회전기계, 벤트스택 등은 단독으로 되어 있어야 한다. 다만, 기계가 복잡하게 연결되어 있는 경우 및 배관 등으로 연속되어 있는 경우에는 본딩용 접속선으로 접속하여 접지 하여야 한다.
2) 본딩용 접속선 및 접지접속선은 단면적 $5.5mm^2$ 이상의 것(단선은 제외한다)을 사용하고 경납붙임, 용접, 접속금구 등을 사용하여 확실히 접속하여야 한다.
3) 접지 저항치는 총합 100Ω(피뢰설비를 설치한 것은 총합 10Ω) 이하로 하여야 한다.

해답 10Ω 이하

11 고압가스 특정제조 시설의 배관을 기밀시험 할 때 산소를 사용하면 안 되는 이유를 쓰시오.

해답 제조장치의 배관내부에는 유지류, 가연성물질, 녹 등이 부착되어 있는 경우가 있음으로 산소를 기밀시험을 실시하면 연소사고가 일어날 위험성이 있으므로 질소 등의 불활성가스를 사용하여 기밀시험을 하여야 한다.

12 방폭전기기기의 방폭구조에 대한 다음 물음에 답하시오.

(1) 가연성가스의 폭발등급 및 이에 대응하는 내압방폭구조의 폭발등급은 "최대안전틈새범위"를 기준으로 등급을 3가지로 분류하는데 본질안전방폭구조는 무엇을 기준으로 등급을 3가지로 분류하는지 쓰시오.

(2) (1)번 답의 기준이 되는 가스의 명칭을 쓰시오

해설 **가연성가스의 폭발등급 및 이에 대응하는 본질안전방폭구조의 폭발등급**

최소점화전류비의 범위(mm)	0.8 초과	0.45 이상 0.8 이하	0.45 미만
가연성가스의 폭발등급	A	B	C
방폭전기기기의 폭발등급	ⅡA	ⅡB	ⅡC
(비고) 최소점화전류비는 메탄의 최소점화전류를 기준으로 나타낸다.			

해답 (1) 최소점화전류비(mm)
(2) 메탄

13 나프타(naphtha)의 가스화에 따른 다음 물음에 답하시오.

(1) PONA 각각에 대하여 의미를 쓰시오.

(2) PONA 중 어느 성분에 따라 가스화에 유리하고 불리한지를 설명하시오.

해답 1) PONA 값
① P : 파라핀계 탄화수소
② O : 올레핀계 탄화수소
③ N : 나프텐계 탄화수소
④ A : 방향족계 탄화수소

2) 파라핀계 탄화수소의 함유량이 많은 것은 가능한 분해가 쉽고 가스화 효율이 유리하지만, 올레핀계, 나프텐계, 방향족계 탄화수소가 많은 것은 카아본 석출이 많고 나프탈린의 생성 등에 의하여 가스화 효율 저하 및 촉매의 열화원인이 된다.

14 내용적 $650m^3$인 저장탱크에 압축질소가 5.5MPa 상태로 저장되어 있을 때의 저장능력을 계산하시오.

해설 **압축가스 저장능력**

- $Q=(10P+1)V$
- $Q=(10\times5.5+1)\times650=36400(m^3)$

해답 $Q=(10\times5.5+1)\times650=36400(m^3)$

15 방폭전기기기에서 갈바닉 절연(galvanic isolation)에 대하여 설명하시오.

해답 전기적 격리(갈바닉 절연)이라 함은 본질안전 전기기기 또는 본질안전관련 전기기기 내부의 2개 회로 사이에 직접적인 전기적 접속 없이 신호 또는 전력이 전달되도록 한 구조를 말한다.

2019년도 제3회

01 액화산소 용기에 액화산소가 50kg 충전되어 있다. 이때 용기의 외부에서 액화산소에 대해 매시 5kcal의 열량이 주어진다면 액화산소량이 1/2로 감소되는 데 걸리는 시간을 구하시오. (단, 비점에서의 산소의 증발잠열은 1600cal/mol이다.)

해설 액체산소 50kg이 1/2로 감소되는데 걸리는 시간(h)

※ 액화산소 50kg에 시간당 5kcal의 열량이 가해져 용기내의 액화산소 1/2이 증발하는데 걸리는 시간을 구한다.

$$h=\frac{\left(\frac{1600(\text{kcal}/Kmol)}{32(\text{kg}/Kmol)}\right)\times 50(\text{kg})\times\frac{1}{2}}{5(\text{kcal}/hr)}$$

$$=250(hr)$$

해답 $$h=\frac{\left(\frac{1600(\text{kcal}/Kmol)}{32(\text{kg}/Kmol)}\right)\times 50(\text{kg})\times\frac{1}{2}}{5(\text{kcal}/hr)}$$

$$=250(hr)$$

02 아크용접시 용접부에 발생하는 결함의 종류를 4가지 쓰시오.

해답 ① 언더컷 ② 슬래그 섞임
③ 오버랩 ④ 용입불량
⑤ 기공 ⑥ 스패터

03 $2\text{kgf/cm}^2\cdot\text{a}$에서 온도가 25℃인 산소의 비중량($\text{N/m}^2$)을 계산하시오.

해설 산소의 비중량(N/m^2)

- $PM=dRT$ 식에서 비중량

$$(d)=\frac{PM}{RT}=\frac{\left(\frac{2}{1.0332}\times 101.325\right)\times 32}{8.314\times(25+273)}$$

$$=2.53(\text{kg/m}^3)$$

- $2.53(\text{kg/m}^3)$을 절대단위(N/m^2)로 환산

$$\gamma=\rho\times g=2.53(\text{kg/m}^3)\times 9.8(m/s^2)$$

$$=24.79(\text{kg/m}^2{\cdot}s^2)=24.79(N/\text{m}^3)$$

해답 $$d=\frac{\left(\frac{2}{1.0332}\times 101.325\right)\times 32}{8.314\times(25+273)}\times 9.8$$

$$=2.53(\text{kg/m}^3)$$

04 도시가스 배관의 부식을 방지하기 위하여 시공한 전기방식시설의 방식전위 측정 및 시설점검에 대한 다음 내용 중 (　　　)안에 적당한 것을 쓰시오.

> 전기방식시설의 (①)은(는) 1년에 1회 이상 점검하며, 외부전원법에 따른 전기방식시설의 (②), 정류기의 출력, 전압, 전류, 배선의 접속상태, 계기류 확인 및 배류법에 따른 전기방식시설의 (③), 배류기의 출력, 전압, 전류, 배선의 접속상태, 계기류 확인은 (④)개월에 1회 이상 점검한다.

해설 전기방식설의 유지관리 점점 주기

① 전기방식시설의 관대지전위 : 1년에 1회 이상 점검
② 외부전원법에 의한 전기방식시설 : 외부전원점 관대지전위(管對地電位), 정류기의 출력, 전압, 전류, 배선의 접속상태 및 계기류 확인 등을 3개월에 1회 이상 점검
③ 배류법에 의한 전기방식시설 : 배류점 관대지전위(管對地電位), 배류기의 출력, 전압, 전류, 배선의 접속상태 및 계기류 확인 등을 3개월에 1회 이상 점검

해답 ① 관대지전위
② 외부전원점 관대지전위
③ 배류점 관대지전위
④ 3

05 자동제어계의 특성 중 다음 특성에 대하여 설명하시오.

(1) 정특성 : (2) 동특성 :

해답 (1) 정특성 : 시간적으로 변화하지 않는 측정량에 대한 계측기의 응답 특성

(2) 동특성 : 시간적으로 변화하는 입력신호에 대한 계 또는 요소의 응답의 특성

06 도시가스 제조 및 공급시설 중 가스홀더의 기능에 대하여 4가지 쓰시오.

해답 **가스홀더의 기능**

① 가스 수요의 시간적 변동에 대하여 일정한 제조 가스량을 안정하게 공급하고 남는 가스를 저장한다.

② 정전, 배관공사, 제조 및 공급설비의 일시적 지장에 대하여 어느 정도 공급을 확보한다.

③ 각 지역에 가스홀더를 설치하여 피크 시에 각 지구의 공급을 가스홀더에 의해 공급함과 동시에 배관의 수송효율을 올린다.

④ 조성이 변동하는 제조가스를 저장 혼합하여 공급 가스의 열량, 성분, 연소성 등을 균일화 한다.

07 용접부에 대한 비파괴검사법 중 초음파탐상시험(Ultrasonic testing)의 장점과 단점을 2가지씩 쓰시오.

(1) 장점 : (2) 단점 :

해답 (1) 초음파탐상시험의 장점

① 내부의 결함 및 불균일 층의 검사를 할 수 있다.

② 용입 부족 및 용입부의 결함을 검출할 수 있다.

③ 검사비용이 저렴하다.

(2) 초음파탐상시험의 단점

① 결함의 형태가 부적당하다.

② 결과의 보존성이 없다.

③ 표면결함을 발견하기 어렵다.

08 다음 금속재료의 열처리 종류에 대하여 목적을 쓰시오.

(1) 담금질(quenching)

(2) 풀림 : annealing

(3) 뜨임(tempering)

(4) 불림(normalizing)

해답 **금속재료의 열처리**

(1) 담금질(Quenching) : 강의 경도와 강도를 증가시키기 위하여 강을 적당한 온도로 가열하여 오스테나이트 조직에 이르게 한 뒤, 마텐자이트 조직으로 변화시키기 위해 급냉시키는 열처리 방법이다.

(2) 풀림(annealing : 금속의 기계 가공에서 발생한 내부응력 제거하고 가공, 공작, 열처리로 인해 경화된 재료의 연화, 금속 결정 입자의 미세화를 위하여 재료를 일정 온도까지 일정 시간 가열 유지 후 서서히 냉각시키는 열처리 방법이다.

(3) 뜨임(tempering) : 담금질한 강에 인성을 부여하기 위해 담금질한 강을 적당한 온도까지 가열한 후 다시 냉각시켜 담금질 한 조직을 안정한 조직으로 변화시키고 잔류 응력을 감소시키는 열처리 방법이다.

(4) 불림(normalizing) : 결정 조직을 미세화하고 냉간 가공이나 단조 등으로 인한 내부 응력을 제거하기 위하여 재료를 변태점 이상의 적당한 온도로 가열, 유지 후 공기 중에서 냉각시키는 열처리 방법이다.

09 1atm, 25℃의 상태에서 무게가 27.92g인 진공 밸브에 건조공기가 유입되어 28.05g 으로 되었고 동일한 조건에서 메탄과 에탄으로 이루어진 LP 가스를 넣었을 때 28.14g이 되었다. LP가스 성분에 해당하는 메탄과 에탄의 몰분율(%)을 각각 계산하시오.(단, 공기의 평균 분자량은 29이다.)

해설 **메탄과 에탄의 몰분율(%) 계산**

• 건조공기 무게를 체적으로 환산

$PV = \frac{W}{M}RT$식에서

체적$(V) = \frac{WRT}{PM}$

$= \frac{(28.05-27.92)\times 0.082\times(25+273)}{1\times 29}$

$= 0.11(l)$

• 건조공기 체적을 이용하여 LP가스(메탄과 에탄)의 평균분자량 계산

$PV = \frac{W}{M}RT$식에서

$$체적(M) = \frac{WRT}{PV}$$

$$= \frac{(28.14-28.05)\times0.082\times(25+273)}{1\times0.11}$$

$$= 19.99(g)$$

• 메탄의 몰분율(%)

$$M = (M_{CH_4}\times x) + \{M_{C_3H_8}\times(1-x)\}$$

$$19.99 = (16\times x) + \{30\times(1-x)\}$$

$$19.99 = 16x + 30 - 30x$$

$$19.99 - 30 = x(16-30)$$

$$x = \frac{19.99-30}{16-30} = 0.715 = 71.5(\%)$$

• 에탄과 몰분율(%)

=100−메탄의 몰분율=100−71.5=28.5(%)

해답 ① 메탄의 몰분율(%)

$$= \frac{19.99-30}{16-30} = 0.715 = 71.5(\%)$$

② 에탄의 몰분율(%)=100−71.5=28.5(%)

10 펌프 운전 중 발생하는 워터 햄머링(water hammering)을 방지하기 위한 방법을 4가지 쓰시오.

해설 **수격작용(Water hammering)**

관 속을 액체가 충만하게 흐르고 있을 경우 정전 등으로 관내의 유속이 급격히 변화하면서 액체에 심한 압력변화가 일어나는 현상을 수격작용이라 한다.

해답 **방지법**

① 관경을 크게 하고 유속을 줄인다.
(유속은 1m/s 정도가 좋다.)
② 조압수조 및 공기실을 관로에 설치한다.
③ 완폐체크밸브를 토출구에 설치한다.
④ 펌프에 관성차(플라이 휠)을 설치한다.
⑤ 체크밸브 외측에 자동수압조정밸브를 설치한다.

11 가스용 폴리에틸렌관(PE관)은 지면의 온도가 40℃ 이상이 되는 장소에 설치하지 않는 것이 원칙이지만 어떠한 조치를 할 경우 온도가 40℃ 이상인 장소에 설치할 수 있는지 쓰시오.

해설 **가스용 폴리에틸렌관의 설치**

PE관은 지면 온도가 40℃이상이 되는 장소에는 설치하지 않아야 한다. 다만, 파이프 슬리브를 이용하여 단열조치를 한 경우에는 설치가 가능하다.

해답 파이프 슬리브를 이용하여 단열조치를 한 경우에는 설치가 가능하다.

12 염소는 건조한 상태에서는 강재에 대하여 부식성이 없으나, 수분이 존재하면 철을 강하게 부식시키는 이유와 화학반응식을 쓰시오.

(1) 부식 이유 :

(2) 화학반응식 :

해답 **소의 부식성**

(1) 부식 이유 : 염소와 수분이 반응하여 생성된 염산이 철과 반응하여 염화제일철이 되어 철강재를 부식시킨다.

(2) 화학반응식 : $Cl_2 + H_2O \rightarrow HCl + HClO$

$2HCl + Fe \rightarrow FeCl_2 + H_2$

13 LP가스 자동차용기 충전호스에 설치되어 있는 세이프티 커플링에 관한 다음 보기 내용을 보고 (   ) 안에 알맞은 용어를 쓰시오.

| 보기 |

세이프티 커플링은 그 커플링의 안전성, 편리성 및 호환성을 확보하기 위하여 암커플링은 호스가 분리되었을 경우 (①)에, 숫자커플링은 (②)에 설치할 수 있는 구조로 한다.

해설 **세이프티 커플링의 구조**

커플링은 그 커플링의 안전성·편리성 및 호환성을 확보하기 위하여 암커플링은 호스가 분리되었을 경우 자동차 충전구쪽에, 숫커플링은 충전기쪽에 설치할 수 있는 구조로 한다.

해답 ① 자동차 충전구쪽 ② 충전기쪽

14 도시가스 사업자가 가스공급시설에 대하여 정기적으로 받아야 하는 안전성평가 중 위험성 인지를 평가할 때 선정하는 위험성 평가기법의 종류를 4가지 쓰시오.

해답 **위험성 평가기법의 종류**

① 체크리스트 기법(Process check list)

② 안전성 검토법(Safety review)
③ 상대위험순위결정 분석기법
(Relative ranking)
④ 예비위험 분석기법
(Preliminary hazard analysis)
⑤ 위험과 운전성 분석기법
(Hazard & Operability study)
⑥ 이상위험도 분석기법(Failure modes, Effects and Criticality Analysis)
⑦ 작업자 실수 분석기법
(Human error analysis)
⑧ 사고예상 질문분석기법(What if)
⑨ 결함수 분석기법(Fault tree analysis)
⑩ 사건수 분석기법(Event tree analysis)
⑪ 원인결과분석 기법
⑫ 공정위험분석 기법

15 다음 보기에서 설명하는 사이클의 명칭을 쓰시오.

| 보기 |

1) 외연기관으로써 밀폐된 실린더 내에 열을 팽창시키고, 냉각에 의해 압축을 하는 기관으로 가솔린 엔진보다 열효율이 높고 소음, 진동이 적다.
2) 수소나 헬륨을 작동유체로 사용하며, 역사이클은 저온용 가스냉동기의 기본 사이클에 해당한다.
3) 목재, 화석 연료, 천연가스, 폐가스 등을 열원으로 사용한다.

해설 **스털링 사이클(Stirling Cycle)**
① 스털링 사이클은 두개의 등온·등적 과정을 편성한 가역 사이클이다.
② 브라이턴 폐쇄형 사이클, 랭킨 사이클과 함께 외연기관에 속하며 일반적으로 수소나 헬륨을 동작유체로 사용하고 발전 등에 이용되며 사이클을 역으로 돌리면 히트펌프 용도로 사용할 수 있다.

해답 스털링 사이클

제 4 장 가스기사 동영상 요점정리

1 가스콕

(1) 과류차단 안전기구(퓨즈콕)

가스배관과 호스 사이에 설치하여 호스가 파손되는 것 등에 의해 가스가 누출할 때의 이상 과다 유량을 감지하여 가스를 차단하는 안전장치

(2) 퓨즈콕 기밀시험 압력 : 35kPa 이상

(3) 퓨즈콕 몸체 "Ⓕ 1.2" 표시 의미

① Ⓕ : 퓨즈콕
② 1.2 : 과류차단 안전기구가 작동하는 유량이 시간당 1.2m^3이다.

(4) 퓨즈콕의 구조

① 퓨즈콕은 가스유로를 볼로 개폐하고, 과류차단안전기구가 부착된 것으로 한다.
② 콕의 핸들 등을 회전하여 조작하는 것은 핸들의 회전 각도를 90°나 180°로 규제하는 스토퍼를 갖추어야 한다.
③ 콕을 완전히 열었을 때의 핸들의 방향은 유로의 방향과 평행인 것으로 한다.
④ 콕은 닫힌 상태에서 예비적 동작이 없이는 열리지 아니하는 구조로 한다.

(5) 도시가스 사용시설에서 사용되는 가스콕

① 퓨즈콕 ② 상자콕

2 액화천연가스(LNG)

(1) 압축천연가스(CNG) 저장용기에 반드시 설치해야 하는 안전장치의 명칭 : 스프링식 안전밸브

(2) CNG 충전 저장시설에서 안전밸브 방출관의 높이 : 지상에서 5m 이상

(3) 압축천연가스(CNG) 압축기 배관 압력

1) A관(굵은관) : 저압
2) B관(가는관) : 고압

(4) 도시가스 도매사업의 1일 처리능력이 20만m^3 이상인 압축기와 액화천연가스(LNG) 저장탱크 외면과 유지하여야 하는 최소 거리 : 30m

(5) LNG 저장설비와 사업소경계 안전거리

액화천연가스의 저장설비와 처리설비는 그 외면으로부터 사업소경계까지 다음 계산식에 따라 얻은 거리(그 거리가 50m 미만의 경우에는 50m) 이상을 유지할 것

$$L = C \times \sqrt[3]{143000W}$$

이 계산식에서

L : 유지하여야 하는 거리(단위 : m)

C : 저압 지하식 저장탱크는 0.240, 그 밖의 가스저장설비와 처리설비는 0.576

W : 저장탱크는 저장능력(단위 : 톤)의 제곱근, 그 밖의 것은 그 시설 안의 액화천연가스의 질량(난위 : 톤)

(6) 안전성 평가기준

① 위험성 인지
② 사고발생 빈도 분석
③ 사고피해 영향 분석
④ 위험의 해석 및 판단

(7) LNG시설 내진설계 제외 대상

① 저장능력이 3톤(압축가스의 경우 300m^3) 미만인 저장탱크 도는 가스홀더
② 지하에 설치되는 시설
③ 건축법령에 따라 내진설계를 하여야 하는 것으로서 같은 법령이 정하는 바에 따라 내진설계를 한 시설

(8) 메탄의 증기 밀도와 비중

① 증기 밀도 $= \dfrac{\text{분자량}}{\text{밀도}} = \dfrac{16}{22.4} = 0.71(g/l)$

② 증기 비중 $= \dfrac{\text{분자량}}{29} = \dfrac{16}{29} = 0.55$

(9) 액화천연가스(LNG) : 메탄

① 분자식 : CH_4

② 폭발범위 : 5~15%

③ 비점 : −161.5℃

3 액화천연가스용 저장탱크

(1) 멤브레인식저장탱크(Membrane Containment Tank)

멤브레인의 1차 탱크와 단열재와 콘크리트가 조합된 복합구조(이하 "복합구조"라 한다)의 2차 탱크로 구성된 것으로서 다음의 ① 및 ②를 만족하는 저장탱크를 말한다.

① 멤브레인에 걸리는 액화천연가스의 하중 및 기타 하중은 단열재를 거쳐 콘크리트 구조의 2차 탱크로 전달될 수 있는 것으로 한다.

② 복합구조 지붕 또는 기밀한 돔 지붕과 단열된 현수 천장(suspended roof)은 증기를 담을 수 있는 것으로 한다.

(2) 멤브레인 시공

① 멤브레인을 프레스 가공한 경우는 단면 수축율이 멤브레인의 피로강도 이내에서 안전하게 운전할 수 있는 범위 내로 한다.

② 멤브레인을 벤딩 가공한 경우는 마디(Knot)부분에서의 형상이 균일하고, 치수 정밀도를 유지하여 피로에 따른 응력집중 현상이 없도록 한다.

③ 멤브레인을 가공한 후에도 평면도(Flatness)를 균일하게 유지하여 멤브레인 패널 조립 시 불균일한 응력집중이나 잔류응력이 발생하지 아니 하도록 한다.

(3) 지붕시공

① 지붕은 구면으로 하고 지붕 뼈대로 지지되는 구조로 한다.

② 지붕은 가스압력, 자중 및 그 밖에 하중에 따른 좌굴(挫屈)에 대하여 충분한 강도를 가진 것으로 한다.

③ 지붕의 곡률 반경은 탱크 내경의 0.8배~1.2배로 한다.

④ 지붕에 대한 좌굴강도를 검토하는 경우의 하중은 다음에 표시한 사항을 고려한다.

㉠ 가스압력

㉡ 탱크의 지붕판 및 지붕 뼈대의 중량

㉢ 지붕부위 단열재의 중량

㉣ 탱크 지붕에 부착된 기기 부속품의 중량

4 가스용폴리에틸렌(PE)관

(1) PE관 매설 상태를 탐지하기 위하여 PE관과 함께 설치하는 것(전선) : 로케팅 와이어

(2) 가스용 폴리에틸렌관(PE관)을 지하에 매설한 후 지상에서 매설배관의 위치를 탐지할 수 있는 탐지설비(기기) : 로케이터

(3) 압력범위 따른 배관두께

① 배관 등의 두께는 가스의 성질, 상태·온도 및 압력 등에 상응하는 안전성을 확보할 수 있는 것으로 한다.

② 배관의 두께는 그 배관의 안전성을 확보하기 위해 사용하는 PE 가스의 압력 및 그 배관의 외경에 따라 아래 표와 같이 한다.

관종류	SDR	압력
1호관	11 이하	0.4MPa 이하
2호관	17 이하	0.25MPa 이하
3호관	21 이하	0.2MPa 이하
여기서 SDR(standard dimension ration) SDR = D(외경)/t(최소두께)		

(4) 가스용 폴리에틸렌관(PE관)의 SDR값에 따른 사용조건

① SDR 11 : 지하에 매몰되는 배관으로 사용압력이 0.4Mpa 이하

② SDR 17 : 지하에 매몰되는 배관으로 사용압력이 0.25Mpa 이하

(5) SDR 구하는 계산식

$$\text{SDR} = \frac{D(\text{외경})}{t(\text{최소두께})}$$

(6) 매몰형 가스용폴리에틸렌관 밸브 개폐용 핸들 열림 표시 : 시계바늘 반대방향

(7) 매몰형 가스용폴리에틸렌관 밸브에 표시하여야 할 사항

① 제조사명 또는 약호

② 재질

③ 개폐 방향

④ 최고사용압력 및 호칭지름

⑤ 제조년월 또는 로트번호
⑥ 상당 SDR 값

(8) 가스용 PE밸브

가스용 폴리에틸렌관(PE관)을 지하에 매설할 경우에 사용하는 밸브

(9) 가스용 폴리에틸렌관(PE관) 시공기준

① PE관은 노출배관으로 사용하지 않는다. 다만, 지상배관과 연결을 위하여 금속관을 사용하여 보호조치를 한 경우로서 지면에서 30cm 이하로 노출하여 시공하는 경우 노출배관으로 사용할 수 있다.
② PE배관은 온도가 40℃ 이상이 되는 장소에 설치하지 않는다. 다만 파이프 슬리브 등을 이용하여 단열조치를 한 경우에는 온도가 40℃ 이상이 되는 장소에 설치할 수 있다.

5 PE관 융착이음

(1) 융착이음의 종류 3가지

① 맞대기 융착이음
② 소켓 융착이음
③ 새들 융착이음

(2) 가스용 폴리에틸렌관을 맞대기 융착이음 할 경우 이음부 연결오차 : 배관 두께의 10% 이하

(3) 가스용 폴리에틸렌관(PE관)을 맞대기 융착이음 할 때 최소 관지름 : 공칭외경 90 mm

(4) 관지름 90mm 이상인 가스용 폴리에틸렌관(PE관)을 지하에 매설 중에 접합하는 융착이음방법 : 맞대기 융착이음

(5) 가스용폴리에틸렌관 융착이음 시 발생하는 열선 이탈 원인 : 열선 이탈 현상은 PE이음관 내부에 감겨진 열선이 융착 후 예정된 위치에 있지 않은 것으로서 원인은 과도한 가열시간 또는 과도한 온도 등의 적절지 않은 융착 접착에 의해서 발생 할 수 있다.

(6) 맞대기융착의 공칭외경별 비드폭은 다음 계산식에 따라 산출한 최소치 이상 최대치 이하로 한다.
○ 비드 폭 최소(Bmin) : $3+0.5t$
○ 비드 폭 최대(Bmax) : $5+0.75t$
여기서 t : 배관두께(mm)

6 용기의 도색 표시

(1) 가연성가스 및 독성가스의 용기

가스 종류	도색 구분	가스 종류	도색 구분
액화석유가스	회색	액화암모니아	백색
수소	주황색	액화염소	갈색
아세틸렌	황색	그 밖의 가스	회색

(2) 의료용 가스용기

가스 종류	도색 구분	가스 종류	도색 구분
산소	백색	질소	흑색
액화탄산가스	회색	아산화질소	청색
헬륨	갈색	싸이크로프로판	주황색
에틸렌	자색	그 밖의 가스	회색

(3) 그 밖의 가스용기

가스의 종류	도색의 구분
산 소	녹 색
액화탄산가스	청 색
질 소	회 색
소방용 용기	소방법에 의한 도색
그 밖의 가스	회 색

7 전기방식(電氣防蝕)

(1) 전기방식(電氣防蝕)

배관의 외면에 전류를 유입시켜 양극반응을 저지함으로써 배관의 전기적 부식을 방지하는 것을 말한다.

(2) **외부전원법(外部電源法)**

외부직류전원장치의 양극(+)은 매설배관이 설치되어 있는 토양이나 수중에 설치한 외부전원용전극에 접속하고, 음극(−)은 매설배관에 접속시켜 전기적 부식을 방지하는 방법을 말한다.

(3) 전위측정용 터미널박스(TB)의 전기 방식법 : 희생양극법

(4) **전위측정용터미널(T/B) 설치간격**

① 희생양극법, 배류법 : 300m이내
② 외부전원법 : 500m이내

(5) 방식전류가 흐르는 상태에서 자연전위와의 전위변화(단, 다른 금속과 접촉하는 배관은 제외한다.)
−300mV 이하

(6) 포화황산동 기준 전극으로 황산염화원 박테리아가 번식하는 토양의 경우 방식전위 최대값 : −0.95V

(7) 직류 전철 등에 의한 누출 전류의 영향을 받지 않는 도시가스 매설배관의 부식을 방지하는 방법
① 희생양극법 ② 외부전원법

(8) **도시가스 배관을 방식조치를 하기위한 정류기, 배류기에서 계기의 상태와 일치하는 여부를 확인하기 위하여 측정하여야 할 항목**

① 출력전압 ② 출력전류 ③ 인입전압

(9) **절연 이음매에 의한 절연조치 장소**

① 교량횡단 배관의 양단
② 배관과 강재 보호관 사이
③ 배관과 배관지지물 사이
④ 다른 시설물과 접근 교차지점
⑤ 지하에 매설된 배관의 부분과 지상 설치된 부분의 경계

8 LP가스 기화장치

(1) 액체 상태로 열교환기 밖으로 유출을 방지하는 장치의 명칭 : 액유출방지장치

(2) 액 유출 시 나타나는 현상

① 인화, 폭발의 위험이 있다.
② 산소 부족으로 인한 질식사고의 우려가 있다.
③ 피부 노출 시 저온으로 인한 동상의 우려가 있다.

(3) 사이펀 용기

사이펀용기란 LP가스를 기체와 액체를 공급할 수 있는 용기로 반드시 기화기가 설치되어 있는 시설에서만 사용하도록 되어있으며, 용기 상부에 적색과 회색의 2개의 밸브가 설치되어 있는데 용기 중앙부에 설치되어 있는 적색의 밸브는 액체라인 밸브이며 안전밸브가 부착되어 있지 않고, 용기 상부 측면에 부착된 회색의 밸브는 기체라인의 밸브로 안전밸브가 부착되어 있다.

9 방폭전기기기의 방폭구조

(1) 방폭전기기기의 구조별 표시방법

방폭 전기기기의 구조	표시방법
내압 방폭구조	d
유입 방폭구조	o
압력 방폭구조	p
안전증 방폭구조	e
본질안전 방폭구조	ia 또는 ib
특수 방폭구조	s

(2) 내압방폭구조(d)

탱크 내부의 폭발 모습으로 방폭전기기기의 용기 내부에서 가연성 가스의 폭발이 발생할 경우 그 용기가 폭발압력에 견디고 접합면, 개구부 등을 통하여 외부의 가연성 가스에 인화되지 아니하도록 한 구조의 방폭구조 명칭과 영문약자의 기호를 쓰시오.

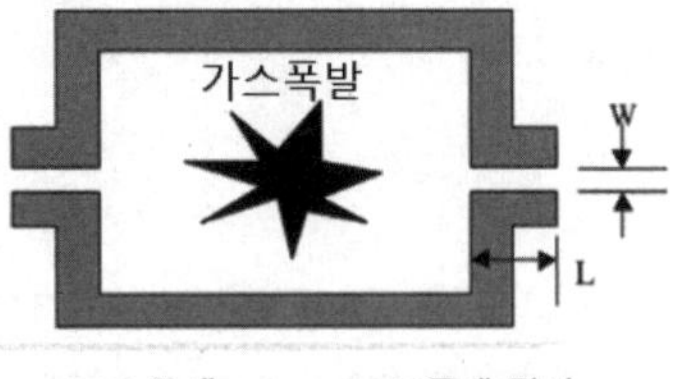

W: 틈새 L: 틈새 길이

(3) 유입방폭구조(o)

용기내부에 절연유를 주입하여 불꽃, 아크 또는 고온발생 부분이 기름 속에 잠기게 함으로써 기름면 위에 존재하는 가연성 가스에 인화되지 아니하도록 한 구조로 탄광에서 처음으로 사용하였다.

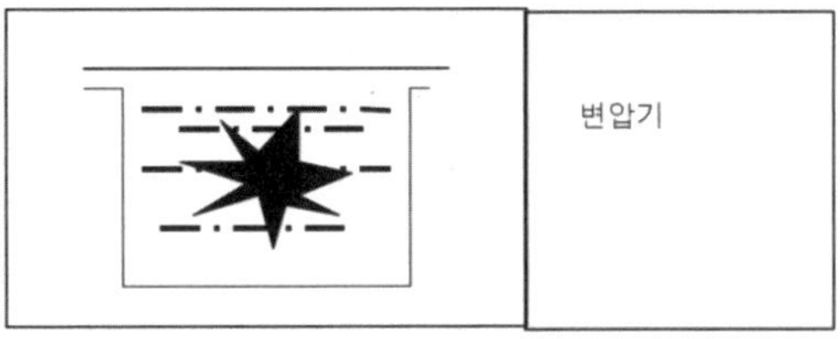

(4) 압력방폭구조(p)

용기내부에 보호가스(신선한 공기 또는 불활성가스)를 압입하여 내부 압력을 유지함으로서 가연성 가스가 용기 내부로 유입되지 않도록 한 구조이다.

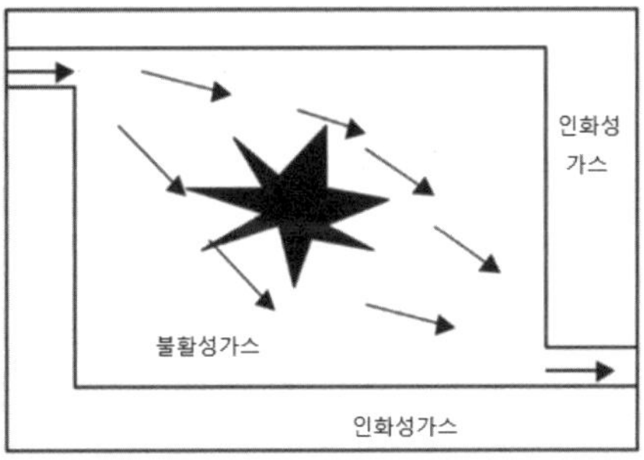

(5) 자물쇠식 죄임 구조

방폭등과 같이 방폭형전기기기 결함부의 나사류를 외부에서 쉽게 조작함으로써 방폭 성능을 손상시킬 우려가 있는 드라이버, 스페너, 플라이어 등의 일반 공구로 조작할 수 없도록 한 구조

(6) 가연성가스의 폭발등급 및 내압방폭구조의 폭발등급

최대안전틈새(mm)	0.9 이상	0.5 초과 0.9 미만	0.5 이하
가연성가스의 폭발등급	A	B	C
방폭전기기기의 폭발등급	IIA	IIB	IIC
[비고] 최대안전틈새는 내용적이 8L이고 틈새 깊이가 25mm인 표준용기 안에서 가스가 폭발할 때 발생한 화염이 용기 밖으로 전파하여 가연성가스에 점화되지 않는 최댓값이다.			

(7) 가연성가스의 발화도 범위에 따른 방폭전기기기의 온도등급

발화도(℃) 범위	온도등급
450 초과	T1
300 초과 450 이하	T2
200 초과 300 이하	T3
135 초과 200 이하	T4
100 초과 135 이하	T5
85 초과 100 이하	T6

(8) 최대안전틈새에 따른 적용가스

가연성가스의 폭발등급	A	B	C
최대안전 틈새범위(mm)	0.9 이상	0.5 초과 0.9 미만	0.5 이하
적용가스	CO, CH_4, C_2H_6, CS_2, C_3H_8, NH_3, n-C_4H_{10}, C_3H_6, 석탄가스, 염화비닐, 염화메틸	C_2H_4, C_2H_4O, 부타디엔, HCN, 시클로프로판	H_2, C_2H_2

10 비파괴검사

(1) 비파괴검사의 종류 및 영문 약자

① 침투검사(PT)
② 초음파검사(UT)
③ 방사선검사(RT)
④ 자분검사(MT)

(2) 자기검사(자분검사 : MT)

자석의 S극과 N극을 이용하여 용접부를 검사하는 비파괴검사

11 가스누출검지통보설비

(1) 가스누출자동차단장치 구성 기능

① 차단부 : 제어부로부터 보내진 신호에 따라 가스의 유로를 개폐하는 기능
② 검지부 : 누출된 가스를 검지하여 제어부로 신호를 보내는 기능
③ 제어부 : 차단부에 자동차단신호를 보내는 기능, 차단부를 원격 개폐할 수 있는 기능 및 경보 기능

(2) 정압기실에 설치하는 가스누출경보기의 검지부는 바닥면 둘레 20m에 대하여 1개 이상의 비율로 계산된 수를 설치한다.

(3) 정압기실는 가스누출검지 통보장치의 검지부 작동상황 점검 주기 : 1주일 1회 이상

(4) **도시가스(NG)용 검지부의 설치기준**

① **검지부의 설치높이** : 천정으로부터 검지부 하단까지의 거리가 30cm이하로 되도록 설치하여야 한다. 다만, 공기보다 무거운 가스를 사용하는 경우에는 바닥면으로부터 검지부 상단까지의 거리가 30cm이하로 되어야 한다.

② **검지부의 설치수** : 연소기버너의 중심부분으로부터, 수평거리 8m(공기보다 무거운 가스를 사용하는 경우에는 4m) 이내에 검지부 1개 이상이 설치되도록 하여야 한다.

(5) **특정가스사용시설 기밀시험**

최고사용압력이 고압 또는 중압인 배관으로서 용접에 의해 접합되고 (방사선투과시험)에 의해 합격된 배관은 통과하는 가스를 시험가스로 사용하고 (0.2)% 이하에서 작동하는 가스검지기를 사용하여 당해 검지기가 작동하지 아니하는 것으로 판정

(6) **LP가스 저장소 가스누출검지기**

① **검지기 설치높이** : 바닥면에서 검지기 상단까지 30cm 이하

② **검지기 설치 수** : 바닥면 둘레에 20m에 대해서 1개 비율로 설치

12 수소불꽃이온화검출기(FID)

(1) 매설된 도시가스 배관의 누설을 탐지하는 차량에 장착된 가스누출검지기

(2) **수소불꽃 이온화 검출기(FID)의 검출원리**

수소 불꽃 속에 탄화수소가 들어가면 시료 성분이 이온화됨으로써 불꽃 중에 놓여진 전극간의 전기전도도가 증대하는 것을 이용하여 누출가스를 검출한다.

13 액화석유가스 충전시설

(1) 저장설비사업소 경계와의 거리

저장능력	사업소 경계와의 거리
10톤 이하	24 m
10톤 초과 20톤 이하	27 m
20톤 초과 30톤 이하	30 m
30톤 초과 40톤 이하	33 m
40톤 초과 200톤 이하	36 m
200톤 초과	39 m

(2) 충전설비 외면으로부터 사업소 경계까지 유지해야 할 안전거리 : 24m 이상

14 용기의 각인

① 내용적(V : ℓ)
② 밸브 및 부속품을 포함하지 아니한 용기의 질량(W : kg)
③ 아세틸렌가스 충전 용기는 ②의 질량에 용기의 다공물질·용제 및 밸브의 질량을 합한 질량(TW : kg)
④ 내압시험압력(TP : MPa)
⑤ 압축가스를 충전하는 용기는 최고충전압력(FP : MPa)

15 벤트스택

(1) 가연성 가스 또는 독성 가스의 설비에서 이상상태가 발생한 경우 당해 설비 내의 내용물을 설비 밖으로 긴급하고 안전하게 이송하는 설비

(2) 벤트스택의 높이

방출된 가스의 착지농도가 폭발하한계값 미만이 되도록 충분한 높이로 하고, 독성가스인 경우에는 TLV-TWA 기준농도값 미만이 되도록 충분한 높이로 한다.

(3) 벤트스택에서 가스 방출 시 작동압력에서 대기압까지의 방출 소요시간 : 방출 시작으로부터 60분 이내

16 가스보일러

(1) 가정용 가스보일러 안전장치 종류

① 소화안전장치
② 공연소안전장치
③ 과열방지장치
④ 저온동결방지장치
⑤ 자동온도조절장치

(2) 소화안전장치

파일럿 버너 또는 메인 버너의 불꽃이 꺼지거나 연소기구 사용 중에 가스 공급이 중단 또는 불꽃 검지부에 고장이 생겼을 때 자동으로 가스 밸브를 닫히게 하여 불이 꺼졌을 때 가스가 유출되는 것을 방지하는 안전장치로 종류에는 열전대식, UV-cell 방식 등이 있다.

(3) 강제배기식 단독 배기통방식의 가스보일러 설치 기준

① 방열판이 설치되지 않은 배기통의 톱의 전방, 측변, 상하주의 60cm 이내에 가연물이 없어야 한다.
② 배기통 톱 개구로부터 60cm 이내에 배기가스가 실내로 유입할 우려가 있는 개구부가 없도록 한다.
③ 배기통 톱에는 새, 쥐 등이 들어가지 않도록 지름 16mm 이상의 물체가 들어가지 않은 방조망을 설치하여야 한다.

(4) 밀폐식(FF type) 보일러 자연급 배기식의 급 배기톱 설치 기준

① 급·배기톱의 높이는 바닥면 또는 지면으로부터 150mm 위쪽으로 설치한다.
② 급·배기톱과 상방향 건축물 돌출물과의 이격거리는 250mm 이상으로 한다.
③ 급·배기톱은 전방 150mm 이내에 장애물이 없는 장소에 설치한다.
④ 급·배기톱은 좌우 또는 상하에 설치된 돌출물간의 거리가 1500mm 미만인 곳에는 설치하지 않는다.

(5) 밀폐식 보일러 통풍구의 통풍 면적

바닥면적 $1m^2$마다 $300cm^2$의 비율로 계산한 면적 이상

17 LP가스 저장설비

(1) 릴리프 밸브

설비 내 압력이 허용압력 이상일 때 압력을 허용압력 이하로 되돌리는 것

(2) 안전밸브 방출구 위치

지면으로부터 5m 이상 또는 그 저장탱크의 정상부로부터 2m 이상의 높이 중 더 높은 위치

(3) 저장탱크 상호간 유지거리

두 저장탱크의 최대지름을 합산한 길이의 $\frac{1}{4}$ 이상의 거리(합산한 길이의 $\frac{1}{4}$이 1m 미만일 경우 1m 이상의 거리)를 유지한다.

18 가스계량기

(1) 가스계량기의 설치 높이

바닥으로부터 1.6m 이상 2m 이내에 수직, 수평으로 설치하고 밴드, 보호가대 등 고정 장치로 고정시킬 것. 다만, 격납상자를 설치하는 경우, 기계실 및 보일러실(가정에 설치된 보일러실은 제외)에 설치하는 경우와 문이 달린 파이프 덕트 안에 설치하는 경우에는 설치 높이의 제한을 하지 아니한다.

(2) 가스계량기와 전기공작물과의 거리

① 60cm 이상 : 전기계량기, 전기개폐기
② 30cm 이상 : 굴뚝(단열조치 안한 것)·전기점멸기, 전기접속기
③ 15cm 이상 : 절연조치 안한 전선

(3) 도시가스 사용시설 가스계량기

① 화기와의 우회거리 : 2m 이상
② 설치높이 : 1.6m 이상 2m 이내
③ 전기접속기와의 유지거리 : 30cm이상

(4) 다기능 가스 안전계량기의 구조

① 차단밸브가 작동한 후에는 복원조작하지 않는 한 열리지 않는 구조이어야 한다.
② 사용자가 쉽게 조작할 수 없는 테스트 차단 기능이 있는 것으로 한다.

19 배관 이음부와의 유지거리

(1) 도시가스사용시설

배관의 이음부(용접이음매는 제외한다)와 전기계량기 및 전기개폐기, 전기점멸기 및 전기접속기, 절연전선(가스누출자동차단장치를 작동시키기 위한 전선은 제외한다), 절연조치를 하지 않은 전선 및 단열조치를 하지 않은 굴뚝(배기통을 포함한다) 등과는 적절한 거리를 유지할 것.

(2) 일반도시가스사업

배관의 이음매(용접이음매는 제외한다)와 전기계량기 및 전기개폐기와의 거리는 60cm 이상, 전기점멸기 및 전기접속기와의 거리는 30cm 이상, 절연전선과의 거리는 10cm 이상, 절연조치를 하지 않은 전선 및 단열조치를 하지 않은 굴뚝(배기통을 포함한다)과의 거리는 15cm 이상의 거리를 유지할 것

20 배관 고정장치

(1) 관경에 따른 배관 고정장치 설치간격

① 관경 13mm 미만 : 1m마다
② 관경 13mm 이상 33mm 미만 : 2m마다
③ 관경 33mm 이상 : 3m마다

※ 고정장치 수량 $= \dfrac{\text{배관길이}}{\text{기준설치간격}}$

(2) 교량 설치 배관의 고정 및 지지간격

배관의 고정 및 지지를 위한 지지대의 최대지지간격은 다음 표를 기준으로 하되, 호칭지름 600A를 초과하는 배관은 배관처짐량의 500배 미만이 되는 지점마다 지지한다.

〈배관관경별 지지간격〉

호칭지름(A)	지지간격(m)
100	8
150	10
200	12
300	16
400	19
500	22
600	25

(3) 교량에 설치된 도시가스 배관의 호칭지름별 고정장치 지지간격

① 100A : 8m ② 200A : 12m
③ 400A : 19m ④ 600A : 25m

(4) 지름 300A인 도시가스배관 교량 설치

① 배관 재료 : 강재
② 고정장치 지지간격(설치간격) : 16m
③ 지지대, U볼트 등의 고정장치와 배관 사이에 조치하여야 할 사항 : 고무판, 플라스틱 등 절연물질을 삽입한다.

21 라인마크

(1) 라인마크의 설치

라인마크는 배관길이 50m마다 1개이상 설치하되, 주요 분기지점·굴곡지점·관말지점 및 그 주위 50m 이내에 설치하여야 한다.

(2) 라인마크의 모양

① 일방향 ② 삼방향 ③ 135° 방향 ④ 관말지점
⑤ 직선방향 ⑥ 양방향

(3) 라인마크의 규격

① 라인마크 몸체부분의 지름과 두께 : 60mm×7mm

② 핀의 길이와 지름 : 140mm×20mm

(4) 라인마크가 설치된 것으로 간주할 수 있는 경우

밸브 박스 또는 배관 직상부에 설치된 전위 측정용 터미널이 라인마크 설치기준에 적합한 기능을 갖도록 설치된 경우

22 방류둑

(1) 방류둑 설치기준

① 가스도매사업 : 500톤 이상
② 일반도시가스사업 : 1000톤 이상

(2) 성토는 수평에 대하여 45° 이하의 기울기로 하여 쉽게 허물어지지 아니하도록 충분히 다져 쌓고, 강우 등에 의하여 유실되지 아니하도록 그 표면에 콘크리트 등으로 보호하고, 성토 윗부분의 폭은 30cm 이상으로 하여야 한다.

(3) 방류둑 외면 설치용 배수 밸브

방류둑 내에 고인 물을 외부로 배출할 수 있는 조치를 하여야 한다. 이 경우 배수조치는 방류둑 밖에서 배수 및 차단조작을 할 수 있어야 하며, 배수할 때 이외에는 반드시 닫혀 있도록 하여야 한다.

① 배수 밸브 기능 : 방류둑 내에 고인 물을 외부로 배출할 때 사용한다.
② 배수 밸브 평상시 개폐상태 : 배수할 때 이외에는 반드시 닫혀 있도록 하여야 한다.

23 LP가스 판매사업소

(1) 용기보관실 면적 기준 : 19m^2 이상

(2) 용기보관실의 용기는 그 용기보관실의 안전을 위하여 용기집합식으로 하지 않는다.

(3) 용기보관실 가스누출 시 화재 확산 방지 방법

① 용기보관실은 그 외면으로부터 화기를 취급하는 장소가지 2m 이상의 우회거리를 유지한다.
② 용기보관실은 불연성 재료를 사용하고, 그 지붕은 불연성 재료를 사용한 가벼운 지붕을 설치한다.
③ 용기보관실에는 분리형 가스누출경보기를 설치한다.

④ 용기보관실에 설치된 전기설비는 방폭구조로 하고 용기보관실 내에는 방폭등 외의 조명등을 설치하지 아니한다.

(4) LP가스 안전공급 계약 포함 사항

① 액화석유가스의 전달방법
② 액화석유가스의 계량방법과 가스요금
③ 공급설비와 소비설비에 대한 비용부담
④ 공급설비와 소비설비의 관리방법
⑤ 위해 예방조치에 관한 사항
⑥ 계약의 해지
⑦ 계약기간

(5) LP가스용기 내용적 40L 이상 125L 미만의 용기를 소비자에게 공급할 경우 용기 외면에 표시하여야 하는 사항

① 빈용기 무게
② 가스 무게
③ 총 무게
④ 충전사업자의 상호 및 전화번호

24 액화석유가스 충전

(1) LP가스 자동차 충전기(dispenser)

① 충전호스의 길이 : 5m 이내
② 충전호스 끝부분에 설치되는 장치의 명칭 : 정전기 제거장치
③ 충전호스에 과도한 인장력이 작용하였을 경우 자동으로 분리되는 안전장치의 명칭 : 세이프티 커플링
④ 충전호스에 부착하는 가스주입기형식 : 원터치형

(2) LP가스 자동차용 충전기의 충전호스 설치기준

① 충전호스 길이는 5m 이내일 것
② 충전호스에 정전기 제거장치를 설치할 것
③ 충전호스에 과도한 인장력이 가해졌을 때 충전기와 주입기가 분리될 수 있는 안전장치를 설치할 것
④ 가스 주입기는 원터치형으로 할 것

(3) 냉각살수장치

① LP가스용 차량에 고정된 탱크가 정차하는 위치에 설치된 장치 : 냉각살수장치

② 물분무능력 : 5L/min·m^2 이상

③ 방사량 : 30분간 방사할 수 있는 양

④ 살수장치는 국내에 운행하는 자동차에 고정된 탱크 중 최대용량의 것을 기준으로 설치한다.

(4) 가스사고 발생 사고보고서 기술내용

① 통보자의 소속, 직위, 성명 및 연락처

② 사고발생 일시 ③ 사고발생 장소 ④ 사고내용

⑤ 시설현황 ⑥ 피해현황

(5) LP가스 이송 방법

① 압축기에 의한 방법

② 균압관이 없는 펌프에 의한 방법

③ 균압관이 있는 펌프에 의한 방법

④ 차압에 의한 방법

(6) 저장탱크 액면계

저장탱크의 액면계가 연결된 상하 배관에는 액면계 파손시 가스의 흐름을 신속히 차단하여 액유출을 방지하기 위한 수동식 및 자동식의 스톱밸브를 설치하여야 한다.

25 도시가스 배관

(1) 도시가스 배관 표시 사항 : 사용 가스명, 최고사용압력, 가스흐름방향

(2) 시공하는 도시가스 배관의 내압성능 : 최고사용압력의 1.5배 이상

(3) 도시가스 중압, 고압 배관 지하 매설

① 보호포 폭 : 배관 폭에 10cm를 더한 폭

② 보호포 설치 위치 : 보호판 상부로부터 30cm 이상

(4) 보호판 매설 이유

도로 밑에 최고사용압력이 중압 이상인 배관을 매설할 경우 굴착공사 등 타공사로 인한 배관의 손상을 방지하기 위하여 보호판을 설치한다.

(5) 굴착공사로 인한 배관손상을 방지하기 위하여 시공하는 보호판의 재료 : KS D 3503(일반구조용 압연강재) 또는 이와 동등 이상의 성능이 있는 것

(6) 보호포의 바탕색

① 최고사용압력 저압 : 황색
② 최고사용압력 중압 이상 : 적색

(7) 도시가스 매설배관 표지판

① 설치거리 : 200m 이내
② 규격(가로×세로) : 200mm×150mm 이상

(8) 도시가스 지하 매설배관

① 가스용 폴리에틸렌관
② 폴리에틸렌 피복강관
③ 분말융착식 폴리에틸렌 피복강관

(9) 매설배관 배관의 기울기

매설배관의 설치시 배관의 기울기는 도로 등의 기울기를 따르고 평탄할 경우 1/500~1/1000 정도의 구배로 시공하되, LNG 배관의 경우는 주밸브가 있는 곳으로 하향 구배로 시공하여 시공 중에 유입된 수분을 밸브주위의 퇴수 밸브로 제거할 수 있도록 낮게 시공하여야 한다.

26 용기의 재검사

(1) 무계목용기의 재검사 시 불량용기 폐기의 기준

① 절단 등의 방법으로 파기하여 원형으로 가공할 수 없도록 할 것
② 잔가스를 전부 제거한 후 절단할 것
③ 검사신청인에게 파기의 사유, 일시, 장소 및 인수시한을 통치하고 파기할 것
④ 파기하는 때에는 검사 장소에서 검사원으로 하여금 직접 실시하게 하거나 검사원 입회하에 사용자로 하여금 실시하게 할 것

⑤ 파기한 물품은 검사신청인이 인수시한 내에 인수하지 아니하는 때에는 검사기관으로 하여금 임의로 매각 처분하게 할 것

(2) 이음매 없는 용기의 재검사 항목

① 외관검사 ② 음향검사 ③ 내압시험

(3) 이음매 없는 용기의 재검사주기

500L 이상	5년마다
500L 미만	신규검사 후 경과연수가 10년 이하인 것은 5년마다, 10년을 초과한 것은 3년마다

27 도시가스 정압기

(1) 통풍장치

공기보다 비중이 가벼운 도시가스 공급시설 지하 설치기준

① 통풍구조 : 환기구를 2방향 이상 분산 설치
② 배기구 : 천장면에서 30cm 이내 설치
③ 흡입구 및 배기구의 관경 : 100mm 이상
④ 배기가스 방출구 : 지면에서 3m 이상
※ 공기보다 비중이 무거운 경우 : 지면에서 5m 이상

(2) 정압기실 경계책

① 경계책의 설치 높이 : 1.5m 이상
② 경계표시에 기재해야 할 내용 :
㉠ 시설명 ㉡ 공급자 ㉢ 연락처

(3) 도시가스 정압기실 실내 조명도 : 150룩스(Lux) 이상

(4) 정압기 원격감시장치(RTU장치) 기능

정압기실의 온도, 압력, 가스누설 유무 등의 상황을 도시가스 상황실로 전송하여 무인감시하고 정전 시 비상전력을 공급한다.

(5) 일반도시가스사업의 정압기의 분해점검

정압기는 설치 후 2년에 1회 이상 분해점검을 실시하고 1주일에 1회 이상 작동상황을 점검하며, 필터는 가스공급개시 후 1월 이내 및 가스공급개시 후 매년 1회이상 분해점검을 실시할 것.

(6) 도시가스사용시설 압력조정기 점검

도시가스사용시설에 설치된 압력조정기는 매 1년에 1회 이상(필터나 스트레이너의 청소는 설치 후 3년까지는 1회 이상, 그 이후에는 4년에 1회 이상) 압력조정기의 유지·관리에 적합한 방법으로 안전점검을 실시할 것

(7) 압력조정기는 지면으로부터 1.6m 이상 2m 이내에 설치한다. 다만, 격납상자 안에 설치하는 경우에는 그러하지 아니할 수 있다.

(8) 정압기용 필터 검사 합격표시 : 바깥지름 7mm의 각인(KC)으로 한다.

(9) 공동주택용 압력조정기 설치기준

① 도시가스 압력 중압 이상 : 150세대 미만
② 도시가스 압력 저압 : 250세대 미만

(10) 도시가스 공급압력에 따른 규정세대 수의 2배로 할 수 있는 경우 : 한국가스안전공사의 안전성 평가를 받고 그 결과에 따라 안전관리 조치를 한 경우

(11) 정압기 필터 구조 및 치수

필터는 그 필터의 안전성·편리성 및 호환성을 확보하기 위하여 다음 기준에 따른 구조 및 치수를 가지는 것으로 한다.

① 차압계는 필터의 허용차압 초과여부를 알 수 있는 것을 사용한다.
② 입·출구 연결부는 플랜지식으로 한다.
③ 필터 엘리먼트는 50KPa 미만의 차압에서 찌그러들지 아니하는 것으로 한다.
④ 필터는 분해 청소 및 엘리먼트의 교체가 용이한 구조로 한다.
⑤ 필터는 이물질을 제거할 수 있도록 드레인 밸브를 설치한다.
⑥ 필터 용기의 표면은 매끈하고 사용에 지장 있는 부식·균열·주름 등이 없는 것으로 한다.

28 초저온 용기

−50℃ 이하의 액화가스를 충전하기 위한 용기로서 단열재로 피복하거나 냉동설비로 냉각하는 등의 방법으로 용기내의 가스온도가 상용의 온도를 초과하지 아니하도록 한 용기를 말한다.

29 용기종류별 부속품의 기호

(1) 아세틸렌가스 충전 용기의 부속품 : AG
(2) 압축가스 충전 용기의 부속품 : PG
(3) 액화석유가스외의 액화가스 충전 용기의 부속품 : LG
(4) 액화석유가스 충전 용기의 부속품 : LPG
(5) 초저온용기 및 저온용기의 부속품 : LT

30 기밀시험

(1) 도시가스 사용시설 기밀시험

당해배관의 내용적	기밀시험압력 유지소요시간
10ℓ 이하	5분
10ℓ 초과 50ℓ 이하	10분
50ℓ초과	24분

(2) 도시가스 매설배관 기밀시험 시기

<table>
<tr><th colspan="2">대상구분</th><th>기밀시험 실시 시기</th></tr>
<tr><td colspan="2">가스용 폴리에틸렌관(PE관)</td><td rowspan="2">설치 후 15년이 되는 해 및 그 이후 5년마다</td></tr>
<tr><td rowspan="2">폴리에틸렌 피복강관</td><td>1993년 6월 26일 이후에 설치된 것</td></tr>
<tr><td>1993년 6월 25일 이전에 설치된 것</td><td>설치 후 15년이 되는 해 및 그 이후 3년마다(다만, 정밀안전진단을 받은 경우 그 이후 3년으로 한다.)</td></tr>
<tr><td colspan="2">그 밖의 배관</td><td>설치 후 15년이 되는 해 및 그 이후 1년마다</td></tr>
<tr><td colspan="2">공동주택 등(다세대주택 제외)의 부지 내에 설치된 배관</td><td>3년마다</td></tr>
</table>

31 차압식 유량계

(1) 조리개 전후에 연결된 액주계의 압력차를 이용하여 유량을 측정하는 차압식 유량계는 (베르누이 방정식) 원리를 응용한 것이다.
(2) 차압식 유량계 측정원리 : 베르누이 방정식(베르누이 정리)

32 가스 용기 충전

(1) 산소 제조 및 충전작업 시 주의사항

① 밸브와 용기 내부의 석유류, 유지류를 제거할 것
② 용기와 밸브 사이에 가연성 패킹을 사용하지 않을 것
③ 압력계는 산소 전용 압력계를 사용할 것
④ 기름 묻은 장갑으로 취급을 금지할 것
⑤ 급격한 충전은 피할 것

(2) 산소 충전용기와 가연성 가스 충전용기를 적재할 때 주의사항 :

산소와 가연성 가스 충전용기 밸브가 서로 마주보지 않도록 적재한다.

(3) 산소 및 아세틸렌 용기 충전

① 산소를 충전할 때 압축기와 충전용 지관 사이에 설치하여야 할 기기 : 수취기
② 아세틸렌 용기 부속품 보호를 위해서 사용하는 부품의 명칭 : 밸브 보호용 캡

(4) 고압가스 용기 충전

① 아세틸렌 용기의 최고충전압력 기준 : 15℃에서 용기에 충전할 수 있는 가스의 압력 중 최고압력
② 수소용기에 충전하는 가스의 품질검사에 사용하는 시약의 종류 : 하이드로썰파이드 시약

(5) 수소의 품질검사 기준

수소는 하이드로썰파이드 시약을 사용한 오르잣드법에 의한 시험결과 순도가 99.0% 이상이고, 용기내의 가스충전압력이 35℃에서 11.8MPa 이상일 것.

(6) 아세틸렌가스 희석제 종류

① 질소 ② 메탄 ③ 일산화탄소 ④ 에틸렌

33 입상관 밸브

입상관에는 밸브를 설치하고 입상관의 밸브는 다음 기준에 따라 설치한다.

① 입상관의 밸브는 바닥으로부터 1.6m 이상 2m 이내에 설치한다. 이 경우 입상관의 밸브 높이는 밸브핸들이 부착된 부분(중심)을 기준으로 측정한다.

② 입상관의 밸브를 보호상자 안에 설치하는 경우에는 ①항에도 불구하고 바닥으로부터 1.6m 이상 2m 이내에 설치하지 아니할 수 있다. 이 경우 보호상자의 재료는 불연재료로 한다.

③ 입상관의 밸브는 입상관마다 설치하는 것을 원칙으로 한다. 다만, 다세대주택, 연립주택 및 30세대 이하의 소규모 공동주택등에서 해당 동 전체를 차단할 수 있는 1개의 입상관 밸브를 설치한 경우에는 입상관마다 입상관 밸브를 설치한 것으로 볼 수 있다.

④ 건축물 구조상 부득이하여 입상관 밸브를 지면 또는 바닥면으로부터 2.0m보다 높은 위치에 설치할 경우에는 원격으로 차단이 가능한 전동밸브를 설치하거나 입상관 밸브 차단을 위한 전용계단을 견고하게 고정·설치하며, 전동밸브를 설치하는 경우 차단장치의 제어부는 바닥으로부터 1.6m 이상 2.0m 이내에 설치한다.

⑤ 입상관의 밸브를 건축물 내부에 설치할 경우에는 차단이 용이한 건축물내 주차장, 복도등 공용의 장소에 설치한다. 다만, 건축물 구조상 부득이하여 입상관의 밸브를 개인세대 내부에 설치할 경우에는 다음 중 어느 하나의 기준에 따른다.

⑤-1. 원격으로 차단이 가능한 전동밸브를 각 세대내부 입상관 밸브에 설치하되, 차단장치의 제어부는 차단이 용이하도록 세대외부 공용의 장소에 바닥으로부터 1.6m 이상 2.0m 이내에 설치한다.

⑤-2. 해당 동 전체를 차단할 수 있는 입상밸브를 건축물 외부 또는 내부에 지면 또는 바닥으로부터 1.6m 이상 2.0m 이내에 별도로 설치하되, 그 밸브가 건축물내부에 설치되거나 지면 또는 바닥면으로부터 2.0m보다 높은 위치에 설치될 경우에는 전동밸브를 설치한다.

34 황염(Yellow tip)

(1) 황염(Yellow tip)

① 불꽃 끝이 적황색이 되어 연소하는 현상

② 연소 반응의 도중에 탄화수소가 열분해하여 탄소입자가 발생하고 미연소 상태로 적열되어 적황색의 색을 나타내는 것

③ 연소반응이 충분한 속도로 진행되지 않으며 1차 공기가 부족할 때에 일어나다.

④ 옐로우 팁의 불꽃으로 가스기기를 사용하고 있으면, 적황색으로 타고 있는 탄소가 그대로 탄소로 되어 냄비 바닥과 열교환기 등에 부착되어 연소 생성물의 배출통로를 폐쇄하고 결국에는 불완전 연소의 원인이 된다.

(2) 황염(Yellow tip) 발생원인

① 불꽃이 저온의 물체에 접촉하였을 경우
② 1차 공기량 부족으로 불완전연소가 되는 경우
③ 연소반응이 충분한 속도로 진행되지 않을 경우

제 5 장 가스기사 동영상 기출문제

2009년도 제1회

01 CNG 충전 저장시설에서 안전밸브 방출관의 높이는 지상에서 몇 m인지 쓰시오.

해답 5m 이상

02 화면의 왼쪽은 PE관을 지하에 매설할 때 사용되는 밸브이다. 지상에서 PE관이 매설되어 있는 것을 탐지하기 위하여 설치하는 것으로 화살표로 지시한 것의 명칭을 쓰시오.

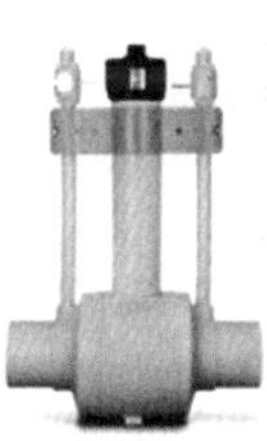

해답 로케팅 와이어

03 액화가스 저장탱크가 설치된 장소의 방류둑 외면에 설치되어 있는 1) 밸브의 명칭과 2) 이것이 평상시에 닫혀 있는지, 열려 있는지를 쓰시오.

해설 방류둑 내에 고인 물을 외부로 배출할 수 있는 조치를 하여야 한다. 이 경우 배수조치는 방류둑 밖에서 배수 및 차단조작을 할 수 있어야 하며, 배수할 때 이외에는 반드시 닫혀 있도록 하여야 한다.

해답 ① 명칭 : 방류둑 내의 배수밸브
② 닫혀 있어야 한다.

04 도시가스 사용시설에서 사용되는 가스 용품의 명칭을 쓰시오.

해답 퓨즈 콕

05 공동주택에 압력조정기를 설치할 때 공급되는 도시가스 압력이 중압 이상인 경우 공급세대수는 얼마인지 쓰시오.

해설 **공동주택용 압력조정기 설치기준**

① 도시가스 압력 중압 이상 : 150세대 미만

② 도시가스 압력 저압 : 250세대 미만

해답 150세대 미만

06 다음 공업용 용기에 충전하는 가스 명칭을 각각 쓰시오.

해답 (1) 산소　　　(2) 아세틸렌

(3) 이산화탄소　　　(4) 수소

07 전위측정용 터미널박스(TB)의 외부와 내부 모습으로 전기 방식법의 명칭을 쓰시오.

해답 희생양극법

08 실내에 설치된 기화장치에 대한 물음에 답하시오.

(1) 액체 상태로 열교환기 밖으로 유출을 방지하는 장치의 명칭을 쓰시오.

(2) 액 유출 시 나타나는 현상 2가지를 쓰시오.

해답 (1) 액유출방지장치

(2) 액 유출 시 나타나는 현상

① 인화, 폭발의 위험이 있다.

② 산소 부족으로 인한 질식사고의 우려가 있다.

③ 피부 노출 시 저온으로 인한 동상의 우려가 있다.

09 탱크 내부의 폭발 모습으로 방폭전기기기의 용기 내부에서 가연성 가스의 폭발이 발생할 경우 그 용기가 폭발압력에 견디고 접합면, 개구부 등을 통하여 외부의 가연성 가스에 인화되지 아니하도록 한 구조의 방폭구조 명칭과 영문약자의 기호를 쓰시오.

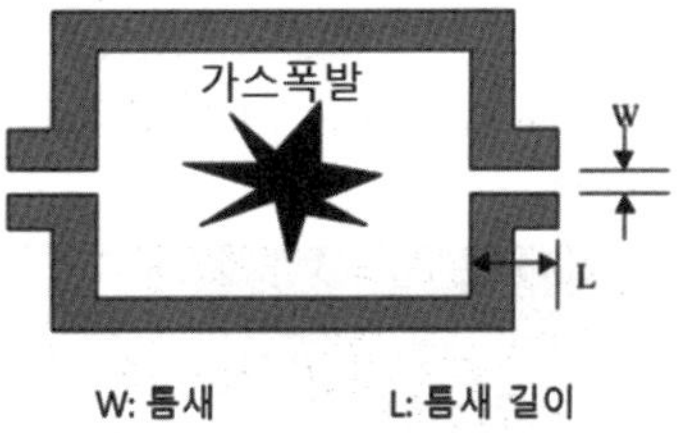

해답 ① 명칭 : 내압방폭구조
② 기호 : d

참고 **방폭전기기기의 구조별 표시방법**

방폭 전기기기의 구조	표시방법
내압 방폭구조	d
유입 방폭구조	o
압력 방폭구조	p
안전증 방폭구조	e
본질안전 방폭구조	ia 또는 ib
특수 방폭구조	s

10 도시가스 도매사업의 1일 처리능력이 20만m^3인 압축기와 액화천연가스(LNG) 저장탱크 외면과 유지하여야 하는 거리를 쓰시오.

해답 30m 이상

2009년도 제2회

01 매설된 도시가스 배관의 전기방식 중 1) 배류법 및 2) 외부전원법의 경우 전위측정용 터미널(TB) 설치간격을 쓰시오.

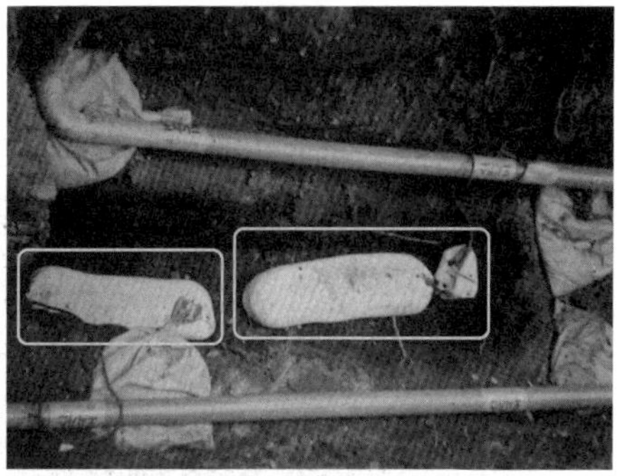

해설 **전위측정용터미널(T/B) 설치간격**
① 희생양극법, 배류법 : 300m 이내
② 외부전원법 : 500m 이내

해답 ① 배류법 : 300m 이내
② 외부전원법 : 500m 이내

02 지시하는 것은 LPG용 차량에 고정된 탱크가 정차하는 위치에 설치된 냉각살수장치로 저장탱크 표면적 $1m^2$당 물분무능력(L/min)을 쓰시오.

해답 5L/min 이상

03 다음과 같이 자석의 S극과 N을 이용하여 용접부를 검사하는 비파괴검사 명칭을 쓰시오.

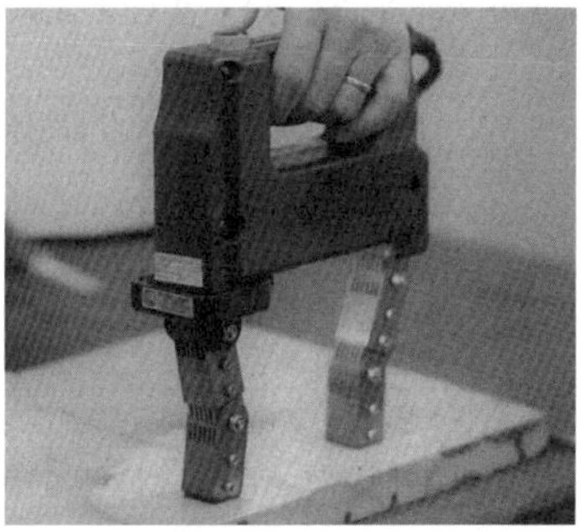

해답 자기검사(자분검사 : MT)

04 도시가스 정압기실 둘레가 55m 일 때 검지기 설치 수는 몇 개인지 쓰시오.

해설 **정압기의 가스누출검지통보설비**

정압기실에 설치하는 가스누출경보기의 검지부는 바닥면 둘레 20m에 대하여 1개 이상의 비율로 계산된 수를 설치한다.

$$\frac{55m}{20m} = 2.75 = 3(\text{개})$$

해답 3개

05 LP가스 충전사업소에 설치된 저장탱크의 저장능력이 100톤일 때 저장탱크 외면에서 사업소 경계까지 유지거리는 얼마인가?

해설 **액화석유가스 충전시설 중 저장설비사업소 경계와의 거리**

저장능력	사업소 경계와의 거리
10톤 이하	24 m
10톤 초과 20톤 이하	27 m
20톤 초과 30톤 이하	30 m
30톤 초과 40톤 이하	33 m
40톤 초과 200톤 이하	36 m
200톤 초과	39 m

해답 36m 이상

06 매설된 도시가스 배관의 누설을 탐지하는 차량으로 이곳에서 사용하는 가스누출검지기의 명칭을 쓰시오.

해답 수소불꽃 이온화 검출기

07 충전용기에 각인된 사항 중 "TW"에 대하여 설명하시오.

해답 아세틸렌 용기 질량에 다공물질, 용제 및 밸브 질량을 합한 질량(kg)

참고 **용기의 각인**

① 내용적(V : ℓ)
② 밸브 및 부속품을 포함하지 아니한 용기의 질량(W : kg)
③ 아세틸렌가스 충전 용기는 ②의 질량에 용기의 다공물질·용제 및 밸브의 질량을 합한 질량(TW : kg)
④ 내압시험압력(TP : MPa)
⑤ 압축가스를 충전하는 용기는 최고충전압력(FP : MPa)

08 화면의 왼쪽은 PE관을 지하에 매설할 때 사용되는 밸브이다. 지상에서 PE관이 매설되어 있는 것을

탐지하기 위하여 설치하는 것으로 화살표로 지시한 것의 명칭을 쓰시오.

해답 로케팅 와이어

09 고압가스 설비에서 이상 상태가 발생하는 경우 그 설비 내의 내용물을 설비 밖으로 긴급하고 안전하게 이송하는 설비이다. 이 설비의 설치기준에서 높이를 착지농도 기준으로 설명하시오.

해답 ① 가연성 가스 : 폭발하한계값 미만
② 독성 가스 : TLV-TWA 기준농도 미만

10 공동주택에 압력조정기를 설치할 때 공급되는 도시가스 압력이 저압인 경우 공급세대수는 얼마인지 쓰시오.

해설 **공동주택용 압력조정기 설치기준**
① 도시가스 압력 중압 이상 : 150세대 미만
② 도시가스 압력 저압 : 250세대 미만

해답 150세대 미만

2009년도 제3회

01 저장능력 20만 톤인 LNG 저압 지하식 저장탱크의 외면과 사업소 경계까지 유지하여야 하는 안전거리는 몇 m 이상인지 쓰시오.

해설 **LNG 저장설비와 사업소경계 안전거리**

$$L = 0.240 \times \sqrt[3]{143000 \times \sqrt{200000}}$$
$$= 95.98(m)$$

해답 95.98m

02 최고사용압력이 0.3MPa일 경우 얼마의 SDR 값을 갖는 가스용 폴리에틸렌관을 사용하여야 하는지 쓰시오.

해설 압력범위 따른 배관두께

관종류	SDR	압력
1호관	11 이하	0.4MPa 이하
2호관	17 이하	0.25MPa 이하
3호관	21 이하	0.2MPa 이하
여기서 SDR(standard dimension ration) SDR = D(외경)/t(최소두께)		

해답 SDR 11 이하

03 파일럿 버너 또는 메인 버너의 불꽃이 꺼지거나 연소기구 사용 중에 가스 공급이 중단 또는 불꽃 검지부에 고장이 생겼을 때 자동으로 가스 밸브를 닫히게 하여 불이 꺼졌을 때 가스가 유출되는 것을 방치하는 안전장치로 종류에는 열전대식, UV－cell 방식 등이 있다. 이 장치의 명칭을 쓰시오.

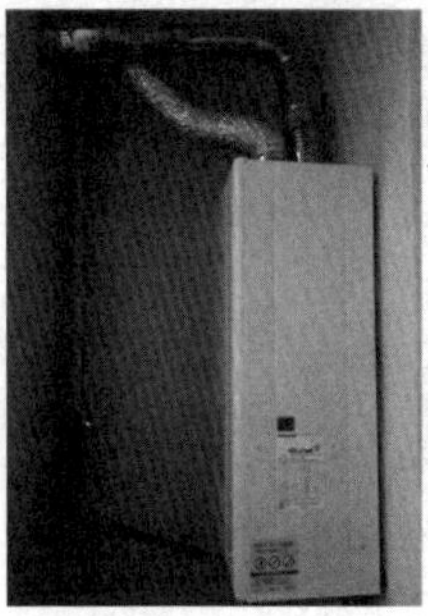

해답 소화안전장치

참고 가정용 가스보일러 안전장치 종류

① 소화안전장치　② 공연소안전장치
③ 과열방지장치　④ 저온동결방지장치
⑤ 자동온도조절장치

04 직류 전철 등에 의한 누출 전류의 영향을 받지 않는 도시가스 매설배관의 부식을 방지하는 방법 2가지를 쓰시오.

해답 ① 희생양극법　② 외부전원법

05 매몰형 가스용폴리에틸렌관 밸브에 대한 다음 물음에 답하시오.

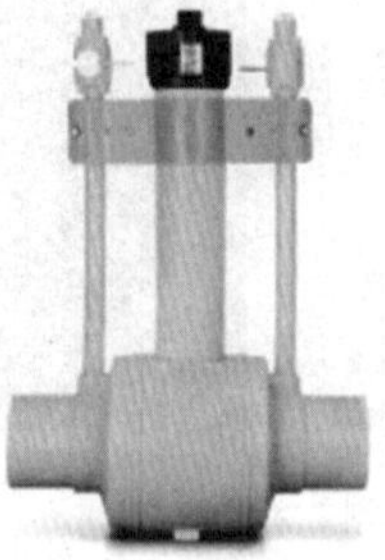

(1) 개폐용 핸들 열림 표시는 어느 방향으로 하는지 쓰시오.
(2) 밸브에 표시하여야 할 사항 3가지를 쓰시오.

해답 (1) 시계바늘 반대방향
(2) 밸브에 표시하여야 할 사항
① 제조사명 또는 약호
② 재질
③ 개폐 방향
④ 최고사용압력 및 호칭지름
⑤ 제조년월 또는 로트번호
⑥ 상당 SDR 값

06 다음 공업용 용기에 충전하는 가스 명칭을 각각 쓰시오.

해답 (1) 산소　(2) 아세틸렌
(3) 이산화탄소　(4) 수소

07 가스배관과 호스 사이에 설치하는 퓨즈콕으로 호스가 파손되는 것 등에 의해 가스가 누출할 대의 이상 과다 유량을 감지하여 가스를 차단하는 안전장치의 명칭을 쓰시오.

해답 과류차단 안전기구(휴즈콕)

08 가스용 폴리에틸렌관을 맞대기 융착이음 할 경우 이음부 연결오차는 배관 두께의 얼마인지 쓰시오.

해답 10% 이하

09 LP가스 저장설비에 대한 다음 물음에 답하시오.

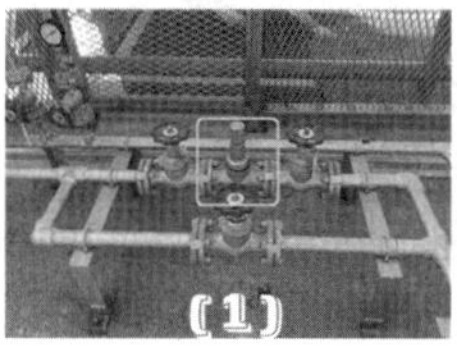

(1) 왼쪽 사진 (1)에서 사각형으로 지시하는 기기는 설비 내 압력이 허용압력 이상일 때 압력을 허용압력 이하로 되돌리는 것이다. 이 기기의 명칭을 쓰시오.

(2) 오른쪽 사진 (2)는 지상에 설치된 저장탱크이다. 상부에 부착된 안전밸브 방출구 위치에 대하여 설명하시오.

해답 (1) 릴리프 밸브

(2) 지면으로부터 5m 이상 또는 그 저장탱크의 정상부로부터 2m 이상의 높이 중 높은 위치

10 다음 [보기]에서 설명하는 방폭구조의 명칭을 쓰시오.

| 보기 |

용기내부에 절연유를 주입하여 불꽃, 아크 또는 고온발생 부분이 기름 속에 잠기게 함으로써 기름면 위에 존재하는 가연성 가스에 인화되지 아니하도록 한 구조로 탄광에서 처음으로 사용하였다.

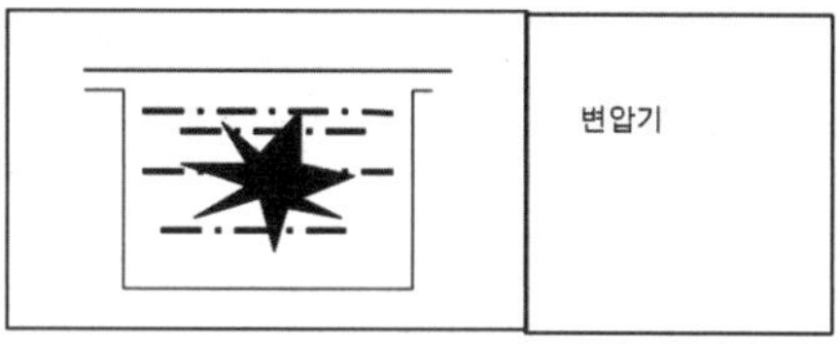

해답 유입방폭구조

2010년도 제1회

01 벤트스택에서 가스 방출 시 작동압력에서 대기압까지의 방출 소요시간은 방출 시작으로부터 몇 분 이내로 하는지 쓰시오.

해답 60분

02 메탄(비점 -161℃)의 1) 증기 밀도와 2) 가스비중을 각각 구하시오.

해설 **메탄의 증기 밀도와 비중**

① 증기 밀도 $=\dfrac{\text{분자량}}{\text{밀도}}=\dfrac{16}{22.4}=0.71(g/l)$

② 증기 비중 $=\dfrac{\text{분자량}}{29}=\dfrac{16}{29}=0.55$

해답 1) 밀도 : $\dfrac{16}{22.4}=0.71(g/l)$

2) 0.55

03 강제 배기식 단독 배기통 방식에서 배기통 톱에는 새, 쥐 등이 들어가지 않도록 지름 몇 mm 이상의 물체가 들어가지 않은 방조망을 설치하여야 하는지 쓰시오.

해답 16mm 이상

04 특정가스사용시설의 기밀시험 기준 중 최고사용 압력이 고압 또는 중압인 배관에서 방사선투과 시험에 합격한 배관은 통과하는 가스를 시험가스로 사용할 때 가스농도가 몇 % 이하에서 작동하는 가스검지기를 사용하여야 하는지 쓰시오.

해답 0.2%

05 아세틸렌가스를 용기에 2.5MPa 이상으로 충전할 때 첨가하는 희석제의 종류 3가지를 쓰시오.

해답 ① 질소 ② 메탄
③ 일산화탄소 ④ 에틸렌

06 방폭형전기기기에 대한 [보기]의 설명과 제시되는 그림을 보고 방폭구조의 명칭을 쓰시오.

| 보기 |

용기내부에 보호가스(신선한 공기 또는 불활성가스)를 압입하여 내부 압력을 유지함으로서 가연성 가스가 용기 내부로 유입되지 않도록 한 구조이다.

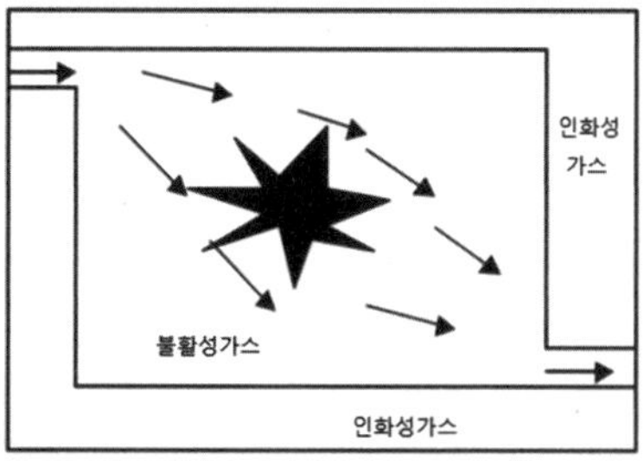

해답 압력방폭구조

07

방폭등과 같이 방폭형전기기기 결함부의 나사류를 외부에서 쉽게 조작함으로써 방폭 성능을 손상시킬 우려가 있는 드라이버, 스페너, 플라이어 등의 일반 공구로 조작할 수 없도록 한 구조의 1) 명칭과 2) 방폭형전기기기의 온도등급 T4의 발화도 범위를 쓰시오.

해답 1) 명칭 : 자물쇠식 죄임 구조
2) 발화도 범위 : 135℃ 초과 200℃ 이하

08

도시가스 사용시설에 설치된 가스계량기에서 1) 화기와의 우회거리 2) 설치높이 3) 전기접속기와의 유지거리를 각각 쓰시오.

해답 1) 화기와의 우회거리 : 2m 이상
2) 설치높이 : 바닥에서 1.6m 이상 2m 이내
3) 전기접속기와의 유지거리 : 30cm 이상

09

지시하는 것은 LP가스용 차량에 고정된 탱크가 정차하는 위치에 설치된 것으로 이것의 1) 명칭과 2) 저장탱크 표면적 $1m^2$당 물분무능력(L/min)을 쓰시오.

해답 ① 명칭 : 냉각살수장치
② 물분무능력 : 5L/min 이상

10

도시가스 배관의 관지름이 30mm에 길이가 500m이고, 관지름이 150mm에 길이가 3000m일 경우 배관 고정장치는 몇 개를 설치하여야 하는지 구하시오.

해설 **고정장치 설치개수**

1) 관경 33mm 배관 : 2m마다

$$고정장치\ 수량 = \frac{500m}{2m/개} = 250(개)$$

2) 관경 150mm : 10m마다

$$고정장치\ 수량 = \frac{3000m}{10m/개} = 300(개)$$

※ 총 필요개수 : 250+300=550개

해답 550개

2010년도 제2회

01 가스용 폴리에틸렌관의 융착이음을 보고 다음 물음에 답하시오.

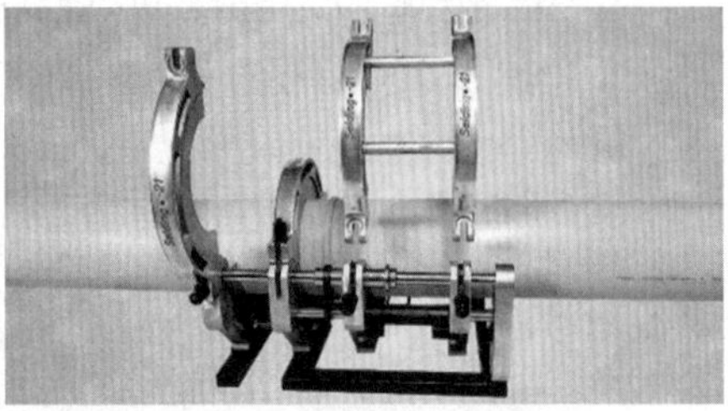

(1) 융착이음의 종류 3가지를 쓰시오.
(2) 동영상에서 보여주는 융착이음의 명칭을 쓰시오.

해답 (1) ① 맞대기 융착이음
② 소켓 융착이음
③ 새들 융착이음
(2) 맞대기 융착이음

02 전위측정용 TB의 외부와 내부 모습으로 전기 방식법의 명칭을 쓰시오.

해답 희생양극법

03 충전용기를 차량에 적재하는 모습으로 산소 충전용기와 가연성 가스 충전용기를 적재할 때 주의사항을 쓰시오.

해답 산소와 가연성 가스 충전용기 밸브가 서로 마주보지 않도록 적재한다.

04 도시가스 사용시설에서 사용되는 가스용품이다. (A)와 (B)의 명칭을 각각 쓰시오.

해답 (A) 퓨즈콕　　　　(B) 상자콕

05 저장탱크 간 유지하여야 할 거리가 20m 인데 15m 밖에 유지하지 못했을 대 두 저장탱크 상호간에 설치하여야 하는 장치의 명칭을 쓰시오.

해답 물분무장치

06 탱크 내부의 폭발 모습으로 방폭형전기기기의 용기 내부에서 가연성 가스의 폭발이 발생할 경우 그 용기가 폭발압력에 견디고 접합면, 개구부 등을 통하여 외부의 가연성 가스에 인화되지 아니하도록 한 구조의 1) 방폭구조 명칭과 2) 기호를 쓰시오.

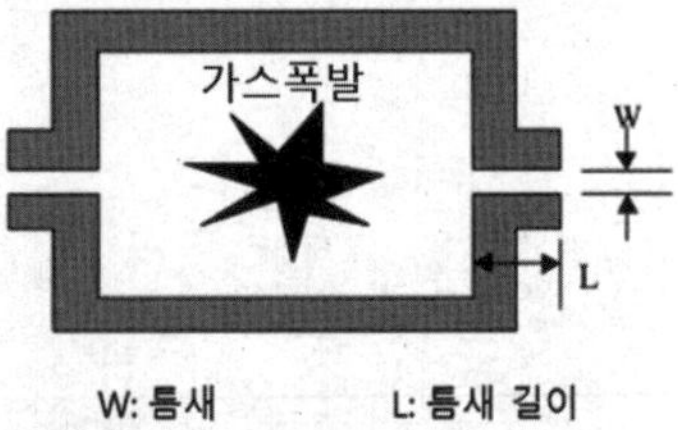

해답 ① 명칭 : 내압(耐壓)방폭구조
② 기호 : d

07 지하에 매설된 도시가스 배관에 표시하는 라인마크 중 직선배관일 경우 설치 간격은 몇 m 인지 쓰시오.

해설 **라인마크의 설치**

라인마크는 배관길이 50m마다 1개 이상 설치하되, 주요 분기지점·굴곡지점·관말지점 및 그 주위 50m 이내에 설치하여야 한다.

해답 50m

08 실내에 설치된 기화장치에 대한 다음 물음에 답하시오.

(1) 액체 상태로 열교환기 밖으로 유출을 방지하는 장치의 명칭을 쓰시오.

(2) 액 유출 시 나타나는 현상 2가지를 쓰시오.

해답 (1) 액유출방지장치

(2) ① 인화, 폭발의 위험이 있다.

② 산소 부족으로 인한 질식사고의 우려가 있다.

③ 피부 노출 시 저온으로 인한 동상의 우려가 있다.

09 밀폐식 보일러를 사람이 거처하는 곳에 부득이 설치할 경우 바닥면적이 $5m^2$이면 통풍구 면적은 최소 몇 cm^2가 필요한지 구하시오.

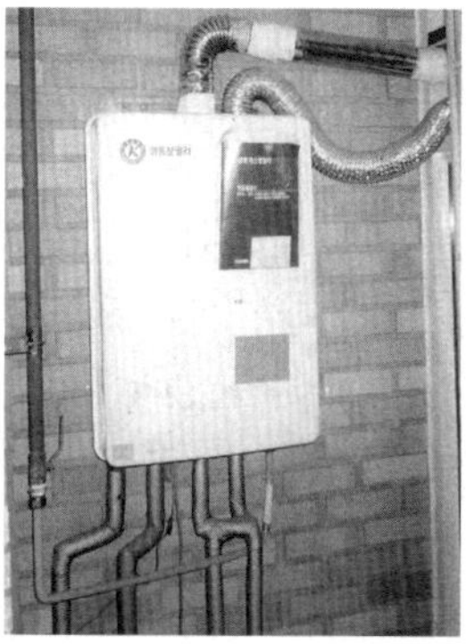

해설 **통풍구의 통풍 면적**

- 바닥면적 $1m^2$마다 $300cm^2$의 비율로 계산한 면적 이상
- $5m^2 \times \dfrac{300cm^2}{1m^2} = 1500(cm^2)$

해답 $1500cm^2$

10 LP가스 판매사업의 용기보관실 면적 기준은 얼마 이상 인지 쓰시오.

해답 $19m^2$

2010년도 제3회

01 LNG 저장탱크의 저장능력이 (①) 이상인 것 주위에는 액상의 가스가 누출된 경우에 유출을 방지할 수 있는 (②)을 설치한다. 다음 (   ) 안에 알맞은 용어 및 숫자를 넣으시오.

해답 ① 500톤　　　　　② 방류둑

02 지시하는 것은 LP가스용 차량에 고정된 탱크가 정차하는 위치에 설치된 냉각살수장치로 저장탱크 표면적 $1m^2$당 물분무능력(L/min)을 쓰시오.

해답 5L/min

03 LP가스 자동차 충전소에 설치된 고정식 충전설비에서 지시하는 (A), (B) 부분의 명칭을 쓰시오.

해답 (A) : 가스 주입기　　(B) : 세이프티 커플링

04 방폭구조의 종류 4가지를 쓰시오.

해답 **방폭구조의 종류**

① 내압 방폭구조　　② 유입 방폭구조
③ 압력방폭구조　　④ 안전증 방폭구조
⑤ 본질안전 방폭구조　⑥ 특수방폭구조

05 공동주택에 압력조정기를 설치할 때 공급되는 도시가스 압력이 저압인 경우 공급세대수는 얼마인지 쓰시오.

해설 **공동주택용 압력조정기 설치기준**

① 도시가스 압력 중압 이상 : 150세대 미만
② 도시가스 압력 저압 : 250세대 미만

해답 250세대 미만

06 도시가스 중압배관을 지하에 매설 시에 보호판(B)과 보호포(A)를 시공한다. 이 때 1) 보호포의 폭과 2) 설치 위치에 대하여 각각 쓰시오.

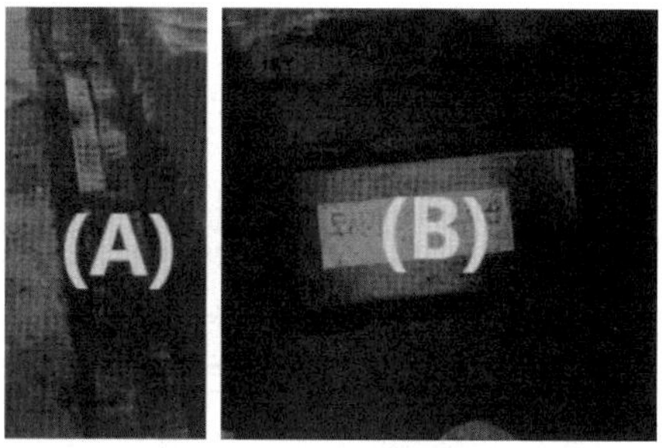

해답 ① 보호포 폭 : 배관 폭에 10cm를 더한 폭
② 위치 : 보호판 상부로부터 30cm 이상

07 도시가스 누설검사 차량에 탑재하여 누설검사에 사용되는 장비로 우리나라 대부분의 도시가스 공급회사에서 사용하는 장비의 명칭을 쓰시오.

해답 수소불꽃 이온화 검출기

08 무계목용기의 재검사 시 불량 용기 파기의 기준을 3가지 쓰시오.

해답 ① 절단 등의 방법으로 파기하여 원형으로 가공할 수 없도록 할 것
② 잔가스를 전부 제거한 후 절단할 것
③ 검사신청인에게 파기의 사유, 일시, 장소 및 인수시한을 통치하고 파기할 것
④ 파기하는 때에는 검사 장소에서 검사원으로 하여금 직접 실시하게 하거나 검사원 입회하에 사용자로 하여금 실시하게 할 것
⑤ 파기한 물품은 검사신청인이 인수시한 내에 인수하지 아니하는 때에는 검사기관으로 하여금 임의로 매각 처분하게 할 것

09 다음과 같이 자석의 S극과 N극을 이용하여 용접부를 검사하는 비파괴검사 명칭을 쓰시오.

해답 자기검사(자분검사 : MT)

10 도시가스 매설배관 표지판의 1) 설치거리와 2) 규격(가로×세로)을 각각 쓰시오.

해답 1) 설치거리 : 200m 이내
2) 규격 : 200mm×150mm 이상

2011년도 제1회

01 LP가스 저장소에서 1) 가스누출검지기의 설치높이와 2) 검지기 설치 수는 바닥면 둘레 몇 m당 1개인지 쓰시오.

해답 1) 설치높이 : 바닥면에서 검지기 상단까지 30cm 이하
2) 설치 수 : 바닥면 둘레에 20m에 대해서 1개 비율로 설치

02 도시가스 배관에 대한 다음 물음에 답하시오.
1) 도시가스 배관에 표시하여야 할 사항 2가지를 쓰시오.
2) 배관지름이 40mm일 경우 고정장치 설치간격을 쓰시오.

해답 1) 기록사항 : 사용 가스명, 최고사용압력, 가스흐름방향
2) 고정장치 설치간격 : 3m마다

03 다음 [보기]에서 설명하는 1) 방폭구조의 명칭과 2) 영문 약자 기호를 쓰시오

| 보기 |

용기내부에 절연유를 주입하여 불꽃, 아크 또는 고온발생 부분이 기름 속에 잠기게 함으로써 기름면 위에 존재하는 가연성 가스에 인화되지 아니하도록 한 구조로 탄광에서 처음으로 사용하였다.

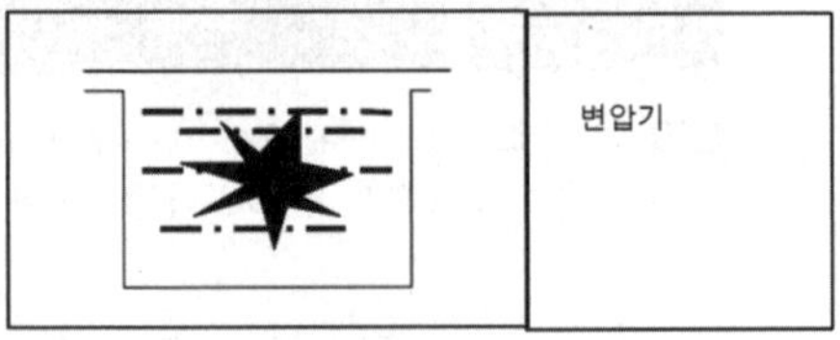

해답 1) 명칭 : 유입방폭구조
2) 기호 : O

04 최고사용압력이 0.1MPa 이하일 때 얼마의 SDR값을 갖는 가스용 폴리에틸렌관을 사용하는 것이 가장 적합한지 쓰시오.

해설 압력범위 따른 배관두께

관종류	SDR	압력
1호관	11 이하	0.4MPa 이하
2호관	17 이하	0.25MPa 이하
3호관	21 이하	0.2MPa 이하

해답 SDR 21 이하

05 파일럿 버너 또는 메인 버너의 불꽃이 꺼지거나 연소기구 사용 중에 가스 공급이 중단 또는 불꽃 검지부에 고장이 생겼을 때 자동으로 가스 밸브를 닫히게 하여 불이 꺼졌을 때 가스가 유출되는 것을 방지하는 안전장치로 종류에는 열전대식, UV－cell 방식 등이 있다. 이 장치의 명칭을 쓰시오.

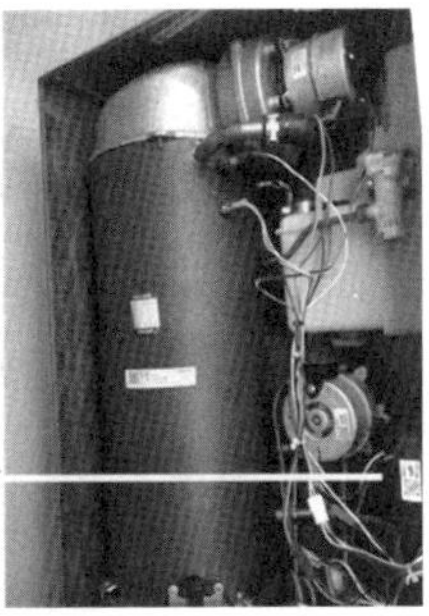

해답 소화안전장치

06 도시가스 매설배관 표지판의 1) 설치거리와 2) 규격(가로×세로)을 쓰시오.

해답 1) 설치거리 : 200m 이내
2) 규격 : 200×15mm 이상

07 방류둑에 대한 다음 (   ) 안에 알맞은 숫자를 넣으시오.

> 액화가스가 저장된 저장시설에 설치되는 방류둑 성토의 기울기는 수평에 대하여 (①)도 이하로 하며, 성토 윗부분의 폭은 (②)cm 이상으로 한다.

해답 ① 45　　② 30

08 공동주택에 압력조정기를 설치할 때 공급되는 도시가스 압력이 저압인 경우 공급세대수는 얼마인지 쓰시오.

해답 250세대 미만

09 압축천연가스(CNG)를 압축하는 압축기 출력(공급) 측에서 가스의 온도를 측정하는 계측기를 다음 보기에서 골라 쓰시오.

| 보기 |

(1)

(2)

(3)

(4)

해설 **압축기 부품의 명칭**
(1) 고압차단스위치　(2) 압력계
(3) 온도계　(4) 액분리기

해답 (3)

10 도시가스 배관을 방식조치를 하기위한 정류기, 배류기에서 계기의 상태와 일치하는 여부를 확인하기 위하여 측정하여야 할 항목 3가지를 쓰시오.

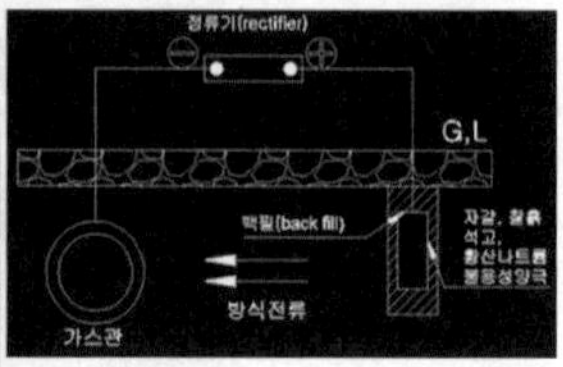

해답 ① 출력전압 ② 출력전류 ③ 인입전압

2011년도 제2회

01 다음 공업용 용기에 충전하는 가스 명칭을 각각 쓰시오.

해답 (1) 산소 (2) 아세틸렌
(3) 이산화탄소 (4) 수소

02 방폭등과 같이 방폭형전기기기 결함부의 나사류를 외부에서 쉽게 조작함으로써 방폭 성능을 손상시킬 우려가 있는 드라이버, 스패너, 플라이어 등의 일반 공구로 조작할 수 없도록 한 구조의 1) 명칭과 2) 방폭형전기기기의 온도등급 T4의 발화도 범위를 쓰시오.

해답 1) 명칭 : 자물쇠식 죄임 구조
2) 발화도 범위 : 135℃ 초과 200℃ 이하

03 지상에 설치된 정압기실에 대한 다음 물음에 답하시오.

1) 경계책의 설치 높이를 쓰시오.
2) 경계표시에 기재해야 할 내용을 3가지 쓰시오.

해답 1) 1.5m 이상
2) ① 시설명 ② 공급자 ③ 연락처

04 가스용 폴리에틸렌관(PE관)을 다음과 같이 연결하는 이음방법의 명칭을 쓰시오.

해답 맞대기 융착이음

05 특정가스사용시설의 기밀시험에 대한 다음 (   ) 안에 알맞은 용어 및 숫자를 넣으시오.

> 최고사용압력이 고압 또는 중압인 배관으로서 용접에 의해 접합되고 (①)에 의해 합격된 배관은 통과하는 가스를 시험가스로 사용하고 (②)% 이하에서 작동하는 가스검지기를 사용하여 당해 검지기가 작동하지 아니하는 것으로 판정한다.

해답 ① 방사선투과시험　　② 0.2

06 도시가스 사용시설에 설치된 1) 압력조정기의 설치 높이와 2) 안전점검 주기를 쓰시오.

해답 1) 설치높이 : 제한이 없다.
2) 안전점검 주기 : 1년에 1회 이상

해설 **도시가스사용시설 압력조정기 점검기준**
도시가스사용시설에 설치된 압력조정기는 매 1년에 1회 이상(필터나 스트레이너의 청소는 설치 후 3년까지는 1회 이상, 그 이후에는 4년에 1회 이상) 압력조정기의 유지·관리에 적합한 방법으로 안전점검을 실시할 것

07 방폭전기기기에 대한 다음 [보기]의 설명과 그림을 보고 방폭구조의 명칭과 기호를 각각 쓰시오.

> | 보기 |
> 용기내부에 보호가스(신선한 공기 또는 불활성가스)를 압입하여 내부 압력을 유지함으로서 가연성 가스가 용기 내부로 유입되지 않도록 한 구조이다.

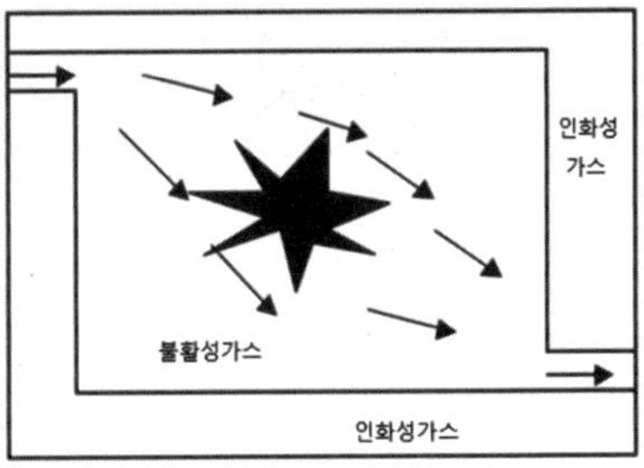

해답 ① 명칭 : 압력방폭구조
② 기호 : p

08 지시하는 것은 LP가스용 차량에 고정된 탱크가 정차하는 위치에 설치된 것으로 1) 이것의 명칭과 2) 저장탱크 표면적 $1m^2$당 물분무능력(L/min)은 얼마인가 각각 쓰시오.

해답 1) 명칭 : 냉각살수장치
2) 물분무능력 : 5L/min 이상

09 고압가스 설비에서 이상 상태가 발생하는 경우 그 설비 내의 내용물을 설비 밖으로 긴급하고 안전하게 이송하는 설비에 대한 물음에 답하시오.

1) 이 설비의 명칭을 쓰시오.
2) 이 설비의 방출구 위치는 작업원이 정상작업을 하는 장소 및 항시 통행하는 장소로부터 얼마 이상 떨어져 설치해야 하는지 쓰시오.
3) 이 설비의 높이는 착지농도 기준으로 가연성 가스의 독성 가스일 때 각각 얼마인지 쓰시오.

해답 (1) 명칭 : 벤트스택
(2) 방출구 설치위치
① 긴급용 벤트스택 : 10m 이상
② 그 밖의 벤트스택 : 5m 이상
(3) 착지농도 높이
① 가연성 가스 : 폭발하한계값 미만
② 독성가스 : TLV-TWA 기준농도 값 미만

10 도시가스 배관을 지하에 매설한 후 다음과 같은 전기방식을 시공하였을 때 터미널 박스 설치 간격을 쓰시오.

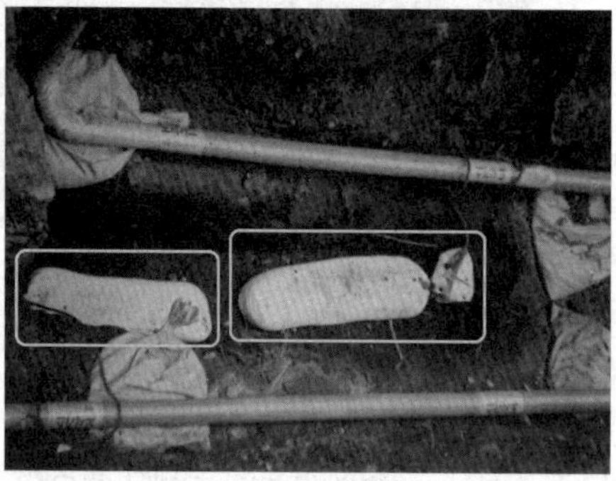

해설 **전위측정용 터미널(T/B)설치간격**
① 희생양극법 또는 배류법 : 300m이내
② 외부전원법 : 500m이내

해답 희생양극법 : 300m 이내

2011년도 제3회

01 LP가스 용기 가스소비자가 가스공급자와 체결하는 안전공급 계약에 포함되어야 하는 사항 4가지를 쓰시오.

해답 ① 액화석유가스의 전달방법
② 액화석유가스의 계량방법과 가스요금
③ 공급설비와 소비설비에 대한 비용부담
④ 공급설비와 소비설비의 관리방법
⑤ 위해 예방조치에 관한 사항
⑥ 계약의 해지
⑦ 계약기간

02 도시가스 매설배관의 누설을 탐지하는 차량에서 사용되는 가스누출검지기의 명칭을 쓰시오.

해답 수소불꽃 이온화 검출기(FID)

03 이음매 없는 용기의 재검사 항목 2가지를 쓰시오.

해답 ① 외관검사　② 음향검사　③ 내압시험

04 방폭전기기기의 방폭구조 종류를 6가지 쓰시오.

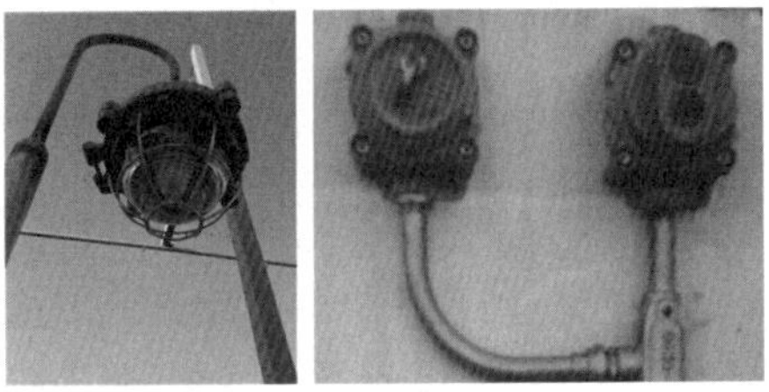

해답 ① 내압방폭구조　② 유입방폭구조
③ 압력방폭구조　④ 안전증 방폭구조
⑤ 본질안전 방폭구조　⑥ 특수방폭구조

05 실내에 설치된 기화장치에 대한 다음 물음에 답하시오.

(1) 액체 상태로 열교환기 밖으로 유출을 방지하는 장치의 명칭을 쓰시오.
(2) 액 유출 시 나타나는 현상 2가지를 쓰시오.

해답 (1) 액유출방지장치
(2) 액 유출 시 나타나는 현상
① 인화, 폭발의 위험이 있다.
② 산소 부족으로 인한 질식사고의 우려가 있다.
③ 피부 노출 시 저온으로 인한 동상의 우려가 있다.

06 가스용 폴리에틸렌관(PE관)을 맞대기 융착이음할 때 최소 관지름은 몇 mm인지 쓰시오.

해답 공칭외경 90

07 도시가스사용시설에서 절연전선과 배관 이음부(용접이음매 제외)와의 유지거리를 쓰시오.

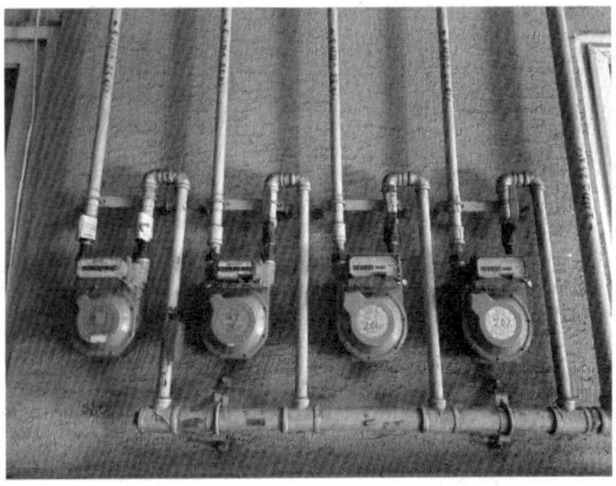

해답 10cm 이상(적절한 거리)

참고 **도시가스사용시설**
배관의 이음부(용접이음매 제외)와 전기계량기 및 전기개폐기, 전기점멸기 및 전기접속기, 절연전선(가스누출자동차단장치를 작동시키기 위한 전선은 제외한다), 절연조치를 하지 않은 전선 및 단열조치를 하지 않은 굴뚝(배기통을 포함한다) 등과는 적절한 거리를 유지할 것

08 지상에 설치된 LPG 저장탱크 클린카식 액면계 상·하 배관에는 어떤 형식의 밸브의 설치하는지 쓰시오.

해설 저장탱크의 액면계가 연결된 상하 배관에는 액면계 파손시 가스의 흐름을 신속히 차단하여 액유출을 방지하기 위한 수동식 및 자동식의 스톱밸브를 설치하여야 한다.

해답 자동 및 수동식 스톱밸브

09 도시가스 정압기실 실내의 조명도를 쓰시오.

해답 150룩스(Lux) 이상

10 LPG자동차 충전용 충전기(dispenser)에서 1) 충전호스 길이와 2) 주입기 형식에 대하여 쓰시오

해답 1) 길이 : 5m 이내
2) 형식 : 원터치형

2012년도 제1회

01 다음 그림은 탱크 내부의 폭발 모습이다. 그림과 함께 설명하는 1) 방폭구조의 명칭과 2) 기호를 쓰시오.

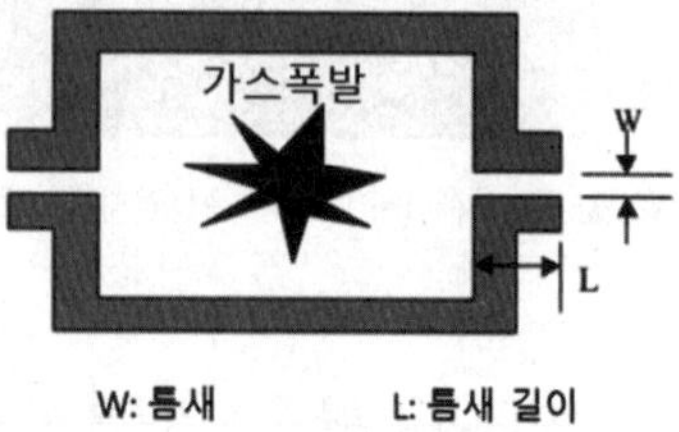

> 내부에서 폭발성 가스의 폭발이 일어날 경우 용기가 폭발압력에 견디고, 외부의 폭발성 분위기에 불꽃의 전파를 방지하도록 한 구조이다. 또 폭발한 고열가스가 용기의 틈으로부터 누설되어도 틈의 냉각효과로 외부의 폭발성 가스에 착화될 우려가 없도록 만들어진 구조이다.

해답 1) 명칭 : 내압방폭구조
2) 기호 : d

02 충전 용기를 차량에 적재하는 모습으로 산소 충전 용기와 가연성가스 충전용기를 적재할 때 주의 사항을 쓰시오.

해답 산소와 가연성 가스 충전용기 밸브가 서로 마주보지 않도록 적재한다.

03 차량에 고정된 탱크에서 저장탱크로 LP가스를 이송하는 방법을 4가지 쓰시오.

해답 ① 압축기에 의한 방법
② 균압관이 없는 펌프에 의한 방법
③ 균압관이 있는 펌프에 의한 방법
④ 차압에 의한 방법

04 LP가스 자동차 충전기(dispenser)에 대한 물음에 답하시오.

1) 충전호스의 길이는 몇 m 이내인지 쓰시오.
2) 충전호스에 과도한 인장력이 작용하였을 경우 충전기와 가스주입기가 분리될 수 있는 안전장치의 명칭을 쓰시오.

해답 1) 5m 이내 2) 세이프티 커플링

05 무계목용기의 재검사 시 불합격된 용기의 파기 기준을 3가지 쓰시오.

해답 ① 절단 등의 방법으로 파기하여 원형으로 가공할 수 없도록 할 것
② 잔가스를 전부 제거한 후 절단할 것
③ 검사신청인에게 파기의 사유, 일시, 장소 및 인수시한을 통지하고 파기할 것
④ 파기하는 때에는 검사 장소에서 검사원으로 하여금 직접 실시하게 하거나 검사원 입회하에 사용자로 하여금 실시하게 할 것
⑤ 파기한 물품은 검사신청인이 인수시한 내에 인수하지 아니하는 때에는 검사기관으로 하여금 임으로 매각 처분하게 할 것

06 가스배관과 호스 사이에 설치하는 것으로 호스가 파손되는 것 등에 의해 가스가 누출할 때의 이상 과다 가스유량을 감지하여 가스를 긴급하게 차단하는 장치의 명칭을 쓰시오.

해답 과류차단 안전기구(퓨즈콕)

07 LP가스용 차량에 고정된 탱크가 정차하는 위치에 설치된 것으로 지시한 장치의 명칭을 쓰시오.

해답 냉각살수장치

08 화면의 왼쪽은 PE관을 지하에 매설할 때 사용되는 밸브이다. 지상에서 PE관이 매설되어 있는 것을 탐지하기 위하여 설치하는 것으로 화살표로 지시한 것(적색 전선)의 명칭을 쓰시오.

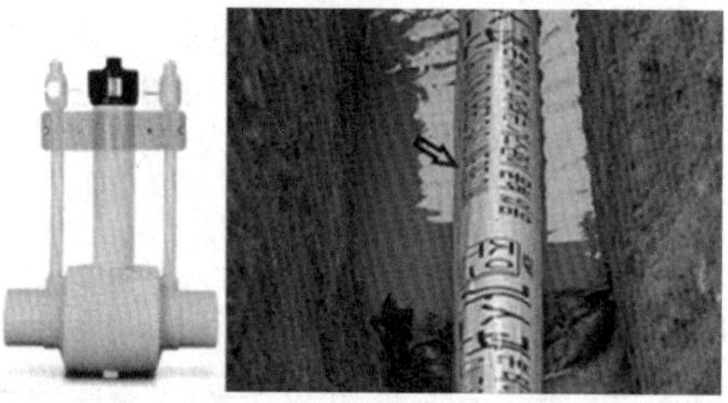

해답 로케팅 와이어

09 가스용 폴리에틸렌관(PE관)을 지하에 매설한 후 지상에서 매설배관의 위치를 탐지할 수 있는 탐지설비(기기)의 명칭을 쓰시오.

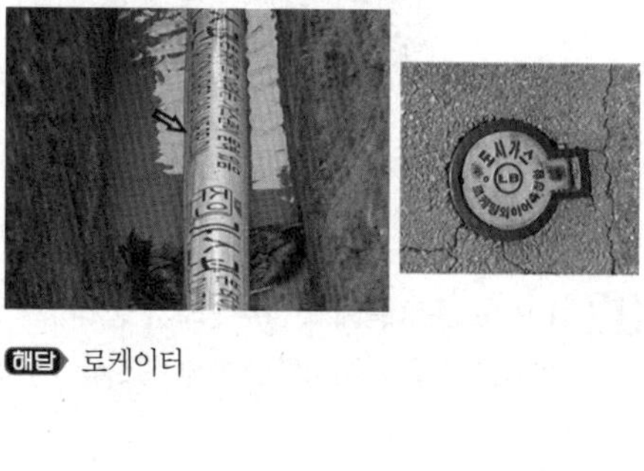

해답 로케이터

10 압축천연가스(CNG) 충전시설에서 도시가스를 압축할 때 사용되는 압축기이다. 지시하는 1) A관(굵은관)과 2) B관(가는관)을 압력으로 구분하여 쓰시오.

해답 1) A관(굵은관) : 저압
2) B관(가는관) : 고압

2012년도 제2회

01 도시가스 사용시설에서 사용되는 가스용품이다. (A)와 (B)의 명칭을 각각 쓰시오.

해답 (A) 퓨즈콕 (B) 상자콕

02 공동주택에 압력조정기를 설치할 때 공급되는 도시가스 압력이 중압 이상인 경우 공급세대수는 얼마인지 쓰시오.

해설 **공동주택용 압력조정기 설치기준**

① 도시가스 압력 중압 이상 : 150세대 미만

② 도시가스 압력 저압 : 250세대 미만

해답 150세대 미만

03 다음 [보기]에서 설명하는 방폭구조의 1) 명칭과 2) 영문약자 기호를 쓰시오.

| 보기 |

용기내부에 절연유를 주입하여 불꽃, 아크 또는 고온발생 부분이 기름 속에 잠기게 함으로써 기름면 위에 존재하는 가연성 가스에 인화되지 아니하도록 한 구조로 탄광에서 처음으로 사용하였다.

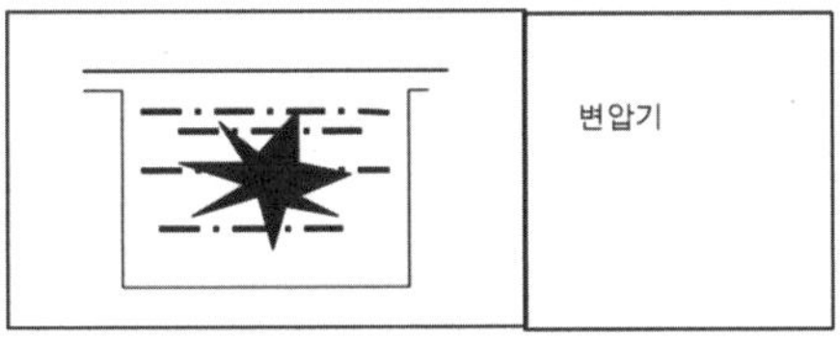

해답 1) 명칭 : 유입방폭구조

2) 기호 : o

04 도로 및 공동주택 등의 부지 안 도로에 도시가스 배관을 매설하는 경우에 설치하는 라인마크의 모양을 직선방향, 양방향 외에 나타내는 것 3가지를 쓰시오.

해답 ① 일방향　　② 삼방향

③ 135° 방향　　④ 관말지점

05 LP가스 저장소에서 가스누출검지기의 1) 설치 높이와 2) 검지기 설치 개수 기준에 대하여 쓰시오.

해답 1) 설치 높이 : 바닥면에서 검지기 상단가지 30cm 이하

2) 설치 수 기준 : 바닥면둘레 20m당 1개 이상

06 파일럿 버너 또는 메인 버너의 불꽃이 꺼지거나 연소기구 사용 중에 가스 공급이 중단 또는 불꽃 검지부에 고장이 생겼을 때 자동으로 가스 밸브를 닫히게 하여 불이 꺼졌을 때 가스가 유출되는 것을 방지하는 안전장치로 종류에는 열전대식, UV-cell 방식 등이 있다. 이 장치의 명칭을 쓰시오.

해답 소화안전장치

07 건축물 내부에 호칭지름 20mm 가스배관을 300m 설치하였을 때 배관 고정장치는 몇 개를 설치하여야 하는지 구하시오.

해설 **관경에 따른 배관 고정장치 설치간격**

① 관경 13mm 미만 : 1m마다

② 관경 13mm 이상 33mm 미만 : 2m마다

③ 관경 33mm 이상 : 3m마다

※ **고정장치 수량**$=\frac{300m}{2m}=150$**(개)**

해답 150개

08 도시가스 정압기실에 설치되는 장치이다. 다음 물음에 답하시오.

1) 이 장치의 명칭을 쓰시오.

2) 이 장치의 기능을 쓰시오.

해답 (1) 명칭 : 정압기 원격감시장치(RTU장치)

(2) 기능 : 정압기실의 온도, 압력, 가스누설 유무 등의 상황을 도시가스 상황실로 전송하여 무인감시하고 정전 시 비상전력을 공급한다.

09 도시가스 배관의 용접부에 비파괴 검사를 하는 것으로 이 검사법의 명칭을 영문 약자로 쓰시오.

해설 **비파괴검사의 종류 및 영문 약자**

① 침투검사(PT) ② 초음파검사(UT)

③ 방사선검사(RT) ④ 자분검사(MT)

해답 RT

10 관지름 90mm 이상인 가스용 폴리에틸렌관(PE관)을 지하에 매설 중에 접합하는 것으로 이음방법 명칭을 쓰시오.

해답 맞대기 융착이음

2012년도 제3회

01 초저온 용기에 충전하는 가스의 최고온도는 얼마인지 쓰시오.

해설 **초저온 용기의 정의**

−50℃ 이하의 액화가스를 충전하기 위한 용기로서 단열재로 피복하거나 냉동설비로 냉각하는 등의 방법으로 용기내의 가스온도가 상용의 온도를 초과하지 아니하도록 한 용기를 말한다.

해답 −50℃

02 특정가스사용시설의 기밀시험에 대한 다음 (   ) 안에 알맞은 용어 및 숫자를 넣으시오.

최고사용압력이 고압 또는 중압인 배관으로서 용접에 의해 접합되고 (①)에 의해 합격된 배관은 통과하는 가스를 시험가스로 사용하고 (②)% 이하에서 작동하는 가스검지기를 사용하여 당해 검지기가 작동하지 아니하는 것으로 판정한다.

해답 ① 방사선투과시험 ② 0.2

03 LP가스용 차량에 고정된 탱크가 정차하는 위치에 설치된 것에 대한 다음 물음에 답하시오.

1) 지시한 것의 명칭을 쓰시오.
2) 지시한 것은 저장탱크 표면적 1m^2당 물분무능력(L/min)이 얼마인지 쓰시오.

해답 ① 명칭 : 냉각살수장치
② 물분무능력 : 5L/min 이상

04 [보기]에서 설명하는 방폭구조의 명칭을 쓰시오.

| 보기 |

기내부에 절연유를 주입하여 불꽃, 아크 또는 고온발생 부분이 기름 속에 잠기게 함으로써 기름면 위에 존재하는 가연성 가스에 인화되지 아니하도록 한 구조로 탄광에서 처음으로 사용하였다.

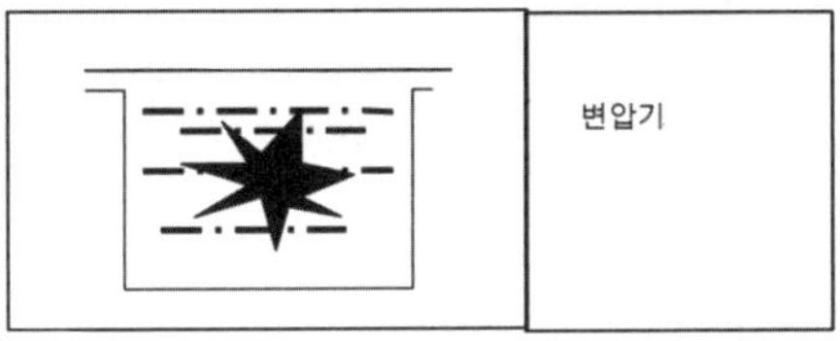

해답 유입방폭구조

05 공급되는 도시가스압력이 저압인 경우 압력조정기를 설치할 때 공동주택에 세대수는 얼마인지 쓰시오.

해설 공동주택용 압력조정기 설치기준
① 도시가스 압력 중압 이상 : 150세대 미만
② 도시가스 압력 저압 : 250세대 미만

해답 250세대 미만

06 액화산소, 액화아르곤, 액화질소, 액화이산화탄소의 저장탱크가 설치되었을 때 1) 저장탱크 상호간 유지하여야 할 최소거리(m)를 쓰고, 2) 그 이유를 설명하시오.

해답 1) 유지거리 : 1m 이상
2) 이유 : 두 저장탱크의 최대지름을 합산한 길이의 $\frac{1}{4}$ 이상의 거리를 유지하여야 하지만, 합산한 길이의 $\frac{1}{4}$이 1m 미만일 경우에는 1m 이상의 거리를 유지해야 하기 때문에 최소거리는 1m 이상이 된다.

07 방폭등과 같이 방폭형전기기기 결함부의 나사류를 외부에서 쉽게 조작함으로써 방폭 성능을 손상시킬 우려가 있는 드라이버, 스페너, 플라이어 등의 일반 공구로 조작할 수 없도록 한 구조의 1) 명칭과 2) 방폭형전기기기의 온도등급 T4의 발화도 범위를 쓰시오.

해답 1) 명칭 : 자물쇠식 죄임 구조
2) 발화도 범위 : 135℃ 초과 200℃ 이하

08 최고사용압력이 0.3MPa일 경우 얼마의 SDR 값을 갖는 가스용 폴리에틸렌관을 사용하여야 하는지 쓰시오.

해설 압력범위 따른 배관두께

관종류	SDR	압력
1호관	11 이하	0.4MPa 이하
2호관	17 이하	0.25MPa 이하
3호관	21 이하	0.2MPa 이하

해답 11 이하

09 도시가스 도매사업의 1일 처리능력이 25만 m^3인 압축기와 액화천연가스(LNG) 저장탱크 외면과 유지하여야 하는 거리를 쓰시오.

해답 30m 이상

10 저장능력 20만 톤인 LNG 저압 지하식 저장탱크의 외면과 사업소 경계까지 유지하여야 하는 안전거리는 몇 m 이상인지 구하시오.

해설 **LNG 저장설비와 사업소경계 안전거리**

액화천연가스의 저장설비와 처리설비는 그 외면으로부터 사업소경계까지 다음 계산식에 따라 얻은 거리(그 거리가 50m 미만의 경우에는 50m) 이상을 유지할 것

$L = C \times \sqrt[3]{143000W}$

이 계산식에서

L : 유지하여야 하는 거리(단위 : m)

C : 저압 지하식 저장탱크는 0.240, 그 밖의 가스저장설비와 처리설비는 0.576

W : 저장탱크는 저장능력(단위 : 톤)의 제곱근, 그 밖의 것은 그 시설 안의 액화천연가스의 질량(단위 : 톤)

$L = 0.240 \times \sqrt[3]{143000 \times \sqrt{200000}}$

$= 95.98(m)$

해답 95.98m

2013년도 제1회

01 아세틸렌가스를 용기에 2.5MPa 이상으로 충전할 때 첨가하는 희석제의 종류 4가지를 쓰시오.

해답 ① 질소 ② 메탄
③ 일산화탄소 ④ 에틸렌

02 동영상에서 보여주는 1) 장치의 명칭과 2) 가스 방출시 작동압력에서 대기압까지 방출 소요 시간은 방출 시작으로부터 몇 분 이내로 하는지 쓰시오.

해답 1) 명칭 : 벤트스택
2) 방출 소요 시간 : 60분

03 실내에 설치된 기화장치에 대한 물음에 답하시오.

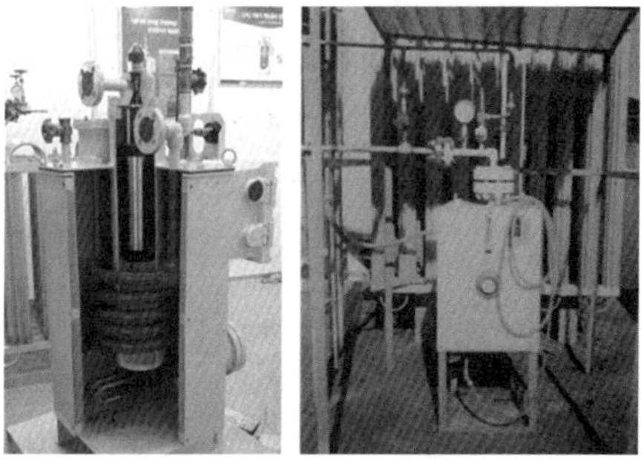

(1) 액체 상태로 열교환기 밖으로 유출을 방지하는 장치의 명칭을 쓰시오.

(2) 액 유출 시 나타나는 현상을 2가지 쓰시오.

해답 (1) 액유출방지장치
(2) 액 유출 시 나타나는 현상
① 인화, 폭발의 위험이 있다.
② 산소 부족으로 인한 질식 우려가 있다
③ 피부 노출시 저온에 의한 동상 우려가 있다

04 도시가스(NG)용 검지기는 천장으로부터 검지부 하단부까지 (①)m 이내로 설치해야 하며, 버너 중심으로부터 (②)m 이내에 1개 이상 설치하여야 한다. ( ) 안에 알맞은 수치를 넣으시오.

해답 ① 0.3　　　　　　　② 8

05 라인마크의 규격에 대한 다음 물음에 답하시오.

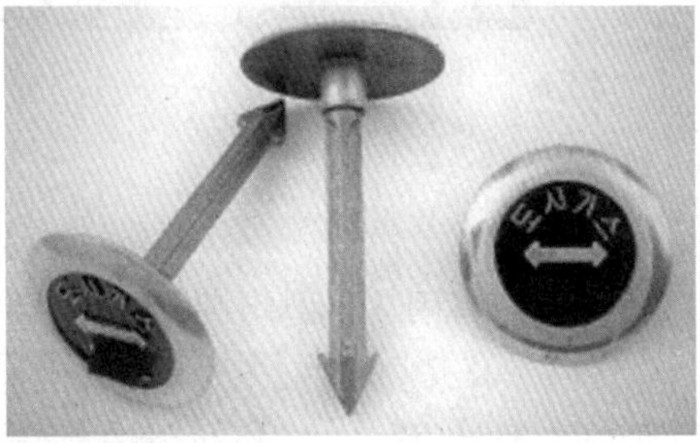

1) 라인마크 몸체부분의 지름과 두께는 (①) mm ×(②)mm 이다.
2) 핀의 길이와 지름은 (①)mm ×(②)mm 이다.

해답 (1) ① 60　　　　　② 7
(2) ① 140　　　　② 20

06 LP가스용기 내용적 40L 이상 125L 미만의 용기를 소비자에게 공급할 경우 용기 외면에 표시하여야 하는 사항을 3가지 쓰시오.

해답 ① 빈용기 무게
② 가스 무게
③ 총 무게
④ 충전사업자의 상호 및 전화번호

07 LP가스 자동차 용기에 충전하는 충전기에 대한 다음 (　　) 안에 알맞은 숫자나 용어를 쓰시오.

> LP가스 자동차 용기에 충전하는 충전기의 충전호스는 (①)m 이내이고, 과도한 (②)이 작용하였을 때 분리되는 안전장치를 설치해야 한다. 가스 주입구는 (③)으로 설치해야 한다.

해답 ① 5　　② 인장력　　③ 원터치형

08 자석의 S극과 N극을 이용하여 검사하는 비파괴검사의 명칭을 쓰시오.

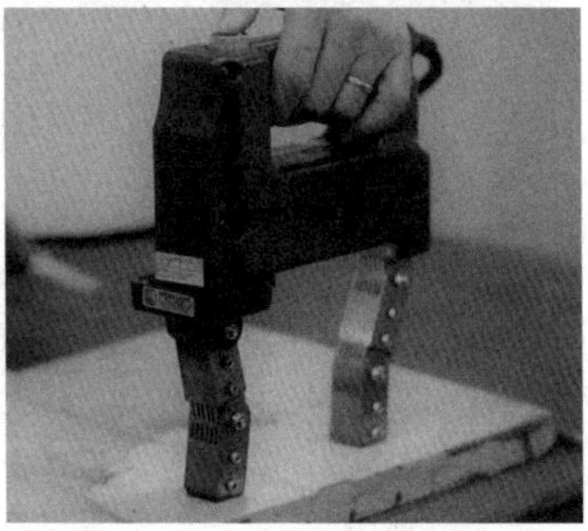

해답 자기검사(자분검사 : MT)

참고 **비파괴검사의 종류 및 영문 약자**
① 침투검사(PT)　　② 초음파검사(UT)
③ 방사선검사(RT)　④ 자분검사(MT)

09 도시가스 정압기실의 둘레가 55m 일 경우 검지기 최소 설치 수는 몇 개인지 쓰시오.

해설 **정압기의 가스누출검지통보설비**

정압기실에 설치하는 가스누출경보기의 검지부는 바닥면 둘레 20m에 대하여 1개 이상의 비율로 계산된 수를 설치한다.

$\frac{55m}{20m} = 2.75 = 3(\text{개})$

해답 3개

10 호칭지름 300A 인 도시가스배관을 교량에 설치할 때 대한 물음에 답하시오.

1) 배관 재료를 쓰시오.
2) 고정장치 지지간격(설치간격)이 몇 m 인지 쓰시오.
3) 지지대, U볼트 등의 고정장치와 배관 사이에 조치하여야 할 사항을 쓰시오.

해답 (1) 강재 (2) 16m
(3) 고무판, 플라스틱 등 절연물질을 삽입한다.

해설 **교량 설치 배관의 고정 및 지지간격**

배관의 고정 및 지지를 위한 지지대의 최대지지 간격은 다음 표를 기준으로 하되, 호칭지름 600A를 초과하는 배관은 배관처짐량의 500배 미만이 되는 지점마다 지지한다.

[배관관경별 지지간격]

호칭지름(A)	지지간격(m)
100	8
150	10
200	12
300	16
400	19
500	22
600	25

2013년도 제2회

01 도시가스 매설배관의 누설을 탐지하는 차량에서 사용되는 가스누출검지기의 명칭을 쓰시오.

해답 수소불꽃 이온화 검출기(수소염 이온화 검출기)

02 다기능 가스 안전계량기의 구조에 대한 다음 (　) 안에 알맞은 용어를 쓰시오.

1) 차단밸브가 작동한 후에는 (   )을(를)하지 않는 한 열리지 않는 구조이어야 한다.

2) 사용자가 쉽게 조작할 수 없는 (   )이(가) 있는 것으로 한다.

해답 (1) 복원조작　　　　　(2) 테스트 차단 기능

03 강제배기식 단독 배기통방식의 가스보일러 설치기준에서 다음 (   )안에 알맞은 숫자를 넣으시오.

1) 방열판이 설치되지 않은 배기통의 톱의 전방, 측변, 상하주의(   )cm 이내에 가연물이 없어야 한다.

2) 배기통 톱 개구로부터 (   )cm 이내에 배기가스가 실내로 유입할 우려가 있는 개구부가 없어야 한다.

해답 (1) 60　　　　　(2) 60

04 다음 공업용 용기에 충전하는 가스 명칭을 각각 쓰시오.

해답 (1) 산소　　　　　(2) 아세틸렌
(3) 이산화탄소　　　(4) 수소

05 다음 (   )안에 적당한 용어를 쓰시오.

액화가스가 저장된 저장시설에 설치되는 방류둑 성토의 기울기는 수평에 대하여 (①)도 이하로 하며, 성토 윗부분의 폭은 (②)cm 이상으로 한다.

해답 ① 45　　　　　② 30

06 방폭전기기기에 대한 다음 [보기]의 설명과 그림을 보고 방폭구조의 명칭과 기호를 각각 쓰시오.

| 보기 |

용기내부에 보호가스(신선한 공기 또는 불활성가스)를 압입하여 내부 압력을 유지함으로서 가연성 가스가 용기 내부로 유입되지 않도록 한 구조이다

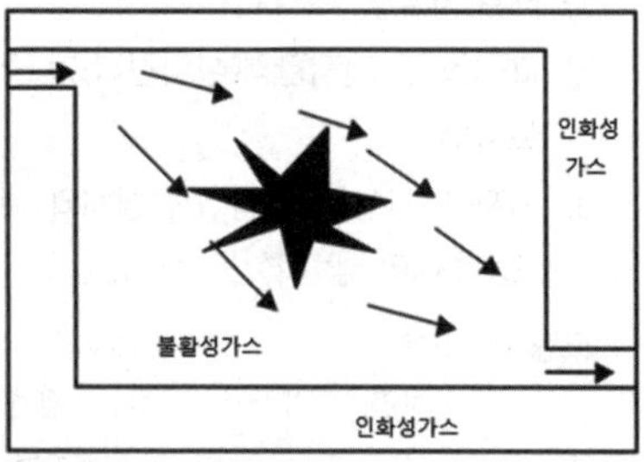

해답 ① 명칭 : 압력방폭구조
② 기호 : p

07 다음 충전용기 밸브 몸체에 각인된 "LG"의 용어를 쓰시오.

(해설) **용기종류별 부속품의 기호**
(1) 아세틸렌가스 충전 용기의 부속품 : AG
(2) 압축가스 충전 용기의 부속품 : PG
(3) 액화석유가스외의 액화가스 충전 용기의 부속품 : LG
(4) 액화석유가스 충전 용기의 부속품 : LPG
(5) 초저온용기 및 저온용기의 부속품 : LT

(해답) 액화석유가스 외의 액화가스 충전용기 부속품

08 도로 바닥에 설치되어 있는 라인마크에 대한 다음 물음에 적당한 용어를 쓰시오.

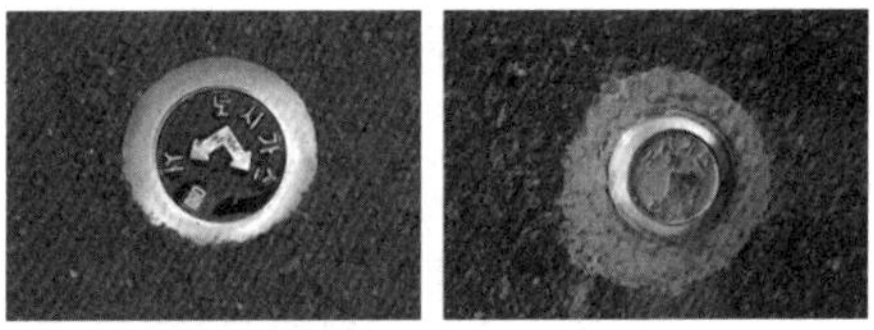

1) 라인마크의 설치간격은 배관길이 몇 m마다 설치하는지 쓰시오.
2) 라인마크가 설치된 것으로 간주할 수 있는 경우는 밸브 박스 또는 배관 직상부에 설치된 (　　)이 라인마크 설치기준에 적합한 기능을 갖도록 설치된 경우이다.

(해답) (1) 50m　　(2) 전위 측정용 터미널

09 퓨즈콕에 대한 다음 물음에 답하시오.

1) 가스배관과 호스 사이에 설치하는 것으로 호스가 파손되는 것 등에 의해 가스가 누출할 때의 이상 과다 가스유량을 감지하여 가스를 긴급하게 차단하는 장치의 명칭을 쓰시오.
2) 기밀시험 압력이 얼마인지 쓰시오.

(해답) (1) 과류차단 안전기구
(2) 35kPa 이상

10 관지름 90mm 이상인 가스용 폴리에틸렌관(PE관)을 지하 매설시 접합하는 것으로 이음방법의 명칭을 쓰시오.

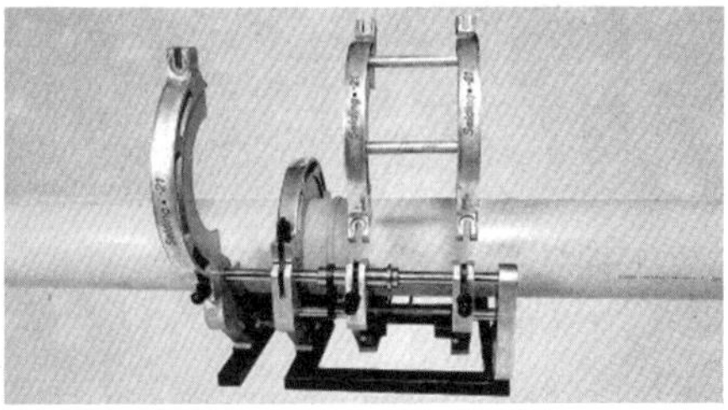

(해답) 맞대기 융착이음

2013년도 제3회

01 건축물 내부에 호칭지름 20mm 가스배관을 300m 설치하였을 때 배관 고정장치는 몇 개를 설치하여야 하는지 구하시오.

(해설) **관경에 따른 배관 고정장치 설치간격**
① 관경 13mm 미만 : 1m마다
② 관경 13mm 이상 33mm 미만 : 2m마다
③ 관경 33mm 이상 : 3m마다

※ 고정장치 수량 $= \frac{300m}{2m} = 150$(개)

해답 150개

02 LPG 자동차 충전기(dispenser에서 1) 충전호스 길이와 2) 주입기 형식에 대하여 쓰시오.

해답 1) 충전호스 길이 : 5m 이내
2) 주입기 형식 : 원터치형

03 가연성가스의 폭발등급 및 이에 대응하는 내압방폭구조의 폭발등급에서 1) 최대안전틈새를 설명하고 2) "ⅡB"의 최대안전틈새 범위를 쓰시오.

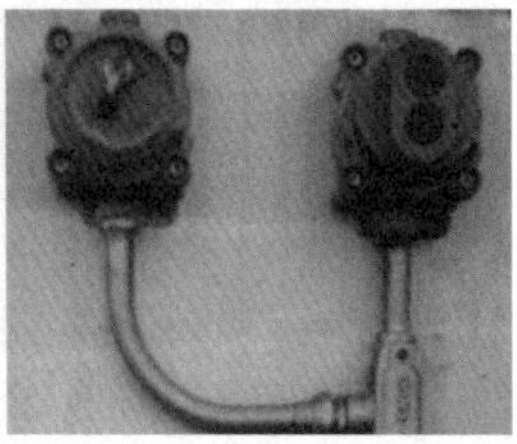

해답 1) 최대안전틈새 : 내용적이 8L이고 틈새 깊이가 25mm인 표준 용기 내에서 가스가 폭발할 때 잘생한 화염이 용기 밖으로 전파하여 가연성가스에 점화되지 아니하는 최댓값을 말한다.
2) ⅡB : 내압방폭구조에서 0.5mm 초과 0.9mm 미만

참고 **가연성가스의 폭발등급 및 내압방폭구조의 폭발등급**

최대안전틈새 (mm)	0.9 이상	0.5 초과 0.9 미만	0.5 이하
가연성가스의 폭발등급	A	B	C
방폭전기기기의 폭발등급	ⅡA	ⅡB	ⅡC

(비고) 최대안전틈새는 내용적이 8L이고 틈새 깊이가 25mm인 표준용기 안에서 가스가 폭발할 때 발생한 화염이 용기 밖으로 전파하여 가연성가스에 점화되지 않는 최댓값이다.

04 LP가스 충전소에서 폭발사고가 발생하였을 때 사업자가 한국가스안전공사에 제출하여야 하는 사고보고서 중 기술하여야 할 내용을 5가지 쓰시오.

해답 ① 통보자의 소속, 직위, 성명 및 연락처
② 사고발생 일시
③ 사고발생 장소
④ 사고내용
⑤ 시설현황

05 도시가스 배관을 매설할 때 화면에서 보여주는 것을 매설하는 이유를 설명하시오. (단, 공급압력은 970kPa이다.)

해답 도로 밑에 최고사용압력이 중압 이상인 배관을 매설할 경우 굴착공사 등 타공사로 인한 배관의 손상을 방지하기 위하여 보호판을 설치한다.

06 LPG를 탱크로리에서 저장탱크로 이송하는 방법 4가지를 쓰시오.

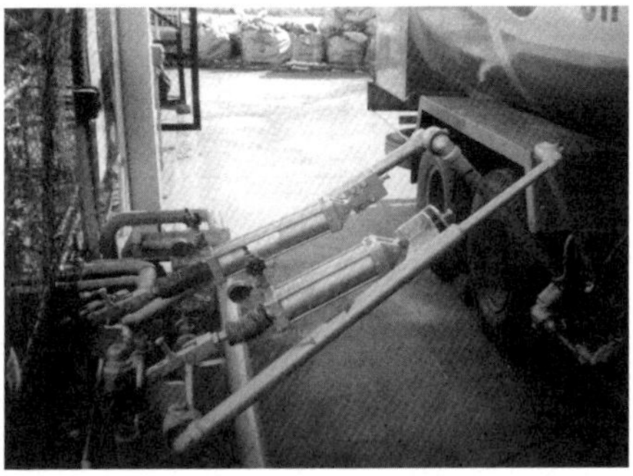

해답 ① 차압에 의한 방법
② 압축기에 의한 방법
③ 균압관이 없는 펌프에 의한 방법
④ 균압관이 있는 펌프에 의한 방법

07 지상에 설치된 LP가스 저장탱크에 부착된 클린카식 액면계 상·하 배관에는 어떤 형식의 밸브를 설치하는지 쓰시오.

해답 자동 및 수동식 스톱밸브

08 액화천연가스(LNG)의 주성분에 대한 다음 물음에 답하시오.

(1) 명칭을 분자식으로 쓰시오.
(2) 폭발범위를 쓰시오.
(3) 기체 상태의 비중을 쓰시오.
(4) 비점을 쓰시오.

해답 (1) CH_4　　(2) 5~15%

(3) 가스비중$=\dfrac{\text{분자량}}{29}=\dfrac{16}{29}=0.55$

(4) −161.5℃

09 직류전철 등에 의한 누출전류의 영향을 받지 않는 도시가스 매설배관의 부식을 방지하는 방식법을 2가지 쓰시오.

해답 ① 희생양극법　　② 외부전원법

10 밀폐식(FF type) 보일러 자연급 배기식의 급배기톱 설치 기준에 대한 다음 (　　) 안에 알맞은 숫자를 넣으시오.

1) 급·배기톱의 높이는 바닥면 또는 지면으로부터 (　　　)mm 위쪽으로 설치한다.
2) 급·배기톱과 상방향 건축물 돌출물과의 이격거리는 (　　　)mm 이상으로 한다.
3) 급·배기톱은 전방 (　　　)mm 이내에 장애물이 없는 장소에 설치한다.

4) 급·배기톱은 좌우 또는 상하에 설치된 돌출물 간의 거리가 (　　　)mm 미만인 곳에는 설치하지 않는다.

해답 (1) 150mm　　(2) 250mm
(3) 150mm　　(4) 1500mm

참고 급·배기통 톱 개구부로부터 60cm 이내에 배기가스가 실내로 유입할 우려가 있는 개구부가 없도록 한다.

2014년도 제1회

01 파일럿 버너 또는 메인 버너의 불꽃이 꺼지거나 연소기구 사용 중에 가스 공급이 중단 또는 불꽃 검지부에 고장이 생겼을 때 자동으로 가스 밸브를 닫히게 하여 불이 꺼졌을 때 가스가 유출되는 것을 방지하는 안전장치로 종류에는 열전대식, UV－cell 방식 등이 있다. 이 장치의 명칭을 쓰시오.

해답 소화안전장치

02 압축천연가스(CNG) 저장용기에 반드시 설치해야 하는 장치의 명칭을 쓰시오.

해답 스프링식 안전밸브

03 다음 [보기]에서 설명하는 방폭구조의 명칭을 쓰시오.

| 보기 |
용기내부에 절연유를 주입하여 불꽃, 아크 또는 고온발생 부분이 기름 속에 잠기게 함으로써 기름면 위에 존재하는 가연성 가스에 인화되지 아니하도록 한 구조로 탄광에서 처음으로 사용하였다.

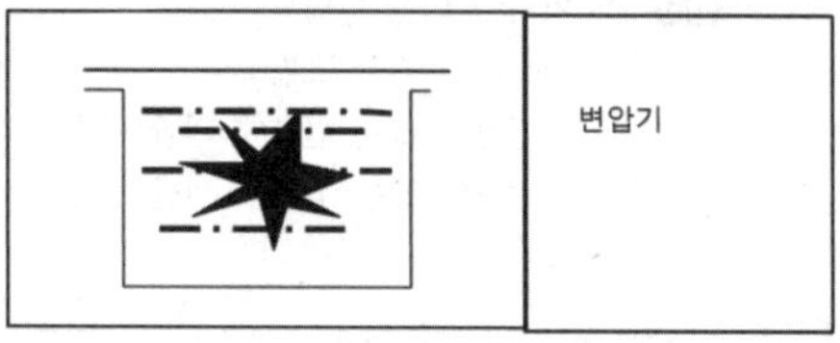

해답 유입방폭구조

04 가스용폴리에틸렌관을 융착이음할 때 발생하는 열선 이탈에 대하여 원인과 함께 설명하시오.

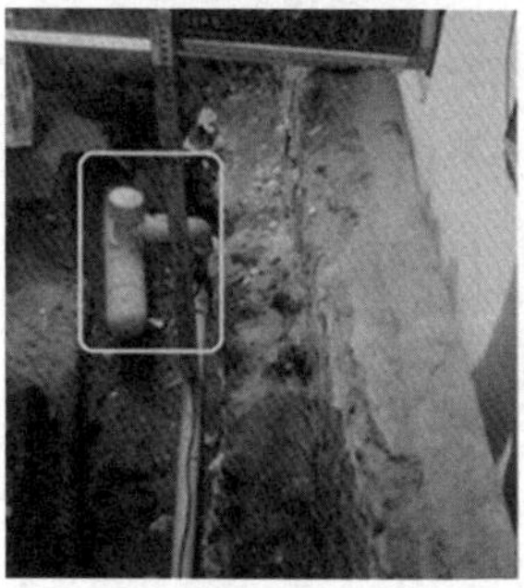

해답 열선 이탈 현상은 PE이음관 내부에 감겨진 열선이 융착 후 예정된 위치에 있지 않은 것으로서 원인은 과도한 가열시간 또는 과도한 온도 등의 적절지 않은 융착 접착에 의해서 발생 할 수 있다.

05 압축천연가스(CNG)를 압축하는 압축기 출력(공급) 측에서 가스의 온도를 측정하는 계측기를 다음 [보기]에서 골라 번호로 쓰시오.

| 보기 |

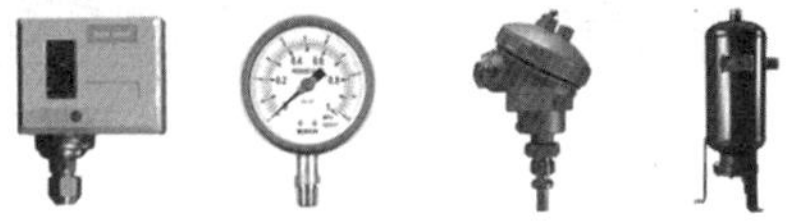

(1) (2) (3) (4)

해설 **압축기 부품의 명칭**

(1) 고압차단스위치 (2) 압력계

(3) 온도계 (4) 액분리기

해답 (3)

06 도시가스 중압배관을 지하에 매설 시에 보호포(A)와 보호판(B)을 시공한다. 이때 1) 보호포의 폭과 2) 설치 위치에 대하여 각각 쓰시오.

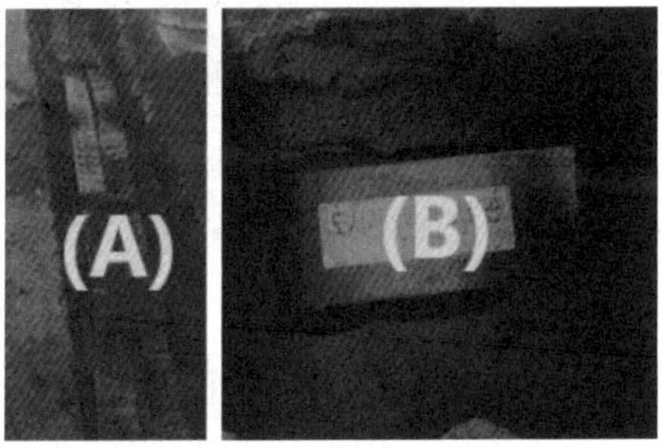

해답 1) 보호포 폭 : 배관 호칭지름에 10cm를 더한 폭

2) 위치 : 보호판 상부로부터 30cm 이상

07 도시가스의 공급압력이 저압인 경우 압력 조정기를 설치할 때 공동주택의 최대 세대수는 얼마인지 쓰시오.

해답 250세대 미만

08 아세틸렌 충전용기에 각인된 "TW"에 대한 의미를 쓰시오.

해답 아세틸렌 용기 질량에 다공물질, 용제 및 밸브의 질량을 합한 질량(kg)

09 화면의 왼쪽은 PE관을 지하에 매설할 때 사용되는 밸브이다. 지상에서 PE관이 매설되어 있는 것을 탐지하기 위하여 설치하는 것으로 화살표로 지시한 것의 명칭을 쓰시오.

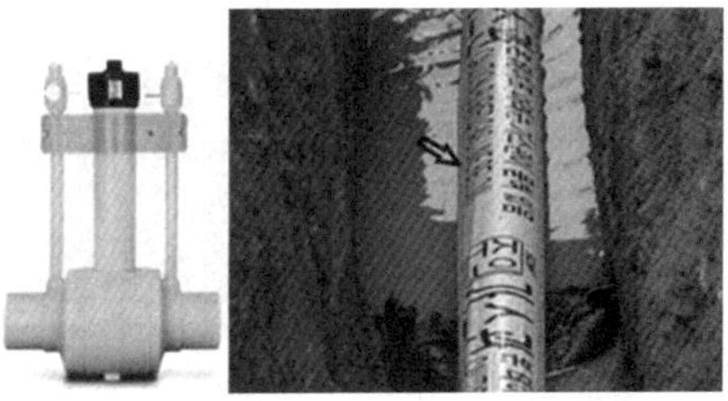

해답 로케팅 와이어

10 도시가스 사용시설의 배관의 내용적이 50L 초과일 때 기밀시험 유지시간은 얼마인지 쓰시오.

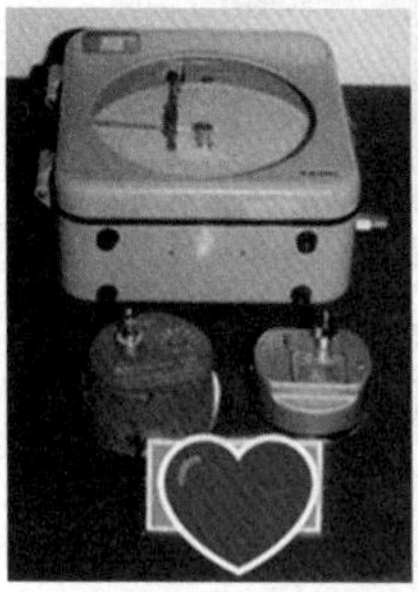

(해설) 도시가스 사용시설 기밀시험

당해배관의 내용적	기밀시험압력 유지소요시간
10ℓ 이하	5분
10ℓ 초과 50ℓ 이하	10분
50ℓ초과	24분

해답 24분

2014년도 제2회

01 도시가스 배관에 대한 다음 물음에 답하시오.

1) 도시가스 배관에 표시하여야 할 내용을 2가지 쓰시오.
2) 배관지름이 40mm일 경우 고정장치 설치 간격을 쓰시오.

해답 1) 기록사항 : 사용가스명, 최고사용압력, 가스흐름방향
2) 고정장치 설치간격 : 3m마다

02 도시가스 정압기실 실내의 조명도는 얼마인지 쓰시오.

해답 150룩스 이상

03 특정가스사용시설의 기밀시험에 대한 다음 (　) 안에 알맞은 용어 및 숫자를 넣으시오.

최고사용압력이 고압 또는 중압인 배관으로서 용접에 의해 접합되고 (①)에 의해 합격된 배관은 통과하는 가스를 시험가스로 사용하고 (②)% 이하에서 작동하는 가스검지기를 사용하여 당해 검지기가 작동하지 아니하는 것으로 판정한다.

해답 ① 방사선투과시험　　② 0.2

04 차압식 유량계는 어떤 원리를 이용하여 유량을 측정하는지 쓰시오.

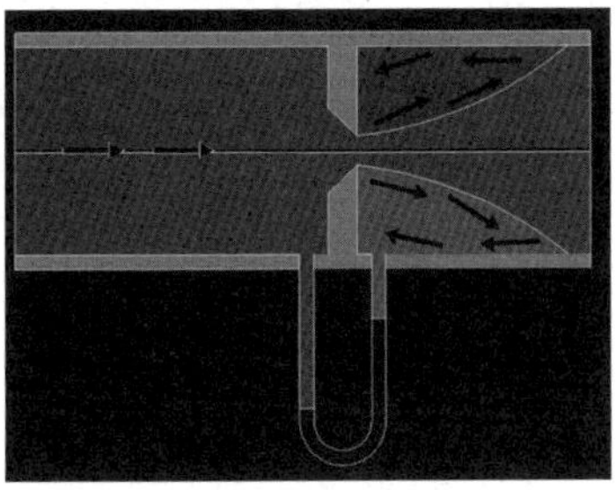

해답 베르누이 방정식(베르누이 정리)

05 LP가스 자동차단장치의 구성 모습이다. 지시하는 (1), (2), (3)의 명칭과 기능을 각각 쓰시오.

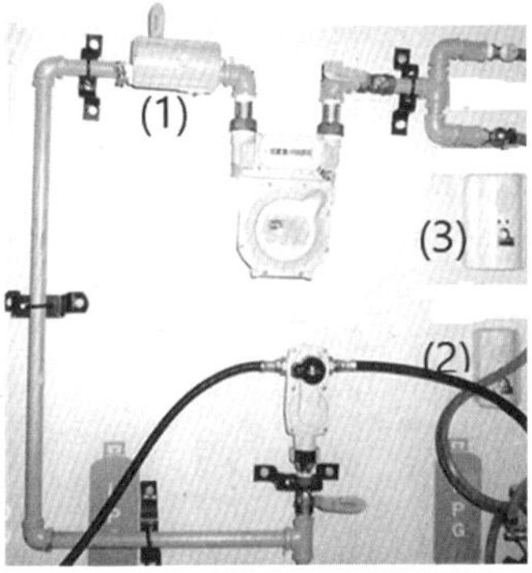

해답 (1) 차단부 : 제어부로부터 보내진 신호에 따라 가스의 유로를 개폐하는 기능을 한다.
(2) 검지부 : 누출된 가스를 검지하여 제어부로 신호를 보내는 기능을 한다.
(3) 제어부 : 차단부에 자동차단신호를 보내는 기능, 차단부를 원격 개폐할 수 있는 기능 및 경보 기능을 한다.

06 화면의 왼쪽은 PE관을 지하에 매설할 때 사용되는 밸브이다. 지상에서 PE관이 매설되어 있는 것을 탐지하기 위하여 설치하는 것으로 화살표로 지시한 것의 명칭을 쓰시오.

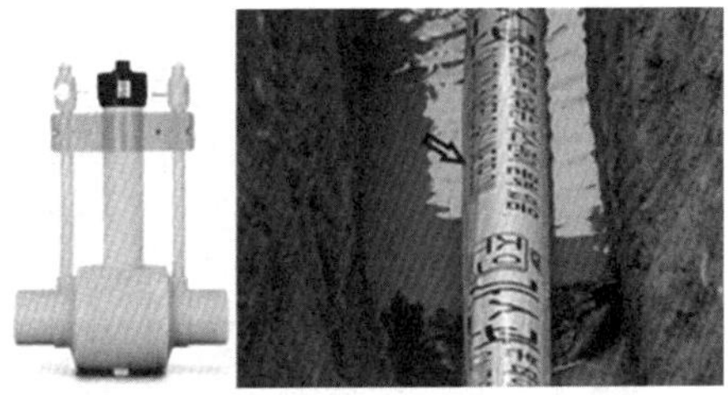

해답 로케팅 와이어

07 강제 배기식 단독 배기통 방식에서 배기통 톱에는 새, 쥐 등이 들어가지 않도록 지름 몇 mm 이상의 물체가 들어가지 않은 방조망을 설치하여야 하는지 쓰시오.

해답 16mm 이상

08 도시가스 사용시설에 사용되는 가스 용품으로 몸체에 표시된 "Ⓕ 1.2"에 대하여 설명하시오.

해답 1) Ⓕ : 퓨즈 콕
2) 1.2 : 과류차단 안전기구가 작동하는 유량이 시간당 $1.2m^3$이다.

09 LP가스 탱크로리 정차 위치에 설치된 장치이다. 1) 지시하는 부분의 명칭을 쓰고 2) 저장탱크 표면적 $1m^2$ 당 물분무능력은 얼마인지 쓰시오.

해답 ① 명칭 : 냉각살수장치
② 물분무능력 : 5L/min 이상

10 도시가스 배관의 관지름이 30mm에 길이가 500m이고, 관지름이 150mm에 길이가 3000m일 경우 배관 고정장치는 몇 개를 설치하여야 하는지 구하시오.

해설 **고정장치 설치개수**
1) 관경 33mm 배관 : 2m마다

$$\text{고정장치 수량} = \frac{500\text{m}}{2\text{m/개}} = 250(\text{개})$$

2) 관경 150mm 배관 : 10m마다

$$\text{고정장치 수량} = \frac{3000\text{m}}{10\text{m/개}} = 300(\text{개})$$

※ 총 필요개수 : 250+300=550개

해답 550개

2014년도 제3회

01 산소 제조 및 충전작업 시 주의사항을 2가지 쓰시오.

해답 ① 밸브와 용기 내부의 석유류, 유지류를 제거할 것
② 용기와 밸브 사이에 가연성 패킹을 사용하지 않을 것
③ 압력계는 산소 전용 압력계를 사용할 것
④ 기름 묻은 장갑으로 취급을 금지할 것
⑤ 급격한 충전은 피할 것

02 LP가스용 차량에 고정된 탱크가 정차하는 차량 상부에 설치된 냉각살수장치로 저장탱크 표면적 1m^2당 물분무능력(L/min)은 얼마인지 쓰시오.

해답 5L/min

03 실내에 설치된 기화장치에 대한 물음에 답하시오.

(1) 액체 상태로 열교환기 밖으로 유출을 방지하는 장치의 명칭을 쓰시오.

(2) 액 유출 시 나타나는 현상을 2가지 쓰시오.

해답 (1) 액유출방지장치

(2) 액 유출 시 나타나는 현상

① 인화, 폭발의 위험이 있다.

② 산소 부족으로 인한 질식 우려가 있다

③ 피부 노출시 저온에 의한 동상 우려가 있다

04 도시가스 매설배관의 누설을 탐지하는 차량에서 사용되는 가스누출검지기의 명칭을 쓰시오.

해답 수소불꽃 이온화 검출기(수소염 이온화 검출기)

05 도시가스 매설 배관용으로 사용하는 가스용 폴리에틸렌관의 SDR값이 각각 11 이하, 17 이하 일 때 사용할 수 있는 가스압력을 쓰시오.

해설 **압력범위 따른 배관두께**

관종류	SDR	압력
1호관	11 이하	0.4MPa 이하
2호관	17 이하	0.25MPa 이하
3호관	21 이하	0.2MPa 이하

해답 ① SDR11 : 0.4MPa 이하

② SDR17 : 0.25MPa 이하

06 도시가스 배관을 지하에 매설한 후 다음과 같은 전기방식법을 시공하였을 때 터미널 박스 설치간격을 쓰시오.

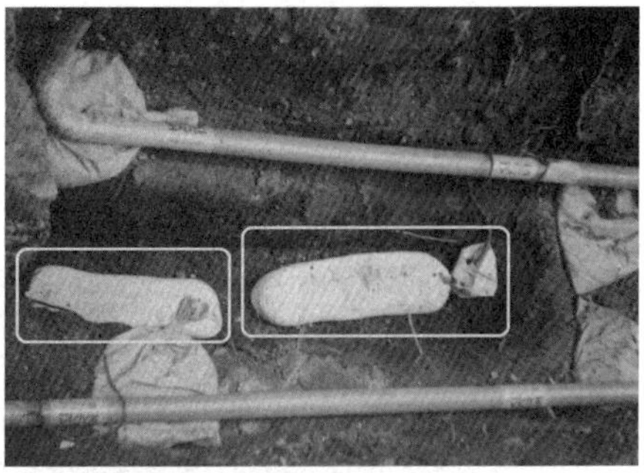

해설 **전위측정용 터미널(T/B)설치간격**

① 희생양극법 또는 배류법 : 300m이내

② 외부전원법 : 500m이내

해답 희생양극법 : 300m 이내

07 동영상에서 보여주는 비파괴검사법의 명칭을 쓰시오.

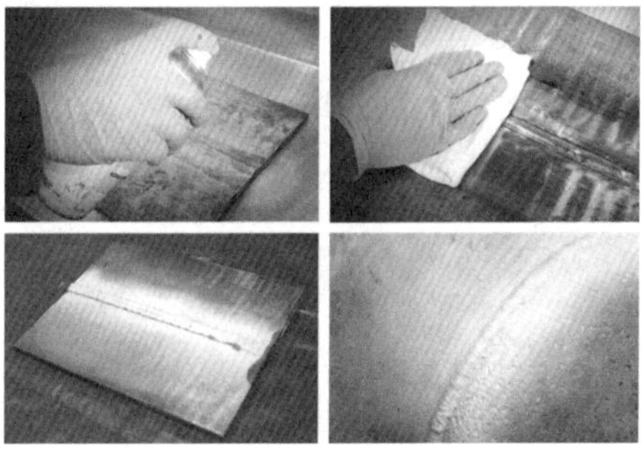

해답 침투검사

08 도시가스시설에 전기방식 효과를 유지하기 위하여 빗물이나 그 밖에 이물질의 접촉으로 인한 절연의 효과가 상쇄되지 아니하도록 절연 이음매 등을 사용해 절연조치를 하는 장소를 2개소 쓰시오.

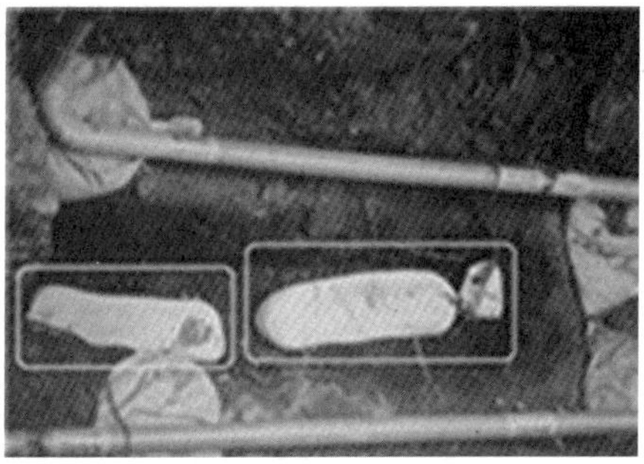

해답 ① 교량횡단 배관의 양단
② 배관과 강재 보호관 사이
③ 배관과 배관지지물 사이
④ 다른 시설물과 접근 교차지점
⑤ 지하에 매설된 배관의 부분과 지상에 설치된 부분의 경계

09 다음 (   )안에 적당한 용어를 쓰시오.

액화가스가 저장된 저장시설에 설치되는 방류둑 성토의 기울기는 수평에 대하여 (①)도 이하로 하며, 성토 윗부분의 폭은 (②) cm 이상으로 한다.

해답 ① 45　　② 30

10 가스용 폴리에틸렌관(PE관)을 맞대기 융착이음 할 경우 최소 관지름은 몇 mm인지 쓰시오.

해답 공칭외경 90

2015년도 제1회

01 일반도시가스사업의 입상관 밸브에 대한 물음에 답하시오.

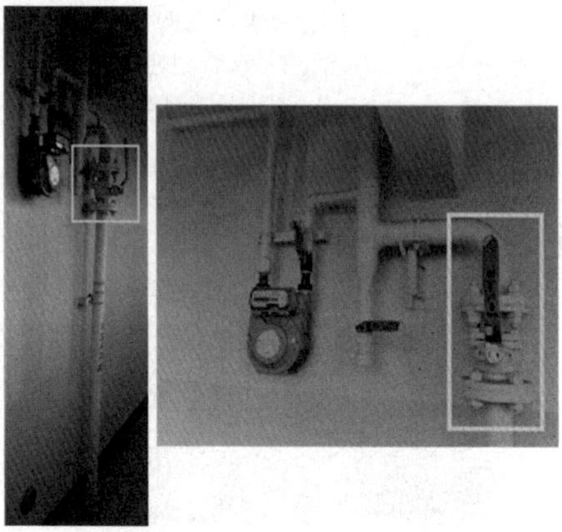

(1) 입상관 밸브는 입상관마다 설치하는 것을 원칙으로 하는데 해당 동 전체를 차단할 수 있는 1개의 입상관 밸브를 설치한 경우에는 입상관마다 입상관 밸브를 설치한 것으로 볼 수 있는 경우는 어떤 시설인지 쓰시오.
(2) 입상관 밸브를 지면 또는 바닥면으로부터 2.0m 보다 높은 위치에 설치할 경우 조건을 쓰시오.

해답 (1) 다세대주택, 연립주택 및 30세대 이하의 소규모 공도주택 등
(2) 원격으로 차단이 가능한 전동밸브를 설치하거나, 입상관 밸브 차단을 위한 전용계단을 견고하게 고정 설치한 경우

02 퓨즈콕이 설치된 곳에서 호스가 파손되는 것 등에 의해 가스가 누출 할 때의 이상 과다 유량을 감지하여 가스를 차단하는 안전장치의 명칭을 쓰시오.

해답 과류차단 안전기구

03 가스용 폴리에틸렌관의 융착이음의 종류를 2가지 쓰시오.

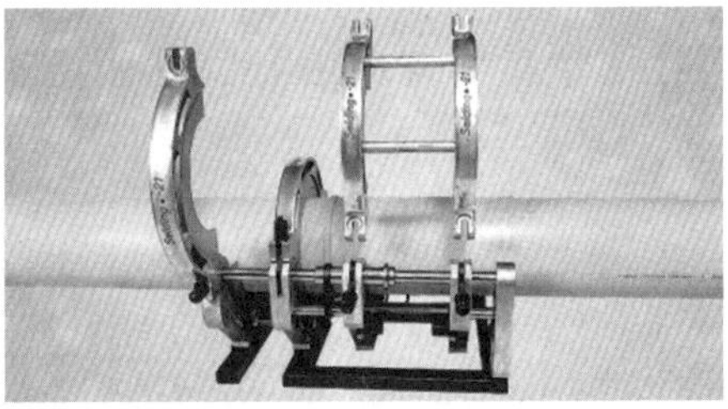

해답 ① 맞대기 융착이음 ② 소켓 유착이음
③ 새들 융착이음

04 초저온 용기에 충전하는 가스의 최고온도를 쓰시오.

해설 **초저온 용기의 정의**

−50℃ 이하의 액화가스를 충전하기 위한 용기로서 단열재로 피복하거나 냉동설비로 냉각하는 등의 방법으로 용기내의 가스온도가 상용의 온도를 초과하지 아니하도록 한 용기를 말한다.

해답 −50℃

05 건축물 내부에 호치지름 20mm 가스배관을 300m 설치하였을 때 배관 고정장치는 몇 개를 설치하여야 하는지 구하시오.

해설 **관경에 따른 배관 고정장치 설치간격**

① 관경 13mm미만 : 1m마다
② **관경 13mm 이상 33mm 미만 : 2m마다**
③ 관경 33mm이상 : 3m마다

※ **고정장치 수량**$=\dfrac{300m}{2m}=$**150(개)**

해답 150개

06 맞대기 융착이음을 하는 가스용 폴리에틸렌관의 두께가 20mm일 때 비드 폭의 1) 최소치(Bmin)와 2) 최대치(Bmax)를 각각 계산하시오.

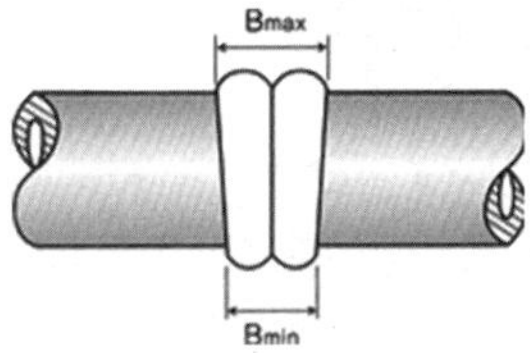

해설 맞대기융착의 공칭외경별 비드폭은 원칙적으로 다음 계산식에 따라 산출한 최소치 이상 최대치 이하로 한다.

비드 폭 최소(Bmin) : 3+0.5t
비드 폭 최대(Bmax) : 5+0.75t
여기서 t : 배관두께(mm)

해답 1) 최소치=3+0.5×20=13mm
2) 최대치=5+0.5×20=20mm

07 고압가스를 용기에 충전하는 다음 물음에 답하시오.

(1) "A" 용기의 최고충전압력 기준을 쓰시오.
(2) "B" 용기에 충전하는 가스의 품질검사에 사용하는 시약의 종류를 쓰시오.

해답 (1) 15℃에서 용기에 충전할 수 있는 가스의 압력 중 최고압력을 말한다.
(2) 하이드로썰파이드 시약

참고 **수소의 품질검사 기준**

수소는 하이드로썰파이드 시약을 사용한 오르잣드법에 의한 시험결과 순도가 99.0% 이상이고, 용기내의 가스충전압력이 35℃에서 11.8MPa 이상일 것

08 액화천연가스(LNG)의 주성분에 대한 다음 물음에 답하시오.

(1) 분자식 :

(2) 비등점 :

(3) 기체 상태의 비중 :

(4) 폭발범위 :

해답 (1) CH_4 (2) −161.5℃

(3) 가스비중$=\frac{\text{분자량}}{29}=\frac{16}{29}=0.55$

(4) 5~15%

09 LP가스 판매시설의 용기보관실 기준에 대한 ( ) 안에 알맞은 숫자 및 용어를 쓰시오.

(1) 용기보관실 면적은 ( )m^2 이상으로 한다.

(2) 용기보관실의 용기는 그 용기보관실의 안전을 위하여 ( )으로 하지 않는다.

해답 (1) 19 (2) 용기집합식

10 방폭전기기기에 표시된 내용에 대하여 설명하시오.

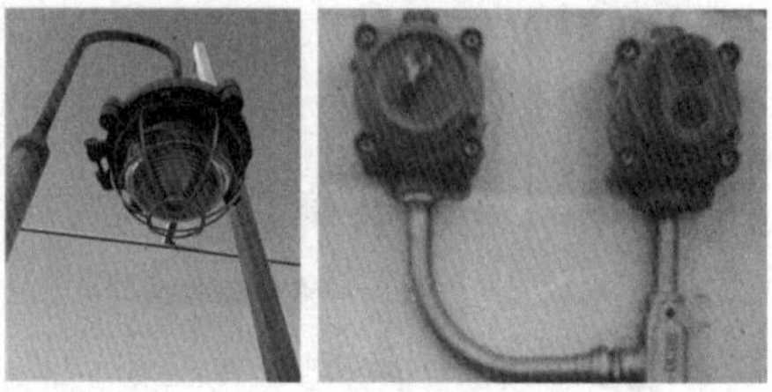

(1) Ex : (2) d :

(3) ⅡB : (4) T4 :

해답 (1) 방폭구조

(2) 내압방폭구조

(3) 내압 방폭전기기기의 폭발등급 (최대안전틈새 범위 0.5mm 초과 0.9mm 미만)

(4) 방폭전기기기의 온도등급 (135℃ 초과 200℃ 이하)

참고 **가연성가스의 발화도 범위에 따른 방폭전기기기의 온도등급**

발화도(℃) 범위	온도등급
450 초과	T1
300 초과 450 이하	T2
200 초과 300 이하	T3
135 초과 200 이하	T4
100 초과 135 이하	T5
85 초과 100 이하	T6

참고 **가연성가스의 폭발등급 및 내압방폭구조의 폭발등급**

최대안전틈새 (mm)	0.9 이상	0.5초과 0.9 미만	0.5 이하
가연성가스의 폭발등급	A	B	C
방폭전기기기의 폭발등급	ⅡA	ⅡB	ⅡC
(비고) 최대안전틈새는 내용적이 8L이고 틈새 깊이가 25mm인 표준용기 안에서 가스가 폭발할 때 발생한 화염이 용기 밖으로 전파하여 가연성가스에 점화되지 않는 최댓값이다.			

2015년도 제2회

01 정압기실에 설치되는 가스누출검지 통보장치의 검지부에 대한 물음에 답하시오.

(1) 검지부 설치 수 기준을 쓰시오.

(2) 작동상황 점검 주기를 쓰시오.

해답 (1) 정압기실 바닥면 둘레 20m에 대해서 1개 이상
(2) 1주일 1회 이상

참고 **일반도시가스사업의 정압기의 분해점검**

정압기는 설치 후 2년에 1회 이상 분해점검을 실시하고 1주일에 1회 이상 작동상황을 점검하며, 필터는 가스공급개시 후 1월 이내 및 가스공급개시 후 매년 1회이상 분해점검을 실시할 것.

02 다음 공업용 용기에 충전하는 가스 명칭을 각각 쓰시오.

해답 (1) 산소 (2) 아세틸렌
(3) 이산화탄소 (4) 수소

03 충전용기 어깨부분에 각인된 기호 및 숫자를 보고 물음에 답하시오.

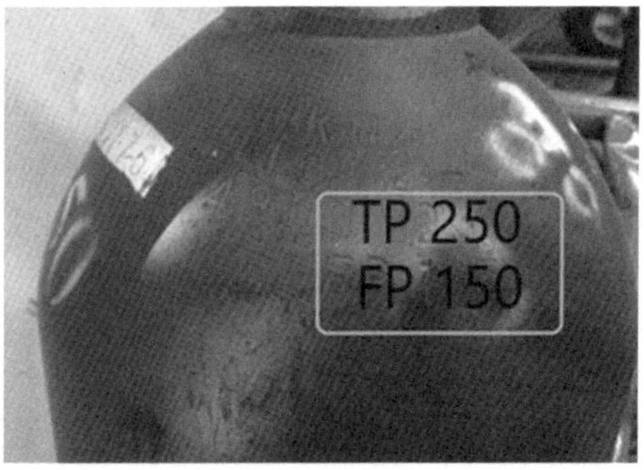

(1) 내압시험압력을 쓰시오.

(2) 최고충전압력을 쓰시오.

해답 (1) 250kgf/cm^2 (2) 150kgf/cm^2

04 충전용기 밸브 몸체에 각인된 "LG"를 설명하시오.

해답 액화석유가스외의 액화가스 충전 용기의 부속품

05 관지름 90mm 이상인 가스용 폴리에틸렌관(PE관)을 지하에 매설 중에 접합하는 것으로 이음방법의 명칭을 쓰시오.

해답 맞대기 융착이음

06 자석의 S극과 N극을 이용하여 검사하는 비파괴 검사의 명칭을 쓰시오.

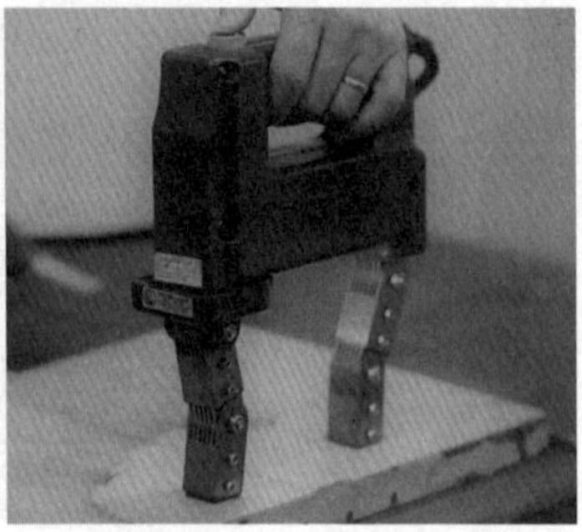

해답 자기검사(자분검사)

07 파일럿 버너 또는 메인 버너의 불꽃이 꺼지거나 연소기구 사용 중에 가스 공급이 중단 또는 불꽃 검지부에 고장이 생겼을 때 자동으로 가스 밸브를 닫히게 하여 불이 꺼졌을 때 가스가 유출되는 것을 방지하는 안전장치로 종류에는 열전대식, UV－cell 방식 등이 있다. 이 장치의 명칭을 쓰시오.

해답 소화안전장치

08 도시가스 사용시설에서 사용되는 가스용품이다. (A)와 (B)의 명칭을 각각 쓰시오.

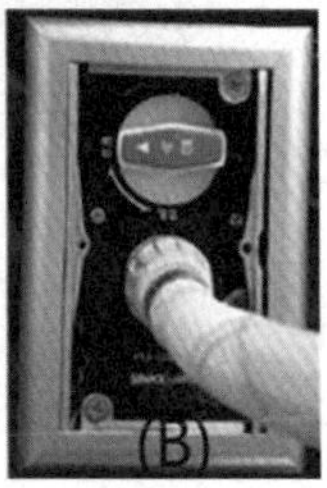

해답 (A) 퓨즈콕 (B) 상자콕

09 다음 ( ) 안에 알맞은 용어를 쓰시오.

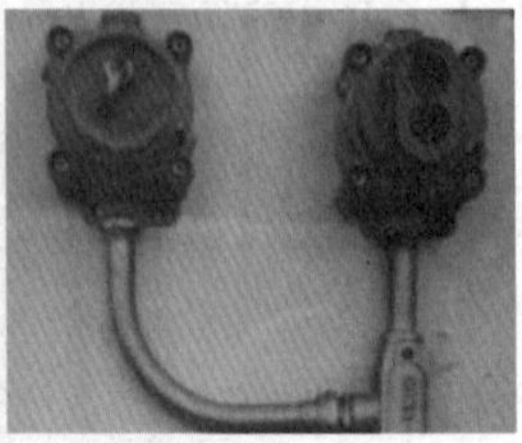

방폭전기기기 명판 표시에서 “d”는 (①) 방폭구조, “ⅡC”는 (②)등급이라 한다.

해답 ① 내압 ② 폭발

10 방폭등과 같이 방폭형전기기기 결함부의 나사류를 외부에서 쉽게 조작함으로써 방폭 성능을 손상시킬 우려가 있는 드라이버, 스페너, 플라이어 등의 일반 공구로 조작할 수 없도록 한 구조의 1) 명칭과 2) 방폭형전기기기의 온도등급 T4의 발화도 범위를 쓰시오.

해답 1) 명칭 : 자물쇠식 죄임 구조
2) 발화도 범위 : 135℃ 초과 200℃ 이하

2015년도 제3회

01 도로에 매설 시공하는 도시가스 공급관에 대한 다음 물음에 답하시오.

(1) 시공하는 도시가스 배관의 내압성능을 쓰시오.
(2) 굴착공사로 인한 배관손상을 방지하기 위하여 시공하는 보호판의 재료를 쓰시오.

해답 (1) 최고사용압력의 1.5배 이상
(2) KS D 3503(일반구조용 압연강재) 또는 이와 동등 이상의 성능이 있는 것

02 도시가스 배관의 부식방지를 위한 전위상태는 방식전류가 흐르는 상태에서 자연전위와의 전위 변화는 최소한 얼마 이하로 하여야 하는지 쓰시오. (단, 다른 금속과 접촉하는 배관은 제외한다)

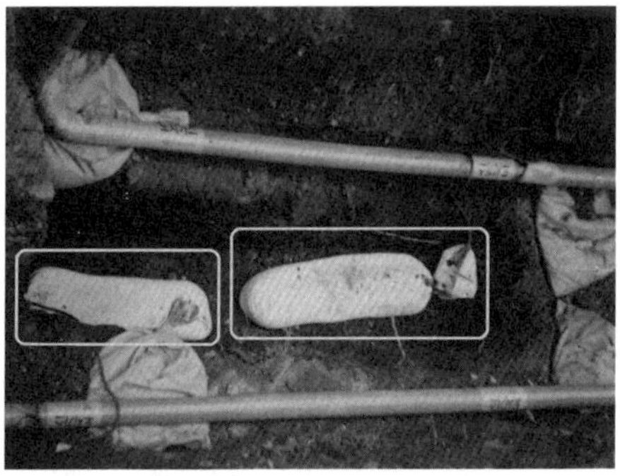

해답 −300mV

03 가스용 폴리에틸렌관(PE관) 시공에 대한 물음에 답하시오.

(1) PE관을 지상에 노출하여 시공할 수 있는 경우를 쓰시오.
(2) 40℃ 이상인 곳에 설치 가능한 경우를 쓰시오.

해답 (1) 지상배관과 연결을 위하여 금속관을 사용하여 보호조치를 한 경우로서 지면에서 30cm 이하로 시공하는 경우
(2) 파이프 슬리브를 이용하여 단열조치를 한 경우

04 가연성가스의 폭발등급 및 내압방폭구조의 폭발등급분류 기준에서 각 번호에 알맞은 용어를 쓰시오.

최대안전틈새 (mm)	0.9 이상	0.5 초과 0.9 미만	0.5 이하
가연성가스의 폭발등급	①	②	③
방폭전기기기의 폭발등급	④	⑤	⑥

해답 ① A ② B ③ C
④ ⅡA ⑤ ⅡB ⑥ ⅡC

05 산소 충전시설 및 아세틸렌 용기 부속품에 대한 다음 물음에 답하시오.

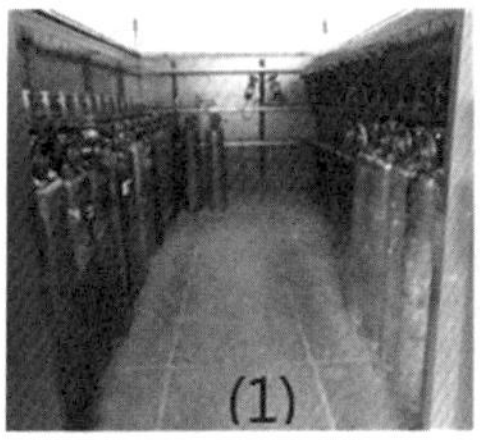
(1)

(2)

(1) 산소를 충전할 때 압축기와 충전용 지관 사이에 설치하여야 할 기기를 쓰시오.

(2) 아세틸렌 용기 부속품 보호를 위해서 사용하는 부품의 명칭을 쓰시오.

해답 (1) 수취기　　　　　　(2) 밸브 보호용 캡

06 도시가스(NG)를 사용하는 연소기구 중에서 기준상 적합하지 않은 부분을 지적하시오.

(1)

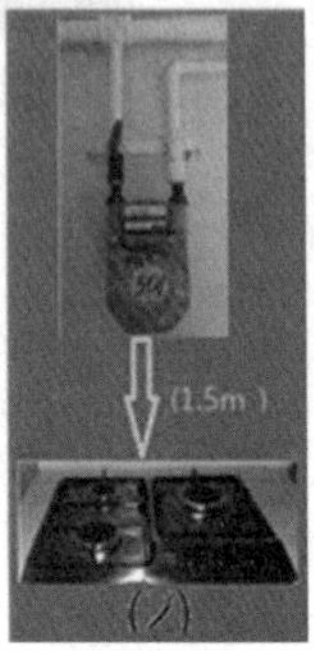

(2)

해답 (1) 가스검지기가 천장에서 30cm 이내에 설치되지 않았다.

(2) 가스미터가 화기와 2m 이상의 우회거리가 확보되지 않았고, 차열판을 설치하지 않았다.

07 다음 (　　) 안에 알맞은 용어를 쓰시오.

동영상에서 보여주는 LP가스 용기는 원칙적으로 (　　)장치가 설치되어 있는 시설에서만 사용한다.

해답 기화

08 도시가스 배관 호칭지름 25mm를 고정설치 할 경우 작업자가 지켜야 할 사항 2가지를 쓰시오.

해답 ① 고정장치를 2m마다 설치한다.

② 배관과 고정장치 사이에 절연조치를 한다.

참고 **관경에 따른 배관 고정장치 설치간격**

① 관경 13mm 미만 : 1m마다

② 관경 13mm 이상 33mm 미만 : 2m마다

③ 관경 33mm 이상 : 3m마다

09 가스용 폴리에틸렌관(PE관)을 지하에 매설할 경우에 사용하는 이 설비의 명칭을 쓰시오.

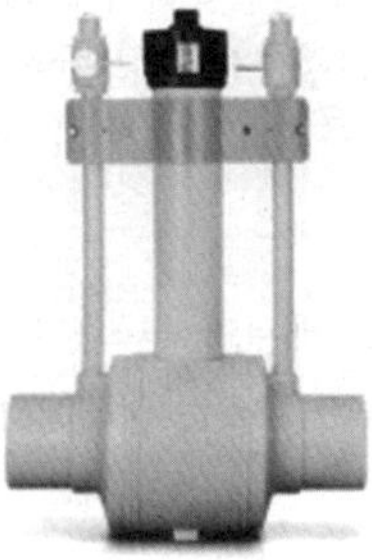

해답 가스용 PE밸브

10 LP가스 탱크로리 정차 위치에 설치된 장치이다. 1) 지시하는 부분의 명칭을 쓰고, 2) 저장탱크 표면적 $1m^2$당 물분무능력을 쓰시오.

해답 1) 명칭 : 냉각살수장치
2) 물분무능력 : 5L/min 이상

2016년도 제1회

01 방폭전기기기에 대한 다음 [보기]의 설명과 그림을 보고 방폭구조의 명칭과 기호를 각각 쓰시오.

| 보기 |

용기내부에 보호가스(신선한 공기 또는 불활성가스)를 압입하여 내부 압력을 유지함으로서 가연성 가스가 용기 내부로 유입되지 않도록 한 구조이다.

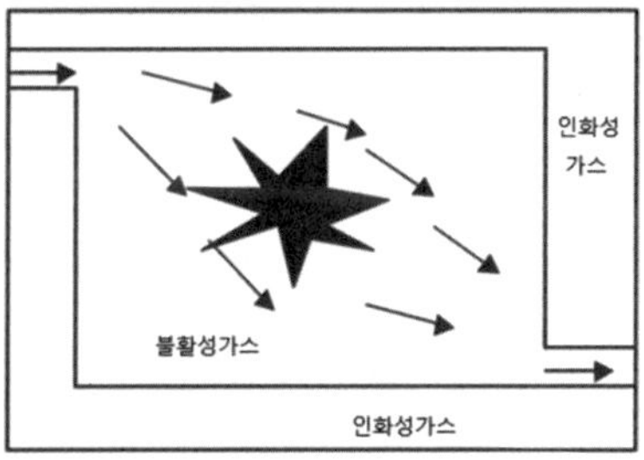

해답 ① 명칭 : 압력방폭구조
② 기호 : p

02 액화가스 저장탱크가 설치된 장소의 방류둑 외면에 설치되어 있는 1) 밸브의 명칭과 2) 이것이 평상시에 닫혀 있는지, 열려 있는지를 쓰시오.

해답 ① 명칭 : 방류둑 내의 배수밸브
② 닫혀 있어야 한다.

03 고압가스 설비에서 이상상태가 발생하는 경우 그 설비 내의 내용물을 설비 밖으로 긴급하고 안전하게 이송하는 설비의 설치높이를 착지농도 기준으로 쓰시오.

해답 ① 가연성 가스 : 폭발하한계값 미만
② 독성가스 : TLV-TWA 기준농도 미만

04 동영상은 지하에 매설된 도시가스 배관을 전기방식 조치를 하기 위하여 설치된 정류기이다. 이 전기방식법의 전위측정용 터미널 설치간격을 쓰시오.

해설 **전위측정용 터미널(T/B)설치간격**
① 희생양극법 또는 배류법 : 300m이내
② 외부전원법 : 500m이내

해답 500m 이내

05 매설된 도시가스 배관의 누설을 탐지하는 차량으로 이곳에서 사용하는 가스누출검지기의 명칭을 쓰시오.

해답 수소불꽃(염) 이온화 검출기(FID)

06 저장능력 20만 톤인 액화천연가스(LNG) 저압 지하식 저장탱크의 외면과 사업소 경계까지 유지하여야 하는 안전거리는 몇 m 이상인지 쓰시오.

해설 LNG 저장설비와 사업소경계 안전거리

$$L = 0.240 \times \sqrt[3]{143000 \times \sqrt{200000}}$$
$$= 95.98(m)$$

해답 95.98m

07 LP가스 자동차 충전기(dispenser)에 대한 다음 물음에 답하시오.

(1) 충전호스 끝부분에 설치하는 장치의 명칭을 쓰시오.

(2) 충전호스에 과도한 인장력이 작용하였을 때 분리되는 안전장치의 명칭을 쓰시오.

해답 (1) 정전기 제거장치
(2) 세이프티 커플링

08 가스용 폴리에틸렌관(PE관)을 맞대기 융착이음 할 경우 최소 관지름은 몇 mm인지 쓰시오.

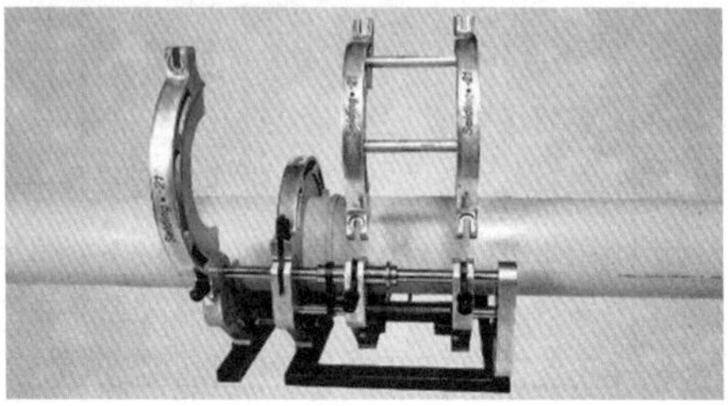

해답 공칭외경 90

09 특정가스사용시설의 기밀시험에 대한 다음 (   ) 안에 알맞은 용어 및 숫자를 넣으시오.

> 최고사용압력이 고압 또는 중압인 배관으로서 용접에 의해 접합되고 (①)에 의해 합격된 배관은 통과하는 가스를 시험가스로 사용하고 (②)% 이하에서 작동하는 가스검지기를 사용하여 당해 검지기가 작동하지 아니하는 것으로 판정한다.

해답 ① 방사선투과시험   ② 0.2

10 도시가스 사용시설에 설치되는 가스계량기에 대한 다음 물음에 답하시오.

(1) 가스계량기와 화기 사이에 유지하여야 할 우회거리를 쓰시오.

(2) 가스계량기의 바닥으로부터 설치 높이를 쓰시오.

(3) 가스계량기와 전기접속기와의 이격거리를 쓰시오.

해답 (1) 2m 이상 (2) 1.6m 이상 2m 이내
(3) 30cm 이상

참고 **가스계량기와 전기공작물과의 거리**
① 60cm 이상 : 전기계량기, 전기개폐기
② 30cm 이상 : 굴뚝(단열조치 안한 것)·전기점멸기, 전기접속기
③ 15cm 이상 : 절연조치 안한 전선

2016년도 제2회

01 정압기용 필터에 검사에 합격한 필터라는 것을 쉽게 식별할 수 있도록 표시하는 합격표시에 대하여 설명하시오.

해답 바깥지름 7mm의 각인(K)으로 한다.

02 매설된 도시가스 배관의 전기방식법 중 전위측정터미널(TB) 설치간격을 쓰시오.

(1) 외부전원법 :

(2) 배류법 :

(3) 희생양극법 :

해답 (1) 500m 이내 (2) 300m 이내
(3) 300m 이내

03 아세틸렌 충전용기에 각인된 "TW"에 대하여 용어를 쓰시오.

해답 아세틸렌 용기 질량에 다공물질, 용제 및 밸브의 질량을 합한 질량(Kg)

04 도시가스를 사용하는 연소기에서 황염이 발생하는 이유를 2가지 설명하시오.

해답 ① 불꽃이 저온의 물체에 접촉하였을 경우

② 1차 공기량 부족으로 불완전연소가 되는 경우
③ 연소반응이 충분한 속도로 진행되지 않을 경우

05 도로 및 공동주택 등의 부지 안 도로에 도시가스 배관을 매설하는 경우에 설치하는 라인마크의 모양을 6가지 쓰시오.

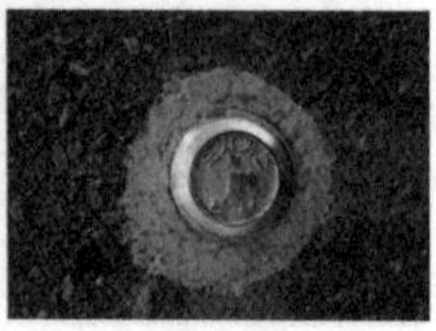

해답 ① 직선방향 ② 일방향
③ 양방향 ④ 삼방향
⑤ 135° 방향 ⑥관말지점

06 LP가스 자동차단장치의 구성 모습이다. 지시하는 (1), (2), (3)의 명칭과 기능을 각각 쓰시오.

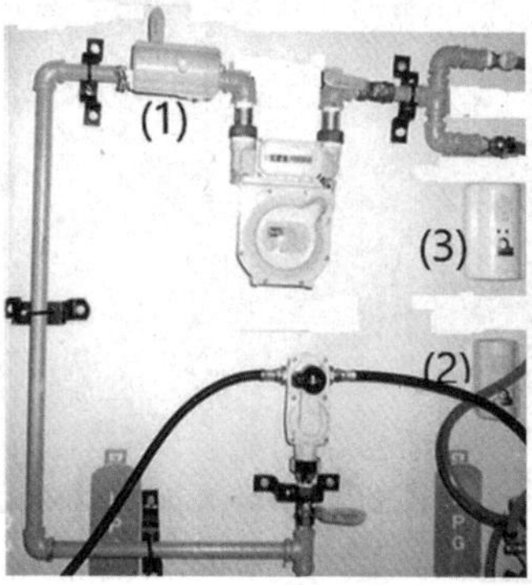

해답 (1) 차단부 : 제어부로부터 보내진 신호에 따라 가스의 유로를 개폐하는 기능을 한다.
(2) 검지부 : 누출된 가스를 검지하여 제어부로 신호를 보내는 기능을 한다.
(3) 제어부 : 차단부에 자동차단신호를 보내는 기능, 차단부를 원격 개폐할 수 있는 기능 및 경보 기능을 한다.

07 동영상에서 보여주는 장미는 액화천연가스(LNG)에 넣었다가 빼낸 것으로 꽃잎이 쉽게 부스러진다. 액화천연가스 주성분에 대한 다음 물음에 답하시오.

(1) 분자식 :
(2) 비등점 :
(3) 기체 상태의 비중 :
(4) 공기 중 폭발범위 :

해답 (1) CH_4 (2) −161.5℃
(3) 가스비중$=\frac{분자량}{29}=\frac{16}{29}=0.55$
(4) 5~15%

08 LP가스 자동차 충전기(dispenser)에 대한 물음에 답하시오.

(1) 충전호스의 최대길이는 몇m 이내 인지 쓰시오.
(2) 충전호스에 과도한 인장력이 작용하였을 때 분리되는 안전장치의 명칭을 쓰시오.

해답 (1) 5 (2) 세이프티 커플링

09 방폭전기기기의 방폭구조 종류 6가지를 쓰시오.

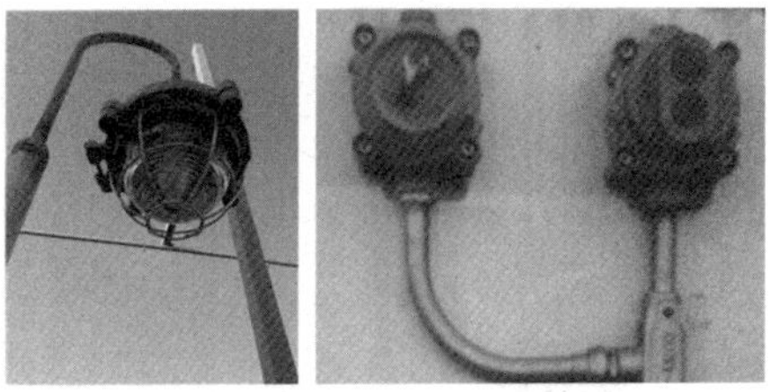

해답 ① 내압방폭구조　② 유입방폭구조
③ 압력방폭구조　④ 본질안전방폭구조
⑤ 안전증 방폭구조　⑥ 특수방폭구조

10 지상에 설치된 LP가스 저장탱크에 부착된 클린카식 액면계 상·하 배관에는 어떤 형식의 밸브를 설치하는지 쓰시오.

해답 자동 및 수동식 스톱밸브

2016년도 제3회

01 산소 충전소와 가연성 가스 충전용기를 동일 차량에 적재할 때 주의사항을 쓰시오.

해답 산소와 가연성 가스 충전용기 밸브가 서로 마주보지 않도록 적재한다.

02 파일럿 버너 또는 메인 버너의 불꽃이 꺼지거나 연소기구 사용중에 가스 공급이 중단 또는 불꽃 검지부에 고장이 생겼을 때 가스가 유출되는 것을 방지하는 안전장치로 종류에는 열전대식, UV-cell 방식 등이 있다. 이 장치의 명칭을 쓰시오.

해답 소화안전장치

03 방폭등과 같이 방폭전기기기 결함부의 나사류를 외부에서 쉽게 조작함으로써 방폭성능을 손상시킬 우려가 있는 것은 드라이버, 스패너, 플라이어 등의 일반공구로 조작할 수 없도록 한 1) 구조의 명칭과 2) 방폭전기기기의 온도등급 T4의 발화도 범위는 몇 ℃인지 쓰시오.

해답 1) 명칭 : 자물쇠식 죄임 구조
2) 발화도 범위 : 135℃ 초과 200℃ 이하

04 도시가스의 공급압력이 저압인 경우 압력 조정기를 설치할 때 공동주택의 최대 세대수는 얼마인지 쓰시오.

해답 250세대 미만

05 가스용 폴리에틸렌관(PE)에 대한 다음 물음에 답하시오.

(1) SDR을 구하는 계산식을 쓰시오.

(2) 최고사용압력이 0.3MPa일 경우 SDR 값은 얼마인지 쓰시오.

해설 압력범위 따른 배관두께

관종류	SDR	압력
1호관	11 이하	0.4MPa 이하
2호관	17 이하	0.25MPa 이하
3호관	21 이하	0.2MPa 이하
여기서 SDR(standard dimension ration) SDR=D(외경)/t(최소두께)		

해답 (1) $SDR = \frac{D(\text{외경})}{t(\text{최소두께})}$

(2) SDR 11 이하

06 다음 공업용 용기에 충전하는 가스 명칭을 각각 쓰시오.

해답 (1) 산소 (2) 아세틸렌
(3) 이산화탄소 (4) 수소

07 LP가스 자동차용 충전기(dispenser)의 충전호스 설치기준을 4가지를 쓰시오.

해답 ① 충전호스 길이는 5m 이내일 것
② 충전호스에 정전기 제거장치를 설치할 것
③ 충전호스에 과도한 인장력이 가해졌을 때 충전기와 주입기가 분리될 수 있는 안전장치를 설치할 것
④ 가스 주입기는 원터치형으로 할 것

08 퓨즈콕 구조에 대한 다음 설명 중 다음 (　　　) 안에 알맞은 용어를 쓰시오.

(1) 퓨즈콕은 가스유로를 (①)로 개폐하고, (②)가 부착된 것으로 한다.

(2) 콕의 핸들 등을 회전하여 조작하는 것은 핸들의 회전 각도를 90°나 180°로 규제하는 (③)를 갖추어야 한다.

(3) 콕을 완전히 열었을 때의 핸들의 방향은 유로의 방향과 (④)인 것으로 한다.

(4) 콕은 닫힌 상태에서 (⑤)이 없이는 열리지 아니하는 구조로 한다.

해답 ① 볼 ② 과류차단안전기구
③ 스토퍼 ④ 평행
⑤ 예비적 동작

09 LP가스 용기 충전사업소에 대한 다음 물음에 답하시오.

(1) 지상에 설치된 저장탱크 저장능력이 100톤일 경우 저장설비 외면에서 사업소 경계까지 유지해야 할 안전거리를 쓰시오.

(2) 충전설비 외면으로부터 사업소 경계까지 유지해야 할 안전거리를 쓰시오.

해설 액화석유가스 충전시설 중 저장설비사업소 경계와의 거리

저장능력	사업소 경계와의 거리
10톤 이하	24 m
10톤 초과 20톤 이하	27 m
20톤 초과 30톤 이하	30 m
30톤 초과 40톤 이하	33 m
40톤 초과 200톤 이하	36 m
200톤 초과	39 m

해답 (1) 36m 이상 (2) 24m 이상

10 도시가스 매설배관의 부식을 방지하는 방법에 대한 다음 물음에 답하시오.

(1) 전기방식(電氣防蝕)에 대하여 설명하시오.

(2) 외부전원법(外部電源法)에 대하여 설명하시오.

해답 (1) 배관의 외면에 전류를 유입시켜 양극반응을 저지함으로써 배관의 전기적 부식을 방지하는 것을 말한다.
(2) 외부직류전원장치의 양극(+)은 매설배관이 설치되어 있는 토양이나 수중에 설치한 외부전원용전극에 접속하고, 음극(−)은 매설배관에 접속시켜 전기적 부식을 방지하는 방법을 말한다.

2017년도 제1회

01 LP가스용 자동차에 고정된 탱크 이입·충전 장소에 설치된 냉각살수장치에 대한 다음 물음에 답하시오.

(1) 물분무능력은 저장탱크 표면적 $1m^2$당 얼마인지 쓰시오.

(2) 살수장치는 ( )중 최대용량의 것을 기준으로 설치한다. ( ) 안에 알맞은 용어를 쓰시오.

해답 (1) 5L/min 이상
(2) 국내에 운행하는 자동차에 고정된 탱크

02 가스용 폴리에틸렌관(PE관)의 SDR값에 따른 사용조건을 쓰시오.

(1) SDR 11 : (2) SDR 17 :

해답 (1) 지하에 매몰되는 배관으로 사용압력이 0.4Mpa 이하
(2) 지하에 매몰되는 배관으로 사용압력이 0.25Mpa 이하

03 LP가스 충전사업소에서 폭발사고가 발생하였을 경우 사업자가 한국가스안전공사에 제출하여야 하는 사고보고서 중 기술하여야 할 내용을 5가지 쓰시오.

해답 ① 통보자의 소속, 직위, 성명 및 연락처
② 사고발생 일시 ③ 사고발생 장소
④ 사고내용 ⑤ 시설현황
⑥ 피해현황

04 동영상을 보고 다음 물음에 답하시오.

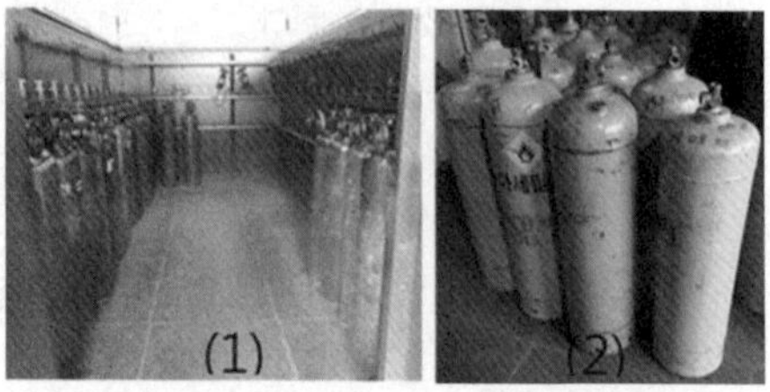

(1) 산소를 충전할 때 압축기와 충전용 지관 사이에 설치하여야 할 기기의 명칭을 쓰시오.
(2) 아세틸렌 용기 부속품을 보호하기 위해서 사용하는 부품의 명칭을 쓰시오.

해답 (1) 수취기 (2) 밸브보호용 캡

05 도시가스 사용시설에서 사용되는 가스 용품의 명칭을 각각 쓰시오.

해답 (1) 퓨즈콕 (2) 상자콕

06 도시가스 사용시설에 설치된 압력조정기의 1) 설치 높이와 2) 안전점검 주기를 각각 쓰시오.

해답 1) 설치높이 : 제한이 없다
2) 안전점검 주기 : 1년에 1회 이상

참고 압력조정기는 지면으로부터 1.6m 이상 2m 이내에 설치한다. 다만, 격납상자 안에 설치하는 경우에는 그러하지 아니할 수 수 있다.

07 가스누출자동차단장치의 검지부(a)에 대한 다음 내용 중 (   ) 안에 알맞은 수치를 넣으시오.

NG용 검지기는 천장으로부터 검지부 하단부까지 (①)m 이내로 설치해야 하며, 버너 중심으로부터 (②)m 이내에 1개 이상 설치하여야 한다.

해답 ① 0.3　　② 8

해설 **검지부의 설치기준**

① 검지부의 설치높이 : 천정으로부터 검지부 하단까지의 거리가 30cm 이하로 되도록 설치하여야 한다. 다만, 공기보다 무거운 가스를 사용하는 경우에는 바닥면으로부터 검지부 상단까지의 거리가 30cm이하로 되어야 한다.

② 검지부의 설치수 : 연소기버너의 중심부분으로부터, 수평거리 8m(공기보다 무거운 가스를 사용하는 경우에는 4m) 이내에 검지부 1개 이상이 설치되도록 하여야 한다.

08 동영상에서 보여주는 1) 장치의 명칭과 2) 가스 방출시 작동압력에서 대기압까지 방출 소요 시간은 방출 시작으로부터 몇 분 이내로 하는지 쓰시오.

해답 1) 명칭 : 벤트스택
2) 방출 소요 시간 : 60분

09 가연성가스의 폭발등급 및 내압방폭구조의 폭발등급분류 기준에서 각 번호에 알맞은 용어를 쓰시오.

최대안전틈새 (mm)	0.9 이상	0. 5 초과 0.9 미만	0.5 이하
가연성가스의 폭발등급	①	②	③
방폭전기기기의 폭발등급	④	⑤	⑥

해답 ① A　　② B　　③ C
④ ⅡA　　⑤ ⅡB　　⑥ ⅡC

10 액화천연가스(LNG) 인수기지에 대한 다음 물음에 답하시오.

(1) 1일 처리능력이 25만 m^3인 압축기와 LNG 저장탱크 외면과 유지해야 하는 안전거리를 쓰시오.

(2) 안전성 평가기준을 2가지 쓰시오.

해답 (1) 30m 이상
(2) ① 위험성 인지
② 사고발생 빈도 분석
③ 사고피해 영향 분석
④ 위험의 해석 및 판단

2017년도 제2회

01 방폭전기기기에 대한 다음 [보기]의 설명과 그림을 보고 방폭구조의 명칭과 기호를 각각 쓰시오.

| 보기 |

용기내부에 보호가스(신선한 공기 또는 불활성가스)를 압입하여 내부 압력을 유지함으로서 가연성 가스가 용기 내부로 유입되지 않도록 한 구조이다.

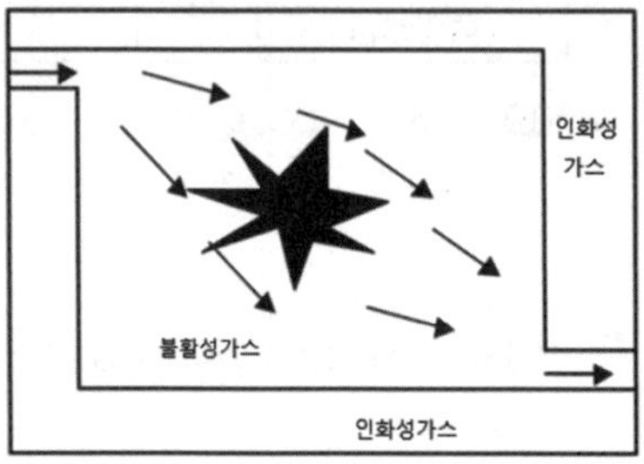

해답 ① 명칭 : 압력방폭구조
② 기호 : p

02 도시가스 정압기실 실내의 조명도를 쓰시오.

해답 150룩스 이상

03 특정가스사용시설의 기밀시험에 대한 다음 (　　　) 안에 알맞은 용어 및 숫자를 넣으시오.

최고사용압력이 고압 또는 중압인 배관으로서 용접에 의해 접합되고 (①)에 의해 합격된 배관은 통과하는 가스를 시험가스로 사용하고 (②)% 이하에서 작동하는 가스검지기를 사용하여 당해 검지기가 작동하지 아니하는 것으로 판정한다.

해답 ① 방사선투과시험　　② 0.2

04 도시가스 매설배관의 전기방식에 대한 다음 물음에 답하시오.

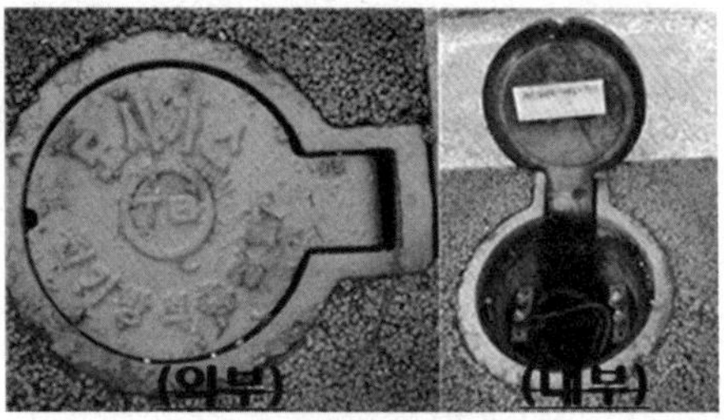

(1) 동영상에서 보여주는 것의 명칭을 쓰시오.
(2) 방식전류가 흐르는 상태에서 자연전위와의 전위변화는 얼마인지 쓰시오.(단, 다른 금속과 접촉하는 배관은 제외한다.)

해답 (1) 전위측정용 터미널박스
(2) −300mV 이하

05 도시가스를 사용하는 연소기구에서 1차 공기량이 부족할 경우, 연소반응이 충분한 속도로 진행되지 않을 경우 불꽃의 끝이 적황색으로 되어 연소하는 현상을 무엇이라 하는지 쓰시오.

해답 황염(옐로 팁)

06 다음 공업용 용기에 충전하는 가스 명칭을 각각 쓰시오.

해답 (1) 산소　　(2) 아세틸렌
(3) 이산화탄소　　(4) 수소

07 도시가스 사용시설에 사용되는 가스 용품으로 몸체에 표시된 "Ⓕ 1.2"에 대하여 설명하시오.

해답 1) Ⓕ : 퓨즈 콕
2) 1.2 : 과류차단 안전기구가 작동하는 유량이 시간당 $1.2m^3$이다.

08 가스용 폴리에틸렌관의 열융착이음의 종류 3가지를 쓰시오.

해답 ① 맞대기 융착이음　② 소켓 융착이음
③ 새들 융착이음

09 동영상을 보고 다음 (　) 안에 알맞은 용어를 쓰시오.

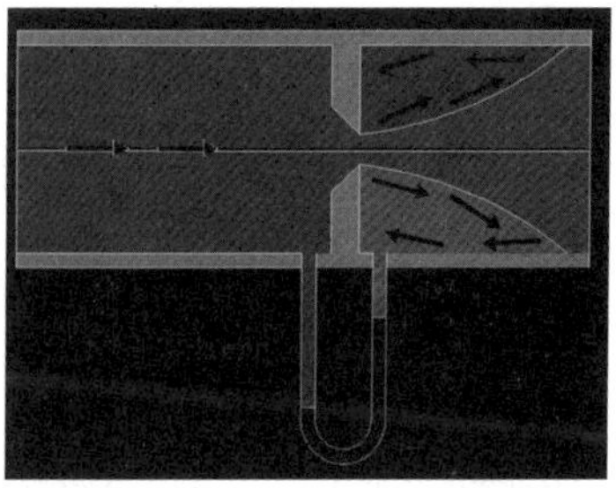

조리개 전후에 연결된 액주계의 압력차를 이용하여 유량을 측정하는 차압식 유량계는 (　　　　　) 원리를 응용한 것이다.

해답 베르누이 방정식(베르누이 정리)

10 밀폐식 보일러를 사람이 거처하는 곳에 부득이 설치할 경우 바닥면적이 $5m^2$이면 통풍구 면적은 최소 몇 cm^2인지 쓰시오.

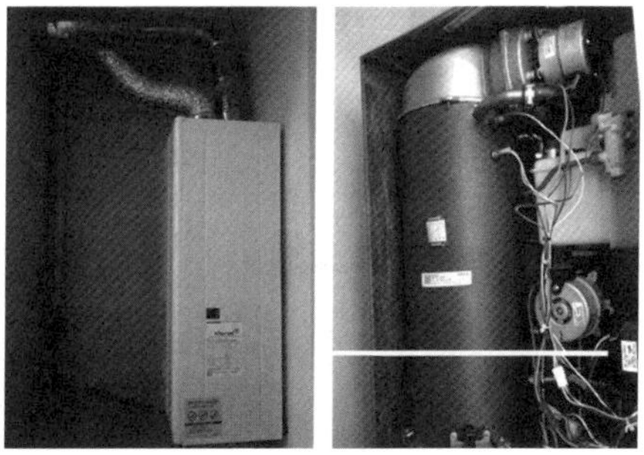

해설 **통풍구의 통풍 면적**

- 바닥면적 $1m^2$마다 $300cm^2$의 비율로 계산한 면적 이상
- $5m^2 \times \frac{300cm^2}{1m^2} = 1500(cm^2)$

해답 $1500cm^2$

2017년도 제3회

01 LP가스 자동차용 충전기(dispenser) 충전호스 설치 기준에 대한 다음 설명 중 ( ) 안에 알맞은 숫자 및 용어를 넣으시오.

(1) 충전기의 충전호스 길이는 (   )m 이내로 한다.

(2) 충전호스 끝에는 (   ) 제거장치를 설치한다.

(3) 충전호스에 과도한 (   )이 가해졌을 때 충전기와 가스주입기가 분리될 수 있는 안전장치를 설치한다.

(4) 충전호스에 부착하는 가스주입기는 (   )으로 한다.

해답 (1) 5　　(2) 정전기
(3) 인장력　　(4) 원터치형

02 용기 밸브 몸체에 각인된 "LG"는 어떤 충전용기 부속품을 의미하는지 쓰시오.

해답 액화석유가스 외의 액화가스 충전용기 부속품

03 방폭전기기기의 방폭구조 종류 6가지를 쓰시오.

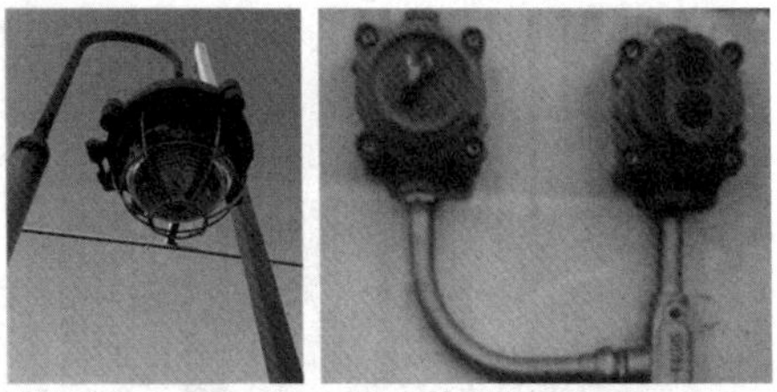

해답 ① 내압방폭구조　② 유입방폭구조
③ 압력방폭구조　④ 안전증 방폭구조
⑤ 본질안전 방폭구조　⑥ 특수방폭구조

04 실내에 설치된 기화장치에 대한 다음 물음에 답하시오.

(1) 액체 상태로 열교환기 밖으로 유출을 방지하는 장치의 명칭을 쓰시오.

(2) 액 유출 시 나타나는 현상을 2가지 쓰시오.

해답 (1) 액유출방지장치
(2) ① 인화, 폭발의 위험
② 산소 부족으로 인한 질식
③ 피부 노출 시 저온으로 인한 동상

05 가스용 폴리에틸렌관(PE관) 융착이음에 대한 다음 물음에 답하시오.

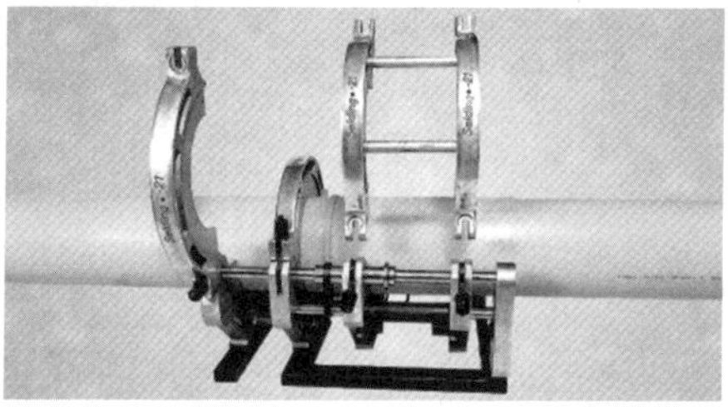

(1) 동영상에서 보여주는 융착이음 명칭을 쓰시오.

(2) 동영상에서 보여주는 융착이음을 할 경우 공칭 외경은 몇 mm 이상인지 쓰시오.

해답 (1) 맞대기 융착이음 (2) 90

06 희생양극법에 대한 다음 물음에 답하시오.

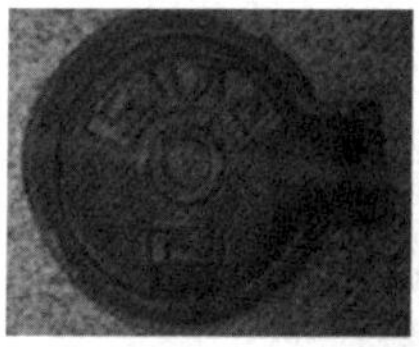

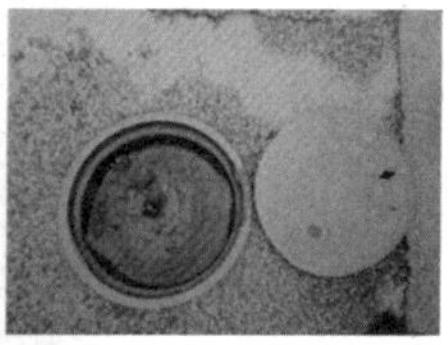

(1) 전위측정용 터미널 설치거리를 쓰시오.

(2) 포화황산동 기준 전극으로 황산염화원 박테리아가 번식하는 토양의 경우 방식전위 최대값을 쓰시오.

해답 (1) 300m 이내 (2) −0.95V

참고 **전기방식의 기준**

전기방식전류가 흐르는 상태에서 토양중에 있는 배관 등의 방식전위 상한 값은 포화황산동 기준 전극으로 −0.85V 이하(황산염환원 박테리아가 번식하는 토양에서는 −0.95V 이하)이어야 하고, 방식전위 하한 값은 전기철도 등의 간섭영향을 받는 곳을 제외하고는 포화황산동 기준전극으로 −2.5V 이상이 되도록 노력한다.

07 도시가스 정압기실 둘레가 55m일 경우 검지기 최소 설치수 기준으로 몇 개인지 쓰시오.

해설 **정압기의 가스누출검지통보설비**

정압기실에 설치하는 가스누출경보기의 검지부는 바닥면 둘레 20m에 대하여 1개 이상의 비율로 계산된 수를 설치한다.

$$\frac{55m}{20m} = 2.75 = 3(개)$$

해답 3개

08 공동주택에 압력조정기를 설치할 경우 공급되는 도시가스 압력이 중압 이상인 경우 공급세대수는 몇 세대 미만인지 쓰시오.

해설 **공동주택용 압력조정기 설치기준**

① 도시가스 압력 중압 이상 : 150세대 미만

② 도시가스 압력 저압 : 250세대 미만

해답 250세대 미만

09 도시가스 매설 배관용으로 사용하는 가스용폴리에틸렌관(PE관) 시공에 대한 다음 설명 중 (   ) 안에 알맞은 용어를 쓰시오.

(1) PE관은 노출배관으로 사용하지 않는다. 다만, 지상배관과 연결을 위하여 금속관을 사용하여 (   )를(을) 한 경우로서 지면에서 30cm 이하로 노출하여 시공하는 경우 노출배관으로 사용할 수 있다.

(2) PE배관은 온도가 40℃ 이상이 되는 장소에 설치하지 않는다. 다만 파이프 슬리브 등을 이용하여 (   )(을)를 한 경우에는 온도가 40℃ 이상이 되는 장소에 설치할 수 있다.

해답 (1) 보호조치 (2) 단열조치

10 압축천연가스(CNG)를 압축하는 압축기 출력(공급) 측에서 가스의 온도를 측정하는 계측기를 [보기]에서 골라 쓰시오.

| 보기 |

(1)

(2)

(3)

(4)

해설 **압축기 부품의 명칭**

(1) 고압차단스위치 (2) 압력계

(3) 온도계 (4) 액분리기

해답 (3)

2018년도 제1회

01 지상에 설치된 LP가스 저장탱크에 부착된 클린카식 액면계 상·하 배관에는 어떤 형식의 밸브를 설치하는지 쓰시오.

해답 자동 및 수동식 스톱밸브

02 동영상에서 보여주는 장미는 액화천연가스(LNG)에 넣었다가 빼낸 것으로 꽃잎이 쉽게 부스러진다. 액화천연가스 주성분에 대한 다음 물음에 답하시오.

(1) 분자식 :

(2) 비등점 :

(3) 기체 상태의 비중 :

(4) 공기 중 폭발범위 :

해답 (1) CH_4 (2) $-161.5℃$

(3) 가스비중 $= \dfrac{\text{분자량}}{29} = \dfrac{16}{29} = 0.55$

(4) 5~15%

03 도시가스 매설배관의 되메우기 작업 시 배관 상부에 설치하는 보호포를 최고사용압력에 따라 저압, 중압으로 구분하여 보호포의 색상을 쓰시오.

해설 **보호포의 바탕색**

- 최고사용압력 저압 : 황색
- 최고사용압력 중압 이상 : 적색

해답 **보호포의 바탕색**

① 저압 : 황색 ② 중압 : 적색

04 다음 [보기]에서 설명하는 방폭구조의 명칭과 기호를 각각 쓰시오.

| 보기 |

용기내부에 절연유를 주입하여 불꽃, 아크 또는 고온발생 부분이 기름 속에 잠기게 함으로써 기름면 위에 존재하는 가연성 가스에 인화되지 아니하도록 한 구조로 탄광에서 처음으로 사용하였다.

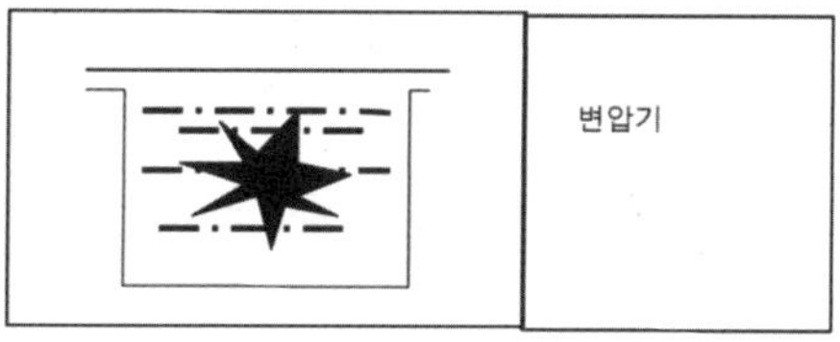

해답 ① 명칭 : 유입방폭구조

② 기호 : o

05 액화천연가스시설에서 내진설계 대상에 제외되는 경우 2가지를 쓰시오.

해답 ① 저장능력이 3톤(압축가스의 경우 $300m^3$) 미만인 저장탱크 또는 가스홀더

② 지하에 설치되는 시설

③ 건축법령에 따라 내진설계를 하여야 하는 것으로서 같은 법령이 정하는 바에 따라 내진설계를 한 시설

06 방폭등과 같이 방폭형전기기기 결합부의 나사류를 외부에서 쉽게 조작함으로써 방폭성능을 손상시킬 우려가 있는 드라이버, 스페너, 플라이어 등의 일반 공구로 조작할 수 없도록 한 구조의 1) 명칭과 2) 방폭형전기기기의 온도등급 T4의 발화도 범위를 쓰시오.

해답 1) 명칭 : 자물쇠식 죄임 구조

2) 발화도 범위 : 135℃ 초과 200℃ 이하

참고 **방폭전기기기 최고표면온도 분류**

온도등급	T1	T2	T3	T4	T5	T6
최고표면 온도(℃)	≤ 450	≤ 300	≤ 200	≤ 135	≤ 100	≤ 85

07 아세틸렌 충전용기에 각인된 "TW"에 대하여 용어를 쓰시오.

해답 아세틸렌 용기 질량에 다공물질을, 용제 및 밸브의 질량을 합한 질량(kg)

08 도시가스 정압기실에 설치되어 있는 장치에 대한 다음 물음에 답하시오.

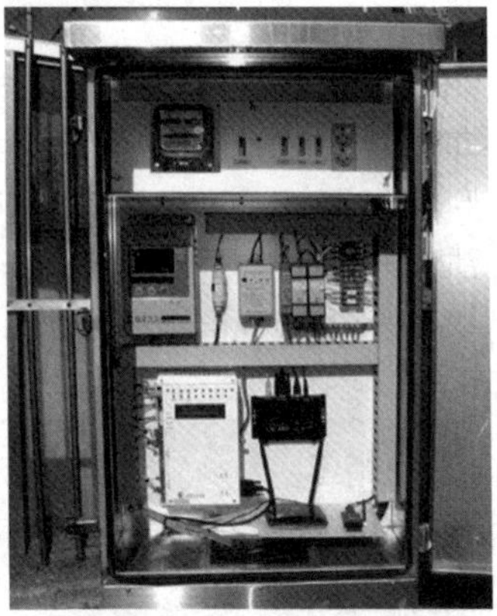

1) 장치의 명칭을 쓰시오.
2) 장치의 기능을 쓰시오.

해답 (1) 명칭 : RTU장치
(2) 기능 : 정압기실의 온도, 압력, 가스누설 유무 등의 상황을 도시가스 상황실로 전송하여 무인감시하고 정전 시 비상전력을 공급한다.

09 도시가스(LNG) 지하 정압기실에 설치된 강제 통풍장치에 대한 다음 물음에 답하시오.

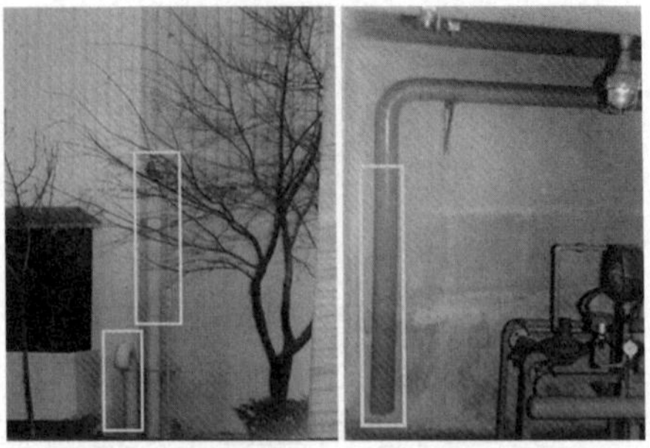

(1) 배기구의 관지름은 몇 mm 이상으로 해야 하는지 쓰시오.
(2) 방출구는 지면에서 몇 m 이상의 높이에 설치해야 하는지 쓰시오.

해설 정압기실 통풍장치 설치 기준

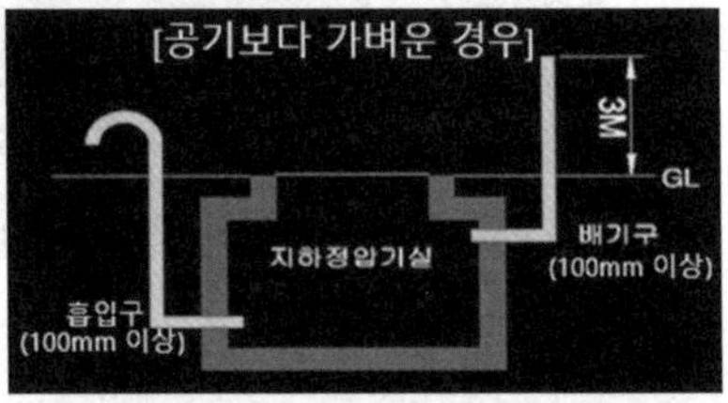

해답 (1) 100mm 이상 (2) 3m 이상

참고

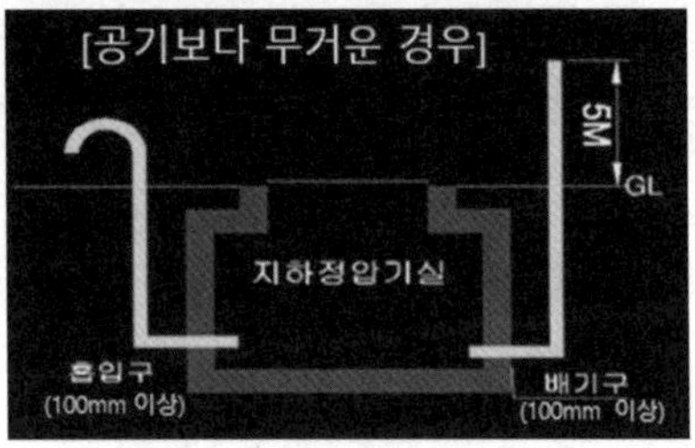

10 맞대기 융착이음을 하는 가스용 폴리에틸렌관의 두께가 20mm일 때 비드 폭의 1) 최소치(Bmin)와 2) 최대치(Bmax)를 각각 계산하시오.

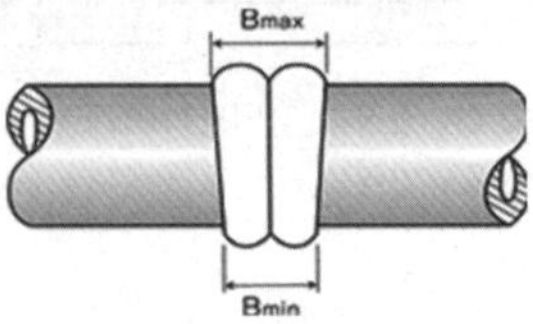

해설 **맞대기융착의 공칭외경별 비드폭은 원칙적으로 다음 계산식에 따라 산출한 최소치 이상 최대치 이하로 한다.**

- 비드 폭 최소(Bmin) : 3+0.5t
- 비드 폭 최대(Bmax) : 5+0.75t

여기서 t : 배관두께(mm)

해답 1) 최소치=3+0.5×20=13mm
2) 최대치=5+0.5×20=20mm

2018년도 제2회

01 비파괴검사 방법 중 자석의 S극과 N극을 이용하여 검사하는 방법의 명칭을 영문 약자로 쓰시오.

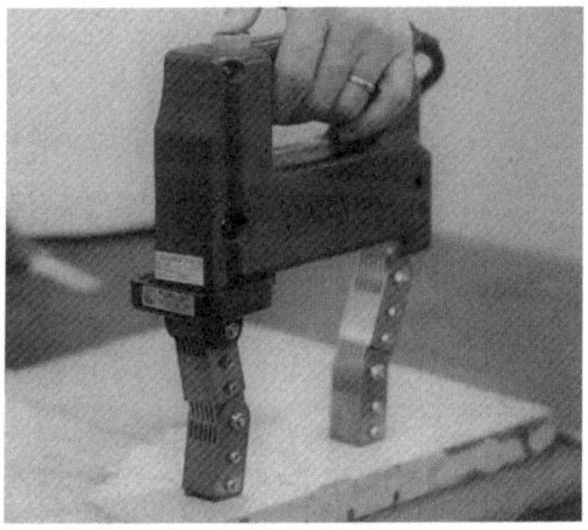

해답 MT

참고 **비파괴검사의 종류 및 영문 약자**
① 침투검사(PT) ② 초음파검사(UT)
③ 방사선검사(RT) ④ 자분검사(MT)

02 지상에 설치된 정압기실에 대한 다음 물음에 답하시오.

(1) 경계책의 설치 높이 기준을 쓰시오.
(2) 경계표시의 안내문 내용을 2가지 쓰시오.

해답 (1) 1.5m 이상
(2) ① 시설명 ② 공급자 ③ 연락처

03 LP가스 자동차용 용기 충전기(dispenser)의 충전호스 설치 기준을 2가지 쓰시오.

해답 ① 충전호스 길이는 5m 이내일 것
② 충전호스에 정전기 제거장치를 설치할 것
③ 충전호스에 과도한 인장력이 가해졌을 때 충전기와 가스주입기가 분리될 수 있는 안전장치를 설치할 것
④ 가스주입기는 원터치형으로 할 것

04 도시가스를 사용하는 연소기에서 황염이 발생하는 이유를 2가지 설명하시오

해답 ① 연소반응이 충분한 속도로 진행되지 않을 경우
② 1차 공기량의 부족으로 불완전연소가 되는 경우
③ 불꽃이 저온의 물체에 접촉하였을 경우

05 가스용 폴리에틸렌관(PE)에 대한 다음 물음에 답하시오.

(1) SDR을 구하는 계산식을 쓰시오.

(2) 최고사용압력이 0.3MPa일 경우 SDR값은 얼마인지 쓰시오.

해설 압력범위 따른 배관두께

관종류	SDR	압력
1호관	11 이하	0.4MPa 이하
2호관	17 이하	0.25MPa 이하
3호관	21 이하	0.2MPa 이하
여기서 SDR(standard dimension ration) SDR=D(외경)/t(최소두께)		

해답 (1) $SDR = \frac{D(외경)}{t(최소두께)}$

(2) SDR 11 이하

06 밀폐식(FF type) 보일러 자연급·배기식의 급·배기톱은 전방 얼마 이내에 장애물이 없는 장소에 설치하여야 하는지 쓰시오.

해답 150mm

07 화면에서 보여준 충전용기의 재검사 주기를 쓰시오. (단, 내용적은 500L 미만이고 신규검사 후 경과 연수가 10년 이하이다.)

해설 이음매 없는 용기의 재검사주기

500L 이상	5년마다
500L 미만	신규검사 후 경과연수가 10년 이하인 것은 5년마다, 10년을 초과한 것은 3년마다

해답 5년

08 LP가스용 자동차에 고정된 탱크 이입·충전장소에 설치된 냉각살수장치에 대한 다음 물음에 답하시오.

(1) 물분무능력은 저장탱크 표면적 $1m^2$당 얼마인지 쓰시오.

(2) 살수장치는 (　　　) 중 최대용량의 것을 기준으로 설치한다. (　　　) 안에 알맞은 용어를 쓰시오.

해답 (1) 5L/min 이상

(2) 국내에 운행하는 자동차에 고정된 탱크

09 용기보관실에서 가스 누출 시 화재의 확산을 방지하는 방법을 3가지를 쓰시오.

해답 ① 용기보관실은 그 외면으로부터 화기를 취급하는 장소가지 2m 이상의 우회거리를 유지한다.

② 용기보관실은 불연성 재료를 사용하고, 그 지붕은 불연성 재료를 사용한 가벼운 지붕을 설치한다.

③ 용기보관실에는 분리형 가스누출경보기를 설치한다.

④ 용기보관실에 설치된 전기설비는 방폭구조로 하고 용기보관실 내에는 방폭등 외의 조명등을 설치하지 아니한다.

10 가연성가스의 폭발등급 및 이에 대응하는 내압방폭구조의 폭발등급에서 1) 최대안전틈새를 설명하고 2) "ⅡB"의 최대안전틈새 범위를 쓰시오.

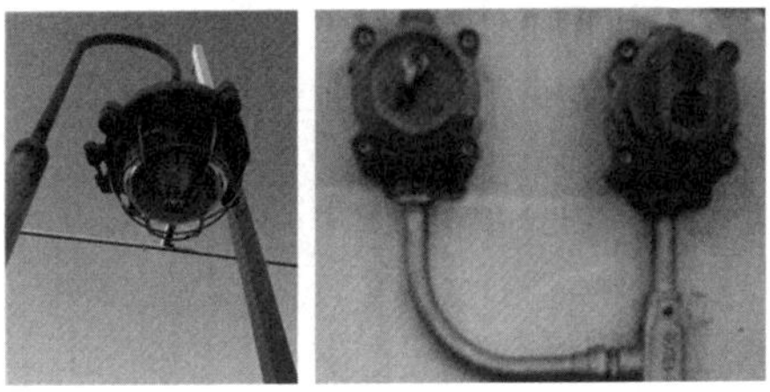

해답 1) 최대안전틈새 : 내용적이 8L이고 틈새 깊이가 25mm인 표준용기 내에서 가스가 폭발할 때 발생한 화염이 용기 밖으로 전파하여 가연성가스에 점화되지 아니하는 최대값을 말한다.

2) ⅡB : 내압방폭구조에서 0.5mm 초과 0.9mm 미만

해설 **가연성가스의 폭발등급 및 내압방폭구조의 폭발등급**

최대안전틈새 (mm)	0.9 이상	0.5 초과 0.9 미만	0.5 이하
가연성가스의 폭발등급	A	B	C
방폭전기기기의 폭발등급	IIA	IIB	IIC

(비고) 최대안전틈새는 내용적이 8L이고 틈새 깊이가 25mm인 표준용기 안에서 가스가 폭발할 때 발생한 화염이 용기 밖으로 전파하여 가연성가스에 점화되지 않는 최댓값이다.

2018년도 제3회

01 도시가스 매설배관의 누설검사 차량에 탑재하여 사용하는 수소불꽃 이온화 검출기(FID)의 검출 원리를 설명하시오.

해답 수소 불꽃 속에 탄화수소가 들어가면 시료 성분이 이온화됨으로써 불꽃 중에 놓여진 전극간의 전기 전도도가 증대하는 것을 이용하여 누출가스를 검출한다.

02 특정가스사용시설의 기밀시험에 대한 다음 (　　) 안에 알맞은 용어 및 숫자를 넣으시오.

최고사용압력이 고압 또는 중압인 배관으로서 용접에 의해 접합되고 (①)에 의해 합격된 배관은 통과하는 가스를 시험가스로 사용하고 (②)% 이하에서 작동하는 가스검지기를 사용하여 당해 검지기가 작동하지 아니하는 것으로 판정한다.

해답 ① 방사선투과시험　② 0.2

03 초저온용기의 정의에 대한 다음 보기 (　　) 안에 알맞은 내용을 쓰시오.

| 보기 |

(①)℃ 이하의 액화가스를 충전하기 위한 용기로서 단열재를 씌우거나 냉동설비로 냉각시키는 등의 방법으로 용기 내의 가스 온도가 (②)온도를 초과하지 아니하도록 한 것이다.

해답 ① −50　② 상용

04 도시가스를 사용하는 공동주택 등에 압력조정기를 설치하는 경우에 대한 다음 물음에 답하시오.

(1) 공급되는 도시가스의 압력이 저압인 경우 공급세대 수를 쓰시오.

(2) 도시가스 공급압력에 따른 규정세대 수의 2배로 할 수 있는 경우를 설명하시오.

해답 (1) 250세대 미만
(2) 한국가스안전공사의 안전성 평가를 받고 그 결과에 따라 안전관리 조치를 한 경우

05 가연성가스의 폭발등급 및 내압방폭구조의 폭발등급분류 기준에서 각 번호에 알맞은 용어를 쓰시오.

최대안전틈새 (mm)	0.9 이상	0.5 초과 0.9 미만	0.5 이하
가연성가스의 폭발등급	①	②	③
방폭전기기기의 폭발등급	④	⑤	⑥

해답 ① A　② B　③ C
④ ⅡA　⑤ ⅡB　⑥ ⅡC

06 다음 공업용 용기에 충전하는 가스 명칭을 각각 쓰시오.

해답 (1) 산소　(2) 아세틸렌
(3) 이산화탄소　(4) 수소

07 다기능 가스 안전계량기의 구조에 대한 다음 (　) 안에 알맞은 용어를 쓰시오.

(1) 차단밸브가 작동한 후에는 (①)을 하지 않는 한 열리지 않은 구조이여야 한다.

(2) 사용자가 쉽게 조작할 수 없는 (②)이 있는 것으로 한다.

해답 ① 복원조작　　　　　② 테스트 차단 기능

08 고압가스 설비에서 이상상태가 발생하는 경우 그 설비 내의 내용물을 설비 밖으로 긴급하고 안전하게 이송하는 설비의 착지농도 기준을 쓰시오.

해답 ① 가연성 가스 : 폭발하한계값 미만
② 독성가스 : TLV-TWA 기준농도 미만

09 도시가스 매설배관에 대한 다음 물음에 답하시오.

(1) 지하에 매설할 때 허용되는 배관의 종류를 2가지 쓰시오.

(2) 도시가스 배관이 2015년에 매설되었을 때 최초 기밀시험 실시 시기는 몇 년 후에 실시하여야 하는지 쓰시오.

해답 (1) ① 가스용 폴리에틸렌관
② 폴리에틸렌 피복강관
③ 분말융착식 폴리에틸렌 피복강관
(2) 15년

참고 **도시가스 매설배관 기밀시험 시기**

<table>
<tr><th colspan="2">대상구분</th><th>기밀시험 실시 시기</th></tr>
<tr><td colspan="2">가스용 폴리에틸렌관(PE관)</td><td rowspan="2">설치 후 15년이 되는 해 및 그 이후 5년마다</td></tr>
<tr><td rowspan="2">폴리에틸렌 피복강관</td><td>1993년 6월 26일 이후에 설치된 것</td></tr>
<tr><td>1993년 6월 25일 이전에 설치된 것</td><td>설치 후 15년이 되는 해 및 그 이후 3년마다 (다만, 정밀안전진단을 받은 경우 그 이후 3년으로 한다.)</td></tr>
<tr><td colspan="2">그 밖의 배관</td><td>설치 후 15년이 되는 해 및 그 이후 1년마다</td></tr>
<tr><td colspan="2">공동주택 등(다세대주택 제외)의 부지 내에 설치된 배관</td><td>3년마다</td></tr>
</table>

10 교량에 설치된 도시가스 배관의 호칭지름별 고정장치 지지간격은 얼마인가?

(1) 100A :　　　　(2) 200A :

(3) 400A :　　　　(4) 600A :

해설 **교량 설치 배관의 고정 및 지지간격**
배관의 고정 및 지지를 위한 지지대의 최대지지간격은 다음 표를 기준으로 하되, 호칭지름 600A를 초과하는 배관은 배관처짐량의 500배 미만이 되는 지점마다 지지한다.

[배관관경별 지지간격]

호칭지름(A)	지지간격(m)
100	8
150	10
200	12
300	16
400	19
500	22
600	25

해답 (1) 8m (2) 12m
(3) 19m (4) 25m

2019년도 제1회

01 다음 ( ) 안에 알맞은 용어를 쓰시오.

동영상에서 보여주는 LP가스 용기는 원칙적으로 ( )장치가 설치되어 있는 시설에서만 사용한다.

해답 기화

02 저장능력이 20만 톤인 액화천연가스(LNG) 저압 지하식 저장탱크의 외면과 사업소 경계까지 유지하여야 하는 안전거리는 몇 m 이상인지 쓰시오.

해설 LNG 저장설비와 사업소경계 안전거리

$$L = 0.240 \times \sqrt[3]{143000 \times \sqrt{200000}} = 95.98(m)$$

해답 95.98m

03 액화석유가스를 차량에 고정된 탱크로부터 충전소의 저저장설비 등에 이송작업을 하기 전에 조치해야 할 순서를 4단계로 요약해서 쓰시오.

해답 ① 차량을 소정의 위치에 정차시키고, 주차 브레이크를 건 다음 차바퀴의 전후를 차바퀴 고정목 등으로 고정한다.
② 정전기제거용의 접지코드를 기지(基地)의 접지탭에 접속한다.
③ 부근에 화기가 없는가를 확인하고, '이입작업중(충전중) 화기엄금'의 표시판이 눈에 잘 띄는 곳에 세워져 있는가를 확인한다.
④ 로딩암으로 연결하고 밸브의 누출 유무를 점검 후 밸브 개폐는 서서히 행한 후 만일 가스누출을 발견한 경우에는 긴급차단장치를 작동시키는 등의 신속한 누출방지조치를 한다.

04 도시가스 사용시설에서 사용되는 다음 가스 용품의 명칭을 각각 쓰시오.

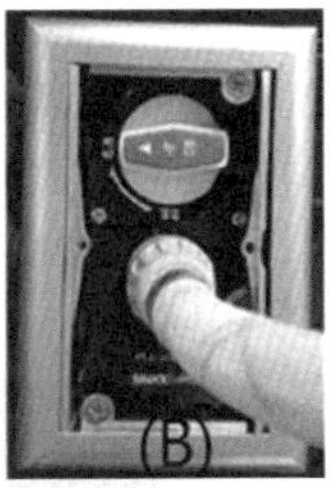

해답 (1) 퓨즈콕　　　　(2) 상자콕

05 방폭전기기기의 방폭구조 종류를 6가지 쓰시오.

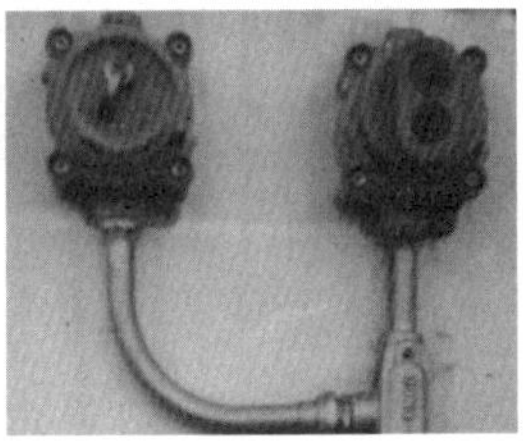

해답 ① 내압방폭구조　　② 유입방폭구조
③ 압력방폭구조　　④ 안전증 방폭구조
⑤ 본질안전 방폭구조　⑥ 특수방폭구조

06 도시가스 배관을 지하에 매설할 경우 시공하는 보호판에 대한 다음 물음에 답하시오.

(1) 보호판의 설치위치를 쓰시오.
(2) 보호판을 설치하는 이유를 2가지 쓰시오.

해답 (1) 배관 정상부에서 30cm 이상의 높이
(2) 보호판 설치 이유
① 규정된 매설깊이를 확보하지 못했을 경우
② 배관을 도로 밑에 매설하는 경우
③ 중압이상의 배관을 매설하는 경우

07 실내에 설치된 기화장치에 대한 다음 물음에 답하시오.

(1) 액체 상태로 열교환기 밖으로 유출을 방지하는 장치의 명칭을 쓰시오.
(2) 액 유출 시 나타나는 현상을 2가지 쓰시오.

해답 (1) 액유출방지장치
(2) 액 유출 시 나타나는 현상
① 피부 노출 시 저온으로 인한 동상 우려가 있다.
② 산소 부족으로 인한 질식 우려가 있다.
③ 인화, 폭발의 위험이 있다.

08 산소 충전소와 가연성 가스 충전용기를 동일 차량에 적재할 때 주의사항을 쓰시오.

해답 산소와 가연성 가스 충전용기 밸브가 서로 마주보지 않도록 적재한다.

09 LP가스 용기 충전사업소에 대한 다음 물음에 답하시오.

(1) 지상에 설치된 저장탱크 저장능력이 100톤일 경우 저장설비 외면에서 사업소 경계까지 유지해야 할 안전거리를 쓰시오.

(2) 충전설비 외면으로부터 사업소 경계까지 유지해야 할 안전거리를 쓰시오.

해설 액화석유가스 충전시설 중 저장설비사업소 경계와의 거리

저장능력	사업소 경계와의 거리
10톤 이하	24 m
10톤 초과 20톤 이하	27 m
20톤 초과 30톤 이하	30 m
30톤 초과 40톤 이하	33 m
40톤 초과 200톤 이하	36 m
200톤 초과	39 m

해답 (1) 36m 이상 (2) 24m 이상

10 LP가스 판매사업의 용기보관실에 대한 다음 물음에 답하시오.

(1) 용기보관실의 면적(m^2) 기준을 쓰시오.

(2) 자연 환기를 위하여 외기에 면하여 설치하는 환기구 1개의 면적을 쓰시오.

해답 (1) 19(m^2) (2) 2400(cm^2)

2019년도 제2회

01 LP가스 충전사업소에서 폭발사고가 발생하였을 경우 사업자가 한국가스안전공사에 제출하여야 하는 사고보고서 중 기술하여야 할 내용을 5가지 쓰시오.

해답 ① 통보자의 소속, 직위, 성명 및 연락처
② 사고발생 일시 ③ 사고발생 장소
④ 사고내용 ⑤ 시설현황
⑥ 피해현황

02 도시가스를 사용하는 연소기구에서 1차 공기량이 부족할 경우, 연소반응이 충분한 속도로 진행되지 않을 경우 불꽃의 끝이 적황색으로 되어 연소하는 현상을 무엇이라 하는지 쓰시오.

해답 황염(옐로 팁)

03 가스용 폴리에틸렌관에 대한 다음 물음에 답하시오.

1) 최고사용압력이 0.1MPa일 경우 SDR 범위를 쓰시오.
2) SDR의 의미를 쓰시오.

해설 **압력범위 따른 배관(PE)두께**

① 배관 등의 두께는 가스의 성질, 상태·온도 및 압력 등에 상응하는 안전성을 확보할 수 있는 것으로 한다.

② 배관의 두께는 그 배관의 안전성을 확보하기 위해 사용하는 PE 가스의 압력 및 그 배관의 외경에 따라 아래 표와 같이 한다.

관종류	SDR	압력
1호관	11 이하	0.4MPa 이하
2호관	17 이하	0.25MPa 이하
3호관	21 이하	0.2MPa 이하
여기서 SDR(standard dimension ration) SDR = D(외경)/t(최소두께)		

해답 1) SDR 21 이하

2) 가스용 폴리에틸렌관의 최소두께에 대한 외경의 비로 배관의 안전성을 확보하기 위하여 사용하는 가스의 압력 및 그 배관의 외경에 따라 두께를 정하는 것이다.

04 압축천연가스(CNG)를 압축하는 압축기 출력(공급) 측에서 가스의 온도를 측정하는 계측기를 [보기]에서 골라 쓰시오.

| 보기 |

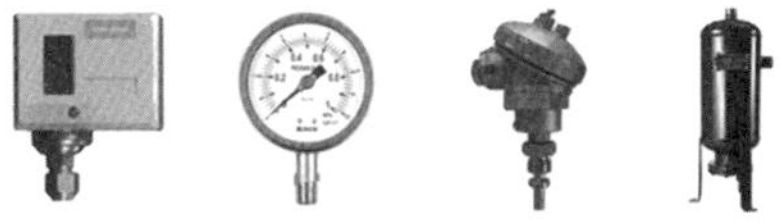

(1) (2) (3) (4)

해설 **압축기 부품의 명칭**

(1) 고압차단스위치 (2) 압력계

(3) 온도계 (4) 액분리기

해답 (3)

05 도시가스 사용시설에 사용되는 퓨즈콕에 대한 다음 물음에 답하시오.

1) 퓨즈콕은 표시유량 이상의 가스량이 통과하였을 경우 가스유량을 차단하는 장치가 내장되어 있다. 이 장치의 명칭을 쓰시오.
2) 퓨즈콕 몸체에 표시된 "Ⓕ 1.2"를 포함하여 퓨즈콕의 기능을 설명하시오.

해답 1) 과류차단 안전기구

2) 과류차단안전기구가 부착된 것으로서, 배관과 호스 또는 배관과 퀵카플러를 연결하여 호스 파손 등에 의한 가스누출시 과류차단 안전기구가 작동하는 유량이 시간당 1.2m^{3}이다.

06 가스용 폴리에틸렌관(PE관) 융착이음에 대한 다음 물음에 답하시오.

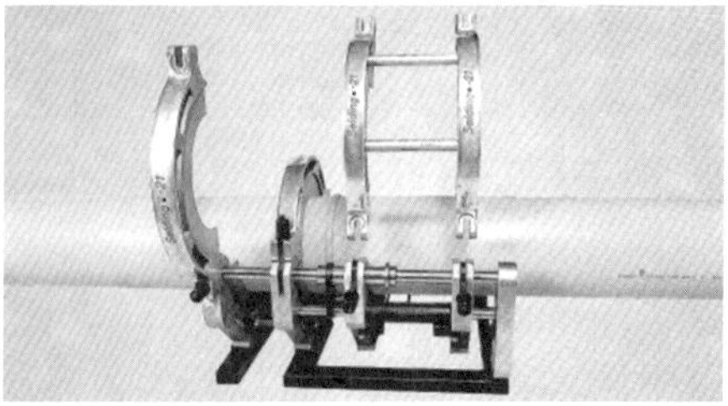

(1) 동영상에서 보여주는 융착이음 명칭을 쓰시오.

(2) 동영상에서 보여주는 융착이음을 할 수 있는 관의 규격을 쓰시오.

해답 (1) 맞대기 융착이음
(2) 공칭외경 90mm 이상

07 다음 [보기]에서 설명하는 방폭구조의 명칭과 기호를 각각 쓰시오.

| 보기 |

용기내부에 절연유를 주입하여 불꽃, 아크 또는 고온발생 부분이 기름 속에 잠기게 함으로써 기름면 위에 존재하는 가연성 가스에 인화되지 아니하도록 한 구조로 탄광에서 처음으로 사용하였다.

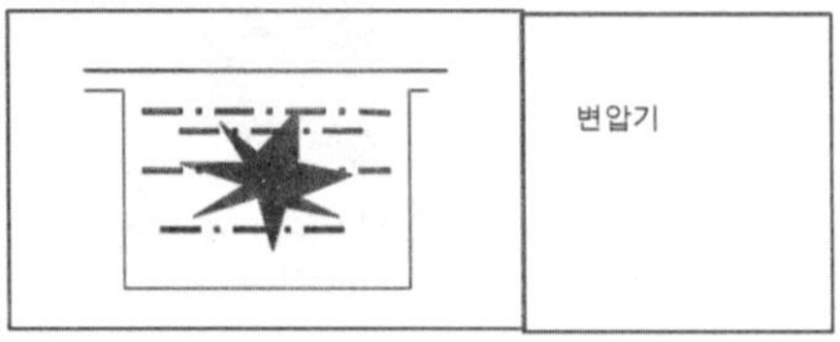

해답 ① 명칭 : 유입방폭구조
② 기호 : o

08 공기보다 비중이 가벼운 도시가스의 정압기실이 지하에 설치된 경우의 통풍구조 기준을 4가지 쓰시오.

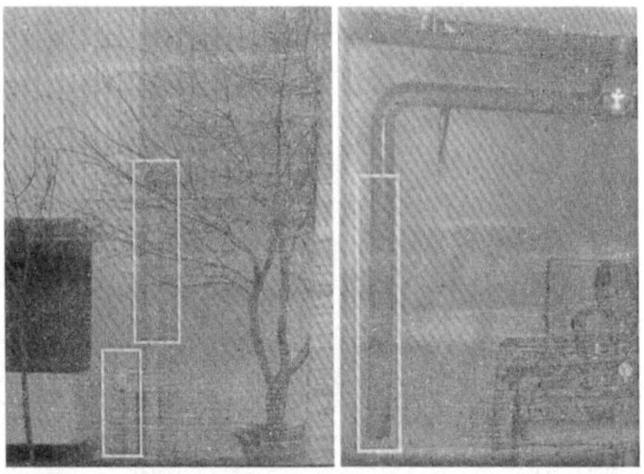

해답 ① 통풍구조는 환기구를 2방향 이상 분산하여 설치하여야 한다.
② 배기구는 천장면으로부터 30cm 이내에 설치하여야 한다.
③ 흡입구 및 배기구의 관경은 100mm 이상으로 하되, 통풍이 양호하도록 하여야 한다.
④ 배기가스 방출구는 지면에서 3m 이상의 높이에 설치하되, 화기가 없는 안전한 장소에 설치하여야 한다.

09 LP가스 자동차용 용기 충전기(dispenser)의 충전호스 설치 기준을 3가지 쓰시오.

해답 ① 충전호스 길이는 5m 이내일 것
② 충전호스에 정전기 제거장치를 설치할 것
③ 충전호스에 과도한 인장력이 가해졌을 때 충전기와 가스주입기가 분리될 수 있는 안전장치를 설치할 것
④ 가스주입기는 원터치형으로 할 것

10 액화천연가스용 저장탱크의 멤브레인 시공기준에 대한 (　　　) 안에 알맞은 용어를 쓰시오.

1) 멤브레인을 프레스 가공한 경우는 (　　　)이 엠브레인의 피로강도 이내에서 안전하게 운전할 수 있는 범위 내로 한다.
2) 멤브레인을 벤딩 가공한 경우는 (　　　)부분에서의 형상이 균일하고, 치수 정밀도를 유지하여 피로에 따른 응력집중 현상이 없도록 한다.
3) 멤브레인을 가공한 후에도 (　　　)를 균일하게 유지하여 멤브레인 패널 조립 시 불균일한

응력집중이나 잔류응력이 발생하지 아니 하도록 한다.

해답 1) 단면수축율 2) 마디(Knot)
3) 평면도(Flatness)

참고 지붕시공
① 지붕은 구면으로 하고 지붕 뼈대로 지지되는 구조로 한다.
② 지붕은 가스압력, 자중 및 그 밖에 하중에 따른 좌굴(挫屈)에 대하여 충분한 강도를 가진 것으로 한다.
③ 지붕의 곡률 반경은 탱크 내경의 0.8배~1.2배로 한다.
④ 지붕에 대한 좌굴강도를 검토하는 경우의 하중은 다음에 표시한 사항을 고려한다.
㉠ 가스압력
㉡ 탱크의 지붕판 및 지붕 뼈대의 중량
㉢ 지붕부위 단열재의 중량
㉣ 탱크 지붕에 부착된 기기 부속품의 중량

2019년도 제3회

01 건축물 밖에 설치된 도시가스 노출배관(입상관)에 설치되는 신축흡수용 곡관에 대한 다음 물음에 답하시오.

1) 곡관의 수평방향 길이는 호칭지름 ( ) 이상으로 한다.
2) 곡관의 수직방향 길이는 수평방향 길이의 ( ) 이상으로 한다.

해답 1) 6배 2) 1/2

02 LP가스 자동차용 용기 충전기(dispenser)의 충전 호스 설치 기준을 3가지 쓰시오.

해답 ① 충전호스 길이는 5m 이내일 것
② 충전호스에 정전기 제거장치를 설치할 것
③ 충전호스에 과도한 인장력이 가해졌을 때 충전기와 가스주입기가 분리될 수 있는 안전장치를 설치할 것
④ 가스주입기는 원터치형으로 할 것

03 방폭전기기기에 대한 다음 물음에 답하시오.

1) 명판에 표시된 "Ex d ⅡB"에 대하여 의미를 각각 설명하시오.
2) 최대안전틈새를 설명하시오.

해답 1) ① Ex : 방폭구조
② d : 내압방폭구조
③ ⅡB : 내압방폭전기기기의 폭발등급 (최대안전틈새 범위 0.5mm 초과 0.9mm 미만)
2) 최대안전틈새는 내용적이 8L이고 틈새 깊이가 25mm인 표준용기 안에서 가스가 폭발할 때 발생한 화염이 용기 밖으로 전파하여 가연성 가스에 점화되지 않는 최댓값이다

04 아세틸렌 충전용기에 각인된 "TW"에 대하여 용어를 쓰시오.

해답 아세틸렌 용기 질량에 다공물질을, 용제 및 밸브의 질량을 합한 질량(kg)

05 동영상에서 보여주는 장미는 액화천연가스(LNG)에 넣었다가 빼낸 것으로 꽃잎이 쉽게 부스러진다. 액화천연가스 주성분에 대한 다음 물음에 답하시오.

(1) 분자식 :

(2) 비등점 :

(3) 기체 상태의 비중 :

(4) 공기 중 폭발범위 :

해답 (1) CH_4 (2) -161.5℃

(3) 가스비중$=\frac{\text{분자량}}{29}=\frac{16}{29}=0.55$

(4) 5~15%

06 무계목용기의 재검사 시 불합격된 용기의 파기 기준을 3가지 쓰시오.

해답 ① 절단 등의 방법으로 파기하여 원형으로 가공할 수 없도록 할 것

② 잔가스를 전부 제거한 후 절단할 것

③ 검사신청인에게 파기의 사유, 일시, 장소 및 인수시한을 통지하고 파기할 것

④ 파기하는 때에는 검사 장소에서 검사원으로 하여금 직접 실시하게 하거나 검사원 입회하에 사용자로 하여금 실시하게 할 것

⑤ 파기한 물품은 검사신청인이 인수시한 내에 인수하지 아니하는 때에는 검사기관으로 하여금 임으로 매각 처분하게 할 것

07 용기보관실에서 가스 누출 시 화재의 확산을 방지하는 방법을 3가지를 쓰시오.

해답 ① 용기보관실은 그 외면으로부터 화기를 취급하는 장소가지 2m 이상의 우회거리를 유지한다.

② 용기보관실은 불연성 재료를 사용하고, 그 지붕은 불연성 재료를 사용한 가벼운 지붕을 설치한다.

③ 용기보관실에는 분리형 가스누출경보기를 설치한다.

④ 용기보관실에 설치된 전기설비는 방폭구조로 하고 용기보관실 내에는 방폭등 외의 조명등을 설치하지 아니한다.

08 도시가스 사용시설에 설치되는 가스계량기에 대한 다음 물음에 답하시오.

(1) 가스계량기와 화기 사이에 유지하여야 할 우회거리를 쓰시오.

(2) 가스계량기를 바닥으로부터 1.6～2m 이내에 설치하지 않아도 되는 조건을 2가지 쓰시오.

(3) 가스계량기와 전기접속기와의 이격거리를 쓰시오.

해답 (1) 2m 이상

(2) ① 보호상자 내에 설치하는 경우

② 기계실에 설치하는 경우

③ 보일러실(가정에 설치된 보일러실은 제외)에 설치하는 경우

④ 문이 달린 파이프 덕트내에 설치하는 경우

(3) 30cm 이상

참고 **가스계량기의 설치 높이**

바닥으로부터 1.6m 이상 2m 이내에 수직, 수평으로 설치하고 밴드, 보호가대 등 고정 장치로 고정시킬 것. 다만, 격납상자를 설치하는 경우, 기계실 및 보일러실(가정에 설치된 보일러실은 제외)에 설치하는 경우와 문이 달린 파이프 덕트 안에 설치하는 경우에는 설치 높이의 제한을 하지 아니한다.

09 일반 도시가스 공급시설의 매설배관에 대한 다음 물음에 답하시오.

1) 최고사용압력이 중압 이상인 배관을 도로 밑에 매설하는 경우 배관을 보호하기 위한 조치 기준을 쓰시오.

2) 도로가 평탄할 경우 배관의 기울기를 쓰시오.

해답 1) 배관 정상부에서 30cm 이상의 높이에 보호판을 설치한다.

2) $\frac{1}{500} \sim \frac{1}{1000}$

참고 매설배관의 설치시 배관의 기울기는 도로 등의 기울기를 따르고 평탄할 경우 1/500~1/1000 정도의 구배로 시공하되, LNG 배관의 경우는 주밸브가 있는 곳으로 하향 구배로 시공하여 시공 중에 유입된 수분을 밸브주위의 퇴수 밸브로 제거할 수 있도록 낮게 시공하여야 한다.

10 정압기용 필터의 구조 및 치수 기준 중 다음 (　　　) 안에 알맞은 내용을 쓰시오.

1) 입·출구 연결부는 (　　　)식으로 한다.

2) 필터 엘리먼트는 (　　　) kPa 미만의 차압에서 찌그러들지 아니하는 것으로 한다.

3) 필터는 분해 청소 및 (　　　)의 교체가 용이한 구조로 한다.

4) 필터는 이물질을 제거할 수 있도록 (　　　)를(을) 설치한다.

해설 **정압기 필터 구조 및 치수**

필터는 그 필터의 안전성·편리성 및 호환성을 확보하기 위하여 다음 기준에 따른 구조 및 치수를 가지는 것으로 한다.

① 차압계는 필터의 허용차압 초과여부를 알 수 있는 것을 사용한다.

② 입·출구 연결부는 플랜지식으로 한다.

③ 필터 엘리먼트는 50kPa 미만의 차압에서 찌그러들지 아니하는 것으로 한다.

④ 필터는 분해 청소 및 엘리먼트의 교체가 용이한 구조로 한다.

⑤ 필터는 이물질을 제거할 수 있도록 드레인 밸브를 설치한다.

⑥ 필터 용기의 표면은 매끈하고 사용에 지장 있는 부식·균열·주름 등이 없는 것으로 한다.

해답 1) 플랜지　　　　2) 50
3) 엘리먼트　　　　4) 드레인 밸브

기발한 가스기사 산업기사 실기

발 행 일	2021년 8월 5일 개정1판 1쇄 인쇄 2021년 8월 10일 개정1판 1쇄 발행
저 자	유성명
발 행 처	크라운출판사 http://www.crownbook.com
발 행 인	이상원
신고번호	제 300-2007-143호
주 소	서울시 종로구 율곡로13길 21
공 급 처	(02) 765-4787, 1566-5937, (080) 850~5937
전 화	(02) 745-0311~3
팩 스	(02) 743-2688, 02) 741-3231
홈페이지	www.crownbook.co.kr
I S B N	978-89-406-4462-1 / 13570

특별판매정가 25,000원

이 도서의 판권은 크라운출판사에 있으며, 수록된 내용은 무단으로 복제, 변형하여 사용할 수 없습니다.
Copyright CROWN, ⓒ 2021 Printed in Korea

이 도서의 문의를 편집부(02-6430-7029)로 연락주시면 친절하게 응답해 드립니다.